Köhler/Rögnitz, Maschinenteile

Inhalt des Gesamtwerkes

Teil 1

7., neubearbeitete und erweiterte Auflage. 1986.
X, 326 Seiten mit 346 Bildern, 8 Tafeln mit weiteren 101 Bildern.
Beilage: Arbeitsblätter 125 Seiten mit 28 Bildern, 184 Tafeln mit weiteren 204 Bildern.
Geb. DM 58.—

Einführung in das Konstruieren und Gestalten von Maschinenteilen / Grundlagen der Festigkeitsberechnung: Spannungszustand und Beanspruchungsarten, Festigkeitshypothesen, Grenzspannungen, Ermitteln unbekannter Kräfte und Momente / Normen: Normzahlen, Toleranzen und Passungen, Technische Oberflächen / Nietverbindungen: Werkstoffe für Bauteile und Niete, Herstellung von Nietverbindungen, Nietformen, Nahtformen, Berechnungsgrundlagen / Stoffschlüssige Verbindungen: Schweißverbindungen, Lötverbindungen / Reib- und formschlüssige Verbindungen: Reibschlüssige Verbindungen, Formschlüssige Verbindungen / Schraubenverbindungen: Kräfte in der Schraubenverbindung, Berechnen von Schrauben, Ausführungen von Schraubenverbindungen, Berechnungsbeispiele / Federn: Berechnungsgrundlagen, Bemessen und Gestalten der verschiedenen Bauformen / Rohrleitungen und Armaturen: Rohrverbindungen, Rohrleitungsschalter / Dichtungen: Dichtungen an ruhenden Maschinenteilen, Berührungsdichtungen an bewegten Maschinenteilen, Berührungsfreie Dichtungen / Beilage: Arbeitsblätter.

Teil 2

7., neubearbeitete und erweiterte Auflage. 1986.
X, 398 Seiten mit 338 Bildern und 20 Tafeln mit weiteren 35 Bildern.
Beilage: Arbeitsblätter 113 Seiten mit 50 Bildern, 99 Tafeln mit weiteren 15 Bildern.
Geb. DM 65,—

Achsen und Wellen: Entwicklung des Rechnungsganges, Gestalten und Fertigen / Gleitlager: Gleitvorgang, Berechnen und Bemessen der Radiallager, Gleitlagerbauarten, Einzelteile, Schmiereinrichtungen / Wälzlager: Kraftwirkungen im Wälzlager, Normung und Gestaltung der Lagerstelle, Beispiele / Kupplungen und Bremsen: Nichtschaltbare starre Kupplungen, Nichtschaltbare formschlüssige Ausgleichskupplungen, Schaltbare Kupplungen, Bremsen / Kurbelbetrieb: Tauchkolbentriebwerk, Berechnungsgrundlagen, Kinematik und Dynamik des Kurbelbetriebes, Aufbau, Funktion und Gestaltung der Triebwerksteile, Festigkeitsberechnung / Kurvengetriebe: Nockensteuerungen, Kreisbogennocken mit geradem Tellerstößel, Gestaltung / Zugmittelgetriebe: Reib- und formschlüssige Zugmittelgetriebe / Zahnrädergetriebe: Zykloidenverzahnung, Evolventenverzahnung an Geradstirnrädern, Schrägstirnräder mit Evolventenverzahnung, Kegelräder, Stirnrad-Schraubgetriebe, Schneckengetriebe, Aufbau der Zahnrädergetriebe / Beilage: Arbeitsblätter.

Köhler / Rögnitz

Maschinenteile

Teil 2

Herausgegeben von
Prof. Dr.-Ing. J. Pokorny

Bearbeitet von
Prof. Dipl.-Ing. E. Hemmerling   Prof. Dr.-Ing. J. Pokorny
Prof. Dipl.-Ing. K.-H. Küttner   Prof. Dipl.-Ing. G. Schreiner
Prof. Dr.-Ing. E. Lemke

7., neubearbeitete und erweiterte Auflage
Mit 338 Bildern und 20 Tafeln mit weiteren 35 Bildern

Beilage: Arbeitsblätter mit 50 Bildern
und 99 Tafeln mit weiteren 15 Bildern

B. G. Teubner Stuttgart 1986

Herausgeber: Professor Dr.-Ing. Joachim Pokorny
Universität—Gesamthochschule—Paderborn,
Abt. Soest

Bearbeiter: Professor Dipl.-Ing. Ernst Hemmerling
Bremen

Professor Dipl.-Ing. Karl-Heinz Küttner
Technische Fachhochschule Berlin

Professor Dipl.-Ing. Erwin Lemke
Technische Fachhochschule Berlin

Professor Dr.-Ing. Joachim Pokorny
Universität—Gesamthochschule—Paderborn,
Abt. Soest

Professor Dipl.-Ing. Gerhart Schreiner
Fachhochschule für Technik, Mannheim

CIP-Kurztitelaufnahme der Deutschen Bibliothek

Maschinenteile/Köhler ; Rögnitz.
Stuttgart : Teubner

NE: Köhler, Günter [Hrsg.]

Teil 2. Hrsg. von J. Pokorny.
Bearb. von E. Hemmerling ... –
7., neubearb. u. erw. Aufl. 1986
& Arbeitsblätter
ISBN 978-3-322-91834-5   ISBN 978-3-322-91833-8 (eBook)
DOI 10.1007/978-3-322-91833-8

NE: Pokorny, Joachim [Hrsg.]; Hemmerling, Ernst [Mitverf.]

Softcover reprint of the hardcover 7th edition 1986
Gesamtherstellung: Graphischer Betrieb, Konrad Triltsch, Würzburg
Umschlaggestaltung: M. Koch, Reutlingen

Vorwort

Die vorliegende siebente Auflage des Teil 2 der „Maschinenteile" wurde wie Teil 1 unter Berücksichtigung einer Reihe von Wünschen aus den Kreisen der Leser und unter Beachtung der technischen Entwicklung sowie der gesammelten Lehrerfahrung vollständig neu bearbeitet, erweitert und neu gestaltet.

Die Darlegung des Stoffes führt in den meisten Fällen im Sinne der Konstruktionsmethodik von der Aufgabenstellung über die Funktion, Berechnung und Gestaltung zu Lösungsmöglichkeiten. Auch wurden viele Berechnungsgleichungen hergeleitet, physikalische Abhängigkeiten und allgemeine Zusammenhänge aufgezeigt und auf Probleme hingewiesen, um so Entscheidungshilfen für den Studierenden, für den Konstrukteur wie auch für den Ingenieur im Betrieb zu geben. Die Berechnung wird durch reiches Zahlenmaterial und durch viele Zahlenbeispiele erläutert. Manche Bilder sind bewußt schematisch dargestellt, um das Wesentliche aufzuzeigen und um deren allgemeine Auslegbarkeit nicht einzuschränken.

Durch die jedem Abschnitt vorangestellten wichtigsten Normen soll der Leser angeregt werden, sich mit den Original-DIN-Normblättern vertraut zu machen. Eine schnelle Unterrichtung über die wichtigsten Normen gestattet das vom DIN Deutsches Institut für Normung e.V. herausgegebene Buch: Klein „Einführung in die DIN-Normen". Wegen des Einflusses der Herstellverfahren auf die Konstruktion der Maschinenteile wurden, soweit im Rahmen des vorliegenden Werkes möglich, werkstoff- und fertigungsgerechtes Gestalten mit behandelt.

Für eine leichtere Auswertung beider Teile wurden „Arbeitsblätter" als Anhang gesondert beigefügt (s. a. „Hinweise für die Benutzung des Werkes" auf S. VIII). Die Arbeitsblätter enthalten den wesentlichen Stoff in knapper übersichtlicher Darstellung als Gleichungen in Tafeln oder als Bilder. Die Zusammenstellung der Gleichungen entspricht im allgemeinen dem Ablauf der Berechnung und Auslegung von Bauelementen. Es befinden sich im Lehrbuchteil keine Zahlentafeln, so daß das Lesen nicht beeinträchtigt werden kann. Nachdem sich der Leser an Hand des Lehrbuches und, wenn zur leichteren Bewältigung des Stoffes notwendig, daneben an Hand des Arbeitsblattes über den Rechnungsgang der einzelnen Maschinenteile klargeworden ist, kann er die Arbeitsblätter – beispielsweise bei den Entwurfsübungen am Zeichenbrett usw. – für sich benutzen. Dabei sind diese für eine rezeptmäßige Anwendung von Formeln ohne Kenntnis der inneren Zusammenhänge nicht auswertbar. Sie sollen dem den Stoff beherrschenden Leser lediglich als Gedächtnisstütze dienen, den Auslegungs- bzw. Berechnungsfluß aufzeigen und das erforderliche Zahlenmaterial übersichtlich darbieten.

Die Arbeitsblätter können von den Studierenden auch zur Wiederholung oder als Formelnachschlagewerk benutzt werden.

Als zweckmäßig und vorteilhaft haben sich die Arbeitsblätter insbesondere auch bei der Betreuung von Studien- und Ingenieurarbeiten durch rasches Aufzeigen des Problems bewährt.

Die Arbeitsblätter sind nach den Abschnitten des Buches gezählt. Register-Ziffern am rechten Seitenrand geben die Ziffern der Hauptabschnitte wieder, zu denen die Arbeitsblätter gehören, sie erleichtern die Übersicht und Handhabung.

Halbfett gedruckte Spitzmarken und Gleichungen vermitteln dem Leser bereits beim Durchblättern des Buches eine klare Stoffübersicht und erleichtern ihm das Auffinden der gewünschten Sachgebiete sowie das Durcharbeiten des Stoffes.

Die Formelzeichen wurden im wesentlichen nach DIN 1 304 gewählt.

Um eine Einheitlichkeit der Formelzeichen durch alle Abschnitte zu erzielen, mußte von manchen in den betreffenden Normblättern angeführten Bezeichnungen abgewichen werden. In einigen Normen z. B. für Zahnräder und in AD-Merkblättern wird für die Sicherheit das Formelzeichen S gesetzt. Um Verwechslungen auszuschließen, wurde daher in beiden Teilen des Werkes im Gegensatz zu DIN 1 304 die Ober- und Querschnittsfläche mit A und die Sicherheit mit S bezeichnet.

Die Gleichungen sind meist als Größengleichungen nach DIN 1 313, also für frei wählbare Einheiten geschrieben, in die die Zahlenwerte mit SI-Einheiten oder mit abgeleiteten SI-Einheiten eingesetzt werden können. Nur gelegentlich werden auch auf bestimmte Einheiten zugeschnittene Größen- bzw. Zahlenwertgleichungen verwendet (s. Hinweis für die Benutzung des Werkes auf S. VIII).

Ich danke allen Lesern, die zur Verbesserung des Werkes beigetragen haben, wie auch den Firmen, die Material zur Verfügung stellten. Nicht zuletzt gebührt mein Dank den Mitarbeitern, welche keine Mühen um die Weiterentwicklung ihrer Beiträge scheuten.

Verlag, Verfasser und Herausgeber würden sich freuen, auch weiterhin Anregungen aus den Kreisen der Benutzer zu erhalten.

Soest, im Sommer 1986   Joachim Pokorny

Inhalt

Beilage

Hinweise für die Benutzung des Werkes

1. Wo nicht ausdrücklich anders bemerkt, werden Größengleichungen geschrieben (s. DIN 1 313). In diesen Gleichungen bedeuten die Formelzeichen physikalische Größen, also jeweils ein Produkt aus Zahlenwert (Maßzahl) und Einheit.

Hin und wieder werden Zahlenwertgleichungen benutzt. In solchen Gleichungen sind die Formelzeichen als Zahlenwerte definiert, denen jedoch bestimmte Einheiten zugeordnet sind.

Zur schnellen Orientierung über die Bedeutung eines Formelzeichens wird auf die den einzelnen Arbeitsblättern vorangestellten Formelzeichenlisten verwiesen.

2. Angaben zum Internationalen Einheitensystem und Umrechnungsbeziehungen:

Masse: $1\,\mathrm{kp\,s^2/m} = 9{,}81\,\mathrm{kg}$

Kraft: $1\,\mathrm{N} = 1\,\mathrm{kg\,m/s^2}$ $1\,\mathrm{kp} = 9{,}81\,\mathrm{kg\,m/s^2} = 9{,}81\,\mathrm{N} \approx 10\,\mathrm{N}$

Die Gewichtskraft F_g, die auf den Körper der Masse $m = 1\,\mathrm{kg}$ wirkt, beträgt:

$$F_g = mg = 1\,\mathrm{kg} \cdot 9{,}81\,\mathrm{m/s^2} = 9{,}81\,\mathrm{N}$$

Mechanische Spannung, Flächenpressung: $1\,\text{kp/mm}^2 = 9{,}81\,\text{N/mm}^2 \approx 10\,\text{N/mm}^2$

Druck: $1\,\text{Pa} = 1\,\text{N/m}^2 = 1 \cdot 10^{-5}\,\text{bar}$
$1\,\text{MPa} = 1\,\text{N/mm}^2 = 1\,\text{MN/m}^2 = 10\,\text{bar} \approx 10\,\text{kp/cm}^2$
$1\,\text{bar} = 0{,}1\,\text{MPa} = 0{,}1\,\text{N/mm}^2$
$1\,\text{at} = 1\,\text{kp/cm}^2 = 9{,}81 \cdot 10^4\,\text{N/m}^2 = 0{,}981\,\text{bar} \approx 1\,\text{bar}$

Arbeit: $1\,\text{J} = 1\,\text{Nm} = 1\,\text{Ws}$ $1\,\text{kpm} = 9{,}81\,\text{Nm} \approx 10\,\text{Nm}$
$1\,\text{kcal} = 427\,\text{kpm} = 4186{,}8\,\text{J}$

Leistung: $1\,\text{W} = 1\,\text{J/s} = 1\,\text{Nm/s}$ $1\,\text{kpm/s} = 9{,}81\,\text{J/s} = 9{,}81\,\text{W}$
$1\,\text{PS} = 75\,\text{kpm/s} \approx 736\,\text{W}$ $1\,\text{kW} = 1{,}36\,\text{PS}$

Trägheitsmoment: $1\,\text{kpm s}^2 = 9{,}81\,\text{Nm s}^2 = 9{,}81\,\text{kg m}^2$

Magnetische Flußdichte: $1\,\text{T (Tesla)} = 1\,\text{Vs/m}^2 = 1\,\text{Nm/(m}^2\text{A)}$

Dynamische Viskosität: $1\,\text{Pa s} = 1\,\text{Ns/m}^2 = 1\,\text{kg/(ms)} = 10^3\,\text{cP (Centipoise)}$

Kinematische Viskosität: $1\,\text{m}^2\text{/s} = 1\,\text{Pa s m}^3\text{/kg} = 10^4\,\text{St} = 10^6\,\text{cSt (Centistokes)}$

3. Hinweise auf DIN-Normen in diesem Werk entsprechen dem Stande der Normung bei Abschluß des Manuskriptes. Maßgebend sind die jeweils neuesten Ausgaben der Normblätter des DIN Deutsches Institut für Normung e. V. im Format A 4, die durch die Beuth-Verlag GmbH, Berlin und Köln, zu beziehen sind. – Sinngemäß gilt das gleiche für alle in diesem Buche erwähnten amtlichen Bestimmungen, Richtlinien, Verordnungen usw.

4. Bilder, Tafeln und Gleichungen sind abschnittsweise numeriert. Es bedeuten z. B.:

1. Bild **4**.1 das 1. Bild im Abschn. 4 – (Abschn.-Nr. halbfett, Bild-Nr. mager), Hinweis im Buchtext (**4**.1);

2. Gleichung (4.2) die 2. Gleichung im Abschn. 4 – (Abschn.-Nr. und Gl.-Nr. mager), Hinweis im Text Gl. (4.2);

3. Tafel **A 4**.3 die 3. Tafel im Arbeitsblatt A 4;

4. Tafel **3**.1 die 1. Tafel im Buchtext Abschn. 3.

Griechisches Alphabet (DIN 1 453)

A	α	a Alpha	H	η	$\bar{e}$ Eta	N	ν	n Nü	T	τ	t Tau
B	β	b Beta	Θ	ϑ	th Theta	Ξ	ξ	x Ksi	Y	υ	$\ddot{u}$ Ypsilon
Γ	γ	g Gamma	I	ι	j Jota	O	o	$\breve{o}$ Omikron	Φ	φ	ph Phi
Δ	δ	d Delta	K	$\varkappa$	k Kappa	Π	π	p Pi	X	χ	ch Chi
E	ε	$\breve{e}$ Epsilon	Λ	λ	l Lambda	P	ϱ	r Rho	Ψ	ψ	ps Psi
Z	ζ	z Zeta	M	μ	m Mü	Σ	σ	s Sigma	Ω	ω	$\bar{o}$ Omega

1 Achsen und Wellen*

DIN-Blatt Nr.	Ausgabe Datum	Titel
250	7.72	Rundungshalbmesser
332 T 1	11.73	Zentrierbohrungen 60°, Form R, A, B und C
332 T 2	5.83	Zentrierbohrungen 60° mit Gewinde für Wellenenden elektrischer Maschinen
332 T 10	12.83	Zentrierbohrungen; Angaben in technischen Zeichnungen
669	10.81	Blanke Stahlwellen; Maße, zulässige Abweichungen nach ISO-Toleranzfeld h 9
671	10.81	Blanker Rundstahl; Maße, zulässige Abweichung nach ISO-Toleranzfeld h 9
705	10.79	Stellringe
747	5.76	Achshöhen für Maschinen
748 T 1	1.70	Zylindrische Wellenenden; Abmessungen, Nenndrehmomente
748 T 2	7.75	Zylindrische Wellenenden für elektrische Maschinen
1448 T 1	1.70	Kegelige Wellenenden mit Außengewinde; Abmessungen
1449	1.70	Kegelige Wellenenden mit Innengewinde; Abmessungen
20092	9.68	Druckluftmotoren; Wellenenden
28154	10.83	Wellenenden für Rührer aus unlegiertem und nichtrostendem Stahl, für Gleitringdichtungen; Maße
28159	10.83	Wellenenden für einteilige Rührer, Stahl emailliert; Maße
34311	4.77	Bohrung für Zentrierbolzen in hohlgebohrten Radsatzwellen
45670	7.82	Wellenschwingungs-Meßeinrichtung; Anforderungen an Meßeinrichtungen zur Überwachung der relativen Wellenschwingung

Normenangaben über: Toleranzen und Passungen s. Teil 1, Abschn. 3; Keilwellen-, Zahnwellen-Verbindungen, Wellen mit Polygonprofil, Sicherungsringe, -scheiben, Sprengringe und Bolzen s. Teil 1, Abschn. 6; Wellendichtringe s. Teil 1. Abschn. 10.

1.1 Aufgabe und Einteilung

Achsen tragen sich drehende Maschinenteile wie Laufräder, Rollen und Seiltrommeln. Sie werden – zum Unterschied von den Wellen – nur auf Biegung beansprucht.

---

* Hierzu Arbeitsblatt 1, s. Beilage S. A 12.

Die **feststehende Achse**, um die sich z. B. ein Rad dreht, ist die günstigste Bauform: die Biegebeanspruchung tritt nur ruhend oder schwellend auf. Feststehende Achsen werden z. B. mit kreisförmigem Querschnitt im Hebezeugbau oder – zur Gewichtsersparnis – mit Rohr- oder $\mathtt{I}$-Querschnitt im Kraftfahrzeugbau (**1.1**) verwendet.

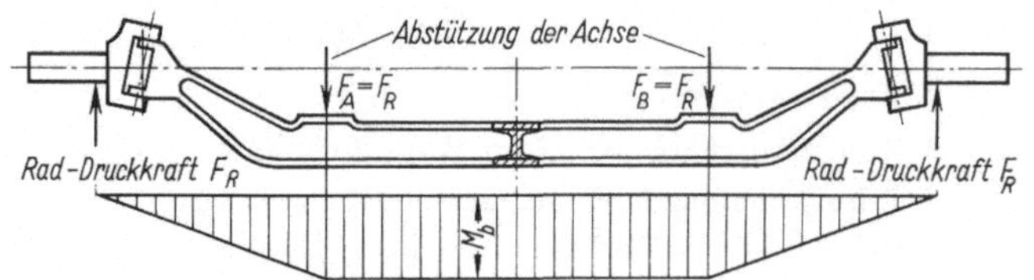

1.1
Starre Vorderachse
eines Lastwagens

Die **umlaufende Achse**, die sich mit den auf ihr befestigten Rädern dreht, verwendet man besonders bei Schienenfahrzeugen (**1.2**). Diese Bauform ermöglicht den Ein- bzw. Ausbau vollständiger Radsätze und eine günstige Übertragung von Seitenkräften. Nachteilig ist die wechselnd wirkende Biegebeanspruchung.

Bolzen (kurze Achsen) in Hebelgelenken stehen unter schwingender Belastung (s. Teil 1, Abschn. 6).

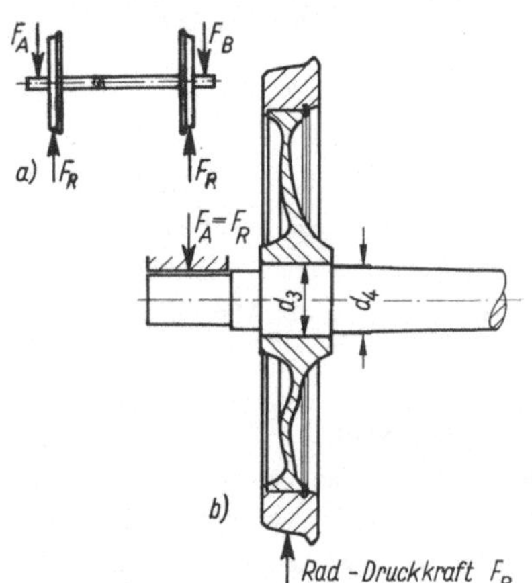

1.2
Umlaufende Radachse eines Schienenfahrzeuges

a) Gesamtanordnung
b) Schnitt durch eine Achshälfte. Bedeutung der Durchmesser d_3 und d_4 s. Abschn. 1.2.1.2 und Bild **1.**7 und **1.**9

Wellen haben die Aufgabe, Drehmomente zu übertragen. Für die Einleitung bzw. Abgabe des Drehmomentes werden auf der Welle z. B. Kupplungen, Zahnräder, Riemenscheiben, Läufer von elektrischen Maschinen oder von Turbomaschinen fest angebracht. Dabei entstehen oft große Biegemomente. Bei der Bemessung von Wellen sind neben den Beanspruchungen durch Dreh- und Biegemomente die elastischen Verformungen und möglichen Schwingungen zu berücksichtigen.

Zur Entlastung einer Welle von erheblichen Biegebeanspruchungen kann man Welle und Achse ineinanderschachteln: In Bild **1.**3 übernimmt das steife rohrförmige Achsgehäuse 1 das Biegemoment aus dem Riemenzug; die Getriebewelle 2 erhält von der Riemenscheibe her nur ein Drehmoment. Die statisch unbestimmte Lagerung der Welle ist bei genauer Nachrechnung zu beachten.

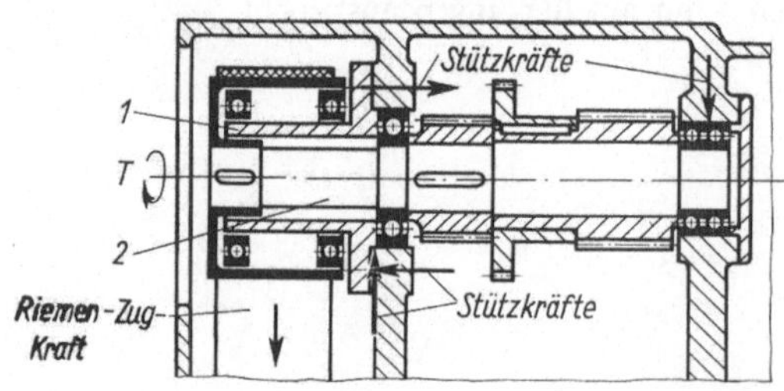

1.3
Von der Riemenzugkraft entlastete Welle: Getriebewelle einer Drehbank

1 Achsgehäuse   2 Getriebewelle

Gelenkwellen bzw. biegsame Wellen werden bei ortsveränderlicher Lage des antreibenden zum getriebenen Getriebeteil verwendet (s. Abschn. 1.4).

1.2   Entwicklung des Rechnungsganges für Achsen und Wellen

1.2.1   Achsen

1.2.1.1   Berechnen feststehender Achsen

Maßgeblich ist bei langen Achsen die Biegebeanspruchung, bei kurzen die Flächenpressung in Gleitlagerbuchsen; ferner ist der Lochleibungsdruck im Achslager zu untersuchen.

Die größte Biegebeanspruchung tritt bei Achsen mit glattem, nicht abgesetztem Querschnitt an der Stelle des größten Biegemomentes $M_{b\,max}$ auf. Dieses ist abhängig von der Last F, der Lastverteilung (Streckenlast oder Punktlast, s. Teil 1, Abschn. 2.4) und von der Stützweite l.

In Bild **1.4** ist der Biegemomentverlauf für die feste Achse einer Seilrolle mit einer Gleitlagerbuchse von der Länge l_1 dargestellt, die eine Streckenlast F (entstanden durch Seilkräfte) auf die Achse abgibt. Die Streckenlastlänge ist gleich der Nabenlänge l_1. Bei der Lagerentfernung l zwischen Lager A und B ist das **größte Biegemoment**

$$M_{b\,max} = \frac{F}{2} \cdot \frac{l}{2} - \frac{F}{2} \cdot \frac{l_1}{4} = \frac{F}{4}\left(l - \frac{l_1}{2}\right)$$

Da l und l_1 nahezu gleich sind, kann gesetzt werden

$$M_{b\,max} \approx F\,\frac{l}{8}$$

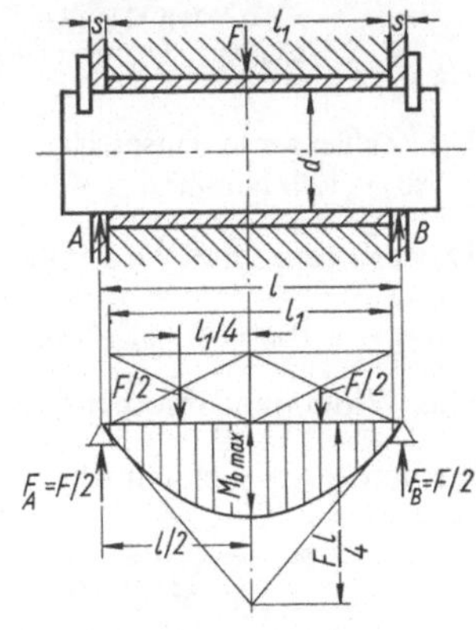

1.4
Seilrollennabe mit Gleitlagerbuchse, Biegemomentverlauf bei Streckenlast

Die Annahme einer Punktlast in der Mitte ist zu ungünstig (s. Teil 1, Abschn. 2.4).

Werden statt einer Gleitlagerbuchse Wälzlager verwendet, so ergibt sich der in Bild **1.5** gezeichnete Biegemomentverlauf aus den jeweils in Wälzlagermitte wirkenden Punktlasten $F/2$. Das maximale Biegemoment ist, wenn die Wälzlager dicht an die Achslager A und B herangerückt werden, geringer. Der Abstand a soll deshalb möglichst klein gewählt werden: $M_{b\,max} = F\,a/2$.

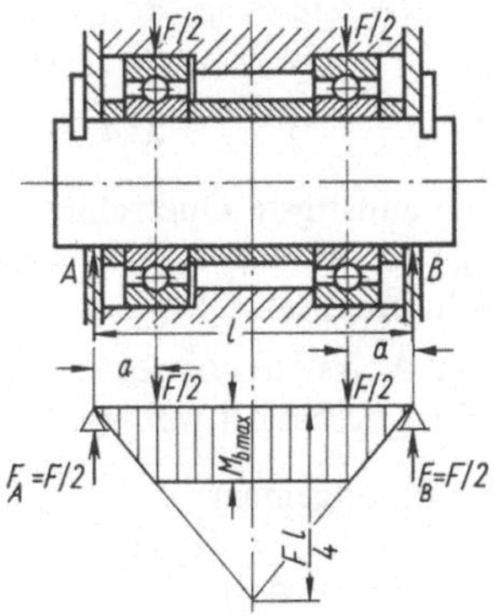

1.5
Seilrollennabe mit Wälzlagern, Biegemomentverlauf bei Punktlasten

Die Biegebeanspruchung σ_b an einer beliebigen Stelle der glatten Achse mit dem Biegemoment M_b bzw. $M_{b\,max}$ und dem Widerstandsmoment W_b ist

$$\sigma_b = \frac{M_b}{W_b} \quad \text{bzw.} \quad \sigma_{b\,max} = \frac{M_{b\,max}}{W_b} \tag{1.1}$$

Die nach Gl. (1.1) berechnete Biegespannung ist die in der Randfaser auftretende Normalspannung unter der Annahme eines linearen Spannungsverlaufes durch den Querschnitt (s. Teil 1, Abschn. 2.1). Für die feststehende Achse ist die Richtung der Kraft F und damit auch die Richtung von M_b unverändert. Die Biegezug- bzw. Biegedruckspannung tritt daher immer an derselben Stelle der Achse auf. Die Achse unterliegt somit einer ruhenden oder meistens einer – entsprechend der Zu- und Abnahme der Lastgröße – schwellenden Biegebeanspruchung. Für die Bemessung ist sinngemäß die Biegeschwellfestigkeit $\sigma_{b\,Sch}$ des Werkstoffes maßgebend. Sind die Abmessungen bekannt, so ermittelt man die vorhandene Sicherheit $S_D = \sigma_{b\,Sch}/\sigma_b$. Die zulässige Biegebeanspruchung $\sigma_{b\,zul}$ ist bei der üblichen Sicherheit $S_{kD} = 3 \cdots 4 \cdots 5$, in der die Kerbwirkung eingeschlossen ist,

$$\sigma_{b\,zul} = \frac{\sigma_{b\,Sch}}{S_{kD}} = \frac{\sigma_{b\,Sch}}{3 \cdots 5} \tag{1.2}$$

Für den häufig verwendeten Werkstoff St 50 ist nach Tafel **A 1.4** $\sigma_{b\,Sch} = 370 \text{ N/mm}^2$ (s. auch Teil 1, Abschn. 1.3 u. 2.3) und somit

$$\sigma_{b\,zul} = \frac{370 \text{ N/mm}^2}{3 \cdots 5} = (123,5 \cdots 74) \text{ N/mm}^2$$

Die Zahlenwerte entsprechen den Erfahrungswerten für Hebezeugachsen aus St 50 mit $\sigma_{b\,zul} = (80 \cdots 120) \text{ N/mm}^2$.

Das erforderliche Widerstandsmoment W_b bestimmt man aus Gl. (1.1)

$$W_b = M_{b\,max}/\sigma_{b\,zul} \tag{1.3}$$

Das Widerstandsmoment W_b gegen Biegung, das axiale Widerstandsmoment, beträgt

für den Kreisquerschnitt

$$W_b = \frac{\pi d^3}{32} \approx \frac{d^3}{10} \tag{1.4}$$

für den Kreisring (Rohr)

$$W_b = \frac{\pi (d_a^4 - d_i^4)}{32 d_a} \tag{1.5}$$

Die günstigste Querschnittsform ist im Hinblick auf den Leichtbau das Doppel-T-Profil (I) mit $W_b = I_x/e_{max}$ (I_x = axiales Trägheitsmoment, e_{max} = größter Randabstand von der Schwerachse).

Der Achsdurchmesser d der zylindrischen Vollachse kann aus $M_{b\,max}$ und $\sigma_{b\,zul}$ unmittelbar berechnet werden.

Es gilt allgemein

$$d \geqq \sqrt[3]{\frac{32 M_{b\,max}}{\pi \sigma_{b\,zul}}} \tag{1.6}$$

genähert

$$d \geqq \sqrt[3]{10\,M_{b\,max}/\sigma_{b\,zul}}$$

Hieraus folgt für St 50 mit $\sigma_{b\,zul} = 100\ \text{N/mm}^2$ (s. oben) die Zahlenwertgleichung

$$d \geqq \sqrt[3]{0{,}1 \cdot M_{b\,max}} \ \text{in mm} \quad \text{mit } M_{b\,max} \ \text{in N mm} \tag{1.7}$$

Gewichtseinsparungen sind durch Verwendung von Hohlachsen (1.6) bei nur geringer Vergrößerung des Außendurchmessers gegenüber einer gleichwertigen Vollachse möglich (Gewichtseinsparung z. B. 49 % bei 19 % Durchmesservergrößerung und dem Verhältnis $d_i/d_a = 0{,}8$; Hohl- und Vollachse für diese Werte sind im Diagramm von Bild 1.6 maßstäblich dargestellt).

Die Anpassung der Gestalt einer Achse an den Biegemomentverlauf (1.1) durch Ausbildung als Träger gleicher Biegefestigkeit ergibt das geringste Konstruktionsgewicht, aber höhere Fertigungskosten.

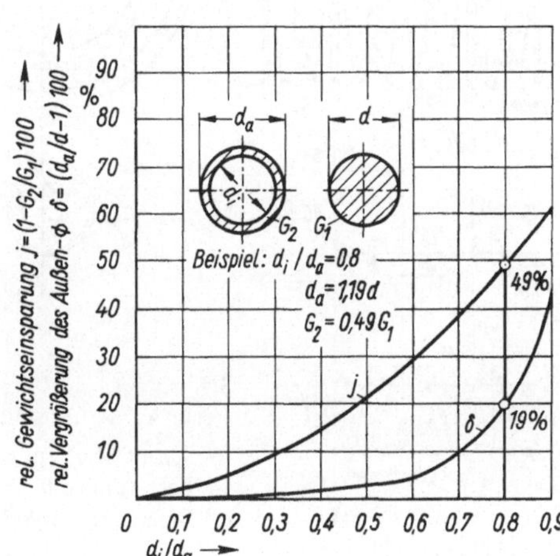

1.6
Vergleich der Abmessungen und Gewichte von Hohl- und Vollachsen bzw. -wellen mit gleichem Widerstandsmoment W_b

Die Flächenpressung p in den Buchsen der sich um die Achse drehenden Teile ist mit Belastung F, Buchsenlänge l_1 und Achsdurchmesser d

$$p = \frac{F}{l_1 d} \tag{1.8}$$

Die Werte von p_{zul} hängen ab vom gewählten Werkstoff (z. B. Rotguß, Bronze, Kunststoff) und von den Betriebsverhältnissen. Bei bekannter Buchsenlänge ($l_1 = 1 \cdots 1{,}5\,d$) und gegebenem Wert für p_{zul} ist der Achsdurchmesser $d \geqq F/(l_1\,p_{zul})$. Diesen Wert vergleicht man mit dem Ergebnis aus Gl. (1.6) und führt dann den größeren Wert von d aus. Die Flächenpressung, die in den Achslagern bei A und B von Bild 1.4 ohne Gleitbewegung auftritt, wird Lochleibungsdruck σ_l genannt. Im Vergleich zur Flächenpressung in Gleitflächen p kann der Lochleibungsdruck σ_l sehr hoch gewählt werden (s. Teil 1, Abschn. 4.3). So ist z. B. für ein Achslager im Steg eines Walzprofiles aus St 37 der zulässige Wert $\sigma_{l\,zul} = 80$ bis $120\ \text{N/mm}^2$. Die tragende Auflagebreite s (1.4) kann entsprechend schmal sein. Mit den Auflagerkräften F_A bzw. F_B wird

$$\sigma_l = \frac{F_A}{d\,s} \quad \text{bzw.} \quad \sigma_l = \frac{F_B}{d\,s} \tag{1.9}$$

Die erforderliche Auflagebreite s muß dann, unter Berücksichtigung etwaiger Ansenkungen der Bohrungen, $s \geqq F_A/(d\,\sigma_{l\,zul})$ bzw. $s \geqq F_B/(d\,\sigma_{l\,zul})$ sein.

Beispiel 1. Die feststehende Achse für die vier Seilrollen einer 320 kN-Kranhakenflasche nach Bild **1.**7 aus St 50 ist zu berechnen.

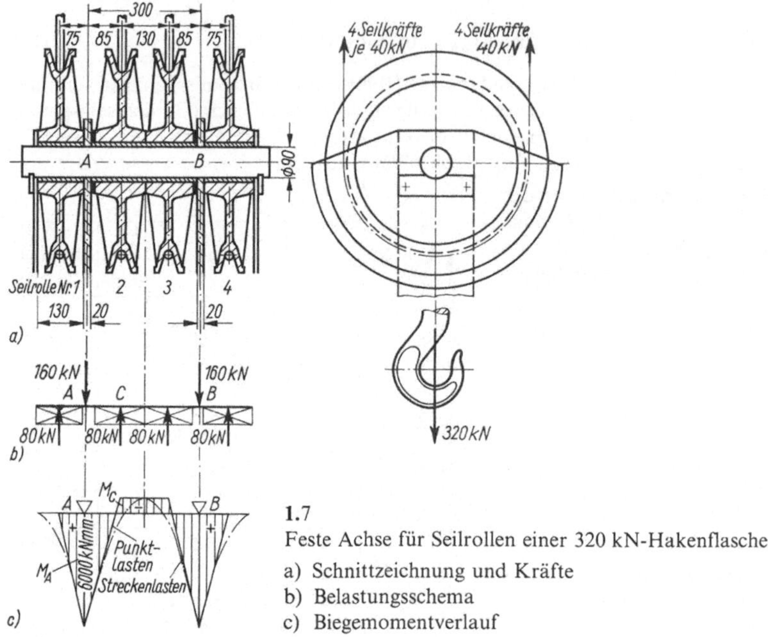

1.7
Feste Achse für Seilrollen einer 320 kN-Hakenflasche
a) Schnittzeichnung und Kräfte
b) Belastungsschema
c) Biegemomentverlauf

Die Biegemomente betragen beim Punkt A

$$M_A = 80 \text{ kN} \cdot 75 \text{ mm} = 6000 \text{ kN mm}$$

beim Punkt C

$$M_C = (80 \cdot 160 - 160 \cdot 85) \text{ kN mm} = (12\,800 - 13\,600) \text{ kN mm} = -800 \text{ kN mm}$$

Für die Berechnung ist das größte Moment $M_{b\,max}$ beim Punkt A maßgebend. Der erforderliche Achsdurchmesser d ist dann für St 50 nach Gl. (1.6)

$$d \geqq \sqrt[3]{\frac{10\,M_{b\,max}}{\sigma_{b\,zul}}} \geqq \sqrt[3]{\frac{10 \cdot 6000 \cdot 10^3 \text{ N mm}}{100 \text{ N/mm}^2}} \geqq 10 \sqrt[3]{600} \text{ mm} = 84,2 \text{ mm}$$

mit dem Zahlenwert für $\sigma_{b\,zul}$ nach Gl. (1.2)

$$\sigma_{b\,zul} = \frac{\sigma_{b\,Sch}}{3 \cdots 5} = \frac{370 \text{ N/mm}^2}{3 \cdots 5} = (123,5 \cdots 74) \text{ N/mm}^2 \approx 100 \text{ N/mm}^2$$

Gewählt wird im Hinblick auf Verwendung von blankem Rundstahl DIN 671 der Achsdurchmesser $d = 90$ mm. Die Nachrechnung der Flächenpressung in den Buchsen ergibt nach Gl. (1.8) $p = 80 \text{ kN}/(90 \cdot 130 \text{ mm}^2) = 6,84 \text{ N/mm}^2$. Für Rotguß, z. B. Rg 7, sind $(6 \cdots 8)$ N/mm² zulässig. Der Lochleibungsdruck in den Achslagern bei A bzw. B beträgt nach Gl. (1.9) $\sigma_l = 160 \text{ kN}/(90 \cdot 20 \text{ mm}^2) = 89$ N/mm². Der Stahl St 37 erlaubt hier Beanspruchungen von $(80 \cdots 120)$ N/mm².

Bemerkenswert ist die günstige Wahl der Achslagerung z w i s c h e n Seilrolle 1 und 2 bzw. 3 und 4. Eine Achslagerung a u ß e r h a l b der ersten bzw. vierten Rolle würde bedeutend größere Biegemomente und damit einen größeren Achsdurchmesser ergeben.

1.2.1.2 Berechnen umlaufender Achsen

Den erforderlichen Achsquerschnitt bzw. das erforderliche Widerstandsmoment erhält man aus dem größten Biegemoment bzw. der größten Biegebeanspruchung und der zulässigen Biegebeanspruchung wie bei der feststehenden Achse [s. Abschn. 1.2.1.1; Gl. (1.1), (1.3) und (1.6)]. Im Gegensatz zur feststehenden Achse ändert sich die Richtung der Biegemomente fortwährend mit der Drehung der Achse. Auf der Achse wechseln Zug- und Druckseite mit jeder halben Umdrehung. Für die Bemessung ist daher die Biegewechselfestigkeit σ_{bW}, nicht die Biegeschwellfestigkeit σ_{bSch}, wie bei der feststehenden Achse, maßgebend.

Die zulässige Biegebeanspruchung σ_{bzul} erhält man mit der Sicherheit $S_{kD} = 4 \cdots 6$, welche die Kerbwirkung einschließt, und aus der Biegewechselfestigkeit σ_{bW} (Tafel **A**1.4)

$$\sigma_{bzul} = \frac{\sigma_{bW}}{S_{kD}} = \frac{\sigma_{bW}}{4 \cdots 6} \tag{1.10}$$

Eine „Sicherheit" von $4 \cdots 6$ ist – gegenüber $3 \cdots 5$ bei der feststehenden Achse – erforderlich, weil die Gestaltung umlaufender Achsen mit Absätzen, Nuten usw. größere Kerbwirkungen zur Folge hat, die in Gl. (1.11) durch die Kerbwirkungszahl β_k, den Größenbeiwert b und den Oberflächenbeiwert $\varkappa$ genauer erfaßt werden können (s. Teil 1, Abschn. 2.3 und Teil 2, Bild **A**1.6). In Gl. (1.11) ist S_D eine wirkliche Sicherheit, die mit $1,5 \cdots 2$ einzusetzen ist. Faßt man die Sicherheit S_D in Gl. (1.11) mit dem β_k-Wert 2,0 und dem Größenbeiwert $b = 0,75$ zusammen, so erhält man mit $(1,5 \cdots 2) \cdot 2/0,75 = 4 \cdots 5,3$ etwa die „Sicherheiten" in Gl. (1.10) und (1.2), die richtiger als scheinbare Sicherheiten S_{kD} (einschließlich Kerbwirkung) bezeichnet würden.

$$\sigma_{bzul} = \frac{b\varkappa\sigma_{bW}}{\beta_k S_D} = \frac{b\varkappa\sigma_{bW}}{\beta_k(1,5 \cdots 2)} \tag{1.11}$$

siehe auch Teil 1, Tafel **A**2.5. Der Oberflächenbeiwert kann bei hoher Oberflächengüte $\varkappa \approx 1$ gesetzt werden.

Es ist z. B. für St 50 mit $\sigma_{bW} = 240\ \text{N/mm}^2$, für den Achsdurchmesser 100 mm mit dem Größenbeiwert $b = 0,64$, für $\beta_k = 1,5$ und $S_D = 2$ die zulässige Biegebeanspruchung

$$\sigma_{bzul} = \frac{0,64 \cdot 240\ \text{N/mm}^2}{1,5 \cdot 2} = 51,2\ \text{N/mm}^2$$

Nach Gl. (1.10) hätte man erhalten $\sigma_{bzul} = (240\ \text{N/mm}^2)/(4 \cdots 6) = (60 \cdots 40)\ \text{N/mm}^2$.

Die Gestaltfestigkeit ist für Eisenbahnachsen durch Dauerversuche an Bauteilen in natürlicher Größe ermittelt worden. Die hieraus abgeleitete zuverlässige Berechnung von Laufachsen [1] bei günstiger Gestaltung der Übergänge als Korbbogen (**1.8** und **1.9**) ermöglicht eine Bemessung mit hoher Ausnutzung des Werkstoffes (**1.10**) an den kritischen Stellen des Nabensitzes und Achsschaftes (**1.2**; s. hierzu auch Bild 3.12).

Beispiel 2. Nachrechnung der umlaufenden Achse (**1.2**) eines Schienenfahrzeuges nach Bild **1.8**. Die gesamte Achslast 100 kN abzüglich des Radsatzgewichtes 9,35 kN ergibt die ruhende Achsschenkelbelastung $F_s = 90,65$ kN.

---

[1] Sperling, E.: Festigkeitsversuche an Eisenbahnwagenachsen als Grundlage für deren Berechnung. VDI-Z. **91** (1949) Nr. 6, S. 134 ff.

Nach dem Berechnungsblatt[1]) der Bundesbahn ist dann die Seitenkraft Q_H bei 100 km/h Fahrgeschwindigkeit

$$Q_H = y\,F_s = 0,28 \cdot 90,65 \text{ kN} = 25,38 \text{ kN}$$

Nach demselben Berechnungsblatt ist die **dynamische** Belastung des kurvenäußeren Achsschenkels bei einem Stoßzuschlag von 10 % und einem Zuschlag von 20 % für die Momentwirkung der Zentrifugalkraft der Wagenmasse $F_1 = [(1 + 0,1 + 0,2) \cdot 90,65 \text{ kN}]/2 = 58,92 \text{ kN}$ und die dynamische Belastung des kurveninneren Achsschenkels mit 10 % Stoßzuschlag abzüglich der Momentwirkung der Zentrifugalkraft $F_2 = [(1 + 0,1 - 0,2) \cdot 90,65 \text{ kN}]/2 = 40,80 \text{ kN}$.

Die **dynamischen Radlasten** sind dann nach Bild **1.8** b

$$Q_1 = \frac{58,92 \text{ kN} (1,5 + 0,228) \text{ m} + 25,38 \text{ kN} \cdot 0,47 \text{ m} - 40,80 \text{ kN} \cdot 0,228 \text{ m}}{1,50 \text{ m}} = 69,62 \text{ kN}$$

$$Q_2 = 58,92 \text{ kN} + 40,80 \text{ kN} - 69,62 \text{ kN} = 30,10 \text{ kN}$$

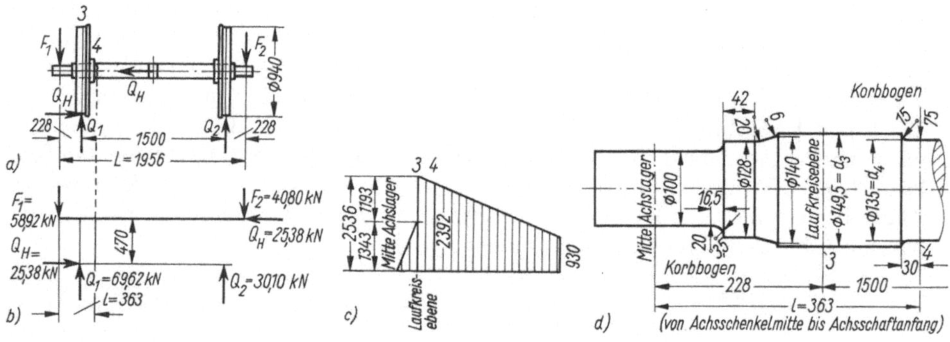

1.8 Umlaufende Radachse eines vierachsigen Dieseltriebwagens
   a) Ansichtszeichnung und Kräfte
   b) Belastungsschema
   c) Biegemomentverlauf in kN cm
   d) Achsschaft
   3, 4 entsprechend den Bezeichnungen der amtlichen Berechnungsverfahren

Das **größte Biegemoment** ist bei Punkt 3 in der Laufkreisebene (**1.8** c)

$$M_3 = (58,92 \cdot 22,8 + 25,38 \cdot 47) \text{ kN cm} = 2536 \text{ kN cm}$$

Am Achsschaftanfang 4 tritt die **größte Beanspruchung** auf. Hier ist das Biegemoment

$$M_4 = [58,92 \cdot 36,3 + 25,38 \cdot 47 - 69,62 \cdot (36,3 - 22,8)] \text{ kN cm}$$
$$= (2139 + 1193 - 940) \text{ kN cm} = 2392 \text{ kN cm}$$

Für die Durchmesser $d_3 = 14,95$ cm und $d_4 = 13,5$ cm ergeben sich die **Widerstandsmomente** Gl. (1.4)

$$W_{b3} = \frac{\pi (14,95 \text{ cm})^3}{32} = 328 \text{ cm}^3 \quad \text{und} \quad W_{b4} = \frac{\pi (13,5 \text{ cm})^3}{32} = 241,5 \text{ cm}^3$$

---

[1]) Formblatt: Fw 28.02.08 (Achswellenberechnung für Laufradsätze von Vollwellen, 8. Ausgabe) der Deutschen Bundesbahn, Eisenbahnzentralamt Minden/Westf.

Die Beanspruchungen sind dann nach Gl. (1.1)

$$\sigma_{b\,3} = \frac{M_3}{W_{b\,3}} = \frac{2536\ \text{kN cm}}{328\ \text{cm}^3} = 7,73\ \text{kN/cm}^2 = 77,3\ \text{N/mm}^2 \quad \text{und}$$

$$\sigma_{b\,4} = \frac{M_4}{W_{b\,4}} = \frac{2392\ \text{kN cm}}{241,5\ \text{cm}^3} = 9,90\ \text{kN/cm}^2 = 99\ \text{N/mm}^2$$

Die zulässigen Beanspruchungen für den Durchmesser d_3 bzw. d_4 sind abhängig von der Ausbildung des Übergangs, der nach Bild 1.9 als Korbbogen vorgeschrieben ist, und von dem Verhältnis $W_{b\,3}/W_{b\,4}$ (1.10). Hier ist es $W_{b\,3}/W_{b\,4} = 327,8\ \text{cm}^3/241,3\ \text{cm}^3 = 1,36$.

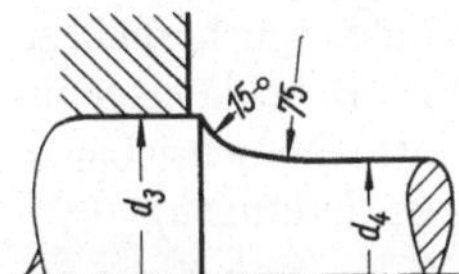

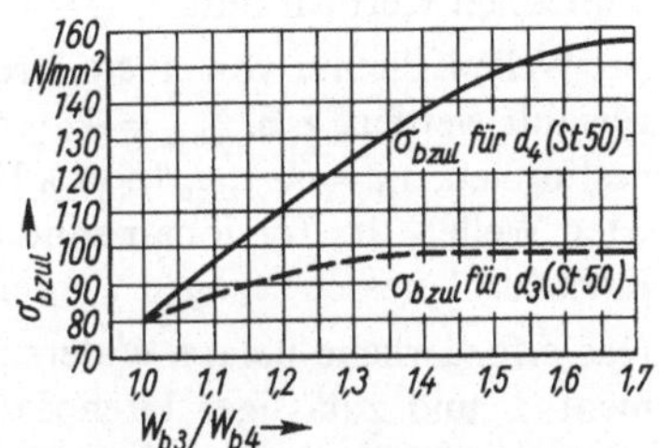

1.9 Übergangsbogen vom Nabensitz zum Achsschaft. Für d_3 und d_4 s. Bild 1.2 und 1.8

1.10 Zulässige Spannungen $\sigma_{b\,zul}$ in den Querschnitten d_3 und d_4 (1.2) mit Übergangsbogen nach Bild 1.9

Man entnimmt hierfür als zulässige Werte bei St 50
für den Querschnitt bei d_3 den Wert $\sigma_{b\,zul} = 97,5\ \text{N/mm}^2$
und bei d_4 den Wert $\sigma_{b\,zul} = 132,5\ \text{N/mm}^2$

Die oben berechneten Beanspruchungen $\sigma_{b\,3}$ bzw. $\sigma_{b\,4}$ liegen damit jeweils unterhalb der für die betreffenden Querschnitte zulässigen Werte; die Achse ist also ausreichend bemessen.

1.2.2 Wellen

Diese werden in manchen Fällen auf Torsion, im allgemeinen aber auf Torsion und Biegung beansprucht. Liegt diese zusammengesetzte Beanspruchung vor, so ist die Bemessung des Wellendurchmessers unter Berücksichtigung der Drehbeanspruchung allein nur eine Überschlagsrechnung, die für den ersten Entwurf ausreichen mag. Eine genaue Nachrechnung auf Drehung und Biegung muß sich anschließen unter Berücksichtigung von Kerbwirkung, Größeneinfluß und Sicherheit. In vielen Fällen muß ferner die elastische Durchbiegung und – seltener – die elastische Verdrehung, bei schnellaufenden Wellen außerdem die kritische Drehzahl untersucht werden.

1.2.2.1 Überschlägliche Berechnung der Drehbeanspruchung

Diese darf nur unter Annahme sehr geringer zulässiger Beanspruchungen erfolgen, da in der Regel – besonders bei großen Lagerabständen – für die nicht erfaßten Biegebeanspruchungen eine große Sicherheit ($S_{k\,D} = 10 \cdots 15$) erforderlich ist, die auch die Kerbwirkung (z. B. einer Paßfeder) einschließt. Die größte Drehbeanspruchung τ_t, die in der Randfaser der Welle auftritt (s. Teil 1, Abschn. 2.1), errechnet man, unter Berücksichtigung von Stößen mit dem Betriebsfaktor φ (A 4.8), aus dem größten Drehmoment $T_{max} = \varphi T$ und dem polaren Widerstandsmoment W_p

$$\tau_t = \frac{T_{max}}{W_p} \tag{1.12}$$

Die zulässige Drehbeanspruchung $\tau_{t\,zul}$ wird aus der Dauerdrehfestigkeit bei schwellender Belastung $\tau_{t\,Sch}$, unter Berücksichtigung der Kerbwirkung (z. B. einer Paßfeder, s. Teil 1, Abschn. 2.3 und 6.2.2) $b\varkappa/\beta_{k\,t} = 1/2 \cdots 1/3$, die mit der Sicherheit (Unsicherheit) $S_D = 5$ zum Unsicherheitsfaktor $S_{k\,D} = 10 \cdots 15$ zusammengefaßt wird,

$$\tau_{t\,zul} = \frac{b\varkappa\,\tau_{t\,Sch}}{\beta_{k\,t}\,S_D} = \frac{\tau_{t\,Sch}}{S_{k\,D}} = \frac{\tau_{t\,Sch}}{10 \cdots 15} \tag{1.13}$$

So erhält man z. B. für St 50 mit $\tau_{t\,Sch} = 190$ N/mm² (**A 1.4**) als zulässige Spannung einschließlich Kerbwirkung $\tau_{t\,zul} = (19{,}0 \cdots 12{,}5)$ N/mm².

Bei Wellen, die nur von einem Drehmoment beansprucht sind, kann die Sicherheit kleiner gewählt werden, z. B. $S_{k\,D} = 4 \cdots 6$. Es empfiehlt sich aber, die vorhandene Sicherheit zu bestimmen, $S_D = b\varkappa\,\tau_{t\,Sch}/(\beta_{k\,t}\,\tau_t)$. Hierbei kann aus Sicherheitsgründen, z. B. bei längsgenuteten Wellen, die Torsionsspannung auf den dem genuteten Querschnitt einbeschriebenen Kreisdurchmesser bezogen werden (s. Teil 1, Abschn. 6.2.2, Paßfederverbindungen).

Das erforderliche polare Widerstandsmoment einer Welle ist $W_p = T/\tau_{t\,zul}$ mit Drehmoment T und zulässiger Drehbeanspruchung $\tau_{t\,zul}$. Für die gebräuchlichen Wellenquerschnitte von Kreis (Durchmesser d) und Kreisring (Hohlwelle; Außendurchmesser d_a, Innendurchmesser d_i) ist das **polare Widerstandsmoment**

$$W_p = \pi\,d^3/16 \approx d^3/5 \quad \text{bzw.} \quad W_p = \frac{\pi\,(d_a^4 - d_i^4)}{16\,d_a} \tag{1.14} \quad \text{(1.15)}$$

Der erforderliche Wellendurchmesser (Außendurchmesser) ist dann bei kreisförmigem Querschnitt

$$d \geqq \sqrt[3]{\frac{16\,T_{max}}{\pi\,\tau_{t\,zul}}} \quad \text{oder genähert} \quad d \approx \sqrt[3]{\frac{5\,T_{max}}{\tau_{t\,zul}}} \tag{1.16}$$

Führt man bestimmte Zahlenwerte für $\tau_{t\,zul}$ in N/mm² ein und faßt alle Zahlenwerte zu der Konstanten C vor der Wurzel zusammen, so erhält man die Zahlenwertgleichung

$$d \geqq C \sqrt[3]{T_{max}} \quad \text{in mm} \quad \text{mit} \quad T_{max} \text{ in N mm} \tag{1.17}$$

Drückt man auch T nach Umstellung der Gleichung für die Nennleistung $P = \omega\,T$ durch eine Zahlenwertgleichung mit der Nenndrehfrequenz n und dem Betriebsfaktor φ, nämlich durch

$$T_{max} = \varphi\,9{,}55 \cdot 10^6\,P/n \text{ in N mm}$$
$$\text{mit } P \text{ in kW und der Umlauffrequenz } n \text{ in min}^{-1} \tag{1.18}$$

aus und faßt wiederum alle Zahlenwerte zu der Konstante C_1 zusammen, so entsteht die Zahlenwertgleichung

$$d \geqq C_1 \sqrt[3]{\varphi\,P/n} \text{ in mm} \quad \text{mit } P \text{ in kW und } n \text{ in min}^{-1} \tag{1.19}$$

Aus der Umkehrung der Gl. (1.17) findet man mit der Konstanten C_2 die Zahlenwertgleichung

$$T_{max\,zul} \leqq C_2\,d^3 \text{ in N mm} \quad \text{mit} \quad d \text{ in mm} \tag{1.20}$$

Die Beiwerte C, C_1 und C_2 sind Tafel **1.1**, die zulässigen Drehmomente T in N m für $\tau_{t\,zul} = 15$ N/mm² der Tafel **A 1.7** zu entnehmen. Aus dem Diagramm in Bild **A 1.8** kann der Wellendurchmesser nach Gl. (1.20) für bestimmte Werte von τ_t abgelesen werden. Abmessungen und übertragbare Drehmomente für zylindrische Wellenenden nach DIN 748 s. Tafel **A 1.10**. Abmessungen kegeliger Wellenenden s. Tafel **A 1.11**.

Tafel 1.1 Gerundete Beiwerte C, C_1, C_2 für Gl. (1.17), (1.19) und (1.20) für verschiedene Werte von $\tau_{t\,zul}$

$\tau_{t\,zul}$ in N/mm^2	≈ 10	$\approx 12{,}5$	≈ 15[1]	≈ 20	≈ 35[2]
$C = \sqrt[3]{\dfrac{16}{\pi\,\tau_{t\,zul}}}$	0,80	0,74	**0,70**	0,64	**0,53**
$C_1 = \sqrt[3]{\dfrac{16 \cdot 9{,}55 \cdot 10^6}{\pi\,\tau_{t\,zul}}}$	170	157	**148**	135	**111**
$C_2 = \dfrac{\pi}{16} \cdot \tau_{t\,zul}$	2	2,5	**3**	4	7

[1]) Wert gilt für Biegung und Torsion (z. B. Riemenscheibe).
[2]) Wert gilt für reine Torsion (z. B. Kupplungsantrieb).

1.2.2.2 Genauere Berechnung der Dreh- und Biegebeanspruchung

Bei den meisten Wellen treten neben der Drehbeanspruchung erhebliche Biegebeanspruchungen durch einseitig wirdende Kräfte wie Riemen-, Seil- und Kettenzüge oder Umfangs-, Andrück- und Zahnkräfte auf. Die bei horizontaler Welle durch das Eigengewicht hervorgerufenen Biegemomente sind demgegenüber in der Regel vernachlässigbar klein, ausgenommen bei größeren Lagerentfernungen und schweren Läufern, z. B. von Turbomaschinen. Sind mehrere Räder auf einer Welle angebracht und ist die Richtung der angreifenden Kräfte verschieden, so zerlegt man zweckmäßigerweise alle Kräfte in horizontale und vertikale Komponenten und bestimmt daraus die Komponenten der Biegemomente in diesen Ebenen. Das resultierende Biegemoment gewinnt man nach Betrag und Richtung durch graphische Zusammensetzung der Komponenten der Biegemomente.

Die Biegemomente können durch konstruktive Maßnahmen beeinflußt werden. Günstig ist die Anordnung des Triebwerkteiles mit der größten biegenden Kraft dicht neben einem Lager, ungünstig dagegen die Anbringung auf einem fliegenden Wellenstück oder nahe der Mitte zwischen zwei Lagern.

Die **Biegebeanspruchung** tritt infolge der Drehbewegung der Welle wechselnd auf, sofern, was meist zutrifft, die Richtung der angreifenden Kraft unverändert bleibt. Die Biegebeanspruchung σ_b ist bei dem größten Biegemoment $M_{b\,max}$ und dem Widerstandsmoment W_b

$$\sigma_b = \frac{M_{b\,max}}{W_b} \tag{1.21}$$

Die **Drehbeanspruchung** τ_t durch das größte Drehmoment T_{max} ist beim Widerstandsmoment W_p

$$\tau_t = \frac{T_{max}}{W_p} \tag{1.22}$$

Biege- und Drehbeanspruchungen treten gleichzeitig in der Außenfaser der Welle auf, s. Teil 1, Abschn. 2.1. Die Gesamtwirkung beurteilt man nach der aus der Hypothese der größten Gestaltänderungsenergie berechneten **Vergleichsspannung** σ_v (s. Teil 1, Abschn. 2.2, Gl. (2.25)). Diese muß mit der zulässigen Biegebeanspruchung verglichen werden.

$$\sigma_v = \sqrt{\sigma_b^2 + 3(\alpha_0\,\tau_t)^2} \leqq \sigma_{b\,zul} \tag{1.23}$$

Hierin bedeutet α_0 das sog. Anstrengungsverhältnis nach Bach

$$\alpha_0 = \frac{\sigma_{b\,grenz}}{1{,}73\,\tau_{t\,grenz}} \tag{1.24}$$

In Gl. (1.24) sind die Grenzspannungen für den jeweils vorliegenden Belastungsfall einzusetzen; bei Wellen ist für Biegung der Lastfall III nach Bach (wechselnd), für Drehung dagegen der Lastfall II (schwellend) zutreffend (s. Teil 1, Abschn. 2.2 und 2.3).

Bei gleichbleibendem Drehmoment könnte für Drehung Lastfall I (ruhend) angenommen werden. In der Regel wird aber mit einem veränderlichen Drehmoment in einer Drehrichtung zu rechnen sein. Bei Fahrantrieben, z. B. von Hebezeugen ändert sich von Zeit zu Zeit auch die Drehrichtung. Die Zahl der Richtungswechsel ist jedoch im Verhältnis zu den Dauerfestigkeits-Lastwechselzahlen so klein, daß man bei Annahme des Lastfalls II (schwellend) eine sichere Bemessung erhält.

Wenn man annimmt, daß das Verhältnis $\sigma_{b\,grenz}/\tau_{t\,grenz}$ dem Verhältnis der zugehörigen Dauerfestigkeitswerte entspricht, wird $\alpha_0 = \sigma_{b\,W}/(1{,}73\,\tau_{t\,Sch})$. Für St 50 z. B., mit $\sigma_{b\,W} = 240\ \text{N/mm}^2$ und $\tau_{t\,Sch} = 190\ \text{N/mm}^2$, wird $\alpha_0 = 0{,}73$, somit $3\,\alpha_0^2 = 1{,}6$ und dann die Vergleichsspannung nach Gl. (1.23)

$$\sigma_v = \sqrt{\sigma_b^2 + 1{,}6\,\tau_t^2}$$

Werte für R_m, $\sigma_{b\,W}$, $\sigma_{b\,Sch}$, $\tau_{t\,W}$, $\tau_{t\,Sch}$ enthält die Tafel A 1.4, s. auch Teil 1, Abschn. 1.3, Werkstoffe und Arbeitsblatt 1. Faßt man Dreh- und Biegemoment, ausgehend von Gl. (1.23), zu einem Vergleichsmoment

$$M_v = \sqrt{M_b^2 + (3/4)\,(\alpha_0\,T_{max})^2} \tag{1.25}$$

zusammen, so läßt sich der erforderliche Wellendurchmesser für eine bestimmte zulässige Biegebeanspruchung direkt berechnen (s. Teil 1, Abschn. 2). Es ist

$$d_{erf} \geqq \sqrt[3]{\frac{32\,M_v}{\pi\,\sigma_{b\,zul}}} \quad \text{für} \quad \sigma_v = \frac{M_v}{W_b} \leqq \sigma_{b\,zul} \tag{1.26}\quad\tag{1.27}$$

Die **zulässige Biegebeanspruchung** $\sigma_{b\,zul}$ wird aus der Biegewechselfestigkeit $\sigma_{b\,W}$ unter Berücksichtigung der Kerbwirkungszahl $\beta_{k\,b}$, des Größenbeiwertes b, des Oberflächenbeiwertes $\varkappa$ und der zu wählenden Sicherheit S_D bestimmt, (Tafel A 1.5 und Teil 1, Abschn. 2.3).

$$\sigma_{b\,zul} = \frac{b\,\varkappa\,\sigma_{b\,W}}{\beta_{k\,b}\,S_D} \tag{1.28}$$

Die Werte für $\sigma_{b\,W}$ (Tafel A 1.4) sind untere Grenzwerte der Biegewechselfestigkeit für Probestäbe mit $(7{,}5 \cdots 15)$ mm Durchmesser. Die Abnahme der Dauerfestigkeit für größere Durchmesser berücksichtigt der Größenbeiwert b (A 1.6)[1]. Für die zu wählende wirkliche Sicherheit kann gesetzt werden $S_D = 1{,}5 \cdots 2 \cdots 3$ für normale Bemessung und $S_D = 1{,}2 \cdots 1{,}5$ für Leichtbau sowie für solche Wellen, die bei niedriger Drehzahl (d. h. kleiner Biegewechselzahl bzw. niedriger prozentualer Häufigkeit der Höchstlast) nach der zugehörigen Zeitfestigkeit bemessen werden können[2]. Angenähert wird für eine Welle mit günstiger Formgebung ($\beta_{k\,b} \leqq 1{,}5$), hoher Oberflächengüte ($\varkappa = 1$) und mittlerem Wellen-

[1] Hempel, M.: Stand der Erkenntnisse über den Einfluß der Probengröße auf die Dauerfestigkeit. Z. Draht (1957), H. 9, S. 385 bis 394.

[2] Hänchen, R.: Die zulässigen Spannungen der Wellen im Maschinenbau. Z. Werkstatt und Betrieb (1957) H. 5, S. 317 bis 321 und (1960) Heft 10, S. 667 bis 674.

durchmesser ($d = 50 \cdots 100$ mm) bei dem Größenbeiwert $b = 0,6 \cdots 0,7$ und einer zwei- bis dreifachen Sicherheit die zulässige Biegebeanspruchung

$$\sigma_{b\,zul} = \frac{(0,6 \cdots 0,7)\,\sigma_{bw}}{1,5\,(2 \cdots 3)} = \frac{\sigma_{bw}}{4,3 \cdots 5,7} \approx \frac{\sigma_{bw}}{4 \cdots 6} \tag{1.29}$$

Man erhält z.B. für St 50 mit $\sigma_{bw} = 240\ \text{N/mm}^2$ (Tafel **A 1.**4) den Wert $\sigma_{b\,zul}$ $= (40 \cdots 60)\ \text{N/mm}^2$. Dies entspricht dem Erfahrungswert für Hebezeugwellen aus St 50.

Rechnet man nicht mit Nennspannungen, sondern mit der Kerbwirkung (Formzahl α), so ändert sich Gl. (1.23) für die **Vergleichsspannung**

$$\sigma_v = \sqrt{(\sigma_{ba}\,\alpha_{kb})^2 + 3\,(\alpha_0\,\tau_{ta}\,\alpha_{kt})^2} \tag{1.30}$$

mit den Nennspannungsausschlägen σ_{ba} und τ_{ta}. Die vorhandene **Sicherheit** ist dann

$$S_D = b\,\varkappa\,\sigma_{bA}/\sigma_v \tag{1.31}$$

mit σ_{bA} als der Ausschlagfestigkeit eines glatten Probestabes. Leider ist auch dieser Ansatz unsicher, weil noch keine ausreichenden Kenntnisse über den Einfluß der Kerbwirkung bei Überlagerung von Biegung und Torsion vorliegen (s. Teil 1, Abschn. 2).

Ist die **Kerbwirkungszahl für Biegung** β_{kb} für die Bemessung der Wellen (und der Achsen) nicht bekannt, so kann sie durch den größeren Formfaktor für Biegung α_{kb} ersetzt werden. Die Bemessung bleibt auf der sicheren Seite, da α_{kb} größer als β_{kb} ist. Für eine eingehendere Berechnung ist das **Spannungsgefälle** an der Kerbstelle[1]) zu berücksichtigen (s. Teil 1, Abschn. 2.3). Die β_{kb}- und α_{kb}-Werte werden, da sie von mehreren Faktoren abhängen, zweckmäßigerweise graphischen Darstellungen entnommen. Zahlentafeln können nur eingeschränkt, z.B. für bestimmte Werkstoffe, verwendet werden (Tafel **A 1.**5, s. auch Teil 1, **A 2.**11 und **A 2.**12).

Bild **A 1.**3 enthält die für Gl. (1.28) benötigten Zahlenwerte von σ_{bw} bzw. σ_{bw}/β_{kb} für verschiedene glatte und gekerbte Wellen, aufgetragen über der statischen Zugfestigkeit R_m. Mit Hilfe der eingezeichneten dünnen β_{kb}-Linien lassen sich auch die zugehörigen β_{kb}-Werte ermitteln. Der **Größenbeiwert** b ist Bild **A 1.**6 zu entnehmen. Die Umrechnung der β_{kb}-Werte für Wellenabsätze mit anderen D/d-Werten als 1,2 (die Bild **A 1.**3 zugrunde gelegt sind) erfolgt nach **Lehr**[2]) mit Hilfe der Gleichung $\beta'_{kb} = 1 + C'\,(\beta_{kb} - 1)$ mit dem Faktor C' (nach Bild **A 1.**2).

Beispiel 3. Berechnung der zulässigen Biegebeanspruchung einer abgesetzten Welle; Durchmesser $D = 100$ mm und $d = 60$ mm, Rundungshalbmesser $\varrho = 6$ mm, d.h. $\varrho/d = 0,1$. Werkstoff St 60, Sicherheit $S_D = 3$, Rundung poliert ($\varkappa_1 = 1$).
Aus Bild **A 1.**3 wird für $R_m = 600\ \text{N/mm}^2$ und $\varrho/d = 0,1$ abgelesen $\sigma_{bw}/\beta_{kb} = 230\ \text{N/mm}^2$ und $\beta_{kb} = 1,2$. (Diese Werte gelten nur für $D/d = 1,2$). Die Umrechnung auf β'_{kb} (nach Bild **A 1.**2) für

$$D/d = 100\ \text{mm}/60\ \text{mm} = 1,67$$

mit Beiwert $C' = 2,1$ liefert $\beta'_{kb} = 1 + 2,1 \cdot (1,2 - 1) = 1,42$. Für $d = 60$ mm ist der Größenbeiwert $b = 0,67$ (Bild **A 1.**3) und für St 60 $\sigma_{bw} = 280\ \text{N/mm}^2$ (Bild **A 1.**4).

---

[1]) **Siebel**, E., und **Meuth**, H.O.: Die Wirkung von Kerben bei schwingender Beanspruchung. VDI-Z. **91** (1949) H. 13, S. 319 bis 323.
[2]) **Lehr**, E.: Formgebung und Werkstoffausnutzung. Z. Stahl u. Eisen (1941) S. 965.

Nach Gl. (1.28) wird dann

$$\sigma_{b\,zul} = \frac{0{,}67 \cdot 280 \text{ N/mm}^2}{1{,}42 \cdot 3} = 44 \text{ N/mm}^2$$

Die Berechnung von Wellen unter Berücksichtigung der Kerbwirkung s. auch Teil 1, Abschn. 2.3, Beispiel 3 bis 5.

Beispiel 4. Die Getriebewelle einer Fräsmaschine (Bild **1.**11a) mit zwei Zahnrädern 1 und 2 ist zu berechnen. Die zu übertragende Leistung ist 28,5 kW bei der Drehfrequenz 684 min^{-1}. Werkstoff der Welle: St 60. Betriebsfaktor $\varphi = 1$.

Das Drehmoment ist nach der Zahlenwert-Gl. (1.18) $T = 955 \cdot 28{,}5/684 = 39{,}80$ kN cm. Zunächst wird der Wellendurchmesser überschläglich, d. h. nur nach dem Drehmoment bemessen und der Tafel **A 1.**7 entnommen: $d \geqq 56$ mm. Da die Zahnräder auf der Welle Verschieberäder sind, wird eine Keilwelle $58 \times 65 \times 14$ DIN 5472 (s. Teil 1, Abschn. 6.2.3) gewählt. Die Kerbwirkung der Keilwelle ist durch den niedrigen τ_t-Wert in Tafel **A 1.**7 und die Aufrundung des Drehmomentes nach oben zunächst berücksichtigt.

Nun erfolgt eine genaue Nachrechnung der Gesamtbeanspruchung aus Biegung und Drehung und die Feststellung der vorhandenen Sicherheit. In einer weiteren Nachrechnung wird die elastische Durchbiegung (Beispiel 7) untersucht. Für die Nachrechnung der Biegebeanspruchung ist die Kenntnis der Zahnkräfte der Zahnräder (mit Evolventenverzahnung 20°) erforderlich. Diese sind für das Zahnrad 1 mit dem Teilkreisdurchmesser $r_1 = 177$ mm (s. Abschn. Zahnräder, Normalkraft)

$$F_1 = \frac{T}{r_1 \cos 20°} = \frac{39{,}80 \text{ kN cm}}{8{,}85 \text{ cm} \cdot 0{,}94} = 4{,}79 \text{ kN}$$

und für das Zahnrad 2 mit dem Teilkreisdurchmesser $r_2 = 90$ mm

$$F_2 = \frac{T}{r_2 \cos 20°} = \frac{39{,}80 \text{ kN cm}}{4{,}5 \text{ cm} \cdot 0{,}94} = 9{,}40 \text{ kN}$$

Die Zahnkräfte sind zunächst in ihre Vertikal- und Horizontalkomponenten zu zerlegen (Vorzeichen s. Bild **1.**11a, Mitte).

$$F_{1v} = 4{,}79 \text{ kN} \cdot \sin(20° - 5°40') = + 1{,}185 \text{ kN} \qquad F_{1h} = 4{,}79 \text{ kN} \cdot \cos(14°20') = + 4{,}64 \text{ kN}$$

$$F_{2v} = 9{,}40 \text{ kN} \cdot \sin 70° = - 8{,}83 \text{ kN} \qquad F_{2h} = 9{,}40 \text{ kN} \cdot \sin 20° = - 3{,}22 \text{ kN}$$

Bei der gewählten Ausführung der Welle, mit gleichbleibendem Profil über die ganze Länge, wird von der Anwendung graphischer Verfahren – auch zur Ermittlung der Durchbiegung – abgesehen und eine rein rechnerische Lösung gewählt. Die Komponenten der Auflagerkräfte F_A, F_B und die Biegemomente werden jeweils aus Gleichgewichtsbedingungen (s. Teil 1, Abschn. 2.4) berechnet:

Vertikalebene. Die Auflagerkraft F_{Av} ist (nach dem Ansatz: Summe aller Momente um den Punkt $B = $ Null)

$$F_{Av} = \frac{(1{,}185 \cdot 23 - 8{,}83 \cdot 4{,}3) \text{ kN cm}}{43{,}45 \text{ cm}} = - 0{,}247 \text{ kN}$$

Das negative Vorzeichen bedeutet, daß die Summe der Momente innerhalb der Klammer infolge des Überwiegens der Kraftwirkung von F_{2v} negativ ist, daß somit F_{Av} für den Gleichgewichtszustand ein entgegengesetzt zu F_{2v} gerichtetes Moment hervorrufen muß, d. h., die Kraftrichtung von F_{Av} ist, wie eingetragen, entgegengesetzt zu F_{2v}. Man beachte, daß das Vorzeichen aus der vorstehenden Rechnung nur zur Feststellung der Drehrichtung einer Kraft um einen gewählten Drehpunkt dient, daß bei den nachfolgenden Rechnungen aber das Vorzeichen einzusetzen ist, das aus der in Bild **1.**11 angegebenen Vorzeichenwahl hervorgeht (z. B. F_{1v} positiv, also auch F_{Av} positiv). Die Auflagerkraft F_{Bv} wird entsprechend (nach dem Ansatz: Summe aller Kräfte in der Vertikalebene = Null)

$$F_{\mathrm{Bv}} = (0{,}247 + 1{,}185 - 8{,}83)\ \mathrm{kN} = -7{,}4\ \mathrm{kN}$$

Ähnlich wie oben bedeutet das Minuszeichen: Die Kraftwirkungen infolge von F_{Av}, die Kräfte $F_{1\,\mathrm{v}}$ und $F_{2\,\mathrm{v}}$, ergeben eine negative resultierende, d. h. aufwärts gerichtete Kraft. Die Kraft F_{Bv} muß wegen des Kräftegleichgewichts entgegengesetzt, also senkrecht abwärts wirken, d. h., F_{Bv} hat dieselbe Richtung wie F_{Av}, und $F_{1\,\mathrm{v}}$ ist entgegengesetzt zu $F_{2\,\mathrm{v}}$ gerichtet.

$$M_{1\mathrm{v}} = -0{,}247\ \mathrm{kN} \cdot 20{,}45\ \mathrm{cm} = -5{,}1\ \mathrm{kN\,cm} \qquad M_{2\mathrm{v}} = -7{,}4\ \mathrm{kN} \cdot 4{,}3\ \mathrm{cm} = -31{,}8\ \mathrm{kN\,cm}$$

Die Biegemomente der Welle werden auf der Seite der g e z o g e n e n Faser aufgetragen (Vorzeichenwahl s. Bild **1.**11).

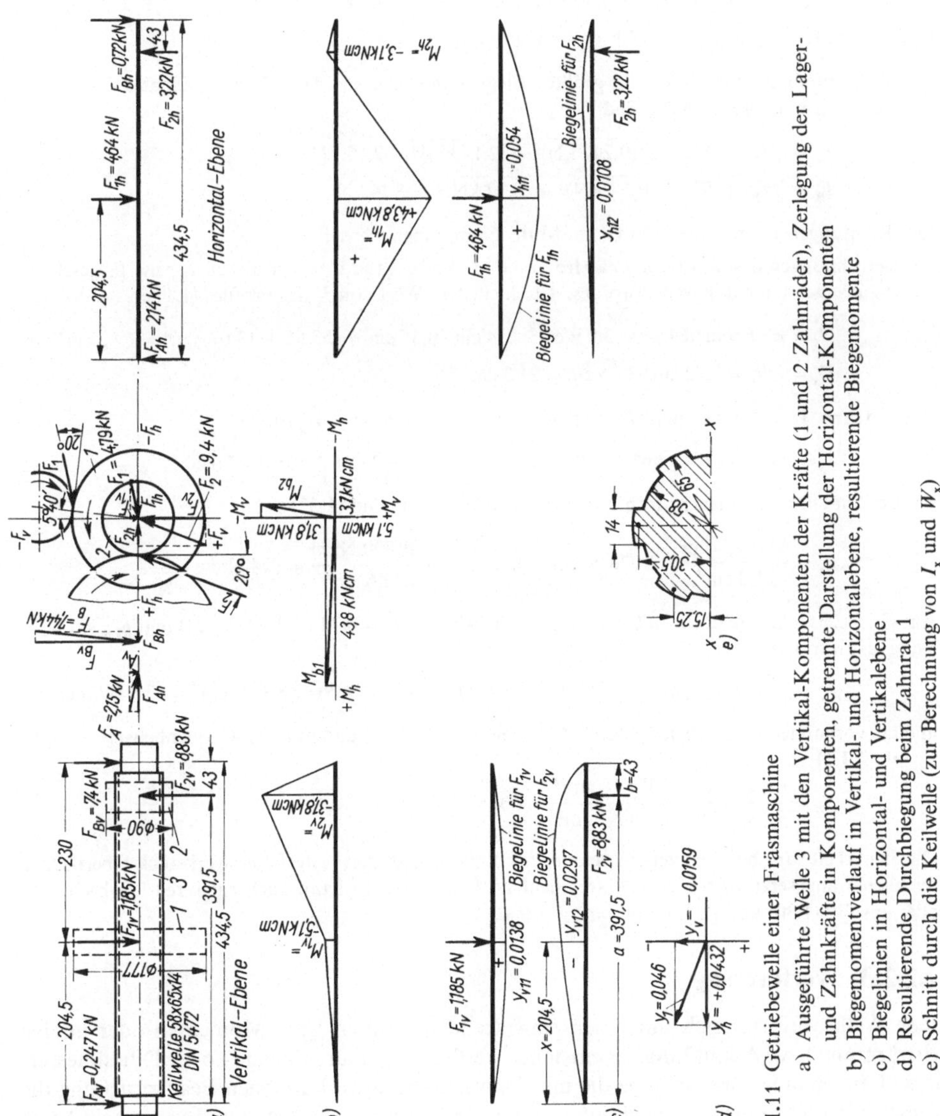

1.11 Getriebewelle einer Fräsmaschine
a) Ausgeführte Welle 3 mit den Vertikal-Komponenten der Kräfte (1 und 2 Zahnräder), Zerlegung der Lager- und Zahnkräfte in Komponenten, getrennte Darstellung der Horizontal-Komponenten
b) Biegemomentverlauf in Vertikal- und Horizontalebene, resultierende Biegemomente
c) Biegelinien in Horizontal- und Vertikalebene
d) Resultierende Durchbiegung beim Zahnrad 1
e) Schnitt durch die Keilwelle (zur Berechnung von I_x und W_x)

Horizontalebene. Hier betragen die Kräfte und Biegemomente

$$F_{Ah} = \frac{(4{,}64 \cdot 23 - 3{,}22 \cdot 4{,}3)\,\text{kN cm}}{43{,}45\,\text{cm}} = +2{,}14\,\text{kN}$$

$$F_{Bh} = (4{,}64 - 3{,}22 - 2{,}14)\,\text{kN} = -0{,}72\,\text{kN}$$

$$M_{1h} = +2{,}14\,\text{kN} \cdot 20{,}45\,\text{cm} = +43{,}8\,\text{kN cm}$$

$$M_{2h} = -0{,}72\,\text{kN} \cdot 4{,}3\,\text{cm} = -3{,}1\,\text{kN cm}$$

Die resultierenden Biegemomente sind bei

Rad 1 $M_{b1} = \sqrt{M_{1v}^2 + M_{1h}^2} = \sqrt{5{,}1^2 + 43{,}8^2}\,\text{kN cm} = 44{,}1\,\text{kN cm}$

Rad 2 $M_{b2} = \sqrt{31{,}8^2 + 3{,}1^2}\,\text{kN cm} = 32\,\text{kN cm}$

Für die weitere Rechnung ist als größtes Biegemoment $M_{b1} = 44{,}1\,\text{kN cm}$ maßgebend. Die resultierenden Lagerkräfte sind

$$F_A = \sqrt{F_{Av}^2 + F_{Ah}^2} = \sqrt{(0{,}247\,\text{kN})^2 + (2{,}14\,\text{kN})^2} = 2{,}15\,\text{kN}$$

$$F_B = \sqrt{F_{Bv}^2 + F_{Bh}^2} = \sqrt{(7{,}4\,\text{kN})^2 + (0{,}72\,\text{kN})^2} = 7{,}44\,\text{kN}$$

Ihre Richtungen können aus Bild **1.**11 a, Mitte, entnommen werden.

Die Berechnungen des axialen Trägheits- und Widerstandsmomentes I_x bzw. W_x geschieht bei ungünstiger Lage des Wellenprofiles, d. h. kleinstem Wert von I_x des Profiles (**1.**11 e)

$$I_x = \pi\,5{,}8^4\,\text{cm}^4/64 + 3 \cdot 3{,}05^2\,\text{cm}^2 \cdot 1{,}4\,\text{cm} \cdot 0{,}35\,\text{cm} = (55{,}55 + 13{,}67)\,\text{cm}^4 = 69{,}2\,\text{cm}^4$$

$$W_x = I_x/r_a = 69{,}2\,\text{cm}^4/3{,}25\,\text{cm} = 21{,}3\,\text{cm}^3$$

Das polare Trägheits- und Widerstandsmoment I_p bzw. W_p ist

$$I_p = 2\,I_x = 2 \cdot 69{,}2\,\text{cm}^4 = 138{,}4\,\text{cm}^4 \quad \text{bzw.} \quad W_p = 2 \cdot 21{,}3\,\text{cm}^3 = 42{,}6\,\text{cm}^3$$

Biege- und Drehbeanspruchung sind nach Gl. (1.21) und (1.22)

$$\sigma_b = \frac{44100\,\text{N cm}}{21{,}3\,\text{cm}^3} = 2070\,\text{N/cm}^2 \quad \text{bzw.} \quad \tau_t = \frac{39800\,\text{N cm}}{42{,}6\,\text{cm}^3} = 934\,\text{N/cm}^2$$

Aus Gl. (1.23) erhält man für St 60 mit $\sigma_{bw} = 280\,\text{N/mm}^2$, $\alpha_0 = 0{,}74$ nach Gl. (1.24) und $\beta_{kb} = 1{,}8$ die Vergleichsspannung

$$\sigma_v = \sqrt{\sigma_b^2 + 3(\alpha_0 \tau_t)^2} = \sqrt{2070^2 + 3 \cdot (0{,}74 \cdot 934)^2}\,\text{N/cm}^2 = 2390\,\text{N/cm}^2 = 23{,}9\,\text{N/mm}^2$$

und die vorhandene Sicherheit S_D durch Auflösen der Gl. (1.28) und mit dem Größenbeiwert $b = 0{,}66$ (s. Bild **A 1.**6)

$$S_D = \frac{b\,\sigma_{bw}}{\beta_{kb}\,\sigma_v} = \frac{0{,}66 \cdot 280\,\text{N/mm}^2}{1{,}8 \cdot 23{,}9\,\text{N/mm}^2} = 4{,}3$$

Die Sicherheit wird bei Werkzeugmaschinen zur Erzielung glatter, ratterfreier Werkstück-Oberflächen reichlicher angesetzt als sonst im Maschinenbau. Die Sicherheit kann auch nach Teil 1, Abschn. 2.3 oder aus Gl. (1.30) und (1.31) bestimmt werden.

1.2.2.3 Verformung

Jede Welle verformt sich unter den einwirkenden Kräften bzw. Momenten oder infolge Erwärmung bzw. Abkühlung. Es entstehen Verdrehung, Durchbiegung oder Durchmesser- bzw. Längenänderung. Solange die mit der Verformung verbundenen Beanspruchung die Elastizitätsgrenze nicht überschreitet, ist die Verformung „elastisch" und verursacht keine bleibende Gestaltänderung. (Bleibende Verformung kann dagegen auftreten bei der mechansichen Bearbeitung der Welle infolge Auslösung von Eigenspannungen, z. B. beim Nutenfräsen oder bei Wärmebehandlung, wie Härten u. ä. m.).

Elastische Verdrehung. Die elastische Verdrehung einer Welle ist für den Betrieb einer Maschine meist bedeutungslos, ausgenommen bei langen Steuer- oder Fahrwerkswellen, z. B. im Kranbau.

Gefährlich können elastische Drehschwingungen bei rhythmisch sich ändernden Drehmomenten (s. Abschn. 1.2.2.4) werden. In der Meßtechnik nutzt man die elastische Verdrehung einer Welle zur Drehmomentmessung aus.

Der **Verdrehungswinkel** ϑ (in rad/m, auch Drillung genannt, s. Bild **1**.12) zwischen zwei Wellenquerschnitten im Abstand der Längeneinheit hat die Dimension eines Winkels in rad, dividiert durch eine Länge und ist mit Drehmoment T, Gleitmodul (Schubmodul) G und polarem Trägheitsmoment I_p

$$\vartheta = \frac{T}{G I_\mathrm{p}} \tag{1.32}$$

Entsprechend ist der Verdrehungswinkel ψ in rad im Abstand l

$$\psi = \vartheta\, l = \frac{T l}{G I_\mathrm{p}} \tag{1.33}$$

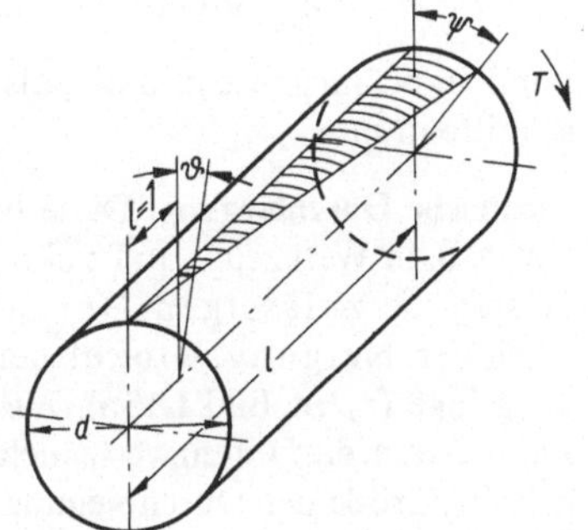

1.12
Elastische Verdrehung einer Welle

Das polare Trägheitsmoment I_p beträgt für den Kreisquerschnitt $\pi d^4/32$ und für den Kreisring $\pi(d_\mathrm{a}^4 - d_\mathrm{i}^4)/32$. Der Gleitmodul G ist für Stahl 80 000 bis 85 000 N/mm², für Gußeisen 20 000 bis 60 000 N/mm² je nach der Gußeisensorte.

Aus Gl. (1.33) folgt für den Verdrehungswinkel eines Wellenstückes von 1 m ($l = 1\,000$ mm) Länge mit dem Zahlenwert $G = 80\,000$ (in N/mm²) die Zahlenwertgleichung

$$\psi_{1\,\mathrm{m}} = \frac{T \cdot 1\,000 \cdot 32 \cdot 360}{80\,000 \cdot \pi \cdot d^4 \cdot 2 \cdot \pi} = \frac{7{,}3\,T}{d^4} \quad \text{in Winkelgrad (°) für } l = 1\text{ m} \tag{1.34}$$

Diese Gleichung erhält man mit der Definition des Winkels als Quotient aus Bogen und Halbmesser s/r bei Verwendung gleicher Einheiten für s und r (z. B. 1 m/m = 1 rad), der Einheitenbeziehung 1 rad $= 360°/2\pi$, mit T in N mm, I_p in mm⁴ und d in mm. Dem Diagramm (Bild **A 1**.9) können die $\psi_{1\,\mathrm{m}}$-Werte nach Gl. (1.34) für bestimmte Werte von T und d direkt entnommen werden.

Begrenzt man die Verdrehung auf einen zulässigen Wert ψ_zul und sucht den hierzu erforderlichen Wellendurchmesser d_erf bei einem bestimmten Drehmoment, so erhält man aus Gl. (1.33) durch Umformung die Zahlenwertgleichung

$$d_\mathrm{erf} = \sqrt[4]{\frac{32 \cdot 180\,T l}{\pi^2 \psi_\mathrm{zul} G}} \quad \text{in mm} \tag{1.35}$$

mit ψ_zul in Winkelgraden, T in N mm, G in N/mm² und der Länge l in mm. Im Kranbau setzt man den für 1 m Wellenlänge zulässigen Winkel $\psi_{1\,\mathrm{m\,zul}}$ mit 0,5 $\cdots$ 0,25° an, je nach der Länge der Fahrwerkswelle und der Höhe der Fahrgeschwindigkeit. Nach Zusammenfassung der Konstanten von Gl. (1.35), Einführen des Zahlenwertes $G = 80\,000$ (in N/mm^2) und für $l = 1$ m folgen die Zahlenwertgleichungen

$$d_{\text{erf}} \geq 1{,}955 \sqrt[4]{T_{\max}} = 108{,}7 \sqrt[4]{\varphi\, P/n} \quad \text{in mm} \quad \text{für } \psi_{1\,\text{m zul}} = 0{,}5° \tag{1.36}$$

$$d_{\text{erf}} \geq 2{,}32 \sqrt[4]{T_{\max}} = 129 \sqrt[4]{\varphi\, P/n} \quad \text{in mm} \quad \text{für } \psi_{1\,\text{m zul}} = 0{,}25° \tag{1.37}$$

mit $T_{\max}$ in N mm, P in kW, n in min^{-1} und mit dem Betriebsfaktor φ (A 4.8).

Die Gesamtverdrehung einer abgesetzten Welle, die in den einzelnen Wellenabschnitten verschieden großen Drehmomenten ausgesetzt ist, errechnet man aus der Summe der Teilverdrehungen der einzelnen Abschnitte. Mit $G = 80\,000$ (in N/mm^2) ergibt sich aus Gl. (1.33 bzw. 1.34) die Zahlenwertgleichung

$$\psi = \frac{180 \cdot 32}{\pi^2 \cdot 80\,000} \sum \left(T\, \frac{l_{\text{x}}}{d_{\text{x}}^4} \right) = 7{,}3 \cdot 10^{-3} \sum \left(T\, \frac{l_{\text{x}}}{d_{\text{x}}^4} \right) \quad \text{in Winkelgrad (°)} \tag{1.38}$$

mit T in N mm sowie d_{x} und l_{x} als den Durchmessern und Längen der einzelnen Wellenabschnitte in mm.

Elastische Durchbiegung. Diese beeinträchtigt häufig Arbeitsweise und Güte der Maschinen, z. B. in Werkzeug- und elektrischen Maschinen, Turbinen, Getrieben. In diesen Fällen müssen die zulässigen Durchbiegungen bei der Bemessung berücksichtigt werden. Auch der Neigungswinkel der Mittellinie der durchgebogenen Welle gegen ihre Ausgangslage (α_1 in Bild 1.13 a), z. B. an einem Lager oder an der Eingriffsstelle von zwei Zahnrädern, darf Grenzwerte nicht überschreiten. Die Biegesteifigkeit $E\,I$ bestimmt wesentlich die Größe der Durchbiegung und damit die biegekritische Drehzahl.

Die Durchbiegung wird z. B. von Zahn- und Riemenkräften, von Fliehkräften, sowie – bei horizontaler Welle – vom Eigengewicht der Bauteile hervorgerufen.

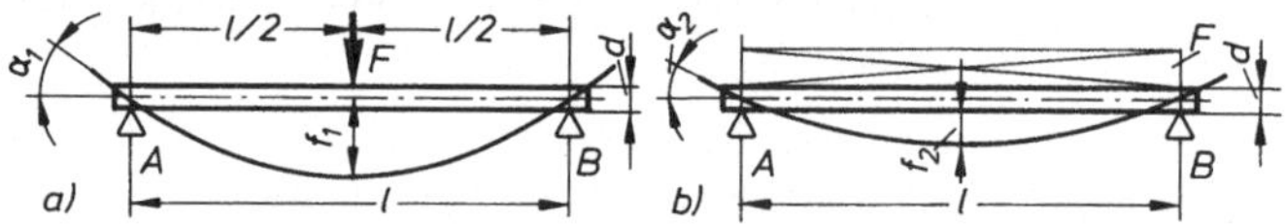

1.13 Durchbiegung einer Welle unter gleich großer Last F bei verschiedener Lastverteilung
  a) unter einer Punktlast F
  b) unter einer Streckenlast F $f_2 = \frac{5}{8} f_1$ $\alpha_2 = \frac{2}{3} \alpha_1$

Das Eigengewicht kann bei kurzen Wellen vernachlässigt werden. Bei elektrischen Maschinen ist die Wirkung der magnetischen Kräfte auf die Durchbiegung zu beachten. Das Ermitteln der Durchbiegung erfordert einen gewissen Rechenaufwand, da abgesetzte Wellen in den einzelnen Wellenabschnitten verschiedene Biegesteifigkeit und zumeist auch eine unregelmäßig verteilte Belastung aufweisen.

Biegelinie bei Belastung in einer Ebene und zweifacher Lagerung (1.13). Der allgemeine Zusammenhang zwischen Durchbiegung f und Belastung F wird für eine Welle mit über die Lagerentfernung l konstantem Durchmesser d beschrieben durch die Gleichung

$$f = \frac{F\, l^3}{K\, E\, I} \tag{1.39}$$

Die Konstante K hängt von der Lastverteilung ab. Mit dem Trägheitsmoment $I = \pi d^4/64$ erhält man gemäß Gl. (1.39) die folgenden Gleichungen:

1. bei mittiger Punktlast (**1.**13 a)

$$f_1 = \frac{F\,l^3}{48\,EI} = 0{,}424\,\frac{F\,l^3}{E\,d^4} \qquad (1.40)$$

2. bei Streckenlast F (**1.**13 b)

$$f_2 = \frac{5\,F\,l^3}{384\,EI} = 0{,}265\,\frac{F\,l^3}{E\,d^4} \qquad (1.41)$$

Der Elastizitätsmodul E ist für alle Stahlsorten, auch für die hochwertigen, nahezu gleich und beträgt $2{,}1 \cdot 10^5\ \mathrm{N/mm^2}$. Bei Wellen, die nach ihrer elastischen Durchbiegung zu bemessen sind, bringen somit Stähle höherer Festigkeit keinerlei Vorteil gegenüber normalen Stählen, z. B. St 50.

Alle übrigen metallischen Werkstoffe mit niedrigeren E-Werten haben daher größere Durchbiegungen zur Folge. Aluminium z. B. mit $E = 70\,000\ \mathrm{N/mm^2}$ würde die dreifache Durchbiegung gegenüber Stahl ergeben. Für Gußeisen ist $E = (1{,}18 \cdots 1{,}75) \cdot 10^5\ \mathrm{N/mm^2}$, eine Welle aus Gußeisen ist also elastischer als eine Stahlwelle.

Ein Abschätzen bzw. Eingrenzen der wirklichen **Durchbiegung** gelingt mit zwei einfachen Rechnungen. Man nimmt zunächst einen mittleren Durchmesser der abgesetzten Welle an (der Einfluß der Durchmesser nahe der Wellenmitte überwiegt) und denkt sich alle Lasten zusammen ersetzt

1. durch eine mittige Punktlast F; man berechnet hierfür die Durchbiegung f_1

2. durch eine gleichmäßig verteilte Gesamtbelastung F; hierfür berechnet man die Durchbiegung f_2.

Der genaue Wert wird sicher kleiner als f_1 und größer als f_2 sein, sowie meist näher bei f_2 liegen.

Die genaue **Ermittlung der Biegelinie** erfolgt mittels eines Elektronenrechners oder nach dem graphisch-rechnerischen Verfahren von Mohr. Dieses Verfahren begründet sich darauf, daß zwischen Biegemoment und Belastung der gleiche mathematische Zusammenhang wie zwischen Durchbiegung und Moment besteht (2. Ableitung des Biegemomentes M liefert die Belastung F und die 2. Ableitung der Durchbiegung y das Moment M)[1]

$$\frac{d^2 M}{dx^2} = -\frac{F}{H} \quad \text{und} \quad \frac{d^2 y}{dx^2} = -\frac{M}{EI}$$

mit H als Polabstand der Polfigur für die Kräfte von Bild **1.**15. Die Anwendung des Verfahrens erfolgt in zwei ähnlichen Arbeitsgängen (s. auch ausführliches Beispiel 6, u. Bild **1.**15):

1. Zur gegebenen Belastung (**1.**15 a) zeichnet man mittels Polfigur 1 und Seilstrahlen die Biegemomentlinie (**1.**15 b).

2. a) Für alle Stellen 1, 2, 3 usw. bis 12, an denen sich die Größe von M oder I ändert, berechnet man die Einzelwerte M/I zweckmäßig die Tabellenform (Tafel **1.**2). Die aus Dreiecken und Trapezen bestehenden Flächen $\int \frac{M}{I}\,dl$, deren Größe berechnet wird, werden nun als Flächen-Lasten F aufgefaßt und vorübergehend durch Punktlasten F in den Schwerpunkten der einzelnen Flächen (kleine Kreise in Bild **1.**15 c) ersetzt.

b) Zu den Punktlasten F zeichnet man mittels Polfigur 2 und Seilstrahlen die zugehörige

---

[1] Bestimmte Beträge d. Durchbiegung bezeichnet man mit f.

Biegemomentlinie. Dieser Linienzug stellt, wie oben erläutert, zugleich die elastische Biege-linie in entsprechender Vergrößerung dar. Die Biegelinie erscheint wegen der ersatzweisen Annahme punktförmiger Lasten F als ein Seileck, mit Eckpunkten unterhalb der Punktla-sten. Führt man die wirkliche Lastverteilung – mit Flächenlasten F – wieder ein, so entsteht die wirkliche Biegelinie als stetig gekrümmte Kurve. Das obengenannte Seileck ist dann das Tangentenpolygon für die wirklich Biegelinie mit Berührungspunkten jeweils unterhalb der Grenzen der gewählten Flächeneinteilungen. Die Berücksichtigung des anfangs außer acht gelassenen Elastizitätsmoduls E erfolgt bei der Auswertung der graphischen Darstellung.

Für die graphische Darstellung sind einzelne Maßstäbe frei wählbar (Kräfte, Längen), die nach DIN 1302 z.B. wie folgt geschrieben werden können: 1 cm $\triangleq$ 8,0 kN (lies 1 cm der Zeichnung ent-spricht 8,0 kN in der Natur). Für die Auswertung der Darstellung ist es hier jedoch zweckmäßig, den Quotienten 8,0 kN/1 cm zu verwenden. Diese Maßstabsgröße wird für die Kräfte mit m_F bezeichnet. Mit ihm kann man die Formeln weiterer Maßstäbe (z. B. für Momente, Durchbiegungen) als Größen-gleichungen schreiben. Für Beispiel 6 und Bild 1.15 gelten

K r ä f t e m a ß s t a b : 8,0 kN entsprechen 1 cm in der Zeichnung (Zahlenwert 8,0 gewählt)

$$m_{F\,1} = \frac{8,0 \text{ kN}\,^1)}{1 \text{ cm}}$$

L ä n g e n m a ß s t a b : 20 cm in der Natur entsprechen 1 cm in der Zeichnung (Zahlenwert 20 gewählt)

$$m_l = \frac{20 \text{ cm}}{1 \text{ cm}}\,^1)$$

M o m e n t m a ß s t a b : Mit dem Polabstand H_1 (in cm) folgt dann aus den gewählten Maßstäben $m_{F\,1}$ und m_l der Momentmaßstab $m_M = m_l m_{F\,1} H_1$, hier also

$$m_M = \frac{20 \text{ cm} \cdot 8,0 \text{ kN} \cdot 2,5 \text{ cm}}{1 \text{ cm} \cdot 1 \text{ cm}} = \frac{400 \text{ kN cm}}{1 \text{ cm}} \quad (H_1 = 2,5 \text{ cm gewählt})$$

Die Einheit für die Flächenkräfte F erhält man aus der Beziehung $F = (M/I)\,l$, also kN cm $\cdot$ cm/cm^4 = kN/cm^2 = kN $\cdot$ cm^{-2}. Dann ist der

F l ä c h e n k r ä f t e m a ß s t a b

$$m_{F\,2} = \frac{5,0 \text{ kN cm}^{-2}}{1 \text{ cm}} \quad (\text{Zahlenwert 5,0 gewählt})$$

Man findet den Maßstab für die Durchbiegung y, ähnlich wie den Biegemomentmaßstab, aus den Maßstäben m_l und $m_{F\,2}$ unter Berücksichtigung des Polabstandes H_2 ($H_2 = 2,1$ cm gewählt) und des eingangs außer acht gelassenen Elastizitätsmoduls E (in kN/cm^2, als Faktor $1/E$ einzuführen, s.o.). Dann ist der

D u r c h b i e g u n g s m a ß s t a b

$$m_y = \frac{m_l \cdot m_{F\,2} \cdot H_2}{E}$$

hier also

$$m_y = \frac{20 \text{ cm} \cdot 5,0 \text{ kN/cm}^2 \cdot 2,1 \text{ cm}}{1 \text{ cm} \cdot 1 \text{ cm} \cdot 2,1 \cdot 10^4 \text{ kN/cm}^2} = \frac{0,01 \text{ cm}}{1 \text{ cm}}$$

Die Maßstäbe m_l und m_y für die Länge bzw. die Durchbiegung sind an sich einheitenfrei, sie werden jedoch wegen des besseren Verständnisses in der vorliegenden Form geschrieben. Einen bequemen

---

$^1)$ Bisweilen wird hierfür geschrieben: $m_F = \dfrac{8,0 \text{ kN}}{1 \text{ cm } Z}$ bzw. $m_l = \dfrac{20 \text{ cm}}{1 \text{ cm } Z}$.

Maßstab für die Durchbiegung – z. B. ihre zehnfach vergrößerte Darstellung auf der Zeichnung wie im folgenden – erhält man, wenn der Längen- und der Kräftemaßstab sowie der Quotient H_2/E als glatte Zahl gewählt wird.

Beispiel 5. Wählt man in einem praktischen Fall $m_l = 50$ cm/1 cm, $m_{F1} = 2{,}0$ kN/1 cm und $H_1 = 5$ cm, so ist der Momentmaßstab

$$m_M = \frac{50 \text{ cm} \cdot 2{,}0 \text{ kN} \cdot 5 \text{ cm}}{1 \text{ cm} \cdot 1 \text{ cm}} = 500 \text{ kN cm}/1 \text{ cm}$$

Nunmehr ergibt sich mit den gewählten Werten für $m_{F2} = 10$ kN cm^{-2}/1 cm, $H_2 = 4{,}2$ cm und $E = 2{,}1 \cdot 10^4$ kN/cm² (also $H_2/E = 2 \cdot 10^{-4}$ cm³/kN) der Maßstab für die Durchbiegung

$$m_y = \frac{50 \text{ cm} \cdot 10 \text{ kN cm}^{-2} \cdot 2 \cdot 10^{-4} \text{ cm}^3/\text{kN}}{1 \text{ cm} \cdot 1 \text{ cm}} = \frac{0{,}1 \text{ cm}}{1 \text{ cm}}$$

(0,1 cm in der Natur entspricht 1 cm in der Zeichnung)

Der **Neigungswinkel** α_x der elastischen Linie an einer beliebigen Stelle x, bzw. $\tan\alpha_x$, ist – entsprechend der allgemeinen Beziehung zwischen Querkraft und Biegemoment – gleich der Querkraft Q_F der Flächenkräfte F. Aus der Biegelinie bzw. der Funktion $y = f(x)$ entsteht durch Differenzieren die Querkraftlinie mit $Q_F = dy/dx = \tan\alpha_x$ (1.15d und e). Da es sich in der Praxis um sehr kleine Winkel α_x handelt, kann man $\tan\alpha_x \approx \alpha_x$ setzen. Somit gilt $\tan\alpha_x = Q_x/E$ mit Q_x als Querkraft an der Stelle x. Der Faktor $1/E$ ist wiederum einzufügen, da er in der Rechnung zunächst weggelassen wurde. An der Stelle der größten Durchbiegung y_{max} ist $\tan\alpha = 0$, d. h. $Q_F = 0$.

Die **Querkräfte** Q_F zeichnet man in demselben Maßstab wie die Flächenkräfte F. Am Auflager A ist für eine Welle o h n e Kragarm $Q_F = A_F$ (Auflagerreaktion aus den Flächenkräften), am Auflager B ist $Q_F = B_F$; entsprechend sind die Neigungswinkel in den Lagern $\alpha_A \approx A_F/E$ und $\alpha_B \approx B_F/E$. Die Auflagerreaktionen A_F und B_F erhält man durch Übertragen der Schlußlinie S_0 in die zweite Polfigur (1.15e). Zu beachten ist, daß die Winkel nicht aus der in der Darstellung überhöhten Biegelinie bestimmt werden dürfen, weil nur die Tangens-Werte der Winkel proportional vergrößert sind, die Winkel selbst nicht. Der Maßstab für $\tan\alpha$ ist $m_{\tan\alpha} = m_y/m_l$.

Die W i r k u n g des belasteten K r a g a r m e s einer Welle ist nicht nur für die Lagerbelastung und Biegebeanspruchung, sondern auch für die Durchbiegung und den Neigungswinkel am Kragarm wie am benachbarten Lager sehr ungünstig. Aus Bild **1.14** kann man die nachteiligen Einflüsse für eine Welle mit konstantem Durchmesser erkennen.

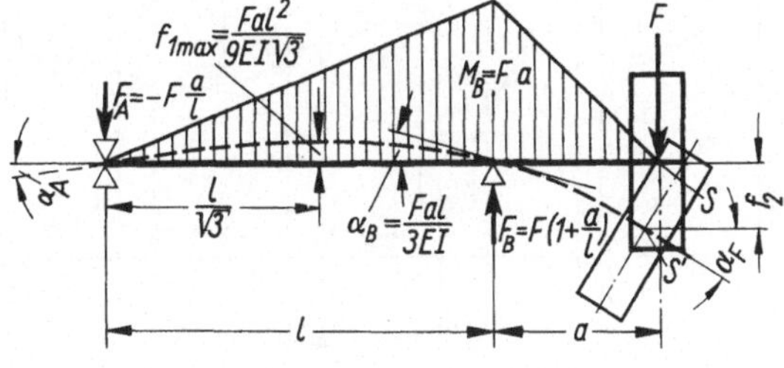

1.14
Welle mit Kragarm. Durchbiegung

$$f_2 = \frac{Fa^2(l+a)}{3EI}$$

$$\alpha_A = \frac{Fal}{6EI} \qquad \alpha_F = \alpha_A\,(2 + 3a/i)$$

Für die Aufzeichnung einer Biegelinie nach dem M o h r schen Verfahren denkt man sich vorübergehend die Welle am Kragarm, am Lastangriffspunkt gestützt und an der innen liegenden Lagerstelle mit einer Kraft gleich der wirklichen Stützkraft belastet. Dann bleiben sowohl die Biegemomente als auch das Seileck der Biegelinie unverändert. Die richtigen Werte der Durchbiegung – am Lager A und B gleich

Null – ergeben sich von einer Nullinie (S_0 in Bild **1.15**) aus, die in das Seileck (**1.15**e) von A nach B eingezeichnet wird. Überträgt man die Nullinie in die Polfigur 2, so folgen daraus die Q_F-Werte und die Neigungswinkel. In Beispiel 6 wird die Anwendung des Verfahrens von M o h r ausführlicher gezeigt.

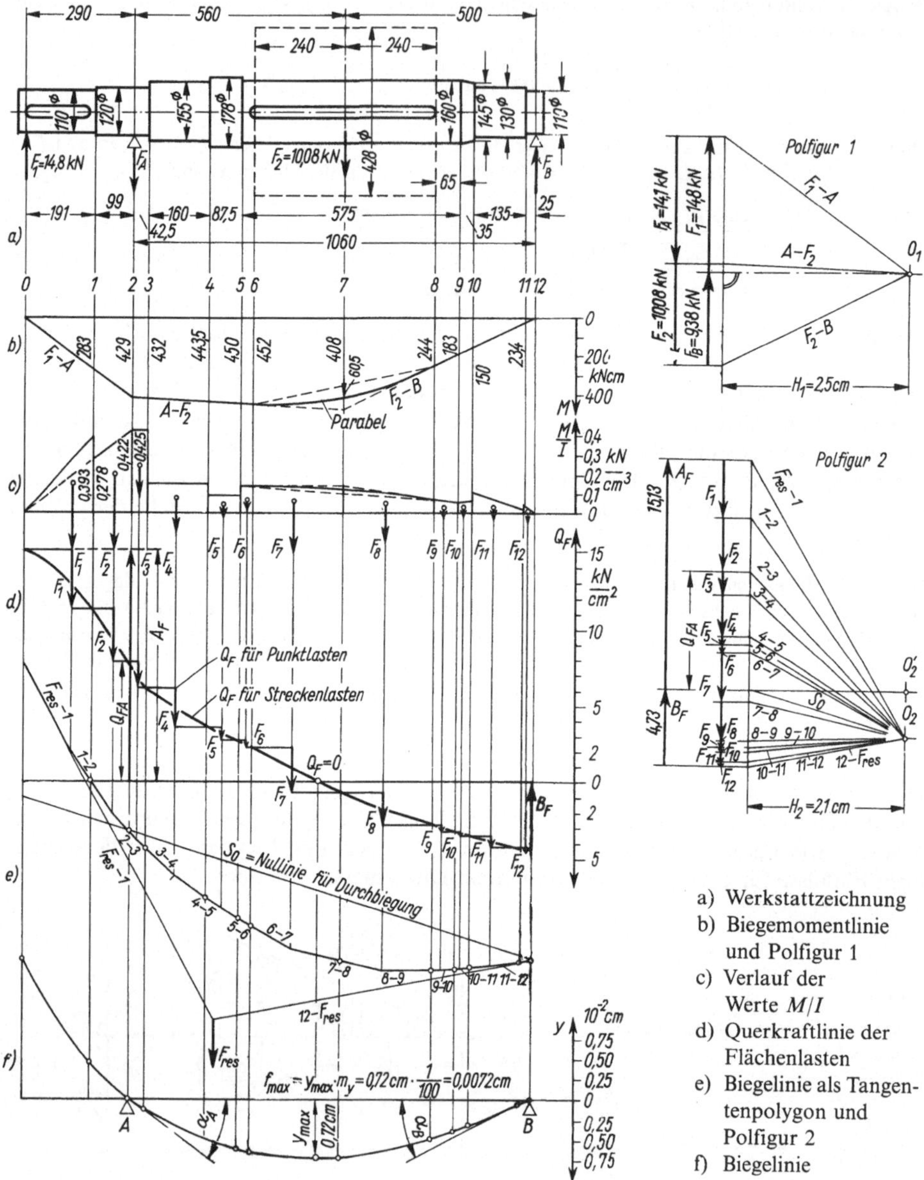

1.15 Ermitteln der Biegelinie der zweifach gelagerten Welle eines 380-kW-Elektromotors nach dem Verfahren von M o h r (zu Beispiel 6). $F_1 = 14,8$ kN (Riemenzug), $F_2 = 10,08$ kN (Läufereigengewichtskraft 4,8 kN + magnetische Zugkraft 3,7 kN + Eigengewichtskraft der Welle 1,58 kN

Beispiel 6. Die Durchbiegung der Welle des Elektromotors 380 kW, 1 500 min^{-1} (Bild 1.15a) infolge Eigengewichtskraft, einseitigem magnetischem Zug und Riemenzug ist graphisch und rechnerisch zu untersuchen. Gewichtskraft der Welle 1,58 kN, Gewichtskraft des Läuferblechpaketes (Rotor) 4,8 kN, Achsbelastung aus Riemenzug 14,8 kN, im Abstand von 290 mm von Lager A angreifend (Riemenscheibe 400 mm breit).

Annahmen: 1. Der magnetische Zug von 3,7 kN wirkt in Richtung der Schwerkraft (ungünstiger Fall), der Riemenzug am fliegenden Wellenende senkrecht aufwärts. 2. Lastverteilung: Riemenzug als Punktlast, Eigengewichtskraft von Welle und Läuferblechpaket sowie magnetische Zugkraft als Streckenlast über 480 mm (Länge des Rotors).

Bestimmung der Lagerkräfte F_A und F_B

$$F_A = \frac{1}{1,06 \text{ m}} \, (10,08 \text{ kN} \cdot 0,5 \text{ m} - 14,8 \text{ kN} \cdot 1,35 \text{ m}) = -14,1 \text{ kN}$$

$$F_B = (14,1 + 10,08 - 14,8) \text{ kp} = +0,938 \text{ kN}$$

Die Anwendung des Mohrschen Verfahrens zeigt Bild 1.15. Im Bildteil b, Biegemomentverlauf, Polfigur und Seilstrahlen, ist der Maßstab für die Biegemomente

$$m_M = m_l \cdot m_{F1} \cdot H_1 = \frac{20 \text{ cm} \cdot 8,0 \text{ kN} \cdot 2,5 \text{ cm}}{1 \text{ cm} \cdot 1 \text{ cm}} = 400 \text{ kN cm}/1 \text{ cm}$$

Die Berechnung der Zahlenwerte von I, M_b, M_b/I und von $F = \int (M/I) \, dl$ ist in Tafel 1.2 zusammengestellt. Für die Bestimmung der F-Werte wurden im Bereich der Streckenlasten, also von Punkt $6 \cdots 8$ in Bild 1.15a, als Näherung trapezförmige Flächen angenommen. Als Maßstab für die Durchbiegung erhält man nach Wahl von $m_F = 5,0 \text{ kN cm}^{-2}/\text{cm}$ und $H_2 = 2,1 \text{ cm}$

$$m_y = m_l m_{F2} H_2 \cdot 1/E = \frac{20 \text{ cm} \cdot 5,0 \text{ kN/cm}^2 \cdot 2,1 \text{ cm}}{1 \text{ cm} \cdot 1 \text{ cm} \cdot 2,1 \cdot 10^4 \text{ kN/cm}^2} = \frac{0,01 \text{ cm}}{1 \text{ cm}} \quad \text{oder} \quad 1:100$$

(1 cm in der Natur entsprechen 0,01 cm in der Zeichnung). Aus der auf eine horizontale Bezugslinie mit diesem Maßstab umgezeichneten Biegelinie (1.15f) findet man die größte Durchbiegung zwischen Lager A und B, nämlich $y_{max} = 0,0072 \text{ cm} = 0,072 \text{ mm}$. Die Rechengröße des Luftspaltes, mit der der Elektromotor entworfen wurde, betrug 0,9 mm. Die tatsächliche Durchbiegung verhält sich demnach zum rechnerischen Luftspalt wie 0,072 mm/0,9 mm = 1/12,5 (hierfür wird ein Wert von 1/10 als noch zulässig angesehen).

Zur Bestimmung der Tangenswerte der Neigungswinkel an den Lagern A und B, für die die Winkel selbst gesetzt werden können, benötigt man den Quotient aus Änderung der Biegeordinate Δy und dem Längenabschnitt Δl. Dieser Quotient entspricht der an der betreffenden Stelle wirkenden Querkraft aus den Flächenkräften Q_F multipliziert mit dem Kehrwert des Elastizitätsmoduls. Das Rechenergebnis, der Dimension nach eine Zahl, ist der Winkel in der Einheit rad. Die Querkräfte an der Welle mit Kragarm errechnet man wie folgt

Querkraft bei A (mit Kragarm)

$$Q_{FA} = A_F - F_1 - F_2 = (15,13 - 3,75 - 3,46) \text{ kN/cm}^2 = 7,92 \text{ kN/cm}^2$$

Querkraft bei B

$$Q_{FB} = B_F = 4,73 \text{ kN/cm}^2$$

Dann erhält man

$$\alpha_A \approx \frac{7,92 \text{ kN/cm}^2}{2,1 \cdot 10^4 \text{ kN/cm}^2} = 3,77 \cdot 10^{-4} \text{ rad} \qquad \alpha_B \approx \frac{4,73 \text{ kN/cm}^2}{2,1 \cdot 10^4 \text{ kN/cm}^2} = 2,25 \cdot 10^{-4} \text{ rad}$$

Zum Vergleich wird noch eine überschlägliche Berechnung der Durchbiegung gezeigt mit zwei weiteren Annahmen: 1. Welle mit konstantem Durchmesser 155 mm; 2. F_2 als Strecklast zwischen A

und B. Dann erhält man für die Durchbiegung f_1 aus der Streckenlast F_2 allein nach Gl. (1.41)

$$f_1 = \frac{5\,F\,l^3}{384\,EI} = \frac{5 \cdot 10{,}08\ \text{kN} \cdot (106\ \text{cm})^3}{384 \cdot 2{,}1 \cdot 10^4\ \text{kN/cm}^2 \cdot 2833\ \text{cm}^4} = 0{,}00263\ \text{cm}$$

und für die Durchbiegung im Feld $A - B$ aus dem Riemenzug allein nach der Gleichung in Bild 1.14 oben, dort $f_{1\,\text{max}}$ genannt,

$$f_2 = \frac{F\,a\,l^2}{9\,EI\,\sqrt{3}} = \frac{14{,}80\ \text{kN} \cdot 29\ \text{cm} \cdot (106\ \text{cm})^2}{9 \cdot 2{,}1 \cdot 10^4\ \text{kN/cm}^2 \cdot 2833\ \text{cm}^4 \cdot \sqrt{3}} = 0{,}0052\ \text{cm}$$

Die Gesamtdurchbiegung ist dann $f = f_1 + f_2 = (0{,}00263 + 0{,}0052)\ \text{cm} = 0{,}00783\ \text{cm} \approx 0{,}08\ \text{mm}$. Die Ergebnisse des graphischen und des rechnerischen Verfahrens (0,072 bzw. 0,08 mm) stimmen gut überein, was zugleich die Richtigkeit der hier zuletzt getroffenen beiden Annahmen bestätigt.

Tafel 1.2   Zur Ermittlung der Durchbiegung nach dem Verfahren von M o h r für die Welle eines Elektromotors (zu Bild 1.15 und Beisp. 6)

Punkt Nr. in Bild 1.15 a	Wellendurchmesser in cm	$I = \dfrac{\pi d^4}{64}$ in cm⁴	M_b in kN cm	M_b/I in kN/cm³	$\displaystyle\int \frac{M}{I}\,\mathrm{d}l = F_{1,2}$ usw. in kN/cm²
0	11,0	718,7	0	0	$\dfrac{1}{2} \cdot 0{,}393 \cdot 19{,}1 = 3{,}75 = F_1$
1			283	0,393	
1	12,0	1018		0,278	$\dfrac{9{,}9}{2}\,(0{,}278 + 0{,}422) = 3{,}46 = F_2$
2			429	0,422	
3			432	0,425	$\dfrac{4{,}25}{2}\,(0{,}422 + 0{,}425) = 1{,}80 = F_3$
3	15,5	2833		0,153	$\dfrac{16}{2}\,(0{,}153 + 0{,}157) = 2{,}48 = F_4$
4			443,5	0,157	
4	17,8	4928		0,0900	$\dfrac{8{,}75}{2}\,(0{,}090 + 0{,}0912) = 0{,}793 = F_5$
5			450	0,0912	
5				0,1397	$\dfrac{3}{2}\,(0{,}1397 + 0{,}1405) = 0{,}42 = F_6$
6			452	0,1405	$\dfrac{24}{2}\,(0{,}1405 + 0{,}127) = 3{,}21 = F_7$
7	16,0	3217	408	0,127	$\dfrac{24}{2}\,(0{,}127 + 0{,}0757) = 2{,}43 = F_8$
8			244	0,0757	
9			183	0,0569	$\dfrac{6{,}5}{2}\,(0{,}0757 + 0{,}0569) = 0{,}431 = F_9$
10	14,5	2170	150	0,0691	$\dfrac{3{,}5}{2}\,(0{,}0569 + 0{,}0691) = 0{,}221 = F_{10}$
10	13,0	1402		0,107	$\dfrac{13{,}5}{2}\,(0{,}107 + 0{,}0167) = 0{,}835 = F_{11}$
11			23,4	0,0167	
11	11,0	718,7		0,0326	$\dfrac{2{,}5}{2} \cdot 0{,}0326 = 0{,}041 = F_{12}$
12			0	0	

$$19{,}87 = \Sigma F$$

Die **Biegelinie bei dreifacher Lagerung** kann man z. B. mit Hilfe des **Superpositionsgesetzes** der Statik durch Zusammensetzen aus geeigneten Teillösungen bestimmen:

Teillösung 1. Eine Biegelinie y_1 wird nach Bild **1.16**b für die nur in den Lagern A und B gestützte Welle, also unter Fortlassen des Mittellagers C, mit der gegebenen Belastung in bekannter Weise ermittelt. Im Punkt C entsteht die Durchbiegung y_c.

Teillösung 2. An der Stelle des fortgelassenen Lagers C wird die Kraft F_c angebracht, welche die Durchbiegung y_c der Welle in C aus Teillösung 1 wieder rückgängig macht (**1.16**d).

Da F_c aber noch unbekannt ist, setzt man vorläufig in C eine Belastung von 10 kN an. Eine Biegelinie y_2' wird für die in A und B gestützte und mit $F = 10$ kN in C belastete Welle gezeichnet. Die Durchbiegung in C sei y_{c1} (**1.16**c). Die wirkliche Auflagerreaktion in C, die Kraft F_c, muß dann zur Aufhebung der Durchbiegung y_c aus Teillösung 1 wegen der Proportionalität zwischen Last und Durchbiegung $F_c = 1\, y_c/y_{c1}$ (in kN) sein. Die proportional vergrößerte Biegelinie y_2 zeigt Bild **1.16**d.

1.16
Ermitteln der Biegelinie einer Welle mit drei Lagern
a) Welle mit Belastung und drei Lagern
b) Biegelinie y_1 der Welle mit Belastung und zwei Lagern (ohne Lager C)
c) Biegelinie der Welle mit einer Einheitslast $F_c = 10$ kN in C und zwei Lagern A und B
d) Biegelinie y_2 der Welle mit einer Last $F_c = y_c/y_{c1}$ (in kN) in C und zwei Lagern A und B
e) resultierende Biegelinie y der Welle mit Belastung und drei Lagern

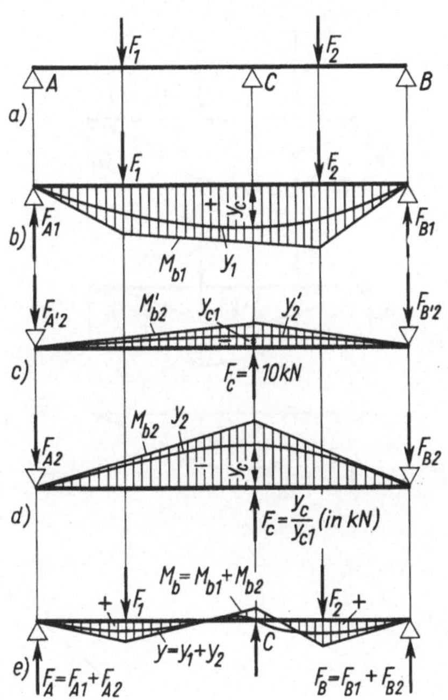

Die Zusammensetzung der Biegelinien y_1 (**1.16**b) und y_2 (**1.16**d) unter Beachtung der verschiedenen Richtung von y_1 und y_2 liefert dann die resultierende Biegelinie y (**1.16**e), die bei Lager C natürlich den Wert $y = 0$ ergeben muß.

In gleicher Weise ergeben sich die resultierenden Biegemomente und Lagerreaktionen als Summe der Werte aus den Teillösungen.

Die Auflagerreaktion in C kann auch als eine äußere Kraft (F_c) aufgefaßt werden. Für die nur in A und B gestützte Welle unter den äußeren Belastungen F_1 und F_2 und der Kraft F_c kann dieselbe endgültige Biegelinie gefunden werden, wobei als Kontrolle die Schlußlinie des Seilecks die Biegelinie bei C schneiden muß.

Die **Biegelinie bei Belastungen in verschiedenen Ebenen** wird, ebenfalls nach dem Superpositionsgesetz, so ermittelt, daß man die Kräfte in zwei Komponenten F_h und F_v in der horizontalen und vertikalen Ebene zerlegt und die Projektionen der Biegelinien auf diese Ebenen y_h und y_v in bekannter Weise bestimmt (**1.17**a) bzw. b). Durch punktweise geometrische Addition der Durchbiegungen y_h und y_v erhält man die resultierende Durchbiegung y (**1.17**c) nach Betrag und Richtung (Tangens des Richtungswinkels φ; φ ist bezogen auf eine Schnittebene senkrecht zur Welle)

$$y = \sqrt{y_h^2 + y_v^2} \qquad \tan\varphi = \frac{y_v}{y_h} \qquad\qquad (1.42)\quad(1.43)$$

Die resultierende Biegelinie ist meist eine Raumkurve, dick ausgezogene Linie in Bild **1.17**d, die durch Verdrehen der Wellenquerschnitte als ebene Kurve dargestellt werden kann (**1.17**c). Die Längsneigung der Biegelinie kann aus dieser Darstellung mit hinreichender Genauigkeit über den Tangens des Winkels α entnommen werden, der mit dem Maßstabsfaktor m_y/m_l zu multiplizieren ist.

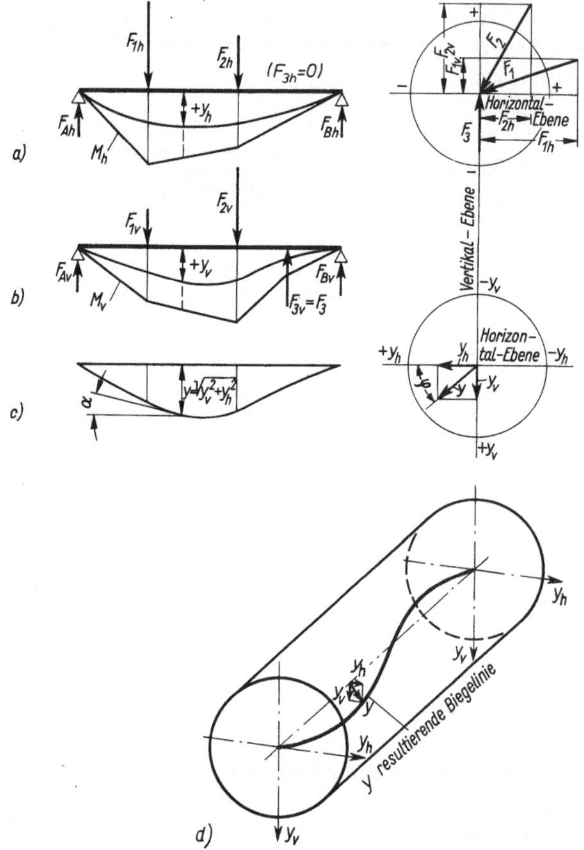

1.17
Ermitteln der Biegelinie bei Belastung in verschiedenen Ebenen

a) Horizontalebene und Zerlegung der Belastung in Komponenten
b) Vertikalebene
c) resultierende Durchbiegung
d) räumliche Darstellung (nicht maßstäblich)

Beispiel 7. Nachrechnung der Getriebewelle in Beisp. 4 auf elastische Verformung (**1.11**).

Es werden zunächst vier Teilwerte der Durchbiegungen bestimmt, die zu den je zwei Komponenten der beiden Kräfte F_1 und F_2 nach den folgenden Gleichungen (s. [3] oder Taschenbücher) errechnet werden. In der Ve rt ik al e b e n e beträgt die Durchbiegung $y_{v\,11}$ bei Rad 1 infolge der Kraft F_1

$$y_{v\,11} = \frac{F_{1\,v}\,a^2\,b^2}{E I 3\,l}$$

Mit den in der Praxis gebräuchlichen Einheiten ($F_{1\,v}$ in kN, a, b und l in cm, E in kN/cm² und I in cm⁴) ergibt sich $y_{v\,11}$ in cm

$$y_{v\,11} = \frac{1,185 \cdot 20,45^2 \cdot 23^2}{2,1 \cdot 10^4 \cdot 69,2 \cdot 3 \cdot 43,45}\ \text{cm} = 1,185 \cdot 11,64 \cdot 10^{-4}\,\text{cm} = 0,00138\ \text{cm}$$

Die Durchbiegung y_{v12} bei Rad 1 infolge der Kraft F_{2v} ist gegeben durch die Gleichung

$$y_{v12} = \frac{F_{2v}\,a^2 b^2}{EI6\,l}\left[\frac{2x}{a} + \frac{x}{b} - \frac{x^3}{a^2 b}\right]$$

Mit den in der Praxis üblichen Einheiten (F_{2v} in kN, a, b, l und x in cm, E in kN/cm^2 und I in cm^4) erhält man y_{v12} in cm

$$y_{v12} = \frac{-8{,}83 \cdot 39{,}15^2 \cdot 4{,}3^2}{2{,}1 \cdot 10^4 \cdot 69{,}2 \cdot 6 \cdot 43{,}45}\cdot\left[2\,\frac{20{,}45}{39{,}15} + \frac{20{,}45}{4{,}3} - \frac{20{,}45^3}{39{,}15^2 \cdot 4{,}3}\right]\text{cm}$$

$$= -8{,}83 \cdot 3{,}36 \cdot 10^{-4}\,\text{cm} = -0{,}00297\,\text{cm}$$

Entsprechend findet man in der Horizontalebene am Rad 1 die Durchbiegungen infolge der Kräfte F_{1h} und F_{2h}

$$y_{h11} = 4{,}64 \cdot 11{,}64 \cdot 10^{-4}\,\text{cm} = 0{,}0054\,\text{cm} \qquad y_{h12} = -3{,}22 \cdot 3{,}36 \cdot 10^{-4}\,\text{cm} = -0{,}00108\,\text{cm}$$

Die Gesamtdurchbiegung am Rad 1 in der Vertikal- und Horizontalebene y_{v1} bzw. y_{h1} und die resultierende Durchbiegung y_1 sind nun

$$y_{v1} = y_{v11} + y_{v12} = (0{,}00138 - 0{,}00297)\,\text{cm} = -0{,}00159\,\text{cm} = -0{,}0159\,\text{mm}$$

$$y_{h1} = y_{h11} + y_{h12} = (0{,}0054 - 0{,}00108)\,\text{cm} = +0{,}00432\,\text{cm} = 0{,}0432\,\text{mm}$$

$$y_1 = \sqrt{y_{v1}^2 + y_{h1}^2} = \sqrt{(0{,}0159\,\text{mm})^2 + (0{,}0432\,\text{mm})^2} = 0{,}046\,\text{mm}$$

Für das Verhältnis y/l, hier 0,046 mm/434,5 mm = 1/9430, wird im Werkzeugmaschinenbau ein Wert bis zu 1/5000 zugelassen.

Zulässige Durchbiegung und zulässiger Neigungswinkel. Die Werte für f_{zul} und α_{zul} werden je nach den Güteanforderungen an die einzelnen Maschinen gewählt. So läßt man z.B. bei Werkzeugmaschinen $f_{zul} = l/5000$ und $\alpha_{zul} = 0{,}001$ rad zu. Bei elektrischen Maschinen ist f_{zul} abhängig vom theoretischen Luftspalt s zwischen Rotor und Stator, z.B. $f_{zul} \leqq s/10$. Sofern keine besonderen Forderungen bestehen, kann man im allgemeinen Maschinenbau nach dem Erfahrungswert $f_{zul} \leqq l/3000$ bemessen.

Für die Einhaltung einer zulässigen relativen Durchbiegung zur Lagerentfernung läßt sich aus Gl. (1.40) bei gegebenem Lagerabstand l der erforderliche Wellendurchmesser d oder bei gegebenem Wellendurchmesser der größtzulässige Lagerabstand l errechnen, wenn man $f_{zul}/l \leqq {}^1/_{3000}$, $E_{Stahl} = 2{,}1 \cdot 10^5$ N/mm^2 und die Gesamtbelastung F als mittig angeordnete Punktlast annimmt. Dies führt auf die Zahlenwertgleichungen

$$d \geqq \sqrt[4]{F\,l^2/165}\ \text{in mm} \qquad l \leqq 12{,}85\,d^2/\sqrt{F}\ \text{in mm} \tag{1.44) (1.45}$$

mit F in N und l in mm. Für $f_{zul}/l \leqq 1/5000$ ist in Gl. (1.44) die Zahl 100 (statt 165), in Gl. (1.45) die Zahl 10 (statt 12,85) zu setzen.

Welche Neigungswinkel α, z.B. an den Lagern, zulässig sind, muß nach den jeweiligen Verhältnissen (Lagerlänge, Passung, Lagerart) oder etwa im Hinblick auf den Eingriff zwischen zwei Zahnrädern nach der geforderten Güte des Getriebes beurteilt werden. Erfahrungsgemäß kann für den Neigungswinkel am Auflager $\tan\alpha \approx 1/1000$ rad gesetzt werden.

Der Einfluß der auf der Welle angebrachten Räder oder örtlicher Querschnittsänderungen, etwa durch Nuten, auf die Durchbiegung ist schwer zu erfassen; i.allg. ergeben die Naben der Räder eine Versteifung (und damit eine Verringerung der Durchbiegung), die Nuten eine Schwächung der Welle.

Wärmedehnung[1]. Die r a d i a l e W ä r m e a u s d e h n u n g eines Lagerzapfens kann zur Veränderung des Lagerspieles führen, wenn Welle und Lager sich nicht gleichmäßig erwärmen. Ebenso ändert sich die Passung am Nabensitz eines Rades bei ungleichmäßiger Wärmeausdehnung, die entweder durch eine Temperaturdifferenz zwischen beiden Teilen oder durch unterschiedliche Wärmeausdehnungszahlen der Werkstoffe von Welle und Nabe hervorgerufen wird. Eine Temperaturdifferenz im Lager kann ihre Ursache z. B. in der notwendigen Kühlung haben (s. Abschn. 2). Einen großen Unterschied in den Wärmeausdehnungszahlen findet man z. B. zwischen Grauguß und Messing bzw. Rotguß (Tafel **A 1.**14).

Die D u r c h m e s s e r ä n d e r u n g Δd bei der Temperaturdifferenz $\Delta\vartheta$ beträgt für eine Welle mit dem Durchmesser d und der Wärmeausdehnungszahl α

$$\Delta d = \alpha\, d\, \Delta\vartheta$$

Die L ä n g e n ä n d e r u n g $\Delta l = \alpha\, l\, \Delta\vartheta$ einer Welle mit der Länge l kann zu Zwängungen in den Lagern führen, wenn keine Ausdehnungsmöglichkeit zwischen Welle und Gehäuse bzw. Lager gegeben ist. Zweckmäßig ordnet man deshalb ein Fest- und ein Loslager an (s. Abschn. 3.3.5.2).

1.2.2.4 Schwingungen und kritische Drehfrequenzen
(s. Abschn. 4.3.2 und Teil 1, Abschn. 8)

Jede Welle besitzt je nach ihrer Dreh- bzw. Biegesteifigkeit eine bestimmte E i g e n s c h w i n g u n g s z a h l für Dreh- bzw. Biegeschwingungen und kann mithin bei geeigneter Anregung in elastische Dreh- oder Biegeschwingungen versetzt werden. Da die anregende Frequenz gewöhnlich durch die Drehfrequenz der Welle gegeben ist, spricht man von der k r i t i s c h e n D r e h f r e q u e n z bei Resonanz mit der Eigenschwingungszahl, weil bei längerem Verbleiben in dieser Drehfrequenz eine „kritische" oft nicht zu beherrschende Steigerung der Ausschläge eintritt, die zum Bruch führen kann.

Zur Anfachung von gefährlichen D r e h s c h w i n g u n g e n sind rhythmisch sich wiederholende Änderungen des Drehmomentes Voraussetzung, wie sie besonders in Kolbenmaschinen auftreten. Die Ermittlung der torsionskritischen Drehfrequenz bzw. Drehfrequenzen einer Welle ist daher für Kolbenmaschinen eine sehr wichtige Aufgabe (s. Abschn. Kurbelgetriebe). B i e g e s c h w i n g u n g e n werden durch Fliehkräfte an der sich drehenden Welle hervorgerufen. Die biegekritische Drehfrequenz einer Welle ist deshalb unabhängig von der Achsenlage, ob horizontal, vertikal oder in beliebiger Anordnung, und für alle schnellaufenden Wellen von Bedeutung.

Drehschwingungen. Die Eigen-Kreisfrequenz (Winkelfrequenz)[2] ω_e eines Einmassensystems für Drehschwingungen ist abhängig von der D r e h s t e i f e c' des Wellenstückes und dem polaren Massenträgheitsmoment J_p

$$\omega_e^2 = \frac{c'}{J_p} \quad \text{bzw.} \quad \omega_e = \sqrt{\frac{c'}{J_p}} \tag{1.46}$$

---

[1] M e i n e r s , K .: Wärmeübergang an der einseitig beheizten, waagerechten Welle. VDI-Z. **99** (1957) S. 667 bis 671.

[2] SI-Einheit für Kreisfrequenz ist 1/s. Da der Ausdruck Kreisfrequenz zur Annahme verleitet, daß die in der Zeit umfahrenen Vollkreise gemeint sind, empfiehlt DIN 1311 den Namen Winkelfrequenz.

Hierin ist die Drehsteife c' der Quotient aus dem Drehmoment T und dem an dem Wellen-stück hervorgerufenen Verdrehungswinkel ψ. Das Drehmoment T kann nach Gl. (1.32) und (1.33) durch den Gleitmodul G und das polare Flächenträgheitsmoment I_p des Wellenquer-schnittes ausgedrückt werden. Dann ergibt sich mit $\psi = \vartheta\,l$ nach Gl. (1.33)

$$c' = \frac{T}{\psi} = \frac{T}{\vartheta\,l} = \frac{GI_\mathrm{p}}{l} \tag{1.47}$$

Setzt man in diese Größengleichung z. B. T in Nm, G in N/m^2, I_p in m^4 und l in m ein, so hat c' die Einheit Nm/rad. Das M a s s e n t r ä g h e i t s m o m e n t J_p der D r e h m a s s e e i n e s z y l i n d r i s c h e n K ö r p e r s wird mit dem Außendurchmesser D, der Breite b (**1**.18) und der Dichte ϱ angegeben durch die Gleichung

$$J_\mathrm{p} = \frac{\pi}{32}\,\varrho D^4 b \tag{1.48a}$$

Für eine r i n g f ö r m i g e M a s s e mit dem Außen- bzw. Innendurchmesser D_a und D_i und der Breite b wird

$$J_\mathrm{p} = \frac{\pi}{32}\,\varrho(D_\mathrm{a}^4 - D_\mathrm{i}^4)\,b \tag{1.48b}$$

Gl. (1.46) gilt für ein System mit nur einer Drehmasse. Das einfachste schwingungsfähige System einer Welle besteht aber aus zwei Drehmassen mit $J_{\mathrm{p}1}$ und $J_{\mathrm{p}2}$, die durch ein Wellenstück von der Länge l mit der Drehsteife c' verbunden sind (**1**.18). Für dieses Zwei-massensystem ist die E i g e n - K r e i s f r e q u e n z ω_e (hier und im folgenden wird die M a s s e d e r W e l l e s e l b s t v e r n a c h l ä s s i g t)

$$\omega_\mathrm{e}^2 = c'\left(\frac{1}{J_{\mathrm{p}1}} + \frac{1}{J_{\mathrm{p}2}}\right) \quad \text{bzw.} \quad \omega_\mathrm{e} = \sqrt{c'\left(\frac{1}{J_{\mathrm{p}1}} + \frac{1}{J_{\mathrm{p}2}}\right)} \tag{1.49}$$

1.18
Drehschwingungssysteme
a) mit zwei Massen. Drehsteifigkeit $c' = GI_\mathrm{p}/l$
b) mit drei Massen. $c'_{1,2}$ bzw. $c'_{2,3}$ sind die Drehstei-fen der Wellenstücke zwischen den Drehmassen $J_{\mathrm{p}1}$ und $J_{\mathrm{p}2}$ bzw. $J_{\mathrm{p}2}$ und $J_{\mathrm{p}3}$

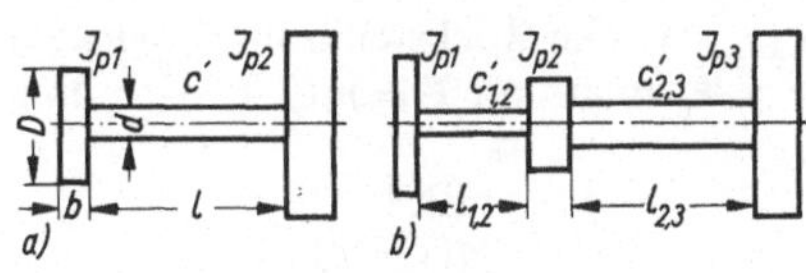

Wenn das Massenträgheitsmoment $J_{\mathrm{p}2}$ im Vergleich zu $J_{\mathrm{p}1}$ sehr groß wird, geht Gl. (1.49) mit $J_\mathrm{p} = J_{\mathrm{p}2}$ in Gl. (1.46) über.

Systeme mit mehr als zwei Drehmassen, verschieden langen Wellenstücken und verschiede-nen Drehsteifen der einzelnen Stücke (**1**.18 b) besitzen auch mehrere Eigenkreisfrequenzen. Allgemein hat ein System mit n Massen und $(n-1)$ Wellenstücken zwischen diesen Massen $(n-1)$ verschiedene Eigenkreisfrequenzen. Die Bestimmung dieser Frequenzen ist bei Sy-stemen mit mehr als drei Massen sehr umständlich und wird mittels rechnerischer [1] oder zeichnerischer Näherungsverfahren durchgeführt [2].

Biegeschwingungen entstehen an Wellen meist durch Fliehkraftwirkungen von kleinen Unwuchten der sich drehenden Massen. Die Grundformel für die E i g e n - K r e i s -

---

[1] L o o m a n n , J . : Zusammenstellung von ENV-Programmen auf dem Gebiet der Antriebstech-nik. ZVDI (1972) H. 2, S. 97 bis 107.

f r e q u e n z ω_e von Biegeschwingungen läßt sich verhältnismäßig leicht ableiten, wenn man vereinfachend den Fall annimmt, daß eine „glatte" Welle (zylindrisch, ohne Absätze, Bohrungen oder Nuten, d. h. mit konstantem Trägheitsmoment I) mit der Biegesteife c,

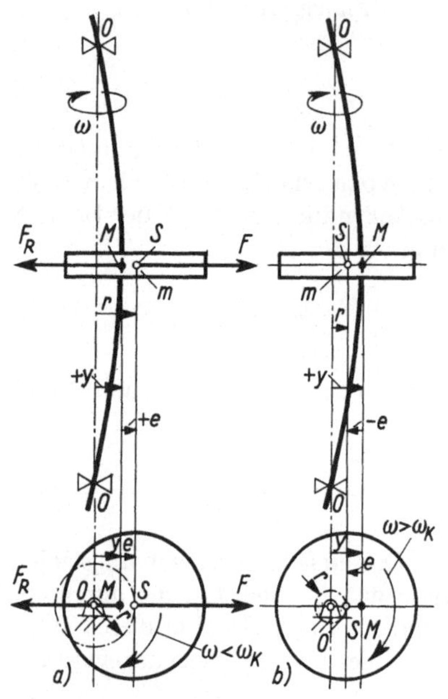

v e r n a c h l ä s s i g b a r   k l e i n e r   E i g e n - m a s s e und einer aufgesetzten Masse m umläuft, deren Schwerpunkt S von der Wellenmitte M die Exzentrizität e hat (**1.19**). Auf die mit der Winkelgeschwindigkeit ω umlaufenden Masse m wirkt die Fliehkraft F. Unter dieser Fliehkraft biegt sich die Welle um den Betrag y durch. Der Schwerpunkt S der Masse bewegt sich nun um die Drehachse $0 - 0$ auf einer angenommenen Kreisbahn [1]) mit dem Radius r (**1.19**); $r = y + e$. Die Fliehkraft ist

$$F = m r \omega^2 = m(y + e)\,\omega^2 \qquad (1.50)$$

1.19
Einzelmasse auf biegesteifer, masseloser Welle
a) bei unterkritischer Winkelgeschwindigkeit ω, $r = y + e$
b) bei überkritischer Winkelgeschwindigkeit ω, $r = y - e$

Die B i e g e s t e i f e c ist definiert als Quotient aus der Kraft F und der durch diese hervorgerufenen Wellendurchbiegung y; $c = F/y$. Die Biegesteife wird z. B. in N/m angegeben. Bei einer elastischen Auslenkung y der Welle mit der Biegesteife c tritt als Reaktion eine Rückstellkraft F_R auf, die der Auslenkung y und Biegesteife c proportional ist, es gilt $F_R = c\,y$. Die Rückstellkraft F_R wirkt der Fliehkraft F entgegen. Aus dem Gleichgewicht $F = F_R$ folgt, mit $F = m(y + e)\,\omega^2$ und $F_R = c\,y$

und
$$\omega^2 = \frac{c\,y}{m(y + e)} \qquad (1.51)$$

$$y = \frac{e\,\omega^2}{c/m - \omega^2} \qquad (1.52)$$

Erreicht das Quadrat der Winkelgeschwindigkeit ω^2 in Gl. (1.52) den Wert c/m, so wächst die Durchbiegung y ins Unendliche. Es liegt dann die gefährliche R e s o n a n z mit der Eigen-Kreisfrequenz ω_e, die k r i t i s c h e   W i n k e l g e s c h w i n d i g k e i t ω_k vor

$$\omega_k^2 = \omega_e^2 = \frac{c}{m} \quad \text{bzw.} \quad \omega_k = \sqrt{\frac{c}{m}} \qquad (1.53)$$

Die b i e g e k r i t i s c h e   D r e h f r e q u e n z f_k bzw. n_k des Einmassensystems ist gegeben durch die Zahlenwertgleichung

---

[1]) S c h ä f f , K . , und K r i e b , K . - K . : Schwingungserscheinungen an Turbogeneratoren mit Stahlfundamenten. VDI-Z. **101** (1959) S. 55 bis 62.

$$f_k = \frac{\omega_k}{2\pi} \text{ in s}^{-1} \qquad n_k = \frac{30}{\pi}\sqrt{\frac{c}{m}} \text{ in min}^{-1}$$

mit ω_k in s^{-1}, c in N/m und m in Ns^2/m. $\hfill$ (1.54)

Wird ω größer als ω_k, so wird, wie Gl. (1.52) zeigt, y negativ. Die Durchbiegung y ist in diesem „ü b e r k r i t i s c h e n   B e r e i c h" entgegengesetzt zur Exzentrizität e gerichtet, und der Massenschwerpunkt S liegt demnach zwischen Wellenmitte M und Drehachse $0-0$ (**1.19 b**).

Bei weiterer Steigerung von ω wird r im überkritischen Bereich immer kleiner und nähert sich schließlich dem Wert $r = 0$: Die Welle zentriert sich selbst und läuft ruhiger als im u n t e r k r i t i s c h e n   B e r e i c h . Hier ist das Verhältnis r/e (**1.20**) immer größer als 1 und steigt oberhalb $\omega/\omega_k = 0,8$ sehr rasch an. Im überkritischen Bereich sinkt dagegen r/e sehr schnell und erreicht bereits bei $\omega/\omega_k = \sqrt{2}$ den Wert $r/e = 1,0$ und bei $\omega/\omega_k = \sqrt{3}$ den Wert 0,5. Trotz Drehfrequenzsteigerung verringert sich die Fliehkraft. Bei Anwachsen des Drehfrequenzverhältnisses $n/n_k = \omega/\omega_k$ von z. B. 1,1 auf 1,41 sinkt r/e von 4,762 auf 1,0 und die Fliehkraft $mr\omega^2$ auf den 2,88ten Teil.

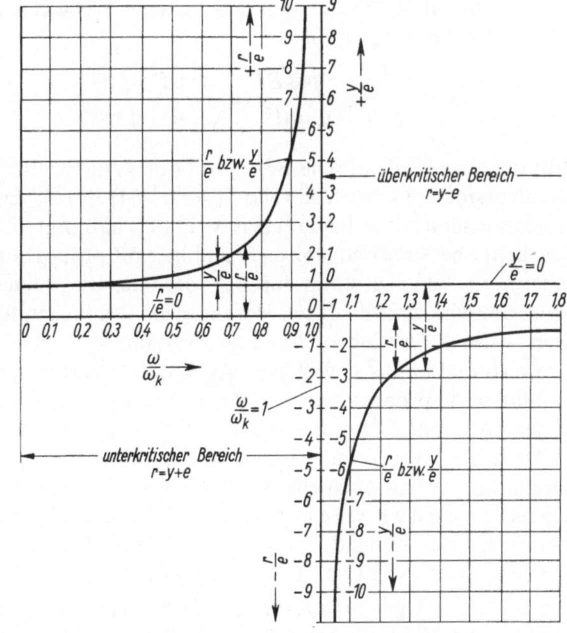

1.20
Unter- und überkritischer Drehfrequenzbereich von Wellen. Verhältnis r/e und y/e (**1.19 a** und **b**) in Abhängigkeit von ω/ω_k

Die B i e g e s t e i f e c errechnet man aus der zu einer äußeren Belastung F der Welle gehörigen elastischen Durchbiegung y, wobei die Belastungsweise (Einzellast, mehrere Lasten, Streckenlast) der wirklichen Massenverteilung auf der Welle entsprechen muß. Als äußere Belastung wählt man zweckmäßigerweise die Eigengewichtskraft F_g der Welle und Scheibe. Daraus folgt – bei waagerechter Wellenlage – die Durchbiegung f_g, und die Biegesteife ist dann

$$c = F/y = F_g/f_g$$

Setzt man diesen Ausdruck und die Beziehung $F_g = mg$ (mit der Fallbeschleunigung $g = 981$ cm/s^2 und der Masse m in kg) in Gl. (1.54) ein, so ergibt sich die als Näherungsformel gebräuchliche Zahlenwertgleichung für die b i e g e k r i t i s c h e   D r e h f r e q u e n z

$$n_k \approx 300\sqrt{\frac{1}{f_g}} \text{ in min}^{-1} \qquad \text{mit } f_g \text{ in cm} \hfill (1.55)$$

Gl. (1.55) liefert nur dann ein brauchbares Ergebnis, wenn für f_g lediglich die Durchbiegung infolge einer gedachten Belastung durch die Eigengewichtskraft der Welle und der sich drehenden Massen, die die Fliehkraftwirkung hervorrufen, eingesetzt wird. Nicht dagegen darf die Durchbiegung aus etwa vorhandenen einseitig wirkenden Kräften wie Zahndrücken, Riemenzügen usw. in diese Gleichung eingeführt werden, da diese äußeren Kräfte keine Fliehkräfte verursachen und somit keinen Einfluß auf die kritische Drehfrequenz haben. Die Lage der Welle (waagerecht oder senkrecht) ist ebenfalls gleichgültig, denn die Fliehkraftwirkungen sind bei allen Wellenlagen gleich groß, die kritische Drehfrequenz hat immer denselben Wert.

Bemerkenswert ist, daß auch die Exzentrizität e die kritische Drehfrequenz nicht beeinflußt. Mit Rücksicht auf die Fliehkräfte ist durch Auswuchten der Welle jedoch eine möglichst kleine Exzentrizität anzustreben.

Man erkennt die E i n f l u ß g r ö ß e n f ü r d i e k r i t i s c h e D r e h f r e q u e n z am besten aus Gl. (1.53), aus der sich für eine Welle mit einer mittig sitzenden Scheibe die folgende Gleichung ergibt

$$\omega_k = \sqrt{\frac{c}{m}} = \sqrt{\frac{48\,E\,I}{m\,l^3}} = \sqrt{\frac{3\,\pi\,E}{4}}\,\sqrt{\frac{d^4}{m\,l^3}} \tag{1.56}$$

Mit der Biegesteife $c\,(= 48\,E\,I/l^3)$ in N/m, dem Elastizitätsmodul E in N/m^2, dem axialen Trägheitsmoment der Vollwelle $I\,(= \pi d^4/64)$ in m^4, der Masse m in Ns^2/m und Wellendurchmesser d sowie Lagerabstand l in m erhält man in dieser Größengleichung ω_k in s^{-1}. Die kritische Kreisfrequenz ω_k – und hiermit proportional die kritische Drehfrequenz n_k – einer Welle läßt sich somit durch Ändern der Biegesteife c beeinflussen, z. B. erhöhen. Dies kann am wirksamsten durch Heraufsetzen des Wellendurchmessers d oder – weniger wirksam – durch Verringern des Lagerabstandes l erreicht werden (ω_k erhöht sich hierbei proportional mit d^2 bzw. $1/l^{3/2}$). Auch durch Verkleinern von m läßt sich ω_k erhöhen (der Einfluß wirkt proportional mit $\sqrt{1/m}$). Der Elastizitätsmodul E bewirkt eine Änderung von n_k proportional $E^{1/2}$, z. B. hat die kritische Drehfrequenz n_k einer Welle aus GG etwa das 0,7fache des Wertes einer Stahlwelle. Eine Erhöhung der Biegefestigkeit und der kritischen Drehfrequenz tritt auch ein, wenn die Welle mit einem dritten Lager versehen wird. D i e v o r s t e h e n d e n G l e i c h u n g e n g e l t e n a b e r n u r f ü r g l a t t e W e l l e n m i t z w e i L a g e r n u n d m i t e i n e r S c h e i b e , w o b e i d i e M a s s e d e r W e l l e v e r n a c h l ä s s i g t i s t (m a s s e l o s e W e l l e).

Nach [8, S. 33] gilt für die G r u n d - K r e i s f r e q u e n z ω_{e0} der glatten, m a s s e b e h a f t e t e n W e l l e ohne aufgesetzte Scheibe

$$\omega_{e0} = \sqrt{\frac{\pi^4\,E\,I}{l^4\,\varrho\,A}} \tag{1.57}$$

Mit dem Wellenquerschnitt A in m^2, E in N/m^2, I in m^4, ϱ in kg/m$^3 =$ Ns^2/(m $\cdot$ m^3) und dem Lagerabstand l in m ergibt sich in dieser Größengleichung ω_{e0} in s^{-1}.

Theoretisch kann eine glatte Welle mit gleichmäßig verteilter Eigenmasse o h n e a u f g e s e t z t e S c h e i b e unendlich viele, verschiedene Schwingungsformen – ähnlich wie eine Saite – annehmen. Praktische Bedeutung hat aber nur die in Gl. (1.57) angegebene, sog. Grundkreisfrequenz (die Schwingung ersten Grades) mit je einem Schwingungsknoten an den beiden Lagern. Selten spielt auch noch die Schwingung zweiten Grades mit halber Schwingungslänge $l/2$ und vierfacher Kreisfrequenz ω eine Rolle.

Die E i g e n - K r e i s f r e q u e n z ω_e e i n e r g l a t t e n W e l l e m i t m e h r e r e n S c h e i b e n bestimmt man nach der Näherungsformel von D u n k e r l e y , indem man zunächst, jeweils für sich, die Eigen-Kreisfrequenzen der Welle allein ω_{e0} nach Gl. (1.57) und jeder Scheibe mit masseloser Welle ω_{e1}, $\omega_{e2}\ldots$ nach Gl. (1.53) bzw. (1.55) errechnet

$$\frac{1}{\omega_e^2} \approx \frac{1}{\omega_{e0}^2} + \frac{1}{\omega_{e1}^2} + \frac{1}{\omega_{e2}^2} + \frac{1}{\omega_{e3}^2} \cdots \tag{1.58}$$

Der nach dieser – empirisch gefundenen – Formel errechnete Wert ω_e liegt meist um $5\cdots10\%$ unterhalb des tatsächlichen Wertes.

Die Eigen-Kreisfrequenz (bzw. die kritische Drehfrequenz) von abgesetzten Wellen mit mehreren Scheiben ermittelt man zweckmäßigerweise so, daß die elastische Biegelinie unter der Eigenbelastung nach dem Verfahren von M o h r (Abschn. 1.2.2.3 und Beisp. 6) aufgezeichnet wird, daß aus dieser die größte Durchbiegung f_g entnommen und dann [mit Gl. (1.55), $n_k \approx 300\,\sqrt{1/f_g}$ in $\min^{-1}$ mit f_g in cm die kritische Drehfrequenz errechnet wird.

Man erhält n_k um $4\cdots5\%$ zu niedrig, weil dabei statt der durch die Fliehkräfte erzeugten dynamischen Biegelinie die statische Biegelinie herangezogen wird. Eine verbesserte Biegelinie gewinnt man, wenn man aus der statischen Biegelinie den Abstand r jeder Einzelmasse von der Drehachse entnimmt, die zugehörigen Fliehkräfte $mr\omega^2$ berechnet und dann für die Welle die dynamische Biegelinie infolge der Belastung durch diese Fliehkräfte nach dem M o h rschen Verfahren konstruiert. Den Größtwert der Durchbiegung f_F aus den Fliehkräften zieht man zur Berechnung einer genaueren kritischen Drehfrequenz n_{k1}, die gewöhnlich höher als n_k nach Gl. (1.55) ermittelt liegt, heran

$$n_{k1} \approx 300\,\sqrt{\frac{1}{f_F}} \quad \text{in } \min^{-1} \quad \text{mit } f_F \text{ in cm} \tag{1.59}$$

Dieser verbesserte Wert ist etwas größer als der tatsächliche, auf jeden Fall aber kommt er ihm näher als der Wert nach Gl. (1.55).

Die Betriebsdrehfrequenz n wählt man entweder

unterkritisch $n \leqq (0{,}90\cdots0{,}95)\,n_k$ oder   überkritisch $n \geqq (1{,}10\cdots1{,}15)\,n_k$

mit n_k nach Gl. (1.55). Bei überkritischer Betriebsdrehfrequenz ist das Durchfahren der kritischen Drehfrequenz beim Anlauf möglichst schnell auszuführen, ggf. sind ein Schwingungsdämpfer oder eine mechanische Begrenzung für die entstehenden Ausschläge der Welle vorzusehen. Sind Drehfrequenzschwankungen aus betrieblichen oder konstruktiven Gründen (s. Gelenkwellen) zu erwarten, so muß die mittlere Betriebsdrehfrequenz um den Betrag der Schwankung weiter von den obengenannten Mindestwerten abgerückt werden. Im überkritischen Bereich sind Drehfrequenzen in der Nähe ganzzahliger Vielfacher von n_k zu vermeiden.

Das statische bzw. dynamische Auswuchten[1] aller schnellaufenden Achsen[2] und Wellen ist sehr wichtig. Für das s t a t i s c h e Auswuchten genügt ein Massenausgleich, bei dem an der ruhenden Welle in jeder Drehlage ein Gleichgewichtszustand besteht. Für ein d y n a m i s c h e s Auswuchten muß der Massenausgleich durch Anbringen oder Entfernen kleiner Massen an bestimmten Stellen vorgenommen werden, damit vorhandene Unwuchten bestmöglich und derart ausgeglichen werden, daß auch bei umlaufender Welle die Lagerkräfte konstant bleiben und ferner Fliehkraftwirkungen wie Durchbiegungen, Schwingungsausschläge usw. auf einen Kleinstwert herabgesetzt werden. Auch bei größter Sorgfalt kann eine Unwucht in der Praxis nicht völlig beseitigt werden.

---

[1] VDI-Richtlinie 2060: Beurteilungsmaßstäbe für den Auswuchtzustand rotierender starrer Körper.

[2] Z i e g l e r, H.: Das Auswuchten der Radsätze von Schienenfahrzeugen. VDI-Z. **105** (1963) S. 45 bis 50.

1.3   Gestalten und Fertigen

Für die Gestaltung und die Werkstoffwahl von Achsen und Wellen sind vorgegebene oder geforderte Hauptabmessungen, Belastungsweise, Betriebsverhältnisse, Fertigungsverfahren und Stückzahl maßgebend. Da die Hauptabmessungen (Durchmesser, Lagerentfernung) häufig die gesamte Konstruktion einer Maschine mit bestimmen, entsteht im Bestreben nach kleinen Baumaßnahmen leicht die irrige Annahme, daß bei der W e r k s t o f f w a h l die Verwendung eines Stahles hoher Festigkeit immer günstig sei. Die Mehrzahl der auftretenden Wellenbrüche hat ihre Ursache jedoch nicht in der Verwendung eines Werkstoffes zu geringer Festigkeit, sondern in der Unterschätzung der Kerbwirkungen, also in einer fehlerhaften Gestaltung oder mangelhaften Fertigung. Die Vorteile von Werkstoffen hoher Festigkeit werden oft durch höhere Kerbempfindlichkeit (s. Teil 1, Abschn. 2) gemindert; hinsichtlich elastischer Verformung im Betrieb bringen diese Werkstoffe überhaupt keine Verbesserung gegenüber den Stählen mittlerer Festigkeit. Bei der Werkstoffauswahl bzw. Oberflächenbearbeitung spielt für Lagerzapfen die Werkstoffpaarung Welle/Lager eine große Rolle.

Für Achsen und Wellen mit mittlerer Beanspruchung werden unlegierte Stähle nach DIN 17100 z. B. St 50 K als blanker Rundstahl verwendet, bei geringeren Ansprüchen genügt der weniger verschleißfeste St 42. Wenn höhere Festigkeit notwendig ist, stehen die Stähle St 60 und St 70 zur Verfügung, die mit zunehmendem Kohlenstoffgehalt leichter zu härten, aber schwieriger zu bearbeiten sind. Für hochbeanspruchte Wellen ist es, auch wegen der Bearbeitbarkeit vorteilhafter, Vergütungsstähle nach DIN 17200 (Tafel A1.4), z. B. C 22, C 35 oder Einsatzstähle nach DIN 17210, z. B. 15 Cr 3 oder 16 Mn Cr 5 bzw. 20 Mn Cr 5 zu verwenden. Sowohl bei Einsatz- wie bei Vergütungsstählen soll man die Wellen nur an den Lagerlaufflächen, Nocken usw. mit der verschleißfesten Oberfläche versehen, z. B. durch Flammhärtung. Warmfeste Stähle sind für Dampfturbinenwellen und ähnliche Betriebsverhältnisse notwendig.

Die zweckmäßige **Gestaltung** von Achsen und Wellen unter Vermeidung vor allem der gefährlichen Kerbstellen ist eine wichtige Aufgabe des Konstrukteurs (s. Teil 1, Abschn. 2). In Tafel **1.3** und Bild **1.21** werden Hinweise für gutes Gestalten gegeben.

T a f e l **1.3**   Gestalten von Achsen und Wellen

unzweckmäßig	zweckmäßig	Erläuterungen
a)	a)	a) L ä n g s f ü h r u n g u n d D r e h s i c h e r u n g f ü r A c h s e n u n d B o l z e n. Die teure Schraubverbindung 1 wirkt verspannend und behindert die Drehung der Seilrolle 2. Einwandfrei sichert der genormte Achshalter (rechts, liegt in gefräster Nut der Achse auf der u n - b e l a s t e t e n Achsenseite) gegen Längsverschiebung und Drehung (s. auch Bild **1.7**).

Fortsetzung s. nächste Seite

Tafel 1.3 Fortsetzung

unzweckmäßig	**zweckmäßig**	Erläuterungen

b) **L ä n g s f ü h r u n g a n W e l l e n.**
Die einseitige Führung sowohl im Lager A_1 als auch im Lager B_1 ergibt bei Wärmeausdehnung eine Verspannung. Das Maß l muß mit einer teuren Passung gefertigt werden. Bei Spielpassung wandert die Welle. Dasselbe gilt für die gezeigte dreifach gelagerte Welle (unten) mit Führung in Lager A_1 und C_1.

Abhilfe durch Längsführung in beiden Richtungen an e i n e m Lager mit Außenführung – bei Lager A_2 z. B. durch Stellring und Wellenschulter – oder mit einer Innenführung wie beim Lager A_3 durch Kamm oder Stellring (Mitte). Die entspr. Lösung mit mittlerem „Fest"-Lager und Längsspiel in den beiden Außenlagern ist bei der dreifach gelagerten Welle möglich (unten).

c) **Q u e r s c h n i t t s ä n d e - r u n g a n W e l l e n - s c h u l t e r n.**
Bei Form 1 ist $D/d > 2$ zu groß. Ausrundung r mit $r < d/50$ zu klein (s. ungünstigen Kraftlinienverlauf). Zweckmäßig sind wie bei Form 2 die Werte $D/d \leqq 1{,}1$ (bis 1,25), $r \geqq d/10$ ($\cdots d/20$). Werte für r nach DIN 250: $r = 1{,}6$; 2,5; 4; 6; 10 mm. Zum Schleifen Freistiche nach DIN 509 vorsehen. Oberfläche der Ausrundungen möglichst glatt ausführen (kalt gerollt, poliert, nitriert).

d) **Ü b e r g ä n g e , h o h e O b e r f l ä c h e n g ü t e.**
Form 1. Rundung r nur geschruppt, Durchmesserverhältnis D/d mit $D/d > 1{,}5$ zu groß, Ausrundung r mit $r < d/10$ zu klein.

Fortsetzung s. nächste Seite

Tafel **1.3** Fortsetzung

unzweckmäßig	**zweckmäßig**	Erläuterungen
		Zweckmäßig wie bei Form 2 sind $D/d \leq 1{,}1$; $r \geq d/5$ $(\cdots d/10)$ oder Korbbogen nach Form 3 mit $R = d/5$, $r = R/4$. Beste Gestaltung nach Form 4 mit Kegel bei halbem Kegelwinkel von $15°$ und Ausrundung $r = d/5$. Rundungen möglichst kalt gerollt, poliert oder nitriert; auch das Aufbringen einer ringförmigen Entlastungsmulde vor Beginn einer Rundung wird empfohlen.
		e) **S c h u l t e r f ü r K u g e l - l a g e r.** Mängel von Form 1: Anliegen des Wälzlagerinnenringes mit Radius r_2 verlangt noch kleineren Radius r_1. Stirnfläche S kann nicht geschliffen werden. Zweckmäßig ist statt der Rundung mit r_1 ein Freistich nach DIN 509 (Tafel **A 1.**5). Am zweckmäßigsten ist die Form 2 gestaltet mit Zwischenring Z; darunter genügende Ausrundung oder Korbbogen mit $R = d/5$ und $r = R/4$.

Die **Fertigung** der Achsen und Wellen erfolgt bei kleiner Stückzahl und kleinen Abmessungen entweder aus dem Vollen oder besser – vor allem bei größeren Abmessungen – zunächst spanlos durch Freiform- oder Gesenkschmieden. Dies ergibt einen günstigeren Faserverlauf und verringert die anschließende Zerspanungsarbeit und Fertigbearbeitung auf Dreh-, Fräs- und Schleifmaschinen. Bei größeren Stückzahlen, z. B. im Getriebebau, werden zuerst Gesenkschmiedeteile gefertigt, diese dann auf Kopierdreh- bzw. Fräsmaschinen bearbeitet und nach dem Vergüten geschliffen. Zu beachten ist, daß sich Wellen – insbesondere Wellen aus gezogenem Stahl – beim Einfräsen von Nuten leicht verziehen. Das Fräsen muß deshalb vor der Fertigbearbeitung erfolgen.

Für die S e r i e n f e r t i g u n g wird vorteilhafterweise auch Gußeisen mit Kugelgraphit[1] nach DIN 1 693 wegen seiner hohen Gestaltfestigkeit und guten Bearbeitbarkeit bei leichter Gestaltungsmöglichkeit verwendet, z. B. für Kurbelwellen[2] und Hohlwellen. Das O b e r - f l ä c h e n v e r d i c h t e n (Prägepolieren), Drücken und Sandstrahlen wird mit Erfolg zur

---

[1] S i e b e n, P.: Hochwertige Maschinenbauteile aus gegossenen Eisenwerkstoffen. ZGV-Nachrichten (1963) Nr. 1 – Gußeisen mit Kugelgraphit. Mitteilung der Zentrale für Gußverwendung (1958) H. 1401 mit geänderter Seite 2.

[2] S o n n e n s c h e i n, T r a p p, W a l t e r und R i s t: Gegossene Kurbelwellen für Großserien. Konstruieren und Gießen (1973) H. 1, S. 22 bis 27.

Erhöhung der Dauerfestigkeit, die besonders an den Übergängen erwünscht ist, angewendet. N i t r i e r t e W e l l e n besitzen eine außerordentlich geringe Kerbempfindlichkeit, die eine Steigerung der zulässigen Beanspruchung auf fast das Doppelte erlaubt. Nitrieren oder Nitrierhärten (DIN 17014) ist ein Glühen in Stickstoff abgebenden Mitteln zum Erzielen hoher Oberflächenhärte.

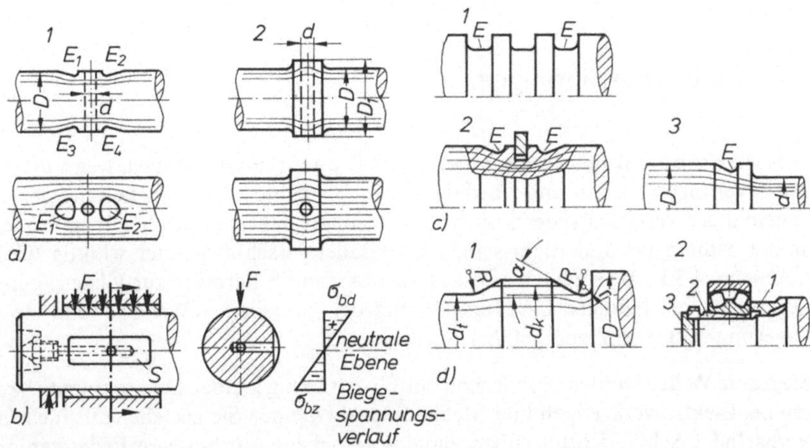

1.21 Beispiele zweckmäßiger Gestaltung zur Verminderung der Kerbwirkung durch Entlastungskerben und andere Gestaltungsmöglichkeiten

   a) Q u e r b o h r u n g e n. Man sieht örtlich eingefräste oder besser eingepreßte Entlastungskerben vor ($E_{1\ldots4}$ bei Form 1) oder eine ringförmige Verstärkung der Welle (Form 2).
   b) Q u e r b o h r u n g u n d S c h m i e r t a s c h e a n f e s t s t e h e n d e n A c h s e n. Querbohrung möglichst in die neutrale, spannungslose Ebene, also senkrecht zur Kraftrichtung F legen. Eine ebene Schmiertasche S ist bezüglich Schmierung und Kerbwirkung günstiger als eine Schmiernut.
   c) N o t w e n d i g e s c h r o f f e D u r c h m e s s e r ä n d e r u n g e n. Wird eine Sicherung gegen Längsbewegung durch einen Sicherungsring (DIN 471) erforderlich, so sieht man wie bei Form 1 und 2 zwei ringförmige Entlastungskerben E vor. Form 1 hat die größere Entlastungswirkung. Eine einzelne ringförmige Entlastungskerbe wie bei Form 3 ermöglicht auch große Durchmessersprünge D/d mit einer Schulter.
   d) G e w i n d e sollen an hoch beanspruchten Stellen von Wellen vermieden werden. Gestaltung der Form 1: Kegelige Übergänge mit $\alpha = 15°$ auf einem kleineren Wellendurchmesser d_t (Taillendurchmesser) als dem Gewindekerndurchmesser d_k; ($d_t \approx 0{,}9\,d_k$). Gewinde möglichst gerollt und nitriert, Gewindegrund gerundet. Übliche metrische Gewinde sind günstiger als spitze Feingewinde. Gestaltung der Form 2: Ersatz eines kerbempfindlichen Gewindes durch einen Zwischenring 1 mit einer Spannverbindung (geschlitzte Kegelhülse 2 und Spannschrauben 3 am unbelasteten Wellenende, s. Abschn. 3.3.5.3).

Die **Normung** auf dem Gebiete der Achsen und Wellen erstreckt sich auf allgemeine Daten: Durchmesser, Drehzahlen, Achshöhen, Werkstoffe, Rundstähle

Maßnahmen für den Zusammenbau:
Zylindrische und kegelige Wellenenden (Tafel **A 1.**10 u. **A 1.**11), Wellennuten für Paßfedern und Keile, Keil- und Kerbzahnwellen, Zahnwellenprofile (s. Teil 1, Abschn. 6)

Einzelheiten für die Fertigung:

Zentrierbohrungen, Schleifeinstiche, Rundungen und Zubehörteile, Achshalter, Stellringe (Tafel **A 1.**13), Freistiche (Tafel **A 1.**15).

Eine Normung vollständiger Achsen und Wellen ist nur vereinzelt durchgeführt worden (Bolzen in verschiedenen Formen). Für Sonderausführungen liegen Normen von Wellengelenken und biegsamen Wellen vor.

1.4   Sonderausführungen

G e l e n k w e l l e n dienen der Übertragung von Drehbewegungen, wenn die Mittellinien der Lagerungen auf An- und Abtriebsseite nicht fluchten. Die Abweichung der Mittellinien voneinander kann entweder konstruktiv bedingt (dauernd gleichbleibend) oder betriebsmäßig bedingt (veränderlich) sein, z. B. parallel verschoben oder winklig (Gelenkwellen s. Abschn. 4.3.1). B i e g s a m e   W e l l e n kommen in Betracht zur Übertragung kleinerer Leistungen bei häufiger Lageveränderung der getriebenen Wellen, wenn sie ohne feste Lagerung, z. B. von Hand geführt werden.

Biegsame Wellen werden vorwiegend zur Übertragung kleiner Drehmomente bzw. Leistungen bei Elektrowerkzeugen und Meßgeräten verwendet. Sie bestehen aus mehrlagigen, mit wechselnder Schlagrichtung übereinander gewickelten, vergüteten Federstahldrähten mit $2 \cdots 12$ Lagen je nach Wellendurchmesser. Die normale Ausführung ist für R e c h t s l a u f geeignet, entsprechend der entgegengesetzt gerichteten Schlagrichtung der äußeren Drahtlage, welche durch die Drehbewegung nicht aufgewickelt werden darf (**1.**22). Die Wellen sind mit einem Schutzschlauch (**1.**23) zur Führung gegen seitliches Ausknicken und zur Aufnahme etwa auftretender Zugkräfte umgeben. Die Zuordnung der Wellendurchmesser d, Drehfrequenzen n und der übertragbaren Leistungen P zeigt Tafel **A 1.**12. Im Betrieb ist darauf zu achten, daß die Biegehalbmesser der Welle möglichst groß sind, für Elektrowerkzeuge größer als $20\,d$, für Meßwerkzeuge größer als $(30 \cdots 50)\,d$. Regelmäßige Schmierung innerhalb des Schutzschlauches ist erforderlich. An den Wellenenden werden genormte Kupplungsteile (**1.**23) weich gelötet, bei kleinen Wellendurchmessern auch aufgepreßt.

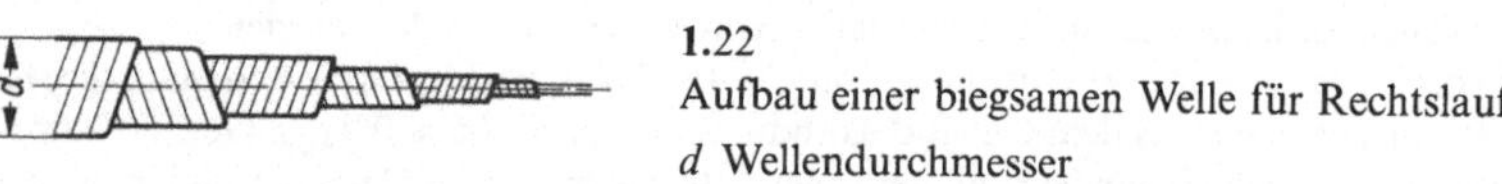

1.22
Aufbau einer biegsamen Welle für Rechtslauf

d Wellendurchmesser

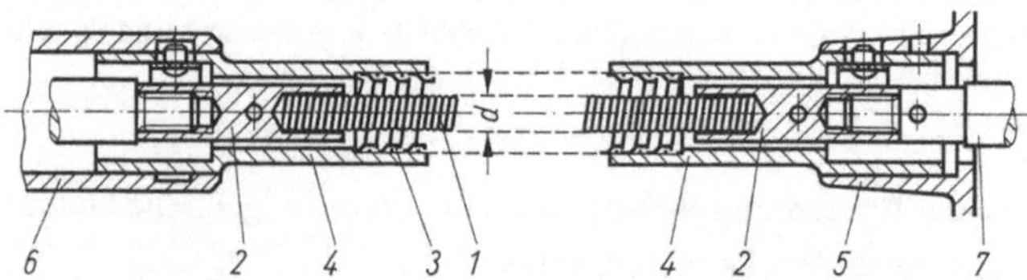

1.23 Biegsame Welle 1 mit Durchmesser d für Elektrowerkzeuge
  2 Wellenkupplung   3 Schutzschlauch   4 Schlauchhülse
  5 Führungsmuffe auf der Antriebsseite (rechts)
  6 Handstückhülse   7 Wellenende der Maschine

F ü r w e c h s e l n d e D r e h r i c h t u n g, z. B. bei Fernbedienung von Geräten, kommen Sonderausführungen zur Anwendung, die aus vielen Drahtlagen mit dünnen Drähten in wechselnden Schlag-
richtungen gefertigt sind. Die elastische Verdrehung dieser biegsamen Wellen ist im Verhältnis zur
Verdrehung normaler Biegewellen infolge besonderer konstruktiver Maßnahmen und durch Zuordnung kleinerer Nenndrehmomente sehr gering. Sie beträgt nur $\approx$ ⅓ bis ⅛ des Wertes üblicher Biegewellen je nach Drehrichtung, wobei die bevorzugte Drehrichtung mit der kleinsten elastischen Verdrehung durch die (entgegengesetzte) Schlagrichtung der äußeren Drahtlage bestimmt ist. Für ein genaues
Anzeigen von Meßwerten sind biegsame Wellen im Meßgerätebau fest zu verlegen und dabei möglichst
große Biegeradien anzuwenden.

Schrifttum

[1] H ä n c h e n, R.: Neue Festigkeitsberechnung für den Maschinenbau. 3. Aufl. München 1967
[2] H o l b a, I. I.: Die kritischen Drehzahlen von geraden Wellen. Wien 1936
[3] H o l z m a n n, G.; M e y e r, H.; S c h u m p i c h, G.: Technische Mechanik, Teil 3:
     Festigkeitslehre. 5. Aufl. Stuttgart 1983
[4] K l e i n, M.: Einführung in die DIN-Normen. 9. Aufl. Stuttgart 1985
[5] N e u b e r, H.: Kerbspannungslehre. 2. Aufl. Berlin-Göttingen-Heidelberg 1958
[6] R e p p, O.: Werkstoffe. Stuttgart 1964
[7] R ö g n i t z, H., und K ö h l e r, G.: Fertigungsgerechtes Gestalten im Maschinen- und Geräte-
     bau. 4. Aufl. Stuttgart 1968
[8] S c h e n k, O., und P i t t r o f f, H.: Das Schwingungsverhalten des Systems der Spindel und
     Wälzlager. SKF Kugellagerfabriken 1962
[9] S c h m i d, F.: Berechnung und Gestaltung von Wellen. Konstruktionsbücher Bd. 10, 2. Aufl.
     Berlin-Heidelberg-New York 1967
[10] Stahlbau. Band 1. 2. Aufl. Köln 1961
[11] T a u s c h e r, H.: Berechnung der Dauerfestigkeit. 8. Aufl. Leipzig 1964

2   Gleitlager *

DIN-Blatt Nr.	Ausgabe Datum	Titel
38	12.83	Gleitlager; Lagermetallausguß in dickwandigen Verbundgleitlagern
118 T 1	7.77	Antriebselemente; Steh-Gleitlager für allgemeinen Maschinenbau
322	12.83	Gleitlager; Lose Schmierringe für allgemeine Anwendung
502	7.73	Antriebselemente; Flanschlager, Befestigung mit 2 Schrauben
504	7.73	Antriebselemente; Augenlager
505	7.73	Antriebselemente; Deckellager, Lagerschalen, Lagerbefestigung mit 2 Schrauben
506	7.73	Antriebselemente; Deckellager, Lagerschalen, Lagerbefestigung mit 4 Schrauben
1494 T 1	6.83	Gleitlager; Gerollte Buchsen für Gleitlager
1591	11.82	Gleitlager; Schmierlöcher, Schmiernuten und Schmiertaschen für allgemeine Anwendung
1850 T 3	4.76	Buchsen für Gleitlager, aus Sintermetall
1850 T 5	8.75	Buchsen für Gleitlager, aus Duroplasten
3401	6.66	Tropföler und Ölgläser; Hauptmaße
3405	8.69	Trichter-Schmiernippel
3410	12.74	Öler; Haupt- und Anschlußmaße
3412	10.72	Stauferbüchsen; schwere Bauart
7473	12.83	Gleitlager; Dickwandige Verbundgleitlager mit zylindrischer Bohrung, ungeteilt
31652 T 1	4.83	Gleitlager; Hydrodynamische Radial-Gleitlager im stationären Betrieb; Berechnung von Kreiszylinderlagern
31652 T 2	2.83	Gleitlager; Hydrodynamische Radial-Gleitlager im stationären Betrieb; Funktionen für die Berechnung von Kreiszylinderlagern
31652 T 3	4.83	Gleitlager; Hydrodynamische-Radialgleitlager im stationären Betrieb; Betriebsrichtwerte für die Berechnung von Kreiszylinderlagern
E 31655 T 1	11.84	Gleitlager; Hydrostatische Radial-Gleitlager im stationären Betrieb; Berechnung von ölgeschmierten Gleitlagern ohne Zwischennuten
E 31655 T 2	11.84	Gleitlager; Hydrostatische Radial-Gleitlager im stationären Betrieb; Kenngrößen für die Berechnung von ölgeschmierten Gleitlagern ohne Zwischennuten

* Hierzu Arbeitsblatt 2, s. Beilage S. A 13 bis A 29.

DIN-Blatt Nr.	Ausgabe Datum	Titel
E 31 656 T 1	11.84	Gleitlager; Hydrostatische Radial-Gleitlager im stationären Betrieb; Berechnung von ölgeschmierten Gleitlagern mit Zwischennuten
E 31 656 T 2	11.84	Gleitlager; Hydrostatische Radial-Gleitlager im stationären Betrieb; Kenngrößen für die Berechnung von ölgeschmierten Gleitlagern mit Zwischennuten
31 661	12.83	Gleitlager; Begriffe, Merkmale und Ursachen von Veränderungen und Schäden
31 690 T 1	12.83	Gleitlager; Gehäusegleitlager; Zusammenstellung, Stehlagergehäuse
31 690 T 2	12.83	Gleitlager; Gehäusegleitlager; Lagerschalen
31 690 T 3	12.83	Gleitlager; Gehäusegleitlager; Schmierringe
31 690 T 4	12.83	Gleitlager; Gehäusegleitlager; Lagerdichtungen, Abschlußdeckel, Anschlußmaße
31 693	12.83	Gleitlager; Gehäusegleitlager; Zusammenstellung, Flanschlagergehäuse
31 696	2.78	Axialgleitlager; Segment-Axiallager, Einbaumaße
31 697	2.78	Axialgleitlager; Ring-Axiallager, Einbaumaße
31 698	4.79	Gleitlager; Passungen
53015	9.78	Viskosimetrie; Messung der Viskosität mit dem Kugelfall-Viskosimeter nach Höppler
53018 T 1	3.76	Viskosimetrie; Messung der dynamischen Viskosität newtonscher Flüssigkeiten mit Rotationsviskosimetern, Grundlagen
51 519	7.76	Schmierstoffe; ISO-Viskositäts-Klassifikation für flüssige Industrie-Schmierstoffe
51 561	12.78	Prüfung von Mineralölen, flüssigen Brennstoffen und verwandten Flüssigkeiten; Messung der Viskosität mit dem Vogel-Ossag-Viskosimeter; Temperaturbereich: ungefähr 10 bis 150 °C
51 562 T 1	1.83	Viskosimetrie; Messung der kinematischen Viskosität mit dem Ubbelohde-Viskosimeter, Normal-Ausführung

DIN ISO	Ausgabe Datum	Titel
2909	7.79	Mineralölerzeugnisse; Berechnung des Viskositätsindex aus der kinematischen Viskosität
E 4378 T 2	1.79	Gleitlager; Begriffe, Definitionen und Klassifizierung, Reibung und Verschleiß
4381	10,82	Gleitlager; Blei- und Zinn-Gußlegierungen für Verbundgleitlager
4383	10.82	Gleitlager; Metallische Verbundwerkstoffe für dünnwandige Gleitlager

VDI-Richtlinien	Ausgabe-Datum	Titel
VDI 2201 Bl 1	10.75	Gestaltung von Lagerungen; Einführung in die Wirkungsweise der Gleitlager
VDI 2201 Bl 2	12.80	Gestaltung von Lagerungen; Konstruktionshinweise

VDI-Richt-linien	Ausgabe-Datum	Titel
VDI 2202	11.70	Schmierstoffe und Schmiereinrichtungen für Gleit und Wälzlager
VDI 2204	8.68	Gleitlagerberechnung; Hydrodynamische Gleitlager für stationäre Belastung
VDI 2541	10.75	Gleitlager aus thermoplastischen Kunststoffen
VDI 2543	4.77	Verbundlager mit Kunststoff-Laufschicht

2.1 Allgemeine Grundlagen

Aufgabe. Gleitlager sollen zwei Maschinenteile, die sich relativ zueinander bewegen, mit möglichst großer Genauigkeit führen und die dabei auftretenden Kräfte übertragen. In diesem allgemeinen Sinne umfaßt der Begriff außer der übliche Lagerung von umlaufenden Wellen mit Führung in axialer (**2.1** a) und radialer Richtung (**2.1** b) z. B. auch die Führung eines Kolbens in der Zylinderbuchse, die Kreuzkopfführung und die Schlittenführung in einer Werkzeugmaschine. Zur Durchführung eines Gleitvorgangs muß wegen der Reibung mechanische Energie aufgewendet werden, die sich in Wärme umsetzt. Der Energieverbrauch bestimmt den Wirkungsgrad des Lagers. Die Reibungswärme führt zu einer Temperaturerhöhung. Aus Gründen der Betriebssicherheit darf die Lagertemperatur zulässige Grenzen nicht übersteigen. Eine bestimmte Wärmemenge wird infolge des Temperaturgefälles an die Umgebung abgeführt, größere Wärmemengen verlangen zusätzlich Kühlung.

Gleitlager, die häufig oder ständig im Zustand der Grenzflächen- oder der Mischreibung betrieben werden, weisen Verschleiß auf, der ihre Lebensdauer verkürzt. Der Verschließ ist z. B. durch Werkstoffauswahl möglichst klein zu halten oder durch Flüssigkeitsreibung völlig zu vermeiden.

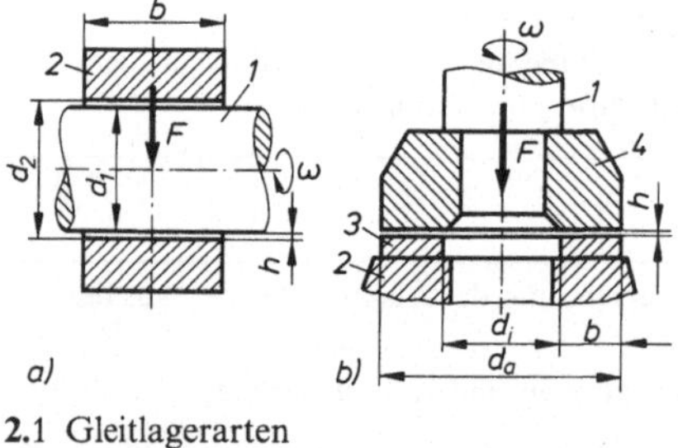

2.1 Gleitlagerarten
   a) Radiallager   b) Axiallager

Kraftrichtung, Gleitflächen, Gleitgeschwindigkeit. Die Belastungskraft F wirkt beim Radiallager (Querlager) senkrecht zur Welle und beim Axiallager (Längslager) in Längsrichtung der Welle.

Die bewegte Gleitfläche eines Radiallagers (**2.1** a) ist im allgemeinen eine zylindrische und die eines Axiallagers (**2.1** b) eine ebene, ringförmige Fläche, in Sonderfällen eine kegelige oder kugelige Fläche. Bei den Führungen für geradlinige Bewegungen sind die Gleitflächen kreiszylindrische, prismatische oder plane Flächen.

Die Geschwindigkeit des bewegten Teils ist durch die Gleitgeschwindigkeit u oder die Drehfrequenz n bzw. durch die Winkelgeschwindigkeit ω gekennzeichnet; $u = \pi d n$ bzw. nach der Zahlenwertgl. $\omega = \pi n/30$ in s^{-1} mit n in $\min^{-1}$.

Äußere Gestalt, Größe und Anzahl der Gleitflächen von Radiallagern (2.1 a) sind durch die Lagerart, den Bohrungsdurchmesser d_2 und die Lagerbreite b, bei Axiallagern durch den Außendurchmesser d_a und den Innendurchmesser d_i oder durch den mittleren Laufdurchmesser d_m und die Ringbreite b gegeben.

Bei Radiallagern wird das Verhältnis der Lagerbreite zum Lagerdurchmesser durch das Breitenverhältnis β ausgedrückt;

$$\beta = b/d \tag{2.1}$$

Allgemein werden Verhältnisse $b/d = 0{,}5 \cdots 1{,}0$ angewendet, bei Axiallagern $d_i/d_a = 0{,}5 \cdots 0{,}8$.

Störungsfreies Gleiten setzt verschleißfeste und glatte Flächen voraus. Es ist vorteilhaft, die Rauheitsspitzen durch Glätten zu entschärfen. Im allgemeinen werden Rauheiten im Bereich von $R_z = 4 \cdots 1$ µm angestrebt; bei Präzisionslagern und Lagern in Verbrennungsmotoren liegen sie unter 1 µm, bei fettgeschmierten Lagern und solchen mit Feststoffschmierung auch über 4 µm.

Lagerspiel und Gleitraum. Die Beweglichkeit der beiden Gleitteile wird durch einen Spielraum zwischen Welle und Lager ermöglicht, dessen Größe durch das Lagerspiel s gekennzeichnet ist (2.2);

$$s = d_2 - d_1 \quad \text{bzw.} \quad s = h_1 + h_2 \tag{2.2}$$

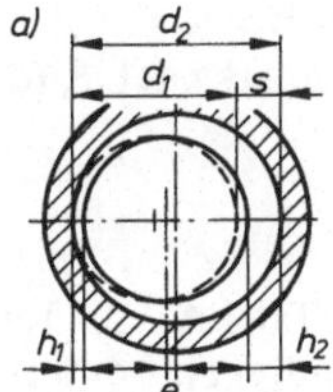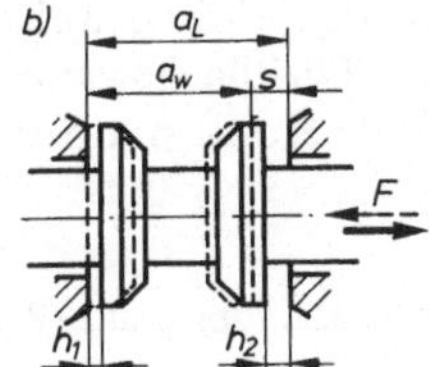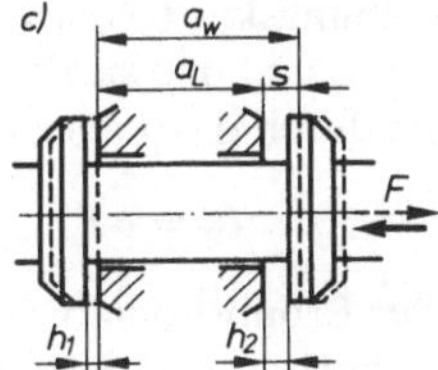

2.2 Lagerspiel s als Summe gegenüberliegender Gleitflächenabstände (Schmierspalte)

   a) Radiallager
   b) Axiallager mit zwei umschließenden festen Gleitflächen
   c) Axiallager mit zwei eingeschlossenen festen Gleitflächen

a_L Abstand der festen Gleitflächen	e Exzentrizität
a_w Abstand der rotierenden Gleitflächen	h_1, h_2 Spaltweiten zwischen
d_2 Lager-Bohrungsdurchmesser	zugeordneten Gleitflächen
d_1 Wellendurchmesser	$s = h_1 + h_2$ Lagerspiel
	F Lagerkraft

Der Raum zwischen den Gleitflächen wird als Gleitraum bezeichnet. Um Verschleiß oder Betriebsstörung zu vermeiden, darf beim Gleiten der kleinste Abstand h_0 der beiden Gleitflächen an der engsten Stelle eines Gleitraumes (2.3 u. 2.5) einen zulässigen kleinsten Grenzwert $h_{0\min}$ nicht unterschreiten.

Es ist zweckmäßig, anstelle der absoluten Größen d_1, d_2, s und h_0 bezogene Größen einzuführen: Anstelle des **absoluten Lagerspiels** $s = d_2 - d_1$ das **relative Lagerspiel** $\psi = s/d_2$

oder auch

$$\psi = s/d \tag{2.3}$$

mit $d = 2r$ als Lagerdurchmesser und anstelle der absoluten Schmierschichtdicke (Spaltweite) h_0 die **relative Schmierschichtdicke**

$$\delta = 2h_0/s = 2h_0/(d_2 - d_1) = h_0/(\psi r) \tag{2.4}$$

Richtwerte für das relative Lagerspiel ψ s. Tafel **A 2.3** und **A 2.4**. Für Überschlagsrechnungen haben sich Richtwerte für das mittlere relative Lagerspiel nach der Zahlenwertgl. $\psi_m = 0{,}8 \sqrt[4]{u}$ in $\%_0$ mit u im m/s als der Gleitgeschwindigkeit bewährt.

Lagerdruck. Da der Druck im Gleitraum nicht gleichmäßig verteilt ist, wird vereinfachend mit dem mittleren Lagerdruck

$$\bar{p} = p_n = \frac{F_n}{db} \tag{2.5}$$

gerechnet, der die auf die Projektionsfläche bd gleichmäßig verteilte Belastung $F_n = F$ darstellt (s. auch Teil 1, Abschn. 2.1).

Gleitreibung. Ursache für den Energieverbrauch im Lager ist die R e i b u n g. Bewegt man zwei feste Körper mit der Relativgeschwindigkeit u gleitend aufeinander, dann wirkt die Reibungskraft F_R der Bewegung entgegen. Das Produkt aus F_R und u ergibt den E n e r g i e - v e r l u s t

$$P_R = F_R u \tag{2.6}$$

C o u l o m b stellte 1785 fest, daß beim Gleitvorgang zwischen zwei festen Körpern die Reibungskraft F_R i n   d e r   E b e n e   d e r   G l e i t f l ä c h e   u n d   d e r   B e w e g u n g   e n t g e g e n wirkt, und daß sie der senkrecht zur Gleitfläche gerichteten N o r m a l k r a f t F_n (das ist hier die durch das Lager zu übertragende Kraft) p r o p o r t i o n a l ist

$$F_R = \mu F_n \tag{2.7}$$

Der Proportionalitätsfaktor μ heißt **Reibungszahl** (Richtwerte s. Tafel **A 2.2**). Temperatur, Viskosität des Schmiermittels, Flächenpressung, Gleitgeschwindigkeit, Oberflächenbeschaffenheit, Werkstoffpaarung und Verschleiß beeinflussen die Reibung entsprechend der Reibungsart: Es wird zwischen G r e n z s c h i c h t - oder G r e n z f l ä c h e n r e i b u n g und F l ü s s i g k e i t s - oder S c h w i m m r e i b u n g unterschieden.

Grenzflächenreibung liegt vor:

1. beim unmittelbaren Aufeinandergleiten fester Körper (Festkörperreibung).

2. beim Aufeinandergleiten fester, jedoch mit einer Grenzschicht überzogener Körper. Die Grenzschicht kann gebildet werden z.B. durch Oxydation der Gleitflächen, aus Öl in molekularer Schichtdicke, aus Metallseife oder Verunreinigungen. Im allgemeinen wird diese Reibungsart auch als Trockenreibung bzw. als Festkörperreibung bezeichnet.

3. beim Gleiten auf einer Grenzschicht mit Schmiereigenschaften, bestehend z.B. aus Fett, Öl, Graphit, Molybdändisulfid, Abrieb oder Kunststoffen.

Bei unmittelbarer Berührung der Gleitflächen (Festkörperreibung) entsteht Verschleiß durch Abscheren der Rauheitsspitzen, durch Ausbrechen verschweißter Teilchen, durch Ausschmelzen bei Überhitzung oder durch Ausbrechen überbeanspruchter Teilchen (**2.3**).

Trockenlaufende Gleitflächen ergeben Reibungszahlen $\mu > 0{,}3$. Geringes Benetzen der Gleitflächen mit Öl setzt die Reibung beträchtlich herab, $\mu < 0{,}3$ (s. auch Abschn. 4.4.3. Beachte die Gegensätzlichkeit: Im Lagerbau wird möglichst geringe Reibung und im Kupplungs- sowie im Bremsenbau möglichst hohe Reibung angestrebt.)

Flüssigkeitsreibung oder S c h w i m m r e i b u n g liegt vor, wenn sich im Gleitraum ein zusammenhängender Schmierfilm aus Öl, Fett oder aus Gas befindet, der die Gleitflächen voneinander trennt. Dies ist mit Sicherheit dann der Fall, wenn die Schmierspaltdicke h_0 größer als die Summe der gemittelten Rauhtiefe R_z einschließlich der Welligkeit W_t von Welle und Lagerschale ist; $h_0 \geq h_{0\,\mathrm{zul}} > (R_z + W_t)_1 + (R_z + W_t)_2$ (Bild **2**.3). Eine gegenseitige Berührung der Rauheitsspitzen wird somit verhindert; Verschleiß ist ausgeschlossen.

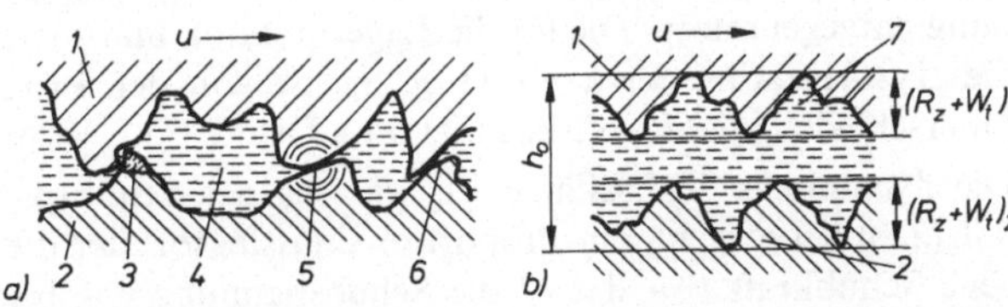

2.3
Reibungsarten
a) Mischreibung
b) Flüssigkeitsreibung

1 Welle, 2 Lagerschale, 3; 5; 6 Festkörperreibung, 3 Abrieb durch Abscheren,
4 örtliche Flüssigkeitsreibung, 5 Verschweißung oder Ausschmelzen,
6 elastische oder plastische Verformung, 7 Gleitraum, h_0 (kleinste) Schmierfilmdicke,
W_t Welligkeit, R_z Rauheit

Im Zustand der **Mischreibung** befinden sich zwei Reibflächen, wenn beim Gleiten an manchen Stellen Festkörper- bzw. Grenzflächenreibung und gleichzeitig an anderen Stellen Flüssigkeitsreibung herrscht (**2**.3). Entsprechend dem Anteil der Festkörperreibung verschleißen die Gleitflächen.

Gleitlager weisen im Dauerbetrieb bei Flüssigkeitsreibung kleine Reibungszahlen auf, $\mu = 0{,}005 \cdots 0{,}001$. Den reibungsmindernden Einfluß des Schmiermittels erkennt man aus den Zahlenwerten für μ in Tafel **A 2.2**. (Über Reibungsarten s. auch Abschn. 4.4.3.)

Die **Schmierung** soll:

1. Festkörperberührung zwischen den Gleitpartnern verhindern, um dadurch Verschleiß zu vermeiden und die Lagerreibung zu vermindern,

2. die Übertragung der Belastungskraft vom bewegten zum ruhenden Teil zu ermöglichen,

3. Reibungswärme abführen und

4. Stoß- und Schwingungsdämpfung bewirken.

Gleitlager werden durch Einbringen eines Schmierstoffes in den Gleitraum geschmiert, wodurch bei Vorhandensein eines Flüssigkeitsdruckes die Gleitflächen auseinandergedrängt werden (Flüssigkeitsreibung) oder die Bildung einer trennenden, am Gleitwerkstoff festhaftenden Grenzschicht ermöglicht wird (Grenzschichtreibung z. B. bei Trockenlagern oder ölgetränkten Sinterlagern).

Um den Zustand der Flüssigkeitsreibung aufrecht zu erhalten, kann der notwendige Druck im Schmierfilm entweder von einer Pumpe außerhalb des Lagers als **hydrostatischer Druck** oder, infolge zweckmäßiger Gestaltung der Gleitflächen, beim Gleiten durch Flüssigkeitsstau im Gleitraum als **hydrodynamischer Druck** erzeugt werden.

Entsprechend der Gestaltung des Gleitraumes und der Art der Druckentwicklung werden hydrodynamisch und hydrostatisch tragende Gleitlager und Gleitlager mit Grenzschichtschmierung unterschieden.

Um hydrodynamischen Druck erzeugen zu können, ist es nötig,

1. daß der flüssige oder gasförmige Schmierstoff auf den Gleitflächen haftet und eine entsprechende Viskosität besitzt,

2. daß der Gleitraum eine sich verengende Gestalt hat und eine Relativgeschwindigkeit zwischen den gleitenden Teilen vorhanden ist.

Viskosität (Zähflüssigkeit). Sie ist als die Kraft definiert, die benachbarte Flüssigkeitsschichten oder -teilchen zufolge ihrer inneren Reibung einer gegenseitigen laminaren Verschiebung entgegensetzen. Die für die Lagerfunktion und -berechnung wichtige Eigenschaft ist die dynamische Viskosität η. Sie ist von der kinematischen Viskosität v zu unterscheiden, die das Viskositäts (η) – Dichte (ϱ) – Verhältnis $v = \eta/\varrho$ darstellt.

Die **dynamische Viskosität** η ist, wie aus der Schubspannungsgleichung von Newton (Gl. (2.8)) hervorgeht, ein Proportionalitätsfaktor, der die auf die Flächeneinheit A bezogene Schubkraft F, – das ist die Schubspannung τ –, beeinflußt, die zwei im konstanten Abstand h parallel zueinander liegende Flüssigkeitsschichten einer laminaren Verschiebung entgegensetzen, wenn diese mit der Geschwindigkeit u gegeneinander bewegt werden (2.4)

$$\tau = \eta \, dv/dh \tag{2.8}$$

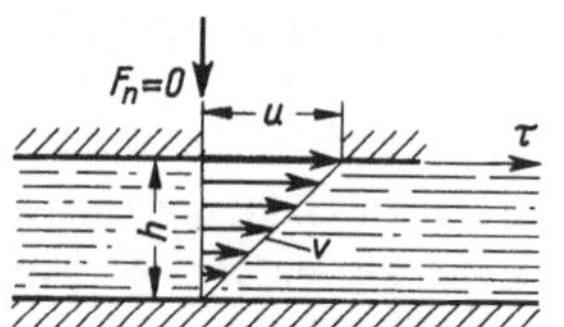

2.4
Schubspannung τ durch Zähigkeitsreibung zwischen zwei parallelen Flächen nach Newton

Der Differentialquotient dv/dh drückt das Geschwindigkeits- oder Schergefälle aus. Da Flüssigkeiten oder Gase an den Gleitflächen haften, ist bei sehr kleinem gleichbleibendem Flächenabstand h und bei laminarer Strömung (Schleppströmung) das Geschwindigkeitsgefälle $dv/dh = u/h$ = konstant und die dynamische Viskosität

$$\eta = \tau h/u \qquad \text{in der SI-Einheit} \quad \text{Ns/m}^2 = \text{Pa s}$$
(Pascalsekunde) mit τ in N/m², h in m und u in m/s. $\tag{2.9}$

Als kleinere Einheit ist die Milli-Pascalsekunde, $\text{m Pa s} = 10^{-3} \, \text{Pa s} = 10^{-3} \, \text{Ns/m}^2$ gebräuchlich.

Früher wurde die aus dem physikalischen Maßsystem (CGS-System) stammende Einheit Poise (P) bzw. Zentipoise (cP) verwendet: $1 \, \text{cP} = 1 \, \text{m Pa s} = 10^{-3} \, \text{Ns/m}^2$ bzw. $1 \, \text{P} = 100 \, \text{cP} = 0{,}1 \, \text{Pa s} = 0{,}1 \, \text{Ns/m}^2$.

Die dynamische Viskosität η kann mit dem Kugelfallviskosimeter (DIN 53015) ermittelt werden. Hierbei wird die Zeit gemessen, die eine Kugel benötigt, um eine bestimmte Strecke durch ein mit Prüföl gefülltes Glasrohr zu fallen.

Die andere Möglichkeit, die dynamische Viskosität mit einem Rotationsviskosimeter zu ermitteln (DIN 53018), beruht auf der Messung der Schubspannung bei gegebenem Flächenabstand und bekannter Gleitgeschwindigkeit (vergl. Bild 2.4). Bei beiden Meßmethoden muß die Temperatur des Prüföls beachtet werden.

Im Handel benutzt man für Mineralöle die **kinematische Viskosität**; da sie leicht mit dem Kapillarviskosimeter (DIN 51 561) zu messen ist. Gemessen wird die Ausflußzeit einer bestimmten Ölmenge aus einem Gefäß mit festgelegtem Auslaufröhrchen (Kapillare) unter Beachtung der Temperatur. Das Eigengewicht bzw. die Dichte ϱ des Öls beeinflußt die Ausflußzeit.

Die kinematische Viskosität ist $v = \eta/\varrho$ in der SI-Einheit $(\mathrm{Ns/m^2})/(\mathrm{kg\,m^{-3}}) = \mathrm{m^2/s}$ bzw. als kleinere Einheit $1\ \mathrm{mm^2/s} = 10^{-6}\ \mathrm{m^2/s}$.

Für die Lagerberechnung ist die Umrechnung der kinematischen Viskosität in die dynamische nach der Gleichung $\eta = \varrho\,v$ erforderlich. Für die näherungsweise Umrechnung setzt man die mittlere Dichte $\varrho = 900\ \mathrm{kg/m^3}$ bei $40\,°\mathrm{C}$ ein. (Einige physikalische Daten für Mineralöle s. Tafel **A 2.5.**)

Viskosität-Temperatur-Verhalten. Die Viskosität von Mineralölen ist temperaturabhängig; sie nimmt mit steigender Temperatur ab. Bei der Viskositätsangabe darf daher die zugehörige Temperatur nicht fehlen.

Für flüssige Industrie-Schmierstoffe besteht eine ISO-Viskositätsklassifikation (DIN 51 519) in Abhängigkeit von ihrer kinematischen Viskosität (Tafel **A 2.20**). Diese **Klassifikation** definiert 18 Viskositätsklassen im Bereich von 2 bis 1 500 $\mathrm{mm^2/s}$ bei $40{,}0\,°\mathrm{C}$. Sie überdeckt den Bereich vom Gasöl bis zu den Zylinderölen.

Jede Viskositätsklasse (VG) wird durch die ganze Zahl bezeichnet, die durch Runden des in $\mathrm{mm^2/s}$ ausgedrückten Zahlenwertes der Mittelpunktsviskosität bei $40{,}0\,°\mathrm{C}$ erhalten wird (Tafel **A 2.20**). Beispiel für die Bezeichnung: ISO VG 10 DIN 51 519 bedeutet ein Schmierstoff mit der kinematischen Zähigkeit $v = 10\ \mathrm{mm^2/s}$ bei $40{,}0\,°\mathrm{C}$.

Die Klassifikation liefert nur eine Aussage über die Viskosität bei der Temperatur von $40{,}0\,°\mathrm{C}$. Die Viskositäten bei anderen Temperaturen hängen von dem Viskosität-Temperatur-Verhalten der Schmierstoffe ab, das durch Viskosität-Temperatur-Kurven (DIN 51 563) dargestellt oder durch Zahlenwerte des Viskositätsindex (abgekürzt VI) (DIN ISO 2 909) ausgedrückt wird.

Der **Viskositätsindex** (VI) ist eine rechnerisch ermittelte Zahl, die die Viskositätsänderung eines Mineralölerzeugnisses mit der Temperatur charakterisiert. Ein hoher Viskositätsindex kennzeichnet eine geringe Änderung der Viskosität mit der Temperatur und ein niedriger Index eine große Änderung, unabhängig von der Viskositätsklasse ISO VG (vergl. miteinander in der Tafel **A 2.20** z. B. die Werte der Klasse ISO VG 1 500 bei dem Viskositätsindex $\mathrm{VI} = 0$, $\mathrm{VI} = 50$, $\mathrm{VI} = 95$ in Abhängigkeit der Temperatur).

Der Viskositäts-Temperatur-Verlauf der Mineralöle stellt sich im Diagramm nach Ubbelohde-Walter bzw. Niemann bei einer logarithmischen Achsenteilung für v bzw. η und einer verzerrten Teilung für die Temperatur ϑ in einer Geraden dar (s. Bild **A 2.6**).

Das Bild **A 2.21** nach DIN 31 652 T 2 zeigt die dynamische Viskosität in Abhängigkeit von der Temperatur für Schmieröle der Viskositätsklassen ISO VG 2 bis 1 500 mit dem Viskositätsindex VI 100. In diesem Diagramm ist die η-Achse logarithmisch verzerrt und die ϑ-Achse linear aufgeteilt. Der Viskositäts-Temperatur-Verlauf stellt sich hierbei in abfallenden Kurven dar.

Viskositäts-Druck-Verhalten. Die Viskosität von Schmierölen hängt außer von der Temperatur auch vom Druck ab. Bei stationären Lagern und üblichen Lagerbelastungen ist die Druckabhängigkeit jedoch vernachlässigbar. Die Vernachlässigung stellt eine zusätzliche Auslegungssicherheit dar.

Die **Dichte** ϱ eines Mineralöls ist von der Temperatur und vom Druck abhängig. Zur Berechnung der dynamischen Viskosität η aus der gegebenen kinematischen Viskosität v muß die Dichte der Flüssigkeit bei der betreffenden Temperatur und dem betreffenden Druck bekannt sein. Die Dichteänderung in Abhängigkeit von der Temperatur kann aus Bild **A 2.22** und die Abhängigkeit vom Druck aus der Bild **A 2.23** entnommen werden.

Die **spezifische Wärmekapazität** der Mineralöle ist von der Dichte und von der Temperatur abhängig. Bei der Lagerberechnung werden Mittelwerte für die mit der Dichte ϱ in kg/m^3 multiplizierten Wärmekapazität c in Nm/(kg K) benötigt; man setzt für diese volumenspezifische Wärme $c\varrho = (1\,670 \cdots 1\,800)$ Nm/(m^2 K) bzw. J/(m^2 K) ein.

2.2 Hydrodynamische Schmiertheorie

Zur Aufrechterhaltung eines zusammenhängenden Schmierfilmes zwischen zwei Gleitflächen, die unter einer äußeren Belastung stehen, muß im Reibraum Druck vorhanden sein, der mit der Druckbelastung von außen im Gleichgewicht steht.

Das Entstehen des hydrodynamischen Druckes in einem sich verengenden Gleitraum beruht auf dem Stauen der an den Gleitflächen haftenden und von der bewegten Gleitfläche mitgenommenen Flüssigkeit (Schleppströmung). In einem Gleitraum mit gleichbleibendem Durchflußquerschnitt (parallelem Flächenabstand) (**2.4**) entsteht kein hydrodynamischer Druck.

Die Schubspannungen τ zwischen zwei Schichten einer bewegten Flüssigkeit (**2.4**) sind proportional der Viskosität η und dem Geschwindigkeitsgefälle $\mathrm{d}v/\mathrm{d}h$; sie sind im Gleitraum mit gleichbleibendem Querschnitt entlang des Flüssigkeitsweges konstant, weil $\mathrm{d}v/\mathrm{d}h = $ konstant ist (Gl. (2.8)).

Das Geschwindigkeitsgefälle in einem Gleitraum dessen Querschnitt entlang des Flüssigkeitsweges veränderlich ist, z.B. stetig enger wird, ist nicht mehr konstant; dementsprechend ändert sich auch die Schubspannung.

Wird vorausgesetzt, daß seitlich nichts abfließt und daß jeder Querschnitt des Gleitraumes von dem gleichen Flüssigkeitsvolumen durchströmt wird, dann muß die mittlere Fließgeschwindigkeit v bei Querschnittsverengung zunehmen und bei Erweiterung abnehmen (**2.5**). Da die Randschichten der Flüssigkeit infolge des Haftens die Geschwindigkeit der Gleitflächen besitzen, können unterschiedliche mittlere Fließgeschwindigkeiten nur erreicht werden, wenn der Geschwindigkeitsverlauf über der Spalthöhe nicht mehr konstant ist (**2.5**).

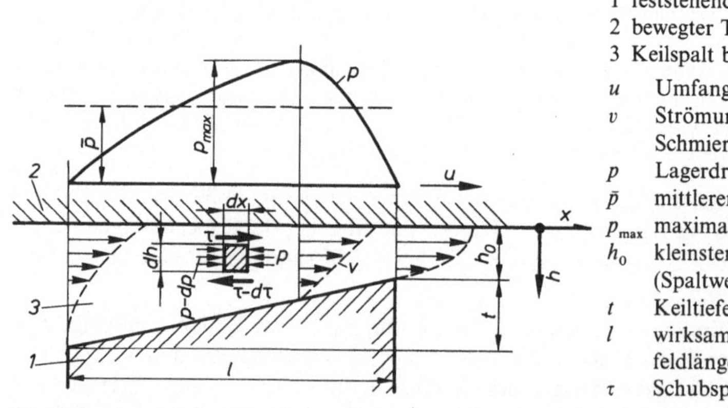

1 feststehender Teil
2 bewegter Teil
3 Keilspalt bzw. Staufeld

u Umfangsgeschwindigkeit
v Strömungsgeschwindigkeit des Schmierstoffes
p Lagerdruck
$\bar{p}$ mittlerer Lagerdruck
p_{max} maximaler Lagerdruck
h_0 kleinster Schmierspalt (Spaltweite an der engsten Stelle)
t Keiltiefe
l wirksame Keilspalt- oder Staufeldlänge
τ Schubspannung

2.5 Hydrodynamischer Druck und Geschwindigkeitsverteilung im ebenen Schmierkeil (im mittleren Längsschnitt)

Die Kurve für den Geschwindigkeitsverlauf über der Spalthöhe ist im Bereich der Querschnittsverengung konvex und bei Erweiterung konkav. An der Stelle des höchsten Druckes ist der Verlauf geradlinig. Mit dem Geschwindigkeitsverlauf ändert sich das Geschwindigkeitsgefälle dv/dh von Schicht zu Schicht und davon abhängig auch die Schubspannung τ.

Die **hydrodynamische Schmiertheorie** beruht im wesentlichen auf folgendem Grundgedanken (**2.5**): Um der Schubspannungsänderung $d\tau$ das Gleichgewicht zu halten, muß eine Änderung des Flüssigkeitsdruckes von p auf $p + dp$ eintreten. Auf ein Volumenelement $dx \cdot dh \cdot 1$ wirkt die Kraft $dp \cdot dh - d\tau \cdot dx$, die der Masse des Volumenelementes $dx \cdot dh \cdot \varrho$ eine Beschleunigung dv/dt erteilt (t = Zeit, ϱ = Dichte). Die Bewegungsgleichung für das Volumenelement lautet demnach $dp \cdot dh - d\tau \cdot dx = \varrho \cdot dx \cdot dh \cdot (dv/dt)$. Durch Vernachlässigung der Massenkraft, die klein gegenüber der Wirkung der Zähigkeit ist, vereinfacht sich die Bewegungsgleichung zu $dp/dx = d\tau/dh$. Setzt man darin nach der Newtonschen Hypothese $\tau = \eta (dv/dt)$, also $d\tau/dh = \eta (d^2 v/dh^2)$ ein, so ergibt sich folgende Differentialgleichung

$$\frac{1}{\eta} \frac{dp}{dx} = \frac{d^2 v}{dh^2} \tag{2.10}$$

Aus dieser Gleichung lassen sich die wesentlichen Aussagen über Geschwindigkeit- und Druckverteilung, Schmierspalthöhe bzw. Gleitraumform sowie Reibungswiderstand und Reibungszahl ableiten, (Lösungen der Gl. (2.10) s. Ten Bosch [16]).

Reynoldssche Gleichung. Die Berechnung hydrodynamischer Radial-Gleitlager nach DIN 31 652 erfolgt zweckmäßig mit dem Rechner mit Hilfe der numerischen Lösungen der Reynoldsschen Differentialgleichung für die Reibungsströmung im Schmierspalt

$$\frac{\partial}{\partial x} \left(h^3 \frac{\partial p}{\partial x} \right) + \frac{\partial}{\partial z} \left(h^3 \frac{\partial p}{\partial z} \right) = 6 \cdot \eta \cdot (u_\mathrm{S} + u_\mathrm{B}) \cdot \frac{\partial h}{\partial x}$$

Es bedeuten: ∂ partielles Differential, partielle Ableitung, x Koordinate in Bewegungsrichtung (Umfangsrichtung), y Koordinate in Richtung Schmierspalthöhe (radial), z Koordinate quer zur Bewegungsrichtung (axial), h Spalthöhe, u_B Geschwindigkeit des Lagers, u_S Geschwindigkeit der Welle, η dynamische Viskosität des Schmierstoffs.

Zur Herleitung der Reynoldsschen Differentialgleichung wird verwiesen auf die Literatur [12]; [14]; [19] und zur numerischen Lösung auf die Literatur [3]; [11]; [13].

Die Reynoldssche Gleichung ist umfassender als die Gl. (2.10). Sie gilt als Grundgleichung für die hydrodynamische Schmiertheorie. Aus Lösungen beider Gleichungen läßt sich u. a. auch die Erkenntnis bestätigen, daß zur Erzeugung einer tragfähigen Schmierschicht jeder Gleitraum geeignet ist, dessen Höhe in Richtung der Bewegung abnimmt, also einen Stauraum bildet (**2.5** und **2.8**). Es ist hierbei ohne wesentlichen Einfluß, in welcher Weise die Spalthöhe im Staufeld in Bewegungsrichtung abnimmt. In der Regel werden die Stauräume keilförmig ausgebildet, doch können sie auch ballig oder gestuft ausgeführt werden. Eine Auswahl möglicher Ausführungsformen des Gleitraumes zeigt das Bild **2.20**.

Druckverlauf im Gleitraum (**2.5**). Vor der Verengung bis kurz vor der engsten Stelle steigt der Druck an, dahinter fällt er ab. Das Verhältnis Maximaldruck p_max zum mittleren Druck $\bar{p}$ hängt von der Geometrie des Reibraumes ab. Im Radiallager mit keilförmigem Stauraum kann hinter der Druckzone Unterdruck entstehen.

2.3 Hydrodynamisch geschmierte Radiallager

2.3.1 Reibung im Gleitlager, Tragfähigkeit, Kennzahlen, Wärme

Im folgenden wird der praktisch weitaus häufigste Fall des vollumschließenden Radial-Gleitlagers behandelt. (Aus ihm lassen sich die Vorgänge in anderen flüssigkeitsgeschmierten Lagern ableiten; s. DIN 31 652.) Es besteht aus dem zylindrischen Zapfen einer Welle, der sich in einer zylindrischen Bohrung dreht. Vom Zapfen wird eine radial gerichtete Normalkraft F_n (Gewicht der Welle, Zahnkraft, Riemenkraft usw.) auf die Bohrung übertragen. Bei Drehung der Welle bildet sich unter Last ein sich verengender und erweiternder Gleitraum, ein keilförmiger Schmierspalt, aus. Die kleinste und die größte Spaltweite liegen sich gegenüber; ihre Summe ergibt das Lagerspiel. (Die verschiedenen Lagerbauarten sind in Abschn. 2.4 erläutert.)

Reibung. Im Jahre 1902 wies Stribeck[1]) durch Versuche nach, daß für das flüssigkeitsgeschmierte Lager das Coulombsche Gesetz, Gl. (2.7), nicht gilt. Die Reibungszahl μ ist nach Stribecks richtungsweisenden Versuchen von der Drehzahl n des Zapfens (mit dem Durchmesser d und der Lagerbreite b) und von der spezifischen Lagerbelastung (Gl. (2.5)) $p_n = F_n/db$ abhängig (2.6); über weitere Einflüsse gaben spätere Untersuchungen Aufschluß. Das wichtigste Ergebnis zeigt eine der von Stribeck in seinen Versuchen gemessenen Kurven, z. B. Kurve für $p_n = 1,2\ \text{N/mm}^2$ in Bild 2.6. Hierbei wird ein Lager unter Verwendung eines bestimmten Schmiermittels bei konstanter spezifischer Belastung p_n, vom Stillstand beginnend, mit steigender Drehfrequenz gefahren. Die Temperatur des Schmiermittels muß dabei möglichst gleich bleiben ($\eta \approx$ const). Die Reibungszahl μ kann durch das Drehmoment (Reibungsmoment) T_R bestimmt werden, das aufgewendet werden muß, um die Bewegung einzuleiten bzw. bei einer bestimmten Drehfrequenz aufrechtzuerhalten;

$$T_R = F_R r = \mu F_n r \qquad \mu = \frac{T_R}{F_n r} \tag{2.11}$$

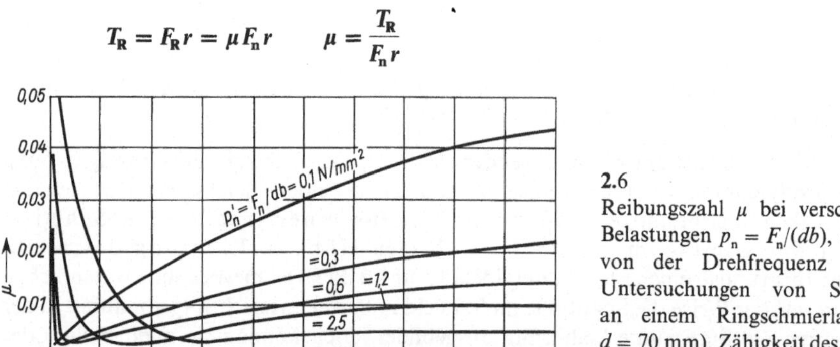

2.6
Reibungszahl μ bei verschiedenen Belastungen $p_n = F_n/(db)$, abhängig von der Drehfrequenz n (nach Untersuchungen von Stribeck an einem Ringschmierlager mit $d = 70$ mm). Zähigkeit des Schmiermittels $\eta \approx$ const

Die von Stribeck ermittelten Kurven können folgendermaßen gedeutet werden:

1. Im Stillstand liegt der Zapfen an der tiefsten Stelle der Bohrung auf (2.7a). An der Berührungsstelle sind die von der Bearbeitung herrührenden Rauheiten der Flächen ver-

---

[1]) Stribeck, R.: Die wesentlichen Eigenschaften der Gleit- und Rollenlager. VDI-Z. **46** (1902) S. 1341.

klammert. Die Rauheiten sind von der Bearbeitungsart abhängig. Sie betragen bei Gleitlagern 4 ··· 0,5 µm.

Zur Einleitung der Bewegung muß der Zapfen aus der Verklammerung herausgehoben werden. Aus dem hierzu erforderlichen Drehmoment ergibt sich die Reibungszahl für die Festkörperreibung (Ruhereibung, Anlaufreibung). Sie ist relativ hoch und verringert sich nach Beginn der Bewegung schnell dadurch, daß das Schmiermittel seine Schmierwirkung entfaltet.

a) Stillstand (Drehfrequenz $n = 0$)
b) Ölkeil hat den Zapfen abgehoben (n groß)
c) Zapfen nahezu konzentrisch in der Buchse
   ($n \to \infty$)

2.7 Wanderung des Zapfens in der Buchse bei steigender Umfangsgeschwindigkeit u bzw. Drehfrequenz n (schematisch); s Lagerspiel, h_0 engster Spalt, F_n Lagerbelastung

2. Der Gleitvorgang spielt sich zunächst zwischen den sehr dünnen Grenzschichten des Schmiermittels ab, die den Gleitflächen sehr fest anhaften. Örtlich, an den höchsten Erhebungen der Oberflächen treten dabei Beanspruchungen auf, welche die Grenzschichten verletzen und zu metallischer Berührung und damit zu Verschleiß führen.

3. Mit zunehmender Gleitgeschwindigkeit wird vom Zapfen eine größere Schmiermittelmenge in den Spalt mitgerissen. In diesem Bereich der **Mischreibung** geht die metallische Berührung immer mehr zurück, der Zapfen beginnt auf der Flüssigkeitsschicht zu schwimmen (**Flüssigkeitsreibung**). Die Flüssigkeitsschicht im Schmierspalt h_0 unter dem Zapfen (**2.7** b) wird bei weiterer Drehfrequenzsteigerung dicker, der Reibungswiderstand steigt nun wieder langsam an.

Die Drehfrequenz, bei der die Reibungszahl den Kleinstwert erreicht hat (**2.6**), bei der also etwa die metallische Berührung aufhört, heißt **Übergangsdrehzahl** $n_{\ddot{u}}$. Der Kurvenast rechts von dieser Drehfrequenz ($n > n_{\ddot{u}}$) entspricht der Reibung im Bereich der Flüssigkeitsreibung in welchem wegen Fehlens der metallischen Berührung keine Abnutzung der Werkstoffe eintritt. Die Kurve verläuft hier relativ flach, d. h. die Reibungszahl μ (und damit Reibungsleistung und Reibungswärme) bleibt über einen größeren Drehfrequenzbereich niedrig. Der Kurvenast links von der Übergangsdrehfrequenz ($n < n_{\ddot{u}}$) entspricht der Reibung im Bereich der Mischreibung, die so benannt ist, weil hier Festkörperreibung, Grenzschichtreibung und Flüssigkeitsreibung gemeinsam vorhanden sind; infolge der metallischen Berührung tritt Werkstoffverschleiß und die Gefahr des Fressens auf. Im Gebiet der Mischreibung steigt die Reibungszahl mit abnehmender Drehfrequenz sehr stark an.

Theoretisch ist die Übergangsdrehfrequenz der ideale Betriebspunkt eines Gleitlagers. Praktisch soll die niedrigste Betriebsdrehfrequenz um einen ausreichenden Sicherheitsabstand über der Übergangsdrehfrequenz liegen, damit z. B. auch bei Belastungsschwankungen Flüssigkeitsreibung gewährleistet bleibt. Der Bereich der Mischreibung wird beim An- und Abstellen der Maschinen unvermeidlich durchlaufen. Zwischen Maschinenteilen mit kleiner Geschwindigkeit, z. B. bei Steuerungsteilen von Kraftfahrzeugen und Gestängelagerungen, findet in der Regel ebenfalls Mischreibung statt.

In Fällen, in denen Mischreibung auch bei extrem langsamer Bewegung nicht auftreten darf, wendet man hydrostatische Schmierung an. Eine Preßpumpe drückt Schmieröl unter den Zapfen und erzeugt damit einen Flüssigkeitsdruck, der hoch genug ist, um den

Zapfen auch bei Stillstand anzuheben. Dies geschieht z. B. bei Spurzapfenlagern von Krananlagen und während des Anlaufvorgangs hochwertiger Turbinenlager[1]).

Verhalten der Lager im Bereich der Flüssigkeitsreibung

Belastung. Wenn sich zwischen Wellenzapfen und Lagerbohrung eine Flüssigkeitsschicht befindet, auf welcher der Zapfen schwimmt, dann muß Gleichgewicht bestehen zwischen der Lagerbelastung F_n und der vom Flüssigkeitsdruck p (2.8) abhängigen, der Lagerbelastung entgegengesetzt gerichteten Tragkraft F_F der Flüssigkeit (2.8). Die Reaktionskraft F_F, die die Flüssigkeit aufbringen muß, um den Lagerzapfen zu tragen, resultiert aus der Summe aller Schmierfilmdruck-Komponenten in Richtung der Belastung (2.8). Er entspricht einem mittleren Flüssigkeitsdruck $\bar{p}$ (2.5) multipliziert mit der Projektion der Lagerfläche $b\,d$; der erforderliche Druck ist $\bar{p} = F_F/b\,d$. Wegen $F_n = F_F$ kann auch geschrieben werden $\bar{p} \doteq F_n/b\,d$ (s. Gl. (2.5)).

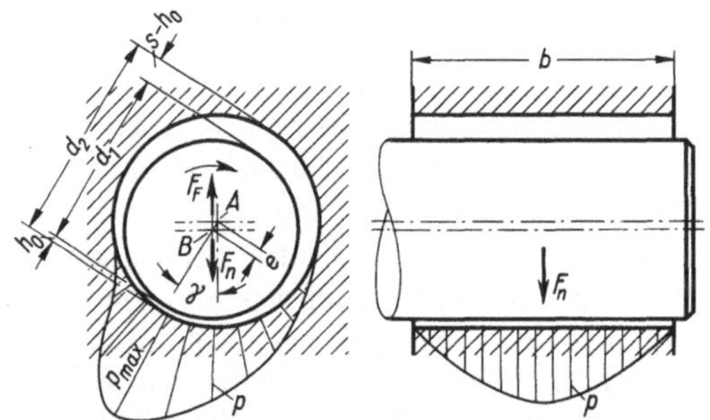

b	Lagerbreite
d_2	Bohrungsdurchmesser, Mittelpunkt A
d_1	Zapfendurchmesser, Mittelpunkt B
e	Exzentrizität
h_0	kleinste Schmierschichtdicke (Spaltweite)
F_F	Flüssigkeitstragkraft
F_n	Lagerbelastung (Normalkraft)
p	Flüssigkeitsdruck (Öldruck)
p_{max}	höchster Öldruck
γ	Verlagerungswinkel

2.8 Druckverteilung im Bereich des Druckfeldes am umlaufenden Lagerzapfen bei Flüssigkeitsreibung (schematisch). Querschnitt und Längsschnitt durch das Lager

Der **Flüssigkeitsdruck** p bildet sich im verengenden Teil des Gleitlagers (s. Abschn. 2.2). Die Druckzunahme (2.8) beginnt beim Übergang der im Drehsinn vor dem Stauraum liegenden Schmiernut und endet mit einem Höchstwert hinter der Wirkungslinie der Kraft F_n. Der engste Schmierspalt h_0 liegt hinter dem Druckscheitel. In manchen Fällen stellt sich in dem sich wieder erweiternden Schmierspalt Unterdruck ein.

Die Schmiernut soll stets vor der Druckzone liegen, um den Druckverlauf nicht zu unterbrechen.

Im Vergleich zum unendlich breiten Lager verringert sich der Höchstdruck in der Lagermittenebene und fällt nach beiden Seiten annähernd parabelförmig auf den Umgebungsdruck ab, (2.8 und 2.9), weil dort die Flüssigkeit frei abfließen kann. Der Einfluß dieser Seitenabströmung kann durch das Breitenverhältnis $\beta = b/d$ erfaßt werden; bei einem Lager mit kleinem Quotienten β kann eine größere Ölmenge seitlich abfließen als bei großem Wert von β (2.9a und b).

Weitere Einflußgrößen für die Druckverteilung sind die mögliche Verkantung (2.9c) die eine Verzerrung des Druckfeldes in Längsrichtung des Zapfens ergibt, die Wellendurchbiegung, (2.9d), und der Umschließungswinkel als der Winkel, über den die Gleitfläche eine ununterbrochene Ausbildung des Flüssigkeitsdruckes erlaubt. Er beträgt 360° bei dem

---

[1]) Peeken, H.: Hydrostatische Querlager. Z. Konstruktion 16 (1964) H 7, S. 266 bis 276.

hier betrachteten vollumschließenden Lager und 180° beim halbumschließenden Lager; bei Mehrflächenlagern (**2.16**) richtet er sich nach der Größe der Teilflächen.

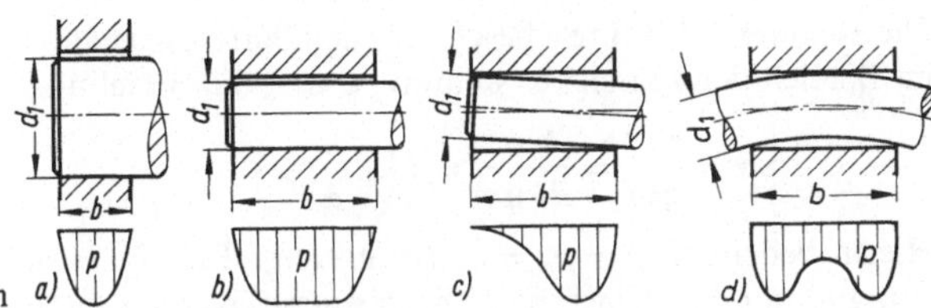

a) b/d klein   b) b/d groß
c) wie b), aber Zapfen verkantet
d) wie b), aber Welle durchgebogen
2.9 Verteilung des Öldrucks über den Längsschnitt bei gleichem Produkt $b\,d_1 = \varepsilon$

Exzentrizität e. Mit zunehmender Drehfrequenz bewegt sich der Zapfenmittelpunkt nach Bild **2.7** etwa auf einem Halbkreis zum Bohrungsmittelpunkt hin. Seine Lage ist für jeden Betriebszustand durch den Verlagerungswinkel γ und die Exzentrizität e definiert (**2.8**). Die Zusammenhänge zwischen Exzentrizität e und engstem Schmierspalt h_0 lassen sich durch Verhältniszahlen ausdrücken. Mit der relativen Exzentrizität

$$\varepsilon = e/(s/2) = e/(\psi\, r) \tag{2.12}$$

mit dem relativen Lagerspiel $\psi = s/d$, Gl. (2.3), mit der relativen Schmierschichtdicke $\delta = h_0/(\psi\, r)$, Gl. (2.4), sowie mit dem Spiel s lassen sich die einfachen Beziehungen aufstellen

$$\boldsymbol{h_0 = (s/2) - e = (\psi\, d/2) - e = \psi\, r - e = \psi\, r\,(1 - \varepsilon)} \tag{2.13}$$

$$\boldsymbol{\delta = 1 - \varepsilon} \qquad \boldsymbol{h_0 = \psi\, r\,\delta} \tag{2.14}\ \ \tag{2.15}$$

Zur Veranschaulichung s. Bild **2.10**: Bei $\varepsilon = 1$ bzw. bei $\delta = 0$ liegt die Welle auf der Lagerschale; es sind die Exzentrizität $e = s/2$ und die Spalthöhe $h_0 = 0$. Bei $\varepsilon = 0$ bzw. bei $\delta = 1$ fallen die Wellen- und Bohrungsmittelpunkte aufeinander, das bedeutet: $e = 0$ und $h_0 = s/2$.

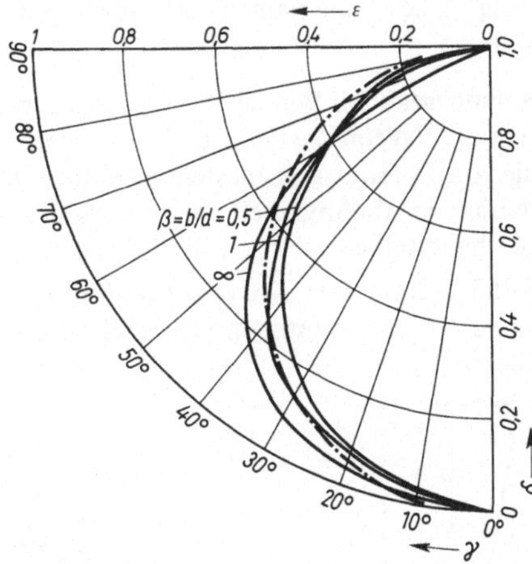

2.10
Lage des Zapfenmittelpunktes bei verschiedenen Breitenverhältnissen b/d nach Sassenfeld und Walther [13]. Zum Vergleich Halbkreis —·—·—
γ Verlagerungswinkel
δ relative Schmierschichtdicke
ε relative Exzentrizität

Der kleinste Gleitflächenabstand h_0 muß stets größer sein als die Summe der Rauhtiefen der beiden Gleitflächen, wenn Festkörperreibung vermieden werden soll (**2.3**b). Eine wesentliche Vergrößerung von h_0 führt zur Erhöhung der Reibungsverluste sowie zur Verminderung der Exzentrizität und damit zu einer unstabilen Lage. Aus Gründen hoher Stabilität (zur Vermeidung von Schwingungen) ist eine große Exzentrizität e und aus Gründen der Betriebssicherheit eine große Schmierschichtdicke h_0, also eine kleine Exzentrizität, anzustreben. Die Tragfähigkeitsgrenze ist erreicht, wenn $h_0 = h_{0\,\mathrm{min}}$ wird.

Eine Abschätzung dieser widersprüchlichen Forderung nach großer Exzentrizität e und großer Schmierspalthöhe h_0 ist mit Hilfe der dimensionslosen, nach Sommerfeld benannten Lagerkennzahl So möglich.

Die **Sommerfeld-Zahl** So beschreibt den Betriebszustand und die Tragfähigkeit eines Lagers im Bereich der Flüssigkeitsreibung durch die Beziehung

$$\text{So} = \frac{\bar{p}\,\psi^2}{\eta\,\omega} = \frac{F_n\,\psi^2}{db\,\eta\,\omega} = f\left(\varepsilon, \frac{b}{d}, \Omega\right) \tag{2.16}$$

Hierin bedeuten: $\bar{p} = p_n = F_n/db$ mittlerer Flüssigkeitsdruck bzw. spezifische Lagerbelastung p_n mit der Belastung F_n bezogen auf die Lagerbreite b und den Lagerdurchmesser d, ψ relatives Lagerspiel, η dynamische Viskosität und ω Winkelgeschwindigkeit der Welle.

Für ein Lager mit niedriger spezifischer Belastung p_n und kleinem relativem Lagerspiel ψ ergibt sich also bei Verwendung eines zähen Schmiermittels (η relativ groß) und bei hoher Drehzahl (ω ebenfalls relativ groß) ein kleiner Wert für So.

Die Sommerfeld-Zahl So läßt sich auch in Abhängigkeit (als Funktion f) von der relativen Exzentrizität ε, von der relativen Lagerbreite b/d und vom Umschließungswinkel Ω darstellen (s. Bild **A 2.14** und **A 2.16**; Formeln hierfür s. DIN 31 652 T 2).

Vogelpohl [18]; [19] unterscheidet hoch belastete Lager (So > 1) und schnellaufende Lager (So < 1). Holland[1]) gibt folgende Hinweise (zur Veranschaulichung s. die Bilder **A 2.14** und **A 2.16**): Lager bis zum Breitenverhältnis $b/d = 1/3$ mit Sommerfeldzahlen So = 1 ··· 10 bei $\varepsilon = 0{,}6$ ··· 0,95 lassen einen störungsfreien Betrieb erwarten. Lager mit Sommerfeldzahlen So > 10 sind bei normaler Oberflächengüte möglichst zu vermeiden, ebenso Lager mit So > 50, da diese trotz bester Oberflächengüte leicht in das Gebiet der Mischreibung geraten (für $\varepsilon > 0{,}98$ wird h_0 zu klein). Bei So < 0,3 wird die Wellenlage instabil, der Lagerzapfen läuft unruhig. Gleitlager mit So < 0,1 und Umfangsgeschwindigkeiten $u = r\omega \geqq 100$ m/s lassen sich in der Regel als Mehrflächengleitlager (**2.16**) ausführen.

Reibungszahl im Bereich der Flüssigkeitsreibung. Erstmals wies Gümbel [8]; [9] nach, daß sich die Ergebnisse der Stribeckschen Versuche vereinfacht darstellen lassen, wenn man die von Stribeck festgestellten Zahlenwerte für Reibungszahl im Bereich der Flüssigkeitsreibung in Abhängigkeit von einer Kennzahl aufträgt, die außer der Drehfrequenz (Winkelgeschwindigkeit ω) noch die Zähigkeit des Schmieröls η und die spezifische Belastung $\bar{p}$ enthält (**2.11**). Der Kurvenverlauf entspricht dann der Gleichung $\mu = k\sqrt{\eta\omega/\bar{p}}$ bzw. der Gl. (2.21) und stimmt in seiner Tendenz sehr gut mit den Stribeckschen Kurven (**2.6**) überein.

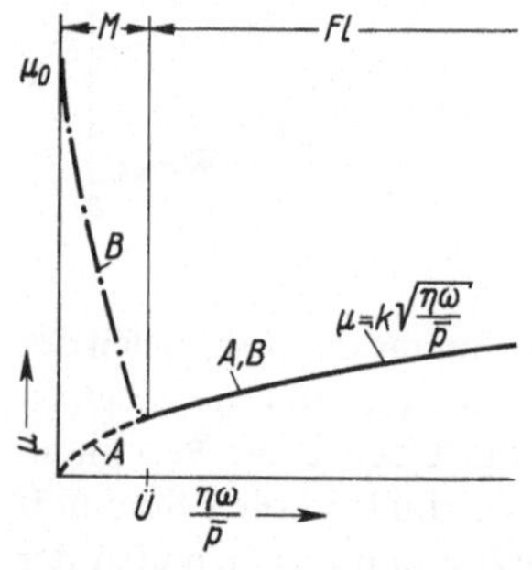

2.11
A Reibungsverlauf über der Gümbelschen Kennzahl $\eta\omega/\bar{p}$
B Stribeck-Kurve für Gleitlager im Gebiet So > 1 (ohne Maßstab)
μ_0 Reibungszahl der Ruhereibung (Festkörperreibung)
M Mischreibung
Fl Flüssigkeitsreibung
Ü Übergangspunkt

[1]) Holland, J.: Die Ermittlung der Kenngrößen für zylindrische Gleitlager. Z. Konstruktion **13** (1961) S. 100.

Reibungskennzahl μ/ψ; (bezogene Reibungszahl). Läßt man einen zylindrischen Körper konzentrisch in einem zylindrischen, mit Flüssigkeit gefüllten Gefäß rotieren, dann muß wegen der Flüssigkeitsreibung ein Drehmoment aufgewendet werden, wenn die Bewegung nicht zum Stillstand kommen soll. Das gleiche gilt für den in einer Lagerbohrung konzentrisch umlaufenden Wellenzapfen. Zwischen Bohrung und Zapfenoberfläche überträgt die Flüssigkeit die Umfangskraft F_R'. Diese ist nach der Schubspannunggleichung von Newton, Gl. (2.8) proportional der Zapfenoberfläche $\pi d b$, der Zähigkeit der Flüssigkeit η, der Umfangsgeschwindigkeit des Zapfens $u = r\omega$ und umgekehrt proportional der Schichtdicke der Flüssigkeit $s/2$

$$F_R' = \pi d b \, \frac{\eta r \omega}{s/2} = \pi d b \, \frac{\eta \omega}{\psi} \tag{2.17}$$

wenn man $s/2r = \psi$ setzt. Die Kraft F_R' steht nach den angegebenen Voraussetzungen physikalisch **nicht** in Beziehung zur Lagerbelastung F_n. Trotzdem bemühte man sich schon frühzeitig (Petroff 1883), ähnlich der Reibungszahl μ bei Festkörperreibung auch bei der Flüssigkeitsreibung im Gleitlager mit der Größe $\mu = F_R'/F_n$ zu arbeiten. Es erleichtert das Verständnis, wenn dieser heute nur noch historisch wichtige Gedankengang hier wiedergegeben wird. Unter Verwendung der Gl. (2.16) und (2.17) kann geschrieben werden

$$\mu = \frac{F_R'}{F_n} = \frac{\pi d b \eta \omega/\psi}{d b \, \mathrm{So} \, \eta \omega/\psi^2} \tag{2.18}$$

Durch Kürzen erhält man mit $\pi \approx 3$

$$\mu = \frac{\pi \psi}{\mathrm{So}} \quad \text{oder} \quad \frac{\mu}{\psi} \approx \frac{3}{\mathrm{So}} \tag{2.19}$$

Dieser Ausdruck stimmt gut mit Versuchsergebnissen an schnellaufenden Lagern (**A 2.**18), also solchen mit hoher Drehfrequenz und geringer Belastung überein, wogegen um so größere Abweichungen festgestellt wurden, je größer die Sommerfeld-Zahl wird, d.h., je stärker das Strömungsbild durch die Exzentrizität verzerrt wird und damit von der Strömung in einem konzentrischen Reibraum abweicht. Durch Vergleichen mit zahlreichen Versuchs- und Rechnungsergebnissen stellte Vogelpohl [18] folgende Näherungsgleichungen für die Reibungskennzahl μ/ψ auf, die im Bereich kleiner Sommerfeld-Zahlen noch die Ähnlichkeit mit der Petroffschen Formel erkennen lassen:

für Schnellaufbereich (So < 1)

$$\mu/\psi = k/\mathrm{So} \quad \text{bzw.} \quad \mu = k\psi/\mathrm{So} \tag{2.20}$$

für Schwerlastbereich (So > 1)

$$\mu/\psi = k/\sqrt{\mathrm{So}} \quad \text{bzw.} \quad \mu = k\psi/\sqrt{\mathrm{So}} \tag{2.21}$$

Nach Falz ist für vollumschließende Lager $k = 3{,}8$ zu setzen, nach Vogelpohl für halbumschließende Lager (die nur noch selten ausgeführt werden) $k = 2{,}0$. Vogelpohl empfiehlt, $k = 3$ zu setzen.

Die Gleitlagerberechnung nach DIN 31 652 T 1, T 2 unterscheidet die Bereiche So < 1 und So > 1 hinsichtlich der Reibungskennzahl **nicht**. Hier wird die bezogene Reibungszahl $\mu/\psi = 10^Y$ $= f(\varepsilon, b/d, \Omega)$ gesetzt. Die Hochzahl Y kann aus einer geometrischen Reihe (s. DIN 31 652 T 2) als Funktion von der Sommerfeld-Zahl und von dem Breitenverhältnis mit dem Rechner ermittelt werden. Den Verlauf der Reibungskennzahl μ/ψ über der Sommerfeld-Zahl bei verschiedenen Breitenverhältnissen zeigt Bild **A 2.**17. Ein Vergleich der Meßergebnisse nach Bild **A 2.**18 mit den gerechneten Werten (Bild **A 2.**17) läßt gute Übereinstimmung erkennen.

Übergangsdrehfrequenz, Schmierfilmdicke. Die von Stribeck gemessenen Kurven (**2.**6) für die Reibungszahl weisen, jede bei einer definierten Drehfrequenz, ein Minimum auf. Diese Grenzdrehfrequenz zwischen Mischreibung und Flüssigkeitsreibung wird als Übergangsdrehfrequenz bezeichnet. Sie läßt sich durch Messung des Reibmoments T_R ermitteln. Auch durch Messung des elektrischen Widerstandes zwischen Zapfen und Bohrung kann man mit guter Genauigkeit eine Drehfrequenz ermitteln, bei der die metallische Berührung der Gleitflächen aufhört.

Theoretisch würde die Übergangsdrehfrequenz bei einer Schmierfilmdicke $h_0 \to 0$ erreicht sein. Praktisch liegt sie bei sehr kleinen Werten von h_0, da Abweichungen zwischen der theoretisch exakten Form des Reibraumes und der Wirklichkeit nicht zu vermeiden sind. Ursache sind die Oberflächenrauheit der Laufflächen, Verkantung zwischen Lagerschale und Zapfen, Maßabweichungen von der zylindrischen Form beider Teile durch die Herstellung sowie durch Belastung und Wärmeausdehnung. Erschwerend kommt hinzu, daß ein Teil dieser Faktoren, z. B. die Oberflächenrauheit, die Verkantung durch Belastung (Wellendurchbiegung) und die Wärmedehnung, sich während des Betriebs ändern können.

Eine brauchbare Näherung zur Berechnung der kleinsten Schmierfilmdicke h_0 läßt sich mit der von Falz [5] hergeleiteten und von Bauer [1] für das endlich breite Lager bestimmten Formel in Abhängigkeit von der Sommerfeld-Zahl So ermitteln. Daraus ergibt sich mit der relativen Schmierfilmdicke $\delta = 2h_0/s$ und dem Lagerbreitenverhältnis $\beta = b/d$ die Schmierfilmdicke an der engsten Stelle des Schmierspalts (h_0 in Bild **2.**8)

$$\text{für} \qquad \mathbf{So} > 1 \qquad h_0 = \frac{s}{2} \cdot \frac{1}{2\,\text{So}} \cdot \frac{2\beta}{1+\beta} \tag{2.22}$$

$$\text{und für} \quad \mathbf{So} < 1 \qquad h_0 = \frac{s}{2}\left[1 - \frac{\text{So}}{2} \cdot \frac{1+\beta}{2\beta}\right] \tag{2.23}$$

Die Gl. (2.22) stellt für $0 < \beta \leq 2$ und die Gl. (2.23) für $0,5 \leq \beta \leq 2$ eine brauchbare Näherung dar. Ein Gleitlager läuft danach dann im Gebiet der Flüssigkeitsreibung, wenn die diesem Betriebszustand entsprechende Schmierfilmdicke h_0 größer ist als die Schmierfilmdicke $h_{0\,\ddot{u}}$ bei der Übergangsdrehfrequenz, bei welcher die Rauheitsspitzen der Laufflächen sich gerade berühren.

Die VDI-Richtlinien 2204 geben Richtwerte für zulässige Schmierfilmdicken und für die Güte der Gleitflächenbearbeitung in Abhängigkeit vom Zapfendurchmesser d_1 an (Bild **A 2.**10). In dieser Darstellung bedeuten R_z die Rauhtiefe, in deren Bereich sich die Bearbeitung halten soll, und T_f Richtwerte für zulässige Formabweichung nach DIN 7182. Hiernach ist T_f der radiale Abstand zweier konzentrischer Kreiszylinder, zwischen denen die Gleitflächen des Lagerzapfens bzw. der Lagerschale eines kreiszylindrischen Lagers liegen müssen. Die Kurve $h_{0\,\ddot{u}}$ entspricht der Schmierfilmdicke, bei der etwa der Übergang zur Mischreibung zu erwarten ist, und die Kurve $h_{0\,\text{min}}$ der Schmierfilmdicke, die nicht unterschritten werden sollte, wenn Mischreibung im Betrieb mit Sicherheit nicht eintreten soll. Die im Betrieb auftretende kleinste Schmierfilmdicke h_0 muß damit $\geq h_{0\,\text{min}}$ sein. Die Drehfrequenzen, die der Schmierfilmdicke $h_{0\,\text{min}}$ bzw. $h_{0\,\ddot{u}}$ entsprechen, ergeben sich aus der Beziehung

$$n_{\text{min}} = \frac{h_{0\,\text{min}}}{h_0}\, n \quad \text{bzw.} \quad n_{\ddot{u}} = \frac{h_{0\,\ddot{u}}}{h_0}\, n \qquad (h_0 > h_{0\,\text{min}} > h_{0\,\ddot{u}}) \tag{2.24} \tag{2.25}$$

Zur Ermittlung der Drehfrequenzgrenze $n_{\min}$ und der Übergangsdrehfrequenz $n_{ü}$ für Lager im Bereich So < 1 wird in die Gl. (2.24), (2.25) die Drehfrequenz

$$n_{(So=1)} = \bar{p}\,\psi^2/(\eta\,2\,\pi)$$

bei So = 1 und die kleinste Schmierfilmdicke h_0 bei So = 1 nach Gl. (2.22)

$$h_{0\,(So=1)} = \frac{s}{4}\,[2\,\beta/(1+\beta)]$$

eingesetzt.

In der Tafel **A 2.**13 sind Erfahrungsrichtwerte nach DIN 31 652 T 3 für die kleinste minimale Schmierfilmdicke $h_{0\,\min}$ für Wellen mit einer gemittelten Rauhtiefe $R_z \leq 4$ µm in Abhängigkeit von dem Wellendurchmesser und von der Gleitgeschwindigkeit zusammengestellt.

Nach DIN 31 652 T 1 bis T 3 wird die Berechnung der kleinsten Schmierschichtdicke h_0 für einen bestimmten Betriebszustand auf eine andere als auf die nach VDI 2 204 angegebenen Methode durchgeführt. Sie beruht auf dem Zusammenhang zwischen Exzentrizität und dem kleinsten Schmierspalt. Zunächst wird die relative Exzentrizität ε in Abhängigkeit von der durch vorgegebene Werte festgelegten Sommerfeld-Zahl So und von dem Lagerbreitenverhältnis b/d (Bild **A 2.**14 und **A 2.**16) ermittelt. Der vorhandene kleinste Schmierspalt ergibt sich dann nach der Gleichung (2.13) zu $h_0 = \psi\,r\,(1 - \varepsilon)$. Dieser Wert ist mit dem Betriebsrichtwert $h_{0\,\min} = R_{z1} + R_{z2} + C$ nach DIN 31 652 T 3, (Tafel **A 2.**13), zu vergleichen. Dieser berücksichtigt außer der Summe der gemittelten Rauhtiefen von Welle und Lagerschale, $R_{z1} + R_{z2}$, auch die Welligkeit, die Verkantung und die Durchbiegung der Welle (hier als Faktor C bezeichnet).

Reibungsleistung. Zur Überwindung des Reibungswiderstandes muß Arbeit bzw. Leistung aufgewendet werden. Die Reibungsleistung ist mit der Reibungszahl μ

$$P_R = \mu\,F_n\,u \tag{2.26}$$

Setzt man in diese allgemeingültige Gleichung $F_n = \bar{p}\,d\,b$ und $u = \pi\,d\,n$ (mit der Drehfrequenz n in s^{-1}) ein und berücksichtigt für μ die Gl. (2.20) bzw. (2.21) dann wird die Reibleistung für

$$\text{So} > 1 \qquad P_R = (k\,\pi\,d^2\,b\,n\,\sqrt{\bar{p}\,2\pi\,n})\,\sqrt{\eta} = \Phi\,\sqrt{\eta} \tag{2.27}$$

mit dem Verlustfaktor $\Phi = 4\,k\,V\,\sqrt{\bar{p}\,n^3\,2\pi}$ und für

$$\text{So} < 1 \qquad P_R = \left(k\,d^2\,b\,n^2\,2\pi^2\,\frac{1}{\psi}\right)\eta = \Phi'\,\eta \tag{2.28}$$

mit dem Verlustfaktor $\Phi' = 4\,k\,n^2\,V\,2\pi\,\dfrac{1}{\psi}$

In diesen Gleichungen bedeutet $V = (\pi\,d^2/4)\,b$ das Lagerzapfen-Volumen[1].

Gl. (2.27) läßt erkennen, daß für den Bereich So > 1 die Reibungsleistung unabhängig vom Lagerspiel ist. Allerdings darf ψ nur in bestimmten Grenzen variiert werden. Die untere Grenze ergibt sich für So = 1. Die obere Grenze für ψ wird durch die Betriebssicherheit des Lagers gesetzt (unruhiger Lauf).

Für den Bereich So < 1 zeigt Gl. (2.28), daß die Reibungsleistung unabhängig von der Belastung ist. Dagegen spielt hier aber das Lagerspiel eine entscheidende Rolle.

---

[1] Der Ausdruck V ergibt sich als vereinfachende Rechengröße durch Zusammenziehung der Begriffe Umfangsgeschwindigkeit $u = \pi\,d_1\,n$ und der Zapfenfläche $\pi\,d_1\,b$. Er hat nicht die physikalische Bedeutung eines Volumens.

Wärmebilanz. Die in Wärme umgesetzte Reibleistung muß abgeführt werden, wenn der Schmierstoff und das Lager nicht überhitzt werden sollen. Der thermische Zustand des Gleitlagers ergibt sich aus der Wärmebilanz, d. h. aus dem Gleichgewicht zwischen erzeugter und abgeführter Wärme; $P_R = P_A + P_Q$. Von dem durch die Reibleistung P_R im Lager entstehenden Wärmestrom wird der eine Anteil P_A über die Lagergehäuseoberfläche an die Umgebung durch Konvektion und Strahlung und der andere Anteil P_Q durch den aus dem Lager austretenden Schmierstoff abgeführt.

In der praktischen Anwendung herrscht jeweils eine der beiden Wärmeabfuhren vor. Durch Vernachlässigung der jeweils kleineren abgeführten Wärmemenge ergibt sich eine zusätzliche Sicherheit bei der Auslegung.

Drucklos geschmierte Lager führen die Wärme überwiegend durch Konvektion und Strahlung an die Umgebung ab; $P_R - P_A = 0$, wogegen druckgeschmierte Lager (Umlaufschmierung) die Wärme überwiegend an den durchlaufenden Schmierstoff (Rückkühlung) abgeben; $P_R - P_Q = 0$.

Wärmeabfuhr über das Lagergehäuse. Der Wärmestrom, der durch das Lagergehäuse an die Gehäuseoberfläche geleitet wird, sowie der der mit dem aus dem Schmierspalt austretenden Öl über den Ölvorrat im Lager zur Gehäuseoberfläche gelangt und von da durch **Konvektion** und **Strahlung** an die Umgebung abgegeben wird, ist proportional der Oberfläche des Lagerkörpers A und dem Temperaturgefälle zwischen der im Lager gemessenen mittleren Öltemperatur ϑ und der Temperatur der Umgebung des Lagers ϑ_0. Die aus dem Energiesatz abgeleitete Wärmebilanz lautet

$$P_R = P_A \quad \text{bzw.} \quad \mu F_n u = \alpha^* A (\vartheta - \vartheta_0) \tag{2.29}$$

Der Proportionalitätsfaktor α^* (Wärmeabfuhrzahl) wird durch Versuche an vergleichbaren Lagern bestimmt. Er berücksichtigt außer der Wärmeabgabe an ruhende Luft alle zusätzlichen Einflüsse, die die Wärmeabgabe erschweren oder begünstigen, z. B. die Wärmezu- bzw. abführung durch die Welle bei Dampfturbinen bzw. Kühlmaschinen, Bewegung der das Lager umgebenden Luft (zusätzliche Kühlung durch den Fahrwind, durch Ventilation) usw. Die Werte sind so abgestimmt, daß die damit errechnete Lagertemperatur der mittleren Temperatur im Schmierspalt sehr nahe kommt. Für alle vorkommenden Verhältnisse anwendbare Berechnungsgleichungen liegen wegen der sehr unterschiedlichen Verhältnisse nicht vor.

Die nachstehende Zahlenwertgleichung (VDI-Richtl. 2204) gilt für den Fall eines freistehenden Ringschmierlagers $\alpha^* = 7 + 12 \sqrt{w}$ in Nm/(m² s K) bzw. W/(m² K). Hierin ist w in m/s die Geschwindigkeit, mit der die Luft das Lager umstreicht. Mit Rücksicht auf die Rotation der Welle kann für den Normalfall eine Luftgeschwindigkeit $w = 1{,}25$ m/s angenommen werden; hierfür ergibt sich $\alpha^* = 20$ Nm/(m² s K) bzw. W/(m² K).

Wärmeabfuhr durch das Schmiermittel. Den zur Kühlung erforderlichen Schmier- oder Kühlmitteldurchsatz bzw. auch die erforderliche Wassermenge zur Rückkühlung des Öls berechnet man ohne Berücksichtigung der Kühlung über die Oberfläche des Lagerkörpers. Durch die Vernachlässigung des Betrages $\alpha^* A (\vartheta - \vartheta_0)$ erhält man eine erwünschte Sicherheit für den Fall einer Lagerüberlastung. Die Lagertemperatur läßt sich später im Betrieb durch entsprechende Dosierung des den Ölkühler durchströmenden Kühlwassers genau einstellen (s. Abschn. 2.5). Die Wärmebilanz lautet: $P_R = P_Q$ bzw. $\mu F_n u = c \varrho Q_k (\vartheta_2 - \vartheta_1)$. Der erforderliche Kühlmitteldurchsatz beträgt

$$Q_k = \frac{P_R}{c \varrho (\vartheta_2 - \vartheta_1)} \tag{2.30}$$

Mit der Reibleistung P_R, mit c als spezifischer Wärme des Kühlmittels, ϑ_2 bzw. ϑ_1 als Temperatur des Kühlmittels am Lageraus- bzw. -eintritt und der Dichte des Kühlmittels ϱ.

Die Größen sind mit folgenden Einheiten einzusetzen: P_R in Nm/s, c in Nm/(kg K), ϱ in kg/m³, ϑ in K; damit ergibt sich Q_k in m³/s. Für $(\vartheta_2 - \vartheta_1)$ wird je nach Lagerart und Umgebung $10 \cdots 20$ K eingesetzt. Der Kühler ist entsprechend zu bemessen.

Lagertemperatur bei Kühlung durch Konvektion. Im stationären Dauerbetrieb liegt ein konstantes Temperaturfeld mit einem geringen Temperaturgefälle vor. Die thermische Beanspruchung des Lagers kann daher durch die mittlere Öltemperatur η beschrieben werden.

Durch Umstellung von Gl. (2.29) und unter Berücksichtigung von Gl. (2.27) und (2.28) läßt sich die Lager- bzw. Öltemperatur berechnen

$$\text{für}\qquad \text{So} > 1 \qquad \vartheta = \frac{\Phi\,\sqrt{\eta}}{\alpha^* A} + \vartheta_0 \tag{2.31}$$

$$\text{für}\qquad \text{So} < 1 \qquad \vartheta = \frac{\Phi'\eta}{\alpha^* A} + \vartheta_0 \tag{2.32}$$

Man kann hierin die das Lager kennzeichnenden Größen $\Phi/(\alpha^* A) = W$ bzw. $\Phi'/(\alpha^* A) = W'$ setzen und erhält dann

$$\text{für}\qquad \text{So} > 1 \qquad \vartheta = W\,\sqrt{\eta} + \vartheta_0 \tag{2.33}$$

$$\text{für}\qquad \text{So} < 1 \qquad \vartheta = W'\eta + \vartheta_0 \tag{2.34}$$

Diese Form eignet sich zur Darstellung in Netztafeln (A 2.7, A 2.8), durch deren Gebrauch unter Einsparung von Rechenarbeit der Zusammenhang zwischen den zu erwartenden Lagertemperaturen und dem nach seiner Betriebsviskosität geeigneten Schmieröl überblickt werden kann. Es muß geprüft werden, ob die gerechnete Lagertemperatur zulässige Werte nicht überschreitet.

Die Übereinstimmung der auf dem angegebenen Weg ermittelten Lagertemperatur ϑ mit der Wirklichkeit ist davon abhängig, wie weit die Voraussetzungen des Rechnungsgangs mit der Wirklichkeit übereinstimmen.

Die Tafeln A 2.7 und A 2.8 sind berechnet für das V-T-Verhalten der Normalschmieröle (Tafel A 2.6) und für eine Umgebungstemperatur $\vartheta_0 = 20\,°C$. Die VDI-Richtlinien, denen diese Tafeln entnommen sind, enthalten weitere Netztafeln für $\vartheta_0 = 0\,°C$ und $\vartheta_0 = 40\,°C$. Für Öle mit anderem V-T-Verhalten, z. B. für Mehrbereichsöle, können die Netztafeln nicht angewendet werden. Trotz dieser Einschränkungen ist es jedoch möglich, für alle Fälle, die nicht allzusehr von den normalen Verhältnissen abweichen, die zu erwartende Lagertemperatur so weit abzuschätzen, daß Korrekturen am fertigen Lager einen zuverlässigen Betrieb herzustellen erlauben sowie zu entscheiden, ob zusätzliche Kühlmaßnahmen erforderlich sind. Zusätzliche Kühlmaßnahmen sind: Erhöhung der Luftgeschwindigkeit durch Ventilation, Vergrößerung der Lageroberfläche durch Rippen, Vergrößerung des Ölvorratsraums (z. B. Kurbelwanne beim Kfz-Motor), Ölumlauf, Wasserkühlung innerhalb oder außerhalb des Lagerkörpers.

Lagertemperatur bei Ölkühlung. Durch Umstellung der Gl. (2.30) ergibt sich die Ölaustrittstemperatur

$$\vartheta_2 = \vartheta_1 + \frac{P_R}{c\varrho Q_k} \tag{2.35}$$

Hierin sind die Größen wie in Gl. (2.30) einzusetzen. Die Betriebstemperatur des Lagers ist gleich der mittleren Öltemperatur $\vartheta = 0,5\,(\vartheta_1 + \vartheta_2)$.

Zulässige Lagertemperatur. Die höchstzulässige Lagertemperatur ist abhängig von dem Lagerwerkstoff und von dem Schmierstoff. Mit steigender Temperatur fallen Härte und Festigkeit der Lagerwerkstoffe ab. Auf Grund ihrer niedrigen Schmelztemperatur macht sich dies besonders stark bei den Pb- und Sn-Legierungen bemerkbar. Bei Schmierstoffen auf Mineralölbasis tritt bei Temperaturen über 80 °C verstärkt Alterung auf.

Es ist ausreichend, die thermische Lagerbeanspruchung bei natürlicher Kühlung (Konvektion) durch die Schmierstofftemperatur ϑ nach Gl. (2.31) bzw. Gl. (2.32) und bei Umlaufschmierung durch die Schmierstoff-Austrittstemperatur ϑ_2 zu beschreiben.

Erfahrungsrichtwerte für die höchstzulässige Lagertemperatur beziehen sich auf die für das Schmieröl noch zuträglichen Grenztemperaturen; bei druckloser Schmierung $\vartheta_{lim} = (80 \cdots 90)\,°C$ und bei Druckölschmierung (Umlaufschmierung, Bild **2.27**) $\vartheta_{2\,lim} = (80 \cdots 110)\,°C$.

Ölbedarf im Schmierspalt. Der Raum zwischen Zapfen und Bohrung des Lagers muß im Bereich des Druckfeldes vollständig mit Öl gefüllt und frei von Luft sein. Der zur Aufrechterhaltung eines ununterbrochenen Schmierfilms erforderliche Schmierstoffdurchsatz ergibt sich aus dem Spaltquerschnitt an der Stelle h_0 und der mittleren Umfangsgeschwindigkeit des Öls an der gleichen Stelle aus

$$Q_S \approx \varphi\, h_0\, b\, \frac{u}{2} \tag{2.36}$$

Hierin ist φ der **Schmierstoff-Durchsatzfaktor**. Mit Rücksicht auf die seitlich austretende Ölmenge wird zur Sicherheit $\varphi = 1,5$ eingesetzt. Die im Betrieb tatsächlich benötigte Mindestölmenge ergibt sich durch Vergleich der Werte Q_K nach Gl. (2.30) und Q_S nach Gl. (2.36). Die größere der beiden Schmiermittelmengen ist vorzusehen.

Da das Frischöl in dem von hydrodynamischem Druck freien Bereich in dem Spalt eintritt, ist der in der Frischölleitung erforderliche Öldruck nur gering, er muß lediglich die Reibungswiderstände der Zuleitung und die Zentrifugalkraft des umlaufenden Öls an der Eintrittsstelle überwinden. Bei den üblichen Umlaufpumpen entsteht der Druck in der Frischölleitung durch den Rückstau, wenn die Schluckfähigkeit der Verteilernut geringer ist als der Förderstrom der Pumpe. Die Druck- und Mengensteuerung erfolgt durch ein Überdruckventil in der Frischölleitung (**2.27**).

Schmierstoffdurchsatz nach DIN 31 652. Hiernach wird die Schmierstoffmenge Q in m³/s in zwei Anteile Q_1 und Q_2 aufgeteilt, in den:

1. durch die **Eigendruckentwicklung** im Schmierspalt seitlich aus dem Lager herausgeförderten Anteil

$$Q_1 = d^3\, \psi\, \omega\, q_1 \tag{2.37}$$

Dieser Anteil ist abhängig von dem Lagerdurchmesser d, vom relativen Lagerspiel ψ, von der Winkelgeschwindigkeit ω sowie von einem bezogenen Schmierstoffdurchsatz-Faktor q_1. Dieser Faktor läßt sich nach DIN 31 652 T 2 als Funktion von der relativen Exzentrizität ε und von dem Breitenverhältnis b/d für ein vollumschließendes Lager mit folgender Gleichung ermitteln:

$$q_1 = (1/4)\, ((b/d) - 0,223\, (b/d)^3)\, \varepsilon \tag{2.38}$$

2. durch den Schmierstoff-**Zufuhrdruck** p_E zusätzlich seitlich aus dem Lager herausgeförderten Anteil

$$Q_2 = (d^3\, \psi^3\, p_E/\eta)\, q_2 \tag{2.39}$$

Hier ist q_2 auch eine Funktion von der relativen Exzentrizität ε, von dem Breitenverhältnis b/d sowie von der Art der Schmierstoffzufuhr. Es wird unterschieden zwischen Schmierstoffzufuhr z. B. durch ein Schmierloch, durch eine Schmiernut und über eine Schmiertasche (Gleichungen für q_2 s.

DIN 31 652 T 2). Der Schmierstoff-Durchsatzfaktor q_2 für die Schmierstoffzufuhr durch ein Schmierloch mit dem Durchmesser d_H, das entgegengesetzt zur Lastrichtung in der Mitte der Lagerschale angebracht ist, lautet

$$q_2 = \frac{\pi}{48} \frac{(1 + \varepsilon)^3}{\ln\left(\dfrac{b}{d_H}\right) q_H} \tag{2.40}$$

mit
$$q_H = 1{,}204 + 0{,}368 \left(\frac{d_H}{b}\right) - 1{,}046 \left(\frac{d_H}{b}\right)^2 + 1{,}942 \left(\frac{d_H}{b}\right)^3 \tag{2.41}$$

und für die Schmierstoffzufuhr durch ein Schmierloch, das um 90° zur Lastrichtung in Richtung der Umfangsgeschwindigkeit gedreht, angeordnet ist,

$$q_2 = \frac{\pi}{48} \frac{1}{\ln\left(\dfrac{b}{d_H}\right) q_H} \quad \text{mit } q_H \text{ nach Gl. (2.41)} \tag{2.42}$$

2.3.2 Bemessen und Berechnen der Radiallager

Betrieb bei Grenz- und Mischreibung. Oft erreicht ein Gleitlager infolge sehr geringer Gleitgeschwindigkeit oder bei Verwendung als Trocken- oder vorratsgeschmiertes Lager den Bereich der hydrodynamischen Reibung nicht. Beim Anfahren und Auslaufen kommen ohnehin alle Lager in den Bereich niedriger Geschwindigkeiten. Sämtliche Lager müssen also so ausgebildet sein, daß sie auch bei Drehfrequenzen unter der Übergangsdrehfrequenz im Bereich der Grenz- und Mischreibung betriebssicher sind. Die Gleitvorgänge spielen sich hier innerhalb dünnster Schmiermittelschichten, zum Teil unmittelbar zwischen Lager- und Wellenwerkstoff ab. Sie werden bestimmt durch das Verhalten der Werkstoffe zueinander und zum Schmiermittel, das – zum Teil durch sein molekulares Verhalten, zum Teil durch chemische Einwirkung auf die Werkstoffoberfläche – wirksam ist.

Zulässige spezifische Lagerbelastung p_{zul}. Die Bemessung des Lagers muß so erfolgen, daß die höchste spezifische Lagerbelastung so klein bleibt ($p \leq p_{zul}$), daß eine Deformation der Gleitflächen keine Beeinträchtigung der Funktionsfähigkeit und keine Haarrisse zur Folge haben darf. Der Verschleiß muß sich in tragbaren Grenzen halten. Außerdem dürfen keine den Lagerwerkstoff oder das Schmiermittel schädigende Temperaturen auftreten.

Einen Überblick über die Werkstoffbeanspruchung vermittelt die Hertzsche Gleichung für die Pressung p_0 zweier ineinander gelagerter Zylinder

$$p_0 = 0{,}591 \sqrt{\frac{F_n}{bd} \, \psi \, \frac{2 E_1 E_2}{E_1 + E_2}} \tag{2.43}$$

Für eine gegebene Lagerbelastung F_n wird die Pressung also um so kleiner, je größer die Flächenprojektion bd und je kleiner das relative Lagerspiel ψ ist: E_1 und E_2 sind die Elastizitätsmoduln der Werkstoffe von Zapfen und Bohrung. Der Wert von p_0 darf die Quetschgrenze des weicheren der beiden Werkstoffe nicht überschreiten.

Gl. (2.43) wird hier nur zur Orientierung über die geometrischen Einflüsse diskutiert. Die praktische Berechnung geht z. Z. noch von der nominellen Lagerbelastung $F_n/(bd)$ aus, da für eine theoretisch exakte rechnerische Behandlung der Mischreibung ausreichende Formeln noch nicht verfügbar sind. Der Wert von $F_n/(bd)$ muß $\leq p_{zul}$ sein; dabei leitet man p_{zul} von bewährten vergleichbaren Ausführungen ab. Hierbei ist zu beachten, daß p_{zul} außer von der Zusammensetzung des Lagerwerkstoffes noch von zahlreichen Einflußgrößen abhängt, wie z. B. von der Herstellungsart, vom Werkstoffgefüge, von der Lagerwerkstoffdicke, von der Form und Art des Lagerstützkörpers sowie von der Gleitgeschwindigkeit u_{zul}. Man kann sich bei der Wahl von p_{zul} und u_{zul} auf Angaben der Werkstoffhersteller stützen, die vielfach die Ergebnisse von Prüfstands-Reihenversuchen darstellen. Mit Rücksicht auf die Zuverlässigkeit der Lager auch im rauhen Betrieb bei mangelhafter Pflege sollte man von diesen Werten noch einen angemessenen Sicherheitsabstand einhalten. Erfahrungsrichtwerte für die höchstzulässige spezifische Lagerbelastung $\bar{p}_{zul}$ s. Tafel A 2.15. Als Richtwert wird für Weißmetallager $\bar{p} \approx (1 \cdots 5)\,\text{N/mm}^2$ und für Bronzelager $\bar{p} \approx (1 \cdots 8)\,\text{N/mm}^2$ empfohlen.

Lagerbreite b und Verhältnis $\beta = b/d$ = Breite zu Durchmesser. Die tragende Breite b soll in einem zweckmäßigen Verhältnis zum Zapfendurchmesser d stehen: Je kleiner das Verhältnis b/d ist, um so stärker wirkt sich der Druckabfall im tragenden Ölfilm an den Stirnseiten des Lagers vermindernd auf die Gesamttragkraft des Ölfilms aus (s. die p-Diagramme in den Bildern 2.9 a und b), um so besser ist andererseits die Kühlwirkung des Öls, da infolge stärkerer seitlicher Abströmung eine größere Ölmenge das Lager durchströmt. Bei Lagern mit hoher Umfangsgeschwindigkeit wählt man deshalb b/d klein (2.9 a), da hier der Bereich der Flüssigkeitsreibung ohne Schwierigkeiten erreicht wird. Bei Lagern mit kleiner Umfangsgeschwindigkeit und hoher Belastung sorgt man durch große Werte b/d für eine möglichst große und zuverlässige Tragfähigkeit des Ölfilms (2.9 b). Je größer b/d wird, um so größer sind allerdings die Folgen der Kantenpressung (2.9 c), durch die die Tragfähigkeit des Ölfilms beeinträchtigt wird. Lager mit großem b/d sind deshalb einstellbar auszuführen (2.12 d). Kleine Werte b/d und damit kleine Breite des Zapfens ist erforderlich, wenn eine Welle hohen Biegebeanspruchungen ausgesetzt ist, so z. B. eine mehrfach gelagerte Kurbelwelle. Eine Verkürzung der Zapfenbreite b ergibt dann u. a. eine Verringerung der Biegemomente. Richtwerte für $\beta = b/d$ liegen beim Radiallager zwischen 0,5 und 1,2.

Korrektur am fertigen Lager. Das einwandfreie Verhalten eines Gleitlagers ist äußerlich u. a. an der Lagertemperatur erkennbar. Diese soll im Dauerbetrieb etwa die vorausberechnete Höhe ohne Schwankungen beibehalten. Temperaturunterschreitungen sind unbedenklich.

1. Übertemperaturen treten insbesondere dann auf, wenn ein hydrodynamisches Lager nicht nur vorübergehend, also beim Anfahren und Abstellen der Maschine, sondern während längerer Betriebszeiten im Bereich der Mischreibung gefahren wird. Bei Verringerung der Drehfrequenz steigt dann die Lagertemperatur an. Mischreibung kann aber auch bei einwandfreiem Zusammenbau eintreten, wenn die rechnerischen Voraussetzungen im Betrieb nicht ausreichend genau eingehalten worden sind.

Abhilfe ist oft in einfacher Weise durch Verwendung eines Öls mit höherer Viskosität möglich: Nach Gl. (2.16) wird hierdurch die Sommerfeldzahl herabgesetzt; bei Lagern in den Bereichen So $\lesssim 1$ steigt mit abnehmender Sommerfeldzahl die absolute Schmierschichtdicke h_0 nach Gl. (2.22) bzw. (2.23).

Die zunächst naheliegende Maßnahme, zur Herabsetzung der Lagertemperatur das Spiel s zu vergrößern, würde in diesem Fall das Gegenteil bewirken, wie man ebenfalls aus Gl. (2.16) erkennt. Eine Vergrößerung von s bedeutet eine Vergrößerung von ψ und damit eine Erhöhung der Sommerfeldzahl. Dadurch wird die Schmierschichtdicke h_0 noch kleiner und die Gefahr der Mischreibung größer. Eine Verringerung des Lagerspiels würde zwar im richtigen Sinne wirken, ist aber ohne neue Lagerschalen nicht zu verwirklichen.

(Der beschriebene Zusammenhang läßt sich auch auf folgende Weise erklären: Wenn So ansteigt, weil ψ größer wird, Gl. (2.16), so nimmt nach Bild **A 2.14** oder Bild **A 2.16** – bei gleichbleibendem b/d – auch ε zu. Wächst ε und s, so wird die Exzentrizität e größer, Gl. (2.12), und damit nach Gl. (2.13) oder nach Bild **2.8** und **2.10** der Gleitflächenabstand h_0 kleiner.)

2. Selten und weniger gefährlich ist eine Übertemperatur durch Betrieb des Lagers zu weit rechts auf der Stribeckkurve in Bild **2.6** bzw. in Bild **2.11**.

Die einfachste und zugleich wirkungsvollste Abhilfemaßnahme ist in diesem Fall die Verwendung eines Öls mit geringerer Viskosität. Die Sommerfeldzahl wird dadurch angehoben, entsprechend sinkt der Wert μ und damit die Reibungsleistung P_R. Eine Vergrößerung von ψ würde nach Gl. (2.16) ebenfalls eine wirksame Besserung bringen; der Wert dieser Maßnahme wird aber dadurch abgeschwächt, daß die Reibungszahl μ nach Gl. (2.21) ebenfalls von ψ abhängt: Zur Berechnung von μ müssen die Funktionswerte mit ψ multipliziert werden. Im üblichen Betriebsbereich, also zwischen $h_0 = 3 \cdot 10^{-3}$ mm und $\delta = 0{,}5$ ergeben sich dadurch nur unwesentliche Verbesserungen, wenn nicht die untere Grenze $h_0 = 3 \cdot 10^{-3}$ mm unerwünscht unterschritten werden soll.

3. Einen gewissen automatischen Temperaturausgleich liefert im übrigen die Temperaturabhängigkeit der Viskosität. Mit steigender Temperatur sinkt die Viskosität. So kann sich die Lagertemperatur auf einen Wert einspielen, der zwar höher liegt als der berechnete, der aber in vielen Fällen noch tragbar ist.

4. Es besteht die Möglichkeit, bei zusätzlich gekühlten Lagern die Kühlwirkung zu regulieren.

Rechnungsgang

Lagerbelastung F_n und Drehfrequenz n sind vorgeschrieben, die Umgebungstemperatur des Lagers ϑ_0 wird notfalls geschätzt. In vielen Fällen ist die Ölsorte gegeben. Die vorgegebenen Werte können, abhängig oder unabhängig voneinander, auch veränderlich sein. Die Berechnungen sind dann für die ungünstigsten Betriebsverhältnisse durchzuführen. Der folgende Rechnungsgang wird mit den Einheiten des internationalen Maßsystems durchgeführt (s. auch VDI-Richtlinien 2204).

Aus der Festigkeitsberechnung der Welle (s. Abschn. Achsen und Wellen) ergibt sich der Mindestwert für den Zapfendurchmesser d. Festzulegen sind die Lagerbreite b, das Lagerspiel s und die Bearbeitungsgenauigkeit – die letzteren möglichst mit Passungs- bzw. Toleranzangaben –, das Schmiermittel und der Lagerwerkstoff, unter Beachtung des meist vorgeschriebenen Wellenwerkstoffs. Das Lagerspiel s kann i. allg. zweckmäßig gewählt werden; in bestimmten Fällen darf es mit Rücksicht auf die Führungsgenauigkeit einen bestimmten Höchstwert nicht überschreiten, z.B. bei Werkzeugmaschinenspindeln. Außerdem ist die erzeugte Reibungswärme zu berechnen; sie bestimmt die Art der Schmierung und damit die Lagerbauart, gegebenenfalls den Kühlmittelbedarf und die Betriebsviskosität des gewählten Öls.

Der Betrieb im Bereich der Flüssigkeitsreibung ist stets anzustreben. Mit Rücksicht auf An- und Auslauf und zur Vermeidung großer Schäden beim vorübergehenden Ausfall der Schmierung müssen die Lager auch die Bedingungen bei Betrieb im Gebiet der Mischreibung erfüllen. Für Mehrflächen-Radiallager (**2.16c**) und hydrodynamisch arbeitende Axiallager gelten die gleichen Grundsätze[1]) (s. VDI-Richtlinien 2204).

---

[1]) Drescher, H.: Zur Berechnung von Axialgleitlagern mit hydrodynamischer Schmierung. Z. Konstruktion **8** (1956) H. 3, S. 94/104 – Frössel, W.: Berechnung axialer Gleitlager mit ebenen Gleitflächen. Z. Konstruktion **13** (1961) S. 138 u. S. 192 – Ders.: Berechnung axialer Gleitlager mit balligen Gleitflächen. Z. Konstruktion **13** (1961) S. 253.

Lager im Bereich So > 1

In diesen Bereich gehören Lager mit hoher Belastung und niedriger Umdrehungsfrequenz. Ist von vornherein nicht zu erkennen, in welchen Bereich das Lager gehört, so beginnt man den Rechnungsgang für den Bereich So > 1. Das dann z. B. aus Bild **A 2.9** ermittelte Lagerspiel ist entscheidend dafür, ob die Rechnung fortgesetzt werden kann oder ob wegen der Wahl eines kleineren Lagerspiels die Berechnung für den Bereich So < 1 erforderlich wird.

Die Betriebstemperatur ϑ und die Betriebsviskosität η werden zunächst bestimmt. Hierzu wird als Teil der Wärmebilanz-Gleichung (2.31) der Erwärmungsfaktor W für $k \approx 3$ und mit dem Lagerzapfenvolumen $V = 0{,}25 \cdot \pi d^2 b$ ermittelt. Für den Normalfall setzt man $\alpha^* = 20 \ \mathrm{Nm/(m^2 \, s \, K)}$ in die Berechnung ein.
Die Lagererwärmung folgt aus Gl. (2.31).

Ausgehend vom bereits bekannten Wert für W wird im Diagramm **A 2.7** für ein vorgesehenes Öl mit der Viskosität in Pa s bei 50 °C die Betriebstemperatur ϑ in °C abgelesen.

Mit der bekannten Betriebstemperatur ϑ ergibt sich aus Gl. (2.33) oder aus Bild **A 2.6** die Betriebsviskosität des gewählten Öls

$$\eta = \left(\frac{\vartheta - \vartheta_0}{W}\right)^2 \tag{2.44}$$

Ergab die Rechnung eine für die Betriebsverhältnisse zu hohe Temperatur ϑ, so muß das Lager zusätzlich gekühlt werden. In diesem Falle kann die Betriebstemperatur mit $\vartheta \approx 60\,°\mathrm{C}$ angenommen werden. Für diese wird dann aus Bild **A 2.6** für das vorgesehene Öl die Betriebsviskosität η abgelesen.

Lagerspiel. Nach Gl. (2.22) bzw. Gl. (2.23) besteht mit $\delta = 2h_0/s$ die Beziehung für die relative Schmierfilmdicke
im Bereich **So > 1**

$$\delta = \frac{1}{2\,\mathrm{So}} \cdot \frac{2\beta}{1 + \beta} \tag{2.45}$$

und im Bereich **So < 1**

$$\delta = 1 - \frac{\mathrm{So}}{2} \cdot \frac{1 + \beta}{2\beta} \tag{2.46}$$

Daraus ergibt sich bei $\beta = 1$ und mit $\omega = 2\pi n$ in rad/s mit n in s^{-1} das relative Lagerspiel

$$\text{für So} > 1 \quad \psi^2 = \frac{\pi}{\delta} \cdot \frac{\eta\, n}{\bar{p}} \quad \text{und für So} < 1 \quad \psi^2 = 4\pi(1 - \delta)\frac{\eta\, n}{\bar{p}} \tag{2.47} \quad (2.48)$$

Die Kurven im Bild **A 2.9**, aus dem das relative Lagerspiel ψ entnommen werden kann, verlaufen im Bereich $0 < \delta \leq 0{,}5$ nach Gl. (2.47) und im Bereich $0{,}5 \leq \delta < 1$ nach Gl. (4.48). Gehört das Lager in den Bereich So > 1, dann muß das relative Lagerspiel ψ in Bild **A 2.9** auch dem Bereich So > 1 entnommen werden. Die Grenze So = 1, die nach rechts nicht überschritten werden darf, liegt mit $\beta = b/d$ bei der relativen Schmierfilmdicke

$$\delta_{(\mathrm{So}=1)} = 0{,}5 \, \frac{2\beta}{1 + \beta} \tag{2.49}$$

Im Bild **A 2.9** wird über der relativen Schmierfilmdicke δ, zweckmäßig im Bereich zwischen

$\delta = 0,2 \cdots 0,4$, und mit dem Ordinatenwert

$$\frac{\eta\, n}{\bar{p}} \cdot \frac{2\beta}{1 + \beta} \qquad (2.50)$$

das relative Lagerspiel ψ ausgesucht und damit die Sommerfeldzahl

$$\mathrm{So} = \frac{\bar{p}\,\psi^2}{\eta\, 2\pi n} > 1 \qquad (2.51)$$

sowie das Lagerspiel $s = \psi\, d$ errechnet, das beim betriebswarmen Lager notwendig ist. Zur Fertigung der Lagerteile, die bei Raumtemperatur erfolgt, ist das Fertigungsspiel $s_0 = s + \Delta s$ zu beachten. Es berücksichtigt die Wärmedehnung der Welle $\Delta s_1 = \alpha_\mathrm{w}$ $(\vartheta - \vartheta_0)\, d$ und die Aufweitung der Lagerschale $\Delta s_2 = \alpha_\mathrm{L}\, 0,7\,(\vartheta - \vartheta_0)\, d$ unter Annahme einer gegenüber dem Lager um etwa 30% verminderten Erwärmung. Hierbei ist α_w bzw. α_L der Ausdehnungskoeffizient des Wellenwerkstoffes bzw. der Lagerschale. Somit ist das relative Fertigungsspiel

$$\psi_0 = \psi + [\alpha_\mathrm{w}\,(\vartheta - \vartheta_0) - \alpha_\mathrm{L} \cdot 0,7 \cdot (\vartheta - \vartheta_0)] \qquad (2.52)$$

und das Fertigungsspiel

$$s_0 = \psi_0\, d \qquad (2.53)$$

Die Bearbeitungsgüte soll so gewählt werden, daß das Lagerspiel s bzw. s_0 möglichst dem Mittelwert der Toleranzfelder entspricht. Wenn auch die Paarung der extremen Toleranzwerte selten ist, empfiehlt sich eine Nachrechnung mit dem Kleinst- und Größtspiel. Zuordnung von Toleranzfeldern von ISO-Passungen zu relativen Lagerspielen s. Bild **A 2.19**.

Überdurchschnittliche Gütewerte können nur mit höheren Kosten für Bearbeitung und Kontrolle erreicht werden. Während der ersten Betriebszeit schleifen sich bei jedem Durchgang durch den Bereich der Mischreibung Rauheitsspitzen ab; dies führt zu einer Vergrößerung des Lagerspiels, die mit der Zeit zum Stillstand kommen kann. Dieser Fall liegt z.B. bei Lagern von Kraftwerksturbinen vor, die bei gleichbleibender Belastung und Drehfrequenz mit seltenen Unterbrechungen laufen, während z.B. bei Lagern von Kraftfahrzeugmotoren infolge der stark wechselnden Betriebsverhältnisse und häufigen Stillstandszeiten mit fortlaufender Vergrößerung des Spiels durch Verschleiß gerechnet werden muß. Bei Kunststoff- und Holzlagern beeinflußt außerdem die unvermeidliche Quellung das Betriebsspiel.

Das Lagerspiel s soll mit Rücksicht auf die Führungsgenauigkeit so klein wie möglich gemacht werden. Die untere Grenze ist durch die Herstellungsgenauigkeit gegeben. Sie umfaßt die Genauigkeit der zylindrischen Form, der Parallelität der Achsen von Zapfen und Bohrung und die Rauhtiefen der Gleitflächen. Die Achsparallelität ist nicht nur von der Bearbeitung, sondern auch von der Montage und von unvermeidbarer Wellendurchbiegung abhängig. Die Rauhtiefen sind durch das Bearbeitungsverfahren gegeben; Bild **A 2.10** liefert hierfür Anhaltswerte.

Schmierfilmdicke, Übergangsdrehfrequenz, Reibungszahl, Schmierstoff- und Kühlmitteldurchsatz (s. Arbeitsbl. 2)

Die kleinste Schmierfilmdicke ergibt sich für So > 1 nach Gl. (2.22) zu $h_0 = [s/(4\,\mathrm{So})]$ $[2\beta/(1 + \beta)]$. Die niedrigste zulässige Drehfrequenz wird nach Gl. (2.24) zu n_min $= n\, h_{0\,\mathrm{min}}/h_0$ und die Übergangsdrehfrequenz nach Gl. (2.25) zu $n_\mathrm{ü} = n\, h_{0\,\mathrm{ü}}/h_0$ errechnet. Die zulässigen Werte für $h_{0\,\mathrm{min}}$ und $h_{0\,\mathrm{ü}}$ werden in Abhängigkeit vom Durchmesser aus Bild **A 2.10** entnommen. Nach Gl. (2.36) ist der erforderliche Schmierstoffdurchsatz $Q_\mathrm{s} \approx 0,75\, h_0\, b\, u$.

Für das Gebiet So > 1 folgt aus Gl. (2.21) mit $k \approx 3$ die **Reibungszahl** $\mu = 3\psi/\sqrt{\text{So}}$ $= 7,5\sqrt{\eta n/\bar{p}} = 3\sqrt{\eta\omega/\bar{p}}$ und aus Gl. (2.27) $P_R = \Phi\sqrt{\eta}$.

Bedarf das Lager zusätzlicher Kühlung, so berechnet man die erforderliche Kühlmittelmenge nach Gl. (2.30) $Q_k = P_R/[c\varrho(\vartheta_2 - \vartheta_1)]$, wobei für $c\varrho = 1670 \cdot 10^3\,\text{Nm}/(\text{m}^3\,\text{K})$ als Mittelwert für Maschinenöl auf Mineralölbasis und je nach Kühler für $(\vartheta_2 - \vartheta_1)$ $\approx (10\cdots 20)\,\text{K}$ eingesetzt werden. Zur Berechnung der Wassermenge für die Ölrückkühlung wählt man die Temperaturdifferenz $(\vartheta_2 - \vartheta_1) = 5\,\text{K}$; für Wasser ist $c\varrho = 4189 \cdot 10^3\,\text{Nm}/(\text{m}^3\,\text{K})$ einzusetzen.

Beanspruchung. Wirkt auch im Stillstand die volle Belastung F_n, so muß noch die **Beanspruchung** des Gleitlagerwerkstoffes mit Hilfe der Gl. (2.43) $p_0 = 0,591\sqrt{\psi\bar{p}E}$ überprüft werden, wobei für $E = 2E_1 E_2/(E_1 + E_2)$ einzusetzen ist. Der Elastizitätsmodul E_1 für das Lagermetall kann den Tabellen der Richtlinie VDI 2203, „Gleitwerkstoffe", entnommen werden; für Weißmetall ist $E_1 \approx 6,3 \cdot 10^{10}\,\text{N/m}^2$. Der Elastizitätsmodul für die Stahlwelle beträgt $E_2 = 21 \cdot 10^{10}\,\text{N/m}^2$.

Beispiel 1. Radiallager im Bereich So > 1. Lager für einen Walzmotor mit 2900/5100 kW bei $60 \cdots 180\,\text{min}^{-1}$.

Gegeben: Lager-Nenndurchmesser $d = 0,4\,\text{m}$, tragende Lagerbreite $b = 0,32\,\text{m}$, Belastungskraft $F_n = 200000\,\text{N}$, Drehfrequenz $n = 3\,\text{s}^{-1}$, wärmeabgebende Oberfläche $A = 2,55\,\text{m}^2$ und Umgebungstemperatur $\vartheta_0 = 20\,°\text{C}$. Werkstoffpaarung: Stahl/Weißmetall.

Aus den gegebenen Größen wird berechnet: das Lagerbreitenverhältnis $\beta = b/d = 0,32\,\text{m}/0,4\,\text{m} = 0,8$, der mittlere Druck $\bar{p} = F_n/(bd) = 200000\,\text{N}/(0,32\,\text{m} \cdot 0,4\,\text{m}) = 15,6 \cdot 10^5\,\text{N/m}^2$, das Lagerzapfenvolumen $V = 0,25 \cdot \pi d^2 \cdot b = 0,25 \cdot \pi \cdot 0,16\,\text{m}^2 \cdot 0,32\,\text{m} = 0,0402\,\text{m}^3$ und die Umfangsgeschwindigkeit $u = \pi dn = \pi \cdot 0,4\,\text{m} \cdot 3\,\text{s}^{-1} = 3,77\,\text{m/s}$. Angenommen wird die Wärmeabfuhrzahl normal $\alpha^* = 20\,\text{Nm}/\text{m}^2\,\text{s K}$ und ein Öl mit 0,0315 Pa s bei 50 °C.

Gesucht: Betriebstemperatur ϑ, Lagerspiel s, Reibleistung P_R, untere Drehfrequenzgrenze $n_{\min}$, Übergangsdrehfrequenz $n_ü$ und Schmierstoffdurchsatz Q_s

1. Erwärmungsfaktor für So > 1

$$W = \frac{30\,V\sqrt{\bar{p}n^3}}{\alpha^* A} = \frac{30 \cdot 0,0402\,\text{m}^3\sqrt{15,6 \cdot 10^5\,\text{N/m}^2 \cdot 27\,\text{s}^{-3}}}{20\,\text{Nm}/(\text{m}^2\,\text{s K}) \cdot 2,55\,\text{m}^2} = 153,5\,\text{m K}/(\text{Ns})^{1/2}$$

Mit diesem Wert findet man im Bild **A 2**.7 für das vogegebene Öl die Betriebstemperatur $\vartheta = 48\,°\text{C}$.

2. Betriebsviskosität aus Bild **A 2**.6 oder nach Gl. (2.44)

$$\eta = \left(\frac{\vartheta - \vartheta_0}{W}\right)^2 = \left(\frac{28}{153,5}\right)^2 \frac{\text{Ns}}{\text{m}^2} = 34 \cdot 10^{-3}\,\text{Ns/m}^2 = 0,034\,\text{Pa s}$$

3. Ordinatenwert für Bild **A 2**.9 ist nach Gl. (2.50)

$$\frac{\eta n}{\bar{p}} \cdot \frac{2\beta}{1+\beta} = \frac{34 \cdot 10^{-3}\,\text{Ns/m}^2 \cdot 3\,\text{s}^{-1}}{15,6 \cdot 10^5\,\text{N/m}^2} \cdot \frac{1,6}{1,8} = 5,82 \cdot 10^{-8}$$

Die relative Schmierfilmdicke δ, für die aus Bild **A 2**.9 das relative Lagerspiel ψ entnommen wird, muß für So > 1 unterhalb $\delta_{(\text{So}=1)}$ liegen, s. Gl. (2.49)

$$\delta_{(\text{So}=1)} = 0,5\,\frac{2\beta}{1+\beta} = 0,5\,\frac{1,6}{1,8} = 0,45$$

Aus Bild **A 2**.9 ergibt sich das relative Lagerspiel $\psi = 0,8 \cdot 10^{-3}$ und das Betriebslagerspiel $s = \psi d = 0,8 \cdot 10^{-3} \cdot 0,4\,\text{m} = 0,32 \cdot 10^{-3}\,\text{m}$.

4. Sommerfeldzahl Gl. (2.16)

$$\text{So} = \frac{\bar{p}\,\psi^2}{\eta\,2\pi n} = \frac{15,6 \cdot 10^5\,\text{N/m}^2 \cdot 0,64 \cdot 10^{-6}}{34 \cdot 10^{-3}\,\text{Ns/m}^2 \cdot 2 \cdot \pi \cdot 3\,\text{s}^{-1}} = 1,56$$

5. Reibungszahl Gl. (2.21)

$$\mu = 3\,\psi/\sqrt{\text{So}} = 3 \cdot 0,8 \cdot 10^{-3}/\sqrt{1,56} = 1,92 \cdot 10^{-3}$$

6. Reibleistung Gl. (2.26)

$$P_\text{R} = \mu F_\text{n} u = 1,92 \cdot 10^{-3} \cdot 200\,000\,\text{N} \cdot 3,77\,\text{m/s} = 1\,450\,\text{Nm/s} = 1,45\,\text{kW}$$

7. Kleinste Schmierfilmdicke Gl. (2.22)

$$h_0 = \frac{s}{2}\left(\frac{1}{2\,\text{So}} \cdot \frac{2\beta}{1+\beta}\right) = \frac{0,32 \cdot 10^{-3}\,\text{m}}{2}\left(\frac{1}{2 \cdot 1,56} \cdot \frac{1,6}{1,8}\right) = 45,6 \cdot 10^{-6}\,\text{m}$$

8. Untere Drehfrequenzgrenze bei Flüssigkeitsreibung, Gl. (2.24) mit $h_{0\,\text{min}} = 14 \cdot 10^{-6}\,\text{m}$ aus Bild **A 2.10**

$$n_\text{min} = \frac{h_{0\,\text{min}}}{h_0}\,n = \frac{14 \cdot 10^{-6}\,\text{m}}{45,6 \cdot 10^{-6}\,\text{m}} \cdot 3\,\text{s}^{-1} = 0,922\,\text{s}^{-1}$$

9. Übergangsdrehfrequenz, Gl. (2.25), mit $h_{0\,\ddot{u}} = 5,5 \cdot 10^{-6}\,\text{m}$ aus Bild **A 2.10**

$$n_\ddot{u} = \frac{h_{0\,\ddot{u}}}{h_0}\,n = \frac{5,5 \cdot 10^{-6}\,\text{m}}{45,6 \cdot 10^{-6}\,\text{m}} \cdot 3\,\text{s}^{-1} = 0,362\,\text{s}^{-1}$$

10. Schmierstoffdurchsatz, Gl. (2.36)

$$Q_\text{s} \approx 0,75 \cdot h_0\,bu = 0,75 \cdot 45,6 \cdot 10^{-6}\,\text{m} \cdot 0,32\,\text{m} \cdot 3,77\,\text{m/s} = 0,041 \cdot 10^{-3}\,\text{m}^3/\text{s}$$

Lager im Bereich So < 1

Zu diesem Bereich zählen die Lager mit niedriger Belastung und hoher Drehfrequenz. Man errechnet aus Gl. (2.32) den Erwärmungsfaktor

$$W' = \frac{\Phi'}{\alpha^* A} \quad \text{mit} \quad \Phi' = \frac{75\,Vn^2}{\psi} \tag{2.54}$$

Der weitere Rechnungsgang erfolgt wie der für Lager im Bereich So > 1, jedoch unter Beachtung der für den vorliegenden Bereich So < 1 geltenden Formeln, s. folgendes Beispiel.

Beispiel 2. Radiallager im Bereich So < 1. Lager eines Asynchronmotors mit 5 700 kW bei 1 500 min^{-1}. Gegeben: Lager-Nenndurchmesser $d = 0,2\,$m, Lagerbreite $b = 0,16\,$m, Belastung $F_\text{n} = 18\,200\,$N, Drehfrequenz $n = 25\,\text{s}^{-1}$, wärmeabgebende Oberfläche $A = 1\,\text{m}^2$ und ein Öl mit der Zähigkeit 0,02 Pa s bei 50 °C.

Mit diesen Größen wird berechnet: $\beta = b/d = 0,16\,\text{m}/0,20\,\text{m} = 0,8$, der mittlere Druck $\bar{p} = F_\text{n}/(b\,d) = 18\,200\,\text{N}/(0,16\,\text{m} \cdot 0,2\,\text{m}) = 5,68 \cdot 10^5\,\text{N/m}^2$, das Lagerzapfenvolumen $V = 0,25 \cdot \pi d^2 \cdot b = 0,25 \cdot \pi$ und die Winkelgeschwindigkeit[1] $\omega = 2\pi n = 2\pi\,\text{rad} \cdot 25\,\text{s}^{-1} = 157\,\text{rad}\,\text{s}^{-1}$. Gesucht: Reibungsleistung P_R, untere Drehfrequenzgrenze n_min, Übergangsdrehfrequenz $n_\ddot{u}$, Schmierstoffdurchsatz Q_s, Kühlmitteldurchsatz Q_k und Lagerspiel s.

---

[1] Die SI-Einheit für die Winkelgeschwindigkeit ist rad/s. Da 1 rad = 1 m/1 m = 1 ist, wird das Einheitenzeichen rad in der Rechnung weggelassen.

1. Erwärmungsfaktor für So > 1

$$W = \frac{30\,V\,\sqrt{\bar{p}\,n^3}}{\alpha^*A} = \frac{30 \cdot 5{,}03 \cdot 10^{-3}\,\mathrm{m}^3\,\sqrt{5{,}68 \cdot 10^5\,\mathrm{N/m^2} \cdot 25^3\,\mathrm{s}^{-3}}}{20\,\mathrm{Nm/(m^2\,s\,K)} \cdot 1\,\mathrm{m}^2} = 706\,\mathrm{m\,K/(Ns)}^{1/2}$$

Für diesen Wert und für das Öl mit 0,02 Pa s bei 50 °C entnimmt man aus Bild **A 2.7** die Betriebstemperatur $\vartheta = 80\,°\mathrm{C}$ und hierfür aus Bild **A 2.6** die Viskosität $\eta = 0{,}007\,\mathrm{Ns/m^2}$.

2. Ordinatenwert für Bild **A 2.9** ist

$$\frac{\eta\,n}{\bar{p}} \cdot \frac{2\beta}{1+\beta} = \frac{7 \cdot 10^{-3}\,\mathrm{Ns/m^2} \cdot 25^3\,\mathrm{s}^{-1}}{5{,}68 \cdot 10^5\,\mathrm{N/m^2}} \cdot \frac{1{,}6}{1{,}8} = 2{,}74 \cdot 10^{-7}$$

Die Grenze für den Geltungsbereich So > 1 liegt in Bild **A 2.9** bei

$$\delta_{(\mathrm{So}=1)} = 0{,}5\,\frac{\cdot\,2\beta}{1+\beta} = 0{,}5\,\frac{1{,}6}{1{,}8} = 0{,}45$$

Will man das Lager im Bereich So > 1 betreiben, so ergibt sich ein relatives Lagerspiel $\psi > 1{,}5\%$ bzw. ein Lagerspiel $s = \psi d > 1{,}5 \cdot 10^{-3} \cdot 2 \cdot 10^2\,\mathrm{mm} > 0{,}3\,\mathrm{mm}$. Dieses Lagerspiel ist für den Asynchronmotor, der einen Luftspalt von nur 1,8 mm besitzt, zu groß. Das Lagerspiel wird deshalb mit $s = 0{,}2\,\mathrm{mm}$ gewählt. Damit ergibt sich das relative Lagerspiel $\psi = s/d = 0{,}2\,\mathrm{mm}/200\,\mathrm{mm} = 0{,}001$. Aus Bild **A 2.9** geht hervor, daß hierfür die Grenze von $\delta_{(\mathrm{So}=1)} = 0{,}45$ nach rechts überschritten ist. Das Lager fällt also in den Bereich So < 1. Die nachfolgende Berechnung wird daher mit den für den Bereich So < 1 geltenden Formeln durchgeführt.

3. Erwärmungsfaktor für So < 1 nach Gl. (2.54)

$$W' = \frac{\Phi'}{\alpha^*A} = \frac{75\,V n^2}{\alpha^*A \cdot \psi} = \frac{75 \cdot 5{,}03 \cdot 10^{-3}\,\mathrm{m}^3 \cdot 625\,\mathrm{s}^{-2}}{20\,\mathrm{Nm/(m^2\,s\,K)} \cdot 1\,\mathrm{m}^2 \cdot 1 \cdot 10^{-3}} = 1{,}188 \cdot 10^4\,\mathrm{m^2\,K/(Ns)}$$

Mit diesem Wert wird aus Bild **A 2.8** die Betriebstemperatur $\vartheta = 90\,°\mathrm{C}$ für 0,02 Pa s bei 50 °C abgelesen. Da diese Temperatur zu hoch ist, benötigt das Lager zusätzliche Kühlung. Das Lager soll mit $\vartheta = 60\,°\mathrm{C}$ betrieben werden. Für das gewählte Öl beträgt damit nach Bild **A 2.6** die Betriebsviskosität $\eta = 13 \cdot 10^{-3}\,\mathrm{Ns/m^2}$.

4. Sommerfeldzahl

$$\mathrm{So} = \frac{\bar{p}\psi^2}{\eta\omega} = \frac{5{,}68 \cdot 10^5\,\mathrm{N/m^2} \cdot 1 \cdot 10^{-6}}{13 \cdot 10^{-3}\,\mathrm{Ns/m^2} \cdot 157\,\mathrm{s}^{-1}} = 0{,}278$$

6. Reibungszahl, Gl. (2.20)

$$\mu = \frac{3\psi}{\mathrm{So}} = \frac{3 \cdot 1 \cdot 10^{-3}}{0{,}278} = 10{,}78 \cdot 10^{-3}$$

7. Reibleistung, Gl. (2.26)

$$P_{\mathrm{R}} = \mu F_{\mathrm{n}} u = 10{,}78 \cdot 10^{-3} \cdot 18\,200\,\mathrm{N} \cdot 15{,}7\,\mathrm{m/s} = 3080\,\mathrm{Nm/s} = 3{,}08\,\mathrm{kW}$$

8. kleinste Schmierfilmdicke nach Gl. (2.23) für So < 1

$$h_0 = \frac{s}{2}\left(1 - \frac{\mathrm{So}}{2} \cdot \frac{1+\beta}{2\beta}\right) = \frac{0{,}2\,\mathrm{mm}}{2}\left(1 - \frac{0{,}278}{2} \cdot \frac{1{,}8}{1{,}6}\right) = 0{,}084\,\mathrm{mm} = 0{,}084 \cdot 10^{-3}\,\mathrm{m}$$

9. Nur zu rechnen für Lager im Bereich So < 1; Drehfrequenz und kleinste Schmierschichtdicke bei So = 1

$$n_{(\mathrm{So}=1)} = \frac{\bar{p}\psi^2}{2\pi\eta} = \frac{5{,}68 \cdot 10^5\,\mathrm{N/m^2} \cdot 1 \cdot 10^{-6}}{2\pi \cdot 13 \cdot 10^{-3}\,\mathrm{Ns/m^2}} = 7\,\mathrm{s}^{-1}$$

$$h_{0\,(\mathrm{So}=1)} = \frac{s}{4} \cdot \frac{2\beta}{1+\beta} = \frac{0{,}2\,\mathrm{mm}}{4} \cdot \frac{1{,}6}{1{,}8} = 44{,}5 \cdot 10^{-6}\,\mathrm{m}$$

10. untere zulässige Drehfrequenz nach Gl. (2.24) mit $h_{0\,min} = 0,012$ mm über $d = 0,2$ m aus Bild **A 2.10**

$$n_{min} = \frac{h_{0\,min}}{h_{0\,(So=1)}}\,n_{(So=1)} = \frac{0,012\ \text{mm}}{0,04\ \text{mm}} \cdot 7\ \text{s}^{-1} = 2,1\ \text{s}^{-1}$$

11. Übergangsdrehfrequenz, Gl. (2.25)

$$n_{ü} = \frac{h_{0\,ü}}{h_{0\,(So=1)}}\,n_{(So=1)} = \frac{0,0052\ \text{mm}}{0,0445\ \text{mm}} \cdot 7\ \text{s}^{-1} = 0,82\ \text{s}^{-1}$$

12. Schmierstoffdurchsatz, Gl. (2.36)

$$Q_s = 0,75\,h_0\,b u = 0,75 \cdot 0,084 \cdot 10^{-3}\,\text{m} \cdot 0,16\,\text{m} \cdot 15,7\,\text{m/s} = 0,158 \cdot 10^{-3}\,\text{m}^3/\text{s}$$

13. Der erforderliche Kühlöldurchsatz wird nach Gl. (2.30) mit $c\varrho = 1\,670 \cdot 10^3\,\text{Nm}/(\text{m}^3\,\text{K})$ als Mittelwert für Maschinenöle und mit der Erwärmung $\vartheta_2 - \vartheta_1 = 10$ K

$$Q_k = \frac{P_R}{c\varrho(\vartheta_2 - \vartheta_1)} = \frac{3\,080\ \text{Nm/s}}{1\,670 \cdot 10^3\,\text{Nm}/(\text{m}^3\,\text{K}) \cdot 10\ \text{K}} = 0,184 \cdot 10^{-3}\,\text{m}^3/\text{s}$$

14. Die Wassermenge für die Ölrückkühlung ergibt sich mit $c_w \varrho_w = 4189 \cdot 10^3\,\text{Nm}/(\text{m}^3\,\text{K})$ und mit $\vartheta_{w2} - \vartheta_{w1} = 5$ K nach Gl. (2.30) zu

$$Q_w = \frac{P_R}{c_w \varrho_w(\vartheta_{w2} - \vartheta_{w1})} = \frac{3\,080\ \text{Nm/s}}{4189 \cdot 10^3\,\text{Nm}/(\text{m}^3\,\text{K}) \cdot 5\ \text{K}} = 0,147 \cdot 10^{-3}\,\text{m}^3/\text{s}$$

2.3.3 Werkstoffe

Eigenschaften für die Eignung eines Werkstoffes als Gleitlagermaterial sind: gute Einlauf-, Gleit- und Notlaufeigenschaften, hohe Verschleiß-, Druck- und Dauerfestigkeit, hohe Schmiegsamkeit und ausreichende Temperaturbeständigkeit.

Beim Versagen der Schmierung und im Gebiet der Mischreibung läßt sich eine Berührung von Zapfen- und Lagerwerkstoff nicht verhindern. Deshalb müssen auch bei Lagern, die sonst im Gebiet der Flüssigkeitsreibung laufen, diese Werkstoffe gute Laufeigenschaften besitzen. Wesentlich ist hierbei auch die richtige Werkstoffpaarung. Geeignete Werkstoffe bilden während der Einlaufzeit eine glatte, polierte Oberfläche, den Laufspiegel, ungeeignete rauhen sich auf und neigen zum „Fressen". Hierbei können selbst bei richtiger Werkstoffwahl, z. B. durch Versagen der Schmierung, örtlich an den Berührungsstellen Temperaturen auftreten, die den Schmelzpunkt von Stahl erreichen. Für die Lagerung wertvoller Maschinenteile, z. B. von Turbinenläufern, verwendet man aus diesem Grund einen Lagerwerkstoff mit niedrigem Erweichungs- bzw. Schmelzpunkt, z. B. Weißmetall. Dieses schmilzt bei Temperaturen, die für den Zapfen noch keine Gefahr bedeuten. Um nach dem Auslaufen des Lagermetalls bis zum Stillstand der Maschine noch eine gewisse Führung des Zapfens zu sichern und schwerere Schäden zu verhüten, wird das Weißmetall in Form eines Lagerausgusses auf eine tragfähige Stütz- bzw. Lagerschale aufgebracht, deren Werkstoff ebenfalls gute Laufeigenschaften besitzt (2.14). Ein so ausgebildetes Lager besitzt „Notlaufeigenschaften".

Zur Beurteilung des Gleitverhaltens von Werkstoffen gelten folgende Grundregeln: Ohne Rücksicht auf den Gegenwerkstoff sind die zähen und weichen Werkstoffe Kupfer, Reinaluminium, weicher Stahl und austenitischer Stahl ungeeignet. Gut geeignet sind harte und spröde Stoffe, gehärteter Stahl, hochzinnhaltige Bronze, Grauguß. Für die Gefügebestandteile der Eisenwerkstoffe gilt: Ferrit, Austenit, Phosphid sind unzweckmäßig, Martensit, Perlit und Graphit zweckmäßig. Bei den typischen Lagerwerkstoffen Weißmetall und Bleibronze wurde die Einbettung härterer Trägerkristalle in eine weiche Grundmasse als zweckmäßig erkannt; hervorstehende und dadurch überbelastete Kristalle werden durch den Zapfen in die weiche Bettung zurückgedrückt, die Oberfläche des Lagerausgusses paßt sich der Zapfenoberfläche an, die Belastung verteilt sich gleichmäßig.

Gute Paarungen ergeben sich zwischen zwei Werkstoffen mit großem Härteunterschied. Eine Ausnahme von dieser Regel bilden sehr harte Werkstoffe (gehärteter Stahl, Hartmetall), die in poliertem Zustand geringe Reibungswerte liefern. Bei Störungen sind allerdings die Schäden erheblich; infolgedessen werden Paarungen dieser Art nur bei geringen Gleitgeschwindigkeiten verwendet. Uhrenlager z. B. zeichnen sich durch sehr geringe Reibung und Abnutzung aus (gehärtete Stahlzapfen in Lagern aus Edelsteinen).

Lagerschalen aus Kunststoff haben den Nachteil, daß ihre Wärmeausdehnungskoeffizienten wesentlich größer sind als die der metallischen Werkstoffe. Infolgedessen besteht die Gefahr, daß die Lager bei Erwärmung durch Verringerung des vorgegebenen Lagerspiels klemmen; auch Maßänderungen infolge des Feuchtigkeitsgehaltes im Betrieb können sich störend auswirken. Diese Gefahren werden noch durch die schlechte Wärmeleitfähigkeit der Kunststoffe vergrößert. Vorteilhaft sind die Notlaufeigenschaften der Kunststoffe.

Verbundlager mit Kunststoff-Laufschicht. Sie bestehen aus einer Kombination von metallischen Werkstoffen mit Kunststoffen und Zusätzen. Man verwendet z. B. dünne Schalen aus Stahl mit porös aufgesinterter Zinn-Bronze-Schicht mit einer Füllung und Deckschicht aus Polytetrafluoräthylen (PTFE) und Zusätzen aus Blei, Graphit oder MoS_2 oder Zinnbronzegewebe, eingelagert in PTFE-Folie mit den genannten Zusätzen unter Zugabe von Glasfasern. Als Stütze kann auch Gewebe aus Polyester, Glasfaser oder Baumwolle eingelegt und in manchen Fällen auch Phenolharz als Füllung benutzt werden.

Durch den Verbund Kunststoff/Metall ergeben sich im Vergleich zu reinen Kunststofflagern folgende vorteilhafte Eigenschaften: höhere Belastbarkeit, bessere Wärmeableitung, kleinere Lagerspiele, kein Quellen durch Wasseraufnahme und nur sehr geringe Spielverengung durch Temperaturerhöhung. Je nach Aufbau und Kunststoff werden dennoch die Vorteile der reinen Kunststoffe genutzt: Möglichkeit des Trockenlaufs (hierbei kein Verschweißen mit der Welle), Wartungsfreiheit, niedrige Reibungszahl, nur geringe Empfindlichkeit gegen Fremdkörper, Korrosionsbeständigkeit, Chemikalienbeständigkeit, Schmierung durch Wasser, Laugen, Säuren möglich und Dämpfung von Schwingungen.

Grundsätzlich sind die genannten Eigenschaften nicht nur vom Lagerwerkstoff abhängig, sondern auch vom Gegenlaufwerkstoff, seiner Oberflächenbeschaffenheit und von dem umgebenden Medium.

In Tafel **2.1** sind einige wichtige Lagerwerkstoffe zusammengestellt. Ausführliche Angaben über Lagerwerkstoffe s. DIN ISO 4 301, DIN ISO 4 382 T 1 u. T 2, DIN ISO 4 383.

T a f e l **2.1**   Gleitlager-Werkstoffe

Werkstoff	Verwendung	Ausführung
Lager-Weißmetall	Lager für hochwertige Teile, wie Dampfturbinenläufer, Kurbelwellen, Kreiselpumpen, auch für Transmissionen	Ausguß auf Stützschale aus Bronze oder Grauguß, Dicke des Ausgrusses 0,1 ⋯ 3 mm je nach Vernwendung und Zapfendurchmesser
Bleibronze	hochbeanspruchte Lager mit hoher Flächenpressung, Kurbelwellenlager von Kfz-Motoren, Turbinenlängslager	Ausguß auf Stützschale bzw. Blech, Dicke des Ausgusses 0,2 ⋯ 3 mm

Fortsetzung T a f e l **2.1**   Gleitlager-Werkstoffe

Werkstoff	Verwendung	Ausführung
Bronze	Getriebe, Werkzeugmaschinen, auch als Stützschale mit guten Notlaufeigenschaften für Weißmetall und Bleibronze	massive Buchsen, Halbschalen, Blech gerollt
Rotguß	wie für Bronze angegeben, aber bei geringeren Anforderungen, insbesondere geringerer Belastung	massive Buchsen
Messing	gewöhnliches Messing, z. B. Ms 58, für einfache Lagerungen z. B. von Gestängen; Sondermessing als Austauschwerkstoff für Bronze	möglichst aus Rohr mit genormten Abmessungen hergestellte Buchsen, auch Blech gerollt; Sondermessing als Guß für Buchsen und Schalen
Grauguß	einfache, billige Lagerungen, meist unmittelbar im Gehäuse, z. B. Landmaschinen, Transmissionen; Gleitbahnen bei Werkzeug- und Kolbenmaschinen	möglichst mit Lagergehäuse in einem Stück; selten als Buchsen; auch als Stützschalen mit geringen Notlaufeigenschaften
Sintermetall	wartungsfreie Lager geringer Umfangsgeschwindigkeit; Haushaltsmaschinen, Landmaschinen, Baumaschinen	Buchsen oder Ringe aus gesintertem Metall (Eisen, Bronze) mit Blei- oder Graphitzusatz, mit Schmieröl getränkt
Holz	wassergeschmierte Lager; Propellerwellen von Schiffen, Baggerbau, Pumpen, Walzen	Stäbe aus Pockholz oder einheimischem Hartholz in Graugußschalen; möglichst Hirnholzseite als Lauffläche
Kunststoff (Phenolharz mit Füllstoffen)	wie Holz	Buchsen, Halbschalen, Stäbe in Stützschale. Maßgebend für die Güte ist die Art des Füllstoffs (hochwertig: geschichtete Gewebebahnen)
Weichgummi	in Wasser laufende Lager z. B. bei Pumpen	auf Stahl-Stützschale oder Stahlbuchse vulkanisiert
Kunststoff/Metall Verbundlager	wartungsfreie Lager ähnlich Sintermetall, auch für Betrieb in Flüssigkeiten	einbaufertig gepreßte Buchsen, Ringe, Kugelschalen aus Polytetrafluoraethylen o. ä. mit Sinterwerkstoff, Gewebeeinlagen und Zusatz von Blei- oder Graphitpulver bzw. Molybdändisulfid
Leichtmetall (nur Sonderlegierungen)	Kurbelwellenlager von Kraftfahrzeug-Motoren	Halbschalen plattiert oder massiv; Wärmeausdehnung beachten; Gefahr bei Kantenpressung, Ölmangel oder Ölverschmutzung; gute Wärmeleitung

2.4 Gleitlagerbauarten, Einzelteile

Die Einteilung der Gleitlager kann nach der Belastungsrichtung geschehen. Lager, bei denen die Belastung F_n senkrecht zur Welle wirkt, heißen Radiallager, Querlager oder Traglager (2.12). Als Axial- oder Längslager werden solche Lager bezeichnet, die eine Belastung in Längsrichtung der Welle (Axialschub) aufnehmen (2.19). Die Axiallager werden nach der Bauart eingeteilt in Spurzapfenlager, Bundlager und Segmentlager.

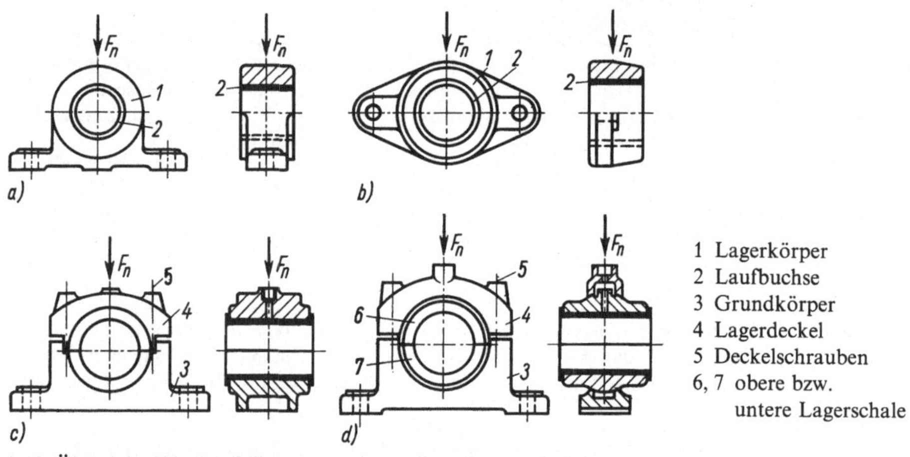

1 Lagerkörper
2 Laufbuchse
3 Grundkörper
4 Lagerdeckel
5 Deckelschrauben
6, 7 obere bzw.
        untere Lagerschale

2.12 Übersicht über Radiallager

   a) ungeteiltes Stehlager

   b) ungeteiltes Flanschlager

c) geteiltes Lager

d) geteiltes Einstellager; die Lagerschalen werden im Gehäuse in einer Kugelfläche gehalten

Bei den Radiallagern unterscheidet man weiterhin nach der Ausbildung der Laufflächen:

1. Einteilige oder ungeteilte Lager. Sie heißen Augenlager und werden mit oder ohne Laufbuchse aus Gleitlagerwerkstoff ausgeführt (**2.**12a und b).

2. Offene oder geteilte Lager. Sie besitzen etwa in der Ebene der Lagerachse eine Teilfuge. In einfachen Fällen werden sie ohne Lagerschalen ausgeführt, i. allg. erhalten sie Halbschalen, bei denen die Lauffläche aus Gleitlagerwerkstoff besteht. Das Gehäuse besteht aus Grundkörper und Lagerdeckel (**2.**12c und d).

Die Art der Anbringung der Gleitlager ergibt folgende Einteilung:

1. Selbständige Lager. Das sind solche Lagereinheiten, die – in sich vollständig – auf Fundamenten oder an Maschinen befestigt werden. Sie werden z. B. zur Lagerung von Transmissionswellen oder Gestängen verwendet, aber auch bei Großmaschinen wie Wasserturbinen, liegenden Dampfmaschinen oder großen Pumpen (**2.**12a bis d).

2. Unselbständige Lager. Bei diesen bildet der Lager-Grundkörper eine Einheit mit einem Teil der Maschine, so z. B. beim Kurbelwellenlager der Motoren, beim Pleuellager, Kolbenbolzenlager usw. Unselbständige Lager werden statt selbständiger Lager in zunehmendem Maß verwendet, da sie größere Laufgenauigkeit und eine Gewichtsersparnis bieten (s. Abschn. 5 Kurbeltrieb).

2.4.1 Radiallager

Bild **2.**14 zeigt als Beispiel für ein vollständiges Radiallager ein Ringschmierlager. Bisweilen sind die Radiallager vereinfacht. Es werden dann einige Einzelteile zusammengefaßt, andere auch fortgelassen. So besteht das einfachste Lager z. B. lediglich aus einer Bohrung im Auge eines Maschinengehäuses mit einem offenen Schmierloch. Solche Lager findet man bei Haushalts- oder einfachen landwirtschaftlichen Maschinen.

Laufbuchsen und Lagerschalen. Der Teil des Lagers, der die Lauffläche enthält, heißt, wenn er ungeteilt (oder lediglich geschlitzt) ist, Laufbuchse (**2.**12a und b). Ist er geteilt, dann bezeichnet man die Hälften als Lagerschalen (**2.**12c und d, **2.**13 und **2.**16a bis c; die Werkstoffe sind in Abschn. 2.3.3 behandelt). Die Wanddicke von Buchse bzw. Schale wird nach Erfahrung gewählt. Einen Anhaltspunkt ergeben die beiden Faustformeln (Zahlenwertgleichungen, D_a Außendurchmesser, d_2 Bohrung in mm): Lagerbuchse $D_a = 1{,}1\,d_2 + 5$ in mm und Lagerschale $D_a = 1{,}1\,d_2 + 6$ in mm.

Buchsen oder Schalen aus grauem Gußeisen werden wenige Millimeter dicker gewählt. Diese Formeln gelten für Lager im allgemeinen Maschinenbau, nicht aber für Lager kleinerer Durchmesser, z. B. Kurbelwellenlager von Kraftfahrzeugen oder Lager in Landmaschinen.

Lager kleinerer Durchmesser erhalten heute vielfach dünnere Buchsen oder Schalen aus gerolltem Blech (**2.**13) oder gezogenem Rohr. Die Wanddicken liegen dann etwa zwischen 0,8 und 2,0 mm. Vorteile: Gewicht und Platzbedarf gering, billiges und schnelles Auswechseln abgenutzter Stücke; infolge der bei Massenherstellung ereichbaren Genauigkeit Austausch fast oder ganz ohne Nachbearbeitung.

Angaben über die Wanddicke und den Aufbau der Kunststoff-Lager (**2.**15), Kunststoff/Metall-Verbundlager oder der Sintermetall-Lager sind beim Hersteller zu erfragen.

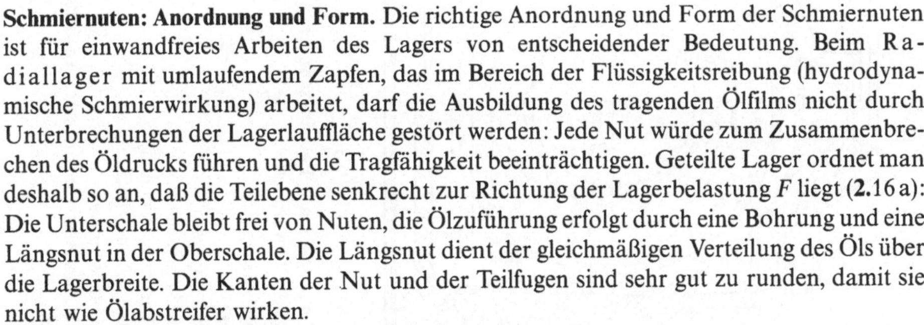

2.13
Aus Bronzeblech gerollte Lager-Halbschale mit Ausklinkung zur Lagensicherung 3, Lagerausguß aus Weißmetall 2

Schmiernuten: Anordnung und Form. Die richtige Anordnung und Form der Schmiernuten ist für einwandfreies Arbeiten des Lagers von entscheidender Bedeutung. Beim Radiallager mit umlaufendem Zapfen, das im Bereich der Flüssigkeitsreibung (hydrodynamische Schmierwirkung) arbeitet, darf die Ausbildung des tragenden Ölfilms nicht durch Unterbrechungen der Lagerlauffläche gestört werden: Jede Nut würde zum Zusammenbrechen des Öldrucks führen und die Tragfähigkeit beeinträchtigen. Geteilte Lager ordnet man deshalb so an, daß die Teilebene senkrecht zur Richtung der Lagerbelastung F liegt (**2.**16a): Die Unterschale bleibt frei von Nuten, die Ölzuführung erfolgt durch eine Bohrung und eine Längsnut in der Oberschale. Die Längsnut dient der gleichmäßigen Verteilung des Öls über die Lagerbreite. Die Kanten der Nut und der Teilfugen sind sehr gut zu runden, damit sie nicht wie Ölabstreifer wirken.

In Lagern, bei denen das Öl eine erhöhte Kühlwirkung haben soll, wird die Nut zu einer Tasche erweitert, die im äußersten Fall bis an die Teilfugen reichen darf (**2.**16b). Hierdurch wird eine gute Durchmischung des aus der Unterschale austretenden Öls mit einem größeren Vorrat von frischem, kühlem Öl erreicht.

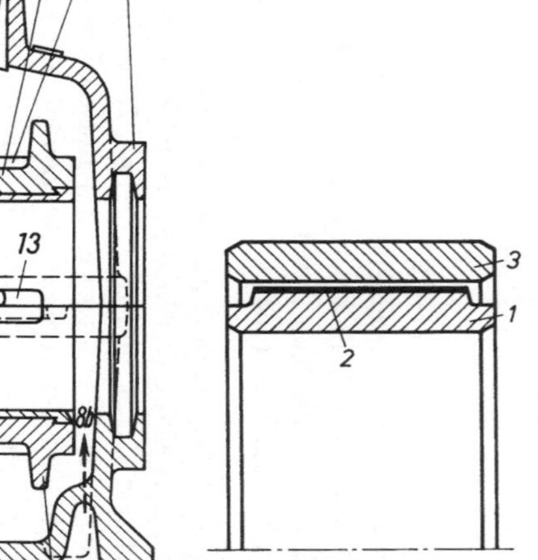

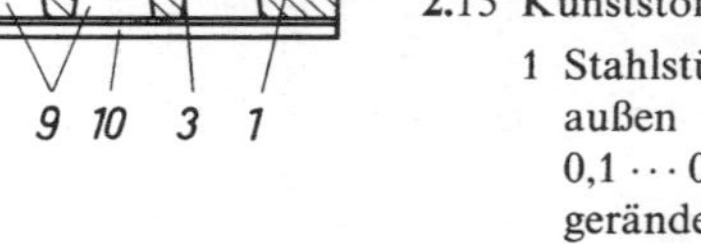

2.14 Ringschmierlager mit Festringschmierung (Lager mit wassergekühltem Boden)

1 Grundkörper
2 Deckel
3 untere Lagerschale
4 obere Lagerschale
5 *a, b* Festring, zweiteilig
6 Ölstand-Kontrollschraube
7 Öl-Ablaßschraube
8 *a, b* Kühlwasser-Eintritt bzw. Austritt

9 schlangenförmiger Kühlwasserkanal im Boden des Grundkörpers, gibildet durch Gußrippen und Abdeckblech 10
11 Öl-Abstreifer mit 11 *a* Spritzschutz
12 Ölfangbehälter
13 Schmiertaschen
14 *a, b* zweiteiliger Haltering zur Führung zwischen Lagerschalen und Lagerkörper

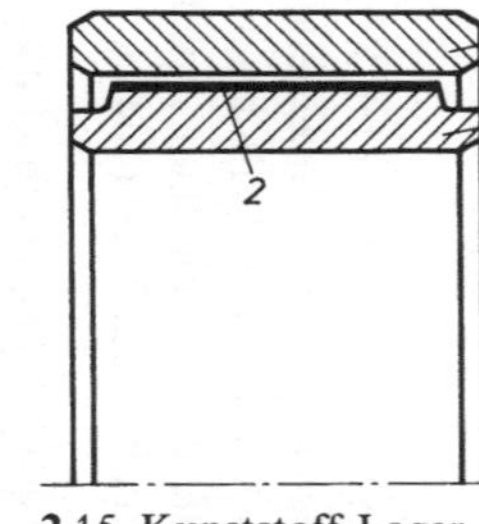

2.15 Kunststoff-Lager

1 Stahlstützbuchse, außen 0,1 ⋯ 0,3 mm tief gerändelt
2 aufgesinterte 0,3 mm dicke Polyamidschicht (Ultramid) als Gleitschicht
3 Stahllaufbuchse mit gehärteter und geschliffener Lauffläche
Lagerspiel vergrößert dargestellt

Das „Mehrflächen-Gleitlager"[1] – besonders für Werkzeugmaschinenspindeln geeignet, die mit hoher Geschwindigkeit und geringer Belastung bei geringstem Spiel laufen sollen – besitzt vier tragende Streifen. Die verbleibende Lauffläche wird durch das Schmieröl intensiv gekühlt (2.16c).

Lager, die hydrostatisch geschmiert werden (durch Drucköl), weil sich infolge geringerer Umfangsgeschwindigkeit die hydrodynamische Schmierwirkung nicht einstellen kann, erhalten die Ölzuführung naturgemäß an der Stelle, an der die Lagerbelastung aufgenommen werden soll (2.19a; Axiallager). Ähnlich liegen die Verhältnisse bei Lagern mit wechselnder Kraftrichtung, wie z.B. bei Pleuelstangenlagern. Auch hier wird das Schmieröl der tragenden Fläche unmittelbar zugeführt und durch Nuten verteilt.

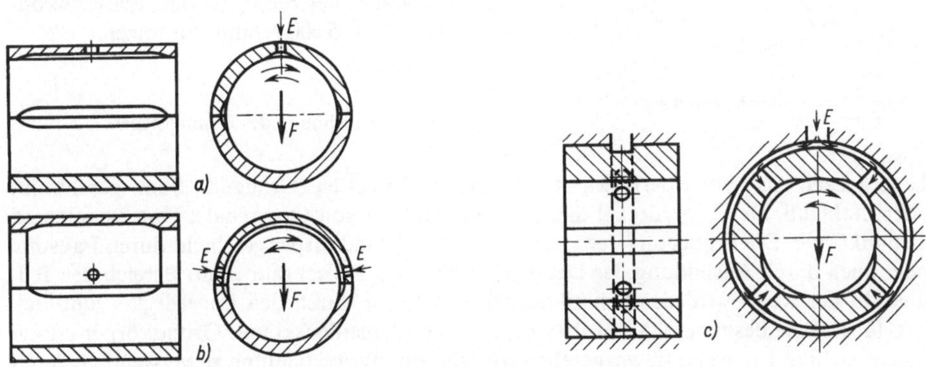

2.16 Anordnung und Form der Schmiernuten in Lagerschalen (*E* Öleintritt)
   a) Ölverteilungsnut bei hydrodynamischer Umlaufschmierung
   b) Öltasche in der Oberschale bei hydrodynamischer Umlaufschmierung (zusätzliche Kühlung)
   c) Mehrflächen-Gleitlager mit ungeteilter Buchse

Lagensicherung. Sie erfolgt bei ungeteilten und geschlitzten Buchsen durch Preßsitz; ein Bund verteuert die Herstellung und wird nur vorgesehen, wenn er als Anlauffläche dienen soll. Geteilte Lagerschalen werden an beiden Enden durch Bunde gegen Deckel und Grundkörper festgelegt.

Damit ein Herausnehmen der Schalen bei Reparaturen möglich ist, ohne daß eine Welle angehoben werden muß, erfolgt die Sicherung gegen Umlaufen nicht im Grundkörper, sondern im Deckel. Vielfach benutzt man hierfür das Ölzuführungsrohr, das in eine entsprechende Bohrung der Schale hineinragt. Halbschalen aus Blech haben eine Ausklinkung (2.13), die sich in eine Nut des Grundkörpers einlegt und gegen den nicht ausgesparten Deckel stößt. Die Ausklinkung sichert gleichzeitig gegen Längsverschiebung.

Grundkörper selbständiger Lager bestehen in der Regel aus grauem Gußeisen (Grauguß), neuerdings werden sie häufig aus Blech geschweißt, die Verwendung von Stahlguß ist selten. Der Grundkörper stellt die Verbindung mit dem Fundament oder der Maschine her und dient gleichzeitig als Ölfang-, bei Ringschmierlagern auch als Ölvorratsbehälter (2.14). Je nach der Bedeutung des Lagers und nach dem Schmierverfahren sind vorzusehen: ein

---

[1] F r ö s s e l, W.: Rein hydraulisch geschmierte Gleitlager. Z. Stahl und Eisen, **71** (1951) S. 125 bis 128 – Ders.: Mehrgleitflächenlager im Werkzeugmaschinenbau. Industrie-Anzeiger 1955 H. 2 – Ders.: Berechnung von Gleitlagern mit radialen Gleitflächen. Z. Konstruktion **14** (1962) H. 5, S. 169 bis 180.

Ölstandglas oder eine Ölkontrollöffnung, die in solcher Höhe angebracht wird, daß sie als Überlauf gegen eine Überfüllung des Lagers schützt, sowie eine Ölablaßverschraubung. Der Wellenzapfen darf nicht in den Ölvorrat eintauchen.

Festigkeitsberechnung. In der Regel kann bei den üblichen gegossenen Stücken ausreichende Festigkeit angenommen werden, so daß sich eine Nachrechnung erübrigt. Bei besonders leicht gebauten Lagerkörpern ist eine Kontrolle der Biegespannung an den in Bild 2.17 gekennzeichneten gefährdeten Querschnitten nach den folgenden Gleichungen nötig $\sigma_{b1} = M_{b1}/W_{b1} \leqq \sigma_{b\,zul}$ mit $M_{b1} = (F/2)\,a_1$ und $\sigma_{b2} = M_{b2}/W_{b2} \leqq \sigma_{b\,zul}$ mit $M_{b2} = (F/2)\,a_2$.

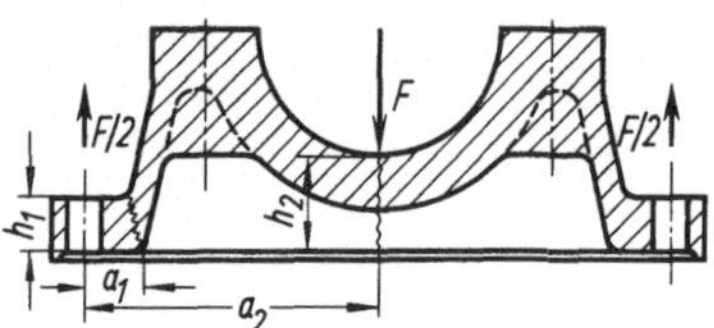

Bei grauem Gußeisen (Grauguß) ist $\sigma_{b\,zul} = 3\,000\ \text{N/mm}^2$, bei Stahlguß und Schweißkonstruktion $\sigma_{b\,zul} = 5\,000\ \text{N/mm}^2$ zu setzen.

2.17
Zur Festigkeitsberechnung des Grundkörpers

Lagerdeckel. Als Werkstoff wählt man graues Gußeisen (Grauguß), Stahl geschweißt oder Stahlguß. Der Lagerdeckel dient der Verbindung von Oberschale, Unterschale und Grundkörper. Die Festlegung des Deckels auf dem Grundkörper geschieht durch Paßstifte oder auch durch Ausbildung der Deckelschrauben als Paßschrauben im Bereich der Teilfuge. In der Regel wird das Schmiermittel dem Lager durch den Lagerdeckel hindurch zugeführt. Eine besondere Abdichtung zwischen Lagerdeckel und Grundkörper erfolgt häufig nicht (2.14); wenn sie vorgesehen wird, ist eine Weichdichtung zu verwenden, damit die Aufgabe des Lagerdeckels, die Lagerschalen gegeneinander zu führen, nicht gestört wird. Eine Abdichtung gegen Spritzöl wird auch dadurch erreicht, daß man die Unterkante des Lagerdeckels so ausbildet, daß sie das Öl der Teilfuge fernhält (Übergreifen der inneren Deckelkante über die Teilfuge nach unten).

Festigkeitsberechnung. In der Regel werden Gleitlager so angeordnet und gebaut, daß die Lagerbelastung vom Grundkörper aufgenommen wird; der Lagerdeckel bleibt dann frei von Betriebslasten. Bei Wellen mit wechselnder Belastungsrichtung, z. B. bei Kurbelwellen doppeltwirkender Kolbenmaschinen, ist dies nicht der Fall. Hier hat der Lagerdeckel die gleichen Betriebslasten aufzunehmen wie der Grundkörper. Ohne Rücksicht auf die tatsächliche Richtung der Lagerbelastung wird in allen Fällen der Lagerdeckel so stark ausgebildet, daß er die volle Betriebsbelastung aufnehmen kann. Die Berechnung erfolgt ähnlich wie die des Grundkörpers (2.18). Demnach muß die Biegespannung $\sigma_b = M_b/W_b$, mit $M_b = (F/2)\,(e/2 - d/4)$, kleiner sein als $\sigma_{b\,zul}$ (Zahlenwerte s. Angaben für den Grundkörper). Das Widerstandsmoment W_b ist aus den Abmessungen des im Entwurf vorgesehenen Profils (z. B. Kastenprofil oder U-Profil) zu berechnen.

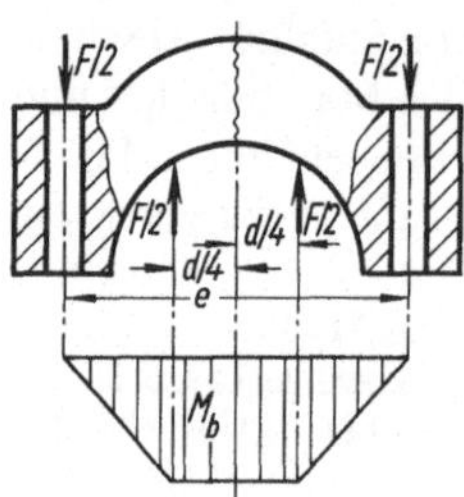

Bei der Leichtbauweise, also z. B. bei Lagern von Fahrzeug-Kolbenmaschinen, wird der Deckel zur Gewichtsersparnis oft in Annäherung an einen Körper gleicher Biegefestigkeit, also mit einem nach den Seiten hin abnehmenden Widerstandsmoment ausgebildet. Zur Verminderung des Biegemoments sind ferner die Deckelschrauben so nahe wie möglich zur Mitte hin zu legen, das Maß e in Bild 2.18 ist deshalb klein zu halten.

2.18
Zur Festigkeitsberechnung des Lagerdeckels

Deckelschrauben. Man verwendet hochwertige Schrauben der Festigkeitsklassen 5.6 bis 12.9 (DIN 267). Um zu vermeiden, daß Schrauben kleinerer Lager beim Anziehen abgerissen werden, sieht man häufig – auch bei geringerer Betriebslast – einen Werkstoff hoher Festigkeit (z. B. bei M 10 die Festigkeitsklasse 8.8) vor. Die Schrauben sollen möglichst nicht Stiftschrauben, sondern Durchgangsschrauben großer Dehnlänge sein. (Berechnung s. Teil 1, Abschn. Schraubenverbindungen). Die Deckelschrauben sind stets zu sichern. Bei ruhig laufenden Wellen genügt kraftschlüssige Sicherung, z. B. durch Kontermuttern, bei stoßhaftem Betrieb (z. B. Kurbelwellenlager) ist eine formschlüssige Sicherung zu wählen, z. B. eine Kronenmutter mit Splint.

Fußschrauben. Sie dienen der Verbindung des Lagers mit dem Fundament und sind so zu bemessen, daß auch bei Erschütterungen die Lage allein durch Reibung gesichert ist.

Lagerabdichtung. Zweck und Ausführung entsprechen den Wellenabdichtungen bei Wälzlagern (ausführliche Angaben s. Teil 1, Abschn. Dichtungen). Im allgemeinen genügen bei Gleitlagern die einfacheren Formen dieser Abdichtung. Allerdings müssen das Schmiermittel schädigende Stoffe, in erster Linie Schmutz, Dampf und Wasser, dem Lager zuverlässig ferngehalten werden. Deshalb ist z. B. bei Dampfturbinen, Pumpen und ähnlichen Maschinen auf der Welle außerhalb des Lagers ein Schleuderring vorzusehen.

2.4.2 Axiallager [1])

Spurlager. Als Beispiel eines hydrostatischen Spurlagers zeigt Bild **2.**19 a das Lager einer Kransäule. Das Ende der Welle stützt sich auf eine Spurplatte aus Bronze, die im Lagergehäuse kugelig gelagert und gegen Drehen gesichert ist. In das Wellenende ist eine Platte aus gehärtetem Stahl eingesetzt. Das Drucköl tritt durch die Mitte der Spurplatte ein, hebt die Welle an und wird über die ringförmigen, glatten und parallelen Laufflächen nach außen gedrückt. Damit werden metallische Berührung verhindert und die Reibung auf die geringe Zähigkeitsreibung reduziert. Bei senkrecht stehenden Wellen wird das Lagergehäuse als Topf ausgebildet, so daß der ganze Zapfen vom Ölvorrat bespült wird. Der Öldruck p_i nimmt im ringförmigen Reibraum nach außen logarithmisch auf $p = 0$ ab. Die axiale Tragkraft wird mit den Halbmessern des Ringes r_i und r_a

$$F_2 = (\pi/2)\ p_i(r_a^2 - r_i^2)/[\ln(r_a/r_i)].$$

Bundlager. Zur Aufnahme geringer Längskräfte wird eines der Traglager mit Laufflächen auf den Stirnseiten der Buchsen oder Schalen ausgerüstet, gegen die sich entsprechende Wellenbunde legen (**2.**19 b). Die Schmierung erfolgt durch das an den Enden des Traglagers austretende Öl, Belastungswerte $(p u) \leqq 4\ \mathrm{Nm/(s\ mm^2)}$.

Hydrodynamische Axiallager (**2.**19 c u. **2.**21) werden bei höherer Belastung und größerer Umfangsgeschwindigkeit benutzt. Der erforderliche Druck, der den äußeren Kräften das Gleichgewicht hält und somit die Trennung der Gleitflächen bewirkt, wird, wie beim Radiallager, infolge der Relativbewegung der Gleitflächen und der Haftung des Schmier-

---

[1]) Gersdorfer, O.: Axialdruck-Gleitlager. Z. Konstruktion **8** (1956) H. 3, S. 94 bis 104.

Peeken, H., und Heil, M.: Das optimale hydrostatische Axiallager. Z. Konstruktion **24** (1972) H. 10, S. 381 bis 386.

stoffs an den Oberflächen selbsttätig erzeugt, sofern das Lager hinreichend mit Schmierstoff versorgt wird, der Gleitraum richtig ausgebildet und die Gleitgeschwindigkeit genügend groß ist. Da hydrodynamischer Druck nur in einem sich verengendem Reibraum entstehen kann (**2.5**) müssen in eine der beiden Laufflächen Staustufen oder Keilflächen eingearbeitet sein (**2.20**). Der keilförmige Gleitraum kann auch durch ebene oder leicht gewölbte kippbeweglich gelagerte Segmente erzeugt werden (**2.19**c, **2.20**c) und **2.21**). Um beim Stillstand oder Anlauf der Welle hohe Flächenpressung an den Austrittskanten der Keilspalte zu vermeiden, sind Rastflächen parallel zur Lauffläche vorgesehen. Bei höherer Belastung wird Umlauf- oder Druckschmierung mit Ölkühlung vorgesehen. Bei Umlaufschmierung kann ($p\,u$) $\leq$ 2 Nm/s mm²), bei Druckschmierung ($p\,u$) $\leq$ 6 Nm/s mm) gesetzt werden.

Die Grundlagen für die Berechnung der Axiallager sind die gleichen wie bei den Radiallagern, jedoch unterscheiden sich die Gleichungen in ihrem Aufbau infolge der anderen geometrischen Verhältnisse. Den Rechnungsgang nach den VDI-Richtlinien 2 204 s. Tafel **A 2**.1 und Beispiel 3.

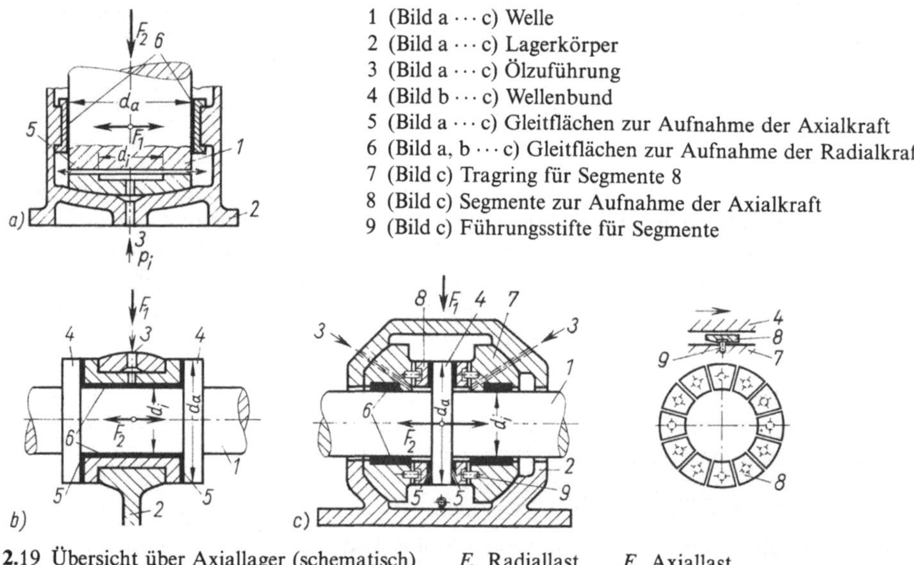

1 (Bild a ⋯ c) Welle
2 (Bild a ⋯ c) Lagerkörper
3 (Bild a ⋯ c) Ölzuführung
4 (Bild b ⋯ c) Wellenbund
5 (Bild a ⋯ c) Gleitflächen zur Aufnahme der Axialkraft
6 (Bild a, b ⋯ c) Gleitflächen zur Aufnahme der Radialkraft
7 (Bild c) Tragring für Segmente 8
8 (Bild c) Segmente zur Aufnahme der Axialkraft
9 (Bild c) Führungsstifte für Segmente

2.19 Übersicht über Axiallager (schematisch) F_1 Radiallast F_2 Axiallast
    a) Spurzapfenlager   b) Bundlager   c) Segmentlager (rechts Anordnung der Segmente)

Segmentlager (Michellager, Klotzlager). Das Segmentlager (**2.19**, **2.20**c und **2.21**) beruht auf der Anwendung der hydrodynamischen Schmiertheorie auf ebene Flächen. Belastungswerte: $p \leq$ 3 N/mm², $u \leq$ 60 m/s. (In Einzelfällen wurden wesentlich höhere Werte erreicht.) Die Welle besitzt einen Bund, der sich auf einen in Einzelsegmente unterteilten Lagerring stützt. Die Rückseite jedes Einzelsegments hat eine radial verlaufende Kante (5 in Bild **2.21**, die – in Umlaufrichtung gesehen – kurz hinter der Mitte der Segmentfläche liegt und eine Kippbewegung ermöglicht. Mit ihr liegt das Segment auf der ringförmigen Tragfläche des Lagerkörpers auf, und die Lauffläche des Segments kann ihre Schrägstellung dem Ölkeil anpassen. Die gegenseitige Lage der Segmente auf der Tragfläche ist durch Zapfen gesichert.

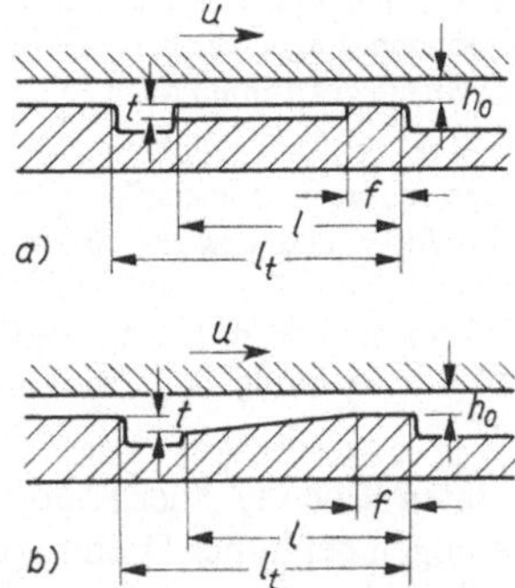

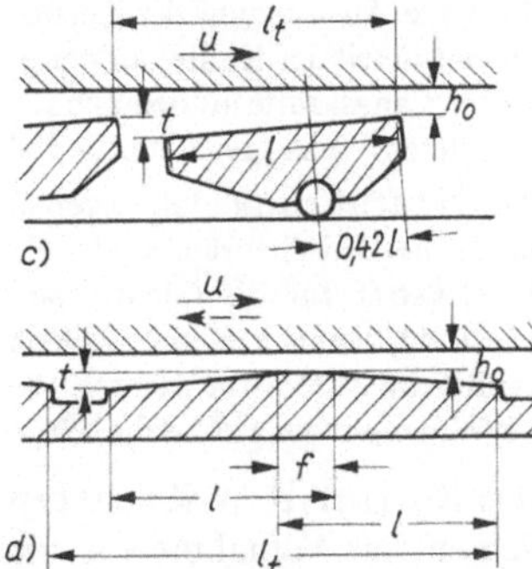

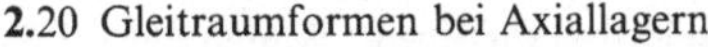

2.20 Gleitraumformen bei Axiallagern

a) gestufter Stauspalt
b) ebener Keilspalt durch eingearbeitete Keilflächen
c) ebener Keilspalt durch selbsttätige Einstellung kippbeweglicher Segmente
d) wie b), jedoch für beide Drehrichtungen

l wirksame Keilspalt- oder Staufeldlänge
f Länge der Rastfläche
h_0 kleinster Schmierspalt
t Keiltiefe bzw. Staufeldtiefe
l_t Segment-, Keilspalt- bzw. Staufeldteilung
u Umfangsgeschwindigkeit

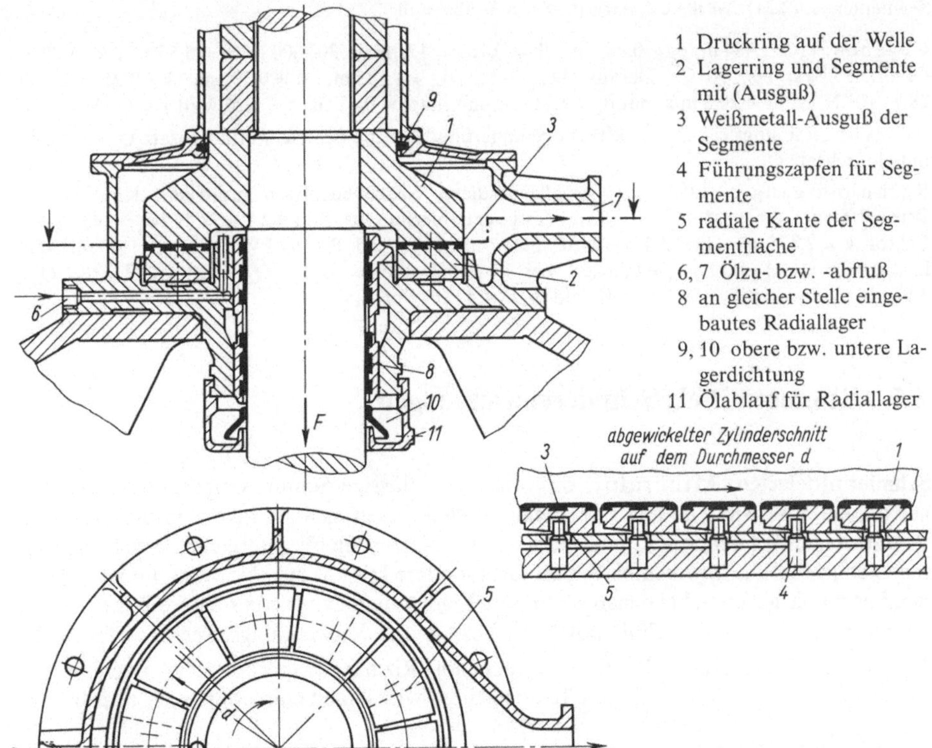

1 Druckring auf der Welle
2 Lagerring und Segmente mit (Ausguß)
3 Weißmetall-Ausguß der Segmente
4 Führungszapfen für Segmente
5 radiale Kante der Segmentfläche
6, 7 Ölzu- bzw. -abfluß
8 an gleicher Stelle eingebautes Radiallager
9, 10 obere bzw. untere Lagerdichtung
11 Ölablauf für Radiallager

2.21 Beispiele für ein Axial- bzw. Längslager: Segmentlager für senkrechte Welle (Lager einer Wasser-Turbine)

Die volle Ausnutzung der Leistungsfähigkeit des Lagers nach Bild **2.**21 ist wegen der notwendigen Ausmittigkeit der Kante nur bei e i n e r Drehrichtung möglich. Lager, die bei Vor- und Rückwärtslauf gleiche Längskräfte aufnehmen sollen, erhalten statt der vorhin erwähnten Kante einen nach Erfahrung gestalteten Wulst, der unter der Mitte des Segments liegt.

Die Ö l z u f ü h r u n g muß wegen der Zentrifugalwirkung von innen erfolgen (**2.**21). Ein Teil des Öls tritt durch die Zwischenräume zwischen den Segmenten hindurch und bewirkt eine gute Kühlung. Als W e r k s t o f f für die Gleitfläche des Segments verwendet man Weißmetall, bei höherer Flächenbelastung Bleibronze; der Wellenbund besteht aus gehärtetem oder im Einsatz gehärtetem Stahl, die Lauffläche ist feinstbearbeitet. Wechselt die Längskraft ihre Richtung, dann wird auf der Gegenseite des Wellenbundes ein zweites Segmentlager angeordnet.

Das S p i r a l r i l l e n - K a l o t t e n l a g e r [1]) mit geprägten Rillen in einer Kalotte ist ein Lagerelement zur Aufnahme vorwiegend axialer Belastungen bei hoher Drehfrequenz. In diesem Endlager findet der Druckaufbau statt, wenn die Drehrichtung der Kugel mit der Richtung der Spiralrillen vom Kalottenflansch zum Kalottenscheitel übereinstimmt. Wegen der sphärischen Ausbildung kann dieses Lager auch radiale Belastungen aufnehmen. Anwendungsgebiete: Klein-Elektromotoren, hochtourige Kreiselpumpen und Gebläse, Zentrifugen sowie Hochgeschwindigkeitssysteme aus der Textiltechnik. Als Axial- und Radiallager wird das Spiralrillen-Scheibenlager zusammen mit einem Nadellager in einer Baueinheit hergestellt.

Beispiel 3. Axiallager eines 60-MW-Wasserkraftgenerators mit senkrechter Welle und kippbeweglichen Segmenten, s. (**2.**21). Werkstoffpaarung: Stahl/Weißmetall.

G e g e b e n : $d_a = 1{,}484$ m, $d_i = 0{,}866$ m, $l/b = 0{,}7$, $z = 12$, $F = 2\,300\,000$ N, $n = 5{,}55$ s^{-1}, $\vartheta_0 = 20\,°C$, Öl: $0{,}315$ Pas bei $50\,°C$. Daraus berechnet: $d_m = 1{,}175$ m, $b = 0{,}309$ m, $l = 0.216$ m, $\bar{p} = 28{,}7 \cdot 10^5$ N/m^2, $u = 20{,}5$ m/s, mit $d_s = 1{,}215$ m und mit $\xi = 0{,}42$ für $\varepsilon = 1{,}25$ wird $x = 0{,}094$ m.

G e s u c h t : Reibungsleistung P_R, kleinste Schmierfilmdicke h_0, Schmierstoffdurchsatz Q_s und Kühlmitteldurchsatz Q_k.

R e c h n u n g s g a n g s. Tafel **A 2.**1: Axiallager dieser Größe benötigen zusätzliche Kühlung. Die Betriebstemperatur wird mit $\vartheta = 60\,°C$ festgelegt, hierfür aus Bild **A 2.**7 $\eta = 2 \cdot 10^{-2}$ Ns/m^2. Mit Faktor $k = 2{,}875$ aus Bild **A 2.**12 wird $\mu = 1{,}951 \cdot 10^{-3}$ und $P_R = 92$ kW. Kleinster Schmierspalt $h_0 = 0{,}0528 \cdot 10^{-3}$ mit $So_{ax} = 0{,}06325$ bei $l/b = 0{,}7$ und $\varepsilon = 1{,}25$. $Q_s = 2{,}81 \cdot 10^{-3}$ m^3/s, $Q_k = 3{,}67 \cdot 10^{-3}$ m^3/s bei $(\vartheta_2 - \vartheta_1) = 15$ K und $Q_w = 4{,}4 \cdot 10^{-3}$ m^3/s.

2.5 Schmiermittel, Schmiereinrichtungen

Schmiermittelarten. M i n e r a l ö l, das wichtigste flüssige Schmiermittel, wird aus Erdöl gewonnen. Viskosität und übrige Eigenschaften lassen sich in weiten Grenzen auf die verschiedenen Verwendungszwecke abstimmen. Neben den für zahlreiche Zwecke genormten Ölen (s. für den allgemeinen Bedarf insbesondere DIN 51 501, Normalschmieröle) werden Spezialöle geliefert, bei denen bestimmte Eigenschaften durch besondere Zusätze hochgezüchtet sind, z. B. die „Einlauföle". Viskosität und Verwendungszwecke s. Tafel **A 2.**5. P l a n z l i c h e u n d t i e r i s c h e Ö l e (Knochenöl, Rizinusöl, Specköl usw.) zeichnen sich durch sehr gute, auch bei höheren Temperaturen wirksame Schmierfähigkeit aus. Im Ver-

---

[1]) H ü b e r, W., und H å l l s t e d t, G.: Berechnung und Anwendung von Spiralrillen-Kalottenlagern. Z. Konstruktion **24** (1972) H. 10, S. 393 bis 397 – H ü b e r, W.: Spiralrillen-Scheibenlager in der Antriebstechnik. Z. Antriebstechnik **13** (1974) Nr. 3/4

gleich zu den Mineralölen haben sie den Nachteil, daß sie an der Luft oxydieren, dadurch altern und unbrauchbar werden. Sie eignen sich nicht für Umlaufschmierung bei der dasselbe Öl der Schmierstelle immer wieder zugeführt wird. Mischungen von Mineralöl und pflanzlichem oder tierischem Öl heißen Verbundöle.

Die Schmierfette sind Aufquellungen von Mineralölen und Seife. Ihre Eigenschaften werden maßgeblich durch die Art der verwendeten Seife bestimmt. Anwendungsbeispiele für Schmierfette: Wälzlager sowie Gelenke bzw. Lager mit geringer Gleitgeschwindigkeit und hoher Flächenbelastung, bei denen nur geringe Schmiermittelmengen erforderlich sind (genormte Schmierfette s. DIN 51 818, 51 825).

Schmierfähigkeit. Ein einfacher Zusammenhang zwischen Schmierfähigkeit und Viskosität besteht nicht. Die Schmierfähigkeit entscheidet über die Eignung eines Schmiermittels im Bereich der Mischreibung und ist gut, wenn das Schmiermittel die Gleitflächen festhaftend benetzt, einen auch bei hohem Druck und hoher örtlicher Temperatur nicht zerstörbaren Schmierfilm bildet und zugleich möglichst geringe innere Reibung besitzt. Diese sich teilweise widersprechenden Eigenschaften können durch ein sie umfassendes, zahlenmäßig einfach auswertbares Prüfverfahren bis jetzt nicht ermittelt werden. Man ist auf praktische Erfahrungen angewiesen, die z. B. besagen, daß pflanzliche und tierische Schmiermittel (Knochenöl, Rizinusöl usw.) eine bessere Schmierfähigkeit haben als Mineralöle.

Viskosität. Über Viskositätsindex und ISO-Viskositätsklassifikation für flüssige Industrie-Schmierstoffe s. DIN ISO 2909 bzw. DIN 51 519 sowie Abschn. 2.1 und Tafel A 2.20; Bild A 2.21; A 2.22; A 2.23.

Fettschmierung. Schmierköpfe (nach DIN 3401 ··· 3405, Bild 2.22 a) werden durch Handschmierpressen bedient. Staufferbuchsen (DIN 3410 ··· 3412. Bild 2.22 b) halten einen begrenzten Fettvorrat an der Schmierstelle bereit, der nach Bedarf durch Drehen des Deckels dem Lager zugeführt wird. Fettbuchsen (2.22 c) sind den Staufferbuchsen ähnlich, das Fett wird aber durch einen unter Federdruck stehenden Kolben ständig unter Druck an die Schmierstelle herangeführt. Fettpressen oder zentrale Fettpumpen werden durch die Maschine selbst angetrieben, sie haben einen größeren Schmiermittelvorrat und arbeiten wartungsfrei. Der Förderstrom ist für die Schmierstellen einzeln einstellbar. Bei der Brikettschmierung ist der Lagerdeckel als Kasten ausgebildet, in den ein Fettbrikett eingelegt wird. Dieses wird durch sein Eigengewicht oder durch Federdruck gegen die Welle gedrückt, die ihren Bedarf abstreift. Kennzeichnende Anwendungsfälle sind: für Schmierköpfe Gelenkbolzen (z. B. beim Kraftfahrzeug); für Staufferbuchsen: Laufrollen; für Fettbuchsen, Fettpressen und Fettpumpen: Maschinenlager, bei denen kontinuierliche Fettzuführung erforderlich ist; für Brikettschmierung: vorwiegend Walzenlager (z. B. in Druckereimaschinen).

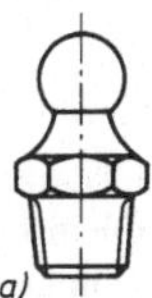
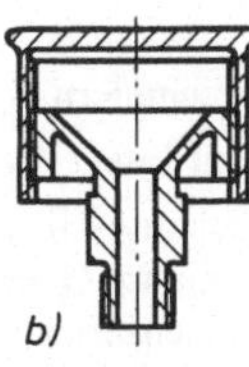

2.22
a) Kugelwulstschmierkopf nach DIN 3403, Schmierdruck > 150 bar
b) Staufferbuchse nach DIN 3411
c) Fettbuchse

Ölschmierung. Die einfachste Form eines Ölers ist eine Bohrung in der Laufbuchse, die mit einem Handöler von Zeit zu Zeit nachgefüllt wird. Der Tropföler (2.23) ist ein Behälter, aus dessen Boden – durch eine konische Nadel regelbar – das Öl ausläuft; er muß bei Stillstand der Maschine abgestellt werden.

Bei der Filzkissenschmierung (2.24) und bei der Dochtschmierung (2.25) wird das Öl durch die Saugwirkung der Faserstoffe dem Vorratsbehälter entnommen und der Schmierstelle zugeführt.

Anwendungsbeispiele für die einfache Ölbohrung: Nähmaschinenlager; für Tropföler und Dochtschmierung: einfache Maschinenlager mit geringem Ölbedarf im Bereich der Mischreibung; für die Filzkissenschmierung: Achslager von Schienenfahrzeugen.

Für größeren Ölbedarf, insbesondere bei Lagern mit Flüssigkeitsreibung, eignen sich außer der Filzkissenschmierung auch noch andere Verfahren: Bei der Ringschmierung z.B. (2.26) und ihrer Abart, der Kettenschmierung, liegt ein loser Ring (bzw. eine Kette) auf der Welle. Der Lagergrundkörper ist als Öl-Vorratsbehälter ausgebildet, der Ring taucht in den Ölvorrat ein. Dreht sich die Welle, dann wird er mitgenommen und fördert Öl auf die Lauffläche der Welle (2.26a). Die Schleuderschmierung benutzt einen auf der Welle

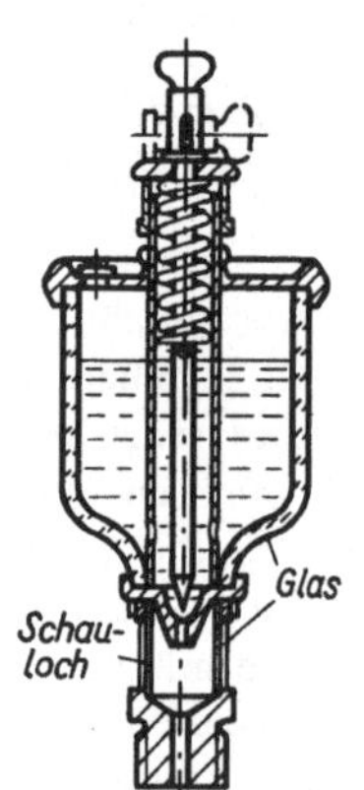

2.23 Tropföler

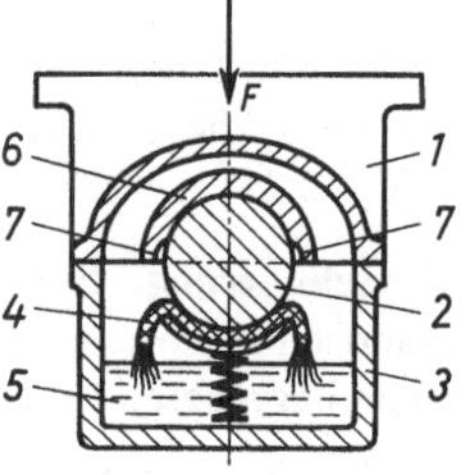

1 Grundkörper
2 Achse bzw. Zapfen
3 Ölvorratsbehälter
4 Filzkissen mit Saugfransen
5 Ölvorrat
6 obere Lagerschale
7 Ölverteilernut

2.24 Filzkissenschmierung für Achslager von Schienenfahrzeugen (schematisch). Diese Lager benötigen keine Unterschalen; das Fahrzeuggewicht F belastet über den Grundkörper 1 den Zapfen der umlaufenden Achse 2

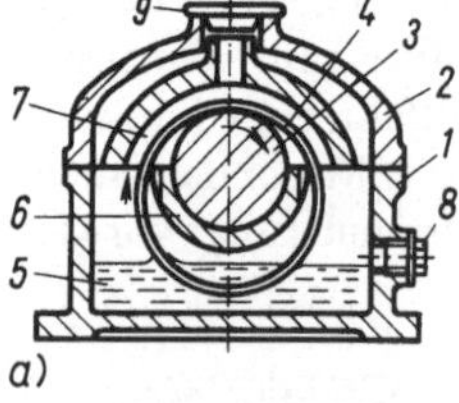

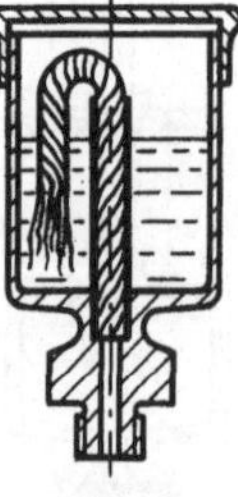

2.25 Docht-
schmierung

2.26 Ringschmierung

a) mit losem Schmierring b) mit festem Schmierring (Schleuderschmierung)

1 Gehäuse-Unterteil
2 Gehäuse-Oberteil
3 Wellenzapfen
4 loser Schmierring
5 Ölvorrat
6 untere Lagerschale
7 obere Lagerschale
8 Ölstand-Kontrollschraube
9 Öleinfüllstutzen
10 Schmierring, konzentrisch auf der Welle befestigt
11 Öl-Verteilerrinnen
12 Bohrungen für die Ölzuführung zur Lauffläche
13 Abstreifleiste

befestigten Ring (**2.26 b**; **2.14**), ein einfaches Schaufelrädchen oder auch eine Kurbelkröpfung, um Öl im Lagergehäuse hochzuschleudern. Der Lagerdeckel ist mit Fangrillen versehen, von denen das Öl der Lauffläche zugeführt wird.

Die intensivste Schmierung wird bei der Öl-Umlaufschmierung (**2.27**) erreicht. Eine Ölpumpe fördert aus dem Vorratsbehälter das Öl über ein Ölfilter durch Leitungen zu den Schmierstellen; von diesen wird es durch die Öl-Rücklaufleitung wieder dem Behälter zugeführt. Die Förderströme können beliebig groß gewählt werden, so daß dieses Verfahren sich auch für Lager mit Ölkühlung eignet. In diesem Fall wird in den Kreislauf ein Ölkühler eingeschaltet. Der Öldruck wird durch ein Überdruckventil eingestellt (je nach Art der Anlage 0,5 bis 5 bar). Entwickelt die Pumpe höhere Drücke, so wird aus der Umlaufschmierung die Druckölschmierung.

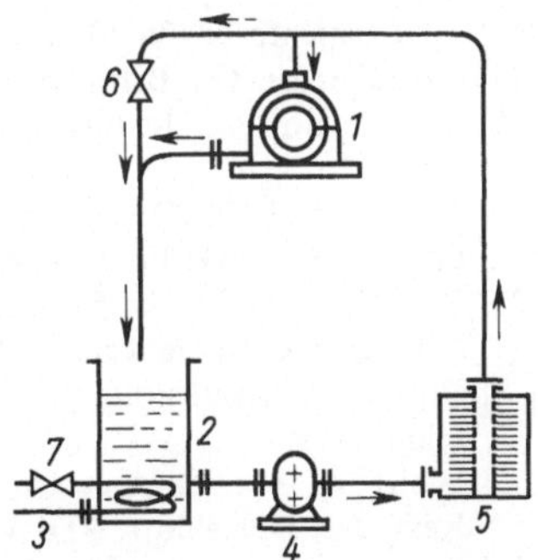

2.27
Öl-Umlaufschmierung

1 Lager   2 Ölbehälter   3 Kühlschlange
4 Kreislaufpumpe   5 Filter
6 Kurzschlußventil zur Regelung des Öldurchlaufs durch das
  Lager (auch als Überdruckventil ausgebildet)
7 Drosselventil in der Kühlwasserleitung zur Regelung der
  Öl-Vorlauftemperatur

Anwendungsbeispiele: Die Ringschmierung wird bei Lagern von Elektromotoren, Pumpen und zahlreichen vergleichbaren Maschinen, auch bei Transmissionslagern angewendet, die Schleuderschmierung z. B. in Motoren (die Kurbelwelle schleudert das Öl nach oben) zur Schmierung der Zylinderwände. Bei hochbeanspruchten Lagern vom Kurbelwellen-Grundlager des Kraftfahrzeugs bis zu den größten Einheiten bei Dampf- und Wasserturbinen wendet man Umlauf- oder Druckölschmierung an.

Schrifttum

[1] B a u e r , K.: Einfluß der endlichen Breite des Gleitlagers auf Tragfähigkeit und Reibung. Z. Forsch. i. Ing.-Wes. **14** (1943) Nr. 2, S. 48 ff.

[2] B o w d e n , F. P. und D. T a b o r : Reibung und Schmierung fester Körper. 2. Aufl. Berlin-Göttingen-Heidelberg 1959

[3] B u t e n s c h ö n , H.-J.: Das hydrodynamische, zylindrische Gleitlager endlicher Breite unter instationärer Belastung; Dissertation TU Karlsruhe 1976

[4] IN-Taschenbuch 20: Mineralöl- und Brennstoffnormen. Berlin-Köln-Frankfurt

[5] F a l z , E.: Grundzüge der Schmiertechnik. 2. Aufl. Berlin 1931

[6] G e r s d o r f e r , O.: Das Gleitlager. Wien, Heidelberg: Industrie und Fachbuchverlag 1954.

[7] G e r s d o r f e r , O.: Werkstoffe für Gleitlager. VDI-Ber. Nr. 141. Düsseldorf: VDI-Verl. 1970

[8] G ü m b e l , L.: Einfluß der Schmierung auf die Konstruktion. In Jahrbuch der Schiffbautechnischen Gesellschaft 18. 1917

[9] G ü m b e l , L., und E v e r l i n g , E.: Reibung und Schmierung im Maschinenbau. Berlin 1925

[10] P e t r o f f , N.: Neue Theorie der Reibung (1883). Ostwalds Klassiker der exakten Wissenschaften Nr. 218. Leipzig: Akademische Verlagsges. 1927.

[11] R a i m o n d i , A. A. und B o y d , J.: A solution for the finite journal bearing and its application to analyses and design; Trans. A.S.L.E. (1958), 1, part 1, Seite 159 bis 174; part 2, Seite 175 bis 194; part 3, Seite 194 bis 209

[12] Reynolds, O.: On the theory of lubrication and its application to Mr. Beauchamp Tower's experiments, including an experimental determination of the viscosity of olive oil; Phil. Trans (1866) 177, Seite 157 bis 234; Ostwalds Klassiker der exakten Wissenschaften Nr. 218, Leipzig 1927

[13] Sassenfeld, H., und Walther, A.: Gleitlagerberechnungen. VDI-Forschungsheft 441. Düsseldorf 1954

[14] Sommerfeld, A.: Zur hydrodynamischen Theorie der Schmiermittelreibung; Zeitschrift für Mathematik und Physik (1904) 40, Seite 97 bis 155

[15] Stribeck, R.: Die wesentlichen Eigenschaften der Gleit- und Rollenlager. Z VDI 46 (1902); VDI-Forschungsheft 7 (1903)

[16] Ten Bosch: Die Berechnung der Maschinenelemente. Berlin, Göttingen, Heidelberg: Springer 1952

[17] VDI-Berichte Bd. 36. Gestaltung von Lagerungen mit Gleit- und Wälzlagern. Düsseldorf 1959

[18] Vogelpohl, G.: Betriebssichere Gleitlager. Bd. 1, 2. Aufl. Berlin-Heidelberg-New York 1969

[19] Vogelpohl, G.: Beiträge zur Gleitlagerberechnung; VDI-Forschungsheft Nr. 386, Düsseldorf 1954

[20] Vogelpohl, G.: Der Übergang der Reibungswärme von Lagern aus der Schmierschicht in die Gleitflächen. VDI-Forschungsheft 425. Düsseldorf: VDI-Verl. 1949

[21] Vogelpohl, G.: Die Stribeck-Kurve als Kennzeichen des allgemeinen Reibungsverhaltens geschmierter Gleitflächen. Z. VDI 96 (1954) S. 261/68

[22] Weber, R.: Werkstoffe für Gleitlager. In Werkstoff-Handbuch Nichteisenmetalle. 2. Aufl. Düsseldorf 1960

[23] Wintergerst, S.: Kunststoffe als Werkstoffe für den Maschinenbau. VDI-Fortschritt-Ber. Reihe 5/1. Düsseldorf: VDI-Verl. 1964

[24] Wissussek, D.: Der Einfluß reversibler und irreversibler Viskositätsänderungen auf das Verhalten hydrodynamischer stationär belasteter Gleitlager; Dissertaton TU Hannover 1975

3 Wälzlager *

DIN-Blatt Nr.	Ausgabe	Titel / Datum
615	4.59	(Radial-)Schulterkugellager
616	2.73	Wälzlager; Maßpläne für äußere Abmessungen
617	6.73	Wälzlager; Nadellager mit Käfig, Maßreihen 48 und 49
620 T 1	6.82	Wälzlager; Meßverfahren für Maß- und Lauftoleranzen
620 T 2	6.82	Wälzlager; Toleranzen für Radiallager
620 T 3	6.82	Wälzlager; Toleranzen für Axiallager
620 T 4	9.83	Wälzlager; Radiale Lagerluft
620 T 6	6.82	Wälzlager; Metrische Lagerreihen; Grenzmaße für Kantenabstände
622 T 1	2.79	Tragfähigkeit von Wälzlagern; Begriffe, Tragzahlen, Berechnung der äquivalenten Belastung und Lebensdauer
623 T 1	3.84	Bezeichnung für Wälzlager; Allgemeines Lagerreihenzeichen für Kugellager, Zylinderrollen und Pendelrollenlager
E 625 T 1	10.81	Wälzlager; Rillenkugellager, einreihig
625 T 2	11.73	(Radial-)Rillenkugellager, einreihig, ohne Füllnuten, mit kegeliger Bohrung, Ringnut, Deck- und Dichtscheiben
625 T 3	9.59	(Radial-)Rillenkugellager, zweireihig, mit Füllnuten
628 T 1	3.73	(Radial-)Schrägkugellager, einreihig, und zweireihig
628 T 2	9.59	(Radial-)Schrägkugellager, nicht selbsthaltend, einreihig
630 T 1	5.60	(Radial-)Pendelkugellager, zylindrische und kegelige Bohrung
630 T 2	10.60	(Radial-)Pendelkugellager, breiter Innenring; Innenring mit Klemmhülse
E 635 T 1	5.85	Wälzlager; Pendelrollenlager; Tonnenlager, einreihig
635 T 2	11.84	Wälzlager; Pendelrollenlager, zweireihig
E 711 T 1	5.85	Wälzlager; Axial-Rillenkugellager, einseitig wirkend
711 T 3	9.59	Axial-Rillenkugellager, einseitig wirkend, mit Kappe, vollkugelig (ohne Käfig)
E 715	5.85	Wälzlager; Axial-Rillenkugellager, zweiseitig wirkend
720	2.79	Wälzlager: Kegelrollenlager
720 Bbl 1	2.79	Wälzlager; Kegelrollenlager, Gegenüberstellung von DIN- und ISO-Kurzzeichen
E 722	5.85	Wälzlager; Axial-Zylinderrollenlager, einseitig wirkend
728 T 1	3.63	Axial-Pendelrollenlager, einseitig wirkend, mit unsymmetrischen Rollen
5412 T 1	6.82	Wälzlager; Zylinderrollenlager, einreihig, mit Käfig, Winkelringe

* Hierzu Arbeitsblatt 3, s. Beilage S. A 30 bis A 47.

DIN-Blatt Nr.	Ausgabe	Titel Datum
5412 T 4	6.82	Wälzlager; Zylinderrollenlager, zweireihig mit Käfig
5412 T 9	6.82	Wälzlager; Zylinderrollenlager, zweireihig, vollrollig, nicht zerlegbar; Maßreihen 48 und 49
5418	3.81	Einbaumaße für Wälzlager
5425 T 1	11.84	Wälzlager; Toleranzen für den Einbau; Allgemeine Richtlinien
ISO 76	2.79	Wälzlager; Statische Tragzahlen
ISO 281	2.79	Wälzlager; Dynamische Tragzahlen und nominelle Lebensdauer
ISO 355	6.78	Wälzlager; Metrische Kegelrollenlager, Maße und Reihenbezeichnungen

3.1 Aufbau und Eigenschaften

Wälzlager ermöglichen die Bewegung zwischen einem stillstehenden und einem umlaufenden Maschinenteil durch Abwälzen auf Wälzkörpern. Nach der Art der Wälzkörper unterscheidet man Kugellager, Zylinderrollenlager, Nadellager, Kegelrollenlager und Tonnenlager. Zu einem Wälzlager gehören die Wälzkörper, ein Außen- und ein Innenring, in der Regel ein Käfig zur Führung der Wälzkörper in Umfangsrichtung und in besonderen Fällen Elemente zur Lagensicherung (Federringe), zur Befestigung (Spannhülsen) oder zur Erleichterung des Ausbaus (Abziehhülsen). Bei Axiallagern heißen die Ringe, zwischen denen die Wälzkörper laufen, entsprechend ihrer Form Scheiben.

Wälzlager werden in Massenfertigung mit sehr großer Genauigkeit hergestellt. Herstellgenauigkeit und Einbaumaße sind international genormt. Hierdurch ist die Austauschbarkeit in sehr weiten Grenzen gewährleistet. Die große Herstellungsgenauigkeit erlaubt ihre bevorzugte Verwendung bei höchsten Anforderungen an die Laufgenauigkeit. Andererseits sind sie empfindlich gegen unsachgemäße Behandlung (besonders gegen unsachgemäßen Ein- und Ausbau und Verschmutzung), gegen höhere Temperaturen und Temperaturunterschiede zwischen Gehäuse und Welle. Diese Einflüsse sind durch zweckmäßige Gestaltung der Lagerstelle und Auswahl eines passenden Wälzlagers zu mildern. Die Reibungsverluste sind wesentlich geringer als die der Gleitlager, erhöhte Anlaufreibung tritt nicht auf (s. Abschn. 2 und 3.2.5). Wälzlager sind einbaufertige Maschinenteile; die Werkstoffe von Welle und Gehäuse können ohne Rücksicht auf die Lagerung ausgewählt werden.

3.2 Kraftwirkungen im Wälzlager

3.2.1 Kräfte zwischen Laufbahn und Wälzkörper

Bei unbelastetem Lager erfolgt die Berührung zwischen einer Kugel bzw. Tonne und den Laufbahnen in einem Punkt, zwischen der Zylinderrolle bzw. einem Kegel und den Laufbahnen in einer Linie, der Mantellinie des Wälzkörpers. Beim belasteten Lager bilden sich entsprechend geformte Berührungsflächen, die mit zunehmender Last größer werden (3.1). Die Werkstoffanstrengung wird um so günstiger, je größer die Berührungsfläche bei einer bestimmten Belastung ist; je geringer die spezifische Werkstoffanstrengung, um so größer die Last, die an der Berührungsstelle ohne Schaden für das Lager übertragen werden kann.

Je besser sich die Laufbahnfläche der Oberfläche des Wälzkörpers im unbelasteten Zustand anschmiegt, um so größer ist die Belastbarkeit. Hieraus erklärt es sich, daß Zylinderrollenlager höher belastet werden dürfen als vergleichbare Kugellager. Aus Bild **3.**1 e erkennt man die ungünstige Auswirkung eines Verkantens der Zylinderrolle.

a) Kugel gegen Kugel

b) Kugel gegen Zylinder

c) Kugel gegen Rillennut

d) Zylinderrolle gegen Zylinder

e) verkantete Zylinderrolle gegen Zylinder

f) Zylinderrolle mit verjüngten Enden gegen Zylinder

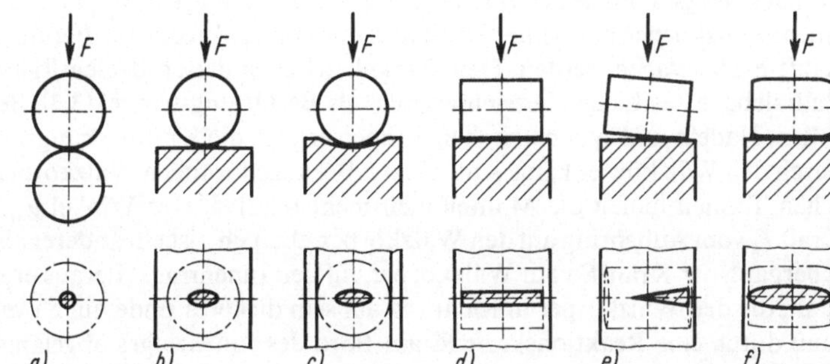

3.1 Berührungsflächen verschiedener Wälzkörperformen bei Belastung durch die Kraft F (schematisch)

3.2.2 Verteilung des radialen Lastüberganges

Wird ein spielfrei eingebautes Lager durch eine Vertikalkraft F_r belastet (**3.**2), so platten sich die Wälzkörper und Laufbahnringe an den Kraftübergangsstellen (elastisch) ab. Der Innenring senkt sich, die Wälzkörper in der oberen Hälfte des Lagers bekommen Spiel, sie nehmen an der Kraftübertragung nicht teil. Bei einem Lager, das bereits im unbelasteten Zustand Spiel hatte, werden die seitlichen Wälzkörper weniger an der Kraftübertragung beteiligt: Die Beanspruchung der unten liegenden Wälzkörper wird größer als beim spielfrei eingebauten Lager.

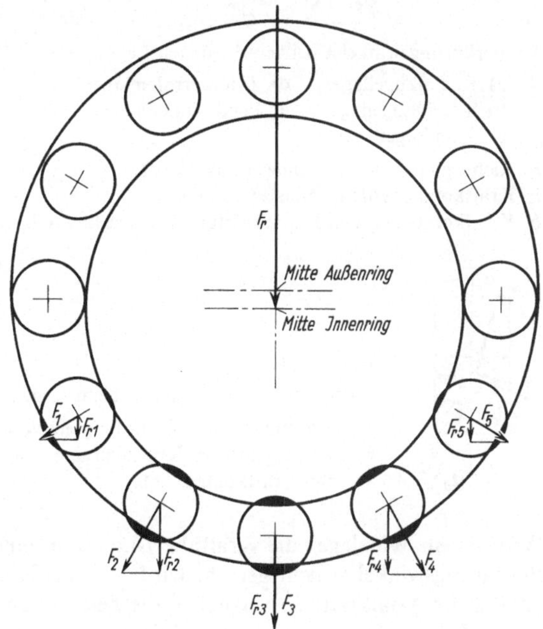

3.2 Verteilung der äußeren Vertikalkraft F_r auf die Rollkörper bei spielfrei eingebautem Lager (schematisch)

$$F_r = \Sigma(F_{r1} \cdots F_{r5})$$

Da jeder Wälzkörper periodisch die Stelle der höchsten Beanspruchung durchläuft, ist das mit Spiel eingebaute Lager ungünstiger beansprucht als das spielfrei eingebaute. In bestimmten Fällen läßt sich die Tragfähigkeit durch Herstellung mit leichter Vorspannung steigern (über die Lastverteilung s. auch Teil 1, Bild **1.1**).

3.2.3 Berührungswinkel

Vernachlässigt man die bei Wälzlagern geringe Reibung (s. Abschn. 3.2.5), so kann zwischen einem Wälzkörper und seiner Laufbahn nur eine senkrecht zur Berührungsfläche wirkende Kraft F übertragen werden. Den Winkel zwischen dieser idealen Richtung von F und der Radialebene des Lagers bezeichnet man als Berührungswinkel (**3.3**). Bei Kugeln, Zylinderrollen, Nadeln und symmetrischen Tonnen erfährt die Kraftwirkungslinie beim Durchgang durch den Wälzkörper keine Ablenkung. Bei kegelförmigen Wälzkörpern und unsymmetrischen Tonnen laufen die Mantellinien nicht parallel. Der Winkel α_a (**3.4**), unter dem die Kraft F_a vom Außenring auf den Wälzkörper übergeht, ist ein anderer als der Winkel α_i beim Übergang der Kraft F_i vom Wälzkörper auf den Innenring. Hieraus ergibt sich eine Schubkraft, die den Wälzkörper in Richtung auf sein dickeres Ende hin zu verschieben sucht. Sie muß durch eine Reaktionskraft R' am Bord des Innenringes abgefangen werden.

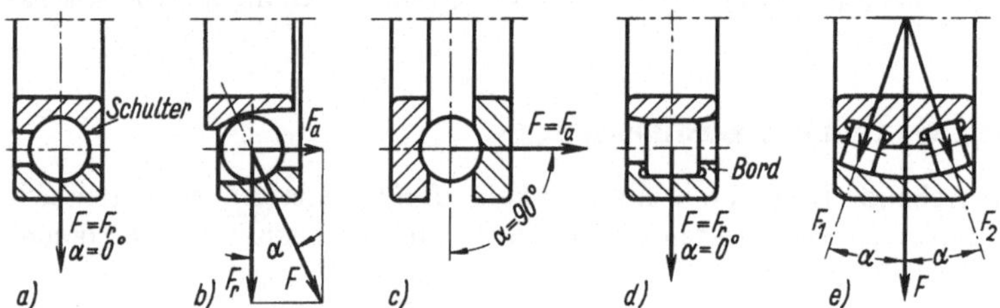

3.3 Berührungswinkel α bei verschiedenen Lagerarten

   a) Radialkugellager   d) Zylinderrollenlager
   b) Schrägkugellager   e) Pendelrollenlager
   c) Axialkugellager

F Richtung der (resultierenden) Lagerkraft
F_a Kraftkomponente in Achsrichtung
F_r Kraftkomponente in Radialrichtung (senkrecht zur Lagerachse)

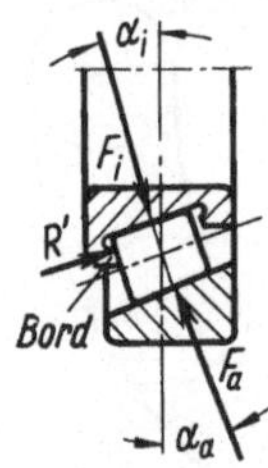

3.4
Berührungswinkel α_a und α_i beim Kegelrollenlager

F_a Richtung für den Kraftübergang vom Außenring auf den Wälzkörper
F_i Richtung für den Kraftübergang vom Innenring auf den Wälzkörper
R' Schubkraftkomponente

Wird einem Wälzlager die Kraftübertragung in einer Richtung aufgezwungen, die dem Berührungswinkel α nicht gerecht wird (z. B. bei Belastung eines Radiallagers durch eine zusätzliche Axialkraft), so versuchen die beiden Lagerringe, sich in Richtung der Zusatzkomponente gegeneinander zu verschieben. Beim Zylinderrollenlager kann diese Verschiebung durch Borde abgefangen werden. Zwischen den Wälzkörpern und den Borden entsteht dann aber Reibung, die nicht nur Verluste bedingt, sondern auch die Wälzkörper verkanten kann. Axiale Kräfte sollen deshalb von Zylinderrollenlagern ferngehalten werden.

Bei R a d i a l k u g e l l a g e r n bewirkt die Relativverschiebung zwischen Innen- und Außenring (sofern Lagerspiel vorhanden ist, das diese Verschiebung erlaubt) eine Verlagerung des Kraftangriffspunktes und damit eine Änderung des Berührungswinkels (**3.5**). Das Lager ist dadurch in der Lage, zusätzlich

Axialkräfte aufzunehmen. Ähnlich verhalten sich S c h r ä g k u g e l l a g e r. Eine aus Radial- und Axialkomponente zusammengesetzte Kraft kann aber immer nur dann einwandfrei übertragen werden, wenn Berührungswinkel und Richtung der resultierenden Lagerkraft übereinstimmen. Andernfalls treten Zusatzbeanspruchungen in den Ringen und Wälzkörpern auf, welche die Tragfähigkeit des Lagers herabsetzen. Die Verringerung der Tragfähigkeit wird durch Erfahrungskoeffizienten berücksichtigt (s. Abschn. 3.2.6.1).

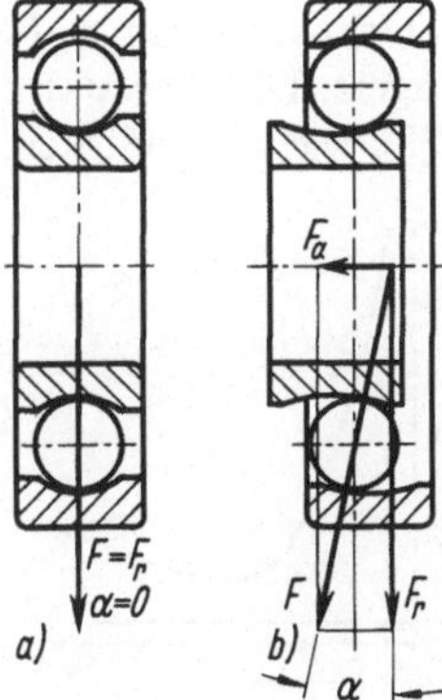

3.5
Berührungswinkel α bei einem Radialkugellager mit Spiel
a) radial belastet, $\alpha = 0$
b) Winkel α bei zusätzlicher Axialkraft F_a

3.2.4 Schwenkwinkel

Biegt sich eine Welle durch oder fluchten hintereinanderliegende Lagerstellen nicht, dann entsteht zwischen den Mittellinien von Welle und Lagergehäuse ein geringer Schwenkwinkel, und die Radialebenen von Innen- und Außenring liegen nicht mehr genau parallel. Die meisten Wälzlagerarten arbeiten aber dann nicht mehr einwandfrei, bereits geringe Abweichungen führen zu einer schnellen Zerstörung des Lagers. Lediglich Pendellager machen hier eine Ausnahme. Muß mit einer Schwenkbewegung der Welle gerechnet werden, z. B. infolge der Durchbiegung langer, dünner Wellen, dann ist eine geeignete Lagerbauart nach Abschn. 3.3.4 und Tafel **3.4** zu wählen.

3.2.5 Reibung

Die Reibung in Wälzlagern setzt sich aus Rollreibung und Gleitreibung zusammen. Im Vergleich zu Gleitlagern (s. Abschn. 2.2) sind in Wälzlagern die Reibungsverluste gering. Sie beruhen hauptsächlich auf Gleitreibungsverlusten. Gleitreibung herrscht bei käfiglosen Lagern zwischen zwei benachbarten Wälzkörpern, bei Käfiglagern zwischen den Wälzkörpern und den Käfigen, außerdem zwischen Käfig und Innenring, wenn der Käfig auf dem Innenring geführt ist, bei Bordlagern zwischen den Walzkörpern und den Borden, bei Schulterlagern dann, wenn die Schultern eine zusätzlich Axiallast aufnehmen müssen. Reibungsverlust ergibt sich auch durch zu reichliche Schmierung (s. Abschn. 3.3.5.6). Unterschreitet das Spiel eines Wälzlagers infolge zu strammer Passung oder zu großer Schwenkbewegung der Welle den zulässigen Mindestwert, dann klemmt es, die Voraussetzungen für rein elastische Verformung beim Abrollen der Wälzkörper sind dann nicht mehr gegeben. Sobald plastische Verformung einsetzt, erwärmt sich das Lager oft unzulässig, was schließlich zur Zerstörung führt. Erwärmung durch Überschmierung und Verklemmen werden durch unsachgemäße Behandlung verursacht. Die in Tafel **A 3.**19 aufgeführten Reibungszahlen gelten selbstverständlich für einwandfrei eingebaute und behandelte Lager.

Anlaufreibung tritt bei Wälzlagern nicht so ausgeprägt wie bei Gleitlagern auf[1]). Die Wälzlagerverluste sind weitgehend unabhängig von der Umfangsgeschwindigkeit (3.6). Für praktische Berechnungen können durch Versuche ermittelte durchschnittliche Reibungszahlen verwendet werden (Tafel **A 3.**19). Das Reibungsmoment wird nach der Gleichung

$$T_R = \mu\, F_r\, d/2 \tag{3.1}$$

berechnet. Hierin sind F_r die radiale Lagerbelastung, und d der Bohrungsdurchmesser des Lagers. Die Verlustleistung ergibt sich dann als Produkt aus Reibungsmoment und Winkelgeschwindigkeit

$$P_V = T_R\, \omega \tag{3.2}$$

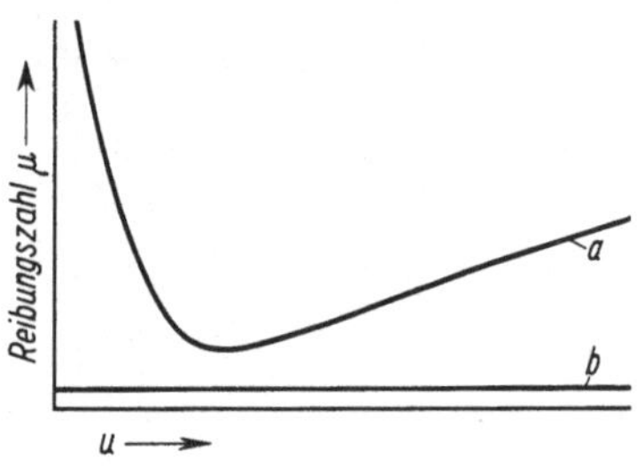

3.6
Reibungszahl bei Gleit- und Wälzlagern in Abhängigkeit von der Umfangsgeschwindigkeit u (schematisch)

a Gleitlager b Wälzlager

3.2.6 Gebrauchsdauer des Wälzlagers

In einer ausgereiften Konstruktion soll die Funktionsfähigkeit aller Einzelteile auf eine für den Verwendungszweck als wirtschaftlich erkannte Benutzungsdauer begrenzt sein. Je nach der Art der Konstruktion wird die Benutzungsdauer z. B. durch Abrostung (Korrosion), durch Verschleiß oder durch Dauerbruchgefahr (Zeitfestigkeit) beeinflußt.

Bei bestimmten Bauteilen, z. B. bei Kraftfahrzeugreifen oder Bremsbelägen, begrenzt man deren Funktionsfähigkeit zweckmäßigerweise auf einen Bruchteil der Benutzungsdauer der Gesamtkonstruktion; dann ist aber auf einfache Auswechselbarkeit zu achten. Ein Wälzlager nimmt im Vergleich zur Gesamtkonstruktion meist nur geringen Raum ein, sein Gewicht ist häufig unbedeutend. Manchmal aber bestimmen seine Abmessungen Maß und Gewicht der Gesamtkonstruktion. Aus diesem Grunde wählt man es dann so klein wie möglich. Man muß daher seine Gebrauchsdauer so genau wie möglich vorausbestimmen können. Wenn ein Auswechseln leicht möglich ist, kann es zweckmäßig sein, die Gebrauchsdauer des Lagers als Bruchteil derjenigen der Gesamtkonstruktion zu wählen. In Fällen, in denen der Ausfall des Lagers bzw. das Auswechseln erhebliche Betriebsstörungen verursacht, wird es jedoch überdimensioniert; man wählt dann seine Gebrauchsdauer größer als diejenige der Maschine und setzt dadurch die Wahrscheinlichkeit eines vorzeitigen Ausfalls herab. Voraussetzung für diese Konstruktionsregeln ist aber die Möglichkeit, die Dauer der Funktionsfähigkeit des Lagers mit ausreichender Sicherheit vorauszubestimmen. Die Gebrauchsdauer von Wälzlagern hängt, von vermeidbaren Einbau- und

---

[1]) Münnich, H.: Einflüsse auf den Schmierungszustand von Wälzlagern. VDI-Berichte Nr. 141 (1970) S. 67 bis 74.

Wartungsfehlern abgesehen, von den im Betrieb auftretenden Kräfte oder vom unvermeidlichen Verschleiß ab; die Kräfte führen bei umlaufenden Lagern zu Ermüdungsbrüchen, bei stillstehenden Lagern oder solchen mit langsamer Umlauf- oder Pendelbewegung zu plastischen Verformungen der Laufflächen an Wälzkörpern oder Ringen bzw. Scheiben. Verschleiß, auch in Verbindung mit Korrosion, führt zu einer Vergrößerung des Lagerspiels und dadurch zur Minderung der Führungsgenauigkeit und der Tragfähigkeit.

Die herkömmlichen Berechnungsverfahren (DIN 622 in Übereinstimmung mit DIN ISO 76 und DIN ISO 281 T1) ermitteln:

1. Die dynamische Tragfähigkeit, d.i. die Belastung, unter der das Lager bis zu den ersten Anzeichen eines Ermüdungsbruchs eine bestimmte Anzahl von Umläufen (Lebensdauer) erreicht. (Werte s. Tafel A3.12).

2. Die statische Tragfähigkeit, d.i. die Belastung bei Stillstand oder geringfügiger Bewegung, bei der die plastische Verformung der Wälzkörper oder Wälzbahnen einen als zulässig betrachteten Grenzwert erreicht (Werte s. Tafel A3.11).

Eine Berücksichtigung der unvermeidbaren Verschleißvorgänge wurde von Eschmann[1]) vorgeschlagen.

Ein mathematisches Modell zur Voraussage der Ermüdungslebensdauer von Wälzlagern, das Unterschiede im Werkstoff durch einen Dauerfestigkeitswert, Unterschiede in der Spannungsverteilung unter der Oberfläche und den Einfluß der Reibung im Wälzkontakt berücksichtigt s.[2]).

3.2.6.1 Dynamische Tragfähigkeit

Nach DIN 622 T1 ist die Lebensdauer eines einzelnen Lagers die Anzahl der Umdrehungen (oder daraus ermittelt: die Anzahl der Betriebsstunden bei unveränderter Drehfrequenz), die das Lager läuft, bis sich die ersten Anzeichen einer Werkstoffermüdung zeigen. Die nominelle Lebensdauer ist die Lebensdauer, die 90% einer genügend großen Menge offensichtlich gleicher Lager erreichen; in dieser Begriffsbestimmung sind die Streuungen berücksichtigt, die sich trotz der hohen Genauigkeit der Lager durch Werkstoffeigenschaften und Herstellfehler unvermeidbar ergeben.

Die dynamische Tragzahl C ist die Belastung unveränderlicher Größe und Richtung, bei der eine nominelle Lebensdauer L_0 von einer Million Umdrehungen (Bezugslebensdauer) erreicht wird. Die Belastungsrichtung, für welche die Tragzahl C gilt, ist bei Radiallagern radial (Richtung von F in Bild 3.3a); bei Schrägkugellagern und Kegelrollenlagern ist sie die Komponente der Belastungsrichtung, die eine radiale Verschiebung des Innenrings gegen den Außenring hervorruft (F_r in Bild 3.3b); bei Axiallagern fällt die Wirkungslinie der Belastung mit der Lagerachse zusammen ($F = F_a$ in Bild 3.3c). Die dynamische Tragzahl C ist für jedes Wälzlager durch Großzahlversuche bekannt und wird in den Listen der Wälzlagerhersteller angegeben; eine Auswahl für die gebräuchlichsten Lager enthält Tafel A3.12.

Die dynamische Tragzahl C kann man auch rechnerisch aus der Anzahl der Wälzkörper und deren Abmessungen, dem Berührungswinkel α, den Abmessungen der Ringe bzw. Scheiben und der Härte des

---

[1]) Eschmann, P.: Betrachtungen zur Gebrauchsdauer von Wälzlagern. Z. Konstruktion **12** (1960) H.8, S. 322.

[2]) Ioannides, E. und Harris, T.A.: Ein neues Modell für die Ermüdungslebensdauer von Wälzlagern. SKF Kugellager-Zeitschrift 224 (1985).

Werkstoffs berechnen (DIN ISO 281 T 1). Die Berechnungsgleichungen gehen, ähnlich wie die Gleichungen zur Berechnung der Flankenbeanspruchung von Zahnrädern (s. Teil 2, Abschnitte über Tragfähigkeitsberechnung), auf die Spannungsverteilung bei punkt- oder linienförmiger Berührung gewölbter Flächen zurück. Dem Konstrukteur sind aber in der Regel die erforderlichen Maßangaben unbekannt, da die Normblätter nur die Einbaumaße festlegen.

Lebensdauergleichung. Soll ein Lager eine größere Lebensdauer als $L_0 = 10^6$ Umdrehungen erreichen, dann muß die wirkliche Belastung F kleiner sein als die Tragzahl C. Soll das Lager die wirkliche Belastung $F > C$ aufnehmen, dann wird die Bezugslebensdauer L_0 von 10^6 Umdrehungen nicht erreicht. Der Zusammenhang zwischen den Bezugswerten C und L_0 einerseits und der wirklichen Belastung F und der wirklichen Lebensdauer L_u andererseits folgt aus der Zahlenwertgleichung

$$\frac{L_u}{L_0} = \left(\frac{C}{F}\right)^p \tag{3.3}$$

Der Exponent p ist für die verschiedenen Lagerarten durch Versuche ermittelt, er kann für Kugellager $p = 3$, für Rollenlager $p = 10/3$ gesetzt werden.

Dividiert man in Gl. (3.3) auf der linken Seite Zähler und Nenner durch 10^6, dann erhält man mit $L = L_u/10^6$ die wirkliche Lebensdauer aus der Zahlenwertgleichung, der sog. Lebensdauergleichung

$$L = (C/F)^p \quad \text{in } 10^6 \text{ Umdrehungen} \tag{3.4}$$

mit C und F in N.

Sie wird in der vorstehenden Form verwendet, wenn für ein bestimmtes Lager mit der Tragzahl C und für eine bestimmte Lagerbelastung F die Lebensdauer L in 10^6 Umdrehungen zu ermitteln ist.

Die Form $F = C\sqrt[p]{1/L}$ verwendet man zur Berechnung der wirklichen Belastung F, wenn für ein bestimmtes Lager mit der Tragzahl C die Lebensdauer L vorgeschrieben ist, die Form $C = F\sqrt[p]{L}$ dann, wenn für eine bestimmte wirkliche Belastung F und eine Lebensdauer L ein Lager ausgewählt werden soll, das die erforderliche Tragzahl C besitzt.

Lebensdauerfaktor und Drehfrequenzfaktor. Die Lebensdauer von Maschinen wird meist in Betriebsstunden L_h (A 3.13), die Drehfrequenz n in Umdrehungen pro Minute (min^{-1}) angegeben. Um die in diesen Einheiten bekannten Zahlenwerte zur Anwendung von Gl. (3.4) nicht in jedem Einzelfall auf die Lebensdauer L in 10^6 Umdrehungen umrechnen zu müssen, können die Ausdrücke für L_u und L_0 aus Gl. (3.3) wie folgt zerlegt werden (Zahlenwertgleichungen):

allgemein Lebendauer in Umdr. = Betriebsstunden in h × 60 × Drehfrequenz in min^{-1}
demnach L_u in Umdr. = L_h in h × 60 × n in min^{-1}
und L_0 in Umdr. = L_{500} in h × 60 × n_0 in min^{-1}

Es ist $L_0 = 10^6$ Umdrehungen; wählt man für die nominelle Betriebsstundenzahl den konventionellen Wert $L_{500} = 500$ Betriebsstunden, dann ergibt sich für die nominelle Drehfrequenz $n_0 = 33\frac{1}{3}$ min^{-1}; Gl. (3.3) erhält damit die Form der folgenden Zahlenwertgleichung

$$\frac{L_u}{L_0} = \frac{L_h \cdot 60 \cdot n}{500 \cdot 60 \cdot 33\frac{1}{3}} = \left(\frac{C}{F}\right)^p \qquad \frac{C}{F} = \sqrt[p]{\frac{L_h}{500} \cdot \frac{n}{33\frac{1}{3}}} \tag{3.5} \quad (3.6)$$

Setzt man nun $\sqrt[p]{\dfrac{L_h}{500}} = f_L$ und $\sqrt[p]{\dfrac{33\frac{1}{3}}{n}} = f_n$, dann kann man schreiben

$$C/F = f_L/f_n \tag{3.7}$$

Hierin sind f_L der **Lebensdauerfaktor**, und f_n der **Drehfrequenzfaktor**. Beide sind einheitenfrei und können in Abhängigkeit von der Betriebsstundenzahl L_h bzw. der Drehfrequenz n aus Leitern (**A 3.2**) abgelesen werden. Je nach der Aufgabenstellung wird Gl. (3.7) sinngemäß, wie für Gl. (3.4) angegeben, nach C, F oder f_L aufgelöst.

Einfluß des Werkstoffs. Die in Normblättern und Herstellerlisten angegebenen Werte für die Tragzahl C gelten für Lager aus dem allgemein üblichen Wälzlagerwerkstoff (s. Abschn. 3.3.6). Muß für besondere Betriebsbedingungen ein Wälzlager aus rostfreiem Stahl oder einem anderen von der Norm abweichenden Werkstoff verwendet werden, so sind die Tragzahlen für diese Lager von den Herstellern zu erfragen.

Einfluß der Betriebstemperatur. Bei Temperaturen über etwa 100 °C nimmt die Härte des Wälzlagerstahls und damit die Tragfähigkeit des Lagers in nicht mehr zu vernachlässigendem Maße ab. Wälzlager sollen wegen der Anlaßwirkung auch nicht vorübergehend Temperaturen über 100 °C ausgesetzt werden. Treten Betriebstemperaturen über 100 °C auf, dann ist die Verringerung der Tragfähigkeit durch den Temperaturfaktor f_ϑ in der Lebensdauergleichung (3.7) zu berücksichtigen (**A 3.2**). Diese lautet dann

$$\frac{C}{F} = \frac{f_L}{f_n f_\vartheta} \tag{3.8}$$

Lager für höhere Betriebstemperaturen als 100 °C werden vom Hersteller einer besonderen Wärmebehandlung unterzogen. Dies wird in der Normbezeichnung für diese Lager durch ein Nachsetzzeichen berücksichtigt, s. Abschn. 3.3.3 und Tafel **3.3**.

Äquivalente Belastung. Die Lebensdauergleichung (3.4) setzt voraus, daß für F die gleichen Bedingungen gelten wie für die Tragzahl C: Die Richtung von F muß mit der Richtung von C übereinstimmen, der Außenring des Lagers muß **relativ zur Belastung** stillstehen, der Innenring muß **relativ zur Belastung** umlaufen, die Belastung F muß bei jeder Umdrehung in der gleichen Höhe wirken. Jede Abweichung von diesen Voraussetzungen beeinflußt die Lebensdauer. Vor Anwendung der Gl. (3.4) bzw. (3.7) bestimmt man deshalb aus den gegebenen Verhältnissen die **äquivalente Belastung** P, die auf das Lager die gleiche Wirkung hat wie die Belastung F. In die Gl. (3.3) bis (3.8) setzt man dann P statt F ein. Ob und wie weit eine **Abweichung zwischen der Richtung der wirklichen Belastung und der Richtung von C** zulässig ist, bestimmt die Lagerbauart (s. Abschn. 3.3.4). Gegebenenfalls zerlegt man die wirkliche Belastung in eine Radialkomponente F_r und eine Axialkomponente F_a und ermittelt die **äquivalente Belastung** P für Radiallager bzw. P_a für Axiallager nach der Gleichung

$$P \quad \text{bzw.} \quad P_a = X F_r + Y F_a \tag{3.9}$$

Hierin ist X der Radialfaktor und Y der Axialfaktor. Die Zahlenwerte für diese Faktoren sind den Tafeln **A 3.4, A 3.5, A 3.6** zu entnehmen. Die Angaben $X = 0$ oder $Y = 0$ bedeuten, daß in der entsprechenden Richtung die Kraftkomponente nicht berücksichtigt wird.

Besondere Belastungsarten

Bei periodischen **Änderungen der Höhe der Belastung** zwischen einem Höchstwert F_{max} und einem Kleinstwert F_{min} in radialer oder in axialer Richtung errechnet man die **äquivalente Belastung** aus

$$P = \frac{F_{min} + 2 F_{max}}{3} \tag{3.10}$$

Beispiele: Dieser Fall tritt z. B. bei Kurbelwellen von Kraftmaschinen oder beim Antrieb von Hobelmaschinen auf.

Ist das Lager verschiedenen, aber während ihrer Wirkungsdauer konstanten Belastungen ausgesetzt, dann ergibt sich die äquivalente Belastung

$$P = \sqrt[p]{F_1^p \, \frac{n_1}{33\,\frac{1}{3}} \, \frac{q_1}{100} + F_2^p \, \frac{n_2}{33\,\frac{1}{3}} \, \frac{q_2}{100} + \cdots F_i^p \, \frac{n_i}{33\,\frac{1}{3}} \, \frac{q_i}{100}} \quad \text{in N} \tag{3.11}$$

F_1 bis F_i konstante wirkliche Belastungen bei den einzelnen Betriebszuständen in N
n_1 bis n_i zugehörige konstante Drehfrequenzen in min^{-1}
q_1 bis q_i Anteile der Wirkungsdauer der Betriebszustände an der Gesamtlebensdauer in %
Da P in Gl. (3.11) bereits auf die Bezugsdrehfrequenz $33\,\frac{1}{3}\ \text{min}^{-1}$ bezogen ist, ist in der Lebensdauergleichung $f_n = 1$ zu setzen. Diese erhält dann die Form der folgenden Zahlenwertgleichung

$$C = \frac{f_L}{1} \sqrt[p]{F_1^p \, \frac{n_1}{33\,\frac{1}{3}} \, \frac{q_1}{100} + F_2^p \, \frac{n_2}{33\,\frac{1}{3}} \, \frac{q_2}{100} + \cdots F_i^p \, \frac{n_i}{33\,\frac{1}{3}} \, \frac{q_i}{100}} \quad \text{in N} \tag{3.12}$$

mit denselben Einheiten wie bei Gl. (3.11) angegeben.

Erforderlichenfalls sind die Einzelbelastungen $F_1 \cdots F_i$ aus den Komponenten F_r und F_a nach Gl. (3.9) zusammenzusetzen.

Beispiele für die vorstehende Belastungsart sind Wechselgetriebe von Werkzeugmaschinen oder Lager in Schaltgetrieben von Kraftfahrzeugen.

Überlagern sich einer konstanten Belastung F_c zusätzliche Kräfte, auch Stöße, die ihrer Höhe nach bekannt sind oder abgeschätzt werden können, dann ist die äquivalente Belastung

$$P = f_z F_c \tag{3.13}$$

Der Zuschlagfaktor f_z ist ein Erfahrungswert, der für häufiger vorkommende Fälle Tafel **A 3.3** entnommen werden kann (vergl. Betriebsfaktor φ, Bild **A 4.8**).

Beispiele für diese Belastungsart sind Straßen- und Schienenfahrzeuge, bei denen sich der durch das Fahrzeuggewicht gegebenen Grundbelastung F_c Fahrbahnstöße überlagern.

Sofern mit der äquivalenten Last P gerechnet werden muß, gilt Gl. (3.10).

Paarweiser Einbau von Wälzlagern. Werden zwei einreihige Schrägkugellager unmittelbar nebeneinander spiegelbildlich eingebaut, dann ist das Lagerpaar wie ein zweireihiges Schrägkugellager zu berechnen. Werden zwei oder mehr einreihige Rillenkugellager oder Schrägkugellager gleichsinnig unmittelbar hintereinander eingebaut, dann sind die Lager einzeln als einreihige Kugellager zu berechnen (DIN 622).

3.2.6.2 Statische Tragfähigkeit

Unter statischer Tragfähigkeit eines Wälzlagers versteht man die Belastung, die es im Stillstand oder bei kleinen Schwenkungen aufnehmen darf. In diesen Fällen ist eine Zerstörung nach den Gesetzen der Dauerfestigkeit nicht zu erwarten. Die höchstzulässige Belastung ist dann diejenige, bei der plastische (bleibende) Verformungen eintreten, durch die das Lager seine Aufgabe nicht mehr einwandfrei erfüllen kann. Die zulässigen Verformungswerte sind aber sehr gering. Man bezeichnet die Belastung, bei der zwischen Rollbahn und Rollkörper eine plastische (bleibende) Verformung von 0,01 % des Rollkörperdurchmessers erreicht wird, als die statische Tragzahl C_0.

Die Werte, die für C_0 angegeben werden, sind Mittelwerte, bei denen erfahrungsgemäß ein

Lager normalen Anforderungen an die Laufruhe noch genügt. Bei sehr hohen Anforderungen, z. B. bei Lagern für Meßeinrichtungen, wählt man die Lager so aus, daß die Tragzahl C_0 etwa 1,5- bis 2,5mal so groß ist wie die tatsächliche Belastung. Bei geringen Ansprüchen an die Laufruhe kann die tatsächliche Belastung bis zum Doppelten von C_0 gewählt werden, ohne daß Zerstörungen das Lager unbrauchbar machen. Die statische Tragzahl entnimmt man für die gebräuchlichsten Lagerformen den Listen der Hersteller bzw. Tafel **A 3**.11.

Die statische äquivalente Belastung P_0 ergibt sich nach DIN 622 für **Radiallager** aus

$$P_0 = X_0 F_r + Y_0 F_a \tag{3.14}$$

Hierin ist F_r die größte auftretende Radialbelastung, F_a die größte Axialbelastung. Der Radialfaktor X_0 und der Axialfaktor Y_0 sind Tafel **A 3**.6 zu entnehmen. Gl. (3.14) gilt nur für Werte $P_0 \geqq F_r$; führt die Berechnung auf einen Wert kleiner als F_r, dann ist $P_0 = F_r$ zu setzen.

Für **Axiallager** (Kugel- und Rollenlager) gilt nach DIN ISO 76, sofern der Berührungswinkel α von 90° abweicht,

$$P_0 = F_a + 2,3 F_r \tan \alpha \tag{3.15}$$

Die Genauigkeit der Gleichung nimmt im Fall einseitig wirkender Lager ab, wenn $F_r > 0,44 F_a \cot \alpha$ ist.

3.2.6.3 Einfluß der Lagerabnutzung auf die Gebrauchsdauer

Auch bei sorgfältigem Einbau und vorschriftsmäßiger Pflege unterliegen Wälzlager dem **Verschleiß**; Ursachen hierfür sind: Reibvorgänge (s. Abschn. 3.2.5) zwischen den gegeneinander gleitenden Teilen (Wälzkörper gegen Käfige usw.), Verschmutzung des Schmiermittels durch eigenen oder fremden Abrieb (z. B. in Getrieben) und Korrosion, die durch Kondenswasser als Folge von Temperaturunterschieden verursacht werden kann. Auch gröbere Einflüsse, Eindringen von Staub, Schmutz und Feuchtigkeit lassen sich trotz sorgfältiger Abdichtung nicht ganz verhindern. Der Verschleiß hat eine Vergrößerung des Lagerspiels zur Folge; je nach den Betriebsbedingungen schreitet diese schneller oder langsamer fort, bis schließlich das Lagerspiel einen Wert erreicht, bei dem das Lager die Forderung an die Führungsgenauigkeit nicht mehr erfüllt. Es muß ausgewechselt werden. In der Lebensdauerberechnung (s. Abschn. 3.2.6.1) ist der Verschleißvorgang nicht berücksichtigt, weil er der Theorie bis jetzt nicht zugänglich ist. Eschmann[1]) hat eine sehr große Zahl von Betriebsfällen untersucht und damit eine Grundlage geschaffen, die wenigstens eine Beurteilung der Größenordnung des Verschleißverhaltens erlaubt. In Bild **A 3**.13 ist über der Betriebsstundenzahl die Zunahme des Lagerspiels aufgetragen. Als Maßstab für das Lagerspiel ist der **Verschleißfaktor** f_v eingeführt. Seine Bedeutung ergibt sich aus der Beziehung

$$f_v = V/e_0 \tag{3.16}$$

Hierin ist e_0 das optimale Lagerspiel, das aus Tafel **A 3**.18 in Abhängigkeit vom Durchmesser d der Lagerbohrung abgelesen werden kann; V gibt die Vergrößerung des Lagerspiels durch den Verschleiß in μm an. Der Verschleißfaktor wird $f_v = 1$, wenn sich das ursprüngliche Lagerspiel auf den doppelten Wert vergrößert hat. Das **optimale Lagerspiel ist das** Spiel, das bei einem neuen Lager im eingebauten, betriebswarmen Zustand angestrebt wird.

---

[1]) S. S. 91 Fußnote 1.

In Bild **A 3.**13 stellt die Grenzkurve A die Spielvergrößerung für ein Lager dar, das unter günstigsten Bedingungen läuft, die Grenzkurve B gilt für Lager unter schlechten Bedingungen. Das Feld zwischen diesen Grenzkurven ist in Streifen $a \cdots k$ aufgeteilt, denen sich, je nach ihrer Betriebsart die verschiedenen Lager zuordnen. Im linken Teil von Bild **A 3.**13 sind die Werte von f_v eingetragen, bei deren Erreichen ein Lager üblicherweise ausgewechselt wird.

Die Ermittlung der Gebrauchsdauer, soweit diese durch den Verschleiß bestimmt ist, sei am Beispiel des Lagers einer ortsfesten elektrischen Maschine erläutert. Ein solches Lager wird erfahrungsgemäß frühestens ausgewechselt, wenn $f_v = 2$ und spätestens, wenn $f_v = 3$ erreicht ist, s. Punkt 1 bzw. 2 in Bild **A 3.**13. Der Verschleißgrad liegt bei dieser Lagerart in den Feldern b, c. Die Horizontalen durch die Punkte 1 und 2 schneiden aus den Streifen b und c die Fläche $3-4-5-6$ heraus. Sie gibt den Bereich an, innerhalb dessen die Erfahrungswerte für eine Lagerauswechslung liegen. Für mittlere Verhältnisse liest man unter Punkt 7 (Mittelpunkt der Fläche, unter Berücksichtigung der logarithmischen Koordinatenteilung) die Gebrauchsdauer von $\approx 23\,000$ Betriebsstunden ab. Die Größe der Fläche liefert einen Anhalt für die Streuungen, mit denen gerechnet werden muß.

Bild **A 3.**13 erlaubt außerdem einen Vergleich der Gebrauchsdauer mit der Lebensdauerberechnung nach DIN 622 (s. Abschn. 3.2.6.1). Oben in diesem Bild sind deshalb die Betriebsstunden eingetragen, für die die Lebensdauer berechnet wird.

Für das in Bild **A 3.**13 eingetragene Beispiel liest man unter den Punkten 8 und 9 die Werte $20\,000$ bzw. $58\,000$ Betriebsstunden ab. Diese Grenzen geben den Bereich an, aus dem für einen bestimmten Fall der Wert zur Berechnung der Lebensdauer nach Abschn. 3.2.6.1 ausgewählt wird. Der Vergleich läßt erkennen, daß im vorliegenden Fall das Lager mit großer Wahrscheinlichkeit wegen des zu erwartenden Verschleißes ausgewechselt werden muß, ehe die Gefahr eines Ermüdungsbruchs beginnt, d. h., ehe die rechnerische Lebensdauer erreicht ist.

3.3 Normung und Gestaltung der Lagerstelle

3.3.1 Herstellgenauigkeit (DIN 620)

Wälzlagerteile gehören zu den höchstbeanspruchten Maschinenteilen. Schon geringe Abweichungen von den theoretischen Voraussetzungen für den Kraftübergang zwischen Wälzkörpern und Laufbahnringen führen zu vorzeitiger Zerstörung. Die Anforderungen an die Herstellgenauigkeit sind entsprechend hoch. Die Prüfung erstreckt sich auf die Maß-, Form- und Laufgenauigkeit, außerdem wird das radiale Spiel geprüft. Die Lager müssen den Vorschriften nach DIN 620 genügen. Nach ISO ist das Toleranzfeld des Innendurchmessers des Innenringes mit dem Kurzzeichen KB (B von Ball-Bearing) und das Toleranzfeld des Außendurchmessers des Außenringes mit hB festgelegt. Sie entsprechen annähernd den Toleranzen K 6 und h 6.

Wälzlager werden als fertige Bauelemente bezogen. Schadhafte Wälzlager werden deshalb nicht ausgebessert, sondern durch neue ersetzt. Ausnahmen hiervon machen nur Nadellager (s. Abschn. 3.3.4), bei denen Nadeln oder Käfige zum Einbau geliefert werden können, und sehr große, teure Wälzlager, bei denen in seltenen Sonderfällen Reparaturen vom Wälzlagerhersteller vorgenommen werden.

Die steigenden Anforderungen insbesondere an die Arbeitsgenauigkeit von Werkzeugmaschinen führten zur Entwicklung von „Genauigkeitslagern", für die eine erhöhte Maß-,

Form- oder Laufgenauigkeit gewährleistet wird. Für sie wurde in DIN 620 eine „C-Klassifikation" eingeführt; auch Abweichungen vom normalen Lagerspiel werden durch diese erfaßt. In der genormten Lager-Kurzbezeichnung sind Angaben über die Herstellgenauigkeit nur enthalten, wenn erhöhte Anforderungen gestellt werden oder wenn ein vom Üblichen abweichendes Lagerspiel erforderlich ist (s. Abschn. 3.3.3). (Wälzlagerpassungen s. Tafel **A** 3.14, Tafel **A** 3.15, Bild **A** 3.16 und Teil 1, Abschn. 3.2).

3.3.2 Einbaumaße (DIN 616)

Die inneren Abmessungen der Wälzlager sind für den Konstrukteur, der ein Wälzlager als Bauteil bezieht, ohne Bedeutung. Sie sind auch nicht genormt. Genormt sind durch DIN 616 die Einbaumaße (**3.9**). Dieses Normblatt umfaßt in vier Maßplänen die Einbaumaße der Radiallager, der Kegelrollenlager und der Axiallager (Scheibenlager). Die deutschen Maßpläne entsprechen einer ISO-Empfehlung, so daß die Austauschbarkeit international gesichert ist. Nur wenige Sonderformen sind in DIN 616 nicht erfaßt.

DIN 616 ist ein systematisch ausgearbeitetes Schema, es umfaßt die Durchmesser $d = 0,6$ mm bis $d = 2500$ mm; nicht alle Abmessungen, die darin aufgeführt sind, werden in der Praxis hergestellt. Bei Neuentwicklungen dürfen aber keine Typen geschaffen werden, die nicht DIN 616 entsprechen. Die tatsächlich verfügbaren Lager ergeben sich aus den Normblättern für die verschiedenen Lagerarten (s. Abschn. 3.3.4) bzw. aus den Listen der Hersteller.

Grundlage für den Aufbau der Maßpläne nach DIN 616 ist der Nenndurchmesser d der Lagerbohrung, der dem Wellendurchmesser entspricht. Jedem Bohrungsdurchmesser d sind mehrere Außendurchmesser D zugeordnet (entsprechend der Gehäusebohrung), jedem Durchmesserpaar d und D mehrere Breiten B. Je größer bei gleichem Wert von d der Außendurchmesser D ist, um so größer ist die Tragfähigkeit; dasselbe gilt bezüglich der Breite bei Lagern mit gleichem Wert von d und D.

Bei den Radiallagern z. B. wurden nach den Außendurchmessern D sieben Durchmesserreihen gebildet; jeder Durchmesserreihe sind mehrere Breitenreihen zugeordnet; jede Durchmesserreihe ist mit den zugehörigen Breitenreihen zu verschiedenen Maßreihen zusammengefaßt (Tafel **A** 3.8, **A** 3.9). Ein Lager ist also in den Maßplänen durch die Angabe seines Bohrungsdurchmessers und der Bezeichnung für die Maßreihe eindeutig festgelegt. Das Aufbauschema der Maßpläne nach DIN 616 s. Bild **3.7**. (Ausnahme für Kegelrollenlager nach DIN ISO 355 s. Bild **3.8**.)

Die Durchmesserreihen führen die Kennziffern $8-9-0-1-2-3-4$, wobei die Durchmesser D von links nach rechts zunehmen.

Die Breitenreihen führen die Kennziffern $8-0-1-2-3-4-5-6$, wobei die Breite von links nach rechts zunimmt.

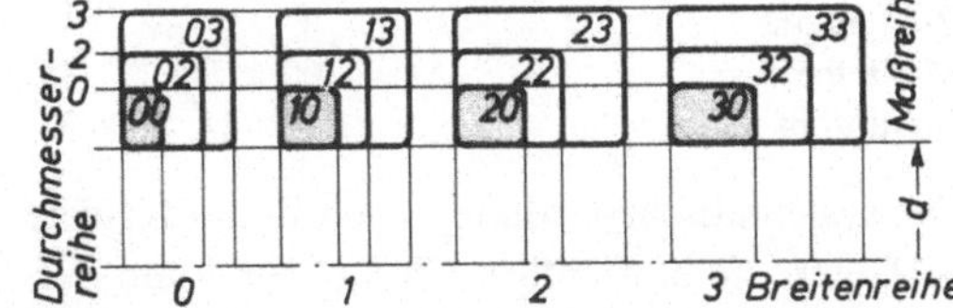

3.7
Aufbau der Maßpläne nach DIN 616

Die zweiziffrige Kennzahl für die **Maßreihe** setzt sich aus den Ziffern der **Breitenreihe** und der **Durchmesserreihe** zusammen, in der die linke Ziffer die Breitenreihe und die rechte Ziffer die Durchmesserreihe angibt.

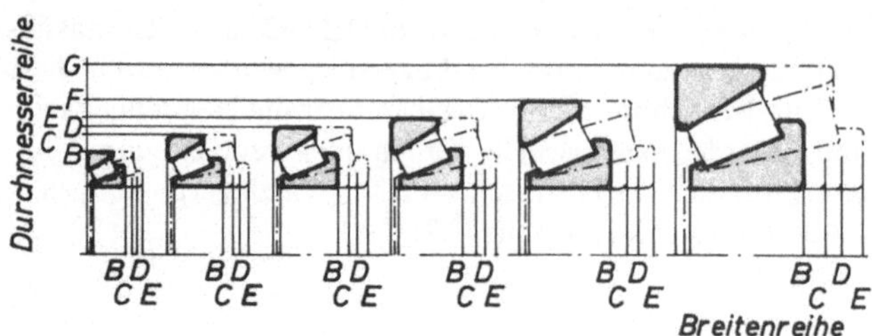

3.8 Aufbau der Maßpläne nach DIN-ISO 355 für Kegelrollenlager

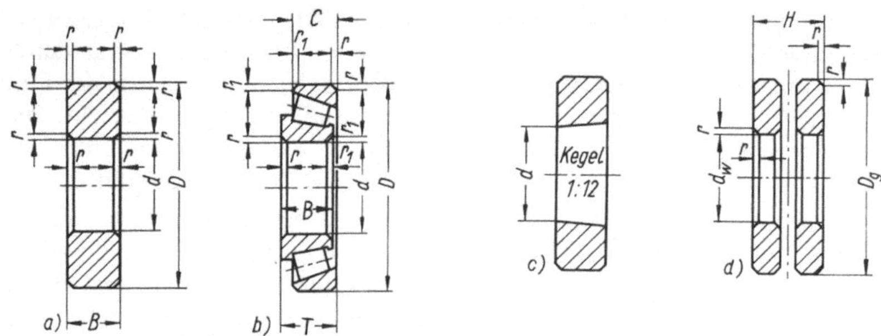

3.9 Einbaumaße der Wälzlager nach DIN 616

a) Radiallager, ausgenommen Kegelrollenlager   b) Kegelrollenlager
c) Kegelige Bohrung für Radiallager   d) Axiallager

B, T Breite des Lagers
B, C Breite des Innen- bzw. Außenrings
D, D_g Außendurchmesser des Lagers bzw. der gehäuseseitigen Scheibe
d Durchmesser der Lagerbohrung (bei kegeliger Bohrung kleinster Durchmesser an der Stirnseite des Lagers)
d_w Durchmesser der auf der Welle sitzenden Scheibe
H Höhe des Axiallagers = Abstand zwischen Wellenbund und Gehäuseauflage
r, r_1 Kantenabstand

Erläuterungsbeispiel. Für eine Lagerbohrung mit $d = 100$ mm sind folgende Durchmesser D genormt:

Durchmesserreihe	8	9	0	1	2	3	4
Außendurchmesser D in mm	125	140	150	165	180	215	250

Für das Lager mit der Bohrung $d = 100$ mm und dem Außendurchmesser $D = 150$ mm, entsprechend der Durchmesserreihe 0, sind folgende Breiten genormt:

Durchmesserreihe	0	0	0	0	0	0	0
Breitenreihe	0	1	2	3	4	5	6
Maßreihe	00	10	20	30	40	50	60
Breite B in mm	16	24	30	37	50	67	90

Die systematische Ordnung nach DIN 616 bietet zwei Vorteile:

1. Lager, die hinsichtlich der Bohrung und der Maßreihe übereinstimmen, sind gegeneinander austauschbar. Man kann also z. B. ein Radial-Kugellager, dessen Tragfähigkeit sich als nicht ausreichend herausgestellt hat, ohne Änderung der Konstruktion durch ein Zylinderrollenlager ersetzen, das bei gleichen Abmessungen eine größere Tragfähigkeit besitzt.

2. Ist man gezwungen, eine bestimmte Lagerform, z. B. ein einreihiges Radial-Kugellager, zu verwenden, dann kann man für einen vorgeschriebenen Wellendurchmesser zwischen Lagern verschiedener Maßreihen so auswählen, daß sich bei voller Ausnutzung der Tragfähigkeit die kleinsten Abmessungen ergeben. Maßpläne für Maßreihen s. Tafel **A 3.7**, **A 3.9** u. **A 3.10**.

3.3.3 Normbezeichnungen (DIN 623)

In der Norm DIN 623 Teil 1 sind Regeln für das Bilden normgerechter Bezeichnungen für Wälzlager festgelegt. Diese Bezeichnungen beziehen sich auf Bauart, Maßreihe, Bohrungsdurchmesser, Genauigkeit, Lagerluft und andere konstruktive Merkmale des Wälzlagers.

Die **Benennungen** lassen die Art des Wälzkörpers und die Laufbahngeometrie erkennen, z. B. Rillenkugellager, Pendelrollenlager. (Die genormten Benennungen für Wälzlager s. Tafel **3.4**). Die Benennungen können auch abgekürzt geschrieben werden: Zyl. Rollenlager, Ax. Pen. Rollenlager, Ax. Zyl. Rollenlager, Ax. Rill. Kugellager.

Das **Kurzzeichen** für ein Wälzlager besteht aus einem Merkmale-Block, der sich aus drei Zeichengruppen zusammensetzt, aus dem: 1. **Vorsetzzeichen**, 2. **Basiszeichen**, 3. **Nachsetzzeichen**. Die Stellenanzahl für die einzelnen Zeichnungsgruppen innerhalb des Merkmale-Blockes ist nicht festgelegt.

Das **Basiszeichen** bezeichnet Art und Größe des Lagers. Es besteht aus je einem Zeichen oder einer Zeichengruppe für Lagerreihe und Lagerbohrung. Den Aufbau des Basiszeichens s. Tafel **3.1**.

Tafel **3.1** Prinzip der Bildung der Basiszeichen aus Zeichen für Lagerarten, Breiten- oder Höhenreihe, Durchmesserreihe und Durchmesserangabe

Lagerart siehe Tafel 3.4	Lagerreihe		Zeichen für Lagerbohrung siehe auch Tafel 3.2
	Maßreihe		
	Breiten- oder Höhenreihe	Durchmesserreihe	
	siehe DIN 616		

Basiszeichen müssen vollständig angegeben werden. Vorsetzzeichen und Nachsetzzeichen können im Kurzzeichen fehlen: 1. wenn die durch sie bezeichneten Eigenschaften nicht vorhanden sind, 2. wenn über diese Eigenschaften keine Festlegungen gemacht werden und 3. wenn die durch solche Zeichen beschriebenen Eigenschaften eindeutig durch eine Maßnorm in Wort oder Bild festgelegt sind. (Vor- und Nachsetzzeichen s. Tafel **3.3**).

Die **Zeichengruppe für die Lagerreihe** wird durch Zeichen für die Lagerart und Maßreihe zusammengesetzt (s. Tafel **3.1**). Eine Gruppe von Ziffern oder Buchstaben bzw. eine Kombination von Ziffern und Buchstaben kennzeichnet die Lagerreihe. Für ein Pendelrollenlager der Lagerart 2 und der Maßreihe 30 lautet die Lagerreihe 2 30. Hierbei setzt sich die Maßreihe aus der Breitenreihe 3 und der Durchmesserreihe 0 zusammen.

Das **Zeichen für die Lagerbohrung** besteht aus Ziffern und wird im allgemeinen direkt oder in bestimmten Fällen mit einem Schrägstrich an das Zeichen für die Lagerreihe angehängt. Dieses Kurzzeichen wird nicht einheitlich gebildet. In dem meist gebrauchten Durchmesserbereich 20 $\cdots$ 480 mm ergibt es sich dadurch, daß man das Bohrungsmaß in Millimetern durch die Zahl 5 dividiert, z. B. Bohrung 30 mm : 5 ergibt das Kurzzeichen 06. Einzelheiten sind Tafel **3.2** zu entnehmen.

Vorsetzzeichen, Nachsetzzeichen. Weitere Merkmale eines Lagers werden im Bedarfsfall durch Kurzzeichen angegeben, die entweder vor (Vorsetzzeichen) oder hinter (Nachsetzzeichen) dem Zeichen für Lagerreihe und Bohrung stehen. Durch Vorsetzzeichen werden Einzelteile eines Lagers bezeichnet. Beispiel NU 207: Vollständiges Zylinderrollenlager der Reihe NU 2 mit dem Bohrungsdurchmesser 35 mm; KNU 207 ist der Käfig mit den Wälzkörpern dieses zerlegbaren Lagers. Durch Nachsetzzeichen werden zusätzliche Angaben über innere Konstruktion, Außenmaße und äußere Form, Abdichtung, Käfig, Maß-, Form- und Laufgenauigkeit, Lagerluft oder Wärmebehandlung gemacht. Die Bedeutung der Zeichen ist Tafel 3.3 zu entnehmen. Beim Zusammentreffen mehrerer Nachsetzzeichen sind diese in der durch Tafel 3.3 gegebenen Reihenfolge anzugeben.

T a f e l 3.2 Zeichen für die Lagerbohrung, DIN 623 T 1

Bohrungs- durchmesser mm über / bis	Zeichen für die Lagerbohrung	Beispiele
– / 10	Das Bohrungsmaß in mm wird unverschlüsselt mit Schrägstrich an das Kurzzeichen für die Lagerreihe angehängt, auch bei Dezimalbruchmaßen	Rillenkugellager der Lagerreihe 618 mit 3 mm Bohrungsdurchmesser des Innenringes — 618 / 3 → Bohrungsdurchmesser, Lagerreihe; 617/1,5
	in folgenden **Ausnahmen** wurde der gewöhnliche Schrägstrich weggenommen: **Rillenkugellager** 604, 607, 608, 609, 623, 624, 625, 626, 627, 628, 629, 634, 635 **Pendelkugellager** 108, 126, 127, 129, 135 **Schrägkugellager** 705, 706, 707, 708, 709	Rillenkugellager der Lagerreihe 62 mit 5 mm Bohrungsdurchdurchmesser des Innenringes — 62 5 → Bohrungsdurchmesser, Lagerreihe
		Pendelkugellager der Lagerreihe 12 mit 6 mm Bohrungsdurchdurchmesser des Innenringes — 12 6 → Bohrungsdurchmesser, Lagerreihe
		Schrägkugellager der Lagerreihe 70 mit 6 mm Bohrungsdurchdurchmesser des Innenringes — 70 6 → Bohrungsdurchmesser, Lagerreihe
10 / 17	Bohrungskennzahl 00 ≙ 10 mm Bohrung 01 ≙ 12 mm Bohrung 02 ≙ 15 mm Bohrung 03 ≙ 17 mm Bohrung an Lagerreihe. Für alle Lagerreihen mit Ausnahme der Reihen E, BO, L, M, UK, UL, UM	Rillenkugellager der Lagerreihe 62 mit 12 mm Bohrung des Innenringes: — 62 01 → Bohrungskennzahl, Lagerreihe
		Zylinder-Rollenlager der Lagerreihe NU 49 mit 15 mm Bohrung des Innenringes: — NU 49 02 → Bohrungskennzahl, Lagerreihe

Tafel 3.2 Fortsetzung

Bohrungs-durchmesser mm über | bis	Zeichen für die Lagerbohrung	Beispiele
17 | 480	Bohrungskennzahl $= \frac{1}{5}$ des Bohrungs-durchmessers in mm an Lagerreihe. Für alle Lagerreihen mit Ausnahme der Reihen E, BO, L, M, UK, UL, UM und der Bohrungen 22, 28 und 32 mm. Für Durchmesser bis 45 mm wird vor die Bohrungskennzahl eine Null gesetzt.	Pendelrollenlager der Lagerreihe 232 mit 120 mm Bohrung des Innenringes: 232 24 └ Bohrungskennzahl └ Lagerreihe Schrägkugellager der Lagerreihe 73 mit 30 mm Bohrung des Innenringes: 73 06 └ Bohrungskennzahl └ Lagerreihe
Zwischengrößen	Bohrungsdurchmesser in mm für Zwischengrößen mit 22, 28 und 32 mm Lagerbohrung; Bohrungsdurchmesser durch Schrägstrich getrennt an Lagerreihe	Rillenkugellager der Lagerreihe 62 mit 22 mm Bohrung des Innenringes: 62 / 22 └ Bohrungsdurchmesser └ Lagerreihe
480 | alle Größen	Bohrungsdurchmesser in mm durch Schrägstrich getrennt an Lagerreihe	Pendelrollenlager der Lagerreihe 230 mit 500 mm Bohrung des Innenringes: 230/500 └ Bohrungsdurchmesser └ Lagerreihe
alle Größen	Bohrungsdurchmesser in mm an die Lagerreihen E, BO, L, M, UK, UL und UM	Schulterkugellager der Lagerreihe BO mit 17 mm Bohrung des Innenringes: BO 17 └ Bohrungsdurchmesser └ Lagerreihe

Bezeichnungsbeispiel: Pendelrollenlager DIN 635-2 41/500 C K 30 MAS/P 63 S 2

Zeichen	Bedeutung	Zeichen	Bedeutung
Pendelrollenlager	Benennung	K 30	Lager mit kegeliger Bohrung, Kegel 1 : 30
DIN 635	DIN-Nummer		
2	Lagerart Pendelrollenlager	MAS	Am Außenring geführter Massivkäfig aus Kupfer-Zink-Legierung mit Schmiernuten in den Führungsflächen
41	Maßreihe 41		
/500	Bohrungsdurchmesserangabe		
C	Innere Konstruktion (z. B. Rollenmaße, Rollenführung usw.)	/P 63	Toleranzklasse und Lagerluft
		S 2	Wärmebehandlung

T a f e l 3.3 Vorsetzzeichen und Nachsetzzeichen nach DIN 623 T 1 (Auswahl)

V o r s e t z z e i c h e n

K	Käfig mit Wälzkörpern eines zerlegbaren Lagers
L	freier Ring eines zerlegbaren Lagers
R	Ring mit Wälzkörpersatz eines zerlegbaren Lagers

N a c h s e t z z e i c h e n
innere Konstruktion

A, B, C	Bedeutung im einzelnen nicht vereinbart, vom Hersteller meist vorübergehend angegeben, um bestimmte Konstruktionsmerkmale (z. B. Änderung der inneren Maße im Zuge der Weiterentwicklung) zu kennzeichnen

Außenmaße und äußere Form

X	Lager und Zubehörteile, deren Außenmaße in Anpassung an internationale Normen geändert wurden. Zeichen wird nur während einer Übergangszeit verwendet
K	Lager mit kegeliger Bohrung, Kegel 1 : 12
K 30	Lager mit kegeliger Bohrung, Kegel 1 : 30
N	Lager mit Ringnut im Mantel

Abdichtung

RS bzw. 2 RS	Lager mit Dichtscheibe auf e i n e r Seite bzw. auf b e i d e n Seiten
Z bzw. 2 Z	Lager mit Deckscheibe auf e i n e r Seite bzw. auf b e i d e n Seiten

Käfigwerkstoffe

F	Stahl oder Sondergußeisen	J	Stahl b l e c h	T	Kunststoff mit Gewebeeinlage
L	Leichtmetall	Y	Messing b l e c h		(Phenoplast)
M	Messing			TN	Kunststoff (Polyamid)

Lager ohne Käfig

V	Vollkugeliges oder vollrolliges Lager

Maß-, Form- und Laufgenauigkeit[1])

P 6, P 5, P 4	Toleranzklassen nach DIN 620 T 2 u. T 3. Die Toleranzklasse P0 (Normaltoleranz) wird n i c h t bezeichnet

Radiale Lagerluft (Lagerspiel) (DIN 620 T 4)[1])

C 1	radiale Lagerluft kleiner als C 2
C 2	radiale Lagerluft kleiner als normal
	Lagerluft normal wird nicht gekennzeichnet
C 3	radiale Lagerluft größer als normal
C 4	radiale Lagerluft größer als C 3
C 5	radiale Lagerluft größer als C 4

Wärmebehandlung, Innen- und Außenring stabilisiert

SO bis 150 °C	S 1 bis 200 °C	S 2 bis 250 °C	S bis 300 °C Betriebstemperatur
SOB	nur Innenring bzw. Wellenscheibe stabilisiert bis 150 °C		

---

[1]) Für Lager, deren Ausführung besonderen Anforderungen sowohl an Maß-, Form- oder Laufgenauigkeit als auch an die Lagerluft entspricht, werden die Zeichen zusammengezogen, z. B. P 63 = P 6 + C 3.

3.3.4   Bauarten, Eigenschaften und Verwendung

Die Form des Außen- und Innenringes bestimmt die Richtung der übertragbaren Kraft: Radiallager übertragen Kräfte senkrecht zur Lagerachse. Radiallager, die zusätzlich Axialkräfte in beiden Richtungen übertragen können, heißen Führungslager. Erlaubt die Bauart die Übertragung einer zusätzlichen Axialkraft nur in einer Richtung, dann spricht man von Stützlagern. Einstellager können in keiner Richtung Längskräfte übertragen. Axiallager dienen der Übertragung von Kräften in Richtung der Lagerachse. Zusatzkräfte in radialer Richtung können sie nicht übertragen. Schräglager übertragen Kräfte, die sich aus einer radialen und einer axialen Komponente zusammensetzen. Sie werden, nach der Richtung der größeren Kraftkomponente, jeweils den Radial- oder den Axiallagern zugerechnet. Zur Übertragung reiner Radialkräfte sind sie nicht geeignet, sofern sie nicht paarweise so angeordnet werden, daß sich die Axialkomponenten aufheben.

Tafel **3.4** gibt einen Überblick über die wichtigsten genormten Bauarten sowie über deren symbolische Darstellung. (Diese Symbole sind nicht genormt.) Im einzelnen wird zu den Angaben der Tafel folgendes bemerkt:

Radial-Kugellager

(Radial-) [1]**)Rillenkugellager nach DIN 625, Lagerart 6.** Gebräuchlichstes Kugellager. Die Führung zwischen „Schultern" (3.3) erlaubt die Aufnahme größerer Längskräfte. Bei hohen Drehfrequenzen ist es zur Aufnahme von Längskräften besser geeignet als ein Axial-Kugellager. Bei mehrfach gelagerten Wellen kann eines der Lager als Festlager (s. Abschn. 3.3.5) eingebaut werden; Innen- und Außenring sind dann festzulegen, die übrigen Lager als Loslager einzubauen; die Lager müssen genau fluchten. Schwenkbewegungen sind nicht zulässig. (Lager- und Maßreihen genormter Lager s. Tafel 3.4)

Verwendung: Breite Anwendung im Maschinen- und Fahrzeugbau

(Radial-)Schrägkugellager, einreihig, nach DIN 628, Lagerart 7. Innen- und Außenring besitzen nur eine Schulter. Die Kraftübertragung erfolgt unter einem Winkel von 20 bis 30° gegen die Radialebene. Zusätzliche Axialkräfte können besser aufgenommen werden als von Rillenkugellagern. Wenn das dauernde Wirken einer Axialkraft nicht gesichert ist, ist zur Abstützung ein zweites Lager spiegelbildlich einzubauen. Die Ausführungen 72.. und 73.. sind nicht zerlegbar, 173.. kann zur Erleichterung des Ein- und Ausbaus zerlegt werden. Schwenkbewegungen sind nicht zulässig.

Verwendung: Werkzeugmaschinen; Laufrollen; Kraftfahrzeuge

(Radial-)Schrägkugellager, zweireihig, nach DIN 628, Lagerart 0. Das Lager entspricht im Aufbau einem einbaufertigen Paar von zwei einreihigen Schrägkugellagern, hat sehr geringes Axial- und Radialspiel und eignet sich zur spielfreien Aufnahme hoher zusätzlicher Axialkräfte in beiden Richtungen. Die hohe Genauigkeit des Lagers erfordert sehr sorgfältigen Einbau (vorgeschriebene Passung genau einhalten, sie darf nicht zu stramm sein). Das Lager ist sorgfältig gegen Schwenkbewegungen zu schützen. Kurze, biegungssteife Wellen mit genauer Fluchtung sind Voraussetzung für einwandfreies Arbeiten.

Verwendung: Lagerung von Kegelrädern; Zahnradlagerung bei Kraftfahrzeug-Getrieben

(Radial-)Pendelkugellager nach DIN 630, Lagerart 1. Die Rollbahnfläche des Außenrings hat Kugelform, der Innenring zwei Rillen. Hierdurch ist der Außenring schwenkbar. Das Lager kann Axialkräfte in beiden Richtungen spielfrei übertragen.

Verwendung: Das Lager ist neben dem einreihigen Rillenkugellager am weitesten verbreitet; es eignet sich vornehmlich zur Lagerung elastischer Wellen und zum Einbau an

---

[1]) Die Bezeichnung (Radial-) wird nur bei Verwechslungsgefahr verwendet.

Stellen, an denen mit Fluchtungsfehlern gerechnet werden muß, z. B. bei Landmaschinen, Transmissionen, Holzbearbeitungsmaschinen, Textilmaschinen, Schiffswellen, im Mühlen- und Kranbau.

Radial-Rollenlager

(Radial-)Zylinderrollenlager nach DIN 5412, Lagerart N. Seine Tragfähigkeit ist infolge linienförmiger Berührung zwischen zylindrischen Wälzkörpern und Rollbahnen größer als bei Kugellagern gleicher Abmessungen, bei denen nur punktförmige Berührung stattfindet. Schwenkbewegung ist nicht zulässig. Die Aufnahme geringer zusätzlicher Axialkräfte erfolgt durch Borde (3.3). Je nach deren Anordnung werden die Lager als Fest-, Stütz- oder Einstellager (s. Abschn. 3.3.5.2) verwendet.

Verwendung: Getriebe, Elektromotoren mittlerer und größerer Leistung, Achslager von Schienenfahrzeugen und Straßenfahrzeugen, Werkzeugmaschinen.

Nadellager nach DIN 617, Lagerart NA. Kennzeichnend ist der kleine Wälzkörper-Durchmesser und infolgedessen ein geringer Raumbedarf in radialer Richtung. Um ihn weiter zu verkleinern, erfolgt der Einbau häufig nur mit einem Ring, mit einer dünnwandigen Laufbuchse oder ohne Rollbahnringe. Voraussetzung hierfür: Die Gegenstücke sind aus Werkstoff hergestellt, der hochwertige, möglichst gehärtete Lauffläche besitzt. Wegen der geringen Wälzkörperdurchmesser ist die Führung der Nadeln in Längsrichtung durch Borde nur am Außen- oder Innenring möglich. Axialschübe sind daher durch zusätzlich eingebaute Kugellager aufzunehmen. Zu diesem Zweck werden auch Nadellager hergestellt, bei denen ein Längs- oder Schräg-Kugellager mit dem Nadellager zu einer baulichen Einheit verbunden ist (3.18).

Der geringe Durchmesser der Nadeln erlaubt die Unterbringung einer großen Zahl von Nadeln und ergibt eine relativ hohe Tragfähigkeit, vor allem bei käfiglosen Lagern. Käfiglose Lager sind aber nur für geringe Drehfrequenzen oder bei Pendelbewegungen geeignet (z. B. bei Kolbenbolzenlagern von Motoren), weil sie zum Verkanten der Nadeln neigen. Um den Anwendungsbereich auch auf übliche Drehfrequenzen auszudehnen, wurden Käfige entwickelt, die die Nadeln einwandfrei führen. Solche Käfige mit Nadeln werden einbaufertig, in Form von Ringen oder Halbschalen, geliefert.

Verwendung: Vollnadelig, d. h. ohne Käfig, bei Pleuellagern, Kipphebeln, Kardangelenken, Losrädern; als Käfiglager in Schleifmaschinen, Werkzeugmaschinen, Schnecken- wellen und Getrieben (3.17).

(Radial-)Kegelrollenlager nach DIN 720, Lagerart 3. Die Achse der kegelförmigen Wälz- körper ist bei diesen Radiallagern nur wenig gegen die Wellenachse geneigt. Die Lager sind zur Aufnahme zusätzlicher Axialkräfte sehr gut geeignet, Einbaubedingungen ähnlich wie beim Schräg-Kugellager. (Wenn zusätzliche Axialkräfte nicht dauernd wirken, muß ein zweites, spiegelbildlich angeordnetes Lager für die erforderliche Andruckkraft sorgen.) Schwenkbewegungen können nicht aufgenommen werden. Die Lager sind zerlegbar: Der Wälzkörper mit Käfig und Innenring ist zu einer einbaufertigen Einheit verbunden, der Außenring kann getrennt eingebaut werden. Dies erlaubt, aber verlangt auch ein feinfüh- liges Einstellen des optimalen Spiels.

Verwendung: Vor allem bei Radnaben von Kraftfahrzeugen und Förderwagen, in Getrie- ben mit starkem Axialschub und gleichzeitig hohen Anforderungen an Spielfreiheit in axialer und radialer Richtung.

Tonnenlager, (Radial-)Pendelrollenlager nach DIN 635, Lagerart 2. Die Lager sind ein- und zweireihig, schwenkbar und eignen sich sehr gut zum Ausgleich von Fluchtungsfehlern und zum Einbau bei Wellen mit starker Durchbiegung. Die Achsen der Wälzkörper sind bei den zweireihigen Lagern ähnlich wie beim Kegellager gegen die Wellenachse geneigt. Beide Wälzkörperreihen sind spiegelbildlich zueinander angeordnet. Axialkräfte sind in jeder Richtung über die Mantelfläche der Wälzkörper übertragbar. In der Regel besitzt der Innenring Führungsborde (nur zur Führung der Wälzkörper, nicht zur Kraftübertragung).

Verwendung: Schiffswellen, schwere Stützrollen, Ruderschäfte, Steinbrecher, Kurbelwellen, Walzwerksmaschinen.

Axial-Kugellager

Axial-Rillenkugellager, einseitig wirkend, nach DIN 711, Lagerart 5. Die Kugeln bewegen sich in den Rillen zweier gegeneinander gestellter Scheiben, von denen sich die eine gegen das Gehäuse, die andere gegen einen Wellenabsatz stützt. Die Kraftübertragung erfolgt ausschließlich in Richtung der Wellenachse. Radialkräfte sind nicht übertragbar. Durch auf die Kugeln wirkende Zentrifugalkraft werden diese nach außen gedrängt (Klemmgefahr). Axial-Kugellager sind daher für große Drehfrequenzen nicht geeignet.

Die Wälzkörper können nur gleichmäßig tragen, wenn beide Scheiben genau parallel zueinander und senkrecht zur Wellenachse liegen. Um eine entsprechende Einstellmöglichkeit zu schaffen, sind die gehäuseseitigen Scheiben der Lager $532\cdots$, $533\cdots$ und $534\cdots$ ballig ausgeführt und in einer Scheibe mit entsprechend geformter Innenfläche gelagert. Die aufeinander gleitenden Kugelflächen müssen gut geschmiert sein; die Schwenkbewegung muß um einen Punkt erfolgen, der im Kugelmittelpunkt der balligen Flächen liegt, andernfalls stellt sich das Lager nicht selbständig ein.

Verwendung. In allen Fällen, in denen Radiallager zusätzlich Axialkräfte nicht aufnehmen können, oder wenn größere Führungsgenauigkeit in Achsrichtung mit Radiallagern nicht erreichbar, aber erforderlich ist. Werkzeugmaschinenspindeln, Kranhaken.

Axial-Rillenkugellager, zweiseitig wirkend, nach DIN 715, Lagerart 5. Ihre Eigenschaften sind die gleichen wie die der einseitig wirkenden Lager; der Verwendungsbereich ist derselbe, wenn Längskräfte in beiden Richtungen aufzunehmen sind.

Axial-Pendelrollenlager nach DIN 728, Lagerart 2. Die Wälzkörper sind asymmetrische Rollen, ihre Achse steht unter einem Winkel von etwa 45° zur Wellenachse. Die Laufbahn des Innen- und Außenringes entspricht der Mantellinie der Wälzkörper; hierdurch ist das Lager pendelnd einstellbar. Es kann außer hohen Radialkräften auch beträchtliche Axialkräfte aufnehmen; es wird daher als Axiallager für schweren Betrieb bei Einsparung eines Radiallagers verwendet.

Verwendung: Schiffsdrucklager, Spurlager im Kranbau, schwere Schneckengetriebe.

3.3.5 Einbau der Wälzlager

Die Wälzlager können nur dann die vorausberechnete Lebensdauer erreichen und störungsfrei arbeiten, wenn die Lagerstelle mit entsprechender Sorgfalt gestaltet wird. Der Konstrukteur hat dafür zu sorgen, daß dem Wälzlager alle nicht in der Berechnung berücksichtigten Zusatzbeanspruchungen ferngehalten werden, daß es unbeschädigt ein- und ausgebaut werden und sorgfältig gegen Schmutzwirkung von außen und Überschmierung von innen geschützt werden kann.

Vereinzelt findet man bei ausgeführten Konstruktionen manche der hier erläuterten Einbauregeln nicht berücksichtigt. Der Grund für ein Abweichen von der Regel ist oft eine Verbilligung der Herstellung in der Massenfertigung. Vereinfachungen dieser Art sollten nur nach sorgältiger Überprüfung möglicher Nachteile (z. B. Verkürzung der Lebensdauer) vorgenommen werden.

T a f e l 3.4 Genormte Wälzlager, Bezeichnung nach DIN 623 Teil 1
(Maße für Maßreihen s. Tafel **A 3**.7; **A 3**.8; **A 3**.9 und **A 3**.10)
Symbolische Darstellung zur Verwendung bei Vorentwürfen

DIN	Benennung, Ausführung		Lager-art	Maß-reihe	Lager-reihe	Durchmesser-zeichen	Varianten; Zwischengrößen
					Kurzzeichen		
628 T 1	Schrägkugellager, zweireihig, mit Füllnut		0[1]) 0[1])	32 33	32 33	00 ⋯ 22 02 ⋯ 22	
630 T 1	Pendelkugellager, zweireihig		1 1 1 1 1	02 22 03 23 10	12[2]) 22[3]) 13[2]) 23[3]) 10[1])	6; 7; 9; 00 ⋯ 22 00 ⋯ 22 5; 00 ⋯ 22 02 ⋯ 22 8	00 K ⋯ 22 K 00 K ⋯ 22 K 00 K ⋯ 22 K 02 K ⋯ 22 K
630 T 2	Pendelkugellager, zweireihig, mit breitem Innenring		1 1	2[4]) 3[4])	112 113	04 ⋯ 10 04 ⋯ 10	
630 T 2	Pendelkugellager, mit Klemmhülse		1 1	[5]) [5])	115 116	04 ⋯ 10 04 ⋯ 10	
635 T 1	Tonnenlager, einreihig		2 2 2	02 03 04	202 203 204	05 ⋯ 56 04 ⋯ 48 05 ⋯ 22	05 K ⋯ 56 K 05 K ⋯ 48 K
635 T 2	Pendelrollenlager, zweireihig		2 2 2 2 2 2 2 2	30 40 31 41 22 32 03 23	230 240 231 241 222 232 213[6]) 223	22 ⋯ /500 24 ⋯ 72 22 ⋯ /500 22 ⋯ 60 05 ⋯ 64 18; 20; 22 ⋯ /500 04 ⋯ 22 08 ⋯ 56	24 K ⋯ /500 K 24 K 30 ⋯ 72 K 30 22 K ⋯ /500 K 22 K 30 ⋯ 60 K 30 08 K ⋯ 64 K 08 K ⋯ 22 K 08 K ⋯ 56 K
728 T 1	Axial-Pendelrollenlager, einseitig wirkend, unsymmetrische Rollen		2 2 2	92 93 94	292 293 294	40 ⋯ /1 060 17 ⋯ /950 12 ⋯ /800	

Fortsetzung s. nächste Seite
Fußnoten a. S. 111

T a f e l **3**.4 Fortsetzung

					Kurzzeichen		
DIN	Benennung, Ausführung		Lager-art	Maß-reihe	Lager-reihe	Durchmesser-zeichen	Varianten; Zwischengrößen
720	Kegelrollenlager, einreihig (Maße s. Tafel **A** 3.9)		3	20	320	04 ··· 48	
			3	30	330	09 ··· 30	
			3	31	331	08 ··· 24	
			3	32	332	05 ··· 21	
			3	02	302	03 ··· 30	
			3	03	303	02 ··· 24	
			3	13	313	05 ··· 14	
			3	22	322	06 ··· 24	
			3	23	323	02 ··· 24	
625 T 3	Rillenkugellager, zweireihig, mit Füllnut		4	22	42[2]	00 ··· 18	08 K ··· 14 K
711 T 1	Axial-Rillenkugellager, einseitig wirkend, ebene Gehäusescheibe (Maße s. Tafel **A** 3.7)		5	11	511	00 ··· 18; 20; 22 ··· 72	
			5	12	512	/8; 00 ··· 18; 20; 22 ··· 72	
			5	13	513	05 ··· 18; 20; 22 ··· 40	
			5	14	514	05 ··· 18; 20; 22 ··· 72	
711 T 1	Axial-Rillenkugellager, einseitig wirkend kugeliger Gehäuse-scheibe [7]: mit kugeliger Gehäusescheibe und Unterlegscheibe (U)		5	2[4]	532	00 ··· 18; 20; 22 ··· 72	00 U ··· 18 U; 20 U; 22 U ··· 72 U
			5	3[4]	533	05 ··· 18; 20; 22 ··· 40	05 U ··· 18 U; 20 U; 22 U ··· 40 U
			5	4[4]	534	05 ··· 18; 20; 22 ··· 36	05 U ··· 18 U; 20 U; 22 U ··· 36 U
711 T 3	Axial-Rillenkugellager, einseigig wirkend, mit Kappe		5	11	511	20 Z ··· 45 Z	
			5	12	512	20 Z ··· 45 Z	
715	Axial-Rillenkugellager, zweiseitig wirkend, ebenen Gehäuse-scheiben		5	22	522	02; 04 ··· 18; 20; 22 ··· 44	
			5	23	523	05 ··· 18; 20; 22 ··· 40	
			5	24	524	05 ··· 18; 20; 22 ··· 36	

Fortsetzung s. nächste Seite
Fußnoten a. S. 111

T a f e l **3.4** Fortsetzung

DIN	Benennung, Ausführung		Lager-art	Maß-reihe	Kurzzeichen		
					Lager-reihe	Durchmesser-zeichen	Varianten; Zwischengrößen
715	Axial-Rillenkugellager, zweiseitig wirkend, kugeligen Gehäuse-scheiben [7]);		5	2[4])	542	02; 04···18; 20; 22···44	02 U; 04 U···18 U; 20 U; 22 U···44 U
			5	3[4])	543	05···18; 20; 22···24	05 U···18 U; 20 U; 22 U···24 U
	mit kugeligen Gehäusescheiben und Unterlegscheiben (U)		5	4[4])	544	05···18; 20	05 U···18 U; 20 U
625 T 1	Rillenkugellager, einreihig, ohne Füllnut (Maße s. Tafel **A 3.**8)		6	18	618	/1,5···/600	ohne 19 u. 20
			6	19	619	/1,5···00	
			6	00	160[2])	02···76	
			6	10	60[2])	/7···/500	/7 Z···20 Z; 24 Z /7-2 Z···20-2 Z; 24-2 Z /7 RS···15 RS /7-2 RS···15-2 RS 03 N···26 N
			6	02	62[2])	/3···64	/3 Z···/7 Z /9 Z···18 Z /3-27···/7-2 Z /9-2 Z···18-2 Z /6 RS···/7 RS /9 RS···16 RS /6-2 RS···/7-2 RS /9-2 RS···16-2 RS 01 N···22 N
			6	03	63[2])	/3; /4; 00···38	/3 Z; /4 Z; 00 Z···18 Z /3-2 Z; /4-2 Z 00-2 Z···18-2 Z 00 RS···15 RS 00-2 RS···15-2 RS 01 N···15 N; 17 N···19 N
			6	04	64[2])	03···18	07 N···13 N
628 T 1	Schrägkugellager, einreihig; ohne Füllnut; nicht zerlegbar		7	02	72	00···22	
			7	03	73	00···22	
628 T 2	Schrägkugellager, einreihig; zerlegbar		7	03	173	02···10	/22; /28; /32

Fußnoten a. S. 111　　　　　　　　　　　　　　Fortsetzung s. nächste Seite

T a f e l **3.4** Fortsetzung

DIN	Benennung, Ausführung		Lager-art	Maß-reihe	Lager-reihe	Durchmesser-zeichen	Varianten; Zwischengrößen
					Kurzzeichen		
722	Axial-zylinder rollenlager, einseitig wirkend		8 8	11 12	811 812	06···/600 06···/600	
5412 T 1	Zylinderrollenlager; einreihig, zwei feste Borde am Innenring, bordfreier Außenring		N N	02 03	N 2[2]) N 3[2])	03···64 03···56	
5412 T 1	Zylinderrollenlager; einreihig, zwei feste Borde am Außenring, ein fester Bord am Innenring		NJ NJ NJ NJ NJ	02 22 03 23 04	NJ 2[2]) NJ 22 NJ 3[2]) NJ 23 NJ 4[2])	02···56 03···40 03···32 04···40 06···32	zusätzlich Winkelringe HJ; Lager auch in verstärkter Aus-führung (E): z. B. NJ 20··E[8])
5412 T 1	Zylinderrollenlager, einreihig, zwei feste Borde am Außenring, eine lose Bord-scheibe am Innenring		NJP NJP NJP	10 02 23	NJP 10 NJP 2[2]) NJP 23	05···/500 02···64 15···18; 20	
5412 T 4	Zylinderrollenlager, zweireihig, drei feste Borde am Innenring, bordfreier Außenring		NN	30	NN 30	06···30	05 K···76 K
5412 T 9	Zylinderrollenlager, zweireihig, nicht zerlegbar, vollrollig (V), Übertragung axialer Kräfte in beiden Richtungen möglich (Festlager)		NNC NNC	48 49	NNC 48 NNC 49	30···/500 12···/500	
5412 T 9	Zylinderrollenlager, zweireihig, nicht zerlegbar, vollrollig (V) Übertragung axialer Kräfte nur in einer Richtung möglich (Stützlager)		NNCF 48 NNCF 49		NNCF 48 NNCF 49	30···/500 12···/500	

Fußnoten a. S. 111   Fortsetzung s. nächste Seite

T a f e l **3.4** Fortsetzung

DIN	Benennung, Ausführung	Lager-art	Maß-reihe	Kurzzeichen		
				Lager-reihe	Durchmesser-zeichen	Varianten; Zwischengrößen
5412 T 9	Zylinderrollenlager, zweireihig, nicht zerlegbar, vollrollig (V), axiale Kräfte nicht übertragbar (Loslager)	NNCL 48 NNCL 49	48 49	NNCL48 NNCL49	30···/500 12···/500	
5412 T 4	Zylinderrollenlager zweireihig, drei feste Borde, am Außenring, Bordfreier Innenring	NNU	49	NNU49	20···/710	20 K···/600 K
5412 T 1	Zylinderrollenlager, einreihig zwei feste Borde am Außenring, bordfreier Innenring (Maße s. Tafel **A** 3.8)	NU NU NU NU NU NU	10 02 22 03 23 04	NU10 NU 2[1] NU22 NU 3[2] NU23 NU 4[2]	05···/500 02···64 03···64 03···56 04···56 06···32	NU 2··E[8] NU20··E NU22··E NU 3··E NU23··E
5412 T 1	Zylinderrollenlager, einreihig, zwei feste Borde am Außen-ring, ein fester Bord und eine lose Bord-scheibe am Innenring	NUP NUP NUP NUP NUP	02 22 03 23 04	NUP 2[1] NUP22 NUP 3[2] NUP23 NUP 4[1]	02···48 03···32 03···36 04···32 06···18	NUP2··E[8] NUP22··E NUP23··E
617	Nadellager (Maße s. Tafel **A** 3.10) Nadellager ohne Innenring	NA NA RNA RNA	48 49 48 49	NA48 NA49 RNA48 RNA49	22···72 00···20; 22···28 22···72 00···20 22···28	 /22; /28; /32 /22; /28; /32
628 T 1	Schrägkugellager, einreihig, geteilter Innenring, Vierpunktlager Schrägkugellager, zweireihig, geteilter Außenring mit Trennkugeln	QJ QJ UK UL UM	02 03 20 02 03	QJ2[2] QJ3[2] UK[9] UL[9] UM[9]	05···40 03···30 20···200 15···170 20···100	
615	Schulterkugellager	E Bo L M	nicht nach ISO15	E[10] Bo L M	3; 4···13; 15; 19; 20 15; 17 17; 20; 25; 30 20	

Fußnoten a. S. 111

Fußnoten zu Tafel **3.4**

[1]) Das Zeichen für die Lagerart „0" wird bei der Bildung der Zeichengruppe für die Lagerreihe unterdrückt.

[2]) Das Zeichen für die Breitenreihe wird bei der Bildung der Zeichengruppe für die Lagerreihe unterdrückt.

[3]) Das Zeichen für die Lagerart „1" wird bei der Bildung der Zeichengruppe für die Lagerreihe unterdrückt.

[4]) Entspricht dem Maßplan nur hinsichtlich der Durchmesserreihe.

[5]) Das Verhältnis von Bohrungsdurchmesser der Hülse zum Manteldurchmesser ist nicht durch den Maßplan festgelegt.

[6]) Die Lagerreihenbezeichnung wäre theoretisch 203; sie ist in 213 geändert, um eine Unterscheidung mit Tonnenlagern gleicher Maßreihe zu ermöglichen.

[7]) Sollen die Lager dieser Ausführung einschließlich zugehöriger Unterlegscheiben bezeichnet werden, so wird dem Basiszeichen ein „U" angehängt. Beispiel 533 20 U.

[8]) E wird zur Hervorhebung einer verstärkten Ausführung benutzt, die sich durch abweichende Maße der Hüllkreisdurchmesser unterscheiden kann: z. B. NJ 22 $\cdot\cdot$ E.
Die Punkte ($\cdot\cdot$) stehen für die Bohrungskennzahl.

[9]) Die Zeichen für die Maßreihe werden bei der Bildung der Zeichengruppe für die Lagerreihe unterdrückt.

[10]) Die Kurzzeichen für die Grundausführung sind historisch erklärbar und folgen keinem System. Vor- und Nachsetzzeichen nach dieser Norm können sinngemäß angewandt werden.

3.3.5.1 Wälzlagerpassung

Allgemein gilt: Die Lagerringe müssen im Gehäuse und auf der Welle allein durch ihren Sitz so befestigt sein, daß eine Lockerung und ein Wandern in Umfangsrichtung ausgeschlossen ist, und daß im Betrieb das optimale Lagerspiel erreicht wird. Eine zu stramme Passung verkleinert das Spiel zwischen Ringen und Wälzkörpern unzulässig. Eine allgemeingültige Passung läßt sich wegen der Unterschiede im Verhalten der Gegenstücke nicht angeben. Im einzelnen ist zu beachten:

1. Die Ringe sind unter Berücksichtigung der hohen Genauigkeit als „weich" anzusehen, d.h. sie passen sich z. B. einer unrunden Welle oder Gehäusebohrung an und werden dabei selbst unrund; das vorgeschriebene Lagerspiel ist dann nicht mehr erreichbar.

Die Herstellungsgenauigkeit der Sitzflächen für die Lagerringe muß der Genauigkeit der Lager selbst entsprechen. Starre, dickwandige Gegenstücke (z. B. Vollwellen, dickwandige Lagergehäuse) verformen die „weichen" Wälzlagerringe bei gleichem Passungsmaß mehr als weiche Gegenstücke. Ein Gegenstück ist nicht nur bei geringer Wanddicke weich, sondern im Vergleich zum Wälzlagerring auch dann, wenn es aus einem Werkstoff mit niedrigerem Elastizitätsmodul besteht, also aus Leichtmetall, Bronze usw.

2. Die Ringe neigen dazu, sich infolge des Wälzvorgangs im Betrieb aufzuweiten. Hierdurch wird der Sitz des Innenrings während des Betriebs loser, der Sitz des Außenrings fester als im Einbauzustand. Die Passung des Innenrings muß deshalb beim Finbau strammer gewählt werden als die des Außenrings. Hierbei ist zusätzlich zu beachten, daß ein unter der Last umlaufender Ring stärker aufgeweitet wird als ein relativ zur Last ruhender Ring. Zur Unterscheidung dienen die Begriffe „Umfangslast" und „Punktlast". Umfangslast wirkt auf den Ring, der relativ zur Last umläuft; Punktlast wirkt auf den Ring, an dem die Last stets im gleichen Punkt angreift, der also relativ zur Lastrichtung stillsteht (s. Tafel **A 3.**14).

Beispiele: Bei einer Transmissionswelle steht das Lagergehäuse und mit ihm der Außenring des Wälzlagers still, die Last (Riemenzug) wirkt unverändert in der gleichen Richtung; der Innenring, der mit der Welle umläuft, dreht sich relativ zur Lastrichtung. Es wirkt Punktlast auf den Außenring, Umfangslast auf den Innenring.

Die Achse eines Fahrradlagers steht relativ zur Betriebslast still, die Nabe dreht sich mit dem Rad. Es wirkt Punktlast auf den Innenring, Umfangslast auf den Außenring.

3. Erschütterungen oder stoßartige Beanspruchungen einer Maschine verlangen einen festeren Sitz der Wälzlagerringe, damit eine Lockerung vermieden wird.

4. Temperaturunterschiede zwischen Welle und Gehäuse im Betrieb sind bei der Wahl der Einbau-Passung zu berücksichtigen.

5. Loslager sind Radiallager, die keine zusätzlichen Axialkräfte übertragen dürfen. Wenn hierfür keine Einstellager verwendet werden, muß die Passung eines der beiden Lagerringe, meist des Außenrings, eine Verschiebung in Achsrichtung zulassen, ehe durch eine Überbestimmung schädliche Axialkräfte entstehen können.

6. Die elastische Verformbarkeit der Ringe ist nicht bei allen Lagerarten gleich. Es können auch Unterschiede zwischen Lagern der gleichen Bauart bei verschiedenen Herstellern vorhanden sein, da die inneren Abmessungen nicht genormt sind.

7. Zwischen der Passung des Innen- und Außenrings muß schließlich noch ein solcher Unterschied bestehen, daß sich bei der Zerlegung der Lagerstelle das Wälzlager entweder zuerst aus dem Gehäuse oder von der Welle löst. Der Ausbauvorgang, insbesondere die Reihenfolge der Zerlegung einer Lagerstelle, ist durch konstruktive Maßnahmen festzulegen.

Für den Konstrukteur ist es in der Regel nicht leicht, die günstigste Passungsvorschrift in jedem Einzelfall so festzulegen, daß alle Gesichtspunkte richtig berücksichtigt sind. (Einen Anhalt bietet DIN 5425 T 1, s. Tafel A 3.14, Tafel A 3.15 u. Bild A 3.16; eingehende Angaben findet man in den Listen der Hersteller. Abmaße der ISO-Toleranzen s. Arbeitsblatt Teil 1. Empfohlene Werte für die Oberflächenrauheit von Paßflächen s. Tafel A 3.17.)

3.3.5.2 Festlegen der Lager in Längsrichtung

Beispiele für die im folgenden Text verwendeten Begriffe „Festlager", „Loslager", und „schwimmende Lagerung" sind im Bild 3.10 dargestellt.

1. Mehrfach gelagerte Wellen dürfen nur an einer Stelle gegen Verschieben in Längsrichtung festgelegt werden, sie dürfen nur ein „Festlager" besitzen. Alle anderen Lager sind als „Loslager" auszubilden, d. h., sie müssen sich so in Längsrichtung einstellen können, daß Zusatzkräfte durch Klemmen nicht entstehen können (s. Abschn. 3.4.2).

Welche Lagerarten sich als Festlager eignen, ergibt sich aus Abschn. 3.3.4. Reine Axiallager sollen mit Rücksicht auf gute Zentrierung nur in unmittelbarer Verbindung mit einem Radiallager verwendet werden (3.11). Die Auflagefläche des Gehäuses ist genau senkrecht zur Lagerachse herzustellen.

2. Einseitig wirkende Axial- oder Schräglager bedürfen einer Ergänzung, durch die eine Verschiebung der Welle in der Gegenrichtung verhindert wird, auch wenn eine solche rechnerisch nicht zu erwarten ist (3 in Bild 3.11). Im einfachsten Fall, z. B. bei einem Kranhaken, genügt eine Anlaufscheibe oder ein Bund am Hakenschaft, der ein Abheben des Axiallagers verhindert. Einseitig wirkende Schräglager, gegebenenfalls auch Führungs-Radiallager, müssen in der Regel paarweise verwendet werden. Hierbei ist darauf zu achten,

daß die beiden gegeneinanderwirkenden Lager möglichst nahe nebeneinander liegen, damit durch Unterschiede in der Wärmeausdehnung von Gehäuse und Welle während des Betriebs oder auch nur beim Anfahren keine Änderung des Axialspiels auftritt (1 a und 1 b in Bild 3.13).

3. Lager, die Längskräfte übertragen sollen, müssen im Gehäuse und auf der Welle so festgelegt werden, daß sie die höchstmögliche Axialkraft mit Sicherheit übertragen kön-

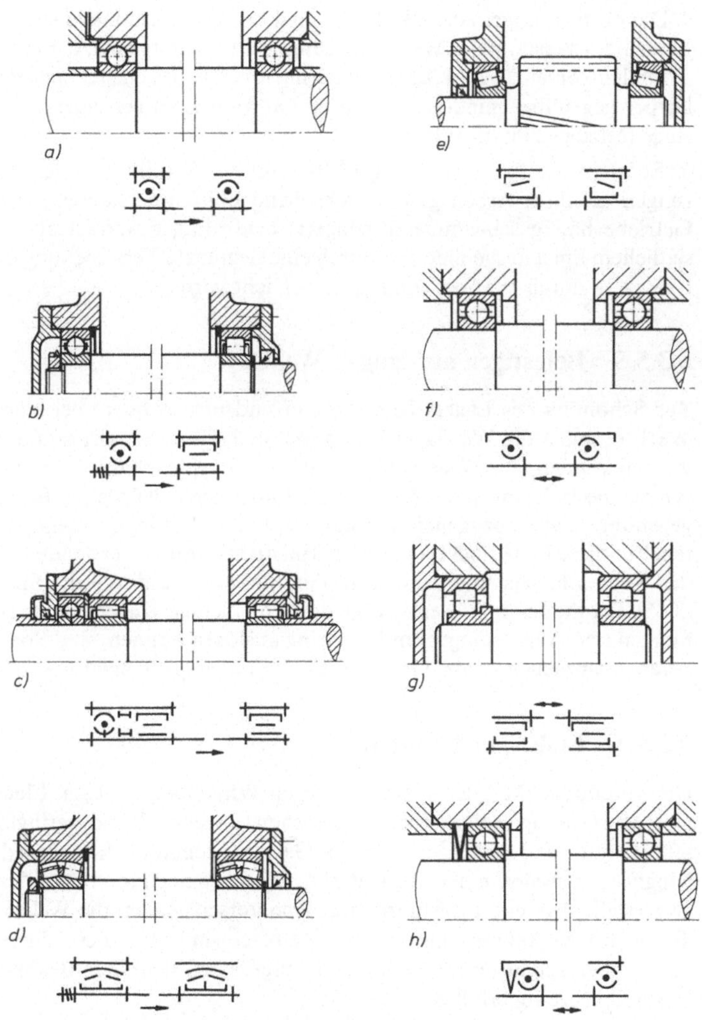

3.10 Festlegen der Lager in Längsrichtung

   a) bis d) Loslager (rechts) und Festlager (links)
   e) gegenseitige Führung; hauptsächlich zur Lagerung kurzer Wellen geeignet
   f), g) schwimmende Lagerung
   h) schwimmende Lagerung mit elastischer Verspannung

nen. Geeignete Befestigungsmittel sind Wellenabsätze, Sicherungsringe, Lagerdeckel oder Ringmuttern. Hierbei ist auf die Kerbgefahr für die Welle zu achten (s. Abschn. 1.3 und Tafel **1**.3). Stellringe dürften nur in seltenen Fällen eine ausreichend genaue und zuverlässige Lagensicherung ergeben. Die genaue Einstellung der Lager in Längsrichtung erfolgt durch Distanzscheiben, Distanzbuchsen oder durch das Anstellen von Ringmuttern, die wegen der notwendigen Einstellgenauigkeit Feingewinde und eine in jeder Stellung wirksame Mutternsicherung besitzen müssen. Beispiele für die Lagensicherung s. Bilder in Abschn. 3.4.2.

4. Die übrigen Lager einer Welle, die als Loslager auszubilden sind, werden nur mit einem Laufring – meist auf der Welle – in Längsrichtung festgelegt, der andere Laufring muß sich einstellen können (s. Bild **3**.15: Außenring im Gehäuse einstellbar). Bei Einstellagern (Wälzkörper gegenüber mindestens einem Laufring axial verschiebbar) sind stets beide Laufringe festzulegen (9 in Bild **3**.13).

5. Schwimmende Lagerung (3.10). Um zur Verbilligung der Fertigung Gehäusebohrungen in einem Arbeitsgang durchgehend bohren zu können, werden Wellen einfacher Getriebe häufig schwimmend gelagert; beide Lager werden als Loslager mit geringem seitlichem Spiel ausgebildet, wodurch eine begrenzte Verschiebung der Welle in Längsrichtung, z. B. durch Wärmedehnung, ermöglicht wird.

3.3.5.3 Befestigen auf langen Wellen

Zur Schonung des Lagers beim Einbau und insbesondere bei blank gezogenen langen Wellen sollen die Wälzlager bis an die Stelle ihres Sitzes lose über die Welle geschoben werden können. Die Welle muß also bis zum Lagersitz einen kleineren Durchmesser besitzen als die Bohrungen des Wälzlagers. Andererseits würde die Bearbeitung langer Wellen gegenüber blank gezogenen und kalibrierten Wellen eine wesentliche Verteuerung bedeuten. Für diese Fälle sind Lager mit Spannhülsen zu verwenden; sie lassen sich lose über die Welle schieben und werden an der Einbaustelle durch die Spannhülse festgeklemmt (3.15). Da die Spannhülsen infolge des sehr kleinen Kegelwinkels erhebliche Radialspannungen und Aufweitungen im Innenring auslösen können, sind Spannhülsenlager bei größeren Ansprüchen an die Genauigkeit des Lagerspiels nicht geeignet.

3.3.5.4 Einbau und Ausbau

Die Empfindlichkeit der Wälzlager gegen Winkelbewegungen, Fluchtungsfehler, Verkanten, Abweichungen vom vorgeschriebenen Lagerspiel und geringförmige Verformungen setzt voraus, daß die Lagerstellen im Gehäuse genau fluchten und daß das Gehäuse nach Möglichkeit weder in der Ebene der Wellenachse noch senkrecht dazu (z. B. zwischen zwei Lagerstellen) geteilt ausgeführt wird. Andererseits sollen die Wellen mit den zugehörigen Teilen (Ritzel, Ankerwicklungen usw.) einfach und ohne Beschädigung irgendeines Teiles aus- und eingebaut werden können. Häufig lassen sich diese Bedingungen nicht in idealer Form gleichzeitig erfüllen.

Hinweise für die zweckmäßige Gestaltung der Lagerstellen:

1. Die Endbearbeitung aller Sitzstellen für die Wälzlagerringe zur Lagerung einer Welle soll in einem Arbeitsgang erfolgen. Geteilte Gehäuse müssen vor der Endbearbeitung der Sitzflächen zusammengebaut werden, und die Lage der Teile muß durch Paßstifte oder dgl. reproduzierbar festgelegt sein. Können die Lagerstellen nicht in einem Maschinenteil, z. B. in der Grundplatte einer

Maschine, untergebracht werden, dann müssen Pendellager verwendet werden, die den Ausgleich von Fluchtungsfehlern ermöglichen (3.15 und 3.16).

2. Eine Teilung des Gehäuses in der Ebene der Wellenachse soll dann vermieden werden, wenn noch andere konstruktive Lösungen für den einwandfreien Ein- und Ausbau der Teile möglich sind. Beispiel. Die Möglichkeit, eine Ritzelwelle in ein Getriebegehäuse von der Seite einzubauen, ergibt sich dadurch, daß man in der Gehäusewand eine seitliche Öffnung vorsieht, deren Durchmesser etwas größer ist als der größte Durchmesser des einzubauenden Werkstückes. In diese Öffnung wird ein genau zentrierter Ring eingesetzt, der seinerseits die Bohrung zur Aufnahme des Wälzlager-Außenrings enthält (5 in Bild 3.13 und 14 in Bild 3.17). Diese Lösung hat zugleich den Vorteil, daß der Ring mit Gewindebohrungen zur Aufnahme einer Abziehvorrichtung versehen werden kann (13 in Bild 3.17). Häufig erleichtert die Verwendung zerlegbarer Wälzlager den Ein- und Ausbau (3.12).

3. Kann eine Teilung des Gehäuses in der Wellenebene nicht vermieden werden (z. B. bei mehrfach gelagerten Transmissionswellen), dann sind Ober- und Unterteil des Lagergehäuses so starr auszuführen, daß beim Anziehen der Deckelschrauben eine Verformung des Lager-Außenrings nicht möglich ist. Die Endbearbeitung der Bohrung hat mit betriebsmäßig angezogenen Deckelschrauben zu erfolgen. Die Verwendung von Zwischenlagern zwischen Deckel und Gehäuse-Unterteil ist nicht zulässig. Man kann bei „weichen" Wälzlager-Außenringen das Wälzlager auch in einen Verstärkungsring aus Stahl einsetzen, der dann beim Einbau in das geteilte Gehäuse das Lager vor Verformungen schützt.

4. Für den Fall von Reparaturen an Maschinen ist bereits beim Entwurf der Lagerstelle darauf zu achten, daß die Lager bzw. die Lagerringe, die mit Passung eingesetzt sind, durch zweckmäßige, möglichst handelsübliche Vorrichtungen abgezogen und unbeschädigt wieder eingebaut werden können. Keinesfalls darf die Abziehkraft oder die Aufpreßkraft von dem einen Ring über die Wälzkörper auf den anderen Ring übertragen werden. Für größere Lager hat SKF ein Verfahren entwickelt, bei dem Drucköl durch eine von außen zugängliche Bohrung in die Sitzfläche zwischen Lagerring und Welle bzw. Gehäusebohrung eingepreßt wird, bis der betreffende Ring leicht verschieblich wird.

3.3.5.5 Abdichtung

Die Abdichtung der Lagerstelle soll das Austreten von Schmiermitteln verhindern und außerdem Schmutz vom Lager fernhalten. In einigen Fällen, z. B. bei Kraftfahrzeug-Getrieben, müssen Wälzlager vor Überschmierung durch das in großer Menge im Getriebegehäuse herumgeschleuderte Öl geschützt werden (s. Teil 1 Abschn. Dichtungen).

3.3.5.6 Schmierung

Gleitreibungsvorgänge spielen im Wälzlager nur eine untergeordnete Rolle (s. Abschn. 3.2.5). Es genügt infolgedessen, wenn das Schmiermittel die Wälzlagerteile nur mit einer sehr dünnen Schicht umhüllt. Die wesentliche Aufgabe besteht darin, die am Wälzvorgang beteiligten Flächen vollkommen sauberzuhalten. In manchen Fällen muß das Schmiermittel auch zur Kühlung dienen. Überschmierung ist wesentlich schädlicher als Mangel an Schmierstoff. Als Schmiermittel wird Schmier-(Wälzlager-)Fett oder Schmieröl (DIN 51 822, 51 824, 51 500 ⋯ 51 505, 51 508, 51 509) verwendet.

Fettschmierung erfüllt die Schmierbedingungen der Wälzlager sehr gut. Die Benetzung aller dem Verschleiß ausgesetzten Teile ist voll ausreichend, um metallische Berührung zu verhindern. Überschüssiges Fett wird in die vorhandenen Hohlräume verdrängt. Es stört den Wälzvorgang nicht, wirkt schmutzbindend, geräuschdämpfend, ist wasserabweisend und verhindert das Eindringen von Feuchtigkeit. Fettgeschmierte Wälzlager brauchen nur sehr selten und mit geringen Fettmengen nachgeschmiert zu werden.

Für die Zuführung genügen einfache Schmierköpfe, sofern nicht eine Erneuerung des gesamten Fettvorrats bei regelmäßigen Überholungsarbeiten an der Maschine weiteres Nachschmieren ganz überflüssig macht. Bei jeder Überholung muß das Lager allerdings sehr sorgfältig von verunreinigtem Fett gesäubert werden, damit nicht der während des Betriebs vom Fett aufgenommene Schmutz mit den Lauf- und Gleitflächen erneut in Berührung kommt. Wälzlager, die einem Dauerbetrieb nicht ausgesetzt sind (z. B. Haushaltsmaschinen oder Kraftfahrzeugkupplungen) werden mit einem Fettvorrat gefüllt, gekapselt geliefert. Diese Fettfüllung genügt für die Lebensdauer der Maschine, so daß die Lager wartungsfrei laufen.

Ölschmierung wird bei Lagern angewendet, die in ölgeschmierten Räumen laufen (z. B. in Kraftfahrzeug-Getrieben) oder bei Lagern mit hohen Umfangsgeschwindigkeiten oder in Meßgeräten, wenn geringste Reibung Bedingung ist. In der Regel soll der Ölstand bei stehender Maschine die Mitte des untersten Wälzkörpers erreichen. Um Überschmierung zu verhindern, wird in der entsprechenden Höhe des Gehäuses eine Überlaufschraube angeordnet, die zweckmäßig zugleich als Füllschraube dient. Wälzlager in Gehäusen mit starkem Ölumlauf, z. B. in Getrieben, müssen durch Spritzscheiben, Ölrücklaufgewinde oder Abdichtungen gegen Überschmierung geschützt weren (s. Bild **3**.13 und Teil 1 Abschn. Dichtungen).

3.3.5.7 Hohe Umfangsgeschwindigkeiten

Die umlaufenden Teile eines Wälzlagers sind außer Betriebskräften dem Einfluß der Zentrifugalkraft ausgesetzt. Am ungünstigsten wirkt sie (s. Abschn. 3.3.4) auf die Kugeln von Axiallagern. Für die zulässige Höchstdrehfrequenz ist neben der Lagerart die Käfigbauart, die Lagergröße, die Höhe der Belastung, die Art der Schmierung und die Kühlung bestimmend. Es gelten etwa folgende Grenz-Umfangsgeschwindigkeiten, bezogen auf den Wellendurchmesser:

auf Rollkörpern geführter gestanzter Blechkäfig	15 m/s
auf Rollkörpern geführter massiver Käfig	20 m/s
auf Schultern und Borden geführter massiver Käfig	5 m/s
Käfige aus Leichtmetall, Sonderbronze, Faserstoff	bis 50 m/s

3.3.6 Werkstoffe

Rollbahnringe und Wälzkörper bestehen aus demselben Sonderstahl mit einem Kohlenstoffgehalt 0,9 ··· 1,2 % und einem Chromgehalt 0,4 ··· 1,8 %. Innerhalb dieser Grenzen erfolgt die Auswahl so, daß einwandfreie Durchhärtung erzielt wird. Es ist die Härte HRc = 63 in engen Grenzen zu gewährleisten, bei Reinheit und homogenen feinkörnigem Gefüge nach dem Härten (Zusammensetzung und Gewährleistungsbedingungen im Stahl-Eisen-Werkstoffblatt 350-49).

Für nichtrostende Lager verwendet man Chromstahl mit 13 ··· 17 % Chrom, für besondere Korrosionsbedingungen Wälzlager aus Spezialbronze. Da die genannten rostfreien Stähle nur die Härte HRc = 55 ··· 58 erreichen, ist ihre Belastbarkeit geringer. Auch Wälzlager aus keramischen Stoffen wurden schon hergestellt.

Käfige. Werkstoff und Ausführung der Käfige bestimmen die Eignung der Lager für den Betrieb bei hohen Umfangsgeschwindigkeiten und für geräuscharmen Lauf. Die üblichen Blechkäfige werden aus Eisenblech gestanzt. Massivkäfige für höhere Anforderungen werden aus Stahl, Kupferlegierungen, Leichtmetall oder Kunststoff hergestellt. Leichtmetall und Kunststoff eignen sich infolge ihres geringen spezifischen Gewichts bevorzugt für hohe Umfangsgeschwindigkeiten, Kunststoff besitzt ferner sehr gute Dämpfungsfähigkeit gegen Geräusche.

3.4 Beispiele

3.4.1 Berechnungsbeispiele

Beispiel 1. Für das Rillenkugellager 63 20 DIN 625 ist nach Tafel **A 3.**12 die Tragzahl $C = 137$ kN. Es soll die Lebensdauer für die wirkliche Last $F = 100$ kN berechnet werden.

Nach Gl. (3.4) ist $L = (137/100)^3 = 2{,}57$ in 10^6 Umdrehungen.

Beispiel 2. Das Lager nach Beispiel 1 soll die Lebensdauer $L = 20 \cdot 10^6$ Umdrehungen erreichen. Wie hoch darf es belastet werden?

Nach Umstellung von Gl. (3.4) ist $F = 137 \cdot \sqrt[3]{1/20} = 50{,}5$ in kN.

Beispiel 3. Das Lager nach Beispiel 1 soll bei der Drehfrequenz $n = 3000$ min^{-1} mit $F = 10$ kN belastet werden. Welche Betriebsstundenzahl wird erreicht?

Aus Gl. (3.7) folgt $f_{\mathrm{L}} = f_{\mathrm{n}} C/F$. Die Tragzahl ist $C = 137$ kN wie in Beispiel 1. Den Drehfrequenzfaktor $f_{\mathrm{n}} = 0{,}223$ für $n = 3000$ min^{-1} erhält man aus Bild **A 3.**2. Hiermit wird $f_{\mathrm{L}} = 0{,}223 \cdot 137/10 = 3{,}05$. Für $f_{\mathrm{L}} = 3{,}05$ liest man aus Bild **A 3.**2 dann $L_{\mathrm{h}} = 14000$ h (Betriebsstunden) ab.

Beispiel 4. Das Lager nach Beispiel 1 soll bei der Drehfrequenz 3000 min^{-1} die Lebensdauer $L_{\mathrm{h}} = 4000$ Stunden erreichen. Wie hoch darf es belastet werden?

Nach Gl. (3.7) ist $F = Cf_{\mathrm{n}}/f_{\mathrm{L}}$. Die Werte f_{n} und f_{L} werden Bild **A 3.**2 entnommen: $f_{\mathrm{n}} = 0{,}223$ für $n = 3000$ min^{-1} und $f_{\mathrm{L}} = 2{,}0$ für 4000 Betriebsstunden. Es ist $C = 137$ kN wie in Beispiel 1. Also wird nach Gl. (3.7) $F = 137 \cdot 0{,}223/2{,}0 = 15{,}30$ in kN. Man könnte auch aus $L_{\mathrm{h}} = 4000$ Stunden und $n = 3000$ min^{-1} die Lebensdauer $L = 720 \cdot 10^6$ (in Umdrehungen) errechnen und dann nach Beispiel 2 verfahren.

Beispiel 5. Für die Belastung $F = 10$ kN, die Drehfrequenz $n = 3000$ min^{-1} und die Lebensdauer $L_{\mathrm{h}} = 5000$ Stunden ist ein Radiallager auszuwählen.

Man errechnet mit $F = 10$ kN, $f_{\mathrm{n}} = 0{,}223$ (aus Bild **A 3.**2 für $n = 3000$ min^{-1}) und $f_{\mathrm{L}} = 2{,}15$ (aus demselben Bild für 5000 Betriebsstunden) die Tragzahl nach Gl. (3.7) $C = Ff_{\mathrm{L}}/f_{\mathrm{n}} = 10 \cdot 2{,}15/0{,}223 = 96{,}5$ in kN.

Aus den Normblättern für Radiallager, aus der Übersichtstafel **A 3.**12 oder aus Unterlagen der Hersteller sucht man jetzt unter Berücksichtigung des – meist vorgeschriebenen – Wellendurchmessers, zweckmäßiger anderer Abmessungen und etwa geforderter besonderer Eigenschaften (entspr. Abschn. 3.3.4) ein geeignetes Lager aus, für das die Tragzahl $C \approx 96{,}5$ kN angegeben ist.

Beispiel 6. Für das Lager in Beispiel 4 wurde für $C = 137$ kN, $L_{\mathrm{h}} = 4000$ Stunden und $n = 3000$ min^{-1} die Belastung $F = 15{,}3$ kN ermittelt. Soll dieses Lager bei der Betriebstemperatur $\vartheta = 150\,°\mathrm{C}$ betrieben werden, dann verringert sich die zulässige Belastung auf $F_{\vartheta} = Ff_{\vartheta} = 15{,}3$ kN $\cdot\, 0{,}94 = 14{,}4$ kN. Der Temperaturfaktor f_{ϑ} wird Bild **A 3.**2 entnommen.

Beispiel 7. Ein Wälzlager soll entsprechend Abschn. 3.2.6.1 einer regelmäßig zwischen 6 und 12 kN wechselnden Belastung ausgesetzt sein. Nach Gl. (3.9) ist die äquivalente Last $P = (6 + 2 \cdot 12)$ kN$/3 = 10$ kN. Die weitere Rechnung kann dann entsprechend Beispiel 5 verlaufen.

Beispiel 8. Ein Fahrstuhl fährt während 10 % seiner Lebensdauer mit halber Geschwindigkeit und voller Belastung, während 60 % seiner Lebensdauer mit voller Geschwindigkeit und ¼ Belastung und während 30 % seiner Lebensdauer mit halber Geschwindigkeit und halber Belastung. Die volle Drehfrequenz der zu lagernden Welle ist $n_{max} = 3\,000\ \text{min}^{-1}$, die volle Belastung des zu berechnenden Wälzlagers (z. B. durch Zahnradkräfte) $F_{max} = 1\,000$ N. Die Lebensdauer des Lagers soll bei täglich zweistündiger Benutzung 10 Jahre betragen. Für welche Tragzahl muß das Wälzlager ausgewählt werden?

In Gl. (3.11) sind einzusetzen

$$F_1 = 1\,000\ \text{N} \qquad n_1 = 1\,500\ \text{min}^{-1} \qquad q_1 = 10\%$$
$$F_2 = 750\ \text{N} \qquad n_2 = 3\,000\ \text{min}^{-1} \qquad q_2 = 60\%$$
$$F_3 = 500\ \text{N} \qquad n_3 = 1\,500\ \text{min}^{-1} \qquad q_3 = 30\%$$

Dann ist die äquivalente Last

$$P = \sqrt[3]{1\,000^3\ \frac{1\,500}{33\,\frac{1}{3}} \cdot \frac{10}{100} + 750^3\ \frac{3\,000}{33\,\frac{1}{3}} \cdot \frac{60}{100} + 500^3\ \frac{1\,500}{33\,\frac{1}{3}} \cdot \frac{30}{100}} = 3\,070 \quad \text{in N}$$

Die Lebensdauer L_h ist (2 Stunden/Tag) × (365 Tage/Jahr) × 10 Jahre = 7300 Stunden. Da Gl. (3.11) auf die Bezugsdrehzahl $33\,\frac{1}{3}\ \text{min}^{-1}$ bezogen ist, ist der Drehfrequenzfaktor in der Lebensdauergleichung (3.12) $f_n = 1$ zu setzen. Für 7 300 Betriebsstunden ist nach Bild **A 3**.2 der Lebensdauerfaktor $f_L = 2{,}4$. Die erforderliche Tragzahl wird dann nach Gl. (3.7) $C = P f_L / f_n = 3\,070 \cdot 2{,}4 / 1 = 7\,400$ in N.

Beispiel 9. Für einen bestimmten Einbaufall ist der Wellendurchmesser $d = 75$ mm vorgeschrieben. Auf das Lager wirkt die Radiallast $F_r = 10\,000$ N und die zusätzliche Axiallast $F_a = 2\,800$ N. Die Verhältnisse an der Einbaustelle verlangen ein Rillen-Kugellager nach DIN 625. Damit stehen die Lager 62 15, 63 15 und 64 15 zur Wahl. Die Lebensdauer soll $L_h = 3\,000$ h bei $n = 850\ \text{min}^{-1}$ betragen.

Zunächst errechnet man für eines der drei Lager die erreichbare Lebensdauer: Für das Lager 6 215 ist in Tafel **A 3**.12 die dynamische Tragzahl $C = 50\,000$ N und in Tafel **A 3**.11 die statische Tragzahl $C_0 = 42\,500$ N angegeben. Die äquivalente Belastung ist nach Gl. (3.9) $P = X F_r + Y F_a$. Zur Bestimmung der Faktoren X und Y aus Tafel **A 3**.4 berechnet man den Quotienten $F_a/(F_r) = 2\,800/10\,000 = 0{,}28$ und den Quotienten $F_a/C_0 = 2\,800/42\,500 = 0{,}0659$. Durch Interpolation ergibt sich aus Tafel **A 3**.4 für $F_a/C_0 = 0{,}0659$ der Wert $e = 0{,}267$. Da F_a/F_r größer als e ist, liest man, ebenfalls interpolierend, aus der zugehörigen Spalte in Tafel **A 3**.4 den Wert $Y = 1{,}65$ ab. Für X findet man in derselben Tafel $X = 0{,}56$. Setzt man diese Werte in Gl. (3.9) ein, so erhält man für die äquivalente Belastung

$$P = 0{,}56 \cdot 10\,000\ \text{N} + 1{,}65 \cdot 2\,800\ \text{N} = 5\,600\ \text{N} + 4\,620\ \text{N} = 10\,220\ \text{N}$$

Der Lebensdauerfaktor wird durch Umformen von Gl. (3.7) mit $f_n = 0{,}34$ (Tafel **A 3**.2) für $n = 850/\text{min}^{-1}$

$$f_L = f_n\, C/P = 0{,}34 \cdot 50\,000\ \text{N}/10\,220\ \text{N} = 1{,}66$$

Aus Tafel **A 3**.2 liest man für $f_L = 1{,}66$ die Lebensdauer $L_h = 2\,300$ h ab. Die vorgeschriebene Lebensdauer 3 000 h wird von dem Lager 62 15 also um 23 % unterschritten, und zwar infolge Überschreitung der zulässigen äquivalenten Belastung $P = f_n C/f_{3\,000} = 0{,}34 \cdot 50\,000\ \text{N}/1{,}82 = 9\,350$ N, das sind $[(10\,220 - 9\,350)\ \text{N}/9\,350\ \text{N}]\ 100 \approx 9\%$. Der gleiche Rechnungsgang ergibt für das nächstschwerere Lager 63 15 (DIN 625) die Lebensdauer $L_h = 10\,000$ h. Dieses Lager würde also auf jeden Fall ausreichen. Es ist nun zu überlegen, ob dieses Lager endgültig verwendet werden soll, oder ob man durch Wahl einer anderen Bauart bei ausreichender Lebensdauer den Vorteil geringerer Abmessungen in Anspruch nehmen will. Schließlich ist noch zu beachten, daß die für das Lager 62 15 errechnete Lebensdauer zwar um 23 % unter der verlangten Lebensdauer liegt, daß aber die äquivalente Belastung, bei der die gewünschte Lebensdauer 3 000 h erreicht würde, nur um 9 % niedriger liegt als diejenige, die aus F_r und F_a errechnet wurde. In vielen Fällen dürften die Belastungswerte F_r und F_a aus Sicherheitsgründen zunächst reichlich hoch geschätzt worden sein. Es empfiehlt sich deshalb, die Voraussetzungen für die Festlegung dieser Werte zu überprüfen. Bei Anlegen eines strengen Maßstabs wird sich häufig herausstellen, daß das ursprünglich gewählte Lager den Anforderungen der genauer ermittelten Kräfte noch voll genügt.

3.4.2   Einbaubeispiele

S. auch Bilder in den Abschnitten: Dichtungen, Achsen und Wellen, Kupplungen und Zahnrädergetriebe.

Reitstockspitze (3.11). Radiale Führung durch Zylinderrollen-Einstellager 1 und Schräg-kugellager 3. Aufnahme des Axialschubs durch unmittelbar neben 1 befindliches Rillenku-gellager 2. Das Schräg-Kugellager 3 am anderen Ende der Spindel sichert Spielfreiheit in Achsrichtung durch Federspannung 6. Ausbau der Spitze nach links: Lösen der Ring-mutter 4, die gleichzeitig Labyrinthabdichtung darstellt, und der Sicherungsringe 5 und 8. Schmierung: nach Lösen der Schlitzschraube 7.

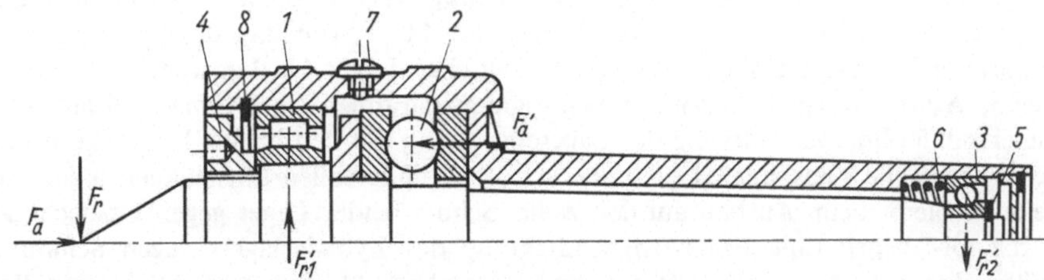

3.11 Reitstockspitze (SKF); Kraftpfeile nicht maßstäblich

Lagerkräfte: Auf die Reitstockspitze wirken von außen: In axialer Richtung F_a (Anstell-kraft), in radialer Richtung F_r (vom Drehstahl her). Die Reaktionskräfte in den Lagern sind: Axialkraft F_a', aufzunehmen von Lager 2, und die Radialkräfte F_{r1}' (Lager 1) und F_{r2}' (Lager 3).

Achslager für Eisenbahnwagen (3.12). Zwei Zylinderrollenlager 1 spiegelbildlich nebenein-ander sichern ausreichend breite Auflage gegen Kippmoment und axiale Führung bei Kurvenfahrt. Einfacher Ausbau: Abnehmen des Deckels 2 und der Ringmutter 3. Aus-tauschbarkeit ist bei diesem Lager vom Hersteller zu gewährleisten: Innenringe bleiben auf der Achse 4, Außenringe mit Käfigen und Wälzkörpern im Gehäuse 5. Auswechseln der Achsen oder Gehäuse ohne Abnehmen der zugehörigen Wälzlagerringe ist möglich (!). Abdichtung gegen die Welle: Filzring 6 und einfaches Labyrinth 7. Fettfüllung wird bei Inspektion nach etwa 300 000 km erneuert. Kein Nachschmieren in der Zwischenzeit, keine Schmieröffnung. <u>Distanzbuchse</u> 8 überbrückt Hohlkehle der Welle.

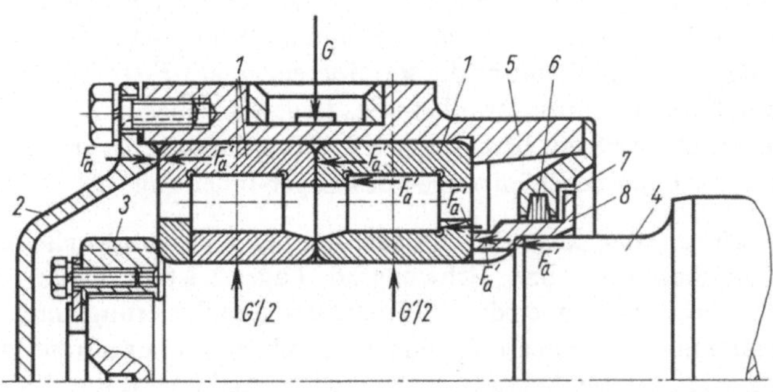

3.12
Achslager für Eisenbahn-wagen (Bundesbahn-Ein-heitslager)

Lagerkräfte: Das Lagergehäuse 5 wirkt mit dem Anteil des Fahrzeuggewichts G, der auf diese Lagerstelle entfällt, senkrecht von oben nach unten (Radiallast), G verteilt sich auf die beiden Lager 1 gleichmäßig; Reaktionskräfte im Wellenzapfen $G'/2$. Bei Geradeausfahrt keine zusätzliche Axialkraft. Bei Kurvenfahrt drückt das Gehäuse, z. B. über den Bund des Deckels 2 mit F_a von links nach rechts. Die Kraftübergangsstellen durch die einzelnen Teile der Lagerstelle bis zum Wellenbund sind die Ringflächen, in denen jeweils die Reaktionskräfte F_a' wirken. Bei Fahrt durch die Gegenkurve drückt das Gehäuse sinngemäß umgekehrt, d. h. auf den Außenring des rechten Lagers, die Kraftaufnahmestelle der Welle ist die Ringmutter 3.

Schneckenlagerung (3.13). Anforderungen: Aufnahme großer Kräfte in radialer und axialer Richtung, genaue Einstellbarkeit des Schneckeneingriffs, Schutz gegen Überschmierung, da Schneckenverzahnung starke Schmierung verlangt. Spielfreie Axialführung durch Gegeneinanderstellen von zwei Kegellagern 1a, 1b; Einstellung der Spielfreiheit durch kalibrierte Unterlegscheiben 2, 14 und 15 zwischen Lager 1b, Lagerdeckel 4 und Lagertopf 5; Ausbau: Nach Lösen der Befestigungsschrauben 7 am Gehäuse 6 läßt sich der Lagertopf 5 ohne Veränderung der Lagereinstellung mit den beiden Kegellagern und der Schneckenwelle 8 ausbauen. Der Innenring des Zylinderrollen-Einstellagers 9 der anderen Seite verbleibt beim Ausbau auf der Welle. Schutz beider Lager gegen Überschmierung durch Öl-Abspritzringe 10a, 10b; Abdichtung des Zylinderlagers gegen Schmutz von außen durch Radialdichtung mit Gummimanschette 11 (Simmerring). Lagerstelle 1 ist Festlager, Lagerstelle 9 ist Loslager.

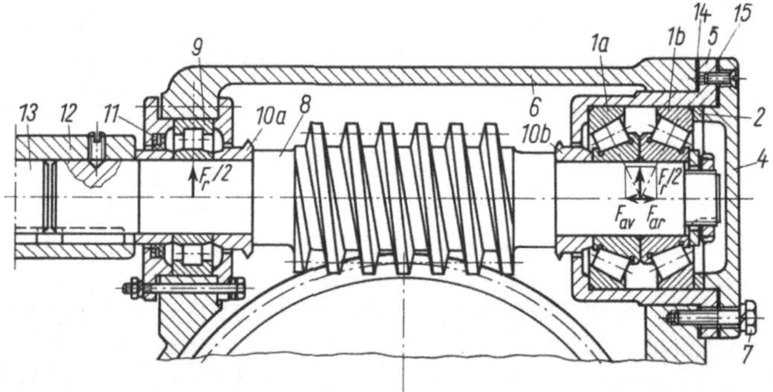

3.13 Schneckenlagerung (SKF)

Lagerkräfte: Schneckeneingriff ergibt Radial- und relativ hohe Axialkräfte. Radialkraft verteilt sich gleichmäßig auf die Lagerstellen 1 (Lager 1a und 1b) und 9 mit je $F_r/2$. Axialkräfte F_{av} oder F_{ar} – je nach Drehsinn der Schnecke – werden von den Lagern 1a bzw. 1b aufgenommen. Richtung der Resultierenden aus F_{av} bzw. F_{ar} und $F_r/2$ soll möglichst mit der durch den Berührungswinkel α des Lagers gegebenen Richtung zusammenfallen. Der Wellendurchmesser im Bereich der Kupplungshülse 12 ist etwas kleiner als der im Bereich des Lagers 9, um Beschädigungen des Lager-Innenrings bei der Montage zu vermeiden.

Kraftwagenkupplung (3.14). Lagerung der Kupplungswelle mit Rillenkugellagern 2, 5 im Getriebegehäuse bzw. Schwungrad. Lager 2 ist Festlager (Festlegung außen durch Sicherungsring 4, innen durch Wellenbund und Sicherungsring); Lager 5 ist Loslager. Radialkräfte in diesen Lagern F_{z1}' und F_{z2}' ergeben sich nur durch Zahnkraft F_z im Getrieberad 3. Axialkraft durch Schrägverzahnung von Rad 3 wird durch Lager 2 aufgenommen. Kupplung im Ruhezustad eingekuppelt, Kupplungskraft K durch mehrere Federn 9. Zum Auskuppeln bewegt der Schalthebel 10 die Buchse 11 mit dem Rillenkugellager 1 nach links. Leerhub (zur Schonung des Lagers 1), bis Druckplatte 14 an den (drei oder mehr) Kupplungsfingern 7 zur Anlage kommt. Dann wirkt auf das Lager 1 die Schaltkraft S, die der Federkraft K über den Hebel 7 in Lager 8 b das Gleichgewicht hält (K_1). Hebel 7 ist durch seinen Drehpunkt (Lager 8 a) mit dem Schwungscheibendeckel 15 verbunden.

Lagerkräfte: Belastung des Rillenkugellagers 1 nur axial durch S, keine Radialkomponente. Belastung der Lager 8 a und 8 b nur radial durch R bzw. K_1, geringe Pendelbewegungen, daher Nadellager.

Lagerschmierung: Lager 2 durch Getriebeöl. Lager 1: Durch Betätigen der Zentralschmierung des Fahrzeugs wird Öl in die Fangschale der Buchse 11 gespritzt, das von dem Filzring 16 aufgefangen wird. Der Filzring schmiert die Lauffläche der Buchse 11. Lediglich der Ölüberschuß gelangt durch die oben sichtbare Nut von der Fangschale zum Wälzlager 1. Lager 5 wird mit Fett eingesetzt und läuft ohne Nebenschmieren wartungsfrei.

Lagerabdichtung (wichtig, damit kein Abrieb der Kupplungsbeläge eindringen kann): Lager 5 durch Blechkappe 6, Lager 1 durch Druckplatte 14 und Blechkappe, Lager 2 keine Abdichtung zum Getriebe, Ölrücklaufgewinde 13 trennt Kupplungsraum sicher vom Getrieberaum.

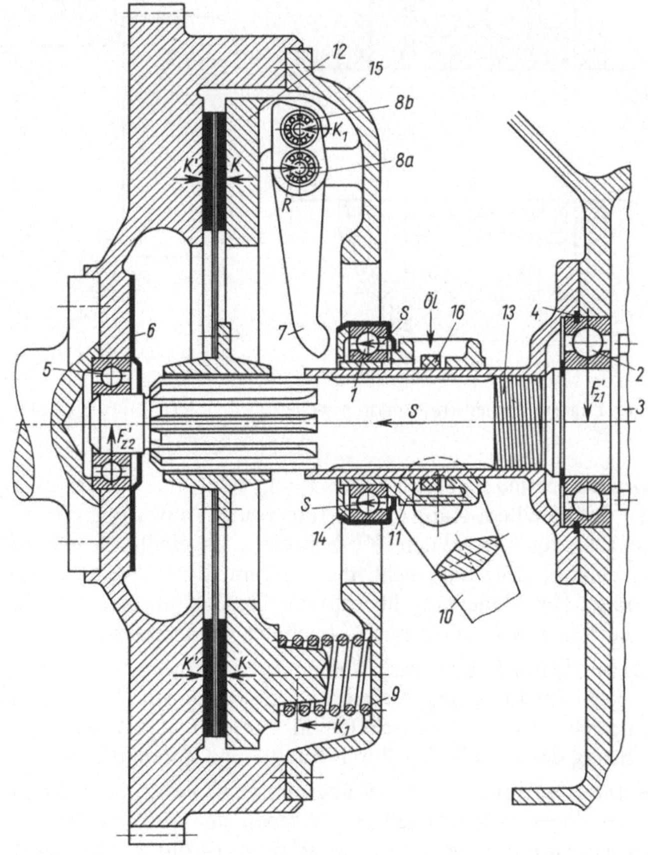

3.14
Kraftwagenkupplung

Lagerung einer Transmissionswelle (3.15). Anforderungen: Einbau des Lagers an beliebiger Stelle der kalibrierten, blank gezogenen Welle ohne spangebende Nachbearbeitung, daher Befestigung des Lagers durch Spannhülse 4. Einbau der durchlaufenden Welle 1 in das Lagergehäuse 2 verlangt geteiltes Gehäuse; Fluchtung der Welle ist nicht gesichert (Gehäuse auf Träger befestigt), daher Pendellager. Axiale Kräfte dürfen nicht auftreten, daher Außenring 5 in Längsrichtung nicht festgelegt.

Einbaubeispiel für Abziehhülse (3.16). Lager ist starken Erschütterungen ausgesetzt, die festen Sitz des Innenrings verlangen; Abziehhülse, da Abziehen des Innenrings sonst nicht ohne Beschädigung der Labyrinthscheiben 3 möglich. Schmiermittelzuführung durch Bohrung 1; Schmierölstandregelung durch Überlaufschraube 4. Labyrinthdichtung dient nur dem Fernhalten von Schmutz (Gesteinsstaub), Fett für Schmutzbindung wird durch Bohrung 2 zugeführt; Abdichtung zwischen Fett- und Innenraum des Lagers durch Filzring 5 oder Lippendichtung.

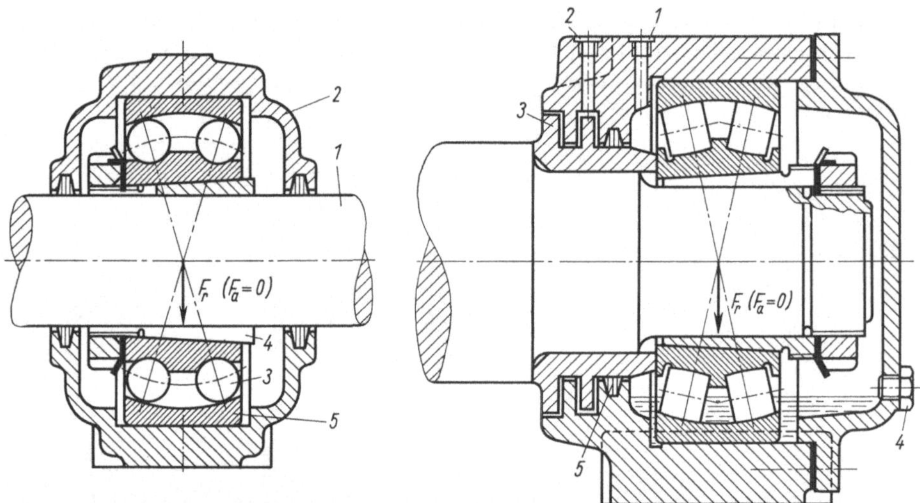

3.15 Lagerung einer Transmissionswelle   3.16 Einbaubeispiel für Abziehhülse

Grundlager und Pleuellager eines Kompressors (3.17). Pleuellager: Zweireihiges Nadellager mit geteiltem Käfig 4 ohne Innen- und Außenring, Kurbelzapfen und Pleuelbohrung gehärtet und geschliffen. Kurbelwelle 2 ungeteilt, Pleuelkopf 3 geteilt. Die Teilfuge im Pleuelkopf stört hier nicht, da in ihrem Bereich keine nennenswerte Kraftübertragung erfolgt. Der Nadelkäfig übernimmt die Axialführung der Nadeln. Ein- und Ausbau des Pleuellagers von unten nach Abnehmen des Deckels 10.

Grundlager 5 (Loslager): Nadeln laufen auf gehärtetem und geschliffenem Kurbelwellenzapfen ohne Innenring. Außenring 6 aus Stahl in das Gehäuse eingesetzt, da Grauguß keine ausreichenden Laufeigenschaften für Nadeln bietet. Außenring 6 dient außerdem der Axialführung des Nadelkäfigs durch Bund 7 und Sprengring 8.

Kurbelwellenendlager 9 übernimmt als Festlager die axiale Führung der Kurbelwelle; zweireihiges Schrägkugellager. Ausbau der Kurbelwelle nach links: Nach Lösen der Deckelmuttern 11 wird der Lagerkörper 14 durch Abdrückschrauben 13 zusammen mit dem Lager 9 abgezogen. – Verteilung des Schmieröls durch Schleuderwirkung der Kurbelkröpfung auf sämtliche Lager; keine weiteren Schmiereinrichtungen (s. Abschn. Kurbelgetriebe).

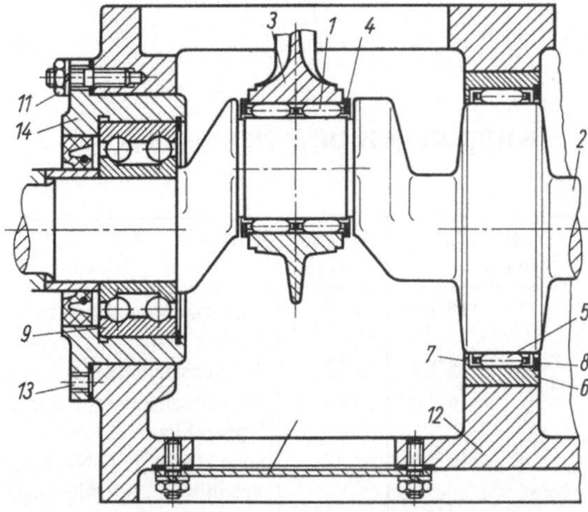

3.17
Pleuelstange eines Kompressors (ähnlich INA)

Nadel-Schrägkugellager (3.18). Der Magnetkörper 1 einer schleifringlosen Elektromagnet-Kupplung mit dem übertragbaren Drehmoment von 5 Nm ist auf einem Nadel-Schrägkugellager 2 gelagert.

Der Magnetkörper stützt sich am Maschinenrahmen gegen Drehung ab. Die axialen Kräfte zwischen Magnetkörper und Polring 3 werden über den Axialteil des Lagers aufgenommen. Nach dem Einschalten der Erregerspule 4 wird der magnetische Kraftschluß zwischen dem Anker 5 und dem mit der Welle verbundenen Polring über den Reibbelag 6 hergestellt. Das Lager ist mit Schmierfett eingesetzt und somit auf Lebensdauer geschmiert.

Axial-Nadellager (3.19). Für die Radiallagerung der Schwenkachse eines Bohrwerk-Rundtisches ist ein Nadellager 1 eingesetzt. Die axiale Führung übernimmt ein zweiseitig wirkendes, außenzentriertes Axial-Nadellager 2, welches über eine Mutter 3 spielfrei eingestellt wird. Die Mutter muß fein einstellbar und in jeder Stellung zu sichern sein.

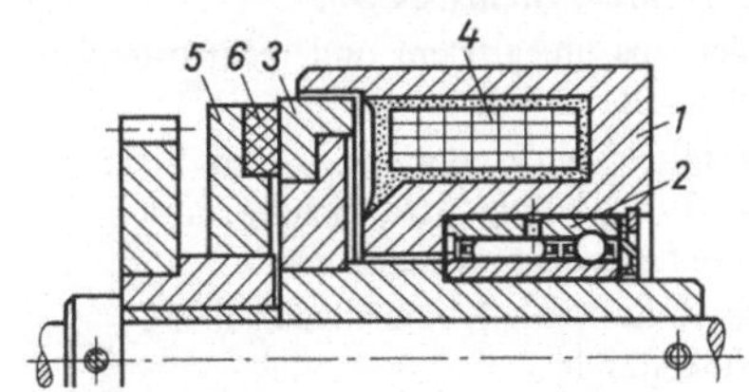

3.18 Nadel-Schrägkugellager (INA) mit Bohrung und Nutring für die Schmierung in einer Polreibungskupplung

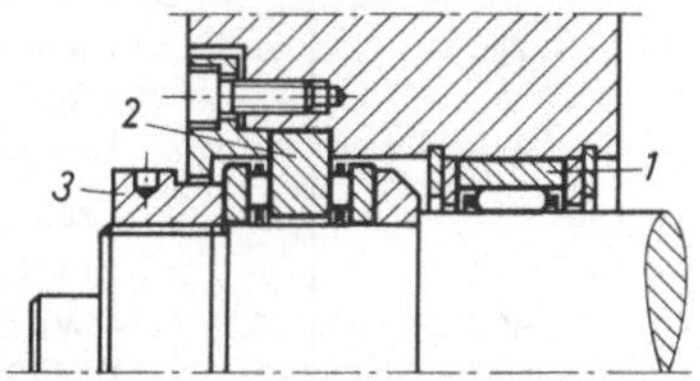

3.19 Axial-Nadellager (INA)

Schrifttum

[1] Eschmann, P., Hasbargen, L., und Weigand, R.: Die Wälzlagerpraxis. 2. Aufl. München 1978

[2] Kamp, R., und Perret, H.: Lager- und Schmiertechnik. Düsseldorf 1970

[3] Klein, M.: Einführung in die DIN-Normen. 9. Aufl. Stuttgart 1985

[4] Palmgren, A.: Grundlagen der Wälzlagertechnik. 3. Aufl. Stuttgart 1963

4 Kupplungen und Bremsen*

DIN-Blatt Nr.	Ausgabe Datum	Titel
115 T 1	9.73	Antriebselemente; Schalenkupplungen, Maße, Drehmomente, Drehzahlen
115 T 2	9.73	Antriebselemente; Schalenkupplungen, Einlegeringe
E 116	3.83	Antriebselemente; Scheibenkupplungen; Maße, Drehmomente, Drehzahlen
E 740	2.83	Antriebstechnik; Nachgiebige Wellenkupplungen; Technische Anforderungen
E 740	10.83	Antriebstechnik; Nachgiebige Wellenkupplungen; Berechnungsgrundlagen
808	3.72	Wellengelenke; Anschlußmaße, Befestigung, Beanspruchbarkeit, Einbau
15431	4.80	Antriebstechnik; Bremstrommeln, Hauptmaße
E 15432	4.80	Antriebstechnik; Bremsscheiben, Hauptmaße
E 15433 T 1	4.80	Antreibstechnik; Scheibenbremsen, Anschlußmaße
E 15433 T 2	4.80	Antriebstechnik; Scheibenbremsen, Bremsbeläge
E 15434 T 1	4.80	Antriebstechnik; Grundsätze für Trommel- und Scheibenbremsen, Berechnung
E 15434 T 2	4.80	Antriebstechnik; Grundsätze für Trommel- und Scheibenbremsen, Überwachung im Gebrauch
15435 T 1	4.80	Antriebstechnik; Trommelbremsen, Anschlußmaße
15435 T 2	4.80	Antriebstechnik; Trommelbremsen, Bremsbacken
15435 T 3	4.80	Antriebstechnik; Trommelbremsen, Bremsbeläge
E 28155	7.83	Kupplungen für Rührwellen aus unlegiertem und nichtrostendem Stahl; Kupplung im Rührbehälter; Maße
46400 T 1	4.83	Flacherzeugnisse aus Stahl mit besonderen magnetischen Eigenschaften; Elektroblech und -band, kaltgewalzt, nichtkornorientiert, schlußgeglüht; Technische Lieferbedingungen
46435	4.77	Wickeldrähte, Runddrähte, isoliert, aus Kupfer, lackisoliert; Maße und Gleichstrom-Widerstände
46436 T 1	1.75	Wickeldrähte, Runddrähte, aus Kupfer, isoliert, umsponnen; Maße
46436 T 2	1.75	Wickeldrähte, Runddrähte, aus Kupfer, isoliert, lackisoliert nach Grad 1 und einfach oder doppelt umsponnen; Maße
73451	6.73	Kupplungsbeläge; Maße
DIN ISO 6313	8.81	Straßenfahrzeuge; Bremsbeläge Maß- und Formbeständigkeit von Scheibenbremsbelägen unter Wärmeeinwirkung; Prüfverfahren

* Hierzu Arbeitsblatt 4, s. Beilage S. A 48 bis A 63.

DIN-Blatt Nr.	Ausgabe Datum	Titel
VDMA-Einheitsblätter		
VDMA 15434	3.63	Krane; Berechnung von Doppel-Backenbremsen, Zuordnung der Bremsen zu üblichen Drehstrom-Asynchronmotoren mit Schleifring für Aussetzbetrieb
VDMA 15435 T 4	5.65	Krane; Doppelbackenbremsen, Bremsbelagsorten und Prüfbedingungen für Bremsbeläge
VDI-Richtlinien		
VDI 2240	6.71	Wellenkupplungen; Systematische Einteilung nach ihren Eigenschaften
VDI 2241 Bl. 1	6.82	Schaltbare fremdbetätigte Reibkupplungen und -bremsen; Begriffe, Bauarten, Kennwerte, Berechnungen
VDI 2241 Bl. 2	9.84	Schaltbare fremdbetätigte Reibkupplungen und -bremsen; Systembezogene Eigenschaften, Auswahlkritierien, Berechnungsbeispiele

4.1 Kupplungen

Kupplungen[1]), auch „Wellenschalter" genannt, dienen zur Übertragung von Leistungen bzw. Drehmomenten zwischen fluchtenden oder nahezu fluchtenden Wellenenden und zwischen parallelen oder sich kreuzenden Wellen.

Die Kupplungen werden in nichtschaltbare Kupplungen und schaltbare Kupplungen unterteilt (s. Tafel A 4.1). Die Übertragung der Kräfte zwischen den zu kuppelnden Bauelementen erfolgt

1. formschlüssig
2. kraftschlüssig
3. hydrostatisch, hydrodynamisch oder elektromagnetisch d. h., elektrostatisch oder -dynamisch

Bei formschlüssigen Kupplungen ist das übertragbare Drehmoment durch die Festigkeit der Übertragungselemente begrenzt. Schlupf zwischen Kupplungshälften ist nicht möglich.

Bei kraftschlüssigen Kupplungen ist das übertragbare Drehmoment von der Anpreßkraft der zu kuppelnden Teile und von den Reibungsverhältnissen abhängig. Schlupf ist beim Einschalten und bei Überbelastung möglich.

Bei hydrostatischen und hydrodynamischen Kupplungen ist im Betrieb ständig ein Schlupf vorhanden. Elektrische Kupplungen übertragen das Drehmoment elektromagnetisch entweder nur mit Dauerschlupf (elektrodynamisch) oder sowohl mit Schlupf als auch schlupflos (elektrostatisch). Der Schlupf steigt mit dem zu übertragenden Drehmoment an.

---

[1]) Unterteilung s. [13]. – Wiedenroth, W.: Kupplungen. VDI-Z. **108** (1966) H. 6 – und VDI-Richtlinien: Wellenkupplungen. VDI 2240.

Nichtschaltbare Kupplungen werden in feste oder starre und in Ausgleichskupplungen unterteilt. Ausgleichskupplungen nehmen als bewegliche (gelenkige) Kupplungen Wellenverlagerungen auf oder dämpfen als drehnachgiebige Kupplungen Drehmomentstöße und Schwingungen. Eine vollkommene Ausgleichskupplung ist allseitig beweglich und drehnachgiebig[1]).

Bei Wellenverlagerungen werden Längsverlagerung (**4.1** a), Querverlagerung (**4.1** b), Winkelverlagerung (**4.1** c) und Verlagerung um einen Drehwinkel (**4.1** d) unterschieden. Längsverlagerung wird z. B. durch Temperaturdehnung oder – bei elektrischen Maschinen – durch Ankerverschiebung hervorgerufen. Quer- und Winkelverlagerung sind durch Montageungenauigkeiten, Fundamentsenkung, Verziehen von Maschinenrahmen oder elastische Lagerung bedingt. Drehmomentstöße und Drehschwingungen verursachen die Verlagerung um einen Drehwinkel. In manchen Antriebsfällen treten alle Verlagerungsarten gleichzeitig auf.

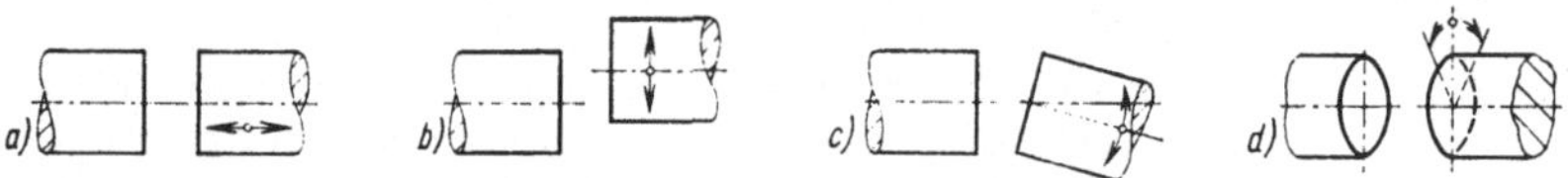

4.1 Wellenverlagerungen, Richtungspfeile zeigen Verschiebbarkeit der Wellen gegeneinander an

Bei dem schaltbaren Kupplungen erfolgt eine Einteilung nach dem Schaltimpuls. Die eigentlichen Schaltkupplungen sind fremdbetätigte Kupplungen, bei denen der Schaltimpuls von außen entweder mechanisch, hydraulisch, pneumatisch oder elektromagnetisch bewirkt wird. Zu den selbstbetätigten Kupplungen zählen drehfrequenzbetätigte oder Fliehkraftkupplungen, momentbetätigte oder Sicherheitskupplungen und richtungsbetätigte oder Freilaufkupplungen. Fliehkraftkupplungen erhalten ihren Schaltimpuls in Abhängigkeit von der Drehfrequenz der treibenden Welle, Sicherheitskupplungen abhängig von der Größe des zu übertragenden Momentes, Freilaufkupplungen von der relativen Drehrichtung der kuppelnden Wellen. Schaltkupplungen können bei Drehfrequenzgleichheit oder -differenz geschaltet werden. Bei manchen Schaltkupplungen ist das Drehmoment steuerbar.

4.2 Nichtschaltbare starre Kupplungen

Starre Kupplungen verbinden zwei Wellenenden fest und drehstarr. Fluchtende Wellenlage muß gewährleistet sein, sonst entstehen zusätzliche Beanspruchungen.

Zur formschlüssigen Übertragung kleiner Drehmomente eignen sich einfache Stiftkupplungen (**4.2**). Der Kerbstift (s. Teil 1) wird auf Abscheren beansprucht.

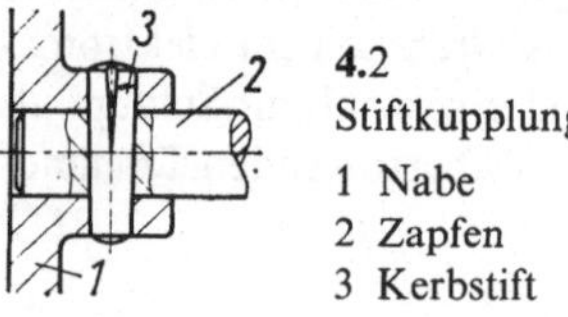

4.2
Stiftkupplung
1 Nabe
2 Zapfen
3 Kerbstift

---

[1]) Der Begriff drehnachgiebig beinhaltet hier Elastizitäts- und Dämpfungseigenschaft.

Die raum- und gewichtssparende Plan-Kerbverzahnung (Hirth-Verzahnung) nach Bild **4.**3 überträgt große Drehmomente[1]). Die Übertragung erfolgt von der Nabe 1 über radial verlaufende Zähne 3, die durch eine Verschraubung 4 in axialer Richtung zusammengedrückt werden, auf den Zapfen 2. Diese Kupplung eignet sich vor allem auch zur lösbaren Verbindung zwischen Wellenenden und Zahnrädern, Scheiben oder Kurbelwangen (s. Abschn. 5). Die Verzahnung übernimmt gleichzeitig die Zentrierung der Teile.

Die Schalenkupplung (DIN 115) ist für leichte und mittlere Beanspruchung gebräuchlich (**4.4**). Sie besteht aus zwei gleichen Schalenhälften 1, die durch Verbindungsschrauben 2 auf die Wellenenden gepreßt werden. Für einen zuverlässigen Sitz der Schalenkupplung auf beiden Wellenenden ist eine genaue Übereinstimmung der Wellendurchmesser Bedingung. Das Drehmoment wird durch Reibung kraftschlüssig übertragen. Größere Kupplungen (mit über 50 mm Bohrungsdurchmesser) erhalten zur Sicherung eine Paßfeder 3.

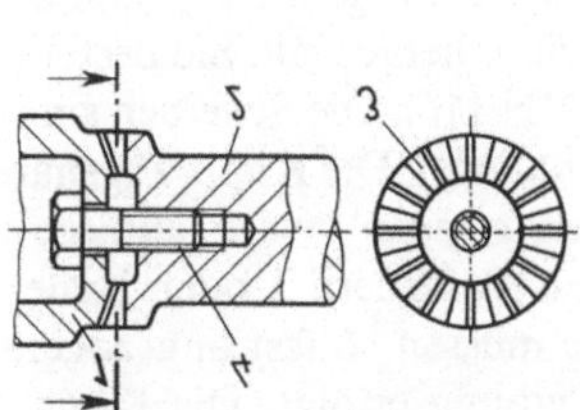

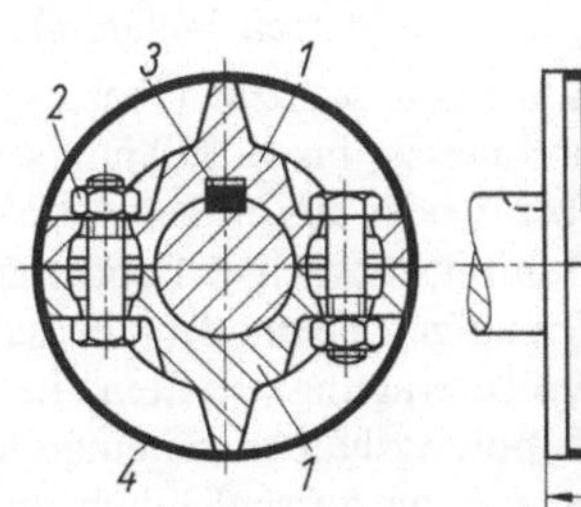

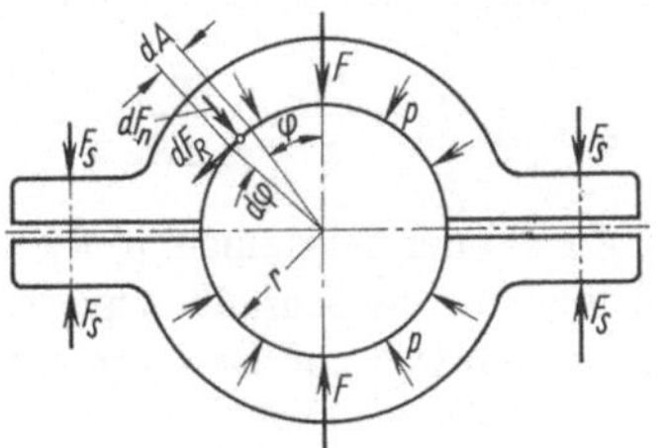

4.3 Plan-Kerb-Verzahnung
(Hirth-Verzahnung)

4.4 Schalenkupplung

Das Montieren der Kupplung geschieht einfach und ohne die Wellenenden zu verschieben. Zur Erhöhung der Unfallsicherheit kann die Kupplung mit einem Stahlblechmantel 4 verkleidet werden[2]).

Berechnen einer Schalenkupplung

Nach Bild **4.5** wirkt auf ein Flächenelement $dA = r\,d\varphi\,l$ der Welle die Normalkraft $dF_n = pr\,d\varphi\,l$, wenn l (**4.4**) die Sitzlänge einer Kupplungsseite bedeutet. Die auf das Flächenelement bezogene Reibungskraft dF_R ist von der Ruhereibungszahl μ_r abhängig: $dF_R = \mu_r\,dF_n = \mu_r\,pr\,d\varphi\,l$. Die gesamte Reibungskraft am Umfang wird demnach

$$F_R = \mu_r\,pr\,l \int\limits_0^{2\pi} d\varphi = 2\pi\,\mu_r\,pr\,l = \pi\,\mu_r\,p\,d_w\,l = \frac{\pi\,\mu_r\,F\,d_w\,l}{d_w\,l} = \pi\,\mu_r\,F \qquad (4.1)$$

4.5
Kräfte bei einer Schalenkupplung

---

[1]) Matzke, G.: Verbindung v. Wellen durch Verzahnung. Z. Konstruktion **3** (1951) H. 7, S. 211 ff.
[2]) Zugängliche Kupplungen dürfen keine vorspringenden Teile aufweisen. Schutzkappen, -bleche, -ränder vorsehen!

wenn die Flächenpressung $p = F/(d_w\,l)$ mit dem Wellendurchmesser $d_w = 2r$ gesetzt wird. Es muß sein $F_R \geqq F_u = T/r$, wenn F_u die zu übertragende Umfangskraft ist. Die Anpreßkraft F für die Länge l einer Kupplungsseite ist, auf das Drehmoment $T = F_u\,r$ bezogen,

$$F = \frac{T}{\pi\,\mu_r\,r} = \frac{2\,T}{\pi\,\mu_r\,d_w} \tag{4.2}$$

Bedeutet z die Anzahl der Schrauben auf der An- bzw. Abtriebsseite der Kupplung, so ist die von jeder Schraube aufzubringende Schraubenkraft

$$F_S = \frac{F}{z} = \frac{2\,T}{\pi\,\mu_r\,d_w\,z} \tag{4.3}$$

(s. Teil 1 Abschn. Reibschlüssige Verbindungen). Die Reibungszahl der Ruhereibung μ_r ist von der Rauhigkeit abhängig und bei glatten Wellen gleich $0{,}15 \cdots 0{,}25$.

Die Scheibenkupplung (4.6) eignet sich zur Übertragung kleiner bis größter Drehmomente und wird für Wellendurchmesser bis ≈ 250 mm serienmäßig hergestellt. Sie besteht entweder aus einfachen Scheiben 1 oder aus längeren Naben (DIN 116). Die Scheiben sind auf die Wellenenden aufgeschrumpft, angeschweißt oder angeschmiedet. Die Kupplungsnaben werden meist auf die Wellen aufgetrieben oder – bei schweren Anlagen – warm aufgezogen. Zur Sicherung der Kraftübertragung erhalten die Naben Paßfedern 3 oder Keile. Schrauben 2 verbinden die Kupplungshälften miteinander. Sie müssen so fest angezogen werden, daß die Momentübertragung ausschließlich durch Reibung erfolgt. Die Kupplungshälften werden gegenseitig zentriert (4.6a), oder es wird, um eine Längsverschiebung der Welle oder des Maschinensatzes bei der Montage zu vermeiden, ein zweiteiliger Zentrierring 4 vorgesehen (4.6b). Sind die Kupplungshälften mit der Welle fest verbunden, so müssen Lager oder später aufzubringende Scheiben und Räder zweiteilig sein.

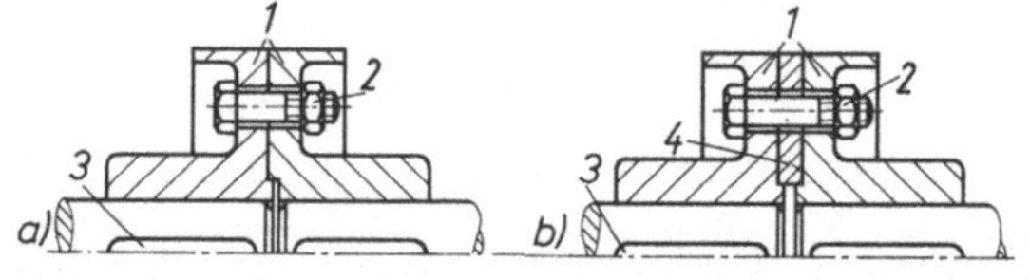

4.6
Scheibenkupplung
a) einfache
b) mit geteiltem Zentrierring

Berechnen einer Scheibenkupplung (4.7)

Durch Reibung wird das Moment $T = F_R\,R_m = \mu_r\,F_n\,R_m = \mu_r\,z\,F_S\,R_m$ übertragen (F_R Reibungskraft am Umfang, R_m mittlerer Radius der Anlagefläche bzw. Reibfläche beider Kupplungshälften, F_n gesamte Anpreßkraft). Die Zugkraft in jeder Schraube ist

$$F_S = \frac{F_n}{z} = \frac{T}{\mu_r\,z\,R_m} \tag{4.4}$$

z Anzahl der Schrauben, μ_r Reibungszahl der Ruhereibung, $\mu_r = 0{,}15 \cdots 0{,}25$. Sicherheitshalber sind die Schrauben auf Abscheren zu berechnen. Die zu übertragende Umfangskraft F_u verteilt sich auf die Schrauben als Scherkraft

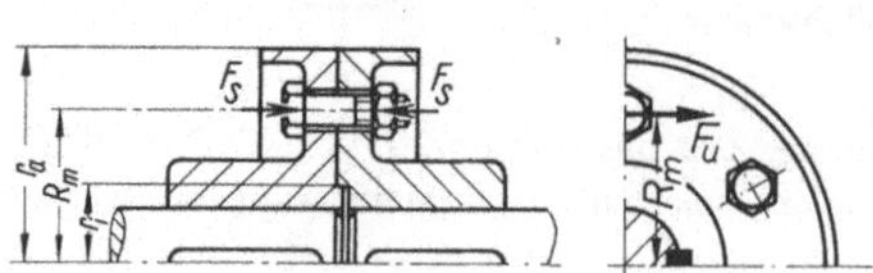

$$F_a = \frac{F_u}{z} = \frac{T}{z\,R_m} \tag{4.5}$$

4.7
Kräfte an der Scheibenkupplung $R_m = (r_a + r_i)/2$; hier fällt R_m mit dem Lochkreisradius zusammen

4.3 Nichtschaltbare formschlüssige Ausgleichskupplungen

Ausgleichskupplungen werden hauptsächlich zwischen Kraft- und Arbeitsmaschinen eingebaut. Sie sollen Wellenverlagerungen, Drehmomentstöße und Schwingungen ausgleichen. Zu diesem Zweck müssen die Kupplungen beweglich und drehnachgiebig sein. Die Beweglichkeit wird durch Spiel in den Kupplungsteilen, durch gleitende oder sich drehende Gelenkteile und – ebenso wie die Drehnachgiebigkeit – durch elastische Verbindungselemente ereicht. Maßgebend für die Auswahl und Ausbildung von Ausgleichskupplungen sind Art und Größe der Wellenverlagerungen. Bei manchen Kupplungsarten ist die Ausgleichsfähigkeit sehr beschränkt.

4.3.1 Bewegliche Kupplungen

Bewegliche Kupplungen, die nur in der Längsrichtung beweglich sind, dienen als Ausdehnungskupplung zum Ausgleichen von Längenänderungen der Wellen bis etwa 10 mm. Diese werden durch Temperaturschwankungen, veränderliche Axialkräfte u. a. verursacht (4.1 a).

Eine Ausdehnungskupplung für Wellendurchmesser bis ≈ 200 mm ist die Klauenkupplung (4.8). Die Kupplungshälften 1 werden mit einem Ring 2 zentriert, auf dem die ineinandergreifenden Klauen 3 gleiten. Zur Vermeidung von Reibungsverlusten werden die Klauen geschmiert. Bei der Bolzenkupplung (4.9) erfolgt die Drehmomentübertragung über 6 bis 8 Bolzen, die in der gegenüberliegenden Kupplungshälfte genau geführt sein müssen. Die Bolzen, wie auch die Klauen, werden auf Biegung und Abscheren berechnet.

Wellen, die neben der Längenänderung noch eine Querverlagerung aufweisen, können mit der Oldham-Kreuzscheibenkupplung verbunden werden (4.10). Diese Kupplung arbeitet mit einem Gleitstein 1, der frei beweglich zwischen den Naben bzw. Kupplungshälften 2 sitzt und zwei um 90° versetzte Gleitführungen trägt. Zur Verminderung der Reibungsverluste ist eine gute Schmierung nötig (kinematische Eigenheiten)[1].

Winkelverlagerungen von Wellen werden durch winkelbewegliche Kupplungen überbrückt. Ist nur ein Einfach-Wellengelenk (4.11) eingebaut, so entsteht eine ungleichförmige Drehbewegung der getriebenen Welle[2]. Bei jeder Umdrehung schwankt das Verhältnis der Winkelgeschwindigkeiten ω_2/ω_1 zwischen den Werten $1/\cos\alpha$ und $\cos\alpha$; die

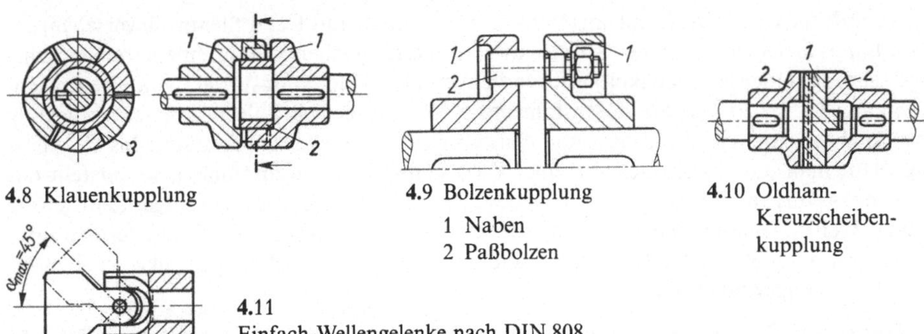

4.8 Klauenkupplung

4.9 Bolzenkupplung
   1 Naben
   2 Paßbolzen

4.10 Oldham-
     Kreuzscheiben-
     kupplung

4.11
Einfach-Wellengelenke nach DIN 808

---

[1] Duditza, F.: Querbewegliche Kupplungen, Z. antriebstechnik **10** (1971) Nr. 11, S. 409 bis 419.
[2] Hartz, H.: Antriebe mit Kreuzgelenkwellen. Z. antriebstechnik **24** (1985) Nr. 3 und Nr. 4.

Schwankung nimmt mit dem Ablenkungswinkel α (**4.**12) zu. Diese zeitlich sinusförmige Drehfrequenzschwankung ist wegen der damit verbundenen Schwingungen unerwünscht. Die Betriebsdrehfrequenz n wähle man bedeutend höher als die kritische Drehfrequenz n_k, ($n = (1,6 \cdots 1,8)\, n_k$). Um Gleichlauf der An- und Abtriebswelle ($\omega_1 = \omega_2$) zu erzielen, müssen zwei einfache Gelenke in bestimmter Anordnung oder besondere Gleichgangsgelenke eingebaut werden. Die Anordnung der Gabeln an den Enden der Zwischenwelle ist zunächst dann richtig, wenn sie gleiche Lage haben (**4.**12). Ferner müssen die treibende und die getriebene Welle, ob parallel oder unter einem Beugungswinkel zueinander stehend, an der Zwischenwelle an beiden Enden den gleichen Ablenkungswinkel α aufweisen, der damit halb so groß wie der Beugungswinkel $2\,\alpha$ zwischen An- und Abtriebswelle ist. Nur die Zwischenwelle (**4.**12) behält die oben beschriebene Ungleichförmigkeit der Drehfrequenz. Die hierdurch entstehenden Massenkräfte haben Rückwirkungen auf die anschließenden Wellen.

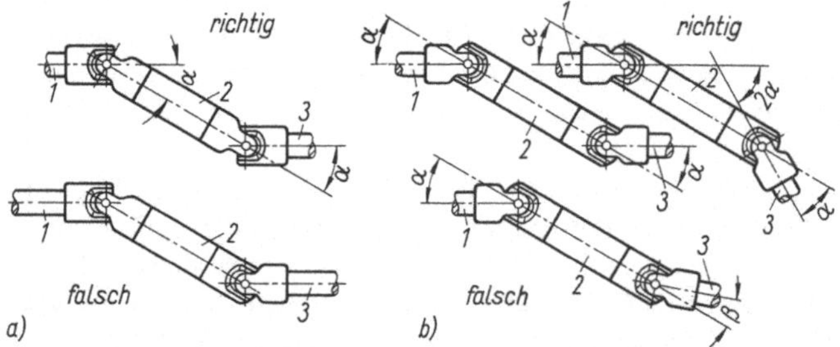

4.12 Wellengelenke. Gabelstellung und Ablenkungswinkel (nach DIN 808)

 a) richtige, gleiche Gabelstellung (oben) und falsche Stellung (unten) an der Zwischenwelle (2)
 b) richtige Anordnung (oben) mit gleichen Ablenkungswinkeln α von treibender (1) und getriebener Welle (3) zur Zwischenwelle (2) und falsche Anordnung (unten); $\beta \neq \alpha$

Kugelgelenke und Wellengelenke nach DIN 808 (**4.**11) eignen sich für Werkzeugmaschinen und zur Übertragung kleiner Drehmomente. Ihre Befestigung auf der Welle erfolgt mit Kegelstift, Paßfeder oder Vierkant. Für größere Drehmomente kommen nur K r e u z g e l e n k e (auch Kardangelenke genannt) zur Anwendung, bei denen die unter 90° zueinander stehenden beiden Zapfen (**4.**13), deren Achsen sich schneiden müssen, meist mit Nadellagern versehen sind. Die Zwischenwelle ist zur Verkleinerung der Massen und damit der Rückwirkungen infolge der Ungleichförmigkeit rohrförmig gestaltet und ausgewuchtet.

Das eine Ende ist an ein Gelenk angeschweißt, das andere mit Keilwellenprofil versehen, um eine Längsverschiebung in der Zwischenwelle zu ermöglichen, die für eine parallele Achsverlagerung (Querbeweglichkeit) erforderlich ist. Der Ablenkungswinkel von Kreuzgelenken kann 15° $\cdots$ 20°, bei Sonderausführungen 35° betragen. Bei gleichsinniger Abbiegung (W-Beugung) von An-, Zwischen- und Abtriebswelle ist eine Gesamtbeugung bis 45° zulässig. Baut man die beiden Gelenke einer Zwischenwelle dicht zusammen, so entsteht das D o p p e l - W e l l e n - G e l e n k (**4.**14). Es hat wegen oft notwendiger gegenseitiger Zentrierung beider Wellen genauen Gleichlauf nur bei bestimmtem Beugungswinkel und geringe Winkelgeschwindigkeitsschwankungen bei anderen Winkeln (Gleichganggelenke mit beliebigen Ablenkungswinkeln)[1].

---

[1] K u t z b a c h, K.: Quer- und winkelbewegliche Gleichgangsgelenke in Wellenleitungen. VDI-Z. **81** (1937) S. 889 – Winkelbewegliche Wellenkupplungen. Z. Konstruktion (1954) H. 6, S. 202 – S c h ü t z, K. H.: Gleichlauf-Kugelgelenke für Kraftfahrzeugantriebe. Z. antriebstechnik **10** (1971) Nr. 12, S. 437 bis 440.

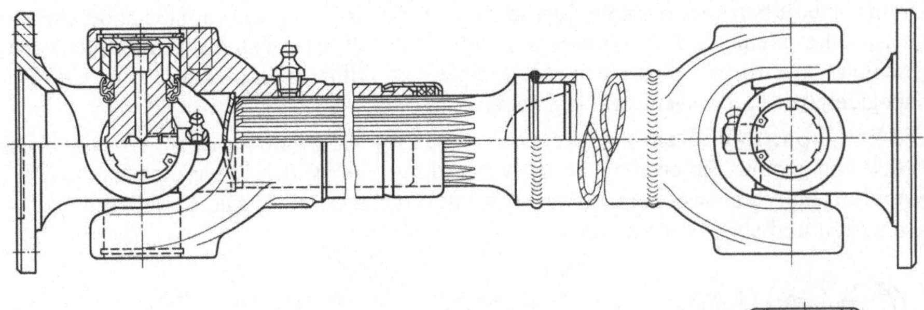

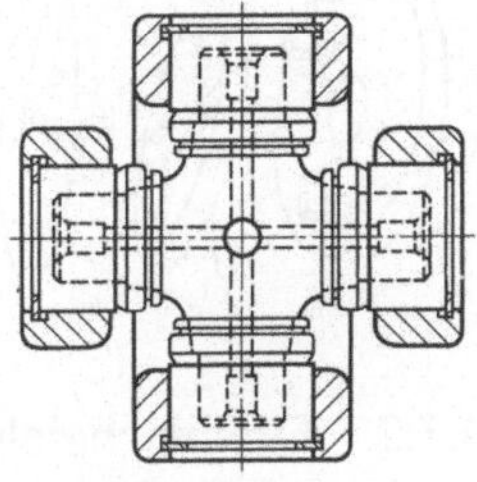

4.13 Gelenkwelle mit Keilnabengelenk (links) und Schweißzapfenge-
lenk (rechts) (Gelenkwellenbau GmbH, Essen)

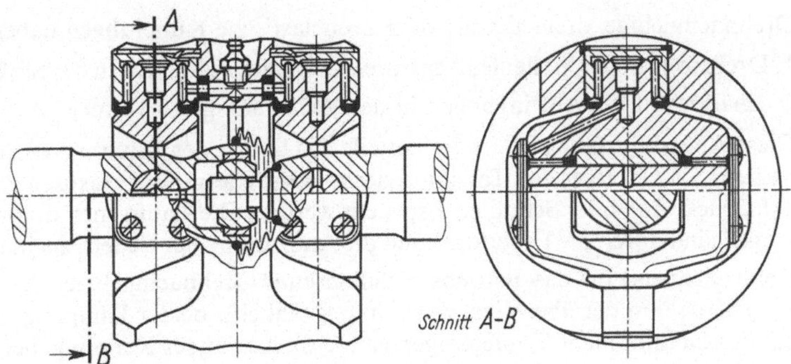

4.14 Doppelgelenk mit Zentrierung

Ähnlich wie die Doppel-Kreuzgelenke arbeitet die mehrgelenkige Zahnkupplung mit
balligen Zähnen (**4.** 15). Sie wird in Stahl oder Stahlguß für Drehmomente bis 4000 kNm
hergestellt. Der Zahnkranz 1 der Kupplungsnabe 2 greift in ein innenverzahntes Gehäuse 3
mit Deckel 4 ein. Hierdurch ist die Längsbeweglichkeit gegeben. Die allseitige Winkelbeweglichkeit wird durch die bogenförmig und ballig ausgebildeten Zähne der Kupplungsnabe gewährleistet, die in der geradverzahnten Innenverzahnung des Gehäuses gleiten. Der
Kreisbogenmittelpunkt der Zahnköpfe und des Zahnlückengrundes liegt in der Wellenachse. Die Querbeweglichkeit wird durch die zweite Zahnkupplung (**4.**15) erreicht. Die

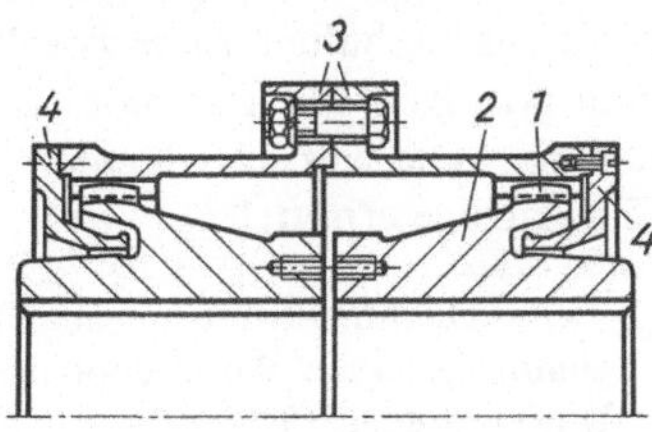

4.15
Zahnkupplung mit balligen Zähnen (Flender GmbH, Bocholt)

Drehmomentübertragung erfolgt hierbei von einer Kupplungsnabe auf die andere über ein quergeteiltes Gehäuse. Die Kupplung ist mit Öl gefüllt, das beim Lauf in die Verzahnung geschleudert wird und dort einen stoßdämpfenden Ölfilm bildet. Dadurch ist eine Drehnachgiebigkeit in geringem Maße gegeben.

Die Ringspann-Wellen-Ausgleichskupplung (4.16) wird für Drehmomente bis über 18 000 Nm gebaut. Sie ermöglicht die Verbindung von Wellen, die radial bis zu 2 % des Kupplungsdurchmessers und bis zu 3° winklig gelagert sind. Die Drehbewegung wird winkeltreu und spielfrei übertragen.

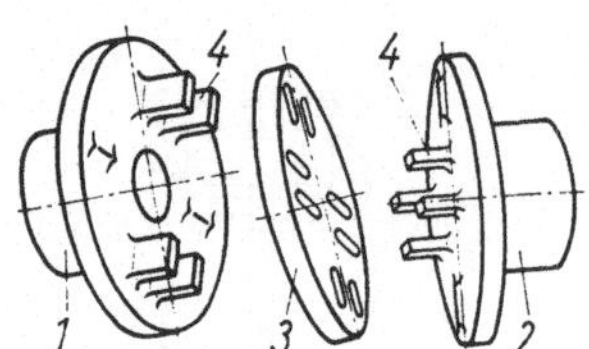

4.16

Ringspann-Wellen-Ausgleichskupplung (Ringspann A. Maurer KG, Bad Homburg)

1, 2 Kupplungsflansche

3 Zwischenscheibe aus verschleißfestem Kunststoff (z. B. Hartgewebe)

4 Mitnehmer, um 90° gegeneinander versetzt

4.3.2 Drehnachgiebige Kupplungen

Drehnachgiebige, drehfedernde oder drehelastische Kupplungen haben die Aufgabe,

1. Drehstöße in der Wellenleitung durch kurzzeitiges Speichern der Stoßenergie zu mildern,

2. schädliche Drehschwingungen in der Wellenanlage zu vermeiden.

Diese Aufgabe erfüllen federnde Bauteile aus Stahl oder Gummi zwischen den Kupplungshälften. Sie bestehen aus Torsionsfedern, Biegefedern oder elastischen Bauelementen, die auf Druck, Zug oder Schub beansprucht werden. Die Bauformen drehnachgiebiger Kupplungen sind durch die Federform und die Anordnung der Federn zueinander bedingt (4.17).

Kennzeichnend für das Betriebsverhalten einer drehnachgiebigen Kupplung ist die T-ψ-Kennlinie, in der über dem Verdrehungswinkel ψ beider Kupplungshälften gegeneinander des Drehmoment T aufgetragen ist (4.18). Aus dieser Kennlinie berechnet man für den jeweiligen Betriebspunkt die Drehsteife (s. Abschn. 1.2.2.4).

$$c' = \frac{\mathrm{d}T}{\mathrm{d}\psi} \tag{4.6}$$

Sie ist bei der Ermittlung der Eigenkreisfrequenz der Wellenanlage von Bedeutung. Die Drehsteifigkeit gibt das Moment an, das zur Verdrehung der Kupplungshälften um eine Winkeleinheit (z. B. 1 rad = 57,2°) notwendig ist. Bei dynamischer Belastung ist die Drehsteifigkeit der Gummikupplungen je nach ihrer Shore-Härte (s. Teil 1) und je nach der Frequenz der periodischen Drehmomentschwankungen um $\approx (30 \cdots 120)\%$ größer als bei statischer Belastung.

Um viskoelastische Einflüsse bei der Aufnahme der statischen Kupplungskennlinie weitgehend auszuschalten, ist es zweckmäßig, die vollständige Hysteresisschleife vom negativen zum positiven Maximalmoment punktweise mit Wartezeiten für jeden Meßpunkt aufzunehmen. Die statische Kennlinie wird dann aus dem arithmetischen Mittel der beiden Kurvenzüge ermittelt [1].

---

[1] Japs, D.: Ein Beitrag zur analytischen Bestimmung des statischen und dynamischen Verhaltens gummielastischer Wulstkupplungen unter Berücksichtigung von auftretenden Axialkräften. Diss. Uni Dortmund 1979.

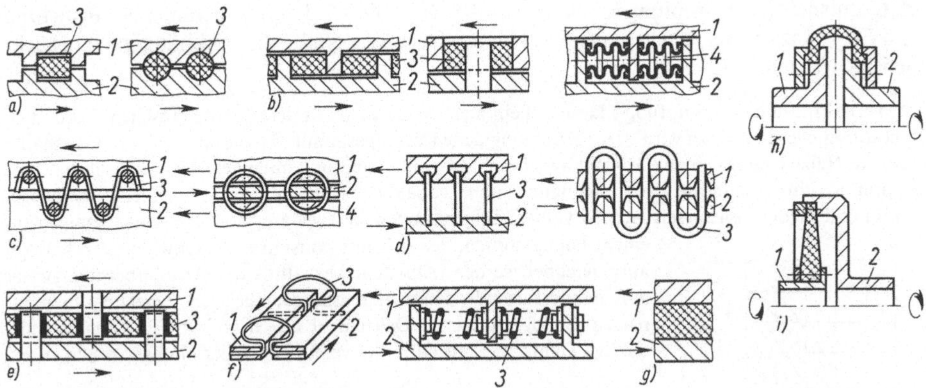

4.17 Anordnung elastischer Bauelemente zwischen den beiden Kupplungshälften 1 und 2

   a) auf Abscheren beanspruchte Gummifedern 3 (**4.23**)

   b) auf Druck beanspruchte Gummifedern 3 (**4.24**) bzw. Luft-Gummifedern 4

   c) auf Zug beanspruchte Leder-, Gummi- oder Kunststoffbänder 3 oder -ring 4

   d) auf Biegung beanspruchte Stahlfedern 3; die Federkennlinie kann u. a. durch die Einbauart verändert werden (**4.20**)

   e) auf Druck bzw. Zug beanspruchte einteilige Gummifeder 3 (**4.27**)

   f) auf Drehung beanspruchte Einzel- und Schraubenfedern 3 (**4.21** und **4.22**)

   g) Zylinder-Drehschubfeder (s. Maschinenteile Teil 1) aus Gummi (**4.29**)

   h) Drehschubfeder aus ein- oder mehrteiligem Gummiwulst (**4.30**)

   i) allseitig eingespannte elastische Platte, z. B. aus Gummi oder Vulkollan (Polyurethan); kein Axialschub bei Torsion vorhanden (**4.33**)

4.18

T-ψ-Kennlinie einer Gummiwulstkupplung bei zügiger Belastung

Kurve 1 Belastung, Kurve 2 Entlastung der Kupplung
Fläche a, b, c bei der Belastung zugeführte Arbeit
Fläche unter Kurve 2 bei Entlastung von der Kupplung zurückgegebene Arbeit
Fläche zwischen Linie 1 und 2 (schraffiert) von der Kupplung zurückgehaltene und in Wärme umgesetzte Arbeit

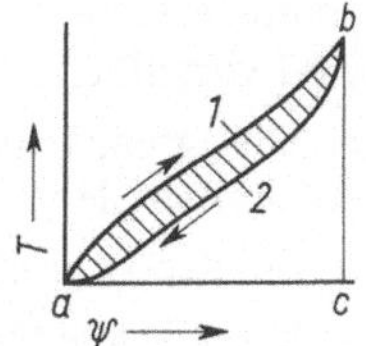

Die Dämpfung von Drehschwingungen erfordert eine drehnachgiebige Kupplung, die möglichst viel Schwingungsenergie vernichtet. Die innere Reibung (infolge Formänderung des elastischen Bauteiles) oder besondere Einrichtungen ermöglichen eine Umformung der Schwingungsenergie in Wärme. Die Dämpfung ist u. a. vom Federwerkstoff abhängig. Gummi und elastische Kunststoffe (z. B. aus Polyurethan, Vulkollan) besitzen eine große Dämpfung, bei Stahlfedern ist sie sehr gering. Die Dämpfung stellt sich in der Kennlinie (**4**.18) durch den Flächeninhalt der Dämpfungsschleife zwischen Linie 1 und 2 dar.

Die Werkstoffdämpfung gummielastischer Bauteile wird, wie meist üblich, als verhältnismäßige Dämpfung angegeben und als Dämpfungsfaktor ζ in die Schwingungsrechnung eingesetzt. Die verhältnismäßige Dämpfung ζ läßt sich durch Versuche ermitteln. Bei Verdrehung der Kupplung um einen kleinen Winkel $\pm\,\psi$ wird das in Bild **4**.19 gezeichnete Diagramm durchlaufen. Die Verlust- bzw. Dämpfungsarbeit W_D bei einer Schwingung entspricht dem Flächeninhalt der Hysteresisschleife. Die elastische Formänderungsarbeit $W_{el} = T_{el}\,\psi/2$ wird durch den Inhalt des schraffierten Dreiecks in Bild **4**.19 dargestellt. Die verhältnismäßige Dämpfung ist dann $\zeta = W_\mathrm{D}/W_{el}$. Sie wird mit zunehmender Belastung und Frequenz kleiner. Bei genauer Schwingungsrechnung sollte diese Abhängigkeit berücksichtigt werden.

Die verhältnismäßige Dämpfung ζ kann auf einfache Weise auch aus dem logarithmischen Dekrement D bestimmt werden. Dazu wird e i n e Kupplungsseite fest eingespannt. An die andere Kupplungshälfte wird ein Hebelarm mit einem Gewicht angebracht, das die Kupplung mit einem Moment belastet. Die Kupplung führt gedämpfte Drehschwingungen aus, sobald der Hebel aus der Gewichtslage herausgebracht und wieder losgelassen wird. Mit einem Zeiger können diese gedämpften Drehschwingungen auf einem Papierstreifen, der sich mit konstanter Geschwindigkeit bewegt, aufgezeichnet werden. Aus dem Verhältnis der Absolutbeträge zweier aufeinanderfolgender Schwingungsausschläge s_1, s_2 berechnet man zunächst das logarithmische Dekrement $D = \ln(s_1/s_2)$. Für die verhältnismäßige Dämpfung gilt dann die vereinfachte Beziehung $\zeta \approx 2\,D$.

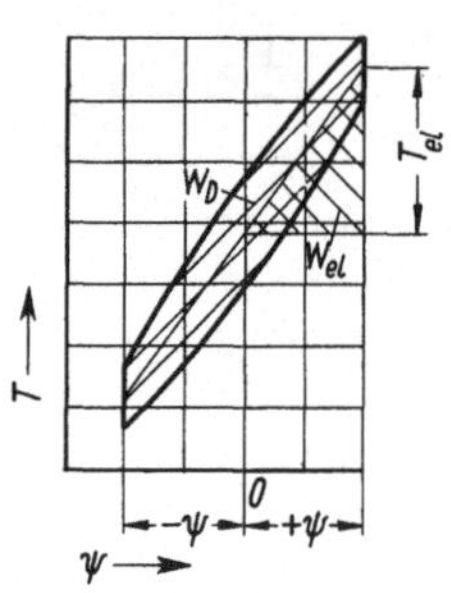

4.19
Hysteresisschleife einer drehnachgiebigen Kupplung zur Bestimmung der verhältnismäßigen Dämpfung

Gestaltung

Folgende Forderungen sind zu beachten:

1. Die Kupplung soll nicht nur drehnachgiebig, sondern auch längs-, quer- und winkelbeweglich sein.

2. Die Kupplung soll möglichst weich sein. Sie muß daher eine kleine Federsteife(-konstante) c' haben. Eine T-ψ-Kennlinie mit zunehmender Steigung und eine große Dämpfung sind vorteilhaft.

3. Die Drehnachgiebigkeit einer Kupplung soll durch Austausch oder Hinzufügen elastischer Bauteile veränderlich sein.

4. Bei der Verdrehung der Kupplung sollen keine oder nur geringe Axialkräfte entstehen.

5. Die Rückstellkräfte bei der Längs-, Quer- und Winkelbeweglichkeit sollen klein bleiben.

6. Für eine gute Abfuhr der Wärme, die durch Schwingungsdämpfung oder durch die Walkarbeit bei Wellenverlagerung entsteht, ist zu sorgen. [Die höchstzulässige Dauertemperatur im elastischen Bauteil hängt vom Werkstoff ab. Für Gummi ist etwa 80 °C zulässig (s. Teil 1, Abschn. Gummifedern)].

7. Die Kupplung darf bei Schadhaftwerden e i n e s elastischen Bauteiles nicht sofort ausfallen. Ist n u r e i n elastisches Bauteil vorhanden, so soll das völlige Versagen einer Kupplung bereits längere Zeit vorher an Teilbrüchen oder Anrissen erkennbar sein. Kupplungen für Lasthebemaschinen erhalten zusätzlich eine Sicherung, z. B. durch Klauen, so daß beim Bruch der elastischen Verbindung eine starre Verbindung hergestellt wird.

8. Schadhafte elastische Bauteile sollen schnell auswechselbar sein, möglichst ohne dabei die Kupplung ausbauen oder die Wellen axial verschieben zu müssen.

9. Ein spielfreier Drehrichtungswechsel soll gewährleistet sein.

10. Zur Erhöhung der Unfallsicherheit dürfen zugängliche Kupplungen keine vorspringenden Teile aufweisen.

Bei der Mannigfaltigkeit der Antriebsfälle ist es nicht notwendig, daß eine Kupplung alle genannten Forderungen erfüllt. Oft muß beim Entwurf einer Kupplung eine Forderung zugunsten der anderen zurückgestellt werden. Einige Beispiele ausgeführter drehnachgiebiger Kupplungen zeigen die Bilder **4.20** bis **4.34**. Zur schaltbaren elastischen Verbindung von Wellen werden drehnachgiebige Kupplungen mit Schaltkupplungen (s. Abschn. 4.4) vereinigt [1]).

4.20
Bibby-Kupplung (Malmedie & Co., Düsseldorf)
In den beiden Kupplungshälften sind in Segmente unterteilte, schlangenförmig gebogene Stahlfedern eingesetzt. Die Schlitze der Kupplungsnaben sind kreisförmig erweitert (**4.17**). Hierdurch wird die Einspannlänge der Federn mit zunehmendem Verdrehwinkel verkleinert und die Federsteife vergrößert. Die Kupplung wird für Drehmomente bis 8 600 kNm gebaut

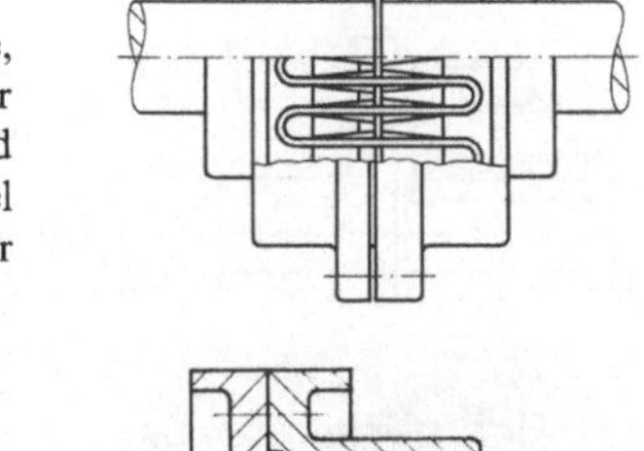

4.21
Voith-Maurer-Kupplung
Bügelförmig gebogene Stahlfedern (Torsionsfedern) verbinden die Kupplungshälften (**4.17**)

4.22
Cardeflex-Kupplung (Hochreuter & Baum, Ansbach)
Das Drehmoment wird durch tangential angeordnete, auf Drehung beanspruchte Schraubendruckfedern 1 übertragen, die unter Vorspannung zwischen schwenkbar gelagerten Führungskörpern 2 aus Grauguß sitzen (**4.17**). Die Kupplung ist allseitig beweglich. Verdrehungswinkel $\psi = \pm\,5 \cdots 10°$. Der Drehrichtungswechsel erfolgt spielfrei

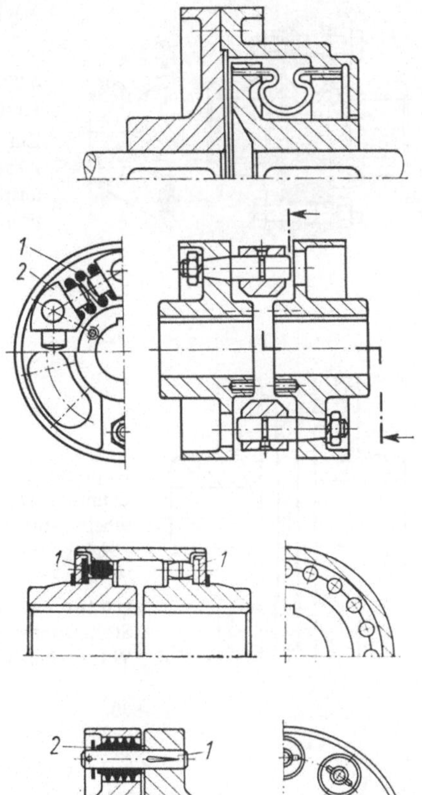

4.23
Elastoflex-Kupplung mit elastischen Bolzen (**4.17**) (Malmedie & Co., Düsseldorf)
Die Kupplungsbolzen 1 bestehen aus Kunststoff, z. B. Polyurethan (u. a. mit der Markenbezeichnung Vulkollan). Spielfreier Drehrichtungswechsel ist möglich

4.24
Elastische Bolzenkupplung (Eisenwerk Wülfel, Hannover-Wülfel)
Das freie Ende der Kerbstifte 1 steckt in einer elastischen Gummihülse 2 (**4.17**). Die Kupplung ist allseitig beweglich. Bei größeren Kupplungen treten an Stelle der Kerbstifte durch Verschraubung lösbare Stahlbolzen

---

[1]) R ü g g e n, W., und S t ü b n e r, K.: Ausgleichskupplungen als Vorschaltglied bei Schaltkupplungen. Maschine und Werkzeug (1971) H. 23.

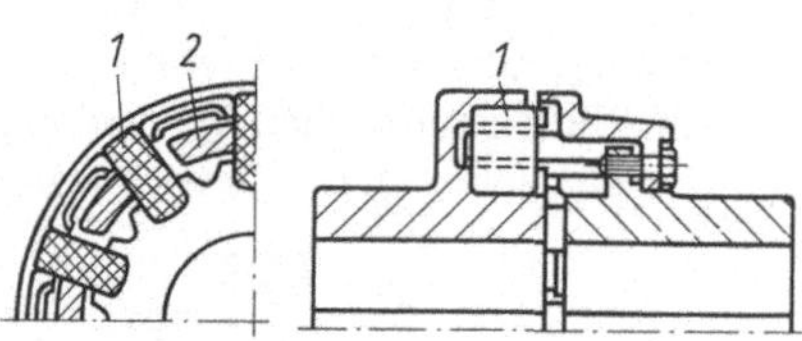

4.25

Eupex-Kupplung (Flender GmbH, Bocholt) mit rechteckigen Paketen 1 aus elastischem und dämpfungsfähigem Werkstoff (z. B. Hartgummi, Hartgewebe, Leder). Die Mitnehmer 2 greifen mit allseitigem Spiel hinter die Kupplungspakete. Ein spielfreier Gang beim Drehrichtungswechsel wird durch den Einbau verdickter Kupplungspakete erzielt

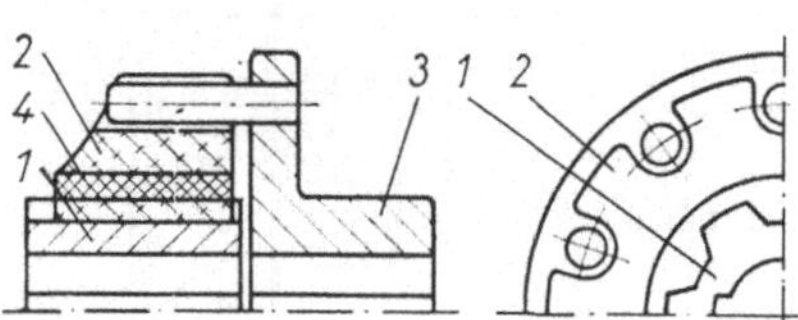

4.26

Gummi-Zahnkupplung

Auf einer profilierten Kupplungsnabe 1 ist ein Gummiring 2 aufgepreßt. In die Aussparungen des Gummikörpers greifen die Bolzen der zweiten Kupplungshälfte 3 ein. Die Kupplung ist allseitig beweglich und drehnachgiebig; 4 Gewebeeinlage

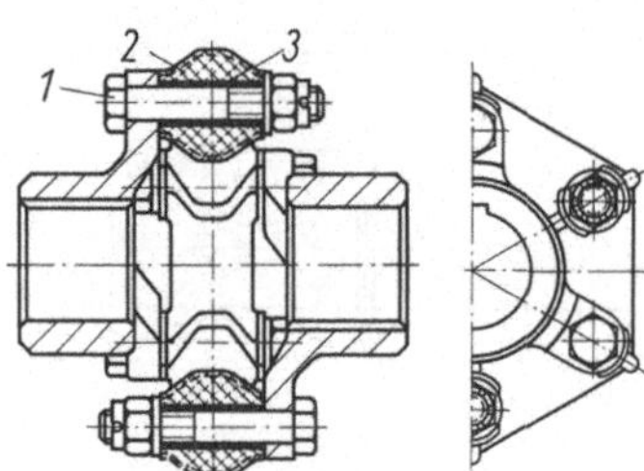

4.27

Kupplung mit eckigem Gummiring (**4.17**)

Zur Aufnahme der Schraubenbolzen 1 sind im Gummiring 2 Abstandsbuchsen 3 einvulkanisiert. Um unzulässige Zugbeanspruchungen zu vermeiden, steht der Ringquerschnitt im unbelasteten Zustand unter Druckvorspannung. Die Kupplung ist allseitig nachgiebig

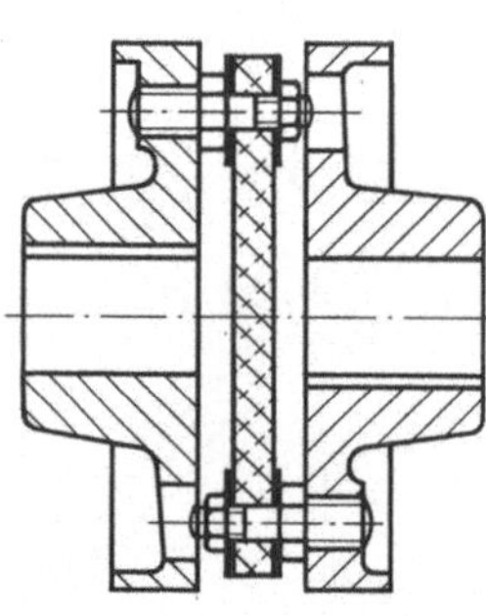

4.28

Kupplung mit Gummigewebescheibe zum Ausgleich geringer Wellenverlagerungen (Lohmann & Stolterfoht AG, Witten-Ruhr)

4.29

Kupplung mit Drehfederungsglied aus Gummi 1, das auf Stahlringe 2 aufvulkanisiert ist (**4.17**). Zur gleichmäßigen Spannungsverteilung wird die Gummischicht nach außen hin verbreitert. Der Ausgleich von Längs-, Quer- und Winkelverlagerungen ist in geringem Umfang möglich

4.30

Periflex-Wellenkupplung (Stromag, Unna/Westf.)

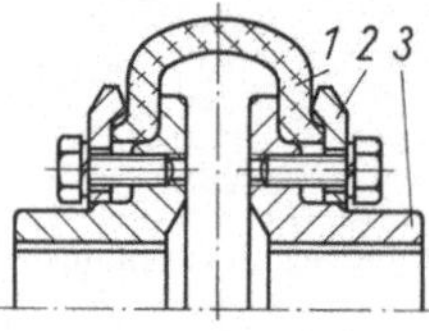

Ein bogenförmiger, senkrecht zur Umfangsrichtung aufgeschnittener oder geteilter Reifen 1 (**4.17**) aus elastischem Werkstoff, z. B. Gummi mit Gewebeeinlage, Gummifasergemisch oder Polyurethan (Vulkollan), überträgt das Drehmoment. Der Reifen 1 wird mit Druckringen 2 fest an die Kupplungsnaben 3 gepreßt. Die Übertragung der Drehkraft erfolgt durch Reibung zwischen Reifen und Nabe. Die Kupplung ist allseitig beweglich und hochelastisch. Sie wird für Dauerbelastungen bis zu 40000 Nm hergestellt

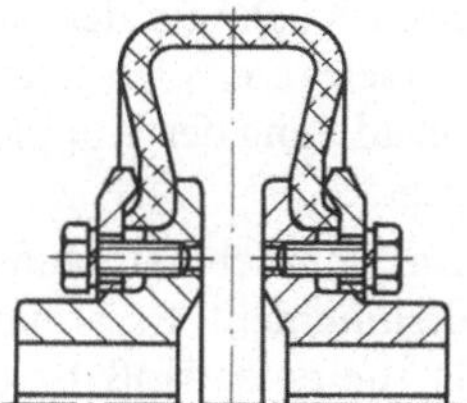

4.31
Periflex-Wellenkupplung ähnlich Bild **4.**30, aber für besonders große axiale und winklige Verlagerungen[1])

4.32
Periflex-Flanschkupplung[1])
Der tellerartige Flanschreifen 1 ist ungeteilt. Als Werkstoff wird Gummi mit Gewebeeinlage und Gummifasergemisch (a) oder – für hohe Drehzahlen – Polyurethan (Vulkollan) verwendet (b)

2 Schwungrad

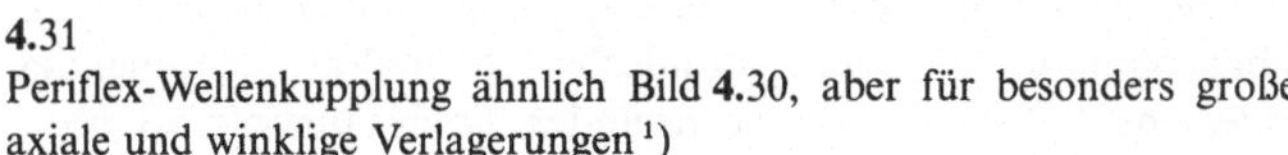
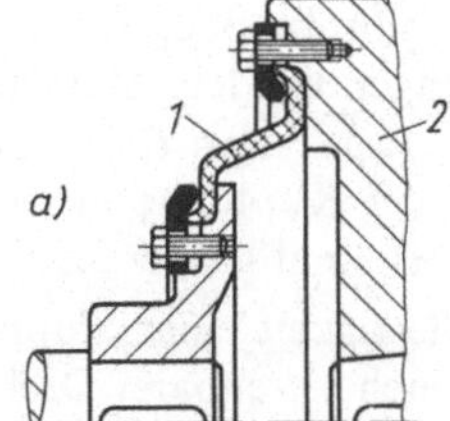
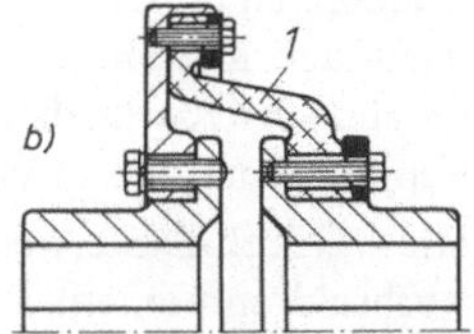

4.33
Vulkan-EZ-Kupplung[2]). Die Einspannstellen der wellenförmig gebogenen Gummischeiben liegen übereinander (**4.**17)

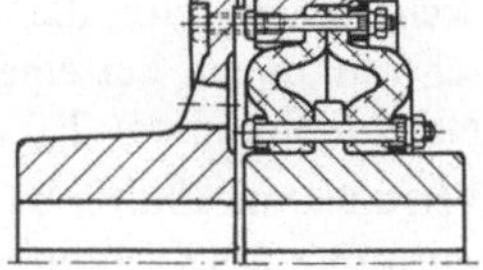

4.34
Gummi-Elementkupplung[1])
Das Drehmoment wird von der Nabe 1 über mehrere parallel geschaltete, sternförmig zur Drehachse auf zwei Zylinderstifte 2 und 3 gesteckte, mit Traggeweben armierte Gummielemente 4 zum Außenteil 5 übertragen. Jedes Gummielement ist ein auf Zug beanspruchter, rhombusförmiger flacher Körper mit einer durchgehenden ovalen Aussparung in der Körpermitte. Der

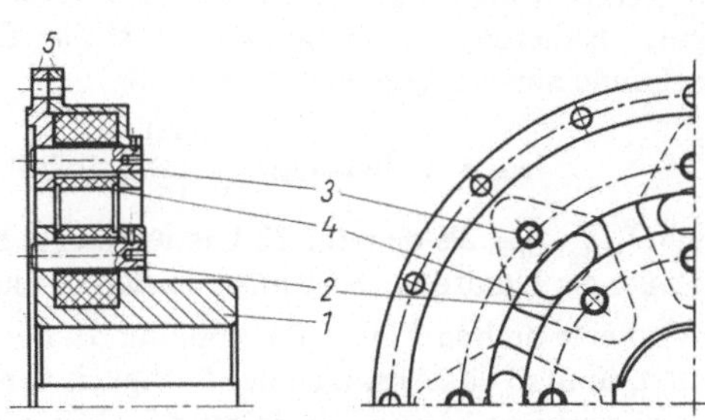

Zylinderstift 2 befindet sich im Innenkörper 1 und der Zylinderstift 3 im Außenkörper 5 der Kupplung (ähnlich **4.**17). Geschlitzte Hülsen, die im Element eingebettet sind, legen sich bei Belastung fest an die Zylinderstifte und verhindern so Bewegung und Verschleiß. Bei Verdrehung der Kupplung entsteht kein Axialschub

Berechnung

Maßgebend für die einsatzgerechte Auslegung einer drehnachgiebigen Kupplung sind neben der Drehsteife und Dämpfung, die Festigkeitseigenschaften der federnden Bauteile. Sie werden vom Hersteller angegeben und beziehen sich auf eine Umgebungstemperatur von 10 °C bis 30 °C. Manche Kennwerte ändern sich unter Einfluß von Belastung, Temperatur und Umdrehungsfrequenz.

---

[1]) Maschinenfabrik Stromag GmbH, Unna/Westf.
[2]) Vulkan-Kupplungs- und Getriebebau, Wanne-Eickel

Zum Nachweis der statischen Festigkeit der Kupplung wird ein Prüfdrehmoment T_{KP} festgelegt, das bei zügiger oder bei fortschreitender Belastung mit Wartezeiten ohne Beschädigung der Kupplung erreicht werden kann, das also noch unter dem Zerreißmoment liegt.

Das von der Kupplung übertragbare größte Drehmoment $T_{K\,max}$ ist kleiner als das Prüfdrehmoment. Es ist das Drehmoment, das kurzzeitig mindestens 10^5mal als schwellender Drehmomentstoß bzw. mindestens $5 \cdot 10^4$mal als wechselnder Drehmomentstoß ohne Beschädigung ertragen werden kann. Dabei darf die Erhöhung der Kupplungstemperatur 30 °C nicht überschreiten.

Das Nenndrehmoment T_{nK} gibt die Baugröße an und darf im gesamten zulässigen Drehzahlbereich dauernd übertragen werden. Manche Hersteller setzen für das Nenndrehmoment der Kupplung $T_{nK} = (0,5 \cdots 0,3)\,T_{K\,max}$. Die Faktoren $0,5 \cdots 0,3$ entsprechen der möglichen Überlastbarkeit der Kupplung in Antrieben mit Drehstrommotoren bis zum Kippmoment, das etwa 2- bis 3mal größer als das Motornennmoment ist.

Die Verdreh-Dauerwechselfestigkeit einer Kupplung wird durch das ertragbare Dauerwechseldrehmoment T_{WK}, auch ertragbarer Drehmomentausschlag genannt, ausgedrückt. Sie wird aus Versuchen bestimmt. Die Prüfungsergebnisse lassen sich in Form einer Wöhlerkurve und im Dauerfestigkeitsdiagramm darstellen. Das ertragbare Dauerwechseldrehmoment gibt die Ausschläge der dauernd zulässigen periodischen Drehmomentschwankungen bei einer Frequenz von 10 Hz und einer Grundlast bis zum Wert vom Nenndrehmoment T_{nK} an.

Versuche mit Gummikupplungen haben ergeben, daß für Lastwechsel über 10 Hz die Erwärmung des Gummikörpers die Dauerwechselfestigkeit stark beeinflußt. Wurde der ertragbare Momentausschlag bei 10 Lastwechsel je Sekunde ermittelt, so errechnet sich mit guter Näherung der ertragbare Ausschlag für eine beliebige Zahl von Lastwechseln je Sekunde aus der Zahlenwertgleichung

$$T_{WK} = \pm\, T_{WK(10\,Hz)}\, \sqrt{\frac{600}{in}} \quad \text{in Nm} \tag{4.7}$$

mit $T_{WK(10\,(Hz)}$ als dem für 10 Lastwechsel je Sekunde ertragbaren Momentenausschlag in Nm, n als Umdrehungsfrequenz in min^{-1} und i als Zahl der Impulse je Umdrehung.

Wird eine drehnachgiebige Kupplung bei höherer Umgebungstemperatur als 30 °C eingesetzt, so muß das Absinken der Festigkeit von Gummielastischen Werkstoffen durch Wärmeeinwirkung berücksichtigt werden. Herrschen in unmittelbarer Umgebung der Kupplung Temperaturen von + 40 °C bis 80 °C, so setzt man bei Naturgummielementen 90 % bis 55 % der Ausgangskennwerte $T_{K\,max}$, T_{nK} und T_{WK} in die Rechnung ein. Bei Polyurethanelementen fallen die Werte auf 83 % bei 40 °C und auf 66 % bei 60 °C.

Das **Rechenverfahren 1** stützt sich auf Erfahrung. Die Bestimmung der Kupplungsgröße für einen beliebigen Antrieb richtet sich nach dem größten Drehmoment, das die betreffende Kraftmaschine über die Kupplung auf die Arbeitsmaschine überträgt. Das mittlere Lastmoment T_m oder das Nennmoment T_n wird mit einem Betriebsfaktor φ multipliziert und mit dem größten ertragbaren Drehmoment der Kupplung $T_{K\,max}$ verglichen.

Die Art der zu kuppelnden Maschinen wird näherungsweise durch den Betriebsfaktor φ (Unsicherheitsfaktor, Stoßzahl, s. Teil 1) berücksichtigt (Bild A 4.8). Dieser Betriebsfaktor ist von der Momentungleichförmigkeit abhängig.

Die Kraftmaschinen geben nämlich entweder ein gleichbleibendes Drehmoment (Elektromotor, Turbine) oder ein periodisch veränderliches Drehmoment (Kolbenkraftmaschine s. Abschn. Kurbelgetriebe) ab. Die angetriebenen Arbeitsmaschinen arbeiten ebenfalls entweder mit einem gleichbleibenden Drehmoment (Kreiselpumpe, Gebläse) bzw. mit einem periodisch veränderlichen Drehmoment (Kolbenkompressor und Kolbenpumpe) oder sogar mit stoßweiser Belastung (Hebezeuge, Walzwerkantriebe). Das größte Betriebsmoment T_{max} ergibt sich näherungsweise aus dem mittleren Lastdrehmoment T_m zu $T_{max} = \varphi T_m$. Häufig kann für T_m das Nenndrehmoment T_n der Antriebs- oder Abtriebsseite gesetzt werden. Das Betriebsmoment T_{max} errechnet sich somit aus dem der Nennleistung P_n entsprechenden Drehmoment $T_n = P_n/\omega$ zu $T_{max} = \varphi T_n$ oder nach der Zahlenwertgleichung zu

$$T_{max} = \varphi \cdot 9550 \, \frac{P_n}{n} \quad \text{in Nm} \tag{4.8}$$

mit P_n als Nennleistung der Antriebsmaschine in kW, n als Drehfrequenz der Kupplungswelle in min^{-1} bei der Nenndrehfrequenz n_n der Antriebsmaschine und φ als Betriebsfaktor.

Das größte zu übertragende Drehmoment T_{max} muß aus Sicherheitsgründen möglichst kleiner als das ertragbare Maximalmoment $T_{K\,max}$ der Kupplung sein, die für diesen Antriebsfall vorgesehen werden soll.

In manchen Antriebsfällen arbeitet eine nach Verfahren 1 berechnete Kupplung nicht zuverlässig. Die vorstehende Berechnungsmethode berücksichtigt nämlich nicht, daß die Momentungleichförmigkeit vom Massenverhältnis der zu kuppelnden Maschine abhängt und daß die gekuppelten Massen mit der elastischen Kupplung ein schwingungsfähiges System bilden. Periodische Drehmomentimpulse der Maschinen können heftige Drehschwingungen anregen, die die drehnachgiebige Kupplung zerstören. Daher ist es zweckmäßig, die Kupplungsgröße für Kolbenmaschinen durch eine Schwingungsrechnung zu bestimmen[1]), auf der das folgende Rechnungsverfahren 2 beruht.

Nach dem **Rechnungsverfahren 2** wird die Kupplungsgröße nach der im Betrieb vorkommenden ungünstigsten Lastart ermittelt und entweder nach dem Nenndrehmoment T_{nK} oder nach ihrer Dauerwechselfestigkeit T_{WK} und nach ihrem übertragbaren Maximaldrehmoment $T_{K\,max}$ ausgelegt.

Im allgemeinen soll das aus der Nennleistung und der Nennumdrehungsfrequenz der Antriebs- oder Abtriebsseite bestimmte Nenndrehmoment $T_n \leq T_{nK}$, das selten auftretende größte Drehmoment $T_{max} < T_{K\,max}$ und ein dauernd auftretendes Wechseldrehmoment $T_{aK} < T_{WK}$ sein (s. Bild **4.35**).

Belastung durch Drehmomentstöße. Beim Starten von Maschinenanlagen wie Dieselmotor-Generator, Dieselmotor-Schiffspropeller, Elektromotor-Kolbenkompressor und Asynchronmotor-Arbeitsmaschine wird die drehnachgiebige Kupplung durch den Anfahrstoß[2]) stark beansprucht. Als Ursache für die hohe Anfahrbelastung im Drehschwingungssystem

---

[1]) Benz, W.: Zur Berechnung drehelastischer Kupplungen. MTZ **3** (1941) H. 1 – Schach, W.: Die Berechnung einer drehfedernden Kupplung. Z. Werkstatt und Betrieb **83** (1950) H. 12 – Ders.: Anwendung einer drehelastischen Kupplung in Schiffs-Hauptanlagen. MTZ **19** (1958) H. 11, S. 377 ff. – Steinhilper, W.: Berechnung von drehelastischen Kupplungen mit nichtlinearer Kennlinie. Z. Konstruktion **18** (1966) H. 2.

[2]) Steinhilper, W.: Stoßdrehmomente und Stoßfaktoren in Maschinenanlagen mit drehstarren und drehelastischen Kupplungen. Z. Maschinenmarkt **71** (1965) H. 99.

ist der instationäre, pendelnde Verlauf des Moments der Kraft- bzw. Arbeitsmaschine während der Anlaufphase anzusehen. So regt z. B. auch das ungleichförmige Luftspaltmoment eines Asynchronmotors während der Anlaufphase das Antriebssystem zu hohen Schwingungsausschlägen an, die von der Kupplungskennlinie, der Dämpfung, dem Massenverhältnis und von der Erregerfrequenz abhängen. Hierbei können die Drehmomentspitzen in der drehnachgiebigen Kupplung das Nennmoment des antreibenden Motors um ein Vielfaches überschreiten [1]).

Überschläglich kann für die Anfahrbelastung bei antriebsseitigem bzw. lastseitigem Stoß

$$T_{AS} = k' \, T_{max} \, \frac{J_2}{J_1 + J_2} \quad \text{bzw.} \quad T_{LS} = k' \, T_{max} \, \frac{J_1}{J_1 + J_2} \qquad (4.9) \quad (4.10)$$

gesetzt werden. In den vorstehenden Gleichungen bedeuten J_1 das Massenträgheitsmoment der Antriebsseite und J_2 das Massenträgheitsmoment der Abtriebsseite. Der Faktor $k' = 1,5 \cdots 2,0$ gibt die Vergrößerung des antriebs- bzw. lastseitigen Drehmomentstoßes an. Für Gl. (4.9) ist das größte Motormoment T_{max} für Dieselmaschinen aus Tafel **A 4**.9 zu entnehmen. Bei Elektromotoren und bei Kompressoranlagen mit Elektromotorenantrieb ist das Kippmoment als T_{max} einzusetzen. Lastseitiger Stoß kann z. B. bei Laständerungen und bei Bremsungen auftreten. In Gl. (4.10) werden daher für T_{max} die Spitzenwerte der entsprechenden Drehmomente eingesetzt. Die Anfahrbelastung T_{AS} bzw. T_{LS}, und bei beidseitigem Stoß die Summe $T_{AS} + T_{LS}$, sollte je nach Anfahrhäufigkeit $T_{S\,zul} = (0,75 \cdots 0,1) \, T_{K\,max}$ nicht überschreiten, wobei bei $T_{K\,max}$ noch die Minderung der Festigkeit durch Wärme zu berücksichtigen ist.

Der **Geschwindigkeitsstoß** wird dadurch hervorgerufen, daß zwei Maschinen, die verschiedene Winkelgeschwindigkeiten haben, gekuppelt werden, so daß im Augenblick des Zusammenschaltens eine Relativgeschwindigkeit vorliegt. Ein solcher Geschwindigkeitsstoß tritt auch auf, wenn in der Kupplung, in den Zahnrädern oder in den Gelenken Spiel vorhanden ist.

Besonders gefürchtet ist der Fall, bei dem die Antriebs- oder die Arbeitsmaschine blockiert, d. h. schlagartig oder in einer sehr kurzen Stoßzeit zum Stillstand kommt. Blockieren bedeutet eine große Verzögerung, somit eine sehr große Relativwinkelgeschwindigkeit und ein sehr hohes Stoßmoment. Die elastische Kupplung wird dadurch fast immer zerstört.

Belastung durch ein Wechseldrehmoment. Das durch Schwingungsrechnung zu ermittelnde Wechseldrehmoment T_{aK} muß im Resonanzpunkt kleiner als das größte übertragbare Kupplungsmoment $T_{K\,max}$ sein. Bei längerem Fahren im Resonanzbereich bzw. im Dauerbetrieb mit niedrigster Betriebsumdrehungsfrequenz darf die Wechselfestigkeit T_{WK} vom Wechseldrehmoment nicht überschritten werden. Es muß sein $T_{aK} \leqq T_{WK}$, (Bild **4**.35). Es ist zweckmäßig unter Beachtung der Festigkeitsbedingungen eine möglichst „weiche" nachgiebige Kupplung, eine Kupplung mit kleiner Drehsteife zu wählen, damit die kritische Drehfrequenz der Anlage weit unterhalb der Betriebsdrehfrequenz zu liegen kommt.

Schwingungsrechnung (s. auch Beispiel 1). Hierbei wird die Eigenkreisfrequenz ersten Grades ω_e eines drehfedernden Zweimassensystems und die kupplungskritische Drehfrequenz ersten Grades *i*ter Ordnung berechnet. Die kritische Drehfrequenz n_k muß weit unter der Betriebsumdrehungsfrequenz liegen, wenn der Momentausschlag $\pm \, T_{aK}$ (Wechseldrehmoment), der dem mittleren Drehmoment T_m überlagert ist und die Kupplung beansprucht,

---

[1]) P e e k e n, H.; T r o e d e r, Ch., D i e k h a n s, G.: Beanspruchung elastischer Kupplungen in Antriebssystemen mit Asynchron-Motoren. Z. antriebstechnik **18** (1979) H. 10.

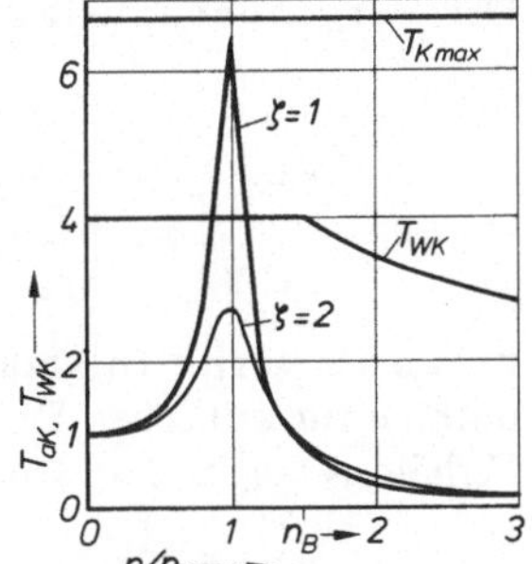

4.35
Wechseldrehmoment der Kupplung T_{aK} in Abhängigkeit von der verhältnismäßigen Dämpfung ζ und von dem Verhältnis der Drehfrequenz n zur kupplungskritischen Drehfrequenz n_k

T_{WK} Dauerwechselfestigkeit einer drehnachgiebigen Kupplung; zweckmäßiger Bereich der Betriebsdrehfrequenz $n_B > 1.5\,n/n_K$. $T_{K\,max}$ größtes übertragbares Kupplungsmoment

möglichst klein bleiben soll (T_m = mittleres Drehmoment der Kolbenmaschine) (Drehmomentverlauf s. Abschn. Kurbeltrieb).

Für die Eigenkreisfrequenz eines drehelastischen Zweimassensystems gilt die Gleichung

$$\omega_e = \sqrt{c'\left(\frac{1}{J_1} + \frac{1}{J_2}\right)} = \sqrt{\frac{c'}{J_1}}\,\sqrt{m+1} \tag{4.11}$$

mit Massenträgheitsmoment der Erregerseite J_1 (z.B. Dieselmotor mit Schwungrad und Kupplungshälfte oder Kompressor mit Kupplungshälfte), Massenträgheitsmoment der Kupplungsseite ohne Erregermomente J_2 (z.B. Kupplungshälfte mit Arbeitsmaschine wie Generator oder Kupplungshälfte mit Elektromotor als Antrieb eines Kolbenkompressors), Verhältnis der Trägheitsmomente $m = J_1/J_2$ und der Drehsteife c' der Kupplung (Bestimmung von J in kg m² s. Bild **A 4.17**. Über Drehschwingungen s. auch Abschn. 1.2.2.4).

Mit der Eigenkreisfrequenz ω_e ergibt sich die Eigenfrequenz aus der Zahlenwertgleichung

$$f_e = \frac{\omega_e}{2\pi} \text{ in s}^{-1} \quad \text{bzw.} \quad n_e = \frac{30}{\pi}\,\omega_e \text{ in min}^{-1} \tag{4.12}$$

mit ω_e in s^{-1}. Bei einem Wechseldrehmoment $i$ter Ordnung T_{ai} (Zahlenwerte s. Tafel **A 4.9**) kommen i Impulse auf eine Umdrehung. Daher ist die kritische Drehfrequenz $i$ter Ordnung

$$f_k = \frac{\text{Eigenfrequenz}}{\text{Ordnungszahl}} = \frac{f_e}{i} \text{ in s}^{-1} \quad \text{bzw.} \quad n_k = \frac{n_e}{i} \text{ in min}^{-1} \tag{4.13}$$

Der Drehmomentausschlag $\pm\,T_{ai}$, der von der Kraft- oder Arbeitsmaschine ausgeht, beansprucht die Kupplung durch ein Wechseldrehmoment

$$T_{aK} = \pm\,T_{ai}\,\frac{J_2}{J_1 + J_2}\,V = \pm\,T_{ai}\,\frac{1}{m+1}\,V \tag{4.14}$$

Hierin ist V der Vergrößerungsfaktor, der die Vergrößerung eines erregenden Drehmomentes in einem Schwingungssystem angibt (s. Gl. (4.16) bis (4.18) und Tafel **A 4.10**).

Das Wechseldrehmoment T_{aK} ist dem mittleren Drehmoment T_m überlagert. Somit wird die Kupplung bei der Betriebsdrehfrequenz n mit dem schwellenden Moment

$$T = T_m \pm T_{ai}\,\frac{1}{m+1}\,V \tag{4.15}$$

belastet.

Der Vergrößerungsfaktor

$$V = \sqrt{\dfrac{1 + \dfrac{\zeta^2}{4\pi^2}}{\sqrt{\left[1 - \left(\dfrac{n}{n_k}\right)^2\right]^2} + \dfrac{\zeta^2}{4\pi^2}}} \qquad (4.16)$$

ist von der verhältnismäßigen Dämpfung ζ und vom Verhältnis der Betriebsdrehfrequenz n zur kritischen Drehfrequenz n_k abhängig (Zahlenwerte s. Tafel **A 4**.10). Wird das Verhältnis $n/n_k > 3$, so kann näherungsweise

$$V \approx \left(\dfrac{n_k}{n}\right)^2 \qquad (4.17)$$

gesetzt werden. Bei Resonanz ($n = n_k$) hat der Vergrößerungsfaktor seinen Größtwert

$$V_{\mathrm{max}} = \sqrt{\dfrac{4\pi^2}{\zeta^2} + 1} \qquad (4.18)$$

Bei Gummikupplungen ist die verhältnismäßige Dämpfung ζ von der Belastung abhängig. I. allg. kann mit $\zeta = 0{,}8 \cdots 2{,}0$ gerechnet werden.

Zur Berechnung der Wechselbelastung T_{aK} nach Gl. (4.15) ist die Kenntnis des Drehmomentausschlages (Wechseldrehmoment) $\pm T_{ai}$ der Kolbenmaschine erforderlich (Anhaltswerte s. Tafel **A 4**.9). Bei einem Verbrennungsmotor oder einem Kolbenkompressor ist das mittlere Drehmoment T_m nur ein Bruchteil des größten Momentes T_{max}, das während des Arbeitstaktes auftritt. Die harmonische Analyse des Drehmomentverlaufs ergibt beim Zweitaktmotor und beim Kolbenkompressor harmonische Komponenten mit den Ordnungszahlen 1, 2, 3 usw. und beim Viertaktmotor Komponenten mit den Ordnungszahlen 0,5, 1, 1,5, 2 usw.

Für die Berechnung einer drehnachgiebigen Kupplung hinter einem Dieselmotor bzw. zwischen Elektromotor und Kolbenkompressor kommen hauptsächlich die in Tafel **A 4**.9 verzeichneten Ordnungszahlen in Frage.

Die Gl. (4.14) und (4.9) zeigen, daß die Beanspruchung einer drehnachgiebigen Kupplung durch Vergrößern der Schwungmasse (Trägheitsmoment) J_1 herabgedrückt werden kann.

Reicht eine „weiche" drehnachgiebige Kupplung nicht aus, die Eigenkreisfrequenz ω_e auf einen geforderten niedrigen Wert zu bringen, so besteht nach Gl. (4.11) die Möglichkeit, durch Vergrößern von J_2, z.B. durch eine Zusatzschwungmasse, die Eigenkreisfrequenz der Anlage zu vermindern. Dabei ist zu beachten, daß das Anfahrmoment T_{AS} nach Gl. (4.9) und der Momentausschlag der Kupplung T_{aK} nach Gl. (4.14) in den zulässigen Grenzen bleibt. Ein unzulässig hohes Anfahrmoment läßt sich mit Hilfe einer Rutschkupplung (s. Abschn. 4.4.2.2) auffangen. Die Rutschkupplung wird vor die drehnachgiebige Kupplung geschaltet.

Beispiel 1. Berechnen einer drehnachgiebigen Kupplung zwischen Dieselmotor und Generator. (Die Kenngrößen der Kupplung entsprechen etwa denen einer Periflex-Flanschkupplung nach Bild **4**.32a). Nenndaten des vorgegebenen Sechszylinder-Viertakt-Dieselmotors: Motornennleistung $P_n = 56{,}5\,\mathrm{kW}$, Nenndrehfrequenz $n_n = 1\,500\,\mathrm{min}^{-1}$, mittleres Motordrehmoment (Zahlenwertgleichung mit P_n in kW und n in min^{-1}) $T_m = 9\,550\,P_n/n_n = 360$ in Nm, Massenträgheitsmoment des Motorschwungrades $J_M = 2{,}5\,\mathrm{kg\,m^2}$ und des Generators $J_G = 1{,}25\,\mathrm{kg\,m^2}$.

(Es genügt i. allg., das Massenträgheitsmoment des Motorschwungrades zu berücksichtigen; die Trägheitsmomente der anderen umlaufenden Triebwerksteile sind meist vernachlässigbar.)

Größenauswahl der Kupplung. Das größte Betriebsmoment, das die Kupplung nach Berechnungsverfahren 1 auf Torsion beansprucht, ist nach Gl. (4.8) und mit $\varphi = 2$ aus Bild A 4.8 hier $T_{max} = \varphi T_m = 2 \cdot 360 \text{ Nm} = 720 \text{ Nm}$. (Der Bestimmung des Betriebsfaktors φ wurde leichter Anlauf mit unbelastetem Generator und tägliche Laufzeit von 8 Stunden unter Vollast mit geringen Stößen zugrunde gelegt.) Das übertragbare Maximal-Drehmoment der Kupplung muß gleich oder größer als das größte Betriebsmoment sein: $T_{K max} \geqq T_{max}$. Es wird eine Kupplung mit einem Maximalmoment $T_{K max} = 2\,000 \text{ Nm}$ gewählt. Die Kenngrößen der Kupplung, die einschlägigen Katalogen der Hersteller entnommen wurden, sind

übertragbares Maximal-Drehmoment	$T_{K max} = 2\,T_{n K} = 2\,000 \text{ Nm}$
Drehsteife	$c' = 10 \cdot 10^3 \text{ Nm/rad}$
Dämpfungsfaktor	$\zeta = 1,0$
Dauerwechselfestigkeit	$T_{W K (10\,Hz)} = \pm 300 \text{ Nm}$
Massenträgheitsmoment der Kupplung auf der Motorseite	$J_{K 1} = 1,25 \text{ kg m}^2$
auf der Generatorseite	$J_{K 2} = 0,125 \text{ kg m}^2$

Kritische Drehfrequenz und Kupplungsbeanspruchung nach Verfahren 2. Mit dem Massenträgheitsmoment auf der Motorseite $J_1 = J_M + J_{K 1} = (2,50 + 1,25) \text{ kg m}^2 = 3,75 \text{ kg m}^2 = 3,75 \text{ Nm s}^2$ und mit dem Massenträgheitsmoment auf der Generatorseite $J_2 = J_G + J_{K 2} = (1,25 + 0,125) \text{ kg m}^2 = 1,375 \text{ kg m}^2 = 1,375 \text{ Nm s}^2$ errechnet sich das Verhältnis der Trägheitsmomente $m = J_1 / J_2 = 2,73$. Damit wird nach Gl. (4.11) die Eigenkreisfrequenz

$$\omega_e = \sqrt{\frac{10 \cdot 10^3 \text{ Nm}}{3,75 \text{ Nm s}^2}} \; \sqrt{3,73} = 99,7 \text{ s}^{-1}$$

und nach Gl. (4.12) die Eigenfrequenz $n_e = 952$ in min^{-1}.

Nach Tafel A 4.9 wird beim 6-Zylinder-Motor die kritische Drehfrequenz ersten Grades dritter Ordnung berücksichtigt, die nach Gl. (4.13) $n_k = 317 \text{ min}^{-1}$ ist. Das Wechseldrehmoment dritter Ordnung des Motors ist nach Tafel A 4.9 $T_{a i} = \pm 2,0\,T_m = \pm 720 \text{ Nm}$. Es belastet nach Gl. (4.14) die Kupplung mit dem Wechseldrehmoment $T_{a K} \pm 8,6 \text{ Nm}$, wenn für die Betriebsdrehfrequenz $n = n_n$ der Vergrößerungsfaktor nach Gl. (4.17) $V = 0,044$ gesetzt wird. Das Wechseldrehmoment $T_{a K}$ ist somit wesentlich kleiner als die zulässige Dauerwechselfestigkeit $T_{W K} = \pm 110 \text{ Nm}$ nach Gl. (4.7). Bei der Betriebsdrehfrequenz n_n wird die Kupplung nach Gl. (4.15) mit dem Moment $T = 360 \pm 8,6 \text{ Nm}$ belastet. Beim unbelasteten Anfahren durch den Resonanzbereich bleibt das Wechseldrehmoment nach Gl. (4.14) mit $V_{max} = 6,36$ nach Gl. (4.18) kleiner als das größte ertragbare Drehmoment: $T_{a K} = 1\,228 \text{ Nm} < T_{K max} = 2\,000 \text{ Nm}$. Der Verdrehungswinkel der Kupplung beträgt bei der Normalbelastung, s. Gl. (4.6),

$$\psi = \frac{180}{\pi} \cdot \frac{T}{c'} \approx 2°$$

Mit dem größten Drehmoment des Motors $T_{max} \approx 1\,100 \text{ Nm}$ (nach Tafel A 4.9) und dem Faktor $k' = 1,8$ ergibt sich nach Gl. (4.9) das größte Anfahrmoment T_{AS} zu 530 Nm. Zulässig ist $T_{S zul} = (0,75 \cdots 1) \, T_{K max}$, also für diese Kupplung $(1\,500 \cdots 2\,000)$ Nm.

Ungleichförmigkeitsgrad des Generators. Für die Lichtstromerzeugung ist der Ungleichförmigkeitsgrad des Generators von Bedeutung. Der Ungleichförmigkeitsgrad der Generatormasse (Trägheitsmoment) J_2 ist

$$\delta = \delta_{starr} V = \frac{2\,T_{a i}}{(J_1 + J_2)\,i \omega^2} \, V \tag{4.19}$$

Hierin bedeuten δ_{starr} Ungleichförmigkeitsgrad mit starrer Kupplung und ω Winkelgeschwindigkeit bei der Betriebsdrehfrequenz. Im Vergleich zur starren Kupplung verbessert die elastische Kupplung nur dann den Ungleichförmigkeitsgrad, wenn der Vergrößerungsfaktor kleiner als Eins ist. Die Betriebsdrehfrequenz muß daher weit über der kritischen Drehfrequenz liegen. Um flimmerfreies Licht zu erhalten, soll $\delta \leqq 1/75 \cdots 1/300$ sein. Im Beispiel ist bei $n_n = 1\,500 \text{ min}^{-1}$ der Ungleichförmigkeitsgrad $\delta \approx 1/6\,000$; im Vergleich zu $\delta_{starr} = 1/270$ ist damit die vorstehende Forderung erfüllt.

4.4 Schaltbare Kupplungen

Schaltkupplungen ermöglichen es, die Übertragung von Drehmomenten zwischen zwei Wellen durch einen Schaltvorgang jederzeit herstellen oder unterbrechen zu können. Werden zwei Maschinen mit unterschiedlicher Drehfrequenz (z. B. Motor- und Arbeitsmaschine) kraftschlüssig gekuppelt (**4.**36), so wird die beim Anlauf- oder Schaltvorgang in der Kupplung verlorene Arbeit in Wärme umgesetzt. Die Auswahl der passenden Kupplungsgrößen muß daher für einen bestimmten Antrieb u. a. auch nach thermischen Gesichtspunkten erfolgen (s. a. Abschn. 4.4.2).

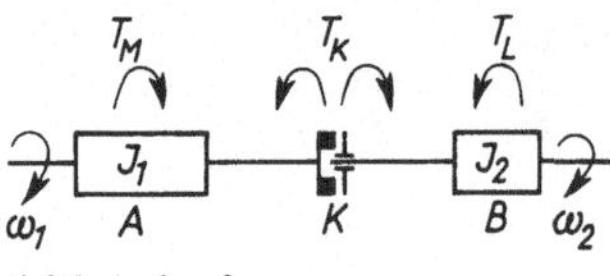

4.36 Anlaufvorgang

A Antrieb (Motor) B Abtrieb (Arbeitsmaschine)
K Schaltkupplung

Die Massen mit den Trägheitsmomenten J_1 und J_2 werden auf gleiche Winkelgeschwindigkeit gebracht

4.4.1 Verlustarbeit und Wärmebelastung

Schaltvorgang. Wird angenommen, daß die Arbeitsmaschine bereits belastet anfährt, so sind

1. der Beschleunigungswiderstand der zu bewegenden Massen und

2. der Lastwiderstand (Nutzwiderstand + Reibungswiderstand) der zu kuppelnden Abtriebsseite zu überwinden.

Der Lastwiderstand und damit das Lastmoment T_L sei konstant (**4.**37a). Nach dem Einschalten, von der Zeit $t = 0$ an, soll das von der Kupplung auf die getriebene Welle übertragene Moment T_K beliebig nach der Funktion $T_K = f(t)$ ansteigen. (Bei Reibungskupplungen verursacht die Änderung der Reibungszahl ein veränderliches Moment. Ein ansteigendes Moment ist auch durch Steigerung der Anpreßkraft zu erreichen.) Während der Anlaufzeit, von $t = 0$ bis $t = t_A$, soll die Winkelgeschwindigkeit[1]) der treibenden Welle $\omega_1 = $ const bleiben. Somit geht das Massenträgheitsmoment des Motors J_1 in die Berechnung nicht ein [s. aber Gl. (4.29)], und das vom Motor abgegebene Drehmoment ist $T_M = T_K$.

Nach dem Einschalten der Kupplung bleibt die Abtriebseite noch so lange in Ruhe, bis das von der Kupplung übertragene Moment T_K größer als das Lastmoment T_L geworden ist. Erst dann, also vom Zeitpunkt t_1 an, kann der Motor über die Kupplung ein Überschuß- und damit Beschleunigungsmoment $T_B = T_K - T_L$ abgeben, das die Massen auf der Abtriebsseite beschleunigt. Es gilt

$$T_B = T_K - T_L = J_2 \alpha_2 = J_2 \, d\omega_2/dt \tag{4.20}$$

Die Winkelbeschleunigung[1]) α_2 ist also proportional dem Beschleunigungsmoment T_B, wenn das Massenträgheitsmoment J_2 konstant bleibt (zur Bestimmung von J s. Bild **A** 4.17.

---

[1]) SI-Einheit für die Winkelgeschwindigkeit ist rad/s, für die Winkelbeschleunigung rad/s². Da 1 rad = 1 m/1 m = 1 ist, wird zur Vereinfachung in die folgenden Berechnungen für 1 rad = 1 eingesetzt.

Befindet sich ein Getriebe in der Anlage, so müssen die entsprechenden Massenträgheitsmomente auf die Kupplungswelle reduziert werden; s. Abschn. 4.5.1).

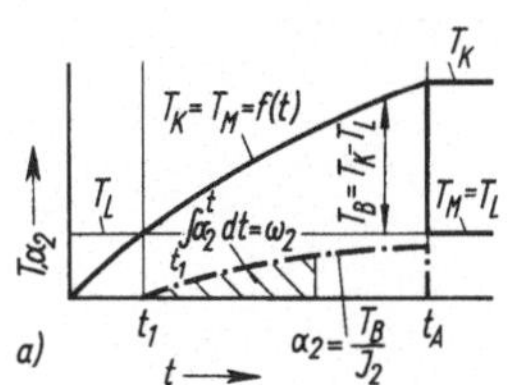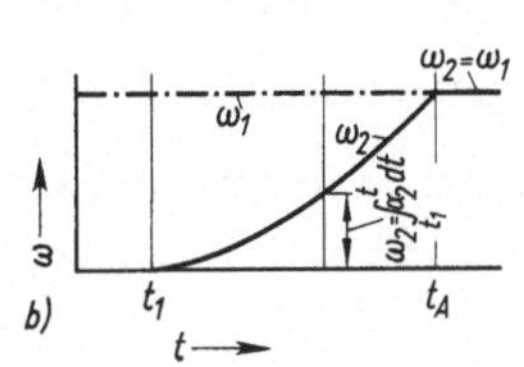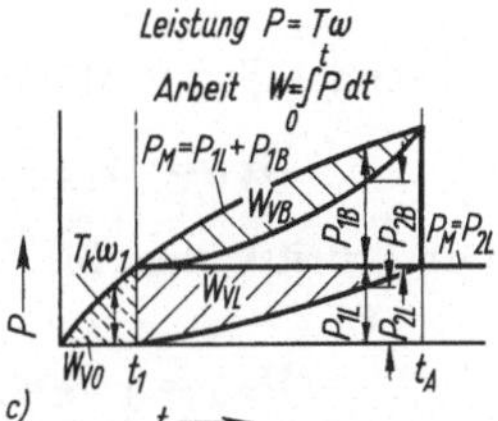

4.37 Arbeitsverluste beim Anlaufvorgang $[\omega_1, T_L = \text{const}; T_K = f(t)]$

Die von der α_2-Kurve und der Abszisse eingeschlossene Fläche in Bild **4.37**a ist gleich der Winkelgeschwindigkeit auf der Abtriebseite ω_2

$$\omega_2 = \int_{t_1}^{t} \alpha_2 \, dt = \int_{t_1}^{t} \frac{T_K - T_L}{J_2} \, dt \tag{4.21}$$

Der Beschleunigungsvorgang ist beendet bei $\omega_2 = \omega_1$ (**4.37**b). Hier sinkt das Motormoment T_M auf das Lastmoment T_L ab.

Verlustleistung. Zur Beschleunigung der Massen steht die Leistung $P_{1B} = T_B \omega_1$ $= (T_K - T_L) \omega_1$ zur Verfügung (**4.37**c). Davon wird jedoch nur die Leistung $P_{2B} = T_B \omega_2$ $= (T_K - T_L) \omega_2$ zur Beschleunigung verwendet (Indizes 1 und 2 gelten für An- bzw. Abtriebseite). Somit ergibt sich ein Leistungsverlust $P_{VB} = P_{1B} - P_{2B} = T_B(\omega_1 - \omega_2) = (T_K - T_L)$ $(\omega_1 - \omega_2)$.

Um dem Lastmoment T_L das Gleichgewicht zu halten, steht die Leistung $P_{1L} = T_L \omega_1$ zur Verfügung. Davon wird nur der Teil $P_{2L} = T_L \omega_2$ ausgenutzt. Die Leistung $P_{VL} = P_{1L} - P_{2L}$ $= T_L(\omega_1 - \omega_2)$ geht als Wärme verloren. Bis zum Anlaufen $(t = t_1)$ ist $\omega_2 = 0$. Demnach geht bis zu diesem Zeitpunkt die gesamte Leistung $T_K \omega_1$ verloren.

Verlustarbeit [1]**.** Bis zur Zeit t_A ist die vom Motor aufgewendete Gesamtarbeit (**4.37**c)

$$W = \int_{0}^{t_A} T_K \omega_1 \, dt = W_{V0} + W_{1B} + W_{1L}$$

zur Beschleunigung steht die Arbeit

$$W_{1B} = \int_{t_1}^{t_A} (T_K - T_L) \omega_1 \, dt$$

oder, mit Gl. (4.20),

$$W_{1B} = J_2 \omega_1 \int_{0}^{\omega_2 = \omega_1} d\omega_2 = J_2 \omega_1^2$$

---

[1] Die Einführung der Einheit rad/s für ω ermöglicht eine Unterscheidung zwischen der Arbeit als Produkt aus Kraft und Weg (Nm) und der Arbeit eines Momentes bei drehender Bewegung (Nm rad) bzw. nach dem Energiesatz (Nm rad²).

zur Verfügung. Hiervon wird für die Beschleunigung die Arbeit

$$W_{2\,\text{B}} = \int\limits_{t_1}^{t_\text{A}} (T_\text{K} - T_\text{L})\,\omega_2\,\mathrm{d}t = J_2 \int\limits_{0}^{\omega_2 = \omega_1} \omega_2\,\mathrm{d}\omega_2 = \frac{J_2\,\omega_1^2}{2}$$

verwendet. Somit ist der Arbeitsverlust während der Massenbeschleunigung

$$W_{\text{VB}} = W_{1\,\text{B}} - W_{2\,\text{B}} = J_2\,\omega_1^2/2 = W_{1\,\text{B}}/2$$

Der Arbeitsverlust bis zum Einsetzen der Beschleunigung ist

$$W_{\text{V}0} = \int\limits_{0}^{t_1} T_\text{K}\,\omega_1\,\mathrm{d}t$$

Von der Arbeit

$$W_{1\,\text{L}} = \int\limits_{t_1}^{t_\text{A}} T_\text{L}\,\omega_1\,\mathrm{d}t = T_\text{L}\,\omega_1\,(t_\text{A} - t_1)$$

die für das Lastmoment T_L zur Verfügung steht, wird nur der Teil

$$W_{2\,\text{L}} = \int\limits_{t_1}^{t_\text{A}} T_\text{L}\,\omega_2\,\mathrm{d}t$$

verbraucht; verloren geht die Arbeit

$$W_{\text{VL}} = W_{1\,\text{L}} - W_{2\,\text{L}} = T_\text{L}\left[\omega_1\,(t_\text{A} - t_1) - \int\limits_{t_1}^{t_\text{A}} \omega_2\,\mathrm{d}t\right]$$

Der gesamte **Arbeitsverlust** W_V beim **Anlaufvorgang** setzt sich somit zusammen aus den Verlusten 1. vor dem Beschleunigen $W_{\text{V}0}$, 2. beim Beschleunigen W_{VB} und 3. bei der Überwindung der Lastwiderstände W_{VL}

$$W_\text{V} = W_{\text{V}0} + W_{\text{VB}} + W_{\text{VL}} = \omega_1 \int\limits_{0}^{t_1} T_\text{K}\,\mathrm{d}t + \frac{J_2\,\omega_1^2}{2} + T_\text{L}\left[\omega_1\,(t_\text{A} - t_1) - \int\limits_{t_1}^{t_\text{A}} \omega_2\,\mathrm{d}t\right] \qquad (4.22)$$

Beeinflussung der Verlustarbeit. Ein kleiner Arbeitsverlust W_V ist unter folgenden Bedingungen zu erreichen (s. Gl. (4.22) und Bild **4.37**):

1. Wenn das Kupplungsmoment T_K vom Schaltbeginn an größer als das Lastmoment T_L ist. Hierbei setzt der Anlauf der getriebenen Welle sofort beim Kuppeln ein, und der Verlust $W_{\text{V}0}$ wird gleich Null.

2. Wenn die Arbeitsmaschine unbelastet angefahren wird. Dadurch bleibt der Arbeitsverlust W_{VL} klein. Er kann in der Rechnung vernachlässigt werden, wenn die Reibungswiderstände gering sind. Bei $T_\text{L} = 0$ und $t_1 = 0$ ist der Arbeitsverlust nur noch von den zu beschleunigenden Massen und von der Antriebsdrehzahl abhängig

$$W_\text{V} = W_{\text{VB}} = J_2\,\omega_1^2/2 \qquad (4.23)$$

oder – in Form einer Zahlenwertgleichung mit den in der Praxis gebräuchlichen Einheiten –

$$W_\text{V} = \frac{J_2\,n_1^2}{182,4} = 5,48 \cdot 10^{-3}\,J_2\,n_1^2 \quad \text{in Nm} \qquad (4.24)$$

mit Massenträgheitsmoment J_2 in $\text{kg}\,\text{m}^2$ bzw. $\text{Nm}\,\text{s}^2$ und Drehfrequenz n_1 in min^{-1}. Es ist zu beachten, daß der Verlust bei der Beschleunigung unabhängig vom Momentverlauf ist und immer die Hälfte der ganzen aufgewendeten Beschleunigungsarbeit beträgt.

3. Wenn das Kupplungsmoment T_K sofort beim Einschalten seinen Höchstwert erreicht und danach konstant bleibt. Unter dieser Voraussetzung verkürzt sich die Anlaufzeit t_A, und es steigt wegen $\alpha_2 = T_B/J_2 = \text{const}$ die Funktion $\omega_2 = f(t)$ geradlinig an. Dadurch wird der Arbeitsverlust W_{VL} verkleinert. (Drehmomentanstieg bei Reibscheibenkupplungen s. Abschn. 4.4.2.)

Oft ist die Funktion $T_K = f(t)$ unbekannt. In einem solchen Fall wird der Arbeitsverlust unter der Annahme errechnet, daß das **Kupplungsmoment** T_K **vom Schaltbeginn an größer als das Lastmoment** T_L ist, und daß beide Momente konstant bleiben. Somit ist von $t = 0$ an das Beschleunigungsmoment $T_B = T_K - T_L = \text{const}$. Eine Anlaufverzögerung von $t = 0$ bis $t = t_1$ wie in Bild 4.37a tritt nicht ein. Außerdem ist $\alpha_2 = \text{const}$ und ω_2 steigt geradlinig über der Anlaufzeit an.

Weiter ist mit Gl. (4.20) und (4.21)

$$\omega_2 = \frac{T_B}{J_2} \int_0^{t_A} dt = \frac{T_B}{J_2} t_A \tag{4.25}$$

Mit $\omega_2 = \omega_1$ am Ende der Anlaufzeit

$$t_A = J_2 \omega_1 / T_B \tag{4.26}$$

– bzw. als Zahlenwertgleichung

$$t_A = \frac{J_2 n_1}{9{,}55\, T_B} = 0{,}1047\, \frac{J_2 n_1}{T_B} \quad \text{in s} \tag{4.27}$$

mit J_2 in kg m^2, n_1 in min^{-1} und T_B in Nm – errechnet sich die aufgewendete Arbeit zu

$$W_{2L} = T_L \int_0^{t_A} \omega_2\, dt = T_L \int_0^{t_A} \omega_1 \frac{t}{t_A}\, dt = \frac{T_L \omega_1 t_A}{2} = \frac{W_{1L}}{2}$$

Die gesamte Verlustarbeit, die unter der Bedingung $T_K > T_L = \text{const}$ und $\omega_1 = \text{const}$ beim Anlaufvorgang in der Kupplung in Wärme übergeht, ist [s. Gl. (4.22)]

$$W_V = \frac{J_2 \omega_1^2}{2} + \frac{T_L \omega_1 t_A}{2} = \frac{T_B \omega_1 t_A}{2} + \frac{T_L \omega_1 T_A}{2} = \frac{T_K \omega_1 t_A}{2} \tag{4.28}$$

Schaltvorgang unter Berücksichtigung des Motormomentes T_M **und des Trägheitsmomentes** J_1.

Ist die **Winkelgeschwindigkeit** ω_1 während des Schaltens mit der Zeit **veränderlich** (4.38), dann wird das Motormoment T_M und auch das Massenträgheitsmoment des Motors J_1 (4.36) in die Berechnung einbezogen. Zur Vereinfachung wird vorausgesetzt, daß das Motormoment T_M, das Kupplungsmoment T_K und das Lastmoment T_L während der Anlaufzeit von $t = 0$ bis $t = t_A$ **konstant** bleiben. Beim Einschalten im Zeitpunkt $t = 0$ haben die Winkelgeschwindigkeiten der antreibenden und getriebenen Seite die Werte $\omega_1 = \omega_{10}$ und $\omega_2 = \omega_{20}$. Für den An- und Abtrieb gelten dann die Beziehungen

$$T_{1B} = T_M - T_K = J_1 \frac{d\omega_1}{dt} \qquad T_{2B} = T_K - T_L = J_2 \frac{d\omega_2}{dt} \tag{4.29}$$

Bei Berücksichtigung der Anfangsbedingungen ergibt die Integration der Gl. (4.29)

$$\frac{T_M - T_K}{J_1} \int\limits_0^t dt = \int\limits_{\omega_{10}}^{\omega_1} d\omega_1 \quad \text{und} \quad \frac{T_K - T_L}{J_2} \int\limits_0^t dt = \int\limits_{\omega_{20}}^{\omega_2} d\omega_2$$

die Winkelgeschwindigkeiten

$$\omega_1 = \omega_{10} + \frac{T_M - T_K}{J_1} t \qquad \omega_2 = \omega_{20} + \frac{T_K + T_L}{J_2} t \qquad\qquad (4.30)\quad(4.31)$$

Durch Umstellen der Gleichung (4.30) bzw. (4.31) erhält man die Zeit t, die vergeht, bis sich eine bestimmte Winkelgeschwindigkeit ω_1 bzw. ω_2 einstellt.

$$t = \frac{J_1\omega_1}{T_M - T_K} - \frac{J_2\omega_{10}}{T_M - T_K} \quad \text{bzw.} \quad t = \frac{J_2\omega_2}{T_K - T_L} - \frac{J_2\omega_{20}}{T_K - T_L} \qquad\qquad (4.32)\quad(4.33)$$

Aus Gleichung (4.30) ist zu ersehen, daß für $T_K = T_M$ die Winkelgeschwindigkeit $\omega_1 = \omega_{10}$ konstant bleibt. Sie wird für $T_K > T_M$ mit der Zeit t kleiner (**4.38**). Die Winkelgeschwindigkeit ω_2 nimmt bei $T_K > T_L$ mit der Zeit t zu, s. Gl. (4.31) und Bild (**4.38**). Im Zeitpunkt t_A erreichen beide Seiten die gleiche Winkelgeschwindigkeit $\omega_{\mathrm{syn\,A}} = \omega_1 = \omega_2$. Durch Gleichsetzen der beiden Gleichungen für die Zeit t, Gl. (4.32) und (4.33), und für $\omega_1 = \omega_2 = \omega_{\mathrm{syn\,A}}$ ergibt sich die gemeinsame Winkelgeschwindigkeit $\omega_{\mathrm{syn\,A}}$ nach beendeter Schaltzeit t_A

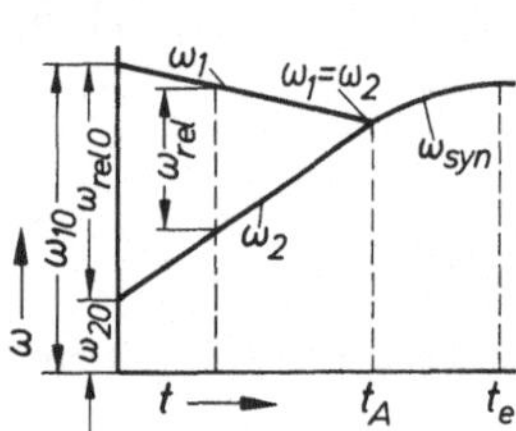

$$\omega_{\mathrm{syn\,A}} = \frac{\omega_{10}J_1(T_K - T_L) + \omega_{20}J_2(T_K - T_M)}{J_1(T_K - T_L) + J_2(T_K - T_M)} \qquad\qquad (4.34)$$

4.38
Verlauf der Winkelgeschwindigkeiten ω_1 und ω_2 beim Anlaufvorgang
t_A Schlupfzeit t_e Erholzeit

Nach der Synchronisierung steigt die gemeinsame Winkelgeschwindigkeit ω_{syn} an, solange das Motormoment $T_M > T_L$ ist und dadurch die Massen $J_1 + J_2$ beschleunigt werden. Für den Zeitabschnitt von t_A bis t_e ist die Beschleunigung für das Gesamtsystem

$$d\omega_{\mathrm{syn}}/dt = (T_M - T_L)/(J_1 + J_2) > 0 \qquad\qquad (4.35)$$

Nach Abschluß des Erholvorganges im Zeitpunkt t_e muß $T_M = T_L$ sein, da keine Beschleunigung mehr vorhanden ist.

Bei einem Drehstrom-Asynchronmotor ist das Motordrehmoment nicht konstant über dem Drehfrequenzbereich. Es fällt nach Überschreiten des Kippmomentes mit zunehmender Drehzahl ab (s. Bild **4.66**). Bei der Erholzeit t_e stellt sich in Abhängigkeit von der Größe des Motormomentes $T_M = T_L$ entweder die Lehrlaufdrehfrequenz, die Nenndrehfrequenz oder eine entsprechende Betriebsdrehfrequenz ein.

Die Erholzeit entfällt, wenn bereits bei Erreichen der Zeit t_A das Motormoment $T_M = T_L$ wird. In diesem Falle bleibt die Synchronwinkelgeschwindigkeit $\omega_{\mathrm{syn\,A}}$ konstant.

Die für die Wärmeerzeugung maßgebende Relativwinkelgeschwindigkeit ist nach Gl. (4.30) u. (4.31)

$$\omega_{\mathrm{rel}} = \omega_1 - \omega_2 = \omega_{10} - \omega_{20} + \left(\frac{T_M - T_K}{J_1} - \frac{T_K - T_L}{J_2}\right) t \qquad\qquad (4.36)$$

Der Anlaufvorgang ist beendet bei $\omega_{rel} = 0$. Hierfür beträgt dann mit $\omega_{10} - \omega_{20} = \omega_{rel\,0}$ die **Anlaufzeit**

$$t_A = \frac{\omega_{rel\,0}}{\dfrac{T_K - T_M}{J_1} + \dfrac{T_K - T_L}{J_2}} \tag{4.37}$$

Wird zur Vereinfachung $T_M = T_K$ gesetzt, dann stimmen die Gleichungen (4.37) und (4.26) überein;

$$t_A = J_2\,\omega_{rel\,0}/(T_K - T_L) = J_2\,\omega_{rel\,0}/T_B.$$

Um eine geforderte Anlaufzeit t_A zu erhalten, wird nach Umformen der Gleichung (4.37) das hierfür notwendige **konstante Kupplungskennmoment**

$$T_{Kn} = \frac{J_1 J_2}{J_1 + J_2}\,\frac{\omega_{rel\,0}}{t_A} + \frac{J_1}{J_1 + J_2}\,T_L + \frac{J_2}{J_1 + J_2}\,T_M \tag{4.38}$$

Schaltarbeit. Die je Zeiteinheit der Kupplung zugeführte Wärme bzw. die Verlustleistung $P_V = T_K\,(\omega_1 - \omega_2)$ ist beim Einschalten $P_{Vt\,0} = T_K\,\omega_{rel\,0}$. Sie fällt mit der Zeit t ab und ist Null im Zeitpunkt t_A (4.39). Die gesamte Verlustarbeit, die in der Kupplung in Wärme übergeht, beträgt somit [s. Gl. (4.28)]

$$W_V = \frac{P_{Vt\,0}\,t_A}{2} = \frac{T_K\,\omega_{rel\,0}\,t_A}{2} \tag{4.39}$$

4.39
Verlustleistung bzw. Wärmezufuhr je Zeiteinheit beim Anlaufvorgang (T_K, T_L = const; $T_K > T_L$). Die Fläche W_V stellt die gesamte Verlustarbeit dar

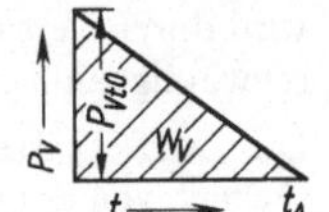

Mit der Anlaufzeit t_A aus Gl. (4.37) lautet die Gleichung (4.39) für die Schaltarbeit

$$W_V = \frac{\omega_{rel\,0}^2}{2}\,\frac{J_1 J_2}{J_1(1 - (T_L/T_K)) + J_2(1 - (T_M/T_K))} \tag{4.40}$$

Wird zur Vereinfachung $T_M = T_K$ gesetzt, so ergibt sich in Übereinstimmung mit Gl. (4.28) und in Verbindung mit Gl. (4.26)

$$W_V = \frac{\omega_{rel\,0}^2}{2}\,\frac{J_2}{1 - (T_L/T_K)} = \frac{\omega_{rel\,0}^2\,J_2\,T_K}{2(T_K - T_L)} \tag{4.41}$$

Werden zwei Massenträgheitsmomente gekuppelt, ohne daß ein Motor- bzw. Antriebsmoment T_M und ein Lastmoment T_L vorhanden ist (T_M, $T_L = 0$), so gilt nach Gl. (4.40) für die Verlustarbeit die Beziehung

$$W_V = \frac{J_1 J_2}{J_1 + J_2}\cdot\frac{\omega_{rel\,0}^2}{2} \tag{4.42}$$

Thermische Belastung. Aus Gl. (4.39) bzw. (4.40) errechnet sich die sekundlich entwickelte Wärme nach der Gleichung

$$Q_s = W_V z = \frac{T_K\,\omega_{rel\,0}\,t_A\,z}{2}\quad\text{in}\ \frac{Nm}{s}\quad\text{bzw. in W} \tag{4.43}$$

mit T_K in Nm, $\omega_{rel\,0}$ in rad/s, t_A in s und z als Zahl der Schaltungen je Sekunde in s^{-1}.

Für Gl. (4.43) wird t_A nach Gl. (4.26) bzw. (4.37) bestimmt und $\omega_{rel0} = \omega_{10}$ bzw. ω_1 gesetzt, wenn $\omega_{20} = 0$ ist. Soll die Kupplungstemperatur in zulässigen Grenzen bleiben, so muß $Q_s \leqq Q_{szul}$ sein.

Kupplungen mit geringen Schaltzahlen z werden oft als Wärmespeicher gebaut, der sich zwischen den langen Schaltpausen abkühlt. Für eine solche Kupplung ist die entwickelte Schaltarbeit mit der zulässigen Wärmemenge je Schaltung zu vergleichen

$$W_V \leqq Q_{zul} = m\,c\,(\vartheta_{zul} - \vartheta_u) \tag{4.44}$$

Bedeuten m die Masse der wärmespeichernden Kupplungsteile in kg, c die spezifische Wärme in J/(kg K) – für Stahl ist $c = 420$ J/(kg K) –, ϑ_u die Umgebungstemperatur und ϑ_{zul} die zulässige mittlere Temperatur der Kupplung in °C, so erhält man in der vorstehenden Größengleichung Q_{zul} in J (Joule) bzw. in Ws [1]).

Für häufiges Schalten oder Dauerschlupf werden die Kupplungen als Wärmeaustauscher ausgebildet, die bei guter Kühlung die entsprechende Wärme schnell abgeben. Bei einer Kupplung mit der kühlenden Oberfläche A_a ist die sekundlich entwickelte zulässige Wärmemenge Q_s gleich oder kleiner dem nach außen abfließenden Wärmestrom Φ zu setzen

$$Q_{szul} \leqq \Phi = q_a A_a (\vartheta_{zul} - \vartheta_u) \tag{4.45}$$

Die Wärmemenge Q_{szul} ergibt sich in W, wenn man die Außenfläche A_a in m², ϑ_{zul} als die zu Q_{szul} gehörige Temperatur und ϑ_u als Umgebungstemperatur in °C und den Wärmeabgabewert q_a in W/(m² K) einsetzt; q_a berücksichtigt die Wärmeabgabe durch Konvektion und Strahlung sowie durch Leitung über die Welle und die angeflanschten Teile. Sein Zahlenwert ist von Einbau- und Kühlungsverhältnissen und von der Umfangsgeschwindigkeit der Kupplung abhängig. Der Wärmeabgabewert q_a wird durch Versuche ermittelt. Bei Luftkühlung beträgt $q_a \approx (5 \cdots 9)$ W/(m² K) für eine Umfangsgeschwindigkeit $v < 1$ m/s und $q_a = 9v^{0,2} \cdots 9v^{0,7}$ für $v > 1$ m/s (Bild A 4.13).

Die Zeit, t, die vergeht, bis die Kupplungstemperatur ϑ_{zul} erreicht ist, hängt hauptsächlich von der je Zeiteinheit zugeführten Wärme Q_s und vom Verhältnis der zu erwärmenden Masse m zur kühlenden Oberfläche ab.

Es ist [2])

$$t = \frac{m\,c}{q_a A_a} \ln \frac{1}{1 - \dfrac{q_a A_a}{Q_s}\,(\vartheta_{zul} - \vartheta_u)} \tag{4.46}$$

4.4.2 Formschlüssige Kupplungen

Formschlüssige Kupplungen lassen sich nur bei Stillstand, bei Drehfrequenzgleichheit oder bei geringen Relativdrehfrequenzen der beiden Kupplungshälften gegeneinander schalten. Nach dem Einschalten, das mechanisch über ein Gestänge oder elektromagnetisch erfolgt, ist eine Relativbewegung der starren Kupplungshälften zueinander natürlich nicht möglich, somit kann in der Kupplung auch keine Wärme durch Verlustarbeit entstehen.

Zur formschlüssigen schaltbaren Verbindung dienen Bolzen, Klauen oder Zähne. Ihre hohe Festigkeit erlaubt die Übertragung großer Drehmomente bei kleinen Kupplungsabmessungen. Daher finden diese Kupplungen u.a. im Schwermaschinenbau Verwendung.

---

[1]) 1 J = 1 Nm = 1 Ws.
[2]) Einheiten s. Gl. (4.44) und (4.45).

Die einfachen schaltbaren Klauenkupplungen bestehen aus zwei Kupplungshälften, deren Stirnseite mit Klauen versehen sind. Die eine Kupplungshälfte sitzt drehfest und axial gesichert auf der treibenden Welle, die andere läßt sich mit einem Schaltring entlang zweier Gleitfedern auf dem Wellenende axial verschieben. Ist die Kupplung eingeschaltet, so greifen die Klauen beider Kupplungshälften formschlüssig ineinander. Zahnkupplungen besitzen an Stelle der Klauen eine Verzahnung, die entweder an der Stirnseite oder am Umfang der Kupplungshälften angeordnet ist. Klauen- und Zahnkupplungen lassen sich auch bei geringer Relativdrehfrequenz nur dann einschalten, wenn die Klauen bzw. Zähne abgeschrägt sind (elastisch einrastende Zahn-Kupplungen) [1].

Bei elektromagnetisch betätigten [2] Zahnkupplungen erzeugt ein Elektromagnet die Schaltkraft und bewirkt die Verbindung oder die Lösung der zu kuppelnden Teile. Ein Schaltgestänge wie bei mechanisch betätigten Kupplungen ist also nicht nötig. Elektromagnetisch geschaltete Kupplungen können von beliebigen Stellen aus bei unbegrenzter Anzahl der Schaltstellen betätigt werden. Die Erregerspule wird entweder über gleitende Kontakte, also über Bürsten und Schleifringe, oder – bei schleifringlosen Kupplungen – über feste Kontakte mit Gleichstrom gespeist. Als Zusatzgeräte sind deshalb vor allem Gleichrichter, daneben Schnellschaltgerät, Vorschaltwiderstand, Schütz und Schalter nötig. Die Kupplungen werden auf der Gleichstromseite des Netzgleichrichters geschaltet. Größere Kupplungen erfordern einen Schutz gegen die beim Ausschalten entstehende Selbstinduktions-Überspannung.

Gestaltungsbeispiele. Die Bilder **4.40** und **4.41** zeigen elektromagnetisch betätigte Zahnkupplungen. Bei der Zahnkupplung (**4.40**) sind der Polkörper 1 und die Nabe 2 auf den Wellenenden aufgefedert und gegen axiale Verschiebung gesichert. Der Polkörper nimmt in einer Ringnut die Erregerspule 3 auf. Beide Teile sind durch isolierendes Gießharz fest miteinander verbunden. Die Spule wird über zwei auf einem Isolierring 4 sitzende Schleifringe 5 erregt. Die Nabe führt in einer Verzahnung mit Evolventenprofil 6 (s. Teil 1) den Ankerkörper 7. Auf diesem sowie auf dem Polkörper ist je ein Ring 8 mit einer Planverzahnung befestigt. Bei Erregung der Spule zieht die Magnetkraft den Ankerkörper – bis auf den Betrag eines kleinen Luftspaltes – gegen den Polkörper, wobei die Verzahnung der beiden Ringe 8 ineinandergreift und eine formschlüssige Verbindung bildet. Nach Abschalten des Spulenstromes drücken die Abdruckfedern 9 den Ankerkörper aus dem Eingriff heraus. Umgekehrt kuppelt die Federdruckzahnkupplung durch Federkraft ein und durch Magnetkraft aus.

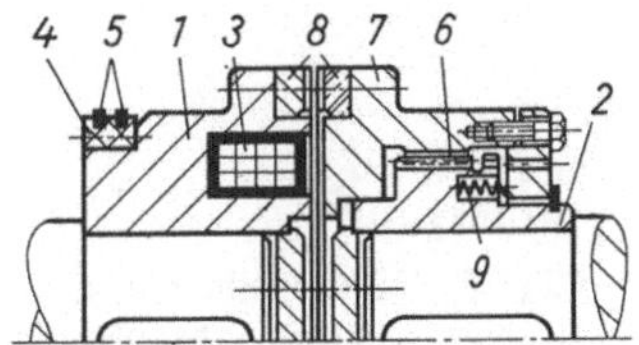

4.40 Elektromagnetisch betätigte
Zahnkupplung mit Schleif-
ringen (Stromag)

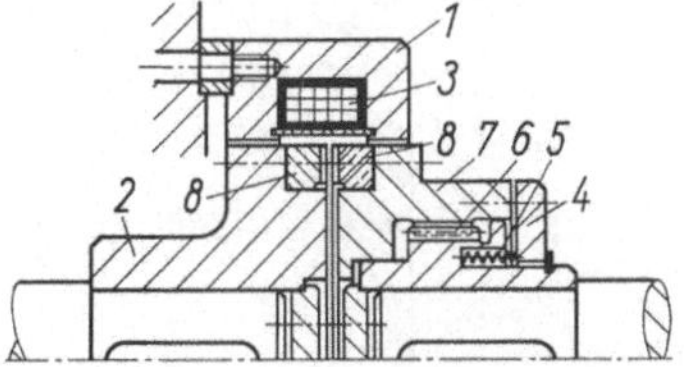

4.41 Elektromagnetisch betätigte,
schleifringlose Zahnkupplung
(Stromag)

---

[1] Stübner, K.: Elastisch einrastende Elektromagnet-Zahnkupplungen. Z. Antriebstechnik **11** (1972) Nr. 12, S. 457 bis 462.

[2] Elektromagnetisch betätigte Kupplungen werden oft kurz als Elektromagnetkupplungen bezeichnet, z. B. auch die elektromagnetisch betätigten Reibungskupplungen (s. Abschn. 4.4.3.1).

Die schleifringlose Zahnkupplung (**4.41**) kuppelt durch Magnetkraft ein und durch Federkraft aus. Der Polkörper 1 mit der Spule 3 ist als feststehender Ringmagnet ausgebildet. (Die Stromzuführung erfolgt über ruhende Kontakte.) Die Nabe 2 und der Ankerkörper 7 laufen um. Beim Schließen des Stromkreises zieht die Magnetkraft den Ankerkörper 7, der in der Evolventenverzahnung 6 gleitet, gegen die Nabe 2 und bringt so die Planverzahnung 8 in Eingriff. Nach dem Öffnen des Stromkreises bewirkt die sich gegen den Ring 4 abstützende Abdruckfeder 5 das Entkuppeln.

Berechnung

Die Berechnung formschlüssiger Kupplungen soll für den häufig vorkommenden Fall der **elektromagnetisch betätigten Zahnkupplung** entwickelt werden (s. Beispiel 2). Die Zugkraft des Elektromagneten fällt mit größer werdendem Luftspalt zwischen Polfläche und Ankerscheibe stark ab. Dadurch wird der nutzbare Verschiebeweg der Ankerscheibe praktisch auf wenige Millimeter begrenzt. Vom Verschiebeweg hängt die Höhe der Planverzahnung ab. Um ein schnelles Ausschalten der Kupplung mit kleinen Kräften zu erreichen, wird zwischen Ankerscheibe und Polflächen ein Restluftspalt l_L vorgesehen und einer der beiden Zahnringe aus Bronze hergestellt (Restmagnetismus).

In vielen Fällen sollen Zahnkupplungen unter Last ausgeschaltet werden. Dies gelingt mit kleinem Kraftaufwand nur dann, wenn die Zähne der Planräder abgeschrägt sind. Bei der Festigkeitsberechnung der Planverzahnung ist zu beachten, daß die Umfangskraft beim Ausschalten unter Vollast am Ende des Schalthubes an den Kanten der Zähne angreift.

Kräfte an Zahnkupplungen. Wird eine Zahnkupplung nach Bild **4.40** oder **4.41** mit einem Drehmoment T belastet, so wirkt im mittleren Radius R_1 (**4.42**) der Planverzahnung die Umfangskraft

$$F_\mathrm{u} = T/R_1 \tag{4.47}$$

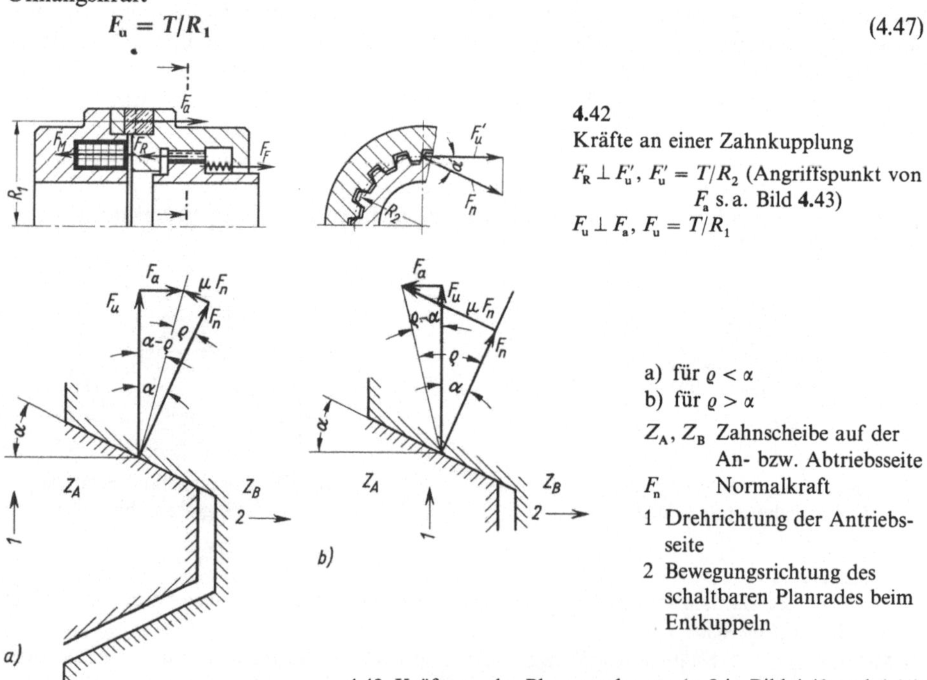

4.42
Kräfte an einer Zahnkupplung
$F_\mathrm{R} \perp F_\mathrm{u}'$, $F_\mathrm{u}' = T/R_2$ (Angriffspunkt von F_a s. a. Bild **4.43**)
$F_\mathrm{u} \perp F_\mathrm{a}$, $F_\mathrm{u} = T/R_1$

a) für $\varrho < \alpha$
b) für $\varrho > \alpha$
Z_A, Z_B Zahnscheibe auf der An- bzw. Abtriebsseite
F_n Normalkraft
1 Drehrichtung der Antriebsseite
2 Bewegungsrichtung des schaltbaren Planrades beim Entkuppeln

4.43 Kräfte an der Planverzahnung (s. 8 in Bild **4.40** und **4.41**)

Sie ergibt bei Zähnen mit dem Flankenwinkel α eine Kraftkomponente F_a in axialer Richtung, die die Planräder auseinanderdrückt (**4.**43). (In der Kupplung nach Bild **4.**40 entfernt sich der Ankerkörper 7 vom Spulenkörper 1 in axialer Richtung.) Die Axialkomponente der Reibungskraft μF_n zwischen den Planzähnen wirkt dieser Bewegungsrichtung entgegen. Unter Berücksichtigung der Reibung durch den Reibungswinkel ϱ ergibt sich an der Planverzahnung die Axialkraft $F_a = F_u \tan(\alpha - \varrho)$.

Da die Reibungszahl $\mu = \tan\varrho$ stark streut, kann bei Flankenwinkeln bis $\alpha \approx 25°$ mit genügender Genauigkeit für die Axialkraft

$$F_a \approx F_u(\tan\alpha - \mu) \tag{4.48}$$

gesetzt werden. Bei $\mu < \tan\alpha$ bzw. $\varrho < \alpha$ drückt F_a die Zahnscheiben auseinander (**4.**43a). Ist $\mu > \tan\alpha$ bzw. $\varrho > \alpha$, so wirkt F_a gegen die Bewegungsrichtung der Ankerscheibe beim Ausschalten (**4.**43b).

Im mittleren Radius R_2 der Gleitführung (**4.**42) ergibt das Moment T eine Umfangskraft

$$F_u' = T/R_2 = F_u R_1/R_2 \tag{4.49}$$

Ihre Normalkomponente erzeugt in der Gleitführung mit Evolventenprofilen die Reibungskraft

$$F_R = \mu' F_u'/\cos\alpha' \tag{4.50}$$

die beim Ausschalten gegen die Bewegungsrichtung der Ankerscheibe wirkt (μ' Reibungszahl in der Gleitführung, α' Eingriffswinkel der Evolventenverzahnung).

Die Federkraft F_F drückt beim **Ausschalten der Kupplung** in die Bewegungsrichtung der Ankerscheibe. Die erforderliche Federkraft zum Lüften der unter Vollast laufenden Kupplung ist somit nach Abschalten der Spule (Magnetkraft $F_M = 0$)

$$F_F = F_R - F_a = F_u\left[\frac{R_1}{R_2} \cdot \frac{\mu'}{\cos\alpha'} - (\tan\alpha - \mu)\right] \tag{4.51}$$

Zur Vereinfachung darf mit $\mu' \approx \mu$ gerechnet werden. Die zum Lüften erforderliche Federkraft wird mit zunehmendem μ größer. Bei Vergrößerung des Flankenwinkels α der Planzähne wird die erforderliche Federkraft kleiner.

Eine Federkraft ist zum Lüften nur dann notwendig, wenn $F_R > F_a$ ist. Dies ist je nach dem Verhältnis R_1/R_2 der Fall bei (Bild A**4.**14)

$$\mu > \mu_{gr} = \frac{\tan\alpha}{\left(1 + \dfrac{R_1}{R_2}\dfrac{1}{\cos\alpha'}\right)} \tag{4.52}$$

Beim Grenzwert μ_{gr} ist $F_R = F_a$. In die Konstruktionsberechnung wird $\mu > \mu_{gr}$ eingesetzt. Obgleich bei geringer Reibung im praktischen Einsatz beim Ausschalten unter Last keine Federkraft notwendig ist, so sind dennoch **Rückholfedern** vorzusehen, um die Ankerscheibe in Stellung „Aus" zu halten. Zudem sind Rückholfedern für das Schalten bei unbelasteter Kupplung notwendig.

Die Planverzahnung soll bei Belastung der Zahnkupplung im Eingriff bleiben. Die erforderliche **Haltekraft eines Elektromagneten** hierzu ist

$$F_M = F_a - F_R + F_F = F_u\left(\tan\alpha - \mu - \frac{R_1}{R_2} \cdot \frac{\mu'}{\cos\alpha'}\right) + F_F \tag{4.53}$$

Damit die Kupplung das Drehmoment auch bei verölten Zähnen (bei kleiner Reibungszahl) mit Sicherheit überträgt, ist in der Entwurfsrechnung $\mu < \mu_{gr}$ zu setzen.

Elektromagnetisch geschaltete Zahnkupplungen mit großen Zahnwinkeln (bis 30°) werden oft als Sicherheitskupplungen eingesetzt, die bei Überschreiten eines bestimmten Drehmomentes ausrücken (es wird $F_a - F_R + F_F > F_M$).

Elektromagnet. Die erforderliche Zugkraft des Elektromagneten für die Zahnkupplung ist nach Gl. (4.53) bekannt. Hierfür ist die Erregerspule des Elektromagneten zu berechnen.

Magnetischer Kreis. Für die Zugkraft eines Magneten gilt als Näherung die Zahlenwertgleichung[1])

$$F_M = 40\,B_L^2 A \quad \text{in N} \tag{4.54}$$

wobei die im Luftspalt vorhandene Flußdichte B_L in T (Tesla) und die gesamte Polfläche A in cm² einzusetzen sind. Dann ist die Fläche je Pol

$$A_P = A/2 \tag{4.55}$$

Die Werte für B_L liegen bei den heute im Kupplungsbau verwendeten Werkstoffen (Grauguß nach DIN 1691 und Stahlguß nach DIN 1681) zwischen 0,65 T und 1,4 T[2]), so daß sich spezifische Zugkräfte F_M/A von $\approx (17 \cdots 80)$ N/cm² erreichen lassen. Der erforderliche Platzbedarf für die Spule, die Sättigung des Eisens und die vorhandene Polfläche A bestimmen die Grenzwerte von B_L. Ist B_L gewählt, so läßt sich die Polfläche A aus Gl. (4.54) errechnen. Sie wird bei der Zahnkupplung nach Bild **4**.40 zu gleichen Teilen auf die beiden Pole des Polkörpers verteilt [Gl. (4.55) und Beispiel 2].

Für die Erzeugung der Flußdichte B_L ist nach dem Durchflutungsgesetz

$$Iw = \Sigma Hl = H_L\,2l_L + H_E\,l_E \tag{4.56}$$

der magnetische Kreis (Bild in Tafel A **4**.6) zu berechnen. In Gl. (4.56) sind I Spulenstrom, w Windungszahl der Spule, H_L ($\approx 8 \cdot 10^3\,B_L$) und H_E magnetische Feldstärke in Luft[3]) bzw. Eisen, $2l_L$ gesamter Kraftlinienweg in Luft (er ist gleich der zweifachen Luftspaltbreite l_L) und l_E Kraftlinienweg im Eisen. (Führt man in diese Größengleichung in der üblichen Weise H_L bzw. H_E in A/cm und l_L bzw. l_E in cm ein, so ergibt sich die Durchflutung Iw in A.) Für eine Anordnung nach dem Bild in Tafel A **4**.6 ist längs des gesamten Eisenweges die Flußdichte im Eisen

$$B_E \approx B_L/0{,}75 \tag{4.57}$$

H_E ergibt sich dann aus der Magnetisierungskurve der verwendeten Eisensorte (Bild A **4**.15).

Erregerspule. Bei vorgegebener bzw. gewählter Spannung U und mittlerer Windungslänge $l_m = \pi d_m$ (d_m mittlerer Spulendurchmesser) ist nach dem Ohmschen Gesetz $U = I R$ $= I w l_m \varrho/q$ der je Längeneinheit des Spulendrahtes bei der Betriebstemperatur ϑ erforderliche Widerstand

$$r_\vartheta = \frac{\varrho}{q} = \frac{U}{I w l_m} \tag{4.58}$$

---

[1]) Abgeleitet aus: $F_M = 0{,}5\,A\,B_L^2/\mu_0$ in N mit A in m², B_L in Vs/m² und mit der magnetischen Feldkonstanten $\mu_0 = 1{,}26 \cdot 10^{-6}$ Vs/Am.

[2]) SI-Einheiten für Flußdichte B: 1 T (Tesla) = 1 Vs/m² = 1 Nm/(cm² A).

[3]) $H_L = B_L/\mu_0 \approx 8 \cdot 10^3\,B_L$ in A/cm mit B_L in T und $\mu_0 = 1{,}26 \cdot 10^{-4}$ T cm/A.

In diesen Beziehungen bedeuten neben den schon erläuterten Größen R Ohmscher Widerstand, ϱ spezifischer Widerstand, q Drahtquerschnitt. (Setzt man wie üblich ϱ in $\Omega\,\text{mm}^2/\text{m}$, q in mm^2, U in V, Iw in A und l_m in m ein, so erhält man r_ϑ in Ω/m.)

Es ist nun ein Drahtdurchmesser zu ermitteln, dessen Widerstand je Längeneinheit bei der Betriebstemperatur ϑ höchstens gleich dem vorstehend berechneten Wert r_ϑ ist. (Infolge des mit der Betriebstemperatur wachsenden Ohmschen Widerstandes fällt die Zugkraft des Elektromagneten bei steigender Spulentemperatur ab.) Aus DIN 46 431, 46 435 und 46 436 T 2 (Auszug daraus s. Tafel A 4.16) läßt sich für den Widerstand je Meter r_{20} – bezogen auf die Temperatur von 20 °C – der Durchmesser von Spulendrähten entnehmen. Der Widerstand r_{20} für die Temperatur von 20 °C ist (Zahlenwertgleichung)

$$r_{20} = \frac{r_\vartheta}{1 + \alpha(\vartheta - 20)} \quad \text{in } \Omega/\text{m} \tag{4.59}$$

mit r_ϑ nach Gl. (4.58) in Ω/m, dem Temperaturkoeffizienten α in 1/K (für Kupfer ist $\alpha = 0{,}0039/\text{K}$) und der Betriebstemperatur ϑ in °C. Überschläglich darf bei Kupplungen mit $r_{20} \approx 0{,}8\,r_\vartheta$ gerechnet werden. Dies entspricht dann einer Betriebstemperatur von $\vartheta \approx 84$ °C. Zulässig sind Betriebstemperaturen von $(80 \cdots 100 \cdots 120)$ °C.

Es wird nun ermittelt, wieviele Windungen w unter Berücksichtigung der Isolation im Spulenraum untergebracht werden können (für den Platzbedarf der Spulenisolierung s. Tafel A 4.6).

Aus der Drahtlänge $l = w\,l_\text{m}$ ergibt sich der Widerstand

$$R = lr \tag{4.60}$$

Für die Temperatur von 20 °C ist $r = r_{20}$ und für den betriebswarmen Zustand $r = r_\vartheta$ einzusetzen. Mit R und der Spannung U ergeben sich der Strom

$$I = U/R \tag{4.61}$$

und die von der Spule aufgenommene Leistung

$$P = UI \tag{4.62}$$

Es bleibt noch zu prüfen, ob mit Rücksicht auf die Spulenerwärmung die Stromdichte im Spulendraht

$$i = I/q \tag{4.63}$$

und die spezifische Wärmebelastung der Spulenoberfläche A_o, also

$$P_\text{o} = P/A_\text{o} = UI/A_\text{o} \tag{4.64}$$

in den zulässigen Grenzen bleibt. Zulässig sind $i = (3{,}6 \cdots 8)\ \text{A/mm}^2$ und $P_\text{o} = (10 \cdots 15)$ Watt/dm^2.

Beispiel 2. Berechnen einer elektromagnetisch betätigten Zahnkupplung für ein Drehmoment von $T = 400$ Nm nach Bild 4.44.

K r ä f t e   a n   d e r   V e r z a h n u n g . Mit dem mittleren Radius der P l a n v e r z a h n u n g $R_1 = (D_\text{pa} + D_\text{pi})/4 = 7{,}75$ cm, wobei $D_\text{pa} = 17$ cm und $D_\text{pi} = 14$ cm der Außen- bzw. Innendurchmesser der Planverzahnung sind, ergibt sich die Umfangskraft an der Planverzahnung $F_\text{u} = T/R_1 = 40\,000$ Ncm/7,75 cm $= 5160$ N.

Die Umfangskraft in der G l e i t f ü h r u n g mit dem Radius $R_2 = 5{,}5$ cm ist $F_\text{u} = T/R_2 = 40\,000$ Ncm/5,5 cm $= 7270$ N. Für das Verhältnis $R_1/(R_2 \cos \alpha')$ und für den Flankenwinkel der Planzähne und der Gleitführung von $\alpha = \alpha' = 20°$ wird der Grenzwert der Reibungszahl μ_{gr} aus Bild **A 4.**14 zu 0,146 entnommen oder nach Gl. (4.52) berechnet. Unter der Annahme, daß in der Verzahnung die Reibungszahl $\mu = \mu' > \mu_{gr}$, hier z. B. $\mu = 0,156$ ist, ergibt sich die Axialkomponente der Umfangs- und Reibungskraft an der Planverzahnung nach Gl. (4.48) zu

$$F_a = F_u(\tan \alpha - \mu) = 5160\ \text{N}\,(0,364 - 0,156) = 1070\ \text{N}$$

und die Reibungskraft in der Gleitführung nach Gl. (4.50) zu

$$F_R = \mu' F_u/\cos \alpha' = 0,156 \cdot 7270\ \text{N}/0,94 = 1200\ \text{N}$$

Die erforderliche Federkraft zum Lüften der unter Vollast laufenden Kupplung nach Abschalten der Erregerspule wird somit nach Gl. (4.51)

$$F_F = F_R - F_a = 1200\ \text{N} - 1070\ \text{N} = 130\ \text{N}$$

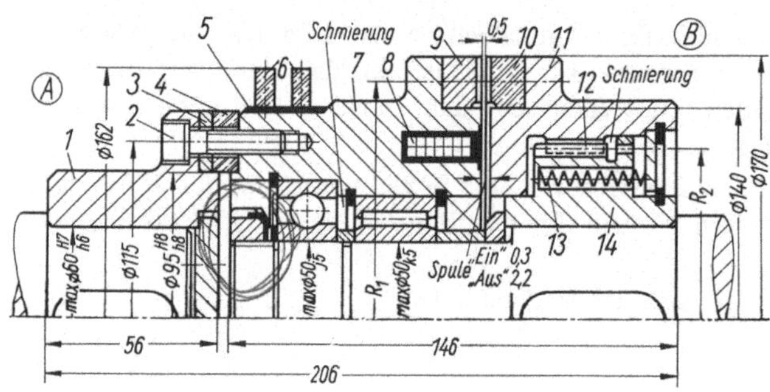

4.44 Elektromagnetisch betätigte Zahnkupplung

   A Antrieb   *B* Abtrieb[1])

1 Antriebsnabe	9 Planradverzahnung (Stahl)
2 Schrauben M 8, um 30° versetzt	10 Planradverzahnung (nichtmagnetischer
3 geteilter Zwischenring	Werkstoff, z. B. Bronze)
4 ungeteilter Zentrierring (nichtmagnetischer	11 Ankerscheibe
Werkstoff)	12 Gleitführung (Evolventenverzahnung)
5 Isolierung	13 Rückholfeder
6 Schleifringe (z. B. aus Bronze)	14 Abtriebsnabe
7 Polkörper 8 Erregerspule	

---

[1]) In diesem Abschn. sind An- und Abtriebseite durch *A* bzw. *B* gekennzeichnet, falls beide Seiten nicht vertauschbar sind.

Magnetischer Kreis bei eingeschalteter Kupplung (Stellung ,,Ein''). Damit die Kupplung das Drehmoment mit Sicherheit überträgt, wird in Gl. (4.53) für die **Haltekraft des Elektromagneten** F_M die Reibungszahl $\mu' = \mu = 0,055 < \mu_{gr}$ eingesetzt. Hiermit ergibt sich nach vorstehendem Berechnungsgang $F_a = 1600\ \text{N}$, $F_R = 425\ \text{N}$ und damit

$$F_M = F_a - F_R + F_F = 1600\ \text{N} - 425\ \text{N} + 130\ \text{N} \approx 1320\ \text{N}$$

Für die Haltekraft $F_M = 1320\ \text{N}$ und mit einer angenommenen Flußdichte in Luft von $B_L = 0,72\ \text{T}$ ergibt sich aus der Zahlenwertgleichung (4.54) die erforderliche Gesamtpolfläche zu

$$A = \frac{F_M}{40\,B_L^2} = \frac{1320}{40 \cdot 0,519} = 64 \quad \text{in cm}^2$$

Somit ist für jeden Pol die Fläche $A_P = A/2 = 32\ \text{cm}^2$. Damit wird bei einem Außenpol-Außendurchmesser von $D_a = 13{,}7$ cm der Außenpol-Innendurchmesser

$$D_i = \sqrt{\frac{4}{\pi}\left(\frac{\pi D_a^2}{4} - A_P\right)} = \sqrt{\frac{4}{\pi}\left(\frac{\pi (13{,}7\ \text{cm})^2}{4} - 32\ \text{cm}^2\right)} = 12{,}2\ \text{cm} \tag{4.65}$$

Der Innenpol-Innendurchmesser ist durch Wellen- und Lagerdurchmesser bestimmt. Er betrage hier $d_i = 8$ cm. Somit bleibt für den Innenpol-Außendurchmesser

$$d_a = \sqrt{\frac{4}{\pi}\left(\frac{\pi d_i^2}{4} + A_P\right)} = \sqrt{\frac{4}{\pi}\left(\frac{\pi (8\ \text{cm})^2}{4} + 32\ \text{cm}^2\right)} = 10{,}2\ \text{cm} \tag{4.66}$$

Zur Berechnung der gesamten **erforderlichen Durchflutung** nach Gl. (4.56) wird zunächst mit der magnetischen Feldstärke in Luft $H_L = 8 \cdot 10^3 B_L = 8 \cdot 10^3 \cdot 0{,}72 = 5760$ A/cm und mit dem „Ein"-Luftspalt zwischen Polkörper und Ankerscheibe

$$l_L = l_{L\,ein} + 0{,}01\ \text{cm} = (0{,}03 + 0{,}01)\ \text{cm} = 0{,}04\ \text{cm} \tag{4.67}$$

die Durchflutung im Luftspalt zu $Iw = H_L \cdot 2l_L = 5760$ A/cm $\cdot\ 0{,}08$ cm $= 461$ A ermittelt. Aus der Magnetisierungslinie für Stahlguß (s. Bild A 4.15) entnimmt man bei einer Flußdichte von $B_E = B_L/0{,}75 = 0{,}72\,\text{T}/0{,}75 = 0{,}96\,\text{T}$ die magnetische Feldstärke $H_E = 5{,}8$ A/cm. Hiermit ergibt sich die Durchflutung im Eisen zu $H_E l_E = 5{,}8$ A/cm $\cdot\ 11{,}5$ cm $= 67$ A, wenn der konstruktive Entwurf für den Kraftlinienweg im Eisen $l_E = 11{,}5$ cm ergibt. Die gesamte erforderliche Durchflutung bei eingeschalteter Kupplung und bei Betriebstemperatur ist somit

$$Iw = H_L 2l_L + H_E l_E = 461\ \text{A} + 67\ \text{A} = 528\ \text{A} \tag{4.68}$$

Magnetischer Kreis bei ausgeschalteter Kupplung (Stellung „Aus"). Es muß noch nachgeprüft werden, ob ein Magnet mit der vorstehend berechneten Durchflutung ausreicht, um beim Einschalten der Erregerspule die Ankerscheibe über den „Aus"-Luftspalt gegen die Kraft der Rückholfedern anzuziehen. Soll der Magnet die Zugkraft

$$F_{Maus} = 1{,}1\ F_{Fmin} = 34\ \text{N} \tag{4.69}$$

aufbringen, dann ist hierfür nach der Zahlenwertgleichung (4.54) die **Flußdichte in Luft**

$$B_L = \sqrt{\frac{F_{Maus}}{40\ A}} = \sqrt{\frac{34}{40 \cdot 64}} = 0{,}115 \quad \text{in T} \tag{4.70}$$

erforderlich. Mit $H_L = 8 \cdot 10^3 B_L = 8 \cdot 10^3 \cdot 0{,}115 = 920$ in A/cm und einem Luftspalt $l_{L\,aus} = 0{,}22$ cm ergibt sich die Durchflutung im Luftspalt zu $H_L 2l_{L\,aus} = 920$ A/cm $\cdot\ 0{,}44$ cm $= 404$ A. Für eine Flußdichte im Eisen von $B_E = B_L/0{,}75 = 0{,}115\,\text{T}/0{,}75 = 0{,}153\,\text{T}$ liest man in der Magnetisierungslinie für Stahlguß (Bild A 4.15) die magnetische Feldstärke $H_E \approx 1{,}2$ A/cm ab. Hiermit wird die Durchflutung im Eisen $H_E l_E = 1{,}2$ A/cm $\cdot\ 11{,}5$ cm $= 14$ A. Die erforderliche Durchflutung bei ausgeschalteter Kupplung $Iw = H_L 2l_{L\,aus} + H_E l_E = (404 + 14)$ A $= 418$ A ist somit kleiner als die Durchflutung bei eingeschalteter Kupplung (418 A $<$ 528 A).

Erregerspule. Wird für die Spule eine Gleichspannung von 110 V vorgesehen, so ist mit der mittleren Windungslänge

$$l_m = \pi d_m = \pi (D_i + d_a)/2 = \pi (0{,}122\ \text{m} + 0{,}102\ \text{m})/2 = 0{,}352\ \text{m} \tag{4.71}$$

für die Durchflutung $Iw = 528$ A nach Gl. (4.58) bei der Betriebstemperatur (84 °C) ein **Drahtwiderstand je Längeneinheit**

$$r_\vartheta = \frac{U}{Iw\,l_m} = \frac{110\ \text{V}}{528\ \text{A} \cdot 0{,}352\ \text{m}} = 0{,}592\ \Omega/\text{m}$$

nötig. Dem erforderlichen Widerstand bei 20 °C von $r_{20} = 0{,}8\ r_\vartheta = 0{,}474\ \Omega/\text{m}$ entspricht nach Tafel A 4.16 ein Draht von $D = 0{,}255$ mm Durchmesser mit $r_{20} = 0{,}4615\ \Omega/\text{m}$. Unter Berücksichtigung der Abmessungen der Spulenisolierung b_1, b_2, h_1, h_2 (Tafel A 4.6) bleibt von der gewählten Tiefe des

Spulenraumes von $a = 26$ mm für die Wickelbreite $b = a - (b_1 + b_2) = 2{,}6$ mm $- (3{,}5$ mm $+ 1$ mm$)$ $= 21{,}5$ mm und von der Höhe des Spulenraumes $c = 10$ mm für die Wickelhöhe $h = c - (h_1 + h_2)$ $= (10 - 2)$ mm $= 8$ mm übrig. Bei diesen Abmessungen des Spulenraumes lassen sich in der Breite $w_1 = b/D = 21{,}5$ mm$/0{,}255$ mm $= 84$ Windungen und in der Höhe $w_2 = h/(D + 0{,}05)$ $= 8$ mm$/0{,}305$ mm $= 26$ Windungen, also insgesamt $w = w_1 w_2 = 84 \cdot 26 = 2184$ Windungen, unterbringen. Der Strom durch die Spule beträgt nach dem Ohmschen Gesetz

$$I = \frac{U}{R} = \frac{U}{lr} = \frac{U}{w l_m r} = \frac{110\,\text{V}}{2184 \cdot 0{,}352\,\text{m} \cdot 0{,}592\,\Omega/\text{m}} = 0{,}242\,\text{A}$$

Mit $q = 0{,}038$ mm^2 Querschnitt wird dann die Stromdichte im Leiter $i = I/q = 0{,}242$ A$/0{,}038$ mm^2 $= 6{,}37$ A/mm^2. Die Stromdichte liegt demnach unter dem zulässigen Wert von 6,5 A/mm^2. Die Leistungsaufnahme der Spule von $P = UI = 110$ V $\cdot$ 0,242 A $= 26{,}6$ W ergibt auf die Spulenoberfläche $A_0 = 2(a + c)\, l_m = 2(0{,}26$ dm $+ 0{,}10$ dm$)$ 3,52 dm $= 2{,}55$ dm^2 bezogen die spezifische Belastung $P_0 = P/A_0 = 26{,}6$ W$/2{,}55$ dm$^2 = 10{,}4$ W/dm^2. Sie liegt unter der zulässigen Belastung von 15 W/dm^2.

4.4.3   Kraftschlüssige (Reib-)Kupplungen

Entsprechend der großen Bedeutung der Reibkupplungen in der Antriebstechnik als Schalt-, Wende- oder Überlastungskupplungen wurden zahlreiche Bauformen entwickelt, einschließlich der fliehkraftabhängigen Füllgutkupplungen, die wegen ihrer Besonderheit außerhalb der folgenden Betrachtung bleiben (s. aber Abschn. 4.4.3.3). Reibkupplungen lassen sich nach Anordnung der Reibflächen in drei Grundformen, in Scheiben-, Kegel- und Zylinderreibungskupplungen einteilen. Außerdem wird noch zwischen Naß- und Trockenkupplungen unterschieden, je nachdem ob die Reibflächen geölt werden oder trocken bleiben müssen. Die Erzeugung der Anpreßkraft erfolgt durch Hebel, Federn, Elektromagnete, Preßluft, Drucköl oder durch Fliehkraft (s. Abschn. 4.1).

Kraftschlüssige Schaltkupplungen ermöglichen ein Schalten auch bei Drehfrequenzdifferenz der beiden Wellen. Die Kraftübertragung erfolgt durch Gleitreibung oder bei Gleichlauf durch Ruhereibung. Sinngemäß wird das von der Kupplung übertragene Moment als Gleitmoment, Schaltmoment T_{KS} oder dynamisches Moment bzw. als Ruhemoment T_{KR} oder statisches Moment bezeichnet.

Der charakteristische Drehmomentverlauf einer Reibscheibenkupplung beim Schalten ist im Bild **4.45** dargestellt, (vergleiche auch Bild **4.37**). Vor dem Einschalten der Kupplung läuft die Antriebsseite mit der Winkelgeschwindigkeit ω_{rel0}; hierbei kann die Winkelgeschwindigkeit der Abtriebsseite $\omega_2 = 0$ sein. Die Kupplung überträgt nur ein geringes Leerlaufdrehmoment T_{Kl}, das im Bild (**4.45**) vernachlässigt wurde. Vom Schaltbeginn $t = 0$

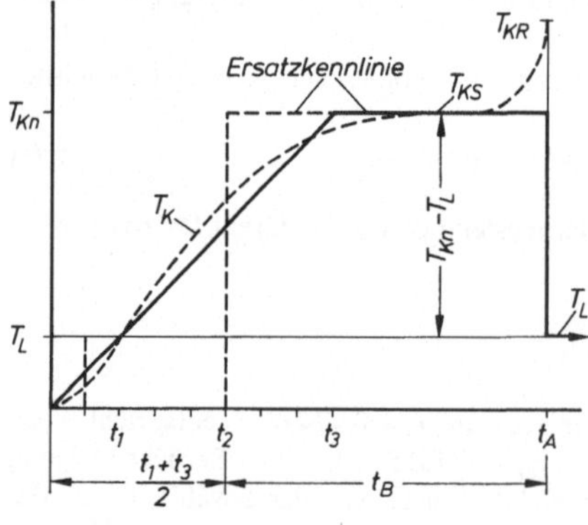

4.45
Ersatzkennlinie zur Ermittlung der Anstiegszeit t_3 und des Nennmomentes T_{Kn}

T_K Kupplungsmoment
T_{KS} Schaltmoment
T_{KR} Ruhemoment, Synchronmoment
t_A Anlaufzeit

an steigt das Drehmoment der Kupplung T_K stark an und verändert sich im weiteren Verlauf nur wenig, bis es bei geringerem Drehzahlunterschied wieder ansteigt und bei Erreichen der Synchrondrehzahl in das Ruhemoment T_{KR} übergeht. Das Ruhemoment, auch statisches-, übertragbares- oder Synchronmoment genannt, wird durch Ruhereibung übertragen.

Das im Synchronlauf größte zulässige übertragbare Moment $T_{K\,max}$ einer Reibscheibenkupplung muß kleiner als das Ruhemoment sein, $T_{K\,max} < T_{KR}$. Wird das Ruhemoment T_{KR} vom Lastmoment T_L überschritten, dann rutscht die Kupplung durch, weil die Gleitreibung kleiner als die Ruhereibung ist.

Das bei schlupfender Kupplung nach Abschluß der Anstiegszeit wirkende Drehmoment nennt man Schaltmoment T_{KS}. Nach ihm richtet sich das Kennmoment der Kupplung T_{Kn}, das wie folgt ermittelt wird (s. Bild **4.**45):

Der experimentell ermittelte Drehmomentverlauf wird durch eine aus zwei Geraden bestehende Ersatzkennlinie so angenähert, daß der Drehmomentanstieg durch eine schräge und der darauf folgende Bereich durch eine waagerechte Linie ersetzt werden. Dabei sollten die vom tatsächlichen bzw. vom angenäherten Drehmomentverlauf eingeschlossenen Flächen möglichst gleich sein.

Von den Kupplungsherstellern werden das Nennmoment für das Schalten T_{Kn} sowie das Nennmoment für die Dauerbelastung $T_{K\,max}$ angegeben.

Anlaufzeit und **Verlustarbeit** unter Berücksichtigung der Anstiegszeit t_3 (s. Bild **4.**45). Zur Vereinfachung wird bei dieser Berechnung angenommen, daß die Winkelgeschwindigkeit ω_1 konstant bleibt und dementsprechend das Motormoment $T_M = T_{Kn}$ gesetzt werden kann (s. Bild **4.**37).

Aus dem Verlauf der Ersatzkennlinie (**4.**45) geht hervor, daß sich die Anlaufzeit t_A aus der Zeit $t_2 = (t_1/2) + (t_3/2)$ und aus der Beschleunigungszeit t_B zusammensetzt. Während der Zeit t_2 rutscht die Kupplung, beschleunigt aber die Abtriebsseite noch nicht. Mit der Beziehung $t_1 = t_3(T_L/T_{Kn})$ und mit t_B aus Gl. (**4.**37) bzw. nach Gl. (**4.**26) ergibt sich für die Anlaufzeit

$$t_A = \frac{J_2\,\omega_{rel\,0}}{T_{Kn} - T_L} + \frac{t_3}{2}\left(\frac{T_L}{T_{Kn}} + 1\right) \tag{4.72}$$

Zur Ermittlung der Verlustarbeit wird die schräge Kennlinie (**4.**45) von $t = 0$ bis $t = t_1$ durch eine senkrechte Kennlinie ersetzt, so als würde das Kupplungsmoment im Zeitpunkt $t_1/2$ einsetzen und ohne Verzögerung das Lastmoment erreichen. In diesem Fall dauert die Zeit bis die Beschleunigung einsetzt $t_3/2 = t_2 - t_1/2$. Als Summe der in dieser Zeit verlorenen Arbeit $W_{V\,0} = T_L\,\omega_{rel\,0}(t_3/2)$ und der Verlustarbeit nach Gl. (**4.**41) ergibt sich die gesamte Verlustarbeit

$$W_V = \frac{\omega_{rel\,0}\,J_2\,T_{Kn}}{2(T_{Kn} - T_L)} + \omega_{rel\,0}\,T_{Kn}\,\frac{t_3}{2} \tag{4.73}$$

Um die Gleichungen (**4.**72) und (**4.**73) zur Berechnung der Wärmebelastung einer Schaltkupplung auswerten zu können, muß die Anstiegszeit t_3 bekannt sein. Sie wird im allgemeinen experimentell ermittelt und vom Hersteller angegeben.

Berechnung von Reibscheibenkupplungen. Ihr liegt die Gleichung von A m o n t o n s und C o u l o m b, μ bzw. $\mu_r = F_R/F_n$, zugrunde. Hier sind μ Reibungszahl der Gleitreibung und μ_r die der Ruhereibung, F_R Reibungskraft und F_n Normalkraft. Flächenpressung, Temperatur, Gleitgeschwindigkeit, Oberflächenbeschaffenheit, Werkstoffpaarung und Verschleiß beeinflussen die Reibung zwischen trockenen oder geölten Reibflächen.

Die Reibscheiben (**4.**46 und **4.**50) übertragen das Drehmoment

$$T_K = i\,\mu\,F_n\,R_m = i\,\mu\,p\,A\,R_m \tag{4.74}$$

Hierin bedeuten i Zahl der Reibflächen, μ Reibungszahl, F_n Normalkraft (Anpreßkraft) an der Reibfläche, R_m mittlerer Halbmesser der Reibfläche, A Größe einer Reibfläche, p Flächenpressung. Diese ist

$$p = \frac{F_n}{A} = \frac{F_n}{\pi\,(r_a^2 - r_i^2)} \tag{4.75}$$

Für die Kreisringfläche mit den Halbmessern r_a und r_i ist der mittlere Radius

$$R_m = (r_a + r_i)/2 \tag{4.76}$$

Es ist i. allg. nicht erforderlich, in Gl. (4.74), der genauen Ableitung entsprechend, den Schwerpunkthalbmesser der Reibfläche $R_m = (2/3) \cdot [(r_a^3 - r_i^3)/(r_a^2 - r_i^2)]$ einzusetzen.

Reibungszahlen werden experimentell ermittelt [1].

Die Reibungszahl der Ruhereibung μ_r ist unabhängig von der Flächenpressung. Sie steigt mit zunehmender Oberflächenrauhigkeit an. Bei Reibpaarungen mancher Reib- oder Sinterbronzewerkstoffe gegen Stahl oder Gußeisen ist im Trockenlauf $\mu_r \leqq \mu$. Gleitgeschwindigkeit, Temperatur oder Verschleiß kann das Verhältnis μ_r/μ während des Betriebes stark ändern. Bei geölten Reibflächen (Naßlauf) ist im allgemeinen $\mu_r > \mu$.

Die Reibung zwischen geölten Reibflächen läßt sich an Hand der Stribeck-Kurve (s. Abschn. Gleitlager) erklären. Die Reibungszahl μ fällt mit zunehmender Gümbelscher Kennzahl $\eta\,\omega/p$ im Mischreibungsgebiet zunächst ab und steigt dann im Gebiet der Flüssigkeitsreibung wieder an. (In der dimensionslosen Gümbelschen Kennzahl sind η Viskosität des Öles, ω relative Winkelgeschwindigkeit der Reibscheiben und p Flächenpressung.)

Im Gebiet der Flüssigkeitsreibung gilt die Formel von Gümbel und Falz für den Reibwert $\mu = k\,\sqrt{\eta\,\omega/p}$. Die Reibungsvorzahl (Wurzelbeiwert) k ist von der Oberflächenform, von Fehlern in der Planparallelität, von der Verwerfung durch Wärmedehnung, von der Rauhigkeit und von der Reibflächenbreite abhängig. Schmale Reibflächen und Lamellen mit Spiralnuten ergeben hohe Reibungsvorzahlen, $k > 20$ [1].

Werkstoffpaarungen, bei denen $\mu_r > \mu$ ist, erzeugen bei geringer Gleitgeschwindigkeit Rattern und somit Schwingungen, die sich nachteilig auf den Maschinensatz auswirken können.

Handelt es sich um die Auslegung einer Schaltkupplung, so ist das Schaltmoment T_{KS} (Gleitmoment) von Bedeutung, das durch Einsetzen einer experimentell ermittelten Gleitreibungszahl μ in die Gleichung (4.74) berechnet wird. Für die Auslegung von Sicherheitskupplungen und Haltebremsen ist das statische Moment T_{KR} mit der Reibungszahl der Ruhereibung μ_R maßgebend. Reibungszahlen s. Tafel A 4.11. Ist die Reibungszahl beim praktischen Einsatz der Kupplung kleiner als angenommen wurde, dann läßt sich das geforderte Moment i. allg. durch Erhöhen der Anpreßkraft erreichen.

Maßgebend für die Wahl der Flächenpressung p sind Erwärmung [s. Gl. (4.44), (4.45) und (4.78)] und Verschleiß. Für Schaltkupplungen und Bremsen mit den Werkstoffpaarungen Reibwerkstoff−Stahl oder Stahl−Stahl geölt beträgt $p = (0{,}2 \cdots 0{,}6)\ \text{N/mm}^2$ und mit Sinterbronze−Stahl bis $1{,}0\ \text{N/mm}^2$ (Tafel A 4.12). Für Kupplungen und Bremsen mit geringer Wärmeentwicklung sind höhere Flächenpressungen zulässig.

---

[1] Pokorny, J.: Untersuchungen der Reibungsvorgänge in Kupplungen mit Reibscheiben aus Stahl und Sintermetall. Diss. TH Stuttgart 1960.

Die **Wärmeberechnung** wird nach Gl. (4.22), (4.28), (4.40), (4.43) und (4.77) durchgeführt. Die zulässige Temperatur ϑ_{zul} ist von der Werkstoffpaarung abhängig. Bei elektromagnetisch betätigten Reibscheibenkupplungen ist zu berücksichtigen, daß die Temperatur der Erregerspule i. allg. nicht mehr als kurzzeitig 120 °C betragen darf. Es ist gebräuchlich, die in einer Sekunde erzeugte Reibungswärme Q_s auf die Reibfläche A zu beziehen und mit Erfahrungswerten

$$q_{zul} \geqq Q_s/iA \tag{4.77}$$

zu rechnen (Werte hierfür s. Tafel A 4.12). Die spezifische Wärmebelastung q_{zul} läßt nicht erkennen, welche Temperatur in der Reibfläche herrscht. Sie ist daher nicht immer zu verwerten.

Die größte **Temperatur ϑ_{zul} in einer Reibfläche** ergibt sich aus der Endtemperatur ϑ_e und der Übertemperatur (Temperaturspitze) ϑ_{sp}, die kurzzeitig bei jeder Schaltung entsteht. Es ist

$$\vartheta_{max} = \vartheta_e + \vartheta_{sp} \leqq \vartheta_{zul} \tag{4.78}$$

Für Ein- oder Zweiflächen-Reibscheibenkupplungen, Kegelkupplungen und Backen- oder Bandbremsen (s. Abschn. 4.5) läßt sich die Temperaturspitze bei kurzer Anlaufzeit (bzw. Bremszeit bei Bremsen) nach folgender Zahlenwertgleichung berechnen [1]

$$\vartheta_{sp} = 0{,}266 \frac{R \varkappa T_K \omega_1}{\varrho c i A} \sqrt{\frac{t_A}{a}} \text{ in } °C \quad \text{mit} \quad R = \frac{3(1 - r_i^2/r_a^2)}{2(1 - r_i^3/r_a^3)} \tag{4.79}$$

Für die Formelzeichen gilt folgende Einheitenvorschrift:

$\varkappa = 1{,}946$	Faktor, Zahlenwert gilt für Reibung zwischen Stahl und Asbestreibbelag o. ä. Reibwerkstoff
$a = 0{,}139$ in cm²/s	Temperaturleitzahl für Stahl
$\varrho = 7{,}85 \cdot 10^{-3}$ in kg/cm³	Dichte für Stahl
$c = 465$ in J/(kg K)	spezifische Wärme für Stahl
T_K in Nm	Kupplungsmoment, das als konstant angenommen wird
ω_1 in rad/s	Winkelgeschwindigkeit der Antriebseite
A in cm²	Reibflächengröße
i	Zahl der Reibflächen
r_i, r_a in cm	Innen- bzw. Außenradius der Kreisringreibfläche
t_A in s	Anlaufzeit, s. Gl. (4.26), (4.37) und (4.72)

Werden die Konstanten der Gl. (4.79) zusammengefaßt, so ergibt sich mit dem Faktor $R = 1{,}1$ für Ein- oder Zweiflächen-Reibscheibenkupplungen mit schmalen Ringflächen bei kurzer Anlaufzeit die Spitzentemperatur nach der Zahlenwertgleichung

$$\vartheta_{sp} = 2{,}63 \frac{T_K n_1}{iA} \sqrt{t_A} \text{ in } °C \tag{4.80}$$

mit T_K in Nm, n_1 in s^{-1}, A in cm² und t_A in s.

Werkstoffe. Eine hohe Reibungszahl ist nicht allein für die Wahl einer Werkstoffpaarung ausschlaggebend; z. B. muß der Verschleiß in angemessenen Grenzen bleiben.

---

[1] Hasselgruber, H.: Temperaturen an schnellgeschalteten mechanischen Reibungskupplungen. Z. Konstruktion 5 (1953) H. 8, S. 265 ff. – Für Lamellenkupplung: Krüger, H.: Reibungs- und Temperaturverhalten der nassen Lamellenkupplung. Diss. TH Hannover 1964.

Die Paarung darf weder im Trockenlauf noch bei geringer Schmierung fressen (verschweißen) oder rattern. Gutes Wärmeleitvermögen und große spezifische Wärme der Werkstoffe erhöhen die zulässige Schalthäufigkeit einer Kupplung. Hohe mechanische Festigkeit der Reibwerkstoffe ist erforderlich, um die oft stoßartigen Drehmomente betriebssicher zu übertragen. Folgende Paarungen haben sich bewährt:

Trockenlauf	Naßlauf (z. B. in Getrieben)
Gußeisen – Stahl	Stahl – Stahl
Sinterbronze – Stahl	Sinterbronze – Stahl
Asbest und Kunststoff oder ähnliches – Stahl oder Gußeisen	Kork – Stahl

Gußeisen mit seinem hohen Graphitgehalt hat gute Gleit- und Verschleißeigenschaften. Sinterbronze wurde als Reibwerkstoff entwickelt. Durch Beimischen von Graphit, Blei, Eisen oder Quarz lassen sich die Gleit- und Verschleißeigenschaften der Sinterbronze beeinflussen [1]).

Die Herstellung z. B. von Sinterbronze-Reibscheiben erfolgt nach zwei Verfahren:

1. Aus einem Stahlblech, auf das beiseitig der Sinterwerkstoff aufgewalzt ist, wird die fertige Reibscheibe ausgestanzt.

2. Auf bereits ausgestanzten Stahlscheiben (Lamellen) wird der Werkstoff aufgesintert. Um Planparallelität zu erzielen, werden die Gleitflächen geschliffen.

Reibbeläge aus Asbest oder Hanf in Verbindung mit Kunststoff befinden sich für die verschiedensten Ansprüche in mannigfaltigen Arten im Handel. Sie sind besonders durch die Verwendung in Kraftfahrzeugbremsen und -kupplungen bekannt. Reibbeläge aus Asbest o. ä. werden entweder aufgenietet oder aufgeklebt.

Gestaltung. Folgende allgemeine Forderungen sind zu berücksichtigen:

1. Bei Kupplungen mit großer Schalthäufigkeit ist für gute Kühlung zu sorgen: Kurze Wege für die Wärmeableitung, für Luft und Öl Durchlässe vorsehen, ggf. Kühlrippen anbringen.

2. Der Kraftfluß sollte sich in der Kupplung schließen, um Axialkräfte auf die gekuppelten Wellen zu vermeiden.

3. Das erforderliche Drehmoment soll durch Änderung der Anpreßkraft einstellbar bzw. bei Verschleiß nachstellbar sein. Die Einstellvorrichtung soll sich bequem und eindeutig bedienen lassen.

4. Die sich reibenden Teile sollen bei Verschleiß leicht auswechselbar sein.

5. Das Schwungmoment der angetriebenen Kupplungsseite soll möglichst klein sein.

6. Die Leerlaufreibung muß gering sein.

Je nach Antriebsfall und Kupplungsart treten zu diesen allgemeinen Forderungen noch die verschiedensten besonderen hinzu. Es sollen z. B. die Schaltkräfte am Hand- oder Fußhebel klein sein. Elektromagnetisch betätigte Kupplungen für Kopiereinrichtungen an Werkzeugmaschinen müssen kurze Schaltzeiten aufweisen. Das Gleitmoment einer Sicherheitskupplung soll sich nach Überschreiten des statischen Momentes möglichst klein ergeben.

Größenauswahl. Bei der Größenbestimmung einer Kupplung sind sowohl die zu erreichenden bzw. erforderlichen Werte wie das Nennmoment T_{Kn} nach Gl. (4.38) oder die Anlaufzeit t_A nach Gl. (4.37), (4.72), als auch die thermische Belastung zu berücksichtigen, wobei diese

---

[1]) s. Fußnote [1]) S. 160.

für die Größenauswahl meistens entscheidend ist. Die entwickelte Reibungswärme kann mit den Gleichungen (4.22), (4.28), (4.40), (4.41), (4.43), (4.77) berechnet werden. Die Kupplung muß so gewählt werden, daß die zulässige Schaltarbeit $Q_{s\,zul}$ (4.45) größer ist als die auftretende Schaltarbeit Q_s (s. Gl. (4.43)). Die Hersteller liefern für die Kupplungsgrößen entsprechende Angaben die zu beachten sind.

Beispiel 3. Ein Drehstrom-Asynchronmotor (Nenndrehfrequenz $n_n = 1\,430\,\text{min}^{-1}$) treibt über eine elektromagnetisch betätigte Einflächen-Reibscheibenkupplung (**4.46**) eine Arbeitsmaschine an. Der Motor wird im Leerlauf angefahren und bleibt dauernd eingeschaltet. Mit der Kupplung sollen 120 Schaltungen je Stunde ($z = 0{,}0333\,\text{s}^{-1}$) ausgeführt werden, wobei jedesmal das Massenträgheitsmoment der Arbeitsmaschine $J_2 = 0{,}64\,\text{kg m}^2$ in maximal 0,6 s zu beschleunigen ist. Während der Anlaufzeit beträgt das Lastmoment der Arbeitsmaschine $T_L = 30\,\text{Nm}$, danach erhöht es sich auf 210 Nm. Zur Vereinfachung wird $T_M = T_K = \text{const}$ und $\omega_1 = \text{const}$ angenommen (s. Abschn. 4.4.1).

Motorleistung und Kupplungsgrößen. Für die Anlaufzeit $t_{A\,zul} = 0{,}6\,\text{s}$ ist nach der Gl. (4.26) bei der Betriebsdrehfrequenz $n_1 = n_n$ bzw. für $\omega_1 = 2\pi n_1 = 150\,\text{rad/s}$ mit $n_1 = 23{,}8\,\text{s}^{-1}$ ein Beschleunigungsmoment

$$T_B = \frac{J_2\,\omega_1}{t_A} = \frac{0{,}64\,\text{kg m}^2 \cdot 150\,\text{s}^{-1}}{0{,}6\,\text{s}} = 160\,\frac{\text{kg m}^2}{\text{s}^2} = 160\,\text{Nm}$$

erforderlich. Die Kupplung muß somit beim Beschleunigen das Moment $T_K = T_B + T_L = 160\,\text{Nm} + 30\,\text{Nm} = 190\,\text{Nm}$ aufbringen. Da nach dem Anlauf das Lastmoment $T_L = 210\,\text{Nm}$ ist, wird eine Kupplung mit einem übertragbaren Moment von $T_K = 250\,\text{Nm}$ gewählt. Mit diesem Moment ergibt sich die erforderliche Nennleistung des Motors nach der Gleichung

$$P_n = T_n\,\omega_1 = 250\,\text{Nm} \cdot 150\,\text{s}^{-1} = 37\,500\,\text{Nm/s} = 37{,}5\,\text{kW}$$

Der Drehstrom-Asynchronmotor kann bei Überlastung der Arbeitsmaschine das $1{,}5 \cdots 2{,}5$fache seines Nennmomentes abgeben. Da hier Kupplungs- und Motornennmoment gleich sind, rutscht die Kupplung bei Überlastung durch und schützt so die Anlage.

Reibfläche. Die notwendige Reibfläche A ist nach Gl. (4.74) mit der Annahme $\mu_r \approx \mu = 0{,}3$ für Asbestbelag—Stahl (Tafel A 4.11), mit $p = 40\,\text{N/cm}^2$ (Tafel A 4.12) und mit $R_m = 120\,\text{mm}$

$$A = \frac{T_K}{i\,\mu\,p\,R_m} = \frac{25\,000\,\text{Ncm}}{1 \cdot 0{,}3 \cdot 40\,\text{N/cm}^2 \cdot 12\,\text{cm}} = 175\,\text{cm}^2$$

Zur Abführung des Verschleißabriebs wird der Reibbelag mit Radialnuten versehen, wodurch sich die wirksame Reibfläche um $\approx 10\%$ verkleinert. Die erforderliche Reibflächenbreite ist somit

$$b = \frac{1{,}1\,A}{2\pi R_m} = \frac{1{,}1 \cdot 175\,\text{cm}^2}{2\pi \cdot 12\,\text{cm}} = 2{,}6\,\text{cm}$$

Damit wird (**4.46**) $r_a = R_m + b/2 = (120 + 13)\,\text{mm} = 133\,\text{mm}$ und $r_i = R_m - b/2 = (120 - 13)\,\text{mm} = 107\,\text{mm}$. Die Haltekraft des Elektromagneten muß nach Gl. (4.75)

$$F_n = p\,A = 40\,\frac{\text{N}}{\text{cm}^2}\,175\,\text{cm}^2 = 7\,000\,\text{N}$$

betragen. Die Auslegung des Elektromagneten erfolgt nach Abschn. 4.4.2.

Wärmebelastung. Das Massenträgheitsmoment der zu beschleunigenden Kupplungsscheibe wird berücksichtigt. Es ist mit $J = 0{,}06\,\text{kg m}^2$ aus der Entwurfszeichnung ermittelt worden (Bild A 4.17). Somit beträgt die gesamte zu beschleunigende Masse $J_2 = 0{,}7\,\text{kg m}^2 = 0{,}7\,\text{Nm s}^2$.

Zur Beschleunigung steht das Moment $T_B = T_K - T_L = (250 - 30)\,\text{Nm} = 220\,\text{Nm}$ zur Verfügung. Die Schaltzeit wird nach Gl. (4.26)

$$t_A = \frac{J_2\,\omega_1}{T_B} = \frac{0{,}7\,\text{Nm s}^2 \cdot 150\,\text{s}^{-1}}{220\,\text{Nm}} = 0{,}47\,\text{s}$$

Mit $\omega_{rel\,0} = \omega_1$ ergibt die Zahlenwertgleichung (4.43) die sekundlich entwickelte Wärmemenge

$$Q_s = \frac{T_K \omega_1 t_A z}{2} = \frac{250 \text{ Nm} \cdot 150 \text{ s}^{-1} \cdot 0,47 \text{ s} \cdot 0,0333 \text{ s}^{-1}}{2} = 293 \frac{\text{Nm}}{\text{s}} = 293 \text{ W}$$

Auf die Reibfläche bezogen beträgt die spezifische Wärmebelastung, Gl. (4.77),

$$q = \frac{Q_s}{A} = \frac{293 \text{ W}}{175 \text{ cm}^2} = 1,68 \frac{\text{W}}{\text{cm}^2}$$

Damit bleibt q unter dem zulässigen Wert von 2,3 W/cm² (Tafel **A 4**.12). Die Temperaturspitze bei jeder Schaltung ist nach der Zahlenwertgleichung (4.80)

$$\vartheta_{sp} = 2,63 \frac{250 \cdot 23,8}{175} \cdot \sqrt{0,47} = 61,5 \quad \text{in } °C$$

Die K ü h l f l ä c h e wird nach Gl. (4.45) berechnet. Mit dem Wärmeabgabewert (nach Bild **A 4**.13) $q_a = 16 \text{ W}/(\text{m}^2 \text{ K})$ bei der Umfangsgeschwindigkeit $v = 17,6$ m/s, bezogen auf R_m, und mit der Kupplungsendtemperatur $\vartheta_{e\,zul} = 100\,°C$ bei $\vartheta_u = 20\,°C$ wird die erforderliche Kupplungsoberfläche

$$A_a = \frac{Q_s}{q_a (\vartheta_{e\,zul} - \vartheta_u)} = \frac{293 \text{ W}}{16 \text{ W}/(\text{m}^2 \text{ K}) \cdot (100 - 20) \text{ K}} = 0,23 \text{ m}^2$$

Um zusätzlich auch die Spulenwärme abführen zu können, muß die Kühlfläche entsprechend größer als vorstehend berechnet ausgeführt werden.

T e m p e r a t u r. Mit der gewählten Kupplungsendtemperatur und der berechneten Spitzentemperatur ergibt sich die höchste Reibflächentemperatur zu

$$\vartheta_{max} = \vartheta_e + \vartheta_{sp} = 100\,°C + 61,5\,°C = 161,5\,°C$$

Dieser Wert liegt unter der zulässigen Temperatur von 200 °C (Tafel **A 4**.11).

4.4.3.1   Fremdbetätigte Reibscheibenkupplungen

Einflächenbauart

Den grundsätzlichen Aufbau einer elektromagnetisch betätigten Einflächen-Reibscheibenkupplung für Trockenlauf zeigt Bild **4.46**. Der Polkörper 1 ist über die Nabe 2 drehfest mit der Antriebswelle (Antriebsseite A) verbunden. Die Erregerspule 3 wird über zwei Schleifringe 4 erregt. Der Reibscheibenring 5 läßt sich über ein Gewinde auf dem Polkörper verstellen und mittels Gegenmutter 6 und Ziehkeilen 7 gegen Verdrehung sichern. Die Abtriebswelle (Abtriebsseite B) trägt aufgefedert die Mitnehmernabe 8, auf der die Ankerscheibe 9 in der Verzahnung 10 axial beweglich geführt ist. Auf der Ankerscheibe ist leicht auswechselbar der mehrteilige Reibbelag 11 befestigt. Die Distanzscheiben 12 verhindern ein Anlaufen der beiden Kupplungsnaben. Bei ausgeschalteter Erregerspule halten die Druckfedern 13 die Ankerscheibe vom Polkörper 1 fern.

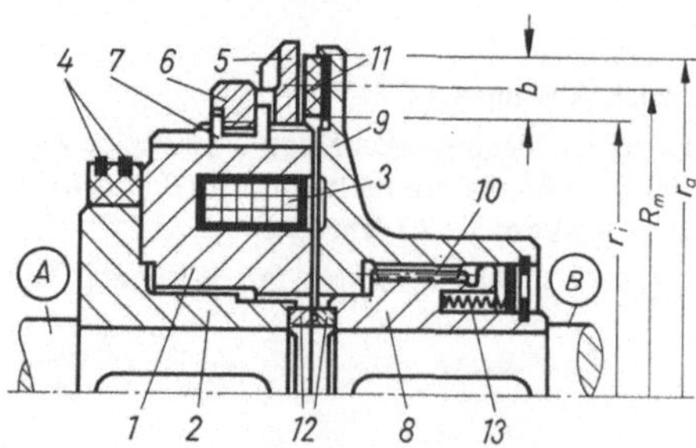

4.46
Elektromagnetisch betätigte Einflächen-Reibscheibenkupplung (Stromag)

Die Kupplung ist kraftschlüssig. Sie übt daher keine Axialkraft auf die Wellen aus. Im eingeschalteten Zustand bleibt zwischen Ankerscheibe und Magnetpolen ein Restluftspalt („Ein"-Luftspalt) bestehen, der durch Reibscheibenverschleiß kleiner wird. Mit abnehmendem Restluftspalt steigt die Magnetkraft und damit das Kupplungsmoment an. Soll ein bestimmtes Moment eingehalten werden, so ist zeitweilig eine Nachstellung der Reibscheibe am Polkörper erforderlich.

Elektromagnetisch betätigte Einflächenkupplungen werden auch schleifringlos mit feststehender Erregerspule hergestellt (4.47) (s. auch Bild **4.**41 und Bild **3.**18).

Die Berechnung des magnetischen Kreises für elektromagnetisch betätigte Reibungskupplungen kann nach Abschn. 4.4.2 erfolgen.

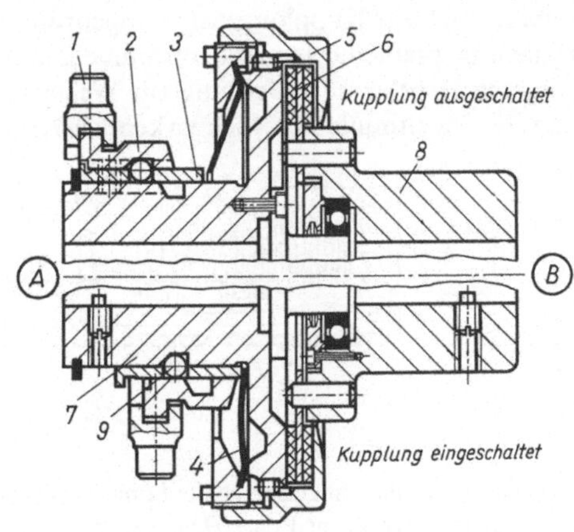

4.47
Polreibungskupplung mit Membran (Stromag)

Der Spulenkörper 1 muß an einer geeigneten, stillstehenden Gegenfläche zentriert und befestigt werden

2 Spule
3 Rotor
4 Träger mit Reibbelag
5 Ankerscheibe
6 Membran
7 Nabe

Zweiflächenbauart

Bei der in Bild **4.**48 dargestellten Zweiflächen-Reibscheibenkupplung für Trockenlauf erfolgt die Schaltung über ein Gestänge mit dem Schaltring 1, der die Schaltmuffe 2 und Buchse 3 gegen eine radialgeschlitzte Tellerfeder 4 (s. Maschinenteile Teil 1) drückt. Dadurch wird diese Ringfeder gespannt und rückt dabei den Kupplungsring 5 und die Reibscheibe 6 gegen die Reibfläche der Nabe 7, die in der Nabe 8 zentriert ist. Die Tellerfeder übersetzt durch Hebelwirkung die Schaltkraft in eine vielfach größere Anpreßkraft. Bei eingeschalteter Kupplung liegt die Schaltkugel 9 zur Hälfte in einer Nut der Nabe und sperrt den Rückgang des Kupplungsringes. Wird der Schaltring ausgerückt, so gelangt die Schaltkugel zur Hälfte in die Aussparung der Schaltmuffe und gibt den Weg zur Federentspannung frei.

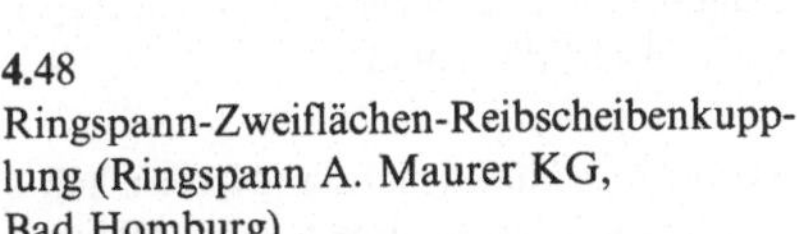

4.48
Ringspann-Zweiflächen-Reibscheibenkupplung (Ringspann A. Maurer KG, Bad Homburg)

Federbelastete Zweiflächen-Reibscheibenkupplungen sind im Kraftfahrzeugbau gebräuchlich. I. allg. ist bei diesen Kupplungen die Kupplungsscheibe axial verschiebbar oder elastisch angeordnet, um die Einstellung der Reibscheiben zwischen den Druckscheiben zu ermöglichen. Die Anpreßkraft kann auf zweierlei Weise aufgebracht werden:

1. Die Federkraft drückt die Reibbeläge zusammen. Ausschalten erfolgt durch Abheben

der Reibscheiben gegen die Federkraft. Die Federn sind dauernd belastet. Diese Kupplungen – z. B. Kraftfahrzeugkupplungen (**4.49** und **3.14**) – sind leicht ein- und schwer auszuschalten.

2. Die Federkraft wird beim Einschalten erzeugt (**4.48**). Beim Ausschalten werden die Federn entlastet. Diese Kupplungen sind schwer ein- und leicht auszuschalten.

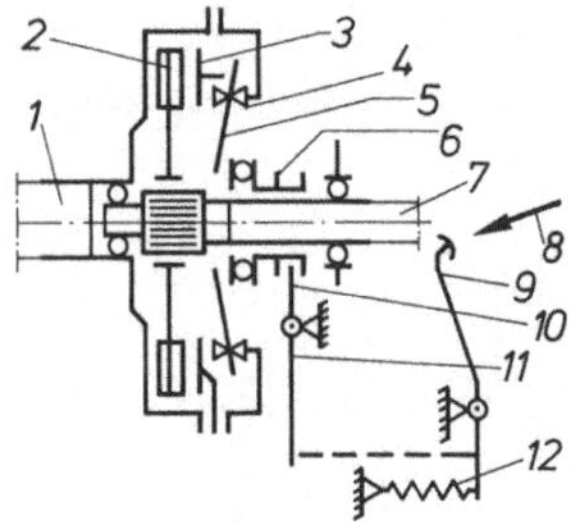

4.49

Kraftfahrzeug-Membranfeder-Kupplung; zum Öffnen mechanisch betätigt

1 Motorwelle	7 Getriebewelle
2 Reibscheibe	8 Fußkraft
3 Anpreßplatte	9 Kupplungspedal
4 Kippkreis (Lagerung)	10 Ausrückgabel
5 Membranfeder	11 Ausrückhebel
6 Ausrücker	12 Rückzugfeder

Vielflächen-Reibscheibenkupplungen

Mit diesen lassen sich bei kleinen Abmessungen hohe Drehmomente übertragen, da das übertragbare Drehmoment proportional der Reibflächenzahl zunimmt [s. Gl. (4.74)].

Lamellenkupplung. Bild **4.**50 zeigt eine handbetätigte Lamellenkupplung. Das Lamellenpaket 1 besteht aus hintereinander angeordneten dünnen Reibscheiben nach Bild **4.**51. Sie werden in Nuten oder Zähnen abwechselnd als Innenlamelle auf dem Innenkörper 2 und als Außenlamelle im Außenkörper 3 axialverschieblich geführt. Druckscheiben 4 und 5 begrenzen das Lamellenpaket. Vor der Druckscheibe 4 sitzt auf einem Gewinde des Innenkörpers die Stellmutter mit Sicherungsbolzen 6. Der Anpreßdruck wird von drei symmetrisch zur Kupplungsachse angeordneten Hebeln 7 (Biegefedern) erzeugt. Der kurze Hebelarm preßt die Lamelle zusammen, sobald bei Einschalten die Schiebemuffe 8 den längeren Hebelarm in Richtung zur Wellenmitte drückt. Die Kupplung ist selbstsperrend und die Schaltmuffe von rückwirkenden Kräften entlastet.

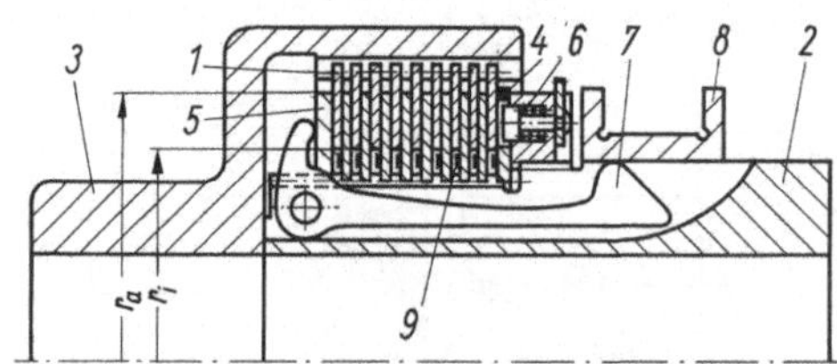

4.50

Handbetätigte Lamellenkupplung [für r_a, r_i s. Gl. (4.76)] (Stromag)

Nach dem Ausschalten kleben geölte Lamellen zusammen. Der geringe Lamellenabstand hat ein hohes Leerlaufmoment zur Folge. (Das Leerlaufmoment ist vom Lamellenabstand, von der Ölzähigkeit und von der Gleitgeschwindigkeit abhängig.) Um ein geringes Leerlaufmoment zu erreichen, müssen die Lamellen durch axiale Kräfte getrennt werden. Diese Axialkräfte werden in Bild **4.**50 durch gewellte Ringfedern 9 aufgebracht, die zwischen zwei Innenlamellen auf dem Innenkörper sitzen. Die Rückstellkräfte können auch von federnden Lamellen erzeugt werden. Zu diesem Zweck sind z. B. die Innenlamellen in Umfangsrichtung wellenförmig durchgebogen (Sinus-Lamellen). Reibscheiben mit Radial- oder Tangentialnuten schleudern das Öl aus dem Reibraum und vermindern so bei ölberieselten Lamellen die Leerlaufreibung.

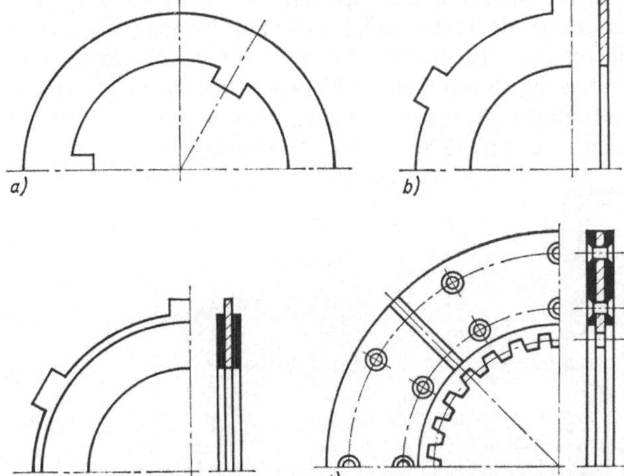

4.51
Lamellen mit Nocken bzw.
Verzahnung

a) Innenlamelle aus Stahl
b) Außenlamelle aus Stahl
c) Außenlamelle mit Reib-
   belag, geklebt
d) Innenlamelle mit Reib-
   belag, genietet

Bei öldruck- oder druckluftbetätigten Kupplungen (4.52) befindet sich das Lamellenpaket zwischen einer kräftigen Endscheibe 1 und einem Ringkolben 2, der axialbeweglich in einem Druckzylinder 3 sitzt. Der Kolben ist mit Metall- oder Gummiring 4 gegen den Zylinder abgedichtet. Das Druckmittel wird dem Zylinder i. allg. durch die drehende Welle zugeleitet. Es preßt den Kolben gegen die Lamellen und erzeugt die Axialkraft für das Drehmoment. Beim Ausschalten wird der Zylinderraum mit dem freien Ablauf verbunden. Rückstellfedern 5 drücken den Kolben in seine Ausgangsstellung zurück. **(Vakuumkupplung s.**[1]**)).**

Öldruck- oder druckluftbetätigte Kupplungen gestatten **Fernbedienung**. Bei Verwendung elektromagnetischer Schieber für die Druckmittelverteilung können diese Kupplungen in elektrisch gesteuerte Arbeitsläufe einbezogen werden. Das Kupplungsmoment ist durch Druckänderung einstellbar. Der Lamellenverschleiß wird durch den Kolbenhub selbständig ausgeglichen. Um kurze Schaltzeiten erreichen zu können, muß das Hubvolumen möglichst klein bzw. der Rohrleitungsquerschnitt möglichst groß gewählt werden.

Zum Schalten der Öldruckkupplungen wird das im Getriebe vorhandene Öl verwendet und der erforderliche Öldruck durch Zahnradpumpen erzeugt. Der Betriebsdruck beträgt (5 ··· 30) bar.

Bei der **Berechnung** öldruckgeschalteter Kupplungen ist zu beachten, daß die Fliehkraft in mit Öl gefüllten rotierenden Zylindern zusätzlich die Axialkraft

$$F_\mathrm{a} = \frac{\pi}{4}\, \varrho\, \omega^2 (R_\mathrm{a}^4 - R_\mathrm{i}^4)$$

erzeugt. In dieser Gleichung sind ϱ die Dichte der Druckflüssigkeit, ω Winkelgeschwindigkeit der Welle, R_a und R_i äußerer bzw. innerer Radius des Druckzylinders.

4.52
Öldruck betätigte Kupplung

[1] Stübner, K.: Schnellschaltende Kupplung. Die Vakuumkupplung. Z. antriebstechnik **9** (1970) Nr. 12, S. 469 bis 472.

Druckluftgeschaltete Kupplungen werden zweckmäßig für einen Druck von (4 ··· 8) bar ausgelegt. Sie finden am häufigsten in Pressen und Scheren Verwendung. Die im Bild **4.53** dargestellte druckluftgeschaltete Trocken-Reibscheibenkupplung in Verbindung mit einer drehnachgiebigen Gummi-Elementkupplung (**4.**34) wird hauptsächlich im Schiffsbau zum Antrieb des Propellers zwischen Dieselmotor und Getriebe eingesetzt und für Nenndrehmomente von (3 200 ··· 7 000) Nm gebaut.

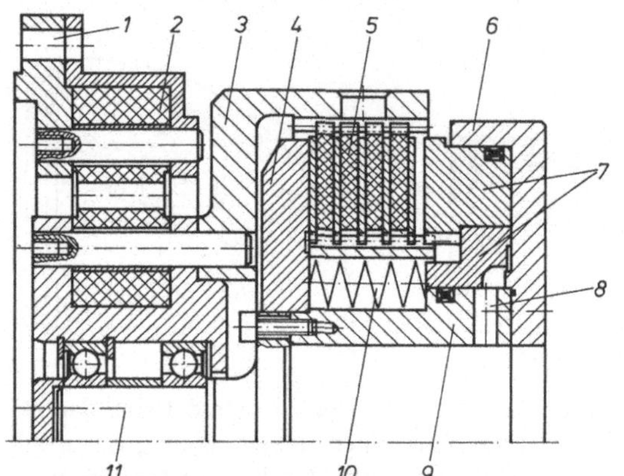

1 Außenteil, Flansch für den Antrieb
2 Gummielement
3 Außenteil der Schaltkupplung verbunden mit dem Innenteil der Gummi-Elementkupplung
4 Endscheibe
5 Trockenlamellen
6 Druckzylinder
7 Kolben
8 Druckluftzufuhr
9 Mitnehmernabe (Abtrieb)
10 Rückstellfeder
11 Flanschwelle

4.53 Druckluftgeschaltete Reibscheibenkupplung mit Gummi-Elementkupplung (Stromag GmbH, Unna)

Elektromagnetisch betätigte Lamellenkupplungen werden meist in Haupt- und Vorschubgetrieben von Werkzeugmaschinen eingebaut. Wegen ihrer einfachen Fernbedienbarkeit eignen sie sich für den Einsatz in automatisch gesteuerten Werkzeugmaschinen. Die Bilder **4.**54 und **4.**55 zeigen elektromagnetisch betätigte Kupplungen, die sich durch die Art der Kraftlinienführung voneinander unterscheiden.

Bei der Kupplung nach Bild **4.**54 befindet sich das **Lamellenpaket** im magnetischen Kreis, der sich über die Ankerscheibe 6 schließt. Die Lamellen 5 sind durch eine ausgestanzte Ringzone in eine äußere und innere Ringpolfläche unterteilt, die durch schmale

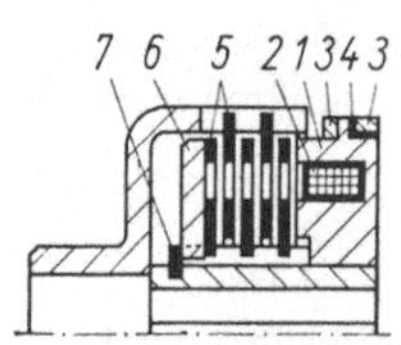

4.54
Elektromagnetisch betätigte Lamellenkupplung
(Ortlinghaus-Werke GmbH, Wermelskirchen/Rhld.)

1 Polkörper	5 Lamellenpaket Stahl–Stahl
2 Spule	6 Ankerscheibe
3 Schleifringe (Stahl)	7 Haltering
4 Isolierung	

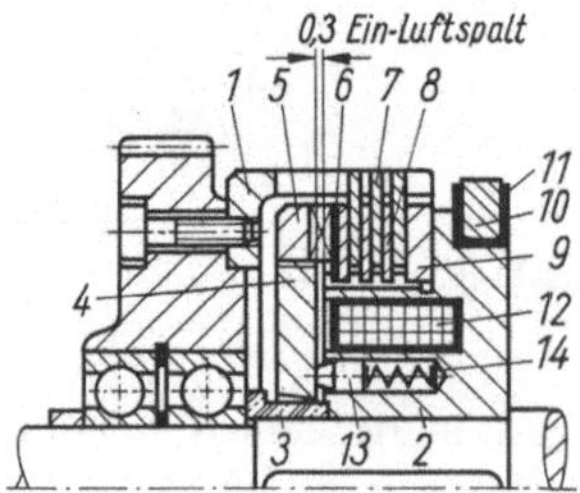

4.55
Elektromagnetisch betätigte Lamellenkupplung (Stromag)

1 Außenkörper	8 Innenlamelle
2 Polkörper	9 Druckscheibe
3 Buchse	10 Schleifring (Stahl)
4 Ankerscheibe	11 Isolierung
5 Stellmutter	12 Spule
6 Abschirmlamelle	13 Lüftbolzen
7 Außenlamelle	14 Lüftfeder

Stege miteinander verbunden bleiben. Voraussetzung für die unbehinderte Ausbildung des magnetischen Flusses ist die Verwendung von ferromagnetischem Lamellenwerkstoff. Mit zunehmender Reibflächenzahl wächst der Widerstand im magnetischen Kreis und die Anzahl der magnetischen Kurzschlüsse über die Verbindungsstege. Daher ist die Anpreßkraft in der Reibfläche neben dem Spulenkörper größer als in der Reibfläche neben der Ankerscheibe. Das Kupplungsmoment nimmt nicht im gleichen Verhältnis mit der Reibflächenzahl i zu. Beträgt die Lamellendicke z. B. $\approx (0,8 \cdots 1,2)$ mm, so erreicht das Moment bei einer Lamellenzahl von ≈ 10 seinen größten Wert. Dünne Lamellen können im Vergleich zu dicken Lamellen ein größeres Moment übertragen. Der Lamellenverschleiß wird durch Nachrücken der Ankerscheibe im eingeschalteten Zustand selbsttätig ausgeglichen.

Bei der Kupplung nach Bild **4.**55 liegt das Lamellenpaket außerhalb des magnetischen Kreises. Der Magnet zieht eine Ankerscheibe 4 an, die die Kraft auf das Lamellenpaket überträgt. Die Anpreßkraft ist unabhängig vom Lamellenwerkstoff. Zwischen Ankerscheibe und Polkörper 2 bleibt ein Luftspalt ($\approx 0,3$ mm) bestehen, der sich mit zunehmendem Verschleiß verringert und daher zeitweilig nachgestellt werden muß.

Die Berechnung des magnetischen Kreises für elektromagnetisch betätigte Reibungs-Kupplungen kann nach Abschn. 4.4.2 erfolgen.

Elektromagnetisch betätigte Lamellenkupplungen werden für $(12 \cdots 24)$ V Gleichspannung ausgelegt. Bei Naßlauf werden bis zu 6 A über einen Schleifring und Masse (**4.**55), größere Stromstärken über zwei Schleifringe (**4.**46) zugeführt. Auf den gehärteten Stahlschleifring wird eine Kupfergewebebürste (**4.**56) gepreßt. Je nach Gleitgeschwindigkeit, spezifischer Flächenpressung, Ölviskosität und Schmierung kann sich zwischen Bürste und Schleifring ein Ölfilm ausbilden; Funkenbildung und Zerstörung der Schleifringe sind dann die Folge. Um Betriebssicherheit zu gewährleisten, soll die Gleitgeschwindigkeit nicht über 12 m/s betragen und die Gleitfläche nur sparsam geschmiert sein. Bei Trockenlauf auf Bronzeschleifringen sind für Köcher- oder Schenkelbürstenhalter mit Bronzekohle Gleitgeschwindigkeiten von $(30 \cdots 40)$ m/s zulässig.

Völlige Gewähr für störungsfreie Stromzuführung bietet die schleifringlose Lamellenkupplung mit feststehender Erregerwicklung. Hierbei kann der Polkörper entweder als Ringmagnet vom mechanischen Teil getrennt (**4.**41) oder neben diesem auf Wälzlagern zentriert (**4.**57) angeordnet werden (s. auch **3.**18, **4.**47).

Während der Einschaltzeit ist das Moment einer geölten Reibscheibenkupplung nicht konstant (s. Bild **4.**45). Die Kupplung überträgt ein Gleitmoment, das von Null ansteigt und am Ende der Beschleunigungszeit im stationären Zustand den Höchstwert, das Ruhemoment, erreicht (Das mittlere Moment

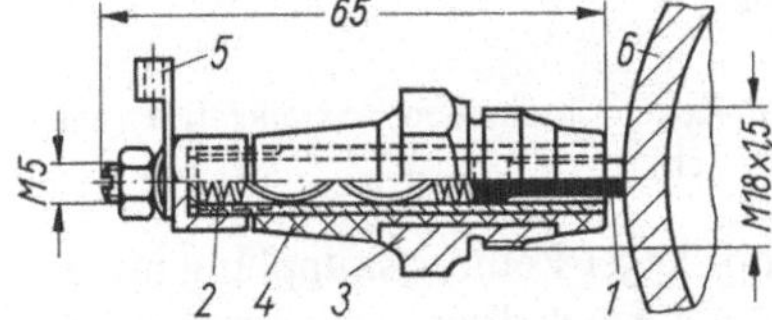

4.56 Köcherbürstenhalter (Stromag)

1 Bürste für Naßlauf aus Kupfergewebe (Belastung 6 Ampere) oder für Trockenlauf aus Bronzekohle (Belastung 3 Ampere)
2 Feder
3 Schraube   5 Kabelschuh
4 Isolationsrohr   6 Schleifring

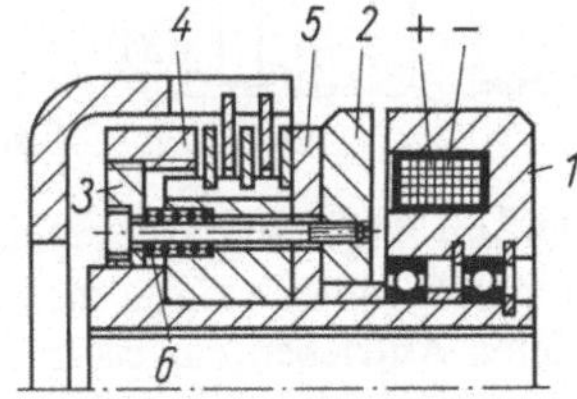

4.57 Schleifringlose Lamellenkupplung

1 feststehender Polkörper
2 axialbewegliche Ankerscheibe
3 Druckscheibe   5 Endscheibe
4 Stellmutter   6 Abdrückfeder

wird oft als Schaltmoment bezeichnet.) Der Gleitmomentverlauf ist von der Reibwert- und Anpreßkraftänderung abhängig. „Hartes oder weiches Fassen" einer Naßkupplung ist auf einen steilen bzw. flachen Gleitmomentanstieg nach dem Einschaltbeginn zurückzuführen. Ein schnell ansteigendes Moment wird dann erreicht, wenn in kürzester Zeit Mischreibung mit überwiegender Grenzflächenreibung entsteht. Zu diesem Zweck werden die Gleitflächen der Sinterbronze-Reibscheiben mit ≈ 1 mm breiten Spiralnuten versehen. Lamellen mit glatter Oberfläche schalten weich. Bei elektrisch betätigten Kupplungen kann der Anpreßdruck z. B. durch elektrische Widerstände im Erregerkreis so beeinflußt werden, daß weiches oder hartes Anfahren, schnelles Kuppeln und schnelles Lüften möglich ist.

Sonderbauarten. Die einfache mechanisch betätigte Kegelreibungskupplung (4.58) besteht aus einem Hohlkegel 1, der auf der treibenden Welle befestigt ist. Gegen diesen wird ein auf der Abtriebswelle axialverschiebbarer, kegelförmiger Kupplungskörper 2 mit Reibbelag gepreßt. In die Ringnut 3 greift ein Schaltring ein. Das Kupplungsmoment wird mit der Axialkraft (Einrückkraft) $F_a = F_n \sin \alpha$ nach Gl. (4.74) berechnet.

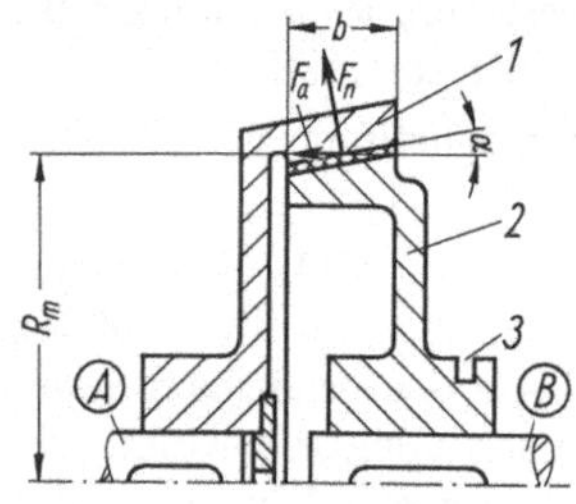

4.58 Kegelreibungskupplung

Normalkraft F_n und Axialkraft F_a wirken auf Hohlkegel 1

$$T_K = \frac{i \mu F_a R_m}{\sin \alpha} \tag{4.81}$$

Auf die Reibfläche

$$A = 2 \pi R_m b / \cos \alpha \tag{4.82}$$

wirkt die Pressung

$$p = \frac{F_n}{A} = \frac{F_a}{2 \pi R_m b \tan \alpha} \tag{4.83}$$

Im allgemeinen wird der Winkel α (4.58) zwischen $10° \cdots 20°$ ausgeführt. Die erforderliche Anpreßkraft ist um so kleiner, je kleiner α wird. Die Reibflächenanzahl ist $i = 1$ bei der Einfach- und $i = 2$ bei der Doppelkegelkupplung. Mechanisch geschaltete Doppelkegelkupplungen (4.59) werden für große Drehmomente in den verschiedensten Ausführungen hergestellt.

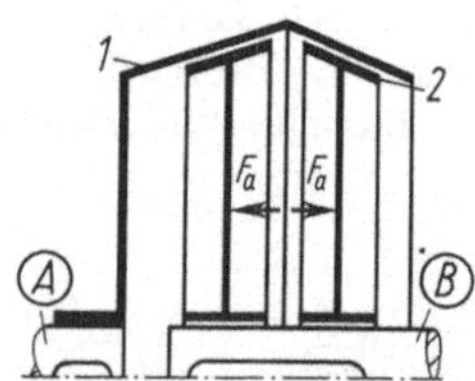

4.59
Doppelkegel-Reibungskupplung

1 Doppelhohlkegel
2 axialverschiebbare, drehfeste Kegelreibscheiben; Axialkraft F_a wird durch Hebelübersetzung aufgebracht

Die im Bild **4.**60 dargestellte druckluftgeschaltete Doppelkegel-Reibungskupplung in Verbindung mit einer Gummi-Elementkupplung wird vornehmlich in drehschwingungsgefährdeten Antrieben eingesetzt, z. B. in Schiffsantrieben zwischen Dieselmotor und Getriebe. Diese Kupplungskombination wird für Nenndrehmomente von $(7\,000 \cdots 360\,000)$ Nm gebaut. Wegen der guten Kühlung besitzt diese Schaltkupplung eine hohe zulässige Schaltarbeit (Wärmebelastung).

Die Außenteile der elastischen Kupplung 1 im Bild **4.**60 sind mit der Antriebsmaschine verbunden. Die Nabe 2 der elastischen Kupplung wird mit dem Konusmantel 3 bzw. -flansch 4 der Schaltkupplung verschraubt. Nabe 2 und Konusmantel 3 bzw. -flansch 4 sind auf der Flanschwelle 5 wartungsfrei gelagert. Die Flanschwelle 5 ist mit der Mitnehmernabe 6 zu einer Einheit verschraubt. Auf der Mitnehmernabe 6 sind die Reibbelagträger 7 und 8 zwangsweise radial geführt und ohne metallische Berührung, weil die Außenverzahnung der Mitnehmernabe eine Polyamidschicht trägt. Hierdurch wird ausgeschlossen: 1. Verklemmen des Reibbelagträgers im Konusmantel bzw. -flansch, 2. Unwucht der Reibbelagträger, 3. axiale und radiale Verlagerung und ein Schrägstellen der Reibbelagträger. Die Mitnehmernabe ist auf der abtriebsseitigen Welle befestigt. Die Reibbeläge sind mit dem Reibbelagträger verschraubt und verklebt. Der Konusmantel bzw. Flansch kann die entstehende Reibungswärme ungehindert abführen.

Im ausgeschalteten Zustand besitzt die Kupplung kein Restdrehmoment. Es tritt also kein Verschleiß und keine Erwärmung auf. Notbetrieb ist durch Verschraubung der Reibbelagträger möglich.

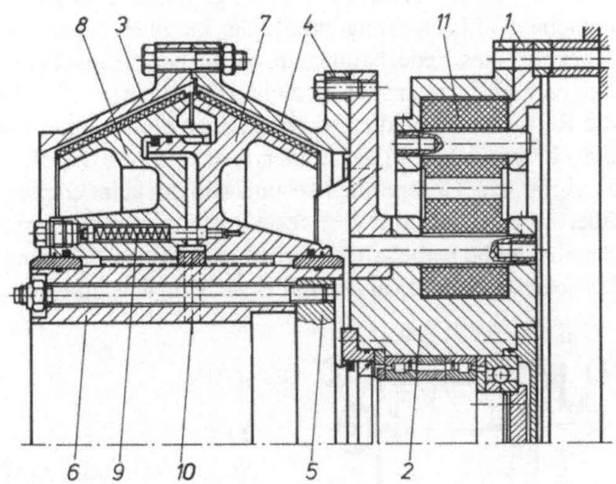

4.60
Druckluftgeschaltete Doppelkegel-Reibungskupplung mit Gummi-Elementkupplung (Stromag GmbH, Unna)

  1 Außenteil (Antrieb)
  2 Nabe
  3 Konusmantel
  4 Konusflansch
  5 Flanschwelle
  6 Mitnehmernabe (Abtrieb)
  7; 8 Reibbelagträger
  9 Rückzugfeder
10 Luftzuführung
11 Gummielement

Eine Vereinigung von Kegel- und Zylinder-Reibungskupplungen stellt die **Kupplung mit schwimmendem Reibring** dar (**4.61**). Sie überträgt die Wechseldrehmomente der Kolbenmaschinen spielfrei. Die Gefahr des Ausschlagens formschlüssig verbundener Kupplungselemente, z. B. durch das Zahnflankenspiel bei Lamellenkupplungen, besteht hierbei nicht.

Eine druckluftbetätigte, allseitig bewegliche, drehnachgiebige **Trockenkupplung mit zylindrischen Reibflächen** ist in Bild **4.62** dargestellt. Zwischen zwei konzentrischen Trommeln 1, 2 befindet sich ein Gummischlauch 3, der entweder auf der inneren oder

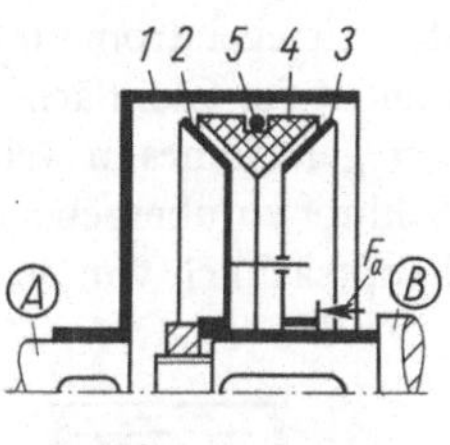

4.61
Kupplung mit schwimmendem Reibring (H. Desch GmbH, Neheim-Hüsten)

1 Außenkörper als Reibfläche
2 aufgefederte Kegelreibscheibe
3 axialverschiebbare Reibscheibe
4 Reib-Segmentring durch Zugfeder 5 zusammengehalten und gegen die
   Flächen 2, 3 gezogen
F_a Axialkraft, durch Hebel und Feder erzeugt, rückt Keilflächen 2, 3
   zusammen und Reibring 4 nach außen

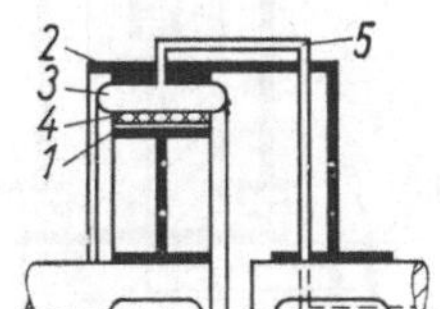

4.62
Luftschlauch-Zylinder-Reibungskupplung (Kauermann KG, Düsseldorf-Gerresheim)

äußeren Trommel fest aufvulkanisiert ist. Die freie Schlauchfläche trägt einen Segment-treibbelag 4. Dieser legt sich fest an die gegenüberliegende Trommelfläche, sobald beim Einschalten Druckluft über die Rohrleitung 5 in den Schlauch gedrückt wird. Die Wärme-belastung der Kupplung hängt von der zulässigen Schlauchtemperatur ab.

Die mechanisch betätigte Stahlfederband-Kupplung (4.63) ist eine Zylinder-Rei-bungskupplung, die sich durch ihre robuste Bauweise auszeichnet. Sie hat sich besonders dort bewährt, wo starke Stöße im Betrieb auftreten. Ihre Arbeitsweise beruht auf der „Seilreibung".

Die Treibscheibe 1 sitzt auf der treibenden Welle A und die Muffe 2 auf der Antriebswelle B. Das lose um die Muffe geschlungene Schraubenfeder-Stahlband 3 ist an einem Ende mit einem Federband-nocken 4 in die Treibscheibe 1 eingehängt. Das freie Ende 5 nimmt einen drehbar gelagerten Win-kelhebel 6 auf (Drehung um 5). Der kurze Hebelarm stützt sich über eine Einstellschraube gegen einen Nocken 7 des Federbandes ab, wenn beim Einschalten der Kupplung die Schaltscheibe 8 gegen den langen Hebelarm drückt. Er zieht dabei die letzte Bandwindung um die noch stillstehende Muffe, wobei die Reibungskräfte die Drehbewegung dieser Windung verzögern. Gleichzeitig zieht die Treibscheibe die übrigen Windungen immer fester um die Muffe. Hierbei wird zwischen Federband und Muffe zunächst ein Gleitmoment – und sobald kein Gleiten mehr vorhanden ist – ein statisches Moment übertragen. Die Schaltvorrichtung ist nicht selbstsperrend, so daß im Betrieb der Einrückdruck auf die Schaltscheibe beibehalten werden muß. Beim Ausschalten wird die Schaltscheibe zurückgezogen. Da-bei federt das Schraubenband in sich zurück und löst den Reibungsschluß.

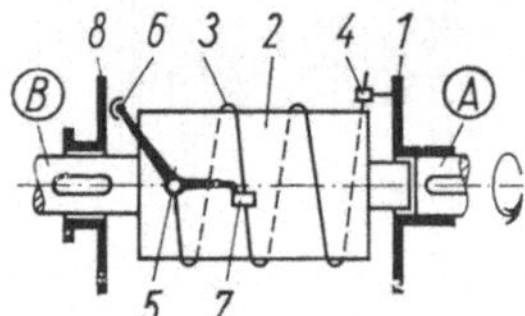

4.63
Stahlfederband-Kupplung

Um ein Heißlaufen zu vermeiden, müssen die Gleitflächen geschmiert werden. Die Drehrichtung der Welle ist durch die Windungsrichtung des Federbandes festgelegt. Das Kupplungsmoment errechnet sich zu $T_K = ü F_a (e^{\mu\alpha} - 1) R$. Hierin bedeuten F_a Einrückkraft am langen Hebelarm, $ü$ Hebelübersetzung, α Umschlingungswinkel, μ Reibungszahl, R Muffendurchmesser (Zahlenwerte für $e^{\mu\alpha}$ s. Bild **4.18**).

Die Magnetöl- oder Magnetpulver-Kupplung (4.64) überträgt das Moment durch Zähigkeitsreibung. Zwischen zwei Gleitflächen, die einen Abstand von $(1,5 \cdots 2,5)$ mm haben, befindet sich eine magnetisierbare Flüssigkeit (oder Eisenpulver), deren Zähigkeit durch Magnetisierung vergrößert wird. Hierdurch nimmt die innere Reibung der Flüssig-keit und damit das Kupplungsmoment zu. Es wächst in einem großen Bereich linear mit dem Erregerstrom für das Magnetfeld an und ist fast unabhängig von der Relativgeschwin-digkeit der Gleitflächen. Die Anlaufzeit eines Antriebs kann durch entsprechende Wahl des Erregerstromes in weiten Grenzen geändert werden. I. allg. ist ein Dauergleiten bei 100 % Schlupf vorübergehend bis zu einer Minute möglich. Die zulässige Wärmebelastung hängt hauptsächlich von der zulässigen Temperatur der Erregerspule ab.

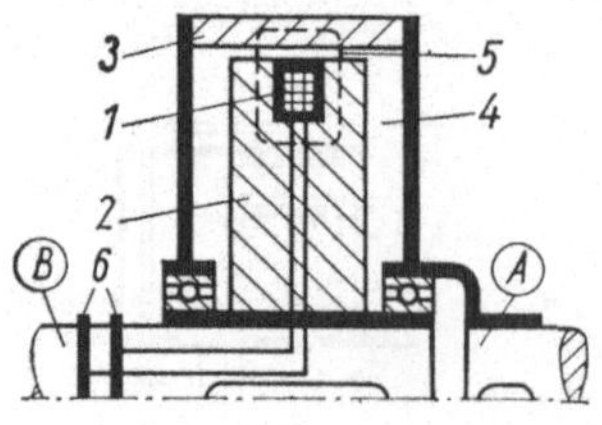

4.64
Magnetölkupplung (Elektro-Mechanik GmbH, Wendenerhütte/ Olpe, Westf.)

1 Ringspule
2 zylindrischer Polkörper
3 Außenkörper (Anker)
4 Arbeitsspalt mit magnetisier-
  barer Flüssigkeit

5 Weg der magnetischen Kraft-
  linien
6 Schleifringe

4.4.3.2   Drehmomentbetätigte Kupplungen

Drehmomentbetätigte Kupplungen haben die Aufgabe, das übertragene Drehmoment zu begrenzen, um Maschinen vor Schäden durch Überlastung zu bewahren oder um Wechseldrehmomente zu dämpfen. Bei Überschreiten des Höchstmomentes löst die drehmomentgeschaltete Kupplung entweder ganz – dann muß das Wiedereinschalten von außen erfolgen (Brechbolzenkupplung, Ausklinkorgane) – oder sie schlupft so lange, bis ein Momentrückgang eintritt. Die zulässige Schlupfzeit ist von der Wärmeentwicklung und von der Kühlung abhängig.

Als drehmomentgeschaltete Kupplung ist jede Kupplung verwendbar, die eine möglichst genaue Einstellung des Höchstdrehmomentes zuläßt und zuverlässig schaltet (z. B. Brechbolzen-, Reibungs-, Magnetpulver-, Fliehkraft-, elektrische und Flüssigkeitskupplungen)[1].

Reibscheibenkupplungen, die als Sicherheits- oder Rutschkupplungen ausschließlich zur Drehmomentbegrenzung benutzt werden, besitzen keine Schaltvorrichtung. Die Anpreßkraft wird entweder durch mehrere kleine Federn (4.65a) oder durch eine große Feder erzeugt (4.65b). Die Federn können mit dem Außen- oder mit dem Innenkörper verbunden sein. S. auch (7.15).

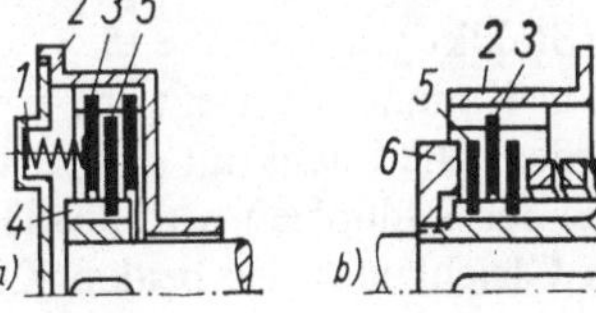

4.65 Reibscheibenkupplung zur Drehmomentbegrenzung

    a) mit **mehreren** Federn 1 auf dem Umfang

    b) mit **einer** Feder 1   4 Innenkörper

    2 Außenkörper   5 Innenlamelle

    3 Außenlamelle   6 Stellmutter

4.4.3.3   Drehfrequenzbetätigte Kupplungen

Drehfrequenzbetätigte bzw. „Anlauf"-Kupplungen wirken **kraftschlüssig**. Sie arbeiten entweder als Reibflächenkupplungen, bei denen die Anpressung durch Fliehkörper[2] hervorgerufen wird, oder mit Füllgut (z. B. Stahlsand- oder Stahlkugeln), das unter Einwirkung der Fliehkraft eine kraftschlüssige Verbindung herstellt. Das übertragbare Drehmoment ist von der Fliehkraft abhängig.

Drehfrequenzbetätigte Kupplungen werden mit Vorteil als Anlaufkupplungen hinter Verbrennungskraftmaschinen und Drehstrom-Kurzschlußmotoren verwendet (4.66). Sie ermöglichen es dem Motor, zunächst fast unbelastet in seiner Drehfrequenz hochzulaufen und erst dann die anzutreibenden Massen auf die Betriebsdrehfrequenz zu beschleunigen. Die Anlaufzeit ist von der Betriebsdrehfrequenz, von den zu beschleunigenden Massen und vom Kupplungsdrehmoment abhängig [s. Gl. (4.26), (4.37) und (4.72)].

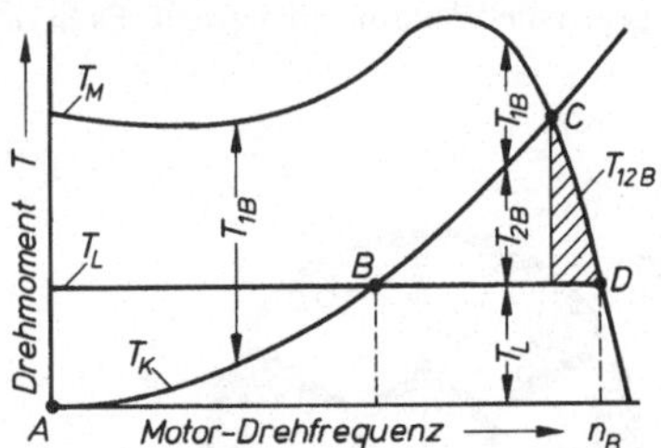

4.66
Kennlinie Käfigankermotor und Fliehkraftkupplung

T_M Motor-, T_L Last-, T_K Kupplungsmoment.

T_{1B} Beschleunigungsmoment der Antriebsseite

T_{2B} Beschleunigungsmoment der Abtriebsseite

T_{12B} gemeinsames Beschleunigungsmoment der An- und Abtriebsseite.

    Punkt A: Einschalten des Motors. B: $T_K = T_L$, Abtriebsseite läuft an. C: $T_K = T_M$. D: Betriebspunkt

---

[1] Stübner, K., und Rüggen, W.: Momentgeschaltete Kupplungen. Klepzig-Fachberichte 6 (1972) S. 277 bis 283.

[2] Rüggen, W., und Stübner, K.: Fliehkraftkupplungen. Ingenieurdigest 9 (1970) H. 12.

Die Verwendung von Anlaufkupplungen hat im Vergleich zur starren Verbindung den Vorteil, daß kleinere, besser ausgenutzte Motoren eingesetzt werden können. Bei Drehstrom-Kurzschlußläufermotoren entfällt die Polumschaltung. Der hohe Anlaßstrom hält nur Bruchteile einer Sekunde an, wodurch unerwünschte Rückwirkungen auf Netz und Motorsicherungen vermieden werden.

Kennlinie Käfigläufermotor und Fliehkraftkupplung (4.66). Vor dem Einschalten des Motors steht die Abtriebsseite still. Sie ist bereits mit einem Lastmoment T_L belastet. Nach dem Einschalten des Motors (Punkt A) beschleunigt das Moment $T_{1B} = T_M - T_K$ die gesamte Antriebsseite (Motor und Antriebsseite der Kupplung). Die Winkelgeschwindigkeit des Motors ω_1 steigt an. Durch Fliehkraft wird in der Kupplung das Moment T_K erzeugt, das bei Annahme einer konstanten Gleitreibungszahl mit dem Quadrat der Winkelgeschwindigkeit (ω_1^2) ansteigt. Die Abtriebsseite wird erst mitgenommen, wenn $T_K > T_L$ ist. Dies geschieht ab Punkt B bei $T_K = T_L$. Die Abtriebsseite wird dann mit T_{2B} und die Antriebsseite mit T_{1B} so lange beschleunigt, bis $T_K = T_M$ ist (Punkt C). Zur Vereinfachung wird angenommen, daß das Motormoment und damit die Winkelgeschwindigkeit ω_1 des Antriebs bis zur Beendigung des Schaltvorganges (bei $\omega_2 = \omega_1$) konstant bleiben. Anschließend steigt die gemeinsame Winkelgeschwindigkeit ω_{syn} durch das Beschleunigungsmoment $T_{12B} = T_M - T_L$ so lange an, bis T_M auf T_L gesunken, und damit dann die Betriebsdrehfrequenz n_B erreicht ist (Punkt D).

Bild **4.**67 zeigt eine **K u p p l u n g   m i t   S t a h l k u g e l** füllung (Metalluk-Kupplung). Die geölten Stahlkugeln 1 von $\approx (5 \cdots 10)$ mm Durchmesser befinden sich zu gleichen Gewichtsteilen in Kammern verteilt, die von den Schaufeln des antreibenden Innenkörpers 2 gebildet werden. Die Fliehkraft drückt die Kugeln gegen den zylindrischen Außenkörper 3. Während der Schlupfzeit wird das Drehmoment durch Rollreibung übertragen. Im Augenblick des Gleichlaufes der beiden Kupplungshälften tritt Ruhereibung ein. Hierbei steigt das übertragbare Drehmoment an. Durch Ändern des Füllungsgewichtes läßt sich das Kupplungsmoment einstellen. Der auf der Nabe des Schaufelrades frei drehbar gelagerte Außenkörper 3 wird je nach Bedarf als Flach- oder Keilriemenscheibe, Ritzelantrieb oder als Wellenkupplung ausgebildet. (Kupplung in beiden Drehrichtungen verwendbar.)

Bei der **G r a n u l a t - K u p p l u n g** (4.68) dient als Kraftübertragungsmittel ein mit Graphit vermengter Stahlsand. Der Außenkörper besteht aus einem mit Kühlrippen versehenen, zweiteiligen Leichtmetallgehäuse 1, das mit der Antriebsnabe 2 verschraubt ist. In dem innen glattwandigen Gehäuse befindet sich der gewellte Stahlblechrotor 3. Dieser ist auf der Abtriebsnabe 4 befestigt. Beide Kupplungshälften sind durch Wälzlager ineinander gelagert. Eine Füllschraube am Gehäuse dient zum Ein- und Nachfüllen des erforderlichen Stahlsandes.

Beim Stillstand der Kupplung befindet sich der Sand im unteren Teil des Gehäuses. Wird das Gehäuse vom Motor in Drehung versetzt, so verteilt sich der Sand im Gehäuse und wird durch die Fliehkraft gegen die Wandungen gepreßt. Es bildet sich ein fester Ring aus, der durch Reibungsschluß den Rotor

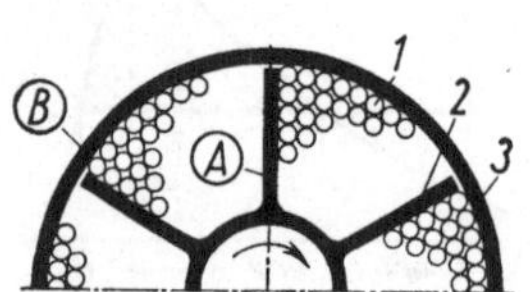

4.67 Metalluk-Fliehkraftkupplung
  mit Stahlkugelfüllung
  (J. Cawe, Bamberg)

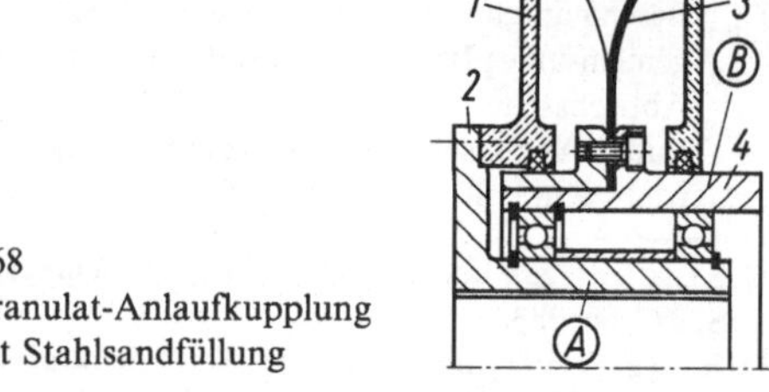

4.68
Granulat-Anlaufkupplung
mit Stahlsandfüllung

langsam mitnimmt und mit konstantem Moment beschleunigt. Nach erfolgtem Anlauf wird das Drehmoment ohne Schlupf übertragen. Hierbei ist das übertragbare Drehmoment $\approx 1{,}2$mal größer als das bei Schlupf. Das Moment hängt vom Gewicht der Sandfüllung ab und ändert sich mit dem Quadrat der Motordrehfrequenz[1].

4.4.3.4   Richtungsbetätigte Kupplungen

Richtungsbetätigte Kupplungen haben als Überhol- oder Freilaufkupplungen die Aufgabe, das Drehmoment nur in einer Drehrichtung zu übertragen. Sie wirken entweder form- oder kraftschlüssig. Eine einfache formschlüssige Freilaufkupplung ist die Klinke (**4.**69). Sie hat i. allg. beim Schalten einen großen toten Gang und kann nur da verwendet werden, wo kleine Massenkräfte auftreten. Die kraftschlüssigen Klemmklotz- und Klemmrollen-Freiläufe (**4.**70 und **4.**71) vermeiden diesen Nachteil durch einen weichen, stoßfreien Eingriff.

Der Außenring dieser Kupplungen kann sich gegenüber dem Innenring in einer Richtung frei drehen. Bei Drehung in entgegengesetzter Richtung verspannen die Klemmstücke bzw. die Rollen Innen- und Außenring gegeneinander. Durch diese radiale Verspannung ist eine schlupffreie Kraftübertragung gewährleistet. Um Raum zu sparen, können die Laufbahnen an den zu kuppelnden Maschinenteilen selbst vorgesehen werden. Eine genaue Zentrierung der einzelnen Teile ist hierbei Bedingung. Freilaufkupplungen dieser Art werden für Drehmomente bis über 50 000 N hergestellt (zur Berechnung des Klemmrollen-Freilaufs nach Bild **4.**71 s. Tafel A 4.4).

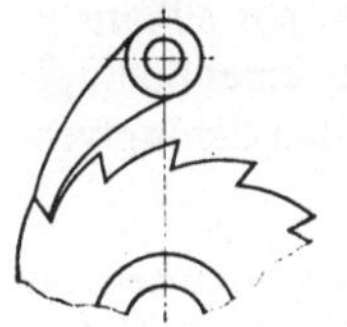

4.69   Klinkenfreilauf

4.70
Stieber-Klemmklotzfreilauf
(Stieber KG, Heidelberg)

1 Klemmstück mit Federn
  (mehrere auf dem Umfang verteilt)

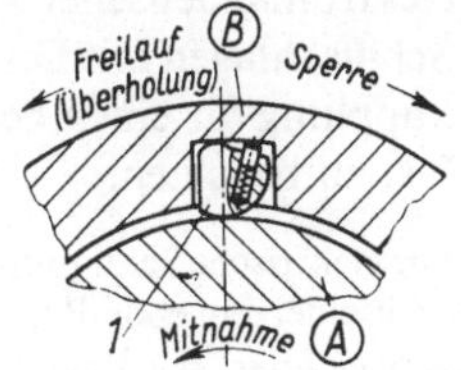

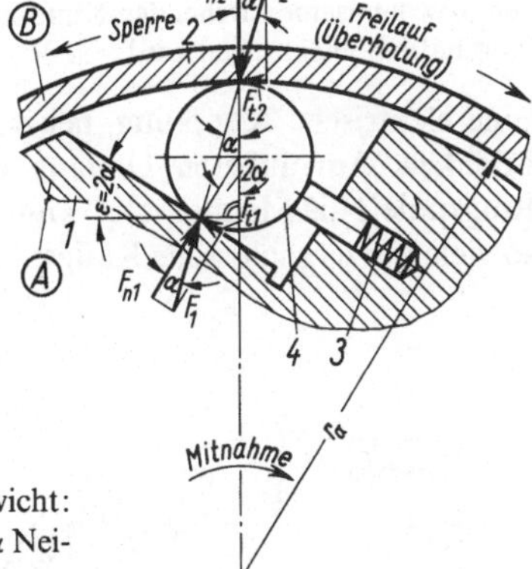

4.71
Klemmrollen-Freilauf in eingekuppeltem Zustand

1 Innenkörper mit gerader Klemmbahn   2 Außenring
3 Druckfeder (hält die Rolle 4 in Eingriffsbereitschaft)

Die Kräfte wirken auf die Rolle und befinden sich im Gleichgewicht:
$F_1 = F_2$; F_{n1}, F_{n2} Normalkräfte, F_{t1}, F_{t2} Tangentialkräfte, $\varepsilon = 2\alpha$ Neigungswinkel der geraden Klemmbahn

---

[1] Sebulke, J.: Theoretische und experimentelle Untersuchung der Granulat-Anlaufkupplung. Z. antriebstechnik **17** (1978) Nr. 7/8.

Die kraftschlüssige Federband-Freilaufkupplung nach Bild **4.**72 (s. a. Bild **4.**63) trägt auf der Kupplungsseite 1, die frei auf der Welle der Antriebsseite *A* läuft, einen drehbar gelagerten Hebel 2, gegen den sich die Nocken 3, 4 der Federbandenden anlegen. Durch eine Erregerfeder 5 wird der erste Gang des Federbandes dauernd mit einer geringen Reibung gegen die auf der Welle aufgefederte Muffe 6 gedrückt. Bei entsprechender Drehrichtung der Muffe zieht sich das Federband durch Reibung zu. Eine Drehrichtungsumkehr löst den Reibungsschluß.

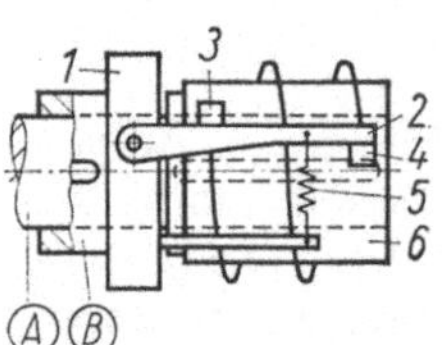

4.72
Federband-Freilaufkupplung

4.4.4 Elektrische Kupplungen

Die elektrische (elektrodynamische) Schlupfkupplung (**4.**73) besteht aus Außen- und Innenläufer 1, 2, die voneinander durch einen kleinen Luftspalt getrennt sind. Der Innenläufer ist als gleichstromerregtes Polrad mit Einzelspulen 3, der Außenläufer als Kurzschlußkäfiganker 4 ausgebildet. Der Außenläufer kann auch als Polrad und der Innenläufer als Käfiganker ausgebildet werden. Der Strom wird über Schleifringe 5 zugeführt.

Elektrische Schlupfkupplungen werden für große Drehmomente gebaut. Da sie infolge elektromagnetischer Verluste Drehschwingungen dämpfen, können sie vorteilhaft in Schiffsanlagen mit Dieselmotorantrieb eingesetzt werden. Bei der Auslegung einer Schlupfkupplung für einen bestimmten Antrieb ist die Wärmeentwicklung durch den Schlupfverlust zu beachten.

Die elektrische Schlupfkupplung nach Bild **4.**73 arbeitet wie ein Asynchronmotor. Das konstant erregte drehfelderzeugende Polrad ist mit dessen Ständer und der Käfiganker mit dem Läufer dieses Motors vergleichbar. Bei Relativbewegungen beider Kupplungshälften gegeneinander wird durch Änderung des magnetischen Flusses in den Käfigstäben eine Wechselspannung induziert. Da die Stäbe durch Kurzschlußringe miteinander verbunden sind, fließt in ihnen ein Wirbelstrom, der zusammen mit dem Drehfeld des umlaufenden Polrades die kuppelnde Tangentialkraft entwickelt. Diese nimmt den stehenden bzw. langsamer drehenden Kupplungsteil mit. Es ist hierbei gleichgültig, welche der beiden Kupplungshälften angetrieben wird.

Eine elektrische Kupplung, bei der das Polrad mit einer Ringspule erregt wird, zeigt Bild **4.**74. Am äußeren Umfang des Polrades bzw. Innenläufers 1 sind beiderseits der Ringspule 2 die Magnetpole 3 angeordnet. Im Außenläufer (Käfiganker) 4 befinden sich nur so viele kurzgeschlossene Käfigstäbe 5, daß die Anzahl der dazwischen befindlichen Felder

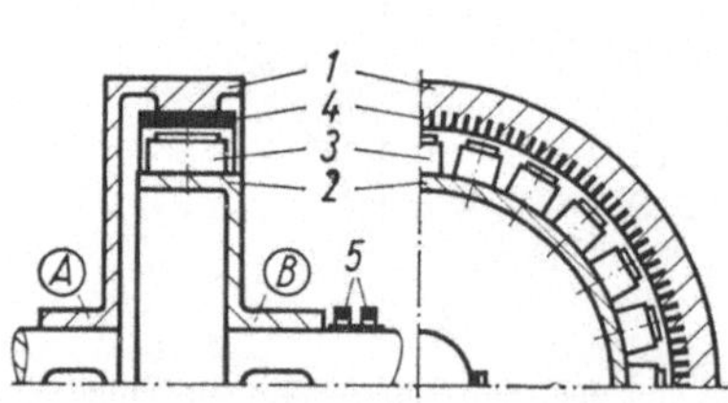

4.73 Elektrische Schlupfkupplung

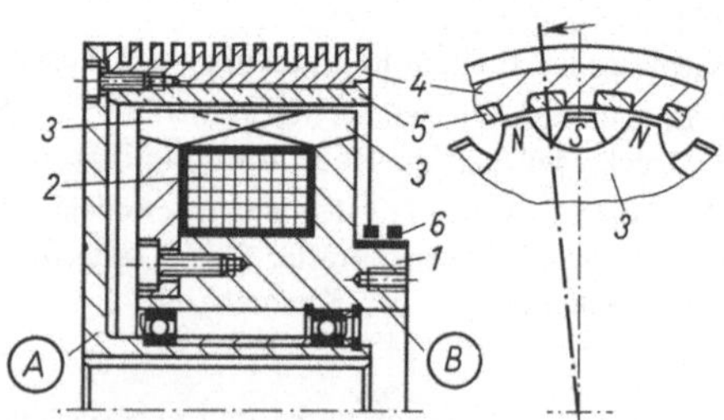

4.74 Stromag-Induktions-Kupplung

(Pole) mit der Polzahl des Innenläufers übereinstimmt. Mit einer solchen Polanordnung überträgt die Kupplung das Drehmoment nicht nur im Schlupf, sondern auch schlupffrei. Die Gleichstromerregung geschieht über die Schleifringe 6. Die Kühlringe am Außenläufer 4 dienen der Vergrößerung der kühlenden Oberfläche. Diese Kupplung eignet sich als Anlauf- und als Sicherheitskupplung.

Für Antriebe, bei denen die Kupplung dauernd unter Schlupf laufen muß, wie z. B. beim Aufwickeln von Draht oder Papier[1]), wird der Außenläufer zweckmäßig als glatter Ankerring ohne Kurzschlußkäfig ausgeführt. Das umlaufende Magnetfeld durchflutet den Ankerring und erzeugt in ihm Wirbelströme, die das Drehmoment hervorrufen.

Kennlinien elektrischer Schlupfkupplungen. Der Drehmomentverlauf einer elektrischen Schlupfkupplung in Abhängigkeit vom Schlupf s hängt hauptsächlich von der Art des Käfigankers ab. Es gelten die gleichen Verhältnisse wie beim Drehmomentverlauf eines Asynchronmotors. Durch Vergrößern der Erregung wird das übertragbare Drehmoment erhöht.

Die Momentkennlinien [übertragbares Moment $T_k = f(s)$] für Schlupfkupplungen mit Einzelspulen-Polrad in Bild **4.**75 beziehen sich auf einen Doppelkäfiganker (Kennlinie 1) und auf einen Tiefstab-Käfiganker (Kennlinie 2). Das Nennmoment liegt bei Schlupf $s \approx (1 \cdots 3)\%$.

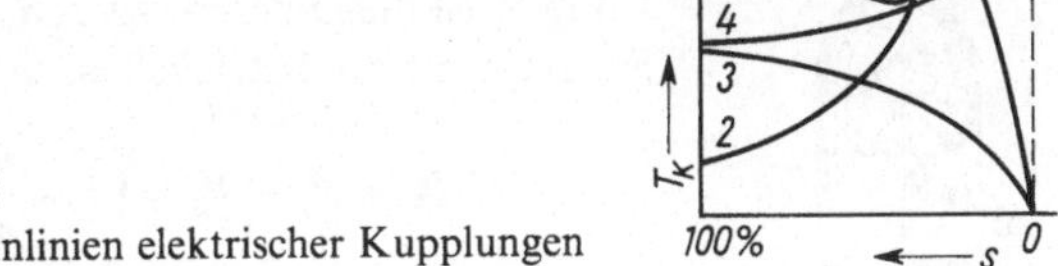

4.75
Kennlinien elektrischer Kupplungen

Wird durch Belastung das Nennmoment überschritten, dann steigt bei gleichzeitiger Schlupfvergrößerung das übertragbare Drehmoment bis zu einem Höchstwert (Kippmoment), und fällt dann wieder ab. Dieser Kennlinienverlauf bietet einen wirksamen Schutz gegen schädliche Überlastung der Anlage. Das bei großem Schlupf übertragbare Drehmoment kann je nach Ausbildung des Kurzschlußkäfigs verschiedene Werte annehmen (vgl. Kennlinie 1 mit 2). Dieses Verhalten beruht auf der bei großem Schlupf unterschiedlichen Wirkung der Stromverdrängung im Anker.

Die Kennlinie 3 in Bild **4.**75 kennzeichnet den Momentverlauf einer Schlupfkupplung mit Ringspule nach Bild **4.**74, aber mit glattem Ankerring ohne Käfigstäbe.

Bei einer elektrischen Schlupfkupplung muß immer ein gewisser Drehfrequenzunterschied zwischen Polrad und Anker vorhanden sein, damit im Käfig eine Spannung induziert werden kann. Reine Schlupfkupplungen übertragen bei Drehfrequenzgleichheit also kein Drehmoment (s. Kennlinien 1, 2, 3 in Bild **4.**75).

Ist die Polzahl des Innen- und Außenläufers gleich groß (**4.**74), dann steigt das Drehmoment mit abnehmendem Schlupf an (Kennlinie 4 in Bild **4.**75). Bei Drehfrequenzgleichheit stellen sich die Pole der beiden Kupplungsteile so zueinander ein, daß der Leitwert des magnetischen Kreises möglichst groß wird. Durch die elektrostatische Magnetkraft wird ein statisches Drehmoment übertragen, das größer als das Moment bei Schlupf ist. Das statische Moment und das Schlupfmoment hängen von der Erregung ab, die elektronisch geregelt werden kann.

---

[1]) Z i e s e l, K.: Wickelprobleme einfach gelöst. Z. Draht **9** (1958) H. 5.

4.4.5   Hydrodynamische Kupplungen

Die hydrodynamischen Kupplungen (**4.**76), häufig auch Strömungs-, Turbo- oder Föttinger-Kupplungen genannt, bestehen aus einem Pumpenrad 1 und einem Turbinenrad 2, die beide radial beschaufelt sind. Die Pumpe fördert die Betriebsflüssigkeit (dünnflüssiges, nicht schäumendes Öl) unmittelbar in die Turbine, von der aus sie wieder zur Pumpe zurückfließt. Die Massenkraft der Flüssigkeit bewirkt die Kraftübertragung. In der Pumpe erfolgt eine Beschleunigung und in der Turbine eine Verzögerung der Flüssigkeitsmasse. Hierbei geht die in der Pumpe aufgenommene Strömungsenergie im Turbinenlaufrad in mechanische Arbeit über. Ein Flüssigkeitsumlauf wird erreicht, wenn ein Druckunterschied zwischen den beiden Laufrädern vorhanden ist. Dies ist aber nur bei einem Drehzahlunterschied zwischen An- und Abtriebseite der Fall. Beim Gleichlauf der Räder überträgt die Strömungskupplung kein Drehmoment. Das auf der Antriebseite eingeleitete Drehmoment T_1 ist so groß wie das an die Abtriebswelle abgegebene Drehmoment T_2.

Das Verhältnis der abgegebenen zur aufgenommenen Leistung ergibt den Wirkungsgrad $\eta = T_2 n_2/(T_1 n_1)$, wobei n_1 Antriebs- und n_2 Abtriebsdrehfrequenz bedeuten. Da das übertragbare Drehmoment T_K bzw. $T_2 = T_1$ ist, wird unter Vernachlässigung geringer Luftreibungsverluste der Wirkungsgrad $\eta = n_2/n_1$. Unter Einführung des Schlupfes $s = 100\,(1 - n_2/n_1)$ in % wird auch $\eta = (100 - s)$ in % erhalten.

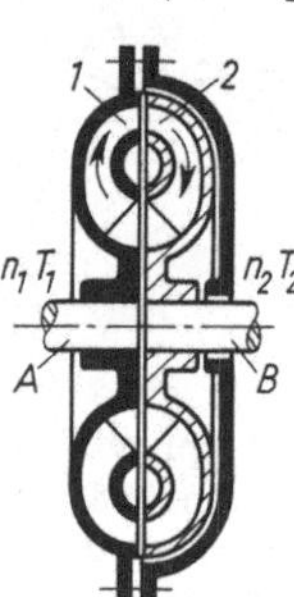

Die je Zeiteinheit der Kupplung zugeführte Wärme bzw. die Verlustleistung P_V ist die Differenz zwischen An- und Abtriebsleistung P_1 bzw. P_2. Sie erwärmt die Betriebsflüssigkeit.

$$P_V = P_1 - P_2 = \left(1 - \frac{n_2}{n_1}\right) P_1 = \left(\frac{n_1}{n_2} - 1\right) P_2 = T_1 \omega_1 - T_2 \omega_2$$

$$= T_K \omega_{rel} \tag{4.84}$$

4.76
Hydrodynamische Kupplung (Voith-Turbo KG, Crailsheim)

Das übertragbare Drehmoment T_K einer Strömungskupplung ist gleich dem Produkt aus der je Zeiteinheit umlaufenden Flüssigkeitsmasse und der Dralländerung in den Laufrädern. Hierfür gilt die Eulersche Gleichung $T_K = \varrho \dot{V}(r_a c_{ua} - r_i c_{ui})$. Es bedeuten: $\dot{V}$ umlaufendes Flüssigkeitsvolumen je Zeiteinheit, ϱ Dichte, r_i und r_a mittlere Radien am Pumpenradein- und austritt, c_{ui} bzw. c_{ua} Komponenten der Absolutgeschwindigkeit in Umfangsrichtung am Ein- bzw. Austritt.

Für die Vorausberechnung der Drehmomente fehlt insbesondere bei größerem Schlupf die Kenntnis des umlaufenden Flüssigkeitsvolumens. Das übertragbare Drehmoment und der hierbei auftretende Schlupf werden daher fast ausschließlich durch den praktischen Versuch bestimmt und nach dem Modellgesetz auf andere Kupplungen bezogen. Wie bei allen Strömungsmaschinen gilt auch für die Kupplung bei geometrisch ähnlicher Strömung zwischen Drehmoment, Drehzahl und einem Bezugsdurchmesser die Beziehung $T_K = \mathrm{const}\; n^2 D^5$.

Bei gegebener Antriebsfrequenz n_1 ändert sich das übertragbare Drehmoment T_K mit dem Schlupf. Es steigt bei gleichbleibendem Schlupf mit dem Quadrat der Antriebsdrehfrequenz an (**4.**77a). Die Kupplung wird so ausgelegt, daß beim Nennmoment der Schlupf (2 $\cdots$ 3)% beträgt. Eine Verminderung der Flüssigkeitsfüllung hat bei konstantem Schlupf ein kleineres Drehmoment bzw. bei konstantem Moment einen größeren Schlupf zur Folge (**4.**77b).

4.77
Strömungskupplung

a) Kennlinien $T_K = f(n_2)$ bei $n_1 = $ const. Parabel OA bei Steigerung von n_1 und gleichbleibendem Schlupf s

b) Kennlinien $T_K = f(s)$ bei verschiedener Füllung F

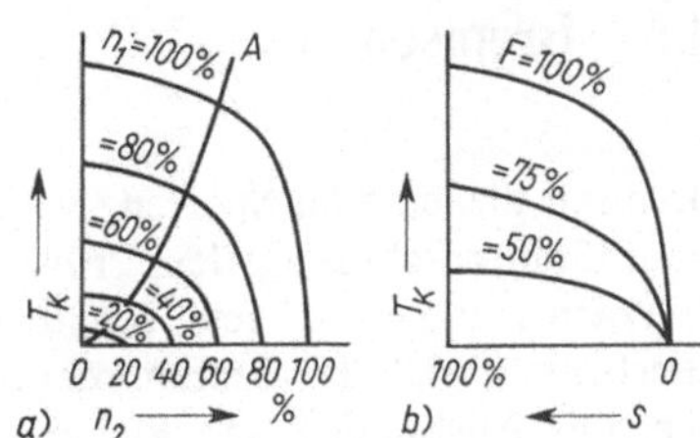

Durch Füllungsänderung ist es möglich, die Momentkennlinie den Erfordernissen verschiedenartiger Antriebe anzugleichen. So soll z. B. bei Verwendung als Anfahrkupplung in Verbindung mit Kurzschluß- oder Dieselmotoren oder als Sicherheitskupplung das übertragbare Moment beim Anfahren und im Bereich größeren Schlupfes klein sein. Ein lastfreies Anfahren des Motors wird bei der Voith-Turbokupplung mit Hilfe einer Füllungsverzögerung erreicht (**4.78**). Beim Stillstand sammelt sich in einer Kammer 3 ein Teil der Betriebsflüssigkeit, der dann beim Anfahren zunächst fehlt. Nach kurzer Zeit gelangt diese Flüssigkeit durch Düsen in den Arbeitskreislauf. Durch entsprechende Bemessung der Düsen kann die Anlaufzeit beeinflußt werden.

Das sonst hohe Drehmoment bei großem Schlupf wird dadurch herabgesetzt, daß mit zunehmendem Schlupf die Strömung im langsamer laufenden Turbinenrad 2 immer mehr zur Achse hin abgedrängt wird. Hierbei füllt sich die Staukammer 4 mit Flüssigkeit, während die Füllung im Pumpenrad 1 sowie im Turbinenrad geringer wird. Der Antrieb erfolgt über eine Ausgleichskupplung 5.

Das Betriebsverhalten kann auch durch von außen gesteuerte Füllungsänderung beeinflußt werden. In Bild **4.79** ist das Schema einer Kupplung mit pumpengesteuerter Füllungsänderung dargestellt. Das ständig aus dem Arbeitskreislauf (Pumpe 1, Turbine 2) durch Düsen 3 ausspritzende Öl bildet im äußeren Kupplungsgehäuse infolge der Fliehkräfte einen Flüssigkeitsring. In diesen taucht ein feststehendes Schöpfrohr 4 ein. Der Staudruck treibt die Flüssigkeit durch einen Ölkühler 5 wieder in die Kupplung zurück. An diesen Kreislauf ist eine Zahnradpumpe 6 angeschlossen, die Flüssigkeit aus dem Behälter 7 entweder entnimmt oder diesem zusetzt. Hierdurch wird während des Betriebes die Füllung der Kupplung und damit bei konstanter Motordrehfrequenz die Abtriebsfrequenz verändert, so daß eine stufenlose Drehfrequenzregelung möglich ist.

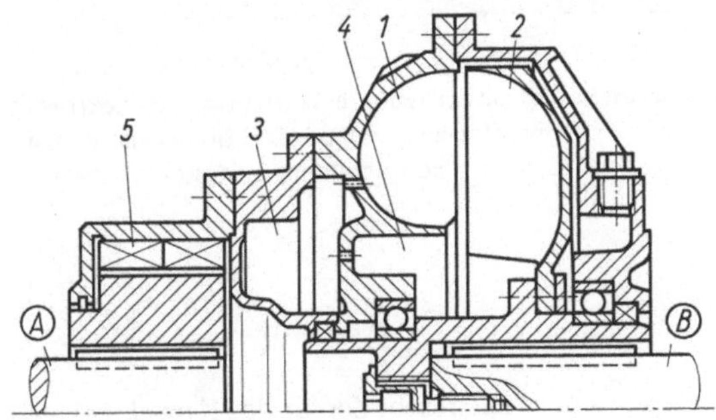

4.78 Voith-Turbokupplung

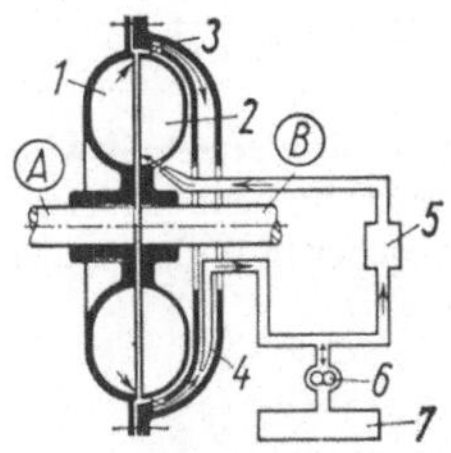

4.79 Turbokupplung mit pumpengesteuerter Füllungsänderung

Bei Kupplungen mit gleichbleibender Füllung, bei denen die Kühlung nur durch die Oberfläche erfolgt, sorgt insbesondere beim Einsatz unter Tage eine Schmelzsicherungsschraube dafür, daß eine zulässige Höchsttemperatur nicht überschritten wird. Bei etwa 180 °C schmilzt ein Sicherungspfropfen durch, worauf die Flüssigkeit vollständig ausläuft.

Die Strömungskupplung dämpft Stöße und Schwingungen besonders gut. Sie wird daher vorteilhaft bei Antrieben mit Verbrennungsmotoren eingesetzt.

4.5 Bremsen

Bremsen dienen zum Sperren, Stoppen oder Regeln einer Bewegung oder zum Belasten einer Kraftmaschine auf dem Prüfstand. Während der Bewegung wird in der Bremse Arbeit in Wärme umgesetzt. Jede schaltbare Kupplung läßt sich auch als Bremse verwenden. Hierbei muß sich das Drehmoment an einer feststehenden Kupplungsseite abstützen können. Die Ausbildung und Bedienung der Bremsen richtet sich nach ihrer Verwendung (Tafel **4.**1).

Tafel **4.**1 Einteilung der Bremsen nach ihrem Verwendungszweck und Vergleich mit Kupplungsbauarten

Verwendungszweck und Aufgabe	Vergleich mit Kupplungsbauarten
Sperre. Verhindert Bewegung in einer bestimmten Drehrichtung	richtungsbetätigte Kupplung (s. Abschn. 4.4.3.4)
Haltebremse. Verhindert Bewegung in beiden Drehrichtungen. Wird zum Festhalten einer Last verwendet und oft nur im Stillstand geschaltet	formschlüssige Schaltkupplung (s. Abschn. 4.4.2); fremdbetätigte Reibungskupplung (s. Abschn. 4.4.3.1); elektrische Kupplung mit gleicher Polzahl am Innen- und Außenläufer (**4.**74)
Stoppbremse. Bremst eine Bewegung bis zum Stillstand ab. Das Bremsmoment ist bis zum Stillstand vorhanden	fremdbetätigte Reibungskupplung (s. Abschn. 4.4.3.1); elektrische Kupplung mit gleicher Polzahl am Innen- und Außenläufer (**4.**74)
Regelungsbremse. Zur Geschwindigkeits- bzw. Drehfrequenzregelung	fremd- und drehfrequenzbetätigte Reibungskupplung (s. Abschn. 4.4.3.1 und 4.4.3.3); elektrische und Flüssigkeitskupplung (s. Abschn. 4.4.4 und 4.4.5)
Belastungsbremse. Zur Belastung einer Kraftmaschine (bei Leistungsmessungen)	fremdbetätigte Reibungskupplung (s. Abschn. 4.4.3.1); elektrische und Flüssigkeitskupplung (s. Abschn. 4.4.4 und 4.4.5)

In der Fördertechnik wird bei elektrischen Antrieben häufig die einstellbare, betriebssichere elektrische Bremsung benutzt. Hierbei wird dann der Motor als Generator angetrieben. Die Bremsenergie wird entweder in Widerständen in Wärme umgesetzt oder als elektrische Energie ins Leitungsnetz zurückgeführt.

4.5.1 Berechnung

Die Gleichung für das aufzubringende Bremsmoment entspricht der für das Kupplungsmoment [Gl. (4.20) bzw. (4.38)]. An die Stelle der Beschleunigung tritt die Verzögerung. Außerdem wirkt das Lastmoment T_L im gleichen Sinne wie das Bremsmoment. Somit ist das aufzubringende Bremsmoment

$$T_{Br}' = T_V - T_L = J\alpha + maR - T_L = J\,\frac{\omega}{t_{Br}} + m\,\frac{V}{t_{Br}}\,R - T_L \tag{4.85}$$

Hierin bedeuten T_V Moment zur Verzögerung der umlaufenden und geradlinig bewegten Massen, auf Bremswelle bzw. auf Bremsradius R bezogen, $\alpha = \omega/t_{Br}$ Winkelverzögerung,

$a = v/t_{Br}$ Verzögerung der geradlinig bewegten Massen m, t_{Br} Bremszeit, ω Winkelgeschwindigkeit, v geradlinige Geschwindigkeit, J Massenträgheitsmoment der umlaufenden Teile, auf die Bremswelle reduziert (s. A 4.17).

Beim Abbremsen einer sinkenden Last von der Masse m – z. B. bei Hubwerken – wirkt das Lastmoment $T_L = F_g R$ [1]) gegen und das Moment der Triebwerkreibung T_R im gleichen Sinne wie das Bremsmoment. Also ist

$$T'_{Br} = T_V + T_L - T_R \tag{4.86}$$

Das erzeugte Bremsmoment T_{Br} muß mindestens so groß wie das aufzubringende Bremsmoment T'_{Br} sein: $T_{Br} \geqq T'_{Br}$.

Reduzieren eines Trägheitsmomentes und einer geradlinig bewegten Masse. Ist das Trägheitsmoment J_2 einer mit der Winkelgeschwindigkeit ω_2 sich drehenden Welle 2 auf die mit ω_1 sich drehende Welle 1 zu reduzieren, so ergibt sich wegen der Bedingung gleicher kinetischer Energie $W = J_2 \omega_2^2/2 = J_{red} \omega_1^2/2$ und mit $i = \omega_1/\omega_2$ das reduzierte Trägheitsmoment $J_{red} = J_2(\omega_2/\omega_1)^2 = J_2/i^2$.

Soll eine mit der Geschwindigkeit v_2 geradlinig bewegte Masse m (z. B. die Last an einem Kranhaken) durch ein gleichwertiges Trägheitsmoment J_2 bei der Winkelgeschwindigkeit ω_2 ersetzt und dann auf die Welle 1 reduziert werden, so ist wegen $W = m v_2^2/2 = J_2 \omega_2^2/2$ das reduzierte Trägheitsmoment $J_{red} = m(v_2/\omega_1)^2$.

4.5.2 Bauarten

4.5.2.1 Scheibenbremsen

Einflächen-Reibscheibenbremse. Bild **4.**80 zeigt die Verbindung einer Einflächen-Reibscheibenbremse mit einer elektromagnetisch betätigten Einflächen-Reibscheibenkupplung. Die Anpreßkraft für die Bremse wird durch Federn 5 erzeugt. Sie drücken den auf der längsbeweglichen Ankerscheibe 6 befestigten Reibbelag 2 gegen einen feststehenden Reibring 1. Magnetkraft löst die Bremse und schaltet gleichzeitig die Kupplung mit Reibbelag 3 und Reibscheibe 4 ein.

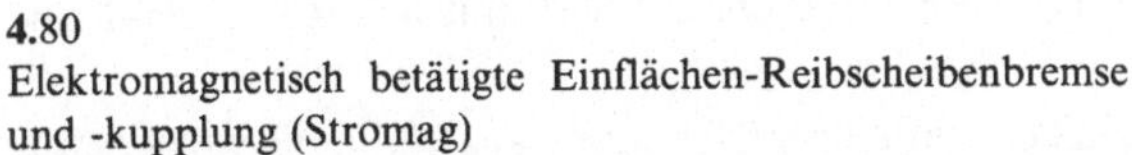

4.80
Elektromagnetisch betätigte Einflächen-Reibscheibenbremse und -kupplung (Stromag)

Öldruckbetätigte Scheibenbremse. Im Kraftfahrzeugbau ist u. a. eine öldruckbetätigte Scheibenbremse (**4.**81) mit selbsttätiger Nachstellung und mit leicht auswechselbaren Reibklötzen gebräuchlich.

In Bild **4.**81 werden die Kolben 3 und die Rückzugbuchse 4 vom Flüssigkeitsdruck im Zylinder 5 zur Bremsscheibe 2 (die sich mit dem Rad dreht) bewegt. Die spiralig um den Stift 6 liegende Rückzugbuchse nimmt diesen durch Reibungskraft mit. Die unter dem Stauchkopf des Stiftes befindliche Buchse 7 spannt hierbei die Scheibenfedern 8. Der Weg des Stiftes wird von der Kappe 9 begrenzt. Hat

---

[1]) Gewichtskraft $F_g = mg$ in N mit m in kg, g in 9,81 m/s^2.

der Reibklotz 10 die Bremsscheibe noch nicht erreicht, so muß die Rückzugbuchse zwangsläufig auf dem Stift gleiten, bis der Klotz fest auf die Scheibe gepreßt wird. Geht der Flüssigkeitsdruck zurück, so entspannen sich die Scheibenfedern. Der Kolben wird um den Weg des Lüfterspiels zwischen Buchse und Kappe zurückgezogen, und die Klötze heben sich von der Bremsscheibe ab. Die Rückzugbuchse bleibt dem Abrieb der Klötze entsprechend in ihrer neuen Stellung auf dem Stift haften. Eine Gummikappe 11 schützt die Zylinderbohrung gegen Eindringen von Wasser und Staub (Sattel 1 ist mit der Fahrzeugachse fest verschraubt). Wegen ihrer hohen Bremsleistung werden öldruckbetätigte Scheibenbremsen auch in Hebezeugen eingebaut.

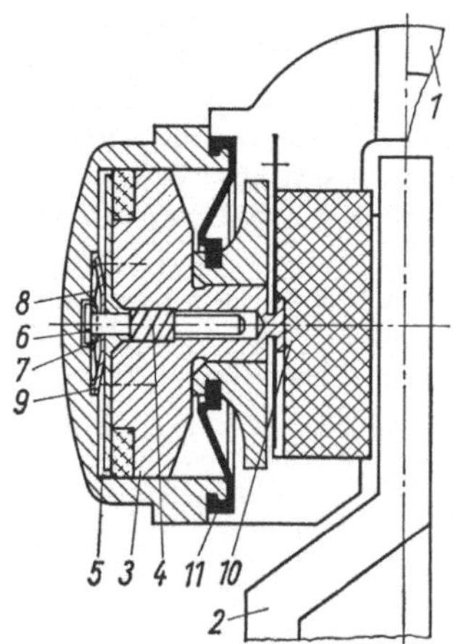

4.81
Öldruckbetätigte Scheibenbremse für Kraftfahrzeuge (Alfred Teves, Maschinen- und Armaturenfabrik KG, Frankfurt a. M.)

Federkraftbetätigte Scheibenbremse (4.82), (4.83), (4.84). Für die Abbremsung horizontaler und vertikaler Bewegungsabläufe sowie als Haltebremsen, sei es im allgemeinen Maschinenbau, in Kranhubwerken, Winden, Hütten- und Walzwerkmaschinen, in Förderanlagen oder in Baumaschinen, eignen sich federkraftbetätigte, elektrohydraulisch gelüftete Scheibenbremsen. Sie werden für große Drehmomente ausgelegt und besitzen wegen der guten Wärmeabfuhr eine hohe thermische Belastbarkeit. Im Vergleich zu Trommelbremsen konnte die Wärmebelastung der Reibklötze auf den einhundertfachen Wert gesteigert werden. Diese Bremsen können auch bei sehr rauhem Betrieb und bei starkem Schmutzanfall eingesetzt werden.

Die Berechnung der Scheibenbremsen kann mit den Gleichungen der Abschnitte 4.4.1 und 4.4.3 erfolgen (s. auch [1]). Die Gleit- und Ruhereibungszahl wird mit $\mu = 0,35 \cdots 0,45$ angenommen.

Aufbau (4.83). Die Bremszange besitzt ein einteiliges Gehäuse 1 aus Stahlguß, welches mit den beiden Hauptzylinderräumen 2 (in jeder Bremseinheit ein Raum) die Bremsscheibe beidseitig umfaßt. An der Seite der Geberkolben 3 wird eine elektrohydraulische Lüfteinheit 4 angebaut. Für jeden Hauptzylinder ist ein eigener Geberkolben vorgesehen. Der Geberkolben 3 bewegt sich axial im Zylinderraum 5, der über eine Bohrung mit dem Hauptzylinderraum 2 verbunden ist.Die Federn 6 drücken den Hauptkolben 7 mit dem Bremsbelag 8 gegen die Bremsscheibe 9. Von einer Radialbohrung 10 im Geberzylinderraum 5 besteht eine Verbindung zu einem drucklosen Raum im Ausgleichsbehälter 11 der elektrohydraulischen Lüfteinheit.

---

[1]) Hase, R.: Industrie und Scheibenbremsen. Z. antriebstechnik **24** (1985) Nr. 5 und Nr. 6.

Das Hydraulikaggregat besteht im wesentlichen aus einem Drehstrom-Kurzschlußläu-
fermotor, der Pumpe, dem Druckspeicher, den Ventilen und dem Behälter (s. Bild **4.**82). Im
Druckspeicher steht ständig der erforderliche Betätigungsdruck zur Verfügung.

Lüften. Durch Einschalten des Stromes wird
vom Druckspeicher über das Schaltventil Drucköl
mit (35 · · · 45) bar auf den Geberkolben 3 gegeben
(**4.**83). Dieser überfährt mit der vorderen Dichtung
die Radialbohrung und drückt das Öl in den
Hauptzylinderraum 2. Dort wird der Hauptkolben 7 gegen die Federanpreßkraft nach außen geschoben. Der Bremsbelag 8 hebt dadurch von der
Bremsscheibe 9 ab; die Bremse ist gelüftet. Der
Luftweg beträgt 1 mm und die Lüftzeit 90 ms.

4.82
Federkraftbetätigte Scheibenbremse (Stromag GmbH,
Unna), (s. a. **4.**83, **4.**84)

Bremszange mit Bremsbelag, Hydraulikaggregat: Motor, Pumpe, Druckspeicher und Behälter

Bremsen. Das Einfallen der Bremse erfolgt durch Ausschalten des Stromes über das
Schaltventil. Der Druck wird vom Geberkolben 3 genommen (**4.**83). Die Federn 6 pressen
über den Hauptkolben 7 das Öl aus dem Hauptzylinderraum 2 in den Geberkolbenraum 5
und bringen gleichzeitig den Bremsbelag an der Bremsscheibe 9 zur Anlage.

Die **automatische Verschleißnachstellung** hält den Lüftweg konstant. Der zulässige Verschleiß beträgt bis 9 mm je Zangenseite. Bei eintretendem Verschleiß drücken die
Federn 6 den Hauptkolben 7 um den Verschleißweg weiter in Richtung auf die Bremsscheibe 9 (**4.**83). Der Hauptzylinderraum 2 verkleinert dadurch zwangsläufig sein Volumen.
Die entsprechende, überschüssige Menge Öl wird aus dem Hauptzylinderraum 2 in den
Geberzylinderraum 5 gedrückt. Der Geberkolben bewegt sich in seine Endstellung und hat
dadurch die Radialbohrung 10 freigegeben. Durch die Bohrung fließt das verdrängte Öl in
den drucklosen Ausgleichsbehälter 11 ab. Im Hauptzylinderraum 2 ist jeweils soviel Öl, wie
es der Verschleißzustand der Bremsbeläge 8 erfordert. Beim Lüften der Zange steht stets das

1 Bremszange
2 Hauptzylinder
3 Geberkolben
4 Lüfteinheit
5 Zylinderraum für den
   Geberkolben
6 Federn
7 Hauptkolben
8 Bremsbelag
9 Bremsscheibe
10 Radialbohrung
11 Ausgleichsbehälter

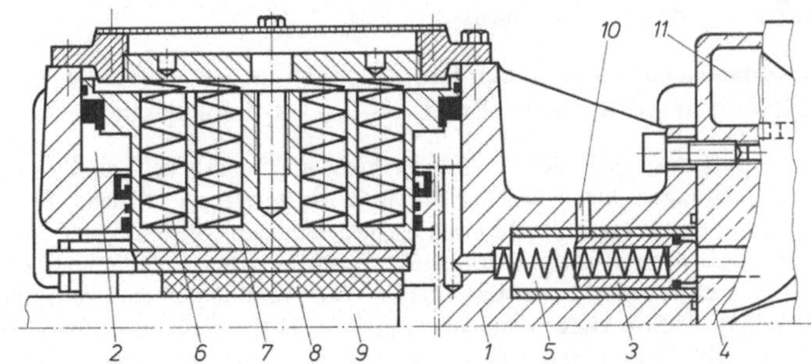

4.83 Federkraftbetätigte Scheibenbremse (Stromag GmbH, Unna), (s. a. **4.**82, **4.**84)

erforderliche, konstante Ölvolumen zur Verfügung, da der Geberkolben 3 die Bohrung 10 überfährt und verschließt.

Die Bremsscheiben (4.84) für die beschriebenen Bremsen nach Bild **4.82** und **4.83** werden aus einem speziellen Sphäroguß gefertigt. Dieser Werkstoff ist mit dem Reibbelagmaterial zur Erreichung optimaler Reib- und Verschleißeigenschaften aufeinander abgestimmt.

Der Sphäroguß enthält einen hohen Ferrit-Anteil. Hierdurch wird erreicht, daß sich bei großer thermischer Belastung und Erwärmung kein Reibmartensit bildet, der zur Zerstörung der Bremsscheibenreibfläche führen kann.

4.84
Innengekühlte Bremsscheibe zur Bremse nach **4.82** und **4.83** in Verbindung mit einer drehnachgiebigen Kupplung (Stromag GmbH, Unna)

Die Bremsscheibe – normal als Vollscheibe ausgeführt – besitzt eine große Wärmekapazität für hohe zulässige Temperaturen und im Gegensatz zu Trommel- bzw. Backenbremsen eine gute Wärmeabfuhr, da die Bremsflächen offenliegen.

Für extrem große Belastungen durch hohe Schalthäufigkeiten stehen belüftete Scheiben zur Verfügung. Sie bestehen aus zwei gleichen flachen Tellern, die durch eingegossene radiale Kanäle verbunden sind. Diese Kanäle sind an der Nabe geöffnet, damit die Kühlluft eintreten und zum Außendurchmesser abströmen kann, um auf diesem Wege die Wärme abzuführen.

Das geringe Massenträgheitsmoment der Scheiben-Bremsscheibe ist ein bedeutender Vorteil im Vergleich zu z. B. Trommelbremsen. Der Anteil der Scheibe am Massenträgheitsmoment aller Antriebsteile ist wesentlich geringer als bei Trommelbremsen. Die daraus resultierenden günstigen Beschleunigungs- und Bremszeiten ermöglichen eine optimale und wirtschaftliche Dimensionierung des gesamten Antriebssystems.

Durch die Verbindung der Bremsscheibe mit der drehnachgiebigen und spielfreien Periflex-Kupplung (4.84) werden die Triebwerksteile gegen Stoßbeanspruchung geschützt und Wellenverlagerungen ausgeglichen.

Die Konstruktion ist so ausgeführt, daß die Bremsscheiben radial ausgewechselt werden können ohne die verbundenen Wellen, also die gekuppelten Antriebsteile, auseinanderzurücken.

Für Hubwerke usw. werden die Kupplungen mit Sicherheitsklauen durchschlagsicher ausgeführt.

4.5.2.2 Backenbremsen

Außenbackenbremsen finden hauptsächlich im Hebezeugbau Verwendung. Sie haben gute Kühlwirkung. Für kleine Bremsleistung ist die einfache Backenbremse geeignet (**4.85a**).

Die zum Bremsen erforderliche Kraft F greift am Bremshebel 1 an. Sie kann durch Federn, von Hand oder bei waagerechter Hebellage durch Gewichte erzeugt werden. Die Anpreßkraft F_n drückt einen Klotz mit Reibbelag 2, die Bremsbacke, gegen die umlaufende Bremsscheibe 3 und ruft die Reibungskraft $\mu F_n = F_R$ hervor, die mindestens so groß wie die abzubremsende Umfangskraft $F_u = T'_{Br}/R$ sein muß. Durch Freimachen der Einzelteile (s. Teil 1) erhält man die Kräfte, die an den einzelnen Bauteilen angreifen (**4.85b**). Unter Annahme gleicher Flächenpressung auf der ganzen Reibfläche lautet die Momentgleichung in bezug auf den Drehpunkt des Bremshebels O

$$\Sigma M_O = F l - F_n a - \mu F_n c = 0 \tag{4.87}$$

Somit ist die Bremskraft

$$F = F_n \frac{a \pm \mu c}{l} = F_R \frac{a}{l}\left(\frac{1}{\mu} \pm \frac{c}{a}\right) \qquad (4.88)$$

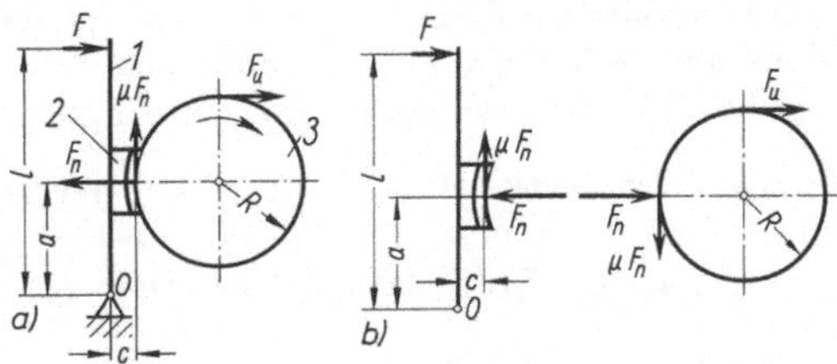

4.85
a) Einfache,
b) freigemachte Backenbremse

Hierbei gilt das Pluszeichen für Rechts- und das Minuszeichen für Linksdrehung. Für $c/a = 1/\mu$ ist bei Linksdrehung die erforderliche Bremskraft $F = 0$. Die Bremse wirkt dann selbsttätig als Reibungssperre. Um mit gleicher Bremskraft für beide Drehrichtungen das gleiche Bremsmoment $T_{Br} = \mu F_n R$ zu erreichen, muß der Hebel 1 so abgekröpft werden, daß sein Drehpunkt O auf der Bremsscheibentangente liegt. Somit wird $c = 0$ und der Faktor $\mu F_n c$ ist ohne Einfluß auf die Drehrichtung; Gl. (4.88) gilt jeweils für die entgegengesetzte Drehrichtung, wenn der Drehpunkt O innerhalb der Tangente angeordnet ist (c negativ). Die Welle einer Einbackenbremse wird durch die einseitige Anpreßkraft auf Biegung beansprucht.

Doppelbackenbremsen (4.86, 4.87) vermeiden den Nachteil einer in beiden Drehrichtungen biegebeanspruchten Welle und einer ungleichmäßigen Belastung der Bremsbacken bzw.

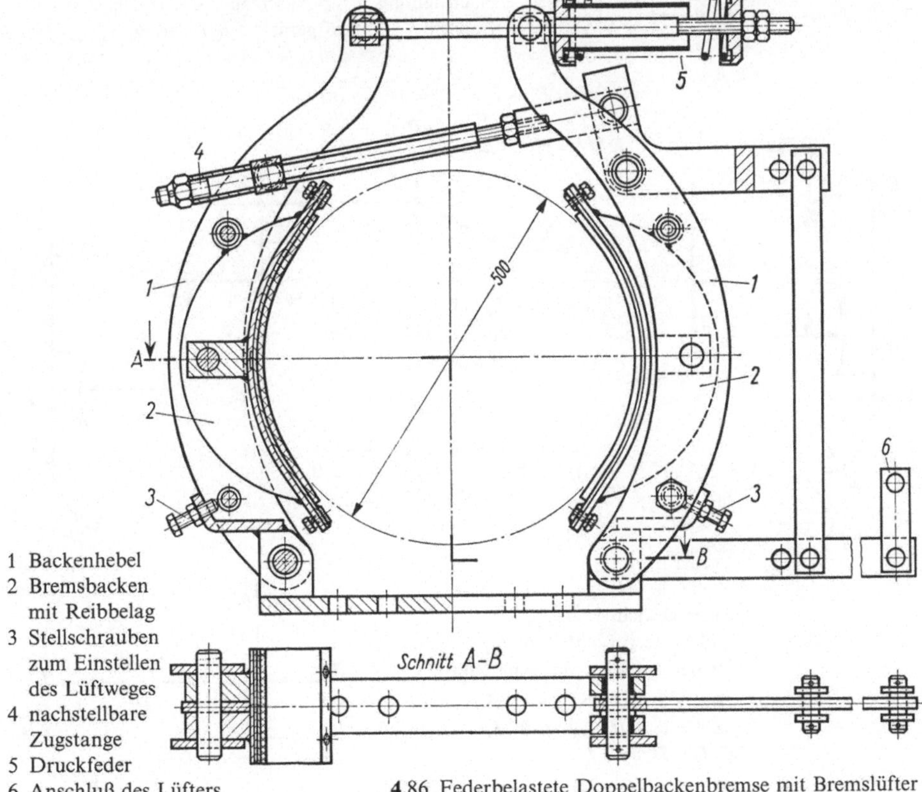

1 Backenhebel
2 Bremsbacken
  mit Reibbelag
3 Stellschrauben
  zum Einstellen
  des Lüftweges
4 nachstellbare
  Zugstange
5 Druckfeder
6 Anschluß des Lüfters

4.86 Federbelastete Doppelbackenbremse mit Bremslüfter

-beläge bei gleicher Bremskraft F, wenn $c = 0$ ist (Bremsbacken und -beläge s. DIN 74308, 74309 und 74263). Doppelbackenbremsen werden durch Gewichte (4.87) oder durch Federn (4.86) belastet und elektromagnetisch oder hydraulisch gelüftet.

Wirkt an jedem Bremsklotz (4.87) die gleiche Reibungskraft μF_n, so ist das Bremsmoment

$$T_{\mathrm{Br}} = 2\mu F_\mathrm{n} R = 2\mu i\eta F_\mathrm{g}' R \quad \text{mit} \quad i = \frac{l}{a}\cdot\frac{a_2}{a_1}\cdot\frac{u}{u_2} \tag{4.89}$$

als Übersetzung des Gestänges bis zum Angriff des Lüfters, mit $\eta \approx 0,9$ als Wirkungs- oder Umsetzungsgrad des Gestänges und F_g' als Belastungskraft am Angriff des Lüfters. Die Kräfte in Bild 4.87 erhält man durch systematisches Freimachen (s. Teil 1) aller Einzelteile der Bremse und entsprechendes Zusammenfassen der in Bild 4.88 angeschriebenen Gleichungen. Mit F_g' nach Gl. (4.89) und unter Berücksichtigung des Gewichtskraftanteils $F_{\mathrm{g}2}$ des Lüfters ergibt sich die Bremsgewichtskraft zu

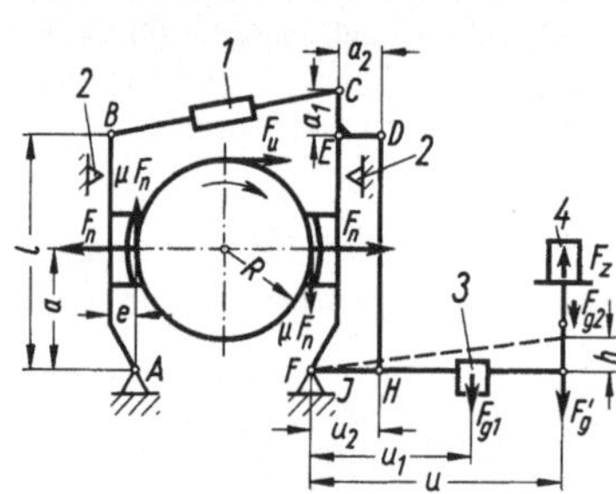

$$F_{\mathrm{g}1} = \frac{(F_\mathrm{g}' - F_{\mathrm{g}2})\,u}{u_1} \tag{4.90}$$

Vom Lüfter muß die Kraft $F_\mathrm{z} = F_{\mathrm{g}2}'$ aufgebracht werden.

4.87
Gewichtsbelastete Doppelbackenbremse mit Bremslüfter
1 Nachstellung   2 Anschlag
3 Gewicht   4 Lüftgerät h Lüftweg

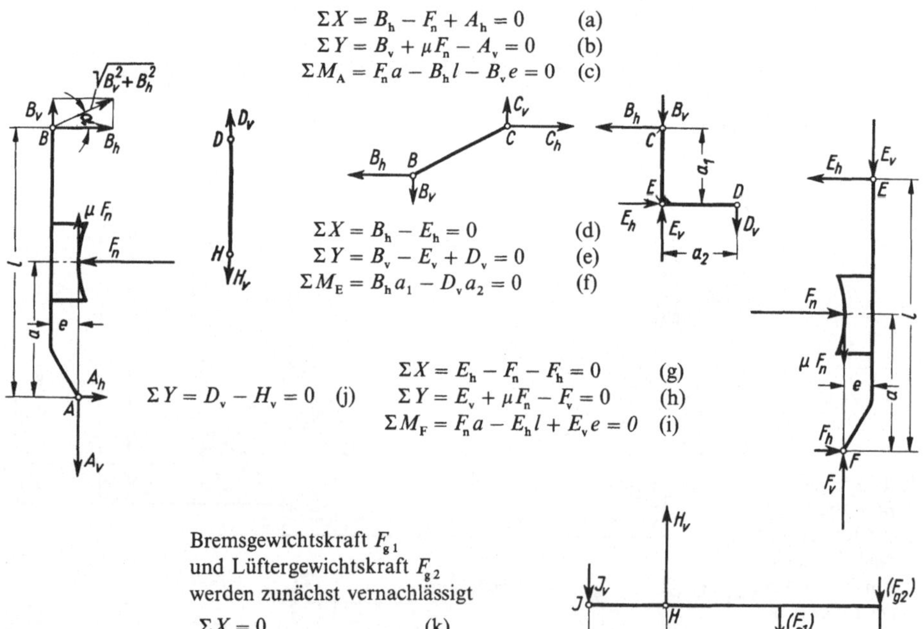

$$\Sigma X = B_\mathrm{h} - F_\mathrm{n} + A_\mathrm{h} = 0 \qquad \text{(a)}$$
$$\Sigma Y = B_\mathrm{v} + \mu F_\mathrm{n} - A_\mathrm{v} = 0 \qquad \text{(b)}$$
$$\Sigma M_\mathrm{A} = F_\mathrm{n} a - B_\mathrm{h} l - B_\mathrm{v} e = 0 \qquad \text{(c)}$$

$$\Sigma X = B_\mathrm{h} - E_\mathrm{h} = 0 \qquad \text{(d)}$$
$$\Sigma Y = B_\mathrm{v} - E_\mathrm{v} + D_\mathrm{v} = 0 \qquad \text{(e)}$$
$$\Sigma M_\mathrm{E} = B_\mathrm{h} a_1 - D_\mathrm{v} a_2 = 0 \qquad \text{(f)}$$

$$\Sigma Y = D_\mathrm{v} - H_\mathrm{v} = 0 \quad \text{(j)}$$

$$\Sigma X = E_\mathrm{h} - F_\mathrm{n} - F_\mathrm{h} = 0 \qquad \text{(g)}$$
$$\Sigma Y = E_\mathrm{v} + \mu F_\mathrm{n} - F_\mathrm{v} = 0 \qquad \text{(h)}$$
$$\Sigma M_\mathrm{F} = F_\mathrm{n} a - E_\mathrm{h} l + E_\mathrm{v} e = 0 \qquad \text{(i)}$$

Bremsgewichtskraft $F_{\mathrm{g}1}$
und Lüftergewichtskraft $F_{\mathrm{g}2}$
werden zunächst vernachlässigt

$$\Sigma X = 0 \qquad \text{(k)}$$
$$\Sigma Y = J_\mathrm{v} - H_\mathrm{v} + F_\mathrm{g}' = 0 \qquad \text{(l)}$$
$$\Sigma M_\mathrm{J} = H_\mathrm{v} u_2 - F_\mathrm{g}' u = 0 \qquad \text{(m)}$$

4.88 Doppelbackenbremse mit Gewichtsbelastung nach Bild 4.87 freigemacht.

Die Kräfte im Bild **4.88** sind nicht maßstäblich, sondern nur nach Lage und Richtung eingezeichnet. (Geometrische Punkte und andere Bezeichnungen entsprechen Bild **4.87**; Indizes v und h für Vertikal- und Horizontalkräfte, Br für Bremse). Das Bremsmoment ist unter Heranziehung der Gl. (a) bis (m)

$T_{\mathrm{Br}} = 2\,\mu F_{\mathrm{n}} R$ und mit F_{n} aus Gl. (c) $T_{\mathrm{Br}} = 2\mu\,\dfrac{B_{\mathrm{h}}\,l + B_{\mathrm{v}}\,e}{a}\,R$. Bei Vernachlässigung von $B_{\mathrm{v}}\,e$ und mit B_{h} aus Gl. (f) und mit $D_{\mathrm{v}} = H_{\mathrm{v}}$ folgt $T_{\mathrm{Br}} = 2\mu\,\dfrac{H_{\mathrm{v}}\,a_2\,l}{a_1\,a}\,R$ und mit H_{v} aus Gl. (m) $T_{\mathrm{Br}} = 2\mu\,\dfrac{F_{\mathrm{g}}'\,u\,a_2\,l}{u_2\,a_1\,a}\,R = 2\,\mu\,i\,F_{\mathrm{g}}'\,R$

Innenbackenbremsen werden als Simplex-, Duplex- und Servobremsen hergestellt (**4.89**, **4.90**) und hauptsächlich im Fahrzeugbau verwendet. Die Bremskraft wird bei mechanisch betätigten Bremsen über Gestänge und Seilzug auf einen Bremsnocken übertragen, der die Backen gegen die Bremstrommel spreizt. Hydraulische Bremsen erzeugen die Bremskraft mit Öldruck über einen Kolben.

Simplexbremsen (**4.89** a) bestehen aus zwei Bremsbacken 1, 2, die auf einem Bolzen 5 drehbar gelagert sind. Der Bolzen ist mit dem (feststehenden) Bremsgehäuse verbunden. Eine Rückholfeder 3 lüftet die Bremsbacken.

Bei Linksdrehung der Bremstrommel 4 – entsprechend der Drehrichtung bei Vorwärtsfahrt von Fahrzeugen – sind nach der Momentgleichung (4.87) Bremskraft und Bremsmoment

$$F_1 = F_{\mathrm{n}1}\,\frac{a - \mu c}{l} \qquad F_2 = F_{\mathrm{n}2}\,\frac{a + \mu c}{l} \quad \text{und} \quad T_{\mathrm{Br}} = \mu(F_{\mathrm{n}1} + F_{\mathrm{n}2})\,R \qquad (4.91)\quad(4.92)$$

Bei gleicher Bremskraft an beiden Backen ($F_1 = F_2$) ist das Bremsmoment am Auflaufbacken 1 größer als das am Ablaufbacken 2. Für das Verhältnis der Bremskräfte $F_1/F_2 = (a - \mu c)/(a + \mu c)$ ergeben sich gleiche Belastungen für beide Bremsbacken ($F_{\mathrm{n}1} = F_{\mathrm{n}2}$). Bei Rückwärtsfahrt, entsprechend einer Trommeldrehrichtung nach rechts, ist der Backen 2 Auflauf- und der Backen 1 Ablaufbacken. Die Vorzeichen für den Faktor μc in Gl. (4.88) kehren sich um. Somit bleibt das gesamte Bremsmoment in beiden Drehrichtungen gleich.

Duplexbremsen (**4.89** b) haben zwei Einzelbacken 1, 2 mit versetzten Drehpunkten (Bolzen 5 und 6; zur Lüftung dienen Rückholfedern 3). Bei Linksdrehung der Bremstrommel 4 (Vorwärtsfahrt) wirken beide Backen als Auflaufbacken selbsttätig verstärkend auf die Anpreßkraft. Hierfür ist die Bremskraft

$$F_1 = F_2 = F_{\mathrm{n}1,2}(a - \mu c)/l \qquad (4.93)$$

Bei der Rechtsdrehung (Rückwärtsfahrt) werden beide Backen zu Ablaufbacken mit $F_1 = F_2 = F_{\mathrm{n}1,2}(a + \mu c)/l$. Wird in beiden Drehrichtungen die gleiche Bremskraft aufgebracht, so ergibt sich ein unterschiedliches Gesamtbremsmoment.

4.89
a) Simplexbremse
b) Duplexbremse

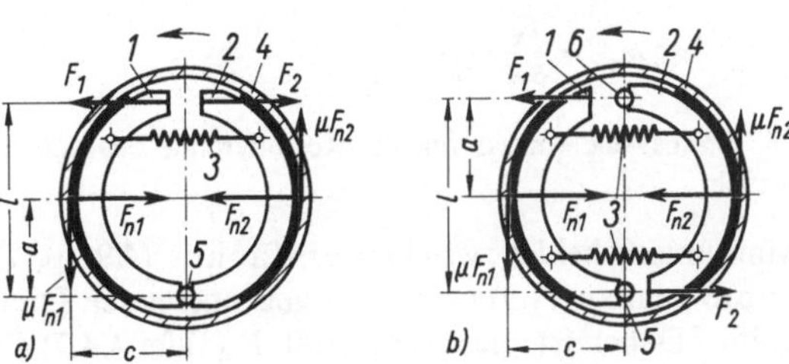

Servobremsen (4.90) bestehen aus zwei hintereinandergeschalteten Backen 1, 2, die z. B. mit hydraulischem Bremszylinder 3 betätigt und durch Rückholfedern 5 gelöst werden. Bei Linksdrehung (Vorwärtsfahrt) stützt sich nach Einleitung der Kraft F_1, Backen 1 auf Backen 2 ab. Dieser legt sich mit seinem Ende gegen einen Anschlag am Bremszylinder. Beide Backen wirken hierbei als Auflaufbacken wie bei der Duplexbremse. Bei Rechtsdrehung (Rückwärtsfahrt) stützt sich der Backen 2 am Anschlag des Führungsstückes 4 ab, so daß Backen 2 als Auflaufbacken eine größere Anpreßkraft als der Ablaufbacken 1 liefert. Hierdurch wird die Servobremse zur Simplexbremse.

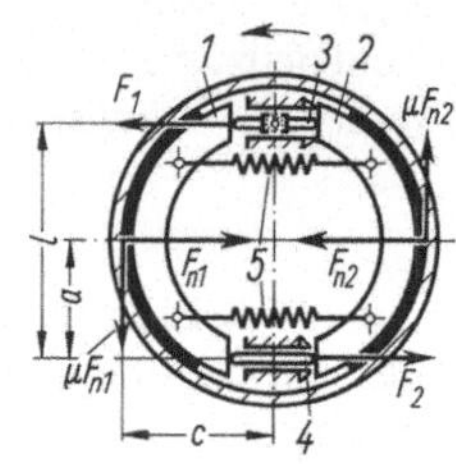

4.90
Servobremse für Kraftfahrzeuge (Alfred Teves, Frankfurt a. M.)

4.5.2.3 Bandbremsen

Die Bandbremsen (**4.**91) werden vor allem im Hebezeugbau verwendet. Ein mit einem Bremsbelag bewehrtes Stahlband wird über eine Scheibe gelegt und durch Gewichte, Federn oder von Hand angezogen (s. Abschn. 4.4.3.1 und 4.4.3.4).

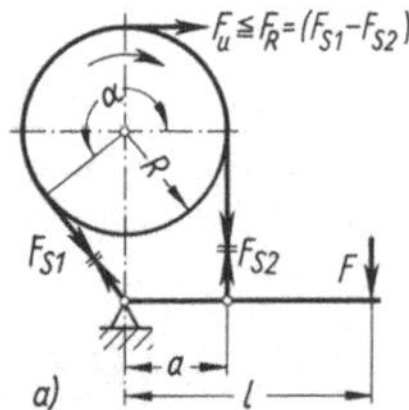
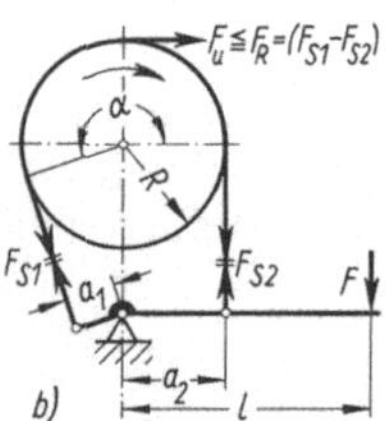
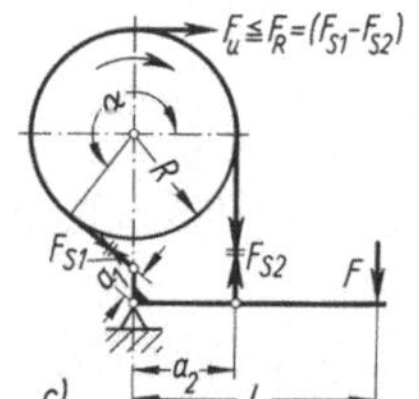

4.91
a) Einfache Bandbremse
b) Differentialbandbremse
c) Summenbandbremse

Für die Kräfte F_S im Bremsband gilt $F_{S1} = F_{S2}\,e^{\mu\alpha}$ und für die Reibungskraft $F_R = F_{S1} - F_{S2} \geqq F_u$. Hierin bedeuten F_{S1}, F_{S2} Zugkraft im auflaufenden bzw. im ablaufenden Bandende, α Umschlingungswinkel, F_u abzubremsende Umfangskraft. Die Flächenpressung zwischen einem Band mit der Breite b und einer Bremsscheibe mit dem Radius R ist am auflaufenden Bandende am größten und beträgt

$$p_{max} = \frac{F_R}{bR} \cdot \frac{e^{\alpha\mu}}{(e^{\mu\alpha} - 1)} \tag{4.94}$$

Die Bremswelle wird durch die Resultierende aus den Bandkräften F_{S1} und F_{S2} auf Biegung beansprucht.

Man unterscheidet zwischen einfacher (**4.**91a), Differential- (**4.**91b) und Summenbandbremse (**4.**91c). Bei entgegengesetzter Drehrichtung vertauschen sich die Bandkräfte. Daher ist die Bremskraft F (Tafel A 4.7) für gleiche Reibungskraft F_R in beiden

Drehrichtungen unterschiedlich, außer bei der Summenbandbremse, wenn $a_1 = a_2 = a$ ist. (Berechnungsgleichungen für die verschiedenen Bauarten der Bandbremsen, aus den Kräften und Abmessungen in Bild **4**.91 entwickelt, s. Tafel **A 4**.7.)

Schrifttum

[1] **Beisel**, W.: Untersuchungen zum Betriebsverhalten naßlaufender Lamellenkupplungen. Diss. TU Berlin 1983

[2] **Bunte**, P.: Reibung bei Beschleunigung am Beispiel von Sicherheitskupplungen. Fortschr.-Ber. VDI Reihe 1 Nr. 118. Düsseldorf 1985

[3] **Duminy**: Beurteilung des Betriebsverhaltens schaltbarer Reibkupplungen. Diss. TU Berlin 1979

[4] vom **Ende**, E.: Wellenkupplungen und Wellenschalter (Einzelkonstruktionen aus dem Maschinenbau, Heft 11) Berlin-Göttingen-Heidelberg 1931

[5] **Falz**, E.: Grundzüge der Schmiertechnik. 2. Aufl. Berlin-Göttingen-Heidelberg 1931

[6] **Hasselgruber**, H.: Die Berechnung der Temperaturen an Reibungskupplungen. Diss. TH Aachen 1953

[7] **Hasselgruber**, H.: Temperaturberechnungen für mechanische Reibkupplungen. Schriftenreihe Antriebstechnik Bd. 21. Braunschweig 1959

[8] **Japs**, D.: Ein Beitrag zur analytischen Bestimmung des statischen und dynamischen Verhaltens gummielastischer Wulstkupplungen unter Berücksichtigung von auftretenden Axialkräften. Diss. Uni. Dortmund 1979

[9] **Kickbusch**, E.: Föttinger-Kupplungen und Föttinger-Getriebe. (Konstruktionsbücher Bd. 21.) Berlin-Heidelberg-New York 1963

[10] **Klamt**, J.: Elektrische Schlupfkupplungen für Schiffsantriebe. Tagungsheft Kupplungen. Essen 1957

[11] **Kößler**, P.: Berechnung von Innenbackenbremsen für Kraftfahrzeuge. 7. Aufl. Stuttgart 1958

[12] **Künne**, B.: Konstruktive Einflüsse auf Reibvorgänge unter reversierender Belastung am Beispiel von Sicherheitskupplungen. Diss. Uni.-GH. Paderborn 1984

[13] **Martyrer**, E.: Arten und Aufgaben der nachgiebigen und schaltbaren Kupplungen. Schriftenreihe Antriebstechnik Bd. 12. Braunschweig 1954

[14] **Niemann**, G.: Maschinenelemente. Bd. 1. 2. Aufl. 1975 und 2 (2. Neudr.) Berlin-Heidelberg-New York 1965

[15] **Pokorny**, J.: Untersuchung der Reibungsvorgänge in Kupplungen mit Reibscheiben aus Stahl und Sintermetall. Diss. TH Stuttgart 1960

[16] **Schalitz**, A.: Kupplungs-Atlas. Bauarten und Auslegung von Kupplungen und Bremsen. 4. Aufl. Ludwigsburg/Württ. 1974

[17] **Stölzle**, K., und **Hart**, S.: Freilaufkupplungen (Konstruktionsbücher Bd. 19). Berlin-Göttingen-Heidelberg 1961

[18] **Stübner/Rüggen**: Kupplungen, Einsatz und Berechnung. München 1961

[19] **Winkelmann**, W. und **Harmuth**, H.: Schaltbare Reibkupplungen (Konstruktionsbücher Bd. 34). Berlin-Heidelberg-New York-Tokyo 1985

5 Kurbeltrieb*

DIN-Blatt Nr.	Ausgabe Datum	Titel
34109	9.80	Kolbenringe für den Maschinenbau; Allgemeine Angaben
34110	9.80	–; R-Ringe, Rechteckringe mit 10 bis 1200 mm Nenndurchmesser
34111	9.80	–; M-Ringe, Minutenringe mit über 200 bis 700 mm Nenndurchmesser
34118	9.80	–; R-Ringe, Rechteckringe mit 30 bis 200 mm Nenndurchmesser für Abdichtung bei rotierender Bewegung
34119	9.80	–; R- Ringe, Rechteckringe mit geringem Anpreßdruck mit über 200 bis 1200 mm Nenndurchmesser
34130	9.80	–; N-Ringe, Nasenringe mit über 200 bis 400 mm Nenndurchmesser
34146	9.80	–; S-Ringe, Ölschlitzringe mit über 200 bis 700 mm Nenndurchmesser
34147	9.80	–; D-Ringe, Dachfasenringe mit über 200 bis 700 mm Nenndurchmesser
34148	9.80	–; G-Ringe, Gleichfasenringe mit über 200 bis 700 mm Nenndurchmesser
70909	6.73	Kolbenringe für den Kraftfahrzeugbau; Übersicht, Allgemeines
70910	6.73	–; R-Ringe, Rechteckringe mit 30 bis 200 mm Nenndurchmesser
70911	6.73	–; M-Ringe, Minutenringe mit 30 bis 300 mm Nenndurchmesser
70914	6.73	–; T-Ringe 15°, Trapezringe 15° mit 82 bis 200 mm Nenndurchmesser
70915	6.73	Kolbenringe für den Kraftfahrzeugbau; M-Ringe, Schwachminutenringe mit 50 bis 200 mm Nenndurchmesser
70916	6.73	–; T-Ringe 6°, Trapezringe 6° mit 70 bis 200 mm Nenndurchmesser
70930	6.73	–; N-Ringe, Nasenringe mit 30 bis 200 mm Nenndurchmesser
70946	6.73	–; S-Ringe, Ölschlitzringe mit 50 bis 200 mm Nenndurchmesser
70947	6.73	–; D-Ringe, Dachfasenringe mit 50 bis 200 mm Nenndurchmesser
70948	6.73	–; G-Ringe, Gleichfasenringe mit 50 bis 200 mm Nenndurchmesser
73124	8.79	Kolbenbolzen für Dieselmotoren im Kraftfahrzeugbau; Nicht für Neukonstruktionen
73125	8.79	Kolbenbolzen für Ottomotoren im Kraftfahrzeugbau; Nicht für Neukonstruktionen
73 126 T 1	8.79	Kolbenbolzen für Hubkolbenmaschinen; Maße, Bezeichnung, Werkstoff, Ausführung, Anforderungen
73 126 T 3	8.79	Kolbenbolzen für Hubkolbenmaschinen; Begriffe und Prüfung der Qualitätsmerkmale

* Hierzu Arbeitsblatt 5, s. Beilage S. A 63 bis A 68.

Der Kurbeltrieb (**5.**1 und **5.**2) verwandelt die geradlinige hin- und hergehende Bewegung des Kolbens 1 in eine rotierende Bewegung der Kurbel 2. Beide Teile sind hierzu mit der Schubstange 3 verbunden. In der Getriebelehre heißt er auch gerades bzw. geschränktes Schubkurbelgetriebe (s. Abschn. 5.3.4).

Nach den AWF-Getriebeblättern [1] ist als Kennzeichen (**5.**2) für den festen Drehpunkt M der Kurbel ein kleiner geschwärzter Kreis und für die in einer Ebene beweglichen Drehpunkte B und K der Schubstange ein Nullenkreis üblich.

Der Kurbeltrieb, im Maschinenbau kurz Triebwerk genannt, dient zur Energieübertragung und Steuerung. Triebwerke werden in Brennkraft- und Dampfmaschinen, Verdichtern, Pumpen und Pressen, sowie für hydraulische und pneumatische Antriebe verwendet [8].

Bauarten. Es werden Tauchkolben- und Kreuzkopf-Triebwerke unterschieden. Beim Tauchkolben-Triebwerk (**5.**2) ist der Kolben 1 durch den Kolbenbolzen 4 mit der Schubstange 3 direkt verbunden. Diese einfache Konstruktion hat geringe Massen und ist für Leistungen ≤ 300 kW pro Triebwerk und Drehzahlen $\leq 10\,000$ min^{-1} geeignet. Beim Kreuzkopf-Triebwerk (**5.**1) wird der Kolben 1 durch die Kolbenstange 4 geführt, die mit dem Kreuzkopf 5, der sich auf der Gleitbahn 6 bewegt, verschraubt ist. Im Kreuzkopfzapfen 7 lagert die Schubstange 3, die mit der Kurbel 2 verbunden ist. Die

5.1
Triebwerk eines doppelt
wirkenden Verdichters

5.2 Kolbenmaschine
a) Maschine   b) Triebwerk   c) Triebwerkschema

Schubstangenlagerung im Kreuzkopf entlastet den Kolben von Kräften, die senkrecht zu seiner Bewegungsrichtung wirken. Beide Kolbenseiten sind zur Energieübertragung benutzbar. Kreuzkopfmaschinen werden bei großen Dieselmotoren verwendet, die pro Triebwerk Leistungen $\leq 1800\,\mathrm{kW}$ und Drehzahlen $\leq 1\,000\,\mathrm{min}^{-1}$ [11]; [13] aufweisen.

5.1 Tauchkolbentriebwerk

Diese Triebwerke erfordern wenig Raum und Material und sind daher besonders leicht und für hohe Drehzahlen geeignet. Sie werden häufig in Kraftfahrzeugmotoren verwendet und in großen Serien preisgünstig hergestellt.

Aufbau und Wirkungsweise

Gerader Kurbeltrieb (5.2) Der Kolben 1 mit dem Bolzen 4 und den Kolbenringen 5 gleitet in dem vom Kopf 6 abgeschlossenen Zylinder 7. Dieser durch die Kolbenringe abgedichtete Raum wird mit einem Arbeitsmedium gefüllt. Die Kolbenbewegung erstreckt sich beim Hingang vom oberen Tot- oder Umkehrpunkt OT in Richtung der Kurbel zum unteren Totpunkt UT, beim Rückgang vom UT zum OT. Die Verbindungslinie der beiden Totpunkte, die Zylindermittellinie, geht beim geraden Kurbeltrieb durch den Kurbeldrehpunkt M. Der Kolbenweg x zählt vom OT aus und sein Maximalwert ist der Hub s.

Die Kurbel 2 besteht aus den Wellenzapfen 8 und dem Kurbelzapfen 9, die durch die Wangen 10 verbunden sind. Die Wellenzapfen liegen in den Grundlagern 11 (Mittelpunkt M) des Gestells 12, das den Zylinder 7 aufnimmt und mit dem Fundament 13 verbunden ist. Die Wangen 10 tragen gegenüber dem Kurbelzapfen 9 die Gegengewichte 14 zum Ausgleich von Massenkräften. An einem Wellenende befindet sich die Kupplung 15 zur Energieübertragung und zur Aufnahme des Schwungrades 16, das die Winkelgeschwindigkeitsschwankungen ausgleicht. Am anderen Ende liegt der Zapfen 17 zur Aufnahme der Hilfsantriebe. Der Mittenabstand von Kurbel- und Wellenzapfen heißt Kurbelradius r. Der Drehwinkel φ der Kurbel zählt vom OT aus.

Die Schubstange 3 ist im Kolbenbolzen 4 (Punkt B) und im Kurbelzapfen 9 (Punkt K) gelagert. Den Abstand der Lagermitten nennt man Schubstangenlänge l. Der Schubstangenwinkel β wird von der Zylinder- und von der Schubstangenmittellinie gebildet. Die einzelnen Punkte der Schubstange laufen gemäß der Kolben- und Kurbelbewegung auf elliptischen Bahnen.

Geschränkter Kurbeltrieb (5.11) Bei dieser auch exzentrisch genannten Ausführung geht die Verlängerung des Kolbenweges im Abstand q am Kurbelwellendrehpunkt M vorbei. Hierdurch wird bei Motorkolben das beim Kippen bzw. Wechseln der Anlage entstehende Geräusch vermieden (Desaxierung) und während des Rücklaufes die Normalkraft verringert. Für Spezialpumpen und Stellglieder ergibt sich ein schnellerer Rücklauf.

Anordnung der Triebwerke.
Geringes Gewicht und kleiner Raumbedarf der Maschinen erfordern hohe Drehzahlen. Um die Massenkräfte der Triebwerke, die quadratisch mit der Drehzahl ansteigen, in ertragbaren Grenzen zu halten, müssen die Massen durch Verteilen der Gesamtleistung auf mehrere Triebwerke verringert werden. Die einzelnen Kurbeln werden dann zur Kurbelwelle zusammengesetzt. Ihre Versetzung zueinander wird in einem Kurbelschema (5.3 d) festgelegt, in

welchem die Triebwerke von der Kupplung aus zu zählen sind. Von den vielen möglichen Triebwerksanordnungen [8] werden hauptsächlich folgende verwendet:

Reihenanordnung (5.3a). Die Triebwerke liegen nebeneinander, und ihre Mittellinien bilden mit der Kurbelwellenachse eine Ebene.

Boxeranordnung (5.3b). Die Triebwerke liegen einander gegenüber, und ihre Mittellinien bilden mit der Kurbelwellenachse eine Ebene.

V-Anordnung (5.3c). Die Mittellinien zweier Triebwerke, die eine gemeinsame Kurbel haben, bilden ein V. Sie schneiden die Kurbelwellenachse im Abstand einer Schubstangenbreite.

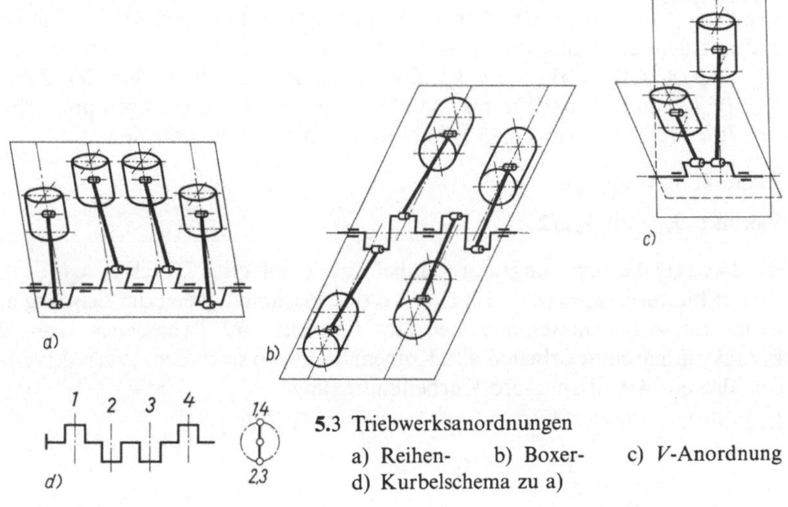

5.3 Triebwerksanordnungen
a) Reihen-   b) Boxer-   c) V-Anordnung
d) Kurbelschema zu a)

5.2 Berechnungsgrundlagen

Kurbel. Bei konstanter Drehzahl oder -frequenz n durchläuft die Kurbel den vollen Drehwinkel $\varphi = 2\pi$ rad in der Umlaufzeit $T_Z = 1/n$. Die Drehfrequenz, die Winkelgeschwindigkeit [1]) und die Umlaufgeschwindigkeit des Kurbelzapfens betragen mit dem Hub $s = 2r$

$$n = 1/T_Z \qquad \omega = 2\pi/T_Z = 2\pi n \qquad c_Z = \omega r = \pi n s \qquad \text{(5.1) (5.2) (5.3)}$$

Kolben. Seine mittlere Geschwindigkeit beträgt, da er während der Umlaufzeit T_Z zweimal den Hub s durchläuft, mit Gl. (5.1)

$$c_m = 2s/T_Z = 2sn = 2c_Z/\pi \qquad \text{(5.4) (5.5) (5.6)}$$

Gebräuchliche Werte für die mittlere Kolbengeschwindigkeit sind $c_m = (7 \cdots 12)$ m/s bei Verbrennungsmotoren und $c_m = (3 \cdots 6)$ m/s bei Verdichtern.

Das Hubvolumen, das die Stirnfläche $A_K = \pi D^2/4$ des Kolbens vom Durchmesser D während eines Hubes s durchläuft, ist mit dem Hubverhältnis s/D

$$V_h = A_K s = \pi D^2 s/4 = \frac{\pi}{4} D^3 (s/D) \qquad \text{(5.7) (5.8) (5.9)}$$

---

[1]) Die SI-Einheit für die Winkelgeschwindigkeit ist rad/s, abgeleitet aus $\omega = 2\pi$ rad $\cdot$ (1/s). Als Zahlenwertgleichung: $\omega = 2\pi n$ in rad/s mit n in s^{-1}. Da 1 rad = 1 m/1 m = 1 ist, wird zur Vereinfachung in den Rechnungen für rad/s = 1/s gesetzt.

Das Hubverhältnis beträgt bei Verbrennungsmotoren $s/D = 0,8 \cdots 1,5$.

Schubstange. Eine kennzeichnende Größe ist das Schubstangenverhältnis

$$\lambda = r/l \tag{5.10}$$

Hierbei bedeuten: $r = s/2 =$ Kurbelradius und $l =$ Schubstangenlänge

Zur Verringerung der Abmessungen wird der Wert λ möglichst groß gewählt:
$\lambda = 1:3,5 \cdots 1:4,5$, wobei die kleineren Werte für V-Maschinen gelten.

Kupplung. Die mittlere Arbeit an der Kupplung errechnet sich mit dem effektiven Druck p_e
und mit dem Hubvolumen V_h nach Gl. (5.7) bei z Triebwerken bzw. bei z Zylindern zu
$W_m = z p_e A_K s$ bzw. $W_m = z p_e V_h$. Die Leistung ist daher bei der Zweitaktmaschine
$P_e = W_m/T_Z$ und bei der Viertaktmaschine, die zwei Umdrehungen pro Arbeitsspiel benötigt, $P_e = W_m/(2\,T_Z)$. Mit Gl. (5.1) folgt daraus die Leistung für den

Zweitakt $\quad P_e = z p_e V_h n$ $\hfill (5.11)$

Viertakt $\quad P_e = z p_e V_h n/2$ $\hfill (5.12)$

Bei Zweitakt-Verbrennungsmotoren beträgt der effektive Druck $p_e \approx (5 \cdots 6)$ bar und bei
Viertaktmotoren $p_e = (8 \cdots 10)$ bar [1]. Kraftmaschinen geben die Leistung an die Kurbelwelle ab, Arbeitsmaschinen nehmen sie dort auf. Abgesehen von der Viertakt-
Brennkraftmaschine arbeiten alle Kolbenmaschinen nach dem Zweitaktverfahren. Sie haben also ein Arbeitsspiel pro Kurbelumdrehung.

Das mittlere **Drehmoment** ergibt sich mit Gl. (5.2) zu

$$T = \frac{P_e}{\omega} = \frac{P_e}{2\pi n} \tag{5.13}$$

Beispiel 1. Das Triebwerk eines Viertakt-Ottomotores mit $z = 6$ Zylindern, der Leistung $P_e = 80\ \text{kW}$
und der Drehzahl $n = 5000\ \text{min}^{-1}$ ist auszulegen. Der effektive Druck soll $p_e = 9,0$ bar, das Hub- und
Schubstangenverhältnis $s/D = 0,9$ und $\lambda = 1:3,5$ betragen. Gesucht: Hub, Durchmesser und mittlere Geschwindigkeit des Kolbens, Schubstangenlänge und Radius, Umlaufzeit, Winkelgeschwindigkeit der Kurbel, Geschwindigkeit des Kurbelzapfens und Drehmoment.
Mit $n = 5000\ \text{min}^{-1}/(60\ \text{s/min}) = 83,3\ \text{s}^{-1}$, $80\ \text{kW} = 80 \cdot 10^3\ \text{Nm/s}$ und $p_e = 9,0$ bar $= 9,0 \cdot 10^5\ \text{N/m}^2$
folgt:

Hubvolumen nach Gl. (5.12)

$$V_h = \frac{2 P_e}{z p_e n} = \frac{2 \cdot 80 \cdot 10^3\ \text{Nm/s}}{6 \cdot 9,0 \cdot 10^5\ \text{N/m}^2 \cdot 83,3\ \text{s}^{-1}} = 3,55 \cdot 10^{-4}\ \text{m}^3 = 355\ \text{cm}^3$$

Kolbendurchmesser nach Gl. (5.9)

$$D^3 = \frac{4 V_h}{\pi (s/D)} = \frac{4 \cdot 355\ \text{cm}^3}{\pi \cdot 0,9} = 502\ \text{cm}^3 \quad D \approx 80\ \text{mm}$$

Hub, Kurbelradius

$$s = D\left(\frac{s}{D}\right) = 80\ \text{mm} \cdot 0,9 = 72\ \text{mm} \quad r = \frac{s}{2} = 36\ \text{mm}$$

---

[1] 1 bar $= 10^5$ Pa $= 0,1$ MPa $= 10^5$ N/m²   1 Pa $= 1$ N/m²   1 at ≈ 1 bar.

Kolbengeschwindigkeit nach Gl. (5.5)

$$c_{\mathrm{m}} = 2\,sn = 2 \cdot 0{,}072\,\mathrm{m} \cdot 83{,}3\,\mathrm{s}^{-1} = 12\,\mathrm{m/s}$$

Schubstangenlänge nach Gl. (5.10)

$$l = \frac{r}{\lambda} = 36\,\mathrm{mm} \cdot 3{,}5 = 126\,\mathrm{mm}$$

Umlaufzeit der Kurbel nach Gl. (5.1)

$$T_{\mathrm{z}} = \frac{1}{n} = \frac{1}{83{,}3\,\mathrm{s}^{-1}} = 0{,}012\,\mathrm{s} = 12\,\mathrm{ms}$$

Winkelgeschwindigkeit nach Gl. (5.2)

$$\omega = 2\,\pi\,n = 2\pi \cdot 83{,}3\,\mathrm{s}^{-1} = 524\,\mathrm{s}^{-1}$$

Kurbelzapfengeschwindigkeit nach Gl. (5.3)

$$c_{\mathrm{z}} = \omega r = \pi n s = \pi \cdot 83{,}3\,\mathrm{s}^{-1} \cdot 72\,\mathrm{mm} = 18{,}8\,\mathrm{m/s}$$

Drehmoment nach Gl. (5.13)

$$T = \frac{P_{\mathrm{e}}}{2\pi n} = \frac{80 \cdot 10^{3}\,\mathrm{Nm/s}}{2\pi \cdot 83{,}3\,\mathrm{s}^{-1}} = 152{,}5\,\mathrm{Nm}$$

5.3 Kinematik des Kurbeltriebes

Die Kinematik ermittelt den Weg, die Geschwindigkeit und die Beschleunigung des Kolbens bei konstanter Winkelgeschwindigkeit der Kurbelwelle. Dabei wird nur der Punkt B (5.2 b, c) betrachtet, da alle anderen Punkte des Kolbens die gleiche Bewegung mit einer konstanten Versetzung ausführen. Die Bewegungsgleichungen werden zunächst in ihrer exakten, aber komplizierten Form [3] (ohne Index) angegeben, deren Auswertung mit programmierbaren Taschenrechnern erfolgen kann. In der Praxis werden meist Näherungsgleichungen (Index K), für die die Fehler angegeben sind, benutzt. Die einfachsten Gleichungen (Index KS), für deren Berechnung eine unendlich lange Schubstange, also $\lambda = 0$ zugrunde gelegt ist, entsprechen den Bewegungen einer Kreuzschubkurbel.
Graphische Verfahren, die praktisch so genau wie die Näherungsgleichungen sind, werden in der Konstruktion wegen ihrer einfachen Durchführung gern benutzt.

5.3.1 Kolbenweg

Der Kolbenweg x und der Kurbelwinkel φ zählen vom OT aus. Daher ist für den Hin- bzw. Rückgang (5.4)

$$x = a + f = r(1 - \cos\varphi) + f$$

Hieraus folgt mit dem Fehlerglied $f = \overline{BN} - \overline{BL} = \overline{BK} - \overline{BL} = l(1 - \cos\beta)$, das die Abweichung des Kolbenweges x von der Projektion des Kurbelzapfenweges auf die Mittellinie angibt und mit $\lambda = r/l$

$$x = r(1 - \cos\varphi) + l(1 - \cos\beta) = r\left(1 - \cos\varphi + \frac{1 - \cos\beta}{\lambda}\right) \tag{5.14}$$

Für den Schubstangenwinkel β ergibt sich aus der gemeinsamen Höhe $\overline{KL}$ der Dreiecke BKL und MKL der Wert $l\sin\beta = r\sin\varphi$ bzw. mit $\lambda = r/l$

$$\sin\beta = \lambda\,\sin\varphi \tag{5.15}$$

Mit $\cos\beta = \sqrt{1 - \sin^2\beta} = \sqrt{1 - \lambda^2\sin^2\varphi}$ nach Gl. (5.15) folgt dann

$$x = r\left[1 - \cos\varphi + \frac{1}{\lambda}\left(1 - \sqrt{1 - \lambda^2\sin^2\varphi}\right)\right] \tag{5.16}$$

Wird der Wurzelausdruck in die Potenzreihe $\sqrt{1 - y} = 1 - \frac{1}{2}y - \frac{1}{8}y^2 - \frac{1}{16}y^3 - \cdots$ bzw. $\sqrt{1 - \lambda^2\sin^2\varphi} = 1 - \frac{1}{2}\lambda^2\sin^2\varphi - \frac{1}{8}\lambda^4\sin^4\varphi - \frac{1}{16}\lambda^6\sin^6\varphi - \cdots$ entwickelt, so ergibt sich der exakte Wert für den Kolbenweg

$$x = r\left(1 - \cos\varphi + \frac{\lambda}{2}\sin^2\varphi + \frac{\lambda^3}{8}\sin^4\varphi + \frac{\lambda^5}{16}\sin^6\varphi + \cdots\right) \tag{5.17}$$

Bei Berücksichtigung der ersten drei Glieder lautet der Näherungswert für den Kolbenweg

$$x_{\mathrm{K}} = r\left(1 - \cos\varphi + \frac{\lambda}{2}\sin^2\varphi\right) \tag{5.18}$$

Für die Kreuzschubkurbel, bei der $\lambda = 0$ ist, ergeben die Gl. (5.14 $\cdots$ 5.16)

$$x_{\mathrm{KS}} = r(1 - \cos\varphi) \tag{5.19}$$

Hier ist also das Fehlerglied $f = l(1 - \cos\beta)$ gegenüber der exakten Gleichung (5.14) vernachlässigt.

Der größte Fehler, der sich als Differenz zwischen den exakten Werten des Kolbenwegs nach Gl. (5.17) und den Näherungswerten nach Gl. (5.18) bzw. nach Gl. (5.19) darstellt, tritt bei $\varphi = 90°$ auf. Er beträgt unter Berücksichtigung der ersten drei Sinusglieder der Gl. (5.17)

$$x - x_{\mathrm{K}} \approx r\,\frac{\lambda^3}{8}\left(1 + \frac{\lambda^2}{2}\right) \qquad x - x_{\mathrm{KS}} = r\left[\frac{\lambda}{2} + \frac{\lambda^3}{8}\left(1 + \frac{\lambda^2}{2}\right)\right] \tag{5.20}$$

Für das praktisch kaum erreichbare Schubstangenverhältnis $\lambda = 1/3$ werden die Höchstwerte der Differenzen $x - x_{\mathrm{K}} \approx r/200$ und $x - x_{\mathrm{KS}} \approx r/6$.

Graphisches Verfahren (5.4). Hierzu wird mit der Länge $\overline{BK} = l$ der Schubstange als Radius von der Kurbel K aus der Punkt B auf der Zylindermittellinie gezeichnet. Die Länge $\overline{OTB}$

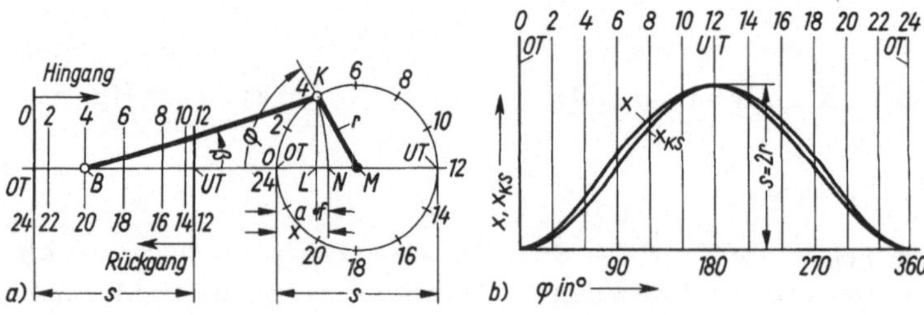

5.4
a) Kurbeltrieb
b) Kolbenweg
$\lambda = r/l = 1/3$

ist dann der Kolbenweg x. Der Kurbelwinkel bzw. seine Schrittweite betragen, wenn der Kurbelkreis $k = 0$ bis i Teile umfaßt:

$$\varphi = k\,\varphi_\mathrm{P}/i \tag{5.21}$$

Die Periode φ_P beträgt z. B. 360° für eine Umdrehung, 720° bei einem Viertaktmotor mit zwei Umdrehungen pro Arbeitstakt. In Bild (5.4) ist $\varphi_\mathrm{P} = 360°$ und $k = 1$ bis 24, also $\Delta\varphi = 360°/24 = 15°$ und $\varphi = k\,15°$.

Beispiel 2. Eine Zweitakt-Dieselmaschine (5.5), bei der die Spülluftzufuhr so lange erfolgt wie die Kolbenoberkante die Spülschlitze freigibt, hat den Hub $s = 180$ mm, ein Schubstangenverhältnis $\lambda = 1/4$ und läuft mit einer Drehzahl $n = 2\,000$ min^{-1}. Gesucht sind:

1. Abstand Kolbenbolzen-Kurbelwelle für die Kolbenstellung OT
2. Höhe der Spülschlitze in Prozent vom Kolbenhub, wenn die Spülung 52° vor UT beginnen soll
3. Zeit für das Einbringen einer Ladung
4. Kolbenwegdiagramm als Funktion des Kurbelwinkels und der Zeit

Zu 1. Nach Bild **5.4** gilt, wenn der Kolben in OT steht

$$\overline{BM} = r + l = \frac{s}{2}\,(1 + 1/\lambda) = 90 \text{ mm } (1 + 4) = 450 \text{ mm}$$

Zu 2. Für den Kolbenweg gilt nach Gl. (5.18)

$$x_\mathrm{K} = 90 \text{ mm } (1 - \cos\varphi + 0{,}125 \sin^2\varphi)$$

Die Schlitzhöhe beträgt dann, da die Schlitze am UT liegen $h = 2r - x_\mathrm{K}$ für $\varphi = (180 \pm 52)°$ also $h = 28$ mm. Somit ist $100\,h/s \approx 100 \cdot 28$ mm$/180$ mm $= 15{,}5\%$.

Zu 3. Die Ladung wird beim Durchlaufen eines Kurbelwinkels von $2 \cdot 52° = 104°$ bei der Drehzahl $n = 2\,000$ min$^{-1} = 33{,}3$ s^{-1} eingebracht. Für die Zeit folgt dann mit Gl. (5.1)

$$t = T_\mathrm{z}\,\frac{\varphi}{360°} = \frac{\varphi}{n \cdot 360°} = \frac{104°}{33{,}3 \text{ s}^{-1} \cdot 360°} = 0{,}0087 \text{ s} = 8{,}7 \text{ ms}$$

Zu 4. Das Kolbenwegdiagramm (5.5) wird nach der Gleichung (5.18) für $k = 1$ bis 12 also $\Delta\varphi = 30°$ berechnet.

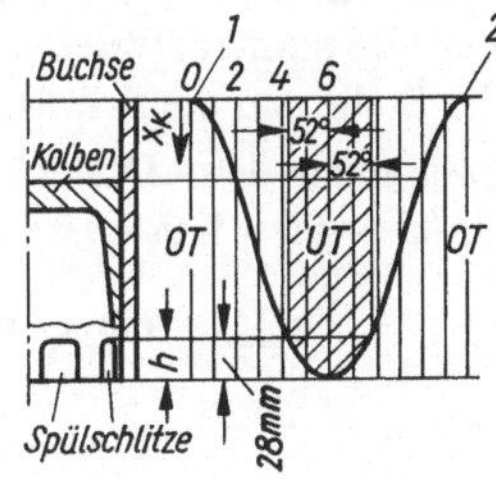

5.5
Ermittlung des Kolbenweges eines Zweitakt-Dieselmotors

5.3.2 Kolbengeschwindigkeit

Die Kolbengeschwindigkeit beträgt mit $\varphi = \omega t$

$$c = \frac{dx}{dt} = \frac{dx}{d\varphi} \cdot \frac{d\varphi}{dt} = \omega\,\frac{dx}{d\varphi} \tag{5.22}$$

Der exakte Wert folgt hieraus mit Gl. (5.14 und 5.16) zu

$$c = r\omega\,\frac{\sin(\varphi + \beta)}{\cos\beta} = r\omega\left(\sin\varphi + \frac{\lambda}{2} \cdot \frac{\sin 2\varphi}{\sqrt{1 - \lambda^2 \sin^2\varphi}}\right) \tag{5.23} \tag{5.24}$$

Aus Gl. (5.17) und Gl. (5.22) ergibt sich mit den goniometrischen Beziehungen

$$\sin^2 \varphi = \tfrac{1}{2}(1 - \cos 2\varphi) \qquad \sin^4 \varphi = \tfrac{1}{8}(3 - 4\cos 2\varphi + \cos 4\varphi)$$

und $\sin^6 \varphi = \tfrac{1}{32}(10 - 15\cos 2\varphi + 6\cos 4\varphi - \cos 6\varphi)$

$$c = r\omega \left[\sin\varphi + \left(\frac{\lambda}{2} + \frac{\lambda^3}{8} + \frac{15\lambda^5}{256}\right)\sin 2\varphi - \left(\frac{\lambda^3}{16} + \frac{3\lambda^5}{64}\right)\sin 4\varphi + \frac{3\lambda^5}{256}\sin 6\varphi + \cdots \right] \qquad (5.25)$$

Vorstehende Gleichung gibt die harmonische Analyse der Geschwindigkeit an [4] [5].

Der Näherungswert für die Kolbengeschwindigkeit folgt aus Gl. (5.22) mit Gl. (5.18) zu

$$c_K = r\omega \left(\sin\varphi + \frac{\lambda}{2}\sin 2\varphi\right) \qquad (5.26)$$

Für die Kreuzschubkurbel gilt nach Gl. (5.22) und Gl. (5.19)

$$c_{KS} = r\omega \sin\varphi \qquad (5.27)$$

Der Fehler, das ist die Differenz der Geschwindigkeiten nach Gl. (5.25) und Gl. (5.26) bzw. Gl. (5.27), ist bei $\varphi = 45°$ am größten. Bei Berücksichtigung der ersten vier Glieder der Gl. (5.25) ist der maximale Fehler

$$c - c_K = r\omega \frac{\lambda^3}{8}\left(1 + \frac{3}{8}\lambda^2\right) \qquad c - c_K = r\omega \left[\frac{\lambda}{2} + \frac{\lambda^3}{8}\left(1 + \frac{3}{8}\lambda^2\right)\right] \qquad (5.28) \quad (5.29)$$

Für $\lambda = 1/3$ ergeben sich die Höchstwerte $c - c_K = r\omega/207$ und $c - c_{KS} = r\omega/6$.

Funktionsverlauf. Die Kolbengeschwindigkeit (5.6) wächst nach Gl. (5.23 bis 5.27) mit der Kurbelzapfengeschwindigkeit $c_Z = r\omega$ an und ändert sich periodisch mit dem doppelten Hub. Ihre Wirkungslinie (5.6a) ist die Zylindermittellinie $\overline{OTM}$. Die Richtung (5.6a) beim Hingang vom OT nach M zählt positiv. Die Nullstellen der Kolbengeschwindigkeit (5.6b und c) treten in den Totpunkten auf. Der Maximalwert (5.6a) liegt kurz hinter der Stelle, wo die Schubstange $\overline{BK}$ an den Kurbelkreis tangiert, also $\varphi + \beta = 90°$ ist. Setzt man nach dem Dreieck BKM die Werte $\tan\beta = r/l = \lambda$ bzw. $\cos\beta = 1/\sqrt{1 + \lambda^2}$ und $\sin(\varphi + \beta) = 1$ in Gl. (5.23) ein, so folgt für die größte Kolbengeschwindigkeit

$$c_{max} \approx r\omega \sqrt{1 + \lambda^2} = c_Z \sqrt{1 + \lambda^2} \qquad (5.30)$$

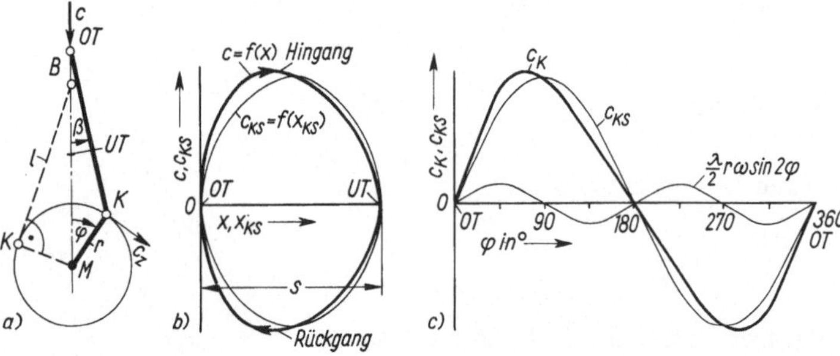

5.6 Geschwindigkeiten; $\lambda = 1/3$

a) Kurbeltrieb mit Vektoren (Tangentiallage der Schubstange gestrichelt)
b) und c) Kolbengeschwindigkeit als Funktion des Kolbenweges bzw. des Kurbelwinkels

Der Schubstangenwinkel, bei dem die Kolbengeschwindigkeit ihren Höchstwert c_{max} hat, folgt mit $\tan\beta = \lambda$, da β klein ist, angenähert zu $\beta = \lambda$ bzw. aus der Zahlenwertgleichung $\beta = 180°\,\lambda/\pi = 57{,}3°\,\lambda$. Nach Vogel[1]) ist der genauere Wert $\beta = 56{,}5°\,\lambda$.

Die Kurbelzapfengeschwindigkeit c_z (5.6a) hat den konstanten Betrag $r\omega$ und steht im Punkte K senkrecht zur Kurbel $\overline{MK}$. Ihre Pfeilspitze zeigt die Drehrichtung der Kurbel an.

Zur graphischen Ermittlung der Kolbengeschwindigkeit ist das Verfahren der gedrehten Geschwindigkeiten am einfachsten durchzuführen (5.7). Die Kurbelzapfengeschwindigkeit c_z wird vom Drehpunkt M aus in Richtung der Kurbel $\overline{MK}$, also um 90° entgegen dem Uhrzeigersinn gedreht, aufgetragen (5.7). Die Parallele zur Schubstange $\overline{BK}$ durch ihre Spitze U schneidet auf der Senkrechten zur Zylindermittellinie $\overline{OTM}$ durch den Punkt M die Strecke $\overline{MV}$ ab. Diese stellt die gedrehte Kolbengeschwindigkeit dar. Die tatsächliche Geschwindigkeit c ist beim Hingang vom OT nach M hin und beim Rückgang entgegengesetzt gerichtet. Als Beweis folgt aus dem Dreieck MUV mit dem Sinussatz

$$c/\sin(\varphi + \beta) = c_z/\sin(90° - \beta).$$

Hieraus ergibt sich mit $c_z = r\omega$ die Gl. (5.23). Die Konstruktion liefert also die exakte Kolbengeschwindigkeit c.

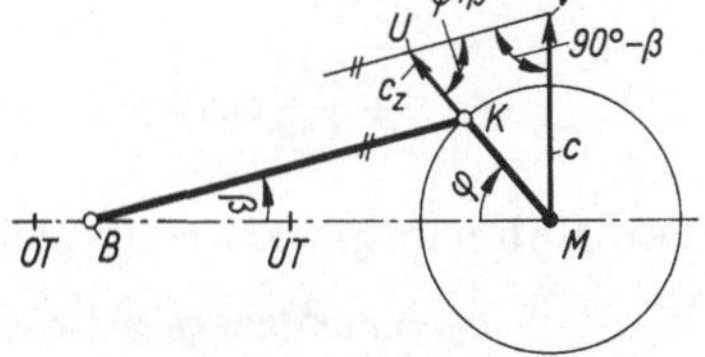

5.7
Graphische Ermittlung der Kolbengeschwindigkeit

Beispiel 3. Ein Viertakt-Ottomotor hat die Drehzahl $n = 5000\ \text{min}^{-1}$, den Hub $s = 60$ mm und das Schubstangenverhältnis $\lambda = 1/3{,}5$. Seine Einlaßventile öffnen beim Kurbelwinkel $\varphi_ö = 30°$ und schließen bei $\varphi_s = 270°$. Gesucht sind die hierbei auftretenden Kolbengeschwindigkeiten, die mit dem Maximal- und dem Mittelwert zu vergleichen sind.

Aus der Kurbelzapfengeschwindigkeit nach Gl. (5.3)

$$c_z = r\omega = \pi n s = \frac{\pi \cdot 5000\ \text{min}^{-1} \cdot 0{,}06\ \text{m}}{60\ \text{s/min}} = 15{,}70\ \frac{\text{m}}{\text{s}}$$

folgt die Kolbengeschwindigkeit nach Gl. (5.26) für das Öffnen und Schließen der Ventile

$$c_{Kö} = 15{,}70\ \frac{\text{m}}{\text{s}}\left(\sin 30° + \frac{1}{2 \cdot 3{,}5}\sin 60°\right) = 9{,}80\ \frac{\text{m}}{\text{s}}$$

$$c_{Ks} = 15{,}70\ \frac{\text{m}}{\text{s}}\left(\sin 270° + \frac{1}{2 \cdot 3{,}5}\sin 540°\right) = -15{,}70\ \frac{\text{m}}{\text{s}}$$

Das Minuszeichen bei c_{Ks} deutet auf den Kolbenrückgang hin.

Die mittlere und maximale Kolbengeschwindigkeit betragen dann nach den Gl. (5.5 und 5.30)

$$c_m = 2sn = \frac{2 \cdot 0{,}06\ \text{m} \cdot 5000\ \text{min}^{-1}}{60\ \text{s/min}} = 10\ \frac{\text{m}}{\text{s}}$$

$$c_{max} \approx \frac{\pi}{2}\,c_m\,\sqrt{1 + \lambda^2} = \frac{\pi}{2}\,10\ \frac{\text{m}}{\text{s}}\,\sqrt{1 + \frac{1}{3{,}5^2}} = 16{,}35\ \frac{\text{m}}{\text{s}}$$

Die Kolbengeschwindigkeiten beim Öffnen und Schließen der Ventile betragen demnach 60,0 % bzw. 97 % des Maximal- oder 98,0 % bzw. 158 % des Mittelwertes.

---

[1]) Vogel, W.: Einfluß des Schubstangenverhältnisses. Z. Automobiltechn. **40** (1933) S. 336 ff.

5.3.3 Kolbenbeschleunigung

Die Kolbenbeschleunigung beträgt mit $\varphi = \omega t$

$$a = \frac{dc}{dt} = \frac{dc}{d\varphi} \cdot \frac{d\varphi}{dt} = \omega \frac{dc}{d\varphi} = \omega^2 \frac{d^2 x}{d\varphi^2} \tag{5.31}$$

Mit den Werten aus Gl. (5.23 und 5.24) ergibt die Gl. (5.31) den exakten Wert

$$a = r\omega^2 \left[\frac{\cos(\varphi + \beta)}{\cos\beta} + \frac{r}{l} \cdot \frac{\cos^2\varphi}{\cos^3\beta} \right] = r\omega^2 \left[\cos\varphi + \lambda \frac{\cos 2\varphi + \lambda^2 \sin^4\varphi}{\sqrt{(1 - \lambda^2 \sin^2\varphi)^3}} \right]$$
$$\tag{5.32} \quad \tag{5.33}$$

Aus Gl. (5.31 und 5.25) folgt die Gleichung für die harmonische Analyse der Kolbenbeschleunigung [4] [5]

$$a = r\omega^2 \left[\cos\varphi + \left(\lambda + \frac{\lambda^3}{4} + \frac{15\lambda^5}{128} \right) \cos 2\varphi - \left(\frac{\lambda^3}{4} + \frac{3\lambda^5}{16} \right) \cos 4\varphi \right.$$
$$\left. + \frac{9\lambda^5}{128} \cos 6\varphi + \cdots \right] \tag{5.34}$$

Der Näherungswert ergibt sich aus Gl. (5.31 und 5.26)

$$a_K = r\omega^2 (\cos\varphi + \lambda \cos 2\varphi) \tag{5.35}$$

Für die Kreuzschubkurbel errechnet man mit Gl. (5.31) und (5.27) die Beschleunigung

$$a_{KS} = r\omega^2 \cos\varphi \tag{5.36}$$

Der Fehler, die Differenz zwischen dem exakten Wert der Beschleunigung nach Gl. (5.34) und dem Näherungswert nach Gl. (5.35) bzw. nach Gl. (5.36), ist für $\varphi = 90°$ am größten. Er beträgt bei Berücksichtigung der vier ersten Glieder der Gl. (5.34)

$$a - a_K = -r\omega^2 \frac{\lambda^3}{2}\left(1 + \frac{3}{4}\lambda^2\right) \qquad a - a_{KS} = -r\omega^2 \left[\lambda + \frac{\lambda^3}{2}\left(1 + \frac{3}{4}\lambda^2\right)\right]$$
$$\tag{5.37} \quad \tag{5.38}$$

Das Minuszeichen bedeutet, daß hier die Näherungswerte zu groß sind. Für $\lambda = 1/3$ werden die Höchstwerte der Differenzen $a - a_K = -r\omega^2/50$ und $a - a_{KS} = -r\omega^2/2{,}83$.

Funktionsverlauf. Die Kolbenbeschleunigung (5.8) verläuft periodisch mit der Umlaufzeit T_Z der Kurbel. Sie ist proportional dem Betrag der Normalbeschleunigung $a_Z = r\omega^2$ $= c_z^2/r$, die in der Kurbel $\overline{KM}$ zum Punkt M hingerichtet wirkt. Die Wirkungslinie der Kolbenbeschleunigung (5.8 a) ist die Zylindermittellinie $\overline{OTM}$. Die Richtung von OT nach M zählt positiv. In den Totpunkten betragen die Kolbenbeschleunigungen nach Gl. (5.32) bis (5.34) mathematisch exakt

$$\text{in } OT \qquad a_{OT} = r\omega^2(1 + \lambda) \quad \text{mit} \quad \varphi = \beta = 0° \tag{5.39}$$

$$\text{in } UT \qquad a_{UT} = -r\omega^2(1 - \lambda) \quad \text{mit} \quad \varphi = 180° \quad \beta = 0° \tag{5.40}$$

Die Näherungsgleichung (5.35) liefert diese Werte für die Totpunkte ebenfalls exakt. Die Gl. (5.39) und (5.40) stellen die Extremwerte der Beschleunigung dar; für das Minimum allerdings nur, falls $\lambda < 1/4$ ist. Bei größeren λ-Werten liegen die Minima vor und hinter UT

und betragen

$$a_{K\,min} = -\,r\omega^2\,\frac{1 + 8\lambda^2}{8\lambda} \quad \text{bei} \quad \cos\varphi = -\,\frac{1}{4\lambda}$$

Die Nullstellen der Kolbenbeschleunigung stimmen mit der Lage der größten Kolbengeschwindigkeit (5.6) überein. Dort wechselt die Beschleunigung ihr Vorzeichen.

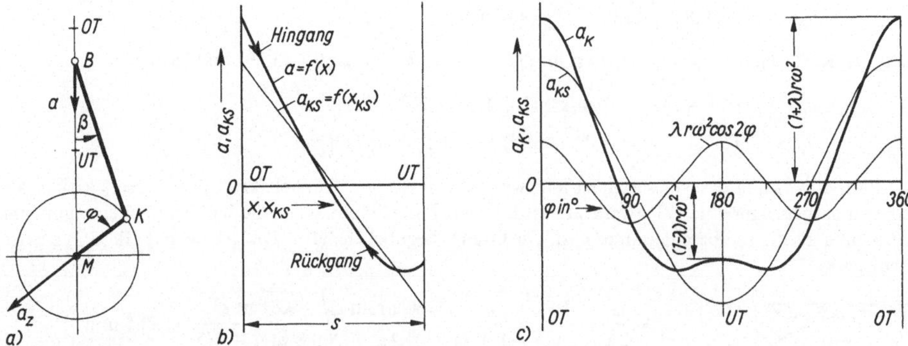

5.8 Beschleunigungen; $\lambda = 1/3$
   a) Kurbeltrieb mit Vektoren
   b) und c) Kolbenbeschleunigung als Funktion des Kolbenweges bzw. des Kurbelwinkels

Graphisch wird die Kolbenbeschleunigung am schnellsten durch Aufzeichnen der sog. Beschleunigungsparabel (5.9) ermittelt. Diese stellt die Beschleunigung als Funktion des Weges dar und ist hinreichend genau, falls $\lambda \leqq 1/3{,}8$ ist. Zu ihrer Konstruktion werden die Beschleunigungen nach Gl. (5.39) und (5.40) ihrem Vorzeichen entsprechend über den Totpunkten mit dem Abstand s aufgetragen. Die Verbindungsgerade $\overline{AB}$ ihrer Endpunkte schneidet die Strecke $\overline{OT - UT}$ im Punkt C, von dem aus senkrecht nach unten die Strecke $\overline{CD} \triangleq 3\lambda r\omega^2$ abzutragen ist. Dann werden die Strecken $\overline{AD}$ und $\overline{BD}$ je in die gleiche Anzahl von Teilstrecken aufgeteilt und diese von A bzw. von D aus beziffert. Die Verbindungslinien der Punkte gleicher Ziffern bilden dann die Einhüllende der Beschleunigungsparabel.

Die Konstruktion stellt die Parabel der Gleichung $a_K = f(x_K)$ dar, die sich durch Eliminieren des Parameters φ aus Gl. (5.18) und (5.35) ergibt.

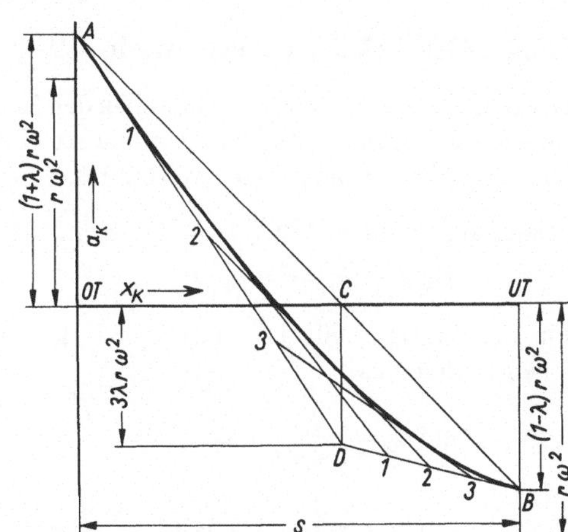

5.9
Beschleunigungsparabel; $\lambda = 1/5$

Beispiel 4. Ein stehender Großdieselmotor hat den Hub $s = 1{,}6$ m, die Drehzahl $n = 115$ min^{-1} und das Schubstangenverhältnis $\lambda = 1/5$. Seine wassergekühlten Kolben (5.10) sind mit den hohlen Kolbenstangen verschraubt.

Gesucht sind: Die Kolbenbeschleunigung in den Totpunkten und die Drehzahl, bei der die Planschwirkung des Wassers, das den Kolbenboden kühlt, aufhört.

Mit der Winkelgeschwindigkeit nach Gl. (5.2)

$$\omega = 2\pi n = \frac{2\pi \cdot 115\ \text{min}^{-1}}{60\ \text{s/min}} = 12{,}05\ \text{s}^{-1}$$

und mit der Kurbelzapfenbeschleunigung bei $r = s/2$

$$a_z = r\omega^2 = 0{,}8\ \text{m} \cdot 12{,}05^2\ \text{s}^{-2} = 116\ \text{m/s}^2$$

folgt die Kolbenbeschleunigung im OT bzw. im UT nach Gl. (5.39) und (5.40)

$$a_{OT} = r\omega^2(1 + \lambda) = 116\,(\text{m/s}^2)\,(1 + 1/5) = 139{,}2\ \text{m/s}^2$$

$$a_{UT} = -r\omega^2(1 - \lambda) = -116\,(\text{m/s}^2)\,(1 - 1/5) = -92{,}8\ \text{m/s}^2$$

Die Planschwirkung des Wassers hört auf, wenn die maximale Trägheitskraft des Wassers kleiner als seine ihr entgegengerichtete Schwerkraft wird. Dieser Fall tritt ein, wenn die Kolbenbeschleunigung im OT kleiner als die Fallbeschleunigung ist. Die Grenze liegt bei $r\omega^2(1 + \lambda) = g$ bzw. mit Gl. (5.2) bei der Drehzahl

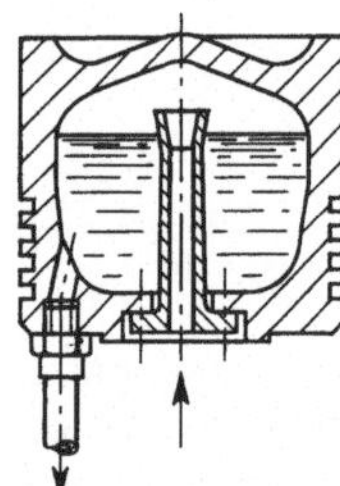

$$n = \frac{\omega}{2\pi} = \frac{1}{2\pi}\sqrt{\frac{g}{r(1 + \lambda)}} = \frac{60\ \text{s/min}}{2\pi}\sqrt{\frac{9{,}81\ \text{m/s}^2}{0{,}8\ \text{m}\,(1 + 1/5)}} = 30{,}5\ \text{min}^{-1}$$

5.10
Wassergekühlter Kolben

Beim Unterschreiten dieser Drehzahl und Ausfall der Kühlmittelpumpe kann der Kolbenboden durchbrennen, da er dann nicht mehr gekühlt wird.

5.3.4   Geschränkter Kurbeltrieb

Der Kolben (**5.11**) bewegt sich zwischen den Endlagen OT und UT. Dabei hat die Verlängerung der Geraden $\overline{OT\,UT}$ vom Drehpunkt M den Abstand bzw. die Exzentrizität $q = EM$ und $\mu = q/l$ heißt Schränkungsverhältnis.

Schubstangenwinkel. Mit $\overline{KL'} = l\sin\beta$ und $\overline{LL'} = r\cos\varphi$ folgt, da $\overline{EM} = \overline{LL'}$ ist

$$\sin\beta = (q + r\sin\varphi)/l \tag{5.41}$$

Für die Endlagen gilt dann mit $\beta_0 = -\varphi_0$ und $\beta_u = 180° - \varphi_u$ nach dem trigonometrischen Pythagoras

$$\sin\beta_0 = \frac{q}{l + r} \qquad \cos\beta_0 = \frac{\sqrt{(l + r)^2 - q^2}}{l + r}$$

$$\sin\beta_u = \frac{q}{l - r} \qquad \cos\beta_u = \frac{\sqrt{(l - r)^2 - q^2}}{l - r} \tag{5.42}$$

Kolbenweg. Aus $\overline{BL'} = l\cos\beta$ und $\overline{LM} = \overline{L'E} = r\cos\varphi$ ergibt sich

$$y = l\cos\beta + r\cos\varphi \tag{5.43}$$

Hieraus folgt dann aus Gl. (5.42) für die Endlagen

$$y_0 = (l + r)\cos\beta_0 = \sqrt{(l + r)^2 - q^2} \qquad y_u = (l - r)\cos\beta_u = \sqrt{(l - r)^2 - q^2} \qquad (5.44)$$

$$x = y_0 - y = \sqrt{(l + r)^2 - q^2} - l\cos\beta - r\cos\varphi \qquad (5.45)$$

Für den Hub gilt dann mit den Gl. (5.44)

$$s = y_0 - y_u = \sqrt{(l + r)^2 - q^2} - \sqrt{(l - r)^2 - q^2} \qquad (5.46)$$

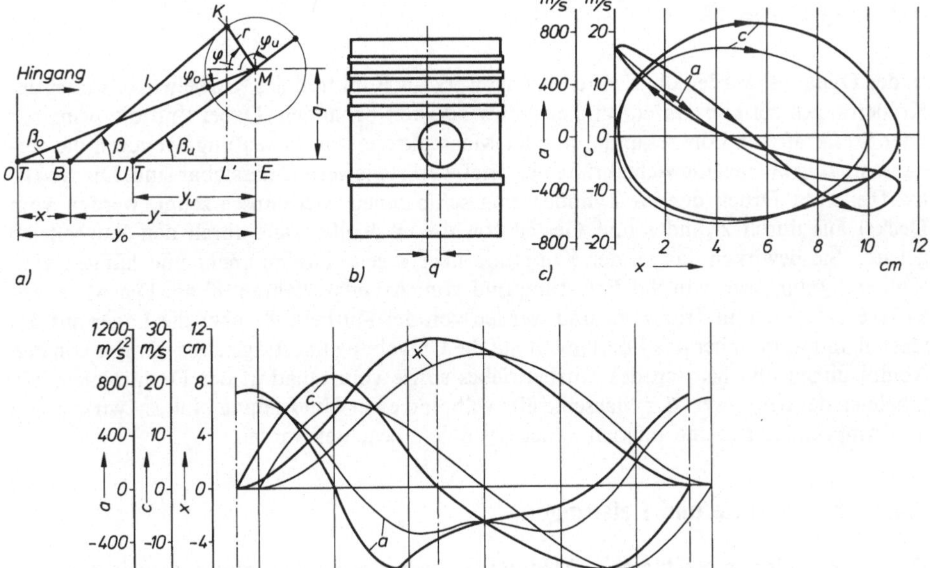

5.11 Geschränkter Kurbeltrieb $r = 5\,\mathrm{cm}$, $l = 15\,\mathrm{cm}$, $q = 6\,\mathrm{cm}$, $n = 3\,000\,\mathrm{min}^{-1}$

   a) Aufbau   b) desaxierter Kolben   c, d) Bewegungsablauf
      dünne Linien: gerader Kurbeltrieb $q = 0$
   c) als Funktion des Kurbelwinkels
   d) als Funktion des Kolbenweges

Kolbengeschwindigkeit und -beschleunigung. Da die Gl. (5.15 und 5.41) den gleichen Differentialquotienten $d\beta/d\varphi = r\cos\varphi/(l\cos\beta)$ haben, gelten hier die Gl. (5.23) und (5.32) allerdings nur mit der Gl. (5.41) für den Winkel β. In den Endlagen ist die Kolbengeschwindigkeit Null, für die Beschleunigung wird dann

$$a_0 = \frac{r\omega^2}{\sqrt{(l + r)^2 - q^2}}\frac{(l + r)^2}{l} \qquad a_u = -\frac{r\omega^2}{\sqrt{(l - r)^2 - q^2}}\frac{(l - r)^2}{l} \qquad (5.47) \quad (5.48)$$

Für die Kurbelwinkel $\varphi = 0°$ und $90°$ ergibt sich

$$a_{0°} = r\omega^2\left\{1 + \frac{r/l}{[1 - (q/l)^2]^{3/2}}\right\} \qquad a_{90°} = -r\omega^2\frac{q + r}{\sqrt{l^2 - (q + r)^2}} \qquad (5.49) \quad (5.50)$$

Das Maximum $a_{\max}$ liegt kurz vor a_0, das Minimum $a_{\min}$ dahinter.

Bewegungsablauf (5.11 c und d). Infolge der Schränkung ist er nicht mehr zum Kurbelwinkel $\varphi = 180$ symmetrisch und die Extremwerte steigen an. Beim Hingang beträgt der Kurbelwinkel $\varphi_0 + \varphi_u$, beim Rückgang $180 - (\varphi_0 + \varphi_u)$. Der Hub wird also beim Hingang schneller als beim Rückgang durchlaufen. Die maximale Kolbengeschwindigkeit ist größer und tritt früher auf. Die Abweichungen nehmen mit der Exzentrizität q zu. Für $q = 0$ gelten die Gleichungen des geraden Kurbeltriebes.

5.4 Dynamik des Kurbeltriebes

In der Dynamik werden die Kräfte im Triebwerk als Funktion des Kurbelwinkels oder des Kolbenweges bei konstanter Winkelgeschwindigkeit behandelt. Dabei sind die primären oder Stoffkräfte und die sekundären oder Massenkräfte von Bedeutung, wogegen die verhältnismäßig kleinen Gewichtskräfte der Triebwerksteile vernachlässigbar sind. Die Stoffkräfte, vom Druck des im Zylinder eingeschlossenen Mediums erzeugt, werden vom Deckel aus durch Zylinder und Gestell sowie vom Kolben aus durch den Kurbeltrieb geleitet. Sie bewirken das an der Kupplung übertragene Drehmoment und hängen vom Kolbendurchmesser, von der Belastung und vom Arbeitsverfahren [8] ab. Die Massenkräfte entstehen im Triebwerk und werden von der Kurbelwelle über die Lager auf das Gestell und weiter über das Fundament auf die Umgebung übertragen. Sie hängen von den Abmessungen und Massen des Kurbeltriebes sowie vom Quadrat der Drehfrequenz ab. Obgleich der Mittelwert der Massenkräfte während einer Umdrehung Null ist, wirken sich ihre Amplituden aus und müssen daher besonders beachtet werden.

5.4.1 Stoffkräfte und Leistungen

Das im Zylinder eingeschlossene Medium wirkt mit seinem absoluten Druck p auf die Vorderseite und der atmosphärische Druck p_a auf die Rückseite der Fläche A_K des Tauchkolbens. Dabei entsteht die Stoffkraft [8]

$$F_S = (p - p_a)\, A_K \tag{5.51}$$

Sie ist periodisch und wirkt in der Zylindermittellinie. Ihre Richtung zum Kurbeldrehpunkt hin zählt positiv. Negative Werte für $p < p_a$ treten meist beim Ansaugen auf und sind relativ klein. Die maximale Stoffkraft, das ist die Gestängekraft F_{max} beim Höchstdruck p_{max} bzw. bei Verbrennungsmotoren die Zündkraft F_Z beim Zünddruck p_Z, bildet nach Gl. (5.51) die Berechnungsgrundlage für die Maschine

$$F_{max} = (p_{max} - p_a)\, A_K \qquad F_Z = (p_Z - p_a)\, A_K \tag{5.52} \tag{5.53}$$

Der Zünddruck beträgt $p_Z = (50 \cdots 60)$ bar bei Otto- und $p_Z = (70 \cdots 120)$ bar bei Dieselmotoren.

Der Druckverlauf im Zylinder ist vom Arbeitsverfahren und von der Belastung der Maschine abhängig. Er wird als Funktion der Zeit (5.12 a) bzw. des Kurbelwinkels oder im Indikatordiagramm (5.12 b) als Funktion des Weges mit Oszillographen oder mechanischen Indikatoren aufgenommen.

Für den Viertakt-Dieselmotor stellt sich der Druck im Zylinder in folgendem Ablauf dar (5.12): Ansaugen von Punkt 0 bis 1 beim ersten Takt (erster Hingang), Verdichten von 1 bis 2 und anschließender Gleichraumverbrennung von 2 bis 3 beim zweiten Takt (erster Rückgang), Gleichdruckverbrennung von 3 bis 4 und Expansion von 4 bis 5 beim dritten Takt (zweiter Hingang) und schließlich Ausschieben von 5 bis 0 beim vierten Takt (zweiter Rückgang). Das Arbeitsspiel umfaßt demnach zwei Hin- und Rückgänge bzw. zwei Umdrehungen.

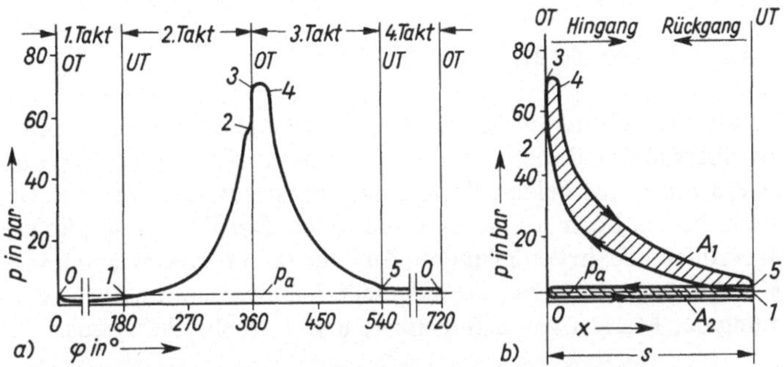

5.12 Druckverlauf in einem Viertakt-Dieselmotor als Funktion
a) des Kurbelwinkels   b) des Kolbenweges

Zur Leistungsbestimmung dient der **mittlere indizierte Druck**

$$p_i = \frac{A_D}{l_D \, \varphi} \qquad (5.54)$$

Hierin ist A_D die vom Indikatordiagramm (5.12 b) eingeschlossene Fläche, die durch planimetrieren ermittelt wird, und l_D die Diagrammlänge; φ berücksichtigt den Druckmaßstab (z. B. in mm/bar). Im Indikatordiagramm (5.12 b) eines Viertaktmotors ist die maßgebliche Diagrammfläche $A_D = A_1 - A_2$, die Differenz aus der Fläche A_1 für die technische Arbeit (nach rechts aufwärts schraffiert) und der Fläche A_2 für die verhältnismäßig kleine Drosselarbeit (links aufwärts schraffiert).

Wie die Gl. (5.11) und (5.12) für die effektive Leistung P_e, so werden auch die folgenden Gl. (5.55) und (5.56) für die im Zylinder umgesetzte **indizierte Leistung** P_i abgeleitet. So beträgt für z Zylinder die indizierte Leistung beim

Zweitakt $P_i = z \, p_i \, V_h \, n$ (5.55)

Viertakt $P_i = z \, p_i \, V_h \, n/2$ (5.56)

Kraftmaschinen (Verbrennungsmotoren) wird die indizierte Leistung P_i vom Medium dem Kolben zugeführt. Sie wird dann nur zum Teil als effektive Leistung P_e über die Kupplung z. B. an einen Generator abgegeben, der andere Teil geht als Reibleistung P_{RT} im Triebwerk verloren. Die Leistungsbilanz lautet $P_i = P_e + P_{RT}$, wobei $P_i > P_e$.

Arbeitsmaschinen (Pumpen, Verdichtern) wird z. B. durch einen Elektromotor, die effektive Leistung P_e über die Kupplung zugeführt. Ein Teil davon wird vom Kolben an das Medium als indizierte Leistung P_i übertragen, wogegen der andere Teil als Reibleistung P_{RT} im Triebwerk verloren geht. Hierfür lautet die Bilanz: $P_e = P_i + P_{RT}$ mit $P_e > P_i$.

Zur Beurteilung der Reibungsverluste im Triebwerk ist der **mechanische Wirkungsgrad** η_m als das Verhältnis der abgegebenen zur zugeführten Leistung definiert. Demnach ist für

Kraftmaschinen

$$\eta_m = p_e/p_i = P_e/P_i \qquad (5.57)$$

Arbeitsmaschinen

$$\eta_{\mathrm{m}} = p_{\mathrm{i}}/p_{\mathrm{e}} = P_{\mathrm{i}}/P_{\mathrm{e}} \qquad (5.58)$$

Erfahrungswerte: $\eta_{\mathrm{m}} = 0{,}85 \cdots 0{,}92$ bei Großmaschinen und $\eta_{\mathrm{m}} = 0{,}8 \cdots 0{,}85$ bei kleineren Maschinen.

5.4.2 Massenkräfte

Im Kurbeltrieb führen der Kolben mit Stange und Kreuzkopf eine hin- und hergehende (oszillierende) und die Kurbel eine rotierende Bewegung aus, wogegen die Bewegung der Schubstange aus beiden Bewegungsformen zusammengesetzt ist. Die Beschleunigungen dieser beiden Formen sind unterschiedlich. Die Trägheitskräfte werden daher zweckmäßig in oszillierende, in der Zylindermittellinie $\overline{OTM}$ wirkende und in rotierende, in der Kurbel $\overline{KM}$ wirkende Massenkräfte aufgeteilt. Die Berechnung der Massenkräfte setzt die Bestimmung der Massen von Schubstange und Kurbelwelle voraus.

Massen. Die Masse der Schubstange (5.13a) wird entsprechend den Auflagerkräften ihrer im Stangenschwerpunkt S_{St} angreifenden Gewichtskraft aufgeteilt. Mit der Schubstangenmasse m_{St}, mit der Länge l und dem Schwerpunktabstand r_{St} ergibt sich für die Anteile der oszillierenden Masse in B und der rotierenden Masse in K

$$m_{\mathrm{oSt}} = m_{\mathrm{St}}\frac{r_{\mathrm{St}}}{l} \qquad m_{\mathrm{rSt}} = m_{\mathrm{St}}\frac{l - r_{\mathrm{St}}}{l} \qquad (5.59)\ \ (5.60)$$

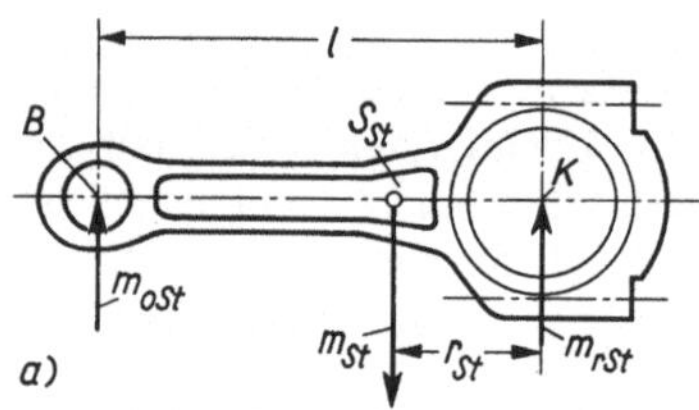
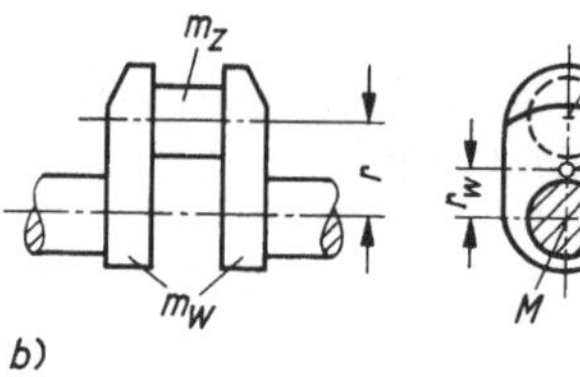
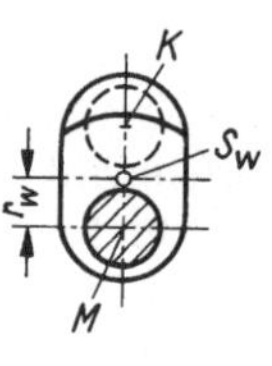

5.13 Oszillierende und rotierende Massen
  a) Schubstange   b) Kurbel

Schubstangen von gleicher Bauart und mit gleichem Schubstangenverhältnis λ weisen eine ähnliche Massenverteilung auf. Für Schubstangen üblicher Bauart mit $\lambda \approx 1/4$ und $r_{\mathrm{St}} \approx l/3$ folgt aus Gl. (5.59) und (5.60)

$$m_{\mathrm{oSt}} \approx m_{\mathrm{St}}/3 \qquad m_{\mathrm{rSt}} \approx 2m_{\mathrm{St}}/3 \qquad (5.61)\ \ (5.62)$$

Die rotierende Masse der Kurbel (5.13b) wird auf die Kurbelzapfenmittellinie bezogen. Da die Wellenzapfen durch ihre Lage in der Drehachse keinen Fliehkraftanteil bringen, ist lediglich die Masse m_{W} der beiden Kurbelwangen mit ihrem Schwerpunktradius r_{W} auf den Kurbelradius r zu reduzieren. Da die Fliehkraft durch die Reduktion nicht geändert werden darf, gilt für die reduzierte Masse der Wangen

$$m_{\mathrm{redW}}\,r\,\omega^2 = m_{\mathrm{W}}\,r_{\mathrm{W}}\,\omega^2 \qquad \text{oder} \qquad m_{\mathrm{redW}} = m_{\mathrm{W}}\,r_{\mathrm{W}}/r$$

Die Kurbel hat dann einschließlich der Kurbelzapfenmasse m_{Z} folgende rotierende Masse:

$$m_{\mathrm{rKW}} = m_{\mathrm{Z}} + m_{\mathrm{redW}} = m_{\mathrm{Z}} + m_{\mathrm{W}}\,r_{\mathrm{W}}/r \qquad (5.63)$$

Rotierende Masse. Insgesamt zählen hierzu die Masse der Kurbelwelle nach Gl. (5.63) und der Massenanteil der Schubstange nach Gl. (5.60)

$$m_r = m_{rKW} + m_{rSt} = m_Z + m_W \frac{r_W}{r} + m_{St} \frac{l - r_{St}}{l} \tag{5.64}$$

Oszillierende Masse. Sie umfaßt die Masse des Kolbens m_K, der Kolbenstange m_{Ks}, des Kreuzkopfes m_{Kr} und den Massenanteil der Schubstange m_{oSt} nach Gl. (5.59)

$$m_o = m_K + m_{Ks} + m_{Kr} + m_{oSt} \tag{5.65}$$

Oszillierende Massenkräfte. Da die Bewegung der hin- und hergehenden Teile der Kolbenbewegung entspricht, folgt aus dem Newtonschen Gesetz und der Näherungsgleichung (5.35) die oszillierende Massenkraft

$$F_o = m_o a_K = m_o r \omega^2 (\cos \varphi + \lambda \cos 2\varphi) \tag{5.66}$$

Diese Kraft ist der Kolbenbeschleunigung (5.8) entgegengerichtet. Man unterteilt die oszillierende Massenkraft zweckmäßig in Kräfte I. und II. Ordnung

$$F_I = m_o r \omega^2 \cos \varphi = P_I \cos \varphi \tag{5.67}$$

$$F_{II} = \lambda m_o r \omega^2 \cos 2\varphi = P_{II} \cos 2\varphi \tag{5.68}$$

Hierin sind $P_I = m_o r \omega^2$ und $P_{II} = \lambda m_o r \omega^2 = \lambda P_I$ die Amplituden der Massenkräfte. Die periodischen Kräfte I. und II. Ordnung (5.14) wirken in der Zylindermittellinie $\overline{OTM}$ und sind positiv, wenn sie zum OT zeigen. Ihre Darstellung (5.14b) erfolgt durch Vektoren der Länge P_I bzw. P_{II}, die mit der Kurbel bzw. ihrem doppelten Winkel umlaufen und

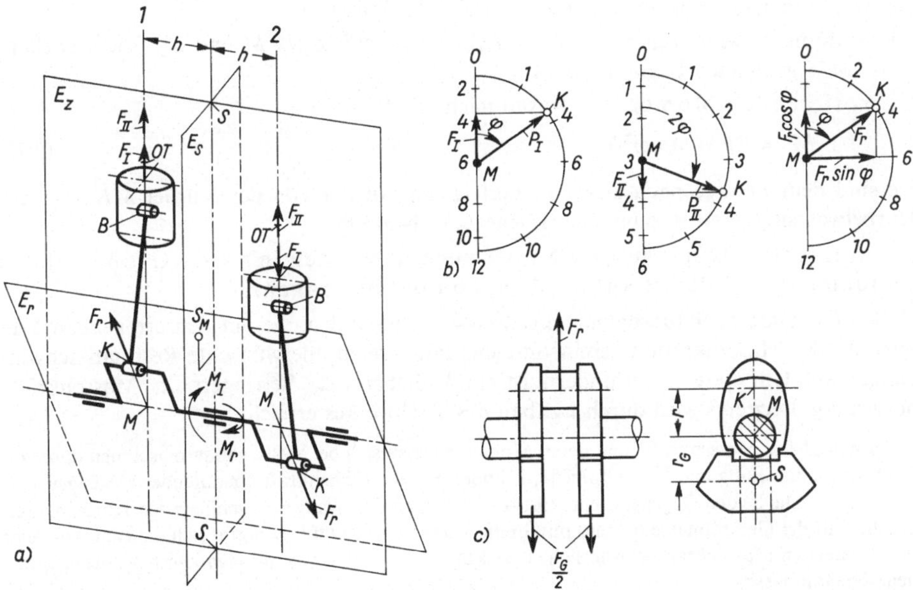

5.14 Massenkräfte und Momente

a) Zweizylinder-Reihenmaschine   b) Kräfte eines Triebwerkes   c) Kurbel mit Gegengewicht

auf die Zylindermittellinie projiziert werden. An **Extremwerten** treten auf: $F_{\mathrm{I\,max}}$ $= P_\mathrm{I}$ bei $\varphi = 0°$ und $F_{\mathrm{I\,min}} = -P_\mathrm{I}$ bei $\varphi = 180°$ sowie $F_{\mathrm{II\,max}} = P_\mathrm{II}$ bei $\varphi = 0°$ und $180°$ und $F_{\mathrm{II\,min}} = -P_\mathrm{II}$ bei $\varphi = 90°$ und $270°$. **Nullstellen** sind für F_I bei $\varphi = 90°$ und $270°$ sowie für F_II bei $\varphi = 45°$, $135°$, $225°$ und $315°$.

Rotierende Massenkraft. Da die Bewegung der umlaufenden Teile der Drehung des Kurbelzapfens entspricht, beträgt die rotierende Massenkraft

$$F_\mathrm{r} = m_\mathrm{r} r \omega^2 \tag{5.69}$$

Sie ist also eine mit der Kurbel $\overline{MK}$ umlaufende Fliehkraft konstanten Betrages, ist nach K gerichtet und zählt im OT positiv. Ihre Komponente (**5.14b**) $F_\mathrm{r} \cos \varphi$ wirkt in der Zylindermittellinie und die verbleibende Komponente $F_\mathrm{r} \sin \varphi$ senkrecht dazu [7].

Momente. Mehrzylindermaschinen (**5.14a**) werden durch die Massenkräfte um ihren Schwerpunkt S_M gekippt. Die Massenkräfte bilden Momente, von denen nur die, wegen ihrer Größe, von Bedeutung sind, welche auf die senkrecht zur Kurbelwellenachse $\overline{MM}$ stehenden Schwereebene E_S mit der Spur $\overline{SS}$ bezogen sind. Die Momente versetzen die Kräfte der einzelnen Triebwerke zur Addition in die Schwereebene, ihre Hebelarme h sind gleich dem Abstand der Zylindermittellinien $\overline{MOT}$ von der Schwerelinie $\overline{SS}$. Bei Drehung im Uhrzeigersinn zählen die Momente positiv.

Den Massenkräften entsprechend betragen mit Gl. (5.67) und (5.68) die **oszillierenden Momente** I. und II. Ordnung

$$M_\mathrm{I} = m_\mathrm{o} r \omega^2 h \cos \varphi = D_\mathrm{I} \cos \varphi \qquad M_\mathrm{II} = \lambda m_\mathrm{o} r \omega^2 h \cos 2\varphi = D_\mathrm{II} \cos 2\varphi$$

$$\tag{5.70}\ \ \ (5.71)$$

wobei $D_\mathrm{I} = m_\mathrm{o} r \omega^2 h = P_\mathrm{I} h$ und $D_\mathrm{II} = \lambda m_\mathrm{o} r \omega^2 h = \lambda D_\mathrm{I} = P_\mathrm{II} h = \lambda P_\mathrm{I} h$

die Amplituden der Massenmomente I. und II. Ordnung sind.

Diese Momente wirken in der von der Zylindermittellinie $\overline{OTM}$ und der Kurbelwellenachse $\overline{MM}$ gebildeten Ebene E_z (**5.14a**).

Die **rotierenden Momente** betragen nach Gl. (5.69)

$$M_\mathrm{r} = F_\mathrm{r} h = m_\mathrm{r} r \omega^2 h \tag{5.72}$$

Sie sind dem Betrage nach konstant und laufen mit der von der Kurbel $\overline{MK}$ und der Kurbelwellenachse $\overline{MM}$ gebildeten Ebene E_r (**5.14a**) um.

Die Massenkräfte und auch die Massenmomente werden in voller Größe auf das Fundament und damit auf die Umgebung übertragen.

Haben Gebäude oder Maschinen Eigenschwingungszahlen, die mit den erregenden Frequenzen der Massenkräfte übereinstimmen, dann treten unerwünschte Resonanzschwingungen auf. Um diese zu verhindern, ist ein Aufheben bzw. Verringern der Massenkräfte notwendig. Letzteres wird durch Leitbau des Triebwerkes erreicht.

Massenausgleich. Massenkräfte und deren Momente lassen sich bei Mehrzylindermaschinen durch die Triebwerksanordnung und Kurbelfolge [8, 12] oder durch die Fliehkraft umlaufender Gegengewichte ausgleichen. Die beiden Gegengewichte (**5.14c**) werden an den Wangen gegenüber den Kurbeln angebracht. Mit der Gesamtmasse m_G und mit ihrem Schwerpunktsradius r_G ergibt sich die zum Ausgleich der rotierenden Massenkraft erforderliche Fliehkraft $F_\mathrm{G} = F_\mathrm{r}$ oder $m_\mathrm{G} r_\mathrm{G} \omega^2 = m_\mathrm{r} r \omega^2$ bzw. die erforderliche Gesamtmasse

$$m_\mathrm{G} = m_\mathrm{r} \frac{r}{r_\mathrm{G}} \tag{5.73}$$

In Sonderfällen lassen sich auch die oszillierende Massenkraft I. Ordnung und deren Momente teilweise ausgleichen.

Fundament. Bei manchen Triebwerksanordnungen lassen sich bestimmte Massenkräfte und Momente nicht ausgleichen. Es empfiehlt sich, diese Maschinen bzw. ihre Fundamente auf federnde Elemente zu stellen, wobei die Federsteifigkeit so gewählt werden muß, daß unerwünschte Resonanzschwingungen sich nicht ausbilden können oder aber z. B. durch Einsatz von Federn mit guter Dämpfung klein bleiben [9] (Gummifedern s. Teil I).

Beispiel 5. Ein Zweizylinder-Dieselmotor in Reihenanordnung (**5.14a**) hat die Drehzahl $n = 1\,800\;\mathrm{min}^{-1}$, den Hub $s = 160\;\mathrm{mm}$ und das Schubstangenverhältnis $\lambda = 1/4$. Der Abstand der Zylinder (**5.15**) beträgt $a = 200\;\mathrm{mm}$ und der Abstand der Gegengewichte $b = 320\;\mathrm{mm}$. Die oszillierende Masse eines Kurbeltriebes ist $m_\mathrm{o} = 6\;\mathrm{kg}$, seine rotierende Masse $m_\mathrm{r} = 10\;\mathrm{kg}$. Der Schwerpunktradius der Gegengewichte sei $r_\mathrm{G} = 120\;\mathrm{mm}$.

Gesucht sind die Massenkräfte und Momente für die Stellung eines Kolbens im OT sowie die Masse der Gegengewichte zum Ausgleich der rotierenden Momente.

Mit dem Hub $r = s/2 = 0,08\;\mathrm{m}$ und der Winkelgeschwindigkeit nach Gl. (5.2)

$$\omega = 2\pi n = \frac{2\pi \cdot 1\,800\;\mathrm{min}^{-1}}{60\;\mathrm{s/min}} = 188,5\;\mathrm{s}^{-1}$$

folgt für die Amplituden der Massenkräfte I. und II. Ordnung nach den Gl. (5.67), (5.68) mit $1\;\mathrm{N} = 1\;\mathrm{kg\,m/s^2}$

$$P_\mathrm{I} = m_\mathrm{o}\,r\,\omega^2 = 6\;\mathrm{kg} \cdot 0,08\;\mathrm{m} \cdot 188,5^2\,\mathrm{s}^{-2} = 17\,100\;\mathrm{N}$$

$$P_\mathrm{II} = \lambda P_\mathrm{I} = \frac{17\,100\;\mathrm{N}}{4} = 4\,260\;\mathrm{N}$$

und für die rotierende Kraft nach Gl. (5.69)

$$F_\mathrm{r} = \frac{m_\mathrm{r}}{m_\mathrm{o}}\,P_\mathrm{I} = \frac{10\;\mathrm{kg}}{6\;\mathrm{kg}}\,17\,100\;\mathrm{N} = 28\,500\;\mathrm{N}$$

Resultierende Kräfte und Momente (**5.14a**). Steht der Kolben 1 im OT, so wird mit $\varphi_1 = 0°$ für Zylinder 1 und $\varphi_2 = 180°$ für Zylinder 2 mit den Gl. (5.67), (5.68) und Gl. (5.69) für die Kräfte

$$F_\mathrm{r\,res} = F_\mathrm{I\,res} = 0 \qquad F_\mathrm{II\,res} = 2\,P_\mathrm{II} = 8\,520\;\mathrm{N}$$

Mit dem Hebelarm $h = a/2$ folgt mit den Gl. (5.70 bis 5.72) für die Momente (**5.15**)

$$M_\mathrm{I\,res} = 2\,P_\mathrm{I}h = P_\mathrm{I}a = 17\,100\;\mathrm{N} \cdot 0,2\;\mathrm{m} = 3\,420\;\mathrm{Nm} \qquad M_\mathrm{II\,res} = 0$$

$$M_\mathrm{r\,res} = F_\mathrm{r}a = 28\,500\;\mathrm{N} \cdot 0,2\;\mathrm{m} = 5\,700\;\mathrm{Nm}$$

Steht der Kolben 2 im OT, so wechseln die Momente ihre Richtung.

Gegengewichte. An jeder der beiden äußeren Wangen ist ein Gewicht angebracht. Um das rotierende Moment auszugleichen, muß das entgegenwirkende Moment der Gegengewichtsfliehkräfte $M_\mathrm{G} = M_\mathrm{r}$ oder $m_\mathrm{G}r_\mathrm{G}\omega^2 b = m_\mathrm{r}r\omega^2 a$ sein. Also hat ein Gegengewicht die Masse

$$m_\mathrm{G} = m_\mathrm{r}\,\frac{r\,a}{r_\mathrm{G}\,b} = 10\;\mathrm{kg}\,\frac{80\;\mathrm{mm} \cdot 200\;\mathrm{mm}}{120\;\mathrm{mm} \cdot 320\;\mathrm{mm}} = 4,16\;\mathrm{kg}$$

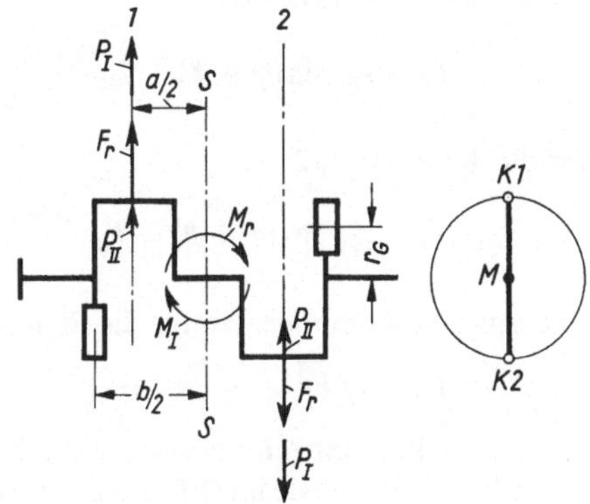

5.15
Kurbelschema einer Zweizylinder-Reihenmaschine mit Massenkräften und -Momenten

5.4.3 Kräfte im Triebwerk

Es werden die in den Drehpunkten B, K und M des Kurbeltriebes auftretenden Kräfte ohne Berücksichtigung der Lagerreibung und der geringen Gewichtskräfte in stehenden Triebwerken ermittelt (**5.16 a**) [12].

Tangentialkraft und Drehmoment. Zu ihrer Bestimmung sind die am Kolben angreifenden und weitergeleiteten Kräfte in den Gelenkpunkten zu zerlegen. Es werden nur die für das Drehmoment wirksamen oszillierenden Massenkräfte berücksichtigt. Bei der Ermittlung der Wellenzapfen- bzw. Lagerbelastung müssen noch die rotierenden Massenkräfte hinzukommen.

Aus der Differenz der Stoffkraft nach Gl. (5.51) und der oszillierenden Massenkraft nach Gl. (5.66) ergibt sich die K o l b e n k r a f t

$$F_K = F_S - F_o \tag{5.74}$$

Sie wirkt periodisch in der Zylindermittellinie. Als positive Richtung wird, da die Stoffkräfte überwiegen, die Richtung zum Drehpunkt M hin festgelegt. Bei Motoren, die aus der Atmosphäre ansaugen, liegt das Maximum der Kolbenkraft kurz hinter dem OT (**5.16 b**), wenn das Verhältnis $F_Z/F_o > 2$ ist, wobei F_Z die Zündkraft nach Gl. (5.53) bedeutet. Sonst liegt ihr Maximum in der Nähe des UT.

Als S t a n g e n - und N o r m a l k r a f t (**5.16 a und b**) werden die Komponenten der Kolbenkraft bezeichnet, die in der Schubstangenrichtung $\overline{BK}$ und senkrecht zur Zylindermittellinie wirken. Sie betragen mit Gl. (5.15)

$$F_{St} = \frac{F_K}{\cos \beta} = \frac{F_K}{\sqrt{1 - \lambda^2 \sin^2 \varphi}} \tag{5.75}$$

$$F_N = F_K \tan \beta = \frac{\lambda F_K \sin \varphi}{\sqrt{1 - \lambda^2 \sin^2 \varphi}} \tag{5.76}$$

und $\quad F_{St} = \sqrt{F_K^2 + F_N^2}$ $\tag{5.77}$

Der periodische Verlauf der Stangenkraft F_{St} weist bei $F_K = 0$ eine Nullstelle auf, wogegen die Normalkraft außer bei $F_K = 0$ noch im OT und UT eine Nullstelle hat.

Die Stangenkraft F_{St} wird an den Kurbelzapfen weitergeleitet, wo sie in eine tangentiale und radiale Komponente zerlegt werden kann. Nach Bild **5.16 a** ergibt sich
für die T a n g e n t i a l k r a f t

$$F_T = F_{St} \sin(\varphi + \beta) = F_K \frac{\sin(\varphi + \beta)}{\cos \beta} = F_K \left(\sin \varphi + \frac{\lambda}{2} \cdot \frac{\sin 2\varphi}{\sqrt{1 - \lambda^2 \sin^2 \varphi}} \right) \tag{5.78}$$

für die R a d i a l k r a f t

$$F_R = F_{St} \cos(\varphi + \beta) = F_K \frac{\cos(\varphi + \beta)}{\cos \beta} = F_K \left(\cos \varphi - \frac{\lambda \sin^2 \varphi}{\sqrt{1 - \lambda^2 \sin^2 \varphi}} \right) \tag{5.79}$$

und aus den Komponenten für die Stangenkraft

$$F_{St} = \sqrt{F_T^2 + F_R^2} \tag{5.80}$$

Die Tangentialkraft zählt positiv, wenn ihr Pfeil in die Drehrichtung zeigt. Ihre Nullstellen liegen bei $F_K = 0$ sowie im OT und UT. (Da eine Kraftmaschine bei $F_T = 0$, also im OT oder

UT nicht anfahren kann, werden diese Punkte Totpunkte genannt.) Die Radialkraft ist positiv in Richtung des Drehpunktes M und wird Null für $F_K = 0$.

Die Tangentialkraft bildet mit dem Kurbelradius r das periodisch verlaufende **Drehmoment**

$$T = F_T r \tag{5.81}$$

Dieses Drehmoment kann die Kurbelwelle zu Torsionsschwingungen anregen [5] [6].

Näherungsgleichungen. Aus den Gl. (5.75), (5.76), (5.78) und (5.79) folgen für $\cos\beta = \sqrt{1 - \lambda^2 \sin^2\varphi} \approx 1$ die mit dem Index K versehenen Näherungswerte für F_{St}, F_N, F_T, F_R

$$F_{StK} \approx F_K \tag{5.82}$$

$$F_{NK} \approx \lambda F_K \sin\varphi \tag{5.83}$$

$$F_{TK} \approx F_K\left(\sin\varphi + \frac{\lambda}{2}\sin 2\varphi\right) \tag{5.84}$$

$$F_{RK} \approx F_K(\cos\varphi - \lambda\sin^2\varphi) \tag{5.85}$$

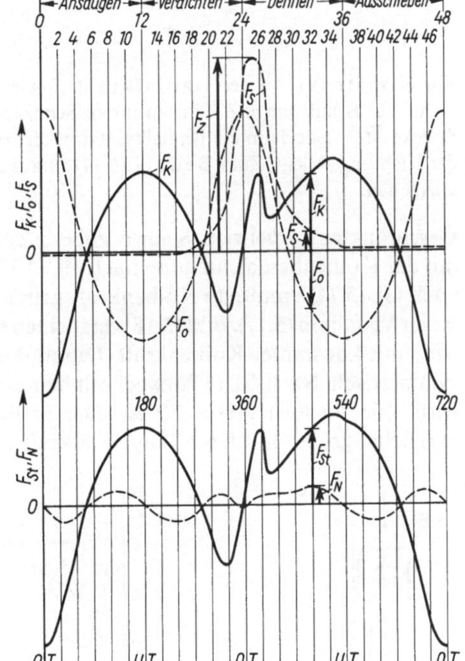

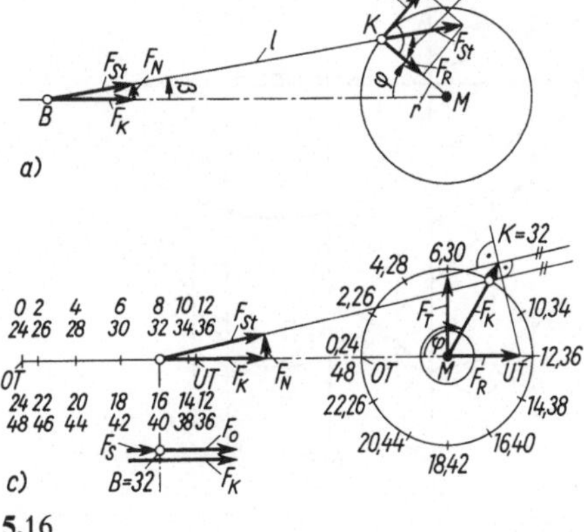

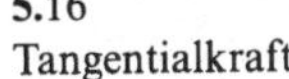

c) $B=32$ F_K

5.16
Tangentialkraft

a) Kraftzerlegung am Kurbeltrieb
b) Kraftverlauf über dem Kurbelwinkel
c) Ermittlung der Kräfte für $\varphi = 480°$ bzw. für Punkt 32

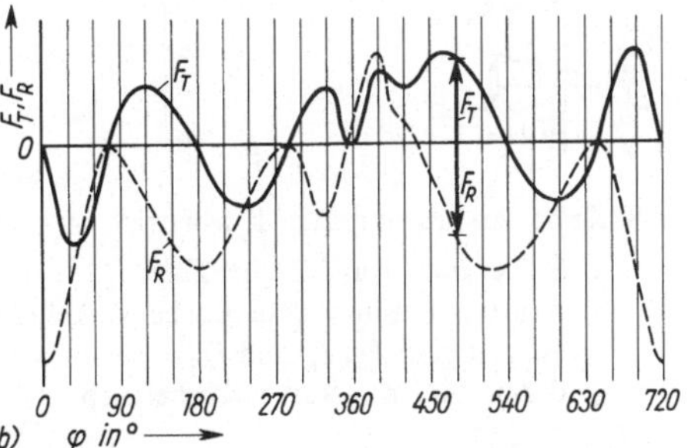

Der **größte relative Fehler** für die Normalkraft beträgt $(F_N - F_{NK})/F_N = 0,06$ für $\lambda = 1/3$ und $\varphi = 90°$ und für die Tangentialkraft $(F_T - F_{TK})/F_T = 0,01$ bei $\lambda = 1/3$ und $\varphi = 45°$.

Graphisches Verfahren (5.17). Zur Ermittlung der Tangentialkraft F_T wird die positive Kolbenkraft F_K als Strecke $\overline{MS}$ in Richtung der Kurbel von M nach K, die negative entgegengesetzt aufgetragen. Die Parallele zur Schubstange $\overline{BK}$ durch die Spitze S der Kolbenkraft schneidet auf der Senkrechten zur Zylindermittellinie durch M die Strecke $\overline{MR}$ ab. Diese entspricht der Tangentialkraft, die in der Richtung von M nach K' positiv ist. Der Kurbelpunkt K' tritt bei $\varphi = 90°$ auf. Zum Beweis (5.17) wird die Gl. (5.78) mit dem Sinussatz aus dem Dreieck MSR abgeleitet.

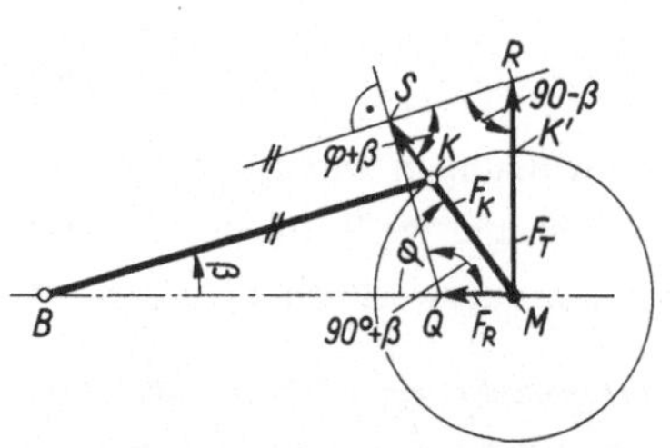

5.17
Konstruktion der Tangential- und Radialkraft

Zur Konstruktion der Radialkraft F_R wird durch die Spitze S der Kolbenkraft $\overline{MS}$ die Senkrechte zur Schubstange $\overline{BK}$ bis zu ihrem Schnittpunkt Q mit der Zylindermittellinie gezeichnet. Die Strecke $\overline{MQ}$ stellt dann die Radialkraft dar, die negativ ist, wenn der Punkt Q von M aus gesehen in der Richtung B liegt. Zum Beweis (5.17) ist aus dem Dreieck MSQ mit dem Sinussatz die Gl. (5.79) abzuleiten.

Geschränkter Kurbeltrieb. Seine oszillierenden Massenkräfte $F_o = m_o a_K$ nach Gl. (5.66) sind mit der Kolbenbeschleunigung nach Gl. (5.32) und Gl. (5.41) zu berechnen. Für die hiermit nach Gl. (5.74) ermittelte Kolbenkraft gelten die Gl. (5.75 bis 5.77) ebenso wie die graphischen Verfahren (5.17). Bild (5.18) zeigt einen sehr langsam laufenden hydraulischen Stellantrieb mit konstanter Kolbenkraft. Durch die Schränkung wird auch der Kraftverlauf unsymmetrisch. Nach Gl. (5.76) wechselt hier die Normalkraft ihr Vorzeichen nur, wenn $\beta < 0$ wird, oder in Gl. (5.41) $q < r$ ist. Der Stellkolben (5.18 a) hat einen Stellbereich 12 mit möglichst großer mittlerer Tangentialkraft F_T.

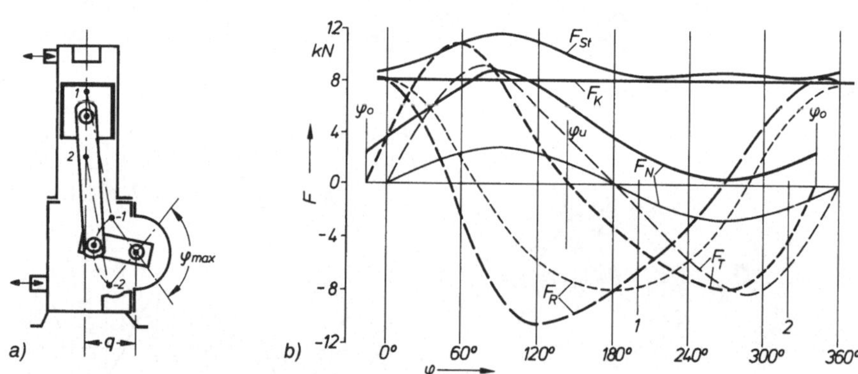

5.18 Kräfte im geschränkten Kurbeltrieb
   a) Stellantrieb 1 und 2 Grenzlagen
   b) Kraftverlauf über dem Kurbelwinkel ($F_K = 8\,000$ N $r/l = 1/3$ $q/l = 0,4$)
      ausgezogen: F_{St}, F_K und F_N gestrichelt: F_R und F_T
      dünne Linien: gerader Kurbeltrieb

Laufruhe und Schwungrad. Die während eines Arbeitsspiels periodisch veränderliche Tangentialkraft bewirkt Schwankungen des Drehmomentes bzw. des Energieflusses zwischen Kraft und Arbeitsmaschine um einen Mittelwert. Diese regen die angekuppelten Massen zu

Drehschwingungen an und verursachen dadurch zusätzliche Belastungen der Wellenanlage sowie durch den ungleichförmigen Lauf, z. B. beim Generator, Schwankungen der Spannung (s. Abschn. Kupplungen). Wie aus dem Energiesatz abgeleitet werden kann, läßt sich die Ungleichförmigkeit der Winkelgeschwindigkeit durch die zusätzliche Masse eines Schwungrades auf einen belanglosen Wert verringern.

Der Ungleichförmigkeitsgrad stellt die auf den Mittelwert bezogene größte Winkelgeschwindigkeitsänderung der Schwungmassen dar. Mit ω_{max} der größten und ω_{min} der kleinsten Winkelgeschwindigkeit, also mit dem Mittelwert $\omega_m = (\omega_{max} + \omega_{min})/2$ ist der Ungleichförmigkeitsgrad

$$\delta = \frac{\omega_{max} - \omega_{min}}{\omega_m} = 2\,\frac{\omega_{max} - \omega_{min}}{\omega_{max} + \omega_{min}} \tag{5.86}$$

Folgende Erfahrungswerte sind gebräuchlich:

Für Fahrzeugmotoren $\delta = 1/30 \cdots 1/300$, für Verdichter $\delta = 1/50 \cdots 1/100$, für Drehstromaggregate $\delta = 1/250 \cdots 1/300$.

Mit der durch die größte Energieänderung bewirkten Winkelgeschwindigkeitsänderung $\omega_{max} - \omega_{min}$ der bewegten Teile sowie mit ihrem Massenträgheitsmoment J folgt nach dem Energiesatz das Arbeitsvermögen

$$W_S = \max \int (T - T_m)\,\mathrm{d}\varphi = J(\omega_{max}^2 - \omega_{min}^2)/2 \tag{5.87}$$

Das mittlere Drehmoment T_m (5.19) beträgt für die Periode φ_P, wenn A_M die gesamte Fläche zwischen der Drehmomentenlinie und ihrer Abszissenachse und $\bar{m}_T$ der Momentensowie $\bar{m}_\varphi$ der Winkelmaßstab, z. B. mit der Einheit Nm/mm und °/mm, sind

$$T_m = \frac{1}{\varphi_P} \int_0^{\varphi_P} T\,\mathrm{d}\varphi = \bar{m}_T \bar{m}_\varphi\,\frac{A_M}{\varphi_P} \tag{5.88}$$

Bei einer Anzahl von z Zylindern wird für den Zweitakt die Momentenperiode $\varphi_P = 360°/z$ und für den Viertakt $\varphi_P = 720°/z$ eingesetzt. Zur Kontrolle empfiehlt es sich, das mittlere Drehmoment auch aufgrund folgender Überlegung zu bestimmen:

Da die Ermittlung der Tangentialkraft ohne Berücksichtigung der Triebwerksreibung erfolgte, kann nach Gl. (5.57) $\eta_m = 1$ und $P_e = P_i$ gesetzt werden. Mit Gl. (5.55), (5.56) und (5.13) folgt das mittlere Drehmoment für den

Zweitakt $T_m = \dfrac{p_i z V_h}{2\pi}$

Viertakt $T_m = \dfrac{p_i z V_h}{4\pi}$ $\hspace{2em}$ (5.89)

Die größte Energieänderung (5.19) entspricht der maximalen Fläche A_S (schraffiert) zwischen der Drehmomentenlinie und dem zu ihrer Abszissenachse parallelen Mittelwert

$$W_S = \max \int_0^{\varphi_P} (T - T_m)\,\mathrm{d}\varphi = \bar{m}_T \bar{m}_\varphi A_S \tag{5.90}$$

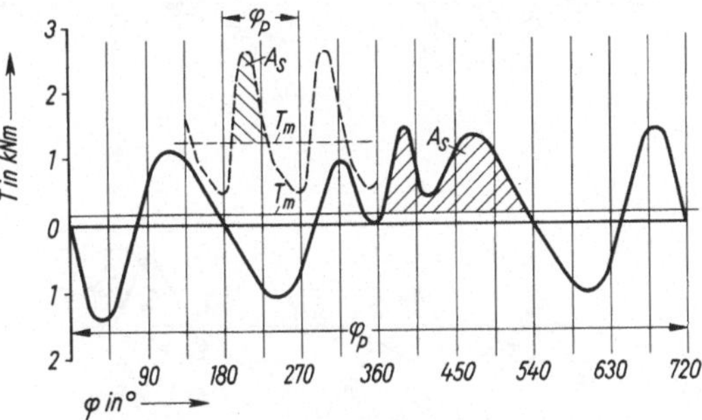

5.19 Drehmomentendiagramm eines Viertakt-Dieselmotors: $F_Z/F_o = 1{,}82$

ausgezogen: 1 Zylinder
gestrichelt: 8 Zylinder in Reihe

Das Arbeitsvermögen W_S hängt vom Arbeitsverfahren und von der Drehzahl bei Mehrzylindermaschinen auch von der Zahl und Anordnung der Triebwerke sowie vom Kurbelversatz ab.

Schwungradgröße. Aus dem Energiesatz, Gl. (5.87), ergibt sich bei einem bestimmten Arbeitsvermögen W_S des Triebwerks und bei einer vorgegebenen Drehfrequenz n das für einen gewählten Ungleichförmigkeitsgrad δ erforderliche Massenträgheitsmoment

$$J = \frac{W_S}{\delta\,\omega_m^2} = \frac{W_S}{4\,\pi^2\,\delta\,n^2} \tag{5.91}$$

wenn in die Gl. (5.87) für $\omega_{max} - \omega_{min} = \delta\,\omega_m$ und für $\omega_{max} + \omega_{min} = 2\,\omega_m$ nach Gl. (5.86) sowie für $\omega_m = 2\,\pi\,n$ eingesetzt wird.

Das Massenträgheitsmoment J umfaßt das Trägheitsmoment J_T der Triebwerke und das Trägheitsmoment J_S des Schwungrades. Der Konstruktion des Schwungrades wird demnach das Trägheitsmoment $J_S = J - J_T$ zugrunde gelegt. Langsamlaufende Einzylindermaschinen mit großem Arbeitsvermögen erhalten sehr große Schwungräder. Ihre Größe nimmt mit steigender Zylinder- und Drehzahl schnell ab.

Belastungen der Triebwerksteile (5.20). Es werden die in den Einzelteilen eines Tauchkolbentriebwerkes wirkenden Kräfte unter Vernachlässigung der Reibung ermittelt. Hierzu werden die Massen m_K des Kolbens auf den Punkt B, die Massen m_{oSt} und m_{rSt} der Schubstange auf die Punkte B und K und die Masse m_{rKW} der Kurbel auf K reduziert.

Kolben (5.20a). Auf den Kolbenboden wirkt die Stoffkraft F_S nach Gl. (5.51) und am Mantel die Normalkraft F_N nach Gl. (5.76), die den Kolben um seinen Schwerpunkt, der nicht im Punkt B liegt, kippt. Die Massenkraft des Kolbens ist mit seiner Beschleunigung a_K nach Gl. (5.35) $F_{oK} = m_K\,a_K$. Auf den Kolbenbolzen wirken die Kräfte F_{oK}, F_S und F_N. Die Bolzenkraft (5.20d) wird damit

$$F_B = \sqrt{(F_S - F_{oK})^2 + F_N^2} \tag{5.92}$$

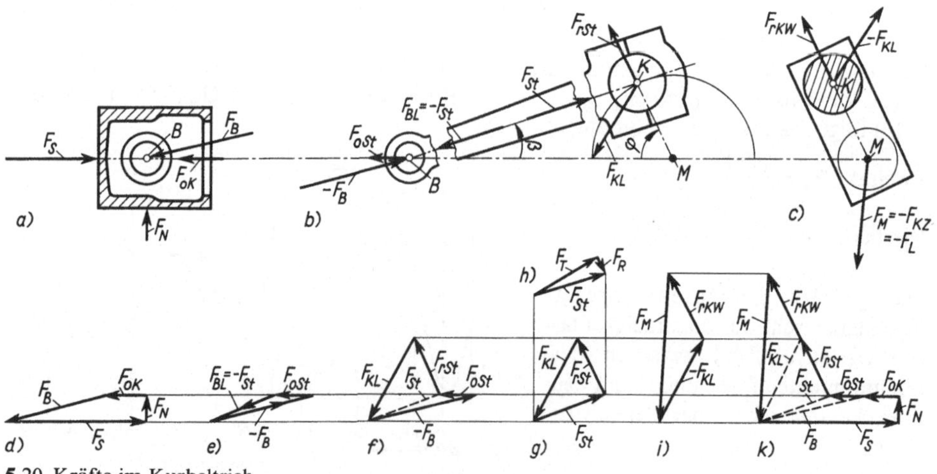

5.20 Kräfte im Kurbeltrieb

a) und d) Kolben   b), e) und f) oberer und unterer Schubstangenkopf
b) und f) Schubstange   g), h) Stangenkraftzerlegung
c) und i) Kurbel   k) gesamte Maschine

Schubstange (5.20b). Am oberen Kopf (Punkt B) greifen die Kraft $-F_B$ und die oszillierende Massenkraft der Stange $F_{oSt} = m_{oSt} a_K$ an. Da für Tauchkolbentriebwerke nach Gl. (5.65) $m_{oSt} + m_K = m_o$ ist, wird $F_o = F_{oSt} + F_{oK}$. Außerdem gilt nach Gl. (5.74) für die Kolbenkraft $F_K = F_S - F_o = F_S - F_{oSt} - F_{oK}$. Die Lagerkraft (5.20e) beträgt also

$$F_{BL} = \sqrt{(F_S - F_{oSt} - F_{oK})^2 + F_N^2} = \sqrt{F_K^2 + F_N^2} = -F_{St} \qquad (5.93)$$

Sie ist der Stangenkraft F_{St} nach Gl. (5.75) entgegengerichtet.

Der untere Kopf (Punkt K) nimmt die rotierende Kraft der Schubstange $F_{rSt} = m_{rSt} r \omega^2$ und die Stangenkraft $F_{St} = \sqrt{F_T^2 + F_R^2}$ auf. Hierbei sind F_T die Tangential- und F_R die Radialkraft, die aufeinander senkrecht stehen. Die Kraft F_R hat dabei die gleiche Wirkungslinie wie die rotierende Kraft F_{rSt}. Für die Lagerbelastung (5.20a und h) ergibt sich dann

$$F_{KL} = \sqrt{F_T^2 + (F_R - F_{rSt})^2} \qquad (5.94)$$

Der Stangenschaft wird durch die Kräfte F_{St} und $-F_{St}$ hauptsächlich auf Druck belastet.

Kurbelwelle (5.20c). Am Kurbelzapfen greifen die Massenkraft der Kurbel $F_{rKW} = m_{rKW} r \omega^2$ und die Kraft $-F_{KL}$ an. Mit der rotierenden Gesamtkraft $F_r = F_{rKW} + F_{rSt}$, die sich aus $m_r = m_{rSt} + m_{rKW}$ nach Gl. (5.64) ergibt, folgt die Kurbelzapfenbelastung (5.20i)

$$F_{KZ} = \sqrt{F_T^2 + (F_R - F_r)^2} \qquad (5.95)$$

Die Wellenzapfen werden mit der Kraft $F_M = -F_{KZ}$, die Lager mit der Kraft $F_L = F_{KZ}$ belastet. Die Kräfte F_M und F_L werden durch Gegengewichte wesentlich verringert. Bei Ausgleich der rotierenden Kräfte wird die bei hohen Drehzahlen (5.21) sonst sehr große Kraft $F_r = 0$ also $F_M = -F_{St}$ und $F_L = F_{St}$. Die Zapfenkraft F_M steht mit den am Kurbeltrieb angreifenden Kräften (5.20k) $F_K = F_S - F_{oK} - F_{oSt}$, F_N, F_{rSt} und F_{rKW} im Gleichgewicht.

Zylinder und Gestell. Der Zylinderdeckel nimmt die Kraft $-F_S$, der Zylindermantel die Kraft $-F_N$ auf. Diese Kräfte beanspruchen Zylinder und Gestell auf Zug bzw. auf Biegung. Auf das Gestell wirkt noch das Moment $-F_N (l \cos \beta + r \cos \varphi) = F_T r$, das dem von der Kurbel übertragenen Moment $T = F_T r$ nach Gl. (5.81) entgegengerichtet ist. Es wird von den Schrauben, die das Gestell mit dem Fundament verbinden, aufgenommen.

Gesamte Maschine. Gestell und Zylinder nehmen die Kräfte $-F_S$ und $-F_N$, der Kurbeltrieb (5.20k) die Kräfte F_S, $F_o = F_{oSt} + F_{oK}$, F_N und $F_r = F_{rSt} + F_{rKW}$ auf. Die für das Gleichgewicht fehlenden Kräfte $-F_o$ und $-F_r$ sind dann am Grundlager anzubringen. Die Massenkräfte F_o und F_r werden also auf das Fundament und die Umgebung übertragen.

Extremwerte. Sie sind für die Berechnung der Dauerfestigkeit maßgebend. Bei Brennkraftmaschinen treten sie oft in den Totpunkten auf, wenn die Stoffkraft F_S beim Ladungswechsel und die Abweichung ihres Maximalwertes der Zündkraft F_Z vom OT vernachlässigbar sind. In den Totpunkten ist mit $\varphi = 0$ im OT und $\varphi = 180°$ im UT nach Gl. (5.78) die Tangentialkraft $F_T = 0$ und nach Gl. (5.74) und (5.79) die Radialkraft $F_R = F_K = F_S - F_o$. Die oszillierenden Massenkräfte werden nach Gl. (5.66) bis (5.68) $F_{oOT} = P_I = P_{II}$ und $F_{oUT} = -P_I + P_{II}$. Die Kurbelzapfenbelastung des Zweitaktmotors beträgt dann mit $F_S = F_Z$ im OT und $F_S = 0$ im UT nach Gl. (5.95) mit der Abkürzung F für F_{KZ}

$$F_{OT} = F_Z - P_I - P_{II} - F_r \qquad F_{UT} = P_I - P_{II} + F_r \qquad (5.96) \ (5.97)$$

Bei der Viertaktmaschine (**5.21**) ergibt sich noch ein weiterer Extremwert im OT beim Ansaugen

$$F_{\text{OTS}} = - P_{\text{I}} - P_{\text{II}} - F_{\text{r}} \qquad (5.98)$$

Liegen die Extremwerte nicht in den Totpunkten, so sind sie aus dem Kraftverlauf (**5.21**) zu ermitteln.

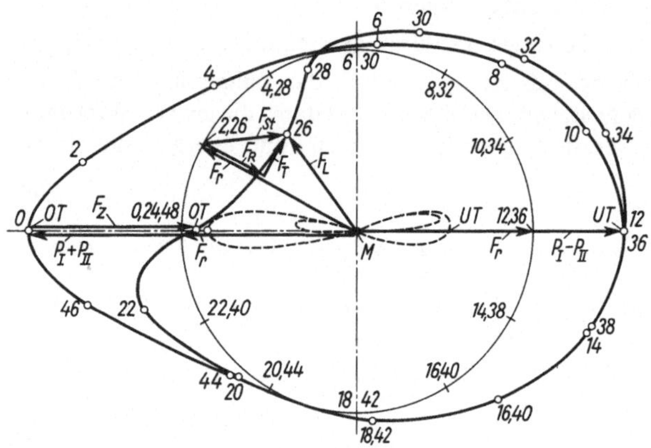

5.21
Belastung des Kurbelzapfens eines Einzylinder-Viertakt-Dieselmotors

ausgezogen: ohne Gegengewichte
gestrichelt: rotierende Massenkraft ausgeglichen

Beispiel 6. Ein Viertakt-Dieselmotor hat folgende Daten: Kolbendurchmesser $D = 75$ mm, Hub $s = 100$ mm, Schubstangenverhältnis $\lambda = 1/3{,}5$, Zünddruck $p_z = 76$ bar, oszillierende bzw. rotierende Masse $m_0 = 0{,}8$ kg bzw. $m_r = 1{,}12$ kg. Die Drehzahlgrenzen liegen bei $n_{\max} = 4000$ min^{-1} und $n_{\min} = 1000$ min^{-1}. Der Saugdruck ist $p_a = 1$ bar. Gesucht sind für die Drehzahlgrenzen die Belastungen des Wellenzapfens in den Totpunkten, ihre größte Differenz und ihr Mittelwert. Die Stoffkräfte beim Ladungswechsel sind hierbei zu vernachlässigen.

Die Zündkraft beträgt nach Gl. (5.53) mit 1 bar $= 10^5$ N/m$^2 = 10$ N/cm^2

$$F_{\text{Z}} = (p_z - p_a)\, A_{\text{K}} = (p_z - p_a)\, \frac{\pi}{4}\, D^2 = (760 - 10)\, \frac{\text{N}}{\text{cm}^2} \cdot \frac{\pi}{4}\, 7{,}5^2\, \text{cm}^2 = 33100\ \text{N}$$

Untere Drehzahlgrenze. Mit der Drehzahl $n = 1000$ min$^{-1} = 16{,}66$ s^{-1}, mit der Winkelgeschwindigkeit nach Gl. (5.2) und mit der Kurbelzapfenbeschleunigung

$$\omega = 2\pi n = 2\pi \cdot 16{,}66\ \text{s}^{-1} = 104{,}5\ \text{s}^{-1} \qquad r\omega^2 = 0{,}05\ \text{m} \cdot 104{,}5^2\ \text{s}^{-2} = 546\ \text{ms}^{-2}$$

betragen die Amplituden der Massenkräfte nach Gl. (5.67 bis 5.69)

$$P_{\text{I}} = m_o r\omega^2 = 0{,}8\ \text{kg} \cdot 546\ \text{ms}^{-2} = 437\ \text{N} \qquad P_{\text{II}} = \lambda P_{\text{I}} = \frac{437\ \text{N}}{3{,}5} = 125\ \text{N}$$

und $\qquad F_{\text{r}} = m_r r\omega^2 = 1{,}12\ \text{kg} \cdot 546\ \text{ms}^{-2} = 612\ \text{N}$

Für die Wellenzapfenbelastungen folgt damit für den OT Saugen und angenähert für den OT Zünden mit Gl. (5.96 bis 5.98)

$$F_{\text{OTS}} = - P_{\text{I}} - P_{\text{II}} - F_{\text{r}} = (- 437 - 125 - 612)\ \text{N} = - 1174\ \text{N}$$

$$F_{\text{OTZ}} = F_{\text{Z}} - P_{\text{I}} - P_{\text{II}} - F_{\text{r}} = (33100 - 1174)\ \text{N} = 31926\ \text{N}$$

für den UT gilt

$$F_{\text{UT}} = P_{\text{I}} - P_{\text{II}} + F_{\text{r}} = (437 - 125 + 612)\ \text{N} = 924\ \text{N}$$

Die größte Kraftdifferenz und ihr Mittelwert betragen dann

$$\Delta F_{K1} = F_{OTZ} - F_{OTS} = F_Z = 33\,100\ \text{N}$$

$$F_m = 0,5\,(F_{OTZ} + F_{OTS}) = 0,5\,(31\,926 - 1\,174)\ \text{N} = 15\,376\ \text{N}$$

Obere Drehzahlgrenze. Hier ist die Drehzahl viermal und die Massenkräfte sind sechzehnmal so groß wie an der unteren Grenze. Damit wird

$$P_I = 7000\ \text{N} \qquad P_{II} = 2000\ \text{N} \qquad F_r = 9800\ \text{N}$$

Für die Wellenzapfenbelastung im OT Saugen und Zünden bzw. im UT wird also

$$F_{OTS} = -P_I - P_{II} - F_r = -(7000 + 2000 + 9800)\ \text{N} = -18\,800\ \text{N}$$

$$F_{OTZ} = F_Z - P_I - P_{II} - F_r = (33\,100 - 18\,800)\ \text{N} = 14\,300\ \text{N}$$

$$F_{UT} = P_I - P_{II} + F_r = (7000 - 2000 + 9800)\ \text{N} = 14\,800\ \text{N}$$

Für die größte Kraftdifferenz und den Mittelwert ergibt sich

$$\Delta F_{K2} = F_{OTS} - F_{UT} = 2\,(P_I + F_r) = 33\,600\ \text{N}$$

$$F_m = 0,5\,(F_{OTS} + F_{UT}) = -P_{II} = -2000\ \text{N}$$

Diskussion. Das Maximum der Kraftdifferenz liegt hier bei der Höchstdrehzahl, bei welcher $\Delta F_{K2} > \Delta F_{K1}$ ist. Die Grenze liegt dann bei

$$\Delta F_{K1} = \Delta F_{K2}, \quad \text{also bei} \quad F_Z = 2\,(P_I + F_r) = 2\,(m_0 + m_r)\, r\omega^2$$

mithin bei der Drehzahl

$$n = \frac{1}{2\pi}\sqrt{\frac{F_Z}{2\,(m_0 + m_r)\, r}} = \frac{1}{2\pi}\sqrt{\frac{33\,100\ \text{kg\,m/s}^2}{2\,(0,8 + 1,12)\ \text{kg} \cdot 0,05\ \text{m}}} = 66,1\ \text{s}^{-1} = 3\,965\ \text{min}^{-1}$$

Bis zu dieser Drehzahl ist ΔF_{K1} die größte Kraftdifferenz.

5.5 Aufbau, Funktion und Gestaltung der Triebwerksteile

5.5.1 Kolben

Aufbau. Der Kolben (5.22) besteht aus Boden und Mantel. Der Boden nimmt die Stoffkräfte Gl. (5.51) auf. Der Mantel dient als Geradführung, trägt die Elemente zur Abdichtung des Arbeitsraumes, meist Ringe, und gleitet geschmiert in Zylindern oder Laufbuchsen aus perlitischem Gußeisen, Stahlguß oder Leichtmetall. Bei gasförmigen Medien wird der Kolben stark erwärmt und daher nicht nur thermisch, sondern auch mechanisch hoch beansprucht. Die Wärme wird über die Kolbenringe an die Zylinderwand abgeführt. Da der Kolben die höhere Temperatur hat, dehnt er sich stärker als der Zylinder aus. Verschiedene Kolbenspiele sind daher notwendig: das radiale Kaltspiel für die Bearbeitung und den Einbau, das Warmspiel im Betrieb, das ein Laufsitzspiel sein soll, sowie das axiale Spiel, um ein Anstoßen des Bodens an den Deckel zu verhüten.

Bauarten. Die Grundformen sind der Tauch-, Scheiben-, Plunger- und der gebaute Kolben. Der Scheibenkolben (5.22 a), dessen Bohrung die Kolbenstange aufnimmt, wird bei doppeltwirkenden Kreuzkopftriebwerken verwendet.

Gebaute Kolben sind aus mehreren Scheiben zur Aufnahme ungeteilter Dichtelemente, wie Kohleringe oder Gummimanschetten, zusammengeschraubt. Beim Hydraulikkolben (5.22 b) dichten die Nutringmanschetten 1 mit den Stützringen 2 den Zylinder und der Gummiring 3 die Stange ab. Der Plungerkolben (5.22 c) gleitet in der Führungsbuchse 4 des Zylinders 5. Sein glatter Mantel 6 wird durch die über eine Brille 7 von außen nachstellbare Packung 8 abgedichtet. Wegen des hierfür langen Mantels ist er schwer und nur für die Hydraulik brauchbar.

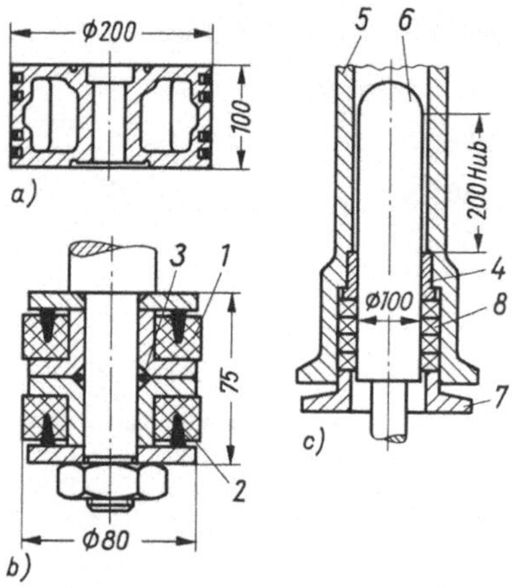

5.22 Kolbenformen

  a) Scheibenkolben eines Verdichters
  b) gebauter Hydraulikkolben
  c) Plungerkolben einer Preßpumpe

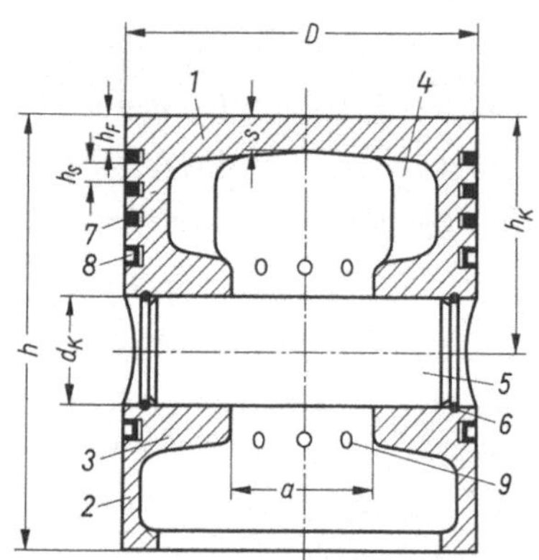

5.23 Kolben eines Verbrennungsmotors mit Hauptabmessungen

Tauchkolben. Der Kolbenkörper (5.23) mit dem Boden 1, dem Mantel 2, den Augen 3 und den Rippen 4 nimmt den Bolzen 5 mit seinen Sicherungen 6 sowie die Verdichtungsringe 7 und die Ölabstreifer 8 mit ihren Abflußbohrungen 9 auf. Als Werkstoff dient neben Stahl und perlitisches Gußeisen auch Aluminium mit Silizium-, Mangan- und Nickelzusätzen. Es zeichnet sich durch eine geringe Dichte $\approx 2{,}85\ \text{g/cm}^3$, gute Wärmeleitfähigkeit $\approx 125\ \text{W/(mK)}$ und eine hohe Wechselbiegefestigkeit $\approx 80\ \text{N/mm}^2$ aus. Die hohe Wärmedehnzahl von $\approx 2 \cdot 10^{-5}\ \text{1/K}$ erfordert aber besondere konstruktive Maßnahmen [2].

Gestaltung des Tauchkolbens. Der Kolbenboden (5.23) geht zur Abfuhr der Wärme, nach außen stärker werdend, mit großer Rundung in den Mantel über. Der Boden nimmt häufig Mulden für die Ventile und den Brennraum und bei größeren Abmessungen eingegossene Schlangen für die Ölkühlung auf. Der Mantel (5.23) ist oben zur Aufnahme der Kolbenringe, unten zum Einspannen bei der Bearbeitung verstärkt. Seine Länge ist durch die Flächenpressung von $\approx (0{,}4 \cdots 1)\ \text{N/mm}^2$ infolge der Normalkraft, s. Gl. (5.76), festgelegt. Die Bolzenaugen (5.23) sind am Mantel angegossen. Da sie durch die Bolzenkraft nach Gl. (5.92) stark auf Biegung belastet werden, sind sie durch Rippen gegen den Kolbenboden abgestützt. Das radiale Laufspiel, bedingt durch den Temperaturverlauf (5.24 a), erfordert einen Formschliff oder dehnungsregelnde Glieder. Beim Formschliff (5.24 b) ist der Längsschnitt des Kolbens ballig ausgeführt. Der Durchmesser wird der im Betrieb zu erwartenden Temperaturverteilung angeglichen und zum höchsten Temperaturpunkt, zum

Kolbenboden hin, kleiner gehalten. Der Querschnitt ist dabei ein Oval, dessen kleinster Durchmesser in der sich am stärksten dehnenden Bolzenachse C liegt. Beim Autothermikkolben (5.24 c) bilden die Wand aus Auluminium und die darin eingegossenen Bleche 1 einen Bimetallstreifen. Dieser verringert die Dehnung senkrecht zur Bolzenachse, die sich sonst auf die Strecke $2a + b$ auswirkt, auf die Länge $2a$.

Entwurfsmaße. Die Kolben der Verbrennungsmotoren werden meist vom Kolben- und Motorenhersteller gemeinsam entwickelt, da eine Reihe von Versuchen notwendig sind, um unerwünschte Spannungen und Verformungen des Kolbens auszuschließen. Für den Vorentwurf sind in Tafel 5.1 die Hauptmaße des Kolbens (5.23) als Funktion seines Außendurchmessers D angegeben. Nach Fertigstellung einer Entwurfszeichnung müssen noch Kontrollrechnungen, z. B. für den Kolbenbolzen, erfolgen.

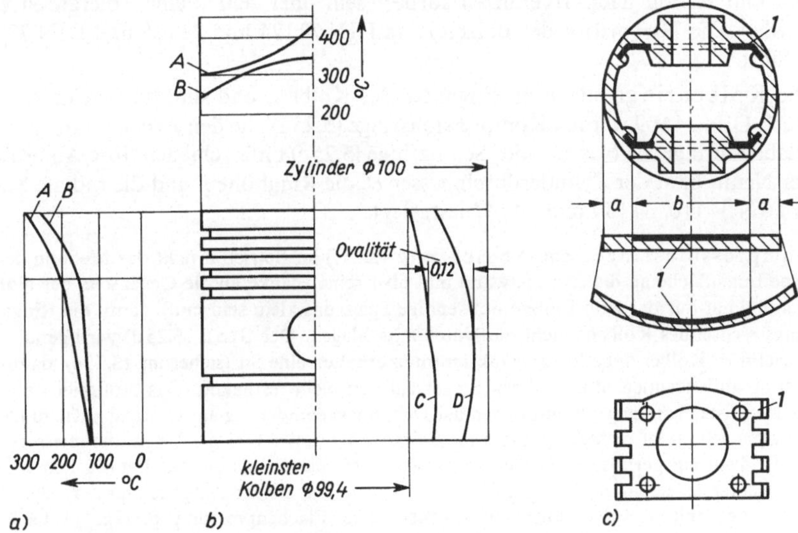

5.24 Temperaturen und Spiele der Kolben

    a) Temperaturverlauf im Aluminiumkolben; A Diesel-, B Ottomotor
    b) Laufsitzspiel beim Ottomotor (C in der Bolzenachse, D senkrecht dazu)
    c) Autothermikkolben
      1 Blecheinlage

Tafel 5.1 Kolbenabmessungen s. Bild (5.23) nach Mahle

Bezeichnung	Formelzeichen	Ottomotor	Dieselmotor
Gesamthöhe	h/D	0,9 ⋯ 1,3	1,1 ⋯ 1,6
Kompressionshöhe	h_K/D	0,4 ⋯ 0,6	0,55 ⋯ 0,85
Augenabstand	a/D	0,3 ⋯ 0,4	0,3 ⋯ 0,4
kleinste Bodendicke	s/D	0,05 ⋯ 0,07	0,08 ⋯ 0,25
Feuersteghöhe	h_F/D	0,06 ⋯ 0,1	0,1 ⋯ 0,16
Steghöhe	h_S/D	0,03 ⋯ 0,06	0,04 ⋯ 0,07
Kolbenbolzendurchmesser	d_K/D	0,26 ⋯ 0,28	0,33 ⋯ 0,4
Anzahl der Kompressionsringe		2 ⋯ 3	3 ⋯ 4
Ölabstreifringe		1 ⋯ 2	2

Kolbenzubehör. Hierzu zählen die Kolbenbolzen mit ihren Sicherungsringen sowie die Kolbenringe. Der Kolbenbolzen ist in Augen gelagert, nimmt den Schubstangenkopf auf und wird zur Gewichtsersparnis hohlgebohrt. Als Werkstoffe dienen Einsatz- und Vergütungsstähle, um bei größter Steife die hohen Beanspruchungen durch Biegung und Flächenpressung infolge der Bolzenkraft nach Gl. (5.92) aufzunehmen. Die Oberflächen sind gehärtet und mit Rauhtiefen von $\approx 0{,}3\ \mu m$ feinstbearbeitet, da das Bolzenlager in der Schubstange nur kleine Pendelbewegungen bei sparsamster Schmierung ausführt. Das Bolzenspiel in den Augen nimmt bei Kolben aus Leichtmetall im Betrieb durch Erwärmung zu. Der Bolzen schwimmt also und wird durch Spreng- oder Federringe gegen Anlaufen am Zylinder gesichert. Die Passungen sind so bemessen, daß die Bolzen in den auf $\approx 60\,^{\circ}C$ erwärmten Kolben mit der Hand eingedrückt werden können. Dazu müssen Kolben und Bolzen nach Toleranzen sortiert sein oder sehr kleine Toleranzen eingehalten werden. Die Normung der Bolzen ist in DIN 73124 und 73125 und DIN 73126 durchgeführt.

Die Kolbenringe sitzen in Ringnuten des Kolbens und sind für den Einbau geschlitzt. Nach DIN 34109 werden Kompressionsringe (5.25a), die den Arbeitsraum abdichten, und Ölabstreifringe als Nasen- oder Schlitzringe (5.25c) unterschieden. Ihre Abmessungen, wie der Nenn- bzw. der Zylinderdurchmesser D, die Ringhöhe h und die radiale Stärke a sind in DIN 34110, 34130 und 34147 festgelegt.

Kompressionsringe. Zur Abdichtung (5.25f) im Betrieb drückt das Medium den Ring über seine Innenfläche an die Zylinderwand und über seine Flanke an die Gegenseite der Nut. Die axiale Passung hat nur das zum Einbau notwendige Spiel, das klein sein muß, damit die Ringe beim Richtungswechsel des Kolbens nicht die Nuten ausschlagen. Der Stoß (5.25d) wird gerade oder schräg ausgeführt. Kolbenringe für Zweitaktmotoren erhalten eine Stiftsicherung (5.25e), damit sich die im Betrieb aufbiegenden Stöße an den Steuerschlitzen nicht festhaken. Das Stoßspiel s darf wegen der Leckverluste nicht zu groß und wegen der Dehnungsbehinderung am Umfang nicht zu klein sein. Der Ringquerschnitt ist rechteckig und seine Stärke a beträgt $\approx 1/25$ des Nenndurchmessers. Als Werkstoff dient ein perlitisches Gußeisen, dessen Härte kleiner als die der Laufflächen ist, so daß sich die leichter ersetzbaren Ringe schneller abnutzen. Die Biegebeanspruchung ist beim Überstreifen der Ringe mit $\approx 400\ N/mm^2$ am größten. Die Flächenpressung beträgt je nach Ringgröße $p = (0{,}04 \cdots 0{,}2)\ N/mm^2$. Sie bestimmt den Reibungsverlust der Ringe, der bis zu 10 % der Zylinderleistung ansteigt. Um ein Verformen der Nuten zu vermeiden und die Ölkoksbildung zu mildern, liegt der oberste Ring im Kolbenmantel, um die Feuersteghöhe h_F (5.23) von der oberen Kolbenkante entfernt. Dann folgen ein bis zwei weitere Ringe mit dem Abstand der Steghöhe h_S (5.23). Zur Verkürzung der Einlaufzeit werden Minutenringe (5.25b) nach DIN 34111 verwendet.

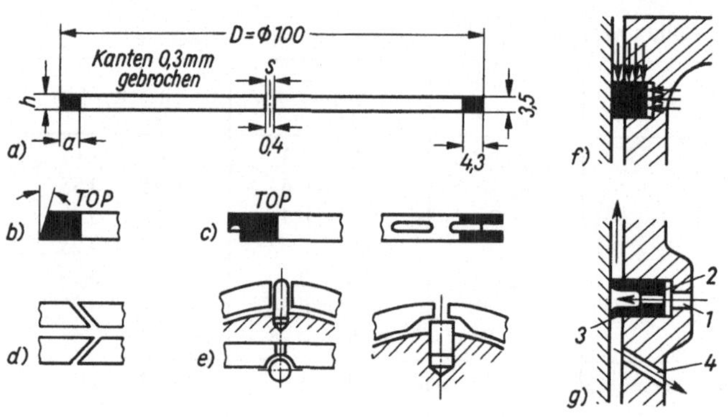

5.25 Kolbenringe

Ölabstreifringe. Zur Schmierung (5.25 g) verteilen sie beim Hingang das Spritzöl vom Innern des Kolbens über die Bohrungen 1 und die Ringschlitze 2 an die Zylinderwand. Dabei schabt die Ringkante 3 das Öl, das durch die Bohrungen 4 abfließt, von der Wand ab. Üblich sind ein Ring oberhalb und oft ein zweiter unterhalb des Bolzens (5.23). Der untere Ring darf dabei mit seiner oberen Kante im *UT* die Zylinderunterkante nicht überschleifen, da sonst der Kolben festhakt.

Gestaltungsbeispiel. Der Tauchkolben (5.26) eines luftgekühlten Viertakt-Ottomotors der Leistung 4,5 kW je Triebwerk bei der Drehzahl 3 000 min^{-1} hat den Durchmesser 72 mm und den Hub 72 mm. Weitere Daten sind: die Zündkraft $\approx$ 2300 N, die Massenkraft im $OT \approx$ 1 500 N, die mittlere Temperatur am Rand des Bodens $\approx$ 250 °C und die Temperatur in der Kolbenbodenmitte $\approx$ 360 °C. Als Werkstoff dient eine Aluminiumlegierung mit 12 % Silicium und je 1 % Kupfer, Nickel und Magnesium. Der Boden 1 ist nach außen hin verstärkt und hat in der Mitte eine Zentrierung zur Bearbeitung. Der Kolbenmantel 2 trägt zwei Kompressionsringe 3 und einen Ölabstreifer 4 und ist mit Formschliff versehen. Die Bolzenaugen 5 sind mit je zwei Rippen 6 gegen den Kolbenmantel abgestützt. Der Kolbenbolzen ist schwimmend gelagert. Seine Achse 7 ist um 1,5 mm desaxiert bzw. gegenüber der Mittellinie versetzt, um Geräusche und Ölkoksbildung zu vermeiden. Das Schmieröl für den Ölabstreifer fließt über die Bohrungen 8 zu und über 9 ab. Der Bolzen wird über die Bohrung 10 geschmiert.

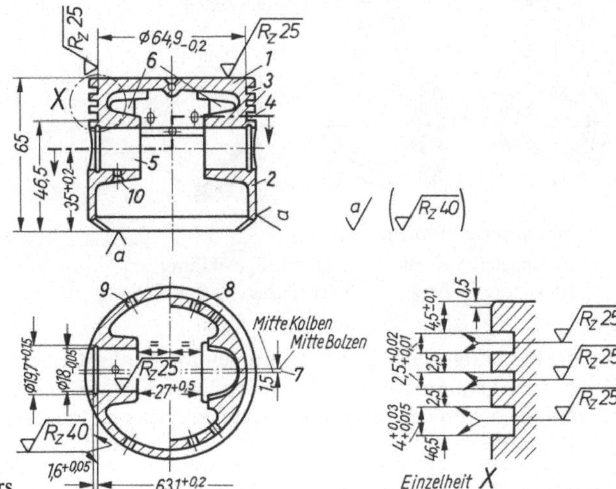

5.26
Kolben eines Viertakt-Ottomotors

5.5.2 Schubstangen

Die Schubstange überträgt die Stangenkraft vom Kolben auf die Kurbelwelle und vergrößert die Massenkraft im Triebwerk. Die Hauptteile (5.27) bilden der obere Kopf 1, mit dem Kolbenbolzenlager 2 und der untere Kopf 3 mit dem Kurbelzapfenlager 4. Die Köpfe sind durch den Schaft 5 verbunden und können geteilt werden. Die abgetrennten Teile, die Deckel, werden durch Dehnschrauben mit der restlichen Kopfhälfte (5.27 b bis d) verbunden. Die umlaufende Stange wird von einer geigenförmigen Kurve (5.28) eingehüllt. Diese stellt den Grundriß der im Gestell und Zylinder für das Triebwerk reinzuhaltenden Räume dar.

Köpfe. Die einfachste Form einer Schubstange entsteht durch ungeteilte Köpfe (5.27 a). Sie erfordert aber Stirnkurbeln (5.30 e) oder gebaute Kurbelwellen (5.30 d), die in der Herstellung und Montage kompliziert sind.

Daher wird der untere Kopf (5.27 b und c) meist geteilt ausgeführt, um Kurbelwellen aus einem Stück (5.30 a bis c) zu verwenden. Schräge Teilungen (5.27 c) erhalten oft die wegen der großen Zündkräfte sehr starken Köpfe der Dieselmotoren. Die Stangen lassen sich dann durch die Zylinderbohrungen ausbauen. Eine Gabelung (5.27 d) der oberen bzw. der unteren Köpfe kommt bei Kreuzkopf bzw. bei V-Maschinen vor [12; 13]. Die Dehnschrauben zur Befestigung der Deckel (5.27 b und c) sind meist Kopfschrauben, die mit dem Stangenkopf verschraubt oder als Durchsteckschrauben ausgebildet werden. Zur Zentrierung der Deckel dienen bei Durchsteckschrauben Paßbunde an der Teilfuge. Sonst sind Paßstifte in den äußeren Ecken der Teilfuge, bei schräggeteilten Köpfen auch verzahnte Teilfugen üblich.

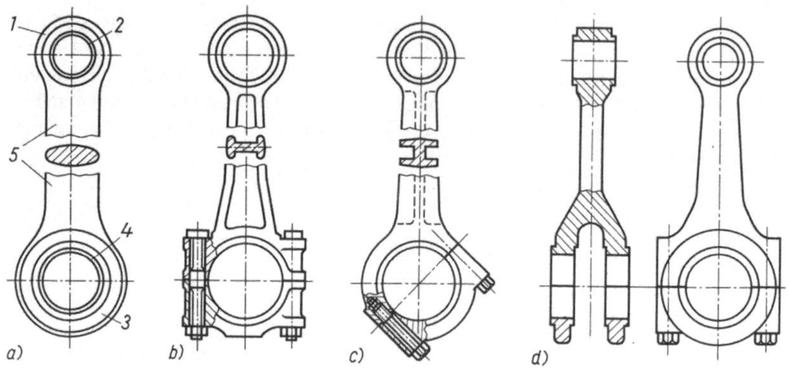

5.27 Schubstangenformen

a) ungeteilte Köpfe   c) schräge Teilung
b) gerade Teilung   d) Gabelung und Teilung

Schaft. Bei Langsamläufern mit geringen Massenkräften erhält der Schaft einen Rechteck-, Kreis- oder Ovalquerschnitt. Bei Schnelläufern ist der I- oder H-Querschnitt (**5.27** b und c) gebräuchlich, von denen der erste geringere Massen, der zweite aber bessere Übergänge zu den Köpfen hat.

Gestaltung der Schubstange. Hierfür sind Herstellung, Kraftfluß, Masse und Lagerung maßgebend.

Herstellung. Sie richtet sich nach den Werkstoffen, wie Einsatzstahl, Gußeisen mit Kugelgraphit, ferritischer Stahlguß oder auch Leichtmetall. Stahlstangen werden im Gesenk, für das der I-Querschnitt zweckmäßige Formen ergibt, mit einem Schmiedeanzug von $5° \cdots 10°$ geschlagen. Die Kerbempfindlichkeit des Stahles soll gering sein. Der Rohling darf keine Kerbrisse oder Quetschfalten enthalten. Einfache, aus Stahlplatten gebrannte Stangen haben einen Rechteckquerschnitt. Stangen von Großmaschinen, die in der Freiformschmiede hergestellt werden, erhalten Kreisquerschnitte. Schubstangen aus Gußeisen sind, wegen der geringen Zugfestigkeit, nur bei Zweitaktmaschinen üblich. Eine spanabhebende Bearbeitung erfolgt bei kleineren Stangen nur an den Bohrungen und Anlaufflächen für die Lager, an den Löchern und Auflagen der Schrauben, sowie den Teilfugen. Massenunterschiede der einzelnen Stangen werden an Bearbeitungszusätzen ausgeglichen.

Kraftfluß und Masse. Der Kraftfluß verlangt einen zu den Köpfen hin erweiterten Schaft mit weit ausgerundeten Übergängen, die besonders beim H-Querschnitt möglich sind. Schäfte mit kleinen Köpfen und geringen Massen ermöglicht der I-Querschnitt. Hierbei werden lange, schlanke Dehnschrauben aus hochlegierten Stählen ganz nahe an die Lager gelegt.

Lagerung. Um Kantenpressungen und damit Heißlaufen der Lager zu vermeiden, müssen ihre Bohrungen genau parallel sein und dürfen sich, trotz exakter Bearbeitung, im Betrieb nicht verziehen. Dies setzt eine hohe Steifigkeit der Stange voraus.

Gleitlager. Sie bestehen aus einer Stahlstützschale von ≈ 2 mm Dicke, auf die eine 0,25 bis 0,5 mm dicke Laufschicht aufgebracht ist. Diese Bauweise ergibt kleine Köpfe.

Das Kolbenbolzenlager, eine in den oberen Pleuelkopf eingepreßte Buchse, besitzt eine Laufschicht aus Guß-Zinnbronze. Zur Schmierung wird das Spritzöl im Kolbeninnern durch Bohrungen oder durch eine Ausfräsung (5.29) im Kopf aufgefangen und zum Lager geleitet. Zweckmäßiger ist jedoch der Anschluß an die Umlaufschmierung über eine Längsbohrung durch die Stange, die, falls erforderlich, dazu mit einer Wulst verstärkt werden muß.

Das Kurbelzapfenlager erhält i. allg. eine Laufschicht aus Weißmetall oder Bleibronze. Im geteilten Kopf (5.29) werden die Lagerhälften durch je eine Nase, die in eine Ausfräsung des Kopfes eingreift, gesichert. Das Schmieröl wird über Bohrungen durch die Kurbelwelle mittels Umlaufschmierung zugeführt.

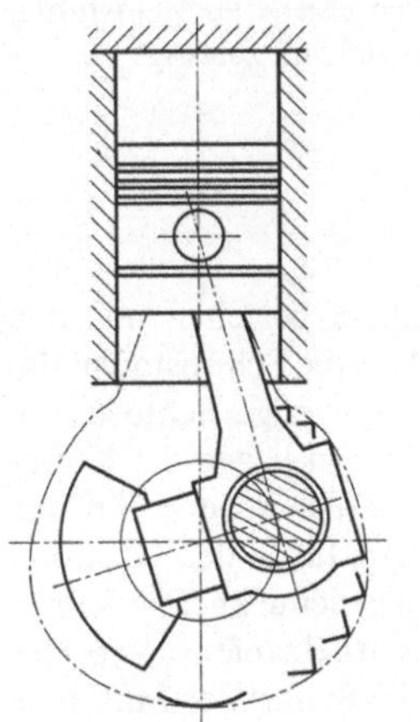

5.28 Platzbedarf der umlaufenden Schubstange

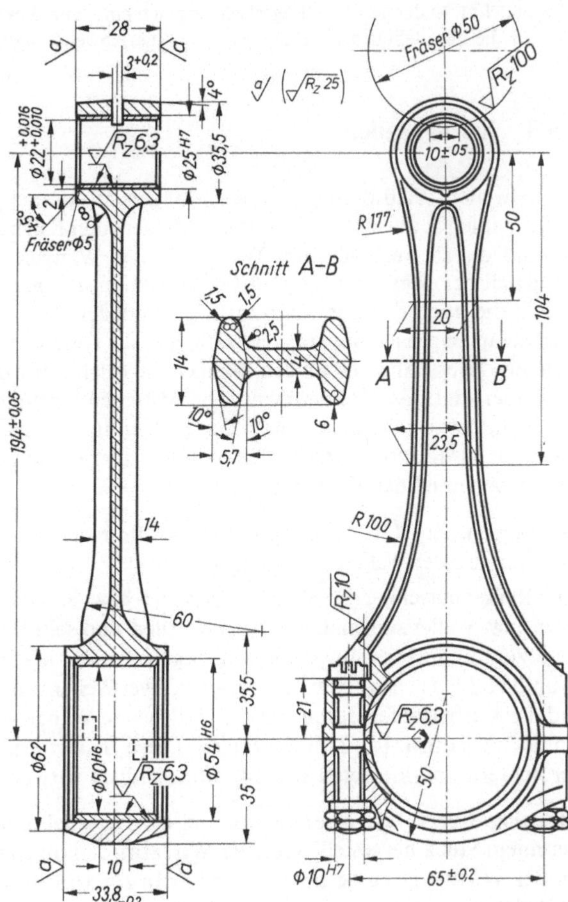

5.29
Schubstange eines Viertakt-Dieselmotors (Daimler-Benz AG)
(s. Bild **5.35**)

Wälzlager ergeben, selbst wenn ihre durch Käfige geführten Rollkörper in den gehärteten Bohrungen der Stange oder auf den Bolzen bzw. Zapfen laufen, größere Schubstangenköpfe.

Die Kolbenbolzen sind meist mit Nadellagern, die Kurbelzapfen mit Zylinderrollenlagern versehen. Sie erfordern ungeteilte Köpfe, wenn auf die Laufringe verzichtet wird. Zur Schmierung der Wälzlager genügt Spritzöl.

Gestaltungsbeispiel. Die Schubstange (5.29) gehört zu einem Viertakt-Dieselmotor mit der Leistung 7,5 kW pro Triebwerk, bei der Drehzahl 3000 min^{-1}. Der Zylinderdurchmeser beträgt 75 mm, der Hub 100 mm. Die Zündkraft ist 25000 N, die rotierende Massenkraft 2500 N und die oszillierende Kraft im OT 1500 N. Der Schmiederohling aus dem Einsatzstahl Ck 45 muß frei von Schmiedefalten und Kerbrissen sein. Der Schaft hat einen I-Querschnitt mit 10° Schmiedeanzug und geht, dem Kraftfluß entsprechend, im weiten Bogen auf die Köpfe über. Im oberen Kopf ist eine 1,5 mm dicke Bronzebuchse eingepreßt und in den Nuten verstemmt. Ihre gerollte Lauffläche hat die zulässige Rauhtiefe 6 µm. Zur Schmierung wird Spritzöl über eine 3 mm breite Ausfräsung zugeführt. Beim unteren Kopf mit gerader Teilung wird der Deckel durch zwei Paßschrauben mit Dehnschaft gehalten und zentriert. Am Schraubenkopf sitzt eine Kerbverzahnung, die sich zur Drehsicherung in den Schubstangenkopf eingräbt. Die Zugmutter hat das Anzugmoment 35 Nm, das die Schraube um 0,1 mm dehnt. In der gerollten Lagerbohrung sitzt ein 2 mm dickes, mit Nasen gesichertes Mehrstofflager. Für die Parallelität der Lagerbohrung ist die Abweichung 0,1 mm auf 100 mm zulässig.

5.5.3 Kurbelwellen

Kurbelwellen (5.30a) sind aus Kröpfungen zusammengesetzt. Diese bestehen aus den Wellenzapfen 1, die in den Grundlagern liegen, den Kurbelzapfen 2 für die Schubstangenlager und die sie verbindenden Wangen 3. Die Wangen tragen die Gegengewichte 4 zum Ausgleich der Massenkräfte und Momente. An den Kurbelwellenenden liegen die Kupplung 5, die auch das Schwungrad trägt, und der Zapfen 6 für die Hilfsantriebe. An den Kurbelzapfen greifen die Stangenkräfte und die rotierenden Massenkräfte, in den Grundlagern die Lagerkräfte und an den Wangen die Fliehkräfte der Gegengewichte an. Die Kupplung überträgt das Drehmoment. Die Mittenentfernung zweier Kurbelzapfen entspricht dem Zylinderabstand a, der durch den Kolbendurchmesser D und die Bauart der Maschine bestimmt wird. Er beträgt $a = (1,2 \cdots 1,6)\,D$. Der Abstand der Mittellinien von Wellen- und Kurbelzapfen ist der Kurbelradius r.

Kröpfungen. Zur Übertragung großer Kräfte eignet sich eine Welle, deren Kurbelzapfen zwischen je zwei Wellenzapfen liegen (5.30a).

Eine Reihenmaschine (5.3a) mit z Zylindern bzw. Kurbelzapfen besitzt dann $z + 1$ Grundlager bzw. Wellenzapfen. Diese Kurbelwellen sind sehr biege- und torsionssteif und werden bevorzugt in Verbrennungsmotoren eingebaut. Für kleinere Kräfte (5.30b) und gerade Zylinderzahlen genügt es, wenn zwischen zwei Wellenzapfen zwei Kurbelzapfen angeordnet und die Kurbelzapfen durch eine schrägliegende Wange verbunden werden. Die Reihenmaschine hat dann $1 + z/2$ Wellenzapfen. Diese Bauart erfordert steife Gestelle. Sie wird bei Verdichtern und kleineren Brennkraftmaschinen verwendet.

Lagerung. Für Gleitlager (5.30a und b), die beliebig teilbar sind, wird die Kurbelwelle aus einem Stück hergestellt. Geteilte Wälzlager nutzen sich an ihren Fugen oft zu schnell ab. Bei Wälzlagerung in den Grundlagern (5.30c) sind die Wellenzapfen 1 über die Kurbelzapfen 2 hinaus erweitert und übernehmen gleichzeitig die Funktion der Wangen.

Die Kurbelwelle wird dann bei Verwendung von ungeteilten Zylinderrollenlagern mit den Laufringen zusammen ausgebaut. Zum Ausgleich der Massenkräfte sind die Kurbelzapfen hohl, und die Wellenzapfen erhalten zusätzliche Bohrungen. Bei vollständiger Wälzlagerung (5.30 d) ist eine gebaute Kurbelwelle notwendig. Ihre Elemente, hier die Wange 7 mit Kurbelzapfen und Ansatz sowie Bohrung für den Wellenzapfen bzw. Wange 8 mit Bohrung für den Kurbelzapfen und festem Wellenzapfen ermöglichen nach dem Auseinanderbau das Abziehen der Lager. Die Elemente werden durch Schrauben oder Schrumpfverbindungen bzw. mit Hirth-Verzahnungen zusammengehalten. Das Auswechseln der Lager ist hierbei sehr schwierig, besonders da die Wangen wieder neu ausgerichtet werden müssen.

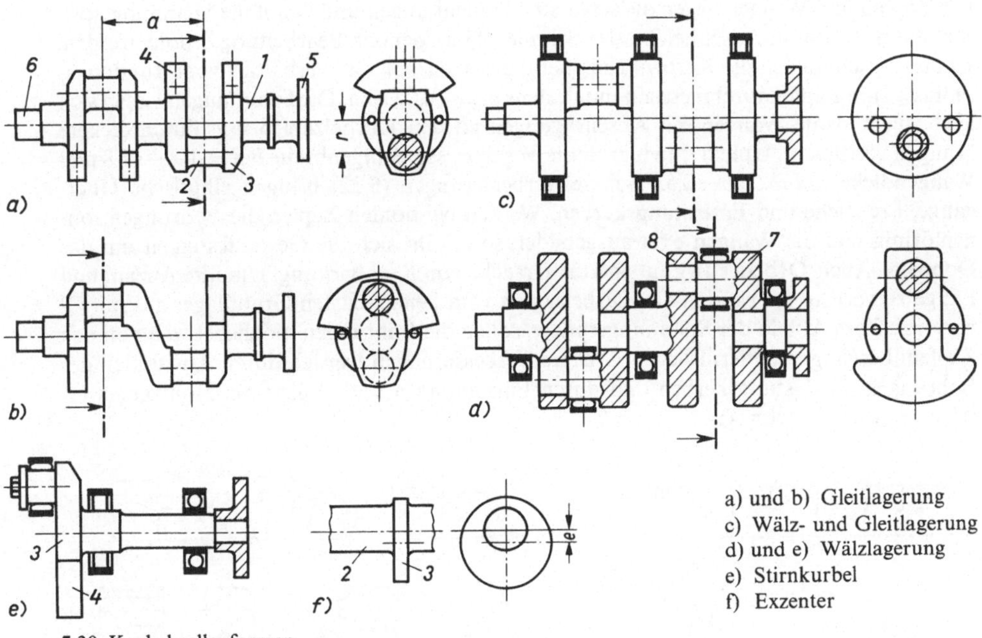

a) und b) Gleitlagerung
c) Wälz- und Gleitlagerung
d) und e) Wälzlagerung
e) Stirnkurbel
f) Exzenter

5.30 Kurbelwellenformen

Sonderbauarten. Die Stirnkurbel (5.30e) ermöglicht Gleit- und Wälzlagerung. Die einzige Wange 3 muß hierfür jedoch kräftig ausgebildet werden.

Beim Exzenter (5.30f) ist der Kurbelzapfen 3 über den Wellenzapfen 2 hinaus erweitert und ersetzt gleichzeitig die Wange. Diese Bauart wird für sehr kleine Kurbelradien bzw. Exzentrizitäten e verwendet.

Herstellung. Maßgebend hierfür sind Werkstoff und Form der Kurbelwelle. Geschmiedete Wellen (5.30a und b) aus Einsatz- und Vergütungsstahl werden meist in mehreren Gesenken hergestellt. Ihre Lagerzapfen werden gehärtet. Um die spanabhebende Bearbeitung einzuschränken, bleiben Wangen und angeschmiedete Gegengewichte meist roh. Gegossene Kurbelwellen (5.31) aus Gußeisen mit Kugelgraphit, ferritischem Stahl- oder Temperguß lassen sich wegen der leichteren Verformbarkeit des Werkstoffes freier gestalten. Sie erfordern aber mehr Bearbeitung. Durch bessere Gestaltung können sie trotz der geringeren Belastbarkeit der Werkstoffe die erforderlichen Beanspruchungen aufnehmen.

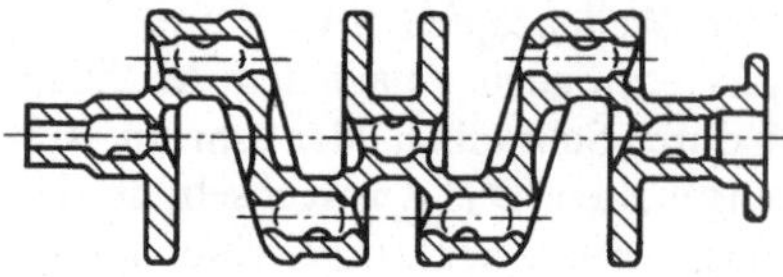

5.31
Gegossene Kurbelwelle nach Thum

Gestaltfestigkeit. Sie hängt vom Kraftfluß in der Kurbelwelle ab. An den Übergängen von Zapfen und Wangen liegen die schärfsten Umlenkungen und damit die Spannungsspitzen, die noch durch Anschneiden der Schmiedefaser bei der Bearbeitung erhöht werden. Um an diesen Stellen die Kerbwirkung herabzusetzen, soll das Verhältnis vom Rundungsradius ϱ zum Zapfendurchmesser d mindestens $\varrho/d = 0{,}05$ sein. Die Spannungen lassen sich auch durch ovale Wangen mit Abschrägungen an den Kurbelzapfen und durch dickere Wangen verringern. Üblich sind hierfür die Verhältnisse Wangenbreite $b/d = 1{,}2 \cdots 1{,}8$ und Wangendicke $h/d = 0{,}3 \cdots 0{,}5$. Weitere Verbesserungen (5.32) bringen elliptische Übergänge, Freistiche und Entlastungskerben. Werden bei hohlen Zapfen die Bohrungen tonnenförmig und die Wangen oval ausgebildet, so erhöht sich die Gestaltfestigkeit um das Doppelte. Auch Ölbohrungen sind die Ursache von Kerbwirkung. Um ihre Anzahl und Länge zu verringern, werden die Kurbelzapfen vom benachbarten Grundlager aus mit Öl versorgt. Zum Abbau der Spannungsspitzen sollen die Bohrungen möglichst weit von den Zapfenübergängen entfernt liegen. Weitere Verbesserungen werden durch Ausrunden der Bohrungen, Entlastungskerben und durch Einziehungen und Wülste bei Hohlzapfen erreicht (s. auch Abschn. 1).

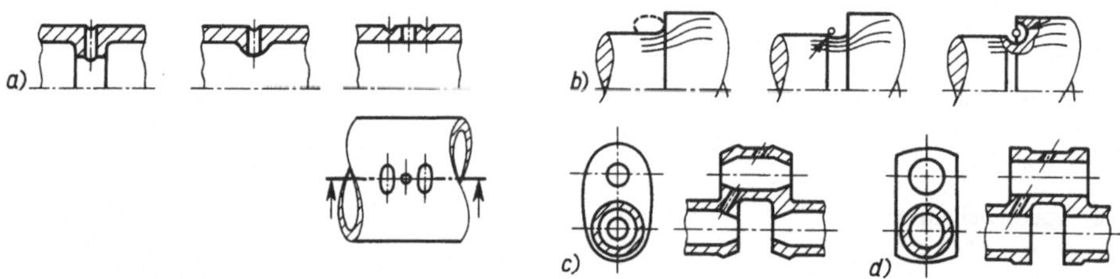

5.32 Maßnahmen zur Erhöhung der Festigkeit
    a) Einziehung. Wulst und Entlastungskerben für Ölbohrungen
    b) Elliptischer Übergang und Freistiche nach DIN 509
    c) und d) Verbesserung der Gestaltfestigkeit nach Mickel bei c) 120 N/mm², bei d) 60 N/mm²

Gestaltungsbeispiel. Die Kurbelwelle (5.35) aus dem Einsatzstahl Ck 45 ist im Gesenk geschmiedet. Sie ist zweimal im geteilten Gehäuse gelagert und nimmt zwei Schubstangen (5.29) auf. Die Wellen- und Kurbelzapfen sind gehärtet. Ihre Radien zu den Wangen bleiben aber weich, um Kerbwirkung zu verhüten. Der Wellenzapfen 1 nimmt das Los-, der Zapfen 2 das Festlager auf. Von den geraden Wangen 3 und 4 ist wegen der zusätzlichen Stoßbeanspruchung des schweren Schwungrades die Wange 4 verstärkt. Die angeschmiedeten Gegengewichte 5 und 6, von gleicher Dicke wie die Wangen, gleichen die rotierenden Momente und 50% der Momente I. Ordnung aus. Dabei hat das Gewicht 6 einen Absatz, damit es nicht an die Ölleitung anstößt. Die mittlere Wange 7 liegt schräg und ist, um der

Kurbelwelle die nötige Steife zu geben, kräftig ausgebildet. Der angeschmiedete Flansch 8 trägt das Schwungrad, das die Kupplung aufnimmt. Auf den linken Zapfen 9 werden die Riemenscheibe für den Lüfter und das Zahnrad zum Nockenwellenantrieb aufgesetzt. Das Öl wird über die Bohrungen 10 von den Wellenzapfen- zu den Kurbelzapfenlagern geführt. Zur Erhöhung des Öldurchsatzes, also zur Verbesserung der Abfuhr der Reibungswärme, sind die geraden Wangen oben am Kurbelzapfen bei 11 angeschnitten. Zur Abdichtung des Kurbelraumes dient der Dichtring 12. Eine Förderschnecke 13 transportiert das sich hier ansammelnde Öl an den Spritzring 14, der es in den Kurbelraum zurückschleudert. (Darstellung der geschnittenen Kurbelwelle (5.35) s. Bild **5.36**.)

5.6   Festigkeitsberechnung der Triebwerksteile

Hierzu dienen heute „Finite Elemente" (**5.33**), meist in Schalenform, deren Zusammenhang durch die Randbedingungen ihrer Differentialgleichungen gegeben ist [10]. Sie erfordern aber einen großen Rechenaufwand, also komplizierte Computerprogramme. Daher werden hier nur die einfachsten Berechnungsverfahren für den Konstrukteur zur Vorausbestimmung der Abmessungen angegeben. Zusätzlich sind aber Festigkeitskontrollen mit den „Finiten Elementen" und die Berechnung der Lager nach der hydrodynamischen Theorie notwendig [2]; [9]. Da die Triebwerksteile wechselnd mit Verspannung belastet sind, müssen für die Berechnung der Dauerfestigkeit [8] die Ober- und Unterspannungen und dazu die maximalen und minimalen Kräfte ermittelt werden (s. Abschn. 5.4.3).

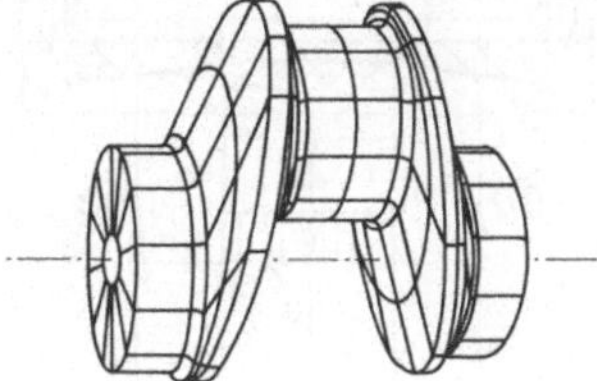

5.33
Aufteilung einer Kurbelkröpfung in finite Elemente

5.6.1   Kolben

Kolbenkörper. Der Boden wird auf Biegung wie eine Platte mit konstanter Druckbelastung beansprucht. Diese ist bei Tauchkolben am Rande, bei Scheibenkolben in der Mitte eingespannt. Die Beanspruchung des Mantels entspricht der eines Rohres mit äußerem Überdruck. Die Flächenpressung durch die Normalkraft soll $(0{,}4 \cdots 1{,}0)\,\mathrm{N/mm^2}$ nicht übersteigen. Wegen der schwer erfaßbaren Wärmespannungen sind für den Kolbenentwurf meist Erfahrungswerte nach Tafel **5.1** üblich, die am ausgeführten Kolben durch Versuche überprüft werden.

Kolbenbolzen. (**5.34 a**). Die Bolzenkraft F_B nach Gl. (5.92) beansprucht den Bolzen mit dem Durchmesser D und der Bohrung d auf Biegung. Der Bolzen entspricht einem Balken auf zwei Stützen, dessen Lagerentfernung l gleich dem Abstand der Mitten der Berührungsflächen von Bolzen und Auge ist. Die Bolzenkraft F_B ist als Streckenlast über die Breite b des Schubstangenkopfes verteilt. Das größte Biegemoment, das Widerstandsmoment und die Biegespannung betragen

$$M_\mathrm{b} = \frac{1}{4}\,F_\mathrm{B}\left(l - \frac{b}{2}\right) \qquad W_\mathrm{b} = \frac{\pi}{32}\cdot\frac{D^4 - d^4}{D} \qquad \sigma_\mathrm{b} = \frac{M_\mathrm{b}}{W_\mathrm{b}} \tag{5.100}$$

Für Kolbenbolzen aus Vergütungsstählen beträgt die zulässige Biegewechselspannung $\sigma_{b\,zul} \approx 150\ \text{N/mm}^2$.

5.6.2   Schubstangen

Es werden die Beanspruchungen im Kopf, Deckel und Schaft von Schubstangen mit geteiltem unteren Kopf ermittelt, wie sie in Tauchkolben-Triebwerken verwendet werden.

Oberer Kopf (5.34 b). Die Belastung F ist beim Zweitaktmotor die oszillierende Massenkraft der oberen Kopfhälfte, bei der Viertaktmaschine kommt noch im OT Ansaugen die Bolzenkraft F_B hinzu. Die größte Biegebeanspruchung tritt im Querschnitt A–A in der Stangenmittellinie auf. Zu ihrer vereinfachten Berechnung wird die obere Kopfhälfte als gerader Träger auf zwei Stützen mit der Auflagerentfernung $2r_S$ angesehen, in dessen Mitte die Kraft F angreift. Mit dem Radius r_S des Schwerpunktes S des gefährdeten Querschnittes A–A und mit dem Widerstandsmoment W_b errechnet man das Biegemoment bzw. die

Biegespannung

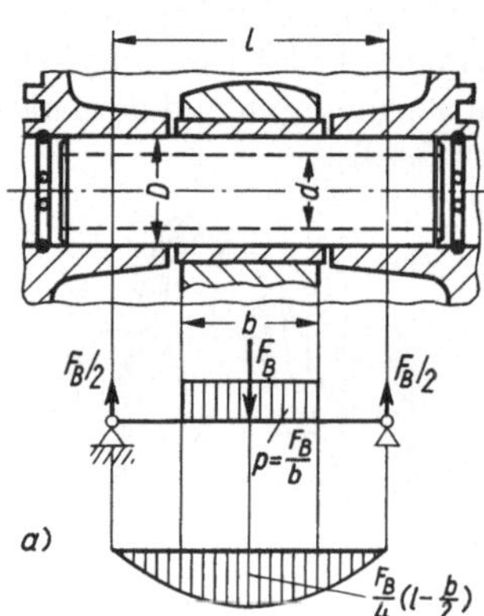

$$M_b = \frac{F\,r_S}{2} \qquad \sigma_b = \frac{M_b}{W_b} = \frac{F\,r_S}{2\,W_b} \qquad (5.101)$$

Die größte Zugbeanspruchung liegt im Querschnitt B–B mit der Fläche A_B. Die Zugspannung ist

$$\sigma_Z = \frac{F}{2\,A_B} \qquad (5.102)$$

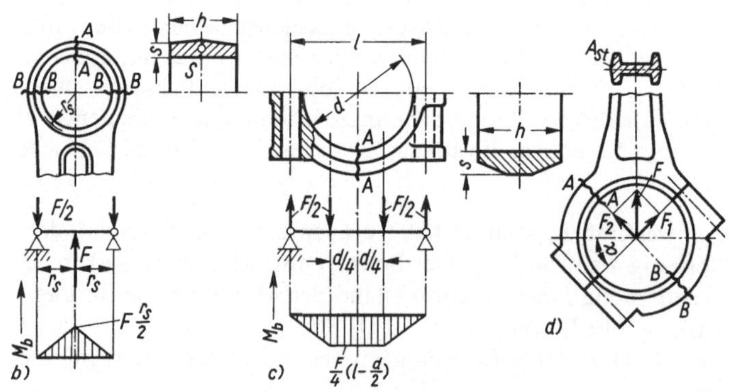

5.34 Einzelheiten zur Festigkeitsberechnung

a) Kolbenbolzen
b) oberer Stangenkopf

c) unterer Deckel
d) schräggeteilter Kopf

Die Querschnitte sind bei Vernachlässigung des Schmiedeanzuges meist Rechtecke mit der Höhe h und der Dicke s. Ihre Fläche und ihr Widerstandsmoment sind dann

$$A_{\mathrm{B}} = h\,s \qquad W_{\mathrm{b}} = \frac{h\,s^2}{6} \tag{5.103}$$

Deckel (5.34c). Ihre Belastung F erfolgt beim Zweitaktmotor durch die Fliehkraft des Deckels, beim Viertaktmotor durch die Lagerkraft $F_{\mathrm{K\,L}}$ nach Gl. (5.94) im UT Ansaugen. Die Biegebeanspruchung gleicht angenähert der eines geraden Trägers auf zwei Stützen, dessen Auflagerentfernung l gleich dem Abstand der Schraublöcher ist. Die Lagerschale liegt hierbei in der Deckelbohrung d zweimal im Abstand $d/4$ von der Mittellinie auf und überträgt die Kraft $F/2$. Das Biegemoment und die Biegespannung im Querschnitt $A-A$ mit dem Widerstandsmoment W_{b} betragen dann bei senkrecht zur Stangenmittellinie geteilten Köpfen

$$M_{\mathrm{b}} = \frac{F}{4}\left(l - \frac{d}{2}\right) \qquad \sigma_{\mathrm{b}} = \frac{M_{\mathrm{b}}}{W_{\mathrm{b}}} \tag{5.104}$$

Für einen Rechteckquerschnitt der Höhe h und der Dicke s ist $W_{\mathrm{b}} = h\,s^2/6$.

Schräggeteilte Köpfe (5.34d) haben Teilungswinkel $\alpha = 38^\circ \cdots 50^\circ$. Die Kraft F wird in die Komponenten $F_1 = F \sin\alpha$ und $F_2 = F \cos\alpha$ aufgeteilt. Um die Dehnschrauben von Querkräften zu entlasten, wird die Kraft F_1 von Kerbstiften oder von einer Verzahnung in der Teilfuge aufgenommen. Mit der Kraft F_2 sind nach Gl. (5.104) die Biegespannungen im Querschnitt $A-A$ der Kopfhälfte und im Querschnitt $B-B$ des Deckels zu berechnen.

Die Dehnschrauben der Deckel werden bis zur doppelten Kraft F vorgespannt und im Schaft bis zu 70% der Streckgrenze belastet. Der Schaftdurchmesser beträgt $\approx 80\%$ des Gewindekerndurchmessers.

Schaft. Die Stangenkraft F_{St} nach Gl. (5.75) beansprucht den Schaft auf Druck. Es besteht dadurch die Gefahr des Knickens. Die geringste Stabilität des Schaftes gegen Knicken liegt in der Bewegungsebene (5.28). Die gelenkige Lagerung der Stange im Kolbenbolzen und im Kurbelzapfen entspricht dem Fall 2 für die Knickbelastung nach Euler. Der Schaftquerschnitt A_{St} (5.34d) muß gegen diese Ausknickrichtung das größte Trägheitsmoment J_{y} erhalten. Der Schlankheitsgrad und die Eulersche Knickspannung betragen dann mit der Knick- oder der Schubstangenlänge l und dem Elastizitätsmodul E

$$\lambda_{\mathrm{S}} = \frac{l}{\sqrt{J_{\mathrm{y}}/A_{\mathrm{St}}}} \qquad \sigma_{\mathrm{k}} = \pi^2\,\frac{E}{\lambda_{\mathrm{S}}^2} \tag{5.105}\ \ \tag{5.106}$$

Meist ist $\lambda_{\mathrm{S}} < 90$, dann genügt die Berechnung der Knickspannung nach Tetmajer, für Stahl

$$\sigma_{\mathrm{k}} = 335 - 0{,}62\,\lambda_{\mathrm{S}} \ \ \text{in N/mm}^2 \tag{5.107}$$

Die Spannungen nach Gl. (5.106 und 107) werden mit der tatsächlichen Druckspannung infolge der Kraft F_{St} verglichen. Es muß sein

$$\sigma_{\mathrm{d}} = \frac{F_{\mathrm{St}}}{A_{\mathrm{St}}} < \sigma_{\mathrm{k}} \tag{5.108}$$

Als Sicherheit gegen Knicken wird $S = \sigma_{\mathrm{k}}/\sigma_{\mathrm{d}} = 5 \cdots 8$ gewählt, so daß die Stange auch ausreichend für die Querkräfte bemessen ist, die aus der Normalbeschleunigung der Stange entstehen. Ist $\lambda_{\mathrm{S}} < 50$, genügt die Kontrolle der Druckspannung nach Gl. (5.108).

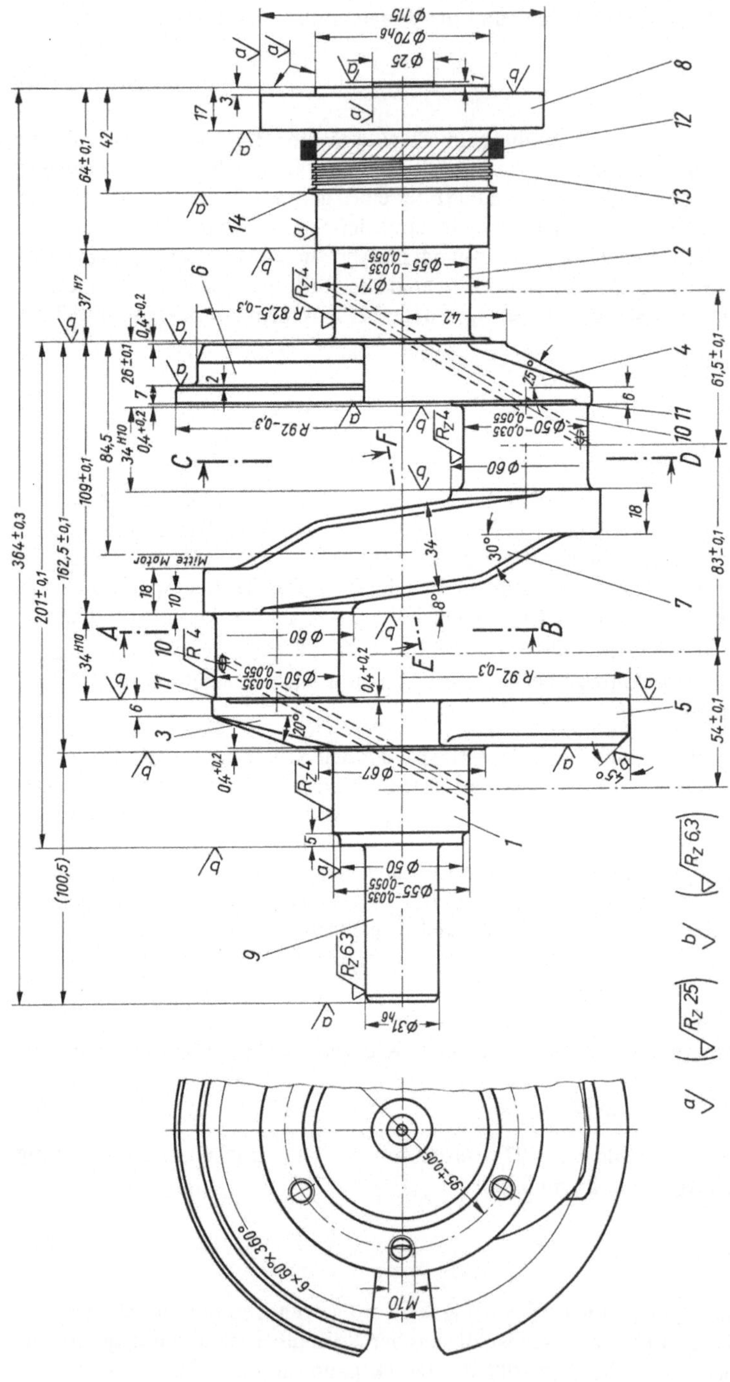

5.35 Kurbelwelle eines Zweizylinder-Viertakt-Dieselmotors (Daimler-Benz AG) (s. Bild 5.29 und Abschn. 5.5.3)

5.6.3 Kurbelwellen

Ihre Zapfen werden auf Biegung und Torsion, ihre Wangen zusätzlich auf Zug und Druck beansprucht. Nach Messungen sind die Biegespannungen in der Hohlkehle zwischen der Wange und dem Kurbelzapfen am größten, und zwar an der Stelle, die der Drehachse zugewendet ist. Hier liegt die schärfste Kraftumlenkung vor.

Biegung in der unteren Zapfenhohlkehle. An Kräften sind nur die Radialkraft F_R nach Gl. (5.79) und die rotierenden Kräfte F_r nach Gl. (5.69) wirksam. Für die Biegung durch die Tangentialkraft verläuft hier die neutrale Faser.

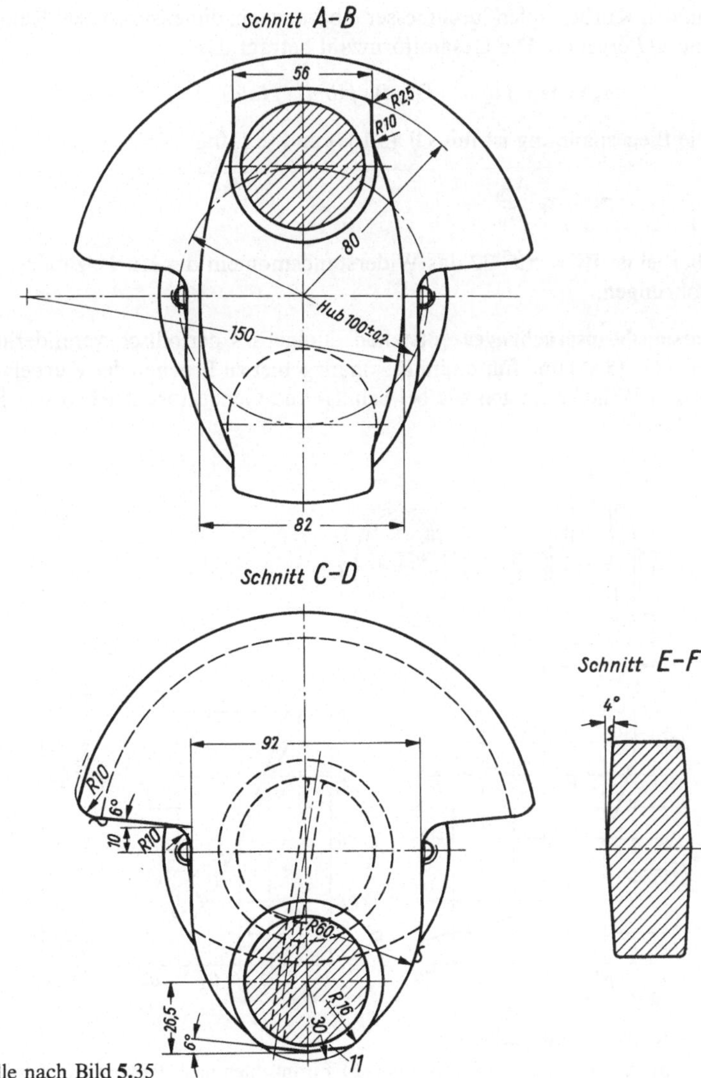

5.36
Schnitte der Kurbelwelle nach Bild **5.35**

Die Biegemomente werden aus den in ihren Zapfen als statisch bestimmt gelagerten Kröpfungen berechnet. Die Einspannmomente der statisch unbestimmten Lagerung verringern meist die Biegemomente und damit die Spannungen. Für eine Kröpfung (5.37a) mit dem Lagerabstand l, der Belastung $F = F_R - F_r$ in ihrer Mitte, den Lagerreaktionen A und B sowie dem Abstand e der Hohlkehle von der Lagermitte gilt dann

$$M_b = A e = F \frac{e}{2} \tag{5.109}$$

Die Kerbwirkung (5.37) ist hierbei beachtlich. Sie hängt vom Rundungsradius ϱ der Hohlkehle, von der Breite b und der Dicke h der Wangen sowie von der Überschneidung u vom Kurbel- und Wellenzapfen ab. Sie wird mit Formzahlen f (5.37b) erfaßt, die sich aus den auf den Kurbelzapfendurchmesser d bezogenen, dimensionslosen Kenngrößen ϱ/d, h/d, b/d und u/d ergeben. Die Gesamtformzahl beträgt dann

$$\alpha_b = 11{,}0\, f(\varrho/d) \cdot f(h/d) \cdot f(b/d) \cdot f(u/d) \tag{5.110}$$

Die Biegespannung ist mit Gl. (5.109) und (5.110)

$$\sigma_b = \alpha_b \frac{M_b}{W_b} \tag{5.111}$$

Hierbei ist $W_b = \pi d^3/32$ das Widerstandsmoment des Kurbelzapfens bei vernachlässigten Bohrungen.

Torsionsbeanspruchungen entstehen infolge des periodisch veränderlichen Drehmoments nach Gl. (5.81) und führen im Resonanzgebiet zu Brüchen der Kurbelwelle [6]. Sie treten in langen Wellenleitungen wie bei Schiffs- und Generatorantrieben von Dieselmaschinen auf (s. Abschn. 4).

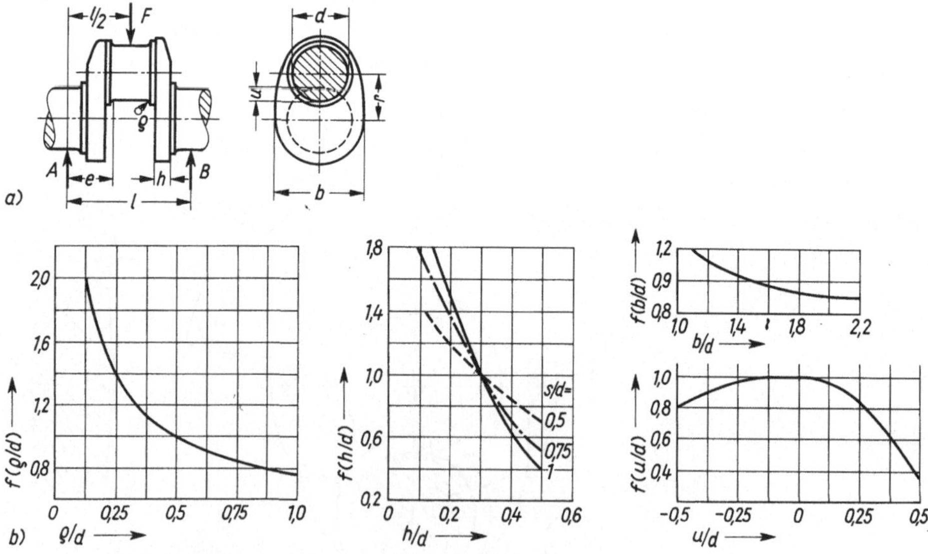

5.37 Kurbelwellenberechnung

a) Abmessungen und Belastung b) Formzahlen nach Petersen

5.6.4 Lager

Ihre Belastungen F sind: für das Kolbenbolzenlager F_{BL} nach Gl. (5.93), für das Kurbelzapfenlager F_{KL} nach Gl. (5.94) und für das Wellenzapfenlager (5.21) F_M nach Gl. (5.95).

Gleitlager. Sie werden nach der Flächenpressung vordimensioniert. Mit dem Bohrungsdurchmesser D, der Lagerlänge l und mit der größten Lagerbelastung F_{max} ergibt sich die Flächenpressung bzw. mit p_{zul} aus Tafel **A 5.**9 die Fläche,

$$p = \frac{F_{max}}{lD} \qquad lD = \frac{F_{max}}{p_{zul}} \tag{5.112}$$

Die hieraus ermittelten Abmessungen sind nach der hydrodynamischen Schmiertheorie unter Beachtung des Verlaufs der Lagerkräfte als Funktion des Kurbelwinkels zu überprüfen [9], (s. Abschn. Gleitlager).

Wälzlager. Die Berechnungsgrundlage bildet hier der kubische Mittelwert der Lagerkraft F über ein Arbeitsspiel

$$F_m = \sqrt[3]{\frac{1}{2\pi} \int_0^{2\pi} F^3 \, d\varphi} \tag{5.113}$$

Dabei ist die Kraft F_m die ideelle Belastung der Lager (s. Abschn. 3).

Schrifttum

[1] AWF-VDMA-VDI-Getriebehefte: Ebene Kurbelgetriebe mit einem Schubgelenk. AEF 512

[2] Bensinger, W. D. und Meier, A.: Kolben, Pleuel und Kurbelwelle bei schnellaufenden Verbrennungsmotoren. 2. Aufl. Berlin 1961

[3] Biezeno, C. B. und Grammel, R.: Technische Dynamik. 2 Bde. Berlin 1971

[4] Dubbel, H.: Taschenbuch für den Maschinenbau. Berlin-Heidelberg-New York 1983

[5] Hafner, K. E. und Maass, H.: Theorie der Triebwerksschwingungen der Brennkraftmaschine. Wien-New York 1984

[6] Hafner, K. E. und Maass, H.: Torsionsschwingungen in der Brennkraftmaschine. Wien-New York 1984

[7] Holzmann, G., Meyer, H., Schumpich, G.: Technische Mechanik. Teil 2: Kinematik und Kinetik. 5. Aufl. Stuttgart 1983

[8] Küttner, K. H.: Kolbenmaschinen. 5. Aufl. Stuttgart 1984

[9] Lang, O.: Triebwerke schnellaufender Verbrennungsmotoren. Berlin-Heidelberg-New York 1966

[10] Link, M.: Finite Elemente in der Statik und Dynamik. Stuttgart 1984

[11] Maass, H.: Gestaltung und Hauptabmessungen der Brennkraftmaschine. Wien-New York 1979

[12] Maass, H. und Klier, H.: Kräfte, Momente und deren Ausgleich in der Verbrennungskraftmaschine. Wien-New York 1981

[13] Mayr, F.: Ortsfeste Dieselmotoren und Schiffsdieselmotoren. 3. Aufl. Wien 1960

6 Kurvengetriebe*

Kurvengetriebe wandeln Bewegungen und Energien um. Ihre H a u p t t e i l e (6.1 a) sind
der Kurventräger a, das Eingriffsglied b und der Steg c, der vom Gestell gebildet wird. Der
K u r v e n t r ä g e r als Antrieb kann eine Dreh-, Schiebe- oder Schwingbewegung ausführen. Das E i n g r i f f s g l i e d als Abtrieb bewegt sich geradlinig oder schwingend [7]. An
der Eingriffstelle E berühren sich der Kurventräger und das Eingriffsglied auf der Breite b
(6.1 c). Das Eingriffsglied besitzt zur Verringerung der Reibung eine Kuppe oder eine Rolle.
Das B e w e g u n g s g e s e t z ergibt sich aus dem Umriß des Kurventrägers und der Form
des Eingriffsgliedes an der Eingriffstelle [2]; [5]. Der Z w a n g l a u f oder die Einhaltung des
Bewegungsgesetzes erfordert eine ständige Berührung zwischen Kurventräger und Eingriffsglied. Diese wird durch Kraftschluß mit einer Feder (6.1 a), durch Betriebskräfte oder
durch Formschluß erzwungen [3]. Der Formschluß entsteht z. B. durch eine Nut im Kurventräger (6.1 b), in der die Rollen des Eingriffsgliedes laufen.

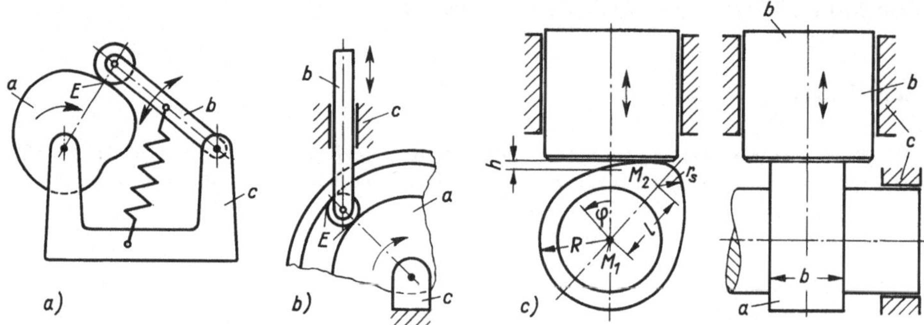

6.1 Formen der Kurvengetriebe

a) Kurvenscheibe mit Schwinghebel   b) Nutkurve mit Schieber   c) Nocken mit Flachstößel

6.1 Nockensteuerungen

Sie werden bei Brennkraftmaschinen [6] für die Ventile, Einspritzpumpen und Zündverteiler
in Kühlschrankkompressoren, sowie für Werkzeug- und Textilmaschinen verwendet. Der
Nocken mit geradem Tellerstößel (6.1 c) ist die einfachste Form der Nockensteuerungen [4].
Der N o c k e n ist eine symmetrische Kurvenscheibe und besteht aus dem Grund- und
Spitzenkreis mit den Radien R bzw. r_S, den Mittelpunkten M_1 und M_2 und dem Abstand

---

* Hierzu Arbeitsblatt 6, s. Beilage S. A 68 bis A 70.

$l = \overline{M_1 M_2}$. Diese Kreise sind durch mindestens ein Paar Flankenkurven verbunden. Der Grundkreis, dessen Mittelpunkt M_1 in der Drehachse liegt, stellt dabei eine Rast oder einen Stillstand des Stößels dar.

Bewegungsgesetze. Der Drehwinkel φ (**6.1** c) des Nockens zählt in seiner Umlaufrichtung ohne Berücksichtigung der Rast im Grundkreis. Der S t ö ß e l h u b h (**6.1** c) ist der Abstand der Gleitfläche des Stößels vom Grundkreis. Die Geschwindigkeit bzw. die Beschleunigung des Stößels ist der erste bzw. der zweite Differentialquotient des Hubes nach der Zeit. Die Übergänge von den Kreisen zu den Flankenkurven haben eine besondere Bedeutung. Liegt eine gemeinsame Tangente vor, so besitzt die Geschwindigkeit (**6.3** c) einen Knick und die Beschleunigung einen Sprung. Diese plötzliche Änderung von Größe und Richtung der Beschleunigung und damit der Massenkräfte heißt Ruck. Für hohe Drehzahlen ist jedoch der ruckfreie Nocken (s. Abschn. 6.2.4) vorzuziehen. Bei diesem haben die Übergangsstellen gleiche erste sowie zweite Differentialquotienten also gemeinsame Tangenten und Krümmungskreise. Dann weist lediglich die Beschleunigungskurve einen Knick auf [1], [8].

6.2 Kreisbogennocken mit geradem Tellerstößel

Bei diesen Nocken (**6.2**) besteht die Trägerkurve allein aus Kreisbögen, seine Herstellung ist daher einfach und seine Berechnung übersichtlich. Er erzeugt eine harmonische Bewegung, die durch sin- oder cos-Funktionen beschrieben wird und heißt daher harmonischer Nocken. Da aber Kreisbögen verschiedener Radien nur gemeinsame Tangenten besitzen, weist die Beschleunigung einen Sprung auf. Dieser Nocken ist daher nur stoß-, aber nicht ruckfrei.

6.2.1 Aufbau des Nockens

Trägerkurve (6.2). Die Flankenkreise mit dem Radius ϱ und den Mittelpunkten M_3 und M_3' bilden die Verbindung zum Grund- und zum Spitzenkreis mit den Radien R und r_S, den

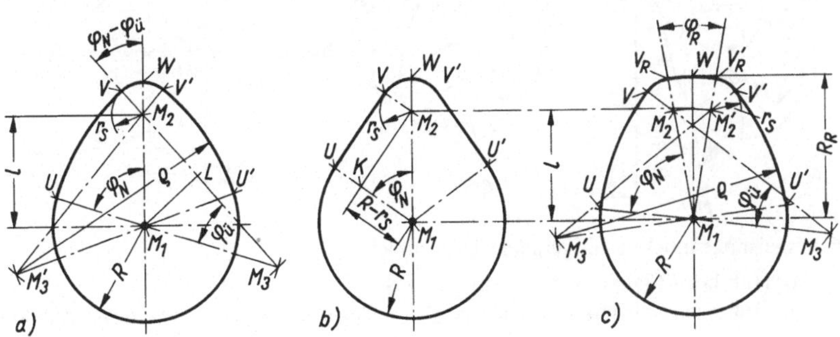

6.2 Aufbau harmonischer Nocken

   Maße: $R = 18\ \text{mm}$ $r_S = 5\ \text{mm}$ $l = 20\ \text{mm}$ $h_{max} = 7\ \text{mm}$

   a) Kreisbogennocken $\varrho = 43\ \text{mm}$ $\varphi_N = 65{,}2°$ $\varphi_ü = 28{,}6°$

   b) Tangentnocken $\varphi_N = 49{,}4°$

   c) Rastnocken $\varrho = 43\ \text{mm}$ $\varphi_N = 65{,}2°$ $\varphi_ü = 28{,}6°$ $\varphi_R = 20°$

Mittelpunkten M_1 und M_2 und dem Mittelpunktsabstand $l = \overline{M_1 M_2}$. In ihren Übergangspunkten U, U' und V, V' haben die Kreise gemeinsame Tangenten und Normalen. Die Normalen sind durch die Strecken $\overline{U M_3}$ und $\overline{U' M_3'}$, auf denen der gemeinsame Drehpunkt M_1 liegt, und durch $\overline{V M_3}$ und $\overline{V' M_3'}$, mit dem Schnittpunkt M_2, sämtlich von der Länge ϱ festgelegt. Außerdem liegen auf den Normalen die Mittelpunktabstände $\overline{M_1 M_3} = \overline{M_1 M_3'}$ $= \varrho - R$ und $\overline{M_2 M_3} = \overline{M_2' M_3'} = \varrho - r_S$.

Konstruktion. Die Kreisbögen um die Punkte M_1 und M_2 vom Abstand l mit den Radien $\varrho - R$ und $\varrho - r_S$ schneiden sich in den Punkten M_3 und M_3'. Die Übergangspunkte U, U' und V, V' liegen im Abstand ϱ von den Punkten M_3 und M_3' aus auf den Geraden durch $\overline{M_3 M_1}$, $\overline{M_3' M_1}$, $\overline{M_3 M_2}$ und $\overline{M_3' M_2'}$. Von ihren Mittelpunkten aus sind dann die betreffenden Kreisbögen zu zeichnen.

Winkel. Der Drehwinkel φ (6.3), gebildet von der Strecke $\overline{U M_1}$ und der Stößelmittellinie, zählt vom Punkt U aus bis maximal zum Punkt U'. Der Nockenwinkel φ_N (6.3 b) entspricht der Nockendrehung vom Punkt U bis zum Nockengipfel W. Der Übergangswinkel $\varphi_{\ddot{u}}$ (6.3 a) ist der Zentriwinkel eines Flankenkreisbogens. Diese Winkel folgen aus dem Dreieck $M_1 M_2 M_3$ mit Kosinussatz

$$\cos \varphi_N = \frac{(\varrho - r_S)^2 - (\varrho - R)^2 - l^2}{2 l (\varrho - R)} \tag{6.1}$$

$$\cos \varphi_{\ddot{u}} = \frac{(\varrho - R)^2 + (\varrho - r_S)^2 - l^2}{2 (\varrho - R)(\varrho - r_S)} \tag{6.2}$$

Mit dem Sinussatz ergibt sich aus dem Dreieck $M_1 M_2 M_3$ folgender Zusammenhang:

$$\sin \varphi_{\ddot{u}} = \frac{l}{\varrho - r_S} \sin \varphi_N \tag{6.3}$$

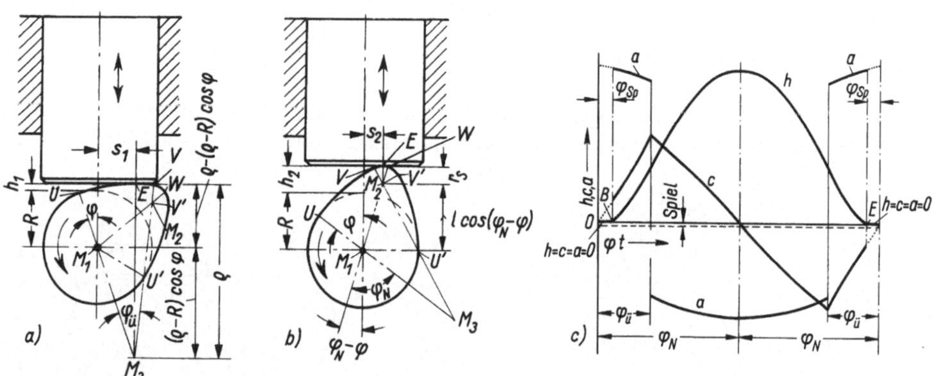

6.3 Kreisbogennocken mit geradem Tellerstößel
a) Hub beim Flankenkreiseingriff $0 \leq \varphi \leq \varphi_{\ddot{u}}$
b) Hub beim Spitzenkreiseingriff $\varphi_{\ddot{u}} \leq \varphi \leq 2\varphi_N - \varphi_{\ddot{u}}$ c) Bewegungsschaubild mit Spiel

Der Lagewinkel (6.7) φ_L wird von der Stößel- und Nockenmittellinie gebildet. Bei einer Steuerung mit mehreren Nocken dient er dazu, deren Lage zueinander festzulegen. Am Anfang und Ende der Stößelbewegung ermöglicht der Spielwinkel φ_{Sp} (6.3 c) bei einer Ventilsteuerung das zum Dichten der Ventile notwendige Spiel.

Sondernocken. Beim Tangentnocken (**6.**2b) sind die Flankenkreise durch die Tangente an den Spitzen- und Grundkreis ersetzt. Die Stößelbewegung erfolgt also nur auf dem Spitzenkreis, und der Flankenkreisradius ist unendlich lang. Für den Nockenwinkel gilt $\cos\varphi_N = (R - r_s)/l$ nach dem Dreieck $M_1 M_2 K$. Der Rastnocken (**6.**2c) hat eine zusätzliche Rast beim größten Stößelhub. Hierzu liegt zwischen den Hälften des Spitzenkreises beim Punkt W der Rastkreisbogen $V_R V_R'$ mit dem Radius R_R, dem Mittelpunkt M_1 und dem Rastwinkel $\varphi_R = \not< V_R M_1 V_R'$. Für den Nockenwinkel gilt dann $\varphi_N = \not< U M_1 V_R$.

6.2.2 Stößelbewegung

Beim geraden und zentrischen Tellerstößel (**6.**3) geht die Stößelmittellinie durch den Drehpunkt M_1. Sie ist parallel zur Berührungsnormalen, die durch den Eingriffspunkt E und durch den Mittelpunkt des im Eingriff stehenden Kreisbogens geht. Die Bewegung des Stößels zählt positiv, wenn er sich vom Nocken wegbewegt. Für den Index der Bewegungsgrößen, den vom Stößel berührten Kreisbogen und den Drehwinkel ergibt sich dann folgende Einteilung:

Index 1 für ersten Flankenkreis $U \cdots V$ $\qquad 0 \leqq \varphi \leqq \varphi_{ü}$

Index 2 für Spitzenkreis $\qquad\qquad V \cdots W$ $\qquad \varphi_{ü} \leqq \varphi \leqq 2\varphi_N - \varphi_{ü}$

Die Bewegung zwischen den Punkten U und W und W und U' ist symmetrisch. So gelten für den zweiten Flankenkreis die Gleichungen mit dem Index 1, wenn hierin φ durch $2\varphi_N - \varphi$ ersetzt wird.

Hub (6.3a bis c). Er ist der Abstand der Stößelgrundfläche von der zur Stößelmittellinie senkrechten Tangente an den Grundkreis und beträgt

$$h_1 + R = \varrho - (\varrho - R)\cos\varphi \quad \text{bzw.} \quad h_2 + R = l\cos(\varphi_N - \varphi) + r_S$$

Hieraus folgt dann

$$h_1 = (\varrho - R)(1 - \cos\varphi) \qquad h_2 = l\cos(\varphi_N - \varphi) - R + r_S \qquad (6.4)\ (6.5)$$

Der maximale Hub beim Eingriff des Nockengipfels W beim Drehwinkel $\varphi = \varphi_N$ beträgt nach Gl. (6.5) bzw. Bild **6.**2

$$h_{2\,max} = l + r_S - R \tag{6.6}$$

Geschwindigkeit (6.3c). Mit $c = dh/dt = \omega\, dh/d\varphi$ folgt aus den Gl. (6.4 und 6.5)

$$c_1 = \omega(\varrho - R)\sin\varphi \qquad c_2 = \omega l \sin(\varphi_N - \varphi) \tag{6.7}\ (6.8)$$

Ihr Maximalwert liegt im Punkt V beim Winkel $\varphi = \varphi_{ü}$, wo die Geschwindigkeitskurve einen Knick aufweist. Er beträgt nach Gl. (6.7 und 6.8)

$$c_{max} = \omega(\varrho - R)\sin\varphi_{ü} = \omega l \sin(\varphi_N - \varphi_{ü}) \tag{6.9}$$

Beschleunigung (6.3c). Mit $a = dc/dt = \omega\, dc/d\varphi$ ergeben die Gl. (6.7 und 6.8)

$$a_1 = \omega^2(\varrho - R)\cos\varphi \qquad a_2 = -\omega^2 l \cos(\varphi_N - \varphi) \tag{6.10}\ (6.11)$$

Ihr Maximum liegt im Punkt U beim Drehwinkel $\varphi = 0$, ihr Minimum im Punkt W bei $\varphi = \varphi_N$. Aus Gl. (6.10 und 6.11) ergibt sich dann

$$a_{1\,max} = \omega^2(\varrho - R) \quad \text{und} \quad a_{2\,min} = -l\omega^2 \tag{6.12}\ (6.13)$$

Der Beschleunigungssprung bzw. Ruck tritt im Punkt V bei $\varphi = \varphi_\text{ü}$ auf. Nach Gl. (6.10 und 6.11) ist hier $\Delta a = a_1 + |a_2| = \omega^2 [(\varrho - R) \cos \varphi_\text{ü} + l \cos (\varphi_\text{N} - \varphi_\text{ü})]$. Hieraus folgt mit Hilfe der Dreiecke $M_1 M_2 L$ und $M_1 M_3 L$ des Bildes 6.2 a

$$\Delta a = \omega^2 (\varrho - r_\text{S}) \tag{6.14}$$

6.2.3   Stößelabmessungen

Der Nocken muß bei seiner seitlichen Bewegung auf der Stößelgrundfläche diese stets in voller Breite berühren, um Eingrabungen und Beschädigungen zu verhindern.

Seitliche Auswanderung (6.4). Sie ist der Weg s des Eingriffspunktes E auf der Stößeloberfläche, gemessen von der Stößelmittellinie aus, und beträgt

$$s_1 = (\varrho - R) \sin \varphi \qquad s_2 = l \sin (\varphi_\text{N} - \varphi) \tag{6.15} \quad (6.16)$$

Den Weg s_1 beschreibt die Bahn 1 des ersten Flankenkreises zwischen den Punkten U und V, der Weg s_2 gilt für die Bahn 2 des Spitzenkreises zwischen V und V'. Für die Bahn 3 des zweiten Flankenkreises zwischen $V'U'$ gilt dann die Gl. (6.15), wenn der Winkel φ durch $2\varphi_\text{N} - \varphi$ ersetzt wird.

Kleinster Stößeldurchmesser (6.4). Er ergibt sich aus der größten Auswanderung nach Gl. (6.15 und 6.16)

$$s_\text{max} = (\varrho - R) \sin \varphi_\text{ü} = l \sin (\varphi_\text{N} - \varphi_\text{ü}) \tag{6.17}$$

und beträgt bei der Nockenbreite b

$$D_\text{min} = \sqrt{b^2 + 4 s_\text{max}^2} \tag{6.18}$$

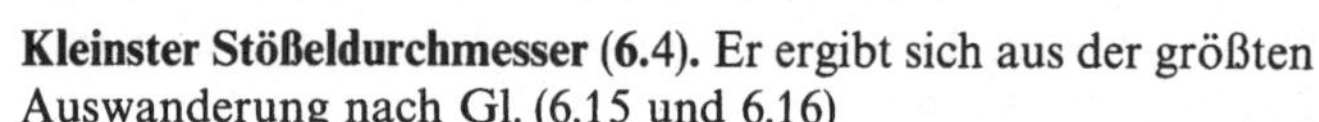

6.4
Kleinster Tellerdurchmesser bei gegebener Nockenbreite für $\varphi = \varphi_\text{ü}$ kreuzschraffiert: Gleitfläche des Nockens auf dem Teller

6.2.4   Ruckfreier Nocken

Der Beschleunigungssprung nach Gl. (6.14) entfällt bei der Zykloide

$$h = c_\text{s} t - \frac{h_\text{max}}{2\pi} \sin \frac{2\pi t}{T} \tag{6.19}$$

Hierbei bedeutet h_max den maximalen Nockenhub der in der Zeit $t = T$ erreicht wird und $c_\text{s} = h_\text{max}/T$ ist die mittlere Nockengeschwindigkeit. Beim Aufwärtsgang des Nockens gilt Gl. (6.19), beim Abwärtsgang ist hierin t durch $2T - t$ zu ersetzen mit $a_\text{s} = 2\pi h_\text{max}/T^2$. Der Drehwinkel beträgt, wenn n die Drehzahl ist, $\varphi = 2\pi n t$ und $\varphi_\text{N} = 2\pi n T$ für den Hub h_max. Für die Geschwindigkeit und die Beschleunigung gilt

$$c = c_\text{s} \left(1 - \cos \frac{2\pi t}{T}\right) \quad \text{und} \quad a = a_\text{s} \sin \frac{2\pi t}{T} \tag{6.20} \quad (6.21)$$

Ausgezeichnete Punkte sind (**6.5**a) $h = 0$ bei $t = 0$ und $2T$, $c = 0$ bei 0, T und $2T$ sowie $a = 0$ bei 0, $T/2$, T, $3T/2$ und $2T$. Als Extremwerte treten auf: h_{max} bei $t = T$, $c_{EX} = 2c_s$ bei $T/2$ und $3T/2$ sowie $a_{EX} = a_s$ bei $T/4$, $3T/4$, $5T/4$ und $7T/4$. Die Beschleunigung hat einen Knick bei $t = 0$ und T.

Beim Vergleich mit dem harmonischen Nocken (**6.3**c) sind die Maxima der Geschwindigkeit um 3 %, der Beschleunigung um 55 % größer. Dafür entfällt aber der Sprung, der um 12 % größer als die Beschleunigung des ruckfreien Nockens ist. Die Nockenform (**6.5**b) folgt aus der Polargleichung

$$r = R + h(\varphi) \tag{6.22}$$

Hierbei ist R der Grundkreisradius und $h = h_{max}[\varphi/\varphi_N - \sin(360° \, \varphi/\varphi_N)]$ mit φ in Grad.

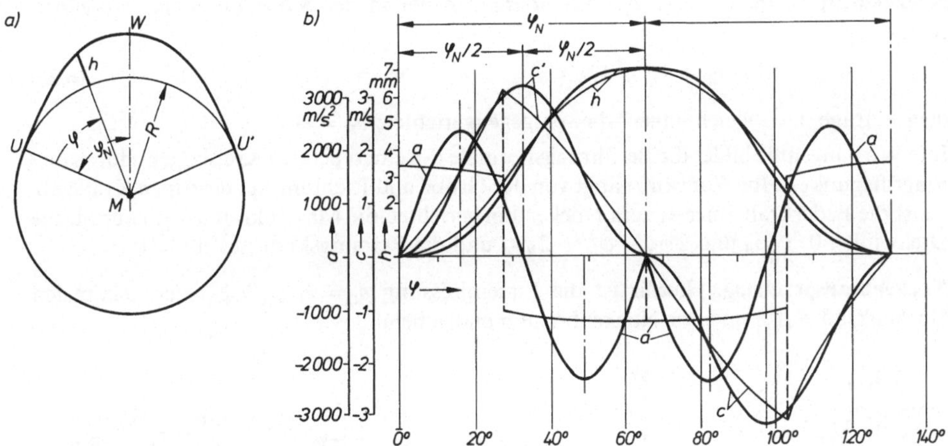

6.5 Ruckfreier Nocken
   a) Aufbau $h_{max} = 7$ mm $R = 18$ mm $n = 2\,500$ min^{-1}
   b) Bewegungsablauf (dünne Linien Kreisbogennocken (**6.2**a) mit $n = 2\,500$ min^{-1}

6.2.5 Kräfte am Stößel

Am Stößel (**6.6**) greifen bei Vernachlässigung der Gewichtswirkung folgende Kräfte an:

Von den in der Stößelmittellinie wirkenden Kräften zählen diejenigen positiv, die vom Nocken zum Stößel gerichtet sind [9]; [10].

Betriebskraft F_B. Sie hängt von der äußeren Kraft ab, die auf die angetriebenen Teile wirkt, z. B. bei einer Ventilsteuerung von der Kraft, die zum Öffnen und Schließen der Ventile erforderlich ist.

Federkraft. Für eine Druckfeder mit der Vorspannung F_0 und der Steife c_F ist beim Stößelhub h nach Gl. (6.4 und 6.5)

$$F_F = F_0 + c_F h \tag{6.23}$$

Massenkraft. Sie ist der Stößelbeschleunigung a nach Gl. (6.10 und 6.11) entgegengerichtet und beträgt, wenn m_{St} die auf den Stößel reduzierte Masse aller vom Nocken bewegten

Teile ist,

$$F_M = m_{St}\, a \tag{6.24}$$

Auflagerkräfte A und B des Stößels wirken in seiner Führung.

Reibungskräfte. Die Reibungskraft F_E wird zwischen Stößel und Nocken am Eingriffspunkt E und die Reibungskraft F_L in der Lagerung des Stößels erzeugt. Die Reibungskraft F_L wirkt der Geschwindigkeit c des Stößels nach Gl. (6.7 und 6.8) entgegen und wird auf dessen Mittellinie bezogen. Sie ergibt sich aus den Gleichgewichtsbedingungen. Meist werden jedoch wegen der schwer bestimmbaren Reibungszahlen konstante Erfahrungswerte $|F_R|$ benutzt. Man setzt

$$F_L = -\,|F_R|\ \mathrm{sgn}\,c \tag{6.25}$$

Nockenkraft F_N (6.6). Sie ist der Resultierenden der in der Stößelmittellinie wirkenden Kräfte

$$F_{res} = F_B + F_F + F_M + F_L \tag{6.26}$$

dem Betrage nach gleich, ihnen aber entgegengerichtet; $F_N = -\,F_{res}$.

Ihre Wirkungslinie bildet die Berührungsnormale des eingreifenden Kreisbogens durch den Eingriffspunkt E. Ihr Verlauf hängt von der Größe und Richtung der einzelnen Kräfte ab. So ist die Federkraft immer zum Nocken hin gerichtet, die Massenkraft jedoch nur für die Drehwinkel $0 \cdots \varphi_{ü}$ und $2\varphi_N - \varphi_{ü} \cdots 2\varphi_N$, und die Reibungskraft nur für $\varphi < \varphi_N$.

Nockenbeanspruchung. Hierfür ist die Linienpressung $p_L = F_{Nmax}/b$ bei der maximalen Nockenkraft F_{Nmax} und der Nockenbreite b maßgebend.

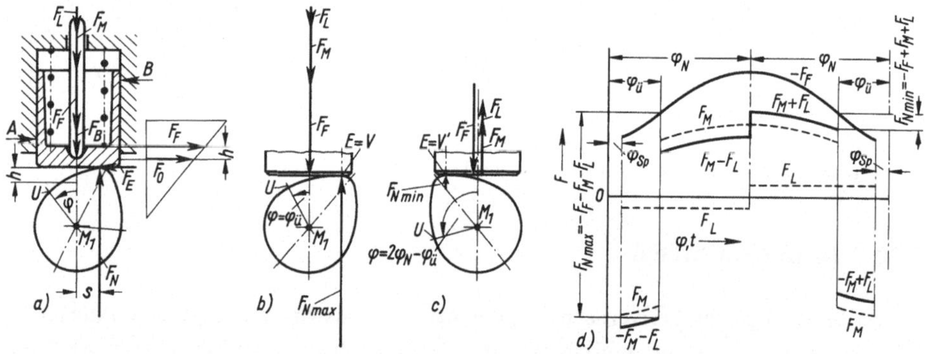

6.6 Kräfte am Stößel

a) Gesamtkräfte
b) max. Nockenkraft bei $\varphi = \varphi_{ü}$

c) Sicherheit gegen Abheben bei $\varphi = 2\varphi_N - \varphi_{ü}$
d) Belastung als Funktion des Kurbelwinkels

Kraftschluß besteht nur, wenn die Resultierende F_{res} zum Nocken hin gerichtet ist. Das Abheben des Stößels tritt bei ihrem Richtungswechsel ein. Dann ist aber keine Nockenkraft mehr vorhanden, und die Resultierende beschleunigt den Stößel unabhängig von der Nockendrehung. Wechselt die Resultierende später wieder ihr Vorzeichen, dann schlägt der Stößel auf den Nocken und beschädigt ihn. Als Sicherheit gegen das Abheben gilt daher die kleinste zum Stößel hin gerichtete Nockenkraft, die das Abheben noch bei Störungen, wie z. B. Überdrehzahlen, verhindert.

Beim **Kreisbogennocken mit Flachstößel** (**6.6**) ist die Betriebskraft vernachlässigbar klein. Zur deutlicheren Darstellung der Summen und Differenzen der Kräfte ist im Bild **6.6**d die Federkraft in entgegengesetzter Richtung aufgetragen. Die **maximale Nockenkraft** (**6.6**b und d) tritt auf, wenn alle Kräfte zum Nocken hin gerichtet sind, und zwar bei $\varphi = \varphi_{\ddot{u}}$ vor dem Massenkraftsprung. Sie beträgt

$$F_{N\,max} = -F_F - F_M - F_L \tag{6.27}$$

Das Abheben kann eintreten, wenn die Massen- und die Reibungskraft vom Nocken weg gerichtet sind, und zwar zuerst bei $\varphi = 2\varphi_N - \varphi_{\ddot{u}}$ vor dem Massenkraftsprung. Die Sicherheit beträgt hier

$$F_{N\,min} = -F_F + F_M + F_L \tag{6.28}$$

Sie kann nach Gl. (6.23) durch Erhöhen der Vorspannkraft der Feder vergrößert werden.

Beispiel. Ein Kreisbogennocken (**6.7**) mit dem Grundkreisradius $R = 20$ mm ist für eine Rast von der Dauer $T_{U'AU} = 0{,}04$ s und für den maximalen Hub $h_{max} = 8$ mm nach der Laufzeit $T_{AW} = 0{,}025$ s vorzusehen. Die Umlaufzeit betrage $T = 0{,}06$ s. Der gerade Tellerstößel mit der reduzierten Masse $m_{St} = 1$ kg hat die größte Beschleunigung $a_{1\,max} = 425$ m/s². Die Federkonstante ist $c_F = 40$ N/mm, die Reibungskraft $F_L = 30$ N und die Sicherheit gegen das Abheben $F_{N\,min} = 60$ N. Gesucht sind die Antriebsdrehzahl, die Abmessungen des Nockens, die Vorspannkraft der Feder und die maximale Nockenkraft.

Drehzahl. Mit der Umlaufzeit $T = 0{,}06$ s nach Bild **6.7**a und der Winkelgeschwindigkeit nach Gl. (5.2) folgt[1])

$$\omega = \frac{2\pi}{T} = \frac{2\pi}{0{,}06\ \text{s}} = 104{,}8\ \text{s}^{-1} \qquad \omega^2 = 1{,}1 \cdot 10^4\,\text{s}^{-2}$$

$$n = \frac{\omega}{2\pi} = \frac{104{,}8\ \text{s}^{-1}}{2\pi}\ 60\ \text{s/min} = 1\,000\ \text{min}^{-1}$$

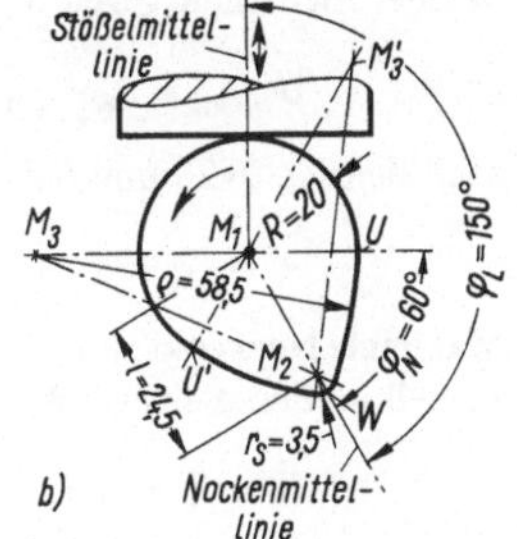

6.7
Kreisbogennocken mit Flachstößel

a) Weg-Zeit-Schaubild
b) Nocken in Ausgangslage

Nockenabmessungen. Der **Nockenwinkel**, um den sich der Nocken vom Rastende bis zum maximalen Hub, also in der Zeit $T_{UW} = 0{,}5(T - T_{U'AU}) = 0{,}5(0{,}06 - 0{,}04)$ s $= 0{,}01$ s, dreht, ist nach Gl. (5.2)

$$\varphi_N = \omega\,T_{UW} = 104{,}8\ \text{s}^{-1} \cdot 0{,}01\ \text{s}\ 180°/\pi = 60°$$

Der Flankenkreisradius folgt damit aus der Gl. (6.12)

$$\varrho = R + \frac{a_{1\,max}}{\omega^2} = 20\ \text{mm} + \frac{425 \cdot 10^3\ \text{mm s}^{-2}}{1{,}1 \cdot 10^4\,\text{s}^{-2}} = 58{,}5\ \text{mm}$$

Für den Mittelpunktsabstand und für den Spitzenkreisradius ergeben die Gl. (6.6 und 6.1)

$$l = h_{max} + R - r_S = (8 + 20)\ \text{mm} - r_S = 28\ \text{mm} - r_S$$

und $$\cos 60° = \frac{(58{,}5\ \text{mm} - r_S)^2 - (58{,}5 - 20)^2\ \text{mm}^2 - (28\ \text{mm} - r_S)^2}{2(28\ \text{mm} - r_S)\,(58{,}5 - 20)\ \text{mm}}$$

---

[1]) s. S. 193, Fußnote[1]).

Hieraus folgt dann $r_s = 3,5$ mm und $l = (28 - 3,5)$ mm $= 24,5$ mm. Der Übergangswinkel ist dann nach Gl. (6.3)

$$\sinn \varphi_{\ddot{u}} = \frac{l}{\varrho - r_s} \sin \varphi_N = \frac{24,5 \text{ mm}}{(58,5 - 3,5) \text{ mm}} \sin 60° \qquad \varphi_{\ddot{u}} = 22,7°$$

Der Lagewinkel zwischen der Nocken- und der Stößelmittellinie, um den sich der Nocken in der Zeit $T_{AW} = 0,025$ s gedreht hat, beträgt nach Gl. (5.2)

$$\varphi_L = \omega\, T_{AW} = 104,8 \text{ s}^{-1} \cdot 0,025 \text{ s } 180°/\pi = 150°$$

Mit diesen Werten kann der Nocken in seiner Ausgangslage (**6.7**b) nach Abschn. 6.2.1 aufgezeichnet werden.

Federvorspannkraft. Das Abheben kann beim Drehwinkel $\varphi = 2\,\varphi_N - \varphi_{\ddot{u}}$ zuerst auftreten. Hier beträgt die Zunahme der Federkraft nach Gl. (6.5) und (6.23)

$$c_F h_2 = c_F [l \cos(\varphi_N - \varphi_{\ddot{u}}) - (R - r_s)]$$
$$= 40 \,(\text{N/mm}) \,[24,5 \text{ mm} \cos(60 - 22,7)° - (20 - 3,5) \text{ mm}] = 120 \text{ N}$$

und die Massenkraft nach Gl. (6.11) und (6.24)

$$F_M = m_{St} a_2 = m_{St} \omega^2 l \cos(\varphi_N - \varphi)$$
$$= 1 \text{ kg} \cdot 1,1 \cdot 10^4 \text{ s}^{-2} \cdot 24,5 \text{ mm} \cdot \cos(60 - 22,7)° = 21,4 \cdot 10^4 \text{ kg mm s}^{-2} = 214 \text{ N}$$

Mit der Sicherheit gegen das Abheben (**6.6**c)

$$|F_{N\min}| = F_F - F_M - F_L = F_0 + c_F h_2 - F_M - F_L = 60 \text{ N}$$

nach den Gl. (6.28 und 6.23) folgt dann für die Vorspannkraft

$$F_0 = F_M + F_L + F_{N\min} - c_F h_2 = (214 + 30 + 60 - 120) \text{ N} = 184 \text{ N}$$

Maximale Nockenkraft (6.6b). Sie tritt beim Drehwinkel $\varphi = \varphi_{\ddot{u}}$ auf. Für die Federkraft gilt hier, da der Stößelhub den gleichen Wert wie bei $2\varphi_N - \varphi_{\ddot{u}}$ hat,

$$F_F = F_0 + c_F h_2 = (184 + 120) \text{ N} = 304 \text{ N}$$

Mit der Massenkraft nach Gl. (6.10) und (6.24)

$$F_M = m_{St} a_1 = m_{St} \omega^2 (\varrho - R) \cos \varphi_{\ddot{u}}$$
$$= 1 \text{ kg} \cdot 1,1 \cdot 10^4 \text{ s}^{-2} \cdot (58,5 - 20) \text{ mm} \cdot \cos 22,7° = 39 \cdot 10^4 \text{ kg mm s}^{-2} = 390 \text{ N}$$

ergibt sich dann

$$F_{N\max} = F_F + F_M + F_L = (304 + 390 + 30) \text{ N} = 724 \text{ N}$$

6.3   Gestaltung

Werkstoffe. Herstellung, Linienpressung an der Eingriffstelle und Gleiteigenschaften bestimmen die Wahl des Werkstoffes. Als L i n i e n p r e s s u n g ist für Grauguß ≤ 50 N/mm, für Stahlguß ≤ 100 N/mm und für gehärteten Stahl ≤ 750 N/mm zulässig. Bei der Wahl der Pressungen sind übertriebene Breiten zu vermeiden. Sie verursachen Kantenpressung infolge Lagerspiel und Bearbeitungsungenauigkeit. Die Laufeigenschaften hängen von der W e r k s t o f f p a a r u n g ab, Stahl und Gußeisen haben sich hierfür besonders bewährt.

Große Kurvenscheiben bestehen häufig aus Stahlguß, die Stößel aus Gußeisen und ihre Rollen und Zapfen aus gehärtetem Stahl. Die Biegebeanspruchung in den Zapfen darf $\leq 150\ \text{N/mm}^2$ und die Flächenpressung für Lagerbuchsen aus Bronzelegierungen $\leq 15\ \text{N/mm}^2$ betragen.

Kurvenscheiben und Nocken. Ihre Laufflächen werden häufig von Kopierschleifmaschinen nach einem Musternocken mit hoher Oberflächengüte geschliffen. Schwere Kurvenscheiben mit großer Exzentrität werden zum Ausgleich der Fliehkräfte mit Gegengewichten oder Aussparungen versehen. Große Kurvenscheiben und Nocken werden geteilt ausgeführt. Ihre Teilfugen liegen in dem geringer belasteten Grundkreis. Die Wellen müssen sehr steif sein, um Verformungen zu vermeiden. N o c k e n werden im allgemeinen mit ihrer Welle vorgeschmiedet und dann gehärtet. Die Nockenwelle läßt sich ohne Teilung der Lager einbauen, wenn die Gipfel der Nocken (**6.8** b) in radialer Richtung die Zapfen nicht überragen.

Stößel. Um Kantenpressung zu verhindern, wird die Lauffläche etwas ballig geschliffen. Stößel erhalten trotz des erstrebten geringen Gewichtes lange Führungen, um ein Klemmen zu verhüten.

T e l l e r s t ö ß e l werden meist etwas exzentrisch zur Drehachse des Nockens ausgeführt. Dies hat ein Drehen der Teller zur Folge, wodurch Eingrabungen der Nocken vermieden werden.

R o l l e n s t ö ß e l dagegen sind, um den Eingriff zu garantieren, gegen Verdrehen zu sichern. Ihre Zapfen erhalten Gleit- oder Nadellager mit verstärktem Außenkäfig, deren Nadeln auf den gehärteten Zapfen laufen.

Ventilsteuerungen. Zwischen Nocken und Stößel treten hohe Beanspruchungen auf. Es ist zweckmäßig, die Flächenpressung nach den H e r t z schen Gleichungen zu ermitteln. Pressungen $\leq 150\ \text{N/mm}^2$ sind zulässig. Da die Ventile [6] für ihre Dichtung ein Spiel erfordern, sind die Nocken und Stößel beim Bewegungsbeginn und -ende Stößen ausgesetzt. Zu ihrer Milderung erhalten die Nocken entweder besondere Anlaufkurven [1], oder die Stößelgeschwindigkeit wird beim Anheben und Aufsetzen der Ventile auf $\approx 0{,}75$ m/s herabgesetzt.

Gestaltungsbeispiel. Bild **6.8** zeigt den Ventilantrieb eines obengesteuerten Kraftfahrzeugmotors mit obenliegender Nockenwelle. Für günstige Herstellung und Montage sind der Stößel 1 und der Schaft 2 des hängenden Ventils getrennt ausgeführt. Hierdurch können geringe Abweichungen ihrer Mittellinien

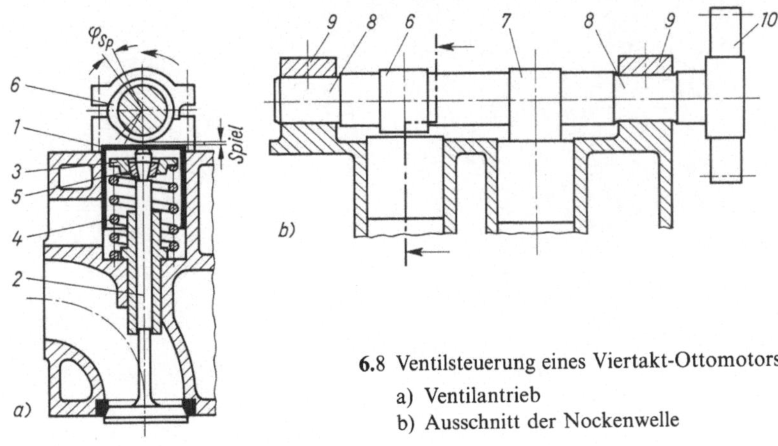

6.8 Ventilsteuerung eines Viertakt-Ottomotors
a) Ventilantrieb
b) Ausschnitt der Nockenwelle

durch Herstellungsfehler oder Wärmedehnungen ohne große Kantenpressungen aufgenommen werden. Zum Einbau des Tellers 3 der Ventilfeder 4 ist das Haltestück 5 geteilt. Bei geöffnetem Ventil stellt die Feder den Kraftschluß zwischen Ventilschaft 2, Stößel 1 und Nocken 6 her; seine Aufrechterhaltung zwischen Nocken und Stößel bestimmt die größte, die Notwendigkeit ein Aufsaugen des Ventils bei Unterdruck zu verhindern, die kleinste Federkraft. Die Nockenwelle trägt die Ein- und Außlaß-nocken 6 und 7 und liegt mit den Lagerzapfen 8 in den geteilten Lagern 9. Ihr Antrieb am Rad 10 kann durch Zahnräderketten oder Zahnkeilriemen erfolgen.

Schrifttum

[1] Bensinger, W. D.: Die Steuerung des Gaswechsels in schnellaufenden Verbrennungsmotoren. 2. Aufl. Berlin-Heidelberg-New York 1968
[2] Hagedorn, L.: Konstruktive Getriebelehre. 3. Aufl. Hannover 1976
[3] Jahr, W. und Knechtel, P.: Grundzüge der Getriebelehre. 2 Bde. 4. Aufl. Leipzig 1955–56
[4] Kraemer, O.: Getriebelehre. 7. Aufl. Karlsruhe 1978
[5] Kraus, R.: Getriebelehre und Getriebeaufbau. 3 Bde. 2. Aufl. Berlin 1951
[6] Küttner, K. H.: Kolbenmaschinen. 4. Aufl. Stuttgart 1978
[7] VDI 2147: Ebene Kurvengetriebe; Begriffserklärungen
[8] VDI 2143 Blatt 1: Bewegungsgesetze für Kurvengetriebe. Theoretische Grundlagen
[9] VDI 2148: Getriebedynamik; Begriffe und Grundlagen
[10] VDI 2149: Getriebedynamik; Reduzierte Kraft, reduzierte Masse, Ersatzmassen

7 Zugmittelgetriebe*

DIN-Norm Nr.	Ausgabe-Datum	Titel
109 T 1	12.73	Antriebselemente; Umfangsgeschwindigkeiten
109 T 2	12.73	Antriebselemente; Achsabstände für Riementriebe mit Keilriemen
111	8.82	Antriebselemente; Flachriemenscheiben; Maße, Nenndrehmomente
2211 T 1	3.84	Antriebselemente; Schmalkeilriemenscheiben; Maße, Werkstoff
2211 T 2	3.84	Antriebselemente; Schmalkeilriemenscheiben, Prüfung der Rillen
E 2211 T 3	10.84	Antriebselemente; Schmalkeilriemenscheiben, Zuordnung zu elektrischen Maschinen
2215	3.75	Endlose Keilriemen; Maße
2216	10.72	Endliche Keilriemen; Maße
2217 T 1	2.73	Antriebselemente; Keilriemenscheiben, Maße, Werkstoff
2217 T 2	2.73	Antriebselemente; Keilriemenscheiben, Prüfung der Rillen
2218	4.76	Endlose Keilriemen für den Maschinenbau; Berechnung der Antriebe, Leistungswerte
7721 T 1	9.79	Synchronriementriebe, metrische Teilung; Synchronriemen
7721 T 2	9.79	Synchronriementriebe, metrische Teilung; Zahnlückenprofil für Synchronscheiben
7722	6.82	Endlose Hexagonalriemen für Landmaschinen und Rillenprofile der zugehörigen Scheiben
7753 T 1	10.77	Endlose Schmalkeilriemen für den Maschinenbau; Maße
7753 T 2	4.76	Endlose Schmalkeilriemen für den Maschinenbau: Berechnung der Antriebe, Leistungswerte
E 7753 T 3	5.83	Endlose Schmalkeilriemen für den Kraftfahrzeugbau; Riemen und Scheibenrillenprofile
8150	3.84	Gallketten
8153 T 1	1.79	Scharnierbandketten, Form S, Form D
8153 T 2	7.80	Scharnierbandketten; Verzahnung der Kettenräder, Profilmaße
E 8154	2.83	Buchsenketten; Amerikanische Bauart
8164	8.79	Buchsenketten
E 8187	2.83	Rollenketten; Europäische Bauart
8188	3.84	Rollenketten; Amerikanische Bauart
8195	8.77	Rollenketten, Kettenräder; Auswahl von Kettentrieben

*) Hierzu Arbeitsblatt 7, s. Beilage S. A 70 bis A 80.

DIN-Norm Nr.	Ausgabe-Datum	Titel
8196 T 1	10.76	Verzahnung der Kettenräder für Rollenketten nach DN 8187 und DIN 8188; Profilabmessungen
8196 T 2	9.77	Verzahnung der Kettenräder für Rollenketten, langgliedrig, nach DIN 8181; Profilabmessungen
8199	12.77	Kettenräder für Rollenketten, für Landmaschinen; Profilabmessungen

DIN ISO Nr.	Ausgabe-Datum	Titel
5290	12.81	Rillenscheiben für Verbund-Schmalkeilriemen; Rillenprofile 9J, 15J, 20J und 25J
5294	1.85	Synchronriementriebe; Scheiben
5296	7.84	Synchronriementriebe; Riemen

7.1   Einteilung und Verwendung

Im Gegensatz zum Zahn- und Reibradgetriebe berühren sich beim Zugmittelgetriebe die Räder nicht, so daß der Wellenabstand innerhalb gewisser Grenzen beliebig gewählt werden kann. Die Kraftübertragung übernimmt ein die Räder umhüllendes Band, das sog. Zugmittelglied. Die Übertragung der Umfangskraft vom Rad zum Zugmittel kann erfolgen:

1. Durch Kraftschluß (Reibungsschluß) beim Riemen- und Seiltrieb. Als Vorteile ergeben sich Stoßmilderung, Schwingungsdämpfung, große Laufruhe und Überlastungsschutz durch Rutschen des Riemens, als Nachteile eine geringe Schwankung der Übersetzung i und die Notwendigkeit gelegentlichen Nachspannens des Triebes.

2. Durch Formschluß beim Kettentrieb, wobei Stoßmilderung und Schwingungsdämpfung geringer sind, die Übersetzung i jedoch konstant bleibt. Eine Kombination aus Ketten- und Riementrieb stellt der Zahnriementrieb dar, der sowohl stoßmildernd als auch schwingungsdämpfend wirkt und der den Vorteil des Kettentriebs aufweist, nämlich die immer gleichbleibende Übersetzung.

Als Zugmittelglieder werden im wesentlichen Flach-, Keil- und Zahnriemen sowie Gall-, Hülsen-, Rollen- und Zahnketten verwendet. Wird die Breite des Zugmittelgliedes sehr groß gemacht, so wird das Getriebe zum Transportband bzw. zur Förderkette.

Der früher verschiedentlich angewandte Seiltrieb hat heute praktisch keine Bedeutung mehr, da die Reibungszahl verhältnismäßig klein ist und sich nennenswerte Leistungen nicht übertragen lassen.

7.2 Reibschlüssige Zugmittelgetriebe

7.2.1 Berechnen von Riementrieben

Allgemeines

Die vom Drehmoment T_1 eines Motors 5 erzeugte Umfangskraft $F_u = 2\,T_1/d_1$ an der treibenden Scheibe 1 (7.1) soll durch den Riemen 3 auf die getriebene Scheibe 2 übertragen werden. Zur Übernahme von F_u durch den Riemen muß dieser mit der Normalkraft $F_n = F_u/\mu$ an die Scheiben gedrückt werden. Im Ruhezustand (stillstehender, u n b e l a s t e - t e r T r i e b) geschieht dies durch die Vorspannkraft F_0 in den beiden Trumms; sie kann durch die Spannfeder 4, durch Eigenfederung des Riemens oder auf andere Weise erzeugt werden und bestimmt die Wellenbelastung F_W.

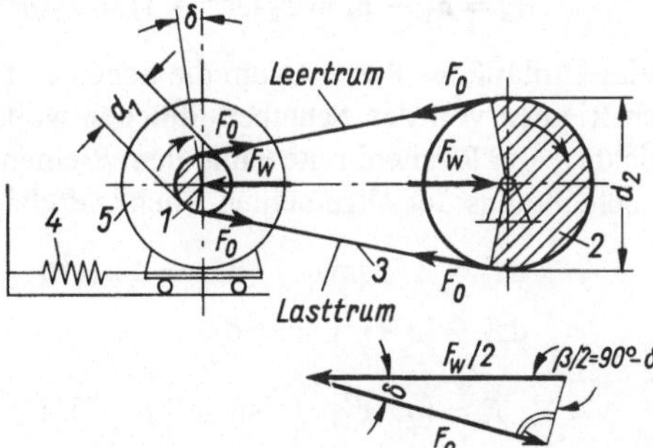

7.1
Riementrieb mit federnder Spannwelle, unbelastet, aber mit Vorspannung

Bei b e l a s t e t e m T r i e b (7.2) steigt die Kraft im Lasttrum auf $F_1 (> F_0)$ an, während sie im Leertrum auf $F_2 (< F_0)$ abfällt.

Für die Beziehungen zwischen dem U m s c h l i n g u n g s w i n k e l β, der Reibungszahl μ und den Kräften bzw. Spannungen im Last- und Leertrum gilt unter Vernachlässigung der Fliehkraft die E y t e l w e i n s c h e G l e i c h u n g

$$F_1 = F_2\, e^{\mu\beta} \quad \text{bzw.} \quad \sigma_1 = \sigma_2\, e^{\mu\beta} \quad \text{mit} \quad e = 2{,}718 \quad e^{\mu\beta} = F_1/F_2 = m \tag{7.1}$$

Bei ungleichen Scheibendurchmessern (Regelfall) ist der kleinere Umschlingungswinkel einzusetzen; die Größe m wird als S p a n n u n g s v e r h ä l t n i s bezeichnet.

Der Kräfteunterschied in den Trums zwischen An- und Ablaufpunkt bewirkt an der treibenden Scheibe 1 eine Stauchung, an der getriebenen Scheibe 2 eine Dehnung des Riemens, so daß sich eine Relativbewegung zwischen Scheibe und Riemen einstellt, der sog.

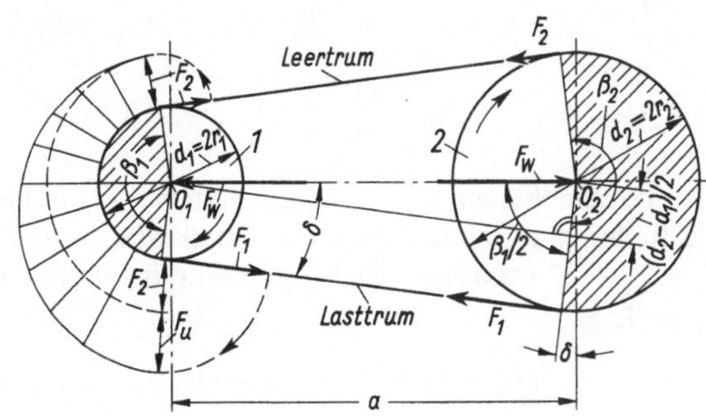

7.2
Kräfte am offenen Riementrieb
(parallele Wellen mit gleicher
Drehrichtung) bei Belastung

Dehnschlupf. (Eine glatte Oberfläche der Riemenscheibe vermeidet schnellen Riemenverschleiß bei Dehnschlupf.) Bei Überlastung tritt hierzu noch ein Gleitschlupf, der Riemen rutscht also auf der Scheibe. Der gesamte Schlupfverlust wird im Schlupfwirkungsgrad η_V erfaßt und bestimmt u.a. die tatsächliche Übersetzung

$$i = \frac{n_1}{n_2} = \frac{d_2 + s}{d_1 + s} \cdot \frac{1}{\eta_\mathrm{V}}$$

mit s als Riemendicke, n_1 als Antriebs- und n_2 als Abtriebsdrehzahl.

Die zur Drehmomentübertragung erforderliche Umfangskraft ergibt sich in Bild 7.2 nach der Gleichgewichtsbedingung für Punkt O_1 bei gleichförmiger Drehbewegung ohne Berücksichtigung der Fliehkräfte aus $F_\mathrm{u} r_1 + F_2 r_1 - F_1 r_1 = 0$ zu

$$F_\mathrm{u} = F_1 - F_2 = F_2 (e^{\mu\beta} - 1) = F_2 (m - 1)$$

Beim Umlauf des Riemens um die Scheiben treten noch Fliehkräfte F_r bzw. F_z auf, die den Riemen von den Scheiben abheben wollen. Mit den Bezeichnungen aus Bild 7.3, der Dichte ϱ, der Riemenbreite b und dem Riemenquerschnitt $A = s\,b$ bestimmt sich ihre Größe je Scheibe aus der allgemeinen Fliehkraftgleichung $F_\mathrm{z} = m v^2 / r$ wie folgt

$$\mathrm{d}F_\mathrm{f} = \mathrm{d}F_\mathrm{z} \sin\varphi \qquad \mathrm{d}F_\mathrm{z} = \mathrm{d}m (v^2/r) \qquad \mathrm{d}m = \varrho A r \mathrm{d}\varphi$$

$$\mathrm{d}F_\mathrm{f} = [\varrho A v^2] \sin\varphi \mathrm{d}\varphi$$

$$F_\mathrm{f} = [\varrho A v^2] \int_\delta^{\delta+\beta} \sin\varphi \mathrm{d}\varphi \qquad \delta + \beta = \pi - \delta$$

$$\int_\delta^{\delta+\beta} \sin\varphi \mathrm{d}\varphi = -\cos\varphi \Big|_\delta^{\pi-\delta} = -\cos(\pi - \delta) + \cos\delta = 2\cos\delta$$

$$F_\mathrm{f} = \varrho A v^2\, 2 \cos\delta$$

Der Fliehkraftanteil F_f' im Trum und die Fliehspannung σ_f betragen demnach

$$F_\mathrm{f}' = F_\mathrm{f}/(2\cos\delta) = \varrho A v^2 \qquad \sigma_\mathrm{f} = \varrho v^2$$

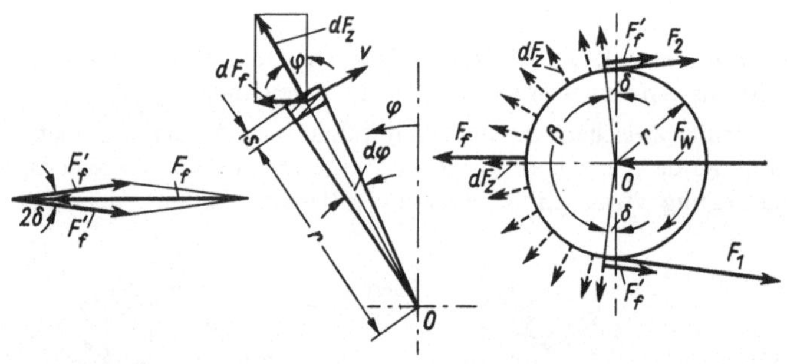

7.3
Fliehkräfte F_f und F_z des umlaufenden Riemens

Sie sind unabhängig vom Umschlingungswinkel β. Durch die Fliehkraft F_f (bzw. F_z) wird die Reibung vermindert und die Trumkräfte werden gleichzeitig auf $F_1' = F_1 + F_\mathrm{f}'$ und $F_2' = F_2 + F_\mathrm{f}'$ vergrößert. Die Umfangskraft (Nutzkraft) zur Drehmomentübertragung ist dann

$$F_\mathrm{u} = F_1' - F_2' = (F_1 + F_\mathrm{f}') - (F_2 + F_\mathrm{f}') = F_1 - F_2 = F_1 \frac{m - 1}{m}$$

Die Kräfte F_1 und F_2 werden als **freie Spannkräfte**, das Verhältnis $F_u/F_1 = (m-1)/m$ als **Ausbeute** bezeichnet. Die **Wellenbelastung** läßt sich rechnerisch aus

$$F_W = (F_1 + F_2)/\sin(\beta_1/2) \approx 2 F_0/\sin(\beta_1/2)$$

oder graphisch bestimmen.

Vom Riemenquerschnitt A müssen die auftretenden Zugspannungen σ_1 und σ_f sowie die infolge des Umlaufs des Riemens um die Scheibe auftretende Biegespannung σ_b aufgenommen werden. Die Biegespannung ist abhängig von s/d (bzw. h/d_w bei Keilriemen), dem sog. **Biegemaß** (s bzw. h Riemendicke, d bzw. d_w kleinstem Scheibendurchmesser des Triebs), dem **Elastizitätsmodul** E_b des Riemenwerkstoffs und – bezüglich ihrer maximalen Größe – von der **Biegefrequenz** $f_B = z_u v/L$ (v Riemengeschwindigkeit, z_u Anzahl der Riemenumlenkungen, L Riemenlänge). Die Maximalspannung tritt im Lasttrum beim Anlaufen gegen die kleinere Scheibe auf und beträgt

$$\sigma_{max} = \sigma_1 + \sigma_f + \sigma_b \leqq \sigma_{zul}$$

mit $\qquad \sigma_1 = \dfrac{F_1}{A} = \dfrac{F_u}{A} \cdot \dfrac{m}{m-1} = \sigma_N \dfrac{m}{m-1} \qquad \sigma_f = \varrho v^2 \qquad \sigma_b = E_b(s/d)$

Zur Übertragung der Umfangskraft F_u (Nutzkraft) steht demnach nur die Nutzspannung σ_N zur Verfügung.

$$\sigma_N = \frac{F_u}{A} \leqq (\sigma_{zul} - \sigma_f - \sigma_b)\,\frac{m-1}{m} \tag{7.2}$$

Die maximale Umfangskraft (Nutzkraft), für die der Riemen ausgelegt werden soll, bestimmt sich aus der Nennleistung P_1, dem Triebwirkungsgrad η und dem Betriebsfaktor φ (Bild A 4.8) zu

$$F_{u\,max} = \frac{\varphi P_1}{v} = \frac{\varphi P_2}{\eta v} \tag{7.3}$$

Die **Reibungszahl** μ (bzw. $\mu' \approx 3\mu$ bei Keilriemen) wird als Mittelwert über dem umschlungenen Bogen angegeben und hängt wesentlich auch von der Riemengeschwindigkeit ab. Der Umschlingungswinkel β_1 wird gemäß Bild 7.2 bestimmt zu

$$\cos(\beta_1/2) = (d_2 - d_1)/(2a) \tag{7.4}$$

Für den sog. **offenen Trieb** nach Bild 7.2 beträgt für $\beta_1 = 140° \cdots 180°$ die Riemenlänge

$$L \approx 2a + \frac{\pi}{2}(d_1 + d_2) + \frac{1}{4a}(d_2 - d_1)^2 \tag{7.5}$$

und der Achsabstand $a = p + \sqrt{p^2 - q}$ $\tag{7.6}$

mit $\qquad p = L/4 - \pi(d_1 + d_2)/8 \quad$ und $\quad q = (d_2 - d_1)^2/8$

Da im Riemen beim Umlauf über die kleinere Scheibe die größte Biegespannung auftritt, geht die Berechnung stets von dieser aus, ohne Rücksicht auf den wirklichen Kraftfluß (Erläuterungen s. Arbeitsbl. 7).

Bemessen von Flachriemen[1])

In den Berechnungsangaben der Riemenhersteller bzw. der DIN-Normen wird für die Art des Triebs bezüglich Gleichmäßigkeit, Stoßbelastung, täglicher Betriebsdauer u. a. meist ein besonderer Korrekturfaktor angegeben. In den nachstehenden Berechnungsformeln werden diese Einflüsse durch den Betriebsfaktor φ nach Bild **A 4.**8 erfaßt.

Für die Bemessung ermittelt man, ausgehend von der erforderlichen maximalen Antriebsleistung,

$$P_{1\,max} = \varphi P_1 = \varphi P_2/\eta \tag{7.7}$$

über eine spezifische Riemenleistung P' in kW je cm Riemenbreite die notwendige Breite des Riemens zu

$$b = P_{1\,max}/(C P') \tag{7.8}$$

Die Tafeln oder Diagramme für P' geben den Zahlenwert für die betreffende Riementype meist in Abhängigkeit von der Riemengeschwindigkeit v an; in C werden durch Einzelfaktoren Umschlingungswinkel β und evtl. andere Einflüsse berücksichtigt.

Der Wert für P' wächst mit steigender Umfangsgeschwindigkeit, obwohl die Umfangskraft dabei nicht konstant bleibt. Die Größenänderung der ertragbaren Umfangsbelastung des Riemens, also der Nutzspannung, wird verursacht durch die auftretenden Fliehkraftspannungen und die Biegespannungen, wie Gl. (7.2) zeigt. Der Fliehkraftanteil steigt dabei mit der Umfangsgeschwindigkeit, wogegen der Biegeanteil mit größer werdendem Scheibendurchmesser und kleiner werdender Riemendicke abnimmt. Obwohl bei den heute größtenteils verwendeten Mehrstoffriemen (Bild **7.**6) das Biegemaß s/d nicht mehr direkt verwendet werden kann – der Querschnitt ist nicht homogen –, läßt sich doch eine maximale spezifische Umfangskraft F_u' für diese Riemen bestimmen.

Für die Bauart EXTREMULTUS 80 gibt der Hersteller[1]) an

$$F_u' = C_1 d_1 \quad \text{in N/mm} \quad \text{mit } d_1 \text{ in mm} \tag{7.9}$$

C_1 berücksichtigt dabei den Einfluß der Fliehkraft (Bild **A 7.**8) – sie ist wegen der kleineren Dichte ϱ des Kunststoffes geringer als bei Leder –, und d_1 erfaßt den Anteil der Biegespannung in erster Näherung. Der Zahlenwert von F_u hängt hinsichtlich seiner zulässigen Größe von der Biegefrequenz f_B ab, die zulässige Biegefrequenz wiederum vom Riemenaufbau des Mehrstoffriemens und vom kleinsten Scheibendurchmesser. Nach dieser Kontrolle bzw. Korrektur (s. Taf. **A 7.**1) wird die erforderliche Riemenbreite ermittelt aus

$$b = F_{u\,max}/(C F_u') \quad \text{mit} \quad C = f(\beta) \tag{7.10}$$

Für die Wellenbelastung gilt

$$F_W \approx 1{,}5 F_{u\,max} \quad \text{mit} \quad F_{u\,max} = P_{1\,max}/v \tag{7.11}$$

Bemessung von Keilriemen[2])

Die Bestimmung der erforderlichen Riemengröße und Riemenzahl z erfolgt auf Grund der Nennleistung des Einzelriemens P_N und der zu übertragenden maximalen Antriebsleistung $P_{1\,max}$, Gl. (7.7), aus

$$z = P_{1\,max}/(C_K P_N) \tag{7.12}$$

---

[1]) S. Tafel **A 7.**1.   [1]) SIEGLING, Hannover.   [2]) S. Tafel **A 7.**1.

Der Zahlenwert für P_N wird meist in Abhängigkeit von Drehfrequenz und kleinstem Scheibendurchmesser d_w (also v) sowie der Übersetzung i angegeben (Bild A 7.11). Umschlingungswinkel und Biegefrequenz werden durch den Korrekturfaktor $C_K = 1/(C\,C_3)$ erfaßt; da nur Spannwellentrieb ($z_u = 2$) möglich und v bereits in P_N ausreichend berücksichtigt ist, wird der Längeneinfluß auf f_B durch $C^3 = f(L_W)$ erfaßt.

Die Wellenbelastung F_W wird allgemein zu $F_W \approx (1{,}5 \cdots 2)\, F_{u\,max}$ angegeben. Es wird auch die Formel

$$F_W \approx 1{,}7\, F_{u\,max} + z\,K\,v^2 \quad \text{in N verwendet,}$$

die mit $K = A\varrho$ in kg/m und v in ms^{-1} die Fliehkraft genauer berücksichtigt.

7.2.2 Bauarten

Die einfachste und auch am meisten verwendete Form ist der sog. offene Trieb mit Spannwelle. Hierbei wird die Vorspannkraft F_0 entweder durch eine Feder (Bild 7.1) oder mittels Spannschrauben (s. Bild A 7.1) erzeugt, wobei die Eigenfederung des Riemens ausgenutzt wird. Da bei Mehrstoffriemen die elastische Dehnung – im Gegensatz zu Lederriemen – im Laufe der Zeit nicht nachläßt, erfolgt das Spannen und damit die Erzeugung der Wellenbelastung F_W durch Korrektur des Achsabstandes auf Grund der gemessenen Dehnung des aufgelegten Riemens; für die erforderliche Auflagedehnung geben die Hersteller entsprechende Werte an.

Die Wellenbelastung und damit auch die Lagerbelastung ist konstant und muß für das zu übertragende Maximaldrehmoment ausgelegt werden. Demgegenüber haben die Trumkräfte F_1 und F_2 den in Bild 7.4 gezeigten Verlauf, bis bei $F_1/F_2 = e^{\mu\beta}$ der Riemen zu gleiten beginnt.

Der in Bild 7.5 gezeigte Spannrollentrieb für Flachriemen verwendet eine mitlaufende, das Leertrum mit der Andrückkraft F_R nach innen drückende Spannrolle 3, so daß sich der Umschlingungswinkel β vergrößert, wogegen die Wellenbelastungen kleiner werden. Da hierbei jedoch die Zahl der Riemenumlenkungen z_u und damit die Biegefrequenz f_B steigt, wird diese Anordnung heute kaum noch verwendet.

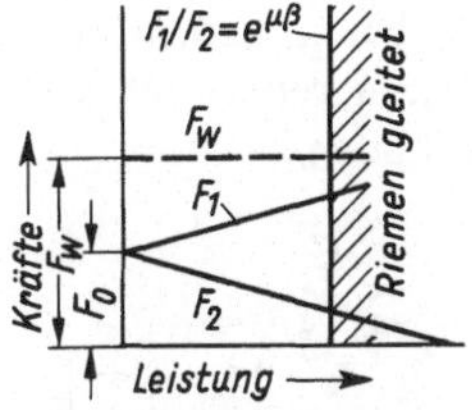

7.4 Trumkräfte F_1, F_2 und Wellenbelastung F_W in Abhängigkeit von der übertragenen Leistung bei offenem Trieb; F_1/F_2 steigt mit wachsender Belastung

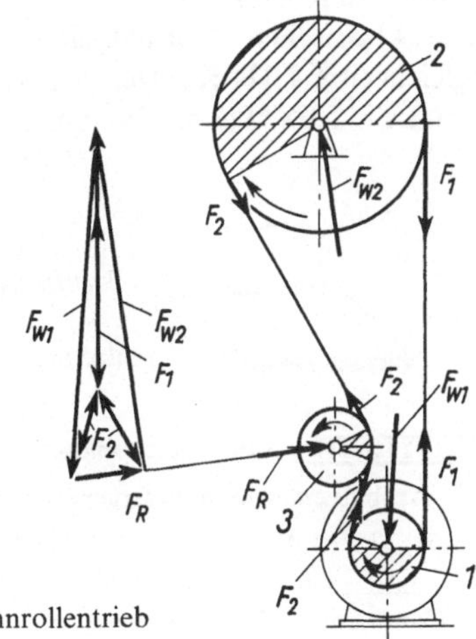

7.5
Kräfte am Spannrollentrieb

7.2.3 Riemenformen und Werkstoffe

Flachriemen

Die Riemendicke s soll möglichst klein, der kleinste Scheibendurchmesser d möglichst groß sein. Bei L e d e r r i e m e n liegt die Grenze etwa bei $s/d \leq 0{,}05$ und die zulässige Biegefrequenz bei $f_B = (5 \cdots 10)\ s^{-1}$ (bei sehr dünnen Hochleistungsriemen $\leq 25\ s^{-1}$); die günstigste Umfangsgeschwindigkeit beträgt $v \approx (17 \cdots 25)$ m/s. Infolge der geringen Zugfestigkeit von Lederriemen ($\sigma_B \approx (20 \cdots 50)$ N/mm^2) und der dadurch gegebenen Leistungsgrenze sind heute überwiegend M e h r s t o f f r i e m e n (7.6) in Gebrauch. Hierbei werden die Zugkräfte durch einen Werkstoff hoher Festigkeit, z.B. Polyamidbändern ($\sigma_B \approx 450$ N/mm^2) oder Cordfäden aus Polyamid bzw. Polyester ($\sigma_B \approx 850$ N/mm^2) aufenommen. Die Haftreibung wird durch eine besonders aufgebrachte Laufschicht erreicht. Eine Deckschicht schützt vor äußeren Einflüssen. Meist besteht die Laufschicht aus Chromleder mit einem Reibwert von $\mu \approx 0{,}4 \cdots 0{,}6$, der auch bei ölhaltiger Luft oder Ölspritzern erhalten bleibt. Bei Gummi oder speziellen Kunststoffen als Laufschicht ist zur Aufrechterhaltung der Reibung mit $\mu \approx 0{,}8$ trockene Luft erforderlich, da anderenfalls der Reibwert bis $\mu \approx 0{,}1$ absinkt. Bei Polyamidband als Zugmittel bestehen keine Beschränkungen bezüglich Länge und Breite (Standardbreiten bevorzugen), da durch Verschweißen jedes Maß erreicht werden kann. Mit derartigen Riemen, z.B. EXTREMULTUS, werden Umfangsgeschwindigkeiten ≤ 120 m/s und Biegefrequenzen $\leq 100\ s^{-1}$ bei Übersetzungen $i \leq 20$ und Achsabständen $a \approx (0{,}8 \cdots 5)\ (d_1 + d_2)$ erreicht.

Keilriemen

Er stellt eine schon lange bekannte Sonderform des Mehrstoffriemens dar (7.7). Auch hier werden die Zugkräfte durch Cordstränge 2 aufgenommen, die in dem aus Gummi bestehenden Kern 1 eingebettet sind; eine Gummigewebe-Schutzschicht 3 umhüllt den Kern. Die Reibungskräfte ergeben sich infolge der Keilwirkung der Rille zu

$$F_n' = \frac{F_n}{2\,\sin(\alpha_S/2)} \qquad F_u = 2\mu F_n' = \frac{\mu}{\sin(\alpha_S/2)}\,F_n = \mu' F_n \tag{7.13}$$

Die Gleichungen in Abschn. 7.2.1 gelten demnach auch für Keilriementriebe, wenn an Stelle von μ die sog. Keilreibungszahl $\mu' = \mu/(\sin \alpha_S/2)$ und statt d der wirksame Scheibendurchmesser d_w gesetzt werden.

Die „klassischen" Normalkeilriemen nach DIN 2215 werden mit der oberen Riemenbreite (gleichzeitig DIN-Kurzzeichen) 8, 10, 13, 17, 20, 22, 25, 32 und 40 mm verwendet, z.B. MULTIPLEX[1]) (7.8). Die maximale Riemengeschwindigkeit liegt bei 30 m/s.

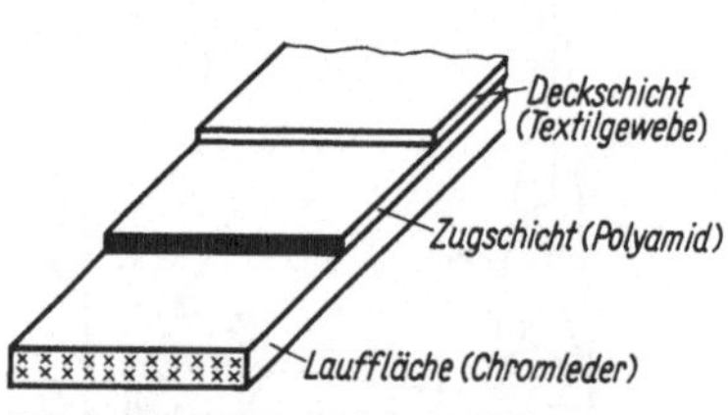

7.6 Aufbau eines Mehrstoffriemens

[1]) Continental, Hannover.

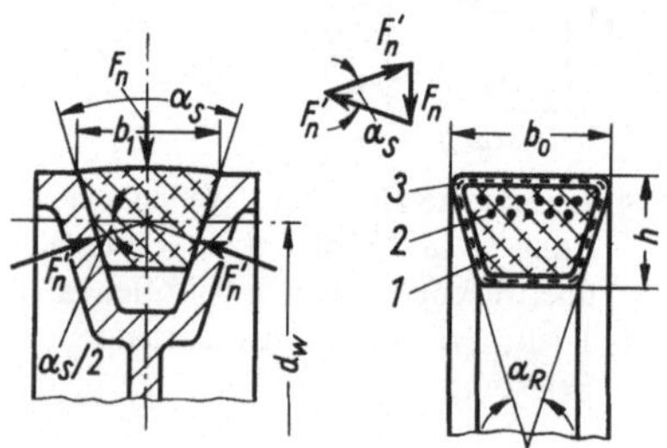

7.7 Kräfte am Keilriemen und Aufbau; Keilwinkel von Scheibe und Riemen
$\alpha_S < \alpha_R$

Die Weiterentwicklung führte zum Schmalkeilriemen nach DIN 7753 Teil 1 (7.9) mit dem Verhältnis von oberer Breite zu Höhe von $\approx 1,2$ gegenüber $\approx 1,6$ bei Normalkeilriemen. Die Keilriemen werden in 5 Profilen geliefert, obere Riemenbreite in Klammern: SPZ (9,7), SPA (12,7), SPB (16,3), SPC (22) und 19 (18,6), z.B. ULTRAFLEX-Keilriemen [1]. Die maximale Riemengeschwindigkeit beträgt 40 m/s. Es ist wichtig, daß die Riemen satzgerecht eingebaut werden. Hierzu liefert der Hersteller jeweils einen Satz in engen Längentoleranzen. Beim Ausfall eines oder mehrerer Riemen sollte man immer den ganzen Satz auswechseln.

Die Normal- und Schmalkeilriemen weisen eine Gewebeummantelung auf, wogegen diese bei den neu entwickelten flankenoffenen Keilriemen fehlt, z.B. bei FO-Z Hochleistungskeilriemen [1] (7.10). Die Zugstränge der Normal- und Schmalkeilriemen bestehen aus Kabelcord. Bei den flankenoffenen Riemen verwendet man Polyestercord hoher Festigkeit und geringer Dehnung. Eine Zahnung im Keilriemenunterbau verbessert die Biegewilligkeit und verringert die Wärmeentwicklung. Die Zahnung bewirkt eine stärkere Ventilation mit der Folge besserer Wärmeableitung über eine vergrößerte Oberfläche. Die im Keilriemenunterbau quer zur Laufrichtung ausgerichteten Elastomer-Fasern ergeben eine hohe Quersteifigkeit, wodurch das Schlupf-Leistungsverhalten gegenüber den ummantelten Standardriemen wesentlich verbessert wird. Üblich sind die Profile SPZ, SPA, SPB und SPC sowie 5 und 6 mit den Breiten 5 und 6 mm. Die maximale Riemengeschwindigkeit wird mit 50 m/s angegeben.

Für Antriebe, bei denen mehrere Scheiben mit gegenläufigem Drehsinn eingesetzt werden, verwendet man Doppelkeilriemen z.B. DUPLOFLEX-Doppelkeilriemen [1] (7.11). Sie werden mit den Nennbreiten 13, 17 und 22 mm geliefert. Die maximale Riemengeschwindigkeit beträgt 30 m/s.

Für besonders rauhe und stoßartige Einsatzfälle verwendet man Verbundkeilriemen, z.B. MULTIBELT-Verbundkeilriemen [1] (7.12). Diese Keilriemen sind satzgerecht aufeinander abgestimmt und durch ein gemeinsames Deckband miteinander verbunden. Sie müssen jedoch vor Verunreinigungen durch Steine und andere Fremdkörper sowie durch starken Staubanfall geschützt werden, da der Selbstreinigungseffekt der Einzelriemen fehlt. Die maximale Riemengeschwindigkeit beträgt 30 m/s. Ein Verbund besteht aus 2 bis 5 Rippen. Antriebe mit mehr als 5 Rippen werden aus mehreren Verbundkeilriemen zusammengestellt.

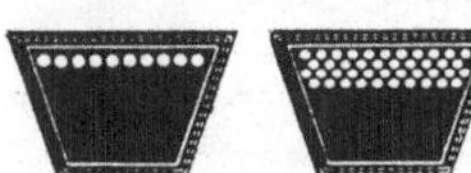

7.8 Keilriemen nach DIN 2215

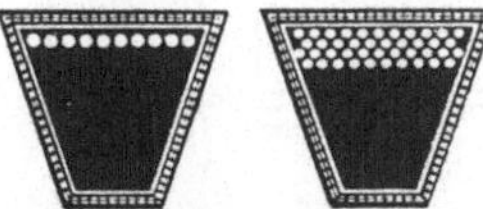

7.9 Schmalkeilriemen
nach DIN 7753 T 1

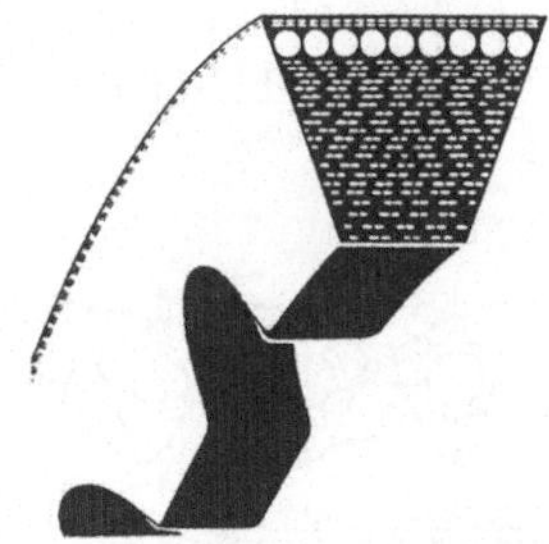

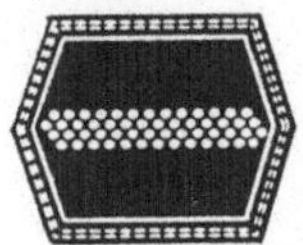

7.11 Doppelkeilriemen
für gekreuzte
Riementriebe

7.12 Verbundkeilriemen

7.10 Hochleistungs-Schmalkeilriemen in flankenoffener Ausführung

---

[1] Continental, Hannover.

Die maximale Biegefrequenz $f_{B\,max}$ beträgt für flankenoffene Hochleistungskeilriemen 120, für Schmalkeilriemen 100, für Normal- und Verbundkeilriemen 60 sowie für Doppelkeilriemen 80 s^{-1}.

7.3 Formschlüssige Zugmittelgetriebe

7.3.1 Kettenbauarten

Die Grundform der Gelenkkette (Laschenkette) bildet die sog. G a l l - K e t t e (7.13a), wie sie z. B. in Hebezeugen als Lastkette bei kleinen Kettengeschwindigkeiten ($v \leqq 0,3$ m/s) verwendet wird. Sie besteht aus Außen- und Innenlaschen 1, 2, die mit den Bolzen 3 so vernietet sind, daß eine Schwenkbewegung der Laschen möglich ist. Infolge der hohen Flächenpressung zwischen Laschen und Bolzen ist der Verschleiß verhältnismäßig hoch. Günstiger ist die B u c h s e n - o d e r H ü l s e n k e t t e (7.13b), bei der die Innenlaschen 2 fest auf den Buchsen 4 sitzen, die sich auf den Bolzen 3 drehen können, wogegen die Außenlaschen 1 fest mit diesem vernietet sind. Durch die große Auflagefläche der Buchse können einerseits größere Kräfte übertragen werden, ohne die zulässige Flächenpressung zu überschreiten, andererseits ist auch eine größere Schwenkbewegung ohne allzu hohen Verschleiß möglich, so daß Kettengeschwindigkeiten bis $v \approx 5$ m/s erreicht werden können. Bei der R o l l e n k e t t e (7.13c) ist über die Hülse 4 eine frei umlaufende Rolle 5 geschoben, wodurch sich noch günstigere Laufeigenschaften ergeben und Kettengeschwindigkeiten $v \leqq 15$ m/s, in Sonderfällen bis $v \approx 25$ m/s und darüber erreichbar sind. Sie werden als Einfach- und Vielfachketten (bis zu 6fach) gebaut und gestatten die Übertragung sehr großer Drehmomente.

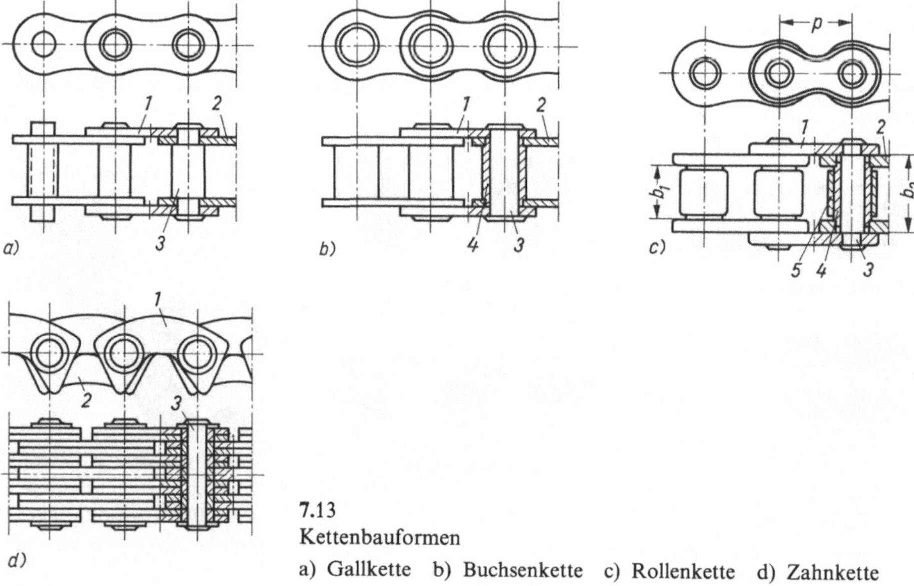

7.13
Kettenbauformen
a) Gallkette b) Buchsenkette c) Rollenkette d) Zahnkette

Die Z a h n k e t t e n (7.13 d) weisen verzahnte Laschen 1 mit geraden Flanken auf, die schwenkbar auf den Bolzen 3 gelagert sind. Die mittlere oder die beiden äußeren Laschen sind als Führungslaschen 2 ausgebildet, die in entsprechende Aussparungen der Kettenräder greifen. Die erreichbare Kettengeschwindigkeit beträgt $v \leqq (8 \cdots 12)$ m/s, in Sonderfällen bis $v \approx 20$ m/s. Sie wird begrenzt durch das größere Kettengewicht und die auftretenden Biegebeanspruchungen in den Laschen. Die Zahnkette findet Anwendung besonders als Transportkette, wobei beliebige Breiten erreicht und auch höhere Temperaturen, z. B. in Öfen und dgl. ertragen werden können.

Die weiteste Verbreitung im allgemeinen Maschinen- und Kraftfahrzeugbau hat die Rollenkette gefunden.

7.3.2 Kettenrad und Kette

Im Gegensatz zu den Zahnrädern (s. Abschn. 8) geschieht die formschlüssige Übertragung der Umfangskraft g l e i c h z e i t i g d u r c h m e h r e r e Z ä h n e des Kettenrades auf einem Umschlingungswinkel von $\beta \approx 100° \cdots 250°$, wobei die Kettenzugkraft allmählich von Zahn zu Zahn abgebaut wird.

Z a h n f o r m. Sie ist für das Einlaufverhalten der Kette in das Kettenrad und für die Rückwirkung der durch Verschleiß bedingten Kettenlängung bestimmend. Bild 7.14 a zeigt die theoretische Zahnform; hier sind die Fertigungstoleranzen der einzelnen Kettenglieder sowie die nach längerer Betriebszeit durch Verschleiß zwischen Bolzen und Hülse auftretende L ä n g u n g d e r K e t t e – der Abstand der Innenglieder bleibt dabei konstant – nicht berücksichtigt. Die Anforderungen des Betriebes wurden bei der praktischen Zahnform (7.14 b) durch zweckmäßige Wahl der Größe des Zahnfußradius r_1 ($\approx 0,51 \, d_1$), des geraden Übergangs h zur Zahnflanke bzw. des Zahnflankenwinkels γ ($\approx 15° \cdots 19°$) und des Zahnkopfradius r_2 ($\approx 0,8 \, p$) berücksichtigt und führten zu der Zahnform nach DIN 8 196.

Z ä h n e z a h l z. Der z-Wert des kleinsten Kettenrades beeinflußt die Übertragungsgenauigkeit sowie das Ausmaß der Gelenkbewegung, also den Verschleiß, und hängt im wesentlichen von Kettengeschwindigkeit, Kettenlänge und den Betriebsbedingungen ab. Die zulässige Gelenkflächenpressung p_v (Bild A 7.22) wird bei optimalen Zähnezahlen von $z = 17 \cdots 25$ für das Kleinrad und $i \geqq 3$ erreicht. Die Zähnezahl des Kleinrades soll erfahrungsgemäß ungerade gewählt werden, wobei die Abstufungen nach Bild A 7.20 einzuhalten sind.

Beim Einlaufen führen die Kettenglieder nacheinander eine Schwingbewegung aus (7.14 a) und die Kette liegt dann polygonförmig auf den Rädern. Dadurch verändert sich der wirksame Durchmesser am Kettenrad, und es ergibt sich trotz gleichförmiger Drehbewegung eine ungleichförmige Kettengeschwindigkeit. Diese Ungleichförmigkeit ist bei $z > 21$

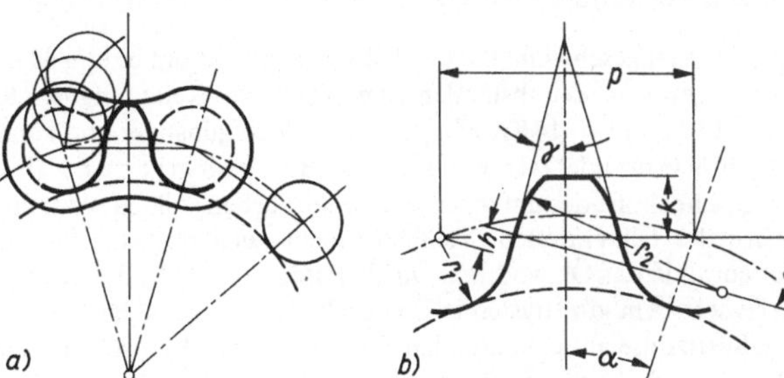

7.14
Theoretische Zahnform (a) und
praktische Zahnform nach
DIN 8 196 (b)

kleiner als 1 %. Sie wird bei $z < 17$ größer als 1,6 % (bei $z = 11$ bereits 4 %) und darf nicht mehr vernachlässigt werden.

Werkstoffe. Kettenräder werden i. allg. als Fertigteil bzw. als Halbfertigteil mit vorgebohrter Nabe von Spezialfirmen hergestellt. Für die Kleinräder kommen je nach Umfangsgeschwindigkeit C 45 ($v \leq 7$ m/s), vergütete Stähle ($v \leq 12$ m/s) oder bei höheren Kettengeschwindigkeiten auch oberflächengehärtete Stähle (HRC = 52 nach Brenn- oder Induktionshärtung) in Frage. Für Großräder werden gewöhnlich GG und GS, bei Geschwindigkeiten von $v \geq 12$ m/s auch SoGG, Perlitguß und oberflächengehärtete Stähle verwendet. Vielfach wird der Nabenkörper aus Guß hergestellt und das Kettenrad aus St aufgeschraubt oder anderweitig verbunden. Zwei Sonderausführungen zeigen die Bilder 7.15 und 7.16.

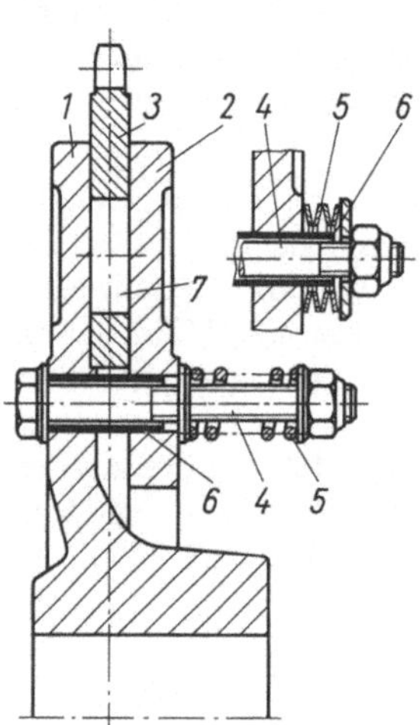

7.15
Kettenrad mit Rutschkupplung

1 Scheibennabe
2 Druckscheibe
3 Kettenscheibe
4 Spannschraube
5 Druckfeder
  (als Schrauben-
  oder Tellerfeder)
6 Schubhülse
7 Loch in Kettenscheibe
  mit Fettfüllung

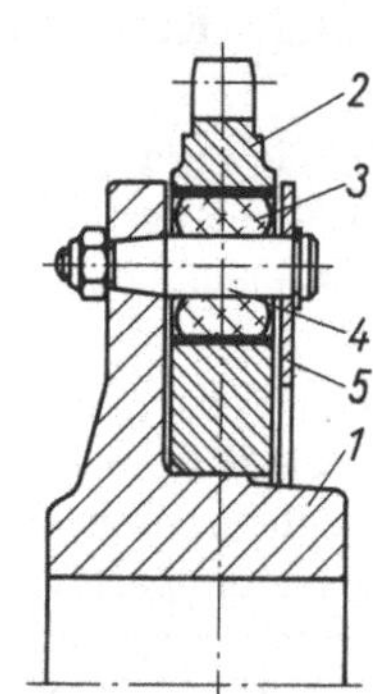

7.16 Elastisches Kettenrad

1 Nabe
2 Kettenscheibe
3 Silentblock mit eingepreßtem Mitnehmerbolzen 4
5 Deckscheibe

Verschleiß und Schmierung. Der durch die Reibung der Rollen am Zahnprofil der Kettenräder und in den Gelenken auftretende Verschleiß bestimmt die Lebensdauer mit, so daß gute Schmierung wichtig ist. Wesentlich ist, daß das Schmiermittel bis zu den Gelenkflächen – also zwischen Bolzen und Hülse – vordringen kann. Außerdem soll es, besonders bei hochbelasteten und Vielfachketten, bei denen Bolzentemperaturen bis 180° auftreten, die Reibungswärme abführen. Die Wärmeabstrahlung ist meist gering, da aus Sicherheitsgründen und gegen Verschmutzung geschlossene Kettenkästen oder weitgehende Abdeckungen verwendet werden.

Bis zu Kettengeschwindigkeiten von $v \approx 1$ m/s genügt häufig **Handschmierung** (Bild A 7.11), die aber in gewissen Zeitabständen eine gründliche Reinigung der Kette erfordert. Ölschmierung mittels **Tropföler** (4 ··· 14 Tropfen/min) ist jedoch günstiger und kann bei ≈ 20 Tropfen/min auch noch bis $v \leq 7$ m/s verwendet werden. Besser ist **Badschmierung** (bis $v \leq 12$ m/s), wobei die Kette nur bis zur Laschenhöhe des untersten Rades eintauchen soll, da sonst zu hohe Planschverluste und vorzeitiges Altern des Öls eintreten. Vielfach taucht auch nur eine Spritzscheibe neben dem unten liegenden Kettenrad in das Öl, wodurch Ölnebelbildung auftritt, die den Schmierstoffaustausch in den Gelenken verbessert. Am günstigsten ist **Druck-Umlaufschmierung** ($v > 7$ m/s), bei der das Öl durch eine Spritzdüse am einlaufenden Trum (Leertrum) zwischen Kette und Großrad mit möglichst hoher Ölgeschwindigkeit eingespritzt wird; bei Umlaufschmierung ist ggf. auch Ölrückkühlung zweckmäßig.

7.3.3 Berechnen von Rollenketten [1])

Die Auswahl der Kette (Kettenteilung) geschieht zunächst auf Grund der sog. Diagrammleistung P_D. Sie bestimmt sich aus $P_1 = P_2/\eta$ mit Hilfe des Leistungsfaktors $k = f(\varphi, z_1)$ zu

$$P_D = P_1/k \qquad\qquad (7.14)$$

Es ist dies die auf $z_1 = 19$ korrigierte Leistung für Gliederzahl $X = 100$ und Lebensdauer $t_h = 15\,000$ h. Die Berücksichtigung anderer Werte für X und t_h erfolgt durch den Faktor w bei der Nachprüfung der Gelenkflächenpressung.

Es sollte nach Möglichkeit die Einfachkette gewählt werden; Mehrfachketten ($P_{D\,3fach} = 2,5\,P_{D\,1fach}$) nur, wenn es die Platzverhältnisse erfordern oder wegen hoher Drehzahl kleine Teilungen notwendig werden.

Die Gesamtzugkraft der gewählten Kette ergibt sich aus der Umfangskraft $F_u = 2\,T_1/d_{01}$ und der Fliehkraft $F_f = q\,v^2$ – mit q als Kettengewicht je m (Masse in kg/m) – zu

$$F_{ges} = F_u + F_f \quad \text{in N} \qquad\qquad (7.15)$$

Auf Grund der in den Kettennormen festgelegten Mindestbruchkraft der Lasche F_B ergibt sich die vorgeschriebene statische Sicherheit zu

$$S_{stat} = F_B/F_{ges} \geqq 7 \qquad\qquad (7.16)$$

Die den Verschleiß verursachende rechnerische Gelenkflächenpressung $p_r = F_{ges}/A$ (mit $A = b_2 d_2$) hängt bezüglich ihrer zulässigen Größe im wesentlichen von der Gelenkbewegung ab, also von Kettengeschwindigkeit v, Teilung p, Gliederzahl X, Übersetzung i und Zähnezahl z des kleineren Rades sowie von den Betriebsbedingungen (φ) und der Schmierungsart

$$p_r/y \leqq p_v/y \quad \text{mit} \quad y = f(\varphi) \qquad\qquad (7.17)$$

Der zulässige Richtwert p_v/y wird in Abhängigkeit von $w = t_v \cdot \lambda_v \cdot c_h$ graphisch ermittelt, wobei $t_v = f(v, p)$, $\lambda_v = f(z_1, X, i)$ und $c_h = f(t_h)$ Tafeln entnommen werden

Für eine weitergehende Nachprüfung der Kette hinsichtlich dynamischer Sicherheit und Betriebszeitfestigkeit s. DIN 8195.

7.3.4 Bauformen der Kettentriebe

Ein besonderer Vorteil der Kettentriebe liegt darin, daß nicht nur zwei, sondern viele Räder formschlüssig miteinander verbunden werden (7.17) und dadurch mit geringem getriebetechnischen Aufwand verschiedene aufeinander abgestimmte Drehfrequenzen verwirklicht werden können, z. B. in Spinnerei- und Verpackungsmaschinen, bei der Papierherstellung, in Werkzeugmaschinen usw. Der häufigste Fall ist der Antrieb von zwei Wellen (7.18); dabei hat sich gezeigt, daß größte Laufruhe erreicht wird, wenn die Ketten eine Neigung von $30° \cdots 60°$ zur Waagerechten aufweisen und das Lasttrum oben liegt. Das Leertrum (im Gegensatz zum Riementrieb liegt es unten und ist spannungslos) soll einen Durchgang von $(1 \cdots 2)\%$ der Trumlänge aufweisen.

---

[1]) S. Tafel A 7.13.

Bei mehr als zwei Wellen werden zur Vergrößerung des Umschlingungswinkels oder zur Aufnahme des Eigengewichts der Kette oder zur Vermeidung des Abhebens der Kette vom Rad infolge der Fliehkraft Leit- oder Umlenkräder angeordnet (7.17 b, c), wogegen Spannräder (7.17 a, d) außerdem die Längenzunahme der Kette durch den Verschleiß ausgleichen. Sie werden mittels Feder, Gewicht oder hydraulisch gegen das Leertrum gedrückt. Für die Zähnezahlen dieser Räder gilt das gleiche wie bei den Kleinrädern; es sollen mindestens drei Zähne eingreifen. Wesentlich für Laufruhe und Lebensdauer des Kettentriebes ist das genaue Fluchten der einzelnen Kettenräder.

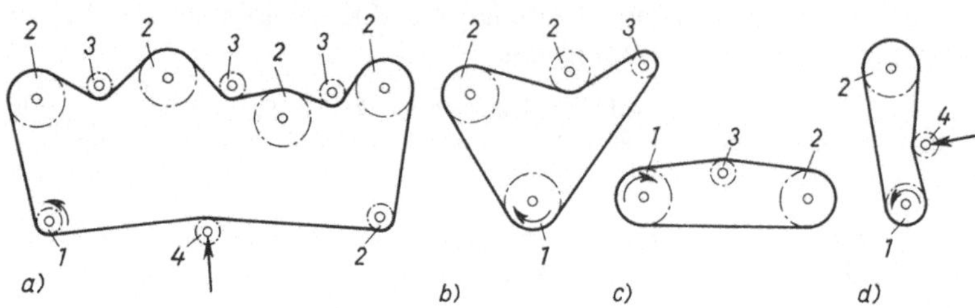

7.17 Kettenradanordnungen

1 treibendes Rad   2 getriebene Räder   3 Leit- oder Umlenkräder   4 Spannräder

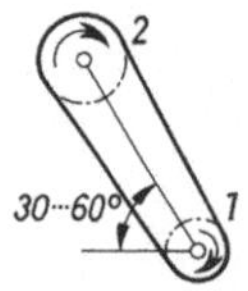

7.18
Optimale Neigung des schrägliegenden Kettentriebes

7.3.5   Zahnriementriebe

Zu den formschlüssigen Zugmittelgetrieben gehört neben den Kettentrieben auch der Zahnriementrieb (Bild 7.19 und 7.20). Dieser besitzt sowohl die Vorteile der Riementriebe als auch die der Kettentriebe. Es wird bei nur mäßiger Vorspannung eine synchrone,

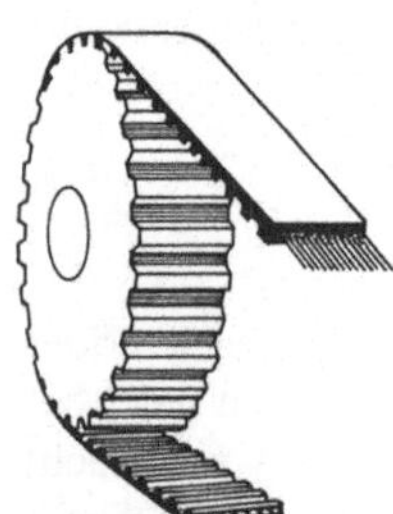

7.19 Zahnriemen

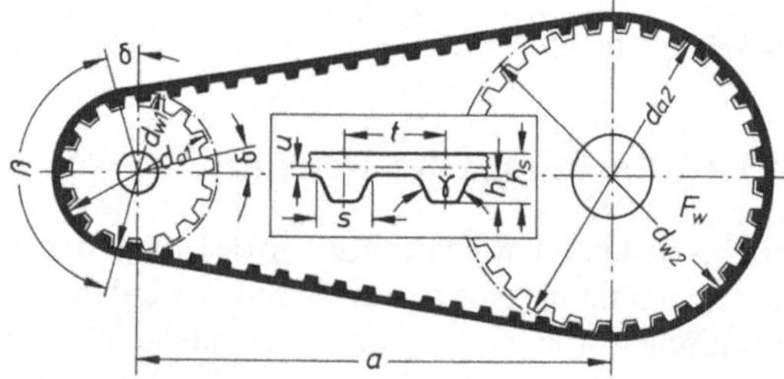

7.20 Bezeichnungen am Zahnriementrieb

F_w Wellenbelastung, a Achsabstand, $2\delta + \beta = \pi$, β Umschlingungswinkel,

d_{a1}, d_{a2} Kopfkreisdurchmesser der Räder; d_{w1}, d_{w2} Wirkdurchmesser.

Zahnriemen: t Teilung, s Zahndicke am Fuß, h Zahnhöhe, h_s Riemenhöhe, γ Flankenwinkel,

u Dicke zwischen Wirklinie und Zahnlücke

schlupflose Übertragung bei stoßdämpfendem geräuscharmem und wartungsfreiem Lauf erreicht. Wie beim Zahnradantrieb greifen die Zähne des Riemens direkt in die Verzahnung der Antriebsräder. Die Zahnriemen sind nach DIN ISO 5296 genormt.

Zur Berechnung der Zahnriementriebe wird auf die Firmenschriften verwiesen. Da die Riemenlänge ein Vielfaches der Zähneteilung sein muß, ist gegebenenfalls der Achsenabstand der Riemenlänge anzupassen, falls auf eine Spannrolle verzichtet wird.

Das formschlüssige Antriebsprinzip garantiert den synchronen Lauf und eine jederzeit konstante Riemengeschwindigkeit. Auch bei kleinen Umschlingungswinkeln wird durch den Formschluß eine sichere Antriebsfunktion erreicht. Infolge der Verzahnung ist nur eine geringe Riemenvorspannung erforderlich, wodurch sich nur mäßige Achs- und Lagerbelastungen ergeben. Die kleinen Massenkräfte der dünnen Zahnriemen und ihre gute Biegetüchtigkeit erlauben hohe Riemengeschwindigkeiten bis zu 80 m/s.

Zahnriemen sind längenkonstant. Deshalb ist die Festigkeit des in den Riemen eingebetteten Zugstrangs von großer Bedeutung. Man verwendet z. B. beim SYNCHROBELT-Zahnriemen [1]) einen hochfesten Glascord-Zugstrang, der schraubenförmig über der gesamten Riemenbreite angeordnet ist. Die Riemenzähne und der Riemenrücken werden aus einer hochbeanspruchbaren Polychloropren-Gummimischung gefertigt. Die Zähne selbst sind mit einem abriebfesten Polyamidgewebe armiert.

Die Zahnräder können aus Metall oder Kunststoff bestehen. Den seitlichen Ablauf verhindern Bordscheiben. Die Zahnlücken sind nach DIN ISO 5294 genormt.

Die Zahnriemen sind wartungsfrei. Voraussetzung ist eine ordnungsgemäße Montage. So müssen Wellen achsparallel und Zahnräder fluchtend angeordnet sein. Wenn eine Achsabstandsverstellung fehlt, dürfen die Riemen bei der Montage nicht über die Bordscheiben gezwängt werden. In einem solchen Fall sind die losen Räder und der Riemen zusammen zu montieren.

Der oben beschriebene SYNCHROBELT-Zahnriemen, der nach DIN ISO 5296 genormt ist, wurde weiterentwickelt zur Ausführung SYNCHROBELT HTD (HTD für High Torque Drive) [1]) (Bild 7.21). Der normale Zahnriemen besitzt trapezförmige Zähne, wogegen die Zähne des Typs SYNCHROBELT HTD ein etwa halbrundes Profil aufweisen. Hierdurch ist die Kraftübertragung gleichmäßiger als beim Trapezprofil. Außerdem ist die Teilung kleiner als beim genormten Zahnriemen, so daß mehr Zähne im Eingriff sind. Die Riemengeschwindigkeiten werden mit 40 m/s angegeben.

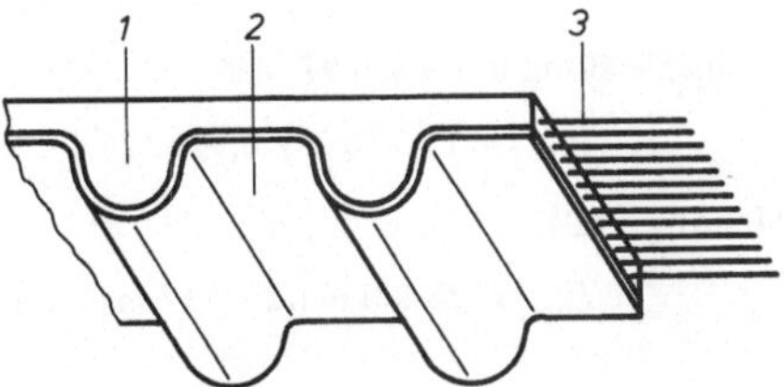

7.21
Zahnriemen SYNCHROBELT HTD
(Continental Hannover)

1 Riemenrücken und Zähne aus Polychloropren
2 Polyamidgewebe-Armierung
3 Zugstränge aus Glascord

Beispiel. Für den Antrieb einer Arbeitsmaschine mit den Werten $P_2 = 16$ kW, $n_2 = 300$ min^{-1} durch einen Drehstrommotor (Stern-Dreieckschaltung) mit $n_1 = 1500$ min^{-1} – also $i = 5$ – soll ein Zugmittelgetriebe als offener Trieb ($z_u = 2$) entworfen werden; Motorwelle $d_{w1} = 50$ mm, Nabendurchmesser $d_{Nabe} \approx 100$ mm.

---

[1]) Continental, Hannover.

Es werden angenommen: Mittlerer Anlauf, Vollast und mäßige Stöße (z. B. Kolbenpumpe), Betriebsdauer 8 Std./Tag; aus Bild **A 4**.8 ergibt sich ein Betriebsfaktor $\varphi = 1{,}6$.

a) Ausgangsgrößen für einen Riementrieb

Für die Motorwelle kommt ein Scheibendurchmesser von $\approx (2 \cdots 2{,}5)\, D_{\mathrm{Nabe}}$ in Frage; gewählt wird
$d_1 = d_{w1} = 224\ \mathrm{mm} = 0{,}224\ \mathrm{m}$ (Tafel **A 7**.4 bzw. **A 7**.10) und $d_2 = d_{w2} = i\,d_1 = 5 \cdot 224\ \mathrm{mm} = 1\,120\ \mathrm{mm}$.
Beide Werte sind Normdurchmesser.

Umfangsgeschwindigkeit bei Lastdrehfrequenz $n_1 = 1\,450\ \mathrm{min}^{-1} = 24{,}16\ \mathrm{s}^{-1}$

$$v = \pi \cdot 0{,}224\ \mathrm{m} \cdot 24{,}16\ \mathrm{s}^{-1} = 17\ \mathrm{m/s} \qquad \text{(A 7.1)}$$

Achsabstand, mit Rücksicht auf Schwingungsdämpfung, gewählt zu

$$a \approx 1{,}4(d_1 + d_2) = 1{,}4 \cdot 1\,344\ \mathrm{mm} = 1\,880\ \mathrm{mm}$$

Riemenlänge

$$L \approx 2 \cdot 1\,880\ \mathrm{mm} + \frac{\pi}{2}\,1\,344\ \mathrm{mm} + \frac{1}{4 \cdot 1\,880\ \mathrm{mm}}\,896^2\ \mathrm{mm}^2 = 5\,978\ \mathrm{mm} \qquad \text{Gl. (7.5)}$$

Korrektur auf Normlänge $\qquad L_w = 5\,600\ \mathrm{mm}\quad$ oder$\quad 6\,300\ \mathrm{mm}\qquad$ nach Tafel **A 7**.10.
Festlegung der Riemenlänge auf $\quad L = L_w = 5\,600\ \mathrm{mm}$

endgültiger Achsabstand aus

$$p = \frac{5\,600\ \mathrm{mm}}{4} - \frac{\pi}{8}\,(224 + 1\,120)\ \mathrm{mm} = 872{,}2\ \mathrm{mm} \qquad p^2 = 76{,}07 \cdot 10^4\ \mathrm{mm}^2$$

$$q = (1\,120\ \mathrm{mm} - 224\ \mathrm{mm})^2/8 = 10{,}04 \cdot 10^4\ \mathrm{mm}^2$$

$$a = 872{,}2\ \mathrm{mm} + 10^2\,\sqrt{76{,}07\ \mathrm{mm}^2 - 10{,}04\ \mathrm{mm}^2} = 872{,}2\ \mathrm{mm} + 812{,}8\ \mathrm{mm}$$
$$= 1\,685\ \mathrm{mm} \qquad\qquad \text{Gl. (7.6)}$$

Umschlingungswinkel

$$\cos(\beta_1/2) = \frac{1\,120\ \mathrm{mm} - 224\ \mathrm{mm}}{2 \cdot 1\,685\ \mathrm{mm}} = 0{,}266 \qquad \beta_1/2 = 74{,}6^\circ \qquad \beta_1 = 149{,}2^\circ \qquad \text{Gl. (7.4)}$$

Biegefrequenz

$$f_B = \frac{2 \cdot 17\ \mathrm{m\,s}^{-1}}{5{,}6\ \mathrm{m}} = 6{,}07\ \mathrm{s}^{-1} \qquad\qquad \text{Gl. (A 7.3)}$$

Riemenleistung mit $\eta = 0{,}97$

$$P_{1\,max} = 1{,}6 \cdot 16\ \mathrm{kW}/0{,}97 = 26{,}4\ \mathrm{kW} = 26\,400\ \mathrm{Nm\,s}^{-1} \qquad\qquad \text{Gl. (7.7)}$$

Umfangskraft

$$F_{u\,max} = 26\,400\ \mathrm{Nm\,s}^{-1}/(17\ \mathrm{ms}^{-1}) = 1\,553\ \mathrm{N} \approx 1\,600\ \mathrm{N} \qquad\qquad \text{Gl. (A 7.4)}$$

b) Bestimmung eines Mehrstoffriemens EXTREMULTUS Bauart 80

Riemenvorwahl mit $C_1 = 0{,}09$ aus Bild **A 7**.8 $F'_{u\,erf} = 0{,}09 \cdot 224 = 20{,}16\ \mathrm{N/mm}$ $\qquad$ Gl. (7.9)
gewählte Riementype aus Tafel **A 7**.6 $20 = F'_{u\,max}$ in N/mm mit $f_{B\,zul} = 20\ \mathrm{s}^{-1} > 6{,}1$ (Bild **A 7**.9)
Riemenbreite mit $C = 0{,}92$ aus Tafel **A 7**.5

$$b = \frac{1\,600\ \mathrm{N}}{0{,}92 \cdot 20\ \mathrm{N/mm}} = 87\ \mathrm{mm} \quad \text{gewählt}\quad b = 90\ \mathrm{mm} \qquad\qquad (7.10)$$

Scheibenbreite

$$b' = 100 \text{ mm} \quad (\text{Tafel A 7.8})$$

Wellenbelastung

$$F_\text{w} \approx 1,5 \cdot 1\,600 \text{ N} = 2\,400 \text{ N} \hspace{4cm} \text{Gl. (7.10)}$$

c) Bestimmung eines Keilriemens (endlos); i. allg. wird $z > 1$ gewählt

Riemengröße und spez. Riemenleistung aus Bild A 7.11

SPA mit $P_\text{N} = 10$ kW je Riemen – nicht möglich, da größte Riemenlänge (Bild A 7.12) nur $L_\text{w} = 4\,500$ mm

Gewählt: SPB mit $P_\text{N} = 13$ kW je Riemen

Korrekturfaktor mit $C_3 = 1,07$ aus Bild A 7.12 und $C = 0,92$ aus Tafel A 7.6

$$C_\text{K} = \frac{1}{0,92 \cdot 1,07} = 1,015 \hspace{4cm} \text{Gl. (A 7.5)}$$

Riemenzahl

$$z = 26,4 \text{ kW}/(1,015 \cdot 13 \text{ kW}) = 2 \hspace{4cm} \text{Gl. (7.2)}$$

Wellenbelastung

$$F_\text{w} \approx (1,5 \cdots 2)\, 1\,600 \text{ N} = (2\,400 \cdots 3\,200) \text{ N} \hspace{3cm} \text{Gl. (A 7.6)}$$

oder mit $K = 0,206$ kg/m aus Tafel A 7.10

$$F_\text{w} \approx 1,7 \cdot 1\,600 \text{ N} + 2 \cdot 0,206 \text{ kg/m} \cdot 17^2 (\text{m/s})^2 = 2\,720 \text{ N} + 119 \text{ N} = 2\,840 \text{ N} \quad \text{Gl. (A 7.7)}$$

d) Bestimmung eines K e t t e n t r i e b s

Für das Kleinrad auf der Motorwelle wird ein d_{01} von $(150 \cdots 200)$ mm angestrebt. Die Zähnezahl (Abstufungen s. Tafel A 7.19) wird mit $z_1 = 23$ angenommen und k bestimmt zu $k = 0,98$ (A 7.18)

Antriebsleistung mit $\eta = 0,99 \quad P_1 = 16 \text{ kW}/0,99 = 16,2 \text{ kW} = 16\,200 \text{ Nm s}^{-1}$ \hspace{1.5cm} Gl. (A 7.8)

Diagrammleistung $\hspace{2cm} P_\text{Derf} = 16,2 \text{ kW}/0,98 = 16,53 \text{ kW} = 16\,530 \text{ Nm s}^{-1}$ \hspace{1.2cm} Gl. (7.14)

Nach Bild A 7.20 ergeben sich folgende Möglichkeiten bei $n_1 = 1\,450 \text{ min}^{-1} = 24,16 \text{ s}^{-1}$:

1fach Kette Nr. 16 B   mit $P_\text{D} > 16$ kW   2fach Kette Nr. 12 B   mit $P_\text{D} \approx 20$ kW

Da die 1fach Kette bereits an der Grenze liegt, wird die 2fach Kette Nr. 12 B gewählt; als Vergleich werden in der nachstehenden Rechnung die jeweiligen Zahlenwerte für die 1fach Kette Nr. 16 B in Klammern angegeben!

Kettenwerte (Tafel A 7.14)

$$F_\text{B} = 59\,000 \text{ N} \ (65\,000 \text{ N}) \quad q = 2 \cdot 1,25 \text{ kg/m} = 2,5 \text{ kg/m} \ (2,7 \text{ kg/m})$$

$$A = 2 \cdot 89 \text{ mm}^2 = 178 \text{ mm}^2 \ (210 \text{ mm}^2) \quad p = 19,05 \text{ mm} \ (25,4 \text{ mm})$$

$$\alpha_1 = 360°/(2 \cdot 23) = 7,82° \quad \sin\alpha_1 = 0,136 \quad d_{01} = 19,05 \text{ mm}/0,136 = 140 \text{ mm} \ (187 \text{ mm});$$
$$\text{der Wert für } d_{01} \text{ ist für } d_{\text{w}1} = 50 \text{ mm noch möglich}$$

$$z_2 = 5 \cdot 23 = 115 \quad \alpha_2 = 360°/(2 \cdot 115) = 1,566° \quad \sin\alpha_2 = 0,0274 \quad d_{02} = 19,05 \text{ mm}/0,0274$$
$$= 695 \text{ mm} \ (927 \text{ mm})$$

Gewählter Achsabstand (unter Berücksichtigung der Gegebenheiten): $a \approx 1\,000$ mm

Gliederzahl der Kette (Tafel A 7.14)

$$X = \frac{2 \cdot 1\,000}{19,05} + \frac{23 + 115}{2} + \left(\frac{115 - 23}{2\pi}\right)^2 \frac{19,05}{1\,000} = 175,58 \approx 176 \ (153)$$

Kettengeschwindigkeit

$$v = 0,14 \text{ m} \cdot 24,16 \text{ s}^{-1} = 10,63 \text{ m/s} \ (14,2 \text{ m/s}) \qquad v^2 = 113 \ (\text{m/s})^2 \qquad \text{(A 7.1)}$$

Umfangskraft

$$F_u = 16\,200 \ (\text{Nm/s})/10,6 \ (\text{m/s}) = 1\,530 \text{ N} \ (1\,140 \text{ N}) \qquad \text{(A 7.4)}$$

Fliehkraft

$$F_f = 2,5 \text{ kg/m} \cdot 113 \ (\text{m/s})^2 = 288 \approx 300 \text{ N} \ (600 \text{ N}) \qquad \text{Gl. (A 7.9)}$$

Gesamtzugkraft

$$F_{ges} = 1\,530 \text{ N} + 300 \text{ N} = 1\,830 \text{ N} \ (1\,440 \text{ N}) \qquad \text{Gl. (7.15)}$$

Sicherheit in den Laschen

$$S_{stat} = 59\,000 \text{ N}/1\,830 \text{ N} = 32,2 > 7 \ (45 > 7) \qquad \text{Gl. (7.16)}$$

Gelenkflächenpressung mit $y = 0,79$ aus Bild **A 7.18**

$$p_r = 1\,830 \text{ N}/178 \text{ mm}^2 = 10,3 \text{ N/mm}^2 \ (6,9 \text{ N/mm}^2) \qquad \text{Gl. (A 7.10)}$$

$$p_r/y = 10,3 \ (\text{N/mm}^2)/0,79 = 13 \text{ N/mm}^2 \ (8,7 \text{ N/mm}^2) \qquad \text{Gl. (7.17)}$$

Schmierungsart nach Bild **A 7.21** Druck-Umlaufschmierung, Öl, Viskosität $(20 \cdots 50) \cdot 10^{-6} \text{ m}^2/\text{s}$
Korrekturfaktoren aus Tafel **A 7.17**, **A 7.19** und Bild **A 7.21**

$$t_v = 3,8 \ (3,2) \qquad \lambda_v = 1,49 \ (1,42)$$

angenommene Lebensdauer

$$t_h = 30\,000 \text{ h} \qquad c_h = 0,8 \qquad w = 3,8 \cdot 1,49 \cdot 0,8 = 4,53 \ (3,63)$$

Vergleichswerte aus Bild **A 7.22**

2fach Kette Nr. 12 B $p_v/y = 38 \text{ N/mm}^2 > 13$
1fach Kette Nr. 16 B $p_v/y = 26 \text{ N/mm}^2 > \ 8,7$

Gl. (7.17)

Beide Ketten erfüllen daher die Bedingungen. Aus Platzgründen wird die kleinere Kette gewählt.
Achsabstand für Nr. 12 B aus $T = 2 \cdot 176 - 23 - 115 = 214 \qquad U = 8(115 - 23)^2/\pi^2 = 6\,840$

$$a = \frac{19,05 \text{ mm}}{8} \ (214 + \sqrt{214^2 - 6\,840}) = 980 \text{ mm} \ (997 \text{ mm}) \qquad \text{Gl. (A 7.11)}$$

Schrifttum

[1] B a u e r / S c h n e i d e r: Hülltriebe und Reibradtriebe. 6. Aufl. Leipzig 1975
[2] P i e t s c h, P.: Kettentriebe. Einbeck 1965
[3] R a c h n e r, H.-G.: Stahlgelenkketten und Kettentriebe (Konstruktionsbücher Bd. 20). Berlin-Göttingen-Heidelberg 1962
[4] Z o l l n e r, H.: Kettentriebe. München 1966
[5] W o r o b j e w, N. W.: Kettentriebe. Berlin 1953

8 Zahnrädergetriebe *)

DIN-Blatt Nr.	Ausgabe Datum	Titel
37	12.61	Darstellung und vereinfachte Darstellung für Zahnräder und Räderpaarung
780 T 1	5.77	Modulreihe für Zahnräder; Moduln für Stirnräder
780 T 2	5.77	— ; Moduln für Zylinderschneckengetriebe
781	12.73	Werkzeugmaschinen; Zähnezahlen der Wechselräder
782	2.76	Werkzeugmaschinen; Wechselräder, Maße
867	2.86	Bezugsprofile für Evolventenverzahnungen an Stirnrädern (Zylinderrädern) für den allgemeinen Maschinenbau und den Schwermaschinenbau
868	12.76	Allgemeine Begriffe und Bestimmungsgrößen für Zahnräder, Zahnradpaare und Zahnradgetriebe
E 3960	6.84	Begriffe und Bestimmungsgrößen für Stirnräder (Zylinderräder) und Stirnradpaare (Zylinderradpaare) mit Evolventenverzahnung
3960 Beibl. 1	7.80	— ; Zusammenstellung der Gleichungen
3961	8.78	Toleranzen für Stirnradverzahnungen; Grundlagen
3962 T 1	8.78	Toleranzen für Stirnradverzahnungen; Toleranzen für Abweichungen einzelner Bestimmungsgrößen
3962 T 2	8.78	— ; Toleranzen für Flankenlinienabweichungen
3963 T 3	8.78	— ; Toleranzen für Teilungs-Spannenabweichungen
3963	8.78	Toleranzen für Stirnradverzahnungen; Toleranzen für Wälzabweichungen
3964	11.80	Achsabstandsmaße und Achslagetoleranzen von Gehäusen für Stirnradgetriebe
V 3965 T 1	9.81	Toleranzen für Kegelradverzahnungen; Grundlagen
V 3965 T 2	9.81	— ; Toleranzen für Abweichungen einzelner Bestimmungsgrößen
V 3965 T 3	9.81	— ; Toleranzen für Wälzabweichungen
V 3965 T 4	9.81	— ; Toleranzen für Achsenwinkelabweichungen und Achsenschnittpunktabweichungen
3966 T 1	8.78	Angaben für Verzahnungen in Zeichnungen; Angaben für Stirnrad (Zylinderrad-)Evolventenverzahnungen
3966 T 2	8.78	— ; Angaben für Geradzahn-Kegelradverzahnungen
3966 T 3	11.80	— ; Angaben für Schnecken- und Schneckenradverzahnungen
3967	8.78	Getriebe-Paßsystem; Flankenspiel, Zahndickenabmaße, Zahndickentoleranzen; Grundlagen

*) Hierzu Arbeitsblatt 8, s. Beilage S. A 81 bis A 113.

DIN-Blatt Nr.	Ausgabe Datum	Titel
3971	7.80	Begriffe und Bestimmungsgrößen für Kegelräder und Kegelradpaare
3975	10.76	Begriffe und Bestimmungsgrößen für Zylinderschneckengetriebe mit Achswinkel 90°
3976	11.80	Zylinderschnecken; Maße, Zuordnung von Achsabständen und Übersetzungen in Schneckenradsätzen
3978	8.76	Schrägungswinkel für Stirnradverzahnungen
3979	7.79	Zahnschäden an Zahnradgetrieben; Bezeichnung, Merkmale, Ursachen
3990 T 1	12.70	Tragfähigkeitsberechnung von Stirn- und Kegelrädern; Grundlagen und Berechnungsformeln
3990 T 2	12.70	$-$; Zahnformfaktor Y_F
3990 T 3	12.70	$-$; Lastanteilfaktor Y_ε, Sprungüberdeckung ε_β
E 3990 T 4	4.70	$-$; Hilfsfaktor q_L, Stirnlastverteilungsfaktoren $K_{F\alpha}$ für Zahnfuß- und $K_{H\alpha}$ für Zahnflankenbeanspruchung
3990 T 5	12.70	$-$; Flankenformfaktor Z_H
3990 T 6	12.70	$-$; Materialfaktor Z_M
3990 T 7	12.70	$-$; Ritzel-Einzeleingriffsfaktor Z_B, Rad-Einzeleingriffsfaktor Z_D, Profilüberdeckung ε_α
3990 T 8	12.70	$-$; Überdeckungsfaktor Z_ε
3990 T 10	1.73	$-$; Schrägungswinkelfaktor Y_β
E 3990 T 1	3.80	Grundlagen für die Tragfähigkeitsberechnung von Gerad- und Schrägstirnrädern; Einführung und allgemeine Einflußfaktoren
E 3990 T 2	3.80	$-$; Berechnung der Zahnflankentragfähigkeit (Grübchenbildung)
E 3990 T 3	3.80	$-$; Berechnung der Zahnfußtragfähigkeit
E 3990 T 4	3.80	$-$; Berechnung der Freßtragfähigkeit
E 3990 T 5	5.84	Tragfähigkeitsberechnung von Stirnrädern; Dauerfestigkeitswerte und Werkstoffqualitäten
3992	3.64	Profilverschiebung bei Stirnrädern mit Außenverzahnung
3993 T 1	8.81	Geometrische Auslegung von zylindrischen Innenradpaaren mit Evolventenverzahnung; Grundregeln
3993 T 2	8.81	$-$; Diagramme über geometrische Grenzen für die Paarung Hohlrad–Ritzel
3993 T 3	8.81	$-$; Diagramme zur Ermittlung der Profilverschiebungsfaktoren
3993 T 4	8.81	$-$; Diagrame über Grenzen für die Paarung Hohlrad–Schneidrad
3994	8.63	Profilverschiebung bei geradverzahnten Stirnrädern mit 05-Verzahnung; Einführung
3995 T 1	5.67	Geradverzahnte Außen-Stirnräder mit 05-Verzahnung; Achsabstände und Betriebseingriffswinkel
3995 T 2	8.63	$-$; Fußkreisdurchmesser
3995 T 3	8.63	$-$; Kopfkreisdurchmesser
3995 T 4	8.63	$-$; Zahnweite

DIN-Blatt Nr.	Ausgabe Datum	Titel
3995 T 5	8.63	—; Prüfmaß M_a
3995 T 6	8.63	—; Zahndickensehne und Zahnhöhe über der Sehne
3995 T 7	8.63	—; Überdeckungsgrade
3995 T 8	8.63	—; Gleitgeschwindigkeiten am Zahnkopf
3998 T 1	9.76	Benennungen an Zahnrädern und Zahnradpaaren; Allgemeine Begriffe
3998 T 2	9.76	—; Stirnräder und Stirnradpaare (Zylinderräder und Zylinderradpaare)
3998 T 3	9.76	—; Kegelräder und Kegelradpaare, Hypoidräder und Hypoidradpaare
3998 T 4	9.76	—; Schneckenradsätze
3998 Beibl. 1	9.76	—; Stichwortverzeichnis
E 3999 T 1	1.82	Kurzzeichen für die Antriebstechnik; Verzahnungen
58400	6.84	Bezugsprofil für Evolventenverzahnungen an Stirnrädern für die Feinwerktechnik
58405 T 1	5.72	Stirnradgetriebe der Feinwerktechnik; Geltungsbereich, Begriffe, Bestimmungsgrößen, Einteilung
58405 T 2	5.72	—; Getriebepassungsauswahl, Toleranzen, Abmaße
58405 T 3	5.72	—; Angaben in Zeichnungen, Berechnungsbeispiele
58405 T 4	5.72	—; Tabellen
58405 Beibl. 1	5.72	—; Rechenvordruck
1825	11.77	Schneidräder für Stirnräder; Geradverzahnte Scheibenschneidräder
1828	11.77	Schneidräder für Stirnräder; Geradverzahnte Schaftschneidräder
1829 T 1	11.77	Schneidräder für Stirnräder; Bestimmungsgrößen, Begriffe, Kennzeichen
1829 T 2	11.77	—; Toleranzen, Zulässige Abweichungen
3968	9.60	Toleranzen eingängiger Wälzfräser für Stirnräder mit Evolventenverzahnung
3970 Bl. 1	11.74	Lehrzahnräder zum Prüfen von Stirnrädern; Radkörper und Verzahnung
3970 Bl. 2	11.77	—; Aufnahmedorne
3972	2.52	Bezugsprofile von Verzahnwerkzeugen für Evolventenverzahnungen nach DIN 867
3977	2.81	Meßstückdurchmesser für das radiale oder diametrale Prüfmaß der Zahndicke an Stirnrädern (Zylinderrädern)
8000	10.62	Bestimmungsgrößen und Fehler an Wälzfräsern für Stirnräder mit Evolventenverzahnung; Grundbegriffe
8002	1.55	Maschinenwerkzeuge für Metall; Wälzfräser für Stirnräder mit Quer- oder Längsnut, Modul 1 bis 20
45635 T 23	7.78	Geräuschmessung an Maschinen; Luftschallmessung; Hüllflächen-Verfahren; Getriebe

DIN-Blatt Nr.	Ausgabe Datum	Titel
51354 T1	8.77	Prüfung von Schmierstoffen; Mechanische Prüfung von Schmierstoffen in der FZG-Zahnrad-Verspannungsprüfmaschine; Allgemeine Arbeitsgrundlagen
51354 T2	8.77	–; Gravimetrisches Verfahren für Schmieröle A/8,3/90
51501	11.79	Schmierstoffe; Schmieröle L-AN, Mindestanforderungen
51509 T1	6.76	Auswahl von Schmierstoffen für Zahnradgetriebe; Schmieröle
E 51509 T2	11.83	–; Plastische Schmierstoffe
58411	6.67	Wälzfräser für Stirnräder der Feinwerktechnik mit Modul 0,1 bis 1 mm
58412	3.67	Bezugsprofile für Verzahnungswerkzeuge der Feinwerktechnik; Evolventenverzahnungen nach DIN 58400 und DIN 867
58413	8.70	Toleranzen für Wälzfräser der Feinwerktechnik
58420	8.81	Lehrzahnräder zum Prüfen von Stirnrädern der Feinwerktechnik; Radkörper und Verzahnung

Benennung	Ausgabe-Datum	Titel
DIN ISO 1302	6.80	Technische Zeichnungen; Angaben der Oberflächenbeschaffenheit in Zeichnungen
DIN ISO 2203	6.76	Technische Zeichnungen; Darstellung von Zahnrädern
ISO 701	1976	Internationale Verzahnungsterminologie; Symbole für geometrische Größen
ISO 1328	1975	ISO-Toleranzsystem für Stirnräder mit Evolventenverzahnung
ISO 53	1974	Bezugsprofil für Stirnräder für den allgemeinen Maschinenbau und den Schwermaschinenbau
ISO 677	1976	Bezugsprofil für geradverzahnte Kegelräder für den allgemeinen Maschinenbau und Schwermaschinenbau
R 1122	1969/70	Vokabular für Zahnräder; Geometrische Begriffe
VDI/VDE 2608	2.75	Einflanken- und Zweiflankenwälzprüfung von gerad- und schrägverzahnten Stirnrädern mit Evolventenprofil
VDI 2157	9.78	Planetengetriebe; Begriffe, Symbole, Berechnungsgrundlagen
VDI 3336	7.72	Verzahnen von Stirnrädern (Zylinderrädern) mit Evolventenprofil, Spanende Verfahren

DIN-Taschenbuch	106	Normen über die Verzahnungsterminologie
DIN-Taschenbuch	123	Normen für die Zahnradfertigung
DIN-Taschenbuch	173	Normen für die Zahnradkonstruktionen

8.1 Grundlagen

Zwei im Eingriff stehende Zahnräder bilden ein Zahnradgetriebe. Zahnradgetriebe übertragen Bewegungen und Drehmomente formschlüssig.

Räderpaarungen kann man nach Form der Räder und Lage der Wellen zueinander unterscheiden (**8.1**).

8.1
Zahnräderpaarungen

a) Geradstirnräder
b) Schrägstirnräder
c) Stirnräder mit Pfeilverzahnung
d) Doppelschrägzahnräder
e) Innenzahnradgetriebe, gerad- oder schrägverzahnt
f) Kegelräder, gerad- oder schrägverzahnt
g) Kegelräder, bogen- oder pfeilverzahnt
h) Innenkegelgetriebe
i) Kegelräder mit Achsversetzung
j) Stirnrad-Schraubgetriebe
k) Schneckengetriebe mit Zylinderschnecke
l) Schneckengetriebe mit Globoidschnecke

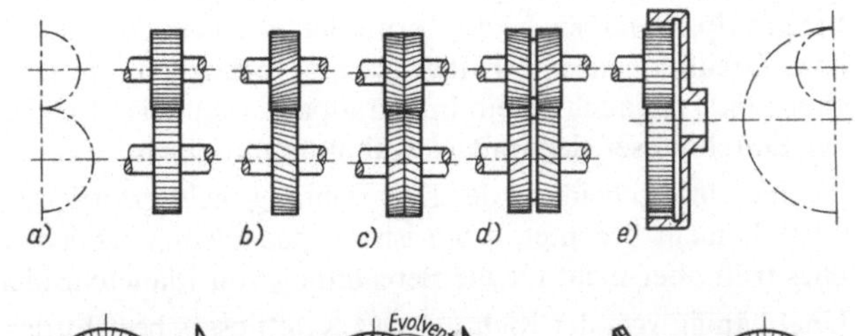

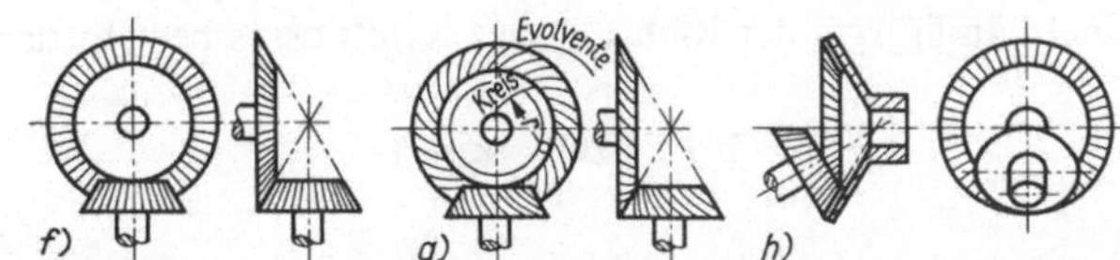

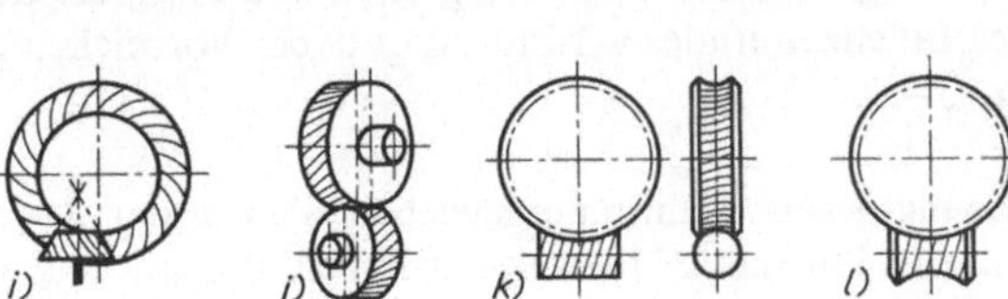

Begriffe, Bezeichnungen und Kurzzeichen [1]**.** Die Wälzkreise (Wälzzylinder) (**8.2**) sind gedachte Kreise zweier im Eingriff stehender Räder, die bei der Übertragung der Bewegung mit gleicher Umfangsgeschwindigkeit aufeinander abrollen.

Der Wälzpunkt (Wälzachse) ist der Berührungspunkt der Wälzkreise (Betriebswälzkreise d_{w1}, d_{w2}).

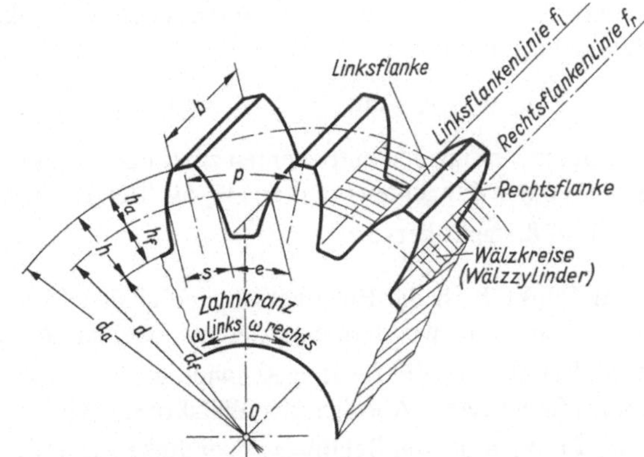

8.2
Bezeichnungen an Stirnrädern
(s. auch Arbeitsbl. A 8: Formelzeichen)

---

[1] Begriffe und Bestimmungsgrößen für Stirnräder und Stirnradpaare mit Evolventenverzahnung nach DIN 3960 und Beiblatt 1.

Eine Radpaarung mit Außenverzahnung hat in Richtung des Kraftflusses und unter Berücksichtigung der Drehrichtung die Übersetzung (s. auch DIN 868)

$$i = \frac{+\,n_{an}}{-\,n_{ab}} = -\frac{n_1}{n_2} = -\frac{\omega_1}{\omega_2} = -\frac{z_2}{z_1} = -\frac{d_{w2}}{d_{w1}} \tag{8.1}$$

Die Bezeichnungen für das treibende Rad erhalten den (ungeraden) Index 1, 3, 5, ... und für das getriebene Rad den (geraden) Index 2, 4, 6, ... Bei einem Außenradpaar haben die beiden Stirnräder entgegengesetzten Drehsinn. Die Winkelgeschwindigkeiten bzw. Drehfrequenzen erhalten entgegengesetzte Vorzeichen, die Übersetzung ist negativ. Bei einem Innenradpaar haben beide Stirnräder gleichen Drehsinn. Die Winkelgeschwindigkeiten bzw. Drehfrequenzen erhalten gleiche Vorzeichen, die Übersetzung ist positiv. Die Gleichung (8.1) gilt auch für ein Innenradpaar, wenn die Drehfrequenz oder die Zähnezahl bzw. der Durchmesser der Innenverzahnung mit einem negativen Vorzeichen eingesetzt wird.

Ist eine Unterscheidung der Drehrichtung nicht erforderlich, so werden die Vorzeichen in Gl. (8.1) nicht beachtet, d.h. i ist mit positivem Vorzeichen in die Rechnung einzusetzen. Dies trifft aber nicht für die Berechnung von Planetenrädergetrieben zu.

Unabhängig von der Richtung des Kraftflusses besteht das Zähnezahlverhältnis

$$u = \frac{z_{Rad}}{z_{Ritzel}} \geqq 1 \quad \text{bzw.} \quad < -1 \tag{8.2}$$

Hierin ist z_{Rad} die Zähnezahl des großen und z_{Ritzel} die des kleinen Rades. Die Zähnezahl z_{Rad} des Innenzahnrades wird mit negativem Vorzeichen eingesetzt (s. Beispiel 6). Hiermit wird $u < -1$.

Verzahnungsgesetz. Zahnrädergetriebe sollen in der Regel während der Bewegungsübertragung eine konstante Übersetzung haben. Bild **8.**3 zeigt drei Berührungspunkte B, C und B' der Flanken F_1 und F_2, die während der Drehbewegung nacheinander auftreten. Rad 1 treibt mit ω_1. Der Kurvenverlauf der Flanken F_1 und F_2 muß so sein, daß die Normalgeschwindigkeiten c_1 und c_2 im jeweiligen Berührungspunkt gleich sind ($c_1 = c_2 = c$) und die Normalen zur Berührungstangente $\overline{tt}$ stets durch den Punkt C gehen. Wäre $c_1 > c_2$, so müßten die Flanken F_1 und F_2 ineinander eindringèn, und wäre $c_1 < c_2$, so müßten sich die Flanken F_1 und F_2 trennen. Die Umfangsgeschwindigkeiten der Zahnflanken im jeweiligen Berührungspunkt sind

$$v_1 = \omega_1 r_1 \quad \text{mit} \quad v_1 \perp r_1 \quad \text{und} \quad v_2 = \omega_2 r_2 \quad \text{mit} \quad v_2 \perp r_2$$

Die Geschwindigkeitskomponenten zu v_1 und v_2 sind nach Bild **8.**3 c_1, c_2 als Normalkomponenten zur Tangente $\overline{tt}$ und w_1, w_2 als Tangentialkomponenten in Richtung $\overline{tt}$. Aus Bild **8.**3 geht hervor:

1. im Punkt B ist die Relativgeschwindigkeit $w = w_1 - w_2 < 0$, d.h. Flanke F_2 arbeitet gegen Flanke F_1, wodurch eine stemmende Gleitbewegung erfolgt,

2. im Punkt C ist die Relativgeschwindigkeit $w = w_1 - w_2 = 0$, d.h. im Punkt C (Wälzpunkt) findet reines Abrollen der Wälzkreise (Wälzzylinder) statt,

3. im Punkt B' ist die Relativgeschwindigkeit $w = w_1 - w_2 > 0$, d.h. auf der Auslaufseite des Flankeneingriffs erfolgt eine streichende Gleitbewegung.

Aus der Ähnlichkeit der Dreiecke (Punkt B) $\Delta O_1 T_1 B \sim \Delta BDE$ und $\Delta O_2 T_2 B \sim \Delta BDF$

folgen die Proportionen

$$\frac{c_1}{v_1} = \frac{r_{b1}}{r_1} \quad \text{und} \quad \frac{c_2}{v_2} = \frac{r_{b2}}{r_2}$$

Damit ergibt sich

$$c = c_1 = c_2 = v_1 \frac{r_{b1}}{r_1} = v_2 \frac{r_{b2}}{r_2} = \omega_1 r_1 \frac{r_{b1}}{r_1} = \omega_2 r_2 \frac{r_{b2}}{r_2} = \omega_1 r_{b1} = \omega_2 r_{b2}$$

also ist

$$i = \frac{\omega_1}{\omega_2} = \frac{r_{b2}}{r_{b1}} = \frac{r_{w2}}{r_{w1}} = \text{konstant} \tag{8.3}$$

Gl. (8.3) beschreibt das V e r z a h n u n g s g e s e t z: Zwei in steter Berührung stehende Zahnflanken übertragen die Drehbewegung mit konstanter Übersetzung i, wenn die gemeinsame Berührungsnormale $\overline{T_1 T_2}$ durch den Wälzpunkt C geht. Wälzpunkt C teilt die Mittelpunktsverbindung $\overline{O_1 O_2}$ ($= r_{w1} + r_{w2}$) reziprok zum Verhältnis der Winkelgeschwindigkeiten zweier kämmender Räder.

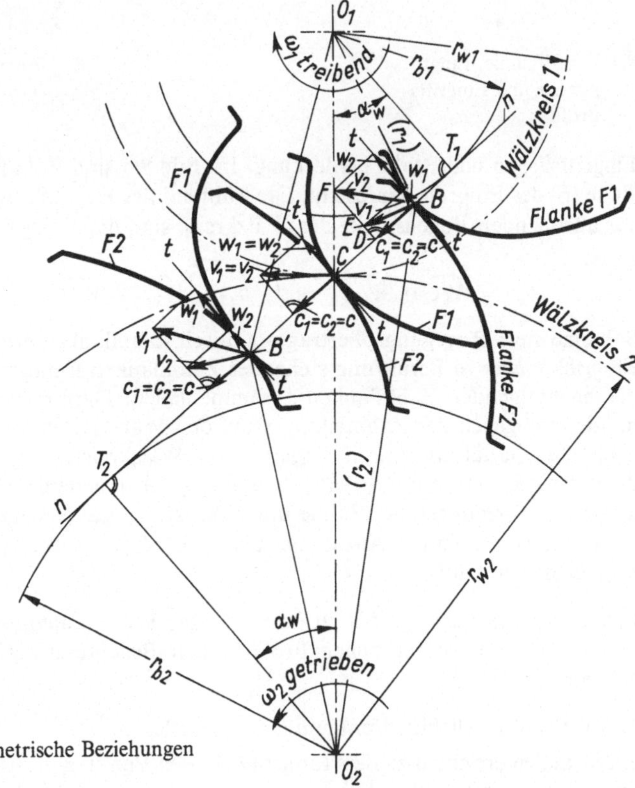

8.3
Zum Verzahnungsgesetz: geometrische Beziehungen

Eingriffslinie, Eingriffsstrecke und Eingriffsprofil. Die E i n g r i f f s l i n i e (8.4) ist die Bahn (= geometrischer Ort), auf der sich der Berührungspunkt zweier im Eingriff befindlicher Zahnflanken bewegt. − 1. Die Eingriffslinie ist eine G e r a d e, wenn die Kurven der Zahnflanken Evolventen sind (s. Abschn. 8.3). – 2. Die Eingriffslinie besteht aus zwei Kreisbogen, wenn die Kurven der Zahnflanken Zykloiden sind (s. Abschn. 8.2). – 3. Die Eingriffslinie ist eine gekrümmte Linie, wenn die zusammenarbeitenden Kurven keine Evolventen und keine Zykloiden sind.

Die Zahnprofile werden durch Kopfkreise $d_{a\,1}$ und $d_{a\,2}$ begrenzt (**8.4**). Die Schnittpunkte A und E der Kopfkreise mit der Eingriffslinie bestimmen die Eingriffsstrecke $g = \overline{AE}$.

Die bei der Bewegungsübertragung in Eingriff kommenden Flankenteile $K_1 K_1'$ und $K_2 K_2'$ bilden das Eingriffsprofil, das man für Rad 1 ermittelt (**8.4**), indem man um O_1 durch A einen Kreisbogen schlägt und den Schnittpunkt K_1' erhält.

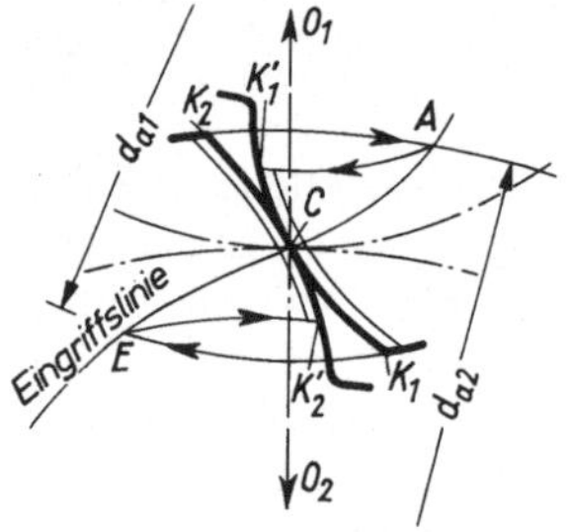

8.4 Eingriffslinie, Eingriffsstrecke und Eingriffs-
profil

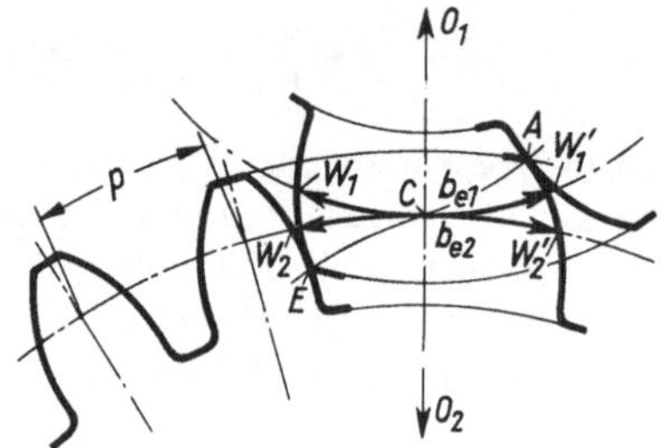

8.5 Eingriffsbogen und Teilung

Eingriffsbogen und Profilüberdeckung. Im Bild **8.5** sind Zahnflanken am Anfang (A) und Ende (E) des Eingriffs dargestellt. Die während des Eingriffs zweier Zahnflanken aufeinander abrollenden Bogenstücke der Wälzkreise sind die Eingriffsbogen b_e.
Es ist

$$b_{e\,1} = \widehat{W_1 C} + \widehat{W_1' C} \quad \text{und} \quad b_{e\,2} = \widehat{W_2 C} + \widehat{W_2' C}$$

Soll eine stete Bewegungsübertragung durch Zahnflanken erfolgen, so darf das Ende des Eingriffs zweier in Berührung stehender Zahnflanken frühestens mit dem Eingriffsbeginn der nachfolgenden Zahnflanken zusammenfallen. Darum müssen die Eingriffsbogen b_e mindestens gleich der Zahnteilung p auf den Wälzkreisen sein; $b_{e\,1} = b_{e\,2} \geqq p$. Damit ist auch das Verhältnis Eingriffsbogen b_e zu Wälzkreisteilung p, also die Profilüberdeckung $\varepsilon_\alpha = b_e/p \geqq 1$. Praktisch muß $\varepsilon_\alpha \geqq 1{,}1$ sein, damit nicht durch Verzahnungsfehler und Verformungen der Zähne unter Belastung Kanteneingriff, also Eingriff außerhalb der Eingriffslinie eintritt. Anzustreben ist $\varepsilon_\alpha > 1{,}25$; je größer die Profilüberdeckung, um so ruhiger ist der Lauf.

Ermittlung des Gegenprofils zu einem vorgegebenen Zahnprofil. Konstruktion des Profils 2 zum vorgegebenen Profil 1 unter Beachtung des Verzahnungsgesetzes nach Bild **8.6**:

1. Auf Profil 1 beliebige Punkte $a_1, a_2, \ldots$ festlegen.

2. Normalen errichten zu den Tangenten in den Punkten $a_1, a_2, \ldots$. Sie ergeben auf Wälz-kreis 1 die Schnittpunkte 1, 2, $\ldots$.

3. Kreisbogen um O_1 durch $a_1, a_2, \ldots$ und Kreisbogen um C mit Halbmesser $\overline{a_1 - 1}$, $\overline{a_2 - 2}, \ldots$ schlagen. Sie ergeben die Schnittpunkte I, II, $\ldots$. Nach dem Verzahnungsgesetz erfolgt die Berührung der Zahnflanken in den Punkten $a_1, a_2, \ldots$ stets dann, wenn die

Normale durch den Wälzpunkt C geht, d.h. wenn beim Abwälzen der Wälzkreise die Punkte 1, 2, ... mit dem Wälzpunkt C nacheinander zusammenfallen. Daher müssen die Punkte I, II, ... Punkte der Eingriffslinie sein.

4. Festlegen der Punkte $1'$, $2'$, ... auf Wälzkreis 2 durch Abtragen der Bogenlängen $\widehat{C1} = \widehat{C1'}$, $\widehat{C2} = \widehat{C2'}$, ...

5. Kreisbogen um O_2 durch I, II, ... und Kreisbogen um $1'$, $2'$, ... mit Halbmesser $\overline{a_1 - 1}$, $\overline{a_2 - 2}$, ... schlagen. Sie ergeben die Schnittpunkte b_1, b_2, ..., die auf dem gesuchten Profil 2 liegen.

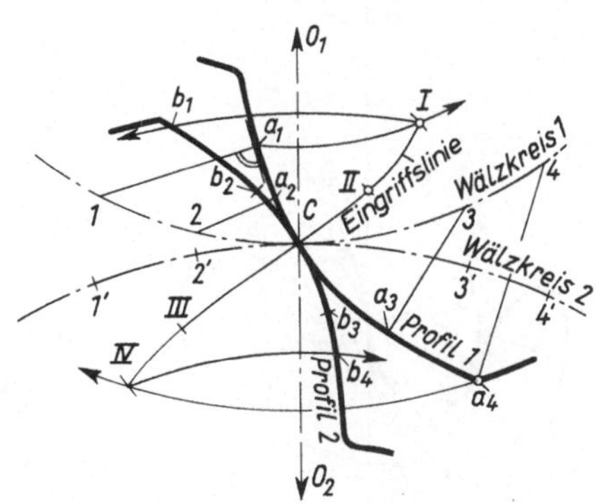

8.6
Ermittlung des Gegenprofils für $i = $ const

8.2 Zykloidenverzahnung

Grundbegriffe. O r t h o z y k l o i d e (**8.7**). Jeder Punkt eines Kreises, der auf einer Geraden abrollt, beschreibt eine Orthozykloide. Bei der Zahnstange sind Kopf- und Fußflanken Orthozykloiden.

E p i z y k l o i d e (**8.8**). Jeder Punkt eines Kreises, der auf einem feststehenden Kreis abrollt, beschreibt eine Epizykloide.

H y p o z y k l o i d e (**8.9**). Jeder Punkt eines Kreises, der in einem feststehenden Kreis abrollt, beschreibt eine Hypozykloide.

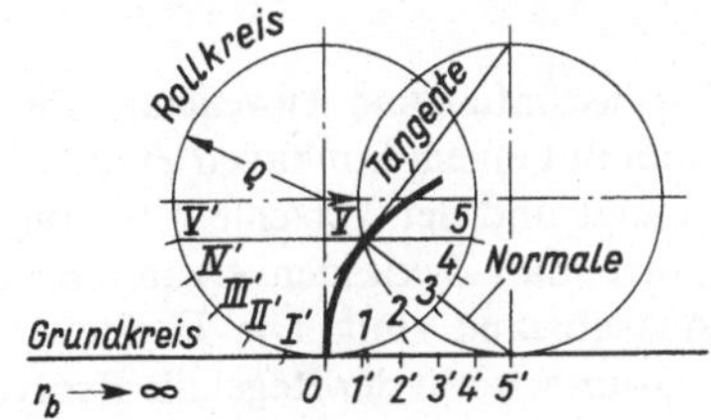

8.7 Orthozykloide

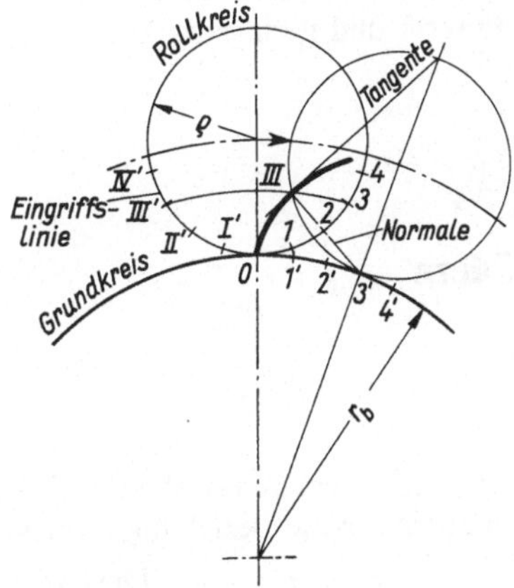

8.8 Epizykloide

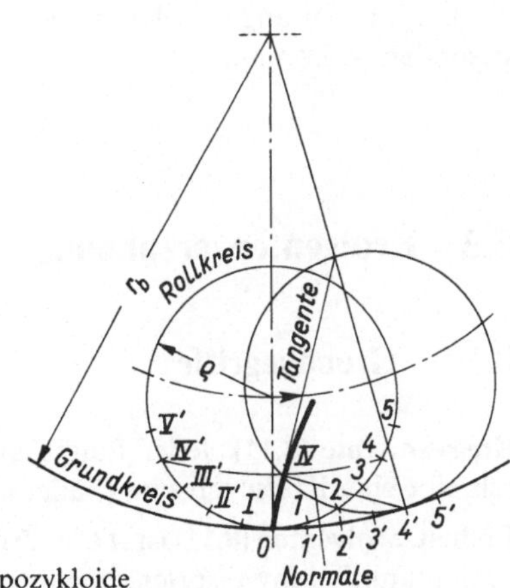

8.9 Hypozykloide

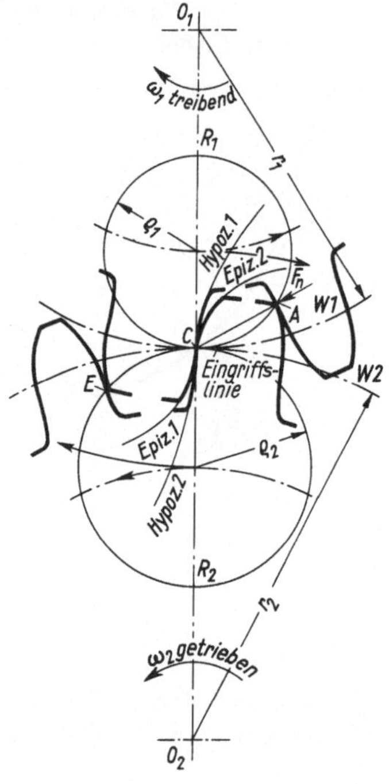

8.10
Zykloidenverzahnung: Konstruktion und Eingriff

Konstruktion der Zykloidenverzahnung. Im Bild **8.**10 sind die Wälzkreise $W1$, $W2$ und die Rollkreise $R1$, $R2$ die Erzeugenden der Zykloiden. Bei der Zykloidenverzahnung erhält man günstige Eingriffsverhältnisse, wenn die Rollkreishalbmesser $\varrho = (1/3 \cdots 2/5)\,r$ gewählt werden.

Rollt $R1$ in $W1$ ab, so entsteht die Hypozykloide 1, rollt $R2$ auf $W1$ ab, die Epizykloide 1. Beide Kurven ergeben die Zahnflanken des Rades 1 mit dem Wendepunkt im Wälzpunkt C.

Rollt $R2$ in $W2$ und $R1$ auf $W2$ ab, so entsteht die Zahnflanke des Rades 2. Die Eingriffslinie besteht aus Kreisbogen der Rollkreise. Die Eingriffsstrecke g ist durch die Punkte A und E gekennzeichnet.

Eigenschaften und Anwendung. Bei der Zykloidenverzahnung ist stets ein konvexer Zahnkopf mit einem konkaven Zahnfuß im Eingriff. Dadurch wird die Flankenpressung herabgesetzt und der Verschleiß verringert. Jedoch hat der Wendepunkt im Wälzpunkt C zur Folge, daß Zykloidenverzahnungen empfindlich gegen Abweichungen vom theoretischen Achsabstand sind. Die Herstellung ist schwieriger als die der Evolventenverzahnung. Darum wird in der Regel die Evolventenverzahnung angewendet, deren besonderer Vorteil die Unempfindlichkeit gegen Achsabstandänderungen ist (s. Abschn. 8.3.1).

Die Zykloidenzahnform wird vorwiegend bei Zahnrädern in Uhren und für Flügel von Kapselpumpen angewendet, wo es auf bestmöglichen Eingriff und geringsten Verschleiß besonders ankommt.

8.3 Evolventenverzahnung an Geradstirnrädern

8.3.1 Grundbegriffe

Kreisevolvente (8.11**).** Jeder Punkt einer Geraden, die sich auf einem Kreis abwälzt, beschreibt eine Kreisevolvente (Fadenkonstruktion). Die mathematische Beziehung an den Einheitsevolventen (**8.**11) ist $\overset{\frown}{AC} = \overline{DC} = \tan\alpha$ und $\overset{\frown}{AB} = \operatorname{inv}\alpha = \tan\alpha - \hat{\alpha} = \hat{\gamma}$. Die Evolventenfunktion $\operatorname{inv}\alpha$ (sprich: involut) ist für Winkel $\alpha = 11° \cdots 50°$ in Tafel **A 8.**1 tabelliert.

Fadenkonstruktion (8.12). Sie erfolgt punktweise, indem man sich einen Faden vom Grundkreis abzuwickeln denkt. Dazu sind die Strecken $\overline{O1} = \overparen{O1'}$, $\overline{12} = \overparen{1'2'}$, ... aufzutragen. Durch 1, 2, ... werden konzentrische Kreise zum Grundkreis gezogen. Kreisbogen mit den Halbmessern $\overline{O1}$, $\overline{O2}$, ... um $1'$, $2'$, ... ergeben auf den konzentrischen Kreisen die Punkte I, II, ... der gesuchten Evolvente.

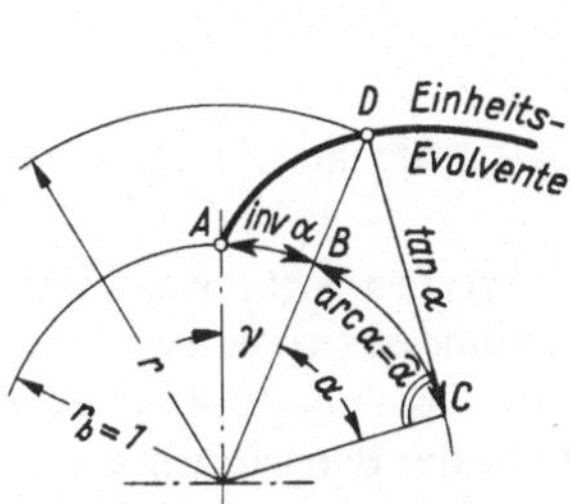

8.11 Einheitsvolvente

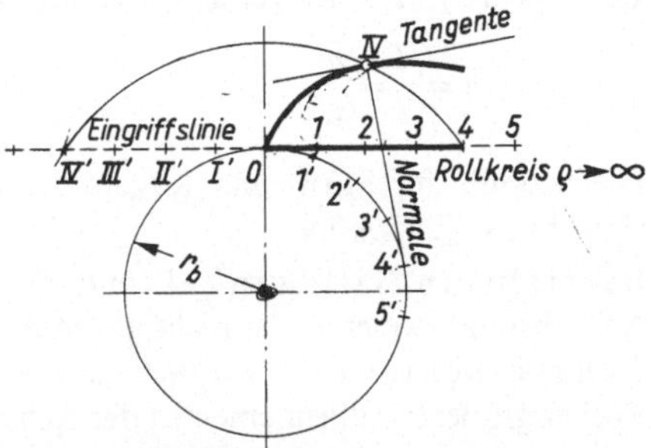

8.12 Fadenkonstruktion der Evolvente

Achsabstandsunempfindlichkeit und äquidistante Evolventenscharen. Die Eingriffslinie ist bei der Evolventenverzahnung eine Gerade und tangiert den Grundkreis (8.11). Alle Evolventen liegen außerhalb der Grundkreise. Die Äquidistanz der Evolventen (8.13) zeigt sich in der Grundkreisteilung p_b und Eingriffsteilung p_e. Aus den mathematischen Beziehungen (8.11) läßt sich nachweisen, daß $p_b = p_e$ ist.

Da für die Flankenform nur die Grundkreise maßgebend und durch sie die äquidistanten Evolventenscharen eindeutig bestimmt sind, ist die Evolventenverzahnung gegen Achsabstandsänderungen unempfindlich. Diese Eigenschaft ist ein besonderer Vorteil (s. Abschn. 8.3.2).

Der Teilkreisdurchmesser d ist in der Verzahnungstechnik eine reine rechnerische Größe und darum fehlerfrei. Man unterscheidet die Teilkreisteilung

$$p = \frac{\pi d}{z} \qquad (8.4)$$

die Grundkreisteilung

$$p_b = \frac{\pi d_b}{z} \qquad (8.5)$$

und die Teilkreisteilung

$$p_e = p \cos \alpha$$

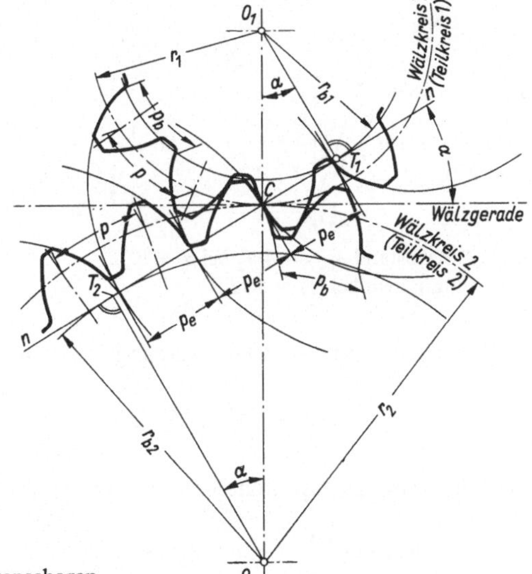

8.13
Evolventenverzahnung: äquidistante Evolventenscharen

Der Eingriffswinkel α ergibt sich aus der Beziehung in Bild **8**.13

$$\cos\alpha = \frac{r_{b1}}{r_1} = \frac{r_{b2}}{r_2} = \frac{p_b}{p} \tag{8.6}$$

Der Eingriffswinkel ist mit $\alpha = 20°$ genormt (**8**.16).

Der Modul m ist festgelegt durch das Verhältnis

$$m = \frac{d}{z} = \frac{p}{\pi} \tag{8.7}$$

Die Moduln für Stirn- und Kegelräder werden in mm angegeben. Sie sind in DIN 780 genormt, s. Tafel **A 8**.9.

Betriebseingriffswinkel und Betriebswälzkreise ergeben sich, wenn der Achsabstand zweier Räder nicht gleich der Summe der Teilkreishalbmesser ist; es liegt dann Achsverschiebung vor (**8**.14 und **8**.15). Der Achsabstand $a_d = r_1 + r_2$ (**8**.14) ist eine Rechengröße. Im allgemeinen ist der Achsabstand gleich der Summe der Betriebswälzkreishalbmesser: $a = r_{w1} + r_{w2}$ (**8**.15).

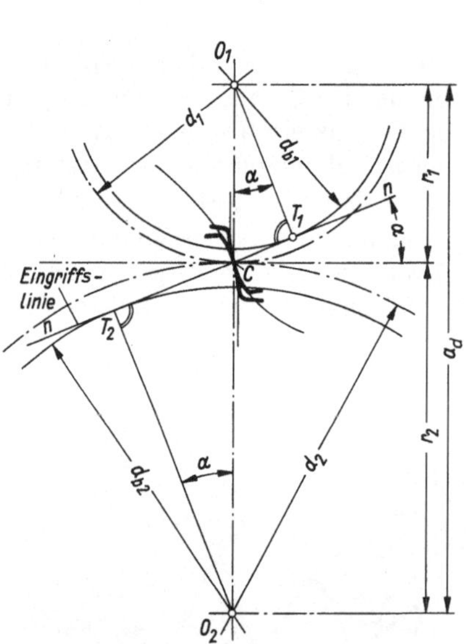

8.14 Achsabstand $a_d = r_1 + r_2$ bei $\alpha = 20°$
    Eingriffswinkel (Sonderfall)

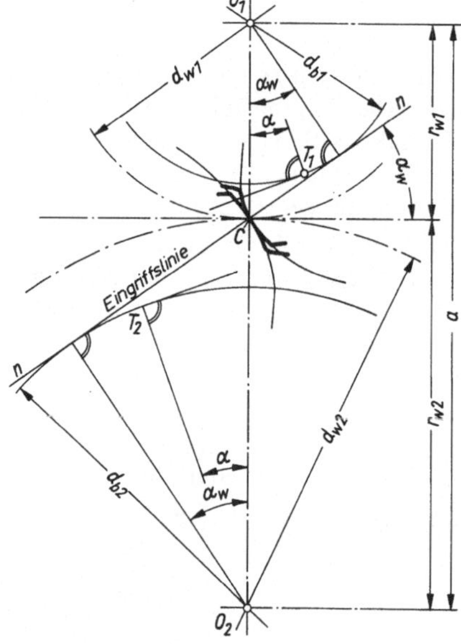

8.15 Achsabstand $a = r_{w1} + r_{w2}$ bei $\alpha_w \neq \alpha$
    (allg. Fall)

Sind Achsabstand a und Übersetzung i bekannt, so können mit

$$i = \frac{r_{w2}}{r_{w1}} = \frac{r_2}{r_1} = \frac{z_2}{z_1} \quad \text{und} \quad a = r_{w1} + r_{w2}$$

die Betriebswälzkreisdurchmesser errechnet werden

$$d_{w1} = \frac{2a}{1+i} \quad \text{und} \quad d_{w2} = \frac{2ai}{1+i} \tag{8.8} \tag{8.9}$$

Aus Bild **8**.15 ergibt sich

$$\cos\alpha_\mathrm{w} = \frac{r_{\mathrm{b}1} + r_{\mathrm{b}2}}{a}$$

Mit Gl. (8.6 und 8.7) folgt die Beziehung für den Betriebseingriffswinkel

$$\cos\alpha_\mathrm{w} = \frac{d_{\mathrm{b}1} + d_{\mathrm{b}2}}{2a} = \frac{d_1 + d_2}{2a}\cos\alpha = \frac{z_1 + z_2}{2a}\,m\cos\alpha \tag{8.10}$$

Eingriffsverhältnisse an Geradstirnrädern. Das Zahnstangenprofil (**8**.21), auch Planverzahnung genannt, stellt das Bezugsprofil nach DIN 867[1]) für Stirn- und Kegelräder dar.

Die Zahnflanken der Zahnstange sind gerade, weil die Zahnstange als Zahnrad mit unendlich großem Teilkreis- und Grundkreisdurchmesser anzusehen ist. Die Profilmittellinie BB (s. Bild **8**.16) schneidet das Bezugsprofil so, daß auf ihr die Zahndicke gleich Zahnlücke gleich der halben Teilung ist $s_\mathrm{P} = e_\mathrm{P} = p/2$.

Die Zahnhöhe h_P (gleich Lückentiefe) ist die Summe aus Kopfhöhe $h_{\mathrm{a}P}$ und Fußhöhe $h_{\mathrm{f}P}$

$$h_\mathrm{P} = h_{\mathrm{a}P} + h_{\mathrm{f}P} = 2m + c \tag{8.11}$$

Hierbei wurde $h_{\mathrm{f}P} = 1\,m + c$ mit dem Kopfspiel c eingesetzt, das vom Verzahnungswerkzeug (**8**.21) abhängt und $(0{,}1\cdots 0{,}3)\,m$ betragen soll. Die ISO-Empfehlung[2]) (DIN 867) schlägt den Wert $c = 0{,}25\,m$ vor. Beim V-Getriebe ist als kleinstes rechnerisches Kopfspiel $c_\mathrm{min} = 0{,}12\,m$ zulässig (s. Gl. 8.33).

Die Relativgeschwindigkeit $w = w_1 - w_2$ (s. Abschn. 8.1.1) nimmt proportional dem Abstand $\overline{CB}$ (**8**.3) zu. Für den Wälzpunkt C ist $w = 0$.

Daraus folgt, daß bei zwei im Eingriff befindlichen Zahnflanken das Gleiten und der dadurch verursachte Verschleiß um so größer wird, je näher der Berührungspunkt B an den Grundkreis herankommt. Die Verhältnisse der Gleitbewegung beim Abwälzen zweier Zahnflanken sind in Bild **8**.17 dargestellt. Danach ist Flanke 1 in die Teile $l_1, l_2, \ldots$ aufgeteilt. Auf diesen Teilen gleiten die Teile $l'_1, l'_2, \ldots$ der Gegenflanke 2. Für die Teile l_1 und l'_1

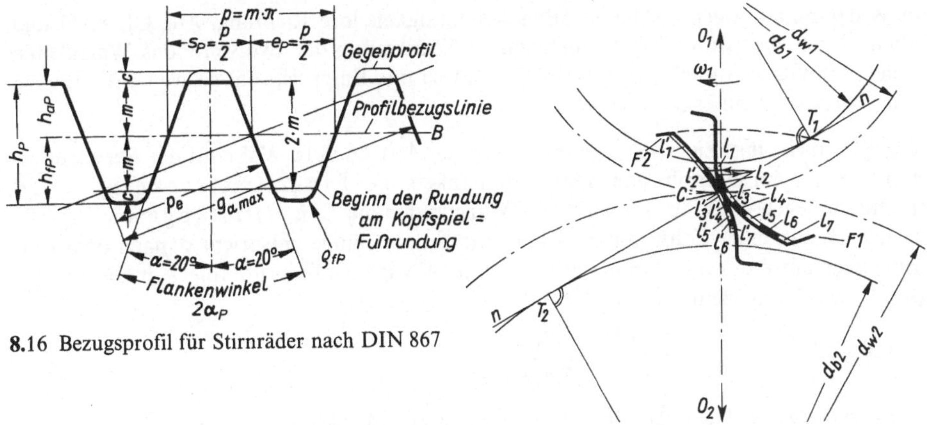

8.16 Bezugsprofil für Stirnräder nach DIN 867

8.17 Wälzgleiten bei der Evolventenverzahnung

---

[1]) DIN 867 für den allgemeinen Maschinenbau.
DIN 58 400 für die Feinwerktechnik.
[2]) ISO = International Organization for Standardization.

ist der Konstruktionsverlauf mit Pfeilen gekennzeichnet (s. auch Abschn. 8.1). Die relative Gleitgeschwindigkeit kann z. B. für den Berührungspunkt B' aus Bild **8.**18 (s. auch Bild **8.**3) analytisch ermittelt werden. Aus der Ähnlichkeit der Dreiecke $\Delta O_1 T_1 B' \sim \Delta B' D G$ und $\Delta O_2 T_2 B' \sim \Delta B' D H$ folgen

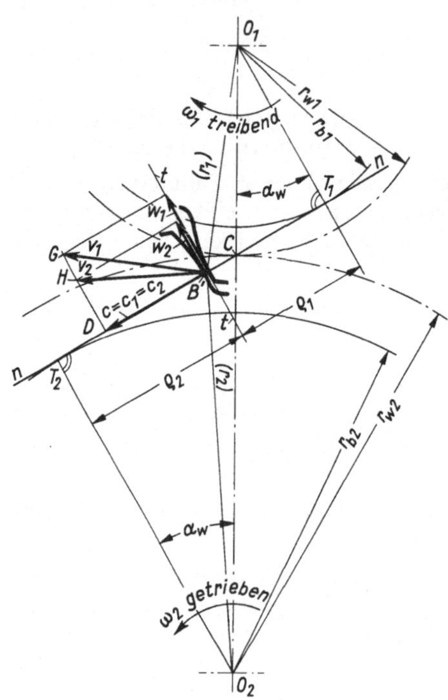

8.18
Relativgeschwindigkeit beim Wälzgleiten

$$\frac{w_1}{v_1} = \frac{\overline{T_1 B'}}{r_1} = \frac{\varrho_1}{r_1} \quad \text{und} \quad \frac{w_2}{v_2} = \frac{\overline{T_2 B'}}{r_2} = \frac{\varrho_2}{r_2}$$

Hierin sind $\varrho_1 = \overline{T_1 B'}$ und $\varrho_2 = \overline{T_2 B'}$ die Krümmungshalbmesser der Flanken im Berührungspunkt B'. Damit ergibt sich

$$w_1 = v_1 \frac{\varrho_1}{r_1} \quad \text{und} \quad w_2 = v_2 \frac{\varrho_2}{r_2}$$

Mit $v_1 = r_1 \omega_1$ und $v_2 = r_2 \omega_2$ erhält man die Gleitgeschwindigkeiten

$$w_1 = \varrho_1 \omega_1 \quad \text{und} \quad w_2 = \varrho_2 \omega_2$$

und die Relativgeschwindigkeit

$$w = w_1 - w_2 = \varrho_1 \omega_1 - \varrho_2 \omega_2 \tag{8.12}$$

Im Wälzpunkt C wechselt die Relativgeschwindigkeit ihre Richtung. Aus Gl. (8.12) und Bild **8.**17 geht hervor, daß mit zunehmender Krümmung der Evolvente das Wälzgleiten zweier Zahnflanken ungünstiger wird. Darum ist das Eingriffsprofil so weit wie möglich vom Grundkreis entfernt zu wählen.

Eingriffsstrecke und Eingriffslänge (**8.**19) (s. auch Abschn. 8.1). Während der Berührungspunkt zweier im Eingriff stehender Zahnflanken die Eingriffsstrecke $g_\alpha = \overline{ACE}$ durchläuft, legen die Wälzkreise auf der Wälzgeraden die Eingriffslänge $e' = \overline{A_w C E_w}$ zurück. Die an einer Zahnstange vorhandene Eingriffslänge entspricht danach dem Eingriffsbogen am Zahnrad. Durch den Wälzpunkt C wird die Eingriffslänge e' in die Teillängen e'_1 und e'_2 unterteilt.

Damit wird $e' = e'_1 + e'_2 = \dfrac{\overline{AE}}{\cos \alpha} = \dfrac{g_\alpha}{\cos \alpha}$

Profilüberdeckung. Nach Abschn. 8.1 ist die Profilüberdeckung

$$\varepsilon_\alpha = \frac{\text{Eingriffsbogen}}{\text{Wälzkreisteilung}} = \frac{b_e}{p}$$

also ist bei der Evolventenverzahnung

$$\varepsilon_\alpha = \frac{\text{Eingriffslänge}}{\text{Teilung}} = \frac{e'}{p} = \frac{\text{Eingriffsstrecke}}{\text{Eingriffsteilung}} = \frac{\overline{AE}}{p_e} = \frac{\overline{AE}}{p\cos\alpha} \tag{8.13}$$

Hierin ist

$$\overline{AE} = \overline{T_1 E} + \overline{T_2 A} - \overline{T_1 T_2}$$

Mit

$$\overline{T_1 E} = \sqrt{r_{a1}^2 - r_{b1}^2}$$

$$\overline{T_2 A} = \sqrt{r_{a2}^2 - r_{b2}^2}$$

$$\overline{T_1 T_2} = a\,\sin\alpha_w = \sqrt{a^2 - (r_{b1} + r_{b2})^2}$$

wird

$$\varepsilon_\alpha = \frac{\overline{AE}}{p\cos\alpha} = \varepsilon_1 + \varepsilon_2 - \varepsilon_a =$$

$$= \frac{\sqrt{r_{a1}^2 - r_{b1}^2}}{p\cos\alpha} + \frac{\sqrt{r_{a2}^2 - r_{b2}^2}}{p\cos\alpha} - \frac{a\,\sin\alpha_w}{p\cos\alpha} \tag{8.14}$$

Die theoretisch größte Profilüberdeckung ergibt sich, wenn die Zähnezahlen z_1, z_2 gegen unendlich gehen (**8.**16). Mit

$$g_{\alpha\max} = \frac{2m}{\sin\alpha} \quad \text{aus } (\mathbf{8.}16)$$

wird $\varepsilon_{\alpha\max} = \dfrac{g_{\alpha\max}}{p\cos\alpha} = \dfrac{g_{\alpha\max}}{m\pi\cos\alpha}$

$$= \frac{2m}{m\pi\cos\alpha\,\sin\alpha} = \frac{4}{\pi\sin2\alpha}$$

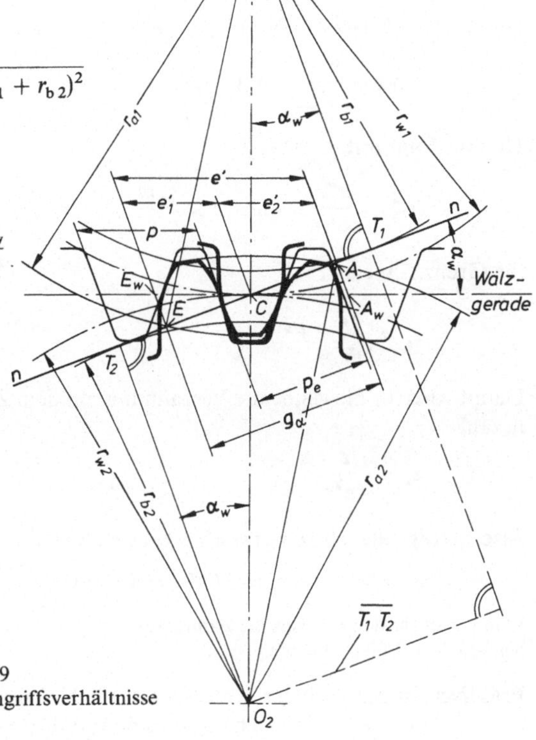

8.19
Eingriffsverhältnisse

Für $\alpha = 20°$ ergibt sich $\varepsilon_{\alpha\max} = 1{,}98$, d. h. für Geradstirnrad-Getriebe ist die Profilüberdeckung $\varepsilon_\alpha < 1{,}98$.

Unterschnitt und Grenzzähnezahl. Bei Zahnrädern mit kleiner Zähnezahl entsteht U n t e r s c h n i t t, wenn die Verzahnung im Wälzverfahren (**8.**23) mit einem Zahnstangenwerkzeug hergestellt wird. Nach Bild **8.**20 kommt dann der Eingriffspunkt (A oder E) außerhalb des Normalpunktes T (T_1 oder T_2) zu liegen.

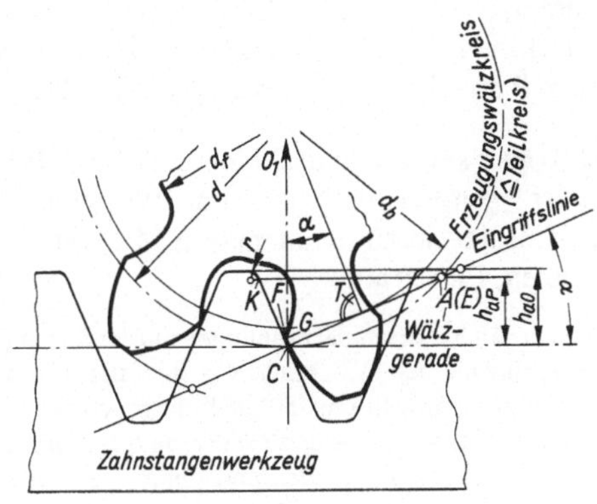

8.20
Entstehung von Unterschnitt

Dabei schneidet das Werkzeug das Fußstück $\overgroup{FG}$ von der Evolvente ab und höhlt den anschließenden Teil des zum Radmittelpunkt gerade weiterlaufenden Zahnfußes aus. Dadurch wird neben der Schwächung des Zahnfußes die Eingriffsstrecke verkürzt und die Profilüberdeckung verringert.

Grenzzähnezahl z_g eines Rades ist die Zähnezahl, bei der noch gerade kein Unter-schnitt auftritt, wenn die Verzahnung mit einem Zahnstangenwerkzeug erfolgt (8.21). Dabei liegen Kopfeckpunkt K und Normalpunkt T zusammen in einem Punkt auf einer Parallelen zur Wälzgeraden des Zahnstangenwerkzeuges. Mit $h_{aP} = h^* m$ ergibt sich

$$\sin \alpha = \frac{h^* m}{\overline{TC}} \quad \text{und} \quad \sin \alpha = \frac{\overline{TC}}{r}$$

Hieraus folgt mit

$$\overline{TC} = \frac{h^* m}{\sin \alpha} \quad \text{und} \quad r = \frac{z_g m}{2}$$

die Grenzzähnezahl

$$z_g = \frac{2}{\sin^2 \alpha} \, h^* \tag{8.15}$$

Damit wird für die genormte Verzahnung mit dem Zahnhöhenfaktor $h^* = 1$ die Grenzzähnezahl

$$z_g = \frac{2}{\sin^2 \alpha} \tag{8.16}$$

Also beträgt die theoretische Grenzzähnezahl bei

$$\alpha = 20° \qquad z_g = 17{,}097 \approx 17 \text{ Zähne}$$

Wählt man für den Entwurf die Zähnezahl $z < z_g$, so ist stets die Profilüberdeckung ε_α der im Eingriff befindlichen Räder zu prüfen.

Praktisch ist ein geringer Unterschnitt oft bedeutungslos. Darum wählt man als praktische Grenzzähnezahl $z'_g \approx (5/6)\, z_g$. Für $\alpha = 20°$ wird $z'_g = 14{,}24 \approx 14$ Zähne. Man kann auch die Kopfhöhe des Zahnstangenwerkzeugs $h_{aP} = h^* m$ kleiner wählen; z. B. für $h^* = 5/6$ wird $z_g \approx 14$, s. Gl. (8.15). Unterschnitt wird durch eine Korrektur der Verzahnung vermieden. Dabei wird das Verzahnungswerkzeug vom Radkörper so weit abgerückt, daß beim nachfolgenden Abwälzverzahnen der Kopfeckpunkt K des Werkzeugs höchstens auf der Höhe des Normalpunktes T (8.21) wirksam wird. Diesen Verzahnungsvorgang nennt man Profilverschiebung (s. Abschn. 8.3.2).

Satzräder sind Austauschräder gleichen Moduls mit verschiedener Zähnezahl, die zu einem „Satz" gehören und sich zum Zusammenlauf untereinander beliebig paaren lassen. Im Gegensatz hierzu nennt man Räder, die nur mit einem bestimmten Gegenrad kämmen können, Einzelräder.

Man erhält Satzräderverzahnungen mit Hilfe von Bezugsprofilen, bei denen die Eingriffslinien auf 180° Umschlag um den Wälzpunkt C symmetrisch sind. Dann ist die Zahnform am Zahnstangen-, Bezugs- und Werkzeugprofil um 180° gedreht gleich der Lückenform. Für alle herzustellenden Räder gleichen Moduls ist nur ein einziges Werkzeug erforderlich. Das DIN-Bezugsprofil für die Evolventenverzahnung ist mit seinen geraden und symmetrischen Eingriffslinien und mit den daher auch vollkommen symmetrischen Zähnen eine einfache Form eines Satzräder-Bezugsprofils. Mit ihm hergestellte und beliebig gepaarte Null-Räder zeichnen sich aus durch:

1. gemeinsame, durch den Wälzpunkt C gehende Profilmittellinie $\overline{BB}$

2. gleiche Rechnungs-, Herstellungs- und Betriebseingriffswinkel

3. gleiche Grundkreisteilung $p_b = p \cos \alpha$

4. gleiche Zahnhöhen und gleiche Zahndicken sowie Lückenweiten auf den Wälzkreisen

5. symmetrische Zähne

Wenn nicht besondere Gründe für die Null-Verzahnung sprechen, werden Satzräder jedoch mit 05-Verzahnung ausgeführt (s. Abschn. 8.3.2).

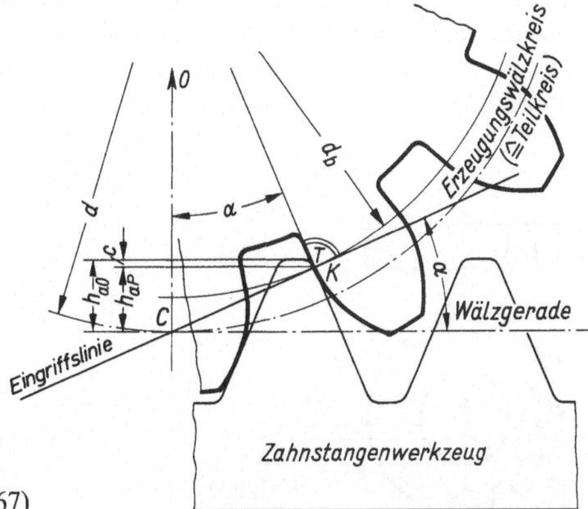

8.21
Grenzrad für genormte Verzahnung (nach DIN 867)

Zahnflanken können entweder im Form- oder im Wälzverfahren hergestellt werden. Zum Erzeugen der Verzahnung nach DIN 867 gilt als Bezugsprofil für das Verzahnwerkzeug die Norm DIN 3972. Es werden 4 Bezugsprofile unterschieden. Bezugsprofil II gilt für die Fertigbearbeitung mit einer Fußhöhe $h_{fP} = 1{,}25\,m$ (**8.16**). Die Bezugsprofile III und IV gelten für Vorbearbeitungen zum Schleifen oder Schaben bzw. zum Schlichten.

Formverfahren. Gebräuchlich sind:

1. Die Formgebung der Zahnflanken in Gießformen durch Modelle oder Schablonen; Anwendung bei Zahnrädern aus Gußeisen oder Stahlguß mit gegossenen Zähnen für Umfangsgeschwindigkeiten $v \leqq 1{,}5\,\text{m/s}$.
2. Die Herstellung der vollständigen Zahnräder in Druckgußformen; Anwendung bei Zahnrädern aus Nichteisenmetallen.
3. Die Herstellung der vollständigen Zahnräder aus Kunstharzpreßstoffen in Spritzgußformen; Anwendung bei Zahnrädern mit geringer Belastung und für große Laufruhe.
4. Die Flankenerzeugung durch spangebende Formung. Sie erfolgt mit Modulwerkzeugen auf Universalfräsmaschinen mit Teilkopf. Die Werkzeuge, wie Profilscheibenfräser, Profilfingerfräser, Profilstoßmeißel, sind nach den Zahnlücken profiliert (**8.22**). Jede Zahnlücke wird längs der Radachse einzeln gefräst. Darum ist die Form des Werkzeugs von der Zähnezahl des Rades abhängig. Man verzichtet beim Formverfahren auf eine theoretisch genaue Flankenform und benutzt jeweils ein Werkzeug für mehrere Zähnezahlen. Die hierfür verwendeten Fräser nennt man Modulfräser, da sie nach den Moduln gestuft und in Sätzen zusammengestellt sind.

A n w e n d u n g : Nur dann, wenn keine zu große Genauigkeit an die Flankenform und Teilung gestellt wird.

8.22
Fräsen der Zahnlücke mit Profilscheibenfräser

Wälzverfahren. Die spangebende Formung im Wälzverfahren kann durch Hobeln, Fräsen, Stoßen, Schaben und Schleifen erfolgen. Bei diesem Verfahren bestehen während der spangebenden Formung die gleichen kinematischen Verhältnisse wie beim Lauf der Räder im Getriebe.

Wälzhobeln (**8.23**). Das zahnstangenförmige Werkzeug (Kammeißel) ist in seiner Länge begrenzt und erfordert darum während der Verzahnung ein Zurückschieben des Werkstücks in seine Ausgangslage. Beim Verzahnen rollt der (Erzeugungs-)Wälzkreis, der dem Teilkreis mit $d = zm$ entspricht, auf der Wälzgeraden des Werkzeugs ab. Das Werkstück dreht sich und wird parallel zur Wälzgeraden bewegt, wenn das Werkzeug außer Eingriff ist. Während der oszillierenden Schneidbewegung des Kammeißels steht das Werkstück. Dabei entsteht die Zahnflanke als Hüllschnitt (**8.24**).

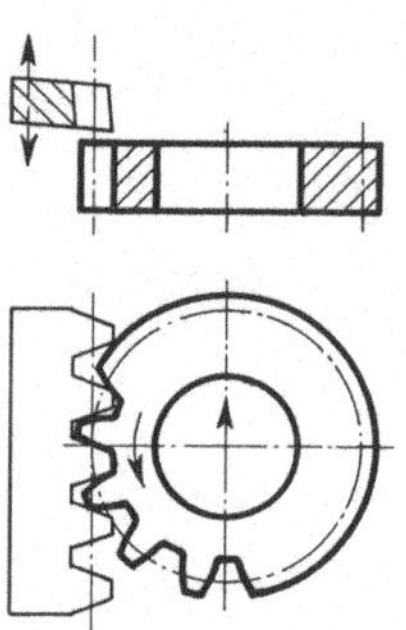

8.23
Wälzhobeln mit
Kammeißel

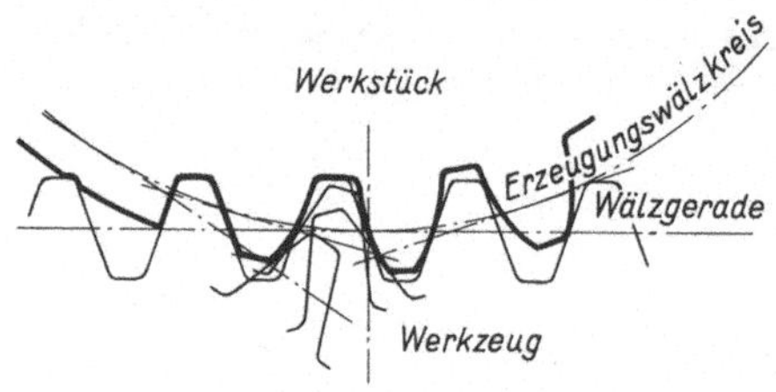

8.24 Erzeugen der Evolventenverzahnung durch
Hüllschnitte

Wälzfräsen (**8.25**). Der Wälzfräser kann als Grundzylinder mit mehreren zahnstangenförmigen Werkzeugen angesehen werden. Beim Verzahnen führt das Werkzeug eine Drehbewegung und eine Vorschubbewegung aus. Das Werkstück dreht sich so schnell, daß es nach einer Umdrehung des Wälzfräsers um eine Teilkreisteilung weitergedreht ist.

Wälzstoßen (**8.26**). Anstelle des zahnstangenförmigen Werkzeugs kann ein Schneidrad (= Stoßrad) verwendet werden. Das Stoßrad schneidet bei der Abwärtsbewegung. Ist das Stoßrad nach dem Rückschub außer Eingriff, so führen Werkstück und Werkzeug schrittweise eine Wälzbewegung aus, die dem Vorschub entspricht.

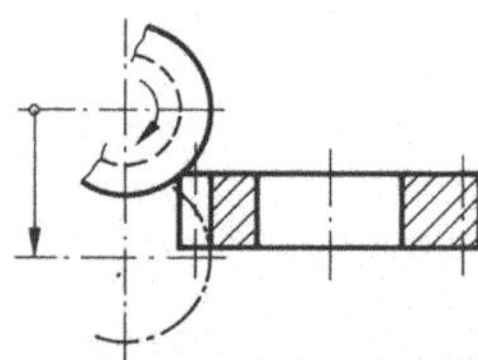

8.25
Fräsweg beim Abwälzfräsen

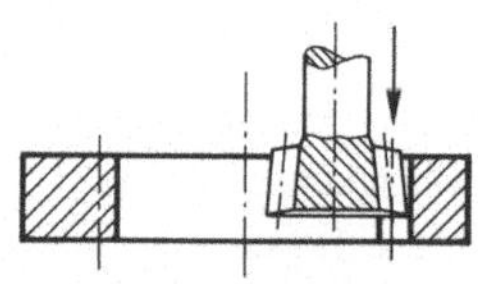

8.26 Wälzstoßen

Feinstbearbeitungsverfahren. Um die Genauigkeit des Eingriffs der Zahnräder zu erhöhen, werden die Zahnflanken inbesondere durch Schaben (**8.27**) und Schleifen (**8.28**) im Wälzverfahren nachbear-

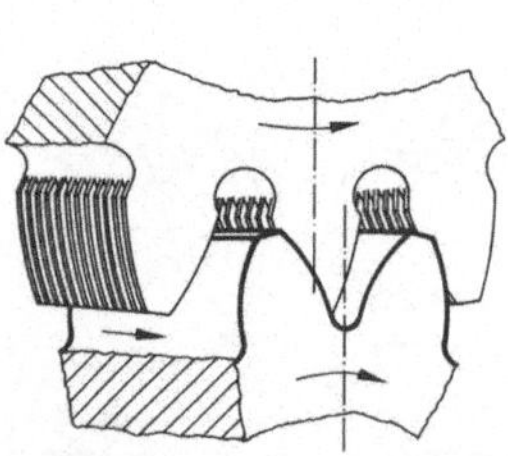

8.27 Verzahnungsschaben

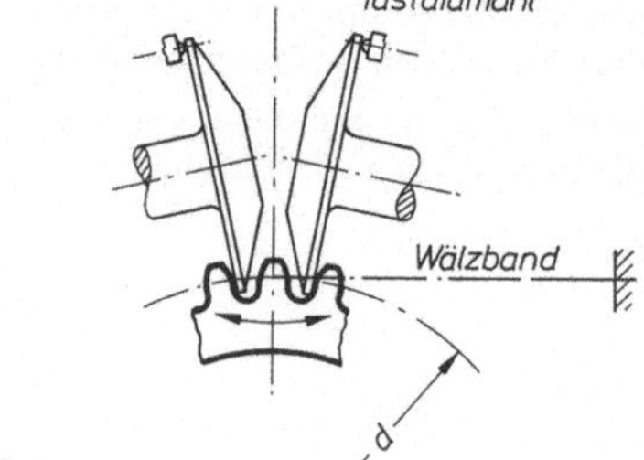

8.28
Verzahnungsschleifen

beitet. Beim Verzahnungsschaben entsteht durch eine Achskreuzung (5° bis 15°) von Werkzeug und Werkstück ein Gleiten der Zahnflanken aufeinander in Längsrichtung. Damit kann die Verzahnungsqualität ungehärteter Räder erhöht werden.

Das Verzahnungsschleifen erfolgt auf einer Zahnradschleifmaschine mit zwei tellerförmigen Schleifscheiben. Das Verfahren wird zur Feinbearbeitung gehärteter Zahnflanken angewendet.

Zahnräder in Schaltgetrieben müssen eine gerundete Zahnstirn haben, damit die Räder leichter in Eingriff zu bringen sind. Das Runden erfolgt auf Sondermaschinen.

Profilwalzen von Zahnrädern und Glattfeinwalzen von Zahnflanken [1]) ist ein wirtschaftliches Fertigungsverfahren, wie es sinngemäß vom Gewindewalzen bekannt ist.

8.3.2 Profilverschiebung an Geradstirnrädern mit Evolventenverzahnung

Die Evolventenverzahnung ist gegen Achsabstandänderungen unempfindlich (s. Abschn. 8.3.1). Diese wichtige Eigenschaft wird genutzt, um

1. Zahnräder mit Zähnezahlen $z < z'_g$ ohne Unterschnitt herzustellen
2. Gleit- und Eingriffsverhältnisse zu verbessern
3. Fuß- und Wälzfestigkeit der Zähne zu erhöhen
4. den Achsabstand an bestimmte Einbauverhältnisse anzupassen.

Arten der Profilverschiebung. Je nach Lage der Profilmittellinie BB (s. Abschn. 8.3.1) zum Teilkreis unterscheidet man bei der Herstellung von Außenverzahnungen V-Räder und Null-Räder.

V-Räder mit positiver Profilverschiebung werden V_{plus}-Räder genannt. Bei ihnen ist die Profilmittellinie BB um den Betrag

$$v = xm \tag{8.17}$$

vom Radmittelpunkt weg radial verschoben. Dadurch wird die Zahndicke größer (**8.29**). Die Profilverschiebung v ist das Produkt aus Profilverschiebungsfaktor x und Modul m (**8.**30).

V-Räder mit negativer Profilverschiebung. Bei diesen V_{minus}-Rädern ist die Profilmittellinie BB um den Betrag v zum Radmittelpunkt hin radial verschoben. Der Profilverschiebungsfaktor x ist negativ.

Null-Räder. Bei ihnen tangiert die Profilmittellinie BB den Teilkreis. Null-Räder sind der besondere Fall der V-Räder mit der Profilverschiebung $v = 0$.

V-Räder mit $x = 0{,}5$ sollten zur Steigerung der Tragfähigkeit anstatt der Null-Räder verwendet werden, wenn kein besonderer Achsabstand vorgeschrieben ist. Diese geradverzahnten Stirnräder mit der Bezeichnung 05-Verzahnung sind in DIN 3994 und 3995 genormt.

Die Verzahnung mit Profilverschiebung erfolgt im Wälzverfahren mit normalen Werkzeugen.

---

[1]) Finkelnburg, H. H.: Über eine interessante Entwicklung zum Profilwalzen von Zahnrädern s. Klebzig Fachberichte 8/1970 (78). Düsseldorf.

Einfluß der Profilverschiebung auf die Zahnform. Bei der Profilverschiebung ändern sich die Kopf- und Fußkreisdurchmesser des Rades.

Die positive Profilverschiebung ergibt eine größere Zahndicke und einen spitzeren Zahn (s. Bild **8.**29).

Die Profilverschiebung ist durch die Profilüberdeckung $\varepsilon_{\alpha\,min}$ oder durch Spitzenbildung des Zahnes begrenzt. Die Zahndicke am Kopfkreis soll bei ungehärteten Zähnen $s_a \geq 0,2\,m$ und bei gehärteten Zähnen $s_a \geq 0,4\,m$ sein.

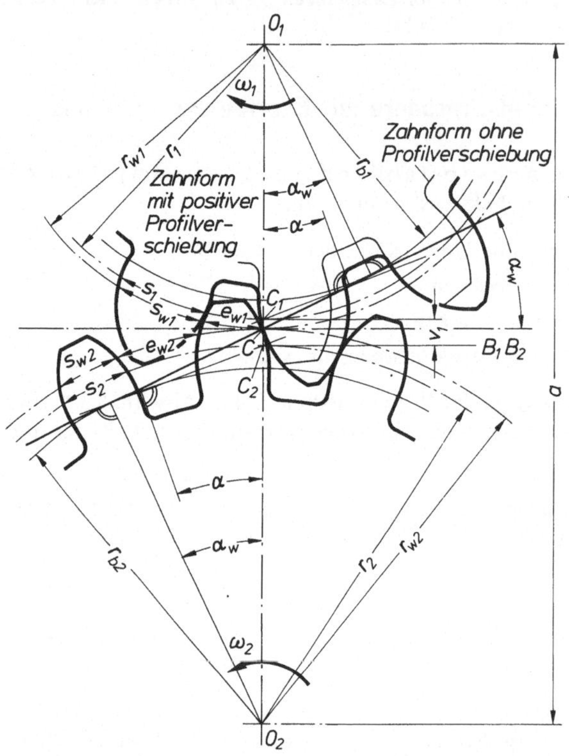

8.29
Getriebe mit positiver Profilverschiebung des Rades 1, s. auch (**8.**34)

Profilverschiebung zur Vermeidung von Unterschnitt. Im Bild **8.**30 ist die positive Profilverschiebung $v = xm$ gerade so groß, daß ein theoretisch unterschnittfreies Rad (= Grenzrad) entsteht. Die Berechnung des hierzu erforderlichen Profilverschiebungsfaktors x folgt aus

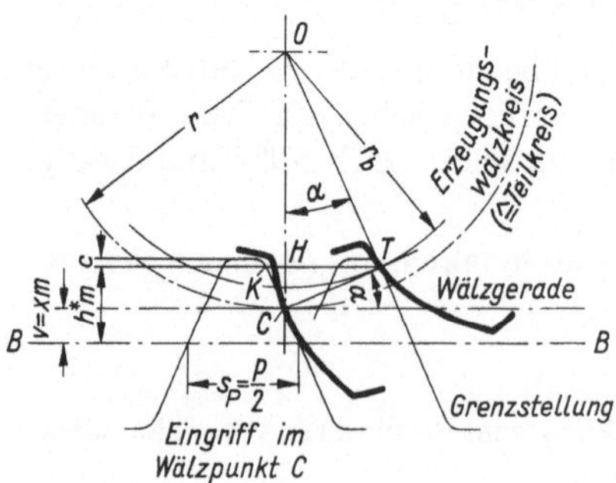

der Beziehung

$$\sin\alpha = \frac{\overline{HC}}{\overline{TC}} = \frac{h^*m - xm}{\overline{TC}}$$

Hieraus ergibt sich mit $\overline{TC} = r\sin\alpha$

und $r = \dfrac{zm}{2}$ der Ausdruck

$$\sin\alpha = 2\,\frac{m(h^* - x)}{zm\sin\alpha}$$

8.30 Entwicklung des Grenzrades

Daraus folgt $x = h^* - \dfrac{z}{2/\sin^2\alpha}$. Wird für $\dfrac{2}{\sin^2\alpha} = \dfrac{z_g}{h^*}$ aus der Beziehung für die Grenzzähne-

zahl $z_g = \dfrac{2}{\sin^2\alpha}\, h^*$ eingesetzt, so ergibt sich der erforderliche Profilverschiebungsfaktor

$$x = \frac{z_g - z}{z_g}\, h^*$$

Für die Normverzahnung mit $h^* = 1$ und $z_g = 17$ ist $x = (17 - z)/17$. Für das Grenzrad mit der praktischen Zähnezahl $z'_g = 14$ bzw. mit $h^* \approx 5/6$ ist der praktische Mindest-Profilverschiebungsfaktor

$$x_{min} = \frac{14 - z}{17} \tag{8.18}$$

Den Zusammenhang von Profilverschiebungsfaktor x und Zähnezahl z s. Bild **A 8**.27. Je kleiner die Zähnezahl ist, um so größer ist die festigkeitssteigernde Wirkung der positiven Profilverschiebung.

8.3.3 Innenverzahnung

Innenverzahnte Stirnräder nennt man Hohlräder. Die Zahnflanken eines evolventenverzahnten Hohlrades sind konkav. Der Kopfkreis ist kleiner als der Teilkreis (**8.31**). Beim Innengetriebe haben die Flanken von Hohlrad und Ritzel (als Außenrad) gleiche Krümmungsrichtung. Dadurch ergeben sich gegenüber Außengetrieben Vorteile:

1. größere Profilüberdeckung und damit größere Laufruhe

2. geringere Hertzsche Pressung [1] (s. Abschn. 8.3.8) an der Flankenberührung und damit größere Belastbarkeit der Flanken

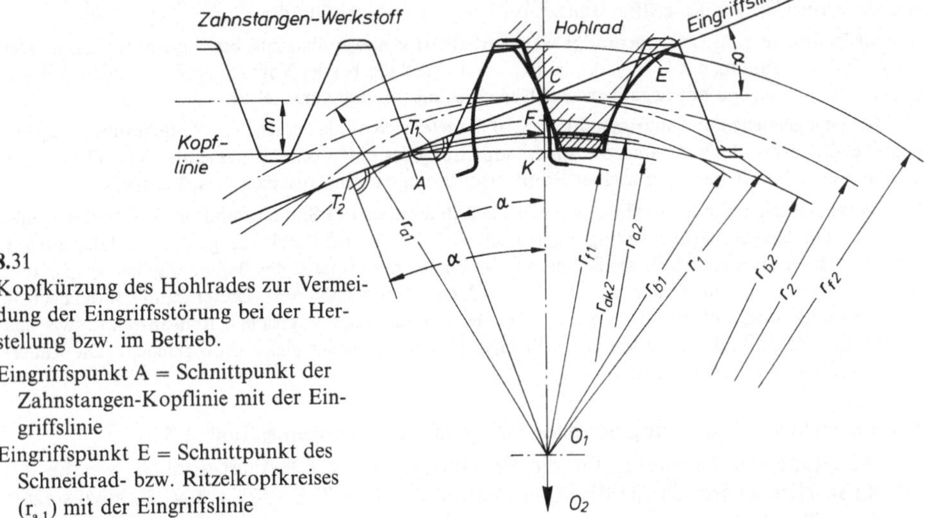

8.31
Kopfkürzung des Hohlrades zur Vermeidung der Eingriffsstörung bei der Herstellung bzw. im Betrieb.

Eingriffspunkt A = Schnittpunkt der Zahnstangen-Kopflinie mit der Eingriffslinie

Eingriffspunkt E = Schnittpunkt des Schneidrad- bzw. Ritzelkopfkreises (r_{a1}) mit der Eingriffslinie

---

[1] Hertz, H.: Über die Berührung fester elastischer Körper. Bd. 1 d. Gesam. Werke Leipzig 1895.

3. größere Zahnfüße und dadurch geringere Beanspruchung im Zahnfuß

4. geringerer Raumbedarf des Getriebes.

Damit die Berechnung der geometrischen Abmessungen und der Tragfähigkeiten mit den gleichen Formeln wie für Außenverzahnungen durchgeführt werden können, erhalten bei der Innenverzahnung (gemäß DIN 3960, Neufassung 1970) ein negatives Vorzeichen: die Zähnezahl (z_2) des Hohlrades und alle von ihr abgeleiteten Größen, alle Durchmesser des Hohlrades, der Achsabstand a beim Hohlradgetriebe und das Zähnezahlverhältnis $u = z_{\text{Hohlrad}}/z_{\text{Ritzel}}$. Die Zahnhöhe und die Prüfmaße bleiben positiv.

Die Herstellung der Innenverzahnung ist teurer als die der Außenverzahnung. Hohlräder werden mit Schneidrädern durch Abwälzstoßen (**8.26**) oder Scheibenwälzfräsen hergestellt. Erfolgte die Herstellung des verwendeten Werkzeugs selbst durch ein Zahnstangenwerkzeug, so wird bei der Innenverzahnung der Eingriff der Flanken durch die Kopfkante des Zahnstangenwerkzeugs begrenzt (**8.31**). Der Eingriffspunkt A bestimmt die aktive Profillänge bzw. die Kopfhöhe des Hohlrades $h_{a\,2}$, der Halbmesser $\overline{AO_2}$ bestimmt den Kopfkreis des Hohlrades $r_{ak\,2}$ und die notwendige Kopfkürzung KF. Zur Vermeidung einer Eingriffsstörung ist die Kopfhöhe h_a des Hohlrades dann bei $|z_2| \geq z_1 + 10$ mit den Werten der Tafel **A 8.**10 zu vergleichen.

Bei $|z_2| < z_1 + 10$ ist h_a des Hohlrades (am besten durch zeichnerische Ermittlung) noch kleiner auszuführen.

Damit die Zähne eines Zahnradgetriebes aus dem Eingriff frei austreten können, soll die Zähnezahl des Hohlrades (bei axialer Montage des Ritzels) $|z_2| \geq z_1 + 10$ betragen. Müssen beide Zahnräder in radialer Richtung montiert werden, soll $|z_2| \geq z_1 + 15$ sein.

Innenzahnräder können wie Außenzahnräder mit Profilverschiebung ausgeführt werden. Sie ist positiv, wenn (wie bei Außenverzahnungen) die Zahndicke damit vergrößert wird. Dies geschieht durch Verschiebung des Verzahnungswerkzeugs radial zum Radmittelpunkt hin.

Für die Wahl der Profilverschiebung sind folgende Gesichtspunkte maßgebend (DIN 3993): Vermeiden von Eingriffsstörungen bei Betrieb und Zusammenbau, Tragfähigkeit und Laufeigenschaften des Radpaares, Vermeiden von Eingriffsstörungen bei Erzeugung des Hohlrades.

V-Null-Radpaare sind bei Innenradpaaren vorteilhafter anwendbar als bei Außenradpaaren. Der 05-V-Null-Verzahnung mit $x_1 = +0{,}5$ und $x_2 = -0{,}5$ soll hierbei der Vorzug gegeben werden. V-Radpaare sind vorwiegend mit negativer Profilverschiebungssumme vorzusehen.

Für Planetengetriebe der Bauart nach Bild **8.**107a bietet sich an, jedes Rad der Außenradpaarung mit positiver Profilverschiebung und die Innenradpaarung als entsprechend passendes V-Null-Getriebe oder mit dem Betrag nach nur kleiner Profilverschiebungssumme auszulegen (s. Beispiel 6).

Sind beim einfachen Planeten-Minusgetriebe die Zähnezahlen des Sonnen- und des Hohlrades z_1 und z_2 durch die Montierbarkeitsbedingungen nach Gl. (8.177) und durch die geforderte Übersetzung festgelegt, so ergibt sich oft für die Zähnezahl des Planetenrades nach der Bedingung, bei der die Teil- und Wälzkreise zusammenfallen, $z_p = (|z_2| - z_1)/2$, ein gebrochener Wert. Dieser kann auf die nächste ganze Zahl ab- oder aufgerundet werden. Die dadurch bedingten ungleichen Achsabstände zwischen Planet- und Zentralrädern werden durch Profilverschiebung wieder gleich groß gemacht. Die Räderpaare laufen dann wieder spielfrei.

Die Formeln zur Ermittlung der geometrischen Abmessungen s. Tafel **A 8.**2.

Die Ableitung der Gleichung für die Profilüberdeckung ε_α erfolgt ähnlich wie die der Gl. (8.13). Hier ist jedoch für die Eingriffsstrecke $\overline{AE} = \overline{T_1 E} - \overline{T_2 A} + \overline{T_1 T_2}$ einzusetzen. Die Profilüberdeckung wird damit $\varepsilon_\alpha = \varepsilon_1 - \varepsilon_2 + |\varepsilon_a|$ mit ε_1 für das Ritzel und ε_2 für das Hohlrad.

8.3.4 V-Getriebe mit Geradstirnrädern

Der Achsabstand a eines V-Getriebes ist nicht gleich der Summe der Teilkreishalbmesser $(r_1 + r_2)$.

Ist der Achsabstand a nicht besonders vorgeschrieben, so soll (nach Abschn. 8.3.2) möglichst ein V-Getriebe mit 05-Verzahnung ($x = 0{,}5$ für beide Räder) ausgeführt werden.

Anwendung der V-Getriebe:

1. Zur Vermeidung von Unterschnitt: Sind die Zähnezahlen $z_1 < z'_g$ und $z_2 < z'_g$ oder $z_1 < z'_g$ und $z_2 > z'_g$, aber $z_1 + z_2 < 2z'_g$, so müssen die Mindestprofilverschiebungsfaktoren x_1 und x_2 nach Gl. (8.18) berücksichtigt werden (Bild A 8.27).

2. Zur Einhaltung eines bestimmten Achsabstandes a: Oft ergibt sich bei vorgegebener Übersetzung für ein Getriebe mit Bezugsprofil nach DIN 867 ein Achsabstand a, welcher der Summe der Teilkreishalbmesser $(r_1 + r_2)$ nicht gleich ist.

3. Zur Paarung eines V-Rades mit einem Null-Rad.

4. Zur Verbesserung der Tragfähigkeit und der Gleitverhältnisse.

Das V-Null-Getriebe ist ein Sonderfall des V-Getriebes (s. auch Abschn. 8.3.2).

Berechnung der Zahndicke. Die Zahndicke am Teilkreis ($=$ Erzeugungswälzkreis) ergibt sich bei Zahnrädern mit Profilverschiebung nach Bild **8**.32.

Der Erzeugungswälzkreis rollt stets auf der Wälzgeraden des Werkzeugs ab. Also ist das Maß der Zahndicke s am Rad gleich der Zahnlücke e auf der jeweiligen Wälzgeraden des Werkzeugs

$$\overset{\frown}{CZ} = \overline{CW} \quad \text{und} \quad \overset{\frown}{ZZ'} = \overline{WW'} = p = \pi m$$

Bei positiver Profilverschiebung $v = xm$ (V_{plus}-Rad) ist die Zahndicke s am Teilkreis (ohne Flankenspiel)

$$s = \frac{p}{2} + 2xm \tan\alpha = m\left(\frac{\pi}{2} + 2x \tan\alpha\right) \tag{8.19}$$

Bei V_{minus}-Rädern ist das Vorzeichen des Profilverschiebungsfaktors x umzukehren.

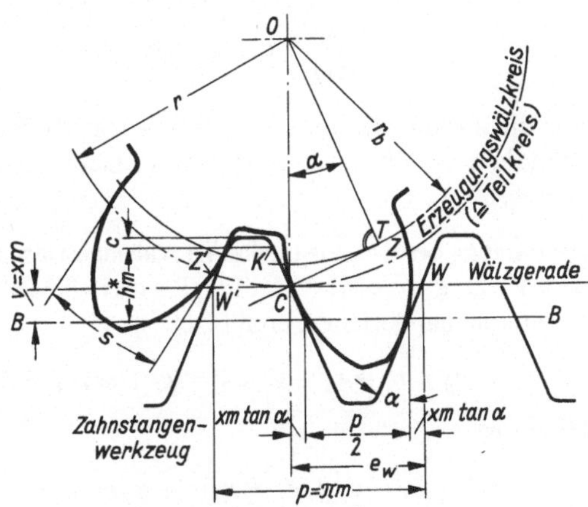

8.32
Zahndicke s am Teilkreis bei V-Rädern

Die Zahndicke s'' an beliebiger Stelle eines Zahnes erhält man mit Hilfe der Evolventenfunktion (s. Abschn. 8.3.1). Nach Bild **8.33** ist

$$\widehat{AC} = \overline{DC} = r_b \tan \alpha'' \qquad \widehat{AB} = r_b \operatorname{inv} \alpha'' = r_b (\tan \alpha'' - \alpha'')$$

und $\qquad \widehat{AE} = r_b \operatorname{inv} \alpha = r_b (\tan \alpha - \alpha)$

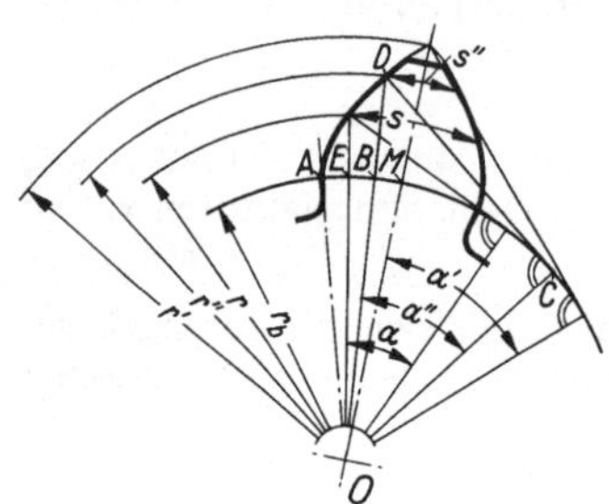

8.33 Anwendung der Evolventenfunktion

Ferner verhalten sich

$$\frac{\widehat{EM}}{\frac{s}{2}} = \frac{r_b}{r} \quad \text{und} \quad \frac{\widehat{EM} - \widehat{EB}}{\frac{s''}{2}} = \frac{r_b}{r''}$$

Also ist

$$\frac{s''}{2} = (\widehat{EM} - \widehat{EB}) \frac{r''}{r_b}$$

Mit $\widehat{EM} = \dfrac{s}{2} \dfrac{r_b}{r}$ und $2r = zm$ sowie $\widehat{EB} = r_b(\operatorname{inv}\alpha'' - \operatorname{inv}\alpha)$ folgt

$$s'' = 2r'' \left[\frac{s}{zm} - (\operatorname{inv}\alpha'' - \operatorname{inv}\alpha) \right] \tag{8.20}$$

Der Winkel α'' folgt aus

$$r_b = r \cos \alpha = r'' \cos \alpha'' \tag{8.21}$$

Die Zahndicke s ist nach Gl. (8.19) zu errechnen.

Die Zahndicke s_b am Grundkreis ergibt sich nach Gl. (8.20) mit $\operatorname{inv}\alpha'' = \operatorname{inv}\alpha_b = 0$

$$s_b = 2r_b \left(\frac{s}{zm} + \operatorname{inv}\alpha \right) \tag{8.22}$$

Für die Zahndicke s_a am Kopfkreis erhält man mit dem Winkel α_a aus $r_b = r_a \cos \alpha_a$, also aus $\cos \alpha_a = r_b/r_a$

$$s_a = 2r_a \left[\frac{s}{zm} - (\operatorname{inv}\alpha_a - \operatorname{inv}\alpha) \right] \tag{8.23}$$

Für die Zahndicke am Kopfkreis s. auch Abschn. 8.3.2. Durch die erforderliche Mindestzahndicke ist die positive Profilverschiebung nach oben begrenzt (Bild **A 8.**27; $z = z_n$, $m = m_n$).

Berechnung des Achsabstandes bei Außengetrieben. Der Achsabstand bei Deckung des Bezugsprofils zweier Räder (**8.**34a), bei denen also die Bezugs-Profil-Mittellinien aufeinanderfallen, ergibt sich zu

$$a_p = r_1 + r_2 + \overline{C_1 C_2} = a_d + m(x_1 + x_2) \tag{8.24}$$

Hierin ist

$$\overline{C_1 C_2} = v_1 + v_2 = x_1 m + x_2 m$$

Bei diesem theoretischen Achsabstand a_p besteht Flankenspiel. Da bis zur Festlegung von Herstellungstoleranzen die Radabmessungen für flankenspielfreien Eingriff berechnet werden, sind die Räder in V-Getrieben auf den Achsabstand $a(< a_p)$ zu verschieben (**8.**34 b). Die Bezugs-Profil-Mittellinien B_1 und B_2 fallen hierbei nicht mehr aufeinander:

Der Achsabstand bei flankenspielfreiem Eingriff (**8.**34 b), wie er bis zur Festlegung des Betriebsflankenspiels (nach Abschn. 8.3.5) für die Ermittlung der geometrischen Abmessungen stets zugrunde liegt, ist die Summe der Betriebswälzkreis-Halbmesser $a = r_{w1} + r_{w2}$. Nach Gl. (8.21) ist $r \cos \alpha = r_w \cos \alpha_w$; damit ergeben sich die Betriebwälzkreis-Durchmesser

$$d_w = d \, \frac{\cos \alpha}{\cos \alpha_w} \tag{8.25}$$

Mit Gl. (8.25) errechnet man den Achsabstand

$$a = \frac{d_{w1} + d_{w2}}{2} = \frac{d_1 + d_2}{2} \, \frac{\cos \alpha}{\cos \alpha_w} = \frac{z_1 + z_2}{2} \, m \, \frac{\cos \alpha}{\cos \alpha_w} \tag{8.26}$$

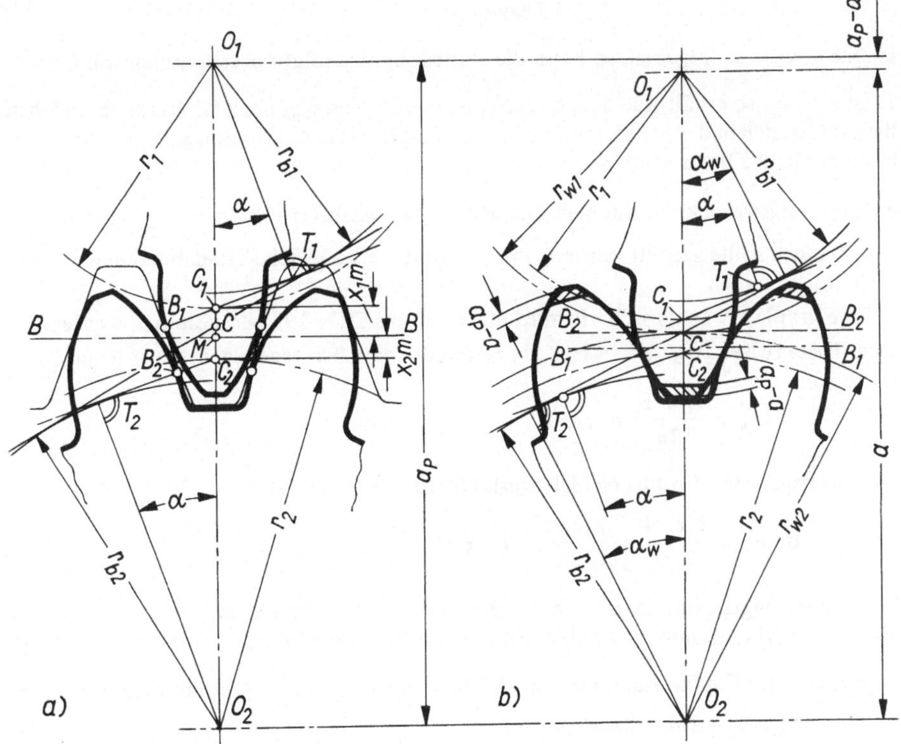

8.34
Ermittlung des Achsabstandes bei V-Getrieben

a) Achsabstand a_p bei Bezugs-Profil-Deckung
b) Achsabstand a bei flankenspielfreiem Eingriff (Die Profilmittellinie B_2 läuft hier zufällig durch C)

Die Teilung p_w muß bei flankenspielfreiem Eingriff gleich der Summe der Zahndicken $(s_{w1} + s_{w2})$ sein (**8.29**). Mit Gl. (8.20) ergibt sich dann

$$p_w = s_{w1} + s_{w2} = 2r_{w1}\left[\frac{s_1}{z_1 m} - (\text{inv}\,\alpha_w - \text{inv}\,\alpha)\right] + 2r_{w2}\left[\frac{s_2}{z_2 m} - (\text{inv}\,\alpha_w - \text{inv}\,\alpha)\right]$$

Mit $2r_w = \dfrac{p_w z}{\pi}$ und Gl. (8.19) wird

$$p_w = \frac{p_w z_1}{\pi}\left[\frac{1}{z_1}\left(\frac{\pi}{2} + 2x_1 \tan\alpha\right) - (\text{inv}\,\alpha_w - \text{inv}\,\alpha)\right]$$

$$+ \frac{p_w z_2}{\pi}\left[\frac{1}{z_2}\left(\frac{\pi}{2} + 2x_2 \tan\alpha\right) - (\text{inv}\,\alpha_w - \text{inv}\,\alpha)\right]$$

Durch Kürzen mit p_w und Ordnen der Klammerausdrücke ergibt sich

$$0 = 2(x_1 + x_2)\tan\alpha - (z_1 + z_2)(\text{inv}\,\alpha_w - \text{inv}\,\alpha)$$

Daraus läßt sich die Summe der Profilverschiebungsfaktoren errechnen

$$x_1 + x_2 = (z_1 + z_2)\,\frac{\text{inv}\,\alpha_w - \text{inv}\,\alpha}{2\tan\alpha} \tag{8.27}$$

Ist $\Sigma x = x_1 + x_2$ gegeben, so kann die Aufteilung wie folgt vorgenommen werden:

1. Ist $z_1 < z_2$, so erhält Rad 1 $x_1 > x_2$; x_1 ist mindestens $x_{\min}$ nach Gl. (8.18) und höchstens bis zum Erreichen der Mindestzahndicke am Kopfkreis nach Abschn. 8.3.2 oder Bild **A 8**.27 [s. auch Gl. (8.23)] zu wählen.

2. Näherungsweise kann mit dem reziproken Zähnezahlverhältnis $\dfrac{x_1}{x_2} = \dfrac{z_2}{z_1}$ gerechnet werden. Danach sollte geprüft werden, ob beide Räder etwa gleiche Tragfähigkeiten und Gleitverhältnisse haben.

3. Eine graphisch-analytische Ermittlung kann aus DIN 3992 entnommen werden.

Den Betriebseingriffswinkel α_w erhält man bei gegebenem Achsabstand a aus Gl. (8.26)

$$\cos\alpha_w = \frac{z_1 + z_2}{2a}\,m\cos\alpha \tag{8.28}$$

und bei gegebenen Profilverschiebungsfaktoren aus Gl. (8.27)

$$\text{inv}\,\alpha_w = \frac{2(x_1 + x_2)\tan\alpha}{z_1 + z_2} + \text{inv}\,\alpha \tag{8.29}$$

Für Überschlagsrechnungen kann der Betriebseingriffswinkel α_w ($\alpha_{tw} = \alpha_w$ für $\beta = 0°$) aus Bild **A 8**.28 [1] entnommen werden, dem Gl. (8.29) zugrunde liegt.

Berechnung des Kopfkreisdurchmessers. O h n e K o p f k ü r z u n g erhält man mit Gl. (8.21)

$$d_a = d + 2m + 2xm \tag{8.30}$$

Mit K o p f k ü r z u n g ist dann zu rechnen, wenn bei V-Rädern das Kopfspiel c erhalten bleiben soll. Denn durch Verringern des Achsabstandes a_p auf a wegen des geforderten flankenspielfreien Eingriffs verringert sich auch c um $a_p - a = km$, hierbei ist k der Kopfkürzungsfaktor.

Mit Gl. (8.24) erhält man die Kopfkürzung

$$km = a_p - a = a_d + m(x_1 + x_2) - a \tag{8.31}$$

Damit ergeben sich bei Kopfkürzung die Kopfkreisdurchmesser

$$d_{ak} = d + 2m + 2xm - 2km = d_a - 2km \tag{8.32}$$

Vorhandenes Kopfspiel. Für den Fall, daß die Kopfkreisdurchmesser von V-Rädern ohne Kopfkürzung bestimmt wurden, ermittelt man das vorhandene Kopfspiel aus der Beziehung

$$c = a - \frac{d_{a1} + d_{f2}}{2} = a - \frac{d_{a2} + d_{f1}}{2} \geqq c_{min} \tag{8.33}$$

Hierin bedeutet d_f Fußkreisdurchmesser.

Das praktisch vorhandene Spiel darf etwas kleiner sein, als es sich aus der Rechnung ergibt. Als kleinstes rechnerisches Kopfspiel ist $c_{min} = 0{,}12\,m$ zulässig. Für die Herstellung des Flankenspiels wird entweder das Verzahnungswerkzeug zur Radmitte zugestellt, d. h., die Zahndicke wird kleiner oder es wird (seltener) der Achsabstand vergrößert. Hat die Summe der Profilverschiebungsfaktoren in einem V-Getriebe einen sehr großen Wert, so kann, damit der Zahnkopf nicht in die Fußausrundung des Gegenrades läuft, außer der Kopfkürzung entsprechend Gl. (8.31), eine zusätzliche Kürzung erforderlich werden.

Formeln zur Ermittlung der geometrischen Abmessungen s. Tafel A 8.2.

Ermittlung der Profilüberdeckung ε_α. Sie kann durch die Bestimmung der Teilprofilüberdeckungen ε_k aus Bild A 8.29 [9] erfolgen. Hierzu ist die Kennzahl

$$z_k = \frac{2\,d_w}{d_a - d_w} \tag{8.34}$$

zu berechnen, für die man in Bild A 8.29 als Funktion des Betriebseingriffswinkels α_w für geradverzahnte Stirnräder die Beiwerte ε_k' findet (es ist $\alpha_w = \alpha_{tw}$ für $\beta = 0°$). Damit erhält man die Teilprofilüberdeckung

$$\varepsilon_k = \varepsilon_k' \, \frac{z}{z_k} \tag{8.35}$$

und die Profilüberdeckung

$$\varepsilon_\alpha = \varepsilon_{k1} + \varepsilon_{k2} \tag{8.36}$$

Null-Getriebe mit Geradstirnrädern. Sind die Profilverschiebungsfaktoren $x_1 = x_2 = 0$, so liegt ein Null-Getriebe vor. Der Achsabstand beträgt

$$a = a_d = r_1 + r_2 = \frac{z_1 + z_2}{2}\,m \tag{8.37}$$

Das Null-Rad stellt demnach den Sonderfall für $x = 0$ dar. Es gelten daher auch die Formeln, die für die Verzahnung mit Profilverschiebung abgeleitet wurden (s. Taf. **A 8.**2).

Anwendung der Null-Getriebe. Nach Abschn. 8.3.2 sollen bei Neukonstruktionen anstatt Null-Räder Zahnräder mit 05-Verzahnung ($x = 0{,}5$) verwendet werden, um bessere Eingriffs- und Belastungsverhältnisse zu erhalten.

Damit kein Unterschnitt auftritt, ist für die Herstellung und Paarung von Nullrädern die Bedingung $z_1 \geqq z'_g$ und $z_2 \geqq z'_g$ zu beachten. Null-Räder sind Satzräder (s. Abschn. 8.3.1).

V-Null-Getriebe mit Geradstirnrädern. Sind bei Außengetrieben die Profilverschiebungen $v = xm$ gleich groß aber entgegengesetzt, so liegt ein V-Null-Getriebe vor.

Die Teilkreise berühren sich im Wälzpunkt C. Darum ist der Achsabstand wie beim Null-Getriebe $a = a_d = r_1 + r_2$. S. auch Gl. (8.24) bei $x_1 = -x_2$ und Gl. (8.26) bei $\alpha_w = \alpha$. Es gelten die Formeln nach Tafel **A 8.**2.

Anwendung der V-Null-Getriebe. Soll die Zähnezahl des Ritzels $z_1 < z'_g$ und die Summe der Zähnezahlen $z_1 + z_2 \geqq 2z'_g$ sein, so kann ein V-Null-Getriebe konstruiert werden.

Für die Anwendung des V-Null-Getriebes können die Vorteile der Profilverschiebung maßgebend sein (s. Abschn. 8.3.2).

8.3.5   Flankenspiel bei Geradstirnrad-Getrieben

Das für den Betrieb notwendige Flankenspiel wird entweder bei der Herstellung der Zahnräder durch Zustellung des Werkzeugs zur Radmitte oder (seltener) durch Vergrößern des Achsabstandes erreicht. Hierbei sind die Toleranzen für Stirnradverzahnungen nach DIN 3963 zu beachten. Die geometrischen Beziehungen des Verdrehflankenspiels S_d und Eingriffsflankenspiels S_e sind in den Bildern **8.**35 und **8.**36 dargestellt. Im Bild **8.**36 sind zwei Bezugsprofile durch gleiche negative Profilverschiebungen $(-v = -v_1 = -v_2)$ so weit auseinandergeschoben, daß rechts und links das halbe Eingriffsflankenspiel $\dfrac{S_e}{2} = 2(-v)\sin\alpha$ entsteht. Daraus folgt

$$S_e = 4(-v)\sin\alpha \quad \text{und} \quad S_d = \frac{S_e}{\cos\alpha} \tag{8.38} \tag{8.39}$$

Die maximalen und minimalen Flankenspiele $S_{e\,max}$ und $S_{e\,min}$ ergeben sich aus den Zahndicken- und Achsabstands-Abmaßen nach DIN 3963 und 3964.

Bei Zahnrädern aus Kunststoffen ist aufgrund der großen Längenänderungen durch Temperaturzunahme und Quellen (aus der Wasseraufnahme) eine zusätzliche negative Profilverschiebung erforderlich.

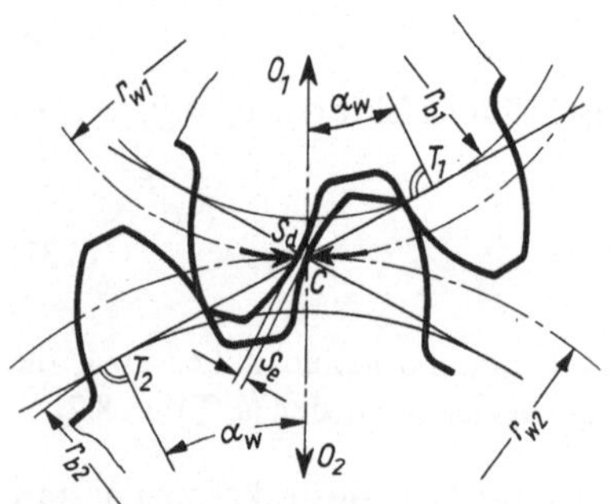

8.35 Eingriffs- und Verdrehflankenspiel

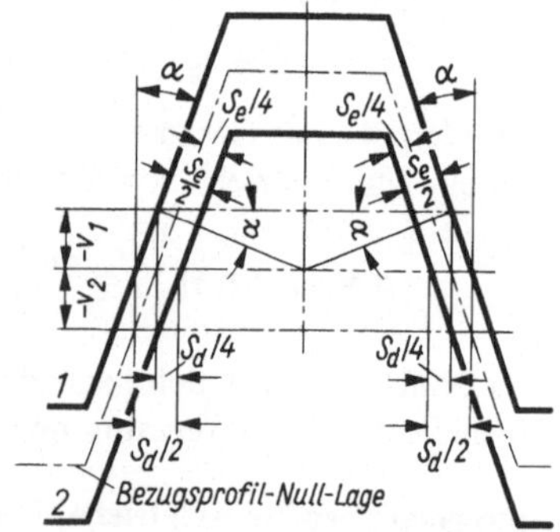

8.36 Erzeugen des Eingriffsflankenspiels durch negative Profilverschiebung

Beispiel 1. Das im Bild **8**.37 dargestellte dreistufige Schaltgetriebe ist zu berechnen.

Stufe I: $i_I = -1{,}58 \pm 1\%$, Ausführung als V-Null-Getriebe mit $x = 0{,}4$

Stufe II: $i_{II} = -2{,}5 \ \pm 1\%$, Ausführung als V-Getriebe

Stufe III: $i_{III} = -3{,}94 \pm 1\%$, Ausführung als V-Getriebe mit Rad 6 als Null-Rad

Verzahnung nach DIN 867, $\alpha = 20°$, Ausführung mit gehärteten Zähnen

Achsabstand $a = 100$ mm, Modul für alle Räder $m = 2{,}5$ mm

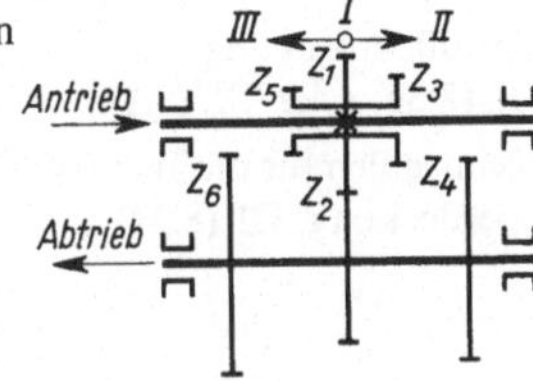

8.37
Schaltgetriebe

Benennung und Bemerkung	Stufe I	
	Rad 1	Rad 2
Zähnezahl, Gl. (8.1) (8.37)	aus $i_I = -\dfrac{z_2}{z_1}$ und $a = a_{dI} = \dfrac{z_1 + z_2}{2} m$ folgt $$z_1 = \dfrac{2a}{(1 - i_I)m}$$ $$= \dfrac{2 \cdot 100 \text{ mm}}{(1 + 1{,}58) \cdot 2{,}5 \text{ mm}}$$ $z_1 = 31$	$z_2 = -i_I z_1 = 1{,}58 \cdot 31 = 48{,}98$ gewählt: $z_2 = 49$
Achsabstand, Gl. (8.37)	$a_{dI} = \dfrac{z_1 + z_2}{2} m = \dfrac{31 + 49}{2} 2{,}5 \text{ mm} = 100 \text{ mm} = a$	
vorhandene Übersetzung	$i_I = -\dfrac{z_2}{z_1} = -\dfrac{49}{31} = -1{,}58$	
Teilkreisdurchmesser Gl. (8.7)	$d_1 = z_1 m = 31 \cdot 2{,}5 \text{ mm}$ $= 77{,}5 \text{ mm}$	$d_2 = z_2 m = 49 \cdot 2{,}5 \text{ mm}$ $= 122{,}5 \text{ mm}$
Kopfkreisdurchmesser Gl. (8.30)	$d_{a1} = d_1 + 2m + 2x_1 m$ $d_{a1} = 77{,}5 \text{ mm} + 2 \cdot 2{,}5 \text{ mm}$ $+ 2 \cdot 0{,}4 \cdot 2{,}5 \text{ mm}$ $d_{a1} = 84{,}5 \text{ mm}$	$d_{a2} = d_2 + 2m + 2x_2 m$ $d_{a2} = 122{,}5 \text{ mm} + 2 \cdot 2{,}5 \text{ mm}$ $- 2 \cdot 0{,}4 \cdot 2{,}5 \text{ mm}$ $d_{a2} = 125{,}5 \text{ mm}$
Fußkreisdurchmesser Gl. (8.11), $c = 0{,}25\,m$	$d_{f1} = d_1 - 2m - 2c + 2x_1 m$ $d_{f1} = 77{,}5 \text{ mm} - 2 \cdot 2{,}5 \text{ mm}$ $- 2 \cdot 0{,}25 \cdot 2{,}5 \text{ mm}$ $+ 2 \cdot 0{,}4 \cdot 2{,}5 \text{ mm}$ $d_{f1} = 73{,}25 \text{ mm}$	$d_{f2} = d_2 - 2m - 2c + 2x_2 m$ $d_{f2} = 122{,}5 \text{ mm} - 2 \cdot 2{,}5 \text{ mm}$ $- 2 \cdot 0{,}25 \cdot 2{,}5 \text{ mm}$ $- 2 \cdot 0{,}4 \cdot 2{,}5 \text{ mm}$ $d_{f2} = 114{,}25 \text{ mm}$
Prüfung auf Zahnspitzenbildung bzw. Unterschnitt; Bild **A 8**.27 und Gl. (8.18)	für gehärtete Zähne mit $s_a = 0{,}4\,m$ besteht bei $z_1 = 31$ und $x_1 = 0{,}4$ keine Gefahr der Zahnspitzenbildung	für $z_2 = 49$ und $x_2 = -0{,}4$ besteht keine Gefahr von Unterschnitt, weil nach Gl. (8.18) ist: $$x_{2\,min} = \dfrac{14 - z_2}{17}$$ $$= \dfrac{14 - 49}{17} = -2{,}06$$

Benennung und Bemerkung	Stufe I	
	Rad 1	Rad 2
Profilverschiebung Gl. (8.17)	$v_1 = x_1 m = 0,4 \cdot 2,5$ mm $= 1,00$ mm	$v_2 = x_2 m = -0,4 \cdot 2,5$ mm $= -1,00$ mm
Profilüberdeckung Gl. (8.36) oder Gl. (8.14)	$\varepsilon_{\alpha I} = \varepsilon_{k1} + \varepsilon_{k1}$	
Kennzahlen für die Teilprofilüberdeckung, Gl. (8.34)	$z_{k1} = \dfrac{2 d_{w1}}{d_{a1} - d_{w1}};$ hier ist $d_{w1} = d_1$ $z_{k1} = \dfrac{2 \cdot 77,5 \text{ mm}}{(84,5 - 77,5) \text{ mm}} = 22,15$	$z_{k2} = \dfrac{2 d_{w2}}{d_{a2} - d_{w2}};$ hier ist $d_{w2} = d_2$ $z_{k2} = \dfrac{2 \cdot 122,5 \text{ mm}}{(125,5 - 122,5) \text{ mm}} = 81,7$
aus Bild **A 8.**29 folgt für $\alpha_w = \alpha = 20°$	$\varepsilon'_{k1} = 0,79$	$\varepsilon'_{k2} = 0,91$
Teilprofilüberdeckung Gl. (8.35)	$\varepsilon_{k1} = \varepsilon'_{k1} \dfrac{z_1}{z_{k1}}$ $= 0,79 \dfrac{31}{22,15} = 1,106$	$\varepsilon_{k2} = \varepsilon'_{k2} \dfrac{z_2}{z_{k2}}$ $= 0,91 \dfrac{49}{81,7} = 0,546$
Profilüberdeckung	$\varepsilon_{\alpha I} = 1,106 + 0,546 = 1,652 \approx 1,6$	

Benennung und Bemerkung	Stufe II	
	Rad 3	Rad 4
Zähnezahl; wie nach Stufe I	$z_3 = 22$	$z_4 = 55$
vorhandene Übersetzung Gl. (8.1)	$i_{II} = -\dfrac{z_4}{z_3} = -\dfrac{55}{22} = -2,5$	
Achsabstand, Gl. (8.37) (Rechengröße)	$a_{dII} = \dfrac{z_3 + z_4}{2} m = \dfrac{22 + 55}{2} 2,5 \text{ mm} = 96,25 \text{ mm}$	
Teilkreisdurchmesser Gl. (8.7)	$d_3 = z_3 m = 22 \cdot 2,5$ mm $= 55$ mm	$d_4 = z_4 m = 55 \cdot 2,5$ mm $= 137,5$ mm
Betriebseingriffswinkel bei gegebenem Achsabstand Gl. (8.10), (8.28)	$\cos \alpha_{wII} = \dfrac{z_3 + z_4}{2a} m \cos \alpha = \dfrac{22 + 55}{2 \cdot 100 \text{ mm}} 2,5 \text{ mm} \cos 20°$ $\alpha_{wII} = 25° 15' = 25,25°$	
Summe der Profilverschiebungsfaktoren Gl. (8.27)	$x_3 + x_4 = \dfrac{(z_3 + z_4)(\text{inv } \alpha_{wII} - \text{inv } \alpha)}{2 \tan \alpha}$ $= \dfrac{(22 + 55)(\text{inv } 25,25° - \text{inv } 20°)}{2 \tan 20°} = 1,6957$	
Aufteilung von Σx, z. B. im umgekehrten Zähnezahlverhältnis	$\dfrac{x_3}{x_4} = \dfrac{z_4}{z_3} = u_{II}$ und $\Sigma x = x_3 + x_4$ ergeben $x_3 = \dfrac{u_{II} \Sigma x}{1 + u_{II}} = \dfrac{2,5 \cdot 1,6957}{1 + 2,5}$ $= 1,211$. Wert zu groß, da für gehärtete Zähne mit	$x_4 = \Sigma x - x_3 = 1,6957$ $-1,211 = 0,4847$
Prüfung auf Zahnspitzenbildung, Bild **A 8.**27	$s_a = 0,4 \, m$ bei $z_3 = 22$ $x_{3 \max} = 0,71$ betragen darf	für $z_4 = 55$ kann $x_4 > 1$ sein

Benennung und Bemerkung	Stufe II	
	Rad 3	Rad 4
Profilverschiebungsfaktor	gewählt: $x_3 = 0,71$	$x_4 = \Sigma x - x_3 = 1,6957$ $- 0,71 = 0,9857$
Profilverschiebung Gl. (8.17)	$v_3 = x_3 m = 0,71 \cdot 2,5$ mm $= 1,775$ mm	$v_4 = x_4 m = 0,9857 \cdot 2,5$ mm $= 2,4643$ mm
Betriebswälzkreisdurchmesser, Gl. (8.25)	$d_{w3} = d_3 \dfrac{\cos \alpha}{\cos \alpha_{wII}}$ $= 55$ mm $\dfrac{\cos 20°}{\cos 25,25°}$ $d_{w3} = 57,14$ mm	$d_{w4} = d_4 \dfrac{\cos \alpha}{\cos \alpha_{wII}}$ $= 137,5$ mm $\dfrac{\cos 20°}{\cos 25,25°}$ $d_{w4} = 142,86$ mm
Kopfkreisdurchmesser Gl. (8.30)	$d_{a3} = d_3 + 2m + 2x_3 m$ $d_{a3} = 55$ mm $+ 2 \cdot 2,5$ mm $+ 2 \cdot 0,71 \cdot 2,5$ mm $= 63,55$ mm	$d_{a4} = d_4 + 2m + 2x_4 m$ $d_{a4} = 137,5$ mm $+ 2 \cdot 2,5$ mm $+ 2 \cdot 0,9857 \cdot 2,5$ mm $= 147,42$ mm
Fußkreisdurchmesser Gl. (8.11), $c = 0,25\,m$	$d_{f3} = d_3 - 2m - 2c + 2x_3 m$ $d_{f3} = 55$ mm $- 2 \cdot 2,5$ mm $- 2 \cdot 0,25 \cdot 2,5$ mm $+ 2 \cdot 0,71 \cdot 2,5$ mm $d_{f3} = 52,3$ mm	$d_{f4} = d_4 - 2m - 2c + 2x_4 m$ $d_{f4} = 137,5$ mm $- 2 \cdot 2,5$ mm $- 2 \cdot 0,25 \cdot 2,5$ mm $+ 2 \cdot 0,9857 \cdot 2,5$ mm $d_{f4} = 136,18$ mm
vorhandenes Kopfspiel Gl. (8.33)	$c_{II} = a - \dfrac{d_{a3} + d_{f4}}{2} = 100$ mm $- \dfrac{(63,55 + 136,18)\ \text{mm}}{2}$ $= 0,135$ mm $< c_{min} = 0,12\,m = 0,3$ mm	
Kopfkürzung sei z. B. nach Gl. (8.31) durchzuführen	$k_{II} m = a_{dII} + (x_3 + x_4)\,m - a = 96,25$ mm $+ 1,6957 \cdot 2,5$ mm $- 100$ mm $= 0,4893$ mm	
Kopfkreisdurchmesser Gl. (8.32), nach Kürzung	$d_{ak3} = d_{a3} - 2k_{II} m$ $d_{ak3} = 63,55$ mm $- 2 \cdot 0,4893$ mm $= 62,57$ mm	$d_{ak4} = d_{a4} - 2k_{II} m$ $d_{ak4} = 147,42$ mm $- 2 \cdot 0,4893$ mm $= 146,44$ mm
Grundkreishalbmesser Gl. (8.21)	$r_{b3} = r_3 \cos \alpha$ $= \dfrac{55\ \text{mm}}{2} \cos 20° = 25,84$ mm	$r_{b4} = r_4 \cos \alpha$ $= \dfrac{137,5\ \text{mm}}{2} \cos 20° = 64,6$ mm
Profilüberdeckung Gl. (8.14) oder Gl. (8.36)	$\varepsilon_{\alpha II} = \dfrac{g_\alpha}{p_e} = \dfrac{g_\alpha}{p \cos \alpha} = \varepsilon_3 + \varepsilon_4 - \varepsilon_{aII}$ $\varepsilon_3 = \dfrac{\sqrt{r_{ak3}^2 - r_{b3}^2}}{\pi m \cos \alpha} = \dfrac{\sqrt{(31,29^2 - 25,84^2)}\ \text{mm}^2}{\pi \cdot 2,5\ \text{mm} \cos 20°} = 2,39$ $\varepsilon_4 = \dfrac{\sqrt{r_{ak4}^2 - r_{b4}^2}}{\pi m \cos \alpha} = \dfrac{\sqrt{(73,22^2 - 64,6^2)}\ \text{mm}^2}{\pi \cdot 2,5\ \text{mm} \cos 20°} = 4,66$ $\varepsilon_{aII} = \dfrac{a \sin \alpha_{wII}}{\pi m \cos \alpha} = \dfrac{100\ \text{mm} \sin 25,25°}{\pi \cdot 2,5\ \text{mm} \cos 20°} = 5,78$	
Profilüberdeckung	$\varepsilon_{\alpha II} = 2,39 + 4,66 - 5,78 = 1,27$	

Benennung und Bemerkung	Stufe III	
	Rad 5	Rad 6
Zähnezahl, wie nach Stufe I	$z_5 = 16$	$z_6 = 63$
vorhandene Übersetzung Gl. (8.1)	$i_{III} = -\dfrac{z_6}{z_5} = -\dfrac{63}{16} = -3,94$	
Achsabstand, Gl. (8.37) (Rechengröße)	$a_{dIII} = \dfrac{z_5 + z_6}{2}\, m = \dfrac{16 + 63}{2}\, 2,5\text{ mm} = 98,75\text{ mm}$	
Teilkreisdurchmesser Gl. (8.7)	$d_5 = z_5 m = 16 \cdot 2,5\text{ mm}$ $= 40,0\text{ mm}$	$d_6 = z_6 m = 63 \cdot 2,5\text{ mm}$ $= 157,5\text{ mm}$
Betriebseingriffswinkel bei gegebenem Achsabstand Gl. (8.10), (8.28)	$\cos\alpha_{wIII} = \dfrac{z_5 + z_6}{2a}\, m \cos\alpha = \dfrac{16 + 63}{2 \cdot 100\text{ mm}}\, 2,5\text{ mm} \cos 20°$ $\alpha_{wIII} = 21°52'45'' = 21,879°$	
Summe der Profilverschiebungsfaktoren Gl. (8.27)	$x_5 + x_6 = \dfrac{(z_5 + z_6)\,(\operatorname{inv}\alpha_{wIII} - \operatorname{inv}\alpha)}{2\tan\alpha}$ $= \dfrac{(16 + 63)\,(\operatorname{inv} 21,879° - \operatorname{inv} 20°)}{2\tan 20°} = 0,52168$	
Aufteilung von Σx	$x_5 = 0,52168$	$x_6 = 0$ (lt. Aufgabe)
Prüfung auf Zahnspitzenbildung, Bild A 8.27	für gehärtete Zähne mit $s_a = 0,4\,m$ darf bei $z_5 = 16$ $x_{5\max} \approx 0,5$ betragen gewählt: $x_5 = 0,52168$	da $x_5 = 0,52168$ nur wenig über $x_{5\max}$ liegt, wird $x_6 = 0$ gemäß Aufgabe gewählt
Profilverschiebung Gl. (8.17)	$v_5 = x_5 m = 0,52168 \cdot 2,5\text{ mm}$ $= 1,304\text{ mm}$	$v_6 = x_6 m = 0,0\text{ mm}$
Betriebswälzkreisdurchmesser, Gl. (8.25)	$d_{w5} = d_5\,\dfrac{\cos\alpha}{\cos\alpha_{wIII}}$ $= 40,0\text{ mm}\,\dfrac{\cos 20°}{\cos 21,879°}$ $d_{w5} = 40,51\text{ mm}$	$d_{w6} = d_6\,\dfrac{\cos\alpha}{\cos\alpha_{wIII}}$ $= 157,5\,\dfrac{\cos 20°}{\cos 21,879°}$ $d_{w6} = 159,49\text{ mm}$
Kopfkreisdurchmesser Gl. (8.30)	$d_{a5} = d_5 + 2m + 2x_5 m$ $d_{a5} = 40,0\text{ mm} + 2 \cdot 2,5\text{ mm}$ $\quad + 2 \cdot 0,52168 \cdot 2,5\text{ mm}$ $= 47,61\text{ mm}$	$d_{a6} = d_6 + 2m + 2x_6 m$ $d_{a6} = 157,5\text{ mm} + 2 \cdot 2,5\text{ mm}$ $\quad + 0 = 162,5\text{ mm}$
Fußkreisdurchmesser Gl. (8.11), $c = 0,25\,m$	$d_{f5} = d_5 - 2m - 2c + 2x_5 m$ $d_{f5} = 40\text{ mm} - 2 \cdot 2,5\text{ mm}$ $\quad - 2 \cdot 0,25 \cdot 2,5\text{ mm}$ $\quad + 2 \cdot 0,52168 \cdot 2,5\text{ mm}$ $= 36,36\text{ mm}$	$d_{f6} = d_6 - 2m - 2c + 2x_6 m$ $d_{f6} = 157,5\text{ mm} - 2 \cdot 0,25$ $\quad 2,5\text{ mm} + 0 = 151,25\text{ mm}$
vorhandenes Kopfspiel Gl. (8.33)	$c_{III} = a - \dfrac{d_{a5} + d_{f6}}{2} = 100\text{ mm} - \dfrac{(47,61 + 151,25)\text{ mm}}{2}$ $= 0,57\text{ mm} > c_{\min} = 0,3\text{ mm}$ also Kopfkürzung nicht zwingend notwendig!	
Grundkreishalbmesser Gl. (8.21)	$r_{b5} = r_5 \cos\alpha$ $= \dfrac{40}{2}\cos 20° = 18,78\text{ mm}$	$r_{b6} = r_6 \cos\alpha$ $= \dfrac{157,5}{2}\cos 20° = 74\text{ mm}$
Profilüberdeckung Gl. (8.36) oder Gl. (8.14)	$\varepsilon_{\alpha III} = \varepsilon_{k5} + \varepsilon_{k6}$	

Benennung und Bemerkung	Stufe III	
	Rad 5	Rad 6
Kennzahlen für die Teilprofilüberdeckung Gl. (8.34)	$z_{k5} = \dfrac{2\,d_{w5}}{d_{a5} - d_{w5}}$ $= \dfrac{2 \cdot 40{,}51 \text{ mm}}{(47{,}61 - 40{,}51)\text{ mm}} = 11{,}41$	$z_{k6} = \dfrac{2\,d_{w6}}{d_{a6} - d_{w6}}$ $= \dfrac{2 \cdot 159{,}49 \text{ mm}}{(162{,}5 - 159{,}49)\text{ mm}} = 106$
aus Bild **A 8**.29 folgt	$\varepsilon'_{k5} = 0{,}67$	$\varepsilon'_{k6} = 0{,}87$
Teilprofilüberdeckung Gl. (8.35)	$\varepsilon_{k5} = \varepsilon'_{k5}\,\dfrac{z_5}{z_{k5}}$ $= 0{,}67\,\dfrac{16}{11{,}41} = 0{,}946$	$\varepsilon_{k6} = \varepsilon'_{k6}\,\dfrac{z_6}{z_{k6}}$ $= 0{,}87\,\dfrac{63}{106} = 0{,}517$
Profilüberdeckung	$\varepsilon_{\alpha III} = 0{,}946 + 0{,}517 = 1{,}463 \approx 1{,}4$ oder nach Gl. (8.14): $\varepsilon_{\alpha III} = \dfrac{g_\alpha}{p_e} = \dfrac{g_\alpha}{p\,\cos\alpha} = \varepsilon_5 + \varepsilon_6 - \varepsilon_{a III}$ $\varepsilon_3 = \dfrac{\sqrt{r_{a5}^2 - r_{b5}^2}}{\pi m \cos\alpha} = \dfrac{\sqrt{(23{,}81^2 - 18{,}78^2)\text{ mm}^2}}{\pi \cdot 2{,}5 \text{ mm } \cos 20°} = 1{,}98$ $\varepsilon_6 = \dfrac{\sqrt{r_{a6}^2 - r_{b6}^2}}{\pi m \cos\alpha} = \dfrac{\sqrt{(81{,}25^2 - 74{,}0^2)\text{ mm}^2}}{\pi \cdot 2{,}5 \text{ mm } \cos 20°} = 4{,}54$ $\varepsilon_{a III} = \dfrac{a\,\sin\alpha_{w III}}{\pi m \cos\alpha} = \dfrac{100 \text{ mm } \sin 21{,}879°}{\pi \cdot 2{,}5 \text{ mm } \cos 20°} = 5{,}06$ $\varepsilon_{\alpha III} = 1{,}98 + 4{,}54 - 5{,}06 = 1{,}46 \approx 1{,}4$	

8.3.6 Tragfähigkeitsberechnung der Geradstirnräder

Allgemeine Grundlagen für die Berechnung. Bei Zahnrädergetrieben treten außer den statischen Umfangskräften, die sich aus den Nenndrehmomenten errechnen, noch zusätzliche dynamische Kräfte auf.

Äußere dynamische Zusatzkräfte. Sie sind abhängig von der Charakteristik der Antriebs- und Arbeitsmaschine, von den bewegten Massen und von der Art der Kupplung. So haben Messungen an Kraftfahrzeuggetrieben ergeben, daß beim plötzlichen Einschalten der Kupplung Stöße auftreten, die das Nenndrehmoment bis um das Vierfache überschreiten können [4] (s. auch Abschn. Kupplungen).

Innere dynamische Zusatzkräfte. Sie sind abhängig von der Zahnform, der Zahnsteifigkeit, von den Verzahnungs- und Achsrichtungsfehlern, von der Profilüberdeckung, der Umfangsgeschwindigkeit, den Drehmassen, von der statischen Belastung des Getriebes und von der Gehäuse-, Wellen- und Radkörperverformung.

Die rechnerische Erfassung der dynamischen Zusatzkräfte ist schwierig. Wesentliche Größen dieser Kräfte sind experimentell an Getrieben bestimmt worden [12]. Für den Entwurf eines Getriebes können Richtwerte für die Betriebsbedingungen auf Grund von Erfahrungen, Messungen oder Schätzungen verwendet werden [3]. Richtwerte für den Einfluß des Betriebszustandes durch den Betriebsfaktor (Stoßfaktor) φ, s. Tafel **A 4**.8. Besonders ungünstige Betriebszustände sind zusätzlich zu berücksichtigen.

Der Norm-Entwurf E DIN 3990 aus dem Jahre 1980 empfiehlt Verfahren für die Berechnung der Tragfähigkeitsgrenzen gegen Grübchenbildung, Zahnbruch und Fressen. Die Benutzung dieser Verfahren erfordert für den jeweiligen Anwendungsfall Abschätzungen aller Einflüsse und die Festlegung des Sicherheitsfaktors unter Beachtung des angemessenen Schadensrisikos. Die unterschiedlichen Anwendungsgebiete erfordern eine angepaßte Auslegung. So werden Zahnräder zum einen als Verbrauchsgut mit einem relativ hohen Schadensrisiko und zum anderen als Maschinenelemente mit höchster Betriebssicherheit und langer Lebensdauer benötigt. Aber auch größte Zuverlässigkeit bei kurzer Lebensdauer (z. B. in Raumfahrzeugen) oder große Wartungsfreiheit mit geringer Schadenswahrscheinlichkeit (z. B. im Landmaschinenbau) können Anforderungskriterien für Zahnräder sein. Entwurf DIN 3990 T1 unterscheidet vier Berechnungs-Methoden, die die unterschiedlichen Einflußfaktoren aus Forschungsergebnissen und Betriebserfahrungen berücksichtigen.

Belastungen am Zahn. Im allgemeinen sind die Nennleistung P, die Drehfrequenz n bzw. die Winkelgeschwindigkeit ω und damit das Nenndrehmoment $T_1 = P_1/\omega_1$ bekannt. Das größte Drehmoment folgt dann unter Berücksichtigung des Betriebsfaktors φ nach Tafel **A 4**.8 aus der Zahlenwertgleichung

$$T_{1\,max} = \varphi\,T_1 = \varphi \cdot 9{,}55 \cdot 10^6\,\frac{P_1}{n_1}\quad \text{in N mm mit } P_1 \text{ in kW und } n_1 \text{ in min}^{-1} \quad (8.40)$$

Hiermit erhält man die größte Umfangskraft F_t am Teilkreis

$$F_t = \varphi\,\frac{2\,T_1}{d_1} = \frac{2\,T_{1\,max}}{d_1} \qquad (8.41)$$

Es wird angenommen, daß die gesamte Zahnkraft F_n (Normalkraft) in Richtung der Eingriffslinie als Einzelkraft in der Mitte der Zahnbreite b im Wälzpunkt C wirkt (**8**.38). Dann ist bei Vernachlässigung der Reibung

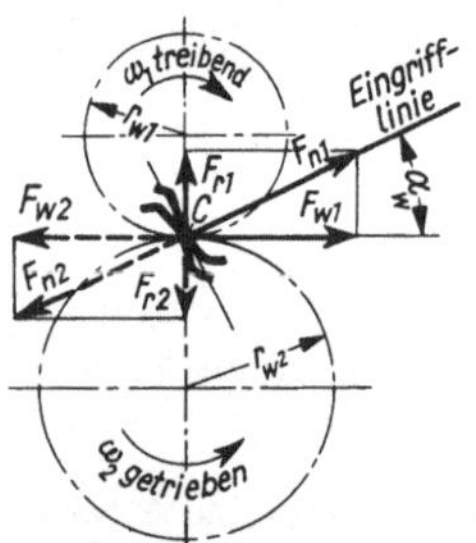

8.38
Zahnkräfte am Geradstirnradgetriebe

die Normalkraft

$$F_n = F_{n1} = F_{n2} = \frac{F_t}{\cos\alpha} = \frac{F_w}{\cos\alpha_w} \qquad (8.42)$$

die Radialkraft

$$F_r = F_{r1} = F_{r2} = F_n\,\sin\alpha_w = F_t\,\tan\alpha = F_w\,\tan\alpha_w \qquad (8.43)$$

Die Komponenten F_t und F_r der Normalkraft F_n sind von der Verzahnung zu übertragen und von den Auflagern der Welle aufzunehmen.

Verlustleistung. Die Leistungsübertragung durch ein Zahnrädergetriebe ist mit Verlusten verbunden, die in der Regel bei der Kräfteermittlung berücksichtigt werden müssen. Als Anhaltswert für den Leistungsverlust kann in die Rechnung eingesetzt werden:

1. je Eingriffsstelle (je Zahnradpaar) bei guter Ausführung der Verzahnung: $(1 \cdots 2)\%$
2. je Lagerstelle: bei Wälzlagern $(0{,}5 \cdots 1)\%$, bei Gleitlagern: $(1 \cdots 3)\%$
3. bei Plantschwirkung der Räder im Ölbad und für Wellenabdichtungen: $(1 \cdots 5)\%$

Auflagerkräfte und Biegemomente an Wellen mit Zahnrädern

Wellen mit einem Zahnrad (**8**.39). Bringt man im Mittelpunkt des Rades parallel zur Normalkraft F_n zwei gleichgroße, aber entgegengesetzt gerichtete Kräfte an, so bilden die mit Querstrich gekennzeichneten Kräfte ein Kräftepaar, das die Welle auf Verdrehung beansprucht. Die übrigbleibende Einzelkraft bestimmt die Auflagerkräfte und damit die Biegungsbeanspruchung der Welle (8.40).

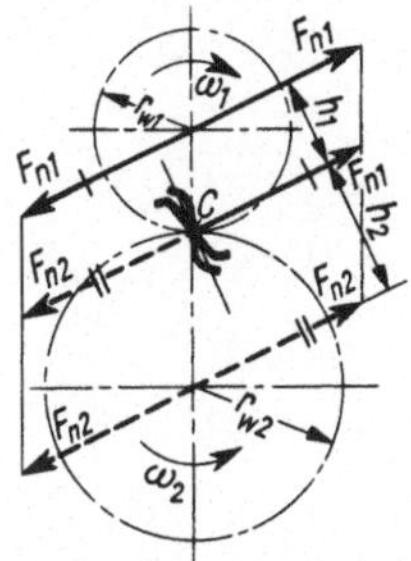

8.39
Ermittlung des Kräftepaares F_n

Mit den Gleichgewichtsbedingungen
ergeben sich die Kräfte bzw. Momente
an der Welle 1:

$$F_{A1} = F_{n1} \frac{b_1}{l_1} \quad \text{und} \quad F_{B1} = F_{n1} \frac{a_1}{l_1}$$

Kontrolle:

$$F_{n1} - F_{A1} - F_{B1} = 0$$
$$M_{b1} = F_{A1} a_1 = F_{B1} b_1$$

an der Welle 2:

$$F_{A2} = F_{n2} \frac{b_2}{l_2} \quad \text{und} \quad F_{B2} = F_{n2} \frac{a_2}{l_2}$$

Kontrolle:

$$F_{n2} - F_{A2} - F_{B2} = 0$$
$$M_{b2} = F_{A2} a_2 = F_{B2} b_2$$

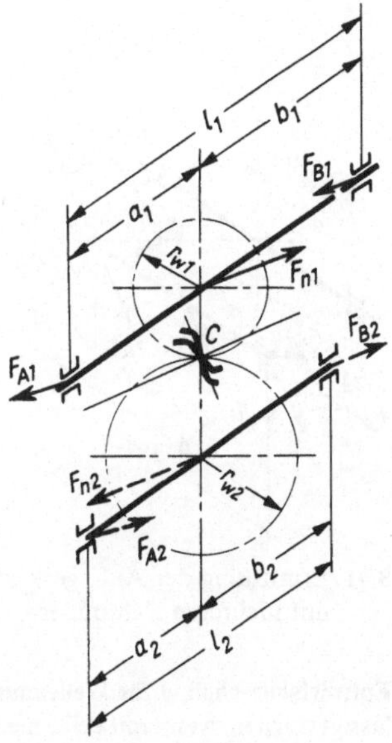

8.40 Ermittlung der Auflagerkräfte bei einer Welle mit
einem Zahnrad

Wellen mit mehreren Zahnrädern (8.41). Jede einzelne Zahnkraft F_n kann in ihre Komponenten F_z und F_y zerlegt und in den Ebenen $x - z$ und $x - y$ übersichtlich dargestellt werden (8.42). Für die Zwischenwelle (8.41) ergeben sich dann die Kräfte
am Rad 2:

$$F_{z2} = F_{w2} = \frac{2T_2}{d_{w2}} \quad \text{und} \quad F_{y2} = F_{w2} \tan\alpha_{w2}$$

am Rad 3:

$$F_{z3} = F_{w3} = \frac{2T_2}{d_{w3}} \quad \text{und} \quad F_{y3} = F_{w3} \tan\alpha_{w3}$$

am Lager A:

$$F_{Az} = \frac{F_{z3}(b + c) - F_{z2} c}{l} \quad \text{und} \quad F_{Ay} = \frac{F_{y3}(b + c) + F_{y2} c}{l}$$

$$F_A = \sqrt{F_{Az}^2 + F_{Ay}^2}$$

am Lager B:

$$F_{Bz} = \frac{F_{z2}(a + b) - F_{z3} a}{l} \quad \text{und} \quad F_{By} = \frac{F_{y2}(a + b) + F_{y3} a}{l}$$

$$F_B = \sqrt{F_{Bz}^2 + F_{By}^2}$$

und die Biegemomente

$$M_{b2} = F_B c \quad \text{und} \quad M_{b3} = F_A a$$

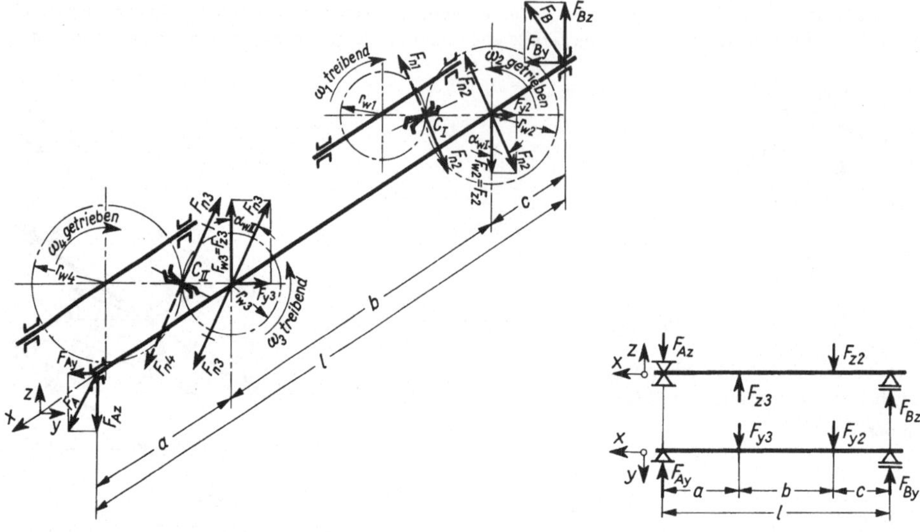

8.41 Ermittlung der Auflagerkräfte bei einer Welle
mit mehreren Zahnrädern

8.42 Darstellung der Auflagerkräfte
in den Ebenen $x - z$ und $x - y$

Entwurfsberechnung für Wellendurchmesser. Die Beanspruchung auf Biegung kann zunächst vernachlässigt werden, wenn mit einer niedrigen zulässigen Verdrehspannung gerechnet wird (s. Abschn. 1.2.2). Aus $\tau_t = T/W_t = 16\,T/(\pi\,d_{wl}^3)$ ergibt sich der Wellendurchmesser

$$d_{wl} \geqq \sqrt[3]{\frac{16\,T_{max}}{\pi\,\tau_{t\,zul}}}$$

und mit Gl. (8.40) die Zahlenwertgleichung für den Wellendurchmesser

$$d_{wl} \geqq 365 \sqrt[3]{\frac{\varphi P}{n\,\tau_{t\,zul}}} \quad \text{in mm} \tag{8.44}$$

mit $\tau_{t\,zul}$ in N/mm², P in kW, n in min^{-1} und φ aus Tafel **A 4**.8
Für St 50 wird mit $\tau_{t\,zul} = 20$ N/mm²

$$d_{wl} \geqq 135 \sqrt[3]{\frac{\varphi P}{n}} \quad \text{in mm} \tag{8.45}$$

Zahnradwerkstoffe. Ihre Auswahl richtet sich nicht nur nach der Getriebeleistung, Drehzahl und Lebensdauer, sondern auch nach der Wirtschaftlichkeit. Neuere Untersuchungen mit gehärteten Zahnflanken lassen eine weitere Erhöhung der Tragfähigkeit erwarten. So kann durch Einsatzhärtung der Zahnflanken bei gleicher Leistung das Gewicht der Räder bis auf etwa 35 % im Vergleich zu vergüteten Zahnrädern verringert werden. Dadurch ist dann der Achsabstand der Räder bis auf 60 % zu verkleinern.

Man verwendet

1. Grauguß und schwarzen Temperguß für leichte Beanspruchung,
2. Stahlguß und unlegierten Stahl für mittlere Beanspruchung,
3. Vergütungs- und Einsatzstahl für hohe Beanspruchung,
4. Kunststoffe für leichte Beanspruchung und geräuscharmen Lauf.

Damit bei Rädern aus Stahl mit ungehärteten Zahnflanken der Verschleiß am höher beanspruchten Ritzel nicht zu groß wird, soll die Brinell-Härte des Ritzels betragen [8]

$$HB_{Ritzel} \geqq HB_{Rad} + 15 \tag{8.46}$$

K u n s t s t o f f e als Zahnradwerkstoffe nehmen ständig an Bedeutung zu, da sie auf Grund ihres niedrigen E-Moduls besondere Vorteile bieten, wie z. B. niedrige H e r t z sche Pressung (s. Flankenbeanspruchung), hohe Profilüberdeckung und gute Lastverteilung wegen der **relativ** großen Zahnverformungen.

Die Umfangsgeschwindigkeit darf höchstens 15 m/s betragen. Zu beachten ist die erforderliche niedrige Betriebstemperatur zwischen − 40 °C bis + 120 °C, die oft nur durch gute Kühlung erzielt wird.

Das Gegenrad soll möglichst aus Stahl sein und glatte Zahnflanken aufweisen. Stahl leitet die Wärme schneller ab als Kunststoff und verhindert Wärmestau.

Kunststoff-Räder erliegen meistens durch Ermüdungsbruch im Zahnfuß. Grübchen-Bildung (Ausbrüche an den Flanken im Bereich der Wälzkreise) kommt wegen der niedrigen H e r t z schen Pressung nur selten vor. Darum ist die maximale Profilverschiebung zu empfehlen. Der Modul sollte so klein und die Zähnezahl so groß wie möglich gewählt werden. Dadurch wird eine große Profilüberdeckung und eine gute Lastverteilung erzielt. Damit nimmt auch die Laufruhe zu und der Verschleiß ab.

Von den thermoplastischen Kunststoffen eignen sich für Zahnräder besonders die Polyamid- und Polyoxymethylen-Werkstoffe. Die Zahnradherstellung erfolgt sehr wirtschaftlich durch Spritzguß oder Zerspanung.

Die Tragfähigkeitsberechnung von Zahnrädern aus Kunststoff darf nicht unbedenklich nach den Methoden der Berechnung von Metallrädern durchgeführt werden. Die besonderen Festigkeitseigenschaften der Kunststoffe, z. B. ihre starke Temperaturabhängigkeit [7], müssen berücksichtigt werden. Gültige Festigkeitswerte sind z. B. nur für Hartgewebe bekannt. Werte für die Zahnfuß- und Zahnflanken-Tragfähigkeit zu den Gl. (8.53) und (8.66) s. Tafel **A 8**.25.

Beanspruchungsarten. Die im Eingriff stehenden Zähne werden durch die Normalkraft F_n beansprucht. Durch die Relativbewegung an den Flanken entsteht die Reibungskraft μF_n (μ = Gleitreibungszahl) (**8.43**). Sie hat an der Einlaufseite stemmende und an der Auslaufseite streichende Wirkung (s. Abschn. 8.1).

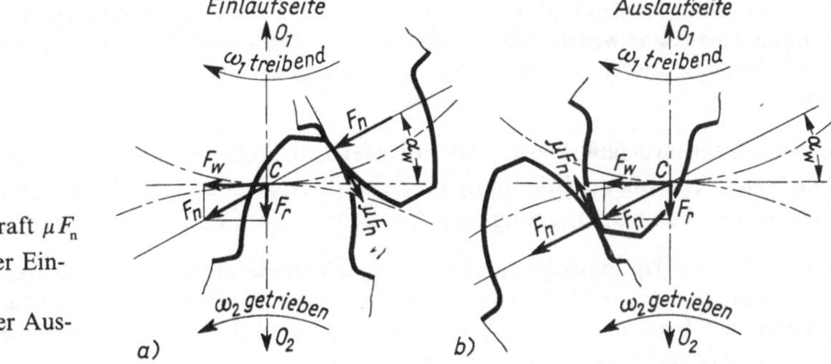

8.43
Wirkung der Reibkraft μF_n
a) stemmend auf der Einlaufseite
b) streichend auf der Auslaufseite

Diese Kräfte und ihre Komponenten beanspruchen jeden Zahn bzw. jedes Flankenpaar hauptsächlich auf Biegung, Flankenpressung und Verschleiß [1]. DIN 3979 behandelt Zahnschäden an Zahnradgetrieben. Die Tragfähigkeit eines Zahnrädergetriebes setzt sich zusammen aus

---

[1]) B l e y, W.: Terminologie der Verschleißformen. Z. Antriebstechnik **15** (1976) Nr. 3.

1. der **Zahnfuß-Tragfähigkeit**. Sie berücksichtigt die Gefahr des Zahnbruchs durch Biegung, Druck und Schub und ist bei Zähnen mit gehärteten Flanken von ausschlaggebender Bedeutung;

2. der **Flanken-Tragfähigkeit**. Sie berücksichtigt die Gefahr der Grübchenbildung durch muschelförmige Ausbröckelungen an ungehärteten Zahnflanken und

3. der **Gleit- und Freßverschleiß-Tragfähigkeit**. Bei ungünstigen Kombinationen, z. B. von Belastung, Gleitgeschwindigkeit, Ölviskosität, Oberflächengüte und Zahnform, kann der Schmierfilm entweder zum Teil (bei Mischreibung) oder gänzlich (bei Trockenreibung) unterbrochen werden. Dabei kommt es zu metallischer Berührung der aufeinander gleitenden Zahnflanken. Die Oberflächen werden hierbei durch Verschleiß zerstört.

Den Gleitverschleiß und das Anfressen oder Ausglühen der Zähne formelmäßig darzustellen, ist problematisch, da die vielfältigen Einflußgrößen zahlenmäßig schwierig zu erfassen sind. Praktisch kann die Zahnfreßfestigkeit durch bessere Werkstoffe (Chrom- und Molybdän-Zusätze), durch glatte und gehärtete Oberflächen sowie durch geeignete Schmiermittel erhöht werden. Auch hat der Modul einen großen Einfluß auf die Freßgefahr [6]. So zeigt sich bei $m \leq 1{,}25$ mm kein Fressen; bei $m > (1{,}25 \cdots 2{,}5)$ mm Fressen bei großen Geschwindigkeiten und sehr dünnflüssigen Ölen; bei $m > (2{,}5 \cdots 5)$ mm Fressen bei mittleren Geschwindigkeiten und bei $m > (5 \cdots 10)$ mm Fressen bei kleinen Geschwindigkeiten und zähflüssigen Ölen.

Für die richtige Dimensionierung der Zahnräder sind neben den genannten Beanspruchungsarten und den dynamischen Zusatzkräften weitere Anforderungen zu beachten, z. B.

1. Starrheit der Wellen, Radkörper und Lagerungen

2. Lebensdauer; Dauerfestigkeit, Zeitfestigkeit

3. Laufruhe; Schwingungen, Geräuschbildung

4. Austauschbarkeit; Genauigkeit der Einbaumaße

Stand der Forschung. Die Forschung und Entwicklung auf dem Gebiet der Festigkeitsberechnung von Zahnrädern kann z. Z. noch nicht als abgeschlossen angesehen werden. (Siehe im DIN-Normen-Verzeichnis die Entwürfe zu DIN 3990 T 1 bis T 5). Die rechnerische Beherrschung der Zahnfuß- und Flanken-Tragfähigkeit ist von besonderer Bedeutung und auch rechnerisch zuverlässig. Beide Verfahren werden in den folgenden Abschnitten zur Dimensionierung der Zahnräder benutzt. Darüber hinaus sind weitere Beanspruchungen ggf. durch zusätzliche Faktoren oder durch Erhöhung der Sicherheitsfaktoren bei der Festlegung der Zahnfuß- und Flanken-Tragfähigkeit zu berücksichtigen.

Zahnfußbeanspruchung von Geradstirnrädern mit Außen- und Innenverzahnung (s. Taf. A 8.3). Die Nachrechnung der Spannung im Zahnfuß ist stets getrennt für Ritzel und Rad durchzuführen. Im allgemeinen genügt die Ausrechnung auf eine Stelle hinter dem Komma.

Allgemeines. Die durch die Normalkraft F_n im Zahn verursachten Spannungen kann man mit Hilfe der Spannungsoptik an Modellkörpern aus durchsichtigem Kunstharz in polarisiertem Licht sichtbar machen. Die Isochromaten (im Wechsel hell und dunkel auftretende Linien) zeigen, daß auf der Druckseite des gebogenen Zahnes die größten Spannungen auftreten (**8.44**). Der belastete Zahn wird gleichzeitig auf Biegung, Druck und Schub beansprucht (**8.45**).

Da die Profilüberdeckung $\varepsilon_\alpha > 1$ sein muß, verteilt sich die Normalkraft F_n zeitweise auf zwei Zahnpaare (**8.46a**). Diese Lastverteilung läuft bei Geradstirnrädern wie folgt ab (**8.46**):

A Fußeingriffspunkt des Ritzels; der Eingriff beginnt, also wird F_n von zwei Zahnpaaren aufgenommen

B innerer Einzeleingriffspunkt des Ritzels; ein Zahnpaar geht bei Punkt E außer Eingriff, also wird F_n vom Zahnpaar im Punkt B allein übertragen

C Wälzpunkt

D innerer Einzeleingriffspunkt des Rades; es erfolgt jetzt der Übergang vom Einzel- zum Doppel-Eingriff, also übertragen zwei Paare die Kraft F_n

E Fußeingriffspunkt des Rades; der Eingriff ist beendet

Der innere Einzeleingriffspunkt des einen Rades ist gleichzeitig der äußere Einzeleingriffspunkt des anderen Rades.

Form- und Teilungsfehler sowie elastische Verformung der Zähne verursachen eine Abweichung der tatsächlichen Lastverteilung von der theoretischen Darstellung (8.46a). Nur für Verzahnungen mit sehr hoher Genauigkeit treffen die Doppeleingriffsgebiete $\overline{AB}$ und $\overline{DE}$ nach Bild (8.46a) zu.

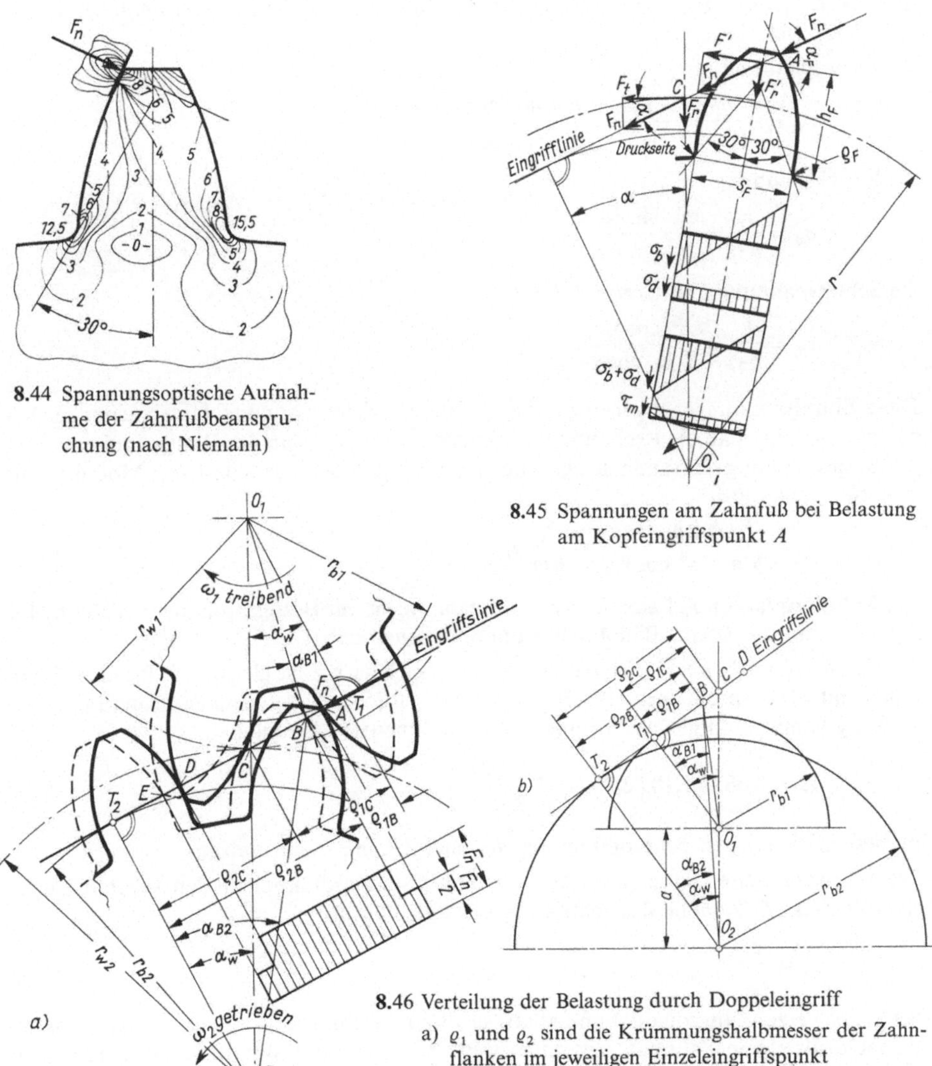

8.44 Spannungsoptische Aufnahme der Zahnfußbeanspruchung (nach Niemann)

8.45 Spannungen am Zahnfuß bei Belastung am Kopfeingriffspunkt A

8.46 Verteilung der Belastung durch Doppeleingriff
  a) ϱ_1 und ϱ_2 sind die Krümmungshalbmesser der Zahnflanken im jeweiligen Einzeleingriffspunkt
  b) Krümmungshalbmesser ϱ_1 und ϱ_2 am Innenzahnradgetriebe

Bei Normalverzahnung (DIN 867) wird der Einzeleingriffspunkt am Kopfeingriffspunkt angenommen (**8.**45), weil die Ermittlung der Einzeleingriffspunkte B und D (**8.**46) sehr zeitraubend ist und den praktischen Verhältnissen nicht entspricht.

Nach Überschreiten der Elastizitätsgrenze kann auf Grund der plastischen Verformung auf der Zugseite des Zahnes ein Anriß eintreten, obgleich die größten Spannungen auf der Druckseite auftreten (**8.**44). Bei dieser Betrachtung ist zu beachten, daß mit der plastischen Verformung eine Änderung der Elastizitätsgrenze (B a u s c h i n g e r -Effekt [1]) [2] erfolgt, und aus dem rechteckigen Zahnfußquerschnitt ein trapezförmiger wird, was mit einer Verlagerung der Hauptträgheitsachsen verbunden ist.

Ermittlung der Spannung im Zahnfuß (s. Taf. **A 8.**3). Der Berechnungsquerschnitt des Zahnfußes ist durch den Berührungspunkt der 30°-Tangenten an die Fußausrundungen festgelegt (**8.**45). Man bestimmt

die Biegespannung

$$\sigma_{\mathrm{b}} = \frac{F' h_{\mathrm{F}}}{W} = \frac{F' h_{\mathrm{F}} 6}{b s_{\mathrm{F}}^2} = \frac{F_{\mathrm{t}}}{b} \frac{6 h_{\mathrm{F}} \cos \alpha_{\mathrm{F}}}{s_{\mathrm{F}}^2 \cos \alpha}$$

die Druckspannung

$$\sigma_{\mathrm{d}} = \frac{F_{\mathrm{r}}'}{b s_{\mathrm{F}}} = \frac{F_{\mathrm{t}}}{b} \frac{\sin \alpha_{\mathrm{F}}}{s_{\mathrm{F}} \cos \alpha}$$

die Schubspannung (mittlere)

$$\tau_{\mathrm{m}} = \frac{F'}{b s_{\mathrm{F}}} = \frac{F_{\mathrm{t}}}{b} \frac{\cos \alpha_{\mathrm{F}}}{s_{\mathrm{F}} \cos \alpha}$$

Diese Einzelspannungen ergeben zusammen eine Vergleichspannung. Untersuchungen haben aber gezeigt, daß die Rechnung hinreichend genau ist, wenn der Dimensionierung nur die Biegespannung zugrunde gelegt wird. Damit ergibt sich, erweitert mit Modul m, die Zahnfußspannung

$$\sigma_{\mathrm{F}} = \frac{F_{\mathrm{t}}}{b m} \frac{6 m h_{\mathrm{F}} \cos \alpha_{\mathrm{F}}}{s_{\mathrm{F}}^2 \cos \alpha} = \frac{F_{\mathrm{t}}}{b m} Y_{\mathrm{F}} \tag{8.47}$$

Der Zahnformfaktor Y_{F} kann für Außenverzahnungen mit Bezugsprofil nach DIN 867 für $z = z_{\mathrm{n}}$, x und $\beta = 0°$ aus Bild **A 8.**30 entnommen werden.

Der Z a h n f o r m f a k t o r f ü r d i e I n n e n v e r z a h n u n g ist gleich dem für eine Zahnstange mit Bezugsprofil nach DIN 867 und mit $c = 0,25\, m$, die mit dem Ritzel der Innenverzahnung kämmt und gleiche Zahnhöhe wie die Innenverzahnung hat,

$$Y_{\mathrm{F}} = 2{,}06 - 1{,}18 \left(2{,}25 - \frac{d_{\mathrm{a}2} - d_{\mathrm{f}2}}{2 m} \right) \tag{8.48}$$

In diese Gleichung ist bei Kopfkürzung $d_{\mathrm{a k}}$ nach Gl. (8.32) einzusetzen.

Die näherungsweise Umrechnung des Kraftangriffs am Zahnkopf auf den äußeren Einzeleingriffspunkt B (**8.**46) berücksichtigt der Lastanteilfaktor

$$Y_{\varepsilon} = \frac{1}{\varepsilon_{\alpha}} \tag{8.49}$$

Bei hoher Verzahnungsqualität und relativ großer Belastung kann mit einer Lastverteilung auf mehr als einem Zahnpaar gerechnet werden. Diese Einflüsse erfaßt ein S t i r n l a s t-

---

[1] B a u s c h i n g e r, I.: Mitteilungen des mechanischen Labors der Technischen Hochschule München (1886) H. 13.

verteilungsfaktor $K_{F\alpha}$, der von einem Hilfsfaktor q_L und von der Profilüberdeckung ε_α abhängt. Verzahnungsqualität bzw. der Eingriffsteilungsfehler f_{pe} in µm und die Belastung je mm Zahnbreite F_t/b in N/mm bestimmen den Hilfsfaktor durch die Zahlenwertgleichung

$$q_L = 0{,}4 \left(1 + \frac{9{,}81\,(f_{pe} - 2)}{F_t/b} \right) \qquad (8.50)$$

Erhält man hieraus $q_L < 0{,}5$, so setzt man $q_L = 0{,}5$ bzw. für $q_L > 1$ den Hilfsfaktor $q_L = 1$ in die weitere Berechnung ein. Der Wert $q_L = 0{,}5$ bedeutet, daß die Umfangskraft auf die im Eingriff befindlichen Zahnpaare gleichmäßig verteilt ist; bei $q_L = 1$ überträgt nur ein Zahnpaar die gesamte Umfangskraft. Aus Bild **A 8.**31 kann abhängig vom Teilungsdurchmesser d_2 des größeren Rades, vom Modul $m = m_n$ und von der Verzahnungsqualität der Faktor q_L und auch der zulässige Eingriffsteilungsfehler f_{pe} des Rades entnommen werden (DIN 3 962).

Für die Profilüberdeckung $\varepsilon_\alpha < 2$ besteht der Zusammenhang

$$1 \geqq K_{F\alpha} \geqq q_L \cdot \varepsilon_\alpha \qquad (8.51)$$

Für $q_L > \dfrac{1}{\varepsilon_\alpha}$ wird $K_{F\alpha} \geqq q_L \varepsilon_\alpha$ und für $q_L \leqq \dfrac{1}{\varepsilon_\alpha}$ wird $K_{F\alpha} = 1$ gesetzt. Für grobe Verzahnung und für Überschlagsrechnungen wird mit $q_L = 1$ der Stirnlastverteilungsfaktor

$$K_{F\alpha} = \varepsilon_\alpha \qquad (8.52)$$

Beim Nachrechnen eines vorhandenen Radpaares mit bekannten (gemessenen) Eingriffsteilungsfehlern geht man mit den Werten $f_{pe} = \bar{f}_{pe\,1} - \bar{f}_{pe\,2}$ und F_t/b in das Bild **A 8.**31 und ermittelt q_L. Dabei sind die Vorzeichen für die mittleren Fehler $\bar{f}_{pe\,1}$, $\bar{f}_{pe\,2}$ zu beachten.

Unter Berücksichtigung der genannten Faktoren lautet die allgemeine Gleichung für die Zahnfußspannung

$$\sigma_F = \frac{F_t}{b\,m}\, Y_F\, Y_\varepsilon\, K_{F\alpha} \leqq \sigma_{FP} \qquad (8.53)$$

Die zulässige Zahnfußspannung ergibt sich aus der Schwellfestigkeit σ_{Fl} der Zähne (Taf. **A 8.**25) unter Beachtung der erforderlichen Sicherheit S_F (Taf. **A 8.**11)

$$\sigma_{FP} = \frac{\sigma_{Fl}}{S_F} \qquad (8.54)$$

Die Auswahl der Festigkeit und Sicherheit geschieht unter Beachtung der Wirtschaftlichkeit sowie aller Einflußgrößen auf das Getriebe (s. auch Fußnoten zu Taf. **A 8.**25). Bei Wechselbeanspruchung der Zähne (z. B. bei Zwischenrädern) wird der $0{,}6 \cdots 0{,}7$fache Wert der Schwellfestigkeit in Gl. (8.54) eingesetzt: $\sigma'_{Fl} = (0{,}6 \cdots 0{,}7)\, \sigma_{Fl}$.

Herstellungsmängel, wie Randentkohlung, Randoxydation und örtliche Anlaßwirkung durch Schleifen, mindern die Dauerfestigkeit.

Für hochbeanspruchte Zahnräder aus Stahl ist bevorzugt geschmiedetes Ausgangsmaterial zu verwenden, damit die Beanspruchung quer zur Faser im Zahnfuß vermieden wird.

Flankenbeanspruchung von Geradstirnrädern mit Außen- und Innenverzahnung. Es ist die Flankenpressung im Wälzpunkt und in manchen Fällen auch die Pressung in den inneren Einzeleingriffspunkten zu ermitteln (s. Taf. **A 8.**3).

Allgemeines. Unter Last stehende Zahnflanken platten sich an der Berührungstelle ab (8.47). Bei ungleichmäßiger Pressung können Druckspitzen die Streckgrenze des Werkstoffes überschreiten. An den Zahnflanken entstehen dadurch feine Risse, in die Öl eindringt, das infolge hoher Druckentwicklung kleine muschelförmige Werkstoffteilchen heraussprengt. Es bilden sich Grübchen (Pittings) aus, die nicht mit Rillen, die durch Reibverschleiß entstehen, verwechselt werden können (s. auch DIN 3979). Grübchenbildung wurde hauptsächlich an ungehärteten und vergüteten Werkstoffen und nur bei Vorhandensein von Schmiermitteln beobachtet. Außer der zu hohen Flächenpressung beeinflussen ungeeignete Schmiermittel, Relativgeschwindigkeit und Oberflächenbeschaffenheit der Zahnflanken die Grübchenbildung maßgebend. Es ist zwischen degressiver (Einlaufgrübchen) und progressiver Grübchenbildung zu unterscheiden. Um Schaden zu vermeiden, soll im Betrieb eine mehrfache Kontrolle vorgenommen werden, von der die erste nicht vor 10^6 Lastwechseln zu erfolgen braucht. Zum Beurteilen der Sicherheit gegen Grübchenbildung wird die Hertzsche Pressung benutzt.

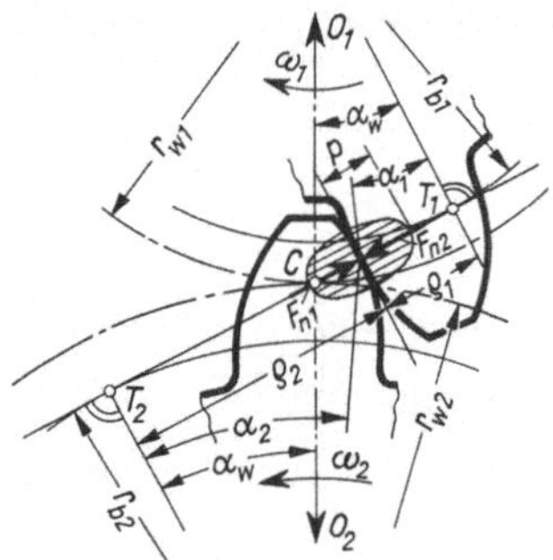

8.47 Wälzpressung an den Zahnflanken

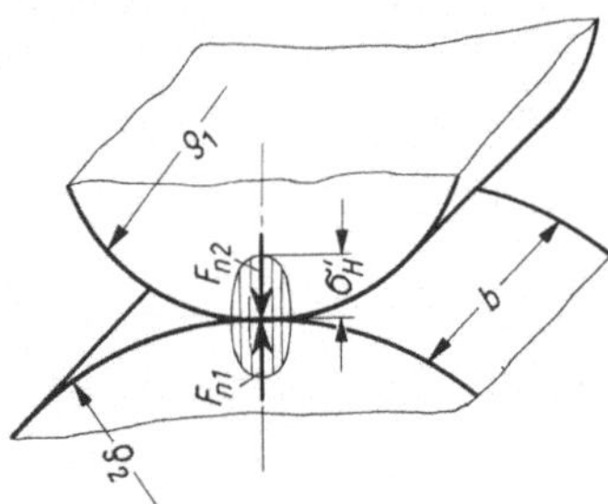

8.48 Hertzsche Pressung σ_H zwischen
zwei zusammengepreßten
Kreiszylindern

Hertsche Pressung. Werden zwei Zylinder (8.48) mit der Normalkraft F_n zusammengepreßt, so stellt sich im Bereich der Mantellinien eine elliptische Spannungsverteilung ein. Bei dieser ist die maximale Pressung (Hertzsche Pressung)

$$\sigma_H = \sqrt{\frac{F_n E}{2\pi \varrho b(1 - v^2)}} = \sqrt{0{,}175 \frac{F_n E}{\varrho b}} \tag{8.55}$$

Hierin bedeuten

F_n die Normalkraft am Zahn

E der Elastizitätsmodul; aus $\dfrac{1}{E} = \dfrac{1}{2}\left(\dfrac{1}{E_1} + \dfrac{1}{E_2}\right)$ folgt $E = \dfrac{2E_1 E_2}{E_1 + E_2}$

   ($E_1 = E$-Modul des Ritzels und $E_2 = E$-Modul des Rades)

ϱ der Krümmungshalbmesser; aus $\dfrac{1}{\varrho} = \dfrac{1}{\varrho_1} + \dfrac{1}{\varrho_2}$ folgt $\varrho = \dfrac{\varrho_1 \varrho_2}{\varrho_2 + \varrho_1}$

b die Wälzbreite

v die Poissonsche Konstante (Querzahl); für Stahl und Leichtmetall $\approx 0{,}3$

Hertzsche Pressung, angewendet auf Zahnräder. Die Gl. (8.55) ist nur bei ruhig beanspruchten Walzen und bei Druckspannungen unterhalb der Proportionalitätsgrenze anzuwenden. Die Hertzsche Pressung nach Gl. (8.55) erfaßt die wirkliche Beanspruchung der Zahnräder nur annähernd, weil zusätzlich die Reibkraft μF_n und der hydrodynamische Druck im Ölfilm eine Rolle spielen.

Für den beliebigen Berührungspunkt zweier Flanken (**8.**47) besteht die Beziehung

$$\sin\alpha_w = \frac{\varrho_1 + \varrho_2}{r_{w1} + r_{w2}} \quad \text{oder} \quad \varrho_1 + \varrho_2 = (r_{w1} + r_{w2})\sin\alpha_w$$

Mit dem Zähnezahlverhältnis $u = \dfrac{z_{Rad}}{z_{Ritzel}} = \dfrac{z_2}{z_1} = \dfrac{d_2}{d_1} = \dfrac{r_{w2}}{r_{w1}} \geqq 1$, Gl. (8.2), ergibt sich

$$\varrho_1 + \varrho_2 = (u r_{w1} + r_{w1})\sin\alpha_w = r_{w1}(u+1)\sin\alpha_w$$

Mit

$$\varrho_1 = r_{b1}\tan\alpha_1 \ (\mathbf{8.47}) \quad \text{und} \quad \varrho_2 = r_{b2}\tan\alpha_2 = u r_{b1}\tan\alpha_2$$

folgt

$$\varrho = \frac{\varrho_1 \varrho_2}{\varrho_2 + \varrho_1} = \frac{r_{b1}\tan\alpha_1 \, u r_{b1}\tan\alpha_2}{r_{w1}(u+1)\sin\alpha_w} = \frac{r_{b1}^2 u \tan\alpha_1 \tan\alpha_2}{(u+1)\, r_{w1}\sin\alpha_w}$$

und mit

$$r_{w1} = r_1 \frac{\cos\alpha}{\cos\alpha_w}, \ \text{Gl. (8.25)}, \quad \text{und} \quad r_{b1} = r_1 \cos\alpha, \ \text{Gl. (8.21)},$$

folgt

$$\varrho = \frac{r_1^2 \cos^2\alpha \cdot u \tan\alpha_1 \tan\alpha_2 \cos\alpha_w}{(u+1)\, r_1 \cos\alpha \sin\alpha_w} = \frac{d_1 u \cos\alpha \tan\alpha_1 \tan\alpha_2}{2(u+1)\tan\alpha_w}$$

Damit ergibt sich mit $F_n = \dfrac{F_t}{\cos\alpha}$ entsprechend Gl. (8.55) für einen beliebigen Zahneingriffspunkt die Hertzsche Pressung in beiden sich berührenden Flanken

$$\sigma_H'' = \sqrt{0{,}175 \, \frac{F_t E}{b \cos\alpha} \, \frac{2(u+1)\tan\alpha_w}{d_1 u \cos\alpha \tan\alpha_1 \tan\alpha_2}}$$

oder

$$\sigma_H'' = \sqrt{0{,}35 \, \frac{u+1}{u} \, \frac{F_t E}{b d_1} \, \frac{\tan\alpha_w}{\cos^2\alpha \tan\alpha_1 \tan\alpha_2}} \tag{8.56}$$

Hertzsche Pressung σ_H im **Wälzpunkt** C. Bei Flankenberührung im Wälzpunkt C ist $\alpha_1 = \alpha_2 = \alpha_w$. Damit folgt aus Gl. (8.56)

$$\sigma_H = \sqrt{0{,}35 \, \frac{u+1}{u} \, \frac{F_t E}{b d_1} \, \frac{1}{\cos^2\alpha \tan\alpha_w}} \tag{8.57}$$

mit $u = z_{Rad}/z_{Ritzel} \geqq 1$ und mit dem Teilkreisdurchmesser des Ritzels d_1.

Zur Vereinfachung der Berechnung werden folgende Faktoren eingeführt:

1. **Materialfaktor**

$$Z_M = \sqrt{0{,}35\,E} \ \text{ in } \ \sqrt{\frac{N}{mm^2}} \ \text{ mit } E \text{ in } \frac{N}{mm^2} \tag{8.58}$$

Vorstehende Gleichung gilt für Stahl und Leichtmetall mit $v = 0{,}3$ (Poisson-Zahl). Für die hauptsächlich vorkommenden Werkstoffpaarungen ist Z_M der Tafel **A 8**.26 [13] zu entnehmen.

2. **Flankenformfaktor**

$$Z_H = \frac{1}{\cos\alpha}\sqrt{\frac{1}{\tan\alpha_w}} \tag{8.59}$$

Für Verzahnungen mit $\alpha = \alpha_n = 20°$ (DIN 867) ist Z_H als Funktion von $z_1 + z_2$ und $x_1 + x_2$ mit $\beta = 0°$ dem Bild **A 8.32** [13] zu entnehmen.

Mit den Faktoren Z_M und Z_H erhält man für die Hertzsche Pressung im Wälzpunkt C'

$$\sigma_H = Z_M Z_H \sqrt{\frac{u+1}{u}\frac{F_t}{b\,d_1}} \tag{8.60}$$

Den Einfluß der Profilüberdeckung berücksichtigt der Überdeckungsfaktor (DIN 3990)

$$Z_\varepsilon = \sqrt{\frac{4 - \varepsilon_\alpha}{3}} \tag{8.61}$$

Entsprechend den Ausführungen zu Gl. (8.49), (8.50) und (8.52) wird hier mit einem Stirnlastverteilungsfaktor

$$K_{H\alpha} = 1 + 2(q_L - 0{,}5)\left(\frac{1}{Z_\varepsilon^2} - 1\right) \tag{8.62}$$

gerechnet (s. auch Bild **A 8.31**). Bei grober Verzahnung und für Überschlagsrechnungen setzt man mit $q_L = 1$ für

$$K_{H\alpha} = \frac{1}{Z_\varepsilon^2} \tag{8.63}$$

Somit lautet die Gleichung für die Hertzsche Pressung im Wälzpunkt C

$$\sigma_H = Z_M Z_H Z_\varepsilon \sqrt{\frac{u+1}{u}\frac{F_t}{b\,d_1}}\, K_{H\alpha} \leqq \sigma_{HP\,1} \quad \text{bzw.} \quad \leqq \sigma_{HP\,2} \tag{8.64}$$

Die **zulässige** Hertzsche Pressung ist stets getrennt für Ritzel und Rad zu berechnen. Sie ergibt sich aus der Dauerfestigkeit σ_{Hl} der Zähne (s. Taf. **A 8.25**) unter Beachtung der erforderlichen Sicherheit S_H (s. Taf. **A 8.11**).

$$\sigma_{HP} = \frac{\sigma_{Hl}}{S_H} \tag{8.65}$$

Bei Außenverzahnung mit $z_n \leqq 20$ und Innenverzahnung mit $z_n \leqq 30$ ist die Hertzsche Pressung σ_{HB} im inneren Einzeleingriffspunkt B des Ritzels nachzuweisen, da hier der Krümmungshalbmesser ϱ_1 kleiner ist als im Wälzpunkt C (s. Bild **8.46**). Bei Geradverzahnung ist $z_n = z$. Mit den Pressungswinkeln $\alpha_1 = \alpha_{B\,1}$ und $\alpha_2 = \alpha_{B\,2}$ folgt aus Gl. (8.56) für die Pressung

$$\sigma_{HB} = \sqrt{0{,}35\,\frac{u+1}{u}\frac{F_t E}{b\,d_1}\frac{\tan\alpha_w}{\cos^2\alpha\,\tan\alpha_{B\,1}\,\tan\alpha_{B\,2}}} \tag{8.66}$$

Zur Vereinfachung setzt man $\sigma_{HB} = \sigma_H Z_B \leqq \sigma_{HP}$
Hierbei ist der Ritzel-Eingriffsfaktor

$$Z_B = \sqrt{\frac{\varrho_{1C}\varrho_{2C}}{\varrho_{1B}\varrho_{2B}}} \tag{8.67}$$

Die Krümmungshalbmesser können aus einer graphischen Darstellung (**8.46**) entnommen werden. Berechnung der Faktoren Z_B und Z_D s. auch DIN 3990 Bl. 7.

Hertzsche Pressung σ_{HD} im inneren Einzeleingriffspunkt D des Rades.

Entsprechend den Ausführungen für den Einzeleingriffspunkt B setzt man auch für Punkt D

$$\sigma_{HD} = \sigma_H Z_D \leqq \sigma_{HP} \quad \text{mit} \quad Z_D = \sqrt{\frac{\varrho_{1C}\varrho_{2C}}{\varrho_{1D}\varrho_{2D}}} \qquad (8.68)\ (8.69)$$

Laufruhe. Geräuschprüfung und Geräuschmessung an Zahnradgetrieben geben zwar keinen direkten Einblick in die Funktionsfähigkeit, gehören aber im modernen Getriebebau zur Qualitätsprüfung. In der Praxis werden vielfach zwei Methoden angewendet:

1. (Subjektive) Methode durch Abhören. Die Beurteilung erfolgt durch Vergleich der Geräusche von Prüfling und Grenzmuster oder durch Abhören einer bekannten Tonbandaufnahme.

2. Exakte Geräuschmessung mit Schallmeßeinrichtungen. Die Lautstärke in dB (Dezibel) ist ein Maß der Schallenergie.

Geräuschursachen an Zahnrädern. Bei der Gleit- und Wälzbewegung der Zahnflanken können Oberflächenschwingungen mit $(2\,000 \cdots 5\,000)$ Hz entstehen. Diese sehr lauten Geräusche beruhen auf Schwingungen, die durch Formabweichungen, Teilungsfehler und elastische Verformung der Zähne verursacht werden. Die Schwingungen der Zähne werden durch die wechselnde Belastung infolge Einzel- und Doppeleingriff angeregt. Um den Einfluß der Teilungsfehler klein zu halten, soll das Zähnezahlverhältnis nicht ganzzahlig sein. Reibgeräusche können durch Verbesserung der Oberflächengüte der Zahnflanken, durch geeignete Schmiermittel und durch kleine Relativgeschwindigkeiten $(w = w_1 - w_2;$ s. Abschn. 8.3.1) vermindert werden.

Beispiel 2. Für die Getriebestufe II nach Beispiel 1 (8.37) ist die Tragfähigkeitsberechnung für einsatzgehärtete Zahnräder mit der Verzahnungsqualität 7 nach DIN 3962, 3963, 3967 durchzuführen. Die Antriebsleistung beträgt $P = 20{,}4$ kW bei $n = 1\,420$ min^{-1} und der Betriebsfaktor $\varphi = 1{,}2$.

Benennung und Bemerkung	Tragfähigkeitsberechnung der Getriebestufe II	
	Rad 3	Rad 4
aus Beispiel 1 sind bekannt	$z_3 = 22;\ d_3 = 55$ mm $d_{w3} = 57{,}14$ mm; $x_3 = 0{,}71$	$z_4 = 55;\ d_4 = 137{,}5$ mm $d_{w4} = 142{,}86$ mm; $x_4 = 0{,}9857$
	$m = 2{,}5$ mm; $\alpha_{wII} = 25°15' = 25{,}25°$; $\varepsilon_3 = 2{,}39$; $\varepsilon_4 = 4{,}66$; $\varepsilon_{aII} = 5{,}78$; $\varepsilon_{\alpha II} = 1{,}27$	
Zahnfußspannung Gl. (8.53)	$\sigma_{F3} = \dfrac{F_{tII}}{b_{II}m}\, Y_{F3}\, Y_{\varepsilon II}\, K_{F\alpha II} \leqq \sigma_{FP3}$	$\sigma_{F4} = \dfrac{F_{tII}}{b_{II}m}\, Y_{F4}\, Y_{\varepsilon II}\, K_{F\alpha II} \leqq \sigma_{FP4}$
Nenn-Drehmoment Gl. (8.40)	$T_3 = T_1 = 9{,}55 \cdot 10^6 \dfrac{P_1}{n_1} = 9{,}55 \cdot 10^6 \dfrac{20{,}4}{1\,420} = 137\,100$ N mm	
Umfangskraft, Gl. (8.41)	$F_{tII} = \varphi\, \dfrac{2T_3}{d_3} = 1{,}2\, \dfrac{2 \cdot 137\,100 \text{ N mm}}{55 \text{ mm}} = 5\,980$ N	
Zahnbreite, Taf. **A 8**.12	$b_{II} = 25$ mm gewählt, da Schieberad schmaler als nach Taf. **A 8**.12	
Zahnformfaktor, Bild **A 8**.30	$Y_{F3} = f(z_3; x_3) = 2{,}05$ (für $\beta = 0°$)	$Y_{F4} = f(z_4; x_4) = 1{,}97$ (für $\beta = 0°$)
Lastanteilfaktor, Gl. (8.49)	$Y_{\varepsilon II} = \dfrac{1}{\varepsilon_{\alpha II}} = \dfrac{1}{1{,}27} = 0{,}788$	
Hilfsfaktor, Bild **A 8**.31 oder Gl. (8.50)	$q_{LII} = f\left(d_4;\ m;\ \text{Qualität};\ \dfrac{F_{tII}}{b_{II}}\right) = 0{,}585$ d_4, m und Qualität führen zunächst auf den zul. Eingriffsteilungsfehler f_{pe} des Rades 4	

Benennung und Bemerkung	Tragfähigkeitsberechnung der Getriebestufe II	
	Rad 3	Rad 4
Stirnlastverteilungsfaktor Gl. (8.51)	da $q_{\mathrm{LII}} = 0{,}585 < \dfrac{1}{\varepsilon_{\alpha\mathrm{II}}} = 0{,}78$ ist, wird $K_{\mathrm{F}\alpha\mathrm{II}} = 1$	
Zahnfußspannung	$\sigma_{\mathrm{F}3} = \dfrac{5980\ \mathrm{N}}{25\ \mathrm{mm} \cdot 2{,}5\ \mathrm{mm}}\,2{,}05$ $\cdot\,0{,}78 \cdot 1 = 153\ \mathrm{N/mm^2}$	$\sigma_{\mathrm{F}4} = \dfrac{5980\ \mathrm{N}}{25\ \mathrm{mm} \cdot 2{,}5\ \mathrm{mm}}\,1{,}97$ $\cdot\,0{,}78 \cdot 1 = 147\ \mathrm{N/mm^2}$
zul. Zahnfußspannung Gl. (8.54)	$\sigma_{\mathrm{FP}3} = \dfrac{\sigma_{Fl3}}{S_{\mathrm{F}3}}$	$\sigma_{\mathrm{FP}4} = \dfrac{\sigma_{Fl4}}{S_{\mathrm{F}4}}$
Werkstoff, Taf. **A 8**.25	gewählt: C 15 $\sigma_{Fl3} = 230\ \mathrm{N/mm^2};$ $\sigma_{Hl3} = 1\,600\ \mathrm{N/mm^2}$	gewählt: C 15 $\sigma_{Fl4} = 230\ \mathrm{N/mm^2};$ $\sigma_{Hl4} = 1\,600\ \mathrm{N/mm^2}$
Sicherheitsfaktor gegen Zahnfußdauerbruch Taf. **A 8**.11	$S_{\mathrm{F}3} = 1{,}5$ (entsprechend den Betriebs- verhältnissen)	$S_{\mathrm{F}4} = 1{,}5$ (entsprechend den Betriebs- verhältnissen)
zul. Zahnfußbeanspruchung	$\sigma_{\mathrm{FP}3} = \dfrac{230\ \mathrm{N/mm^2}}{1{,}5} = 153\ \mathrm{N/mm^2}$	$\sigma_{\mathrm{FP}4} = \dfrac{230\ \mathrm{N/mm^2}}{1{,}5} = 153\ \mathrm{N/mm^2}$
Nachweis der Spannung	$\sigma_{\mathrm{F}3} = 153\ \mathrm{N/mm^2}\,(\leqq)\ \sigma_{\mathrm{FP}3}$ $\sigma_{\mathrm{FP}3} = 153\ \mathrm{N/mm^2}$	$\sigma_{\mathrm{F}4} = 147\ \mathrm{N/mm^2} < \sigma_{\mathrm{FP}4}$ $\sigma_{\mathrm{FP}4} = 153\ \mathrm{N/mm^2}$
Hertsche Pressung im Wälzpunkt C, Gl. (8.64)	$\sigma_{\mathrm{HII}} = Z_{\mathrm{MII}}Z_{\mathrm{HII}}Z_{\varepsilon\mathrm{II}}\sqrt{\dfrac{u_{\mathrm{II}}+1}{u_{\mathrm{II}}}\,\dfrac{F_{t\mathrm{II}}}{b_{\mathrm{II}}d_3}}\,K_{\mathrm{H}\alpha\mathrm{II}} \leqq \sigma_{\mathrm{HPII}}$	
Materialfaktor Taf. **A 8**.26 oder Gl. (8.58)	für Stahl gegen Stahl: $Z_{\mathrm{MII}} = 268\ \sqrt{\mathrm{N/mm^2}}$	
Flankenformfaktor Bild **A 8**.32	$Z_{\mathrm{HII}} = f\left(\dfrac{x_3 + x_4}{z_3 + z_4}\right) = f(0{,}022) = 1{,}55$ (für $\beta = 0°$)	
Überdeckungsfaktor Gl. (8.61)	$Z_{\varepsilon\mathrm{II}} = \sqrt{\dfrac{4 - \varepsilon_{\alpha\mathrm{II}}}{3}} = \sqrt{\dfrac{4 - 1{,}27}{3}} = 0{,}95$	
Zähnezahlverhältnis Gl. (8.2)	$u_{\mathrm{II}} = \dfrac{z_4}{z_3} = \dfrac{55}{22} = 2{,}5$	
Stirnlastverteilungsfaktor Gl. (8.62) oder Bild **A 8**.31	$K_{\mathrm{H}\alpha\mathrm{II}} = 1 + 2(q_{\mathrm{LII}} - 0{,}5)\left(\dfrac{1}{Z^2_{\varepsilon\mathrm{II}}} - 1\right)$ $= 1 + 2(0{,}585 - 0{,}5)\left(\dfrac{1}{0{,}95^2} - 1\right) \approx 1$	
Hertzsche Pressung im Wälzpunkt C	$\sigma_{\mathrm{HII}} = 268\ \sqrt{\mathrm{N/mm^2}} \cdot 1{,}55$ $\cdot\,0{,}95\ \sqrt{\dfrac{2{,}5+1}{2{,}5}\,\dfrac{5980\ \mathrm{N}}{25\ \mathrm{mm} \cdot 55\ \mathrm{mm}}}\,1 = 965\ \mathrm{N/mm^2}$	
Sicherheitsfaktor gegen Grübchenbildung Tafel **A 8**.11	gewählt: $S_{\mathrm{H}1,2} = 1{,}3$ (entsprechend den Betriebsverhältnissen)	
zul. Hertzsche Pressung Gl. (8.65)	$\sigma_{\mathrm{HP}3,4} = \dfrac{\sigma_{Hl3,4}}{S_{\mathrm{H}3,4}} = \dfrac{1\,600\ \mathrm{N/mm^2}}{1{,}3} = 1\,230\ \mathrm{N/mm^2}$	
Nachweis der Hertzschen Pressung	$\sigma_{\mathrm{HII}} = 965\ \mathrm{N/mm^2} < \sigma_{\mathrm{HP}3,4} = 1\,230\ \mathrm{N/mm^2}$	

8.3.7 Entwurf und Gestaltung von Geradstirnrad-Getrieben

Beim Neuentwurf eines Getriebes sind meistens zuerst einige Annahmen zu machen. Die Hauptabmessungen sind entweder vorgegeben (z. B. in einer bestimmten Maschine) oder zu wählen. Dann sind diese Daten (an Hand der Konstruktion) nachzurechnen und, wenn notwendig, zu verändern.

Richtlinien für den Entwurf. Zähnezahlen. Sie sind so zu wählen, daß die Profilüberdeckung $\varepsilon_\alpha \geqq 1{,}15$ und bei schnellaufenden Getrieben wegen der Laufruhe $\varepsilon_\alpha > 1{,}5$ beträgt. Die Übersetzung soll nicht ganzzahlig sein. Sollen die Zähne ohne Profilverschiebung ausgeführt werden, so muß $z_1 \geqq z'_g$ sein. Die Mindestzähnezahlen für Ritzel nach Tafel **A 8.**5 sind zu beachten [13]. Für Innenverzahnungen s. Abschn. 8.3.3.

Übersetzung. Aus baulichen Gründen ist je Stufe $i \leqq 8$ und in Schaltgetrieben je Stufe $i \leqq 4$ zu wählen.

Teilkreisdurchmesser. Bestehen Ritzel und Welle aus einem Stück (8.49) und (8.50), so soll

$$d_1 \geqq 1{,}2\, d_{Wl\,1} \tag{8.70}$$

sein. Für den Wellendurchmesser $d_{Wl\,1}$ s. Gl. (8.44). Ist das Ritzel mit Nabe auf der Welle befestigt, so ist zu wählen

$$d_1 \geqq 2\, d_{Wl\,1} \tag{8.71}$$

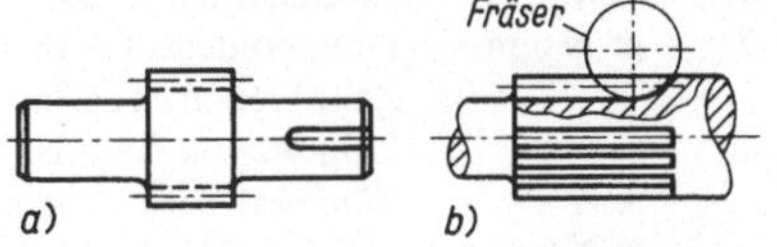

8.49
Ausführungsformen von Ritzelwellen (Schafträder)

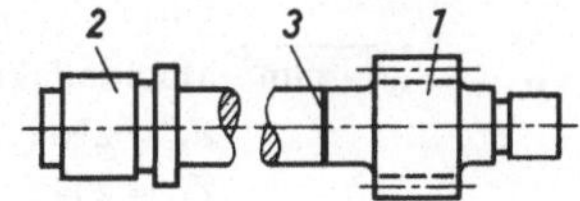

8.50
Ritzel 1 aus hochwertigem Werkstoff an Welle 2 mit normaler Festigkeit angeschweißt; 3 Schweißnaht

Zahnbreite. Je starrer die Wellen- und Lagerkonstruktionen sind, um so größer darf die Zahnbreite sein. Ist Achsparallelität unter Last gewährleistet, so wählt man

bei beidseitiger guter Lagerung der Welle

$$b \geqq 1{,}2\, d_1 \tag{8.72}$$

bei einseitig (fliegend) gelagertem Ritzel

$$b \leqq 0{,}75\, d_1 \tag{8.73}$$

Abhängig von der Lagerart entnimmt man aus Tafel **A 8.**12 das Zahnbreitenverhältnis

$$\lambda = b/m \tag{8.74}$$

Modul. Er ist nach oben durch den Teilkreisdurchmesser und die kleinste Zähnezahl festgelegt

$$m_{max} = d_1/z_{1\,min} \tag{8.75}$$

und nach unten durch die Zahnfußfestigkeit und Zahnbreite begrenzt.

Modul-Berechnung unter Beachtung der Zahnfuß-Tragfähigkeit. Sie ist für gehärtete Zahnräder maßgebend und für den Fall, daß der Modul nicht vorgegeben ist. Aus Gl. (8.53) ergibt sich mit Gl. (8.41), (8.74), (8.75) für den Modul

$$m \geq \sqrt[3]{\frac{2\,T_{1\,max}}{z_1\,\lambda\,\sigma_{FP}}\,Y_F\,Y_\varepsilon\,K_{F\alpha}} \tag{8.76}$$

Hierin bedeuten:

m	in mm	Modul, Tafel **A 8.**9
$T_{1\,max}$	in N mm	Drehmoment, Gl. (8.40)
z_1		Zähnezahl, auch Tafel **A 8.**5
λ		Zahnbreitenverhältnis, Tafel **A 8.**12
σ_{FP}	in N/mm²	zulässige Zahnfußspannung, Gl. (8.54)
Y_F		Zahnformfaktor, für Entwurf: $Y_F = 2{,}2$
Y_ε		Lastanteilfaktor, für Entwurf: $Y_\varepsilon = 1$
$K_{F\alpha}$		Stirnlastverteilungsfaktor, für Entwurf: $K_{F\alpha} = 1$

Modul-Berechnung unter Beachtung der Flanken-Tragfähigkeit. Sie ist für ungehärtete Zahnräder maßgebend und für den Fall, daß der Modul nicht vorgegeben ist. Aus Gl. (8.64) ergibt sich mit Gl. (8.41), (8.74), (8.75) für den Modul die Zahlenwertgleichung

$$m \geq \sqrt[3]{\frac{u+1}{u}\,\frac{2\,T_{1\,max}}{\lambda\,z_1^2\,\sigma_{HP}^2}\,K_{H\alpha}\,Z_M^2\,Z_H^2\,Z_\varepsilon^2} \tag{8.77}$$

Hierin bedeuten:

m	in mm	Modul, Tafel **A 8.**9
$T_{1\,max}$	in N mm	Drehmoment, Gl. (8.40)
λ		Zahnbreitenverhältnis, Tafel **A 8.**12
u		Zähnezahlverhältnis, Gl. (8.2)
z_1		Zähnezahl des kleinen Rades, auch Tafel **A 8.**5
σ_{HP}	in N/mm²	zulässige Hertzsche Pressung, Gl. (8.65)
$K_{H\alpha}$		Stirnlastverteilungsfaktor, für Entwurf: $K_{H\alpha} = 1$
Z_M	in $\sqrt{\text{N/mm}^2}$	Materialfaktor, für Entwurf bei St/St oder GS:

$Z_M = 270\ \sqrt{\text{N/mm}^2}$, bei St/GG: $Z_M = 232\ \sqrt{\text{N/mm}^2}$ und bei GG/GG: $Z_M = 204\ \sqrt{\text{N/mm}^2}$

Z_H		Flankenformfaktor, für Entwurf: $Z_H = 1{,}7$
Z_ε		Überdeckungsfaktor, für Entwurf: $Z_\varepsilon = 1$

Gestaltung. Im Zahnräder-Getriebebau werden Guß- und Schweißkonstruktionen verwendet. Kleinere Zahnräder werden geschmiedet, als Scheiben von der Stange abgestochen oder im Gesenk geschlagen. Räder aus Kunstharzpreßstoffen sind möglichst in Formen zu pressen; bei spangebender Herstellung ist besonders auf die Struktur des Grundwerkstoffes zu achten.

Ritzel und Wellen werden oft aus einem Stück (Schaftrad) gefertigt (**8.**49) oder durch Abbrennschweißen (aus wirtschaftlichen Gründen) aus hochwertigem und normalem Werkstoff metallurgisch vereinigt (**8.**50), kleine Stirnräder können auch auf eine breitere Nabe aufgeschweißt werden (**8.**51).

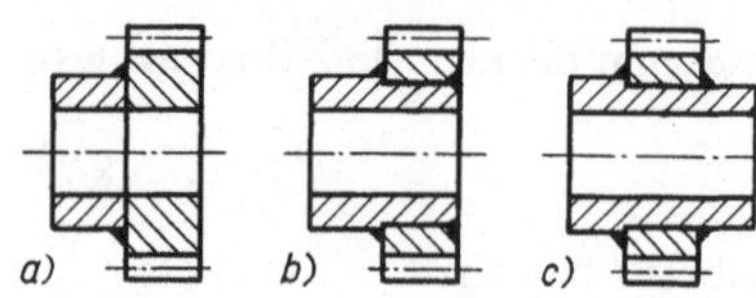

8.51
Ausführungsformen kleiner geschweißter Stirnräder

a) angeschweißte   b) einseitig durchgehende

c) beidseitig durchgehende Nabe

R ä d e r. In Bild **8.**52 sind Ausführungen in Guß und in Bild **8.**53 Schweißkonstruktionen dargestellt. Für die Bemessung gegossener Räder gelten die in Tafel **A 8.**13 angegebenen Richtwerte.

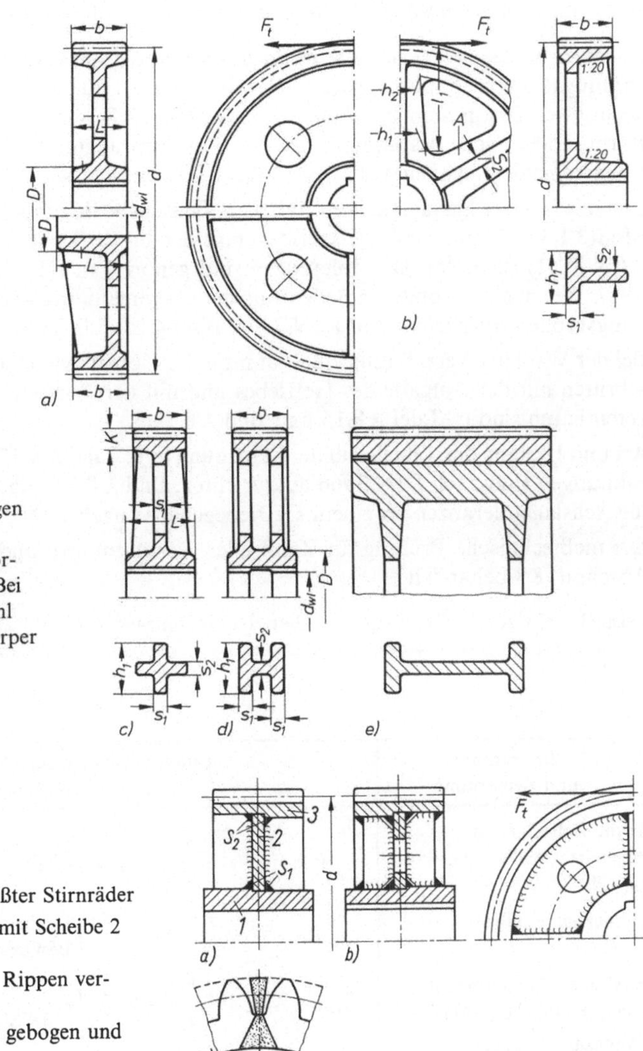

8.52
a bis e Gußräder-Ausführungen mit Scheiben (a) oder mit Armen: T-förmig (b), kreuzförmig (c), H-förmig (d und e). Bei (e) ist der Zahnkranz aus Stahl oder Bronze auf einen Radkörper gepreßt. Abmessungen für gegossene Radkörper s. Tafel **A 8.**13

8.53
Ausführungsformen geschweißter Stirnräder
a) Nabe 1 und Zahnkranz 3 mit Scheibe 2 verbunden
b) geschweißtes Stirnrad mit Rippen verstärkt
c) Zahnkranz aus Flachstahl gebogen und stumpf geschweißt

G e t r i e b e g e h ä u s e werden als Guß- und Schweißkonstruktionen hergestellt (s. auch Abschn. 8.9). Bei der Konstruktion ist zu beachten, daß

1. die Zahnräder dicht an den Lagerstellen angeordnet sind, damit die Durchbiegung der Wellen so klein wie möglich bleibt,

2. die Gehäuse möglichst durch Rippen oder geeignete Formgebung gegen elastische Verformungen und Schwingungen starr sind.

Schmierung. Die für Zahnradgetriebe geeigneten Schmierungsarten sind in Tafel **A 8**.14 zusammengestellt (s. auch Abschn. 8.9.1). Allgemein gilt: je kleiner die Umfangsgeschwindigkeit des Zahnrades und je größer die Wälzpressung und die Rauheit der Zahnflanken sind, um so höher muß die Viskosität des Schmiermittels (Öls) sein.

Angaben in Zeichnungen, einschließlich Verzahnungsqualitäten. Für die Herstellung und Prüfung der Verzahnung werden nach DIN 3966 T 1 auf der Zeichnung in einer Tabelle die wichtigsten Bestimmungsgrößen angegeben (Bild **A 8**.34). Tafel **A 8**.35 enthält in gekürzter Form geometrische Bestimmungsgrößen. Für Stirnradgetriebe in der Feinwerktechnik sind entsprechende Angaben aus DIN 58 405 T 3 zu entnehmen.

Für die Herstellgenauigkeiten und die Betriebsbedingungen sind für Stirnräder mit Modul 1 bis 70 mm und Teilkreisdurchmesser bis 10 000 mm 12 Verzahnungsqualitäten (DIN 3961) festgelegt. Die Toleranzen sind genormt in DIN 3962 T 1 bis T 3, 3963 und 3967. Wegen der besonderen Bedeutung der 05-Verzahnung werden wichtige Einzelverzahnungsgrößen (Prüfgrößen) in DIN 3995, Blatt 4 bis 6 behandelt.

Bei der Wahl der Verzahnungsqualität muß der Konstrukteur prüfen, ob die Qualitätsvorschriften mit der Aufgabe des Getriebes und mit der Wirtschaftlichkeit der Fertigung zu vereinbaren sind (s. Tafel **A 8**.15 und Bild **A 8**.33).

Art und Umfang der Tabelle auf der Zeichnung (z. B. Tafel **A 8**.35) für Außen- und Innenverzahnungen sind nach DIN 3966 auszurichten. Bild **A 8**.39 zeigt beispielhaft Eintragungen für Achslagetoleranzen an einem Getriebegehäuse nach DIN 3964.

Die meßtechnische Prüfung für Zahnräder, Verzahnungen und Getriebegehäuse wird im Abschnitt 8.8 behandelt.

Beispiel 3. Es ist ein Geradstirnrad-Getriebe aus unlegiertem Stahl zu entwerfen. Getriebe-Daten: Antriebsleistung $P = 20{,}4$ kW, Drehfrequenz $n = 1\,420$ min^{-1}, Übersetzung $i = -2{,}5$, Betriebsfaktor $\varphi = 1{,}2$.

Benennung und Bemerkung	Entwurfs- und Überschlagsrechnung s. Tafel **A 8**.4 und **A 8**.5
da die Zahnflanken ungehärtet sein sollen, gilt Gl. (8.77)	$m \geq \sqrt[3]{\dfrac{u+1}{u}\,\dfrac{2\,T_{1\,\text{max}}}{z_1^2\,\lambda\,\sigma_{\text{HP}}^2}\,K_{\text{H}\alpha}Z_{\text{M}}^2 Z_{\text{H}}^2 Z_{\varepsilon}^2}$
Zähnezahlverhältnis Gl. (8.2)	$u = \dfrac{z_{\text{Rad}}}{z_{\text{Ritzel}}} = \dfrac{z_2}{z_1} \triangleq i = 2{,}5$ Drehrichtung wird nicht berücksichtigt
maximales Drehmoment Zwgl. (8.40), Gl. (8.41)	$T_{1\,\text{max}} = 9{,}55 \cdot 10^6\,\dfrac{P}{n}\,\varphi = 9{,}55 \cdot 10^6\,\dfrac{20{,}4}{1\,420}\,1{,}2 = 164\,800\ \text{N mm}$
Zähnezahl, s. auch Taf. **A 8**.5	$z_{1\,\text{min}} = z_1 = 22$ angenommen
Zahnbreitenverhältnis	$\lambda = \dfrac{b}{m} = 12$ angenommen, da das Rad ein Schieberad sein soll (sonst Richtwerte nach Taf. **A 8**.12)
Werkstoffwahl s. Taf. **A 8**.25	Ritzel: St 60 mit $\sigma_{\text{Hl}} = 400$ N/mm^2; Rad St 50 mit $\sigma_{\text{Hl}} = 340$ N/mm^2
Sicherheitsfaktor gegen Grübchenbildung s. auch Taf. **A 8**.11	$S_{\text{H}} = 1{,}3$ gewählt unter Beachtung der Betriebsbedingungen und der Fußnoten zu Taf. **A 8**.25

Benennung und Bemerkung	Entwurfs- und Überschlagsrechnung s. Tafel **A 8.4** und **A 8.5**
zul. Hertzsche Pressung Gl. (8.65)	$\sigma_{HP} = \dfrac{\sigma_{Hl}}{S_H} = \dfrac{400\ \text{N/mm}^2}{1,3} = 308\ \text{N/mm}^2$
Stirnlastverteilungsfaktor	$K_{H\alpha} = 1$
Materialfaktor	$Z_M = 270\ \sqrt{\text{N/mm}^2}$ für Stahl auf Stahl
Flankenformfaktor	$Z_H = 1,7$ für Entwurf zu wählen Richtwerte nach Tafel **A 8.5**
Überdeckungsfaktor	$Z_\varepsilon = 1$
Modul	$m \geqq \sqrt[3]{\dfrac{2,5+1}{2,5}\ \dfrac{2\cdot 164\,800\ \text{N/mm}}{22^2\cdot 12\cdot (308\ \text{N/mm}^2)^2}\ 1\cdot 270^2\ \text{N/mm}^2\cdot 1,7^2\cdot 1^2}$ $= 5,62\ \text{mm}$ gewählt nach Taf. **A 8.9** (DIN 780): $m = 6,0\ \text{mm}$
Prüfung des Teilkreisdurchmessers, Gl. (8.71)	$d_1 \geqq 2\,d_{Wl1}$ bei Ausführung für Welle/Nabe-Verbindung
angenäherter Wellendurchmesser, Zwgl. (8.44)	$d_{Wl1} \geqq 365\ \sqrt[3]{\varphi\ \dfrac{P}{n\,\tau_{t\,zul}}}$; für Welle aus St 50: $\tau_{t\,zul} = 20\ \text{N/mm}^2$ $d_{Wl1} \geqq 365\ \sqrt[3]{1,2\ \dfrac{20,4}{1\,420\cdot 20}} = 34,7\ \text{mm}$; gewählt $d_{Wl1} = 38\ \text{mm}$
Teilkreisdurchmesser Gl. (8.7) und (8.71)	$d_1 = z_1\,m = 22\cdot 6\ \text{mm} = 132\ \text{mm} > 2\,d_{wl1} = 2\cdot 38\ \text{mm} = 76\ \text{mm}$

Ergeben diese Abmessungen eine brauchbare konstruktive und wirtschaftliche Lösung, so kann die Getriebestufe endgültig dimensioniert und berechnet werden (s. Beisp. 1 und 2). Andernfalls sind z. B. Zähnezahlen und Werkstoffe zu verändern, um ggf. besondere Anforderungen, wie bestimmte Baumaße, zu erfüllen.

Beispiel 4. Es ist ein Geradstirnrad-Getriebe aus einsatzgehärtetem Stahl zu entwerfen. Getriebe-Daten: Antriebsleistung $P = 20,4\ \text{kW}$, Drehfrequenz $n = 1\,420\ \text{min}^{-1}$, Übersetzung $i = -2,5$ Betriebsfaktor $\varphi = 1,2$

Benennung und Bemerkung	Entwurfs- und Überschlagsrechnung s. Tafel **A 8.4** und **A 8.5**
da die Zahnflanken ungehärtet sein sollen, gilt Gl. (8.76)	$m \geqq \sqrt[3]{\dfrac{2\,T_{1\,max}}{z_1\,\lambda\,\sigma_{FP}}\ Y_F\,Y_\varepsilon\,K_{F\alpha}}$
maximales Drehmoment	$T_{1\,max} = 164\,800\ \text{N mm}$ (s. Beisp. 3)
Zähnezahl, s. auch Taf. **A 8.5**	$z_{1\,min} = z_1 = 22$ angenommen
Zahnbreitenverhältnis	$\lambda = \dfrac{b}{m} = 12$ angenommen, da das Rad ein Schieberad sein soll (sonst Richtwerte nach Taf. **A 8.12**)
Werkstoffwahl, s. Taf. **A 8.25**	Ritzel und Rad: C 15 mit $\sigma_{Fl} = 230\ \text{N/mm}^2$
Sicherheitsfaktor gegen Zahnfußdauerbruch s. auch Tafel **A 8.11**	$S_F = 1,5$ gewählt unter Beachtung der Betriebsbedingungen und der Fußnoten zu Taf. **A 8.25**

Benennung und Bemerkung	Entwurfs- und Überschlagsrechnung s. Tafel **A 8.4** und **A 8.5**
zul Zahnfußspannung Gl. (8.54)	$\sigma_{FP} = \dfrac{\sigma_{Fl}}{S_F} = \dfrac{230\ \text{N/mm}^2}{1,5} = 153\ \text{N/mm}^2$
Zahnformfaktor	$Y_F = 2,2$ für Entwurf zu wählen
Lastanteilfaktor	$Y_\varepsilon = 1$ für Entwurf zu wählen $\Big\}$ Taf. **A 8.5**
Stirnlastverteilungsfaktor	$K_{F\alpha} = 1$ für Entwurf zu wählen
Modul	$m \geqq \sqrt[3]{\dfrac{2 \cdot 164\,800\ \text{N mm}}{22 \cdot 12 \cdot 153\ \text{N/mm}^2}\ 2,2 \cdot 1 \cdot 1} = 2,62\ \text{mm};$ gewählt nach Taf. **A 8.9** (DIN 780): $m = 2,75$ mm. Damit liegt die Größenordnung des Moduls fest. Ob ein etwas kleinerer Modul zulässig ist, kann nur die Nachrechnung ergeben (s. Beisp. 2).
Prüfung des Teilkreisdurchmessers, Gl. (8.70)	$d_1 \geqq 1,2\, d_{Wl\,1}$ bei Ausführung als Ritzelwelle (s. Bild **8.49**)
angenäherter Wellendurchmesser, Zwgl. (8.44)	$d_{Wl\,1} \geqq 365 \sqrt[3]{\varphi\ \dfrac{P}{n\,\tau_{t\,\text{zul}}}}$; für Welle aus C 15: $\tau_{t\,\text{zul}} = 24\ \text{N/mm}^2$ $d_{Wl\,1} \geqq 365 \sqrt[3]{1,2\ \dfrac{20,4}{1\,420 \cdot 24}} = 32,6\ \text{mm};$ gewählt $d_{Wl\,1} = 35$ mm
Teilkreisdurchmesser Gl. (8.7) und (8.70)	$d_1 = z_1 m = 22 \cdot 2,75\ \text{mm} = 60,5\ \text{mm} > 1,2\, d_{wl\,1} = 1,2 \cdot 35\ \text{mm}$ $= 42$ mm

(s. auch Bemerkungen zu Beisp. 3

8.4 Schrägstirnräder mit Evolventenverzahnung

8.4.1 Grundbegriffe

Die Flankenlinien der Schrägstirnräder sind Schraubenlinien. Schrägstirnrad-Getriebe laufen geräuscharmer als Geradstirnrad-Getriebe, weil die Zähne allmählich in Eingriff kommen und entsprechend belastet werden. Da stets mehrere Zähne im Eingriff stehen, also die gesamte Überdeckung größer ist, wird die Mindest-Zähnezahl kleiner als bei Geradstirnrädern. Diese erwünschten Eigenschaften kommen besonders bei großen Umfangsgeschwindigkeiten zu Geltung.

Stirn- und Normalschnitt an Schrägstirnrädern. Aus Bild **8.54** sind die Eingriffsverhältnisse zu ersehen. Für den Normalschnitt wurde das Bezugsprofil nach DIN 867 mit $\alpha_n = 20°$ (**8.16**) gewählt. Darum entsprechen die Bezeichnungen und Angaben im Normalschnitt denen beim Geradstirnrad. Die Bestimmungsgrößen im Normalschnitt erhalten den Index „n", die im Stirnschnitt „t" (**8.55**).

Der S c h r ä g u n g s w i n k e l β (**8.55**) ist durch die Tangente der Flankenlinie auf dem Teilzylinder und der Radachse gegeben. Üblich sind $\beta = 10° \cdots 30°$; bei $\beta < 10°$ sind die Vorteile der Schrägverzahnung nur gering, bei $\beta > 30°$ werden die Axialkräfte ungünstig groß.

Stirn- und Normalmodul (8.55). Zwischen Stirn- und Normalteilung besteht die Beziehung

$$\cos\beta = \frac{p_\mathrm{n}}{p_\mathrm{t}} = \frac{\pi\,m_\mathrm{n}}{\pi\,m_\mathrm{t}} = \frac{m_\mathrm{n}}{m_\mathrm{t}}$$

Demnach ist der Stirnmodul

$$m_\mathrm{t} = \frac{m_\mathrm{n}}{\cos\beta} \qquad (8.78)$$

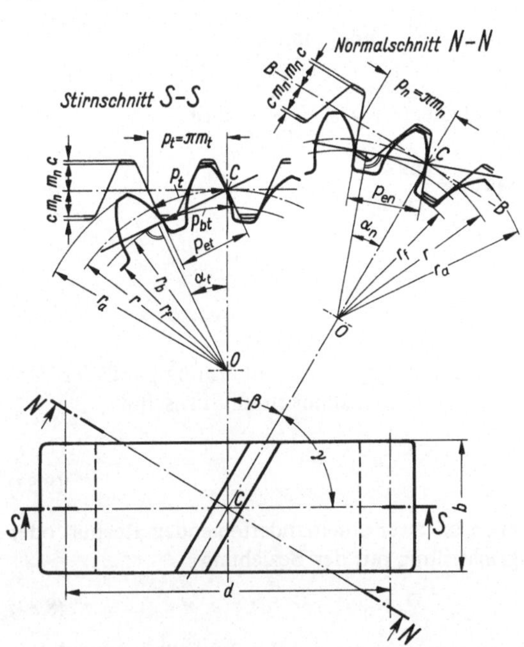

8.54 Eingriffsverhältnisse im Stirn- und Normalschnitt

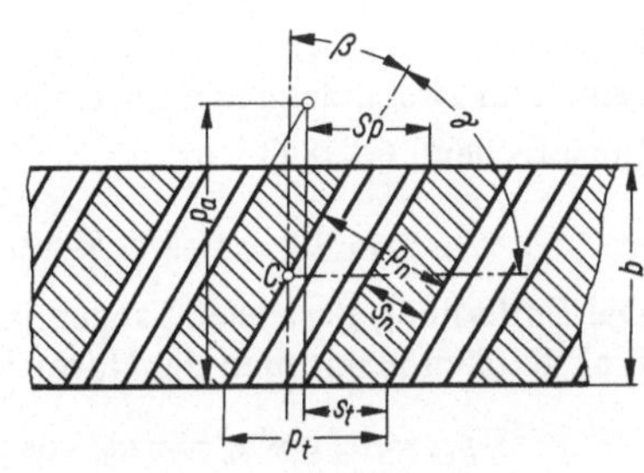

8.55 Abwicklung des Teilzylinders am Schrägstirnrad

Hierbei entspricht m_n ($m = m_\mathrm{n}$) dem in DIN 780 genormten Modul, s. Tafel **A 8.9**.
Nach Gl. (8.78) folgt für den Teilkreisdurchmesser (**8.**54 und **8.**55)

$$d = z\,m_\mathrm{t} = z\,\frac{m_\mathrm{n}}{\cos\beta} \qquad (8.79)$$

Entsprechend Gl. (8.6) erhält man mit Gl. (8.79) für den Grundkreisdurchmesser

$$d_\mathrm{b} = d\cos\alpha_\mathrm{t} = z\,m_\mathrm{t}\cos\alpha_\mathrm{t} \qquad (8.80)$$

Der Schrägungswinkel β_b am Grundzylinder ergibt sich nach Bild **8.**56 aus der Beziehung

$$\tan\beta_\mathrm{b} = \frac{d_\mathrm{b}\pi}{p_\mathrm{z}} = \frac{d\pi\cos\alpha_\mathrm{t}}{p_\mathrm{z}} \quad \text{und} \quad \tan\beta = \frac{d\pi}{p_\mathrm{z}}$$

zu $\qquad \tan\beta_\mathrm{b} = \tan\beta\,\cos\alpha_\mathrm{t} \qquad (8.81)$

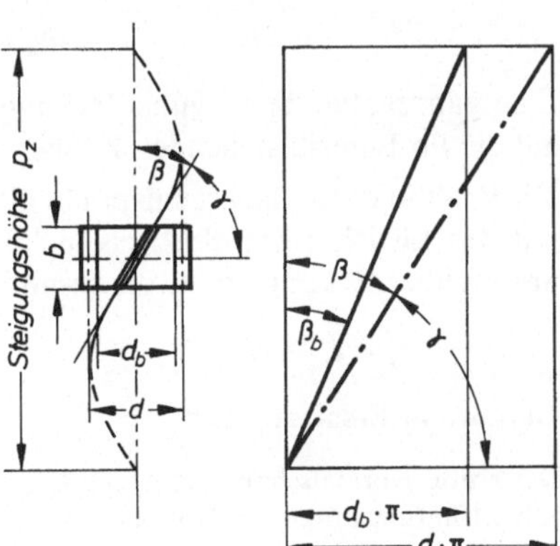

8.56
Schrägungswinkel am Teil- und Grundzylinder

Eingriffswinkel (**8.57**). Der Normaleingriffswinkel $\alpha_n = 20°$ ist durch das Verzahnwerkzeug bestimmt. Der Stirneingriffswinkel α_t ergibt sich nach Bild **8.**57 aus der Beziehung

$$\tan \alpha_t = \frac{s_t}{2h} \quad \text{und} \quad \tan \alpha_n = \frac{s_n}{2h}$$

Mit der Zahndicke, (**8.55**), $s_t = \dfrac{s_n}{\cos \beta}$ wird

$$\tan \alpha_t = \frac{\tan \alpha_n}{\cos \beta} \tag{8.82}$$

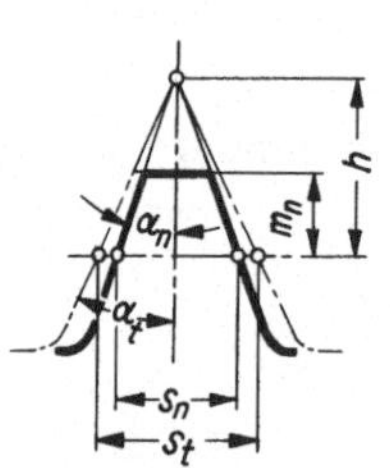

8.57 Zahn im Stirn- und
Normalschnitt

Eingriffsteilung (**8.55**). Die Stirneingriffsteilung p_{et} ist die Entfernung paralleler Tangenten an zwei aufeinanderfolgenden Rechts- oder Linksflanken im Stirnschnitt. Entsprechend Gl. (8.6) wird

$$p_{et} = p_t \cos \alpha_t = \pi m_t \cos \alpha_t \tag{8.83}$$

Die Entfernung paralleler Tangentialebenen an zwei aufeinanderfolgenden Rechts- oder Linksflanken nennt man die Normaleingriffsteilung mit der Beziehung

$$p_{en} = p_n \cos \alpha_n = \pi m_n \cos \alpha_n \tag{8.84}$$

Beim Prüfen von Schrägstirnrädern wird p_{en} gemessen, da p_{et} schlecht meßbar ist (**8.**54).

Profil- und Sprungüberdeckung. Durch den schraubenförmigen Verlauf der Flankenlinien (**8.56**) liegen die Stirnflächen eines Zahnes um den Sprung $Sp = b \tan \beta$ versetzt (**8.55**). Dadurch wird die gesamte Überdeckung eines Radpaares um die Sprungüberdeckung

$$\varepsilon_\beta = \frac{\text{Sprung}}{\text{Stirnteilung}} = \frac{Sp}{p_t} = \frac{b \tan \beta}{p_t}$$

größer. Mit Gl. (8.78) ergibt sich

$$\varepsilon_\beta = \frac{b \tan \beta \cos \beta}{p_n} = \frac{b \sin \beta}{\pi m_n} \tag{8.85}$$

Eine ganzzahlige Sprungüberdeckung ergibt eine gleichmäßige Verteilung der Belastung auf die im Eingriff stehenden Zähne; damit wird der Lauf ruhiger.

Die Profilüberdeckung ε_α entspricht Gl. (8.14), (s. Taf. **A 8.**2). Sie kann auch nach Bild **A 8.**29 mit den Gleichungen (8.34) bis (8.36) ermittelt werden. Die Summe der Profil- und der Sprungüberdeckung ergibt die gesamte Überdeckung

$$\varepsilon_s = \varepsilon_\alpha + \varepsilon_\beta \tag{8.86}$$

Geradzahn-Ersatzstirnrad

Der ebene Normalschnitt durch ein Schrägstirnrad ist nur näherungsweise eine Ellipse; die exakte Schnittführung durch die Evolventen-Verzahnung unter dem Schrägungswinkel β ergibt als Schnittfläche eine Schraubenfläche. Den praktischen Anforderungen jedoch genügt die Näherung.

Im Normalschnitt $N - N$ (**8.**58) hat die Schnittfläche des Teilzylinders die Halbachsen $r/\cos\beta$ und r (Ellipsenkonstruktion mit den Krümmungshalbmessern in den Scheiteln). Der große Krümmungshalbmesser der Ellipse ist gleich dem Halbmesser r_n des Geradzahn-Ersatzstirnrades im Wälzpunkt C, dessen Teilung gleich der Normalteilung p_n des Schrägstirnrades ist. Damit ergibt sich aus dem Verhältnis

$$\frac{r_n}{r/\cos\beta} = \frac{r/\cos\beta}{r}$$

der **Teilkreishalbmesser des Geradzahn-Ersatzstirnrades**

$$r_n = \frac{r}{\cos^2\beta} \qquad (8.87)$$

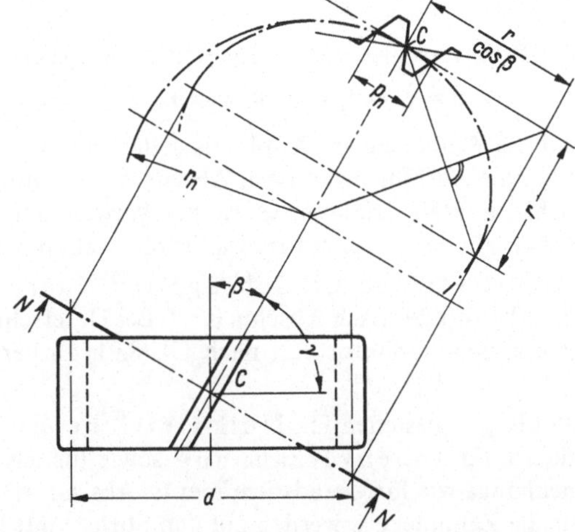

8.58
Geradzahn-Ersatzstirnrad

Die **Zähnezahl des Ersatzstirnrades** z_n entspricht Gl. (8.7) mit den Gl. (8.87) und (8.79) und ist

$$z_n = \frac{d_n}{m_n} = \frac{d}{m_n \cos^2\beta} = \frac{z\,m_n}{m_n \cos^2\beta\,\cos\beta} = \frac{z}{\cos^3\beta} \qquad (8.88)$$

Die ganaue Beziehung lautet für z_n

$$z_n = \frac{z}{\cos^2\beta_b\,\cos\beta}$$

Da die Zahnform des Ersatzstirnrades der des Schrägstirnrades im Normalschnitt entspricht, sind Schrägzahnräder kinematisch dann brauchbar (s. Abschn. 8.3.1), wenn der Zahn des Ersatzstirnrades unterschnittfrei und ohne Spitzenbildung ist. Darum ist ein Schrägzahnrad dann ein Grenzrad, wenn entsprechend Gl. (8.16) für $\alpha_n = 20°$ theoretisch $z_n = z_g = 17$ und praktisch $z'_n = z'_g = 14$ ist.

Die **wirkliche Grenzzähnezahl** des Schrägstirnrades ergibt sich aus Gl. (8.88). Man unterscheidet:

theoretische Grenzzähnezahl

$$z_{gs} \approx z_g \cos^3\beta \qquad (8.89)$$

praktische Grenzzähnezahl

$$z'_{gs} \approx z'_g \cos^3\beta \qquad (8.90)$$

Für die genormte Verzahnung mit $\alpha_n = 20°$ ist $z_{gs} \approx 17\cos^3\beta$ und $z'_{gs} \approx 14\cos^3\beta$. Praktische Grenzzähnezahlen in Abhängigkeit vom Schrägungswinkel β s. Tafel **A 8.**16.

Profilverschiebung an Schrägstirnrädern. Ist $z_n < 14$ Zähne, dann ist zur Vermeidung von Unterschnitt eine Profilverschiebung auf die gleiche Art wie bei Geradstirnrädern notwendig (s. Abschn. 8.3.2). Entsprechend Gl. (8.18) gilt mit Gl. (8.88) für den p r a k t i s c h e n P r o f i l v e r s c h i e b u n g s f a k t o r

$$x_{min} = \frac{z_g' - z_n}{z_g} = \frac{z_g' - \dfrac{z}{\cos^3 \beta}}{z_g} = \frac{14 - \dfrac{z}{\cos^3 \beta}}{17} \tag{8.91}$$

Die Profilverschiebung im Stirnschnitt ist gleich der im Normalschnitt

$$v = v_t = v_n = x_n m_n = x m_n \tag{8.92}$$

Für die Zahndicke am Kopfkreis gelten mit $m = m_n$ und für die Arten der Profilverschiebung die Ausführungen nach Abschn. 8.3.2. Erfolgt die Herstellung des Schrägstirnrades nicht im Wälzverfahren, so ist bei Verwendung von Formfräsern im Teilverfahren die Zähnezahl des Ersatzstirnrades für die Wahl des Fräsers maßgebend.

Für V - G e t r i e b e m i t S c h r ä g s t i r n r ä d e r n gelten die gleichen Bedingungen wie für Geradstirnräder nach Abschn. 8.3.4. Bei Unterschnitt ist stets wenigstens der Mindestprofilverschiebungsfaktor x_{min} nach Gl. (8.91) zu berücksichtigen. Unterschnitt liegt vor bei $z < z_{gs}'$ [s. Gl. (8.90)].

Im übrigen bestehen für N u l l - G e t r i e b e und V - N u l l - G e t r i e b e mit Schrägstirnrädern, für I n n e n v e r z a h n u n g sowie für das F l a n k e n s p i e l die gleichen Zusammenhänge wie für Geradstirnräder (s. Abschn. 8.3.3 · · · 8.3.5). Die Toleranzen (DIN 3963) für die Zahndicke s_t werden auf den Stirnschnitt bezogen. Die Achsabstandmaße werden nach DIN 3964 mit einem Faktor multipliziert, der dem Normblatt zu entnehmen ist. Bei der Konstruktion von Getrieben ist wegen des Schrägungswinkels auf die Axial-Kräfte zu achten (s. Abschn. 8.4.2). Die Formeln zur Ermittlung der geometrischen Abmessungen für Außen- und Innenverzahnung s. Tafel A 8.2.

8.4.2   Tragfähigkeitsberechnung der Schrägstirnräder

Die Überlegungen zur Tragfähigkeitsberechnung für Geradstirnräder nach Abschn. 8.3.6 lassen sich auch auf den Normalschnitt (**8.**59) übertragen, jedoch ist zu beachten, daß bei der Schrägverzahnung wegen der Sprungüberdeckung ε_β stets mehrere Zahnpaare im Eingriff stehen (extrem schmale Räder ausgenommen). Im Bild **8.**60 sind in die ebene Eingriffsfläche (Eingriffsfeld) der Schrägstirnräder die als gerade Linien auftretenden Flankenberührungen eingezeichnet. Danach beträgt die gesamte Länge der Flankenberührung $l = l_1 + l_2 + l_3$. Ist die Zahnbreite b gleich einem ganzen Vielfach der Achsteilung p_a, so ist die Länge der Flankenberührung in jeder Eingriffsstellung konstant, (**8.**55, **8.**60). In den anderen Fällen erreicht die Länge der Flankenberührung ihr Minimum (l_{min}) dann, wenn ein Zahnpaar bei A neu in Eingriff geht (**8.**60).

Längs der Berührungslinien ist die Last nicht gleichmäßig verteilt, weil sich die Steifigkeit der Zähne laufend ändert.

Belastung am Zahn (**8.**59). Ausgehend von der im allgemeinen nach Gl. (8.41) bekannten Umfangskraft erhält man über die Komponente F' bzw. über die Normalkraft F_n die Axialkraft

$$F_a = F_t \tan \beta \tag{8.93}$$

bzw. die Radialkraft

$$F_r = F_t \frac{\tan \alpha_n}{\cos \beta} \tag{8.94}$$

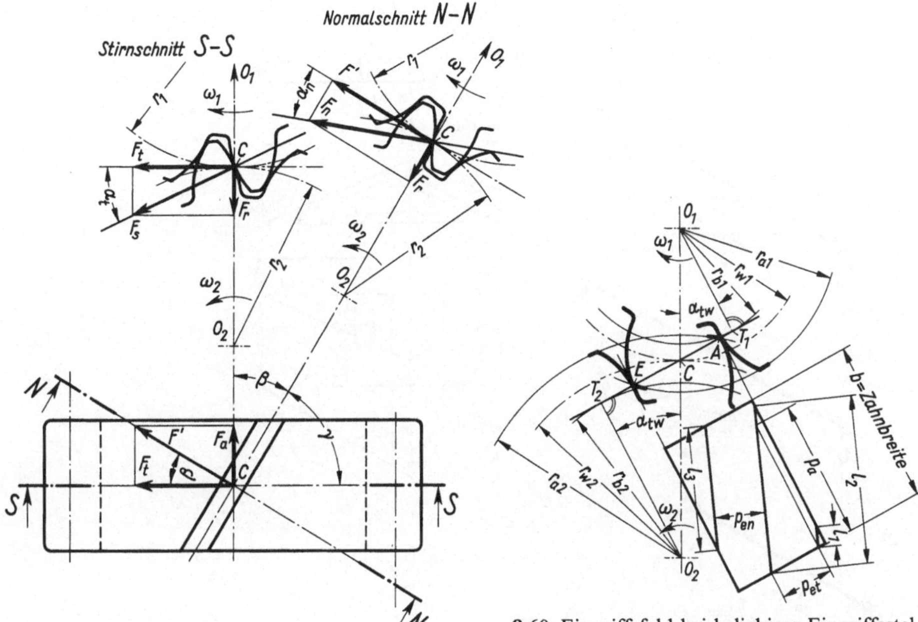

8.59 Normalkraft und ihre Komponenten

8.60 Eingriffsfeld bei beliebiger Eingriffsstellung von Schrägstirnrädern

Auflagerkräfte und Biegemomente an Wellen mit Zahnrädern

Wellen mit einem Zahnrad (8.61**).** Ergänzend zu Wellen mit Geradstirnrädern (8.39) kommt der Einfluß der Axialkraft hinzu. In Bild **8.**61 sind $F_1 = F_{t2}$, $F_{r1} = F_{r2}$ und $F_{a1} = F_{a2}$. Nach dem Belastungsschema (8.61) ergeben sich die Auflagerkräfte

$$F_{Az1} = \frac{F_{r1} b_1 - F_{a1} r_1}{l_1} \qquad F_{Ay1} = F_{t1} \frac{b_1}{l_1} \qquad F_{A1} = \sqrt{F_{Az1}^2 + F_{Ay1}^2}$$

$$F_{Bz1} = \frac{F_{r1} a_1 + F_{a1} r_1}{l_1} \qquad F_{By1} = F_{t1} \frac{a_1}{l_1} \qquad F_{B1} = \sqrt{F_{Bz1}^2 + F_{By1}^2}$$

die Biegemomente

$$M_{b1} = F_{A1} a_1 \quad \text{sowie} \quad M'_{b1} = F_{B1} b_1$$

und als resultierendes Biegemoment

$$M_{b1} = \sqrt{M_{z1}^2 + M_{y1}^2}$$

Für die Wellenberechnung ist das größte Moment maßgebend

$$M_{b1\,max} = \sqrt{M_{z1\,max}^2 + M_{y1\,max}^2}$$

mit

$$M_{z1\,max} = F_{Az1} a_1 + F_{a1} r_1 = F_{Bz1} b_1 \quad \text{und mit} \quad M_{y1\,max} = F_{Ay1} a_1 = F_{By1} b_1$$

Die Axialkraft F_{a1} verursacht in der Ebene $x - z$ den Sprung im Biegemoment $M_{z1} = F_{a1} r_1$.

Wellen mit mehreren Zahnrädern (8.62), (s. auch **8.41** und **8.42**). Die Flankenrichtungen der Schrägstirnräder sind so zu wählen, daß sich die Axialkräfte am Festlager annähernd aufheben (**8.61**). Für Entwurfsberechnungen kann der Wellendurchmesser d_{wl} nach Gl. (8.44) ermittelt werden.

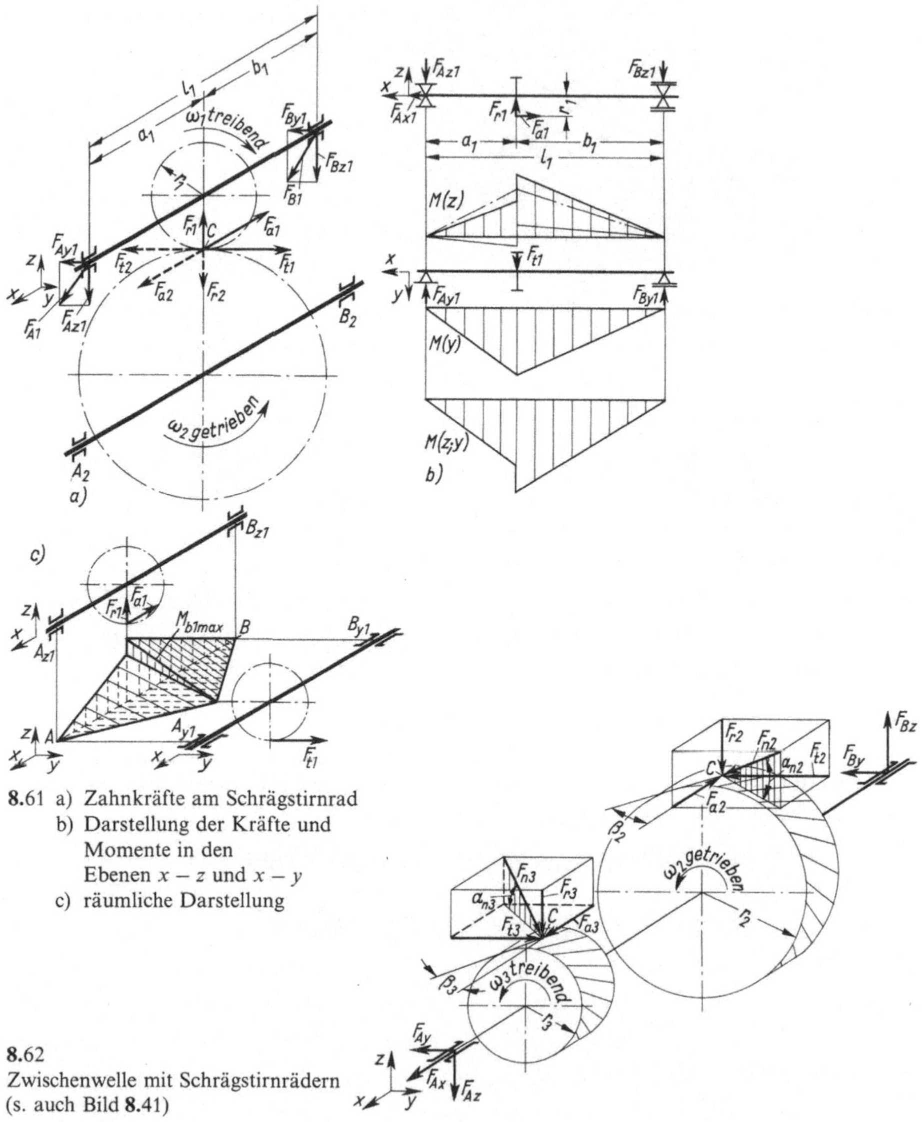

8.61 a) Zahnkräfte am Schrägstirnrad
     b) Darstellung der Kräfte und
       Momente in den
       Ebenen $x - z$ und $x - y$
     c) räumliche Darstellung

8.62
Zwischenwelle mit Schrägstirnrädern
(s. auch Bild **8.41**)

Zahnfußbeanspruchung von Schrägstirnrädern mit Außen- und Innenverzahnung (hierzu s. Tafel **A 8.3**). Auf den Normalschnitt bezogen lautet Gl. (8.52) für die Zahnfußspannung

$$\sigma_F = \frac{F_t}{b\,m_n}\, Y_F\, Y_\varepsilon\, Y_\beta\, K_{F\alpha} \leqq \sigma_{FP} \tag{8.95}$$

Hierin bedeuten:

F_t	in N	Umfangskraft am Teilzylinder, Gl. (8.41)
b	in mm	Zahnbreite, Gl. (8.72) bis (8.74) mit $m = m_n$
m_n	in mm	Modul, Tafel **A 8.9** mit $m = m_n$
Y_F		Zahnformfaktor, Bild **A 8.30**, Gl. (8.48) mit $m = m_n$
Y_ε		Lastanteilfaktor, Gl. (8.49)
Y_β		Schrägungswinkelfaktor, Gl. (8.96)
$K_{F\alpha}$		Stirnlastverteilungsfaktor, Bild **A 8.31**, Gl. (8.51) und (8.52)
σ_{FP}	in N/mm²	zulässige Zahnfußspannung, Gl. (8.54)

Der Schrägungswinkelfaktor Y_β (s. DIN 3990) berücksichtigt den Einfluß des Schrägungswinkels β auf die Verteilung der Zahnfußspannung und kann nur angewendet werden, wenn auf die Dauer ein gleichmäßiges Tragen der Flanken über die ganze Breite zu erwarten ist. In der Praxis ist diese Voraussetzung häufig dann nicht erfüllt, wenn der Nabensitz auf der Welle infolge Bildung von Reibungsrost lose wird. Diese Gefahr ist um so größer, je schmaler der Nabensitz und je größer der Schrägungswinkel ist. Der Schrägungswinkelfaktor berechnet sich aus

$$Y_\beta = 1 - \frac{\beta}{120} \tag{8.96}$$

Auf Grund von Meßergebnissen ist $Y_\beta = 0{,}75$ für $\beta \geq 30°$ zu setzen.

Flankenbeanspruchung von Schrägstirnrädern mit Außen- und Innenverzahnung (hierzu s. Bild **A 8.**32). Die Hertzsche Pressung ist wie bei Geradstirnrädern für den Wälzpunkt C und die inneren Einzeleingriffspunkte B und D nachzuweisen. Entsprechend Gl. (8.64) ergibt sich für Schrägstirnrad-Getriebe im Wälzpunkt C die Hertzsche Pressung

$$\sigma_H = Z_M Z_H Z_\varepsilon \sqrt{\frac{u+1}{u} \frac{F_t}{b\,d_1}}\, K_{H\alpha} \leqq \sigma_{HP\,1} \quad \text{bzw.} \quad \leqq \sigma_{HP\,2} \tag{8.97}$$

Hierin bedeuten:

Z_M	in $\sqrt{\text{N/mm}^2}$	Materialfaktor, Tafel **A 8.26**
Z_H		Flankenformfaktor, Gl. (8.98) oder Bild **A 8.**32
Z_ε		Überdeckungsfaktor, Gl. (8.99)
u		Zähnezahlverhältnis, Gl. (8.2)
F_t	in N	Umfangskraft am Teilzylinder, Gl. (8.41)
b	in mm	Zahnbreite, Gl. (8.72) bis (8.74) mit $m = m_n$
σ_{HP}	in N/mm²	zul. Hertzsche Pressung, Gl. (8.65)
d_1	in mm	Teilkreisdurchmesser, des kleinen Rades, Gl. (8.7)
$K_{H\alpha}$		Stirnlastverteilungsfaktor, Bild **A 8.31**, Gl. (8.62) und (8.63)

Entsprechend Gl. (8.59) errechnet sich der Flankenformfaktor aus

$$Z_H = \frac{1}{\cos\alpha_t} \sqrt{\frac{\cos\beta_b}{\tan\alpha_{tw}}} \tag{8.98}$$

Die Einflüsse der Profilüberdeckung ε_α und Sprungüberdeckung ε_β erfaßt der Überdeckungsfaktor Z_ε [13] durch die Beziehung

$$Z_\varepsilon = \sqrt{\left[\frac{4-\varepsilon_\alpha}{3}(1-\varepsilon_\beta) + \frac{\varepsilon_\beta}{\varepsilon_\alpha}\right]\cos\beta_b} \tag{8.99}$$

Für $\varepsilon_b > 1$ ist $\varepsilon_\beta = 1$ zu setzen. Dann wird

$$Z_\varepsilon = \sqrt{\frac{1}{\varepsilon_\alpha}\cos\beta_b} \tag{8.100}$$

Für die Ermittlung der **Hertzschen Pressung** in den inneren **Einzeleingriffspunkten** B und D gelten sinngemäß die Ausführungen der Geradstirnräder unter Beachtung der Zähnezahl des Ersatzstirnrades mit $z_n \leqq 20$ für Außenverzahnung und $z_n \leqq 30$ für Innenverzahnung, s. Gl. (8.64) bis (8.69), und für z_n die Gl. (8.88). Formeln für die Flankentragfähigkeit s. Tafel **A 8.3**.

L a u f r u h e . Da bei Schrägstirnrädern stets mehrere Zahnpaare im Eingriff sind und die Zähne allmählich in Eingriff kommen, haben sie einen wesentlich ruhigeren Lauf als Geradstirnrad-Gebtriebe. Schrägstirnrad-Getriebe werden besonders bei großen Umfangsgeschwindigkeiten angewendet.

8.4.3   Entwurf und Gestaltung von Schrägstirnrad-Getrieben

Richtlinien für den Entwurf (s. auch Abschn. 8.3.7), **Zähnezahlen** (s. auch Tafel **A 8.5**). Aus den Angaben für $z_{1\,\text{min}}$ der Geradstirnräder erhält man näherungsweise für Schrägstirnräder die Mindestzähnezahlen

$$z_{1\,\text{min}\,s} \approx z_{1\,\text{min}}\,\cos^3\beta \tag{8.101}$$

Zahnbreite. Es gelten die Gl. (8.72) bis (8.74) mit $m = m_n$ und die Werte der Tafel **A 8.**12 für das Zahnbreitenverhältnis

$$\lambda = b/m_n \tag{8.102}$$

Modul. Analog zu Gl. (8.75) wird mit Gl. (8.79)

$$m_{n\,\text{max}} = d_1\,\cos\beta / z_{1\,\text{min}\,s} \tag{8.103}$$

Modul-Berechnung unter Beachtung der Z a h n f u ß - T r a g f ä h i g k e i t . Entsprechend Gl. (8.76) wird aus Gl. (8.95) mit Gl. (8.40), (8.79) und (8.103)

$$m_n \geqq \sqrt[2]{\frac{2\,T_{1\,\text{max}}\,\cos\beta}{z_1\,\lambda\,\sigma_{FP}}}\;Y_F\,Y_\varepsilon\,Y_\beta\,K_{F\alpha} \tag{8.104}$$

Hierin bedeuten:

m_n	in mm	Modul, Tafel **A 8.9**
$T_{1\,\text{max}}$	in N mm	Drehmoment, Gl. (8.40)
z_1		Zähnezahl, Gl. (8.101) und Tafel **A 8.5**
λ		Zahnbreitenverhältnis, Gl. (8.102) und Tafel **A 8.12**
σ_{FP}	in N/mm²	zulässige Zahnfußspannung, Gl. (8.54)
Y_F		Zahnformfaktor, für Entwurf $Y_F = 2{,}2$
Y_ε		Lastanteilfaktor, für Entwurf $Y_\varepsilon = 1$
Y_β		Schrägungswinkelfaktor, für Entwurf $Y_\beta = 1$
$K_{F\alpha}$		Stirnlastverteilungsfaktor, für Entwurf $K_{F\alpha} = 1$

Modul-Berechnung unter Beachtung der F l a n k e n - T r a g f ä h i g k e i t . Entsprechend Gl. (8.77) wird aus Gl. (8.97) mit Gl. (8.40), (8.79) und (8.103)

$$m_n \geqq \sqrt[3]{\frac{u+1}{u}\,\frac{2\,T_{1\,\text{max}}\,\cos^2\beta}{z_1^2\,\lambda\,\sigma_{HP}^2}}\;K_{H\alpha}\,Z_M^2\,Z_H^2\,Z_\varepsilon^2 \tag{8.105}$$

Hierin bedeuten:

m_n	in mm	Modul, Tafel **A 8.9**
u		Zähnezahlverhältnis, Gl. (8.2)
$T_{1\,max}$	in N mm	Drehmoment, Gl. (8.40)
β		Schrägungswinkel am Teilkreis, möglichst ganzzahlig wählen
z_1		Zähnezahl des kleinen Rades, Gl. (8.101) und Tafel **A 8.5**
λ		Zahnbreitenverhältnis, Gl. (8.102) und Tafel **A 8.12**
σ_{HP}	in N/mm²	zulässige Hertzsche Pressung, Gl. (8.65)
$K_{H\alpha}$		Stirnlastverteilungsfaktor, für Entwurf $K_{H\alpha} = 1$
Z_M	in $\sqrt{\text{N/mm}^2}$	Materialfaktor, für Entwurf bei St/St oder GS: $Z_M = 270\ \sqrt{\text{N/mm}^2}$
		St/GG: $Z_M = 232\ \sqrt{\text{N/mm}^2}$; GG/GG: $Z_M = 204\ \sqrt{\text{N/mm}^2}$
Z_H		Flankenformfaktor, für Entwurf $Z_H = 1{,}7$
Z_ε		Überdeckungsfaktor, für Entwurf $Z_\varepsilon = 1$

Gestaltung. Die Hinweise zur Konstuktion von Geradstirnrädern gelten auch für Schräg-stirnräder, jedoch ist zusätzlich zu beachten, daß die Axialkraft eine erhöhte Lagerbela-stung sowie ein Kippen der Räder und damit einseitiges Tragen der Flanken verursacht. Die Verzahnungsgeometrie s. Tafel **A 8.2**; die Tragfähigkeitsberechnung kann vereinfacht nach Tafel **A 8.3** erfolgen.

Pfeilzahnräder (8.63 a) und Doppel-Schrägzahnräder (8.63 b) mit Axial-kraftausgleich lassen sich herstellen, wenn folgende Bedingungen eingehalten werden: 1. spiegelbildlich genaue Herstellung der Zähne, 2. starre Ausführung aller Getriebe-Elemente, 3. genauer achsparalleler Einbau der Wellen, 4. das Ritzel muß sich gegen das auf der Welle axial festgelegte Rad selbsttätig axial einstellen können.

Laufen die Räder vorwiegend in einer Drehrichtung, so soll aus Gründen der Festigkeit die Winkelspitze der Zähne in Drehrichtung laufen. Dann tritt auch kein Ölstau auf, weil das Öl aus der Winkelspitze herausgedrängt wird.

Die Schrägungswinkel für Pfeilzahnräder betragen $\beta = 30° \cdots 45°$. Damit lassen sich sehr kleine Zähnezahlen und große Übersetzungen erreichen. Bei beidseitiger Lagerung kann die Radbreite $b \leq 3\,d_1$ betragen.

Die Herstellung der Pfeilräder erfordert einen größeren Aufwand als die der Schrägstirnrä-der. Daher werden Pfeilräder hauptsächlich bei großen Kräften und stoßweise wechselnder Belastung verwendet. Für extrem große wechselnde Kräfte eignet sich die Doppel-Pfeilverzahnung (8.63 c), Getriebe mit Pfeilverzahnung ergeben gedrängte Bauweise und große Laufruhe.

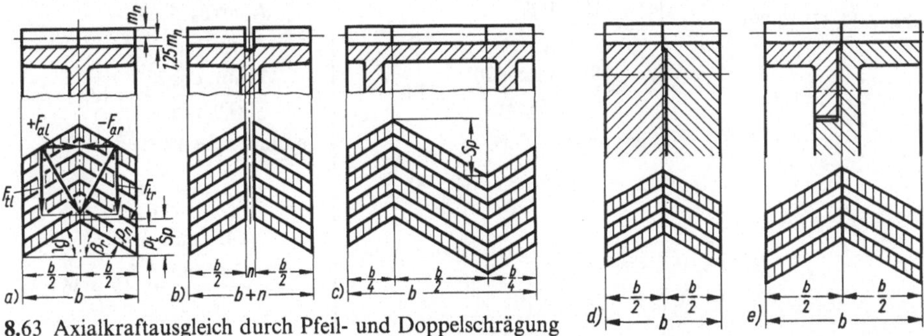

8.63 Axialkraftausgleich durch Pfeil- und Doppelschrägung

a) Pfeilschrägung c) Doppel-Pfeilschrägung
b) Doppelschrägung d und e) zusammengeschraubte Halbradscheiben

Beispiel 5. Ein Stirnradgetriebe (**8.64**) ist zu entwerfen und zu berechnen. Der Antrieb erfolgt durch einen Elektromotor mit $P = 20{,}4\,\text{kW}$ und $n = 1\,420\,\text{min}^{-1}$. Die Abtriebdrehzahl des Getriebes beträgt $n_3 = 300\,\text{min}^{-1}$ und der Betriebsfaktor $\varphi = 1{,}2$. Die Ausführung soll als Schrägstirnradgetriebe mit großen Profilverschiebungsfaktoren und mit der Verzahnungsqualität 7 nach DIN 3962, 3963, 3967 erfolgen (Verzahnungsgeometrie siehe Tafel **A 8.2**).

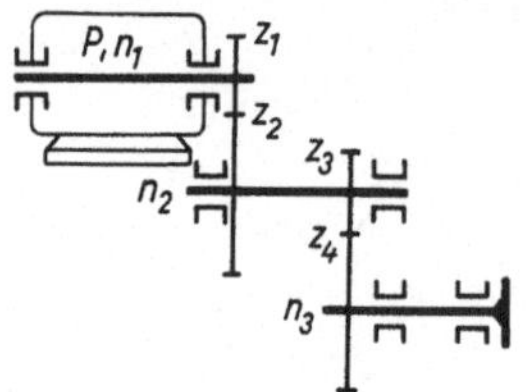

Stufe I: $m_{n\,I} = 2{,}5\,\text{mm}$, $i_I = -2{,}5$, $\beta_I = 20°$, Zähne einsatzgehärtet

Stufe II: $m_{n\,II} = 3{,}0\,\text{mm}$, $\beta_{II} = 20°$, Rad 3 aus St 60, Rad 4 aus GG-25. (Die Drehrichtung wurde in der Rechnung berücksichtigt.)

8.64
Schrägstirnradgetriebe

Benennung und Bemerkung	Entwurfs- und Überschlagsrechnung zur Vordimensionierung	
	Getriebestufe I: $i_I = -\dfrac{z_2}{z_1}$	Getriebestufe II: $i_{II} = -\dfrac{z_4}{z_3}$
Befestigung des Ritzels	Ritzel mit z_1 sei mit Paßfeder auf Wellenende des Motors befestigt	Ritzel mit z_3 sei als Ritzelwelle auszuführen
Mindest-Teilkreis-durchmesser Gl. (8.70) und (8.71)	$d_1 \geqq 2\,d_{W\,I\,1}$ $d_{W\,I\,1} = 45\,\text{mm}$ nach Motor-Katalog	$d_3 \geqq 1{,}2\,d_{W\,I\,2}$ $d_{W\,I\,2} \geqq 365 \sqrt[3]{\dfrac{\varphi P}{\tau_{t\,zul}\,\lvert n_2\rvert}}$ Für Wellenwerkstoff St 50 wird gewählt: $\tau_{t\,zul} = 20\,\text{N/mm}^2$ $n_2 = \dfrac{n_1}{i_I} = \dfrac{1\,420\,\text{min}^{-1}}{-2{,}5}$ $= -568\,\text{min}^{-1}$ $d_{W\,I\,2} \geqq 365 \sqrt[3]{\dfrac{1{,}2 \cdot 20{,}4}{2 \cdot 568}} = 47\,\text{mm}$ gewählt: $d_{W\,I\,2} = 50\,\text{mm}$
Mindest-Teilkreis-durchmesser Zähnezahl, Gl. (8.79)	$d_1 \geqq 2 \cdot 45\,\text{mm} = 90\,\text{mm}$ $z_1 \geqq \dfrac{d_1 \cos\beta_I}{m_{n\,I}}$ $= \dfrac{90\,\text{mm} \cos 20°}{2{,}5\,\text{mm}} = 33{,}8$ gewählt: $z_1 = 34$ $z_2 = -i_I z_1 = 2{,}5 \cdot 34 = 85$	$d_3 \geqq 1{,}2 \cdot 50\,\text{mm} = 60\,\text{mm}$ $z_3 \geqq \dfrac{d_3 \cos\beta_{II}}{m_{n\,II}}$ $= \dfrac{60\,\text{mm} \cos 20°}{3{,}0\,\text{mm}} = 18{,}8$ gewählt: $z_3 = 19$ $z_4 = -i_{II} z_3 = -\dfrac{i}{i_I}\,z_3$ $= -\dfrac{\dfrac{1\,420\,\text{min}^{-1}}{300\,\text{min}^{-1}}}{-2{,}5}\,19 = 36$
vorhandene Übersetzung	$i_I = -\dfrac{z_2}{z_1} = -\dfrac{85}{34} = -2{,}5$	$i_{II} = -\dfrac{z_4}{z_3} = -\dfrac{36}{19} = -1{,}9$

Benennung und Bemerkung	Entwurfs- und Überschlagsrechnung zur Vordimensionierung	
	Getriebestufe I: $i_\mathrm{I} = -\dfrac{z_2}{z_1}$	Getriebestufe II: $i_\mathrm{II} = -\dfrac{z_4}{z_3}$
Zahnbreite, Tafel **A 8.**12	$\lambda_\mathrm{I} = \dfrac{b_\mathrm{I}}{m_{n\mathrm{I}}} = 15$; also $b_\mathrm{I} = 15\,m_{n\mathrm{I}}$ $b_\mathrm{I} = 15 \cdot 2{,}5\ \text{mm} = 37{,}5\ \text{mm}$ gewählt: $b_\mathrm{I} = 40\ \text{mm}$	$\lambda_\mathrm{II} = \dfrac{b_\mathrm{II}}{m_{n\mathrm{II}}} = 25$; also $b_\mathrm{II} = 25\,m_{n\mathrm{II}}$ $b_\mathrm{II} = 25 \cdot 3{,}0\ \text{mm} = 75\ \text{mm}$ (gewählt)

Benennung und Bemerkung	Abmessungen der Getriebestufe I	
	Rad 1	Rad 2
Teilkreisdurchmesser Gl. (8.79)	$d_1 = z_1 \dfrac{m_{n\mathrm{I}}}{\cos\beta_\mathrm{I}} = 34\,\dfrac{2{,}5\ \text{mm}}{\cos 20^\circ}$ $= 90{,}5\ \text{mm}$	$d_2 = z_2 \dfrac{m_{n\mathrm{I}}}{\cos\beta_\mathrm{I}} = 85\,\dfrac{2{,}5\ \text{mm}}{\cos 20^\circ}$ $= 226{,}1\ \text{mm}$
Teilkreishalbmesser des Ersatzstirnrades, Gl. (8.87)	$r_{n1} = \dfrac{r_1}{\cos^2\beta_\mathrm{I}}$ $= \dfrac{90{,}5\ \text{mm}}{2\cos^2 20^\circ} = 51{,}2\ \text{mm}$	$r_{n2} = \dfrac{r_2}{\cos^2\beta_\mathrm{I}}$ $= \dfrac{226{,}1\ \text{mm}}{2\cos^2 20^\circ} = 128\ \text{mm}$
Zähnezahl des Ersatzstirnrades, Gl. (8.88)	$z_{n1} = \dfrac{z_1}{\cos^3\beta_\mathrm{I}}$ $= \dfrac{34}{\cos^3 20^\circ} = 41$	$z_{n2} = \dfrac{z_2}{\cos^3\beta_\mathrm{I}}$ $= \dfrac{85}{\cos^3 20^\circ} = 102$
größter Profilverschiebungsfaktor	$x_1 = 1{,}0$ gewählt (nach Bild **A 8.**27) (extrapoliert)	$x_2 = 1{,}0$ gewählt (s. auch Bild **A 8.**27)
Stirneingriffswinkel Gl. (8.82)	$\tan\alpha_{t\mathrm{I}} = \dfrac{\tan\alpha_n}{\cos\beta_\mathrm{I}} = \dfrac{\tan 20^\circ}{\cos 20^\circ}$; $\alpha_{t\mathrm{I}} = 21^\circ 10' 22'' = 21{,}1726^\circ$	
Schrägungswinkel am Grundkreis, Gl. (8.81)	$\tan\beta_{b\mathrm{I}} = \tan\beta_\mathrm{I} \cos\alpha_{t\mathrm{I}} = \tan 20^\circ\ \cos 21{,}1726^\circ$; $\beta_{b\mathrm{I}} = 18^\circ 44' 50'' = 18{,}747^\circ$	
Betriebseingriffswinkel gegeben Σx, Gl. (8.29)	$\operatorname{inv}\alpha_{tw\mathrm{I}} = \dfrac{2\tan\alpha_n (x_1 + x_2)}{z_1 + z_2} + \operatorname{inv}\alpha_{t\mathrm{I}}$ $= \dfrac{2\tan 20^\circ (1 + 1)}{34 + 85} + \operatorname{inv} 21{,}1726^\circ$ $\operatorname{inv}\alpha_{tw\mathrm{I}} = 0{,}012\,234 + 0{,}017\,793 = 0{,}030\,027$; $\alpha_{tw\mathrm{I}} = 25{,}0108^\circ$	
Betriebswälzkreisdurchmesser, Gl. (8.25)	$d_{w1} = d_1 \dfrac{\cos\alpha_{t\mathrm{I}}}{\cos\alpha_{tw\mathrm{I}}}$ $d_{w1} = 90{,}5\ \text{mm}\ \dfrac{\cos 21{,}1726^\circ}{\cos 25{,}0108^\circ}$ $= 93{,}12\ \text{mm}$	$d_{w2} = d_2 \dfrac{\cos\alpha_{t\mathrm{I}}}{\cos\alpha_{tw\mathrm{I}}}$ $d_{w2} = 226{,}1\ \text{mm} \cdot \dfrac{\cos 21{,}1726^\circ}{\cos 25{,}0108^\circ}$ $= 232{,}65\ \text{mm}$
Kopfkreisdurchmesser Gl. (8.30)	$d_{a1} = d_1 + 2m_{n\mathrm{I}} + 2x_1 m_{n\mathrm{I}}$ $d_{a1} = (90{,}5 + 2 \cdot 2{,}5 + 2 \cdot 1 \cdot 2{,}5)\ \text{mm}$ $d_{a1} = 100{,}5\ \text{mm}$	$d_{a2} = d_2 + 2m_{n\mathrm{I}} + 2x_2 m_{n\mathrm{I}}$ $d_{a2} = (226{,}1 + 2 \cdot 2{,}5 + 2 \cdot 1 \cdot 2{,}5)\ \text{mm}$ $d_{a2} = 236{,}1\ \text{mm}$

Benennung und Bemerkung	Abmessungen der Getriebestufe I	
	Rad 1	Rad 2

Benennung und Bemerkung	Rad 1	Rad 2
Fußkreisdurchmesser Gl. (8.11) $c = 0{,}25\,m_n$	$d_{f1} = d_1 - 2m_{nI} - 2c$ $\quad + 2x_1 m_{nI}$ $d_{f1} = (90{,}5 - 2 \cdot 2{,}5 - 2$ $\quad \cdot 0{,}25 \cdot 2{,}5 + 2 \cdot 1 \cdot 2{,}5)\,\text{mm}$ $d_{f1} = 89{,}25\,\text{mm}$	$d_{f2} = d_2 - 2m_{nI} - 2c$ $\quad + 2x_2 m_{nI}$ $d_{f2} = (226{,}1 - 2 \cdot 2{,}5 - 2)$ $\quad \cdot 0{,}25 \cdot 2{,}5 + 2 \cdot 1 \cdot 2{,}5)\,\text{mm}$ $d_{f2} = 224{,}85\,\text{mm}$
Stirnmodul, Gl. (8.78)	$m_{tI} = \dfrac{m_{nI}}{\cos\beta_I} = \dfrac{2{,}5\,\text{mm}}{\cos 20°} = 2{,}66\,\text{mm}$	
Achsabstand (Rechengröße) Gl. (8.37)	$a_{dI} = \dfrac{d_1 + d_2}{2} = \dfrac{(90{,}5 + 226{,}1)\,\text{mm}}{2} = 158{,}3\,\text{mm}$	
Achsabstand, Gl. (8.26)	$a_I = \dfrac{d_{w1} + d_{w2}}{2} = \dfrac{(93{,}12 + 232{,}65)\,\text{mm}}{2} = 162{,}885\,\text{mm}$	
vorhandenes Kopfspiel Gl. (8.33)	$c_I = a_I - \dfrac{d_{a1} + d_{f2}}{2} = \left(162{,}885 - \dfrac{100{,}5 + 224{,}85}{2}\right)\,\text{mm} = 0{,}21\,\text{mm}$	
praktisches Mindestkopf- spiel, s. Taf. **A 8.5**	$c_{Imin} = 0{,}12\,m_{nI} = 0{,}12 \cdot 2{,}5\,\text{mm} = 0{,}3\,\text{mm}$	
Kopfkürzung	$c_I = 0{,}21\,\text{mm} < c_{Imin} = 0{,}3\,\text{mm};$ Mindest-Kopfkürzung: $c_{Imin} - c_I = 0{,}3 - 0{,}21 = 0{,}09\,\text{mm}$ maximale Kopfkürzung n. Gl. (8.31)	
gewählte Kopfkürzung Gl. (8.31)	$km_{nI} = a_{dI} + m_{nI}(x_1 + x_2) - a_I = 158{,}3\,\text{mm}$ $\quad + 2{,}5\,\text{mm}\,(1 + 1) - 162{,}885\,\text{mm} = 0{,}415\,\text{mm}$	
Kopfkreisdurchmesser mit Kopfkürzung, Gl. (8.32)	$d_{ak1} = d_{a1} - 2km_{nI}$ $d_{ak1} = (100{,}5 - 2 \cdot 0{,}415)\,\text{mm}$ $\quad = 99{,}67\,\text{mm}$	$d_{ak2} = d_{a2} - 2km_{nI}$ $d_{ak2} = (236{,}1 - 2 \cdot 0{,}415)\,\text{mm}$ $\quad = 235{,}27\,\text{mm}$
Grundkreishalbmesser Gl. (8.80)	$r_{b1} = r_1 \cos\alpha_{tI}$ $r_{b1} = \dfrac{90{,}5\,\text{mm}}{2}\cos 21{,}1726°$ $\quad = 42{,}195\,\text{mm}$	$r_{b2} = r_2 \cos\alpha_{tI}$ $r_{b2} = \dfrac{226{,}1\,\text{mm}}{2}\cos 21{,}176°$ $\quad = 105{,}42\,\text{mm}$
Profilüberdeckung Gl. (8.36)	$\varepsilon_{\alpha I} = \varepsilon_{k1} + \varepsilon_{k2}$	
Kennzahlen für Teil- Profilüberdeckung Gl. (8.34)	$z_{k1} = \dfrac{2d_{w1}}{d_{ak1} - d_{w1}}$ $z_{k1} = \dfrac{2 \cdot 93{,}12\,\text{mm}}{(99{,}67 - 93{,}12)\,\text{mm}}$ $\quad = 28{,}45$	$z_{k2} = \dfrac{2d_{w2}}{d_{ak2} - d_{w2}}$ $z_{k2} = \dfrac{2 \cdot 232{,}65\,\text{mm}}{(235{,}27 - 232{,}65)\,\text{mm}}$ $\quad = 177{,}7$
aus Bild **A 8.29**	$\varepsilon'_{k1} = 0{,}72$ $\varepsilon_{k1} = \varepsilon'_{k1}\dfrac{z_1}{z_{k1}} = 0{,}72\,\dfrac{34}{28{,}45}$ $\quad = 0{,}873$	$\varepsilon'_{k2} = 0{,}81$ $\varepsilon_{k2} = \varepsilon'_{k2}\dfrac{z_2}{z_{k2}} = 0{,}81\,\dfrac{85}{177{,}7}$ $\quad = 0{,}388$
Profilüberdeckung	$\varepsilon_{\alpha I} = 0{,}873 + 0{,}388 \approx 1{,}24$	
Profilüberdeckung Gl. (8.14) (Nachrechnung)	$\varepsilon_{\alpha I} = \varepsilon_1 + \varepsilon_2 - \varepsilon_{aI}$ $\varepsilon_1 = \dfrac{\sqrt{r_{ak1}^2 - r_{b1}^2}}{\pi m_{tI}\cos\alpha_{tI}} = \dfrac{\sqrt{(49{,}83^2 - 42{,}2^2)\,\text{mm}^2}}{\pi \cdot 2{,}66\,\text{mm}\,\cos 21{,}17°} = 3{,}41$	

Benennung und Bemerkung	Abmessungen der Getriebestufe I	
	Rad 1	Rad 2

Benennung und Bemerkung	
	$\varepsilon_2 = \dfrac{\sqrt{r_{ak\,2}^2 - r_{b\,2}^2}}{\pi\,m_{t\,I}\cos\alpha_{t\,I}} = \dfrac{\sqrt{(117{,}64^2 - 105{,}42^2)\ \text{mm}^2}}{\pi \cdot 2{,}66\ \text{mm}\ \cos 21{,}17^\circ} = 6{,}68$
	$\varepsilon_{a\,I} = \dfrac{a_I \sin\alpha_{t\,w\,I}}{\pi\,m_{t\,I}\cos\alpha_{t\,I}} = \dfrac{162{,}9\ \text{mm}\ \sin 25{,}01^\circ}{\pi \cdot 2{,}66\ \text{mm}\ \cos 21{,}17^\circ} = 8{,}86$
	$\varepsilon_{\alpha\,I} = 3{,}41 + 6{,}68 - 8{,}86 = 1{,}23$
Sprungüberdeckung Gl. (8.85)	$\varepsilon_{\beta\,I} = \dfrac{b_I \sin\beta_I}{\pi\,m_{n\,I}} = \dfrac{40\ \text{mm}\ \sin 20^\circ}{\pi \cdot 2{,}5\ \text{mm}} = 1{,}74$
Gesamtüberdeckung Fl. (8.86)	$\varepsilon_{a\,I} = \varepsilon_{\alpha\,I} + \varepsilon_{\beta\,I} = 1{,}23 + 1{,}74 = 2{,}97$

Benennung und Bemerkung	Tragfähigkeitsberechnung der Getriebestufe I	
	Rad 1	Rad 2
Zahnfußspannung, Gl. (8.95)	$\sigma_{F\,1} = \dfrac{F_{t\,I}}{b_I m_{n\,I}}\, Y_{F\,1}\, Y_{\varepsilon\,I}\, Y_{\beta\,I} K_{F\alpha\,I} \leqq \sigma_{FP\,1}$	$\sigma_{F\,2} = \dfrac{F_{t\,I}}{b_I m_{n\,I}}\, Y_{F\,2}\, Y_{\varepsilon\,I}\, Y_{\beta\,I} K_{F\alpha\,I} \leqq \sigma_{FP\,2}$
Nenn-Drehmoment Zwgl. (8.40)	$T_1 = 9{,}55 \cdot 10^6 \dfrac{P}{n_1} = 9{,}55 \cdot 10^6\, \dfrac{20{,}4}{1420} = 137\,100\ \text{N mm}$	
Umfangskraft am Teilzylinder, Gl. (8.41)	$F_{t\,I} = \varphi\, \dfrac{2T_1}{d_1} = 1{,}2\, \dfrac{2 \cdot 137\,100\ \text{N mm}}{90{,}5\ \text{mm}} = 3\,640\ \text{N}$	
Zahnformfaktor Bild A 8.30	$Y_{F\,1} = f(z_1; x_1; \beta_I) = 1{,}95$	$Y_{F\,2} = f(z_2; x_2; \beta_I) = 2{,}01$
Lastanteilfaktor, Gl. (8.49)	$Y_{\varepsilon\,I} = \dfrac{1}{\varepsilon_{\alpha\,I}} = \dfrac{1}{1{,}23} = 0{,}813$	
Schrägungswinkelfaktor Gl. (8.96)	$Y_{\beta\,I} = 1 - \dfrac{\beta_I}{120} = 1 - \dfrac{20}{120} = 0{,}833$	
Hilfsfaktor Bild A 8.31 oder Gl. (8.50)	$q_{L\,I} = f\!\left(d_2; m_{n\,I}; \text{Qualität}; \dfrac{F_{t\,I}}{b_I}\right) = 0{,}95$	
Stirnlastverteilungsfaktor Gl. (8.51)	da $q_{L\,I} = 0{,}95 > \dfrac{1}{\varepsilon_{\alpha\,I}} = 0{,}813$ ist, gilt:	
oder Bild A 8.31	$K_{F\alpha\,I} = q_{L\,I}\varepsilon_{\alpha\,I} = 0{,}95 \cdot 1{,}23 = 1{,}17$	
Zahnfußspannung	$\sigma_{F\,1} = \dfrac{3\,640\ \text{N}}{40\ \text{mm} \cdot 2{,}5\ \text{mm}}\,1{,}95$ $\cdot 0{,}813 \cdot 0{,}833 \cdot 1{,}17$ $\sigma_{F\,1} = 56{,}3\ \text{N/mm}^2$	$\sigma_{F\,2} = \dfrac{3\,640\ \text{N}}{40\ \text{mm} \cdot 2{,}5\ \text{mm}}\,2{,}01$ $\cdot 0{,}813 \cdot 0{,}833 \cdot 1{,}17$ $\sigma_{F\,2} = 57{,}9\ \text{N/mm}^2$
zul. Zahnfußspannung Gl. (8.54)	$\sigma_{FP\,1} = \dfrac{\sigma_{Fl\,1}}{S_{F\,1}}$	$\sigma_{FP\,2} = \dfrac{\sigma_{Fl\,2}}{S_{F\,2}}$
Werkstoff, Taf. A 8.25	gewählt: C 15 $\sigma_{Fl\,1} = 230\ \text{N/mm}^2$ $\sigma_{Hl\,1} = 1\,600\ \text{N/mm}^2$	gewählt: C 15 $\sigma_{Fl\,2} = 230\ \text{N/mm}^2$ $\sigma_{Hl\,2} = 1\,600\ \text{N/mm}^2$

Benennung und Bemerkung	Tragfähigkeitsberechnung der Getriebestufe I	
	Rad 1	Rad 2
Sicherheitsfaktor gegen Zahnfußdauerbruch Taf. **A 8**.11	$S_{F1} = 2{,}0$ (entsprechend den Betriebsverhältnissen und unter Beachtung der Fußnoten nach Taf. **A 8**.25)	$S_{F2} = 2{,}0$ (entsprechend den Betriebsverhältnissen und unter Beachtung der Fußnoten nach Taf. **A 8**.25)
zul. Zahnfußspannung	$\sigma_{FP1} = \dfrac{230\ \text{N/mm}^2}{2}$ $= 115\ \text{N/mm}^2$	$\sigma_{FP2} = \dfrac{230\ \text{N/mm}^2}{2}$ $= 115\ \text{N/mm}^2$
Nachweis der Spannung	$\sigma_{F1} = 56{,}3\ \text{N/mm}^2 < \sigma_{FP1}$ $\sigma_{FP1} = 115\ \text{N/mm}^2$	$\sigma_{F2} = 57{,}9\ \text{N/mm}^2 < \sigma_{FP2}$ $\sigma_{FP2} = 115\ \text{N/mm}^2$

Hertzsche Pressung im Wälzpunkt C, Gl. (8.97)

$$\sigma_{HI} = Z_{MI} Z_{HI} Z_{\varepsilon I} \sqrt{\frac{u_I + 1}{u_I} \cdot \frac{F_{tI}}{b_I d_1}}\ K_{H\alpha I} \leqq \sigma_{HPI}$$

Materialfaktor Taf. **A 8**.26 oder Gl. (8.58)

für Stahl gegen Stahl: $Z_{MI} = 268\ \sqrt{\text{N/mm}^2}$

Flankenformfaktor Bild **A 8**.32

$$Z_{HI} = f\left(\frac{x_1 + x_2}{z_1 + z_2};\ \beta_I\right) = f\left(\frac{1 + 1}{34 + 85};\ 20^\circ\right) = 1{,}53$$

Überdeckungsfaktor Gl. (8.100)

$$\text{da } \varepsilon_{\beta I} \geqq 1:\ Z_{\varepsilon I} = \sqrt{\frac{1}{\varepsilon_{\alpha I}}\ \cos\beta_{bI}} = \sqrt{\frac{1}{1{,}23}\ \cos 18{,}747^\circ} = 0{,}88$$

Zähnezahlverhältnis Gl. (8.2)

$$u_I = \frac{z_2}{z_1} = \frac{85}{34} = 2{,}5$$

Stirnlastverteilungsfaktor Gl. (8.62) oder Bild **A 8**.5

$$K_{H\alpha I} = 1 + 2(q_{LI} - 0{,}5)\left(\frac{1}{Z_{\varepsilon I}^2} - 1\right)$$

$$= 1 + 2(0{,}95 - 0{,}5)\left(\frac{1}{0{,}88^2} - 1\right) = 1{,}262$$

Hertzsche Pressung im Wälzpunkt C

$$\sigma_{HI} = 268\ \sqrt{\text{N/mm}^2} \cdot 153$$

$$\cdot\ 0{,}88\ \sqrt{\frac{2{,}5 + 1}{2{,}5}\ \frac{3\,640\ \text{N}}{40\ \text{mm} \cdot 90{,}5\ \text{mm}}}\ 1{,}262 = 481\ \text{N/mm}^2$$

Sicherheitsfaktor gegen Grübchenbildung Taf. **A 8**.11

$S_{HI} = 1{,}8$ (entsprechend den Betriebsverhältnissen und unter Beachtung der Fußnoten nach Taf. **A 8**.25

zul. Hertzsche Pressung Gl. (8.65)

$$\sigma_{HP\,1,2} = \frac{\sigma_{HI\,1,2}}{S_{H\,1,2}} = \frac{1\,600\ \text{N/mm}^2}{1{,}8} = 890\ \text{N/mm}^2$$

Nachweis der Hertzschen Pressung

$$\sigma_{HI} = 481\ \text{N/mm}^2 < \sigma_{HP\,1,2} = 890\ \text{N/mm}^2$$

Die Getriebestufe II ist sinngemäß wie Stufe I zu berechnen.

Beispiel 6. Ein Schrägstirnrad-Getriebe eines Trommel-Antriebes mit den Stufen I und II (**8.**65) ist zu berechnen. Die Umfangsgeschwindigkeit der Trommel (Fördergeschwindigkeit) soll $v = (5 \cdots 6)\ \text{m/s}$ und der Trommeldurchmesser $d_{Tr} = 250\ \text{mm}$ betragen. Arm S mit Achse steht gegenüber Welle 1 und

Lager L still. Der Antrieb erfolgt durch einen Elektromotor mit $P_1 = 19\,\text{kW}$ bei $n_1 = 1\,450\,\text{min}^{-1}$.
Betriebsfaktor $\varphi = 1,5$. Verzahnungsqualität 8 nach
DIN 3962, 3963, 3967. (Vergl. Planeten-Minusgetriebe
mit feststehendem Steg; Abschn. 8.10.)

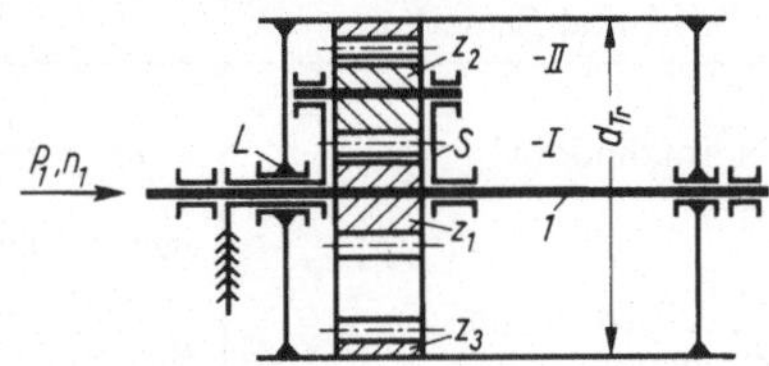

8.65
Antriebstrommel eines Förderbandes

Benennung und Bemerkung	Überschalgsrechnung zur Vordimensionierung s. auch Tafel **A 8.4** und **A 8.5**
Wahl des Moduls, wenn Räder 1 und 2 gehärtet sein sollen, Gl. (8.104)	$m_\text{n} \geqq \sqrt[3]{\dfrac{2\,T_{1\,\text{max}}}{z_1\,\lambda\,\sigma_{\text{FP}1}}\cos\beta}\;Y_{\text{F}1}\,Y_{\varepsilon\text{I}}\,Y_{\beta\text{I}}\,K_{\text{F}\alpha\text{I}}$ nach Taf. **A 8.5**: $Y_{\text{F}1} = 2,2$, $Y_{\varepsilon\text{I}} = 1$, $K_{\text{F}\alpha\text{I}} = 1$ $Y_{\beta\text{I}} = f(\beta)$ s. Gl. (8.96)
Annahmen: Schrägungswinkel	$\beta = 20°$
Durchmesser der Welle 1 aus Werkstoff 20 MnCr 5 Zwgl. (8.44)	$\tau_{\text{t zul}} = 50\,\text{N/mm}^2$ für 20 MnCr 5 Tafel **A 1.4** $d_{\text{Wl}1} \geqq 365 \sqrt[3]{\dfrac{\varphi\,P}{\tau_{\text{t zul}}\,n_1}}$ $d_{\text{Wl}1} \geqq 365 \sqrt[3]{\dfrac{1,5\cdot 19}{50\cdot 1\,450}} = 26,7\,\text{mm};\quad \text{gewählt: } d_{\text{Wl}1} = 30\,\text{mm}$
nach Gl. (8.71) ist	$d_1 \geqq 2\,d_{\text{Wl}1} = 2\cdot 30\,\text{mm} = 60\,\text{mm}$
Mindestzähnezahl Gl. (8.101) und Taf. **A 8.5**	$z_{1\,\text{min s}} \approx z_{1\,\text{min}}\cos^3\beta = 16\cos^3 20° = 13,3$ gewählt: $z_{1\,\text{min s}} = z_1 = 14$
Einfluß der Art der Lagerung, Taf. **A 8.12** Werkstoffe nach Taf. **A 8.25**	gewählt: $\lambda = \dfrac{b}{m_\text{n}} = 15$
Rad 1 (Ritzel)	C 15 mit $\sigma_{\text{Fl}1} = 230\,\text{N/mm}^2$ und $\sigma_{\text{Hl}1} = 1\,600\,\text{N/mm}^2$
Rad 2 (Zwischenrad)	C 15 mit Beanspruchung auf Biegewechselfestigkeit $\sigma'_{\text{Fl}2} = 0,65\,\sigma_{\text{Fl}2} = 0,65\cdot 230\,\text{N/mm}^2 = 150\,\text{N/mm}^2$, (s. Abschn. 8.3.6)
Rad 3 (Hohlrad)	GS-60 mit $\sigma_{\text{Fl}3} = 170\,\text{N/mm}^2$ und $\sigma_{\text{Hl}3} = 420\,\text{N/mm}^2$ da Rad 3 gegen gehärtete Zahnflanke von Rad 2 läuft, ist $\sigma'_{\text{Hl}3} = 12\cdot 420\,\text{N/mm}^2 = 504\,\text{N/mm}^2$ (s. Taf. **A 8.25**, Fußnote 4)
Sicherheitsfaktor gegen Zahnfußdauerbruch Taf. **A 8.11**	$S_\text{F} = 1,6$, da Dauerbetrieb vorausgesetzt wird
zul. Biegespannung Gl. (8.54)	$\sigma_{\text{FP}1} = \dfrac{\sigma_{\text{Fl}1}}{S_\text{F}} = \dfrac{230\,\text{N/mm}^2}{1,6} = 143,8\,\text{N/mm}^2$
Schrägungswinkelfaktor Gl. (8.96)	$Y_{\beta\text{I}} = 1 - \dfrac{\beta}{120} = 1 - \dfrac{20}{120} = 0,833$
Drehmoment, Zwgl. (8.40)	$T_{1\,\text{max}} = \varphi\,9,55\cdot 10^6\,\dfrac{P_1}{n_1} = 1,5\cdot 9,55\cdot 10^6\,\dfrac{19}{1\,450} \approx 188\,000\,\text{N mm}$

Benennung und Bemerkung	Überschalgsrechnung zur Vordimensionierung s. auch Tafel **A 8**.4 und **A 8**.5
Normalmodul	$m_\mathrm{n} \geqq \sqrt[3]{\dfrac{2 \cdot 188\,000 \ \mathrm{N\,mm} \ \cos 20°}{14 \cdot 15 \cdot 143{,}8 \ \mathrm{N/mm^2}}} \ 2{,}2 \cdot 1 \cdot 0{,}833 \cdot 1 = 2{,}72 \ \mathrm{mm}$ gewählt nach Tafel **A 8**.9: $m_\mathrm{n} = 3{,}0 \ \mathrm{mm}$
Teilkreisdurchmesser Gl. (8.79)	$d_1 = z_1 \dfrac{m_\mathrm{n}}{\cos \beta} = 14 \dfrac{3{,}0 \ \mathrm{mm}}{\cos 20°} = 44{,}7 \ \mathrm{mm} < 2 d_{\mathrm{W}I\,1} = 60 \ \mathrm{mm}$ Darum werden neu festgelegt: $z_1 = 15$ und $m_\mathrm{n} = 3{,}5 \ \mathrm{mm}$ $d_1 = 15 \dfrac{3{,}5 \ \mathrm{mm}}{\cos 20°} = 55{,}87 \ \mathrm{mm}$ (Rad 1 z. B. durch Preßpassung auf Welle 1 befestigt)
Übersetzung, Gl. (8.1)	$i = \dfrac{n_1}{-n_{\mathrm{Tr}}} \qquad n_{\mathrm{Tr}} = \dfrac{v\,60}{\pi\,d_{\mathrm{Tr}}} = \dfrac{(5 \cdots 6) \ \mathrm{m/s} \cdot 60 \ \mathrm{s/min}}{\pi \cdot 0{,}25 \ \mathrm{m}}$ gewählt: $n_{\mathrm{Tr}} = -420 \ \mathrm{min^{-1}}$ $i = \dfrac{1\,450 \ \mathrm{min^{-1}}}{-420 \ \mathrm{min^{-1}}} = -3{,}45$
Zahnbreite	$b = \lambda m_\mathrm{n} = 15 \cdot 3{,}5 \ \mathrm{mm} = 52{,}5 \ \mathrm{mm}; \quad$ gewählt: $b = 55 \ \mathrm{mm}$

Verzahnungsgeometrie (s. Tafel **A 8**.2) für
 $m_\mathrm{n} = 3{,}5 \ \mathrm{mm}, \quad \beta = 20°, \quad z_1 = 15, \quad d_1 = 55{,}87 \ \mathrm{mm}$

Zähnezahl von Rad 3	$z_3 = i z_1 = -3{,}45 \cdot 15 = -51{,}8; \quad$ gewählt: $z_3 = -51$
Teilkreisdurchmesser von Rad 3, (s. Abschn. 8.3.3)	$d_3 = z_3 \dfrac{m_\mathrm{n}}{\cos \beta} = -51 \dfrac{3{,}5 \ \mathrm{mm}}{\cos 20°} = -189{,}96 \ \mathrm{mm}$ d_3 ist nun anhand der Konstruktion für d_{Tr} zu prüfen
Teilkreisdurchmesser von Rad 2, (s. Abschn. 8.3.3)	$d_2 \leqq \dfrac{d_3 - d_1}{2} = \dfrac{(189{,}96 - 55{,}87) \ \mathrm{mm}}{2} = 67{,}04 \ \mathrm{mm}$
Zähnezahl von Rad 2 Gl. (8.79)	$z_2 \leqq \dfrac{67{,}04 \ \mathrm{mm} \ \cos \beta}{m_\mathrm{n}} = \dfrac{67{,}04 \ \mathrm{mm} \ \cos 20°}{3{,}5 \ \mathrm{mm}} = 18$ gewählt: $z_2 = 17$
Teilkreisdurchmesser von Rad 2, Gl. (8.79)	$d_2 = z_2 \dfrac{m_\mathrm{n}}{\cos \beta} = 17 \dfrac{3{,}5 \ \mathrm{mm}}{\cos 20°} = 63{,}32 \ \mathrm{mm}$
Zähnezahl des Ersatzstirnrades, Gl. (8.88)	$z_{\mathrm{n}\,1} = \dfrac{z_1}{\cos^3 \beta} = \dfrac{15}{\cos^3 20°} = 18{,}1$ $z_{\mathrm{n}\,2} = \dfrac{z_2}{\cos^3 \beta} = \dfrac{17}{\cos^3 20°} = 20{,}5$
Profilverschiebungsfaktoren für Rad 1 und Rad 2	nach Bild **A 8**.27 kann gewählt werden: für $z_{\mathrm{n}\,1} = 18$, $z_{\mathrm{n}\,2} = 20$ $x_1 = 0{,}57$ bei $s_{\mathrm{a}\,1} = 0{,}4\,m_\mathrm{n} \qquad x_2 = 0{,}65$ bei $s_{\mathrm{a}\,2} = 0{,}4\,m_\mathrm{n}$ Zur Verbesserung der Eingriffverhältnisse und Tragfähigkeit werden gewählt: $x_1 = 0{,}5$ und $x_2 = 0{,}6$
Stirneingriffswinkel Gl. (8.82)	$\tan \alpha_{\mathrm{t}I} = \dfrac{\tan \alpha_\mathrm{n}}{\cos \beta_I} = \dfrac{\tan 20°}{\cos 20°} \qquad \alpha_{\mathrm{t}I} = 21°\,10'\,22'' = 21{,}1728°$
Schrägungswinkel am Grundkreis, Gl. (8.81)	$\tan \beta_{\mathrm{b}I} = \tan \beta_I \ \cos \alpha_{\mathrm{t}I} = \tan 20° \ \cos 21{,}1728°; \ \beta_{\mathrm{b}I} = 18°\,44'\,49''$

Verzahnungsgeometrie (s. Tafel **A 8**.2) für
$m_\mathrm{n} = 3,5$ mm, $\ \beta = 20°,\ \ z_1 = 15,\ \ d_1 = 55,87$ mm

Betriebseingriffswinkel bei gegebener Σx, Gl. (8.29)	$\mathrm{inv}\,\alpha_{t\,w\mathrm{I}} = \dfrac{2\,\tan\alpha_\mathrm{n}\,(x_1 + x_2)}{z_1 + z_2} + \mathrm{inv}\,\alpha_{t\mathrm{I}}$ $\mathrm{inv}\,\alpha_{t\,w\mathrm{I}} = \dfrac{2\,\tan 20°\,(0,5 + 0,6)}{15 + 17} + \mathrm{inv}\,21,1728° = 0,042817$ $\alpha_{t\,w\mathrm{I}} = 27°57'33'' = 27,9591°$
Betriebswälzkreis- durchmesser, Gl. (8.25)	$d_{w\,1} = d_1\,\dfrac{\cos\alpha_{t\mathrm{I}}}{\cos\alpha_{t\,w\mathrm{I}}} = 55,87\ \mathrm{mm}\,\dfrac{\cos 21,1728°}{\cos 27,9591°} = 58,982\ \mathrm{mm}$ $d_{w\,2\mathrm{I}} = d_2\,\dfrac{\cos\alpha_{t\mathrm{I}}}{\cos\alpha_{t\,w\mathrm{I}}} = 63,32\ \mathrm{mm}\,\dfrac{\cos 21,1728°}{\cos 27,9591°} = 66,847\ \mathrm{mm}$
Achsabstand, Gl. (8.26)	$a_\mathrm{I} = \dfrac{d_{w\,1} + d_{w\,2\mathrm{I}}}{2} = \dfrac{(58,982 + 66,847)\ \mathrm{mm}}{2} = 62,914\ \mathrm{mm}$
Betriebseingriffwinkel bei gegebenem Achsabstand Gl. (8.28) (Fußnote von Taf. **A 8**.2 beachten)	$\cos\alpha_{t\,w\mathrm{II}} = \dfrac{z_2 + z_3}{2\,a_\mathrm{II}}\,\dfrac{m_\mathrm{n}}{\cos\beta_\mathrm{II}}\,\cos\alpha_{t\mathrm{II}}$ Es ist $\beta_\mathrm{II} = \beta_\mathrm{I}$, also ist $\alpha_{t\mathrm{II}} = \alpha_{t\mathrm{I}}$ \qquad Bedingung: $a_\mathrm{I} = -\,a_\mathrm{II}$ $\cos\alpha_{t\,w\mathrm{II}} = \dfrac{17 - 51}{2\,(-62,914)\ \mathrm{mm}}\,\dfrac{3,5\ \mathrm{mm}}{\cos 20°}\,\cos 21,1728°$ $\alpha_{t\,w\mathrm{II}} = 20°12' = 20,2°$
Summe der Profil- verschiebungsfaktoren Gl. (8.27)	$x_2 + x_3 = \dfrac{(z_2 + z_3)\,(\mathrm{inv}\,\alpha_{t\,w\mathrm{II}} - \mathrm{inv}\,\alpha_{t\mathrm{II}})}{2\,\tan\alpha_\mathrm{n}}$ $x_2 + x_3 = \dfrac{(17 - 51)\,(\mathrm{inv}\,20,2° - \mathrm{inv}\,21,1728°)}{2\,\tan 20°} = 0,11312$
Profilverschiebungsfaktor für Rad 3	$x_3 = 0,11312 - x_2 = 0,11312 - 0,6 = -\,0,48688$
Betriebswälzkreis- durchmesser, Gl. (8.25)	$d_{w\,2\mathrm{II}} = d_2\,\dfrac{\cos\alpha_{t\mathrm{II}}}{\cos\alpha_{t\,w\mathrm{II}}} = 63,32\ \mathrm{mm}\,\dfrac{\cos 21,1728°}{\cos 20,2°} = 62,914\ \mathrm{mm}$ $d_{w\,3} = d_3\,\dfrac{\cos\alpha_{t\mathrm{II}}}{\cos\alpha_{t\,w\mathrm{II}}} = -\,189,96\ \mathrm{mm}\,\dfrac{\cos 21,1728°}{\cos 20,2°} = -\,188,742\ \mathrm{mm}$
Bedingung: $a_\mathrm{I} = -\,a_\mathrm{II}$ Achsabstand, (Kontrolle)	$a_\mathrm{II} = \dfrac{d_{w\,2\mathrm{II}} + d_{w\,3}}{2} = \dfrac{(62,914 - 188,742)\ \mathrm{mm}}{2} = -\,62,914\ \mathrm{mm}$
Achsabstand (Rechen- größe), Gl. (8.37)	$a_{d\mathrm{I}} = \dfrac{d_1 + d_2}{2} = \dfrac{(55,87 + 63,32)\ \mathrm{mm}}{2} = 59,595\ \mathrm{mm}$ $a_{d\mathrm{II}} = \dfrac{d_2 + d_3}{2} = \dfrac{(63,32 - 189,96)\ \mathrm{mm}}{2} = -\,63,32\ \mathrm{mm}$
Kopfkreisdurchmesser Gl. (8.30)	$d_{a\,1} = d_1 + 2m_\mathrm{n} + 2x_1 m_\mathrm{n} = 55,87\ \mathrm{mm} + 2\cdot 3,5\ \mathrm{mm}$ $\qquad + 2\cdot 0,5\cdot 3,5\ \mathrm{mm} = 66,37\ \mathrm{mm}$ $d_{a\,2} = d_2 + 2m_\mathrm{n} + 2x_2 m_\mathrm{n} = 63,32\ \mathrm{mm} + 2\cdot 3,5\ \mathrm{mm}$ $\qquad + 2\cdot 0,6\cdot 3,5\ \mathrm{mm} = 74,52\ \mathrm{mm}$ $d_{a\,3} = d_3 + 2m_\mathrm{n} + 2x_3 m_\mathrm{n} = -\,189,96\ \mathrm{mm} + 2\cdot 3,5\ \mathrm{mm}$ $\qquad + 2\cdot(-\,0,48688)\cdot 3,5\ \mathrm{mm} = -\,186,368\ \mathrm{mm}$

Verzahnungsgeometrie (s. Tafel **A 8.**2) für

$m_n = 3,5$ mm, $\beta = 20°$, $z_1 = 15$, $d_1 = 55,87$ mm

Fußkreisdurchmesser Gl. (8.11), $c = 0,25\,m_n$	$d_{f1} = d_1 - 2m_n - 2c + 2x_1 m_n$ $d_{f1} = 55,87$ mm $- 2 \cdot 3,5$ mm $- 2 \cdot 0,25 \cdot 3,5$ mm $\qquad + 2 \cdot 0,5 \cdot 3,5$ mm $= 50,62$ mm $d_{f2} = d_2 - 2m_n - 2c + 2x_2 m_n$ $d_{f2} = 63,32$ mm $- 2 \cdot 3,5$ mm $- 2 \cdot 0,25 \cdot 3,5$ mm $\qquad + 2 \cdot 0,6 \cdot 3,5$ mm $= 58,77$ mm $d_{f3} = d_3 - 2m_n - 2c + 2x_3 m_n$ $d_{f3} = -189,96$ mm $- 2 \cdot 3,5$ mm $- 2 \cdot 0,25 \cdot 3,5$ mm $\qquad + 2\,(-0,48688) \cdot 3,5$ mm $= -202,12$ mm
vorhandenes Kopfspiel Gl. (8.33)	$c_I = a_I - \dfrac{d_{a1} + d_{f2}}{2} = 62,914 - \dfrac{(66,37 + 58,77)\ \text{mm}}{2} = 0,344$ mm $c_{II} = a_{II} - \dfrac{d_{a2} + d_{f3}}{2} = -62,914 - \dfrac{(74,52 - 202,12)\ \text{mm}}{2}$ $\qquad = 0,886$ mm $> c_{min}$
praktisches Mindest-Kopfspiel, Taf. **A 8.**5	$c_{min} = 0,12\,m_n = 0,12 \cdot 3,5$ mm $= 0,42$ mm da $c_I = 0,344$ mm $< c_{min} = 0,42$ mm ist, muß d_{a1} mindestens um $c_{min} - c_I = 0,42 - 0,344 = 0,076 \approx 0,1$ mm gekürzt werden
Kopfkreisdurchmesser bei Kopfkürzung	Also wird: $d_{ak1} = d_{a1} - 2 \cdot 0,1$ mm $= 66,37$ mm $- 2 \cdot 0,1 = 66,17$ mm $d_{ak2} = d_{a2} - 2 \cdot 0,1$ mm $= 74,52$ mm $- 0,2$ mm $= 74,32$ mm Zur Vermeidung der Eingriffsstörung wird mit $h_{a3} = 0,8\,m_n$ nach Taf. **A 8.**10 $d_{ak3} = d_{a3} - 2 \cdot 0,2\,m_n = -186,368 - 2 \cdot 0,2 \cdot 3,5$ mm $= -187,768$ mm
Kopfspiel nach Kopfkürzung zwischen d_{ak2} **und** d_{f3}	$c_{II} = a_{II} - \dfrac{d_{ak2} + d_{f3}}{2} = -62,914 - \dfrac{(74,32 - 202,12)}{2} = 0,986$
und zwischen d_{ak3} **und** d_{f2}	$c_{II} = a_{II} - \dfrac{d_{ak3} + d_{f3}}{2} = -62,914 - \dfrac{(-187,768 + 58,77)}{2} = 1,585$ mm
Profilüberdeckung Gl. (8.36)	$\varepsilon_{\alpha I} = \varepsilon_{k1} + \varepsilon_{k2}$ und $\varepsilon_{\alpha II} = \varepsilon_{k2} + \varepsilon_{k3}$
Kennzahlen für die Teil-Profilüberdeckung Gl. (8.34) und Bild **A 8.**29 für α_{twI} bzw. α_{twII}	$z_{k1} = \dfrac{2d_{w1}}{d_{ak1} - d_{w1}} = \dfrac{2 \cdot 58,98\ \text{mm}}{(66,17 - 58,98)\ \text{mm}} = 16,4;\ \varepsilon'_{k1} = 0,655$ $z_{k21} = \dfrac{2d_{w21}}{d_{ak2} - d_{w21}} = \dfrac{2 \cdot 66,85\ \text{mm}}{(74,32 - 66,85)\ \text{mm}} = 17,89;\ \varepsilon'_{k21} = 0,655$ $z_{k2II} = \dfrac{2d_{w2II}}{d_{ak2} - d_{w2II}} = \dfrac{2 \cdot 62,91\ \text{mm}}{(74,32 - 62,91)\ \text{mm}} = 11,02;\ \varepsilon'_{k2II} = 0,7$ $z_{k3} = \dfrac{2d_{w3}}{d_{ak3} - d_{w3}} = \dfrac{2(-188,74)\ \text{mm}}{[-187,77 - (-188,74)]\ \text{mm}} = -389;\ \varepsilon'_{k3} = 1,05$
Teil-Profilüberdeckung Gl. (8.35)	$\varepsilon_{k1} = \varepsilon'_{k1}\,\dfrac{z_1}{z_{k1}} = 0,655\,\dfrac{15}{16,4} = 0,60$ $\varepsilon_{k21} = \varepsilon'_{k21} = \dfrac{z_2}{z_{k21}} = 0,665\,\dfrac{17}{17,89} = 0,63$

Verzahnungsgeometrie (s. Tafel **A8.2**) für

$m_\mathrm{n} = 3{,}5$ mm, $\beta = 20°$, $z_1 = 15$, $d_1 = 55{,}87$ mm

Benennung und Bemerkung	Rad 1	Rad 2
	$\varepsilon_{\mathrm{k}2\mathrm{II}} = \varepsilon'_{\mathrm{k}2\mathrm{II}} = \dfrac{z_2}{z_{\mathrm{k}2\mathrm{II}}} = 0{,}72\,\dfrac{17}{11{,}02} = 1{,}11$	
	$\varepsilon_{\mathrm{k}3} = \varepsilon'_{\mathrm{k}3}\,\dfrac{z_3}{z_{\mathrm{k}3}} = 1{,}05\,\dfrac{-51}{-389} = 0{,}14$	
Profilüberdeckung	$\varepsilon_{\alpha\mathrm{I}} = \varepsilon_{\mathrm{k}1} + \varepsilon_{\mathrm{k}2\mathrm{I}} = 0{,}60 + 0{,}63 = 1{,}23$	
	$\varepsilon_{\alpha\mathrm{II}} = \varepsilon_{\mathrm{k}2\mathrm{II}} + \varepsilon_{\mathrm{k}3} = 1{,}11 + 0{,}14 = 1{,}25$	
Sprungüberdeckung Gl. (8.85)	$\varepsilon_{\beta\mathrm{I}} = \varepsilon_{\beta\mathrm{II}} = \dfrac{b\,\sin\beta_1}{\pi\,m_\mathrm{n}} = \dfrac{55\text{ mm}\,\sin 20°}{\pi \cdot 3{,}5\text{ mm}} = 1{,}71$	
Gesamtüberdeckung Gl. (8.86)	$\varepsilon_{\mathrm{aI}} = \varepsilon_{\alpha\mathrm{I}} + \varepsilon_{\beta\mathrm{I}} = 1{,}23 + 1{,}71 = 2{,}94$	
	$\varepsilon_{\mathrm{aII}} = \varepsilon_{\alpha\mathrm{II}} + \varepsilon_{\beta\mathrm{II}} = 1{,}25 + 1{,}71 = 2{,}96$	

Benennung und Bemerkung	Tragfähigkeitsberechnung	
	Rad 1	Rad 2
Zahnfußspannung, Gl. (8.95)	$\sigma_{\mathrm{F}1} = \dfrac{F_{\mathrm{t}1}}{b m_\mathrm{n}}\,Y_{\mathrm{F}1}\,Y_{\varepsilon\mathrm{I}}\,Y_{\beta\mathrm{I}}K_{\mathrm{F}\alpha\mathrm{I}} \leqq \sigma_{\mathrm{FP}1}$	$\sigma_{\mathrm{F}2} = \dfrac{F_{\mathrm{t}1}}{b m_\mathrm{n}}\,Y_{\mathrm{F}2}\,Y_{\varepsilon\mathrm{I}}\,Y_{\beta\mathrm{I}}K_{\mathrm{F}\alpha\mathrm{I}} \leqq \sigma_{\mathrm{FP}2}$
Drehmoment Zwgl. (8.40)	$T_{1\,\mathrm{max}} = \varphi\,9{,}55 \cdot 10^6\dfrac{P_1}{n_1} = 1{,}5 \cdot 9{,}55 \cdot 10^6\,\dfrac{19}{1\,450} = 188\,000\text{ N mm}$	
Umfangskraft am Teilzylinder, Gl. (8.41)	$F_{\mathrm{t}1} = \dfrac{2\,T_{1\,\mathrm{max}}}{d_1} = \dfrac{2 \cdot 188\,000\text{ N mm}}{55{,}87\text{ mm}} = 6\,730\text{ N}$	
Zahnformfaktor Bild **A8**.30	$Y_{\mathrm{F}1} = f(z_1; x_1; \beta_1) = 2{,}26$	$Y_{\mathrm{F}2} = f(z_2; x_2; \beta_1) = 2{,}14$
Lastanteilfaktor, Gl. (8.49)	$Y_{\varepsilon\mathrm{I}} = \dfrac{1}{\varepsilon_{\alpha\mathrm{I}}} = \dfrac{1}{1{,}25} = 0{,}8$	
Schrägungswinkelfaktor Gl. (8.96)	$Y_{\beta\mathrm{I}} = 1 - \dfrac{\beta_1}{120} = 1 - \dfrac{20}{120} = 0{,}833$	
Hilfsfaktor Bild **A8**.31 oder Gl. (8.50)	$q_{\mathrm{LI}} = f\!\left(d_2; m_\mathrm{n}; \text{Qualität}; \dfrac{F_{\mathrm{t}1}}{b}\right) = 0{,}86$	
Stirnlastverteilungsfaktor Gl. (8.51)	da $q_{\mathrm{LI}} = 0{,}86 > \dfrac{1}{\varepsilon_{\alpha\mathrm{I}}} = 0{,}8$ ist, gilt	
oder Bild **A8**.31	$K_{\mathrm{F}\alpha\mathrm{I}} = q_{\mathrm{LI}}\varepsilon_{\alpha\mathrm{I}} = 0{,}86 \cdot 1{,}25 = 1{,}07$	
Zahnfußspannung	$\sigma_{\mathrm{F}1} = \dfrac{6\,730\text{ N}}{55\text{ mm} \cdot 3{,}5\text{ mm}}\,2{,}26 \\ \cdot 0{,}8 \cdot 0{,}833 \cdot 1{,}07$ $\sigma_{\mathrm{F}1} = 56{,}3\text{ N/mm}^2$	$\sigma_{\mathrm{F}2\mathrm{I}} = \dfrac{6\,730\text{ N}}{55\text{ mm} \cdot 3{,}5\text{ mm}}\,2{,}14 \\ \cdot 0{,}8 \cdot 0{,}833 \cdot 1{,}07$ $\sigma_{\mathrm{F}2\mathrm{I}} = 53{,}4\text{ N/mm}^2$
zul. Spannung	$\sigma_{\mathrm{FP}1} = \dfrac{\sigma_{Fl1}}{S_{\mathrm{F}1}} = 143{,}8\text{ N/mm}^2$	$\sigma_{\mathrm{FP}2} = \dfrac{\sigma_{Fl2}}{S_{\mathrm{F}2}} = 93{,}7\text{ N/mm}^2$
Nachweis der Spannung	$\sigma_{\mathrm{F}1} = 56{,}3\text{ N/mm}^2 < \sigma_{\mathrm{FP}1}$ $\sigma_{\mathrm{FP}1} = 143{,}8\text{ N/mm}^2$	$\sigma_{\mathrm{F}2\mathrm{I}} = 53{,}4\text{ N/mm}^2 < \sigma_{\mathrm{FP}2}$ $\sigma_{\mathrm{FP}2} = 93{,}7\text{ N/mm}^2$
Hertzsche Pressung im Wälzpunkt C_1, Gl. (8.97)	$\sigma_{\mathrm{HI}} = Z_{\mathrm{MI}}Z_{\mathrm{HI}}Z_{\varepsilon\mathrm{I}}\sqrt{\dfrac{u_1+1}{u_1}\,\dfrac{F_{\mathrm{t}1}}{b\,d_1}}\,K_{\mathrm{H}\alpha\mathrm{I}} \leqq \sigma_{\mathrm{HP}1,2}$	

Benennung und Bemerkung	Tragfähigkeitsberechnung	
	Rad 1	Rad 2
Materialfaktor, Taf. **A 8.26**	für Stahl gegen Stahl: $Z_{MI} = 268 \sqrt{\text{N/mm}^2}$	
Flankenformfaktor Bild **A 8.32**	$Z_{HI} = f\left(\dfrac{x_1 + x_2}{z_1 + z_2}; \beta_I\right) = f\left(\dfrac{0,5 + 0,6}{15 + 17}; 20°\right) = 1,435$	
Überdeckungsfaktor Gl. (8.100)	da $\varepsilon_{\alpha I} \geqq 1$: $Z_{\varepsilon I} = \sqrt{\dfrac{1}{\varepsilon_{\alpha I}}} \cos \beta_{bI} = \sqrt{\dfrac{1}{1,25}} \cos 18°45' = 0,87$	
Zähnezahlverhältnis Gl. (8.2)	$u_I = \dfrac{z_2}{z_1} = \dfrac{17}{15} = 1,13$	
Stirnlastverteilungsfaktor Gl. (8.62) oder Bild **A 8.31**	$K_{H\alpha I} = 1 + 2(q_{LI} - 0,5)\left(\dfrac{1}{Z_{\varepsilon I}^2} - 1\right)$ $= 1 + 2(0,87 - 0,5)\left(\dfrac{1}{1,13^2} - 1\right) = 1,16$	
Hertzsche Pressung im Wälzpunkt C_I	$\sigma_{HI} = 268 \sqrt{\text{N/mm}^2} \cdot 1,435$ $\cdot 0,87 \sqrt{\dfrac{1,13 + 1}{1,13} \dfrac{6730\,\text{N}}{55\,\text{mm} \cdot 55,87\,\text{mm}}}\, 1,16 = 732\,\text{N/mm}^2$	
Sicherheitsfaktor gegen Grübchenbildung Taf. **A 8.11**	$S_{H1} = 1,8$ und $S_{H2} = 2,0$ (Betriebsverhältnisse und Fußnoten auf Taf. **A 8.25** beachten)	
zul. Hertzsche Pressung Gl. (8.65)	$\sigma_{HP1} = \dfrac{\sigma_{HI1}}{S_{H1}} = \dfrac{1600\,\text{N/mm}^2}{1,8}$ $= 890\,\text{N/mm}^2$	$\sigma_{HP2} = \dfrac{\sigma_{HI2}}{S_{H2}} = \dfrac{1600\,\text{N/mm}^2}{2,0}$ $= 800\,\text{N/mm}^2$
Nachweis der Hertzschen Pressung	$\sigma_{HI} = 732\,\text{N/mm}^2 < \sigma_{HP1}$ $\sigma_{HP1} = 890\,\text{N/mm}^2$	$\sigma_{HI} = 732\,\text{N/mm}^2 < \sigma_{HP2}$ $\sigma_{HP2} = 800\,\text{N/mm}^2$
Hertzsche Pressung in den inneren Eingriffspunkten B und D Gl. (8.66) und (8.68)	$\sigma_{HB} = \sigma_H Z_B \leqq \sigma_{HP}$ und $\sigma_{HD} = \sigma_H Z_D \leqq \sigma_{HP}$ sind nachzuweisen (s. Abschn. 8.3.6); hier nicht durchgeführt ($z_{n1} > 20$; $z_{n2} = 18$)	

Benennung und Bemerkung	Tragfähigkeitsrechnung	
	Rad 2	Rad 3
da Rad 3 ungehärtet, zuerst Nachweis der Hertzschen Pressung im Wälzpunkt C_{II}, Gl. (8.97)	$\sigma_{HII} = Z_{MII} Z_{HII} Z_{\varepsilon II} \sqrt{\dfrac{u_{II} + 1}{u_{II}} \dfrac{F_{tII}}{b\, d_2}} K_{H\alpha II} \leqq \sigma_{HP2,3}$ $F_{tII} = F_{tI} = 6730\,\text{N}$, da Rad 2 als Zwischenrad wirkt	
Materialfaktor, Taf. **A 8.26**	für Stahl gegen Stahlguß: $Z_{MII} = 267 \sqrt{\text{N/mm}^2}$	
Flankenformfaktor Bild **A 8.32**	$Z_{HII} = f\left(\dfrac{x_2 + x_3}{z_2 + z_3}; \beta_{II}\right) = f\left(\dfrac{0,6 - 0,48688}{17 - 51}; 20°\right) = 1,72$	
Überdeckungsfaktor Gl. (8.100)	da $\varepsilon_{\alpha II} \geqq 1$: $Z_{\varepsilon II} = \sqrt{\dfrac{1}{\varepsilon_{\alpha II}}} \cos \beta_{bII} = \sqrt{\dfrac{1}{1,24}} \cos 18°45' = 0,87$	
Zähnezahlverhältnis Gl. (8.2)	$u_{II} = \dfrac{z_3}{z_2} = \dfrac{-51}{17} = -3$	

Benennung und Bemerkung	Tragfähigkeitsrechnung	
	Rad 2	Rad 3
Hilfsfaktor Bild **A 8**.31 oder Gl. (8.50)	$q_{\mathrm{L\,II}} = f\left(\lvert d_3\rvert;\ m_{\mathrm{n}};\ \text{Qualität};\ \dfrac{F_{\mathrm{t\,II}}}{b}\right) = 0{,}93$	
Stirnlastverteilungsfaktor Gl. (8.62) oder Bild **A 8**.31	$K_{\mathrm{H\alpha II}} = 1 + 2(q_{\mathrm{L\,II}} - 0{,}5)\left(\dfrac{1}{Z_{\varepsilon\mathrm{II}}^2} - 1\right)$ $= 1 + 2(0{,}93 - 0{,}5)\left(\dfrac{1}{0{,}87^2} - 1\right) = 1{,}276$	
Hertzsche Pressung im Wälzpunkt C_{II}	$\sigma_{\mathrm{H\,II}} = 267\,\sqrt{\mathrm{N/mm^2}}\cdot 1{,}72$ $\cdot\,0{,}87\,\sqrt{\dfrac{-3+1}{-3}\ \dfrac{6\,730\ \mathrm{N}}{55\ \mathrm{mm}\cdot 67{,}04\ \mathrm{mm}}}\ 1{,}276 = 498\ \mathrm{N/mm^2}$	
Sicherheitsfaktor gegen Grübchenbildung, Taf. **A 8**.11 zul. Hertzsche Pressung Gl. (8.65)	$S_{\mathrm{H\,2}} = 2{,}0$ $\sigma_{\mathrm{HP\,2}} = 800\ \mathrm{N/mm^2}$	$S_{\mathrm{H\,3}} = 1{,}5$ $\sigma_{\mathrm{HP\,3}} = \dfrac{\sigma'_{\mathrm{H}l\,3}}{S_{\mathrm{H\,3}}} = \dfrac{504\ \mathrm{N/mm^2}}{1{,}5}$ $= 336\ \mathrm{N/mm^2}$ Da $\sigma_{\mathrm{H\,II}} = 498\ \mathrm{N/mm^2} > \sigma_{\mathrm{HP\,3}} = 336\ \mathrm{N/mm^2}$ ist, muß für Rad 3 ein Vergütungstahl gewählt werden; nach Taf. **A 8**.25: 42 CrMo 4 mit $\sigma_{\mathrm{F}l\,3} = 430\ \mathrm{N/mm^2}$, $\sigma_{\mathrm{H}l\,3} = 1\,220\ \mathrm{N/mm^2} + 20\%$ $\sigma'_{\mathrm{H}l\,3} = 1{,}2\cdot\sigma_{\mathrm{H}l\,3} = 1{,}2\cdot 1\,220 = 1\,464\ \mathrm{N/mm^2}$ $\sigma_{\mathrm{HP\,3}} = \dfrac{1\,464\ \mathrm{N/mm^2}}{1{,}5}$ $= 976\ \mathrm{N/mm^2}$
Nachweis der Hertzschen Pressung	$\sigma_{\mathrm{H\,II}} = 498\ \mathrm{N/mm^2} < \sigma_{\mathrm{HP\,2}}$ $\sigma_{\mathrm{HP\,2}} = 800\ \mathrm{N/mm^2}$	$\sigma_{\mathrm{H\,II}} = 498\ \mathrm{N/mm^2} < \sigma_{\mathrm{HP\,3}}$ $\sigma_{\mathrm{HP\,3}} = 976\ \mathrm{N/mm^2}$
Zahnfußspannung Gl. (8.95)	$\sigma_{\mathrm{F\,2\,II}} = \dfrac{F_{\mathrm{t\,II}}}{b m_{\mathrm{n}}}\,Y_{\mathrm{F\,2}}\,Y_{\varepsilon\mathrm{II}}\,Y_{\beta\mathrm{II}}\,K_{\mathrm{F\alpha II}} \leqq \sigma_{\mathrm{FP\,2}}$	$\sigma_{\mathrm{F\,3}} = \dfrac{F_{\mathrm{t\,II}}}{b m_{\mathrm{n}}}\,Y_{\mathrm{F\,3}}\,Y_{\varepsilon\mathrm{II}}\,Y_{\beta\mathrm{II}}\,K_{\mathrm{F\alpha II}} \leqq \sigma_{\mathrm{FP\,3}}$
Zahnformfaktor für Innenverzahnung Gl. (8.48)	$Y_{\mathrm{F\,2}} = 2{,}14$, da $\beta_{\mathrm{II}} = \beta_{\mathrm{I}}$	$Y_{\mathrm{F\,3}} = 2{,}06$ $\quad - 1{,}18\left(2{,}25 - \dfrac{d_{\mathrm{ak\,3}} - d_{\mathrm{f\,3}}}{2 m_{\mathrm{n}}}\right)$ $Y_{\mathrm{F\,3}} = 2{,}06 - 1{,}18$ $\quad\cdot\left(2{,}25 - \dfrac{-187{,}77 + 202{,}12}{2\cdot 3{,}5}\right)$ $Y_{\mathrm{F\,3}} = 1{,}824$
Lastanteilfaktor, Gl. (8.49)	$Y_{\varepsilon\mathrm{II}} = \dfrac{1}{\varepsilon_{\alpha\mathrm{II}}} = \dfrac{1}{1{,}24} = 0{,}806$	
Schrägungswinkelfaktor Gl. (8.96)	$Y_{\beta\mathrm{II}} = Y_{\beta\mathrm{I}} = 0{,}833$, da $\beta_{\mathrm{II}} = \beta_{\mathrm{I}}$ ist	
Stirnlastverteilungsfaktor Gl. (8.51)	$K_{\mathrm{F\alpha II}} = q_{\mathrm{L\,II}}\varepsilon_{\alpha\mathrm{II}} = 0{,}93\cdot 1{,}24 = 1{,}15$	
Zahnfußspannung	$\sigma_{\mathrm{F\,2\,II}} = \dfrac{6\,730\ \mathrm{N}}{55\ \mathrm{mm}\cdot 3{,}5\ \mathrm{mm}}$ $\quad\cdot 2{,}14\cdot 0{,}806\cdot 0{,}833\cdot 1{,}15$ $\sigma_{\mathrm{F\,2\,II}} = 57{,}8\ \mathrm{N/mm^2}$	$\sigma_{\mathrm{F\,3}} = \dfrac{6\,730\ \mathrm{N}}{55\ \mathrm{mm}\cdot 3{,}5\ \mathrm{mm}}$ $\quad\cdot 1{,}824\cdot 0{,}806\cdot 0{,}833\cdot 1{,}15$ $\sigma_{\mathrm{F\,3}} = 49{,}2\ \mathrm{N/mm^2}$

Benennung und Bemerkung	Tragfähigkeitsrechnung	
	Rad 2	Rad 3
Sicherheitsfaktor gegen Zahnfußdauerbruch Taf. **A 8**.11		$S_{F3} = 1,6$
zul. Zahnfußspannung Gl. (8.54)	$\sigma_{FP2} = 93,7\ \text{N/mm}^2$	$\sigma_{FP3} = \dfrac{\sigma_{Fl3}}{S_{F3}} = \dfrac{430\ \text{N/mm}^2}{1,6}$ $= 268\ \text{N/mm}^2$
Nachweis der Spannung	$\sigma_{F2II} = 57,8\ \text{N/mm}^2 < \sigma_{FP2}$ $\sigma_{FP2} = 93,7\ \text{N/mm}^2$	$\sigma_{F3} = 49,2\ \text{N/mm}^2 < \sigma_{FP3}$ $\sigma_{FP3} = 268\ \text{N/mm}^2$

8.5 Kegelräder

Kegelräder dienen zur Übertragung der Drehbewegung in Wälzgetrieben mit sich schneidenden Achsen. Getriebe mit sich kreuzenden Achsen sind Schraubgetriebe (s. Abschn. 8.6 und 8.7).

8.5.1 Grundbegriffe für geradverzahnte Kegelräder

Die Kegelradverzahnung ist festgelegt durch den Teilkegelwinkel und die zugehörige Planverzahnung. Das Bezugs-Planrad (mit planer Teilebene $\delta = 90°$) hat für das Kegelrad die gleiche kinematische Bedeutung wie die Zahnstange für das Stirnrad (**8.66**).

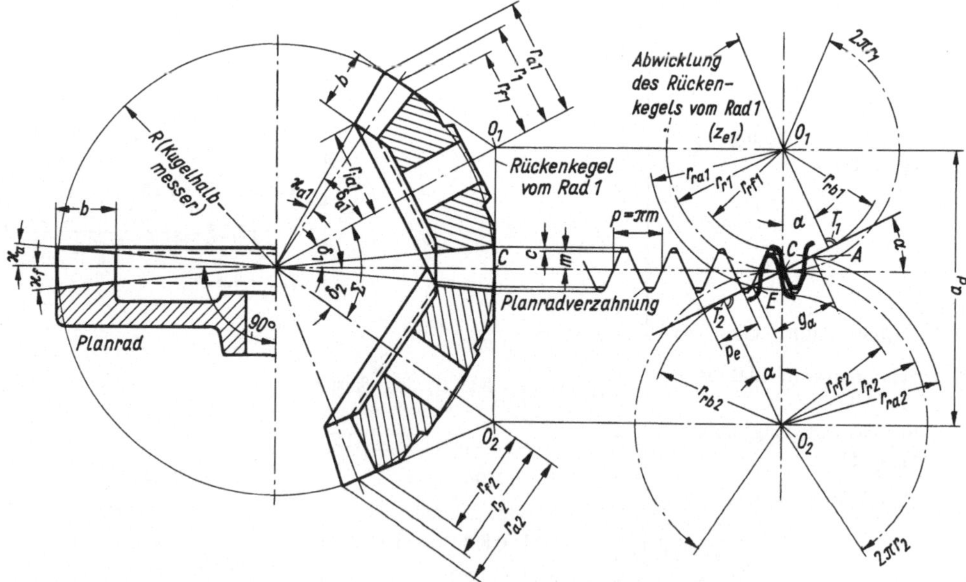

8.66 Geradzahn-Kegelradgetriebe mit Planrad und Abwicklung der Rückenkegel

Erzeugung der Geradverzahnung. Rollt eine Wälzscheibe auf einem Grundkegel ab (**8.**67), so entsteht eine Kugelevolvente. Da die Kugeloberfläche und damit die sphärische Verzahnung nicht in der Ebene abzuwickeln ist, ersetzt man sie im Näherungsverfahren durch eine Kegeloberfläche (Rückenkegel), deren Abwicklung ein Kreissektor ist (**8.**66). Die Abwicklung kann als Ersatz-Stirnrad bezeichnet werden, auf dem alle am Rückenkegel vorhandenen Maßgrößen unverändert bleiben. Die Planverzahnung ergibt dabei eine Zahnstange (**8.**66).

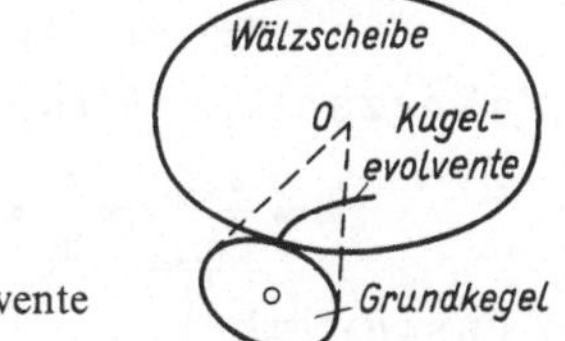

8.67
Entstehung der sphärischen Evolvente

Die Herstellung des doppelt gekrümmten Profils der Zahnflanke eines Planrades mit Kugelevolvente (**8.**68 a) kann nur im Schablonenverfahren mit einem Spitzstichel erfolgen. Allgemein wird das wirtschaftlichere Verfahren mit Oktoidenverzahnung angewendet (**8.**68 b), die eine 8förmige, auf der Kugeloberfläche verschlungene Eingriffslinie und am Planrad ebene Zahnflanken hat. Diese Verzahnung wird mit geradflankigem Werkzeug im Wälzverfahren hergestellt.

8.68
a) Kugelevolventen-Verzahnung des Planrades mit Neigung der Eingriffsfläche unter $\alpha = 20°$ zur Teilebene des Planrades
b) Oktoidenverzahnung des Planrades mit ebenen Flanken (nach DIN 3971)

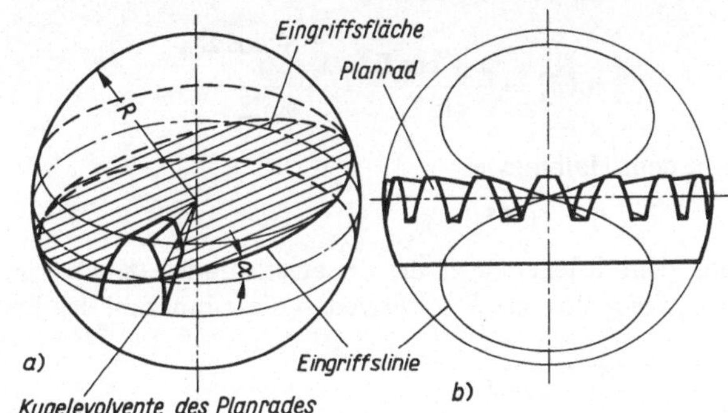

Bestimmungsgrößen des Kegelrades. Auf der Mantelfläche des Rückenkegels (**8.**66) ist die Teilkreisteilung $p = \pi m$ festgelegt. Modul m ist in DIN 780 (s. Taf. **A 8.**9) tabelliert. Damit sind folgende Verzahnungsgrößen bekannt:

Teilkreisdurchmesser

$$d = z m = \frac{p z}{\pi} \tag{8.106}$$

Zahnhöhe

$$h = h_a + h_f = 2m + c \tag{8.107}$$

äußere Teilkegellänge

$$R = \frac{r}{\sin \delta} \tag{8.108}$$

Das einem Kegelrad mit Teilkegelwinkel δ und Zähnezahl z zugehörige Planrad hat folgende Bestimmungsgrößen:

Planradzähnezahl

$$z_\mathrm{p} = \frac{2R}{m} = \frac{z}{\sin\delta} \tag{8.109}$$

Übersetzung

$$i = \frac{n_1}{n_2} = \frac{r_2}{r_1} = \frac{z_2}{z_1} = \frac{\sin\delta_2}{\sin\delta_1} \tag{8.110}$$

Zähnezahlverhältnis

$$u = \frac{z_\mathrm{Rad}}{z_\mathrm{Ritzel}} = \frac{z_2}{z_1} = \frac{\sin\delta_2}{\sin\delta_1} \tag{8.111}$$

Achsenwinkel

$$\Sigma = \delta_1 + \delta_2 \tag{8.112}$$

Mit Gl. (8.110) und (8.112) erhält man aus

$$u = \frac{\sin\delta_2}{\sin\delta_1} = \frac{\sin(\Sigma - \delta_1)}{\sin\delta_1} = \frac{\sin\Sigma\,\cos\delta_1 - \cos\Sigma\,\sin\delta_1}{\sin\delta_1} = \sin\Sigma\,\cot\delta_1 - \cos\Sigma$$

den Teilkegelwinkel δ_1

$$\cot\delta_1 = \frac{u + \cos\Sigma}{\sin\Sigma} = \frac{\dfrac{z_2}{z_1} + \cos\Sigma}{\sin\Sigma} \tag{8.113}$$

Mit dem Halbmesser

$$r_\mathrm{r} = r/\cos\delta \tag{8.114}$$

aus dem Rückenkegel des Ersatzstirnrades (**8.**66) ergibt sich aus der Beziehung $2\pi r_\mathrm{r}$ $= z_\mathrm{e}\pi m = 2\pi r/\cos\delta = \pi m z/\cos\delta$ die Zähnezahl des Ersatzstirnrades

$$z_\mathrm{e} = \frac{z}{\cos\delta} \tag{8.115}$$

Die Profilüberdeckung

$$\varepsilon_\alpha = \frac{g_\alpha}{p_\mathrm{e}} = \varepsilon_1 + \varepsilon_2 - \varepsilon_\mathrm{a} \tag{8.116}$$

setzt sich entsprechend Gl. (8.14) aus den Faktoren

$$\varepsilon_1 = \frac{\sqrt{r_{\mathrm{ra}\,1}^2 - r_{\mathrm{rb}\,1}^2}}{p\,\cos\alpha} \qquad \varepsilon_2 = \frac{\sqrt{r_{\mathrm{ra}\,2}^2 - r_{\mathrm{rb}\,2}^2}}{p\,\cos\alpha} \quad \text{und} \quad \varepsilon_\mathrm{a} = \frac{a_\mathrm{d}\,\sin\alpha_\mathrm{w}}{p\,\cos\alpha}$$

zusammen, für die alle Größen auf die Ersatz-Stirnräder (**8.**66) bezogen sind.

Grenzzähnezahl. Die kleinste unterschnittfreie Zähnezahl ist (wie beim Schrägstirnrad) auf das Ersatz-Stirnrad (**8.**66) bezogen. Darum darf die Zähnezahl $z_{\mathrm{e}\,1} = z_1/\cos\delta$, Gl. (8.115), die praktische Grenzzähnezahl z_g' für Geradstirnräder nicht unterschreiten. Damit ergibt sich aus Gl. (8.115) für den Eingriffswinkel $\alpha = 20°$ die praktische unterschnittfreie Mindestzähnezahl

$$z_{\mathrm{gk}\,1}' \approx z_\mathrm{g}'\,\cos\delta_1 = 14\,\cos\delta_1 \tag{8.117}$$

Die Profilverschiebung an geradverzahnten Kegelrädern. Wie bei den Stirnradverzahnungen (s. Abschn. 8.3.2 und 8.4.1) ist bei Zähnezahlen $z < z'_{gk}$ zur Vermeidung von Unterschnitt eine Profilverschiebung notwendig (s. auch DIN 3971). Bezogen auf das Bezugsprofil (nach DIN 867) wirkt sie sich als Zahndickenänderung (**8.69**) oder als Zahnhöhenänderung (**8.70**) aus. Mit einer Profilhöhenverschiebung (**8.70**) ist eine Profil-Seitenverschiebung verbunden.

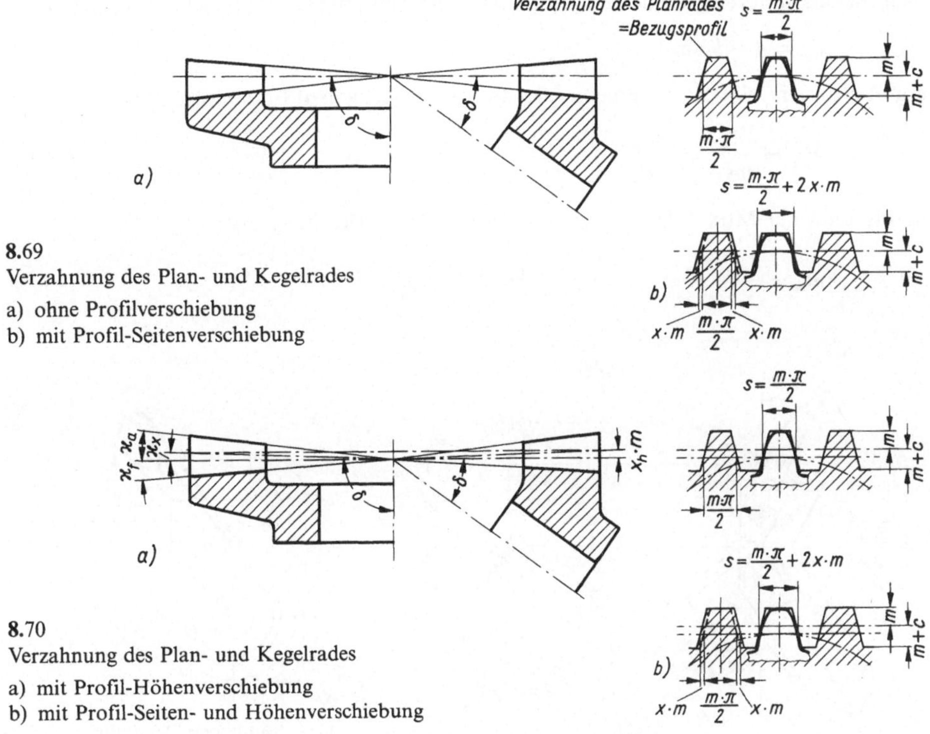

8.69

Verzahnung des Plan- und Kegelrades

a) ohne Profilverschiebung
b) mit Profil-Seitenverschiebung

8.70

Verzahnung des Plan- und Kegelrades

a) mit Profil-Höhenverschiebung
b) mit Profil-Seiten- und Höhenverschiebung

V - G e t r i e b e m i t g e r a d v e r z a h n t e n K e g e l r ä d e r n entstehen, wenn zwei Kegelräder gepaart werden, deren Erzeugungs- und Betriebswälzkreise nicht gleich sind. Entsprechend der geringen allgemeinen Bedeutung werden V-Getriebe hier nicht näher behandelt.

Bei N u l l - G e t r i e b e n m i t g e r a d v e r z a h n t e n K e g e l r ä d e r n sind die Erzeugungs- und Betriebswälzkreise theoretisch gleich. Für die Anwendung von Null-Getrieben gelten sinngemäß die Ausführungen des Abschn. 8.3.5 und, um Unterschnitt zu vermeiden, die Bedingungen

$$z_1 \geqq z'_{gk\,1} = z'_g \cos \delta_1 \quad \text{und} \quad z_2 \geqq z'_{gk\,2} = z'_g \cos \delta_2$$

Für V - N u l l - G e t r i e b e m i t g e r a d v e r z a h n t e n K e g e l r ä d e r n gelten sinngemäß die Bedingungen nach Abschn. 8.3.4. Danach ist ein V-Null-Getriebe nur möglich, wenn bei $z_1 < z'_{gk\,1}$ die Bedingungen erfüllt sind ($z'_g = 14$)

$$z_1 < z'_g \cos \delta_1 = z'_{gk\,1} \quad \text{und} \quad \frac{z_1}{\cos \delta_1} + \frac{z_2}{\cos \delta_2} \geqq 2 z'_g$$

Formeln zur Verzahnungsgeometrie für Null- und V-Null-Getriebe s. Tafel **A 8.7**.

Das **Eingriffsflankenspiel** S_e bei geradverzahnten Kegelrädern ist im Abstand R von der Kegelspitze entsprechend Abschn. 8.3.5 zu bestimmen (s. auch DIN 3971).

8.5.2 Tragfähigkeitsberechnung der geradverzahnten Kegelräder

Der Tragfähigkeitsberechnung werden mittlere Ersatzstirnräder mit äquivalenten Stirnverzahnungen (virtuelle Stirnräder) zugrunde gelegt (**8.**71). Die Berechnung gleicht daher im Grundsätzlichen der für Geradstirnräder (s. Abschn. 8.3.6). Das mittlere Ersatzstirnrad hat die gleiche Zahnbreite wie das Kegelrad. Aus dem mittleren Durchmesser des Kegelrades

$$d_m = d - b\,\sin\delta \tag{8.118}$$

ergibt sich der Teilkreisdurchmesser des mittleren (virtuellen) Ersatzstirnrades

$$d_{vm} = \frac{d_m}{\cos\delta} = \frac{z\,m_m}{\cos\delta} \tag{8.119}$$

und hieraus der Modul des mittleren Ersatzstirnrades (Rechengröße)

$$m_m = \frac{d_m}{z} \tag{8.120}$$

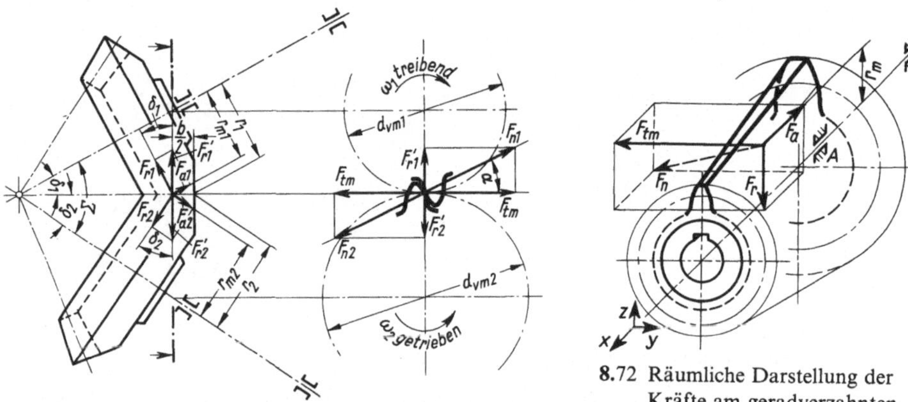

8.71 Kräfte am geradverzahnten Kegelrad

8.72 Räumliche Darstellung der Kräfte am geradverzahnten Kegelradgetriebe

Belastung am Zahn (8.71 und **8.**72). Setzt man in Gl. (8.41) $d_1 = d_{m\,1}$, so erhält man mit der bekannten Umfangskraft $F_t = F_{tm}$ die Komponenten der Normalkraft F_n
die Radialkraft

$$F_r = F_{tm}\,\tan\alpha\,\cos\delta \tag{8.121}$$

und die Axialkraft

$$F_a = F_{tm}\,\tan\alpha\,\sin\delta \tag{8.122}$$

Mit diesen Kräften werden sinngemäß wie bei Schrägstirnrädern (8.61 und 8.62) die Auflagerkräfte und Biegemomente an Wellen mit geradverzahnten Kegelrädern bestimmt (s. auch Beisp. 9).

Zahnfußbeanspruchung von geradverzahnten Kegelrädern. Wie für Gerad- und Schrägstirnräder ist auch hier die Spannung im Zahnfuß für Ritzel und Rad getrennt nachzuweisen

$$\sigma_F = \frac{F_{tm}}{b\,m_m}\, Y_F\, Y_{\varepsilon v}\, K_{F\alpha} \leqq \sigma_{FP} \tag{8.123}$$

Hierin bedeuten:

F_{tm}	in N	Umfangskraft am Teilzylinder, Gl. (8.41) mit $F_{tm} \doteq F_t$ und $d_{m1} \doteq d_1$
b	in mm	Zahnbreite, Gl. (8.126)
m_m	in mm	Modul (Rechengröße), Gl. (8.120)
Y_F		Zahnformfaktor, Bild **A 8**.30 mit $z_e = z_n$, $m_m \approx m_n$ und $\beta = 0°$
$Y_{\varepsilon v}$		Lastanteilfaktor, $Y_{\varepsilon v} = 1$
$K_{F\alpha}$		Stirnlastverteilungsfaktor, $K_{F\alpha} = 1$
σ_{FP}	in N/mm²	zulässige Zahnfußspannung, Gl. (8.54)

Formeln für Ritzel und Rad s. Tafel **A 8**.7.

Flankenbeanspruchung von geradverzahnten Kegelrädern. Hier genügt der Nachweis der Hertzschen Pressung im Wälzpunkt C

$$\sigma_H = Z_M Z_{Hv} Z_{\varepsilon v}\, \sqrt{\frac{u_v + 1}{u_v}\,\frac{F_{tm}}{b\,d_{vm1}}}\, K_{H\alpha} \leqq \sigma_{HP\,1} \quad \text{bzw.} \quad \leqq \sigma_{HP\,2} \tag{8.124}$$

Hierin bedeuten:

Z_M	in $\sqrt{\text{N/mm}^2}$	Materialfaktor, Tafel **A 8**.26
Z_{Hv}		Flankenformfaktor; für Null- und V-Null-Getriebe $Z_{Hv} = 1,76$
$Z_{\varepsilon v}$		Überdeckungsfaktor, $Z_{\varepsilon v} = 1$
u_v		Zähnezahlverhältnis der mittleren Ersatzstirnräder; mit Gl. (8.111) und (8.119) ist

$$u_v = \frac{z_{v2}}{z_{v1}} = \frac{d_{vm2}}{d_{vm1}} = \frac{d_{m2}\cos\delta_1}{d_{m1}\cos\delta_2} = u\,\frac{\cos\delta_1}{\cos\delta_2}$$

F_{tm}	in N	Umfangskraft am mittleren Teilzylinder, Gl. (8.41) mit $F_{tm} \doteq F_t$ und $d_{m1} \doteq d_1$
b	in mm	Zahnbreite, Gl. (8.126)
d_{vm1}	in mm	(virtueller) Teilkreisdurchmesser des Ritzels, Gl. (8.119)
$K_{H\alpha}$		Stirnlastverteilungsfaktor, $K_{H\alpha} = 1$
σ_{HP}	in N/mm²	zul. Hertzsche Pressung, Gl. (8.65)

Formeln für Ritzel und Rad s. Taf. **A 8**.7.

8.5.3 Entwurf und Gestaltung von geradverzahnten Kegelrädern

Richtlinien für den Entwurf. Zähnezahlen. Die nach Gl. (8.115) zu ermittelnden Zähnezahlen z_e sollen die in Taf. **A 8**.5 gegebenen Richtwerte nicht unterschreiten

$$z_{e1} = \frac{z_1}{\cos\delta_1} \geqq z_{1\,\text{min}} \tag{8.125}$$

Zahnbreite. Unter Berücksichtigung des Zahnbreitenverhältnisses nach Taf. **A 8**.12 ist für geradverzahnte Kegelräder zu setzen

$$b \leqq \frac{\lambda}{2}\, m_m \leqq \frac{R}{3} \tag{8.126}$$

Modul (Rechengröße). Aus Gl. (8.126) folgt

$$m_m \geqq \frac{2b}{\lambda} \tag{8.127}$$

In erster Näherung kann gesetzt werden

$$m_\mathrm{m} \approx \frac{4}{5}\, m \tag{8.128}$$

Modul m s. DIN 780 oder Taf. **A 8**.9.

Modul-Berechnung unter Beachtung der Zahnfuß-Tragfähigkeit. Entsprechend Gl. (8.76) errechnet man aus Gl. (8.123) mit den Gl. (8.41), (8.126), (8.119), (8.128) den Modul

$$m \geq 2\ \sqrt[3]{\frac{T_{1\,\mathrm{max}}\cos\delta_1}{z_1\,\lambda\,\sigma_\mathrm{FP}}}\ Y_\mathrm{F} \tag{8.129}$$

Hierin bedeuten:

m in mm   Modul, Taf. **A 8**.9
$T_{1\,\mathrm{max}}$ in N mm   Drehmoment, Gl. (8.40)
z_1 Zähnezahl, Gl. (8.106) und Taf. **A 8**.5
δ_1 in °(Grad)   Teilkegelwinkel, Gl. (8.113)
λ Zahnbreitenverhältnis, Gl. (8.126) und Taf. **A 8**.12
σ_FP in N/mm²   zul. Zahnfußspannung, Gl. (8.54)
Y_F Zahnformfaktor; für Entwurf $Y_\mathrm{F} = 2{,}2$

Modul-Berechnung unter Beachtung der Flanken-Tragfähigkeit. Entsprechend Gl. (8.77) errechnet man aus Gl. (8.124) mit den Gl. (8.41), (8.126), (8.119), (8.128) den Modul

$$m \geq 2\ \sqrt[3]{\frac{u_\mathrm{v}+1}{u_\mathrm{v}}\ \frac{T_{1\,\mathrm{max}}\cos^2\delta_1}{z_1^2\,\lambda\,\sigma_\mathrm{HP}^2}\ Z_\mathrm{M}^2 Z_\mathrm{Hv}^2} \tag{8.130}$$

Hierin bedeuten:

m in mm   Modul, Taf. **A 8**.9
u_v Zähnezahlverhältnis, s. zu Gl. (8.124)
$T_{1\,\mathrm{max}}$ in N mm   Drehmoment, Gl. (8.40)
δ_1 in °(Grad) Teilkegelwinkel, Gl. (8.113)
z_1 Zähnezahl, Gl. (8.106) und Taf. **A 8**.5
λ Zahnbreitenverhältnis, Gl. (8.126) und Taf. **A 8**.12
σ_HP in N/mm²   zul. Hertzsche Pressung, Gl. (8.65)
Z_M in $\sqrt{\mathrm{N/mm^2}}$ Materialfaktor, für Entwurf bei St/St oder GS: $Z_\mathrm{M} = 270\ \sqrt{\mathrm{N/mm^2}}$;
                      St/GG: $Z_\mathrm{M} = 232\ \sqrt{\mathrm{N/mm^2}}$; GG/GG: $Z_\mathrm{M} = 204\ \sqrt{\mathrm{N/mm^2}}$
Z_Hv Flankenformfaktor, für Entwurf $Z_\mathrm{Hv} = 1{,}76$

Gestaltung. Bei der Kegelradherstellung müssen die Zähne zur in Wirklichkeit nicht vorhandenen Teilkegelspitze fehlerfrei stehen. Beim Zusammenbau müssen die Teilkegelspitzen zur Deckung gebracht werden. Um das zu erreichen, sind die in DIN 3971 aufgestellten Grundsätze über Bezugsflächen der Kegelradverzahnung zu beachten (**8**.73).

Bezugsfläche der Verzahnung (**8**.73). Die Bezugsfläche ist eine zur Radachse senkrechte Ebene. Sie ist an Stelle der am Rad nicht vorhandenen Teilkegelspitze diejenige Fläche, auf die die Verzahnung beim Herstellen, Messen und Einbauen bezogen wird. Die Lage der Bezugsfläche zur Teilkegelspitze wird als fehlerfrei angenommen. Die am Zahnrad vorhandenen Fehler werden von der Bezugsfläche aus als wirksame Fehler der Verzahnung erfaßt.

Spitzenabstand t_B der Bezugsfläche (**8**.73). Er ist die Entfernung der Teilkegelspitze von der Bezugsfläche.

Kopfkreisabstand t_E (**8**.73). Er ist die Entfernung des Kopfkreises von der Bezugsfläche.

Hilfsflächenabstand t_H (8.73). Er ist die Entfernung einer frei wählbaren, zur Radachse rechtwinklig ebenen Hilfsfläche von der Bezugsfläche.

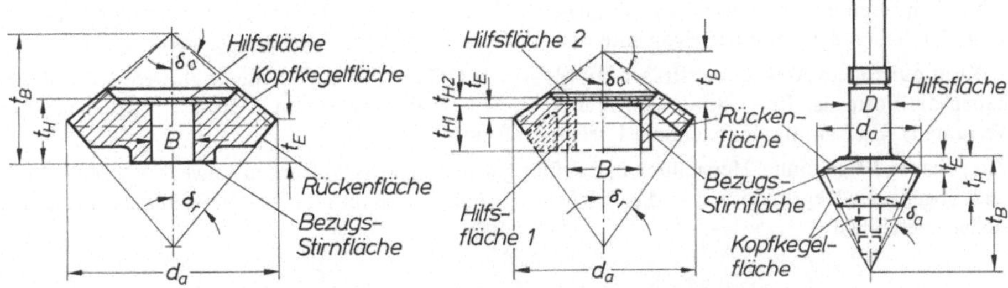

8.73 Wahl der Bezugs- und Hilfsfläche an einem Kegelrad (nach DIN 3971)

Beim Einbau von Kegelrädern können die Axiallagen der Räder durch Distanzteile gesichert werden (8.74). Die Distanzteile, z. B. Paßringe, werden nach dem Ausmessen der Spaltdicken zwischen den Rad- und Lagerbezugsflächen auf die genauen Dicken s_1 und s_2 hergestellt und eingebaut. Die Lagerbezugsflächen können direkt Lagerstirnflächen, indirekt auch Wellenabsätze oder Gehäuseflächen sein.

Zur konstruktiven Gestaltung geschweißter Kegelräder s. Bild **8.75**.

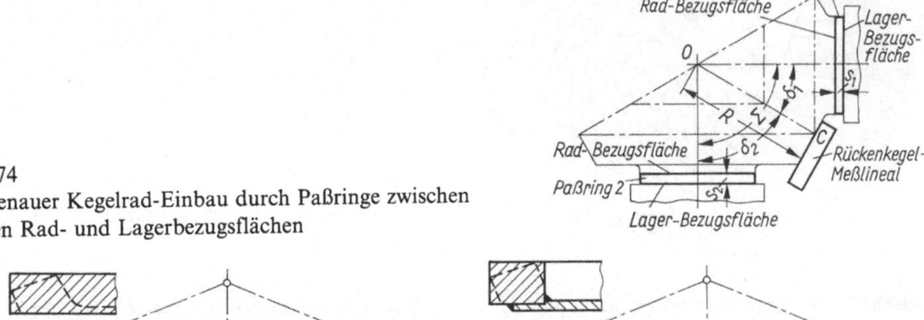

8.74
Genauer Kegelrad-Einbau durch Paßringe zwischen den Rad- und Lagerbezugsflächen

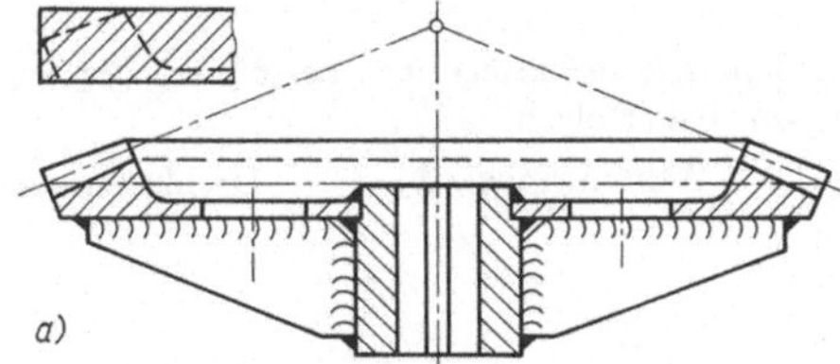

8.75 Geschweißte Kegelräder
   a) Herstellung des Zahnkranzes aus dem Vollen
   b) Herstellung des Zahnkranzes aus gebogenem Flachstahl

Angaben in Zeichnungen, einschließlich Verzahnungstoleranzen. Für die Herstellung und Prüfung der Verzahnung werden nach DIN 3966 T 2 auf der Zeichnung in einer Tabelle Bestimmungsgrößen (**A 8.**38) benötigt; Tafel **A 8.**38 enthält außerdem Angaben, die auf der Zeichnung aufzuführen sind.

Ein Zahlenbeispiel nach DIN 3966 T 2 ergänzt die Tafel **A 8.**38.

Schrägzahn- und Bogenzahn-Kegelräder (8.76) s. auch DIN 3971. Ähnlich den Schrägstirnrädern haben Kegelräder mit Schräg- oder Bogenverzahnung erheblich bessere Betriebseigenschaften als Kegelräder mit geraden Zähnen.

Die Achsen der Kegelräder können sich schneiden oder kreuzen [Hypoidgetriebe, (8.1 i)].

Man unterscheidet die Herstellungsverfahren nach der Flankenlinie: 1. Kontinuierliches Abwälzschraubenfräsen mit kegeligem oder zylindrischem Fräser (K l i n g e l n b e r g -Verzahnung). Die Flankenlinien haben die Form der Evolvente oder Palloide (Griech. p a l l e i n, d.h. schwingen).

2. Kontinuierliches Abwälzspiralfräsen mit Messerkopf (O e r l i k o n -Verzahnung). Die Flankenlinien haben die Form der Epi- oder Hypozykloide. 3. Teilabwälzverfahren mit Messerkopf (G l e a s o n -Verfahren). Hier hat die Flankenlinie Kreisbogenform.

Zur genauen Berechnung, Herstellung und Prüfung sowie der wirtschaftlichen Anwendung von Schräg- und Bogenzahn-Kegelrädern sind die Erfahrungen und Sachkenntnisse der Verzahnmaschinen-Hersteller unerläßlich.

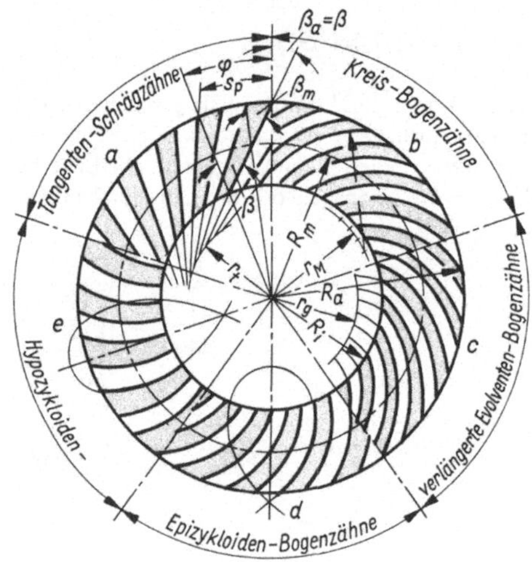

8.76
Fünf wichtige Kegelrad-Schräg- und Bogenzahnformen

Beispiel 7. Ein Kegelradgetriebe (8.77) mit Geradverzahnung (ungehärtct) ist zu berechnen. Die Ausführung soll als V-Null-Getriebe mit $x_1 = 0{,}4$ und $x_2 = -0{,}4$ erfolgen.

Gegeben: Modul $m = 5$ mm; Eingriffswinkel $\alpha = 20°$; Achsenwinkel $\Sigma = 90°$; Drehfrequenzen $n_1 = 940$ min^{-1}, $n_2 \approx 300$ min^{-1}

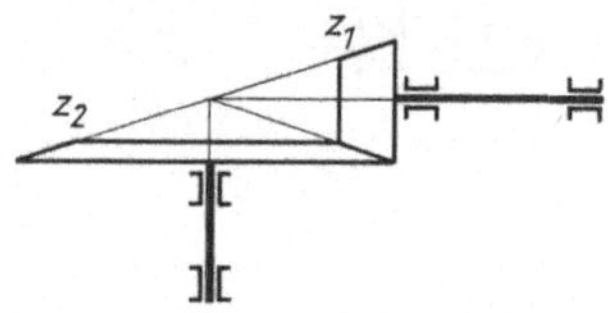

8.77
Kegelradgetriebe

Benennung und Bemerkung	Rad 1	Rad 2
Zähnezahlen Gl. (8.110), Taf. **A 8**.5 Gl. (8.1)	z_1 gewählt: $z_1 = 10$ (s. auch Bild **A 8**.27)	$z_2 = i z_1 = \dfrac{n_1}{n_2} z_1$ $= \dfrac{940 \text{ min}^{-1}}{300 \text{ min}^{-1}} 10 = 31{,}3$ gewählt: $z_2 = 31$

Benennung und Bemerkung	Rad 1	Rad 2
vorhandene Übersetzung Gl. (8.110)	$i = \dfrac{z_2}{z_1} = \dfrac{31}{10} = 3{,}1$ ohne Beachtung der Drehrichtung	
Teilkreisdurchmesser Gl. (8.106)	$d_1 = z_1 m = 10 \cdot 5 \text{ mm} = 50 \text{ mm}$	$d_2 = z_2 m = 31 \cdot 5 \text{ mm} = 155 \text{ mm}$
Teilkegelwinkel Gl. (8.113)	$\cot \delta_1 = \dfrac{\dfrac{z_2}{z_1} + \cos \Sigma}{\sin \Sigma}$ $\cot \delta_1 = \dfrac{3{,}1 + \cos 90°}{\sin 90°}$ $\delta_1 = 17°52'43''$	$\delta_2 = \Sigma - \delta_1$ $\delta_2 = 90° - 17°52'43''$ $\delta_2 = 72°7'17''$
Zahnkopfhöhe	$h_{a1} = (1 + x_1)\, m$ $h_{a1} = (1 + 0{,}4)\, 5 \text{ mm} = 7{,}0 \text{ mm}$	$h_{a2} = (1 + x_2)\, m$ $h_{a2} = (1 - 0{,}4)\, 5 \text{ mm} = 3{,}0 \text{ mm}$
Kopfkreisdurchmesser Gl. (A 8.7.1)	$d_{a1} = d_1 + 2 h_{a1} \cos \delta_1$ $d_{a1} = 50 \text{ mm} + 2 \cdot 7{,}0 \text{ mm} \cdot \cos 17°52'43''$ $d_{a1} = 63{,}324 \text{ mm}$	$d_{a2} = d_2 + 2 h_{a2} \cos \delta_2$ $d_{a2} = 155 \text{ mm} + 2 \cdot 3{,}0 \text{ mm} \cdot \cos 72°7'17''$ $d_{a2} = 156{,}842 \text{ mm}$
äußere Teilkegellänge Gl. (8.108)	$R = \dfrac{d_1}{2 \sin \delta_1} = \dfrac{50 \text{ mm}}{2 \sin 17°52'43''} = 81{,}43 \text{ mm}$	
Kopfwinkel Gl. (A 8.7.2)	$\tan \varkappa_{a1} = \dfrac{h_{a1}}{R} = \dfrac{7{,}0 \text{ mm}}{81{,}63 \text{ mm}}$ $\varkappa_{a1} = 4°54'47''$	$\tan \varkappa_{a2} = \dfrac{h_{a2}}{R} = \dfrac{3{,}0 \text{ mm}}{81{,}43 \text{ mm}}$ $\varkappa_{a2} = 2°6'35''$
Kopfkegelwinkel Gl. (A 8.7.3)	$\delta_{a1} = \delta_1 + \varkappa_{a1}$ $\delta_{a1} = 17°52'43'' + 4°54'47''$ $\delta_{a1} = 22°47'30''$	$\delta_{a2} = \delta_2 + \varkappa_{a2}$ $\delta_{a2} = 72°7'17'' + 2°6'35''$ $\delta_{a2} = 74°13'52''$
Zahnbreite, Gl. (8.126)	$b \leqq \tfrac{1}{3} R = \tfrac{1}{3}\, 81{,}63 \text{ mm} = 27{,}2 \text{ mm}$ gewählt: $b = 25 \text{ mm}$	
innerer Kopfkreisdurchmesser, Gl. (A 8.7.4)	$d_{ia1} = d_{a1} - 2 \dfrac{b \sin \delta_{a1}}{\cos \varkappa_{a1}}$ $d_{ia1} = 63{,}324 \text{ mm}$ $- 2\, \dfrac{25 \text{ mm} \sin 22°44'8''}{\cos 4°54'47''}$ $d_{ia1} = 43{,}883 \text{ mm}$	$d_{ia2} = d_{a2} - 2 \dfrac{b \sin \delta_{a2}}{\cos \varkappa_{a2}}$ $d_{ia2} = 156{,}842 \text{ mm}$ $- 2\, \dfrac{25 \text{ mm} \sin 74°13'52''}{\cos 2°6'35''}$ $d_{ia2} = 108{,}691 \text{ mm}$
Teilkreisdurchmesser am Ersatz-Stirnrad Gl. (8.114)	$d_{r1} = \dfrac{d_1}{\cos \delta_1}$ $d_{r1} = \dfrac{50 \text{ mm}}{\cos 17°52'43''} = 52{,}54 \text{ mm}$	$d_{r2} = \dfrac{d_2}{\cos \delta_2}$ $d_{r2} = \dfrac{155 \text{ mm}}{\cos 72°7'17''} = 504{,}88 \text{ mm}$
Kopfkreisdurchmesser am Ersatz-Stirnrad, Gl. (A 8.7.5)	$d_{ra1} = d_{r1} + 2 h_{a1}$ $d_{ra1} = (52{,}54 + 2 \cdot 7{,}0) \text{ mm} = 66{,}54 \text{ mm}$	$d_{ra2} = d_{r2} + 2 h_{a2}$ $d_{ra2} = (504{,}88 + 2 \cdot 3{,}0) \text{ mm} = 510{,}88 \text{ mm}$

Benennung und Bemerkung	Rad 1	Rad 2
Grundkreisdurchmesser am Ersatz-Stirnrad Gl. (A 8.7.6)	$d_{rb1} = d_{r1} \cos \alpha$ $d_{rb1} = 52{,}54 \text{ mm} \cos 20°$ $= 49{,}4 \text{ mm}$	$d_{rb2} = d_{r2} \cos \alpha$ $d_{rb2} = 504{,}88 \text{ mm} \cos 20°$ $= 474{,}43 \text{ mm}$
Achsabstand (Rechengröße) Gl. (A 8.7.7)	$a_d = \dfrac{d_{r1} + d_{r2}}{2} = \dfrac{(52{,}54 + 504{,}88) \text{ mm}}{2} = 278{,}70 \text{ mm}$	
Profilüberdeckung Gl. (8.116)	$\varepsilon_\alpha = \dfrac{g_\alpha}{p_e} = \dfrac{g_\alpha}{p \cos \alpha} = \dfrac{g_\alpha}{\pi m \cos \alpha} = \varepsilon_1 + \varepsilon_2 - \varepsilon_a$ $\varepsilon_1 = \dfrac{\sqrt{r_{ra1}^2 - r_{rb1}^2}}{\pi m \cos \alpha} = \dfrac{\sqrt{(33{,}27^2 - 24{,}7^2)} \text{ mm}^2}{\pi \cdot 5 \text{ mm} \cos 20°} = 1{,}51$ $\varepsilon_2 = \dfrac{\sqrt{r_{ra2}^2 - r_{rb2}^2}}{\pi m \cos \alpha} = \dfrac{\sqrt{(255{,}44^2 - 237{,}21^2)} \text{ mm}^2}{\pi \cdot 5 \text{ mm} \cos 20°} = 6{,}42$ $\varepsilon_a = \dfrac{a_R \sin \alpha_w}{\pi m \cos \alpha} = \dfrac{278{,}7 \text{ mm} \sin 20°}{\pi \cdot 5 \text{ mm} \cos 20°} = 6{,}46$ $\varepsilon_\alpha = 1{,}51 + 6{,}42 - 6{,}46 = 1{,}47$	

Beispiel 8. Für das geradverzahnte Kegelradgetriebe nach Beispiel 7 ist die Tragfähigkeitsberechnung durchzuführen. Geforderte Verzahnungsqualität 9 nach DIN 3962, 3963, 3967. Die Antriebsleistung beträgt $P = 0{,}612$ kW bei $n = 940$ min^{-1}. Der Betriebsfaktor $\varphi = 1$.

Der Berechnung von Beispiel 7 und 8 ist z. B. eine Entwurfsberechnung (s. Beisp. 3 und 4) vorausgegangen.

Benennung und Bemerkung	Tragfähigkeitsberechnung	
	Rad 1	Rad 2
aus Beisp. 7 sind bekannt	$z_1 = 10;\ d_1 = 50 \text{ mm};\ x_1 = 0{,}4$ $\delta_1 = 17°52'43''$	$z_2 = 31;\ d_2 = 155 \text{ mm}$ $x_2 = -0{,}4$ $\delta_2 = 72°7'17''$
Bedingung: ungehärtete Zahnräder, St/GGG	$m = 5 \text{ mm};\ b = 25 \text{ mm};\ \Sigma = 90°;\ \varepsilon_\alpha = 1{,}47$	
Hertzsche Pressung im Wälzpunkt C, Gl. (8.124)	$\sigma_H = Z_M Z_{Hv} Z_{\varepsilon v} \sqrt{\dfrac{u_v + 1}{u_v} \dfrac{F_{tm}}{b d_{vm1}}} \, K_{H\alpha} \leqq \sigma_{HP}$ $Z_{Hv} = 1{,}76;\ Z_{\varepsilon v} = 1;\ K_{H\alpha} = 1$	
Materialfaktor, Taf. **A 8.26**	für Stahl gegen Gußeisen mit Kugelgraphit: $Z_M = 256 \sqrt{\text{N/mm}^2}$	
Zähnezahlverhältnis Gl. (8.124)	$u_v = \dfrac{z_{v2}}{z_{v1}}$ $\qquad z_{v1} = \dfrac{z_1}{\cos \delta_1} = \dfrac{10}{\cos 17°52'43''} = 10{,}5$ $\qquad\qquad\qquad z_{v2} = \dfrac{z_2}{\cos \delta_2} = \dfrac{31}{\cos 72°7'17''} = 101$ $u_v = \dfrac{101}{10{,}5} = 9{,}62$	
mittlerer Durchmesser des Kegelrades, Gl. (8.118)	$d_{m1} = d_1 - b \sin \delta_1 = 50 \text{ mm} - 25 \text{ mm} \sin 17°52'43'' = 42{,}32 \text{ mm}$	

Benennung und Bemerkung	Tragfähigkeitsberechnung	
	Rad 1	Rad 2
Modul des mittleren Ersatzstirnrades (Rechengröße), Gl. (8.120)	$m_\mathrm{m} = \dfrac{d_{\mathrm{m}1}}{z_1} = \dfrac{42{,}32\ \mathrm{mm}}{10} = 4{,}232\ \mathrm{mm}$	
(virtueller) Teilkreisdurchmesser, Gl. (8.119)	$d_{\mathrm{vm}1} = \dfrac{z_1 m_\mathrm{m}}{\cos \delta_1} = \dfrac{10 \cdot 4{,}232\ \mathrm{mm}}{\cos 17^\circ 52'43''} = 44{,}4\ \mathrm{mm}$	
Nenn-Drehmoment Zwgl. (8.40)	$T_1 = 9{,}55 \cdot 10^5\,\dfrac{P}{n_1} = 9{,}55 \cdot 10^6\,\dfrac{0{,}612}{940} = 6217\ \mathrm{N\,mm}$	
Umfangskraft, Gl. (8.41)	$F_\mathrm{tm} = \varphi\,\dfrac{2T_1}{d_{\mathrm{m}1}} = \dfrac{2T_{1\,\mathrm{max}}}{d_{\mathrm{m}1}} = \dfrac{2 \cdot 6217\ \mathrm{N\,mm}}{42{,}32\ \mathrm{mm}} = 293\ \mathrm{N}$	
Hertzsche Pressung	$\sigma_\mathrm{H} = 256\,\sqrt{\dfrac{\mathrm{N}}{\mathrm{mm}^2}} \cdot 1{,}76 \cdot 1\,\sqrt{\dfrac{9{,}62+1}{9{,}62}\,\dfrac{293\ \mathrm{N}}{25\ \mathrm{mm} \cdot 44{,}4\ \mathrm{mm}}}\,1$ $= 243\ \mathrm{N/mm}^2$	
Sicherheitsfaktor gegen Grübchenbildung Taf. **A 8.11**	$S_{\mathrm{H}1} = 1{,}6$	$S_{\mathrm{H}2} = 2{,}0$
Werkstoff, Taf. **A 8.25**	St 60: $\sigma_{\mathrm{H}l} = 400\ \mathrm{N/mm}^2$ $\sigma_{\mathrm{F}l} = 200\ \mathrm{N/mm}^2$	GGG-60: $\sigma_{\mathrm{H}l} = 490\ \mathrm{N/mm}^2$ $\sigma_{\mathrm{F}l} = 220\ \mathrm{N/mm}^2$
zul. Hertzsche Pressung Gl. (8.65)	$\sigma_{\mathrm{HP}1} = \dfrac{\sigma_{\mathrm{H}l\,1}}{S_{\mathrm{H}1}} = \dfrac{400\ \mathrm{N/mm}^2}{1{,}6}$ $= 250\ \mathrm{N/mm}^2$	$\sigma_{\mathrm{HP}2} = \dfrac{\sigma_{\mathrm{H}l\,2}}{S_{\mathrm{H}2}} = \dfrac{490\ \mathrm{N/mm}^2}{2{,}0}$ $= 245\ \mathrm{N/mm}^2$
Nachweis der Hertzschen Pressung	$\sigma_\mathrm{H} = 243\ \mathrm{N/mm}^2 < \sigma_{\mathrm{HP}1}$ $\sigma_{\mathrm{HP}1} = 250\ \mathrm{N/mm}^2$	$\sigma_\mathrm{H} = 243\ \mathrm{N/mm}^2 < \sigma_{\mathrm{HP}2}$ $\sigma_{\mathrm{HP}2} = 245\ \mathrm{N/mm}^2$
Zahnfußspannung Gl. (8.123)	$\sigma_{\mathrm{F}1} = \dfrac{F_\mathrm{tm}}{b\,m_\mathrm{m}}\,Y_{\mathrm{F}1}\,Y_{\varepsilon\mathrm{v}}\,K_{\mathrm{F}\alpha} \leqq \sigma_{\mathrm{FP}1}$ $Y_{\varepsilon\mathrm{v}} = 1;\ K_{\mathrm{F}\alpha} = 1$	$\sigma_{\mathrm{F}2} = \dfrac{F_\mathrm{tm}}{b\,m_\mathrm{m}}\,Y_{\mathrm{F}2}\,Y_{\varepsilon\mathrm{v}}\,K_{\mathrm{F}\alpha} \leqq \sigma_{\mathrm{FP}2}$ $Y_{\varepsilon\mathrm{v}} = 1;\ K_{\mathrm{F}\alpha} = 1$
Zahnformfaktor, Bild **A 8.30**	$Y_{\mathrm{F}1} = f(z_{\mathrm{v}1};\ x_1;\ \beta = 0^\circ) = 2{,}68$	$Y_{\mathrm{F}2} = f(z_{\mathrm{v}2};\ x_2;\ \beta = 0^\circ) = 2{,}34$
Zahnfußspannung	$\sigma_{\mathrm{F}1} = \dfrac{293\ \mathrm{N}}{25\ \mathrm{mm} \cdot 4{,}23\ \mathrm{mm}}\,2{,}68$ $\cdot 1 \cdot 1 = 7{,}4\ \mathrm{N/mm}^2$	$\sigma_{\mathrm{F}2} = \dfrac{293\ \mathrm{N}}{25\ \mathrm{mm} \cdot 4{,}23\ \mathrm{mm}}\,2{,}34$ $\cdot 1 \cdot 1 = 6{,}5\ \mathrm{N/mm}^2$
Sicherheitsfaktor gegen Zahnfußdauerbruch Taf. **A 8.11**	$S_{\mathrm{F}1} = 1{,}8$	$S_{\mathrm{F}2} = 2{,}0$
zul. Zahnfußspannung Gl. (8.54)	$\sigma_{\mathrm{FP}1} = \dfrac{\sigma_{\mathrm{F}l\,1}}{S_{\mathrm{F}1}} = \dfrac{200\ \mathrm{N/mm}^2}{1{,}8}$ $= 111\ \mathrm{N/mm}^2$	$\sigma_{\mathrm{FP}2} = \dfrac{\sigma_{\mathrm{F}l\,2}}{S_{\mathrm{F}2}} = \dfrac{220\ \mathrm{N/mm}^2}{2{,}0}$ $= 10\ \mathrm{N/mm}^2$
Nachweis der Spannung	$\sigma_{\mathrm{F}1} = 7{,}4\ \mathrm{N/mm}^2 < \sigma_{\mathrm{FP}1}$ $\sigma_{\mathrm{FP}1} = 111\ \mathrm{N/mm}^2$	$\sigma_{\mathrm{F}2} = 6{,}5\ \mathrm{N/mm}^2 < \sigma_{\mathrm{FP}2}$ $\sigma_{\mathrm{FP}2} = 110\ \mathrm{N/mm}^2$

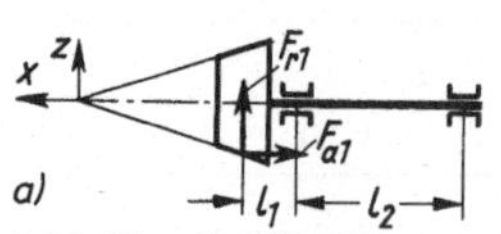

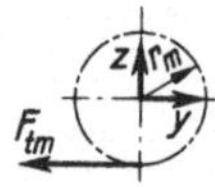

a)

8.78 Kegelradlagerung

Beispiel 9. Für das Kegelradgetriebe nach Beispiel 7 und 8 (**8.77**) sind für Welle 1 die Auflagerkräfte und Biegemomente zu bestimmen (**8.78**), s. auch (**8.61**).

$l_1 = 40$ mm $l_2 = 80$ mm

Benennung und Bemerkung	Auflagerkräfte und Biegemomente
aus Beispiel 7 und 8 sind bekannt	$z_1 = 10;\ m = 5$ mm; $d_{m1} = 42{,}34$ mm; $\delta_1 = 17°52'43''$ $\alpha = 20°;\ F_{tm} = 293$ N
Radialkraft, Gl. (8.121)	$F_{r1} = F_{tm}\tan\alpha\cos\delta = 293$ N $\tan 20°\cos 17°52'43'' = 101$ N
Axialkraft, Gl. (8.122)	$F_{a1} = F_{tm}\tan\alpha\sin\delta = 293$ N $\tan 20°\sin 17°52'43'' = 32$ N Aus $\Sigma M = 0$ ergibt sich $F_{Az} = \dfrac{1}{l_2}[F_{r1}(l_1 + l_2) - F_{a1}r_m]$ $F_{Az} = \dfrac{1}{80\text{ mm}}[101\text{ N}(40 + 80)\text{ mm} - 32\text{ N}\cdot 21{,}16\text{ mm}]$ $F_{Az} = 143$ N $F_{Bz} = \dfrac{1}{l_2}(F_{r1}l_1 - F_{a1}r_m)$ $F_{Bz} = \dfrac{1}{80\text{ mm}}(101\text{ N}\cdot 40\text{ mm} - 32\text{ N}\cdot 21{,}16\text{ mm})$ $F_{Bz} = 42$ N $\Sigma F(z) = 0 = F_{r1} - F_{Az} + F_{Bz}$
Auflagerkräfte: Teilauflagerkräfte in Ebene $x - z$ und graphische Darstellung der Biegemomentenfläche (**8.78**b): $M(z)$	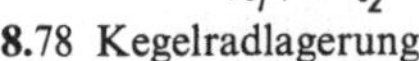 (8.78 bc)
Teilauflagerkräfte in Ebene $x - y$ und graphische Darstellung der Biegemomentenfläche (**8.78**c): $M(y)$	$F_{Ay} = \dfrac{1}{l_2}[F_{tm}(l_1 + l_2)]$ $F_{Ay} = \dfrac{1}{80\text{ mm}}[293\text{ N}(40 + 80)\text{ mm}]$ $= 440$ N $F_{By} = \dfrac{1}{l_2}F_{tm}l_1$ $F_{By} = \dfrac{1}{80\text{ mm}}\ 293\text{ N}\cdot 40\text{ mm} = 147$ N $\Sigma F(y) = 0 = -F_{tm} + F_{Ay} - F_{By}$
Auflagerkraft F_A	$F_A = \sqrt{F_{Az}^2 + F_{Ay}^2}$ $F_A = \sqrt{(143\text{ N})^2 + (440\text{ N})^2} = 463$ N
Auflagerkraft F_B	$F_B = \sqrt{F_{Bz}^2 + F_{By}^2}$ $F_B = \sqrt{(42\text{ N})^2 + (147\text{ N})^2} = 153$ N

Benennung und Bemerkung	Auflagerkräfte und Biegemomente
Biegemomente in Ebene $x - z$	
a) am Lager A	$M_A(z) = F_{Bz}l_2 = 42\,\text{N} \cdot 80\,\text{mm} = 3360\,\text{N mm}$
b) in Mitte Rad	$M_1(z) = - F_{a1}r_{m1}$
	$M_1(z) = - 32\,\text{N} \cdot 21{,}16\,\text{mm} = - 677\,\text{N mm}$
Biegemoment in Ebene $x - y$	$M_A(y) = F_{tm}l_1 = 293\,\text{N} \cdot 40\,\text{mm} = 11\,720\,\text{N mm}$
resultierende Biegemomente	
a) am Lager A	$M_A = \sqrt{M_A^2(z) + M_A^2(y)} = \sqrt{3360^2 + 11\,720^2}\,\text{N mm} = 12\,192\,\text{N mm}$
b) in Mitte Rad	$M_1 = \sqrt{M_1^2(z) + 0} = \sqrt{(- 677)^2}\,\text{N mm} = 677\,\text{N mm}$
größtes Biegemoment	$M_{max} = M_A = F_B l_2 = 153\,\text{N} \cdot 80\,\text{mm} = 12\,240\,\text{N mm}$

8.6 Stirnrad-Schraubgetriebe

8.6.1 Grundbegriffe

Bringt man zwei Schrägstirnräder mit gleichem Modul m_n und gleichem Eingriffswinkel α_n, aber mit Schrägungswinkeln $\beta_1 \neq \beta_2$ in Eingriff, so entsteht ein Stirnrad-Schraubgetriebe (nur bei $\beta_1 = - \beta_2$ liegt ein Schrägstirnradgetriebe vor), dessen Achsen sich unter dem Winkel δ schneiden (8.79). Die meistens gleichsinnigen Schrägungswinkel beider Räder ergeben als Summe den Kreuzungswinkel

$$\delta = \beta_1 + \beta_2 \tag{8.131}$$

Oft werden Schraubgetriebe mit dem Kreuzungswinkel $\delta = 90°$ ausgeführt.

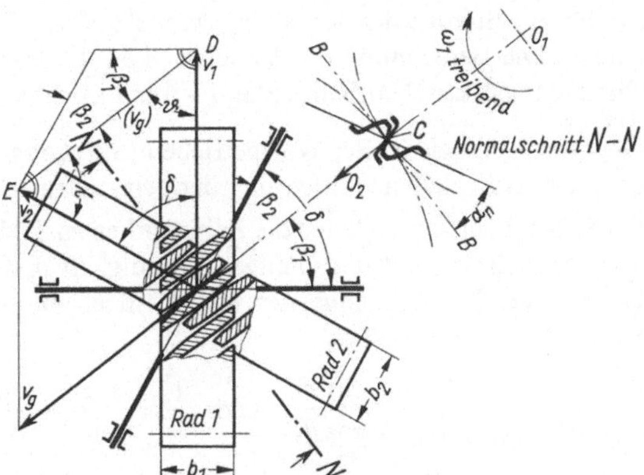

8.79
Bewegungsverhältnisse an der Berührungsstelle des Stirnrad-Schraubgetriebes

Um einen besseren Wirkungsgrad zu erzielen, soll der Schrägungswinkel des treibenden Rades größer als der des getriebenen Rades sein: $\beta_1 \geqq \beta_2$.

Wälzzylinder und Zahnflanken berühren sich auf der Eingriffslinie im Normalschnitt nur punktförmig (**8.**80). Die Profilüberdeckung ist für die Geradzahn-Ersatzstirnräder (im Normalschnitt) zu ermitteln (**8.**82) (s. auch Taf. **A 8.**2). Stirnrad-Schraubgetriebe werden für Übersetzungen $i \leqq 5$ angewendet. Für $i > 5$ sind Schneckengetriebe zu wählen (s. Abschn. 8.7).

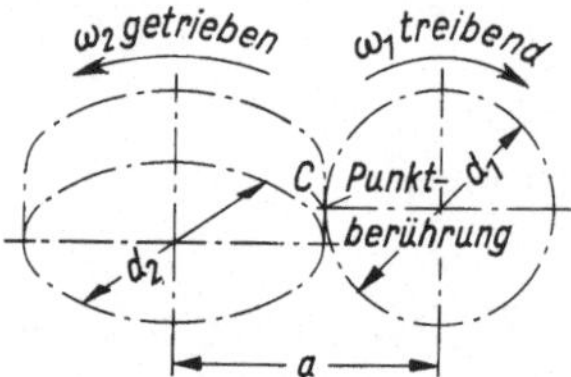

8.80
Punktberührung der Wälzzylinder

Bestimmungsgrößen (Taf. **A 8.**6). Für die Radabmessungen gelten im grundsätzlichen die geometrischen Beziehungen der Schrägstirnräder.

Übersetzung

$$i = \frac{n_1}{n_2} = \frac{z_2}{z_1} = \frac{d_2 \cos \beta_2}{d_1 \cos \beta_1} \tag{8.132}$$

Für $\delta = \beta_1 + \beta_2 = 90°$ wird mit $\cos \beta_2 = \sin \beta_1$ die Übersetzung $i = d_2/(d_1 \tan \beta_1)$.

Achsabstand

$$a = \frac{d_1 + d_2}{2} = \frac{m_n}{2} \left(\frac{z_1}{\cos \beta_1} + \frac{z_2}{\cos \beta_2} \right) \tag{8.133}$$

Stirnrad-Schraubgetriebe sind (im Gegensatz zu Schrägstirnradgetrieben) gegen größere Achsabstandsänderungen empfindlich, da sich mit den Betriebswälzkreisdurchmessern die Schrägungswinkel auf den Betriebswälzzylindern ändern. In axialer Richtung kann man sie gegeneinander verschieben, also sind sie leicht zu montieren.

Bei V-Getrieben mit Schraubenrädern ist zu beachten, daß die Summe der Schrägungswinkel auf den Betriebswälzzylindern gleich dem Kreuzungswinkel $\delta (= \beta_{w1} + \beta_{w2})$ ist. Dann ist aber die Summe der Schrägungswinkel auf den Teilzylindern ungleich dem Kreuzungswinkel. Die Berechnung der V-Getriebe ist darum etwas umständlich und wird entsprechend der praktischen Bedeutung hier nicht behandelt.

Gleitgeschwindigkeit. Bei Wälzgetrieben (Stirnradgetrieben) erfolgt außer der Wälzbewegung ein Wälzgleiten in Richtung der gemeinsamen Tangente, s. Gl. (8.12).

Bei Schraubgetrieben gleiten die Zahnflanken zusätzlich längs der Flankenlinie in Richtung der Zahnschräge mit der Gleitgeschwindigkeit v_g aufeinander (**8.**79). Sind v_1 und v_2 die Umfangsgeschwindigkeiten der Räder, so ergibt sich für das Dreieck CDE nach dem Sinussatz

$$\frac{v_g}{v_1} = \frac{\sin \delta}{\sin \gamma} = \frac{\sin \delta}{\cos \beta_2} \quad \text{und} \quad \frac{v_g}{v_2} = \frac{\sin \delta}{\sin \vartheta} = \frac{\sin \delta}{\cos \beta_1}$$

und damit die Gleitgeschwindigkeit

$$v_g = v_1 \frac{\sin \delta}{\cos \beta_2} = v_2 \frac{\sin \delta}{\cos \beta_1} \tag{8.134}$$

Für den Kreuzungswinkel

$$\delta = 90° \quad \text{ist} \quad v_g = \frac{v_1}{\cos \beta_2} = \frac{v_2}{\cos \beta_1}$$

Hierin sind

$$v_1 = \pi d_1 \, 10^{-3} \frac{n_1}{60} = \frac{\pi z_1 m_n \, 10^{-3}}{\cos \beta_1} \frac{n_1}{60} \quad \text{in m/s} \tag{8.135}$$

und

$$v_2 = v_1 \frac{\cos \beta_1}{\cos \beta_2} = \pi d_2 \, 10^{-3} \frac{n_2}{60} \quad \text{in m/s}$$

mit d, m_n in mm und n in min^{-1}. (Zahlenwertgleichung aus $v = r\omega$ entwickelt.)

Wirkungsgrad am Schraubgetriebe. Vernachlässigt man die Reibung, so gilt für die Leistung

$$F_{t1} v_1 = F_{t2}' v_2$$

Hierin bedeuten:

F_{t1} Umfangskraft des treibenden Rades nach Gl. (8.41)
F_{t2}' Umfangskraft des getriebenen Rades
v_1, v_2 Umfangsgeschwindigkeiten nach Gl. (8.135)

Unter Berücksichtigung des Wirkungsgrades η_s für den Gleitverlust folgt

$$F_{t1} v_1 \eta_s = F_{t2} v_2$$

Vernachlässigt man die Reibung, so ist die normal zur Schrägung wirkende Kraft (**8.81**)

$$F' = F_{t1}/\cos \beta_1 = F_{t2}'/\cos \beta_2$$

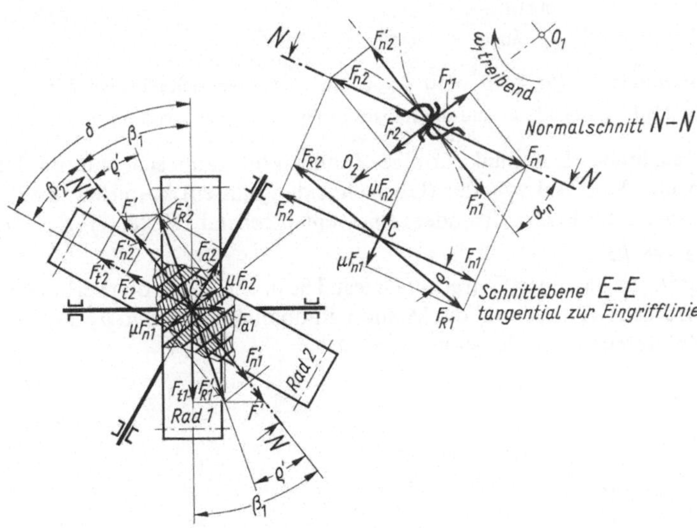

8.81 Zahnkräfte am Stirnrad-Schraubgetriebe

Daraus folgt die Umfangskraft des getriebenen Rades

$$F'_{t2} = F_{t1}\ \cos\beta_2/\cos\beta_1$$

Mit dem Reibungswinkel ϱ [1]) erhält man für die unter dem Winkel α_n geneigte Fläche

$$\tan\varrho' = \frac{\tan\varrho}{\cos\alpha_n} = \frac{\mu}{\cos\alpha_n} = \mu' \tag{8.136}$$

Damit ergibt sich die um den reduzierten Reibungswinkel ϱ' zur Normalen geneigte Zahnkraft (**8.81**)

$$F'_R = F'_{R1} = F'_{R2} = \frac{F_{t1}}{\cos(\beta_1 - \varrho')} = \frac{F_{t2}}{\cos(\beta_2 + \varrho')}$$

Daraus folgt die tatsächliche Umfangskraft

$$F_{t2} = F_{t1}\ \frac{\cos(\beta_2 + \varrho')}{\cos(\beta_1 - \varrho')}$$

und mit F'_{t2} der W i r k u n g s g r a d der Schraubung

$$\eta_S = \frac{F_{t2}}{F'_{t2}} = \frac{F_{t1}\cos(\beta_2 + \varrho')\cos\beta_1}{\cos(\beta_1 - \varrho')\ F_{t1}\cos\beta_2} = \frac{\cos\beta_1\ \cos(\beta_2 + \varrho')}{\cos\beta_2\ \cos(\beta_1 - \varrho')}$$

Unter Anwendung der Additionstheoreme und $\tan\varrho' = \mu'$ (reduzierte Reibungszahl) ergibt sich für den Wirkungsgrad die Formel

$$\eta_s = \frac{\cos\beta_1\ (\cos\beta_2\ \cos\varrho' - \sin\beta_2\ \sin\varrho')}{\cos\beta_2\ (\cos\beta_1\ \cos\varrho' + \sin\beta_1\ \sin\varrho')} = \frac{\cos\varrho' - \tan\beta_2\ \sin\varrho'}{\cos\varrho' + \tan\beta_1\ \sin\varrho'}$$

$$\eta_S = \frac{1 - \tan\beta_2\ \tan\varrho'}{1 + \tan\beta_1\ \tan\varrho'} = \frac{1 - \mu'\ \tan\beta_2}{1 + \mu'\ \tan\beta_1} \tag{8.137}$$

Bei guter Schmierung der Zahnflanken setzt man die Reibungszahl $\mu' = \tan\varrho' \approx 0{,}1$ bzw. den Reibungswinkel $\varrho' \approx 5{,}8°$ ein. Für den Kreuzungswinkel $\delta = 90°$ ist der Wirkungsgrad

$$\eta_s = \frac{\tan(\beta_1 - \varrho')}{\tan\beta_1}$$

Setzt man den Winkel $\beta_1 = 30° \cdots 60°$ ein, so ergeben sich günstige Wirkungsgrade.
Ist Rad 2 treibend, so sind die Indizes in Gl. (8.137) zu vertauschen.

Zahnbreite. Der punktförmige Zahneingriff kann sich nur im Durchdringungsbereich beider Kopfkreiszylinder (Überschneidungslinsen) abspielen (**8.82**). Die Halbmesser der Geradzahn-Ersatzstirnräder sind entsprechend Gl. (8.87) $r_{n1} = r_1/\cos^2\beta_1$ und $r_{n2} = r_2/\cos^2\beta_2$.
Sie legen die Eingriffsstrecke $\overline{AE}$ fest. Die in der Projektion verkürzt erscheinende Eingriffsstrecke $\overline{A'E'}$ bestimmt die Mindest-Radbreiten $b_{1\,min}$ und $b_{2\,min}$ (**8.82**). Ausgeführt wird die Zahnbreite in der Regel mit $b \approx 10\,m_n$.

---

[1]) Vgl. Teil 1, Abschn. Schrauben.

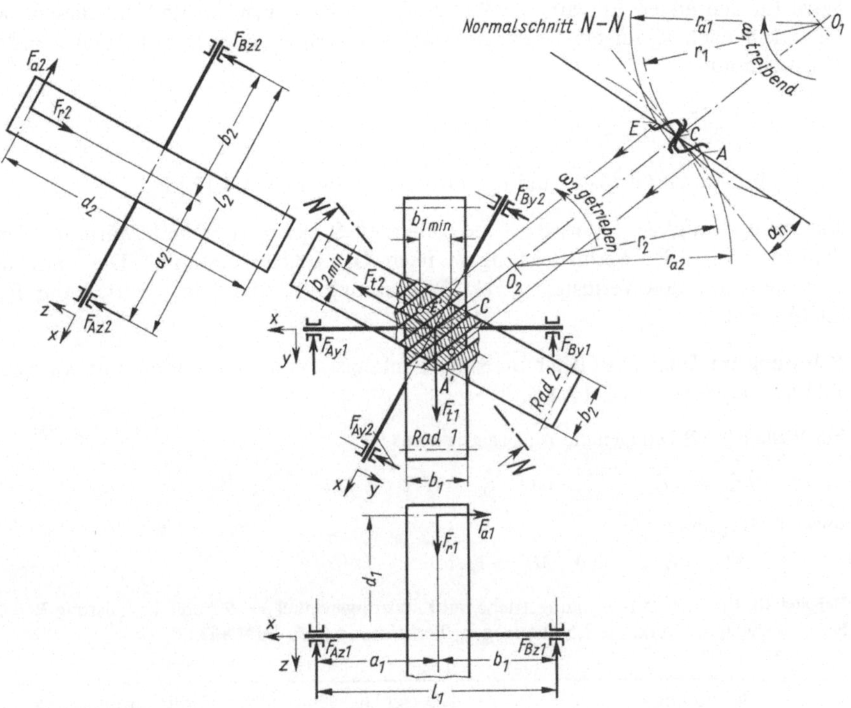

8.82 Lagerkräfte am Stirnrad-Schraubgetriebe; Ersatzstirnräder und Mindestzahnbreiten

8.6.2 Tragfähigkeitsberechnung der Stirnrad-Schraubgetriebe

Schraubgetriebe werden meistens nur für kleine Leistungsübertragungen verwendet. Die Punktberührung der Flanken und die großen Gleitgeschwindigkeiten verlangen eine besondere Werkstoffauswahl. Häufig verwendet man gehärtete Räder und Hypoidöl als Schmiermittel.

Bezieht man die Umfangskraft F_t nach Gl. (8.41) auf die Normalteilung $p_n = \pi m_n$ und auf die Mindest-Radbreite b, die am bequemsten zeichnerisch über b_{min} geprüft wird, so erhält man den Belastungsfaktor $c = F_t/(b p_n)$. Mit den Werten für c_{zul} aus Tafel **A 8**.17 ermittelt man die am Teilkreiszylinder übertragbare Umfangskraft

$$F_t = c_{zul}\, b\, p_n \tag{8.138}$$

Mit der übertragbaren Umfangskraft F_{t1} des Rades 1 in N erhält man die maximal übertragbare Leistung

$$P_{max} = \frac{F_{t1} v_1}{1\,000} = \frac{b\,\pi\,m_n\,c_{zul}\,v_1}{1\,000} \quad \text{in kW} \tag{8.139}$$

In dieser Zahlenwertgleichung bedeuten b in mm vorhandene Zahnbreite ($b \geqq 10\,m_n$), m_n in mm Normalmodul (Taf. **A 8**.9), c_{zul} in N/mm² zulässiger Belastungswert (Taf. **A 8**.17) und v_1 in m/s Umfangsgeschwindigkeit von Rad 1 nach Gl. (8.135).

Wird für den ersten Entwurf die Radbreite $b \approx 10\,m_n$ gewählt und mit diesem Wert die Gl. (8.138) nach m_n aufgelöst, so ergibt sich die Zahlenwertgleichung für den erforderlichen Normalmodul

$$m_n \geqq \sqrt{\frac{F_{t1}}{10\,\pi\,c_{zul}}} \quad \text{in mm} \tag{8.140}$$

mit F_{t1} in N nach Gl. (8.41) und c_{zul} in N/mm^2 aus Tafel **A 8.**17 [5].

Abnutzungsfestigkeit. Sie wird als die Sicherheit S_T gegen zu hohe Erwärmung der Zahnflanken infolge der Verlustleistung P_v nach Gl. (A 8.6.6) bestimmt. Die Verlustleistung P_v besteht aus den Verlusten durch Wälzreibung P_{vz} und Längsgleitreibung P_{vg}, siehe Gl. (A 8.6.5).

Belastung am Zahn. Die Gleichungen für Umfangs-, Axial- und Radialkraft, wie sie sich aus Bild **8.**81 ergeben, s. Tafel **A 8.**6.

Für Welle 1 (**8.**82) betragen die A u f l a g e r k r ä f t e

$$F_{A1} = \sqrt{F_{Az1}^2 + F_{Ay1}^2} \quad \text{und} \quad F_{B1} = \sqrt{F_{Bz1}^2 + F_{By1}^2}$$

sowie die Biegemomente

$$M_{b1} = F_{A1}\,a_1 \quad \text{und} \quad M'_{b1} = F_{B1}\,b_1$$

Beispiel 10. Ein Stirnrad-Schraubgetriebe mit Kreuzungswinkel $\delta = 90°$ soll die Leistung $P_1 = 3{,}06\,kW$ bei $n_1 = 900\,min^{-1}$ und $i \approx 2{,}5$ übertragen; Verzahnung nach DIN 867.

Benennung und Bemerkung	Überschlagsrechnung zur Vordimensionierung (s. auch Tafel **A 8.**6)	
Zähnezahl	$z_1 = 15$ gewählt ggf. prüfen nach Tafel **A 8.**5 Gl. (8.101)	$z_2 = i\,z_1 = 2{,}5 \cdot 15 = 37{,}5$ $z_2 = 37$ gewählt
Schrägungswinkel, Gl. (8.131)	$\beta_1 = 50°$ gewählt	$\beta_2 = \delta - \beta_1 = 90° - 50° = 40°$
Normalmodul, Zwgl. (8.140)	$m_n \geqq \sqrt{\dfrac{F_{t1}}{10\,\pi\,c_{zul}}}$	
Umfangskraft, Gl. (8.41)	$F_{t1} = \varphi\,\dfrac{2\,T_1}{d_1}$	
Teilkreisdurchmesser	$d_1 = 90\,mm$ vorläufig geschätzt	
Betriebsfaktor	$\varphi = 1$ gesetzt	
Nenndrehmoment Zwgl. (8.40)	$T_1 = 9{,}55 \cdot 10^6\,\dfrac{P_1}{n_1} = 9{,}55 \cdot 10^6\,\dfrac{3{,}06}{900} = 32\,460\,N\,mm$	
Umfangskraft	$F_{t1} = \dfrac{2 \cdot 32\,460\,N\,mm}{90\,mm} = 720\,N$	
zul. Belastungswert Taf. **A 8.**17	$c_{zul} = \dfrac{6}{2 + v_g}$ für $GG/St_{gehärtet}\,(+25\%)$	
Gleitgeschwindigkeit Gl. (8.134)	$v_g = v_1\,\dfrac{\sin\delta}{\cos\beta_2}$	

Benennung und Bemerkung	Überschlagsrechnung zur Vordimensionierung (s. auch Tafel **A 8.6**)
Umfangsgeschwindigkeit Zwgl. (8.1)	$v_1 = d_1 10^{-3} \pi \dfrac{n_1}{60} = 90 \cdot 10^{-3} \cdot \pi \dfrac{900}{60} = 4{,}24 \text{ m/s}$
Gleitgeschwindigkeit	$v_g = 4{,}24 \dfrac{\sin 90°}{\cos 40°} = 5{,}53 \text{ m/s}$
zul. Belastungswert	$c_{zul} = \dfrac{6}{2 + 5{,}53}\, 1{,}25 \approx 1 \text{ N/mm}^2$
Normalmodul	$m_n \geqq \sqrt{\dfrac{720 \text{ N}}{10 \cdot \pi \cdot 1 \text{ N/mm}^2}} = 4{,}79 \text{ mm}$ gewählt $m_n = 5$ mm aus Taf. **A 8.9**
Zahnbreite, s. Gl. (8.138)	$b \approx 10\, m_n = 10 \cdot 5 \text{ mm} = 50 \text{ mm}$; gewählt $b = 45$ mm

Benennung und Bemerkung	Abmessungen und Kräfte des Stirnrad-Schraubgetriebes	
	Rad 1	Rad 2
Teilkreisdurchmesser Gl. (8.79)	$d_1 = \dfrac{z_1 m_n}{\cos \beta_1}$ $d_1 = \dfrac{15 \cdot 5 \text{ mm}}{\cos 50°} = 116{,}6 \text{ mm}$	$d_2 = \dfrac{z_2 m_n}{\cos \beta_2}$ $d_2 = \dfrac{37 \cdot 5 \text{ mm}}{\cos 40°} = 241{,}5 \text{ mm}$
Kopfkreisdurchmesser Gl. (8.30)	$d_{a1} = d_1 + 2 m_n$ $d_{a1} = 116{,}6 \text{ mm} + 2 \cdot 5 \text{ mm}$ $= 126{,}6 \text{ mm}$	$d_{a2} = d_2 + 2 m_n$ $d_{a2} = 241{,}5 \text{ mm} + 2 \cdot 5 \text{ mm}$ $= 251{,}5 \text{ mm}$
Stirnmodul, Gl. (8.78)	$m_{t1} = \dfrac{m_n}{\cos \beta_1}$ $m_{t1} = \dfrac{5 \text{ mm}}{\cos 50°} = 7{,}7787 \text{ mm}$	$m_{t2} = \dfrac{m_n}{\cos \beta_2}$ $m_{t2} = \dfrac{5 \text{ mm}}{\cos 40°} = 6{,}5271 \text{ mm}$
Umfangsgeschwindigkeit Zwgl. (8.135)	$v_1 = d_1 10^{-3} \cdot \pi \dfrac{n_1}{60}$ $v_1 = 11{,}66 \cdot 10^{-3} \cdot \pi \dfrac{900}{60}$ $= 5{,}49 \text{ m/s}$	$v_2 = d_2 10^{-3} \cdot \pi \dfrac{n_2}{60}$ $v_2 = 24{,}15 \cdot 10^{-3} \cdot \pi \dfrac{900 \cdot 15}{60 \cdot 37}$ $= 4{,}61 \text{ m/s}$
Achsabstand, Gl. (8.133)	$a = \dfrac{d_1 + d_2}{2} = \dfrac{(116{,}6 + 241{,}5) \text{ mm}}{2} = 179{,}05 \text{ mm}$	
Umfangskraft, Gl. (8.41)	$F_{t1} = \varphi \dfrac{2 T_1}{d_1} = 1 \dfrac{2 \cdot 32\,460 \text{ N mm}}{116{,}6 \text{ mm}} = 556 \text{ N} \qquad \varphi = 1$	
Umfangskraft, Gl. (A 8.6.1)	$F_{t2} = F_{t1} \dfrac{\cos(\beta_2 + \varrho')}{\cos(\beta_1 - \varrho')} \qquad \varrho' \approx 5{,}8° \text{ aus } \tan \varrho' = \mu' = 0{,}1$ $F_{t2} = 556 \text{ N} \dfrac{\cos(40° + 5{,}8°)}{\cos(50° - 5{,}8°)} = 541 \text{ N}$	
Axialkräfte, Gl. (A 8.6.2) (A 8.6.3)	$F_{a1} = F_{t1} \tan(\beta_1 - \varrho')$ $F_{a1} = 556 \text{ N} \tan(50° - 5{,}8°)$ $F_{a1} = 541 \text{ N}$	$F_{a2} = F_{t2} \tan(\beta_2 + \varrho')$ $F_{a2} = 541 \text{ N} \tan(40° + 5{,}8°)$ $F_{a2} = 556 \text{ N}$

Benennung und Bemerkung	Abmessungen und Kräfte des Stirnrad-Schraubgetriebes	
	Rad 1	Rad 2
Radialkräfte, Gl. (A 8.6.4)	$F_{r1} = F_{t1} \dfrac{\tan\alpha_n \cos\varrho'}{\cos(\beta_1 - \varrho')}$ $F_{r1} = 556\ \text{N}\ \dfrac{\tan 20° \cos 5{,}8°}{\cos(50° - 5{,}8°)}$ $F_{r1} = 281\ \text{N}$	$F_{r2} = F_{r1} = 281\ \text{N}$
übertragbare Leistung Zwgl. (8.139)	$P_{max} = \dfrac{b\,\pi\,m_n\,c_{zul}\,v_1}{1\,000}$ in kW	mit $\begin{cases} b,\ m_n \text{ in mm} \\ c_{zul} \text{ in N/mm}^2 \\ v_2 \text{ in m/s} \end{cases}$
Gleitgeschwindigkeit Gl. (8.134)	$v_g = v_1 \dfrac{\sin\delta}{\cos\beta_2} = 5{,}49\ \text{m/s}\ \dfrac{\sin 90°}{\cos 40°} = 7{,}17\ \text{m/s}$	
zul. Belastungswert Taf. **A 8**.17	$c_{zul} = \dfrac{10}{2 + v_g} = \dfrac{10}{2 + 7{,}17} = 1{,}09\ \text{N/mm}^2$	
übertragbare Leistung	$P_{max} = \dfrac{40 \cdot \pi \cdot 5 \cdot 1{,}09 \cdot 5{,}49}{1\,000} = 3{,}76\ \text{kW} > P_1 = 3\ \text{kW}$	
Sicherheit gegen zu hohe Temperatur, Zwgl. (A 8.6.6)	$S_T = \dfrac{d_1\,b}{1\,360\,P_v\,q_T} \geqq 1$	
Verlustleistung, Gl. (A 8.6.5)	$P_v \approx P_1\left(\dfrac{i+1}{7\,z_2}\dfrac{h_a}{m_n} + 1 - \eta_s\right)$	
Übersetzung, Gl. (8.132)	$i = \dfrac{z_2}{z_1} = \dfrac{37}{15} = 2{,}47$	
Wirkungsgrad der Schraubung, Gl. (8.136) und (8.137)	$\eta_s = \dfrac{1 - \mu'\tan\beta_2}{1 + \mu'\tan\beta_1} = \dfrac{1 - 0{,}1\tan 40°}{1 + 0{,}1\tan 50°} = 0{,}819$	
Verlustleistung	$P_v \approx 3\ \text{kW}\left(\dfrac{2{,}47 + 1}{7 \cdot 37} \cdot \dfrac{5\ \text{mm}}{5\ \text{mm}} + 1 - 0{,}819\right) = 0{,}194\ \text{kW}$	
Temperaturbeiwert Taf. **A 8**.17	$q_T = 4$	
Sicherheit gegen zu hohe Temperatur	$S_T = \dfrac{116{,}6 \cdot 45}{1\,360 \cdot 0{,}194 \cdot 4} = 4{,}97 > 1$ gefordert	

8.7   Schneckengetriebe

Schneckengetriebe sind Schraubgetriebe, deren Achsen in der Regel unter einem Winkel von 90° gekreuzt sind. Schnecke und Rad berühren sich in einer Linie. Im Normalfall wird die Schnecke in der zylindrischen Grundform und die Verzahnung des Rades in Globoid-form hergestellt (**8.1** k). Besondere Hochleistungsschneckentriebe bestehen aus einer Globo-idschnecke mit Globoidrad (**8.1** l).

8.7.1 Grundbegriffe

Besondere Merkmale der Schneckentriebe mit Zylinderschnecke (DIN 3975 und 3976) sind:

1. die hohe Belastbarkeit im Vergleich zu Stirnrad-Schraubgetrieben, da Linienberührung besteht

2. der geräuscharme Lauf und die gute Schwingungsdämpfung

3. der große Übersetzungsbereich ins Langsame, $i \leqq 110$

4. der hohe Wirkungsgrad bei großer Übersetzung; ein hoher Wirkungsgrad ($\eta \leqq 98\%$) läßt sich mit besonders ausgereiften Konstruktionen und unter guten Betriebsbedingungen erreichen; mit abnehmendem Steigungswinkel (mit größerer Übersetzung) und bei kleineren Geschwindigkeiten nimmt der Wirkungsgrad (bis unter 50%) ab

5. die Selbsthemmung. Für selbsthemmende Schnecken soll der Steigungswinkel $\gamma \leqq 3,5°$ und die Schnecke im Stillstand erschütterungsfrei sein

6. die kleinere und leichtere Bauweise im Vergleich zu Stirn- und Kegelrad-Getrieben mit größerer Übersetzung

Zylinderschnecke. Man kann die Zylinderschnecken nach der Flankenform, die durch das Werkzeug (Drehmeißel, Wälzfräser, Schneidrad) gegeben ist, unterscheiden.

F l a n k e n f o r m A (ZA-Schnecke). Die Flanke hat im Achsschnitt Trapezprofil, im Stirnschnitt ($\perp$ zum Achsschnitt) eine archimedische Spirale (**8.83** a) (selten ausgeführt).

F l a n k e n f o r m N (ZN-Schnecke). Die Flankenform entsteht durch einen trapezförmigen Drehmeißel, der in Achshöhe eingestellt wird und in der Mitte der Zahnlücke um den Mittensteigungswinkel geschwenkt ist (**8.83** b).

F l a n k e n f o r m K (ZK-Schnecke). Fräser oder Schleifscheibe haben ein Trapezprofil und werden im Normalschnitt senkrecht zum Lückenverlauf angestellt (**8.83** c).

F l a n k e n f o r m I (ZI-Schnecke). Die Flanke entspricht der eines Schrägstirnrades mit Evolventenverzahnung (**8.83** d). Der Stirnschnitt weist eine Evolvente auf.

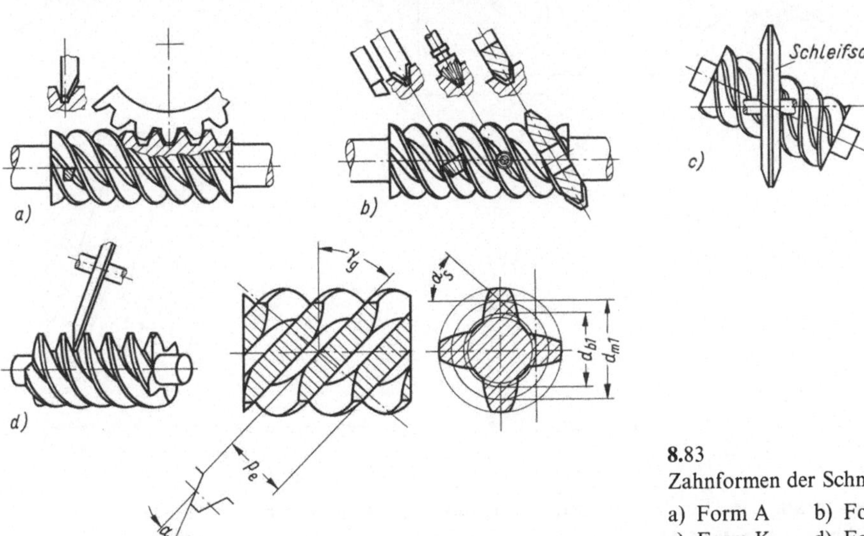

8.83
Zahnformen der Schnecke
a) Form A   b) Form N
c) Form K   d) Form I

Bestimmungsgrößen für Getriebe mit Kreuzungswinkel $\delta = 90°$

DIN 3976 enthält in zwei Tabellen Zahlenwerte für geometrische Größen an Zylinderschnecken; Tabelle 1: Maße der Zylinderschnecken; Tabelle 2: Empfohlene Zuordnung der Achsabstände zu den Schnecken.

Aus den Gleichungen der Schrägzahnräder und Schraubengetriebe lassen sich mit den Bezeichnungen in den Bildern **8.**84 und **8.**85 Gleichungen für das Schneckengetriebe ableiten, die in Tafel **A 8.**8 zusammengestellt sind.

Zylinderschnecken (**8.**84 und **8.**85) werden ohne Profilverschiebung ausgeführt. Die Steigungshöhe p_z ist der Abstand zweier Windungen von Rechts- oder Linksflanken ein und desselben Teilkreisdurchmessers. Für Schnecken im Achsschnitt und für Schneckenräder im Stirnschnitt gelten die Moduln (Achsmoduln) nach DIN 780 (Tafel **A 8.**9 b).

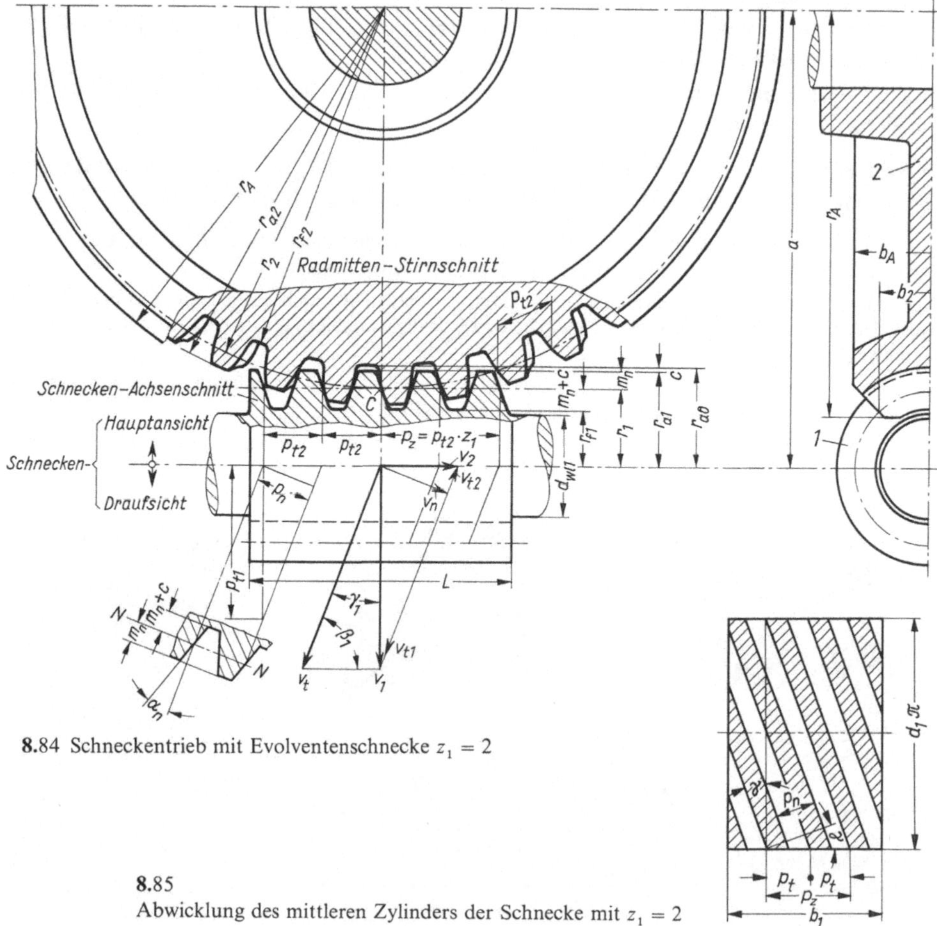

8.84 Schneckentrieb mit Evolventenschnecke $z_1 = 2$

8.85
Abwicklung des mittleren Zylinders der Schnecke mit $z_1 = 2$

Schneckenrad. Die Gleichungen zur Ermittlung der geometrischen Abmessungen mit den Bezeichnungen in Bild **8.**84 sind in Tafel **A 8.**8 zusammengestellt.

Profilverschiebung wird beim Schneckenrad erforderlich, wenn 1. ein bestimmter Achsabstand erzielt werden muß und 2. Unterschnitt zu vermeiden ist; s. auch Gl. (8.15), also bei Zähnezahlen $z_2 < z_g = 2/\sin^2\alpha_t$. Für Eingriffswinkel $\alpha_t = 20°$ ist $z_g = 17$ und für $\alpha_t = 15°$ ist $z_g = 30$. Der Profilverschiebungsfaktor x ist positiv, wenn durch die Profilverschiebung der Zahnfuß dicker wird (s. auch Abschn. 8.3.2).

8.7.2 Wirkungsgrad

Wirkungsgrad der Schraubung

Treibende Schnecke (8.86). Während einer Umdrehung der Schnecke beträgt die Nutzarbeit am Rad $W_n = F_{t2}p_z = F_{t2}z_1 p_t$ und die in der gleichen Zeit an der Schnecke aufgewendete Arbeit $W_a = F_{t1}d_1\pi$. Damit ergibt sich der Wirkungsgrad

$$\eta_s = \frac{W_n}{W_a} = \frac{F_{t2}}{F_{t1}}\tan\gamma = \frac{\tan\gamma}{\tan(\gamma + \varrho')} \tag{8.141}$$

mit $\tan\varrho' = \mu' = \dfrac{\mu}{\cos\alpha_n}$

Treibendes Rad (8.86). Erfolgt der Antrieb vom Rad aus, dann ist der Wirkungsgrad

$$\eta_s' = \frac{\tan(\gamma - \varrho')}{\tan\gamma} \tag{8.142}$$

Bei Evolventenschnecken mit $\gamma \approx 45°$ kann man $\eta_s \leqq 0{,}97$ erreichen. Für Selbsthemmung ist $\eta_s < 0{,}50$ anzustreben; ein Antrieb über das Rad ist dann nicht möglich.

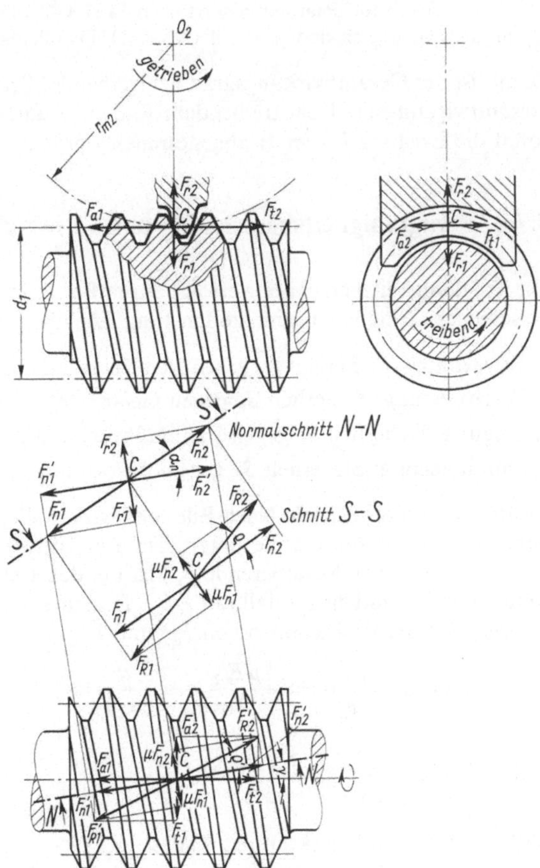

8.86
Kräfte am Schneckentrieb

Die Reibung zwischen Schnecke und Rad soll im Gebiet der Flüssigkeitsreibung erfolgen, was bei ununterbrochenem Betrieb im allgemeinen zu erreichen ist (vgl. Abschn. Gleitlager). Als Reibungszahl setzt man je nach Oberflächenbeschaffenheit der Werkstoffe bei der Paarung Stahl gegen Bronze $\mu = 0{,}01 \cdots 0{,}03$ in die Rechnung ein.

Wirkungsgrad der Lagerung

Der gesamte Wirkungsgrad für Schnecken- und Rad-Wellenlagerung beträgt bei Wälzlagern $\eta_{l12} \approx 0{,}99$ und bei Gleitlagern $\eta_{l12} \approx 0{,}97$.

Gesamtwirkungsgrad

Die getrennte Erfassung der Verluste am Zahneingriff, der Reibungsverluste in Lagern und an Dichtungen sowie der Verluste durch Plantschwirkung ist schwierig. Versuche ergaben Beziehungen für eine ideelle Reibungszahl, die alle Verluste bei Wälzlagerung annähernd erfaßt und durch folgende Zahlenwertgleichung dargestellt wird:

$$\mu_i = \tan \varrho_i \geq \frac{0{,}051}{q_3 \sqrt{0{,}4 + v_g}} \tag{8.143}$$

Hierbei bedeuten:

q_3 Werkstoff-Paarungsbeiwert nach Tafel A 8.21 [5]

v_g in m/s   Gleitgeschwindigkeit, Gl. (A 8.8.31). Bei Gleitlagern ist μ_i etwas zu erhöhen.

Damit ist der Gesamtwirkungsgrad bei treibender Schnecke $\eta_s = \tan\gamma / \tan(\gamma + \varrho_i)$ und der Gesamtwirkungsgrad bei treibendem Rad $\eta_s' = \tan(\gamma - \varrho_i)/\tan\gamma$. An der Radwelle kann somit die Leistung $P_2 = \eta_s P_1$ abgenommen werden.

8.7.3 Tragfähigkeitsberechnung und Konstruktion

Die Tragfähigkeitsberechnung erfolgt durch Bestimmung der Sicherheiten gegen die durch verschiedene Einflüsse begrenzte Leistung. Die übertragbare Leistung ist begrenzt durch:

1. Erwärmung: Sicherheit S_T gegen Verschleiß und Gefahr des Fressens
2. Wälzpressung: Sicherheit S_H gegen Gefahr der Grübchenbildung
3. Biegung: Sicherheit S_F gegen Zahnfußbruch am Rad
4. Durchbiegung: Sicherheit S_D gegen Verformung der Schneckenwelle

Kräfte am Schneckentrieb. Nach Bild **8**.86 wirken die Normalkräfte F_{n1} und F_{n2} im Wälzpunkt C normal zur Flanke unter dem Eingriffswinkel α_n. Senkrecht zu F_{n2} wirkt die Reibkraft μF_{n2}. Die Resultierende F_{R2} ist um den Reibungswinkel ϱ geneigt. Die Komponenten von F_{n2} sind die Radialkraft $F_{r2} = F_{n2} \sin\alpha_n$ und $F_{n2}' = F_{n2} \cos\alpha_n$. In der Draufsicht ergeben sich die Projektionen von F_{n2} und F_{R2}: F_{n2}' und F_{R2}'. Damit folgt

$$\tan\varrho' = \frac{\mu F_{n2}}{F_{n2}'} = \frac{\mu F_{n2}}{F_{n2} \cos\alpha_n} = \frac{\mu}{\cos\alpha_n} = \mu'$$

Mit

$$F_{R2}' = \frac{F_{n2}'}{\cos\varrho'} = \frac{F_{n2} \cos\alpha_n}{\cos\varrho'}$$

ergibt sich die Umfangskraft des Rades

$$F_{t2} = F_{R2}' \cos(\gamma + \varrho') = \frac{F_{n2} \cos\alpha_n}{\cos\varrho'} \cos(\gamma + \varrho') \tag{8.144}$$

Die Radialkraft des Rades ist

$$F_{r2} = F_{n2} \sin\alpha_n \tag{8.145}$$

und die Axialkraft des Rades

$$F_{a2} = F'_{R2} \sin(\gamma + \varrho') = \frac{F_{n2} \cos \alpha_n}{\cos \varrho'} \sin(\gamma + \varrho') \qquad (8.146)$$

Aus Gl. (8.144) und Gl. (8.146) erhält man

$$F_{n2} = F_{t2} \frac{\cos \varrho'}{\cos \alpha_n \cos(\gamma + \varrho')} = F_{a2} \frac{\cos \varrho'}{\cos \alpha_n \sin(\gamma + \varrho')} \qquad (8.147)$$

Ferner ist die Umfangskraft der Schnecke gleich der Axialkraft des Rades (8.86)

$$F_{t1} = F_{a2} = \frac{2 T_{1\,max}}{d_1} \qquad (8.148)$$

Mit Gl. (8.145) und Gl. (8.147) und mit $F_{t1} = F_{a2}$ ergibt sich die Radialkraft der Schnecke gleich der Radialkraft des Rades

$$F_{r1} = F_{r2} = F_{t2} \frac{\tan \alpha_n \cos \varrho'}{\cos(\gamma + \varrho')} = F_{t1} \frac{\tan \alpha_n \cos \varrho'}{\sin(\gamma + \varrho')}$$

Anstelle des schwer zu bestimmenden Reibungswinkels ϱ' kann man den ideellen Wert ϱ_i nach Gl. (8.143) einführen, der Ergebnisse mit genügender Genauigkeit liefert. Damit wird die Radialkraft der Schnecke

$$F_{r1} = F_{r2} \approx F_{t2} \frac{\tan \alpha_n \cos \varrho_i}{\cos(\gamma + \varrho_i)} = F_{t1} \frac{\tan \alpha_n \cos \varrho_i}{\sin(\gamma + \varrho_i)} \qquad (8.149)$$

Die Axialkraft der Schnecke ist gleich der Umfangskraft des Rades (**8.86**). Mit Gl. (8.147) und mit $F_{t1} = F_{n2}$ wird

$$F_{a1} = F_{t2} = \frac{F_{t1}}{\tan(\gamma + \varrho')} \approx \frac{F_{t1}}{\tan(\gamma + \varrho_i)} \qquad (8.150)$$

Sicherheit gegen Verschleiß. Für Getriebe mit Kühlrippen am Gehäuse im Bereich des Ölstandes errechnet sich die Sicherheit gegen zu hohe Temperaturen, wenn als Temperaturerhöhung $\approx 55\,°C$ zugelassen wird, aus der Zahlenwertgleichung

$$S_T = \frac{\vartheta_{zul}}{\vartheta_{max}} \approx \left(\frac{a}{100}\right)^2 \frac{q_1 q_2 q_3 q_4}{1{,}36\,P_1} \geqq 1 \qquad (8.151)$$

Hierin bedeuten:

ϑ_{zul}	in °C	Höchsttemperatur des Öles; allg. $\vartheta_{zul} = 80\,°C$
ϑ_{max}	in °C	Betriebstemperatur des Öles
a	in mm	Achsabstand
q_1		Kühlbeiwert, Gl. (8.153) $\cdots$ Gl. (8.155)
q_2		Übersetzungsbeiwert, Taf. **A 8**.20 [8]
q_3		Werkstoff-Paarungsbeiwert, Taf. **A 8**.21
q_4		Beiwert für Bauart des Getriebes, Taf. **A 8**.22 [8]
P_1	in kW	Eingangsleistung des Getriebes

Aus Gl. (8.151) ergibt sich die Zahlenwertgleichung für den erforderlichen Achsabstand

$$a \geqq 100 \sqrt{\frac{1{,}36\,P_1}{q_1 q_2 q_3 q_4}} \quad \text{in mm} \qquad (8.152)$$

Für Getriebe in Räumen mit genügender Luftzirkulation ermittelt man den Kühlbeiwert q_1 aus der Beziehung

$$q_1 = \left(1 + \frac{y}{1+y}\right)\left(\frac{100}{D_E} + y\right) \tag{8.153}$$

Hierin bedeuten:

y der Beiwert nach den Zahlenwertgleichungen (8.154) bzw. (8.155)

D_E in %   die Einschaltdauer in Prozent vom Dauerbetrieb je Stunde; z. B. $D_E = 50\%$, wenn das Getriebe während einer Stunde durchschnittlich 30 Minuten unter Vollast läuft

Für Ausführung ohne Blasflügel auf der Schneckenwelle ist

$$y = 1{,}4 \ \sqrt[3]{\left(\frac{n_1}{1\,000}\right)^2} \tag{8.154}$$

mit der Drehfrequenz der Schneckenwelle n_1 in min^{-1} und für Ausführung mit Blasflügel auf der Schneckenwelle

$$y = 3{,}1 \ \sqrt[3]{\left(\frac{n_1}{1\,000}\right)^2} \tag{8.155}$$

Die Sicherheit gegen Gefahr der Grübchenbildung wird durch das Verhältnis der zulässigen zur vorhandenen Wälzpressung gebildet

$$S_H = \frac{k_{zul}}{k_{max}} = \frac{k_{zul}\, d_1\, d_{m2}\, q_s}{F_{t2\,max}} = 0{,}6 \cdots 2{,}2 \tag{8.156}$$

Hierin bedeuten:

k_{zul} zulässige Wälzpressung, Taf. A 8.24 [8]

k_{max} vorhandene maximale Wälzpressung

d_1 Mittenkreisdurchmesser der Schnecke, zu wählen: $d_1 = (0{,}25 \cdots 0{,}6)\, a$

d_{m2} Mittenkreisdurchmesser des Rades, $d_{m2} = d_2 + 2xm = 2a - d_1$

q_s Beiwert für mittleren Steigungswinkel nach Taf. A 8.23 [8]; diese Werte sind für Achsmodul $m = 0{,}1\, d_1$ und Radbreite $b_2 = 0{,}81\, d_1$ genau

$F_{t2\,max}$ Umfangskraft des Schneckenrades, Gl. (8.150)

Die Sicherheit gegen Zahnfußbruch am Rad durch die Biegebeanspruchung ist

$$S_F = \frac{c_{zul}}{c_{max}} = \frac{\pi\, m_n\, \widehat{b_2'}\, c_{zul}}{F_{t2\,max}} \geqq 1 \ (\text{bis } 2) \tag{8.157}$$

Hierin bedeuten:

c_{zul} zulässige Beanspruchung für den Radwerkstoff, Taf. A 8.24 [8]

c_{max} vorhandene maximale Zahnfußspannung

m_n Normalmodul, Gl. (A 8.8.4)

$\widehat{b_2'}$ Zahnbreite (Zahnwurzelbogen), Gl. (A 8.8.22)

$F_{t2\,max}$ maximale Umfangskraft am Rad, Gl. (8.150)

Der Zahnwurzelbogen (**8.87**) folgt aus der Beziehung $\widehat{b_2'} = \pi r_{a0}\, \varphi/180°$ mit $r_{a0} = c + d_{a1}/2$, wobei $c = 0{,}2\, m$ ist, und mit dem Zentrierwinkel φ aus $\sin \varphi/2 = b_2'/(2 r_{a0})$ Gl. (A 8.8.22) (A 8.8.23).

Sicherheit gegen Durchbiegung der Schneckenwelle. Damit die Formänderung der Schnekkenwelle möglichst klein bleibt, sind der Durchmesser der Schneckenwelle groß und der

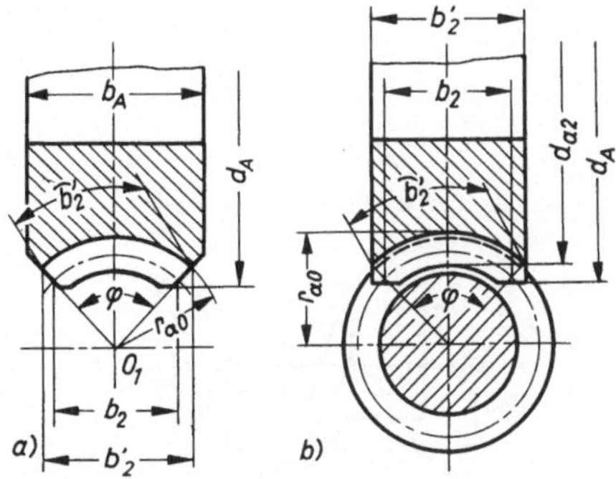

8.87
Zahnkranzformen der Schneckenräder
a) Leichtmetallrad   b) Bronzerad

Lagerabstand klein zu halten. Als Sicherheit gegen Durchbiegung setzt man

$$S_D = \frac{f_{D\,zul}}{f_D} \geqq 1 \tag{8.158}$$

wobei $f_{D\,zul} = \dfrac{d_1}{1\,000}$ und f_D bzw. auch d_1 in mm einzusetzen sind. $\tag{8.159}$

Bei Belastung der Schneckenwelle in der Mitte zwischen den Lagern ist die Durchbiegung

$$f_D = \frac{F_1\,l_1^3}{48\,E\,I} \tag{8.160}$$

Hierin bedeuten:

$F_1 = \sqrt{F_{t1}^2 + F_{r1}^2}$ die resultierende Kraft aus Bild **8.88**
l_1 Lagerentfernung der Schneckenwelle; $l_1 \approx 1,5\,a$
E Elastizitätsmodul des Schneckenwellen-Werkstoffs
I Flächenträgheitsmoment der Schneckenwelle

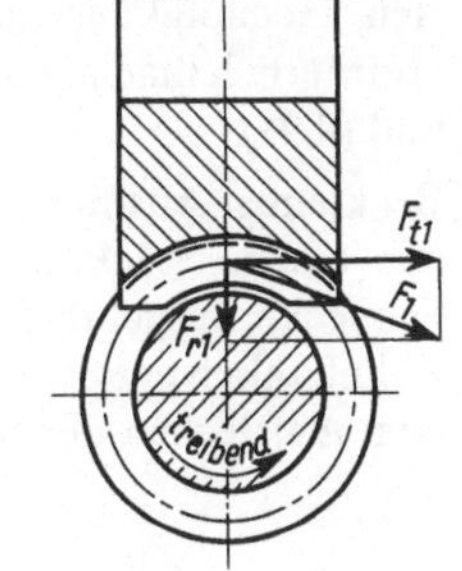

8.88
Ermittlung der resultierenden Kraft am Schneckenrad

Auflagerkräfte am Schneckengetriebe

Nach Bild **8.89** ergeben sich für die Schneckenwelle

$$F_{Az\,1} = \frac{F_{a1}\,r_1 + F_{r1}\,b_1}{l_1} \qquad F_{Ay\,1} = F_{t1}\,\frac{b_1}{l_1} \qquad F_{A\,1} = \sqrt{F_{Az\,1}^2 + F_{Ay\,1}^2}$$

$$F_{Bz\,1} = \frac{F_{r1}\,a_1 - F_{a1}\,r_1}{l_1} \qquad F_{By\,1} = F_{t1}\,\frac{a_1}{l_1} \qquad F_{B\,1} = \sqrt{F_{Bz\,1}^2 + F_{By\,1}^2}$$

und für die Radwelle

$$F_{Az\,2} = \frac{F_{a2}\,r_2 + F_{r2}\,b_2}{l_2} \qquad F_{Ay\,2} = F_{t2}\,\frac{b_2}{l_2} \qquad F_{A\,2} = \sqrt{F_{Az\,2}^2 + F_{Ay\,2}^2}$$

$$F_{Bz\,2} = \frac{F_{r2}\,a_2 - F_{a2}\,r_2}{l_2} \qquad F_{By\,2} = F_{t2}\,\frac{a_2}{l_2} \qquad F_{B\,2} = \sqrt{F_{Bz\,2}^2 + F_{By\,2}^2}$$

Zur Ermittlung der Biegemomente s. Abschn. Schrägstirnräder.

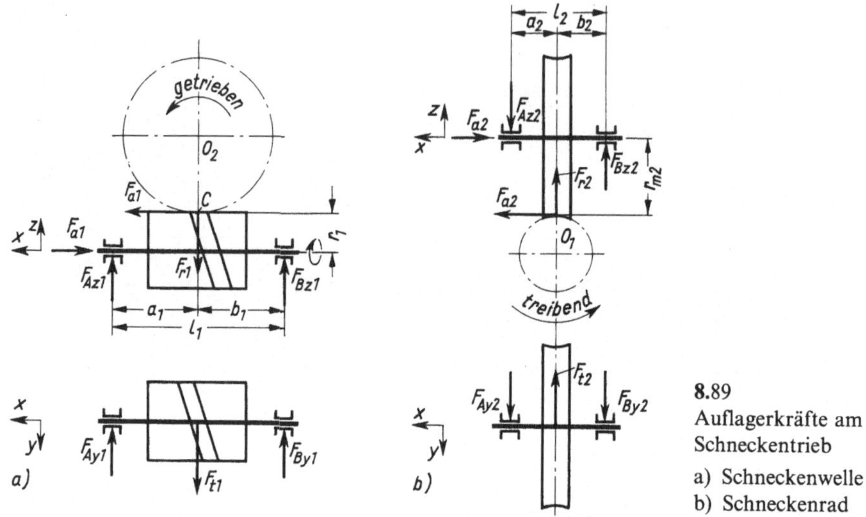

8.89
Auflagerkräfte am
Schneckentrieb

a) Schneckenwelle
b) Schneckenrad

Hinweise zur Konstruktion. Die Gestaltung und Bemessung der Radkörper kann nach den in Abschn. 8.3.7 angegebenen Gesichtspunkten und Richtwerten erfolgen. Fertigungskosten, Genauigkeits- und Einbau-Anforderungen können die Zweiteilung größerer Räder erforderlich machen, z. B. Radscheibe aus GG, GS oder St und Radzahnkranz aus Bz (**8.**90) und (**8.**91).

Bei kleinen Ausführungen ($d_1 = (4 \cdots 10)\, m_n$) kann die Schnecke zusammen mit der Welle aus einem Stück oder bei größeren Ausführungen ($d_1 = (10 \cdots 50)\, m_n$) als Aufsteck-Schnecke ausgeführt werden. Bei der Aufsteck-Schnecke ist auf einwandfreie Lage der Zahnflanken der Schnecke zur Wellenachse zu achten; daher ist der Flankenschliff erst nach dem Aufstecken der Schnecke auf die Welle durchzuführen.

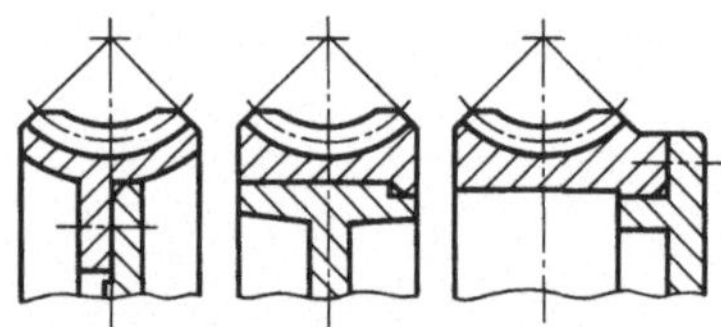

8.90 Ausführungsformen von
Schneckenrad-Zahnkränzen
bei geteilten Rädern

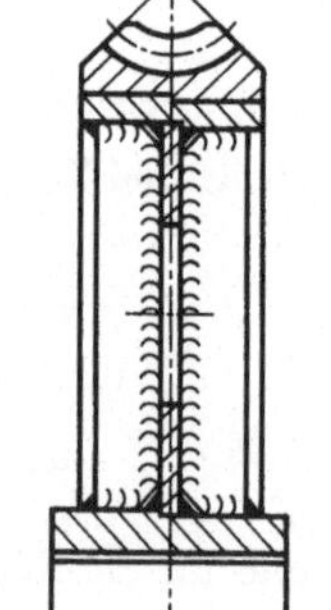

8.91
Schneckenrad mit geschweißtem Radkörper mit Zahnkranz aus Bronze

Angaben in Zeichnungen, einschließlich Verzahnungstoleranzen. Auf der Herstellungszeichnung sind neben den üblichen Angaben weitere Kennzeichnungen für die Schnecken- und Schneckenradverzahnung erforderlich; s. Tafel **A 8.**36 und **A 8.**37. Tafel **A 8.**36 enthält empfohlene Bestimmungsgrößen für die Schnecke und Tafel **A 8.**37 für das Schneckenrad.

Beispiel 11. Ein stationärer Schneckentrieb mit der Übersetzung $i \approx 19$ soll die Leistung $P_1 = 15$ kW bei $n_1 = 1\,450$ min^{-1} übertragen. Als Ausführung ist ein Getriebe mit unten liegender Schnecke der Flankenform K und mit Blasflügel auf der Schneckenwelle vorgesehen.

Die Einschaltdauer beträgt $D_E = 75\%$. Betriebsfaktor $\varphi = 1$.

Benennung und Bemerkung	Überschlagsrechnung zum Vorentwurf
Achsabstand Taf. **A 8**.8, Zwgl. (8.152)	$a = 100 \sqrt{\dfrac{1{,}36\,P_1}{q_1 q_2 q_3 q_4}}$
Kühlbeiwert, Gl. (8.153)	$q_1 = \left(1 + \dfrac{y}{1+y}\right)\left(\dfrac{100}{D_E} + y\right)$
Beiwert für Ausführung mit Blasflügel, Zwgl. (8.155)	$y = 3{,}1 \sqrt[3]{\left(\dfrac{n_1}{1\,000}\right)^2} = 3{,}1 \sqrt[3]{\left(\dfrac{1\,450}{1\,000}\right)^2} = 3{,}97$
Kühlbeiwert	$q_1 = \left(1 + \dfrac{3{,}97}{1 + 3{,}97}\right)\left(\dfrac{100}{75} + 3{,}97\right) = 9{,}53$
Übersetzungsbeiwert Taf. **A 8**.20	$q_2 = 0{,}706$
Werkstoffwahl Taf. **A 8**.21	Schnecke: Stahl gehärtet und geschliffen Rad: Al-Legierung
Werkstoff-Paarungsbeiwert Taf. **A 8**.21	$q_3 = 0{,}87$
Beiwert für Bauart des Getriebes, Taf. **A 8**.22	$q_4 = 1{,}0$
Achsabstand	$a \geq 100 \sqrt{\dfrac{1{,}36 \cdot 15}{9{,}53 \cdot 0{,}706 \cdot 0{,}87 \cdot 1{,}0}} = 187$ mm nach DIN 3976, Tab. 2 wird gewählt: $a = 200$ mm
Mittenkreisdurchmesser der Schnecke, Gl. (A 8.8.37)	$d_1 \approx 0{,}35\,a = 0{,}35 \cdot 200$ mm $= 70$ mm nach DIN 3976, Tab. 2 wird gewählt: $d_1 = 80$ mm
Schneckenwellendurchmesser, Zwgl. (8.45)	$d_{W11} \geq 135 \sqrt[3]{\dfrac{\varphi P}{n_1}}$; für St 50 mit $\tau_{t\,zul} = 20$ N mm^2 $d_{W11} \geq 135 \sqrt[3]{\dfrac{15}{1\,450}} = 29{,}4$ mm; gewählt $d_{W11} = 45$ mm
Zähnezahl, Taf. **A 8**.18	$z_1 = 2$ bei $i \approx 19 = \dfrac{z_2}{z_1}$; $z_2 = i \cdot z_1 = 19 \cdot 2 = 38$
Modul, Gl. (A 8.8.3)	$m \geq 0{,}1\,d_1 = 0{,}1 \cdot 80$ mm $= 8$ mm
Benennung und Bemerkung	Abmessungen des Schneckentriebs für $a = 200$ mm, $d_1 = 80$ mm, $z_1 = 2$, $z_2 = 38$, $m = 8$ mm
Mittensteigungswinkel Gl. (A 8.8.2)	$\tan\gamma = \dfrac{z_1 m}{d_1} = \dfrac{2 \cdot 8 \text{ mm}}{80 \text{ mm}} = 0{,}2$; $\gamma = 11{,}31°$
Normalmodul, Gl. (A 8.8.4)	$m_n = m \cos\gamma = 8$ mm $\cos 11{,}31° = 7{,}852$ mm
Teilkreisdurchmesser Gl. (A 8.8.15)	$d_2 = z_2 m = 38 \cdot 8$ mm $= 304$ mm
Mittenkreisdurchmesser Gl. (A 8.8.16)	$d_{m2} = d_2 + 2xm = 2a - d_1 = 2 \cdot 200$ mm $- 80$ mm $= 320$ mm

Benennung und Bemerkung	Abmessungen des Schneckentriebs für $a = 200$ mm, $d_1 = 80$ mm, $z_1 = 2$, $z_2 = 38$, $m = 8$ mm
Profilverschiebungsfaktor s. Gl. (A 8.8.16)	$x = \dfrac{d_{m2} - d_2}{2m} = \dfrac{320\text{ mm} - 304\text{ mm}}{2 \cdot 8\text{ mm}} = 1{,}00$
Kopfkreisdurchmesser Gl. (A 8.8.7), (A 8.8.9) Gl. (A 8.8.17), (A 8.8.19)	$d_{a1} = d_1 + 2h_{a1} = 80\text{ mm} + 2 \cdot 8\text{ mm} = 96\text{ mm mit } h_{a1} = m$ $d_{a2} = d_2 + 2h_{a2} = 304\text{ mm} + 2(8 + 1{,}0 \cdot 8)\text{ mm} = 336\text{ mm}$ mit $h_{a2} = m + xm$
Fußkreisdurchmesser Gl. (A 8.8.8), (A 8.8.9) Gl. (A 8.8.18), (A 8.8.19)	$d_{f1} = d_{a1} - 2h_1 = 96\text{ mm} - 2(8 + 1{,}2 \cdot 8)\text{ mm} = 60{,}8\text{ mm}$ mit $h_1 = h_{a1} + h_{f1}$ $d_{f2} = d_{a2} - 2h_2 = 336\text{ mm} - 2(8 + 1{,}2 \cdot 8)\text{ mm} = 300{,}8\text{ mm}$ mit $h_2 = h_1$
Steigungshöhe, Gl. (A 8.8.6)	$p_z = z_1 \pi m = 2 \cdot \pi \cdot 8\text{ mm} = 50{,}24\text{ mm}$
Schneckenlänge, Gl. (A 8.8.13)	$b_1 \approx \sqrt{d_{a2}^2 - d_2^2} = \sqrt{(336^2 - 304^2)\text{ mm}^2} = 140\text{ mm}$
Zahnbreite, Gl. (A 8.8.26)	$b_2 \approx 0{,}45\,(d_{a1} + 4m) + 1{,}8m = 0{,}45\,(96\text{ mm} + 4 \cdot 8\text{ mm})$ $+ 1{,}8 \cdot 8\text{ mm} = 72\text{ mm}$ gewählt für Al-Legierung: $b_2 = 70\text{ mm}$
Außendurchmesser Gl. (A 8.8.24)	$d_A \approx d_{a2} + m = (336 + 8)\text{ mm} = 344\text{ mm};\ \text{gewählt } d_A = 345\text{ mm}$
Rad-Außenbreite Gl. (A 8.8.28)	$b_A \approx b_2 + m = (72 + 8)\text{ mm} = 80\text{ mm}$
Zahnwurzelbogen Gl. (A 8.8.22)	$\widehat{b_2'} = r_{ao}\pi\dfrac{\varphi}{180°} \qquad r_{ao} = \dfrac{d_1}{2} + 1{,}2m = \dfrac{80\text{ mm}}{2} + 1{,}2 \cdot 8\text{ mm} = 49{,}6\text{ mm}$
Zentrierwinkel, Gl. (A 8.8.23)	$\sin\dfrac{\varphi}{2} = \dfrac{b_2'}{2r_{a0}} = \dfrac{70\text{ mm}}{2 \cdot 49{,}6\text{ mm}} \qquad \dfrac{\varphi}{2} = 44{,}8°;\ \varphi = 89{,}6°$
Zahnwurzelbogen	$\widehat{b_2'} = 49{,}6\text{ mm} \cdot \pi\,\dfrac{89{,}6°}{180°} = 77{,}6\text{ mm}$

Benennung und Bemerkung	Tragfähigkeitsberechnung des Schneckentriebs
max. Drehmoment Zwgl. (8.40)	$T_{1\,max} = \varphi \cdot 9{,}55 \cdot 10^6\,\dfrac{P_1}{n_1} = 1 \cdot 9{,}55 \cdot 10^6\,\dfrac{15}{1450} = 98\,800\text{ N mm}$
Umfangskraft der Schnecke = Axialkraft des Rades Gl. (8.148)	$F_{t1} = F_{a2} = \dfrac{2T_{1\,max}}{d_1} = \dfrac{2 \cdot 98\,800\text{ N mm}}{80\text{ mm}} = 2470\text{ N}$
Axialkraft der Schnecke = Umfangskraft des Rades Gl. (8.150)	$F_{a1} = F_{t2} \approx \dfrac{F_{t1}}{\tan(\gamma + \varrho_i)}$
ideeller Reibungswinkel Zwgl. (8.143)	$\tan\varrho_i \geqq \dfrac{0{,}051}{q_3\sqrt{0{,}4 + v_g}} \qquad q_3 = 0{,}87\ \text{nach Tafel A 8.21}$
Gleitgeschwindigkeit Gl. (A 8.8.31)	$v_g = \dfrac{v_1}{\cos\gamma} = \dfrac{d_1\pi n_1}{60\cos\gamma} = \dfrac{0{,}08 \cdot \pi \cdot 1450}{60\cos 11{,}31°} = 6{,}21\text{ m/s}$
ideeller Reibungswinkel	$\tan\varrho_i \geqq \dfrac{0{,}051}{0{,}87\sqrt{0{,}4 + 6{,}21}} = 0{,}0228 \qquad \varrho_i = 1°17' = 1{,}28°$

Benennung und Bemerkung	Tragfähigkeitsberechnung des Schneckentriebs
Axialkraft der Schnecke = Umfangskraft des Rades	$F_{a1} = F_{t2} \approx \dfrac{2470\ \text{N}}{\tan(11{,}31° + 1{,}28°)} = 11\,060\ \text{N}$
Radialkräfte, Gl. (8.149)	$F_{r1} = F_{r2} \approx F_{t1}\ \dfrac{\tan\alpha_n\ \cos\varrho_i}{\sin(\gamma + \varrho_i)}$ nach Tafel **A 8.19**: $\alpha_n = 20°$ $F_{r1} = F_{r2} \approx 2470\ \dfrac{\tan 20°\ \cos 1{,}28°}{\sin(11{,}31° + 1{,}28°)} = 4120\ \text{N}$
Gesamtwirkungsgrad Gl. (A 8.8.33)	$\eta_s = \dfrac{\tan\gamma}{\tan(\gamma + \varrho_i)} = \dfrac{\tan 11{,}31°}{\tan(11{,}31° + 1{,}28°)} = 0{,}897$
Leistung an der Radwelle Gl. (A 8.8.35)	$P_2 = \eta_s P_1 = 0{,}897 \cdot 15\ \text{kW} = 13{,}47\ \text{kW}$
Sicherheit gegen Verschleiß Gl. (8.151)	$S_T \approx \left(\dfrac{a}{100}\right)^2 \dfrac{q_1 q_2 q_3 q_4}{1{,}36\,P_1} \geq 1$ gefordert $S_T \approx \left(\dfrac{200}{100}\right)^2 \dfrac{9{,}53 \cdot 0{,}706 \cdot 0{,}87 \cdot 1{,}0}{1{,}36 \cdot 15} = 1{,}15 > 1{,}0$
Sicherheit gegen Grübchen-bildung, Gl. (8.156)	$S_H = \dfrac{k_{zul}\,d_1\,d_{m2}\,q_5}{F_{t2\,max}} \geq 1{,}5$ gefordert $k_{zul} = 3{,}2\ \text{N/mm}^2$ nach Taf. **A 8.24** $q_5 = 0{,}32$ nach Taf. **A 8.23** $S_H = \dfrac{3{,}2\ \text{N/mm}^2 \cdot 80\ \text{mm} \cdot 320\ \text{mm} \cdot 0{,}32}{11\,060\ \text{N}} = 2{,}37 > 1{,}5$
Sicherheit gegen Zahnbruch am Rad, Gl. (8.157)	$S_F = \dfrac{\pi m_n\,\widehat{b'_2}\,c_{zul}}{F_{t2\,max}} \geq 1$ gefordert $c_{zul} = 14{,}3\ \text{N/mm}^2$ nach Taf. **A 8.24** $S_F = \dfrac{\pi \cdot 7{,}852\ \text{mm} \cdot 77{,}6\ \text{mm} \cdot 14{,}3\ \text{N/mm}^2}{11\,060\ \text{N}} = 2{,}48 > 1$
Sicherheit gegen Durch-biegung, Gl. (8.158)	$S_D = \dfrac{f_{Dzul}}{f_D} \geq 1$ gefordert
zul. Durchbiegung, Gl. (8.159)	$f_{Dzul} = \dfrac{d_1}{1000} = \dfrac{80\ \text{mm}}{1000} = 0{,}08\ \text{mm}$
vorhandene Durchbiegung Gl. (8.160)	$f_D = \dfrac{F_1\,l_1^3}{48\,EI}$
resultierende Kraft am Schneckenrad, Gl. (A 8.8.36)	$F_1 = \sqrt{F_{t1}^2 + F_{r1}^2} = \sqrt{(2470^2 + 4120^2)\ \text{N}^2} = 4800\ \text{N}$
Lagerentfernung der Schneckenwelle, Taf. **A 8.8**	$l_1 \approx 1{,}5a = 1{,}5 \cdot 200\ \text{mm} = 300\ \text{mm}$
Trägheitsmoment der Schneckenwelle	$I = \dfrac{\pi d_{Wl1}^4}{64} = \dfrac{\pi \cdot 45^4\ \text{mm}^4}{64} = 201\,288\ \text{mm}^4$
vorhandene Durchbiegung	$f_D = \dfrac{4800\ \text{N} \cdot 300^3\ \text{mm}^3}{48 \cdot 210\,000\ \text{N/mm}^2 \cdot 201\,288\ \text{mm}^4} = 0{,}0639\ \text{mm}$
Sicherheit gegen Durch-biegung	$S_D = \dfrac{0{,}08\ \text{mm}}{0{,}0639\ \text{mm}} = 1{,}25 > 1$

8.8 Prüfung der Verzahnungen und der Zahnradgetriebe

Abweichungen der Zahnräder von ihrer geometrisch genauen Form verringern die Lebensdauer und verursachen verstärkte Geräuschentwicklung. Zur Verbesserung der Laufeigenschaften und Beurteilung der Qualität der Zahnradgetriebe sind die Abweichungen wichtiger Verzahnungsgrößen zu erfassen und zu beurteilen.

Um den Prüfaufwand und deren Kosten im Verhältnis zu den Herstellungskosten niedrig zu halten, werden in der Regel nur ausgewählte Einzelverzahnungsgrößen und einige Gesamtabweichungen geprüft.

8.8.1 Prüfen der Einzelabweichungen an Stirnrädern

Geprüft werden Zahndicke, Durchmesser, Teilung, Rundlauf, Profilform und Flankenlinie (**8.92**).

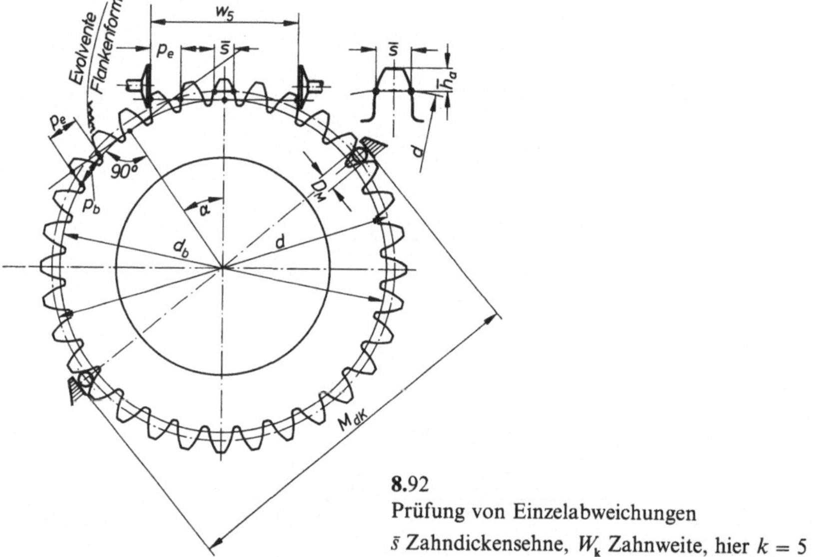

8.92
Prüfung von Einzelabweichungen
$\bar{s}$ Zahndickensehne, W_k Zahnweite, hier $k = 5$

Zahndicke s. Sie wird über die Zahndickensehne $\bar{s}$ mit einem Zahndicken-Meßschieber bestimmt. Da der Meßschieber in der Höhe $\bar{h}_a$ am Kopfkreisdurchmesser abgestützt wird, ist die Messung nicht bezugsfrei, zumal übliche Abweichungen am Kopfkreis relativ groß sind. Eine bezugsfreie Bestimmung der Zahndicke kann über die Messung der Zahnweite W_k (**8.92**) erfolgen. Die Anzahl k der Zähne und die Berechnungsgrößen sind den Normen nach DIN 3960, 3962 und 3967 zu entnehmen.

Muß die Zahndicke bezugsfrei bestimmt werden, und ist die Zahnweitenmessung nicht anzuwenden, so kann mit dem diametralen Zweikugelmaß M_{dK} gemessen werden. Bei diesem Zweikugelmaß ist darauf zu achten, ob der Prüfling gerade oder ungerade Zähnezahl hat. Berechnungsgrundlagen und Tafelwerte enthält DIN 3960.

Für das Messen von M_{dK} eignen sich in der Werkstatt Meßschrauben oder Feinzeiger-Rachenlehren mit kugelförmigen Einsätzen.

Teilung p. Eine weitere wichtige Prüfgröße ist die Eingriffsteilung p_e, die mit einem Eingriffsteilungs-Prüfgerät gemessen wird. Zur Bestimmung der Abweichungen vom Nennmaß wird das Prüfgerät mit einer Einstellehre justiert. Gemessen wird an zwei rechten oder zwei linken Zahnflanken. Der beim Durchschwenken des Prüfgerätes angezeigte Umkehrpunkt ist das Istmaß der Eingriffsteilung p_e. Zeigen Meßergebnisse an verschiedenen Meßebenen Unterschiede, so liegen Profil-Formabweichungen vor. Die Eingriffsteilung kann bereits am Prüfling auf der Verzahnungsmaschine genau geprüft werden und erlaubt so die Überprüfung der Einstellgrößen an der Maschine.

Rundlauf. Abweichungen vom Rundlauf sind bei Zahnrädern stark geräuschbildend. Zur Prüfung wird das Zahnrad auf einen Aufnahmedorn gesteckt und mit einem Meßbolzen mit kugeligem Einsatz in den Zahnlücken angetastet. Nach der ersten Antastung erfolgt der Nullabgleich. Die weiteren Messungen (in der Regel auf einer Zweiflanken-Wälzprüfmaschine) ergeben die Rundlaufabweichungen. Rundlauffehler haben ihre Ursache in der Außermittigkeit der Verzahnung zur Radachse und in der Ungleichmäßigkeit der Teilung.

Profilform und **Flankenlinie** bestimmen im wesentlichen die Laufeigenschaften und die Güte des Zahnrades. Ihre Überprüfung ist besonders bei feinbearbeiteten Zahnflanken wichtig. Die Prüfung beider Einzelabweichungen kann auf einer Prüfmaschine nacheinander durchgeführt werden.

Das Evolventenprofil wird durch Abwälzen einer Geraden auf dem Soll-Grundkreis aufgezeichnet (**8.93**). Aus diesem Flankenprüfbild können abgelesen werden die Gesamtabweichung F_f, Formabweichung f_f, Winkelabweichung $f_{H\alpha}$ und die Welligkeit f_{fw}. Zur Prüfung der Profilform gibt es Prüfmaschinen mit festen Grundkreisscheiben und mit stufenloser Einstellung des Grundkreises.

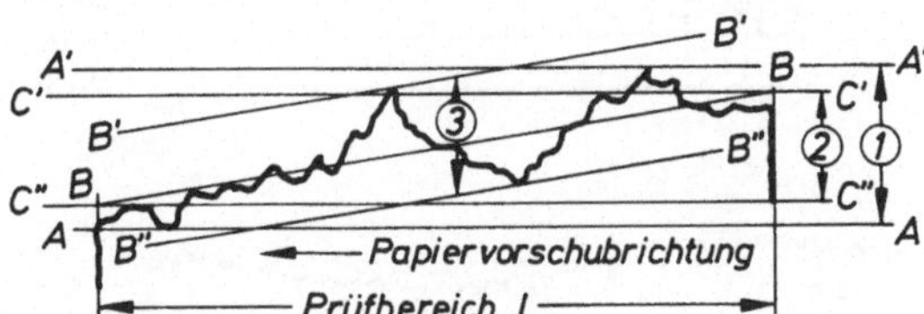

8.93 Flankenabweichungen (nach DIN 3960): Prüfbild und Übersicht über die Abweichungen

	Profil	Flankenlinie	Erzeugende
①	Profil-Gesamtabweichung F_f	Flankenlinien-Gesamtabweichung F_β	Erzeugenden-Gesamtabweichung F_E
②	Profil-Winkelabweichung $f_{H\alpha}$	Flankenlinien-Winkelabweichung $f_{H\beta}$	Erzeugenden-Winkelabweichung f_{HE}
③	Profil-Formabweichung f_f	Flankenlinien-Formabweichung $f_{\beta f}$	Erzeugenden-Formabweichung f_{Ef}

Die Prüfung der Flankenlinie erfolgt ebenfalls durch Abtasten der Zahnflanke. Dabei wird der Meßtaster auf einem fehlerfreien Schrägungswinkel geführt. Aus der Aufzeichnung können ähnlich wie für die Profil-Formabweichung unterschieden werden: die Gesamtabweichung F_β, Formabweichung $f_{\beta f}$, Winkelabweichung $f_{H\beta}$ und die Welligkeit $f_{\beta w}$ (**8.93**). Für die Auswertung der Diagramme wird die ausgleichende Gerade BB gezeichnet. Die Einzelwerte sind nach DIN 3960 zu ermitteln.

8.8.2   Prüfen der Gesamtabweichungen an Stirnrädern

Vier Prüfungsarten sind bei Zahnrädern für die Ermittlung der Gesamtabweichungen gebräuchlich: Tragbild-Aufnahme, Geräusch-Prüfung, Zweiflanken- und Einflanken-Wälzprüfung.

Das **Tragbild** wird auf einfachen Rundlaufprüfeinrichtungen mit dem Gegenrad oder einem Lehrzahnrad durch Antouchieren und Abrollen gewonnen. Damit können Abweichungen der Profilform, der Flankenlinie und des Rundlaufs erkannt werden.

Die **Geräusch-Prüfung** liefert eine Beurteilung für die Laufruhe im Betriebszustand. Die Geräuschanalyse ist besonders wichtig bei schellaufenden Zahnradgetrieben. Mit der Geräuschprüfmaschine wird unter betriebsmäßigen Bedingungen, also mit Flankenspiel, Nenndrehzahlen und ggf. mit wechselnden Drehrichtungen, gearbeitet.

Die **Zweiflanken-Wälzprüfung** (8.94) ist im allgemeinen die wichtigste Zahnradprüfung. Auf der Zweiflanken-Wälzprüfmaschine werden zwei Zahnräder mit einer definierten Kraft spielfrei miteinander abgewälzt. Mit den auf dem Wälzdiagramm (**8.95**) aufgezeichneten Abweichungen kann der Prüfling einer der Qualitätsgruppen nach DIN 3963 und 3967 zugeordnet werden.

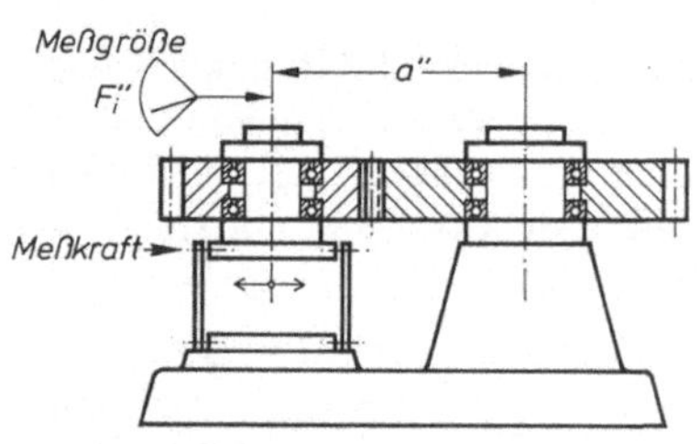

8.94
Meßanordnung für die Zweiflanken-Wälzprüfung
(nach DIN 3960):
Wälzabweichungen = Achsabstandsänderungen

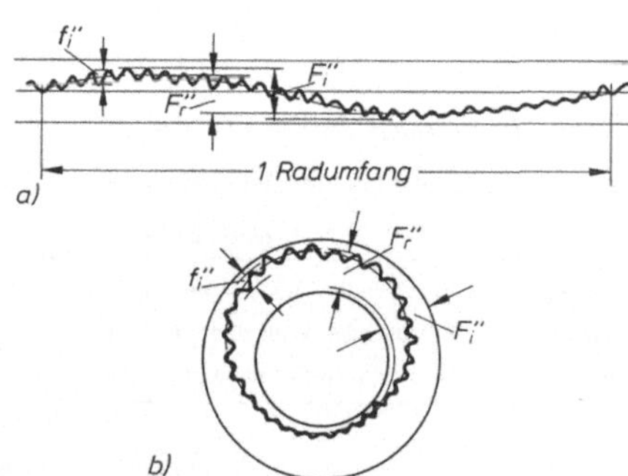

8.95
Zweiflanken-Wälzdiagramme

a) Streifen-Diagramm   b) Kreis-Diagramm

F_i'' Zweiflanken-Wälzabweichung
F_r'' Wälz-Rundlaufabweichung
f_i'' Zweiflanken-Wälzsprung

Bei der Zweiflanken-Wälzprüfung sind drei Prüfmethoden üblich:

– Paarweise Prüfung der im Betrieb miteinander laufenden Räder. Die auftretenden Abweichungen sind ein Maß für die Laufeigenschaften.

– Prüfung mit Lehrzahnrad (als Wälznormal) nach DIN 3970 ist dort anzuwenden, wo die Zahnräder austauschbar sein sollen. Schrägstirnräder werden mit einem Lehrzahnrad gleichen Schrägungswinkels, aber mit entgegengesetzter Schrägungsrichtung geprüft.

– Prüfung mit Lehrschnecken (als Wälznormal). In einer schwenkbaren Aufnahmevorrichtung kann der Schrägungswinkel des Prüflings eingestellt werden. Damit können mit einer Lehrschnecke alle Zahnräder gleichen Moduls und gleichen Eingriffswinkels geprüft werden.

Die **Einflanken-Wälzprüfung** ist dadurch gekennzeichnet, daß zwei Zahnräder unter dem vorgeschriebenen Achsabstand entweder mit Rechts- oder Linksflanken-Eingriff miteinander abwälzen. Der meßtechnische Aufwand ist größer als bei der Zweiflanken-Wälzprüfung. Die analogen Bestimmungsgrößen ergeben keine wesentlich genaueren Prüfergebnisse. Darum hat sich dieses Prüfverfahren nicht umfassend durchgesetzt.

Prüfen von Kegelradgetrieben. Da die Kegelradspitze als Ausgangspunkt für die Herstellung und Prüfung von Kegelrädern nicht vorhanden ist, sind nach DIN 3971 Bezugs- und Hilfsflächen (**8**.73) festgelegt. Kegelräder lassen sich ähnlich den Stirnrädern mit Zweiflanken-Wälzprüfmaschinen prüfen. Eine besonders wichtige Prüfung ist jedoch die des Tragbildes, das Aufschluß über den späteren Betriebszustand geben kann.

Die Entwürfe DIN 3965 T1 bis T4 enthalten Toleranzen für Kegelradgetriebe.

Prüfen von Zylinderschneckentrieben. Schnecken und Schneckenräder werden wie Stirnräder bevorzugt auf Zweiflanken-Wälzprüfmaschinen geprüft. Mit Steigungsmeßgeräten ist die Steigungshöhe p_z festzustellen. Abweichungen der einzelnen Bestimmungsgrößen behandelt DIN 3975.

8.9   Aufbau der Zahnrädergetriebe

8.9.1   Gestaltung der Getriebe

Die Gestaltung der Zahnrädergetriebe kann nach den in den vorangegangenen Abschnitten angegebenen Gesichtspunkten und Richtlinien erfolgen.

In der Regel entscheiden Wirtschaftlichkeitsbetrachtungen, ob Getriebegehäuse in Schweiß- oder Gußkonstruktion ausgeführt werden. Ein wesentliches Entscheidungsmerkmal dafür ist die Stückzahl, die Formgebung und die Baugröße.

Schweißkonstruktionen haben z. T. erhebliche Werkstoffersparnis, sind bruchsicherer und können in Leichtbauweise ausgeführt werden. Die Gestaltung erfolgt aus Profilen und vorgeformten Blechen mit Rippen zur Versteifung der Konstruktion, die vor der Fertigverarbeitung ggf. spannungsfrei zu glühen ist. Bild **8**.96 zeigt die Ausführung eines Schneckenradgetriebes in Schweißkonstruktion und Bild **8**.97 die einer Gußkonstruktion.

Gußkonstruktionen zeichnen sich durch hohe Dämpfung von Schwingungen (geräuschmindernd) und große Steifigkeit aus. Kleinere Getriebegehäuse werden ungeteilt mit genügend großem Deckel ausgeführt. Die Teilung von Gehäusen liegt allgemein in Wellenmitte (**8**.97). Die Teilfugenflansche sind mit zwei Paßstiften zu versehen. Bei schweren Gehäusen werden Transportösen benötigt. Auch sind vorzusehen Ölschaugläser zur Kontrolle der Schmierung und Öleinfüll- und Ölablaßschrauben.

Für Getriebegehäuse aus Gußeisen sollten folgende Wanddicken gewählt werden: für das Gehäuse-Unterteil $s \approx 0{,}01\, L + 6$ mm mit L in mm als die Gehäuse-Innenlänge (**8**.98), für das Gehäuse-Oberteil $s' \approx 0{,}9\, s$, für den Gehäuse-Flansch $s_g \approx 1{,}5\, s$ und für den Fußflansch $s_f \approx 2\, s$.

Die Lagerung der Getriebewellen im Gehäuse erfolgt meistens mittels Wälzlager, deren Lebensdauer in der Regel $L_h \geqq 16\,000$ Betriegsstunden betragen soll. Bei sehr schnell laufenden Getriebewellen verwendet man hydrodynamisch geschmierte Gleitlager, die erheblich ruhiger laufen als Wälzlager.

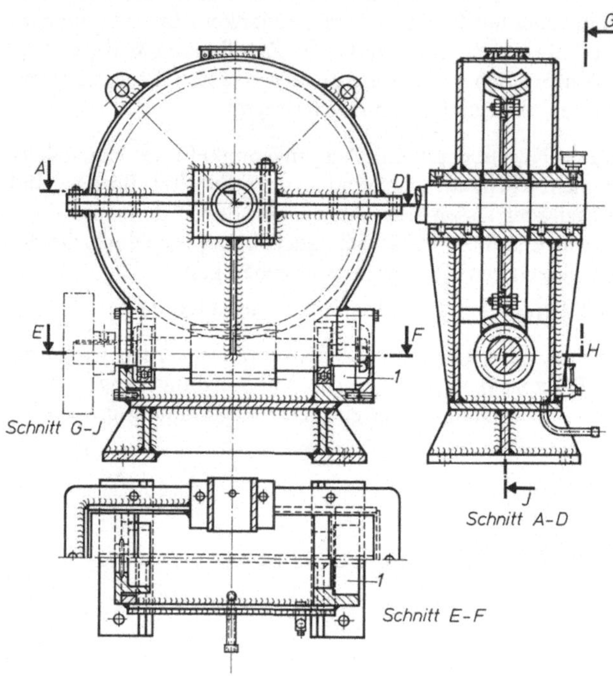

8.96
Schneckenradgetriebe mit unten liegender Schnecke 1 Einbauraum für ein Axial-Rillenkugellager, einseitig wirkend nach DIN 711 T1 oder zweiseitig wirkend nach DIN 715

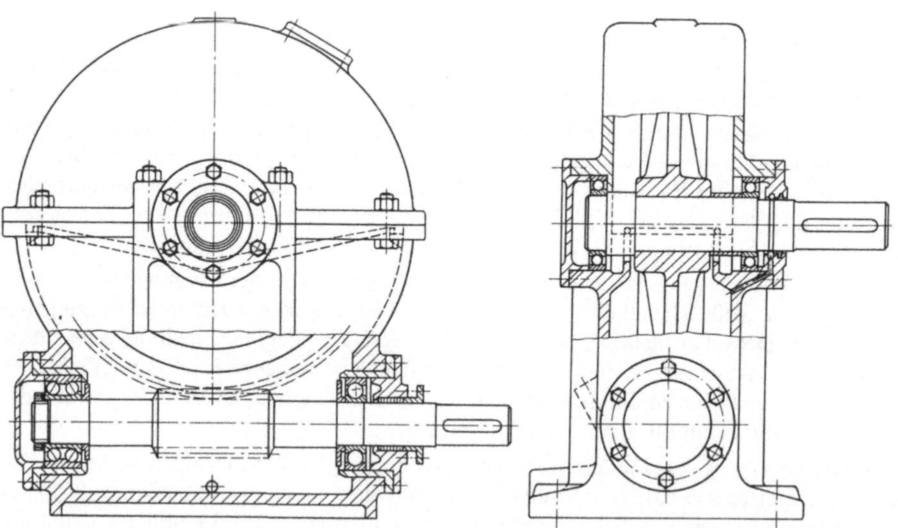

8.97 Schneckenradgetriebe

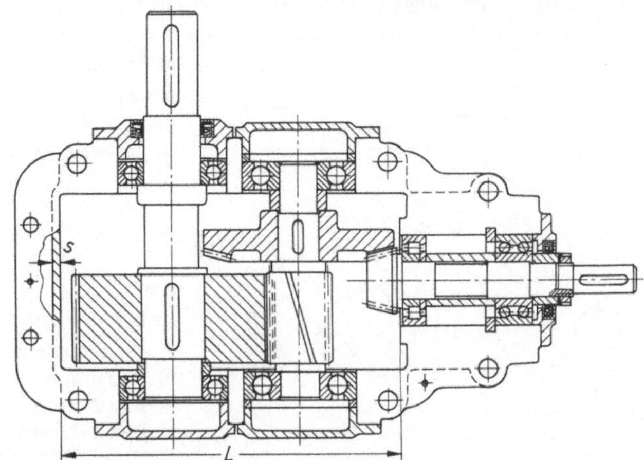

8.98
Schrägstirnrad- und
Kegelradgetriebe

Besonderheiten der Zahnflanken. Fertigungsungenauigkeiten der Getriebeelemente und Montagefehler führen dazu, daß Zahnräder unter Last nicht auf der ganzen Zahnbreite tragen. Zu große elastische Verformungen der belasteten Zähne (besonders bei Zahnrädern aus Kunststoffen) wirken sich wie Teilungsfehler aus, die zu Kanteneingriff (Stößen) führen. Dieses kann bei Stirn- und Kegelrädern verhindert werden, indem man die Flankenflächen etwas ballig nacharbeitet. Dabei wird unterschieden zwischen 1. Höhenballigkeit; eine Zurücknahme von Zahnkopf und Zahnfuß verglichen zum theoretischen Profil, und 2. Breitenballigkeit; eine Zurücknahme der Enden des Zahnes verglichen zur theoretischen Flankenlinie (DIN 3 998 T 1 bis T 3).

Schmierung und Kühlung. Die wichtigsten Aufgaben der Schmierung und Kühlung sind bei Zahnrädern die Verringerung von Flankenreibung, Flankenverschleiß und Erwärmung. Bei Getrieben mit höchster Laufgenauigkeit (wie bei Zahnflanken-Schleifmaschinen) muß der Schmierfilm so stabil sein, daß die Arbeitsgenauigkeit konstant bleibt und sich nicht durch kurzzeitiges Abreißen des Ölfilms sprunghaft ändert.

Im Dauerbetrieb unter Höchstlast soll die Schmiermitteltemperatur weniger als 80 °C betragen. Hochleistungsgetriebe und Getriebe mit Zahnrädern aus Kunststoffen sind zusätzlich mit Luft oder Wasser zu kühlen. Es ist darauf zu achten, daß die zur Schmierung der Zahnräder verwendeten Schmiermittel nicht an Lager und Kupplungen gelangen, wenn dadurch deren besondere Funktion beeinträchtigt wird. Tafel A 8.14 gibt Richtwerte für verschiedene Schmierarten an. Die geeigneten Schmiermittel sind abhängig von den Betriebsbedingungen und am besten nach den Angaben der Schmiermittelhersteller zu bestimmen (s. auch DIN 51 501 und DIN 51 509).

8.9.2 Räderpaarungen

Die wichtigsten Zahnrädergetriebe (**8.**1) sind Mehrwellengetriebe mit Zwischenräder-, Stufenräder- und Umlaufräder-Paarungen. Die gewünschten Bewegungen und Leistungen sollen mit möglichst wenig Teilen bei kleinstem Gewicht und Volumen sowie bei niedrigsten Energieverlusten übertragen werden.

Zwischenräder-Paarungen. Die durch Zwischenräder entstandenen Mehrwellengetriebe (**8.**99) dienen 1. zur Erzielung wechselnder Drehrichtungen, 2. zum gleichzeitigen Antrieb mehrerer Wellen von einem Antriebsrad bei verschiedenen Übersetzungen mit wenig Rädern, und 3. zur Überbrückung größerer Achsabstände durch verhältnismäßig kleine Räder.

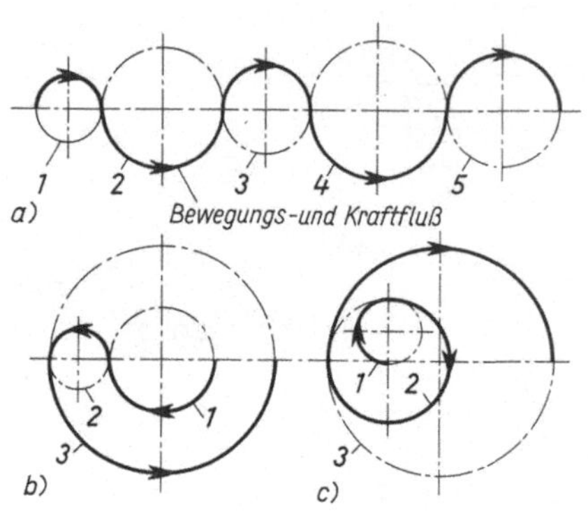

8.99
Zwischenräderpaarungen

a) alle Räder außenverzahnt
b) Rad 3: innenverzahnt
c) Rad 2: außen- und innenverzahnt
    Rad 3: innenverzahnt

Stufenräder-Paarungen. Stufenrädergetriebe gestatten große Übersetzungen durch mehrere kleine Stufen. Das Getriebe mit Doppelräderpaar (**8.**100 a) baut, verglichen zum rückkehrenden Doppelräderpaar (**8.**100 b) groß. Beide Getriebe sind auch als Wechselrädergetriebe gebräuchlich, bei denen verschiedene Übersetzungen durch Auswechseln der Räder erreicht werden.

Das zweistufige Zweiwellengetriebe mit Verschieberäderblock (**8.**101 a) ist in der Konstruktion einfach, da es aus wenigen Bauteilen besteht. Nur die unter Last stehenden Räder kämmen. Das Schaltgetriebe (**8.**101 b) läßt sich im Vergleich zum Getriebe mit Verschieberädern leichter umschalten (z. B. durch Elektromagnet-Kupplung).

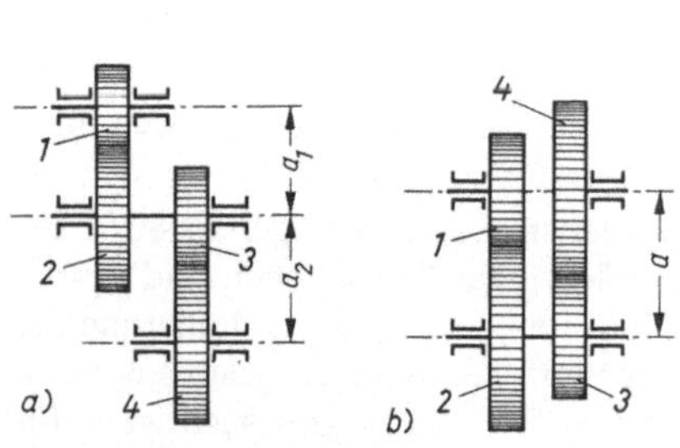

8.100 Stufenrädergetriebe

a) Doppelräderpaar
b) rückkehrendes Doppelräderpaar

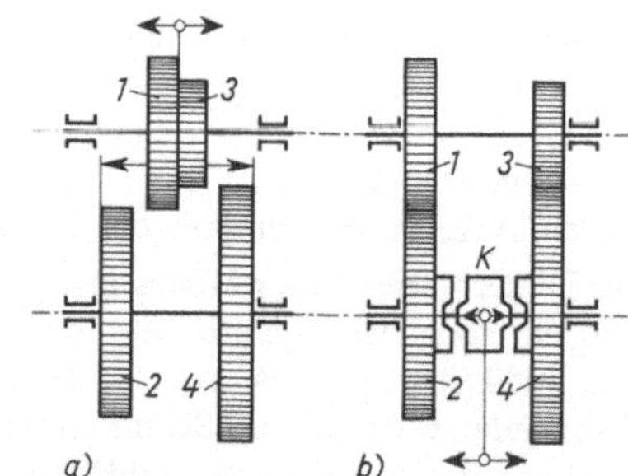

8.101 Zweistufengetriebe

a) mit Stufenschieberäder-Schaltung
b) mit Schaltkupplung K

Stufenräderpaarungen (**8.**100 und **8.**101; **8.**102) können zu beliebigstufigen Mehrwellengetrieben weiterentwickelt werden (**8.**103). Auch lassen sich Zwischenräderpaarungen mit Stufenräderpaarungen vereinigen, indem man bestimmte Wellen als Zwischenräderwellen benutzt. Es entstehen dann die gebundenen Stufengetriebe in ein- oder mehrfach gebundener Form.

Gebundene Getriebe, bei denen jeweils ein Rad mit zwei anderen Rädern im Eingriff steht, haben weniger Räder und bauen kürzer als einfache Getriebe mit gleicher Stufenzahl.

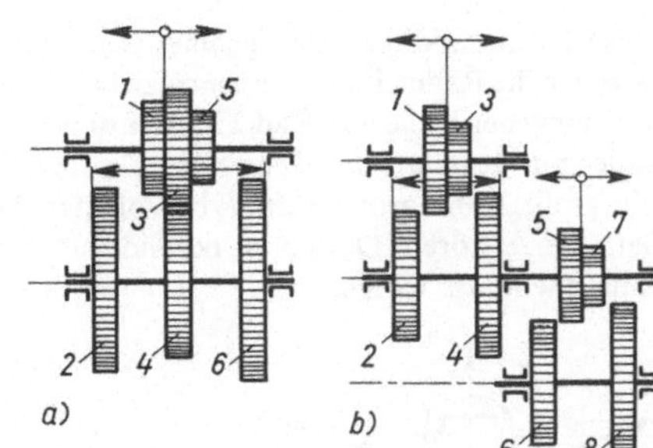

8.102
Mehrstufige Mehrwellengetriebe
a) dreistufiges Zweiwellengetriebe
b) vierstufiges Dreiwellengetriebe

8.103
Entwicklung eines doppelt gebundenen vierstufigen Dreiwellengetriebes
a) ungebundene Ausführung
b) doppelt gebundene Ausführung

Umlaufräder-Paarungen. Umlaufräder (Planetenräder) sind Räder, die sich um ihre eigene
Achse drehen und wobei diese Achse eine Drehung um eine Zentralachse durchführen kann
(s. Abschn. **8.**10, Planetengetriebe).

8.9.3   Gefährliche Zahnkräfte in Mehrwellengetrieben

Bei einem Zahnräderpaar streben die beiden Wellen infolge der Normalkräfte F_n und der
daraus sich ergebenden Radialkräfte F_r auseinander. Dadurch werden Achsabstand und
Flankenspiel vergrößert, deren Werte sich für einfache Getriebe leicht berechnen und bei
der Konstruktion berücksichtigen lassen. Dagegen ist die Ermittlung und geometrische
Addition der Zahnkräfte in Mehrwellengetrieben schwieriger, weil sich bei den verschiedenen Belastungszuständen die theoretisch möglichen und praktisch auftretenden Verrückungen der Räder durch Lagerspiel und elastische Verformungen der Zähne, Radkörper, Wellen, Lager und Gehäuse überlagern. Die gefährlichen Folgen solcher Verrückungen sollen
am Beispiel eines Mehrwellengetriebes (**8.**104) erläutert werden.

Liegen die Drehpunkte (**8.**104) von drei im Eingriff stehenden Rädern nicht auf einer Geraden, sondern
bilden sie ein flaches Dreieck $O_1 O_2 O_3$, so wirken bei Antrieb durch Rad 1 auf Rad 2 nach Gl. (8.41)
und (8.42) die Normalkräfte $F_{n2} = F_{n2r} = F_{tw}/\cos \alpha_w = 2 \, T_{1\,max}/(d_1 \cos \alpha_w)$.

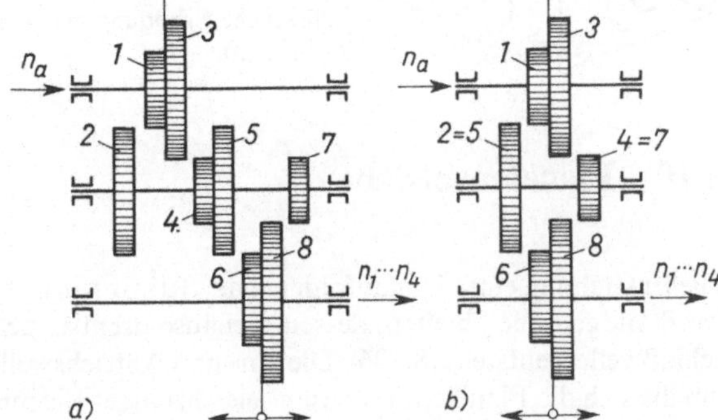

8.104
Entstehung gefährlicher Zahnkräfte in Mehrwellengetrieben bei flankenspielfreiem Lauf unter Last

Diese Kräfte addieren sich geometrisch (vektoriell) in O_2 zu der Radikalkraft F_{r2}, die das Rad 2 zwischen die Räder 1 und 3 hineinzuziehen sucht. Dadurch können besonders aufgrund der elastischen Bewegung der Welle von Rad 2 in Richtung von F_{r2} nach Aufhebung der Flankenspiele die Zähne aller Räder mit den stark anwachsenden Kräften $F_{r21} = F_{r23}$ gegeneinander gepreßt werden, die ihrerseits sehr große Zahnnormalkräfte F_n hervorrufen. Diese Normalkräfte F_n (8.105) können in kurzer Zeit das Getriebe zerstören. Darum ist besonders auf die Anordnung der Wellenlage und die Steifigkeit der Bauelemente zu achten.

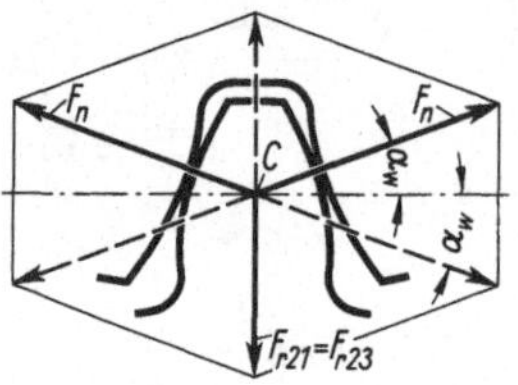

8.105
Gefährliche Erhöhung der Normalkräfte durch zusätzliche
Radialkräfte

8.10 Planetengetriebe

Die Entstehung eines Umlaufräder- oder Planetengetriebes läßt sich aus einem koaxialen Standgetriebe ableiten, dessen Gehäuse drehbar gelagert wird, so daß eine dritte Anschlußwelle s entsteht (8.106). Die An- und Abtriebswellen 1 u. 2 werden zu Zentralwellen, um die sich die Planetenräder unter gleichzeitiger Eigenrotation drehen. Das ursprüngliche

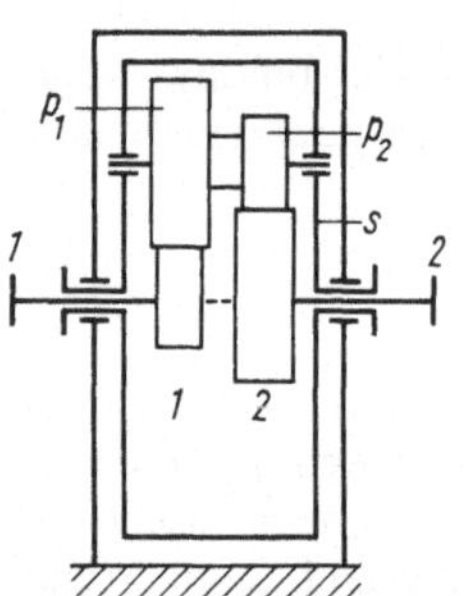

Gehäuse schrumpft konstruktiv auf einen drehbaren Planetenträger oder Steg s zusammen. Das Drehmoment dieser dritten Welle s stimmt mit dem Reaktionsmoment überein, mit dem sich das Standgetriebe (Steg s feststehend) auf seinem Fundament abstützt.

8.106
Umlaufgetriebe (Plusgetriebe)
1,2   Zentralwellen bzw. Zentral- oder Sonnenräder
p_1, p_2 Planetenräder
s   Steg

Einfache Planetengetriebe (8.107) lassen sich beliebig zu zusammengesetzten Planetengetrieben (Koppelgetriebe) vereinigen (8.108). Wird bei solchen Getrieben der Bauaufwand durch Vereinigung von Stegen, gleich großen Zentralrädern und gleich großen Planetenrädern vereinfacht, so bezeichnet man diese als reduzierte Planetengetriebe (8.109).

Große Übersetzungen lassen sich mit Umlaufgetrieben erreichen (8.110), bei denen das Sonnenrad 1 über ein Schneckengetriebe 1', 2' angetrieben wird; $i_{ges} = i_{1's} = i_{1'2'} \cdot i_{1s} = 50 \cdots 500$.

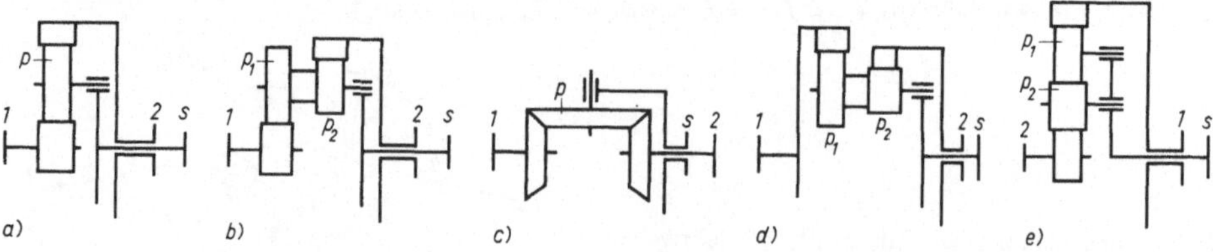

8.107 Zwei Bauarten von Planetengetrieben; a, b, c) Minusgetriebe, $i_0 < 0$; d, e) Plusgetriebe, $i_0 > 0$

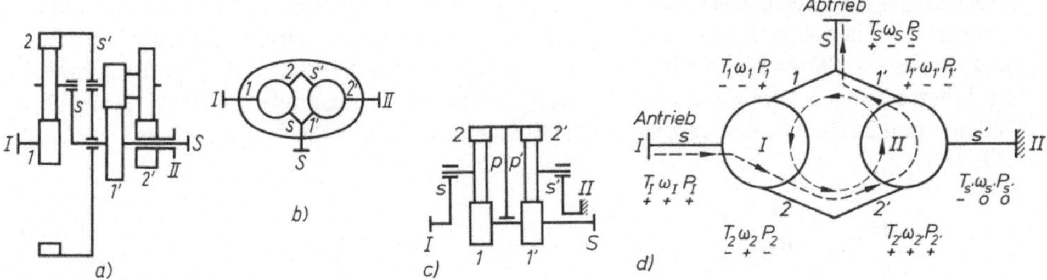

8.108 Einfaches Planeten-Koppelgetriebe

    a) Getriebe mit Bezeichnung der Wellen und äußeren Anschlüsse

    b) Symbol dieses Getriebes mit Übertragung der Bezeichnungen aus dem Schema

    c) zwei Minus-Getriebe mit einer festgesetzten Welle (zwangläufiges Koppelgetriebe) s. Beispiel 14

    d) Leistungsfluß im Koppelgetriebe nach c) und Beispiel 14, mit Leistungsrückfluß (Blindleistung)

8.109

Reduziertes Koppelgetriebe

a) einfaches Koppelgetriebe

b) das aus a) entstandene reduzierte Koppelgetriebe

c) symbolische Darstellung

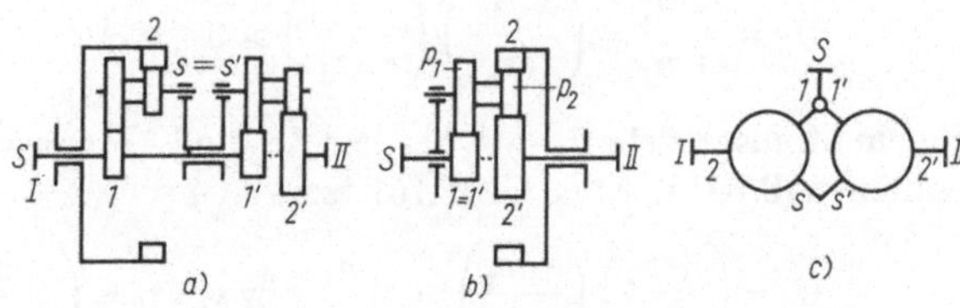

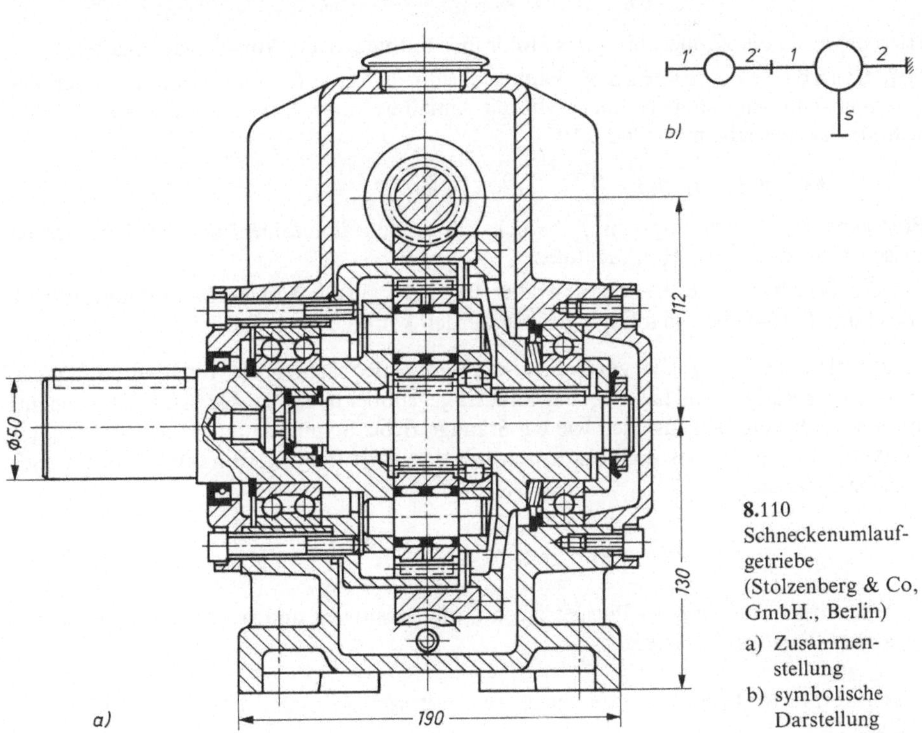

8.110

Schneckenumlaufgetriebe (Stolzenberg & Co, GmbH., Berlin)

a) Zusammenstellung

b) symbolische Darstellung

Berechnungsgrundlagen. Ausgehend von der Standardübersetzung i_0 und dem Standwirkungsgrad η_0 lassen sich aus den gegebenen Drehfrequenzen, Drehmomenten und Reibungsverlusten alle weiteren Größen wie Drehfrequenzverhältnisse, Relativdrehfrequenzen, Übersetzungen, Drehmomente, Leistungen und Wirkungsgrade ermitteln[1]). Sind die Wellen 1 und 2 An- und Abtrieb, so ist bei **stillstehendem Steg s** die S t a n d ü b e r s e t z u n g s. Gl. (8.1)

$$i_0 = \frac{n_{an}}{n_{ab}} = \frac{n_1}{n_2} \gtrless 0 \qquad (8.161)$$

Hierbei muß die Drehrichtung der Wellen durch das Vorzeichen ihrer Drehfrequenz gekennzeichnet werden. Alle parallelen Wellen eines Getriebes, die im gleichen Drehsinn rotieren, haben Drehfrequenzen mit gleichem Vorzeichen.

Für ein Plusgetriebe ($i_0 > 0$), bei dem An- und Abtriebswelle des Standgetriebes im gleichen Drehsinn rotieren (**8.106**), ist die Ableitung der Standübersetzung nach Gl. (8.161) bzw. nach Gl. (8.1).

$$i_0 = \frac{+ n_1}{+ n_2} = \left(- \frac{z_2}{z_{p2}}\right)\left(- \frac{z_{p1}}{z_1}\right) > 0 \qquad (8.162)$$

Für ein Minusgetriebe ($i_0 < 0$), bei dem An- und Abtriebswelle des Standgetriebes gegenläufig drehen (**8.107a**), ist (s. Gl. (8.161 bzw. 8.1))

$$i_0 = \left(\frac{+ n_1}{- n_p}\right)\left(\frac{- n_p}{- n_2}\right) = - \frac{n_1}{n_2} \quad \text{bzw.} \quad i_0 = \left(- \frac{z_p}{z_1}\right)\left(- \frac{- z_2}{z_p}\right) = - \frac{z_2}{z_1} < 0 \quad (8.163)$$

Hierbei wurde die Zähnezahl z_2 des Hohlrades mit negativem Vorzeichen eingesetzt.

Den S t a n d w i r k u n g s g r a d η_0 kann man aus den Übertragungswirkungsgraden der einzelnen Zahneingriffe berechnen. Mit der Annahme von $\eta = 0{,}99$ je Zahneingriff ergibt sich für das Getriebe nach Bild **8.107a**

$$\eta_0 = \eta_{12} = \eta_{1p}\eta_{p2} = 0{,}99 \cdot 0{,}99 = 0{,}98.$$

Eine genauere Berechnung von η_0 berücksichtigt die Zähnezahlen und den Unterschied zwischen Stirnrad- und Hohlradstufen.

Für die D r e h z a h l v e r h ä l t n i s s e aller Bauarten gilt die von **Willis** 1841 angegebene Gleichung (8.164), die wie folgt abgeleitet werden kann:

Vom rotierenden Steg aus gesehen, erkennt der Beobachter die Relativdrehfrequenz $(n_1 - n_s)$ des Rades 1 und $(n_2 - n_s)$ des Rades 2 gegenüber dem Steg. Der Steg selbst scheint für den Beobachter stillzustehen wie ein Standgetriebe. Somit stimmt für den Beobachter das Verhältnis der Relativdrehfrequenzen mit dem Drehfrequenzverhältnis i_0 des Standgetriebes überein:

$$\frac{n_1 - n_s}{n_2 - n_s} = i_0 \quad \text{bzw.} \quad n_1 - i_0 n_2 - (1 - i_0)\, n_s = 0 \qquad (8.164)$$

In diese Gleichung wird bei Plusgetrieben i_0 mit positivem und bei Minusgetrieben mit negativem Vorzeichen eingesetzt.

---

[1]) M ü l l e r, H. W.: Einheitliche Berechnung von Planetengetrieben, Antriebstechnik 15 (1976) Nr. 1, 2 und 3.

Aus der Grundgleichung Gl. (8.164) geht hervor, daß jedes Umlaufgetriebe mit **zwei laufenden Wellen**, bei dem also die dritte Welle stillgesetzt ist, sechs verschiedene Übersetzungen verwirklichen kann (Bild **A 8.**42).

$$i_{12} = i_0 = \frac{n_1}{n_2} \qquad i_{1s} = \frac{n_1}{n_s} = 1 - i_0 \qquad i_{2s} = \frac{n_2}{n_s} = 1 - \frac{1}{i_0} \qquad (8.165)\ (8.166)\ (8.167)$$

$$i_{21} = \frac{1}{i_0} = \frac{n_2}{n_1} \qquad i_{s1} = \frac{n_s}{n_1} = \frac{1}{1 - i_0} \qquad i_{s2} = \frac{n_s}{n_2} = \frac{1}{1 - \dfrac{1}{i_0}} \qquad (8.168)\ (8.169)\ (8.170)$$

Bei **drei laufenden Wellen** eines Planetengetriebes, das auch als Überlagerungsgetriebe bezeichnet wird, müssen zwei Drehfrequenzen gegeben sein, um die dritte mit der Grundgleichung Gl. (8.164) bestimmen zu können. Dabei ist zu beachten, daß in der Regel das Verhältnis $n_1/n_2 \neq i_0$ ist, wenn z. B. n_s und n_1 beliebig vorgegeben werden. Man darf also in Gl. (8.164) die Standübersetzung i_0 nicht gegen n_2/n_1 kürzen. Die Standübersetzung i_0 ist hier durch das Zähnezahl- oder Durchmesserverhältnis bei stillstehendem Steg festgelegt, s. z. B. Gl. (8.162 u. 8.163).

Die Relativdrehfrequenz der Planetenräder gegenüber dem Steg, $n_{ps} = (n_p - n_s)$, welche für die Auslegung der Planetenradlager erforderlich ist, erhält man ähnlich wie Gl. (8.164) mit der Absolutdrehfrequenz der Planetenräder n_p (bezogen auf die Zentralachse) aus

$$(n_p - n_s) = \pm\, i_{p1}(n_1 - n_s) = \pm \frac{z_1}{z_p}(n_1 - n_s) \tag{8.171}$$

oder aus

$$(n_p - n_s) = \pm\, i_{p2}(n_2 - n_s) = \pm \frac{z_2}{z_p}(n_2 - n_s) \tag{8.172}$$

mit positivem Vorzeichen für Hohlradstufen und mit negativem Vorzeichen für Stirnradstufen.

Die **graphische Bestimmung** der Drehfrequenzen nach **Kutzbach** gibt einen guten Überblick über die gesamte Drehbewegung. In den Dreh- und Wälzpunkten der Glieder eines maßstäblich dargestellten Getriebes wird über dem jeweiligen Radius r die zugehörige Umfangsgeschwindigkeit $v = r\omega$ aufgetragen (Geschwindigkeitsplan) (8.111). Die Umfangsgeschwindigkeiten sind den Drehfrequenzen proportional, wenn sie auf gleichen Polabstand h (Maßstabgröße) und gemeinsamen Pol Po bezogen

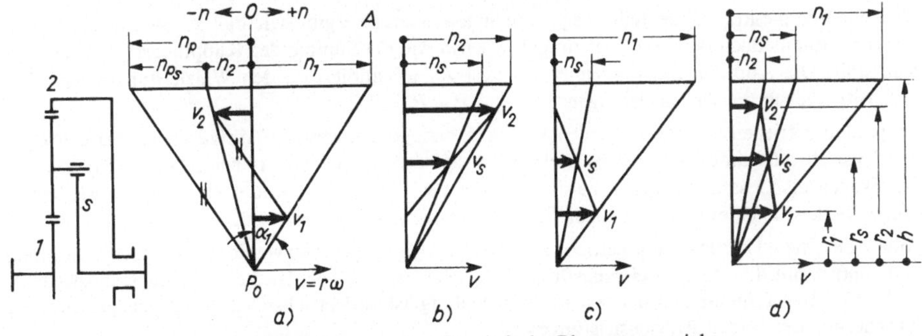

8.111 Geschwindigkeits- und Drehfrequenzplan für einfache Planetengetriebe

 a, b, c) mit unterschiedlichen Festgliedern, a) $n_s = 0$, b) $n_1 = 0$, c) $n_2 = 0$,

 d) mit drei laufenden Wellen

werden (Drehfrequenzplan); $\tan\alpha_1 = r_1\omega_1/r_1 = \overline{OA}/h$. Die Drehfrequenzen n_p und n_{ps} des Planetenrades können auch im Drehfrequenzplan ermittelt werden. Zu diesem Zweck wird eine Parallele zum Geschwindigkeitsstrahl des Planetenrades durch den Pol gelegt und mit der Drehfrequenzgeraden zum Schnitt gebracht (**8.111a**).

Drehmomente und Leistungen. Nach der Gleichgewichtsbedingung ist die Summe aller drei von außen auf das Getriebe wirkenden Wellendrehmomente gleich Null

$$T_1 + T_2 + T_s = 0 \tag{8.173}$$

Damit diese Gleichung erfüllt werden kann, muß eines der drei Momente das entgegengesetzte Vorzeichen der anderen besitzen und damit gleich deren Summe sein. Diese Summenwelle ist bei Minusgetrieben die Stegwelle.

Ein Drehmoment, welches in der bereits als positiv festgelegten Drehrichtung auf das Getriebe wirkt, ist positiv, die entgegengesetzte Wirkungsrichtung ist negativ. Daraus folgt, daß eine Antriebsleistung positiv und eine Abtriebsleistung negativ ist.

Aus der Leistungsbilanz des Standgetriebes ergeben sich: Antrieb bei Welle 1 $T_2\omega_2 = -\eta_{12}T_1\omega_1$; Antrieb bei Welle 2 $\quad T_2\omega_2 = -(1/\eta_{21})\,T_1\omega_1$.

Diese Gleichungen können zusammengefaßt werden, indem man $\eta_{21} \approx \eta_{12}$ setzt und einen Exponenten $w1 = \pm 1$ an den Wirkungsgrad schreibt. Man erhält mit Hilfe der Gl. (8.161) die Drehmomentverhältnisse

$$\frac{T_2}{T_1} = -i_0\eta_0^{w1} \qquad \frac{T_s}{T_1} = i_0\eta_0^{w1} - 1 \qquad \frac{T_s}{T_2} = \frac{1}{i_0\eta_0^{w1}} - 1 \qquad (8.174)\ \ (8.175)\ \ (8.176)$$

Das Vorzeichen von $w1$ kann aus der Wälzleistung der Welle 1, $P_{W1} = T(\omega_1 - \omega_s)$, bestimmt werden $w1 = \dfrac{P_{W1}}{|P_{W1}|} = +1$ oder -1.

Arbeitet das Umlaufgetriebe ohne Relativbewegung zwischen Steg und Zahnrädern, d.h. bei $n_1 = n_2 = n_s$, dann wirkt es wie eine Kupplung. Die Leistung wird ohne Reibungsverluste im Zahneingriff übertragen. Die so übertragene Leistung heißt Kupplungsleistung. Die Leistung jeder Welle ist gleich der Summe ihrer Kupplungsleistung P_K und ihrer Wälzleistung P_W

$$P_1 = P_{K1} + P_{W1} = T_1\omega_s + T_1(\omega_1 - \omega_s) = T_1\omega_1$$
$$P_2 = P_{K2} + P_{W2} = T_2\omega_s + T_2(\omega_2 - \omega_s) = T_2\omega_2$$
$$P_s = P_{Ks} + 0 = T_s\omega_s$$

Wird der Energiesatz auf die Teilbewegungen angewendet, so ergibt sich, daß die Summe der Wälzleistungen einschließlich der Verlustleistung P_V ebenso wie die Summe der Kupplungsleistungen gleich Null sind. Die Kupplungsleistungen $P_{K1} + P_{K2} + P_{Ks} = 0$ addiert zu den Wälzleistungen $P_{W1} + P_{W2} + P_V = 0$ ergeben die Wellenleistungen $P_1 + P_2 + P_s + P_V = 0$.

Bei Umlaufgetrieben mit drei laufenden Wellen (Überlagerungsgetriebe) müssen entweder eine davon Antriebswelle, die anderen beiden Abtriebswellen sein oder umgekehrt. In beiden Fällen führt eine der drei Wellen als Gesamtleistungswelle die gesamte Leistung allein zu oder ab, wogegen die anderen beiden Teilleistungswellen nur je einen Teil der Gesamtleistung übertragen.

Sobald bei einem Überlagerungsgetriebe zwei Drehzahlen vorgegeben werden, ist die Gesamtleistungswelle und damit der äußere Leistungsfluß nicht mehr frei wählbar. Ist die Gesamtleistungswelle Antriebswelle, so erfolgt im Getriebe eine Leistungteilung, ist sie Abtriebswelle, so erfolgt eine Leistungssummierung der beiden Antriebsleistungen.

Der Gesamtwirkungsgrad $\eta = -\Sigma P_{ab}/\Sigma P_{an}$ hängt von den Reibungsverlusten an den Zahneingriffsstellen und somit von der Wälzleistung der Wellen 1 und 2 ab. Je nach

Drehzahl und Drehrichtung des Steges kann diese Wälzleistung größer oder kleiner als die durchgesetzte Gesamtleistung sein. Somit ist der Gesamtwirkungsgrad größer oder kleiner als der Standwirkungsgrad η_0. Bei Minusgetrieben ist der Gesamtwirkungsgrad stets höher als der Standwirkungsgrad. Bei Plusgetrieben sinken die Wirkungsgrade bei Annäherung von i_0 an $+1$ bis zur Möglichkeit der Selbsthemmung ab.

Durch Einbau mehrerer Planeten am Umfang wird die übertragbare Leistung erhöht. Um die vorgesehene Anzahl p von Planeten am Stegumfang gleichmäßig verteilen und einbauen zu können, müssen die folgenden Gleichungen (8.177 bis 8.180) jeweils eine beliebige positive oder negative ganze Zahl f ergeben. Hierbei bedeutet q den größten gemeinsamen Teiler der Zähnezahlen z_{p1} und z_{p2} eines Stufenplaneten. Der Teiler wird gleich 1, wenn sich der Bruch z_{p1}/z_{p2} nicht kürzen läßt.

Bild **8.**107 a, c (Minusgetriebe)

$$\frac{|z_2| + |z_1|}{p} = f \tag{8.177}$$

Bild **8.**107 e (Plusgetriebe)

$$\frac{|z_2| - |z_1|}{p} = f \tag{8.178}$$

Bild **8.**107 b (Minusgetriebe)

$$\frac{|z_{p1} z_2| + |z_1 z_{p2}|}{pq} = f \tag{8.179}$$

Bild **8.**106 und 8.107 d (Plusgetriebe)

$$\frac{|z_{p1} z_2| - |z_1 z_{p2}|}{pq} = f \tag{8.180}$$

Sind beim einfachen Planeten-Minusgetriebe die Zähnezahlen des Sonnen- und des Hohlrades z_1 und z_2 durch die Montierbarkeitsbedingungen nach Gl. (8.177) und durch die geforderte Übersetzung festgelegt, so ergibt sich oft für die Zähnezahl des Planetenrades nach der Bedingung, bei der die Teil- und Wälzkreise zusammenfallen, $z_p = (|z_2| - z_1)/2$, ein gebrochener Wert. Dieser kann auf die nächste ganze Zahl ab- oder aufgerundet werden. Die dadurch bedingten ungleichen Achsabstände zwischen Planet und Zentralrädern werden durch Profilverschiebung wieder gleich groß gemacht. Die Räderpaare laufen dann wieder spielfrei (s. Abschn. 8.3.3).

Die Berechnung von zusammengesetzten Planetengetrieben wird durch die Verwendung einer symbolischen Darstellung von **Wolf** übersichtlicher (**8.**108 und **8.**109). Damit läßt sich das zusammengesetzte Getriebe analog mit den Gleichungen der einfachen Planeten-Getriebe berechnen, wenn für die Standübersetzung i_0 die Reihenübersetzung i_{III} und für den Standwirkungsgrad η_0 der Reihenwirkungsgrad η_{III} eingeführt wird.

Die Gleichungen (8.164 und 8.173 bis 8.176) erhalten an Stelle der Auszeichnung 1, 2 und s die Indizes I, II und S. Für das Koppelgetriebe im Bild **8.**108 sind $i_{III} = i_{12} i_{s'2'}$, und $\eta_{III} = \eta_{12} \eta_{s'2'}$ und für das Koppelgetriebe im Bild **8.**108 gilt $i_{III} = i_{2s} i_{s'2'}$ und $\eta_{III} = \eta_{2s} \eta_{s'2'}$. Zur Aufstellung dieser Gleichungen stellt man sich den Steg S feststehend vor.

Beispiel 12. Bei einem Minus-Getriebe nach Bild **8.**107 a erfolgt der Antrieb über das Sonnenrad 1 und der Abtrieb über den Steg s. Das innenverzahnte Zentralrad 2 ist fest mit dem Gehäuse verbunden. G e g e b e n: Zähnezahl des Sonnenrades $z_1 = 20$ und des Zentralrades $z_2 = 70$. Antriebsdrehfrequenz

$n_1 = 1\,500\ \text{min}^{-1}$, $(\omega_1 = 157\ \text{s}^{-1})$ mit positiver Drehrichtung. Antriebsmoment $T_1 = 10\ \text{Nm}$ (dreht in positiver Richtung). Standwirkungsgrad $\eta_0 = 0,98$. Anzahl der Planetenräder $p = 3$.

G e s u c h t: 1. Zähnezahl des Planetenrades z_p, 2. Kontrolle der Montierbarkeit, 3. Antriebsleistung P_1, 4. Standübersetzung i_0, 5. Drehfrequenz n_s des Steges, 6. Drehmoment T_s des Steges, Drehmoment T_2 des Zentralrades 2, 7. Leistung P_s am Abtrieb, 8. Wirkungsgrad η_{1s} zwischen Antrieb und Abtrieb, 9. Drehfrequenz n_p des Planetenrades.

L ö s u n g: 1. Gl. (A 8.40.1) Zähnezahl der Planetenräder $z_p = (|z_2| - z_1)/2 = (70 - 20)/2 = 25$.

2. Gl. (8.177) Kontrolle der Montierbarkeit $(|z_2| + |z_1|)/p = f = (20 + 70)/3 = 30 =$ ganze Zahl, folglich ist die Bedingung für die Montierbarkeit erfüllt.

3. Antriebsleistung $P_1 = T_1 \omega_1 = 10\ \text{Nm} \cdot 157\ \text{s}^{-1} = 1\,570\ \text{Nm s}^{-1} = 1,57\ \text{kW}$.

4. Gl. (8.163) Standübersetzung $i_0 = - (z_2/z_1) = - (70/20) = - 3,5$.

5. Gl. (8.164) oder Gl. (8.166) Drehfrequenz $n_s = n_1/(1 - i_0) = 1\,500\ \text{min}^{-1}/[1 - (- 3,5)] = 1\,500/(+ 4,5) = + 333,33\ \text{min}^{-1}$ (positive Drehrichtung!), $\omega_s = 2\pi n/60 = + 34,9\ \text{s}^{-1}$.

6. Gl. (8.175) Abtriebsdrehmoment $T_s = (i_0 \eta_0^{w1} - 1)\, T_1 = (- 3,5 \cdot 0,98^{+1} - 1) \cdot 10\ \text{Nm} = - 44,3\ \text{Nm}$ (mit negativem Vorzeichen!). In die vorstehende Gleichung wurde für $w1 = + 1$ eingesetzt, da die Welle 1 Antriebswelle ist. Das Vorzeichen für $w1$ ergibt sich auch aus der Gl. (A 8.40.2) $w1 = P_{w1}/|P_{w1}| = (+ \cdots)/|\cdots| = + 1$. Mit $P_{w1} = T_1(\omega_1 - \omega_s) = + 10\ \text{Nm} \cdot (157\ \text{s}^{-1} - 34,9\ \text{s}^{-1}) = + \cdots$ nach Gl. (A 8.40.3). Mit Gl. (8.174) ist das Drehmoment $T_2 = (- i_0 \eta_0^{w1})\, T_1 = - (- 3,5 \cdot 0,98) \cdot 10\ \text{Nm} = + 34,3\ \text{Nm}$ (mit positivem Vorzeichen!). Probe nach Gl. (8.173) $T_1 + T_2 + T_s = + 10 + 34,3 - 44,3 = 0$.

7. Abtriebsleistung am Steg $P_s = T_s \omega_s = - 44,3\ \text{Nm} \cdot (+ 34,9\ \text{s}^{-1}) = - 1\,546\ \text{Nm s}^{-1}$. (Die Abtriebsleistung muß ein negatives Vorzeichen haben, da die Antriebsleistung mit positivem Vorzeichen eingesetzt wurde!)

8. Gl. (A 8.40.4) Wirkungsgrad $\eta_{1s} = - P_s/P_1 = - (- 1\,546\ \text{Nm s}^{-1})/(+ 1\,570\ \text{Nm s}^{-1}) = + 0,9847$ oder aus Tafel A 8.40 bei $i_0 < 0$ mit der Gleichung $\eta_{1s} = (i_0 \eta_{12} - 1)/(i_0 - 1) = (- 3,5 \cdot 0,98 - 1)/(- 3,5 - 1) = 0,9844$. (Der geringfügige Unterschied beider Werte beruht auf der Zahlenabrundung.) Beachte: Der Wirkungsgrad η_{1s} ist größer als der Standwirkungsgrad η_{12}.

9. Gl. (8.171) mit negativem Vorzeichen, da Stirnradstufe!; Relativdrehfrequenz gegenüber dem Steg $n_{ps} = (n_p - n_s) = - i_{p1}(n_1 - n_s) = - (z_1/z_p)(n_1 - n_s) = - (20/25)(1\,500 - 333,33)\ \text{min}^{-1} = - 9\,333,33\ \text{min}^{-1}$. Die Absolutdrehfrequenz $n_p = n_{ps} + n_s = (- 9\,333,33 + 333,33)\ \text{min}^{-1} = - 600\ \text{min}^{-1}$ (beide Werte mit negativem Vorzeichen!).

10. Zur Veranschaulichung und zur Probe kann der Geschwindigkeits-Drehfrequenzplan nach Bild 8.111 c mit der Ergänzung durch die Parallele zur Ermittlung von n_p bzw. n_{ps} nach Bild 8.111 a gezeichnet werden.

Beispiel 13. Für ein Minus-Getriebe nach Bild 8.107 a mit drei laufenden Wellen sind folgende Werte gegeben: Zähnezahlen $z_1 = 20$ $z_2 = 70$ $z_p = 25$. Standübersetzung $i_0 = - 3,5$. Standwirkungsgrad $\eta_0 = 0,98$. Anzahl der Planetenräder $p = 3$. Die Montierbarkeit ist gegeben, s. Beispiel 12.

Der Abtrieb erfolgt an der Stegwelle s, an der z. B. ein Förderband angeschlossen ist. Das Zentralrad 2 soll angetrieben werden mit der Drehfrequenz $n_2 = - 1\,000\ \text{min}^{-1}$, $\omega_2 = - 104,7\ \text{s}^{-1}$, und mit dem Drehmoment $T_2 = - 34,3\ \text{Nm}$, entsprechend einer Antriebsleistung $P_2 = T_2 \omega_2 = + 3\,591,21\ \text{Nm s}^{-1}$ (positives Vorzeichen!). Das Sonnenrad 1 dreht mit $n_1 = + 1\,500\ \text{min}^{-1}$, $\omega_1 = + 157\ \text{s}^{-1}$.

G e s u c h t: 1. Abtriebsdrehfrequenz n_s des Steges. 2. Drehmoment T_1 und Leistung P_1 an der Welle des Sonnenrades 1. 3. Drehmoment T_s an der Abtriebswelle (Steg). 4. Abtriebsleistung an der Stegwelle. 5. Leistungsfluß. 6. Gesamtwirkungsgrad. 7. Drehfrequenz des Planetenrades.

L ö s u n g: 1. Gl. (8.164) Drehfrequenz $n_s = (n_1 - n_2 i_0)/(1 - i_0) = + 1\,500 - (- 1\,000 \cdot (- 3,5))/(1 + 3,5) = - 444,44\ \text{min}^{-1}$ (negative Drehrichtung), $\omega_s = - 46,54\ \text{s}^{-1}$.

2. Gl. (8.174) Drehmoment $T_1 = T_2/(- i_0 \eta_{12}^{w1})$. Das Vorzeichen von $w1 = \pm 1$ ist noch nicht bekannt. Um dieses nach Gl. (A 8.40.2) zu bestimmen, wird das Vorzeichen von T_1 benötigt. Man rechnet zunächst mit $\eta_{12} = 1$. Mit diesem Wert wird $T_1 = T_2/(- i_0) = - 34,3\ \text{Nm}/(- (- 3,5)) = - 9,8\ \text{Nm}$, mit negativem Vorzeichen. Um den genauen Wert von T_1 ermitteln zu können, wird nach Gl. (A 8.40.3) die

Wälzleistung $P_{w1} = T_1(\omega_1 - \omega_s) = -9{,}8\,\mathrm{Nm}(+157\,\mathrm{s}^{-1} - (-46{,}54\,\mathrm{s}^{-1})) = -\cdots$, ein Wert mit negativem Vorzeichen, in die Gleichung (A 8.40.2) eingesetzt. Es ergibt sich $w\,1 = P_{w1}/|P_{w1}| = (-\cdots)/(\cdots)$ $= -1$. Mit diesem negativen Wert, $w\,1 = -1$, lautet die Gleichung (8.174) $T_1 = (T_2\eta_{12})/(-i_0) = -9{,}8\,\mathrm{Nm}\cdot 0{,}98 = -9{,}60\,\mathrm{Nm}$. Die Leistung an der Sonnenradwelle $P_1 = T_1\omega_1 = -9{,}6\,\mathrm{Nm}\cdot(+157\,\mathrm{s}^{-1}) = -1\,507{,}82\,\mathrm{Nm\,s}^{-1}$ hat ein negatives Vorzeichen. Sie ist daher eine Abtriebsleistung.

3. Gl. (8.176) Drehmoment $T_s = [(1/i_0\eta_0^{w1}) - 1]\,T_2 = [(\eta_{12}/i_0) - 1]\,T_2 = [(0{,}98/-3{,}5) - 1]\cdot(-34{,}3\,\mathrm{Nm}) = +43{,}904\,\mathrm{Nm}$ (positives Vorzeichen!). Probe: $T_1 + T_2 + T_s = 0$; $-9{,}6\,\mathrm{Nm} - 34{,}3\,\mathrm{Nm} + 43{,}9\,\mathrm{Nm} = 0$.

4. Abtriebsleistung $P_s = T_s\omega_s = +43{,}904\,\mathrm{Nm}\cdot(-46{,}54\,\mathrm{s}^{-1}) = -2\,043{,}36\,\mathrm{Nm\,s}^{-1}$ (Abtriebsleistung mit negativem Vorzeichen!).

5. Aus der Rechnung ist ersichtlich, daß auch die Welle 1 Leistung abgibt. Der dort angeschlossene Motor wird übersynchron angetrieben und wirkt als Bremse. Die Welle s war laut Vorgabe eine Abtriebswelle. Daraus folgt, daß die Welle 2 die Gesamtleistungs-Welle ist und die Wellen 1 und s Teilleistungs-Wellen sind. Der Motor an der Welle 2 ist alleiniger Antriebsmotor. Die Leistung fließt von Welle 2 nach Welle 1 und Welle s (Leistungsteilung).

6. Gl. (A 8.40.4) Gesamt-Wirkungsgrad $\eta = -(P_1 + P_s)/P_2 = +3\,551{,}18\,\mathrm{Nm\,s}^{-1}/3\,591{,}2\,\mathrm{Nm\,s}^{-1} = 0{,}9888$.

7. Gl. (8.171) mit negativem Vorzeichen, da Stirnradstufe!; Relativdrehfrequenz der Planetenräder gegenüber dem Steg $(n_p - n_s) = -(z_1/z_p)(n_1 - n_s) = -(20/25)\,(1\,500 + 444{,}44)\,\mathrm{min}^{-1} = -1\,555{,}55\,\mathrm{min}^{-1}$. Absolutdrehfrequenz $n_p = n_{ps} + n_s = (-1\,555{,}55 - 444{,}44)\,\mathrm{min}^{-1} = -2\,000\,\mathrm{min}^{-1}$.

Beispiel 14. Bei einem zwangsläufigen elementaren Koppelgetriebe nach Bild **8.**108 c), d) erfolgt der Antrieb über die Welle I und der Abtrieb über die angeschlossene Koppelwelle S.

G e g e b e n : Für den Antrieb; $n_1 = n_s = 150\,\mathrm{min}^{-1}$, $\omega_1 = 15{,}70\,\mathrm{s}^{-1}$, $T_I = 1\,273{,}9\,\mathrm{Nm}$, $P_I = 20\,\mathrm{kW}$. Zähnezahlen für das Teilgetriebe I; $z_1 = 28$, $z_2 = 110$, $z_p = 41$ und für das Teilgetriebe II; $z_{1'} = 40$, $z_{2'} = 80$, $z_{p'} = 20$. Anzahl der Planeten $p = 3$. Standwirkungsgrad $\eta_0 = \eta_{12} = \eta_{2'1'} = 0{,}985$.

G e s u c h t : 1. Kontrolle der Montierbarkeit. 2. Standübersetzung i_0 und Reihenübersetzung i_{III}. 3. Drehfrequenz an der Welle S des Koppelgetriebes. 4. Drehfrequenzen der Wellen der Teilgetriebe. 5. Drehfrequenzen der Planetenräder. 6. Reihenwirkungsgrad η_{III}. 7. Drehmoment an den Wellen des Koppelgetriebes. 8. Drehmoment an den Wellen des Teilgetriebes I. 9. Drehmoment an den Wellen des Teilgetriebes II. 10. Leistungen, Wirkungsgrad und Leistungsfluß.

L ö s u n g : 1. Nach Gl. (8.177) (s. auch Tafel A **8.**41) ist wegen $(|z_1| + |z_2|)/p = (28 + 110)/3 = 46 =$ ganze Zahl! das Teilgetriebe I und wegen $(40 + 80)/3 = 40$ auch das Teilgetriebe II montierbar.

2. Gl. (8.163) Standübersetzung Teilgetriebe I; $i_0 = i_{12} = -(z_2/z_1) = -(110/28) = -3{,}9286$. Für das Teilgetriebe II; $i_{0'} = i_{1'2'} = -(z_2/z_{1'}) = -(80/40) = -2$. Zur Aufstellung der Reihenübersetzung stellt man sich den Steg S feststehend vor; $i_{III} = n_I/n_{II} = i_{s2}\cdot i_{2's'} = (1/(1 - 1/i_{0'}))\cdot(1 - 1/i_0) = (1/1{,}254544)\cdot 1{,}5 = 1{,}195653$. (Die Übersetzungen i_{s2} siehe Gl. (8.170) und $i_{2's'}$, Gl. (8.167) Tafel A **8.**40.)

3. Analog zur Gl. (8.164) mit $n_{II} = 0$; Drehfrequenz $n_S = n_I/(1 - i_{III}) = 150\,\mathrm{min}^{-1}/(1 - 1{,}195653) = -766{,}663\,\mathrm{min}^{-1}$ (negatives Vorzeichen!), $\omega_S = -80{,}28\,\mathrm{s}^{-1}$.

4. Gl. (8.164) mit $n_1 = n_S$; Drehfrequenz der freien Koppelwelle $n_2 = (n_1 - (1 - i_0)\,n_s)/i_0 = (-766{,}663\,\mathrm{min}^{-1} - (1 + 3{,}9286)\cdot 150\,\mathrm{min}^{-1}/(-3{,}9286) = +383{,}33\,\mathrm{min}^{-1}$ (positives Vorzeichen). Damit sind auch die Drehfrequenzen des Teilgetriebes II bekannt: $n_{2'} = n_2 = +383{,}33\,\mathrm{min}^{-1}$; $n_{s'} = 0$; $n_{1'} = n_1 = n_S = -766{,}663\,\mathrm{min}^{-1}$; $\omega_{2'} = +40{,}14\,\mathrm{s}^{-1}$; $\omega_{1'} = -80{,}28\,\mathrm{s}^{-1}$.

5. Gl. (8.171) mit negativem Vorzeichen, da Zahnradstufe! Teilgetriebe I; Relativ-Drehfrequenz der Planetenräder gegenüber dem Steg s: $n_{ps} = (n_p - n_s) = -i_{p1}(n_1 - n_s) = -(z_1/z_p)(n_1 - n_s) = -(28/41)(-766{,}663 - 150)\,\mathrm{min}^{-1} = +626\,\mathrm{min}^{-1}$. Absolut-Drehfrequenz $n_p = n_{ps} + n_s = (626 + 150)\,\mathrm{min}^{-1} = +776\,\mathrm{min}^{-1}$. Für das Teilgetriebe II; $n_{p's'} = (n_{p'} - n_{s'}) = -(z_{1'}/z_{p'})(n_{1'} - n_{s'}) = -(40/20)(-766{,}663 - 0) = +1\,533{,}32\,\mathrm{min}^{-1}$. Wegen $n_s = 0$ ist $n_p = n_{ps}$.

Zur Überprüfung der Vorzeichen ist es zweckmäßig zunächst einen Drehzahl-Geschwindigkeits-Plan ohne Maßstab überschläglich zu skizzieren. Ein genauer Geschwindigkeits-Plan läßt sich erst dann anfertigen, wenn nach Wahl der Moduln und nach Überprüfung der Konstruierbarkeit die Durchmesser der Zahnräder und Wellen festliegen.

6. Reihen-Wirkungsgrad $\eta_{\mathrm{III}} = \eta_{s2} \cdot \eta_{2's'} = (i_0 - 1)/[i_0 - (1/\eta_{12})] \cdot (i_{0'} - \eta_{2'1'})/(i_{0'} - 1) = (-4{,}9286)/(-3{,}9286 - (1/0{,}985)) \cdot (-2 - 0{,}982)/(-3) = 0{,}9919$; (Die Gleichungen für η_{s2} und $\eta_{2's'}$ bei $i_0 < 0$ s. Tafel **A 8.40**.)

7. Analog zur Gl. (8.174) und Gl. (8.175) mit $T_{\mathrm{I}} = 1273{,}9$ Nm und mit w 1 $= +1$ (positives Vorzeichen, da der Antrieb über die Welle 1 erfolgt) ist das Drehmoment an der Welle II (Abstützmoment im Gehäuse) $T_{\mathrm{II}} = - i_{\mathrm{III}}\eta_{\mathrm{III}}^{\mathrm{w}1} T_{\mathrm{I}} = - 1{,}195653 \cdot 0{,}9919 \cdot 1273{,}9$ Nm $= - 1510{,}8$ Nm (negatives Vorzeichen).

Abtriebsmoment an der angeschlossenen Koppelwelle S; $T_{\mathrm{S}} = (i_{\mathrm{III}}\eta_{\mathrm{III}}^{\mathrm{w}1} - 1) T_{\mathrm{I}} = (1{,}195653 \cdot 0{,}9919 - 1)$ $\cdot 1273{,}9$ Nm $= + 236{,}9$ Nm (pos. Vorz.). Probe: $T_{\mathrm{I}} + T_{\mathrm{II}} + T_{\mathrm{S}} = + 1273{,}9 - 1510{,}8 + 236{,}9 = 0$.

8. Gl. (8.175) und Gl. (8.176), $T_{\mathrm{s}} = T_{\mathrm{I}} = 1273{,}9$ Nm; $T_1 = T_{\mathrm{s}}/(i_0 \eta_0^{\mathrm{w}1} - 1) = 1273{,}9$ Nm$/(- 3{,}9286$ $\cdot 0{,}985 - 1) = - 261{,}6$ Nm und $T_2 = T_{\mathrm{s}}/[(1/i_0 \eta_0^{\mathrm{w}1}) - 1] = 1273{,}9$ Nm$/[(1/- 3{,}9286 \cdot 0{,}985) - 1] =$ $- 1012{,}3$ Nm. Probe: $T_1 + T_2 + T_{\mathrm{s}} = - 261{,}6 - 1012{,}3 + 1273{,}9 = 0$.

In die Gleichungen (8.175) und (8.176) wurde w 1 $= + 1$ eingesetzt. Um das Vorzeichen von w 1 nach Gl. (A 8.40.2) mit der Wälzleistung nach Gl. (A 8.40.3) $P_{\mathrm{w}1} = T_1 (\omega_1 - \omega_{\mathrm{s}})$ ermitteln zu können, wurde das Vorzeichen von T_1 nach Gl. (8.175) ohne Berücksichtigung des Wirkungsgrades ($\eta_{12} = 1$) berechnet. Für das Drehmoment T_1 ergibt sich ein negatives Vorzeichen und damit dann für $P_{\mathrm{w}1} = - |T_1|(- 80 \text{ s}^{-1}$ $- 15 \text{ s}^{-1})$ ein positiver Wert. Es wird w 1 $= + 1$.

9. Es sind bekannt: $T_{2'} = - T_2 = + 1012{,}3$ Nm und $T_{\mathrm{s}'} = T_{\mathrm{II}} = - 1510{,}8$ Nm. Nach Gl. (8.174) ist $T_{1'} = T_{2'}/(- i_{0'}\eta_{0'}^{\mathrm{w}1})$. In diese Gleichung wird w 1 $= - 1$ eingesetzt, da die Wälzleistung $P_{\mathrm{w}1'} = + T_{1'} (- 80 \text{ s}^{-1} - 0)$ ein negatives Vorzeichen hat. Somit ist $T_{1'} = \eta_{0'} T_{2'}/(- i_{0'}) = 0{,}985 \cdot 1012{,}3$ Nm$/2 = + 498{,}55$ Nm. Probe: $T_{1'} + T_{2'} + T_{\mathrm{s}'} = 498{,}55 + 1012{,}3 - 1510{,}8 = 0$. Außerdem muß sein: $T_{\mathrm{S}} = T_1 + T_{1'} = - 261{,}6$ Nm $+ 498{,}55$ Nm $= + 236{,}95$ Nm (vergl. 7.)).

10. Leistung des Koppelgetriebes. Antriebsleistung $P_{\mathrm{I}} = T_{\mathrm{I}}\omega_{\mathrm{I}} = 1273{,}9$ Nm $= 1273{,}9$ Nm $\cdot 15{,}70 \text{ s}^{-1}$ $= 20000{,}23$ Nm s^{-1}. Abtriebsleistung an der Koppelwelle $P_{\mathrm{S}} = T_{\mathrm{S}}\omega_{\mathrm{S}} = 236{,}9$ Nm $\cdot (- 80{,}28 \text{ s}^{-1})$ $= - 19018{,}33$ Nm s^{-1} (negatives Vorzeichen). Wirkungsgrad $\eta_{\mathrm{IS}} = - P_{\mathrm{S}}/P_{\mathrm{I}} = + 19018{,}33/20000{,}23$ $= 0{,}950$.

Leistung an den Wellen des Teilgetriebes I; $P_{\mathrm{s}} = P_{\mathrm{I}} = 20$ kW. An der freien Koppelwelle 2: $P_2 = T_2\omega_2 = - 1012{,}3$ Nm $\cdot 40{,}14 \text{ s}^{-1} = - 40633{,}72$ Nm s^{-1} (Abtriebsleistung, negatives Vorzeichen!). An der angeschlossenen Koppelwelle: $P_1 = T_1 \omega_1 = - 261{,}6$ Nm $\cdot (- 80{,}28 \text{ s}^{-1}) =$ $+ 21001{,}24$ N ,s^{-1} (Antriebsleistung, positives Vorzeichen).

Leistung an den Wellen des Teilgetriebes II; $P_{2'} = - P_2 = + 40663{,}72$ Nm s^{-1} (Antriebsleistung). $P_{1'}$ $= T_{1'}\omega_{1'} = + 498{,}55$ Nm $\cdot (- 80{,}28 \text{ s}^{-1}) = - 40023{,}59$ Nm s^{-1}.

Probe: $P_{\mathrm{S}} = P_1 + P_{1'} = 21001{,}24$ Nm s$^{-1} - 40023{,}59$ Nm s$^{-1} = - 19022{,}35$ Nm s^{-1}.

Leistungsfluß (**8.**108 d): Die Leistung fließt von der Antriebswelle I bzw. Welle s über die freie Koppelwelle 2,2′ und über die Welle 1′ zur Abtriebswelle S. Außerdem fließt im Koppelgetriebe eine Blindleistung über die angeschlossene Koppelwelle 1′, 1 und über die freie Koppelwelle 2,2′ zurück (Leistungsrücklauf).

Beispiel 15. Bild **8.**112 zeigt den Aufbau eines rückkehrenden Umlaufgetriebes mit Stirnrädern (vergl. Bild **8.**110). In dem kastenförmigen Steg s sind die Mittenräder 1 und 2 zentral gelagert. Zwecks Massenausgleich sind die Umlaufräder p_1 und p_2 auf der Planetenbahn zweifach gegenüber angeordnet. Der kastenförmige Steg wird von außen über ein Stirnradgetriebe 1′2′ angetrieben. Rad 1 ist mit dem Getriebegehäuse fest verbunden (s. Schraffur im Bild **8.**112), so daß $n_1 = 0$ ist.

Gesucht. Es ist Übersetzung $i_{1'2} = i_{1'2'}i_{s2}$ des im Bild **8.**112 dargestellten Umlaufrädergetriebes zu ermitteln.

Gegeben: Zähnezahlen $z_1 = 31$ $z_{p1} = 30$ $z_{p2} = 29$ $z_2 = 30$ $z_{1'} = 120$ $z_{2'} = 30$.

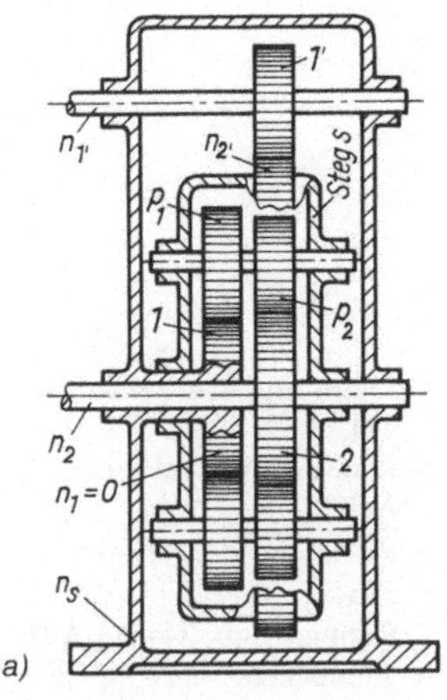

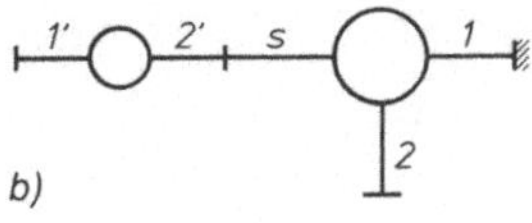

8.112
Planetengetriebe mit angetriebenem kastenförmigen Steg s
a) Räderschema
b) symbolische Darstellung

L ö s u n g: Mit der Standübersetzung nach Gl. (8.162) $i_0 = (- z_2/z_{p2})(- z_{p1}/z_1) =$ $(- 30/29)(- 30/31) = 1{,}00111$ wird nach Umformung aus Gl. (8.164) oder nach Gl. (8.170) die Übersetzung zwischen Steg und Abtriebswelle 2 $n_s/n_2 = i_{s2} = (1/(1 - (1/i_0))) = 1/$ $(1 - 0{,}99889) = 900$ und die gesamte Übersetzung $i_{1'2} = i_{1'2'} i_{s2} = (- z_{2'}/z_{1'}) i_{s2} =$ $- (120/30) \cdot 900 = - 3600$. Das negative Vorzeichen zeigt an, daß die Abtriebswelle 2 entgegengesetzt der Antriebswelle dreht.

Schrifttum

[1] A p i t z, B u d n i c k, K e c k und K r u m m e: Die DIN-Verzahnungstoleranzen und ihre Anwendung. 3. Aufl. Braunschweig 1958

[2] B r a n d e n b e r g e r, H.: Neue Theorie der Elastizität und Festigkeit. Zürich 1950

[3] B r u g g e r, H.: Laufversuche an gehärteten Zahnrädern als Grundlage für ihre Bemessung. ATZ 5 (1955) S. 128–132

[4] D i e t r i c h, G.: Berechnung von Stirnrädern mit geraden und schrägen Zähnen. Düsseldorf 1952

[5] D u b b e l, Taschenbuch für den Maschinenbau. Bd. I. 13. Aufl. S. 744. Berlin-Göttingen-Heidelberg 1970/74

[6] D u d l e y, D. W.: Zahnräder. Berlin-Göttingen-Heidelberg 1961

[7] H a c h m a n n, H., und E. S t r i c k l e: Polyamide als Zahnradwerkstoffe. Z. Konstruktion 3 (1966)

[8] H ü t t e. Des Ingenieurs Taschenbuch. Bd. II, Tl. A. 28. Aufl. S. 154. Berlin 1954/63

[9] K l i n g e l n b e r g: Technisches Hilfsbuch. 15. Aufl. (Abschn. Zahnräder und Getriebe) Berlin-Heidelberg-New York 1967

[10] L o o m a n n, J.: Zahnradgetriebe. Konstruktionsbücher Bd. 26. Berlin-Heidelberg-New York 1970

[11] M ü l l e r, H. W.: Die Umlaufgetriebe. Konstruktionsbücher Bd. 28. Berlin-Heidelberg-New York 1971

[12] R i c h t e r, W., und H. O h l e n d o r f: Kurzberechnung von Leistungsgetrieben. Z. Konstruktion **11** (1959) S. 421

[13] T h o m a s, A. K., und W. C h a r c h u t: Die Tragfähigkeit der Zahnräder. 7. Aufl. München 1971

Sachverzeichnis

Arbeitsblatt 1: Achsen und Wellen

Formelzeichen

b	Größenbeiwert, Breite	S_D	Sicherheitszahl
c', c	Dreh- bzw. Biegesteifigkeit der Welle	S_{kD}	Sicherheitszahl einschl. Kerbwirkung
D	Außendurchmesser	s	tragende Wanddicke
d	Achs- bzw. Wellendurchmesser	T	Drehmoment, Torsionsmoment
E	Elastizitätsmodul	T_m	mittleres Drehmoment
F	Belastung, Kraft	W_b, W_x	Widerstandsmoment auf Biegung
F_A, F_B	Auflagerkraft bei A, B		(äquatoriales)
F_g	Eigengewichtskraft	W_p	polares Widerstandsmoment
f, f_1, f_2	Durchbiegung, zulässige Durchbiegung	α	Neigungswinkel der Biegelinie
f_g	Durchbiegung infolge F_g	α_0	Anstrengungsverhältnis nach Bach
G	Schubmodul	β_{kb}	Kerbwirkungszahl bei Biegung
g	Fallbeschleunigung	σ_b	Biegebeanspruchung
I, I_x	äquatoriales Flächenträgheitsmoment	$\sigma_{bw}, \sigma_{bSch}$	Biegewechsel-, Biegeschwellfestigkeit
I_p	polares Flächenträgheitsmoment	σ_l	Lochleibungsdruck
J_p	polares Massenträgheitsmoment	σ_v	Vergleichsspannung
l	Lagerentfernung	τ_t	Drehbeanspruchung (Torsionsbean-
l_1	Buchsenlänge		spruchung)
M_b, M_v	Biege-, Vergleichs-Moment	τ_{tSch}	Drehschwellfestigkeit (Torsionsschwell-
m	Masse		festigkeit)
n, n_k	Betriebs- und kritische Drehzahl	φ	Betriebsfaktor
P	Leistung	ψ	Drehwinkel
p	Flächenpressung	ω, ω_0	Winkelgeschwindigkeit
R_e	Streckgrenze	ω_e, ω_k	Eigen-Kreisfrequenz, kritische Kreis-
R_m	Zugfestigkeit		frequenz
$R_{p0,2}$	0,2-Grenze		

Tafel A 1.1

	Formel		Kenn- und Richtwerte	
feststehende Achsen				
Biegung	$\sigma_{bmax} = M_{bmax}/W_b \leqq \sigma_{bzul}$	Gl. (1.1)	$\sigma_{bzul} = \dfrac{\sigma_{bSch}}{3 \cdots 5} = \dfrac{\sigma_{bSch}}{S_{kD}}$	Gl. (1.2)
	Für Kreisquerschnitt mit $W_b = \pi d^3/32$:			
	$d \geqq \sqrt[3]{10\, M_{bmax}/\sigma_{bzul}}$	Gl. (1.6)	σ_{bSch}	Tafel **A 1.4**
	Für St 50 mit $\sigma_{bzul} = 100\ \text{N/mm}^2$:		Für St 50 und Hebezeuge:	
	$d \geqq \sqrt[3]{0,1\, M_{bmax}}$ in mm	Gl. (1.7)	$\sigma_{bzul} = (80 \cdots 120)\ \text{N/mm}^2$	
	mit M_{bmax} in N mm			

(Fortsetzung s. nächste Seite)

Tafel **A 1.1**   Fortsetzung

	Formel		Kenn- und Richtwerte
Flächen-pressung in Buchsen	$p = \dfrac{F}{l_1 d} \leqq p_{zul}$	Gl. (1.8)	Für Rotguß und Bronze: $p_{zul} = (6 \cdots 10)\ \text{N/mm}^2$
Lochlei-bungs-druck in Achslagern	$\sigma_l = \dfrac{F}{ds} \leqq \sigma_{l\,zul}$	Gl. (1.9)	Für St 37: $\sigma_{l\,zul} = (80 \cdots 120)\ \text{N/mm}^2$

u m l a u f e n d e   A c h s e n

	Formel		Kenn- und Richtwerte
Biegung	$\sigma_{b\,max} = \dfrac{M_{b\,max}}{W_b} \leqq \sigma_{b\,zul}$ Gl. (1.1) $W_b = \dfrac{\pi d^3}{32}$ genau: $\sigma_{b\,zul} = \dfrac{b\,\sigma_{b\,w}}{S_D\,\beta_{k\,b}}$ Gl. (1.11)		überschläglich: $\sigma_{b\,zul} = \dfrac{\sigma_{b\,w}}{4\cdots6} = \dfrac{\sigma_{b\,w}}{S_{k\,D}}$ Gl. (1.10) Tafel **A 1.4** b Bild **A 1.6** $\beta_{k\,b}$ Tafel **A 1.5** $S_D = 1{,}5\cdots2$ Für St 50 und Hebezeuge: $\sigma_{b\,zul} = (40\cdots60)\ \text{N/mm}^2$

W e l l e n

	Formel		Kenn- und Richtwerte
Drehbean-spruchung allein (vor-handene Biegebe-anspru-chung nicht berück-sichtigt)	$\tau_t = T_{max}/W_p \leqq \tau_{t\,zul}$ Gl. (1.12) $W_p = \pi d^3/16$ $d \geqq \sqrt[3]{5\,T_{max}/\tau_{t\,zul}}$ Gl. (1.16) Für $\tau_{t\,zul} = 15\ \text{N/mm}^2$ wird $d \geqq 0{,}7\sqrt[3]{T_{max}}$ in mm oder Gl. (1.17) $d \geqq 148\sqrt[3]{\varphi P/\eta}$ in mm Gl. (1.19) Für $\tau_{t\,zul} \approx 35\ \text{N/mm}^2$ wird $d \geqq 0{,}53\sqrt[3]{T_{max}}$ in mm oder $d \geqq 111\sqrt[3]{\varphi P/n}$ in mm mit T_{max} in N mm, P in kW und n in min^{-1}		überschläglich, v o r h a n d e n e Biegung und Kerben durch große „Sicherheit" berücksichtigt: $\tau_{t\,zul} = \dfrac{\tau_{t\,Sch}}{10\cdots15}$ Gl. (1.13) Für St 50 ist: $\tau_{t\,zul} = (12{,}5\cdots19)\ \text{N/mm}^2$ bei reiner Drehbeanspruchung: $\tau_{t\,zul} = \dfrac{\tau_{t\,Sch}}{4\cdots6}$ $\tau_{t\,Sch}$ Tafel **A 1.4** Für St 50 ist: $\tau_{t\,zul} = (30\cdots47{,}5)\ \text{N/mm}^2$ $T_{max} = \varphi\,T_m$ φ Tafel **A 4.8**
Dreh- und Biege-bean-spruchung	$\tau_t = T_{max}/W_p \qquad \sigma_b = M_{b\,max}/W_b$ Gl. (1.22) Gl. (1.21) $\sigma_v = \sqrt{\sigma_b^2 + 3(\alpha_0\,\tau_t)^2} \leqq \sigma_{b\,zul}$ Gl. (1.23) $\alpha_0 = \dfrac{\sigma_{b\,grenz}}{1{,}73\,\tau_{t\,grenz}} \qquad \alpha_0 \approx \dfrac{\sigma_{b\,w}}{1{,}73\,\tau_{t\,Sch}}$ Gl. (1.24) $\sigma_v = \dfrac{1}{W_b}\sqrt{M_b^2 + \dfrac{3}{4}(\alpha_0\,T_{max})^2}$ Gl. (1.25)		$\sigma_{b\,zul} = \dfrac{b\,\sigma_{b\,w}}{\beta_{k\,b}\,S_D}$ Gl. (1.28) Bild **A 1.3** normale Bemessung: $S_D = 1{,}5\cdots2\cdots3$ Leichtbau: $S_D = 1{,}2\cdots1{,}5$ $\sigma_{b\,w}$ Tafel **A 1.4** b Bild **A 1.6** $\beta_{k\,b}$ Tafel **A 1.5**

(Fortsetzung s. nächste Seite)

Tafel **A 1.1**   Fortsetzung

	Formel	Kenn- und Richtwerte
elastische Verdrehung	$\psi = \dfrac{180\,T\,l}{\pi\,G\,I_\mathrm{p}}$ in ° Gl. (1.33) mit T in N mm, G in N/mm², I_p in mm⁴ und l, d in mm entspr. für Stahl $G = 8 \cdot 10^4$ N/mm²: $\psi = 7{,}3 \cdot 10^{-3}\,T\,l/d^4$ in ° $d \geqq \sqrt[4]{\dfrac{5760\,T_\mathrm{max}\,l}{\pi^2\,G\,\psi_\mathrm{zul}}}$ in mm Gl. (1.35) mit ψ_zul in °, T in N mm, G in N/mm² und l in mm Für $\psi_{1\,\mathrm{m\,zul}} = 0{,}25°$ und Stahl ist $d \geqq 2{,}32\,\sqrt[4]{T_\mathrm{max}}$ in mm mit T in N mm oder Gl. (1.37) $d \geqq 129\,\sqrt[4]{\varphi\,P/n}$ in mm, Einheiten wie Gl. (1.19)	Für lange Fahrwerkswellen von Hebezeugen ist für die Länge $l = 1$ m $\Psi_{1\,\mathrm{m\,zul}} \leqq 0{,}25°$ bei normalen Wellen $\Psi_{1\,\mathrm{m\,zul}} = (0{,}25 \cdots 0{,}5)°$ Für Kreisquerschnitt $I_\mathrm{p} = \pi\,d^4/32$ φ Tafel **A 4**.8
elastische Durchbiegung	Für **nicht abgesetzte Welle** ($I = $ const) und mittige Punktlast F ist $f_1 = \dfrac{F\,l^3}{48\,E\,I}$ Gl. (1.40) Bild **1.**13 a bei Streckenlast F ist $f_2 = \dfrac{5\,F\,l^3}{384\,E\,I}$; $f_1 = 1{,}6 f_2$; $I = \pi\,d^4/64$ (Gl. 1.41) Bild **1.**13 b Für $f_\mathrm{zul}/l = 1/3000$ und $E = 2{,}1 \cdot 10^5$ N/mm² = sind erforderlich: $d \geqq \sqrt[4]{F\,l^2/165}$ in mm und Gl. (1.44) $l \leqq 12{,}85\,d^2/\sqrt{F}$ in mm Gl. (1.45) mit F in N, d und l in mm Für **abgesetzte Welle** mit geschätztem mittlerem I und Gesamtlast F ist $f \approx \dfrac{1}{60} \cdot \dfrac{F\,l^3}{E\,I}$ genau: **M o h** rsches Verfahren Bild **1.**15	allgemeiner Maschinenbau $f_\mathrm{zul} \leqq (1/3000)\,l$ Werkzeugmaschinenbau $f_\mathrm{zul} \leqq (1/5000)\,l$ zul. Neigungswinkel am Lager $\alpha_\mathrm{zul} \leqq (1/1000)$ rad $E_\mathrm{Stahl} = 2{,}1 \cdot 10^5$ N/mm² $= 2{,}1 \cdot 10^4$ kN/cm²
Drehschwingungen (torsionskritische Drehfrequenz n_k)	Für ein **Zwei-Massen-System** ist $\omega_\mathrm{e} = \sqrt{c'(1/J_{\mathrm{p}1} + 1/J_{\mathrm{p}2})}$ Gl. (1.49) $n_\mathrm{k} = 30\,\omega_\mathrm{e}/(i\pi)$ in min⁻¹ mit ω_e in s⁻¹ $c' = T/\psi$ in Nm/rad mit ψ in rad J_p in kg m² = N m s² Gl. (1.47)	Für Zylinder $J_\mathrm{p} = \frac{\pi}{32}\,\varrho\,D^4\,b$ Gl. (1.48) für Eisen $\varrho = 7850$ kg/m³ i Ordnungszahl s. Tafel **A 4**.9 (s. auch Abschn. Kupplungen)

(Fortsetzung s. nächste Seite)

Tafel A 1.1   Fortsetzung

	Formel	Kenn- und Richtwerte
Biege-schwin-gungen (biege-kritische Drehfre-quenz n_k)	Welle mit **E i n z e l m a s s e** $\omega_e = \sqrt{c/m}$ Gl. (1.53) hierin ist $c = F_g/f_g$ $F_g = mg$ $n_k \approx 300 \sqrt{1/f_g}$ in min^{-1} mit f_g in cm Gl. (1.55) Welle mit **m e h r e r e n M a s s e n** $1/\omega_e^2 = 1/\omega_{e0}^2 + 1/\omega_{e1}^2 + 1/\omega_{e2}^2 + \cdots$ Gl. (1.58) $n_k = 30\,\omega_e/\pi$ in mm^{-1} mit ω_e in s^{-1}	Betriebsdrehfrequenz n $n \leqq (0{,}90 \cdots 0{,}95)\,n_k$ $n \geqq (1{,}10 \cdots 1{,}15)\,n_k$ $n = (1{,}6 \cdots 1{,}8)\,n_k$ für Gelenk-wellen $n \neq 2\,n_k$ oder $3\,n_k$ usw.

Erläuterungen

A c h s e n . Maßgebend ist meist die Bemessung auf Biegung; auf Flächenpressung bzw. Lochlei-bungsdruck wird nur bei kleinem Lagerabstand oder kurzer Auflagerbreite bemessen.

W e l l e n . Entscheidend für die Bemessung ist gewöhnlich neben der Drehbeanspruchung die Biege-beanspruchung. Eine erste überschlägliche Berechnung kann – mit sehr niedrigen Werten für $\tau_{t\,zul}$ – nach dem Drehmoment allein erfolgen. Genaues Nachrechnen auf Drehung u n d Biegung muß sich an-schließen. Großer Wert ist auf günstige Gestaltung mit geringer Kerbwirkung zu legen (s. Abschn. 1.3).

Bei hohen Anforderungen an die Genauigkeit der Drehbewegung sind die elastischen Verformungen zu untersuchen, so z. B. bei Fahrwerkswellen die Verdrehung und bei Wellen von Getrieben, Werkzeug- und Kraftmaschinen usw. Durchbiegung und Neigungswinkel, z. B. an Lagern.

Bei schnellaufenden Wellen muß schließlich die Betriebsdrehfrequenz von den kritischen Drehfrequen-zen – den Eigenfrequenzen der Welle – abweichen, wobei in jedem Falle die biegekritische Drehfre-quenz, die torsionskritische Drehfrequenz jedoch nur bei rhythmisch veränderlichem Drehmoment, zu beachten ist.

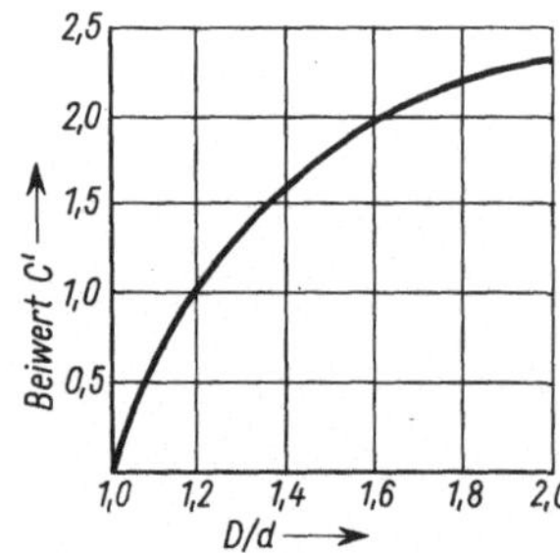

A 1.2
Beiwert C' zum Umrechnen von β_{kb} auf β'_{kb} bei anderen Werten D/d als in Bild **A 1.3** (nach L e h r)

Umrechnungsformel: $\beta'_{kb} = 1 + C'(\beta_{kb} - 1)$

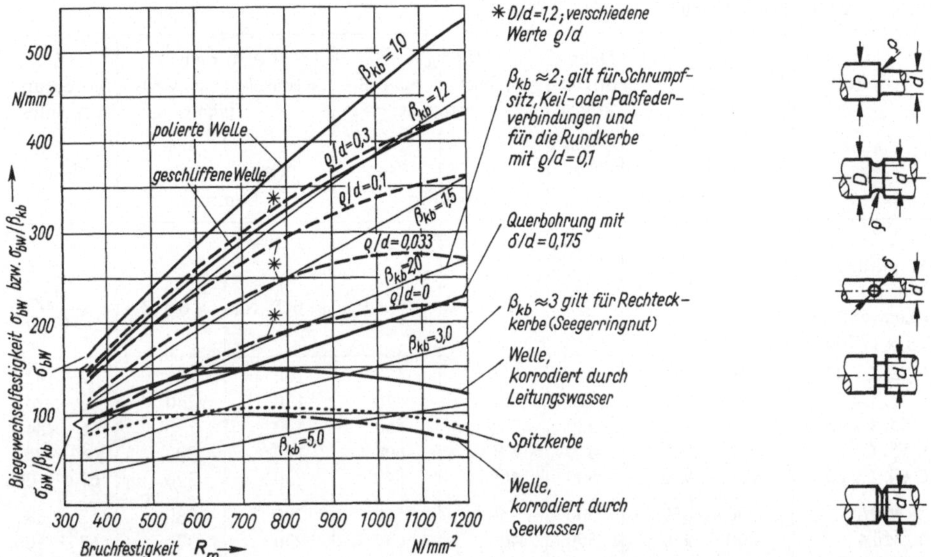

A 1.3 Biegewechselfestigkeit σ_{bw} bzw. σ_{bw}/β_{kb} in Abhängigkeit von der Bruchfestigkeit (Zugfestigkeit) R_m für Wellen von 10 mm Durchmesser und verschiedene Kerbformen (s. auch Bild **A 1.**2)

T a f e l **A 1.**4   Festigkeitswerte für verschiedene Stahl- und Eisenwerkstoffe (für $> (16 \cdots 40)$ mm Durchmesser)[1])

Werkstoff	Z u g - festigkeit	Streck- grenze	B i e g e - wechsel	schwell- festigkeit	V e r d r e h - wechsel	schwell- festigkeit	zul. Biegebean- spruchung
	R_m	R_e	σ_{bW}	σ_{bSch}	τ_{tW}	τ_{tSch}	σ_{bzul}
	N/mm²		N/mm²		N/mm²		N/mm²
unleg. Stähle DIN 17100 DIN 1 652 SH[2])		$\geqq$	Dauerfestigkeitswerte nach[3])				$\approx \dfrac{\sigma_{bW}}{4\cdots 6}$
St 37-2	370 ⋯ 450	230	170	260	100	140	28 ⋯ 43
St 42-2	420 ⋯ 500	250	190	300	110	160	32 ⋯ 47
St 50-2	500 ⋯ 600	290	240	370	140	190	40 ⋯ 60
St 60-2	600 ⋯ 720	330	280	430	160	220	47 ⋯ 70
St 70-2	700 ⋯ 850	360	320	500	190	260	53 ⋯ 80

(Fortsetzung s. nächste Seite)

---

[1]) Festigkeitswerte für andere Durchmesser sind in DIN 1 652, 17 100, 17 200 und 17 210 enthalten.
[2]) SH = Kurzzeichen für Behandlungszustand geschält. Festigkeitswerte für andere Behandlungszu-stände sind z.T. niedriger (bei K + G, SH + G) oder höher (K) (s. DIN 1 652).
[3]) Fachausschuß für Maschinenelemente beim VDI: Berücksichtigung der wirklichen Spannungsver-teilung bei der Festigkeitsberechnung. Beilage zur VDI-Z. (1934) H. 34.

Tafel **A 1.4**   Fortsetzung

Werkstoff	Zug-festigkeit R_m N/mm²		Dehn-, Streck-grenze $R_{p0,2}$ R_e	Biege- wechsel σ_{bW}	schwell- σ_{bSch} festigkeit	Verdreh- wechsel- τ_{tW}	schwell- τ_{tSch} festigkeit	zul. Biegebean-spruchung σ_{bzul}
			N/mm²	N/mm²		N/mm²		N/mm²
Vergütungs-stähle (Auswahl) DIN 17200			$\geqq$	$\approx 0{,}5\,R_m$	$\approx 0{,}8\,R_m$	$\approx 0{,}28\,R_m$	$\approx 0{,}4\,R_m$	$\approx \dfrac{\sigma_{bW}}{4\cdots6}$
C 22, Ck 22		500 ··· 650	300	250[4]	420[4]	160[4]	220[4]	42 ··· 63
C 35, Ck 35		590 ··· 740	370	295	470	170	240	50 ··· 74
C 45, Ck 45		670 ··· 820	420	335	540	190	270	56 ··· 84
C 55, Ck 55		750 ··· 900	470	375	600	210	300	63 ··· 95
C 60, Ck 60		800 ··· 950	500	400	640	230	320	67 ··· 100
28 Mn 6		700 ··· 850	500	350	560	200	280	58 ··· 88
40 Mn 4		800 ··· 950	550	400	640	230	320	67 ··· 100
25 CrMo 4		800 ··· 950	600	400	640	230	320	67 ··· 100
34 CrMo 4		900 ··· 1100	680	450	720	250	360	75 ··· 113
42 CrMo 4		1000 ··· 1200	780	500	800	280	400	84 ··· 125
32 CrMo 12		1250 ··· 1450	1050	630	1000	350	500	105 ··· 160
Einsatz-stähle (Auswahl) DIN 17210	Festigkeits-werte im Kern für $\varnothing$ 30 mm		$\geqq$	$\approx 0{,}5\,R_m$	$\approx 0{,}8\,R_m$	$\approx 0{,}28\,R_m$	$\approx 0{,}4\,R_m$	$\approx \dfrac{\sigma_{bW}}{4\cdots6}$
C 10, Ck 10		500 ··· 650	300	250	400	130	200	42 ··· 63
15 Cr 3		700 ··· 900	450	320[4]	450[4]	200[4]	270[4]	53 ··· 80
16 MnCr 5		800 ··· 1100	600	440[4]	820[4]	260[4]	370[4]	74 ··· 110
20 MnCr 5		1000 ··· 1300	700	500	800	280	400	85 ··· 125
15 CrNi 6		900 ··· 1200	650	450	720	250	360	75 ··· 113
18 CrNi 8		1200 ··· 1450	800	640[4]	1050[4]	370[4]	510[4]	107 ··· 160
Gußeisen mit Kugelgraphit (Auswahl) DIN 1693	Zug- | Biege-festigkeit		$\geqq$	σ_{bW}	$\approx 1{,}7\,\sigma_{bW}$	$\approx 0{,}58\,\sigma_{bW}$	$\approx 0{,}9\,\sigma_{bW}$	$\approx \dfrac{\sigma_{bW}}{4\cdots6}$
GGG-40	400	750 ··· 900	250	180	310	100	160	33 ··· 50
GGG-60	600	900 ··· 1100	380	250	440	150	250	40 ··· 60
GGG-70	700	1100 ··· 1200	440	300	530	170	290	50 ··· 75

[4]) Dauerfestigkeitsdiagramme in H ä n c h e n: Neue Festigkeitsberechnung für den Maschinenbau (1956) S. 72 f.

T a f e l A 1.5 Kerbwirkungszahlen β_{kb} für Biegung bei verschiedenen Kerbformen und zwei Werten der Werkstoffestigkeit $R_m \approx 500$ bzw. $1\,000$ N/mm²; β_{kt} für Torsion s. Teil 1, **A 6.**20 bis **A 6.**24, ($\beta_{kt} \approx 1{,}1 \cdots 2 \cdots 4$)

Kerbform	β_{kb}	
	$R_m \approx 500$ N/mm²	$R_m \approx 1\,000$ N/mm²
polierte Oberfläche	1,0	1,0
geschliffene Oberfläche	1,15	1,25
Oberfläche korrodiert durch Leitungswasser	1,8	3,4
Oberfläche korrodiert durch Seewasser	2,5	5,4
umlaufende Halbkreiskerbe	2,0 2,6 4,5 (für $\varrho/d = 0{,}1$; 0,05; 0,01)	–
umlaufende Spitzkerbe (z. B. bei scharf geschnittenem Gewinde)	2,5	4,6
Rechteckkerbe (z. B. Ringnut)	$\approx 2{,}5 \cdots 3$	–
Querbohrung	$\geqq 1{,}8$ (für $D/d = 5{,}7$)	2,3 (für $D/d = 5{,}7$)
Rundungshalbmesser ϱ am Wellenabsatz $D/d = 1{,}2$	1,1 1,2 1,4 1,8[1]) (für $\varrho/d = 0{,}3$; 0,1; 0,03; 0)	1,16 1,35 1,7 2,2[1]) (für $\varrho/d = 0{,}3$; 0,1; 0,03; 0)
Verbindung mit Paßfeder oder Einlegekeil	$> (1{,}8) \cdots 2{,}0$	–
Welle mit Auslaufnut (ohne Keil)	1,4	1,65 (für $\sigma_B = 700$ N/mm²)
Schrumpfsitz, Nabe zylindrisch („steif")	$> 1{,}9 \cdots 2{,}0$[2])	–
Schrumpfsitz, Nabe kegelig („elastisch")	$> 1{,}55$[2])	–

[1]) Werte sind nach Bild **A 1.**2 umgerechnet aus Versuchswerten mit $D/d = 2$.

[2]) Zahlenwert ist eigentlich die sog. Spannungssteigerungszahl β_{Nb} für Nabenspitze. Sie wird in Berechnungen wie die β_{kb}-Werte eingesetzt.

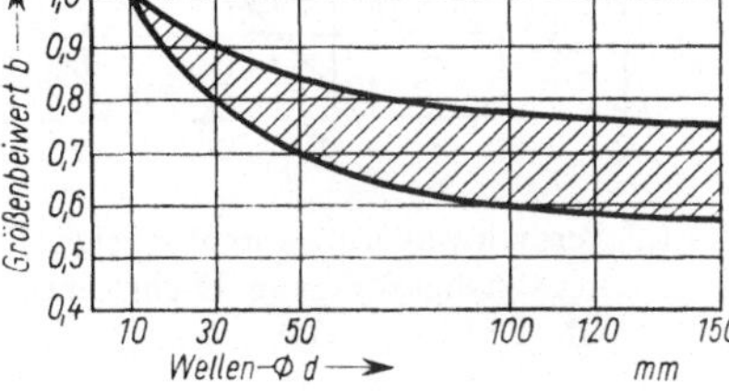

A 1.6
Größenbeiwert b in Abhängigkeit vom Wellendurchmesser d (Streubereich schraffiert)

Tafel A 1.7 Zulässige Drehmomente bei $\tau_{t\,zul} = 15\ \text{N/mm}^2$; $T_{zul} = \pi\,d^3\,\tau_{t\,zul}/16$ Gl. (1.16)

d in mm	16	18	20	22	25	28	30	32	36	40	45
T_{zul} in Nm	12,1	17,2	23,6	31,3	46,0	64,7	79,5	96,4	137,5	188,5	268
d in mm	50	56	60	63	70	80	90	100	125	140	160
T_{zul} in Nm	368	517	635	735	1010	1510	2140	2945	5750	8090	12050

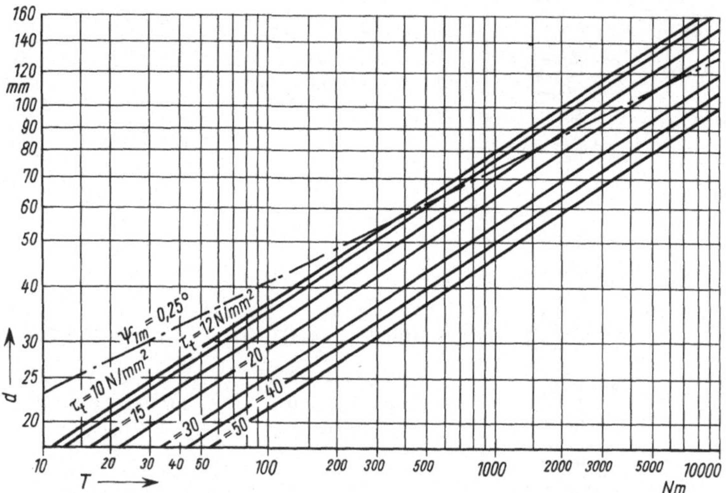

A 1.8 Wellendurchmesser d in Abhängigkeit von Drehmoment T und Drehbeanspruchung τ_t

$$d = \sqrt[3]{16\,T/(\pi\,\tau_t)}$$

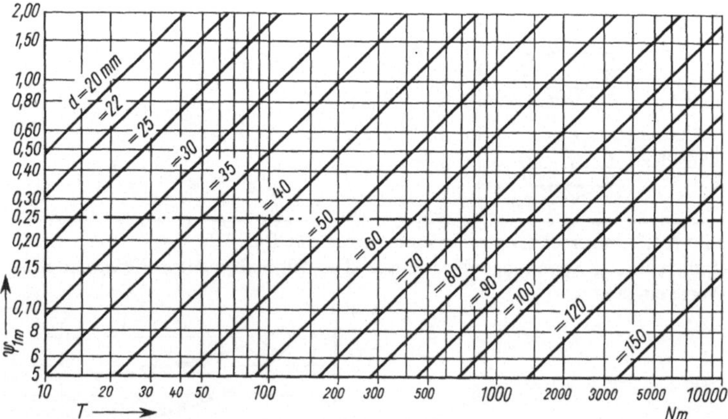

A 1.9 Verdrehwinkel $\psi_{1\,m}$ in Winkelgrad einer Welle von der Länge $l = 1$ m in Abhängigkeit von Drehmoment T und Wellendurchmesser d nach Gl. (**1.33 bzw. 1.34**)

T a f e l A 1.10   Abmessungen und übertragbare Drehmomente für zylindrische Wellenenden nach DIN 748

Die zylindrischen Wellenenden sind bestimmt für die Aufnahme von Riemenscheiben, Kupplungen und Zahnrädern. Nicht angegebene Maße und Einzelheiten, z. B. Paßfeder, Anfasung, Zentrierbohrung und Oberflächengüte sind entsprechend zu wählen.

Bezeichnung eines Wellenendes z. B. von $d = 140$, Passung m 6 und $l = 250$: Wellenende 140 m 6 × 250 DIN 748

Toleranzfeld k 6 für d = (6 ⋯ 50) mm und m 6 für d > 55 mm. Nach ISO bis d = 30 mm Toleranzfeld j 6

Durchmesser und Längen der Wellenenden nach DIN 748 T 1

d		6 7	8 9	10	12 14	16 19	20 24	25 30	32 38	40 45
l	lang	16	20	23	30	40	50	60	80	110
	kurz			15	18	28	36	42	58	82
r	max.			0,6				1		
d		48 55	60 75	80 85 95	100 120	140	160 180	200		
l	lang	110	140	170	210	250	300	350		
	kurz	82	105	130	165	200	240	280		
r	max.	1	1,6		2,5		4	6		

Übertragbares Drehmoment T in Nm nach DIN 748 (Auswahl)

d	1.	2.	3.	d	1.	2.	3.
10	–	1,8	0,8	60	1650	975	462
12	–	3,5	1,6	70	2650	1700	800
16	–	9,7	4,5	80	3870	2650	1250
20	–	21,2	9,7	90	5600	4120	1900
24	–	40	18,5	100	7750	5800	2720
28	–	69	31,5	120	13200	11200	5150
35	325	150	69	140	21200	19000	
40	487	236	112	160	31500	30700	
45	710	355	170	180	45000	–	
50	950	515	243	200	61500	–	

Spalte 1.: Übertragung eines reinen Drehmomentes
Spalte 2.: Gleichzeitige Übertragung eines Drehmomentes und eines bekannten Biegemomentes
Spalte 3.: Gleichzeitige Übertragung eines Drehmomentes und eines nicht bekannten Biegemomentes

Zylindrische Wellenenden
nach DIN 748

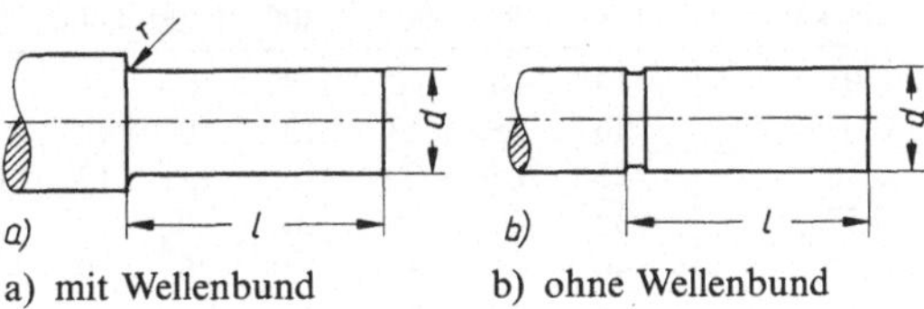

a) mit Wellenbund   b) ohne Wellenbund

Tafel A 1.11   Kegelige Wellenenden mit Außengewinde, nach DIN 1448 T 1, (Maße in mm)

Großer Kegel-∅ d_1	Außengewinde d_2	l_1 lang	l_1 kurz	l_2 lang	l_2 kurz	l_3
6 / 7	M 4	16	–	10	–	6
8 / 9	M 6	20	–	12	–	8
10 / 11	M 6	23	–	15	–	8
12 / 14	M 8 × 1	30	–	18	–	12
16 / 19	M 10 × 1,25	40	28	28	16	12
20 / 22 / 24	M 12 × 1,5	50	36	36	22	14

Großer Kegel-∅ d_1	Außengewinde d_2	l_1 lang	l_1 kurz	l_2 lang	l_2 kurz	l_3
25 / 28	M 16 × 1,5	60	42	42	24	18
30 / 32 / 35	M 20 × 1,5	80	58	58	36	22
38 / 40 / 42	M 24 × 2	110	82	82	54	28
45 / 48	M 30 × 2	110	82	82	54	28
50 / 55	M 36 × 3	110	82	82	54	28

Bezeichnung eines Wellenendes, z. B. von $d_1 = 100$ mm und Länge $l_1 = 210$ mm:
Wellenende 100 × 210 DIN 1448

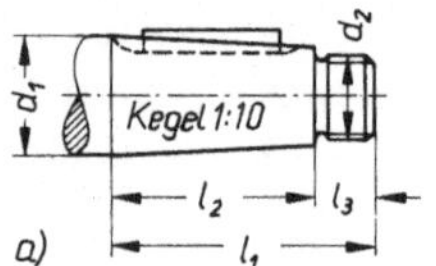

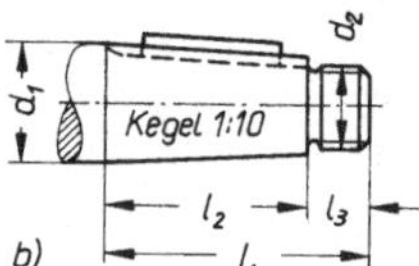

a) Paßfeder parallel zur
   Achse bis $d_1 = 220$ mm

b) Paßfeder parallel zum Kegelmantel
   von $d_2 = 240$ bis 630 mm

Tafel A 1.12   Wellendurchmesser biegsamer Wellen d in mm, abhängig von Drehfrequenz n und Leistung P (GEMO, Krefeld-Uerdingen)

Leistung P in kW	100	200	500	800	1000	1400	2000	2800	4000	5000	10000	20000	30000
0,04	13	10	10	8	8	6	6	5	5	3,2			
0,075	20	15	13	12	10	10	8	6	6	3,2	3,2		
0,18	25	25	20	15	15	13	12	10	8	5	4	3,2	3,2
0,37	35	30	25	20	20	15	13	12	10	6	5	4	3,2
0,75	40	35	30	30	25	20	20	15	13	10	6	5	5
1,1	45	40	35	35	30	25	20	15	15	12	8	5	5
1,5	50	45	40	35	35	30	25	20	15	13	10	6	–
2,2	60	55	50	45	40	35	30	25	20	20	12	7	–
3,7 ⋯ 4,4	–	60	55	50	50	45	40	35	30	25	–	–	–
6 ⋯ 7,3	–	–	60	60	55	50	45	40	35	–	–	–	–

Drehfrequenz n in min^{-1}

T a f e l A 1.13   Blanke Stellringe, leichte Reihe nach DIN 705 (Auswahl, Maße in mm)

d_1 H 8	b	d_2	Form A Gewindestift DIN 553	Form B d_4 für Kegelstift
12		22		4 × 26
14 15	12	25	M 6 × 8	4 × 30
16		28		4 × 32
18 20		32		5 × 36
22	14	36	M 6 × 10	5 × 40
24 25 26		40	M 8 × 10	6 × 45
28 30		45		6 × 50
32 34	16	50	M 8 × 12	8 × 55
35 36 38		56		8 × 60
40 42		63		8 × 70
45 48	18	70	M 10 × 15	8 × 80

Form A Befestigung durch Gewindestifte

Form B Befestigung durch Kegelstift
DIN 1 oder Kegel-Kerbstift DIN 1 471

$d_1 = 2 \cdots 70$ ein Gewindestift

$d_2 = 72 \cdots 200$ zwei Gewindestifte um
135° versetzt

Weitere Stellringe s. Normblätter
(leichte Reihe DIN 705,
schwere Reihe DIN 703).

T a f e l A 1.14   Lineare Wärmeausdehnungszahlen α in $10^{-6}/K$

Stahl	Grauguß	Rotguß, Messing	Al-Legierungen	Kunststoffe
12	9	19 ⋯ 20	22 ⋯ 25	15 ⋯ 30

Tafel A 1.15   Freistiche nach DIN 509

r_1	t_1 +0,1	f_1	g ≈	t_2 +0,05	nach-formbar	empfohlene Zuordnung zum Durchmesser d_1 für Werkstücke mit üblicher Beanspruchung	mit erhöhter Wechselfestigkeit
0,1	0,1	0,5	0,8	0,1		bis 1,6	
0,2	0,1	1	0,9	0,1	nein	über 1,6 bis 3	–
0,4	0,2	2	1,1	0,1		über 3 bis 10	
0,6	0,2	2	1,4	0,1		über 10 bis 18	
0,6	0,3	2,5	2,1	0,2	ja	über 18 bis 80	–
1	0,4	4	3,2	0,3		über 80	
1	0,2	2,5	1,8	0,1			über 18 bis 50
1,6	0,3	4	3,1	0,2			über 50 bis 80
2,5	0,4	5	4,8	0,3	ja	–	über 80 bis 125
4	0,5	7	6,4	0,3			über 125

Form E für Werkstücke mit **einer**
Bearbeitungsfläche

z = Bearbeitungszugabe
d_1 = Fertigmaß

Form F für Werkstücke mit **zwei**
rechtwinklig zueinanderstehenden
Bearbeitungsflächen

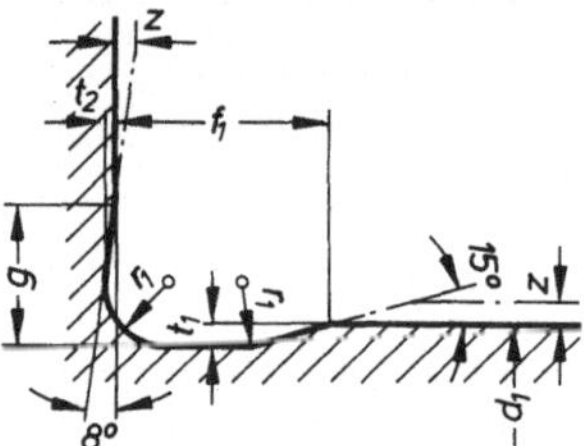

Bezeichnung eines Freistiches: Form E von Halbmesser r_1 = 0,6 mm und Tiefe t_1 = 0,2 mm:
Freistich E 0,6 × 0,2 DIN 509

Arbeitsblatt 2: Gleitlager

Formelzeichen

A	wärmeabgebende Oberfläche des Lagers	s	Lagerspiel (bei Betriebstemperatur)
a_1, a_2	Maße in Bild	s_0	Fertigungsspiel
b	Lagerbreite	So	Sommerfeldzahl
c	spezifische Wärme des Schmier- oder	T_f	Formtoleranz beim Zylinder
	Kühlmittels	u	Umfangsgeschwindigkeit
c_w	spezifische Wärme des Wassers	$u_ü$	Umfangsgeschwindigkeit bei Über-
D_a	Lagerschalen-, Lagerbuchsen-Außen-		gangsdrehfrequenz
	durchmesser	V	Lagerzapfen-Volumen
d	Radiallager-Nenndurchmesser	w	Luftgeschwindigkeit
d_1	Wellendurchmesser	W	Erwärmungsfaktor beim Radiallager
d_2	Lagerbohrungsdurchmesser		im Bereich So > 1
e	Exzentrizität	W'	Erwärmungsfaktor beim Radiallager
E	Elastizitätsmodul der Werkstoffpaarung		im Bereich So < 1
E_w, E_L	Elastizitätsmodul von Welle und	W_t	Welligkeit
	Lagerschale	z	Anzahl der Staufelder
F_n	Lagerkraft (Belastungskraft)	α	Längenausdehnungskoeffizient
h_0	kleinste Schmierfilmdicke im Betrieb	α^*	Wärmeabfuhrzahl
h_{0min}	kleinste Schmierfilmdicke an der	β	Lagerbreitenverhältnis beim Radiallager
	unteren Drehfrequenzgrenze	δ	relative Schmierfilmdicke
$h_{0ü}$	kleinste Schmierfilmdicke bei Über-	ε	relative Exzentrizität
	gangsdrehfrequenz	η	Betriebsviskosität
k	Faktor der Reibungszahl		(dynamische Viskosität)
n	Betriebsdrehfrequenz	ϑ	Betriebstemperatur
n_{min}	untere Drehfrequenzgrenze bei		(mittlere Schmierfilmtemperatur)
	Flüssigkeitsreibung	ϑ_0	Umgebungstemperatur
$n_ü$	Übergangsdrehfrequenz	ϑ_1	Schmierstoff-Eintrittstemperatur
M_b	Biegemoment am Lagerdeckel,	ϑ_2	Schmierstoff-Austrittstemperatur
	Grundkörper	ϑ_{w1}	Wasser-Eintrittstemperatur
P_R	Reibungsleistung	ϑ_{w2}	Wasser-Austrittstemperatur
$\bar{p}$	mittlerer Lagerdruck,	μ	Reibungszahl
	mittlere Flächenpressung	ϱ	Dichte
p_0	H e r t z sche Pressung	σ_b	Biegespannung
Q_s	Schmierstoffdurchsatz	τ	Schubspannung
	(Volumen je Zeiteinheit)	ψ	relatives Lagerspiel
Q_k	Kühlmitteldurchsatz		(bei Betriebstemperatur)
Q_w	Kühlwasserdurchsatz	ψ_0	relatives Lagerspiel (Fertigungsspiel)
R_z	Rauhtiefe der Gleitflächen	ω	Winkelgeschwindigkeit

Tafel A 2.1

Formel		Kenn- und Richtwerte
Rechnungsgang für Radiallager		
Lagerbreitenverhältnis $\beta = \dfrac{b}{d}$	Gl. (2.1)	$\beta = 0,5 \cdots 0,8 \cdots (1,2)$
mittlerer Lagerdruck $\bar{p} = \dfrac{F_n}{b\,d}$	Gl. (2.5)	$\bar{p}_{zul}$ s. Tafel A 2.15

(Fortsetzung s. nächste Seite)

T a f e l **A 2**.1   Fortsetzung

Formel	Kenn- und Richtwerte
Umfangsgeschwindigkeit $u = \pi\,dn$	
Lagerzapfenvolumen $V = \dfrac{\pi\,d^2}{4}\,b$	
relatives Lagerspiel (falls s gegeben) $\psi = \dfrac{s}{d}$ Gl. (2.3)	ψ-Werte: Tafel **A 2**.3 u. **A 2**.4
Lagerspiel $s = d_2 - d_1$ Gl. (2.2)	

G e s u c h t: Betriebstemperatur ϑ, Lagerspiel s (falls nicht vorgegeben), Reibungsleistung P_R, kleinste Schmierfilmdicke h_0, untere Drehfrequenzgrenze n_{min}, Übergangsdrehfrequenz $n_{ü}$, Schmierstoffdurchsatz Q_s, Kühlöldurchsatz Q_k, Wasserdurchsatz bei Ölrückkühlung Q_w, H e r t z sche Pressung p_0

R e c h n u n g s g a n g: Fall 1: Lagerspiel s nicht vorgegeben	
Erwärmungsfaktor	
für So > 1 $W = \dfrac{30\,V\,\sqrt{\bar{p}\,n^3}}{\alpha^*\,A}$ Gl. (A 2.1.1)	normal
für So < 1 $W' = \dfrac{75\,V\,n^2}{\alpha^*\,A\,\psi}$ Gl. (2.54)	$\alpha^* = 20\ \mathrm{Nm/(m^2\,s\,K)}$ $\alpha^* = 7 + 12\,\sqrt{w}$ mit w in m/s
Betriebstemperatur ϑ für So > 1 mit W für ein gewähltes Öl mit der Zähigkeit in Pa s/50 °C aus Bild **A 2**.7	Bild **A 2**.7 gilt nur für $\vartheta_0 = 20\,°C$.
Falls ϑ höher als Grenztemperatur (70 $\cdots$ 90 °C), zusätzliche Kühlung erforderlich (hierfür $\vartheta = 60\,°C$ annehmen)	Für höhere Werte von ϑ_0 muß η aus Gl. (2.44) mit Gl. (A 2.1.1) bestimmt werden. Für So < 1 aus Bild **A 2**.8
Betriebsviskosität	$So = \dfrac{p\,\psi^2}{\eta\,\omega}$
für So > 1 $\eta = \left(\dfrac{\vartheta - \vartheta_0}{W}\right)^2$ Gl. (2.44)	oder aus Bild **A 2**.6
für So < 1 $\eta = \left(\dfrac{\vartheta - \vartheta_0}{W'}\right)^2$	
Ordinatenwert für Bild **A 2**.9 $\dfrac{\eta\,n}{\bar{p}} \cdot \dfrac{2\beta}{1+\beta}$ Gl. (2.50)	
relative Schmierfilmdicke	
bei So = 1 $\delta_{(So=1)} = 0{,}5\,\dfrac{2\beta}{1+\beta}$ Gl. (2.49)	$\delta = \dfrac{2h_0}{s} = \dfrac{h_0}{\psi\,r}$ Gl. (2.4)
relatives Lagerspiel ψ	Aus Bild **A 2**.9 bei relativer Schmierfilmdicke $\delta = 0{,}2 \cdots 0{,}4$; für So > 1 muß ψ links von der Senkrechten für $\delta_{(So=1)}$ liegen.
Lagerspiel $s = \psi d$ Gl. (2.3)	Ergibt sich für s ein Wert, der aus funktionellen Gründen nicht zulässig ist, so muß s festgelegt werden.

(Fortsetzung s. nächste Seite)

T a f e l **A 2**.1   Fortsetzung

Formel	Kenn- und Richtwerte

Fall 2: Lagerspiel s vorgegeben

relatives Lagerspiel

$$\psi = \frac{s}{d}$$

Sommerfeldzahl (vorläufiger Wert)

$$So = \frac{\bar{p}\,\psi^2}{\eta\,2\pi n} \qquad \text{Gl. (2.16)}$$

überschlägig rechnen unter Annahme einer Betriebstemperatur ($\approx 60\,°C$) und mit η_{60} feststellen, ob $So > 1$ oder $So < 1$ ist

Erwärmungsfaktor

für $So > 1$

$$W = \frac{30\,V\,\sqrt{\bar{p}\,n^3}}{\alpha^*\,A} \qquad \text{Gl. (A 2.1.1)}$$

für $So < 1$

$$W' = \frac{75\,V\,n^2}{\alpha^*\,A\,\psi} \qquad \text{Gl. (2.54)}$$

Betriebstemperatur ϑ

Falls ϑ höher als Grenztemperatur $(70 \cdots 90)\,°C$, zusätzliche Kühlung erforderlich; hierfür $\vartheta = 60\,°C$ annehmen

für $So > 1$ aus Bild **A 2**.7

für $So < 1$ aus Bild **A 2**.8

Betriebsviskosität η

für $So > 1$

$$\eta = \left(\frac{\vartheta - \vartheta_0}{W}\right)^2 \qquad \text{Gl. (2.44)}$$

oder aus Bild **A 2**.6

für $So < 1$

$$\eta = \frac{\vartheta - \vartheta_0}{W'}$$

Weiterer Rechnungsgang gilt für Fall 1 und Fall 2.

Sommerfeldzahl

$$So = \frac{\bar{p}\,\psi^2}{\eta\,2\pi n} \qquad \text{Gl. (2.16)}$$

Reibungszahl

für $So > 1$

$$\mu = \frac{3\,\psi}{\sqrt{So}} = 7,5\,\sqrt{\frac{\eta\,n}{\bar{p}}} \qquad \text{Gl. (2.21)}$$

für $So < 1$

$$\mu = \frac{3\,\psi}{So} = 18,85\,\frac{\eta\,n}{\psi\,\bar{p}} \qquad \text{Gl. (2.20)}$$

Reibungsleistung

$$P_R = \mu\,F_n\,u \qquad \text{Gl. (2.26)}$$

kleinste Schmierfilmdicke

für $So > 1$

$$h_0 = \frac{s}{2}\left(\frac{1}{2\,So} \cdot \frac{2\beta}{1 + \beta}\right) \qquad \text{Gl. (2.22)}$$

$\beta = b/d$

für $So < 1$

$$h_0 = \frac{s}{2}\left(1 - \frac{So}{2} \cdot \frac{1 + \beta}{2\beta}\right) \qquad \text{Gl. (2.23)}$$

Drehfrequenz bei $So = 1$

$$n_{(So=1)} = \frac{\bar{p}\,\psi^2}{\eta\,2\pi} \qquad \text{Gl. (2.16)}$$

nur zu rechnen, falls $So < 1$

(Fortsetzung s. nächste Seite)

Tafel A 2.1   Fortsetzung

Formel	Kenn- und Richtwerte
Schmierfilmdicke	
bei So = 1 $h_{0(So=1)} = \dfrac{s}{4} \cdot \dfrac{2\beta}{1+\beta}$ Gl. (2.22)	nur zu rechnen, falls So < 1
untere Drehfrequenzgrenze bei Flüssigkeitsreibung Gl. (2.24)	
für So > 1 $n_{min} = \dfrac{h_{0\,min}}{h_0}\, n$	
für So < 1 $n_{min} = \dfrac{h_{0\,min}}{h_{0(So=1)}}\, n_{(So=1)}$	Werte für $h_{0\,min}$ aus Bild **A 2.10** $\quad h_0 > h_{0\,min}$
Übergangsdrehfrequenz Gl. (2.25)	$h_{0\,min} > (R_z + W_t)_1 + (R_z + W_t)_2$
für So > 1 $n_{\ddot{u}} = \dfrac{h_{0\,\ddot{u}}}{h_0}\, n$	Werte für $h_{0\,\ddot{u}}$ aus Bild **A 2.10**
für So < 1 $n_{\ddot{u}} = \dfrac{h_{0\,\ddot{u}}}{h_{0(So=1)}}\, n_{(So=1)}$	
Schmierstoff-durchsatz $Q_s \approx 0{,}75\, h_0\, b\, u$ Gl. (2.36)	
Kühlöldurchsatz bei zusätzlicher Kühlung $Q_k = \dfrac{P_R}{c\varrho(\vartheta_2 - \vartheta_1)}$ Gl. (2.30)	$c\varrho \approx 1\,670 \cdot 10^3\,\mathrm{Nm/(m^3\,K)}$ $\vartheta_2 - \vartheta_1 \approx 10\,\mathrm{K}$ bis max $20\,\mathrm{K}$
erford. Kühl-wasserdurchsatz für Ölrück-kühlung $Q_w = \dfrac{P_R}{c_w \varrho_w(\vartheta_{w2} - \vartheta_{w1})}$ Gl. (2.30)	$c_w \varrho_w \approx 4\,189 \cdot 10^3\,\mathrm{Nm/(m^3\,K)}$ $\vartheta_{w2} - \vartheta_{w1} \approx 5\,\mathrm{K}$
result. Elastizi-tätsmodul $E = \dfrac{2\,E_L\,E_w}{E_L + E_w}$ Gl. (2.43)	E_L = Elastizitätsmodul des Lagerwerkstoffes (s. VDI-Richtl. 2 203) E_L für LgSn80 $\approx 6 \cdot 10^{10}\,\mathrm{N/m^2}$ E_L für G-SnBz12 $\approx 11 \cdot 10^{10}\,\mathrm{N/m}$ E_w für Stahl $= 21 \cdot 10^{10}\,\mathrm{N/m^2}$
Hertzsche Pressung $p_0 = 0{,}591\,\sqrt{E\bar{p}\psi}$ Gl. (2.43)	
relatives Fertigungsspiel $\psi_0 = \psi + [\alpha_w(\vartheta - \vartheta_0) - \alpha_L \cdot 0{,}7\,(\vartheta - \vartheta_0)]$ Gl. (2.52)	Längenausdehnungskoeffizient des Wellenwerkstoffes α_w des Schalenkörpers $\quad \alpha_L$
Fertigungsspiel $s_0 = \psi_0 d$ Gl. (2.53)	Tafel **A 1.14**

G r u n d k ö r p e r ,   D e c k e l

Grundkörper $\sigma_{b1} = \dfrac{M_{b1}}{W_{b1}} \le \sigma_{bzul},\quad M_{b1} = \dfrac{F}{2}\,a_1$ Gl. (A 2.1.2) Bild **2.17** $\sigma_{b2} = \dfrac{M_{b2}}{W_{b2}} \le \sigma_{bzul},\quad M_{b2} = \dfrac{F}{2}\,a_2$ Gl. (A 2.1.3)	$\sigma_{bzul} \approx 30\,\mathrm{N/mm^2}$ (GG) $\sigma_{bzul} \approx 50\,\mathrm{N/mm^2}$ (GS)

(Fortsetzung s. nächste Seite)

T a f e l **A 2**.1   Fortsetzung

	Formel		Kenn- und Richtwerte
Deckel	$\sigma_b = \dfrac{M_b}{W_b} \leqq \sigma_{b\,zul}$ mit $$M_b = \dfrac{F}{2}\left(\dfrac{e}{2}-\dfrac{d}{4}\right)$$	Gl. (A 2.1.4) Bild **2**.18	$\sigma_{b\,zul} \approx 30\ \mathrm{N/mm^2}$ (GG) $\sigma_{b\,zul} \approx 50\ \mathrm{N/mm^2}$ (GS)

S c h a l e n , A u s g u ß

Dicken von			Buchsen oder Schalen aus GG wenige Millimeter dicker, als nach Gl. (A 2.1.5) ermittelt
Lagerbuchse	$D_a = 1{,}1\ d_2 + 5$ in mm mit d_2 in mm	Gl. (A 2.1.5)	
Lagerschale	$D_a = 1{,}1\ d_2 + 6$ in mm mit d_2 in mm		
Ausguß			Weißmetall $(0{,}1 \cdots 3)$ mm Bleibronze $(0{,}2 \cdots 3)$ mm

R e c h n u n g s g a n g f ü r A x i a l l a g e r :

G e g e b e n: Belastungskraft F, zul. mittlerer Lagerdruck $\bar{p}_{zul}$ (s. Tafel **A 2**.15) Betriebsdrehzahl n, Drehrichtung links rechts beide, Werkstoffpaarung, Umgebungstemperatur ϑ_0, Öl dyn. Viskosität bei 50 °C η_{50}

A n n a h m e n: Verhältnis $l/b = 0{,}7 \cdots 1{,}2$, Keilspaltverhältnis $\varepsilon = 0{,}8 \cdots 1{,}25 \cdots 2$, Segmentzahl z. Für kippbewegliche Segmente Faktor $\xi = f(e)$; (optimale Tragfähigkeit des Lagers für $\varepsilon = 1{,}25$ mit $\xi = 0{,}42$),

Faktor $\xi = f(\varepsilon)$

ε	0	0,5	0,8	1,0	1,25	1,5	2,0	2,5
ξ	0,5	0,462	0,445	0,432	0,420	0,408	0,390	0,378

Berechnete Größen:	z Anzahl der Staufelder
Keilspaltlänge $l = \sqrt{\dfrac{F}{\bar{p}\,z}\dfrac{l}{b}}$	Radiale Ringbreite $b = l\left(\dfrac{b}{l}\right)$

Mittl. Durchmesser $d_m = (1{,}25 \cdots 1{,}5)\, l\,\dfrac{z}{\pi}$	Außendurchmesser $d_a = d_m + b$
Schwerpunktdurchmesser $d_s = \sqrt{0{,}5\,(d_a^2 + d_i^2)}$	Innendurchmesser $d_i = d_m - b$

Mittlere Umfangsgeschwindigkeit $u = \pi d_m n$

Lage des Unterstützungspunktes bei kippbeweglichen Segmenten	$\left.\begin{array}{l}\text{bei einer Drehrichtung}\\ x = \xi\, l\, d_s/d_m\end{array}\right\}$
von der ablaufenden Kante bezogen auf d_s	$\left.\begin{array}{l}\text{bei zwei Drehrichtungen}\\ x = 0{,}5\ l\, d_s/d_m\end{array}\right\}$

(Fortsetzung s. nächste Seite)

Tafel A 2.1   Fortsetzung

Formel	Kenn- und Richtwerte
Segmentdicke bei punktförmiger Unterstützung kippbew. Segmente $h_{seg} = 0,25\sqrt{b^2 + l^2}$	Wärmeabgebende Oberfläche A (nur erford., wenn keine zusätzlich Kühlung vorgesehen)

G e s u c h t: Betriebstemperatur ϑ, Reibungsleistung P_R, kleinster Schmierspalt h_0, Keiltiefe t, Lage des Unterstützungspunktes x, untere Drehzahlgrenze n_{min}, Übergangsdrehzahl $n_{\ddot u}$, Schmierstoffdurchsatz Q_s, Kühlöldurchsatz Q_k, Wasserdurchsatz bei Ölrückkühlung Q_w

Formel	Kenn- und Richtwerte
Erwärmungsfaktor $W_{ax} = \dfrac{k u \sqrt{Fluz}}{\alpha^* A} = \dfrac{\Phi_{ax}}{\alpha^* A}$ Gl. (A 2.1.6)	Faktor k der Reibungszahl aus Bild **A 2**.12 als Funktion von l/b und ε $k \approx 3$
(Ableitung von W_{ax} und Φ_{ax} vgl. Gl. (2.27) u. Gl. (2.31))	$\alpha^* = 20\ \text{N m}/(\text{m}^2\,\text{s K})$
Betriebstemperatur ϑ aus Bild **A 2**.7	ϑ aus Bild **A 2**.7 wie für Radiallager mit So > 1, weil für die Reibungszahl die Wurzelglei-
Falls ϑ höher als Grenztemperatur (70 $\cdots$ 90 °C), zusätzliche Kühlung erforderlich (hierfür $\vartheta = 60\ °C$ annehmen und mit η_{60} aus Bild **A 2**.7 weiterrechnen)	chung wie für Radiallager mit So > 1 gilt, da keilförmiger Reibraum
Betriebsviskosität $\eta = \left(\dfrac{\vartheta - \vartheta_0}{W_{ax}}\right)^2$ Gl. (2.44)	oder η aus Bild **A 2**.6
Reibungszahl $\mu = k\sqrt{\dfrac{\eta u}{b \bar p}}$ Gl. (A 2.1.7)	(Vergleiche $\mu = k\sqrt{\eta \omega / \bar p}$ in der Stribeck-Kurve Bild **2**.11) Faktor k aus Bild **A 2**.12 als Funktion von l/b und ε
Reibungsleistung $P_R = \mu F u = k u \sqrt{Fluz\eta}$ Gl. (A 2.1.8)	
Tragzahl So_{ax} aus Bild **A 2**.11 $\text{So}_{ax} = \dfrac{\bar p h_0^2}{\eta u b}$ Gl. (A 2.1.9)	Die Tragzahl So_{ax} ist sowohl von dem Keilspaltverhältnis ε als auch von l/b abhängig
Kleinster Schmierspalt $h_0 = \sqrt{\text{So}_{ax}\dfrac{\eta u b}{\bar p}}$ Gl. (A 2.1.10)	
Keiltiefe für eingearbeitete Keilflächen $t = \varepsilon h_0$ Gl. (A 2.1.11)	t s. Bild **2**.20
Untere Drehzahlgrenze bei Flüssigkeitsreibung ($h_{0\,min}$ aus Rauhtiefe abschätzen) $n_{min} = \dfrac{\bar p h_{0\,min}^2}{\text{So}_{ax}\eta d_m b \pi} = \left(\dfrac{h_{0\,min}}{h_0}\right)^2 n$ Gl. (2.24)	
Übergangsdrehzahl ($h_{0\,\ddot u}$ aus Rauhtiefe abschätzen) $n_{\ddot u} = \dfrac{h_{0\,\ddot u}}{h_0}\, n$ Gl. (2.25)	
Schmierstoffdurchsatz $Q_s = \varphi b h_0 u z$ Gl. (2.36)	Durchsatzfaktor $\varphi = 0,7$
Kühlöldurchsatz bei zusätzlicher Kühlung $Q_k = \dfrac{P_R}{c \varrho (\vartheta_2 - \vartheta_1)}$ Gl. (2.30)	$c\varrho \approx 1\,670 \cdot 10^3\ \text{N m}/(\text{m}^3\,\text{K})$ $\vartheta_2 - \vartheta_1 \approx 10\ \text{K}$ bis max. 20 K
Kühlwasserdurchsatz bei Ölrückkühlung $Q_w = \dfrac{P_R}{c_w \varrho_w (\vartheta_{w2} - \vartheta_{w1})}$ Gl. (2.30)	$c_w \varrho_w \approx 4\,189 \cdot 10^3\ \text{N m}/(\text{m}^3\,\text{K})$ $\vartheta_{w2} - \vartheta_{w1} \approx 5\ \text{K}$

T a f e l A 2.2   Richtwerte für die Reibungszahl μ von Gleitlagern

Reibungsart	Werkstoff, Art der Schmierung	μ
trockene Reibung	Stahl oder Bronze auf grauem Gußeisen, Stahl auf Bronze	0,2
Misch- bis Flüssigkeitsreibung	einfache Schmierlochschmierung Docht- und Tropfölschmierung Ringschmierung Preßölschmierung	0,08 0,06 0,02 0,01
Flüssigkeitsreibung	erreichbare Werte je nach Ölviskosität, Druck und Bearbeitungsgüte der Gleitflächen	0,006 ⋯ 0,0015

T a f e l A 2.3   Relatives Lagerspiel $\psi = s/d$ in ‰ bezogen auf den Gleitwerkstoff

Weißmetall	0,4 ⋯ 0,6	Leichtmetall	1,3 ⋯ 1,7	Sintermetall	2 ⋯ 4
Bleibronze	2 ⋯ 3	Grauguß	1 ⋯ 2	Kunststoff	3 ⋯ 4

T a f e l A 2.4   Erfahrungsrichtwerte für das mittlere relative Lagerspiel ψ_m in ‰ (DIN 31 652 T 3)

Wellendurchmesser		Gleitgeschwindigkeit der Welle				
d	mm			u in m/s		
über		−	3	10	25	50
	bis	3	10	25	50	125
−	100	1,32	1,6	1,9	2,24	2,24
100	250	1,12	1,32	1,6	1,9	2,24
250	−	1,12	1,12	1,32	1,6	1,9

Die Werte berücksichtigen keine außergewöhnlichen Einflüsse w. z. B. Verformung, stark unterschiedliche Ausdehnung von Lager u. Welle.

T a f e l A 2.5   Physikalische Daten für Mineralöle (Anhaltswerte)

Größen	Naphtenbasisch			Paraffinbasisch	
	Spindelöl	Leichtes Masch.-Öl	Schweres Masch.-Öl	Leichtes Masch.-Öl	Schweres Masch.-Öl
Dichte ϱ bei 15 °C	0,869	0,887	0,904	0,869	0,882
Dynamische bei 20 °C	0,034	0,087	0,405	0,102	0,340
Viskosität η 50 °C	0,0088	0,017	0,052	0,0205	0,054
in Ns/m² 100 °C	0,0024	0,0039	0,0075	0,0043	0,0091
Viskositätsindex VI	92	68	38	95	95
Stockpunkt in °C	−43	−40	−29	−9	−9
Flammpunkt in °C	163	175	210	227	257

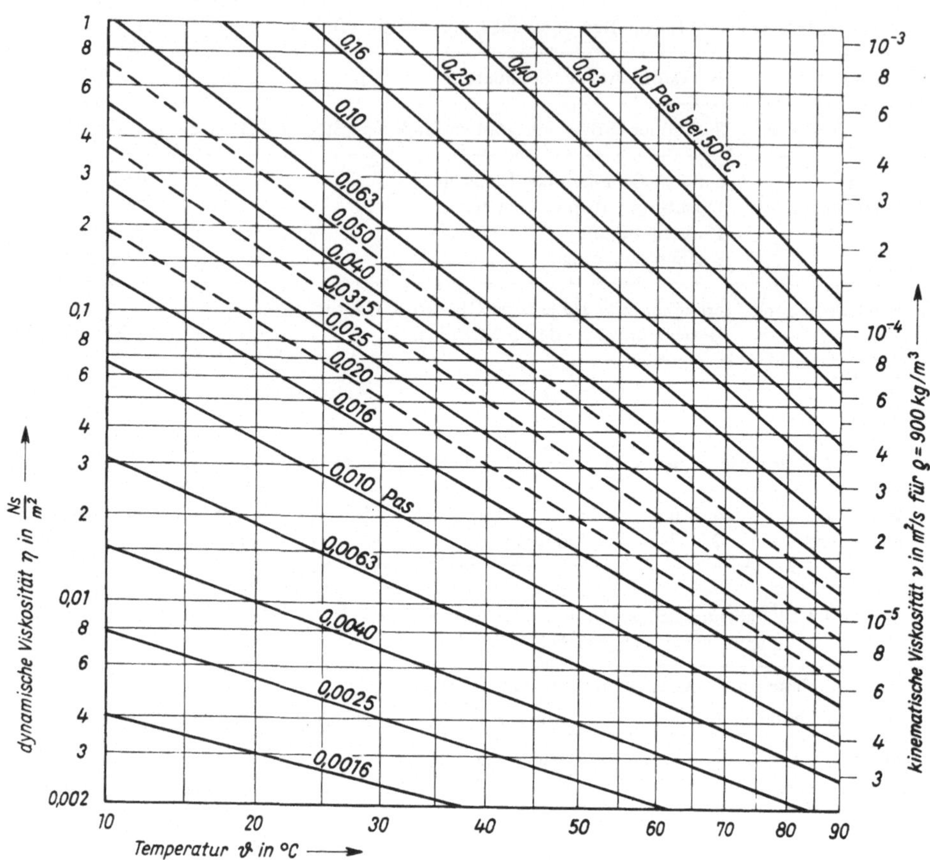

A 2.6 Normöle für die Lagerberechnung im Viskositäts-Temperatur-Diagramm nach G. N i e m a n n

2

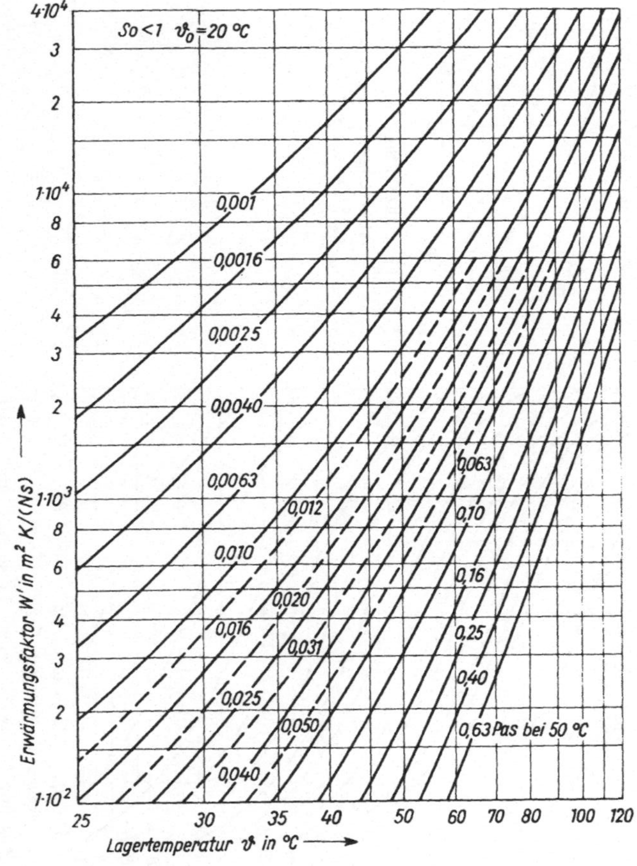

A 2.7 Diagramm zur Bestimmung der Lagertemperatur bei So > 1 und $\vartheta_0 = 20\,°C$

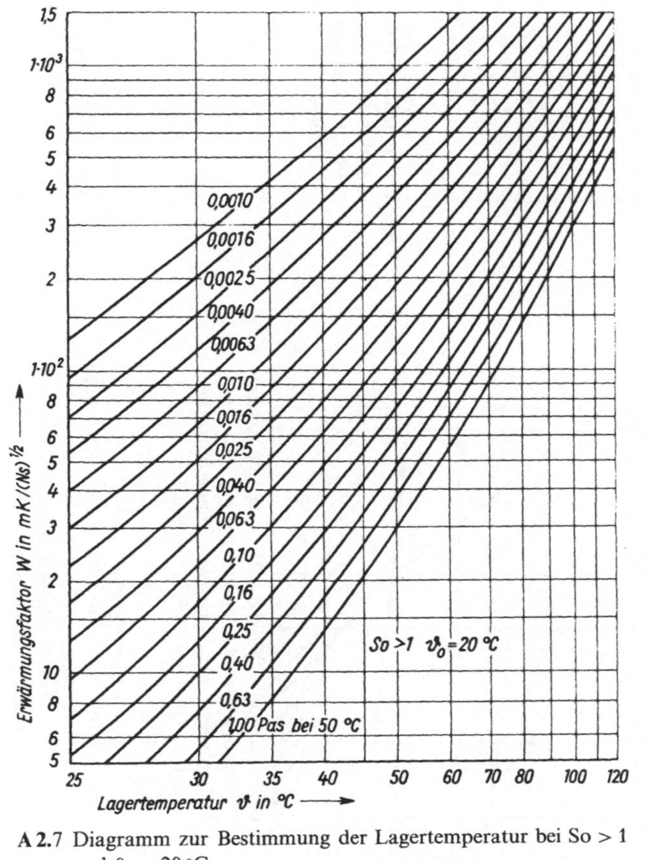

A 2.8 Diagramm zur Bestimmung der Lagertemperatur bei So < 1 und $\vartheta_0 = 20\,°C$

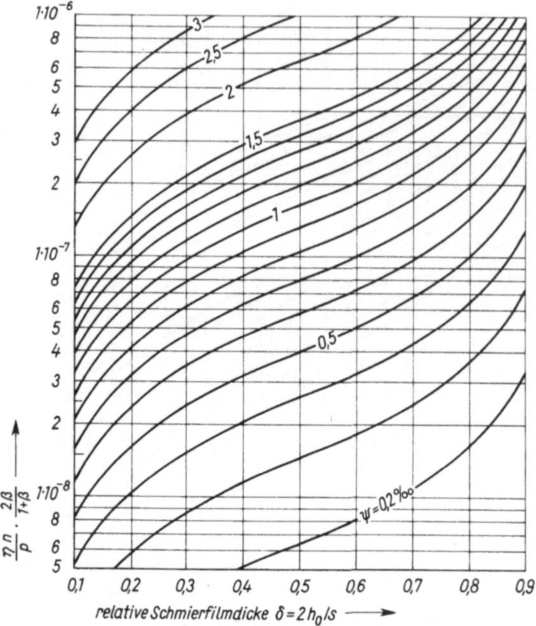

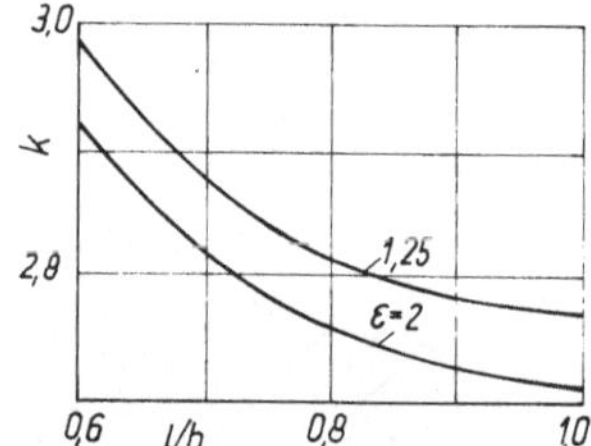

A 2.11 Tragzahl So_{ax} in Abhängigkeit von l/b nach Drescher

A 2.9 Zusammenhang zwischen Lagerspiel und relativer Schmierfilmdicke; gilt für $\beta = 1$ exakt und für $\beta \neq 1$ im Bereich $\beta = 0,5 \cdots 2,0$ mit ausreichender Näherung

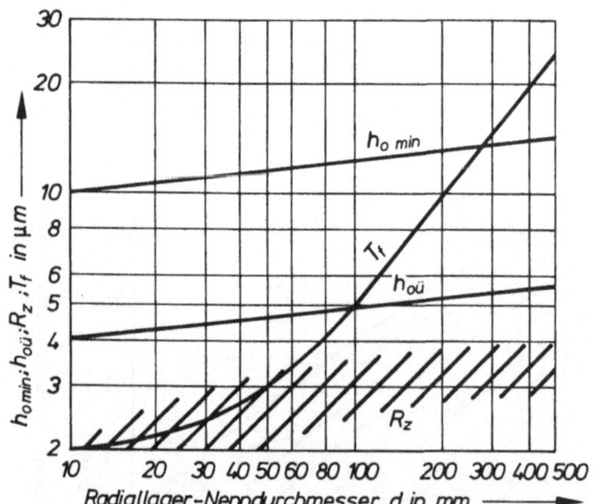

A 2.12 Faktor k der Reibungszahl in Abhängigkeit von l/b für Axiallager nach A. Steller

A 2.10 Richtwerte für zulässige Schmierfilmdicken und die Güte der Gleitflächenbearbeitung

$h_{0\,min}$ Kleinste Schmierfilmdicke an der unteren Drehfrequenzgrenze

$h_{0\,ü}$ Kleinste Schmierfilmdicke bei Übergangs-Drehfrequenz

R_z Rauhtiefe der Gleitflächen

T_f Formtoleranz beim Zylinder

Tafel A2.13   Erfahrungsrichtwerte für die kleinstzulässige Schmierfilmdicke $h_{0\,min}$ in µm nach DIN 31 652 T 3

Wellendurchmesser		Gleitgeschwindigkeit der Welle				
d in mm		u in m/s				
über		−	1	3	10	30
	bis	1	3	10	30	−
24	63	3	4	5	7	10
63	160	4	5	7	9	12
160	400	6	7	9	11	14
400	1 000	8	9	11	13	16
1 000	2 500	10	12	14	16	18

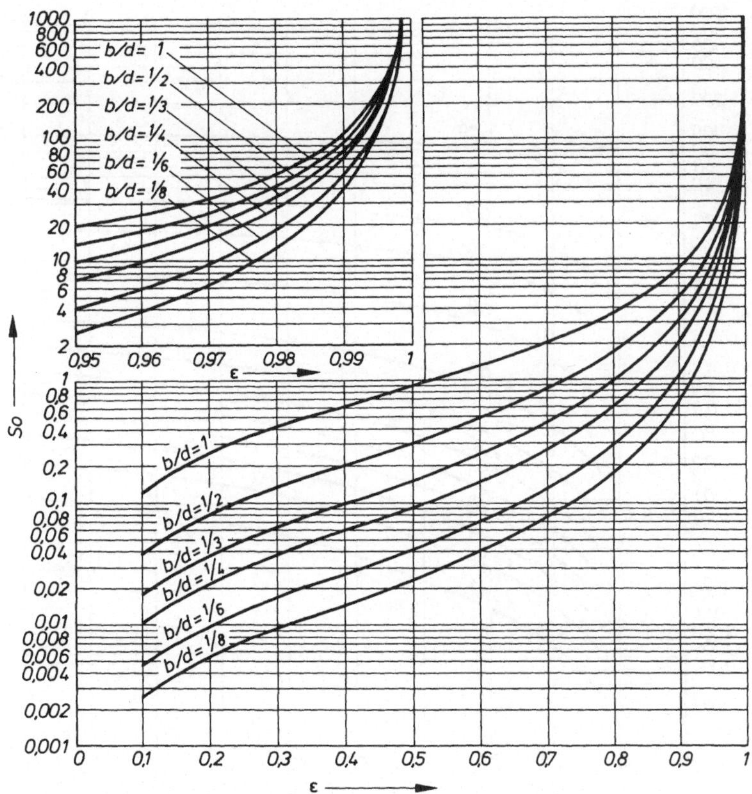

A 2.14 Sommerfeld-Zahl So in Abhängigkeit von der relativen Exzentrizität ε und der relativen Lagerbreite b/d für vollumschließende Lager, $\Omega = 360°$

T a f e l A 2.15   Erfahrungsrichtwerte für die höchstzulässige spezifische Lagerbelastung
$\bar{p}_{zul}$ nach DIN 31 652 T 3

Lagerwerkstoff-Gruppe	$\bar{p}_{zul}$ in N/mm²
Pb- und Sn-Legierungen	5 (15)
Cu Pb-Legierungen	7 (20)
Cu Sn-Legierungen	7 (25)
Al Sn-Legierungen	7 (18)
Al Zn-Legierungen	7 (20)

[1]) Die in Klammern gesetzten Zahlen sind bislang
nur in Einzelfällen bei sehr niedrigen Gleit-Ge-
schwindigkeiten verwirklicht worden.

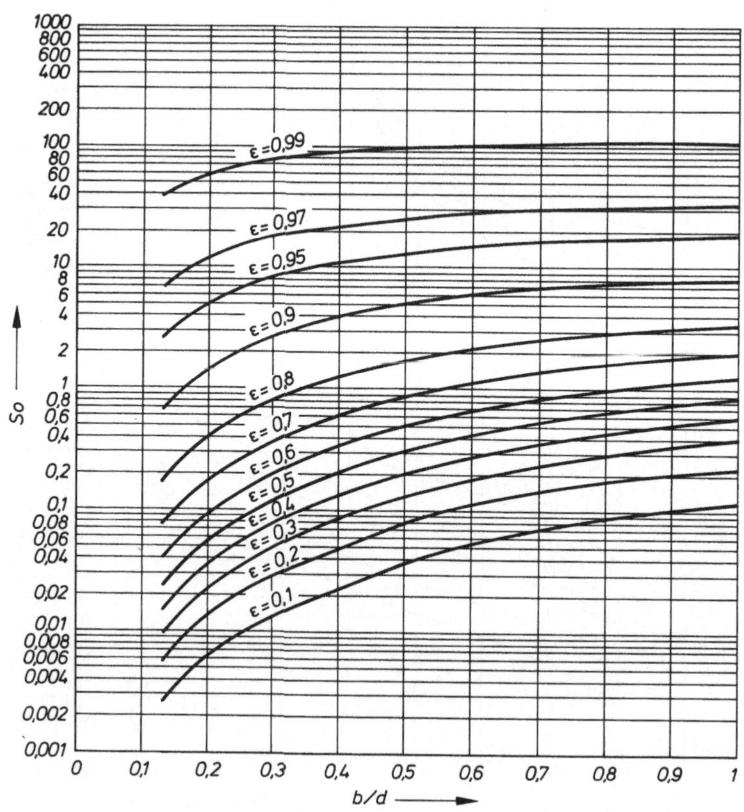

A 2.16 Sommerfeld-Zahl So in Abhängigkeit von der relativen Lagerbreite b/d
und der relativen Exzentrizität ε für vollumschließende Lager, $\Omega = 360°$

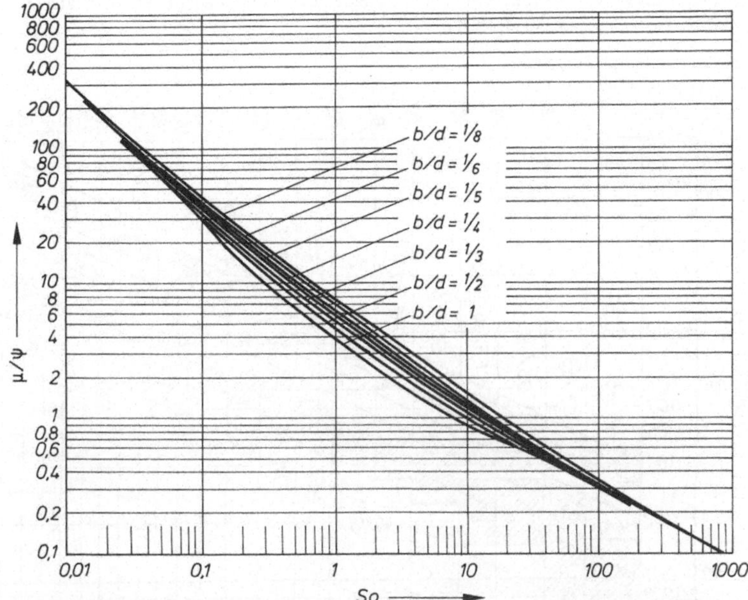

A 2.17 Bezogene Reibungszahl μ/ψ in Abhängigkeit von der Sommerfeld-Zahl So und der relativen Lagerbreite b/d für vollumschließende Lager, $\Omega = 360°$

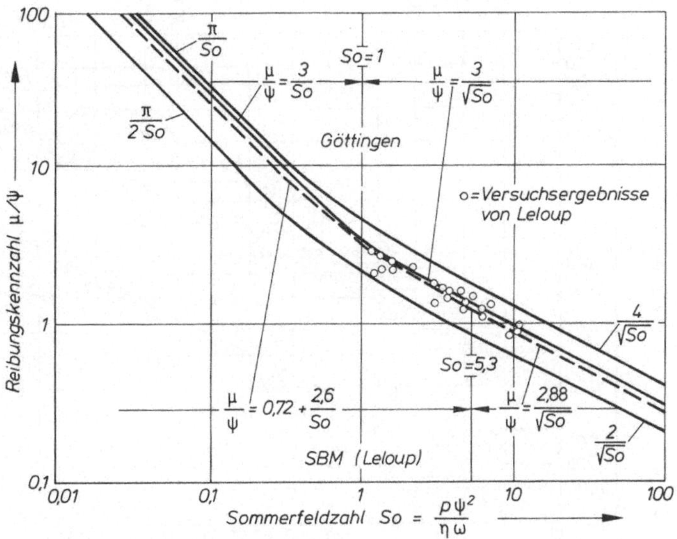

A 2.18 Diagramm nach V o g e l p o h l

Tafel A 2.19   Zuordnung von Toleranzfeldern von ISO-Passungen zu relativen Lagerspielen ψ in ‰
(nach VDI 2201)

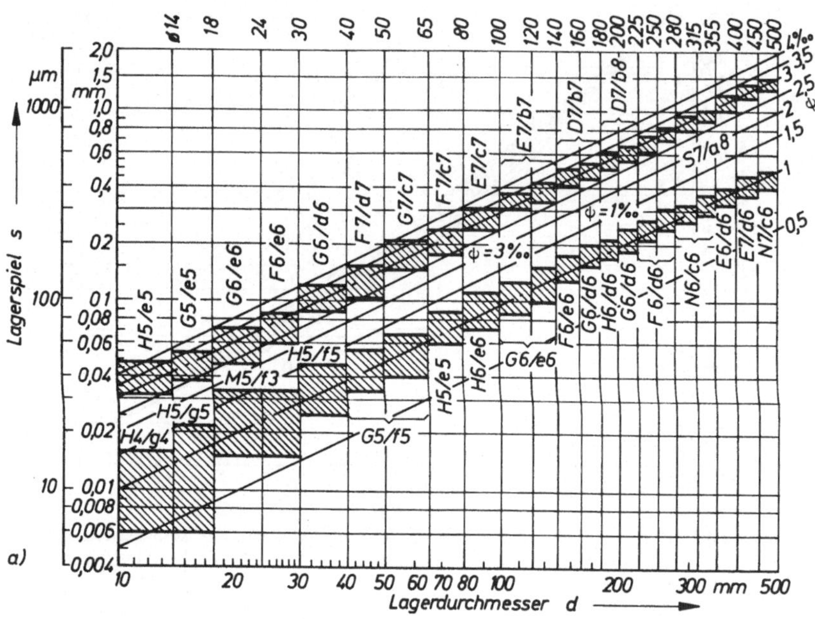

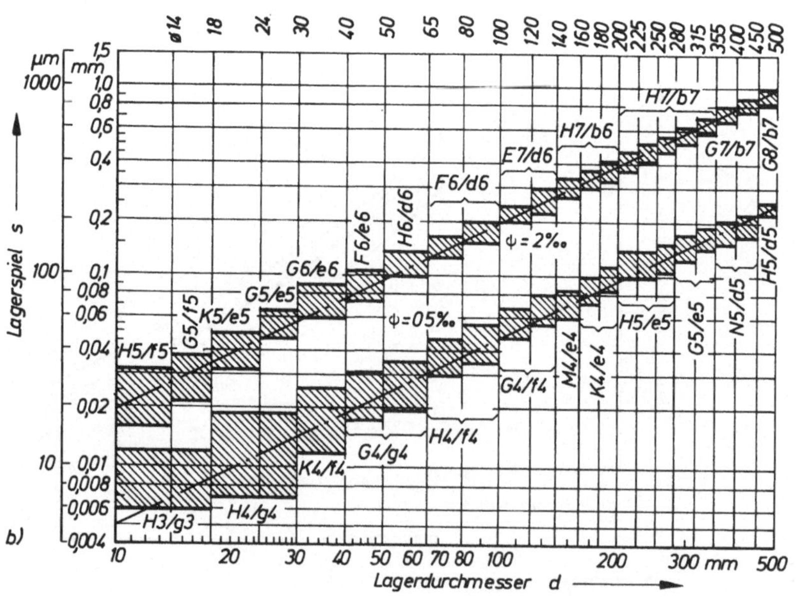

T a f e l A 2.20 Umrechnung der Grenzwerte der Viskositätsklassen ISO auf andere Meßtemperaturen für Schmierstoffe mit verschiedenen Viskositäts-indices (DIN 51 519). Kinematische Viskosität v in mm²/s

| Viskositäts-klasse ISO | Viskositäts-bereich mm²/s bei 40 °C | Ungefähre Viskosität in mm²/s bei anderen Temperaturen für verschiedene Viskositätsindex-Werte | | | | | |
| | | Viskositätsindex = 0 | | Viskositätsindex = 50 | | Viskositätsindex = 95 | |
		bei 20 °C	bei 50 °C	bei 20 °C	bei 50 °C	bei 20 °C	bei 50 °C
ISO VG 2	1,98–2,42	2,82–3,67	1,69–2,03	2,87–3,69	1,69–2,03	2,92–3,71	1,69–2,03
ISO VG 3	2,88–3,52	4,60–5,99	2,37–2,83	4,59–5,92	2,38–2,84	4,58–5,83	2,39–2,86
ISO VG 5	4,14–5,06	7,39–9,60	3,27–3,91	7,25–9,35	3,29–3,95	7,09–9,03	3,32–3,99
ISO VG 7	6,12– 7,48	12,3–16,0	4,63– 5,52	11,9–15,3	4,68– 5,61	11,4–14,4	4,76– 5,72
ISO VG 10	9,00–11,0	20,2–25,9	6,53– 7,83	19,1–24,5	6,65– 7,99	18,1–23,1	6,78– 8,14
ISO VG 15	13,5 –16,5	33,5–43,0	9,43–11,3	31,6–40,6	9,62–11,4	29,8–38,3	9,80–11,8
ISO VG 22	19,8–24,2	54,2– 69,8	13,3–16,0	51,0– 65,8	13,6–16,3	48,0– 61,7	13,9–16,6
ISO VG 32	28,8–35,2	87,7–115	18,6–22,2	82,6–108	19,0–22,6	76,9– 98,7	19,4–23,3
ISO VG 46	41,4–50,6	144 –189	25,5–30,3	133 –172	26,1–31,3	120 –153	27,0–32,5
ISO VG 68	61,2– 74,8	242–315	35,9–42,8	219–283	37,1–44,4	193–244	38,7–46,6
ISO VG 100	90,0–110	402–520	50,4–60,3	356–454	52,4–63,0	303–383	55,3–66,5
ISO VG 150	135 –165	672–862	72,5–86,9	583–743	75,9–91,2	486–614	80,6–97,1
ISO VG 220	198–242	1080–1390	102–123	927–1180	108–129	761– 964	115–138
ISO VG 320	288–352	1720–2210	144–172	1460–1870	151–182	1180–1500	163–196
ISO VG 460	414–506	2700–3480	199–239	2290–2930	210–252	1810–2300	228–274
ISO VG 680	612– 748	4420– 5680	283–339	3700– 4740	300–360	2880–3650	326–393
ISO VG 1000	900–1100	7170– 9230	400–479	5960– 7640	425–509	4550–5780	466–560
ISO VG 1500	1350–1650	11900–15400	575–688	9850–12600	613–734	7390–9400	676–812

2

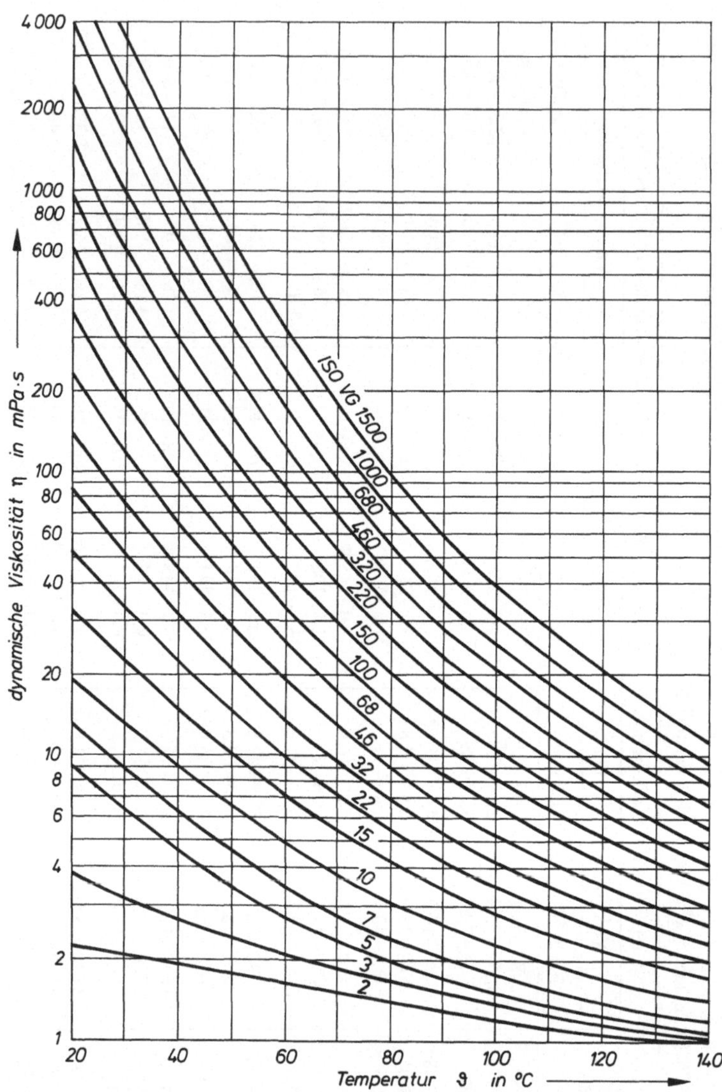

A 2.21 Dynamische Viskosität η in Abhängigkeit von der Temperatur ϑ für Schmieröle nach DIN 51 519 mit VI = 100 und ϱ = 900 kg/m²

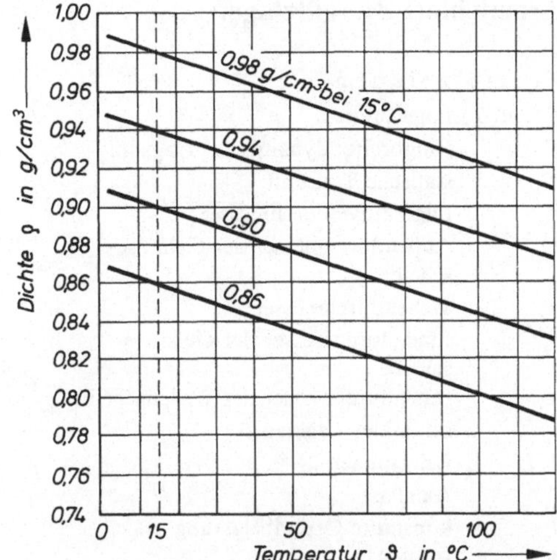

A 2.22 Abhängigkeit der Dichte der Mineralöle von der Temperatur (die Kennzeichnungszahl der Dichtelinien entspricht dem Dichtewert bei Atmosphärendruck) (nach VDI 2 202)

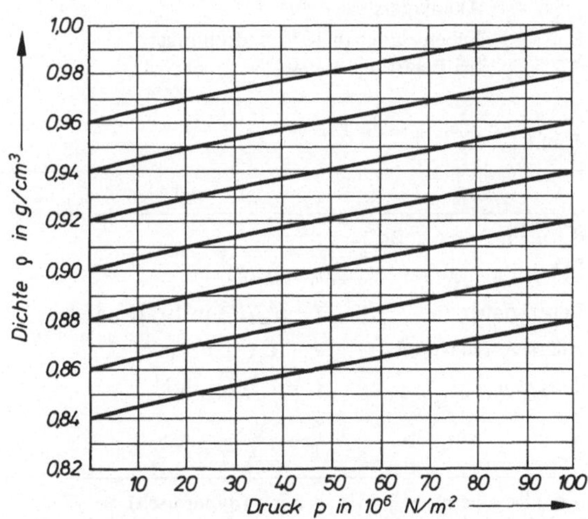

A 2.23 Abhängigkeit der Dichte der Mineralöle vom Druck (nach VDI 2 202)

Arbeitsblatt 3: Wälzlager

Formelzeichen

B (und T)	Lagerbreite	L_0	nominelle Lebensdauer in 10^6 Umdrehungen
C	Ringbreite; dynamische Tragzahl		
C_0	statische Tragzahl	L_u	wirkliche Lebensdauer in Umdrehungen
D	Lageraußendurchmesser		
D_g	Außendurchmesser der Gehäusescheibe	L_{500}	Lebensdauer 500 Betriebsstunden
		n	Drehfrequenz der Welle
d	Wellendurchmesser	n_0	Drehfrequenz $33\frac{1}{3}$ min^{-1}
d_g	Innendurchmesser der Gehäusescheibe	$n_1 \cdots n_i$	zu den Belastungen $F_1 \cdots F_i$ gehörige Drehfrequenzen
d_w	Innendurchmesser der Wellenscheibe	P, P_a	äquivalente Belastung in radialer bzw. axialer Richtung
e_0	optimales Lagerspiel	P_V	Verlustleistung
$F, F_1 \cdots F_i$	Belastungen	p	Exponent
F_a	Axiallast	$q_1 \cdots q_i$	Anteil der Wirkungsdauer von $F_1 \cdots F_i$
F_c	konstante Grundbelastung		
F_r	Radiallast	r, r_1	Kantenabstand
f_L	Lebensdauerfaktor	T (und B)	Lagerbreite
f_n	Drehfrequenzfaktor	T_R	Reibungsmoment
f_v	Verschleißfaktor	V	Vergrößerung des Lagerspiels durch Verschleiß
f_z	Stoßfaktor		
f_ϑ	Temperaturfaktor	v	Umfangsgeschwindigkeit
H	Einbaubreite des vollständigen Axiallagers	X, X_0	Radialfaktor
		Y, Y_0	Axialfaktor
		α	Berührungswinkel
L	Lebensdauer in 10^6 Umdrehungen bei Belastung F bzw. P	μ	Reibungszahl
		ω	Winkelgeschwindigkeit

Tafel A 3.1

Formel			Kenn- und Richtwerte	
dynamische Belastung				
Lebensdauergleich.	$L_u/L_0 = (C/F)^p$	Gl. (3.3)	C	Tafel A 3.12 [1])
Lebensdauer	$L = (C/F)^p$ in 10^6 Umdreh.		Kugellager $p = 3$	
zulässige Belastung	$F = C\sqrt[p]{1/L}$ in N	Gl. (3.4)	Rollenlager $p = 10/3$	
Tragzahl	$C = F\sqrt[p]{L}$ in N			
	$\dfrac{C}{F} = \dfrac{f_L}{f_n\, f_\vartheta}$	Gl. (3.8)	f_L, f_n, f_ϑ	Tafel A 3.2
äquivalente Belastung (dynamisch)				
Radiallast, zusätzlich Axiallast	$P = XF_r + YF_a$	Gl. (3.9)	X, Y	Tafel A 3.4, A 3.5
Axiallast, zusätzlich Radiallast	$P_a = XF_r + YF_a$	Gl. (3.9)		
Belastung zwischen F_{min} und F_{max}	$P = (F_{min} + 2F_{max})/3$	Gl. (3.10)		

(Fortsetzung s. nächste Seite)

T a f e l **A 3**.1   Fortsetzung

Formel		Kenn- und Richtwerte
verschiedene Belastungen jeweils mit anderer Drehfrequenz	$P = \sqrt[p]{F_1^p \dfrac{n_1}{33\,\frac{1}{3}} \cdot \dfrac{q_1}{100} + \cdots F_i^p \dfrac{n_i}{33\,\frac{1}{3}} \cdot \dfrac{q_i}{100}}$ Gl. (3.11)	
Tragzahl hierzu	$C = f_L \sqrt[p]{F_1^p \dfrac{n_1}{33\,\frac{1}{3}} \cdot \dfrac{q_1}{100} + \cdots F_i^p \dfrac{n_i}{33\,\frac{1}{3}} \cdot \dfrac{q_i}{100}}$ Gl. (3.12) mit F in N, n in min^{-1}, q in %	
konstante Grundbelastung mit Stößen	$P = F_c\, f_z$ Gl. (3.13)	f_z Tafel **A 3**.2

ä q u i v a l e n t e B e l a s t u n g (statisch)

Radiallast, zusätzlich Axiallast	$P_0 = X_0 F_r + Y_0 F_a$ Gl. (3.14)	X_0, Y_0 Tafel **A 3**.6
Axiallast, zusätzlich Radiallast	$P_0 = F_a + 2{,}3\, F_r \tan\alpha$ Gl. (3.15)	

V e r s c h l e i ß	Ermittlung der Gebrauchsdauer Tafel **A 3**.6	

R e i b u n g

Reibungsmoment	$T_R = \mu\, F_r\, d/2$ Gl. (3.1)	μ Tafel **A 3**.19
Reibungsverlustleistung	$P_V = T_R\, \omega$ Gl. (3.2)	

E r l ä u t e r u n g e n (s. a. Beispiele 1 bis 9, Abschn. 3.4.1 und Einbauspiele, Abschn. 3.4.2)

I. Für den W e l l e n d u r c h m e s s e r ist meist der Mindestwert vorgeschrieben (s. Abschn. 1 und Arbeitsbl. 1)

II. Bestimmend für die L a g e r b a u a r t (Abschn. 3.3.4) sind

1. Lastrichtung — radial, axial, beides (Berührungswinkel)
2. Höhe der Last — Maßgruppe
3. Festlager oder Loslager — Führungslager, Stützlager oder Einstellager; Passung
4. Schwenkbarkeit — Schwenkwinkel
5. Drehfrequenz — bei hoher Drehfrequenz Sonderkäfig
6. Radial- und Axialspiel — Lagerart, Einstellung bei geteilten Lagern, Genauigkeitslager
7. Ausbau, Einbau — Erleichterung durch geteilte Lager, Spannhülse, Abziehhülse

III. P a s s u n g (Tafel **A 3**.14)

1. Umfangslast auf den Innen- oder Außenring
2. Verschiebemöglichkeit bei Loslagern
3. Wärmeausdehnung
4. Erschütterungen
5. Spielfreiheit im Betrieb
6. E-Modul des Gegenwerkstoffs

IV. S c h m i e r u n g u n d S c h m i e r m i t t e l

Meist mit Fett; mit Öl bei hoher Umfangsgeschwindigkeit, bei Lagern von Meßeinrichtungen und in ölgeschmierten Räumen (Getriebegehäuse). Schutz vor Überschmierung konstruktiv vorsehen

V. A b d i c h t u n g

Gegen Schmiermittelaustritt und Eintritt von Schmutz, Wasser, Staub (Gefahr stark, mäßig, gering)

VI. N a c h r e c h n u n g bzw. Bestimmung der Lagergröße nach Tafel **A 3**.1, **A 3**.11, **A 3**.12, **A 3**.10 und **A 3**.13

---

[1]) S. a. Unterlagen der Wälzlager-Hersteller.

Tafel A 3.2 Drehfrequenz und Lebensdauer-Faktor für $p = 3$ in Gl. (3.5) und (3.6). Temperatur-faktor in Gl. (3.8)

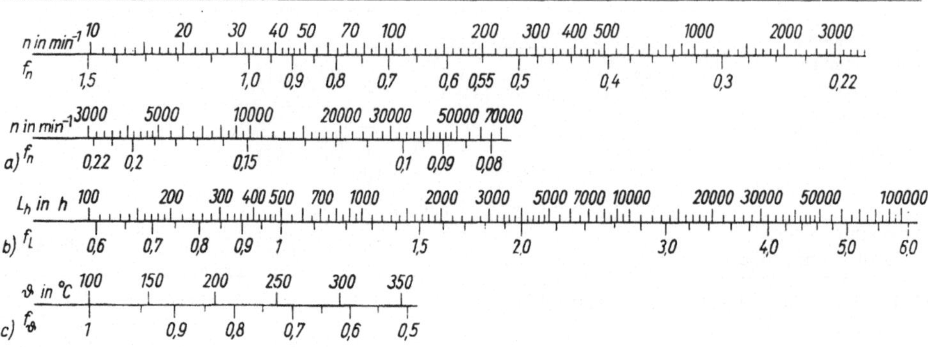

Tafel A 3.3 Zuschlagfaktor f_z, Gl. (3.13)

Anwendung	f_z	Anwendung	f_z
R i e m e n a n t r i e b e		**Z a h n r ä d e r**	
Keilriemen, Geweberiemen	$2 \cdots 3$		
Lederriemen, Stahlbänder	$3 \cdots 4$	unbearbeitet $\quad 1 \cdots 3$ m/s	$1,6 \cdots 2,3$
		gehobelt, gefräst $\quad 2 \cdots 10$ m/s	$1,2 \cdots 1,6$
R a d - u n d A c h s l a g e r		geschliffen $\quad 4 \cdots 50$ m/s	$1,0 \cdots 1,4$
Schienenfahrzeuge, gefedert	1,3	**e l e k t r i s c h e M a s c h i n e n**	
Schienenfahrzeuge, ungefedert	$1,5 \cdots 1,7$		
Straßenfahrzeuge, luftbereift		Stationäre Maschinen	$2,0 \cdots 2,5$
Pkw bis 13 N	1,3	Fahrzeugmotoren	$2,5 \cdots 3,0$
Pkw über 13 kN; Lkw bis 15 kN	1,4	**s o n s t i g e M a s c h i n e n**	
Lkw über 15 kN	$1,0$[1]	stoßfrei	$1,0 \cdots 1,2$
F a h r z e u g g e t r i e b e	$1,0$[1]	starke Stöße	$1,5 \cdots 3,0$

[1] Weil nur zeitweise mit max. Drehmoment belastet.

Tafel A 3.4 Radialfaktor X und Axialfaktor Y für dynamisch belastete Radiallager[1]

Lagerart	$\dfrac{F_a}{C_0}$	e[2]	einreihig				zweireihig			
			$\frac{F_a}{F_r} \leqq e$		$\frac{F_a}{F_r} > e$		$\frac{F_a}{F_r} \leqq e$		$\frac{F_a}{F_r} > e$	
			X	Y	X	Y	X	Y	X	Y
Rillenkugellager[3]	0,014	0,19	1	0	0,56	2,30	1	0	0,56	2,30
	0,028	0,22	1	0	0,56	1,99	1	0	0,56	1,99
	0,056	0,26	1	0	0,56	1,71	1	0	0,56	1,71
	0,084	0,28	1	0	0,56	1,55	1	0	0,56	1,55
	0,11	0,30	1	0	0,56	1,45	1	0	0,56	1,45
	0,17	0,34	1	0	0,56	1,31	1	0	0,56	1,31
	0,28	0,38	1	0	0,56	1,15	1	0	0,56	1,15
	0,42	0,42	1	0	0,56	1,04	1	0	0,56	1,04
	0,56	0,44	1	0	0,56	1,00	1	0	0,56	1,00

(Fortsetzung s. nächste Seite)

Tafel A 3.4 Fortsetzung

Lagerart	$\dfrac{F_a}{C_0}$	e [2]	einreihig				zweireihig			
			$\dfrac{F_a}{F_r} \leqq e$		$\dfrac{F_a}{F_r} > e$		$\dfrac{F_a}{F_r} \leqq e$		$\dfrac{F_a}{F_r} > e$	
			X	Y	X	Y	X	Y	X	Y
Schrägkugellager mit Berührungswinkel $\quad\alpha = 20°$	0,57	1	0	0,43	1,00	1	1,09	0,70	1,63	
$= 25°$	0,68	1	0	0,41	0,87	1	0,92	0,67	1,41	
$= 30°$	0,80	1	0	0,39	0,76	1	0,78	0,63	1,24	
$= 35°$	0,95	1	0	0,37	0,66	1	0,66	0,60	1,07	
$= 40°$	1,14	1	0	0,35	0,57	1	0,55	0,57	0,93	
$= 45°$	1,33	1	0	0,33	0,50	1	0,47	0,54	0,81	
Pendelkugellager	1,5 tan α	1	0	0,40	0,4 cot α	1	0,42 cot α	0,65	0,65 cot α	
Schulterkugellager	0,20	1	0	0,50	2,50					
Zylinderrollenlager		1	0	1	0	1	0	1	0	
Kegelrollenlager										
30 302; 30 303; 32 303	0,28	1	0	0,4	2,1					
30 304 $\cdots$ 30 307; 32 304 $\cdots$ 32 307	0,31	1	0	0,4	1,95					
30 203 $\cdots$ 30 204; 30 308 $\cdots$ 30 324; 32 308 $\cdots$ 32 324	0,34	1	0	0,4	1,75					
30 205 $\cdots$ 30 208; 32 206 $\cdots$ 32 208	0,37	1	0	0,4	1,6					
30 209 $\cdots$ 30 222; 32 209 $\cdots$ 32 222	0,41	1	0	0,4	1,45					
30 224 $\cdots$ 30 230; 32 005 $\cdots$ 32 024; 32 224	0,44	1	0	0,4	1,35					
31 305 $\cdots$ 31 318	0,82	1	0	0,4	0,73					
Pendelrollenlager										
21 320 $\cdots$ 21 322	0,18					1	3,7	0,67	5,5	
21 311 $\cdots$ 21 319; 22 210 $\cdots$ 22 215	0,20					1	3,4	0,67	5,0	
21 306 $\cdots$ 21 310	0,21					1	3,2	0,67	4,8	
22 208 $\cdots$ 22 209; 23 092 $\cdots$ 230/500	0,23					1	2,9	0,67	4,4	
21 304 $\cdots$ 21 305	0,24					1	2,8	0,67	4,2	
23 024 $\cdots$ 23 088	0,25					1	2,7	0,67	4,0	
22 216 $\cdots$ 22 220	0,26					1	2,6	0,67	3,9	
23 022	0,27					1	2,5	0,67	3,7	
22 222 $\cdots$ 22 264; 23 120 C $\cdots$ 23 128 C	0,28					1	2,4	0,67	3,6	
23 130 C $\cdots$ 23 184 CA	0,29					1	2,3	0,67	3,5	
24 024 C $\cdots$ 24 072 C	0,29					1	2,3	0,67	3,5	
23 218 C $\cdots$ 23 220 C	0,31					1	2,2	0,67	3,3	
22 205 C $\cdots$ 22 207 C	0,33					1	2,0	0,67	3,0	
23 222 C $\cdots$ 23 248 C	0,34					1	2,0	0,67	3,0	
22 344 $\cdots$ 23 356; 24 122 C $\cdots$ 24 128 C	0,35					1	1,9	0,67	2,9	
22 313 $\cdots$ 23 340; 24 130 C $\cdots$ 24 160 C	0,37					1	1,8	0,67	2,7	

[1]) Für Kugellager nach DIN 622 u. DIN ISO 281 T 1, für Kegelrollen- und Pendelrollenlager nach SKF-Wälzlagerliste. Zwischenwerte für X, Y, e und α durch Interpolieren. C_0 s. Tafel A 3.11.

[2]) e Berechsgrenze für das angegebene Verhältnis F_a/F_r.

[3]) Angaben gelten nur für Lager o h n e Füllnut. Bei Lagern m i t Füllnut sollen keine Kraftkomponenten zugelassen werden, welche die Wälzkörper auf die Füllnut hin verschieben würden.

Tafel A 3.5   Radialfaktor X und Axialfaktor Y für dynamisch belastete Axiallager[1])

Lagerart		e	X	Y
einseitig wirkende Axial-Rillenkugellager mit Berührungswinkel	$\alpha = 45°$	1,25	0,66	1
	$= 60°$	2,17	0,92	1
	$= 75°$	4,67	1,66	1
	$= 90°$	–	0	1
Axial-Pendelrollenlager		0,55	1,2	1

[1]) $F_a/F_r > e$.

Tafel A 3.6   Radialfaktor X_0 und Axialfaktor Y_0 für Radial- und Schräglager bei statischer Belastung (nach DIN ISO 76)

		einreihe Lager[1])		zweireihige Lager[2])	
		X_0	Y_0	X_0	Y_0
Rillenkugellager[1])[3])		0,6	0,5	0,6	0,5
Schräg-kugellager[4])	$\alpha = 20°$	0,5	0,42	1	0,84
	$= 25°$	0,5	0,38	1	0,76
	$= 30°$	0,5	0,33	1	0,66
	$= 35°$	0,5	0,29	1	0,58
	$= 40°$	0,5	0,26	1	0,52
Pendelkugellager		0,5	$0,22 \cot\alpha$	1	$0,44 \cot\alpha$
Pendelrollenlager und Kegelrollen-lager $\alpha \neq 0°$		0,5	$0,22 \cot\alpha$	1	$0,44 \cot\alpha$

[1]) Es muß stets $P_0 \geqq F_r$ sein.
[2]) Symmetrische Bauart ist vorausgesetzt.
[3]) Zulässiger Höchstwert von F_a/C_0 hängt von der Lagerbauart ab, s. Tafel A 3.4.

[4]) Für zwei gleiche einreihige Schrägkugellager, die paarweise unmittelbar nebeneinander so angeordnet sind, daß sie Axialkräfte wechselnder Richtung aufnehmen können, gelten die gleichen Werte wie für zweireihige Schrägkugellager; für zwei oder mehr glciche unmittelbar nebeneinander angeordnete einreihige Schrägkugellager sind für X_0 und Y_0 die gleichen Werte wie für einreihige Schrägkugellager zu verwenden.

T a f e l **A 3.**7   Maßplan für einseitig wirkende Axiallager mit ebener Gehäusescheibe (Bezeichnungen s. Bild **3.**9) (Auszug aus DIN 616) (Maße in mm)

	Durchmesserreihe 1			Durchmesserreihe 2				Durchmesserreihe 3				Durchmesserreihe 4			
			Höhen-reihe 1			Höhen-reihe 9	1			Höhen-reihe 9	1			Höhen-reihe 9	1
			Maßreihe 11			Maßreihe 92	12			Maßreihe 93	13			Maßreihe 94	14
d_w	D_g	r	H	D_g	r		H	D_g	r		H	D_g	r		H
20	35	0,5	10	40	1	–	14	47	1,5	–	18	–	–	–	–
25	42	1	11	47	1	–	15	52	1,5	–	18	60	–	21	24
30	47	1	11	52	1	–	16	60	1,5	–	21	70	1,5	24	28
35	52	1	12	62	1,5	–	18	68	1,5	–	24	80	2	27	32
40	60	1	13	68	1,5	–	19	78	1,5	22	26	90	2	30	36
45	65	1	14	73	1,5	–	20	85	1,5	24	28	100	2	34	39
50	70	1	14	78	1,5	–	22	95	2	27	31	110	2,5	36	43
55	78	1	16	90	1,5	21	25	105	2	30	35	120	2,5	39	48
60	85	1,5	17	95	1,5	21	26	110	2	30	35	130	2,5	42	51
65	90	1,5	18	100	1,5	21	27	115	2	30	36	140	3	45	56
70	95	1,5	18	105	1,5	21	27	125	2	34	40	150	3	48	60
75	100	1,5	19	110	1,5	21	27	135	2,5	36	44	160	3	51	65
80	105	1,5	19	115	1,5	21	28	140	2,5	36	44	170	3,5	54	68
85	110	1,5	19	125	1,5	24	31	150	2,5	39	49	180	3,5	58	72
90	120	1,5	22	135	2	27	35	155	2,5	39	50	190	3,5	60	77
100	135	1,5	25	150	2	30	38	170	2,5	42	55	210	4	67	85

3

Tafel A 3.8   Maßplan für Radiallager (Bezeichnungen s. Bild 3.7 u. Bild 3.9) (Auszug aus DIN 616), *) genormte Lagerreihe

Durchmesser d in mm	Kennzahl	DR 9 D	DR 9 r	DR 9 B (Maßreihe 49)	DR 0 D	DR 0 r (00 10 30)	DR 0 B 00	DR 0 B 10	DR 0 B 30 (60*)	DR 2 D	DR 2 r	DR 2 B 02	DR 2 B 22	DR 2 B 32 (62*)	DR 3 D	DR 3 r	DR 3 B 03	DR 3 B 23	DR 3 B 33 (63*)	DR 4 D	DR 4 r	DR 4 B 04 (64*)
20	04	37	0,5	17	42	0,5 1	8	12	16	47	1,5	14	18	20,6	52	2	15	21	22,2	72	2	19
22	/22	39	0,5	17	44	0,5 1	8	12	16	50	1,5	14	18	20,6	56	2	16	21	25	—	—	—
25	05	42	0,5	17	47	0,5 1	8	12	16	52	1,5	15	18	20,6	62	2	17	24	25,4	80	2,5	21
28	/28	45	0,5	17	52	0,5 1	8	12	18	58	1,5	16	19	23	68	2	18	24	30	—	—	—
30	06	47	0,5	17	55	0,5 1,5	9	13	19	62	1,5	16	20	23,8	72	2	19	27	30,2	90	2,5	23
32	/32	52	1	20	58	0,5 1,5	9	13	20	65	1,5	17	21	25	75	2	20	28	32	—	—	—
35	07	55	1	20	62	0,5 1,5	9	14	20	72	2	17	23	27	80	2,5	21	31	34,9	100	2,5	25
40	08	62	1	22	68	0,5 1,5	9	15	21	80	2	18	23	30,2	90	2,5	23	33	36,5	110	3	27
45	09	68	1	22	75	1 1,5	10	16	23	85	2	19	23	30,2	100	2,5	25	36	39,7	120	3	29
50	10	72	1	22	80	1 1,5	10	16	23	90	2	20	23	30,2	110	3	27	40	44,4	130	3,5	31
55	11	80	1,5	25	90	1 2	11	18	26	100	2,5	21	25	33,3	120	3	29	43	49,2	140	3,5	33
60	12	85	1,5	25	95	1 2	11	18	26	110	2,5	22	28	36,5	130	3,5	31	46	54	150	3,5	35
65	13	90	1,5	25	100	1 2	11	18	26	120	2,5	23	31	38,1	140	3,5	33	48	58,7	160	3,5	37
70	14	100	1,5	30	110	1 2	13	20	30	125	2,5	24	31	39,7	150	3,5	35	51	63,5	180	4	42
75	15	105	1,5	30	115	1 2	13	20	30	130	2,5	25	31	41,3	160	3,5	37	55	68,3	190	4	45
80	16	110	1,5	30	125	1 2	14	22	34	140	3	26	33	44,4	170	3,5	39	58	68,3	200	4	48
85	17	120	2	35	130	1 2	14	22	34	150	3	28	36	49,2	180	4	41	60	73	210	5	52
90	18	125	2	35	140	1,5 2,5	16	24	37	160	3	30	40	52,4	190	4	43	64	73	225	5	54
95	19	130	2	35	145	1,5 2,5	16	24	37	170	3,5	32	43	55,6	200	4	45	67	77,8	240	5	55
100	20	140	2	40	150	1,5 2,5	16	24	37	180	3,5	34	46	60,3	215	4	47	73	82,6	250	5	58

Spaltengruppen: Durchmesserreihe 9 (Breitenreihe 4, Maßreihe 49) · Durchmesserreihe 0 (Breitenreihe 0 | 1 | 3, Maßreihe 00 | 10 | 30) · Durchmesserreihe 2 (Breitenreihe 0 | 2 | 3, Maßreihe 02 | 22 | 32) · Durchmesserreihe 3 (Breitenreihe 0 | 2 | 3, Maßreihe 03 | 23 | 33) · Durchmesserreihe 4 (Breitenreihe 0, Maßreihe 04)

Tafel A 3.9   Maßplan für Kegelrollenlager (Bezeichnungen s. Bild 3.9) (Auszug aus DIN 616)

Durchmesser d in mm	Kennzahl	Durchmesserreihe 2									Durchmesserreihe 3												
					Breitenreihe 0			Breitenreihe 2						Breitenreihe 0			Breitenreihe 1			Breitenreihe 2		
					Maßreihe 02			Maßreihe 22						Maßreihe 03			Maßreihe 13			Maßreihe 23		
		D	r	r_1	B	C	T	B	C	T	D	r	r_1	B	C	T	B	C	T	B	C	T
20	04	47	1,5	0,5	14	12	15,25	—	—	—	52	2	0,8	15	13	16,25	—	—	—	21	18	22,25
25	05	52	1,5	0,5	15	13	16,25	—	—	—	62	2	0,8	17	15	18,25	17	13	18,25	24	20	25,25
30	06	62	1,5	0,5	16	14	17,25	20	17	21,25	72	2	0,8	19	16	20,75	19	14	20,75	27	23	28,75
35	07	72	2	0,8	17	15	18,25	23	19	24,25	80	2,5	0,8	21	18	22,75	21	15	22,75	31	25	32,75
40	08	80	2	0,8	18	16	19,75	23	19	24,75	90	2,5	0,8	23	20	25,25	23	17	25,25	33	27	35,25
45	09	85	2	0,8	19	16	20,75	23	19	24,75	100	2,5	0,8	25	22	27,25	25	18	27,25	36	30	38,25
50	10	90	2	0,8	20	17	21,75	23	19	24,75	110	3	1	27	23	29,25	27	19	29,25	40	33	42,55
55	11	100	2,5	0,8	21	18	22,75	25	21	26,75	120	3	1	29	25	31,5	29	21	31,5	43	35	45,5
60	12	110	2,5	0,8	22	19	23,75	28	24	29,75	130	3,5	1,2	31	26	33,5	31	22	33,5	46	37	48,5
65	13	120	2,5	0,8	23	20	24,75	31	27	32,75	140	3,5	1,2	33	28	36	33	23	36	48	39	51
70	14	125	2,5	0,8	24	21	26,25	31	27	33,25	150	3,5	1,2	35	30	38	35	25	38	51	42	54
75	15	130	2,5	0,8	25	22	27,25	31	27	33,25	160	3,5	1,2	37	31	40	—	—	—	55	45	58
80	16	140	3	1	26	22	28,25	33	28	35,25	170	3,5	1,2	39	33	42,5	—	—	—	58	48	61,5
85	17	150	3	1	28	24	30,5	36	30	38,5	180	4	1,5	41	34	44,5	—	—	—	60	49	63,5
90	18	160	3	1	30	26	32,5	40	34	42,5	190	4	1,5	43	36	46,5	—	—	—	64	53	67,5
95	19	170	3,5	1,2	32	27	34,5	43	37	45,5	200	4	1,5	45	38	49,5	—	—	—	67	55	71,5
100	20	180	3,5	1,2	34	29	37	46	39	49	215	4	1,5	47	39	51,5	—	—	—	73	60	77,5

Tafel A 3.10   Abmessungen der Nadellager NA 48, NA 49 DIN 617 und Tragzahlen in kN nach DIN 622. Lagerreihe NA 69 nach INA

Für Zylinderrollenlager NU 49 00 ··· 28 DIN 5412 s. Maße NA 49, außer für d, ab NU 49 20.

Kenn-zahl	d	d_r	Lagerreihe NA 49 D	B	C	C_0	Lagerreihe NA 69 D	B	C	C_0
00	10	14	22	13	7,2	5,3				
01	12	16	24	13	8,0	6,2	24	22	13,4	11,6
02	15	20	28	13	9,2	7,5	28	23	15,3	14,3
03	17	22	30	13	9,3	8,0	30	23	16,5	16
04	20	25	37	17	17,0	13,4	37	30	30	27
05	25	30	42	17	19,3	16,3	42	30	33	31
06	30	35	47	17	20,4	18,3	47	30	37	37,5
07	35	42	55	20	26,5	26,0	55	36	72	94
08	40	48	62	22	35,5	34,5	62	40	98	128
09	45	52	68	22	37,5	37,5	68	40	101	135
10	50	58	72	22	40	41,5	72	40	106	146
11	55	63	80	25	49	52	80	45	131	186
12	60	68	85	25	51	56	85	45	137	201
13	65	72	90	25	52	57	90	45	139	208
14	70	80	100	30	71	80	100	54	191	290
15	75	85	105	30	72	83	105	54	194	300
16	80	90	110	30	75	88	110	54	202	320
17	85	100	120	35	93	120	120	63	248	430
18	90	105	125	35	96,5	127	125	63	255	455
19	95	110	130	35	98	129	130	63	260	465
20	100	115	140	40	110	140				
22	110	125	150	40	114	150				
24	120	135	165	45	143	200	NA 69 ab 07			
26	130	150	180	50	170	236	doppelreihig			
28	140	160	190	50	173	255				

Kenn-zahl	d	d_r	Lagerreihe NA 48 D	B	C	C_0
22	110	120	140	30	72	110
24	120	130	150	30	75	120
26	130	145	165	35	88	150
28	140	155	175	35	91,5	160
30	150	165	190	40	112	190
32	160	175	200	40	116	200
34	170	185	215	45	143	245
36	180	195	225	45	150	260
38	190	210	240	50	173	315
40	200	220	250	50	176	325
44	220	240	270	50	183	360
48	240	265	300	60	260	530
52	260	285	320	60	275	570
56	280	305	350	69	345	640
60	300	330	280	80	475	880
64	320	350	400	80	480	930
68	340	370	420	80	490	965
72	360	390	440	80	500	1000
76	380	415	480	100		

[1]) Die Maßangabe d_r bezieht sich auf ein Lager ohne Innenring. Sie stimmt mit dem Maß F für den Außendurchmesser des Innenringes überein.

T a f e l **A 3**.11   Statische Tragzahlen C_0 (Auswahl nach Listen der Hersteller)

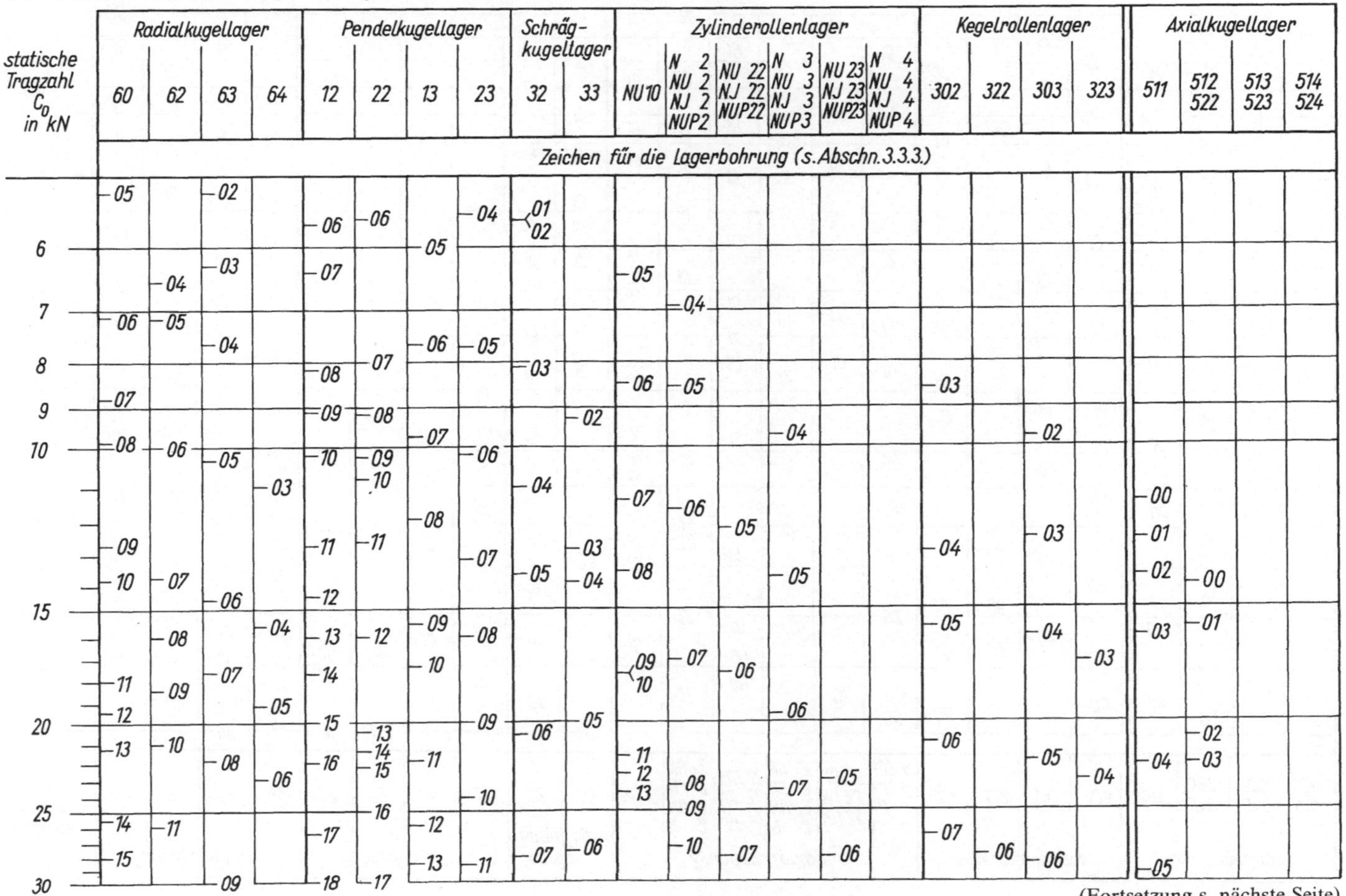

statische Tragzahl C_0 in kN	Radialkugellager				Pendelkugellager				Schräg-kugellager		Zylinderrollenlager						Kegelrollenlager				Axialkugellager			
	60	62	63	64	12	22	13	23	32	33	NU10	N 2 NU 2 NJ 2 NUP2	NU 22 NJ 22 NUP22	N 3 NU 3 NJ 3 NUP3	NU 23 NJ 23 NUP23	N 4 NU 4 NJ 4 NUP 4	302	322	303	323	511	512 522	513 523	514 524

Zeichen für die Lagerbohrung (s. Abschn. 3.3.3.)

Nomogramm-Skala (statische Tragzahl C_0 in kN): 6 — 7 — 8 — 9 — 10 — 15 — 20 — 25 — 30.

Lagerbohrung-Kennzahlen je Reihe (von oben nach unten, d. h. mit steigendem C_0):

Radialkugellager
- 60: 05, 06, 07, 08, 09, 10, 11, 12, 13, 14, 15
- 62: 04, 05, 06, 07, 08, 09, 10, 11
- 63: 02, 03, 04, 05, 06, 07, 08, 09
- 64: 03, 04, 05, 06

Pendelkugellager
- 12: 06, 07, 08, 09, 10, 11, 12, 13, 14, 15, 16, 17, 18
- 22: 06, 07, 08, 09, 10, 11, 12, 13, 14, 15, 16, 17
- 13: 05, 06, 07, 08, 09, 10, 11, 12, 13
- 23: 04, 05, 06, 07, 08, 09, 10, 11

Schräg-kugellager
- 32: 01, 02, 03, 04, 05, 06, 07
- 33: 02, 03, 04, 05, 06

Zylinderrollenlager
- NU10: 05, 06, 07, 08, 09, 10, 11, 12, 13
- N2/NU2/NJ2/NUP2: 0,4, 05, 06, 07, 08, 09, 10
- NU22/NJ22/NUP22: 04, 05, 06, 07
- N3/NU3/NJ3/NUP3: 05, 06, 07
- NU23/NJ23/NUP23: 05, 06

Kegelrollenlager
- 302: 03, 04, 05, 06, 07
- 322: 06
- 303: 02, 03, 04, 05, 06
- 323: 03, 04, 05, 06

Axialkugellager
- 511: 00, 01, 02, 03, 04, 05
- 512/522: 00, 01, 02, 03

(Fortsetzung s. nächste Seite)

T a f e l **A 3.11**   Fortsetzung

statische Tragzahl C_0 in kN	Radialkugellager 60	62	63	64	Pendelkugellager 12	22	13	23	Schrägkugellager 32	33
30			09	07	18	17				
35	16, 17	12, 13	10		19, 20			12	08	
40		14		08		18	14, 15	13	09	07
45	18, 19, 20	15, 16	11	09	21	19	16	14	10	
50			12	10	22	20	17	15	11	08
55	21	17	13			21				09
60	22, 24	18	14	11			18	16, 17	12	
70		19	15	12, 13		22	19	18	13, 14	10
80	26	20	16				20	19	15	11
90	28	21	17				21, 22		16	12
100	30	22, 24	18						17	
110				14, 15						13
120	32	26	19	16					18	14
140		28	20	17					19, 20	15
150	34	30	21	18						16
160	36	32	22, 24							
180	38									18

Zylinderrollenlager

statische Tragzahl C_0 in kN	NU 10	N 2 / NU 2 / NJ 2 / NUP 2	NU 22 / NJ 22 / NUP 22	N 3 / NU 3 / NJ 3 / NUP 3	NU 23 / NJ 23 / NUP 23	N 4 / NU 4 / NJ 4 / NUP 4
30				08		06
35	14	11	08		07	
40	15		09, 10	09		07
45	16	12	11			
50	17	13, 14		10	08	08
55	18		12	11	09	09
60	19, 20	15				
70	21	16, 17	13, 14	12	10	10
80	22	18	15	13	11	11
90	24	19	16	14	12	12
100	26	20	17	15	13	13
110	28	21	18	16		
120				17		14
130	30	22		18	14	
140		24	19			15
150				19	15	

statische Tragzahl C_0 in kN	Kegelrollenlager 302	322	303	323	Axialkugellager 511	512 / 522	513 / 523	514 / 524
30	08			05	06	04		
35	09							
40	10	07		06	07	05		
45		08	07					
50	11	09, 10	08		08	06	05	
55	12		09	07	09			
60	13	11			10	07	06	
70	14	12	10	08	11	08	07	05
80	15		11					
90	16	13, 14	12	09	12, 13	09, 10	08	
100	17	15	13	10	14			06
110		16		11	15, 16			
120	18		14					07
140	19	17	15	12	17	11	09	
150			16			12		
160	20	18	17	13	18	13	10	
180	21					14, 15		08

Tafel A 3.12 Dynamische Tragzahlen *C* (Auswahl nach Listen der Hersteller)

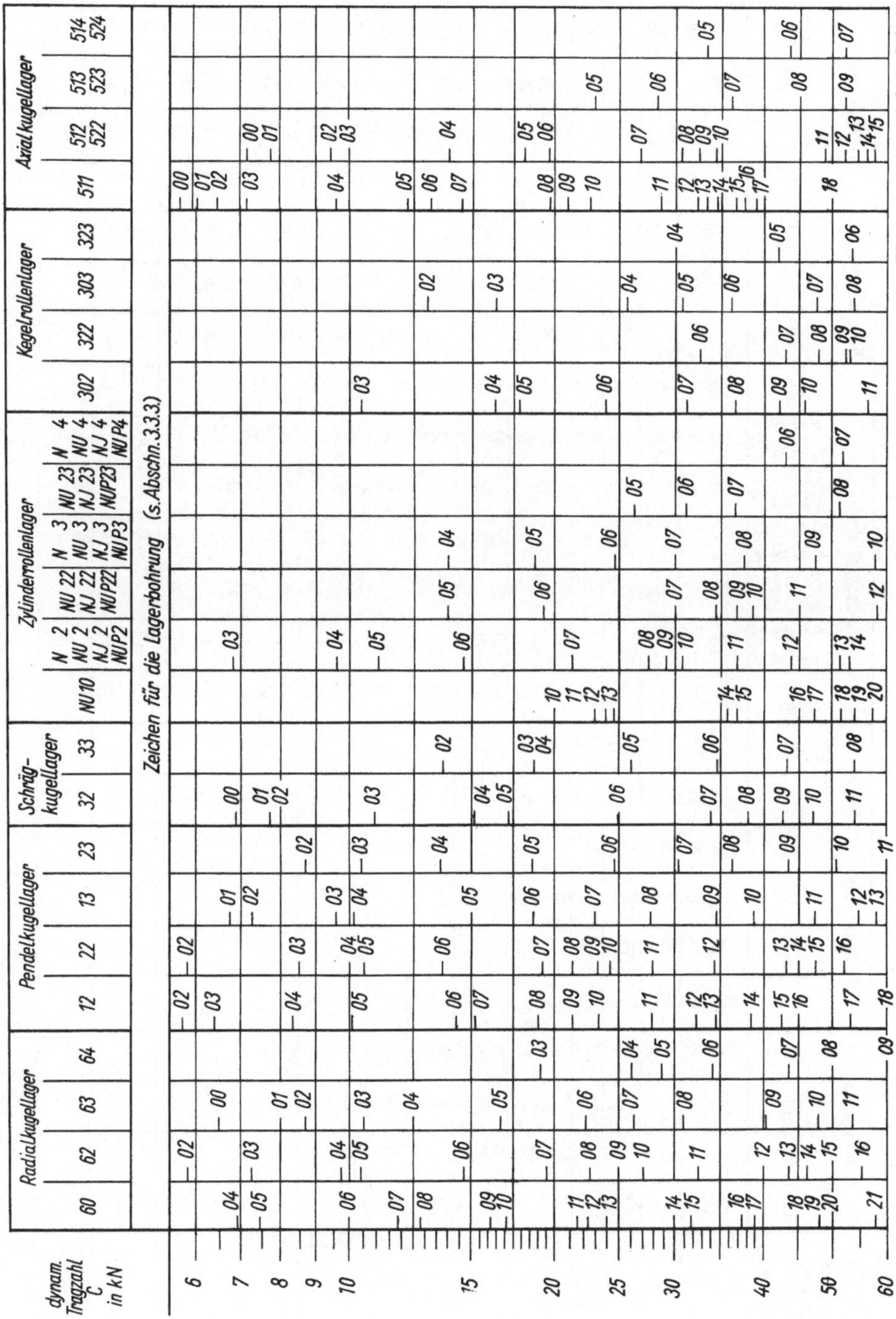
dynam. Tragzahl C in kN
Radialkugellager
60
62
63
64
Pendelkugellager
12
22
13
23
Schrägkugellager
32
33
Zylinderrollenlager
NU10
N 2 NU 2 NJ 2 NUP2
NU 22 NJ 22 NUP22
N 3 NU 3 NJ 3 NUP3
NU 23 NJ 23 NUP23
N 4 NU 4 NJ 4 NUP4
Kegelrollenlager
302
322
303
323
Axialkugellager
511
512 522
513 523
514 524
Zeichen für die Lagerbohrung (s. Abschn. 3.3.3)
6
7
8
9
10
15
20
25
30
40
50
60

(Fortsetzung s. nächste Seite)

Tafel A 3.12 Fortsetzung

Auswahltafel: Bohrungskennzahlen der Lagerreihen in Abhängigkeit von der dynamischen Tragzahl C in kN (Wert in der Zeile = Bereich von der angegebenen C-Linie bis zur nächsten).

Radialkugellager · Pendelkugellager · Schrägkugellager

dynam. Tragzahl C in kN	Radialkugellager 60	62	63	64	Pendelkugellager 12	22	13	23	Schrägkugellager 32	33
60	22	17	12	09	18	17		11	12	09
70	24	18	13	10	19	18	14	12	13	
80	26	19	14, 15	11	20, 21	19	15, 16	13	14, 15	10
90	28	20	16	12, 13	22	20	17	14	16	11
100	30, 32, 34	21, 22, 24, 26, 28, 30, 32	17, 18, 19, 20, 21	14, 15, 16, 17		21, 22	18, 19, 20	15, 16, 17, 18	17, 18, 19, 20	12, 13, 14, 15
150	36, 38, 40	34, 36	22, 24, 26	18			21, 22	19, 20, 21, 22	21, 22	16, 17, 18
200		38, 40	28, 30, 32							19, 20
250			34							21, 22
300										
400										
500										
600										

Zylinderrollenlager

dynam. Tragzahl C in kN	NU 10	N 2 / NU 2 / NJ 2 / NUP2	NU 22 / NJ 22 / NUP22	N 3 / NU 3 / NJ 3 / NUP3	NU 23 / NJ 23 / NUP23	N 4 / NU 4 / NJ 4 / NUP4
60	21	15			09	
70		16	13, 14, 15	11		08
80		17			10	
90	22	18	16	12	11	09
100	24, 26, 28	19, 20, 21, 22	17, 18	13, 14, 15, 16	12, 13, 14	10, 11, 12, 13
150	30, 32	24, 26, 28	19, 20	17, 18, 19	15, 16, 17, 18	14, 15, 16
200	34, 36	30, 32	22, 24	20, 21	19, 20	17, 18
250	38, 40	34, 36	26	22	21	19, 20
300	44, 48	38	28	24	22	21, 22
400	52	40	30	26	24	24
500				28		
600		44		30, 32		

Kegelrollenlager · Axialkugellager

dynam. Tragzahl C in kN	Kegelrollenlager 302	322	303	323	Axialkugellager 511	512 / 522	513 / 523	514 / 524
60	12		09	07		16	10	
70		11			20			08
80	13, 14	12	10	08		17	11	
90					22	18	12	09
100	15, 16	13, 14	11, 12	09, 10	24, 26	20, 22	13, 14	10, 11
150	17, 18	15, 16	13, 14	11, 12	28, 30, 32	24, 26	15, 16	12, 13
200	19, 20	17, 18	15, 16	13, 14	34, 36	28, 30	17, 18	14, 15
250	21, 22	19, 20	17, 18	15, 16	38, 40, 44	32, 34	20, 22	16, 17
300	24, 26	21, 22	19, 20	17, 18	48, 52, 56	36, 38	24, 26	18, 20
400	28, 30	24	21, 22	19, 20	60, 64, 68, 72	40, 44	28, 30	22, 24
500			24	21		48, 52, 56	32, 34	26, 28, 30
600				22		60, 64, 68	36, 38, 40	32, 34, 36

Tafel A 3.13   Diagramm zur Verschleißrechnung nach E s c h m a n n (zur Anwendung s. Abschn. 3.2.6.3 entsprechend den Konstruktionspunkten 1 bis 9)

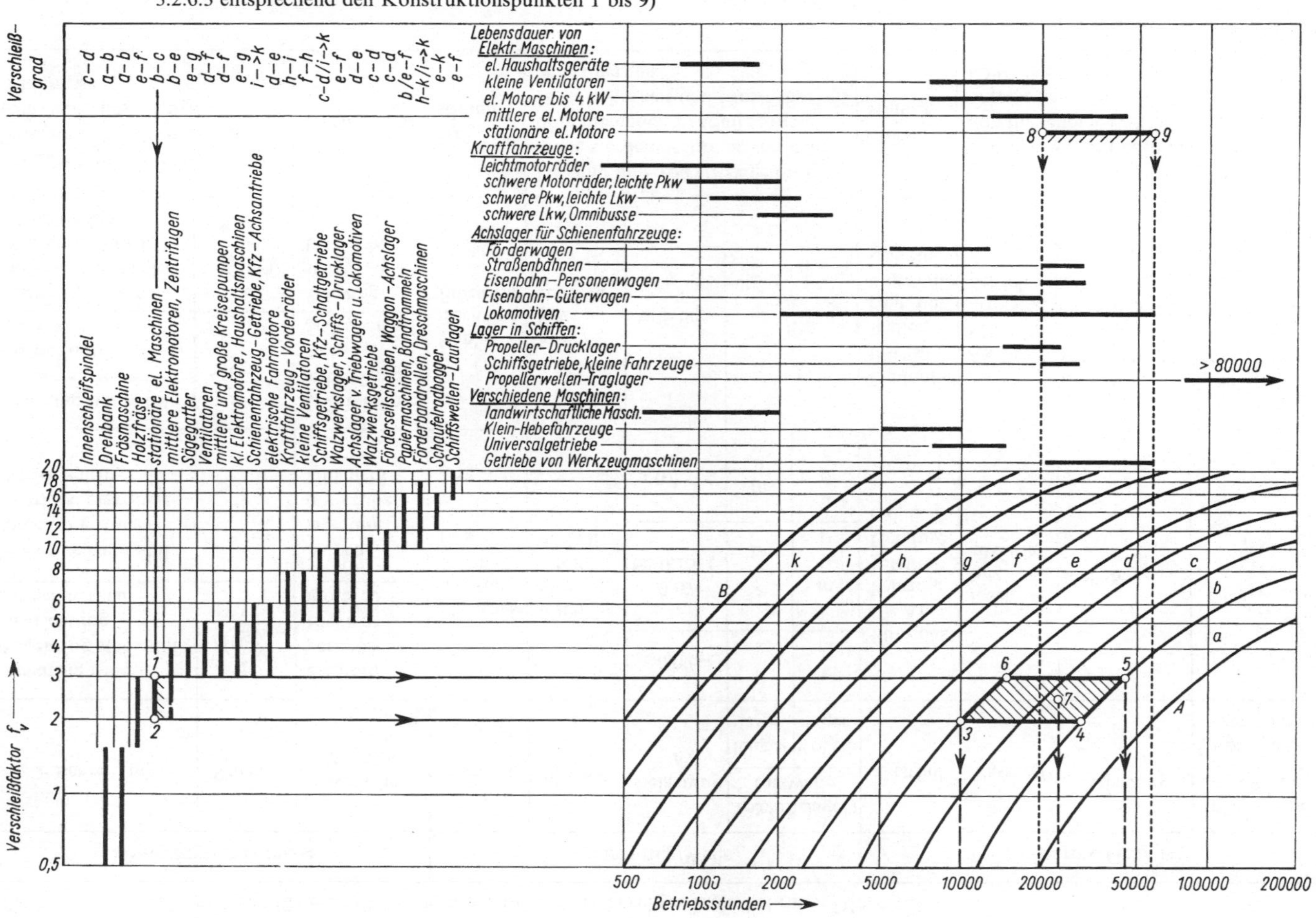

T a f e l A 3.14   Toleranzlagen für Radiallager in zylindrischer bzw. kegeliger Lagerbohrung. DIN 5425 T 1

Bewegungsverhältnisse			Innenring/Welle			Toleranzlage[1] für Welle		Außenring/Gehäuse			Toleranzlage[1] für Gehäuse	
Beschreibung	Schema	typische Beispiele	Lastfall	Passung	Belastung F	Kugellager	Rollenlager	Lastfall	Passung	Belastung F	Kugellager	Rollenlager
Innenring rotiert Außenring steht still Lastrichtung unveränderlich		Stirnradgetriebe, Elektromotoren	Umfangslast für Innenring	fester Sitz erforderlich	$< 0{,}07 \cdot C$	h k	k m	Punktlast für Außenring, geteilte Gehäuse möglich	loser Sitz zulässig	beliebig	J[2] H G[3] F[3]	
Innenring steht still Außenring rotiert Lastrichtung rotiert mit Außenring		Nabenlagerung mit großer Unwucht			$0{,}07$ bis $0{,}15 \cdot C$	j k m	k m n p					
					$> 0{,}15 \cdot C$	m n	n p r					
Innenring steht still Außenring rotiert Lastrichtung unveränderlich		Laufräder mit stillstehender Achse, Seilrollen	Punktlast für Innenring	loser Sitz zulässig	beliebig	j h g f		Umfangslast für Außenring, nur ungeteilte Gehäuse	fester Sitz erforderlich	$< 0{,}07 \cdot C$	J	K
Innenring rotiert Außenring steht still Lastrichtung rotiert mit Innenring		Schwingsiebe, Unwuchtschwinger								$0{,}07$ bis $0{,}15 \cdot C$	K M	M N
										$> 0{,}15 \cdot C$	–	N P
Kombination von verschiedenen Bewegungsverhältnissen oder wechselnde Bewegungsverhältnisse		Kurbeltriebe	Unbestimmt	Passung und Toleranzlage für die Welle werden bestimmt von dem dominierenden Lastfall sowie Montierbarkeit und Einstellbarkeit der Lagerung				Unbestimmt	Passung und Toleranzlage für das Gehäuse werden bestimmt von dem dominierenden Lastfall sowie Montierbarkeit und Einstellbarkeit der Lagerung			

(Fortsetzung s. nächste Seite)

Tafel A 3.14 Fortsetzung

Bewegungsverhältnisse			Innenring/Welle					Außenring/Gehäuse				
Beschreibung	Schema	typische Beispiele	Lastfall	Passung	Belastung F	Toleranzlage[1] für Welle		Lastfall	Passung	Belastung F	Toleranzlage[1] für Gehäuse	
						Kugel-lager	Rollen-lager				Kugel-lager	Rollen-lager
Kegelige Lagerbohrung												
Lagerbefestigung						Toleranzfeld für Welle[4]						
Mit Abziehhülse nach DIN 5416						h 7/IT 5 h 8/IT 6						
Mit Spannhülse nach DIN 5415						h 7/IT 5 h 8/IT 6 h 9/IT 7						

[1]) Die Reihenfolge der Toleranzlage (von oben nach unten) ist nach steigender Lagergröße geordnet.
[2]) Nicht für geteilte Gehäuse.
[3]) Die Toleranzlage „G" und „F" werden auch bei Wärmezufuhr von der Welle angewandt.
[4]) IT (5, 6, 7) bedeutet, daß außer der jeweiligen Maßtoleranz eine Zylinderformtoleranz des entsprechenden Genauigkeitsgrades empfohlen wird.

Tafel A 3.15   Toleranzlagen für Axiallager. DIN 5425 T 1

Belastungs-art	Lager Bauform	Wellenscheibe/Welle			Gehäusescheibe/Gehäuse		
		Lastfall	Passung	Toleranz-lage[1]) für Welle	Lastfall	Passung	Toleranz-lage[1]) für Gehäuse
Kombinierte Last	Axial-Schräg-kugellager, Axial-Pendel-rollenlager, Axial-Kegel-rollenlager	Umfangs-last	fester Sitz erforderlich	j k m	Punkt-last	loser Sitz zulässig	H J
		Punkt-last	loser Sitz zulässig	j	Umfangs-last	fester Sitz erforderlich	K M
Reine Axiallast	Axial-Kugellager, Axial-Rollenlager	–		h j k	–		H G E

[1]) Die Reihenfolge der Toleranzlagen (von oben nach unten) ist nach steigender Lagergröße geordnet.

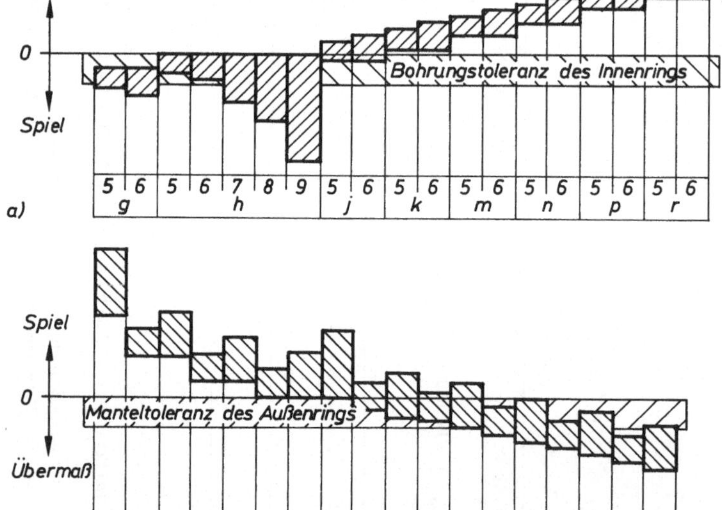

A 3.16 Genauigkeitsgrad für: a) Wellenpassungen und b) Gehäusepassungen
Wellentoleranzen sollen im allgemeinen dem Genauigkeitsgrad 6, Ge-
häusetoleranzen dem Genauigkeitsgrad 7 nach DIN 7160 entsprechen.
Bei erhöhten Anforderungen werden auch bessere Genauigkeiten angewandt. Für geringere Anforderungen (Stehlager im allgemeinen Maschinenbau) genügt bei Wellenpassungen der Genauigkeitsgrad 8.

T a f e l A 3.17   Empfohlene Werte für die Oberflächenrauheit von Paßflächen

Wellen- oder Gehäuse-Durchmesser in mm		Genauigkeit der Durchmessertoleranz von Wellen- oder Gehäusepaßflächen								
		IT 7			IT 6			IT 5		
		Oberflächenrauheit[1]) in µm nach DIN 4768 Teil 1								
über	bis	R_z	R_a geschliffen	gedreht	R_z	R_a geschliffen	gedreht	R_z	R_a geschliffen	gedreht
–	80	10	1,6	3,2	6,3	0,8	1,6	4	0,4	0,8
80	500	16	1,6	3,2	10	1,6	3,2	6,3	0,8	1,6
500	1250	25	3,2	6,3	16	1,6	3,2	10	1,6	3,2

[1]) Zur Festlegung der Oberflächenrauheit ist nach Vereinbarung entweder R_a oder R_z zu verwenden.

T a f e l A 3.18   Optimales Radialspiel e_0 in µm als Funktion des Lagerdurchmessers d in mm
(nach E s c h m a n n)

d	5	10	20	30	40	50	70	100	150	200	250	300	400	500
e_0	1,5	2,0	3,5	4,5	5,5	6,5	8,0	10	13	16	19	22	26	30

T a f e l A 3.19   Richtwerte für die Reibungszahlen μ von Wälzlagern

Rillenkugellager	0,0015	Zylinderrollenlager	0,0011	Kegelrollenlager	0,0018
Pendelkugellager	0,0010	Nadellager	0,0025	Axial-Rillenkugellager	0,0018
Schrägkugellager, einreihig	0,0020	Pendelrollenlager	0,0018	Axial-Pendelrollenlager	0,0013
Schrägkugellager, zweireihig	0,0024				

Arbeitsblatt 4: Kupplungen und Bremsen

Formelzeichen

A	Reibläche, gesamte Polfläche
A_O	Spulenoberfläche
A_P	$= A/2$, Fläche je Pol
A_a	Oberfläche, kühlende (Kupplung)
a	Tiefe (Spulenraum), Temperaturleitzahl, Hebellänge (Bremse)
B_E, B_L	Flußdichte in Eisen bzw. Luft
b	Wickel-, Kegelstumpfhöhe (Kegelkupplung) und Bandbreite (Bremsen)
b_1, b_2	Breite (Spulenisolierung)
c	spezif. Wärme, Höhe (Spulenraum), Hebellänge (Bremse)
c'	Drehsteife (Federkonstante)
D	Durchmesser, Draht-
D_a, D_i	–, Außenpol-Außen- bzw. Außenpol-Innen-
d	–, Klemmrollen-
d_a, d_i	–, Innenpol-Außen- bzw. Innenpol-Innen-
d_m	–, mittl. (Spule)
d_w	–, Wellen-
F	Kraft
F_F	–, Feder-
F_M	–, Halte- (Elektromagnet)
$F_{M\,aus,\,ein}$	–, Magnet-, erf., zum Anziehen der Ankerscheibe bei Luftspalt $l_{L\,aus,\,ein}$
F_R	–, Reibungs-
F_S	–, Schrauben-
F_{S1}, F_{S2}	– im Bremsband
F_a	Kraft, Axial-, Einrück-, Scher-
F_g	–, der Senklast (Bremsen)
F_g'	–, Zug- am Lüftergestänge
F_{g1}	–, Bremsgewichts-
F_{g2}	–, Anteil des Bremslüfters
F_n, F_{n1}, F_{n2}	–, Normal- an Bremsbacken 1, 2
F_{t1}, F_{t2}	–, Tangential-
F_u	–, Umfangs-
F_u'	–, – in der Gleitführung
F_1, F_2	Bremskraft, an Bremsbacken 1, 2
F_r, F_l	– für Rechts- bzw. Linkslauf
H_E, H_L	magnet. Feldstärke in Eisen bzw. Luft
h	Wickelhöhe
h_1, h_2	Höhe der Spulenisolierung
I	Stromstärke
Iw	Durchflutung
i	Ordnungs- bzw. Reibflächenzahl Gestängeübersetzung, Stromdichte

J	Massenträgheitsmoment umlauf. Teile
J_1	– der Antriebs- bzw. Erregerseite
J_2	– der Abtriebs- bzw. Kupplungsseite ohne Erregermomente
k'	Faktor für Anfahrtbelastung
l	Draht, Klemmrollen-, Hebellänge
l_E, l_L	Kraftlinienweg in Eisen bzw. Luft (Luftspalt)
$l_{L\,ein}, l_{L\,aus}$	Luftspalt bei ein- bzw. ausgeschalteter Kupplung
l_m	mittl. Windungslänge
m	Masse, geradlinig bewegte, der wärmespeichernden Kupplungsteile, Verhältnis der Massenträgheitsmomente (Drehschwingungen)
n	Betriebsdrehfrequenz
n_e	Eigenfrequenz
n_k	Drehfrequenz, kritische
n_1	– der Antriebswelle
P	Leistungsaufnahme (Spule)
P_O	Oberflächenbelastung der Spule
P_n	Nennleistung (Abtriebsmaschine)
p	Flächenpressung
Q_s	je Zeiteinheit entwickelte Wärmemenge
q	spez. Wärmebelastung, Drahtquerschnitt
q_a	Wärmeabgabewert
R	Bremsradius, Ohmscher Widerstand
R_m	Radius, mittl., der Reibfläche (Anlagefläche bei Scheibenkupplungen)
R_1, R_2	–, –, der Planverzahnung bzw. Gleitführung auf der festen Nabe
r_a, r_i	–, äußerer bzw. innerer (ringförmige Reibfläche; beim Klemmrollen-Freilauf bezieht sich r_a auf den Außenring)
r_ϑ	Drahtwiderstand je Längeneinheit bei Betriebstemperatur ϑ
r_{20}	– je Längeneinheit bei 20 °C
T	Drehmoment
T_{AS}, T_{SL}	–, maximales beim Anfahren mit antriebs- bzw. lastseitigem Stoß
T_B	–, Beschleunigungs-
T_{Br}, T_{Br}'	–, Brems-, wirkliches bzw. aufzubringendes
T_K	–, v. d. Kupplung übertragbares
$T_{K\,max}$	–, – Maximal-Drehmoment

	Drehmoment
T_L	−, Last-
T_M	−, Motor-
T_R	− durch Triebwerksreibung
T_{Szul}	−, zulässiges beim Anfahren
T_V	−, Verzögerungs-
T_{WK}	−, Dauerwechselfestigkeit
$T_{WK(10Hz)}$	−, − bei 10 Lastwechseln je Sek.
T_{ai}	− ausschlag *i*ter Ordnung der Kraft- oder Arbeitsmaschine
T_{aK}	−, Wechsel- der Kupplung
T_m	−, Dreh-, mittl.
T_{max}	−, max. Betriebs-
T_{max}	−, maximales, bei Diesel, bzw. Elektromotoren
T_n	−, Nenn-
T_{nK}	−, Kupplungsnenn-
t_A	Anlaufzeit
t_{Br}	Bremszeit
U	Spulengleichspannung
u	Hebellänge
V	Vergrößerungsfaktor
v	Geschwindigkeit, Umfangsgeschw. des äußeren Kupplungs- bzw. Bremsendurchmessers
W_V	ges. Verlustarbeit (Anlaufvorgang)
w	Windungszahl (Spule)
w_1, w_2	− je Lage (Breite b bzw. Höhe h)
z	Schraubenzahl auf An- bzw. Abtriebseite (Schalenkupplung), Zahl der Schaltungen je Zeiteinheit (Schaltkupplung), Klemmrollenzahl (Freilauf)

α	Winkel, Umschlingungswinkel (Bandbremse), Temperaturfaktor,
α'	Eingriffswinkel der Gleitführung
ε	Klemmbahn-Schrägungswinkel ($= 2\alpha$)
ζ	verhältnismäßige Dämpfung
η	Umsetzungsgrad des Gestänges
ϑ_e	Temperatur, Kupplungsend-
ϑ_{max}	−, größte Reibflächen-
ϑ_{sp}	− spitze
ϑ_u	−, Umgebungs-
ϑ_{zul}	−, zul. mittl. Kupplungs- bzw. Reibflächen-
$\varkappa$	Korrekturfaktor
μ	Reibungszahl, allg. (der Ruhe- oder Gleitreibung bzw. nur der Gleitreibung)
μ'	− der Gleitführung
μ_r	− der Ruhereibung
μ_{gr}	−, Grenzwert
ϱ	Dichte, spezif. Drahtwiderst., Reibungswinkel
φ	Betriebsfaktor (Stoßzahl)
ω	Winkelgeschwindigkeit
ω_e	Eigenkreisfrequenz
ω_{rel0}	Relativwinkelgeschwindigkeit (Anlauf)
$\omega_{1,2}$	Winkelgeschwindigkeit (An- bzw. Abtriebswelle)

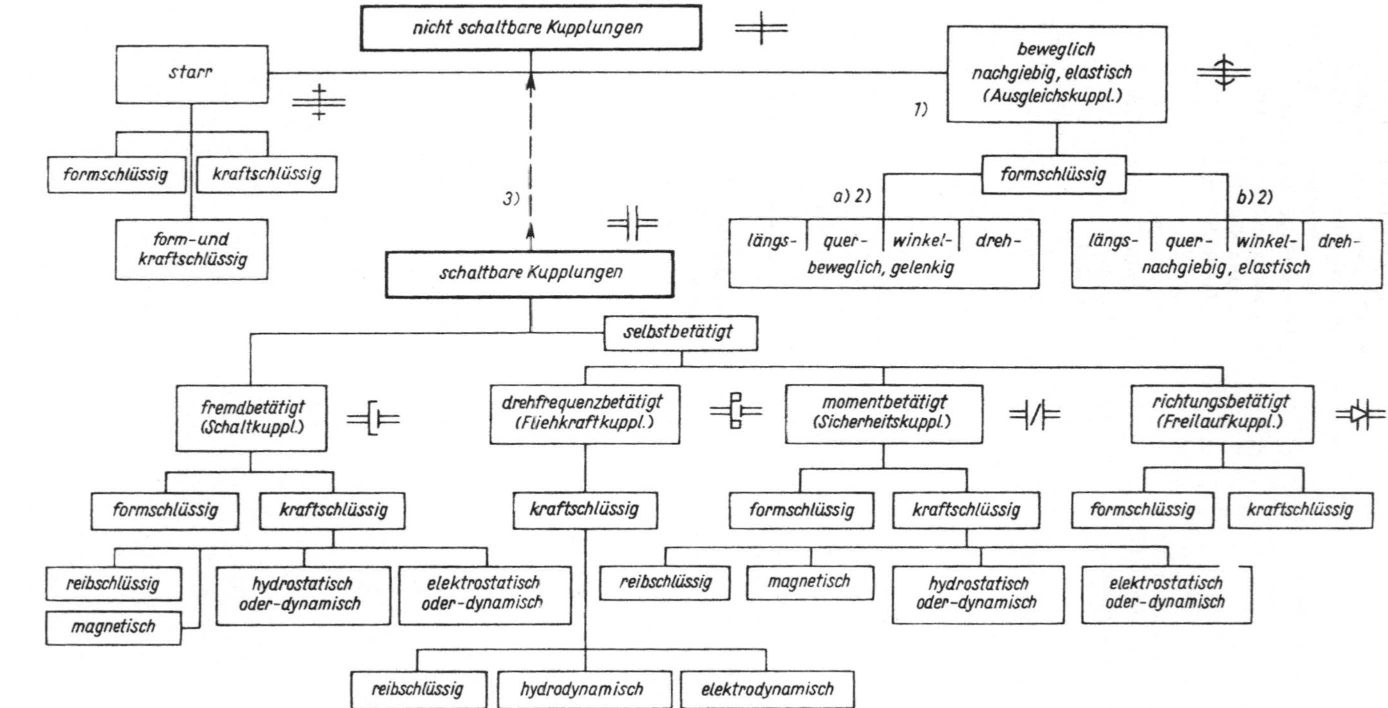

A 4.1 Systematische Einteilung nicht schaltbarer und schaltbarer Kupplungen nach ihren Eigenschaften; Kupplungssymbole.

[1]) Der Begriff n a c h g i e b i g beinhaltet hier Elastizitäts- und Dämpfungseigenschaft im Gegensatz zu beweglich oder gelenkig.
[2]) Eigenschaften von a) und b) lassen sich in e i n e r Kupplung vereinigen.
[3]) Im geschalteten Zustand können schaltbare Kupplungen auch Eigenschaften der starren oder (und) beweglichen bzw. der elastisch nachgiebigen Kupplung aufweisen.

Tafel **A 4**.2   Starre Kupplungen (Schraubenkräfte)

Formel			Kenn- und Richtwerte
Schalenkupplung (Bild **4**.4)	$F_\mathrm{s} = \dfrac{2T}{\pi\,\mu_\mathrm{r}\,d_\mathrm{w}\,z}$	Gl. (4.3) Bild **4**.5	Schraubenberechnung s. Teil 1 Arbeitsbl. Schrauben $\mu_\mathrm{r} = 0,2 \cdots 0,25$
Scheibenkupp-lung (Bild **4**.6)	$F_\mathrm{s} = T/(\mu_\mathrm{r} z\,R_\mathrm{m})$	Gl. (4.4) Bild **4**.7	
	$F_\mathrm{a} = T/(z\,R_\mathrm{m})$	Gl. (4.5)	$R_\mathrm{m} = \dfrac{(r_\mathrm{a} + r_\mathrm{i})}{2}$ Gl. (4.76)

Tafel **A 4**.3   Drehnachgiebige Kupplungen

Formel		Kenn- und Richtwerte, Einheiten
drehelastisches Zweimassensystem		
Eigenfrequenz	$\omega_\mathrm{e} = \sqrt{c'\left(\dfrac{1}{J_1} + \dfrac{1}{J_2}\right)} = \sqrt{\dfrac{c'}{J_1}}\,\sqrt{m+1}$ Gl. (4.11)	$m = J_1/J_2 =$ Massenverhältnis
Eigenfrequenz	$n_\mathrm{e} = \dfrac{30}{\pi}\,\omega_\mathrm{e}$ in min^{-1} Gl. (4.12)	ω_e in s^{-1} für Vollzylinder $J = (\pi/32)\,\varrho\,d^4\,b = m\,d^2/8$
kritische Dreh-frequenz i-ter Ordnung	$n_\mathrm{k} = \dfrac{n_\mathrm{e}}{i}$ Gl. (4.13)	$\varrho = 7850$ kg/m^3 für Stahl $m =$ Masse des Zylinders
Auswahl der Kupplungsgröße		
Nenn- und größtes Betriebs-moment	$T_\mathrm{nK} = (0,5 \cdots 0,3)\,T_\mathrm{K\,max}$ Gl. (A 4.3.1) $T_\mathrm{max} = \varphi\,9550\,\dfrac{P_\mathrm{n}}{n}$ in Nm Gl. (4.8) mit P_n in kW und n in min^{-1}	φ Bild **A 4**.8 Für die gewählte Kupplung muß sein $T_\mathrm{max} \leqq T_\mathrm{K\,max}$ und, bei Belastung mit einem Wechsel-drehmoment
Wechsel-drehmoment	$T_\mathrm{aK} = \pm\,T_\mathrm{ai}\,\dfrac{J_2}{J_1 + J_2}\,V = \pm\,T_\mathrm{ai}\,\dfrac{1}{m+1}\,V$ Gl. (4.14)	$\pm\,T_\mathrm{aK} \leqq \pm\,T_\mathrm{WK}$ bei Resonanz $\pm\,T_\mathrm{aK} \leqq T_\mathrm{K\,max}$ T_ai Tafel **A 4**.9 J aus Bild **A 4**.17
Drehmoment bei Betriebsdrehfrequenz n	$T = T_\mathrm{m} \pm T_\mathrm{ai}\,\dfrac{1}{m+1}\,V$ Gl. (4.15)	$m = J_1/J_2$ $V, \zeta, n/n_\mathrm{k}$ Tafel **A 4**.10

(Fortsetzung s. nächste Seite)

Tafel **A 4.3** Fortsetzung

Formel	Kenn- und Richtwerte, Einheiten

Auswahl der Kupplungsgröße

Formel	Kenn- und Richtwerte, Einheiten
Vergrößerungsfaktor $\quad V = \sqrt{\dfrac{1 + \dfrac{\zeta^2}{4\pi^2}}{\left[1 - \left(\dfrac{n}{n_k}\right)^2\right]^2 + \dfrac{\zeta^2}{4\pi^2}}}$ $\quad$ Gl. (4.16)	$T_{WK(10\,Hz)}$ in Nm, n in min^{-1}; $T_{WK(10\,Hz)}$ durch Versuche ermittelt
Wechselfestigkeit $\quad T_{WK} = \pm\, T_{WK(10\,Hz)} \sqrt{\dfrac{600}{in}}$ $\;$ in Nm	$k' = 1{,}5 \cdots 2{,}0$; zul. ist für T_{AS} $T_{S\,zul} \leqq (0{,}75 \cdots 1)\, T_{K\,max}$
(Kupplungskörper aus Gummi) $\qquad\qquad\qquad$ Gl. (4.7)	T_{max} $\qquad\qquad$ Tafel **A 4.9** (bei Kompressoranlagen für
Anfahrtbelastung $\quad T_{AS} = k'\, T_{max} \dfrac{J_2}{J_1 + J_2}$ $\quad$ Gl. (4.9)	T_{max} das größte Moment des Elektromotors einsetzen)

Tafel **A 4.4** Schaltbare kraftschlüssige (Reibungs-)Kupplungen

Formel	Kenn- und Richtwerte, Einheiten

Verlustarbeit bzw. -wärme beim Anlauf

	Formel		Kenn- und Richtwerte, Einheiten
wenn $T_K > T_L$ und T_K, T_L, ω_1 = const	$W_v = \dfrac{T_K\,\omega_{rel0}\,t_A}{2}$	Gl. (4.28) Gl. (4.39)	für $\omega_{20} = 0$ ist $\omega_{rel0} = \omega_{10}$ bzw. ω_1 t_A n. Gl. (4.26) bzw. (4.37)
wenn ω_1 = const, $T_M = T_K$ = const und $T_L = 0$	$W_v = \dfrac{J_2\,\omega_1^2}{2}$	Gl. (4.23)	
	$W_v = \dfrac{J_2\,n_1^2}{182{,}4}$ $\;$ in Nm	Gl. (4.24)	J_2 in $\text{kg\,m}^2 = \text{N\,ms}^2$ n in min^{-4}
Wärme, wenn $T_K > T_L$ und T_K, T_L = const	$Q_s = \dfrac{T_K\,\omega_{rel0}\,t_A\,z}{2}$ in Nm/s = W	Gl. (4.43)	T_K in Nm, ω_{rel0} in rad/s t_A in s, z in s^{-1} für die gewählte Kupplung
Beschleunigungsmoment	$T_B = T_K - T_L = J_2 \dfrac{d\omega_2}{dt}$	Gl. (4.20)	muß sein $Q_s \leqq Q_{s\,zul}$
Anlaufzeit, wenn ω_1, T_K, T_L = const und $T_K > T_L$	$t_A = \dfrac{J_2\,\omega_1}{T_B}$	Gl. (4.26)	
	$t_A = \dfrac{J_2\,n_1}{9{,}55\,T_B}$ $\;$ in s	Gl. (4.27)	J_2 in $\text{kg\,m}^2$ $\qquad$ Bild **A 4.17** n_1 in min^{-1}, T_B in Nm
Anlaufzeit, wenn $\omega_1 \neq$ const, T_M, T_K, T_L = const	$t_A = \dfrac{\omega_{rel0}}{\dfrac{T_K - T_M}{J_1} + \dfrac{T_K - T_L}{J_2}}$	Gl. (4.37)	Einheit für J: $1\,\text{kg\,m}^2 = 1\,\text{N\,ms}^2$

(Fortsetzung s. nächste Seite)

T a f e l **A 4.4**   Fortsetzung

Formel	Kenn- und Richtwerte, Einheiten

Verlustarbeit bzw. -wärme beim Anlauf

zulässige Wärme je Schaltung	$Q_{zul} = m\,c\,(\vartheta_{zul} - \vartheta_u)$ Gl. (4.44)	für St: $c = 420$ J/(kg K)
zulässige Wärme für die Kühlfläche A_a	$Q_{s\,zul} = q_a A_a (\vartheta_{zul} - \vartheta_u)$ Gl. (4.45)	$q_a \approx 5 \cdots 9$ Bild **A 4.13** W/(m² K) für $v < 1$ m/s bzw. $q_a = 9 v^{0,2} \cdots 9 v^{0,7}$ für $v > 1$ m/s

Temperaturspitze bei kurzer Anlaufzeit (bzw. Bremszeit) für Ein- oder Zweiflächen-Reibscheibenkupplungen, Kegelkupplungen, Backen- oder Bandbremsen	$\vartheta_{sp} = 0{,}266 \times$
	 $\dfrac{R \varkappa T_K \omega_1}{i \varrho c A} \sqrt{\dfrac{t_A}{a}}$ in °C Gl. (4.79)
	
	 mit $R = \dfrac{3(1 - r_i^2/r_a^2)}{2(1 - r_i^3/r_a^3)}$
		für Paarung St-Asbest-Reibbelag $\varkappa = 1{,}946$
		für Stahl:
		  $a = 0{,}139$ cm²/s
		  $\varrho = 7{,}85 \cdot 10^{-3}$ kg/cm³
		  $c = 465$ J/(kg K)

Temperaturspitze für Ein- oder Zweiflächen-Reibscheibenkupplungen, aus Gl. (4.79) mit $R = 1{,}1$	$\vartheta_{sp} = 2{,}63 \dfrac{T_K n}{i A} \sqrt{t_A}$ in °C Gl. (4.80)	T_K in Nm, ω_1 in rad/s r_i, r_a in cm, A in cm² t_A in s, n in s⁻¹
Temperatur in der Reibfläche	$\vartheta_{max} = \vartheta_e + \vartheta_{sp}$ Gl. (4.78)	für die gewählte Werkstoffpaarung muß sein $\vartheta_{max} \leqq \vartheta_{zul}$ ϑ_{zul} Tafel **A 4.11**

Auswahl der Kupplungsgröße

Reibscheibenkupplung (Bild **4.50** und **4.46**)

übertragbares Drehmoment	$T_K = i \mu F_n R_m = i \mu p A R_m$ Gl. (4.74)	μ Tafel **A 4.11**
Flächenpressung	$p = \dfrac{F_n}{A} = \dfrac{F_n}{\pi (r_a^2 - r_i^2)}$ Gl. (4.75)	p_{zul} Tafel **A 4.12**
mittl. Halbmesser der Reibfläche	$R_m = \dfrac{(r_a + r_i)}{2}$ Gl. (4.76)	
spezif. Wärmebelastung der Reibfläche	$\dfrac{Q_s}{i A} \leqq q_{zul}$ Gl. (4.77)	q_{zul} Tafel **A 4.12**

(Fortsetzung s. nächste Seite)

T a f e l A 4.4   Fortsetzung

Formel		Kenn- und Richtwerte
Kegelreibungskupplung (Bild 4.58 und 4.60)		
übertragbares Drehmoment	$T_K = \dfrac{i\,\mu\,F_a\,R_m}{\sin\alpha}$ Gl. (8.81)	Einfachkegel $i = 1$ Doppelkegel $i = 2$
Reibfläche	$A = \dfrac{2\,\pi\,R_m\,b}{\cos\alpha}$ Gl. (8.82)	$\alpha = 10° \cdots 20°$
Flächenpressung	$p = \dfrac{F_n}{A} = \dfrac{F_a}{2\,\pi\,R_m\,b\,\tan\alpha}$ Gl. (8.83)	
Klemmrollen-Freilauf (Bild 4.71)		für Sicherheit gegen Durchrutschen
übertragbares Drehmoment	$T = z\,F_{t2}\,r_a = z\,F_{n2}\,\tan\alpha\,r_a$ Gl. (A 4.4.1)	$\tan\alpha < \mu_r$ bzw. $\alpha < \varrho$; für St-St $\tan\alpha = \mu_r \approx 0{,}1$
zulässige Belastung einer Rolle	$F_{n2\,zul} = p_{zul}\,dl$ Gl. (A 4.4.2)	$p_{zul} = 70\ \text{N/mm}^2$ (handelsübliche Rollen, Klemmbahnhärte HB 700 bzw. HRc 62 $\cdots$ 70)
erf. Schrägungswinkel der geraden Klemmbahn	$\varepsilon = 2\,\alpha < 2\,\varrho$ Gl. (A 4.4.3)	für $\mu_r \approx 0{,}1$ ist $\varepsilon < 12°$

T a f e l A 4.5   Schaltbare formschlüssige Kupplungen. Kräfte an einer Zahnkupplung
(Bild 4.40, 4.42 und 4.43)

Formel		Kenn- und Richtwerte
Umfangskraft an der Planverzahnung	$F_u = T/R_1$ Gl. (4.47)	
Axialkraft an der Planverzahnung	$F_a \approx F_u\,(\tan\alpha - \mu)$ Gl. (4.48)	für $\alpha \leqq 25°$
Umfangskraft in der Gleitführung	$F_u' = T/R_2 = F_u\,R_1/R_2$ Gl. (4.49)	
Reibungskraft in der Gleitführung	$F_R = \mu'\,F_u'/\cos\alpha'$ Gl. (4.50)	bei Evolventenverzahnung z. B. $\alpha' = 20°$
erf. Federkraft zum Lüften der unter Vollast laufenden Kupplung nach Abschalten der Erregerspule	$F_F = F_R - F_a$ $= F_u\left[\dfrac{R_1}{R_2}\cdot\dfrac{\mu'}{\cos\alpha'} - (\tan\alpha - \mu)\right]$ Gl. (4.51)	für den Entwurf $\mu' = \mu > \mu_{gr}$

(Fortsetzung s. nächste Seite)

T a f e l **A 4.**5   Fortsetzung

Formel		Kenn- und Richtwerte
Grenzwert der Reibungszahl	$\mu_{gr} = \dfrac{\tan\alpha}{\left(1 + \dfrac{R_1}{R_2\cos\alpha'}\right)}$ Gl. (4.52)	μ_{gr} Bild **A 4.**14
erf. Haltekraft des Elektromagneten zur Drehmomentübertragung	$F_M = F_a - F_R + F_F$ $= F_u\left(\tan\alpha - \mu - \dfrac{R_1}{R_2}\cdot\dfrac{\mu'}{\cos\alpha'}\right) + F_F$ Gl. (4.53)	für den Entwurf $\mu' = \mu < \mu_{gr}$

T a f e l **A 4.**6   Berechnung des Erregerkreises

Formel		Kenn- und Richtwerte, Einheiten
m a g n e t i s c h e r K r e i s b e i e i n g e s c h a l t e t e r K u p p l u n g (,,e i n'')		
erf. Gesamtpolfläche	$A = \dfrac{F_{M\,ein}}{40\,B_L^2}$ in cm^2 Gl. (4.54)	$B_L = (0{,}65\cdots 1{,}4)$ T (Tesla) gewählt $F_{M\,ein}$ in N, B_L in T
erf. Fläche je Pol	$A_P = A/2$ Gl. (4.55)	
Außenpol-Innen-Durchmesser	$D_i = \sqrt{\dfrac{4}{\pi}\left(\dfrac{\pi D_a^2}{4} - A_P\right)}$ Gl. (4.65)	D_a gewählt
Innenpol-Außen-Durchmesser	$d_a = \sqrt{\dfrac{4}{\pi}\left(\dfrac{\pi d_i^2}{4} + A_P\right)}$ Gl. (4.66)	d_i gewählt
magnetische Feldstärke in Luft [1])	$H_L \approx 8\cdot 10^3\,B_L$ in A/cm	Bild **A 4.**15 B_L in T
Luftspalt	$l_L = l_{L\,ein} + 0{,}001$ cm Gl. (4.67)	
Flußdichte im Eisen [1])	$B_E \approx B_L/0{,}75$ Gl. (4.57)	$B = f(H)$
Durchflutung im ,,Ein''-Luftspalt [1])	$Iw = H_L\,2l_L$	[1]) gilt entsprechend auch für ausgeschaltete Kupplung
im Eisen [1])	$= H_E\,l_E$	
erf., bei Betriebstemperatur [1])	$Iw = H_L\,2l_L + H_E\,l_E$ Gl. (4.56) Gl. (4.68)	maximale Betriebstemperatur kurzzeitig $80\cdots 120\,°\text{C}$

(Fortsetzung s. nächste Seite)

T a f e l **A 4**.6   Fortsetzung

Formel	Kenn- und Richtwerte, Einheiten

m a g n e t i s c h e r   K r e i s   b e i   a u s g e s c h a l t e t e r   K u p p l u n g (,,a u s'')

erf. Magnetkraft	$F_{\mathrm{Maus}} = 1{,}1\,F_{\mathrm{Fmin}}$ Gl. (4.69)	F_{Maus} in N, A in cm^2
Flußdichte in Luft	$B_{\mathrm{L}} = \sqrt{\dfrac{F_{\mathrm{Maus}}}{40\,A}}$ in T Gl. (4.70)	

E r r e g e r s p u l e

mittl. Durchmesser und Windungslänge der Spule
$$d_{\mathrm{m}} = (D_{\mathrm{i}} + d_{\mathrm{a}})/2 \qquad \text{Gl. (4.71)}$$
$$l_{\mathrm{m}} = \pi d_{\mathrm{m}}$$

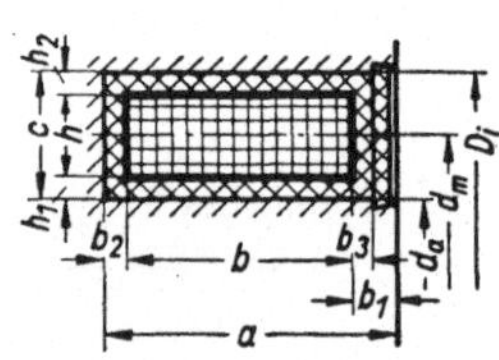

erf. Drahtwiderstand je Längeneinheit bei Betriebstemperatur ϑ
$$r_{\vartheta} = \frac{\varrho}{q} = \frac{U}{I w l_{\mathrm{m}}} \qquad \text{Gl. (4.58)}$$

Drahtwiderstand bei 20 °C
$$r_{20} = \frac{r_{\vartheta}}{1 + \alpha(\vartheta - 20)} \ \text{in}\ \Omega/\text{m}$$
Gl. (4.59)

mit r_{ϑ} nach Gl. (4.58) in Ω/m, α in 1/K, ϑ in °C

Kupfer $\alpha = 0{,}0039/\text{K}$
r_{20} gewählt nach Tafel **A 4**.16
$(r_{20} \approx 0{,}8\,r_{\vartheta})$

Spulen-Innen-$\varnothing$ d_{m} in mm	mittl. Windungs-länge l_{m} in m	b_1	b_2	b_3	h_1	h_2
				in mm		
bis 80	bis 0,25	3,5	1	1	0,8	0,8
80 ··· 100	0,25 ··· 0,35	3,5	1	1	0,9	0,9
100 ··· 130	0,35 ··· 0,44	3,5	1	1	1,0	1,0
130 ··· 200	0,44 ··· 0,68	3,7	1,2	1,2	1,2	1,2
200 ··· 350	0,68 ··· 1,17	4,0	1,5	1,5	1,5	1,5
350 ··· 500	1,17 ··· 1,65	5,5	2	2	2	2
über 500	über 1,65	5,5	3	3	3	3

Spulenraum, Höhe
$$c = (D_{\mathrm{i}} - d_{\mathrm{a}})/2$$

Wicklung, Breite
$$b = a - (b_1 + b_2)$$

Höhe
$$h = c - (h_1 + h_2)$$

Windungszahl einer Lage,

Breite b $\qquad w_1 = b/D$

Höhe h $\qquad w_2 = h/(D + 0{,}05\ \text{mm})$

Windungszahl der

Spule $\qquad w = w_1 w_2$

Drahtlänge $\qquad l = w l_{\mathrm{m}}$

Widerstand $\qquad R = l r$ Gl. (4.60)

Stromstärke $\qquad I = U/R$ Gl. (4.61)

Stromdichte $\qquad i = I/q$ Gl. (4.63)

Leistungsaufnahme $\qquad P = U I$ Gl. (4.62)

Spulenoberfläche $A_{\mathrm{O}} = 2(a + c)\,l_{\mathrm{m}}$

Oberflächenbelastung $P_{\mathrm{O}} = P/A_{\mathrm{O}}$ Gl. (4.64)

bei 20 °C ist $r = r_{20}$, bei Betriebstemperatur $r = r_{\vartheta}$ einzusetzen

$i_{\mathrm{zul}} = (3{,}6 \cdots 8)\ \text{A}/\text{mm}^2$

$P_{\mathrm{O\,zul}} = (10 \cdots 15)\ \text{Watt}/\text{dm}^2$

Tafel A 4.7   Bremsen[1])

Formel	Kenn- und Richtwerte
aufzubringendes Bremsmoment $$T'_{Br} = T_V - T_L = J\frac{\omega}{t_{Br}} + m\frac{v}{t_{Br}}R - T_L \qquad \text{Gl. (4.85)}$$ **aufzubringendes Bremsmoment bei Hubwerken** $$T'_{Br} = T_V + T_L - T_R \quad \text{mit} \quad T_L = F_g R \qquad \text{Gl. (4.86)}$$	bei Getriebeübersetzung Massenträgheitsmomente auf Bremswelle reduzieren (s. **A 4**.17)

Backenbremsen

Formel	Kenn- und Richtwerte
einfache Backenbremse (Bild 4.85) **Bremskraft am Bremshebel** $$F = F_n\frac{a \pm \mu c}{l} = F_R\frac{a}{l}\left(\frac{1}{\mu} \pm \frac{c}{a}\right) \qquad \text{Gl. (4.88)}$$	bei Anordnung nach Bild **4.**85 a: Pluszeichen Rechtsdrehung, Minuszeichen Linksdrehung erf. Bremskraft $F_R \geqq F_u = T'_{Br}/R$
Doppelbackenbremse (Bild 4.87) **Bremsmoment** $$T_{Br} = 2\mu F_n R = 2\mu i\eta F'_g R \qquad \text{Gl. (4.89)}$$ **Bremsgewichtskraft** $$F_{g1} = \frac{(F'_g - F_{g2})\,u}{u_1} \qquad \text{Gl. (4.90)}$$ **Übersetzung des Gestänges** $$i = \frac{l}{a}\cdot\frac{a_2}{a_1}\cdot\frac{u}{u_2} \qquad \text{Bild 4.88}$$	erf. Bremsmoment $2\mu F_n \geqq F_u = T'_{Br}/R$
Simplex-Innenbackenbremse (Bild 4.89 a) und Duplex-Innenbackenbremse (Bild 4.89 b) **Bremsmoment** $$T_{Br} = \mu(F_{n1} + F_{n1})\,R \qquad \text{Gl. (4.92)}$$ **Bremskraft für Simplex-Bremse** $$F_1 = F_{n1}\frac{a \mp \mu c}{l}$$ $$F_2 = F_{n2}\frac{a \pm \mu c}{l} \qquad \text{Gl. (4.91)}$$ **Bremskraft für Duplex-Bremse** $$F_1 = F_2 = F_{n1,2}\frac{(a \pm \mu c)}{l} \qquad \text{Gl. (4.93)}$$	es muß sein $T_{Br} \geqq T'_{Br}$ oberes Vorzeichen Linksdrehung der Bremstrommel (Vorwärtsfahrt), unteres Vorzeichen Rechtsdrehung (Rückwärtsfahrt) Minuszeichen Linksdrehung (Vorwärtsfahrt), Pluszeichen Rechtsdrehung Rückwärtsfahrt)

(Fortsetzung s. nächste Seite)

---

[1]) Einteilung der Bremsen nach ihrem Verwendungszweck und Vergleich mit Kupplungsbauarten s. Abschn. 4.5 und Tafel **4.**1; Berechnung der zulässigen Wärme und der Temperaturspitze s. Abschn. 4.4.1 und 4.4.3; Reibungszahlen s. Tafel **A 4.**11.

T a f e l **A 4.**7   Fortsetzung

Formel	Kenn- und Richtwerte
B a n d b r e m s e n	
Kräfte im Bremsband $F_{S1} = F_{S2}\, e^{\mu\alpha}$	$e^{\mu\alpha}$ Bild **A 4.**18
Reibungs-kraft am um-spannten Teil der Scheibe $F_R = F_{S1} - F_{S2}$ Bild **4.**91	erf. Reibungskraft $F_R \geqq F_u = T'_{Br}/R$
Flächen-pressung am auflaufenden Bandende $p_{max} = \dfrac{F_R}{b\,R} \cdot \dfrac{e^{\mu\alpha}}{(e^{\mu\alpha} - 1)}$ Gl. (4.94)	$p_{max} \leqq p_{zul}$ Tafel **A 4.**12
einfache Bandbremse (Bild **4.**91 a) $F_r = F_{S2}\,\dfrac{a}{l} = F_R\,\dfrac{a}{l(e^{\mu\alpha} - 1)}$ Gl. (A 4.7.1)[2] $F_l = F_{S1}\,\dfrac{a}{l} = F_R\,e^{\mu\alpha}\,\dfrac{a}{l(e^{\mu\alpha} - 1)}$ Gl. (A 4.7.2)[2]	
Differential-bandbremse (Bild **4.**91 b) $F_r = \dfrac{F_{S2}\,a_2 - F_{S1}\,a_1}{l} = F_R\,\dfrac{a_2 - a_1\,e^{\mu\alpha}}{l(e^{\mu\alpha} - 1)}$ Gl. (A 4.7.3)[2] $F_l = \dfrac{F_{S1}\,a_2 - F_{S2}\,a_1}{l} = F_R\,\dfrac{(e^{\mu\alpha} \cdot a_2) - a_1}{l(e^{\mu\alpha} - 1)}$ Gl. (A 4.7.4)[2]	
Summenband-bremse (Bild **4.**91 c) wenn $a_1 = a_2 = a$ ist $F_r = F_l = (F_{S1} + F_{S2})\,\dfrac{a}{l} = F_R\,\dfrac{a(e^{\mu\alpha} + 1)}{l(e^{\mu\alpha} - 1)}$ Gl. (A 4.7.5[2])	

[2]) Aus Bild **4.**91 entwickelt.

E r l ä u t e r u n g e n zum Diagramm **A 4.**8

Der Betriebsfaktor φ berücksichtigt das bei den verschiedenen Maschinen auftretende größte Drehmoment T_{max} gegenüber dem Nenndrehmoment T_n (bzw. T_1). Es ist $\varphi = T_{max}/T_n$ (bzw. $\varphi = T_{1\,max}/T_1$). Er erfaßt den Ungleichförmigkeitsgrad der An- und Abtriebsmaschine sowie die Bedingungen von Anlauf, Belastung, Empfindlichkeit der Kupplungen bzw. Getriebe und Laufzeit.

Bei Rechnungsgängen, in denen Betriebsdauer bzw. Laufzeit bereits anderweitig berücksichtigt wird, empfiehlt es sich, unabhängig von der wirklichen Laufzeit für die Ermittlung des Betriebsfaktors nach dem Diagramm eine 8stündige tägliche Laufzeit zugrunde zu legen.

Die Ermittlung von φ ist für Beispiel 1 eingetragen:

A n t r i e b . Sechszylinder-Verbrennungsmotor: Antriebspunkt 1 für Sechszylinder (interpoliert) 1
A n l a u f leicht (unbelasteter Generator): Anlaufpunkt und Antriebspunkt sind für Beispiel 1 identisch

B e l a s t u n g . Vollast mit geringen Stößen: Hilfspunkt 2, Belastungspunkt 3
E m p f i n d l i c h k e i t . Kupplung: Empfindlichkeitspunkt 4
L a u f z e i t . 8 Stunden täglich: Hilfspunkt 5, Laufzeit 6
B e t r i e b s f a k t o r . Ablesepunkt 7, hier $\varphi \approx 2$

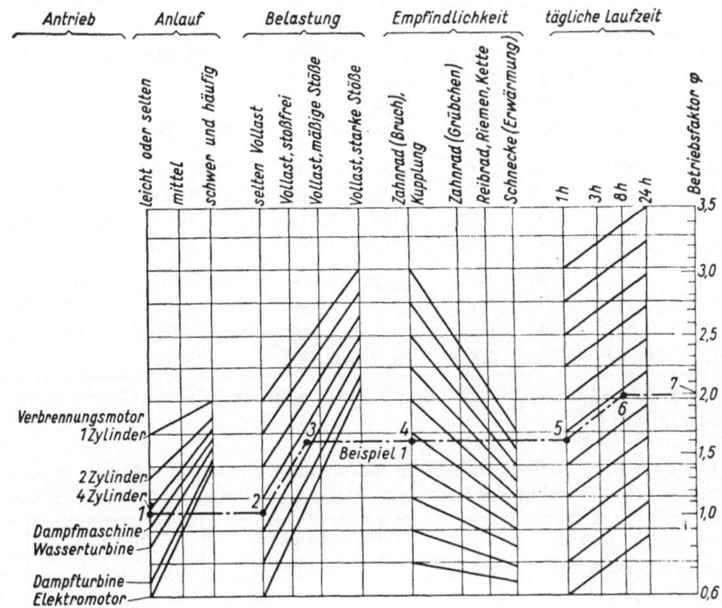

A 4.8

Diagramm zur Abschätzung des Betriebsfaktors φ;

Nach R i c h t e r, W., und O h l e n d o r f, H: Kurzberechnung von Leistungsgetrieben. Z. Konstruktion **11** (1959) H. 11   E r l ä u t e r u n g e n s. S. A 58

T a f e l A 4.9   Anhaltswerte für den Drehmomentausschlag (Wechseldrehmoment) $\pm T_{ai}$ und das größte Drehmoment T_{max} beim Dieselmotor und Kompressor in Abhängigkeit vom mittleren Drehmoment T_m bei Nennleistung P_n ohne Berücksichtigung der Massendrehkräfte. (i Ordnungszahl)

Zylinderzahl	Zweitaktmotor			Viertaktmotor			Kompressor, einstufig einfachwirkend, einreihig		
	i	$\dfrac{T_{ai}}{T_m}$	$\dfrac{T_{max}}{T_m}$	i	$\dfrac{T_{ai}}{T_m}$	$\dfrac{T_{max}}{T_m}$	i	$\dfrac{T_{ai}}{T_m}$	$\dfrac{T_{max}}{T_m}$
1	1	3,8	11,6	0,5	3,3	19	1	2,3	5,15
2	2	3,3	5,8	0,5	2,3	9,5	2	0,66	2,30
2				2	2,9	9,5	4	0,77	2,30
3	3	2,3	3,8	1,5	2,9	6,3	3	0,92	2,15
4	4	1,5	2,9	2	2,9	4,7	4	0,72	1,88
5	5	0,9	2,4	2,5	2,4	3,8			
6	6	0,67	2,0	3	2,0	3,1			
7	7	0,46	1,8	3,5	1,6	2,7			
8	8	0,33	1,6	4	1,3	2,3			

T a f e l A 4.10   Vergrößerungsfaktor V in Abhängigkeit von der verhältnismäßigen Dämpfung ζ und dem Verhältnis der Betriebsdrehfrequenz n zur kupplungskritischen Drehfrequenz n_K

$\dfrac{n}{n_k}$	\multicolumn{5}{c}{Vergrößerungsfaktor V für}	$\dfrac{n}{n_k}$	\multicolumn{5}{c}{Vergrößerungsfaktor V für}
	$\zeta=1$	$\zeta=1,2$	$\zeta=1,5$	$\zeta=2,0$	$\zeta=2,5$		$\zeta=1$	$\zeta=1,2$	$\zeta=1,5$	$\zeta=2,0$	$\zeta=2,5$
0,4	1,184	1,182	1,177	1,168	1,158	1,6	0,646	0,648	0,651	0,659	0,669
0,5	1,321	1,315	1,306	1,288	1,268	1,7	0,534	0,536	0,540	0,548	0,557
0,6	1,535	1,524	1,505	1,468	1,428	1,8	0,451	0,453	0,456	0,464	0,473
0,7	1,895	1,869	1,826	1,746	1,664	1,9	0,387	0,389	0,392	0,399	0,408
0,8	2,573	2,498	2,380	2,184	2,006	2,0	0,337	0,339	0,342	0,348	0,256
0,9	4,085	3,779	3,370	2,831	2,441	2,2	0,263	0,265	0,267	0,272	0,279
1,0¹)	6,362	5,331	4,307	3,297	2,705	2,4	0,213	0,214	0,216	0,220	0,225
1,1	3,843	3,587	3,234	2,752	2,392	2,6	0,176	0,177	0,178	0,182	0,186
1,2	2,164	2,122	2,054	1,932	1,814	2,8	0,148	0,149	0,150	0,153	0,157
1,3	1,430	1,422	1,408	1,381	1,351	3,0	0,127	0,127	0,128	0,131	0,134
1,4	1,041	1,040	1,039	1,038	1,036	3,4	0,096	0,096	0,097	0,099	0,102
1,5	0,804	0,805	0,808	0,814	0,820						

¹) Bei $n/n_k = 1$ fällt die Betriebsdrehfrequenz n mit der kritischen Drehfrequenz n_K der Anlage zusammen (s. Bild 4.35).

T a f e l A 4.11   Reibungszahlen für glatte und genutete Reibscheiben ¹); μ_r Reibungszahl der Ruhereibung, μ Reibungszahl der Gleitreibung ²), ϑ_{zul} zulässige Reibflächentemp. in °C

Werkstoffpaarung	\multicolumn{3}{c}{trocken}	\multicolumn{3}{c}{ölbenetzt}	\multicolumn{4}{c}{ölberieselt}
	μ_r	μ	ϑ_{zul}	μ_r	μ	ϑ_{zul}	μ_r³) 17 °C	80 °C	μ	ϑ_{zul}
Sinterbronze glatt – St geläppt	0,17	0,15	400	0,17	0,08	180	0,25	0,14	0,05	180
	⋮	⋮	⋮	⋮			⋮			
	0,20	0,25	450	0,20				0,20		
Sinterbronze glatt – St geschliffen	0,20	0,15	400	0,20	0,09	180	0,17	0,25	0,06	180
	⋮	⋮	⋮	⋮			⋮	⋮		
	0,25	0,25	450	0,25			0,20	0,35		
Sinterbronze mit Spiral- und Radialnuten – St geläppt				0,17	0,1	180	0,25	0,14	0,08	180
				⋮				⋮		
				0,20				0,20		
Sinterbronze mit Radialnuten – St geläppt	0,17	0,17	400	0,17	0,08	180	0,25	0,14	0,02	180
	⋮	⋮	⋮	⋮				⋮		
	0,20	0,35	450	0,20				0,20		
St geläppt – St geläppt				0,17	0,09	100	0,23	0,18	0,06	120
St geschliffen – St geschliffen				0,25	0,1	100	0,20	0,27	0,07	120
								⋮		
								0,35		
Reibwerkstoffe – St bzw. GG	0,20	0,20	180							
	⋮	⋮	⋮							
	0,35	0,30	200							
	⋮	⋮	⋮							
	0,45	0,40	350							

¹) P o k o r n y, J.: Untersuchung der Reibungsvorgänge in Kupplungen mit Reibscheiben aus Stahl und Sintermetall. Diss. TH Stuttgart 1960.
²) μ gibt hier mittlere Werte an.   ³) Werte gelten für ein Öl von 0,022 N s/m² (4,2 °E/50 °C).

T a f e l **A 4.**12   Richtwerte für Flächenpressung p_{zul}[1]) und spezifische Wärmebelastung q_{zul}[2]) der Reibfläche

Bauart	Werkstoffpaarung	p_{zul} in N/cm²	q_{zul} in W/cm²
Ein- oder Zweiflächen-Reibscheibenkuppl. bzw. -bremse[3]), Bandbremse Scheibenbremse[4])	Werkstoffe aus Asbest o. ä. – St trocken	20···80	0,2···1···4
	Sinterwerkstoff – St trocken	20···100	1,0···3
	Reibwerkstoff – St	200···800	2···12
Vielflächen-Reibscheibenkupplung (Lamellenkupplung) bzw. Bremse	Werkstoffe aus Asbest o. ä. – St trocken	20···60	0,2···0,25···0,3
	St–St geölt (im Getriebe)	20···50	0,1···0,3···0,6
	Sinterwerkstoff – St geölt (im Getriebe)	20···100	0,5···0,9
Backenbremse	Werkstoff aus Asbest o. ä. – St bzw. GG	20···120	0,2···1,0···3,0
	Sinterwerkstoff – St bzw. GG	20···150	1,5···3,5

[1]) Maßgebend für die Wahl der Flächenpressung sind Erwärmung [s. Gl. (4.79)] und Verschleiß. Für Kupplungen mit geringer Wärmeentwicklung sind höhere Flächenpressungen zulässig.
[2]) Wärmeberechnung s. Abschn. 4.4.1 u. 4.4.3.   [3]) s. **4.**46, **4.**48, **4.**80.   [4]) s. **4.**81, **4.**82 o. ä.

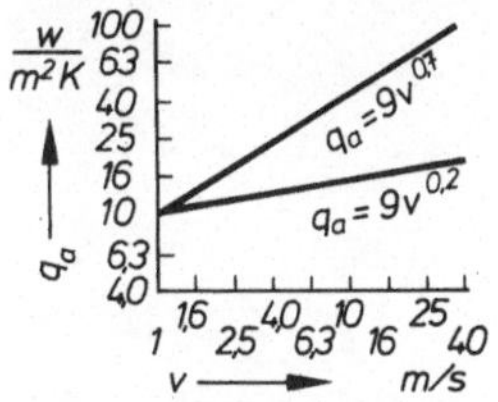

A 4.13   Wärmeabgabewert q_a an Luft, abhängig von der Umfangsgeschwindigkeit v

A 4.14

Grenzwert der Reibungszahl μ_{gr} nach Gl. (4.52) für Selbsthemmung bei elektromagnetisch betätigten Zahnkupplungen und für $\mu' \approx \mu$ als Funktion von $R_1/(R_2 \cos \alpha')$; μ', μ Reibungszahl in der Gleitführung bzw. Planverzahnung, α Flankenwinkel der Planzähne, α' Eingriffswinkel der Gleitführung, R_1, R_2 mittlerer Radius der Planverzahnung bzw. der Gleitführung nach Bild **4.**42

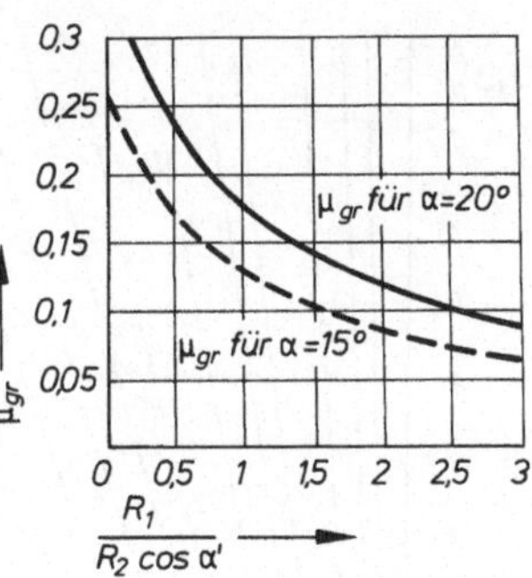

A 4.15

Magnetisierungskennlinien $B = f(H)$
$1\,T = 1\,Vs/m^2 =$
$1\,Nm/(m^2 A)$

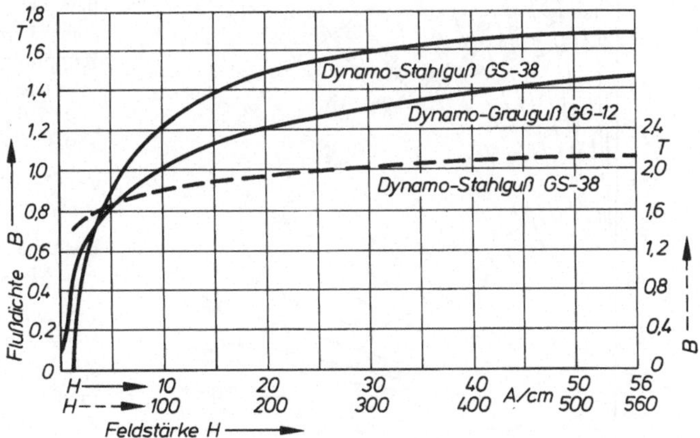

Tafel A4.16   Zahlenwerte für Dynamodraht (nach DIN 46431, 46435, 46436 T 2)

| Strom-dichte i | Draht durch-messer blank | Durchmesser des isolierten Drahtes in mm | | | | Quer-schnitt blank | Gewicht | Widerstand bei 20 °C r_{20} |
| | | Lack | Lack und Seide (LS) | Lack und Baum-wolle (LB) | Lack u. 2mal Baum-wolle (L2B) | | | |
A/mm^2	mm					mm^2	g/m	Ω/m
$\leqq 8.0$	0,14	0,169	0,204	0,269	0,329	0,01539	0,137	1,14
$\leqq 6,5$	0,18	0,210	0,245	0,310	0,37	0,02545	0,226	0,689
	0,22	0,255	0,295	0,355	0,415	0,03801	0,338	0,4615
$\leqq 5,6$	0,26	0,297	0,337	0,397	0,457	0,05309	0,473	0,3304
	0,30	0,337	0,377	0,437	0,497	0,07069	0,629	0,2482
	0,34	0,384	0,424	0,504	0,604	0,09079	0,808	0,1932
$\leqq 5,2$	0,38	0,424	0,464	0,544	0,644	0,1134	1,01	0,1547
	0,45	0,501	0,571	0,621	0,721	0,1590	1,42	0,1103
	0,50	0,551	0,699	0,671	0,771	0,1964	1,75	0,0894
$\leqq 4,4$	0,60	0,659	0,799	0,779	0,879	0,2827	2,52	0,0621
$\leqq 4,0$	0,80	0,872		0,992	1,092	0,5027	4,47	0,0349
$\leqq 3,6$	1,00	1,072		1,192	1,292	0,7854	6,99	0,02234

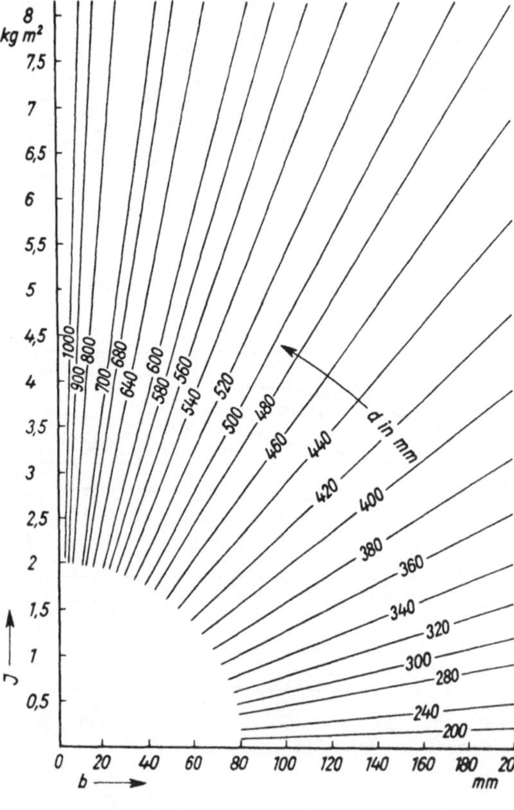

A4.17
Massenträgheitsmoment J für zylindrische Körper aus Stahl mit Durchmesser d und Breite b
Zur Umrechnung auf andere Werkstoffe bzw. auf das Massenträgheitsmoment einer Erregerspule im Polkörper einer Kupplung sind die Zahlenwerte mit den folgenden Faktoren zu multiplizieren:
0,92 für GG   0,76 für Al
0,35 für die Spule

$$J = \tfrac{\pi}{32}\, \varrho\, d^4 b = m d^2/8$$
für Vollzylinder

Dichte $\varrho = 7850$ kg/m³ für Stahl
m = Masse des Zylinders

Das von einer Welle a auf eine andere Welle b reduzierte Trägheitsmoment ist $J_b = J_a \omega_a^2/\omega_b^2$. Das Ersatz-Trägheitsmoment einer linear bewegten Masse ist $J_{Ers} = m v^2/\omega^2$, (Abschn. 4.5.1)

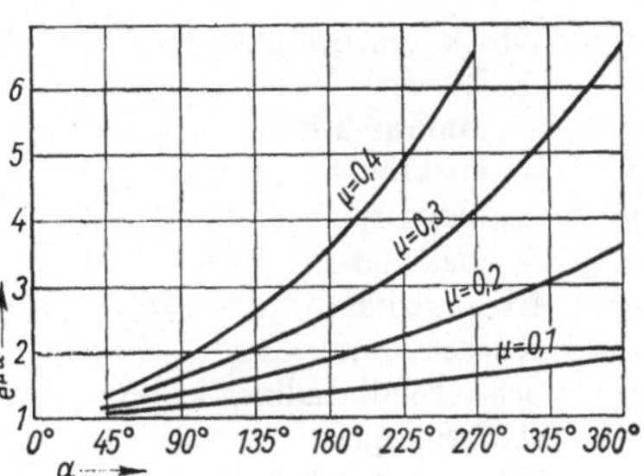

A 4.18
Umschlingungswinkel $\alpha = f(e^{\mu\alpha})$

Arbeitsblatt 5: Kurbeltriebe

Formelzeichen

A	Fläche, Querschnitt		h	Hebelarm für Massenmomente, Wangendicke
A_D	–, Indikatordiagramm		J	Trägheitsmoment
A_K	–, Kolben		l	Auflagerentfernung, Schubstangenlänge
A_S	–, Arbeitsvermögen			
A_{St}	–, Schubstangenschaft		l_D	Diagrammlänge
a_K	Kolbenbeschleunigung		M_b	Biegemoment
a_{OT}	–, im oberen Totpunkt		M_o	Massenmoment, oszillierend
a_{UT}	–, im unteren Totpunkt		M_r	–, rotierend
b	Wangenbreite			
c_K	Kolbengeschwindigkeit			
c_m	–, mittlere		λ	Schubstangenverhältnis
c_{max}	–, maximale		λ_S	Schlankheitsgrad
D, d	Durchmesser		ϱ	Radius, Hohlkehle, Kurbelzapfen
D_I	Amplitude Massenmoment I. Ordnung		σ_b	Biegespannung
D_{II}	–, II. Ordnung		σ_d	Druckspannung
e	Abstand Hohlkehle Lagermitte		σ_k	Knickspannung
F	Kraft, Belastung		M_I	–, I. Ordnung
F_B	–, Kolbenbolzen		M_{II}	–, II. Ordnung
F_{BL}	–, Kolbenbolzenlager		m	Masse
F_K	–, Kolben-		m_K	–, Kolben-
F_{KL}	–, Kurbelzapfenlager-		m_{Ks}	–, Kolbenstangen-
F_{KZ}	–, Kurbelzapfen-		m_{Kr}	–, Kreuzkopf-
F_M	–, Wellenzapfen-		m_{St}	–, Schubstangen-
F_N	–, Normal		m_W	–, Kurbelwangen-
F_R	–, Radial-		m_Z	–, Kurbelzapfen
F_S	–, Stoff-		m_o	oszillierende Masse
F_{St}	–, Stangen-		m_{oSt}	–, Schubstange
F_T	–, Tangential-		m_r	rotierende Masse
F_Z	–, Zünd-		m_{rKW}	–, Kurbelwelle
F_{max}	–, Gestänge-		m_{rSt}	–, Schubstange
F_o	oszillierende Massenkraft		$\bar{m}_T$	Maßstab, Drehmoment
F_{oK}	–, Kolben		$\bar{m}_\varphi$	–, Kurbelwinkel
F_r	rotierende Massenkraft		n	Drehzahl
F_{rSt}	–, Schubstange		P_e	effektive Leistung
F_I	Massenkraft I. Ordnung		P_I	Amplitude, Massenkraft I. Ordnung
F_{II}	–, II. Ordnung		P_{II}	–, II. Ordnung

5

p	Druck, Flächenpressung	T_Z	Umlaufzeit
p_Z	$-$, Zünd-	u	Überschneidung
p_a	$-$, atmosphärisch	V_h	Hubvolumen
p_e	$-$, effektiv	W_b	Widerstandsmoment
p_i	$-$, indiziert	W_S	Arbeitsvermögen
p_{max}	$-$, maximal	x_K	Kolbenweg
q	Exzentrizität	z	Zylinderzahl
r	Kurbelradius	α_b	Formzahl, Biegung
r_S	Schwerpunktradius, Schub-stangenkopf	β	Schubstangenwinkel
		δ	Ungleichförmigkeitsgrad
r_{St}	Schwerpunktabstand, Schubstange	σ_z	Zugspannung
r_W	$-$, Kurbelwange	φ	Kurbelwinkel, Federmaßstab
S	Knicksicherheit	φ_P	Drehmomentenperiode
s	Kolbenhub, Stärke	ω	Winkelgeschwindigkeit
T	Drehmoment	ω_{max}	$-$, maximale
T_m	$-$, mittleres	ω_{min}	$-$, minimale

Tafel A 5.1   Hauptabmessungen der Kolbenmaschine

Bezeichnung	Formel		Gl.
Kolben	$A_K = \dfrac{\pi}{4}\, D^2 \qquad V_h = A_K s = \dfrac{\pi}{4}\, D^3 \left(\dfrac{s}{D}\right)$		Gl. (5.7) (5.9)
Schubstange Kurbel	$\lambda = l/r \qquad r = s/2$		Gl. (5.10)
Drehzahl	$n = \omega/2\pi \qquad \omega = 2\pi/T_Z$		Gl. (5.1) (5.2)
Kolbengeschwindigkeit	$c_m = 2\,s\,n$		Gl. (5.5)
Leistung	$P_e = z\,p_e\,V_h\,n$	Zweitakt	Gl. (5.11)
	$P_e = z\,p_e\,V_h\,n/2$	Viertakt	Gl. (5.12)
Drehmoment	$T = P_e/2\pi n$		Gl. (5.13)

Anhaltswerte für Kraftfahrzeugmotoren

$s/D = 0{,}8 \cdots 1{,}4 \qquad \lambda = 1/3{,}3 \cdots 1/5 \qquad c_m = (7 \cdots 12)\,\text{m/s} \qquad p_e = (8 \cdots 10)\,\text{bar}$

$n = (4\,000 \cdots 6\,000)\,\text{min}^{-1}$

Tafel A 5.2   Bewegungsgleichungen des Kurbeltriebes (Näherungswerte)

Bezeichnung	Bild	Formel	Gl.
Schubstangenwinkel	5.4	$\sin \beta = \lambda \sin \varphi$	Gl. (5.15)
Kolbenweg	5.4	$x_K = r\left(1 - \cos \varphi + \dfrac{\lambda}{2}\sin^2 \varphi\right)$	Gl. (5.18)
		$x_{K\,max} = s = 2\,r$	
Kolbengeschwindigkeit	5.6	$c_K = r\,\omega\left(\sin \varphi + \dfrac{\lambda}{2}\sin 2\varphi\right)$	Gl. (5.26)
		$c_{max} \approx r\,\omega\,\sqrt{1 + \lambda^2}$	Gl. (5.30)
Kolbenbeschleunigung	5.8	$a_K = r\,\omega^2\,(\cos \varphi + \lambda \cos 2\varphi)$	Gl. (5.35)
		$a_{OT} = r\,\omega^2\,(1 + \lambda) \qquad a_{UT} = -\,r\,\omega^2\,(1 - \lambda)$	Gl. (5.39) (5.40)

T a f e l **A 5**.3   Bewegungsgleichungen des geschränkten Kurbeltriebes (exakte Werte, für $q = 0$ gerader Kurbeltrieb) s. Bild **5**.11

Bezeichnung	Formel	
Schubstangenwinkel	$\sin \beta = (q + r \sin \varphi)/l$	Gl. (5.41)
Kolbenweg	$x = \sqrt{(l + r)^2 - q^2} - l \cos \beta - r \cos \varphi$	Gl. (5.45)
	$x_{max} = s = \sqrt{(l + r)^2 - q^2} - \sqrt{(l - r)^2 - q^2}$	Gl. (5.46)
Kolbengeschwindigkeit	$c = r \omega \sin(\varphi + \beta)/\cos \beta$	Gl. (5.23)
Kolbenbeschleunigung	$a = r \omega^2 \left[\dfrac{\cos(\varphi + \beta)}{\cos \beta} + \dfrac{r}{l} \dfrac{\cos^2 \varphi}{\cos^3 \beta} \right]$	Gl. (5.32)

T a f e l **A 5**.4   Massenkräfte und Momente im Kurbeltrieb (s. Bild **5**.13 und **5**.14)

Bezeichnung	Formel	
Massen		
o s z i l l i e r e n d		
Stange	$m_{oSt} = m_{St} r_{St}/l$	Gl. (5.59)
Kurbeltrieb	$m_o = m_K + m_{Ks} + m_{Kr} + m_{oSt}$	Gl. (5.65)
r o t i e r e n d		
Stange	$m_{rSt} = m_{St}(l - r_{St})/l$	Gl. (5.60)
Kurbel	$m_{rKW} = m_z + m_w r_w/r$	Gl. (5.63)
Kurbeltrieb	$m_r = m_{rKW} + m_{rSt}$	Gl. (5.64)
Massenkräfte		
o s z i l l i e r e n d	$F_o = m_o r \omega^2 (\cos \varphi + \lambda \cos 2\varphi)$	Gl. (5.66)
I. Ordnung	$F_I = m_o r \omega^2 \cos \varphi$	Gl. (5.67)
II. Ordnung	$F_{II} = \lambda m_o r \omega^2 \cos 2\varphi$	Gl. (5.68)
Amplituden	$P_I = m_o r \omega^2 \qquad P_{II} = \lambda P_I$	Gl. (5.67) (5.68)
r o t i e r e n d	$F_r = m_r r \omega^2$	Gl. (5.69)
Massenmomente		
o s z i l l i e r e n d	$M_o = m_o r \omega^2 h (\cos \varphi + \lambda \cos 2\varphi)$	
I. Ordnung	$M_I = m_o r \omega^2 h \cos \varphi$	Gl. (5.70)
II. Ordnung	$M_{II} = \lambda m_o r \omega^2 h \cos 2\varphi$	Gl. (5.71)
Amplituden	$D_I = m_o r \omega^2 h = P_I h \qquad D_{II} = \lambda D_I$	Gl. (5.70) (5.71)
r o t i e r e n d	$M_r = m_r r \omega^2 h$	Gl. (5.72)

A 66   Arbeitsblatt 5: Kurbeltriebe

T a f e l A 5.5   Kräfte im Kurbeltrieb (s. Bild 5.16 a)

Bezeichnung	Formel	
Stoffkraft	$F_S = (p - p_a)\, A_K$	Gl. (5.51)
Gestänge, Zündkraft	$F_{max} = (p_{max} - p_a)\, A_K \qquad F_Z = (p_Z - p_a)\, A_K$	Gl. (5.52) (5.53)
Massenkraft	s. Tafel A 5.4	
Kolbenkraft	$F_K = F_S - F_o$	Gl. (5.74)
Stangenkraft	$F_{St} = F_K/\cos\beta = F_K/\sqrt{1 - \lambda^2 \sin^2\varphi}$	Gl. (5.75)
	$= \sqrt{F_K^2 + F_N^2} = \sqrt{F_T^2 + F_R^2}$	Gl. (5.77) (5.80)
Normalkraft	$F_N = F_K \tan\beta = \lambda F_K \sin\varphi/\sqrt{1 - \lambda^2 \sin^2\varphi}$	Gl. (5.76)
Tangentialkraft	$F_T = F_K \sin(\varphi + \beta)/\cos\beta = F_K \left(\sin\varphi + \dfrac{\lambda}{2} \dfrac{\sin 2\varphi}{\sqrt{1 - \lambda^2 \sin^2\varphi}} \right)$	Gl. (5.78)
Radialkraft	$F_R = F_K \cos(\varphi + \beta)/\cos\beta = F_K \left(\cos\varphi - \dfrac{\lambda \sin^2\varphi}{\sqrt{1 - \lambda^2 \sin^2\varphi}} \right)$	Gl. (5.79)
Drehmoment	$T = F_T r$	Gl. (5.81)

Anhaltswerte für Brennkraftmaschinen

$p_Z = (70 \cdots 120)$ bar bei Dieselmotoren

$p_Z = (50 \cdots 60)$ bar bei Ottomotoren

$F_Z/F_o = 1{,}5 \cdots 2{,}5$ Zünd-Massenkraftverhältnis

T a f e l A 5.6   Schwungradberechnung (s. Bild 5.19)

Bezeichnung	Formel	
Ungleichförmigkeitsgrad	$\delta = 2\, \dfrac{\omega_{max} - \omega_{min}}{\omega_{max} + \omega_{min}}$	Gl. (5.86)
Momentenperiode	$\varphi_P = \dfrac{360°}{z}$ für Zweitakt $\qquad \varphi_P = \dfrac{720°}{z}$ für Viertakt	
mittleres Drehmoment	$T_m = \dfrac{1}{\varphi_P} \int\limits_0^{\varphi_P} T\, d\varphi = \bar m_T \bar m_\varphi \dfrac{A_M}{\varphi_P}$	Gl. (5.88)
indizierter Druck	$p_i = A_D/(l_D \varphi)$	Gl. (5.54)
Momentenkontrolle	$T_m = \dfrac{p_i z V_h}{2\pi}$ für Zweitakt $\qquad T_m = \dfrac{p_i z V_h}{4\pi}$ für Viertakt	Gl. (5.89)
Arbeitsvermögen	$W_S = \max \int\limits_0^{\varphi_P} (T - T_m)\, d\varphi = \bar m_T \bar m_\varphi A_S$	Gl. (5.90)
Schwungradgröße	$J = \dfrac{W_S}{4\pi^2 \delta n^2}$	Gl. (5.91)

Anhaltswerte

$\delta = 1/30 \cdots 1/300$ für Fahrzeugmotoren $\qquad \delta = 1/50 \cdots 1/100$ für Verdichter

$\delta = 1/250 \cdots 1/300$ für Drehstromantriebe

Tafel A5.7   Festigkeitsberechnung der Triebwerksteile

Bezeichnung	Bild	Formel				Kenn- und Richtwerte
Kolbenbolzen	5.34	$M_b = \dfrac{1}{4} F_B \left(l - \dfrac{b}{2} \right)$	$W = \dfrac{\pi}{32} \cdot \dfrac{D^4 - d^4}{D}$	$\sigma_b = \dfrac{M_b}{W_b}$	Gl. (5.100)	$\sigma_{b\,zul} = (100 \cdots 200)\ \mathrm{N/mm^2}$
oberer Stangen-kopf	5.34	$M_b = \dfrac{F^{1)}\, r_s}{2}$	$W_b = \dfrac{h s^2}{6}$	$\sigma_b = \dfrac{M_b}{W_b}$	Gl. (5.101)	$\sigma_{b\,zul} = (60 \cdots 80)\ \mathrm{N/mm^2}$
			$A_B = h s$	$\sigma_z = \dfrac{F^{1)}}{2 A_B}$	Gl. (5.102) (5.103)	$\sigma_{zul} = (20 \cdots 30)\ \mathrm{N/mm^2}$
Stangenschaft		$\lambda_S = l / \sqrt{J_y / A_{St}}$	$\sigma_d = F_{St} / A_{St}$	$S = \sigma_k / \sigma_d$	Gl. (5.105) (5.108)	
EULER		für $\lambda_S > 90$	$\sigma_k = \pi^2 E / \lambda_S^2$		Gl. (5.106)	$S = 5 \cdots 8$
TETMAJER		für $\lambda_S < 90$	$\sigma_k = 335 - 0{,}62\ \lambda_S$ in $\mathrm{N/mm^2}$		Gl. (5.107)	
Stangendeckel	5.34	$M_b = \dfrac{F^{2)}}{4} \left(l - \dfrac{d}{2} \right)$	$W_b = \dfrac{h s^2}{6}$	$\sigma_b = \dfrac{M_b}{W_b}$	Gl. (5.104)	$\sigma_{b\,zul} = (40 \cdots 60)\ \mathrm{N/mm^2}$
Kurbelwelle	5.37	$M_b = Fe/2$	$F = F_R - F_r$	$\sigma_b = \alpha_b \dfrac{M_b}{W_b}$	Gl. (5.109) (5.111)	$\sigma_{b\,zul} = (150 \cdots 200)\ \mathrm{N/mm^2}$
		$\alpha_b = 11{,}0 f\left(\dfrac{\varrho}{d}\right) f\left(\dfrac{h}{d}\right) f\left(\dfrac{b}{d}\right) f\left(\dfrac{u}{d}\right)$			Gl. (5.110)	Formzahlen Bild 5.37

[1]) Zweitaktmotor: oszillierende Massenkraft der oberen Kopfhälfte; Viertaktmotor: zusätzlich Bolzenkraft F_B im *OT* Ansaugen.

[2]) Zweitaktmotor: Fliehkraft des Deckels; Viertaktmotor: zusätzlich Lagerkraft F_{KL} im *UT* Ansaugen, bei schräger Teilung $F \cos \alpha$.

T a f e l A 5.8   Belastung der Triebwerksteile (s. Bild 5.20)

Bezeichnung	Formel	
Kolbenboden	$F_{\mathrm{S}} = (p - p_{\mathrm{a}})\, A_{\mathrm{K}}$	Gl. (5.51)
Kolbenmantel	$F_{\mathrm{N}} = F_{\mathrm{K}} \tan \beta$	Gl. (5.76)
Kolbenbolzen	$F_{\mathrm{B}} = \sqrt{(F_{\mathrm{S}} - F_{\mathrm{oK}})^2 + F_{\mathrm{N}}^2}$	Gl. (5.92)
Kolbenbolzenlager	$F_{\mathrm{BL}} = \sqrt{F_{\mathrm{K}}^2 + F_{\mathrm{N}}^2} = -F_{\mathrm{St}}$	Gl. (5.93)
Schubstangenschaft	$F_{\mathrm{St}} = F_{\mathrm{K}}/\cos \beta$	Gl. (5.75)
Kurbelzapfen	$F_{\mathrm{KZ}} = \sqrt{F_{\mathrm{T}}^2 + (F_{\mathrm{R}} - F_{\mathrm{r}})^2}$	Gl. (5.95)
Kurbelzapfenlager	$F_{\mathrm{KL}} = \sqrt{F_{\mathrm{T}}^2 + (F_{\mathrm{R}} - F_{\mathrm{rSt}})^2}$	Gl. (5.94)
Wellenzapfen	$F_{\mathrm{M}} = -F_{\mathrm{KZ}}$	Gl. (5.95)

T a f e l A 5.9   Flächenpressungen für die Lagerberechnung von Verbrennungsmotoren

Lager	Flächenpressung p in N/mm²		Längenverhältnis l/D
	Ottomotoren	Dieselmotoren	
Kolbenbolzen	$35 \cdots 45$	$40 \cdots 45$	$0,7 \cdots 1$
Kurbelzapfen	$15 \cdots 25$	$20 \cdots 35$	$0,35 \cdots 0,6$
Wellenzapfen	$10 \cdots 15$	$15 \cdots 20$	$0,4 \cdots 0,7$

Arbeitsblatt 6: Kurvengetriebe

F o r m e l z e i c h e n

a	Beschleunigung	R	Grundkreisradius
Δa	$-$, Sprung-	r_{S}	Spitzenkreisradius
b	Nockenbreite	T	Umlaufzeit
c	Stößelgeschwindigkeit	t	Zeit
$D_{\min}$	kleinster Tellerdurchmesser	ϱ	Flankenkreisradius
F_{B}	Betriebskraft	σ_{b}	Biegebeanspruchung
F_{F}	Federkraft	φ	Drehwinkel
F_{L}	Reibungskraft der Lagerung	φ_{N}	Nockenwinkel
F_{M}	Massenkraft	φ_{Sp}	Spielwinkel
F_{N}	Nockenkraft	$\varphi_{\ddot{\mathrm{u}}}$	Übergangswinkel
F_{res}	resultierende Kraft	ω	Winkelgeschwindigkeit
h	Stößelhub		
l	Mittelpunktsabstand	I n d i z e s	
p	Flächenpressung	1	für Bewegung auf dem Flankenkreis
p_{L}	Linienpressung	2	für Bewegung auf dem Spitzenkreis

T a f e l A 6.1   Entwurf des Kreisbogennockens mit Stößel

F e s t l e g e n d e r K e n n g r ö ß e n d e r S t ö ß e l b e w e g u n g
(Nach Ermittlung des Nockenwellendurchmessers sind für die Stößelbewegung noch folgende drei Größen frei wählbar: Bewegungsbeginn und -ende, max. Hub und max. Beschleunigung, größte Beschleunigungsänderung oder die Geschwindigkeit beim Bewegungsende unter Berücksichtigung des Spieles).
B e s t i m m e n d e r A b m e s s u n g e n v o n N o c k e n u n d S t ö ß e l s. Tafel **A 6.2**.
K o n t r o l l e d e s B e w e g u n g s a b l a u f e s: Nocken mit Tellerstößel s. Tafel **A 6.2**, Bild **6.3** u. **6.5**.
E r m i t t e l n d e r K r ä f t e u n d B e a n s p r u c h u n g e n s. Tafel **A 6.2**, Bild **6.6**

T a f e l A 6.2   Berechnung des Kreisbogennockens und des Tellerstößels

A b m e s s u n g e n

Nockenwinkel	$\cos \varphi_N = \dfrac{(\varrho - r_S)^2 - (\varrho - R)^2 - l^2}{2\,l\,(\varrho - R)}$	Gl. (6.1)
Übergangswinkel	$\cos \varphi_ü = \dfrac{(\varrho - R)^2 + (\varrho - r_S)^2 - l^2}{2(\varrho - R)(\varrho - r_S)}$ $\qquad \sin \varphi_ü = \dfrac{l}{\varrho - r_S} \sin \varphi_N$	Gl. (6.2) Gl. (6.3)
Tellerdurchmesser	$D_{min} = \sqrt{b^2 + 4(\varrho - R)^2 \sin^2 \varphi_ü}$	Gl. (6.18)

B e w e g u n g s g e s e t z e   Flankenkreis $\varphi \leqq \varphi_ü$ Spitzenkreis $\varphi_ü \leqq \varphi \leqq 2\varphi_N - \varphi_ü$

Hub	$h_1 = (\varrho - R)(1 - \cos \varphi)$	$h_2 = l \cos(\varphi_N - \varphi) - R + r_S$	Gl. (6.4) (6.5)
Geschwindigkeit	$c_1 = \omega(\varrho - R) \sin \varphi$	$c_2 = \omega l \sin(\varphi_N - \varphi)$	Gl. (6.7) (6.8)
Beschleunigung	$a_1 = \omega^2(\varrho - R) \cos \varphi$	$a_2 = -\omega^2 l \cos(\varphi_N - \varphi)$	Gl. (6.10) (6.11)

B e w e g u n g s k e n n g r ö ß e n

max. Hub	$h_{2\,max} = l + r_S - R$ (Spiel vernachlässigt)	$\varphi = \varphi_N$	Gl. (6.6)
max. Geschwindigkeit	$c_{max} = \omega(\varrho - R) \sin \varphi_ü = \omega l \sin(\varphi_N - \varphi_ü)$	$\varphi = \varphi_ü$	Gl. (6.9)
Endgeschwindigkeit bei vorhand. Spiel	$c = \omega(\varrho - R) \sin \varphi_{Sp}$	$\varphi = \varphi_{Sp}$	
extreme Beschleunigung	$a_{1\,max} = \omega^2(\varrho - R)$ bei $\varphi = 0$ $\qquad a_{2\,min} = -l\omega^2$ bei $\varphi = \varphi_N$		Gl. (6.12) (6.13)
Beschleunigungssprung	$\Delta a = \omega^2(\varrho - r_S)$	$\varphi = \varphi_ü$	Gl. (6.14)

Kräfte	Formel	Drehwinkel	
resultierende Nockenkraft [1]	$F_N = -(F_B + F_F + F_M + F_L) = -F_{res}$		Gl. (6.26)
maximale Nockenkraft [2]	$F_{N\,max} = -F_F - F_M - F_L$	$\varphi = \varphi_ü$	Gl. (6.27)
Sicherheit gegen Abheben [2]	$F_{N\,min} = -F_F + F_M + F_L < 0$	$\varphi = 2\varphi_N - \varphi_ü$	Gl. (6.28)

[1]) Gewichtskraft vernachlässigt   [2]) Betriebs- und Gewichtskraft vernachlässigt

(Fortsetzung s. nächste Seite)

T a f e l **A 6.**2   Fortsetzung

Festigkeit

Zulässige Liniendrücke für Kurventräger: Stahlguß $p_l \leq 100$ N/mm; gehärteter Stahl $p_l \leq 750$ N/mm; zulässige Flächenpressung im Lager der Laufrolle: bei Stahlzapfen und Bronzebüchsen $p \leq 15$ N/mm^2; maximale Biegebeanspruchung des Rollenzapfens (Biegemomentverlauf s. Bild **5.**34 a):

$\sigma_b \leqq 150$ N/mm^2.

T a f e l **A 6.**3   Bewegungsgesetze des ruckfreien Nockens

Bezeichnung	Formel		
Hub	$h = c_s t - \dfrac{h_{max}}{2\pi} \sin 2\pi t/T$ $h = 0$ bei $t = 0$ und $2T$	$c_s = h_{max}/T$	Gl. (6.19)
Geschwindigkeit	$c = c_s(1 - \cos 2\pi t/T)$ $c = 0$ bei $t = 0$, T und $2T$	$c_{max} = 2 c_s$ bei $t = T/2$ und $3T/2$	Gl. (6.20)
Beschleunigung	$a = a_s \sin 2\pi t/T$ $a = 0$ bei $t = 0$, $T/2$, $3T/2$ und $2T$	$a_s = 2\pi h_{max}/T^2$ $a_{max} = a_s$ bei $t = T/4$ und $7T/4$ $a_{min} = -a_s$ bei $t = 3T/4$ und $5T/4$	Gl. (6.21)

Arbeitsblatt 7: Zugmittelgetriebe

F o r m e l z e i c h e n

a l l g e m e i n

a	Achsabstand
F_W	Wellenbelastung
F_u	Umfangskraft
f_B	Biegefrequenz
g	Fallbeschleunigung
i	Übersetzung
n	Drehfrequenz
P_1, P_2	Antriebs-, Abtriebsnennleistung
v	Umfangsgeschwindigkeit
z_u	Anzahl der Riemenumlenkungen
β	Umschlingungswinkel
γ	spezifisches Gewicht
η	Wirkungsgrad des Triebs
φ	Betriebsfaktor

I n d i z e s

1, 2   s. Erläuterungen S. A 82

F l a c h r i e m e n

b, b'	Riemen-, Scheibenbreite
C, C_1	Korrekturfaktoren
d	Scheibendurchmesser
F'_u	spezifische Umfangskraft

L	Riemenlänge
P$'$	spezifische Riemenleistung

K e i l r i e m e n

C, C_3, C_K	Korrekturfaktoren
d_w	Wirkdurchmesser
L_w	genormte Wirklänge
P_N	Nennleistung eines Riemens
z	Anzahl der parallelen Riemen

K e t t e n

A	tragende Gelenkfläche
d_0	Teilkreisdurchmesser
F_B	Mindestbruchlast der Laschen
F_f	Fliehkraft in der Kette
F_{ges}	Gesamtzugkraft
P_D	Diagrammleistung
p_r, p_v	rechnerische Vergleichsflächen-pressung
q	Kettengewicht (Masse in kg) je m
S_{stat}	statische Sicherheit in den Laschen
p	Kettenteilung
$z..$	Zähnezahl des Kettenrades

K o r r e k t u r f a k t o r e n

c_h, k, t_v, y, λ_v

Tafel A 7.1   Riementriebe

Formel	Kenn- und Richtwerte
Bestimmung bzw. Wahl der Ausgangsgrößen (s. Erläuterungen am Ende dieser Tafel)	

Bestimmung bzw. Wahl der Ausgangsgrößen (s. Erläuterungen am Ende dieser Tafel)

	Formel	Kenn- und Richtwerte
		Wahl von d_1 (kleinere Scheibe, meist treibend) auf Grund von Wellen- bzw. Nabendurchmesser
Riemengeschwindigkeit	$v = \pi d_1 n_1$ in m/s Gl. (A 7.1) mit d_1 in m, n_1 in s^{-1}	Anzustreben sind große Werte für v, weil damit große Riemenleistungen erreicht werden Bild **A 7.7**; **A 7.11**
Scheibendurchmesser	getriebene Scheibe Gl. (A 7.2) $d_2 = i\,d_1$	Festlegen von d_1 und d_2 nach DIN 111 Flachriemen d_1, d_2 DIN 2211 Schmalkeilriemen d_{w1}, d_{w2} Tafel **A 7.4**, **A 7.10**
Riemenlänge bei offenem Trieb	$L \approx 2a + \dfrac{\pi}{2}(d_1 + d_2) + \dfrac{1}{4a}(d_2 - d_1)^2$ Gl. (7.5)	Wahl des Achsabstandes aus den konstruktiven Gegebenheiten bzw. der Antriebsanordnung
genaue Riemenlänge	$L = 2a\cos\delta + \dfrac{\pi}{2}(d_1 + d_2) + \dfrac{\pi\delta}{180°}(d_2 - d_1)$ mit δ in Grad	Richtwert $a/(d_1 + d_2)$ $\approx 0{,}8 \cdots 5$ für EXTREMULTUS $\approx 0{,}7 \cdots 2$ für Keilriemen
Umschlingungswinkel (Kleinstwert)	$\cos(\beta_1/2) = (d_2 - d_1)/(2a) = \sin\delta$ Gl. (7.4)	

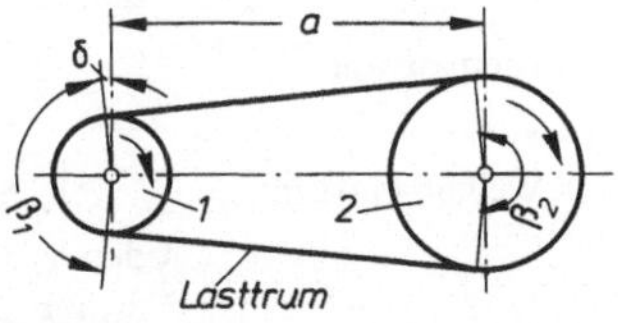

offener Trieb

	Formel	Kenn- und Richtwerte
Biegefrequenz	$f_{\mathrm{B}} = z_{\mathrm{u}}\,v/L$ Gl. (A 7.3)	Grenzwerte für f_{B} Tafel **A 7.3** φ Bild **A 4.8**
Riemenleistung	$P_{1\,\mathrm{max}} = \varphi P_1 = \varphi P_2/\eta$ Gl. (7.7)	$\eta \approx 0{,}96 \cdots 0{,}98$ 1 kW = 1 000 N m s^{-1}
Umfangskraft (Nutzkraft in im Riemen)	$F_{\mathrm{u\,max}} = P_{1\,\mathrm{max}}/v$ Gl. (A 7.4)	zweckmäßig: P in N m s^{-1}, v in m s^{-1}
Achsabstand	$a = p + \sqrt{p^2 - q}$ Gl. (7.6) mit $p = L/4 - \pi(d_1 + d_2)/8$ $q = (d_2 - d_1)^2/8$	rechnerische Ermittlung von a, wenn Riemenlänge L auf Normlängen (z. B. L_{w} bei Schmalkeilriemen) korrigiert werden muß

7

(Fortsetzung s. nächste Seite)

Tafel A 7.1   Fortsetzung

Formel	Kenn- und Richtwerte

Berechnung des Flachriemens

	für Mehrstoffriemen EXTREMULTUS Bauart 80		
Riemenvorwahl	$F'_{u\,erforderlich} = C_1 d_1$ in N/mm mit d_1 in mm	Gl. (7.9)	$C_1 = f(v)$ Bild **A 7.8**
Riemenbreite	auf Grund der spez. Riemenleistung $b = P_{1\,max}/(C P')$ oder	Gl. (7.8)	auf Grund der spez. Umfangskraft $F'_{u\,erf}$ wird der Riementyp ($F'_{u\,max}$) ermittelt und auf Grund von $f_{B\,zul}$ überprüft; bei $f_B > f_{B\,zul}$ ist die nächstkleinere (dünnere) Type zu wählen (b wird dann entsprechend größer) Tafel **A 7.6**, Bild **A 7.9**
Riemenbreite	auf Grund der spez. Umfangskraft $b = F_{u\,max}/(C F'_{u\,max})$	Gl. (7.10)	$C = f(\beta)$ Tafel **A 7.5**
Wellenbelastung	$F_w \approx 1{,}5\, F_{u\,max}$	Gl. (7.11)	$P' = f(v,\,\text{Type})$ Bild **A 7.7**

Berechnung des Keilriemens

Korrektur der aus Gl. (7.5) errechneten Riemenlänge L auf genormte Wirklänge L_w	Tafel **A 7.10**

Korrekturfaktor	$C_K = \dfrac{1}{C C_3}$	Gl. (A 7.5)	$C = f(\beta)$ $C_3 = f(L_w,\,\text{Profil})$ Tafel **A 7.5** Bild **A 7.12**
Riemenzahl	$z = \dfrac{P_{1\,max}}{C_K P_N}$	Gl. (7.12)	$P_N = f(d_1,\,n,\,\text{Profil})$ Bild **A 7.11**
Wellenbelastung	$F_w \approx (1{,}5 \cdots 2)\, F_{u\,max}$	Gl. (A 7.6)	
	oder $F_w \approx 1{,}7\, F_{u\,max} + z K v^2$	Gl. (A 7.7)	$K = f(\text{Profil})$ Tafel **A 7.10**
	mit $K = A \varrho$ in kg/m und v in m/s		$1\,\text{N} = 1\,\text{kg m/s}^2$

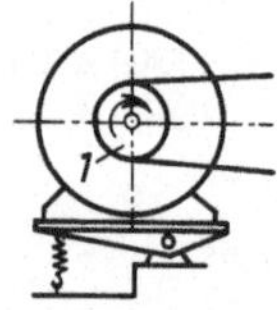

A 7.2
Spannwelle mit Feder

Spannwelle mit Eigenfederung

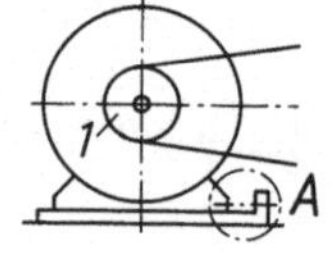
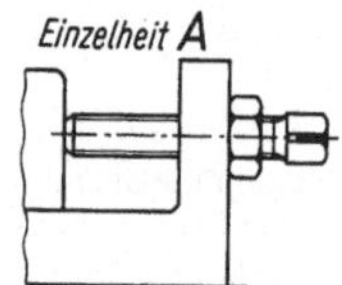

Erläuterungen

Die Rechnung wird sets am kleineren Rad und mit der vollen Antriebsleistung durchgeführt. Die Räder werden jedoch in Richtung des Kraftflusses beziffert (s. Abschn. 8.1), so daß sich mitunter die Indizes 1, 2 vertauschen. Unabhängig von der wirklichen Übersetzung $i_w = n_1/n_2$ gilt für die Rechnung stets die Übersetzung vom kleineren zum größeren Rad, also $i \geqq 1$. Der Durchmesser des kleinen Rades richtet sich zunächst nach dem Wellen- bzw. Nabendurchmesser; außerdem versucht man, einen möglichst großen Scheibendurchmesser zu verwirklichen, um große Umfangsgeschwindigkeiten v und damit kleine Umfangskräfte F_u zu erreichen. Platzverhältnisse und Achsabstand begrenzen die Scheibendurchmesser. Bei Schmalkeilriemen tritt an Stelle von d der wirksame Durchmesser d_w. Das Arbeitsblatt ist für Spannwellentrieb aufgestellt.

T a f e l A 7.3   Kennwerte von Riemenarten

| | i | v | f_B | σ_{zul} | ϑ |
| | | m/s | s^{-1} | N/mm^2 | °C |
	$\leqq$	$\leqq$	$\leqq$		$\leqq$
Lederriemen HGL		50	25	5,0	40
Mehrstoffriemen					
EXTREMULTUS Bauart 80	20	80	80	50	80
Bauart 81	20	120	100	50	80
Schmalkeilriemen	15	40	100		70
Flankenoffene Hoch-Leistungskeilriemen	15	50	120		80

T a f e l A 7.4   Flachriemenscheiben nach DIN 111 (Auswahl; alle Maße in mm)

d	h	d $\geqq$	b'	b_{max}
40			25	20
50			32	25
63		40	40	32
71			50	40
80	0,3			
90			63	50
100		50	80	71
112			100	90
125	0,4	80	125	112
140			140	125
160	0,5		160	140
180		90	180	160
200	0,6		200	180
224			224	200
250	0,8	200	280	250
280			315	280
315			355	315
355	1,0	450	400	355
400			450	400
	weiter nach Normreihe			
R 20	*)		R 20	R 20

Armscheibe

*) ab $d = 400$ $h = f(b')$

T a f e l A 7.5   Umschlingungswinkel β in °

β	C	β	C	β	C
100	0,73	130	0,86	160	0,95
110	0,78	140	0,89	170	0,98
120	0,82	150	0,92	180	1,0

Tafel A 7.6   Mehrstoffriemen EXTREMULTUS Bauart 80

Riementyp $\hat{=} F'_{u\,max}$ in N/mm	6	10	14	20	28	40	54	80
Zugfestigkeit in N/mm	135	225	315	450	630	900	1 220	1 800

Bruchdehnung $\approx 22\%$ Auflagedehnung $\approx 1{,}5 \cdots 3\%$
$F'_{u\,max}$ übertragbare Umfangskraft je mm Riemenbreite

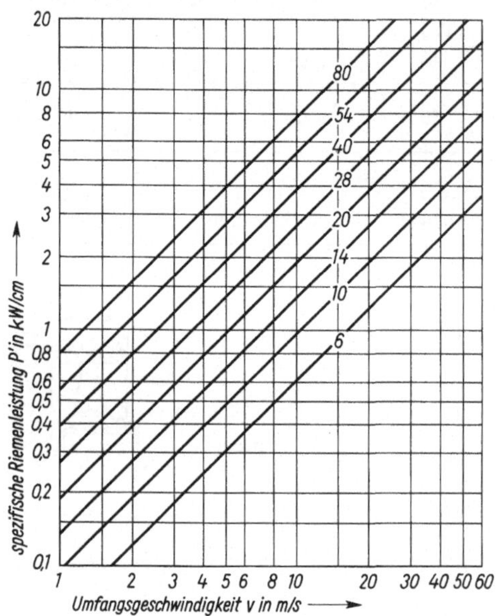

A 7.7 Spezifische Riemenleistung P' in Abhängigkeit von Umfangsgeschwindigkeit v und Riementype [1])

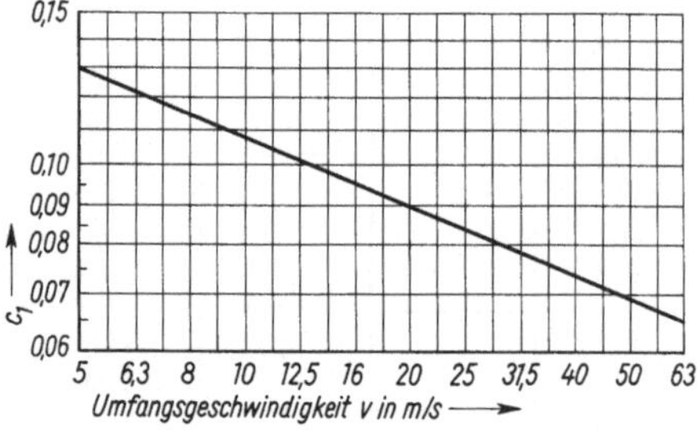

A 7.8 Beiwert C_1 zur Bestimmung der spezifischen Umfangskraft F_u eines Mehrstoffriemens [1])

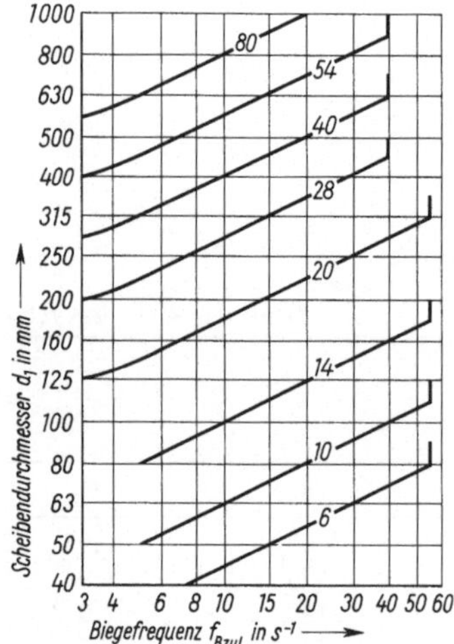

A 7.9
Grenzwerte der Biegefrequenz f_B in Abhängigkeit vom kleinsten Scheibendurchmesser d_1 und vom Riementyp [1])

[1]) Diagrammwerte gelten nur für Mehrstoffriemen EXTREMULTUS Bauart 80

T a f e l **A 7**.10   Schmalkeilriemen- und Scheibenabmessungen nach DIN 2211 und 7753 (Auswahl; alle Maße in mm)

Profil		SPZ	SPA	SPB	SPC
$b_0 = b_1$	$\approx$	9,7	12,7	16,3	22
b_w		8,5	11	14	19
h	$\approx$	8	10	13	18
h_w		2	2,8	3,5	4,8
c		2	2,8	3,5	4,8
e		12	15	19	25,5
f		8	10	12,5	17
t	$\geqq$	11	14	18	24
d_w	$\alpha = 34°$	63	90	140	224
		71	100	160	250
		80	112	180	280
	$\alpha = 38°$	90	125	120	315
		100	140	224	355
		weiter nach Normreihe R 20			
L_w		630	800	1250	2000
		710	900	1400	2240
		800	1000	1600	2500
		900	1120	1800	2800
		1000	1250	2000	3150
		weiter nach Normreihe R 20 bis			
		3550	4500	8000	12500
$K = A\varrho$ in kg/m		0,069	0,128	0,206	0,373

Fliehkraftanteil pro Keilriemen
$$F_f = \varrho A v^2 = K v^2 \quad \text{in kg\,ms}^{-2} = \text{N}$$

In die Scheiben passen auch jeweils die Normprofile 10, 13, 17 und 22 nach DIN 2215.

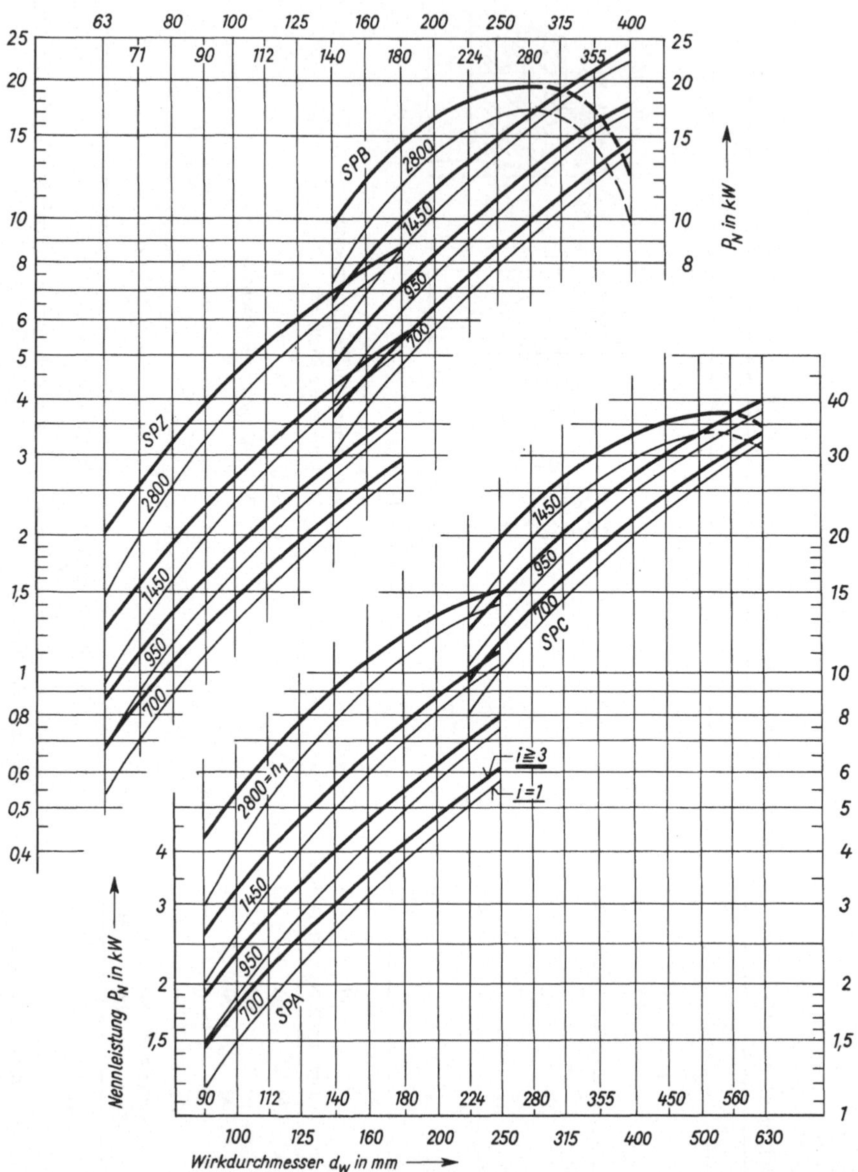

A 7.11 Nennleistung P_N je Schmalkeilriemen für die Profile SPZ, SPA, SPB, SPC in Abhängigkeit vom Wirkdurchmesser der kleineren Scheibe (d_{w1}), der Lastdrehzahl n_1 und der Übersetzung i. Im Drehzahlfeld gilt: ——— $i \geqq 3$ ——— $i = 1$

Erläuterungen zu Tafel **A 7.13**

Die Erläuterungen zu Tafel **A 7.1** gelten hier ebenfalls. Im Gegensatz zu den Riemenscheiben wird d_{01} auf Grund der Zähnezahl des kleinen Rades z_1 und der gewählten Teilung p bestimmt. Weitere Größen werden auf Grund der in Tafel **A 7.14** angegebenen Gleichungen ermittelt. $i_{max} \approx 7$.

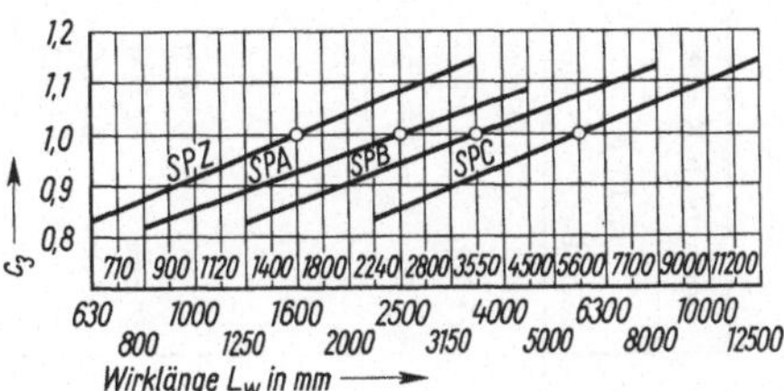

A 7.12
Längenfaktor C_3 in Abhängigkeit von Wirklänge
L_w und Schmalkeilriemenprofil

T a f e l A 7.13   Kettentrieb

Formel			Kenn- und Richtwerte
V o r w a h l d e r K e t t e			Wahl von z_1 (Kleinrad) auf Grund der konstruktiven Gegebenheiten $z_{min} = 17 \cdots 19$
Antriebsleistung	$P_1 = P_2/\eta$	Gl. (A 7.8)	$\eta = 0{,}97 \cdots 0{,}99$
Diagrammleistung	$P_D = P_1/k$	Gl. (7.14)	$k = f(\varphi, z_1)$ Bild A 7.18
			Wahl der Kette auf Grund von n_1 und P_D Bild A 7.20
N a c h r e c h n e n d e r K e t t e			Kettendaten F_B, q, A, p, X und Bestimmung von α_1, d_{01} Tafel A 7.14
Kettengeschwindigkeit	$v = \pi d_{01} n_1$ in m/s mit d_{01} in m, n_1 in s^{-1}	Gl. (A 7.1)	$v \leqq 40$ m/s bei $v > 16$ m/s Anfrage beim Hersteller zweckmäßig
Umfangskraft	$F_u = P_1/v$	Gl. (A 7.4)	1 kW $= 1000$ N ms^{-1} zweckmäßig:
Fliehkraft	$F_f = q v^2$	Gl. (A 7.9)	P in N ms^{-1}, v in ms^{-1}
Gesamtzugkraft	$F_{ges} = F_u + F_f$	Gl. (7.15)	
Sicherheit in den Laschen	$S_{stat} = F_B/F_{ges} \geqq 7$	Gl. (7.16)	
Gelenkflächenpressung	$p_r = F_{ges}/A$	Gl. (A 7.10)	Kettentrieb $y = f(\varphi)$ Bild A 7.18 $t_v = f(v, p)$ Tafel A 7.17 $\lambda_v = f(z_1, i, X)$ Tafel A 7.19 $\dfrac{p_v}{y} = f(w = t_v \cdot \lambda_v \cdot c_h)$ Bild A 7.22 Schmierungsart Bild A 7.21
Vergleichswert	$\dfrac{p_r}{y} \leqq \dfrac{p_v}{y}$	Gl. (7.17)	
Achsabstand	$a = \dfrac{p}{8}\left(T + \sqrt{T^2 - U}\right)$	Gl. (A 7.11)	rechnerischer Achsabstand, ohne Laufspiel u. Durchhang
	mit $T = 2X - z_1 - z_2$ $U = 8(z_2 - z_1)^2/\pi^2$		Bestimmung des Gegenrades aus $z_2 = i z_1$ d_{02} aus Tafel A 7.14

T a f e l A 7.14 Rollenketten nach DIN 8187, Kettenräder nach DIN 8196 (Auswahl; Maße in mm)

Ketten-Nr. Reihe 1	p	b_1 $\geqq$	b_2 $\leqq$	d_1 $\leqq$	d_2 $h9$	g_1 $\leqq$	h' $\geqq$	a_1 $\leqq$	A mm²	q kg/m	F_B N	F_B in N 2fach	3fach
05 B	8	3	4,77	5	2,31	7,11	7,37	8,6	11	0,18	4600	8000	11400
06 B	9,525	5,72	8,53	6,35	3,28	8,26	8,52	13,5	28	0,41	9100	17300	25400
081	12,7	3,3	5,8	7,75	3,66	9,91	10,17	10,2	21	0,28	8200	–	–
082	.	2,38	4,6	7,75	3,66	9,91	10,17	8,2	16	0,26	10000	–	–
083	.	4,88	7,9	7,75	4,09	10,3	10,56	12,9	32	0,42	12000	–	–
084	.	4,88	8,8	7,75	4,09	11,15	11,41	14,8	35	0,59	16000	–	–
085	.	6,38	9,07	7,77	3,58	9,91	10,17	14	32	0,38	6800	–	–
08 B	12,7	7,75	11,3	8,51	4,45	11,81	12,07	17	50	0,70	18200	31800	45400
10 B	15,875	9,65	13,28	10,16	5,08	14,73	14,99	19,6	67	0,95	22700	45400	68100
12 B	19,05	11,68	15,62	12,07	5,72	16,13	16,39	22,7	89	1,25	29500	59000	88500
16 B	25,4	17,02	25,45	15,88	8,28	21,08	21,34	36,1	210	2,7	65000	124000	185000

The table header groups: "1fach-Kette" spans p through F_B N; "Mehrfach-Kette" spans the F_B in N 2fach / 3fach columns.

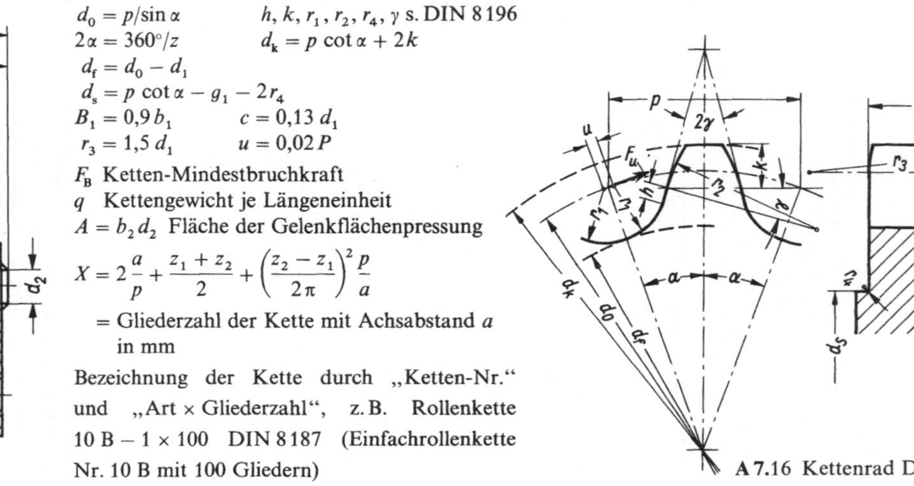

$d_0 = p/\sin \alpha$

$2\alpha = 360°/z$

$d_f = d_0 - d_1$

$d_s = p \cot \alpha - g_1 - 2r_4$

$B_1 = 0,9\,b_1 \qquad c = 0,13\,d_1$

$r_3 = 1,5\,d_1 \qquad u = 0,02\,P$

$h, k, r_1, r_2, r_4, \gamma$ s. DIN 8196

$d_k = p \cot \alpha + 2k$

F_B Ketten-Mindestbruchkraft

q Kettengewicht je Längeneinheit

$A = b_2 d_2$ Fläche der Gelenkflächenpressung

$$X = 2\frac{a}{p} + \frac{z_1 + z_2}{2} + \left(\frac{z_2 - z_1}{2\pi}\right)^2 \frac{p}{a}$$

= Gliederzahl der Kette mit Achsabstand a in mm

Bezeichnung der Kette durch „Ketten-Nr." und „Art × Gliederzahl", z. B. Rollenkette 10 B − 1 × 100 DIN 8187 (Einfachrollenkette Nr. 10 B mit 100 Gliedern)

A 7.15 Rollenkette DIN 8187

A 7.16 Kettenrad DIN 8196

T a f e l A 7.17   Teilungs-Geschwindigkeitsfaktor t_v
nach DIN 8195 (Auswahl)

v	Kettenteilung p in mm				
m/s	9,525	12,7	15,875	19,05	25,4
0,2	16,8	16,2	15,0	14,2	13,2
0,4	13,3	12,9	11,9	11,3	10,5
0,8	10,5	10,2	9,4	9,0	8,3
1	9,8	9,5	8,8	8,3	7,7
2	7,8	7,5	6,95	6,6	6,11
4	6,22	6,0	5,54	5,26	4,87
6	5,43	5,24	4,85	4,51	4,28
8	4,94	4,76	4,4	4,17	3,88
10	4,56	4,4	4,07	3,86	3,57
16	3,9	3,76	3,48	3,3	3,06
20	3,62	3,49	3,23	3,06	2,84
30	3,16	3,05	2,82	2,68	2,48
40	2,88	2,77	2,56	2,42	2,25

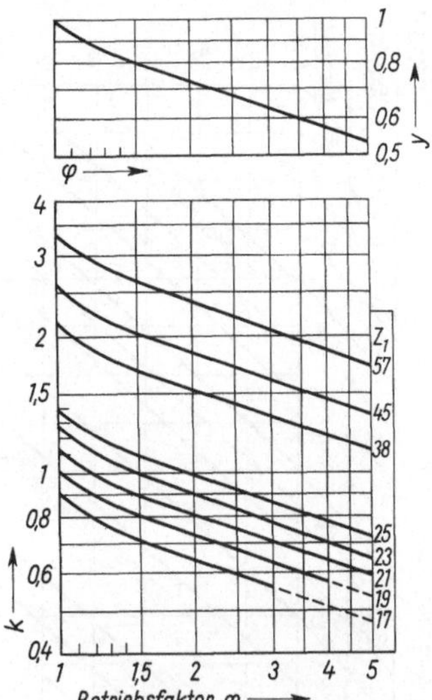

A 7.18 Leistungsfaktor k und
Stoßbeiwertfaktor y in
Abhängigkeit von den
Betriebsbedingungen, d. h.
von Betriebsfaktor φ nach
Bild A 4.8

T a f e l A 7.19   Reibwegfaktor λ_v nach DIN 8195 (Auswahl)

X	$i \ \backslash \ z$	17	19	21	23	25	38	45	57
70	1	0,83	0,89	0,92	0,95	0,97	1,12		
	2	0,91	0,98	1,01	1,04				
	3	0,95	1,01						
100	1	0,93	1,0	1,03	1,07	1,1	1,26	1,33	1,44
	2	1,03	1,1	1,14	1,17	1,21	1,39		
	3	1,07	1,14	1,18	1,22	1,25			
	5	1,09	1,17						
200	1	1,17	1,26	1,3	1,34	1,38	1,58	1,67	1,81
	2	1,29	1,38	1,43	1,47	1,51	1,74	1,84	1,99
	3	1,34	1,43	1,48	1,52	1,57	1,81		
	5	1,37	1,47	1,52	1,57	1,61			

7

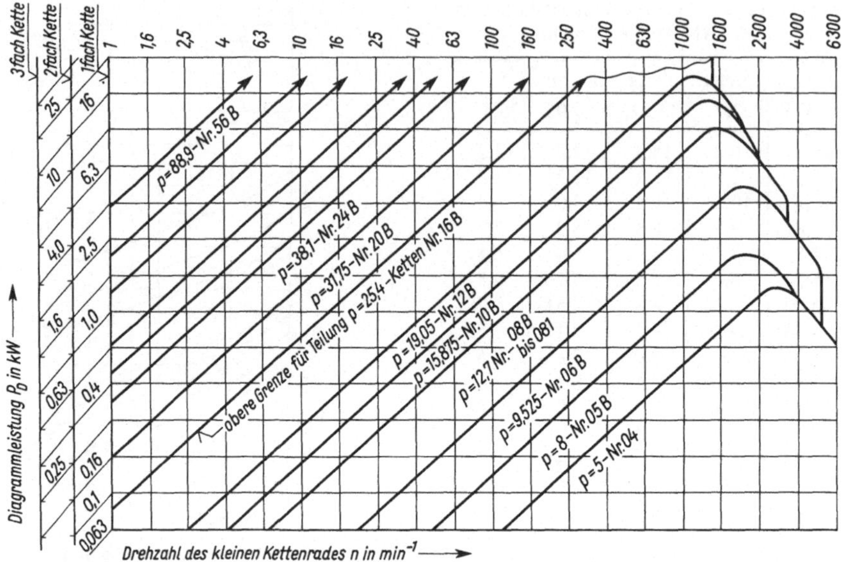

A 7.20 Leistungs- und Drehzahlbereich für Ketten nach DIN 8187 für Kettentrieb mit $z_1 = 19$
$X = 100$, $t_h = 15000$ h (aus DIN 8195)

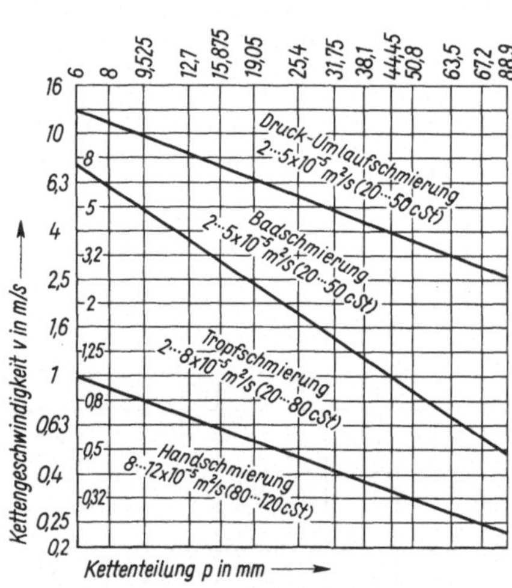

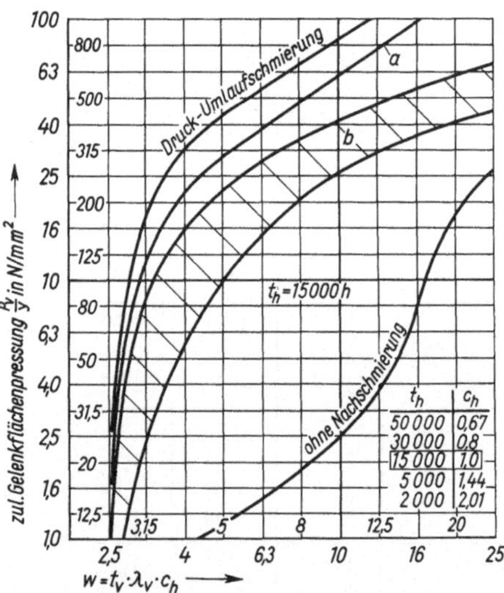

A 7.21 Günstigste Schmierungsart in Abhängigkeit von Kettenteilung p und Kettengeschwindigkeit v

(Kinematische Viskosität:
$1 \cdot 10^{-6}$ m²/s = 1 cSt)

A 7.22 Richtwert für zul. Gelenkflächenpressung p_v/y nach DIN 8195; bei $t_h \neq 15000$ h ist w nach Tafel zu korrigieren

a Linie für Bad-, Tropf- und Handschmierung innerhalb der Grenzen nach Bild A 7.21
b Bereich bei Überschreitung der Grenzlinien nach Bild A 7.21

Arbeitsblatt 8: Zahnrädergetriebe

Formelzeichen[1])

a	Achsabstand	s_b	Zahndicke am Grundkreis
a_d	Achsabstand (Rechengröße)	s_F	Zahndicke (8.45)
b	Zahnbreite	u	Zähnezahlverhältnis
c	Kopfspiel einer Radpaarung	v	Umfangsgeschwindigkeit am Teilkreis
c_{zul}	Belastungswert	v_g	Gleitgeschwindigkeit
d	Teilkreisdurchmesser	x	Profilverschiebungsfaktor
d_a	Kopfkreisdurchmesser	y	Beiwert für Kühlung
d_f	Fußkreisdurchmesser	z	Zähnezahl
d_b	Grundkreisdurchmesser	z_k	Kennzahl für Profilüberdeckung
d_w	Betriebswälzkreisdurchmesser	z_n	Ersatzzähnezahl für Schrägstirnrad
d_m	mittlerer Durchmesser, Mittenkreisdurchmesser	z_v	Ergänzungszähnezahl (virtuell)
d_n	Teilkreisdurchmesser des Ersatzstirnrades	z_p	Planrad-, Planetenradzähnezahl
d_v	Teilkreisdurchmesser (virtuell)	D_E	Einschaltdauer
d_A	Außendurchmesser	E	Elastizitätsmodul
d_{WI}	Wellendurchmesser	F_t	Umfangskraft am Teilzylinder
e	Zahnlücke	F_n	Zahnnormalkraft
e'	Eingriffslänge	F_r	Radialkraft am Teilzylinder
$\mathrm{inv}\,\alpha$	Evolventenfunktion von α (involut α)	F_a	Axialkraft am Teilzylinder
f_{pe}	Eingriffsteilungsfehler	$K_{F\alpha}$	Stirnlastverteilungsfaktor für die Zahnfußspannung
g	Eingriffsstrecke	$K_{H\alpha}$	Stirnlastverteilungsfaktor für die Hertzsche Pressung
h	Zahnhöhe		
h_a	Zahnkopfhöhe	M_b	Biegemoment
h^*	Zahnhöhenfaktor	P	Leistung
h_f	Zahnfußhöhe	R	Teilkegellänge
h_F	Biegehebelarm am Zahn (8.45)	S_d	Verdrehflankenspiel
i	Übersetzung	S_e	Eingriffsflankenspiel
i_0	Standübersetzung	S_F	Sicherheitsfaktor gegen Zahnfußdauerbruch
k	Wälzpressung	S_H	Sicherheitsfaktor gegen Grübchenbildung
m	Modul ($m = m_n$; m_n = Normalmodul)		
m_t	Stirnmodul	S_T	Temperatur-Sicherheit
m_m	mittlerer Modul (Rechengröße)	S_D	Durchbiegungs-Sicherheit
n	Drehfrequenz	T	Drehmoment (Torsionsmoment)
p	Teilung	Y_F	Zahnformfaktor
p_e	Eingriffsteilung	Y_ε	Lastanteilfaktor
p_b	Grundkreisteilung	Z_H	Flankenformfaktor
p_n	Normalteilung	Z_M	Materialfaktor
p_t	Stirnteilung	Z_ε	Überdeckungsfaktor
p_z	Steigungshöhe	W	Arbeit
q_L	Hilfsfaktor	α	Eingriffswinkel am Teilkreis
q_1	Kühlbeiwert	α_w	Betriebseingriffswinkel
q_2	Übersetzungsbeiwert	β	Schrägungswinkel am Teilkreis
q_3	Werkstoff-Paarungsbeiwert	β_b	Schrägungswinkel am Grundkreis
q_4	Beiwert für Bauart	γ	Steigungswinkel
q_5	Beiwert für Steigungswinkel	δ	Kreuzungswinkel
q_T	Temperatur-Beiwert	ε_α	Profilüberdeckung
s	Zahndicke am Teilkreis	ε_β	Sprungüberdeckung
s_a	Zahndicke am Kopfkreis	ε_k	Teilprofilüberdeckung

8

ϑ	Wirkungsgrad
η	Temperatur des Öles, Wirkungsgrad
λ	Zahnbreitenverhältnis
μ	Reibbeiwert
μ'	reduzierter Reibbeiwert
ϱ	Krümmungshalbmesser
ϱ	Reibungswinkel
ϱ'	reduzierter Reibungswinkel
ν	Poissonsche Konstante
σ_F	Zahnfußspannung
σ_{FP}	zulässige Zahnfußspannung
σ_{Fl}	Dauerfestigkeitswert für Zahnfußspannung
σ_H	Hertzsche Pressung im Wälzpunkt C
σ_{HP}	zulässige Hertzsche Pressung
σ_{Hl}	Dauerfestigkeitswert für Hertzsche Pressung
τ_t	Verdrehspannung (Torsionspannung)
Σ	Achsenwinkel
φ	Zentriwinkel, Betriebsfaktor
ω	Winkelgeschwindigkeit

[1]) Indizes: 1, 3, 5, ... für treibende Räder; 2, 4, 6, ... für getriebene Räder; n auf Normalschnitt, t auf Stirnschnitt, w auf Betriebswälzkreis, o auf Werkzeug bezogene Größen; keinen Index haben auf Teilkreis bezogene Größen.

Tafel A 8.1   Evolventenfunktion $\operatorname{inv}\alpha = \tan\alpha - \alpha$

α in °	,0	,1	,2	,3	,4	,5	,6	,7	,8	,9
11	0,0023941	0,0024607	0,0025285	0,0025975	0,0026678	0,0027394	0,0028123	0,0028865	0,0029620	0,0030389
12	0,0031171	0,0031966	0,0032775	0,0033598	0,0034434	0,0035285	0,0036150	0,0037029	0,0037923	0,0038831
13	0,0039754	0,0040692	0,0041644	0,0042612	0,0043595	0,0044593	0,0045607	0,0046636	0,0047681	0,0048742
14	0,0049819	0,0050912	0,0052022	0,0053147	0,0054290	0,0055448	0,0055524	0,0057817	0,0059028	0,0060254
15	0,0061498	0,0062760	0,0064039	0,0065337	0,0066652	0,0067985	0,0069337	0,0070706	0,0072095	0,0073501
16	0,007493	0,007637	0,007784	0,007932	0,008082	0,008234	0,008388	0,008544	0,008702	0,008863
17	0,009025	0,009189	0,009355	0,009523	0,009694	0,009866	0,010041	0,010217	0,010396	0,010577
18	0,010760	0,010946	0,011133	0,011323	0,011515	0,011709	0,011906	0,012105	0,012306	0,012509
19	0,012715	0,012923	0,013134	0,013346	0,013562	0,013779	0,013999	0,014222	0,014447	0,014674
20	0,014904	0,015137	0,015372	0,015609	0,015850	0,016092	0,016337	0,016585	0,016836	0,017089

(Fortsetzung s. nächste Seite)

Tafel **A8.1**   Fortsetzung

α in °	,0	,1	,2	,3	,4	,5	,6	,7	,8	,9
21	0,017345	0,017603	0,017865	0,018129	0,018395	0,018665	0,018937	0,019212	0,019490	0,019770
22	0,020054	0,020340	0,020629	0,020921	0,021217	0,021514	0,021815	0,022119	0,022426	0,022736
23	0,023049	0,023365	0,023684	0,024006	0,024332	0,024660	0,024992	0,025326	0,025664	0,026005
24	0,026350	0,026697	0,027048	0,027402	0,027760	0,028121	0,028485	0,028852	0,029223	0,029598
25	0,029975	0,030357	0,030741	0,031130	0,031521	0,031917	0,032315	0,032718	0,033124	0,033534
26	0,033947	0,034364	0,034785	0,035209	0,035637	0,036069	0,036505	0,036945	0,037388	0,037835
27	0,038287	0,038742	0,039201	0,039664	0,040131	0,040602	0,041076	0,041556	0,042039	0,042526
28	0,043017	0,043513	0,044012	0,044516	0,045024	0,045537	0,046054	0,046575	0,047100	0,047630
29	0,048164	0,048702	0,049245	0,049792	0,050344	0,050901	0,051462	0,052027	0,052597	0,053172
30	0,053751	0,054336	0,054924	0,055518	0,056116	0,056720	0,057328	0,057940	0,058558	0,059181
31	0,059809	0,060441	0,061079	0,061721	0,062369	0,063022	0,063680	0,064343	0,065012	0,065685
32	0,066364	0,067048	0,067738	0,068432	0,069133	0,069838	0,070549	0,071266	0,071988	0,072716
33	0,073449	0,074188	0,074932	0,075683	0,076439	0,077200	0,077968	0,078741	0,079520	0,080306
34	0,081097	0,081894	0,082697	0,083506	0,084321	0,085142	0,085970	0,086804	0,087644	0,088490
35	0,089342	0,090201	0,091067	0,091938	0,092816	0,093701	0,094592	0,095490	0,096395	0,097306
36	0,09822	0,09915	0,10008	0,10102	0,10196	0,10292	0,10388	0,10484	0,10581	0,10679
37	0,10778	0,10878	0,10978	0,11079	0,11180	0,11283	0,11386	0,11490	0,11595	0,11700
38	0,11806	0,11913	0,12021	0,12129	0,12238	0,12348	0,12459	0,12571	0,12683	0,12797
39	0,12911	0,13025	0,13141	0,13258	0,13375	0,13493	0,13612	0,13732	0,13853	0,13974
40	0,14097	0,14220	0,14344	0,14469	0,14595	0,14722	0,14850	0,14979	0,15108	0,15239
41	0,15370	0,15503	0,15636	0,15770	0,15905	0,16041	0,16178	0,16317	0,16456	0,16596
42	0,16737	0,16879	0,17022	0,17166	0,17311	0,17457	0,17604	0,17752	0,17901	0,18051
43	0,18202	0,18355	0,18508	0,18662	0,18818	0,18975	0,19132	0,19291	0,19451	0,19612
44	0,19774	0,19938	0,20102	0,20268	0,20435	0,20603	0,20772	0,20942	0,21114	0,21286
45	0,21460	0,21635	0,21812	0,21989	0,22168	0,22348	0,22530	0,22712	0,22896	0,23081
46	0,23268	0,23456	0,23645	0,23835	0,24027	0,24220	0,24415	0,24611	0,24808	0,25006
47	0,25206	0,25408	0,25611	0,25815	0,26021	0,26228	0,26436	0,26646	0,26858	0,27071
48	0,27285	0,27501	0,27719	0,27938	0,28159	0,28381	0,28605	0,28830	0,29057	0,29286
49	0,29516	0,29747	0,29981	0,30216	0,30453	0,30691	0,30931	0,31173	0,31417	0,31663
50	0,31909	0,32158	0,32408	0,32661	0,32915	0,33171	0,33428	0,33688	0,33949	0,34212

T a f e l **A 8**.2   Stirnrädergetriebe [1]: Verzahnungsgeometrie

	Geradverzahnung		Schrägverzahnung	
Teilkreisdurchmesser	$d = zm$	Gl. (8.7)	$d = zm_t = z\,\dfrac{m_n}{\cos\beta}$	Gl. (8.79)
Betriebswälzkreisdurchmesser	$d_w = d\,\dfrac{\cos\alpha}{\cos\alpha_w}$	Gl. (8.25)	$d_w = d\,\dfrac{\cos\alpha_t}{\cos\alpha_{tw}}$	
Kopfkreisdurchmesser ohne Kopfkürzung	$d_a = d + 2m + 2xm$	Gl. (8.30)	$d_a = d + 2m_n + 2xm_n$	
mit Kopfkürzung	$d_{ak} = d_a - 2\,km$	Gl. (8.32)	$d_{ak} = d_a - 2\,km_n$	
Fußkreisdurchmesser	$d_f = d - 2m - 2c + 2xm$ mit	Gl. (8.11)	$d_f = d - 2m_n - 2c + 2xm_n$	
Teilkreishalbmesser des Ersatzstirnrades			$r_n = \dfrac{r}{\cos^2\beta}$	Gl. (8.87)
Zähnezahl des Ersatzstirnrades			$z_n = \dfrac{z}{\cos^3\beta}$	Gl. (8.88)
Schrägungswinkel am Grundkreis			$\tan\beta_b = \tan\beta\,\cos\alpha_t$	Gl. (8.81)
Zahndicke am Teilkreis im Normalschnitt	$s = m\left(\dfrac{\pi}{2} + 2x\,\tan\alpha\right)$	Gl. (8.19)	$s_n = m_n\left(\dfrac{\pi}{2} + 2x\,\tan\alpha_n\right)$	
im Stirnschnitt			$s_t = \dfrac{s_n}{\cos\beta}$	
Mindest-Profilverschiebungsfaktor	$x_{min} = \dfrac{14 - z}{17}$	Gl. (8.18)	$x_{min} = \dfrac{14 - \dfrac{z}{\cos^3\beta}}{17}$	Gl. (8.91)
Profilverschiebung	$v = xm$	Gl. (8.17)	$v = xm_n$	Gl. (8.92)
Grundkreishalbmesser	$r_b = r\cos\alpha$	Gl. (8.21)	$r_b = r\cos\alpha_t$	Gl. (8.80)
Teilprofilüberdeckung	$\varepsilon_k = \varepsilon_k'\,\dfrac{z}{z_k}$ ε_k' aus **A 8**.29	Gl. (8.35)	$\varepsilon_k = \varepsilon_k'\,\dfrac{z}{z_k}$ ε_k' aus **A 8**.29	

(Fortsetzung s. nächste Seite)

Tafel A 8.2   Fortsetzung

	Geradverzahnung	Schrägverzahnung
Kennzahlen für die Teil-Profilüberdeckung	$z_k = \dfrac{2d_w}{d_a - d_w}$ bzw. mit d_{ak} Gl. (8.34)	$z_k = \dfrac{2d_w}{d_a - d_w}$ bzw. mit d_{ak}
Profilüberdeckung	$\varepsilon_\alpha = \varepsilon_{k1} + \varepsilon_{k2}$ Gl. (8.36)	$\varepsilon_\alpha = \varepsilon_{k1} + \varepsilon_{k2}$
Profilüberdeckung [2]	$\varepsilon_\alpha = \dfrac{g_\alpha}{p_e} = \dfrac{g_\alpha}{p \cos\alpha} = \varepsilon_1 + \varepsilon_2 - \varepsilon_a$ Gl. (8.14) $\varepsilon_1 = \dfrac{\sqrt{r_{a1}^2 - r_{b1}^2}}{\pi m \cos\alpha} \quad \varepsilon_2 = \dfrac{\sqrt{r_{a2}^2 - r_{b2}^2}}{\pi m \cos\alpha}$ bzw. mit r_{ak} $\varepsilon_a = \dfrac{a \sin\alpha_w}{\pi m \cos\alpha}$	$\varepsilon_\alpha = \dfrac{g_\alpha}{p_{et}} = \dfrac{g_\alpha}{p_t \cos\alpha_t} = \varepsilon_1 + \varepsilon_2 - \varepsilon_a$ $\varepsilon_1 = \dfrac{\sqrt{r_{a1}^2 - r_{b1}^2}}{\pi m_t \cos\alpha_t} \quad \varepsilon_2 = \dfrac{\sqrt{r_{a2}^2 - r_{b2}^2}}{\pi m_t \cos\alpha_t}$ bzw. mit r_{ak} $\varepsilon_a = \dfrac{a \sin\alpha_{tw}}{\pi m_t \cos\alpha_t}$
Sprungüberdeckung		$\varepsilon_\beta = \dfrac{b \sin\beta}{\pi m_n}$ Gl. (8.85)
Gesamtüberdeckung		$\varepsilon_s = \varepsilon_\alpha + \varepsilon_\beta$ Gl. (8.86)
Stirnmodul		$m_t = \dfrac{m_n}{\cos\beta}$ Gl. (8.78)
Stirneingriffswinkel		$\tan\alpha_t = \dfrac{\tan\alpha_n}{\cos\beta}$ Gl. (8.82)
Kopfkürzung	$km = a_d + m(x_1 + x_2) - a$ Gl. (8.31)	$km_n = \alpha_R + m_n(x_1 + x_2) - a$
Übersetzung [2]	$i = \dfrac{\omega_1}{\omega_2} = \dfrac{n_1}{n_2} = \dfrac{r_{b2}}{r_{b1}} = \dfrac{r_2}{r_1} = \dfrac{r_{w2}}{r_{w1}} = \dfrac{z_2}{z_1}$	$i = \dfrac{\omega_1}{\omega_2} = \dfrac{n_1}{n_2} = \dfrac{r_{b2}}{r_{b1}} = \dfrac{r_2}{r_1} = \dfrac{r_{w2}}{r_{w1}} = \dfrac{z_2}{z_1}$

Zur Beachtung der Drehrichtung Vorzeichen einsetzen. Gl. (8.1) (8.3)

	Geradverzahnung	Schrägverzahnung
Achsabstand (Rechengröße)	$a_d = \dfrac{d_1 + d_2}{2} = \dfrac{z_1 + z_2}{2} m$ Gl. (8.37)	$a_d = \dfrac{d_1 + d_2}{2} = \dfrac{z_1 + z_2}{2} \dfrac{m_n}{\cos\beta}$

(Fortsetzung s. nächste Seite)

T a f e l **A 8.**2   Fortsetzung

	Geradverzahnung		Schrägverzahnung
Achsabstand	$a = \dfrac{d_{w1} + d_{w2}}{2} = \dfrac{z_1 + z_2}{2}\, m\, \dfrac{\cos\alpha}{\cos\alpha_w}$	Gl. (8.26)	$a = \dfrac{d_{w1} + d_{w2}}{2} = \dfrac{z_1 + z_2}{2}\, \dfrac{m_n}{\cos\beta}\, \dfrac{\cos\alpha_t}{\cos\alpha_{tw}}$
Betriebseingriffswinkel bei gegebener $\Sigma x = x_1 + x_2$	$\operatorname{inv}\alpha_w = \dfrac{2(x_1 + x_2)\tan\alpha}{z_1 + z_2} + \operatorname{inv}\alpha$	Gl. (8.29)	$\operatorname{inv}\alpha_{tw} = \dfrac{2(x_1 + x_2)\tan\alpha_n}{z_1 + z_2} + \operatorname{inv}\alpha_t$
bei gegebenem Achsabstand	$\cos\alpha_w = \dfrac{z_1 + z_2}{2a}\, m\cos\alpha$	Gl. (8.28) Gl. (8.10)	$\cos\alpha_{tw} = \dfrac{z_1 + z_2}{2a}\, \dfrac{m_n}{\cos\beta}\, \cos\alpha_t$
Summe der Profil- verschiebungsfaktoren [1])	$x_1 + x_2 = \dfrac{(z_1 + z_2)(\operatorname{inv}\alpha_w - \operatorname{inv}\alpha)}{2\tan\alpha}$	Gl. (8.27)	$x_1 + x_2 = \dfrac{(z_1 + z_2)(\operatorname{inv}\alpha_{tw} - \operatorname{inv}\alpha_t)}{2\tan\alpha_n}$
vorhandenes Kopfspiel [2])	$c = a - \dfrac{d_{a1} + d_{f2}}{2} = a - \dfrac{d_{a2} + d_{f1}}{2} \geqq c_{min}$ $\text{zul } c_{min} = 0{,}12\, m$	Gl. (8.33)	$c = a - \dfrac{d_{a1} + d_{f2}}{2} = a - \dfrac{d_{a2} + d_{f1}}{2} \geqq c_{min}$ $\text{zul } c_{min} = 0{,}12\, m$

[1]) Bei den Profilverschiebungsfaktoren ist auf das Vorzeichen zu achten (s. Abschn. 8.3.2): wird durch die Profilverschiebung der Zahnfuß dicker, so ist der Profilverschiebungsfaktor x positiv.

[2]) Bei Hohlradgetrieben (s. Abschn. 8.3.3) ist: $\varepsilon_\alpha = \varepsilon_1 - \varepsilon_2 + |\varepsilon_a|$; das Kopfspiel ist positiv. ε_1 für Ritzel (Planetenrad), ε_2 für Hohlrad.

Bei Innenverzahnungen (s. Abschn. 8.3.3) erhalten (abgesehen vom Profilverschiebungsfaktor x) folgende Formelgrößen ein negatives Vorzeichen: Zähnezahl (z_2) des Hohlrades und alle von ihr abgeleitete Größen, alle Durchmesser des Hohlrades, Kennzahl (z_{k2}) und Achsabstand (a) beim Hohlradgetriebe.

T a f e l **A 8**.3   Stirnrädergetriebe: Tragfähigkeitsberechnung

	Geradverzahnung		Schrägverzahnung	
Umfangskraft am Teilzylinder	$F_t = \varphi\,\dfrac{2\,T_1}{d_1} = \dfrac{2\,\varphi\,P_1}{d_1\,\omega_1} = \dfrac{2\,T_{1\max}}{d_1}$	Gl. (8.41)	$F_t = \varphi\,\dfrac{2\,T_1}{d_1} = \dfrac{2\,T_{1\max}}{d_1}$ φ s. Bild **A 4**.8	
Normalkraft	$F_n = \dfrac{F_t}{\cos\alpha} = \dfrac{F_w}{\cos\alpha_w}$	Gl. (8.42)	$F_n = \dfrac{F_t}{\cos\alpha_n\,\cos\beta}$	
Radialkraft	$F_r = F_n\sin\alpha = F_t\tan\alpha$	Gl. (8.43)	$F_r = F_t\,\dfrac{\tan\alpha_n}{\cos\beta}$	Gl. (8.94)
Axialkraft			$F_a = F_t\tan\beta$	Gl. (8.93)
Zahnfußspannung	$\sigma_F = \dfrac{F_t}{b\,m}\,Y_F\,Y_\varepsilon\,K_{F\alpha} \leqq \sigma_{FP}$	Gl. (8.53)	$\sigma_F = \dfrac{F_t}{b\,m_n}\,Y_F\,Y_\varepsilon\,Y_\beta\,K_{F\alpha} \leqq \sigma_{FP}$	Gl. (8.95)
Zahnformfaktor für Außenverzahnung	$Y_F = f(z = z_n;\ \beta = 0°)$ nach Bild **A 8**.30		$Y_F = f(z_n;\ x;\ \beta)$ nach Bild **A 8**.30	
für Innenverzahnung	$Y_F = 2{,}06 - 1{,}18\left(2{,}25 - \dfrac{d_{a2} - d_{f2}}{2\,m}\right)$	Gl. (8.48)	$Y_F = 2{,}06 - 1{,}18\left(2{,}25 - \dfrac{d_{a2} - d_{f2}}{2\,m_n}\right)$	
Lastanteilfaktor	$Y_\varepsilon = \dfrac{1}{\varepsilon_\alpha}$	Gl. (8.49)	$Y_\varepsilon = \dfrac{1}{\varepsilon_\alpha}$	
Schrägungswinkelfaktor			$Y_\beta = 1 - \dfrac{\beta}{120}$	Gl. (8.96)
Stirnlastverteilungsfaktor	$1 \geqq K_{F\alpha} \geqq q_L\varepsilon_\alpha$; s. Bild **A 8**.31	Gl. (8.51)	$1 \geqq K_{F\alpha} \geqq q_L\varepsilon_\alpha$; s. Bild **A 8**.31	
Hilfsfaktor	$q_L = f(d_2;\ m;\ \text{Verzahnungsqualität})$ s. Bild **A 8**.31	Gl. (8.50)	$q_L = f(d_2;\ m_n;\ \text{Verzahnungsqualität})$ s. Bild **A 8**.31	
zul. Zahnfußspannung	$\sigma_{FP} = \dfrac{\sigma_{Fl}}{S_F}$; s. Tafel **A 8**.11 und **A 8**.25	Gl. (8.54)	$\sigma_{FP} = \dfrac{\sigma_{Fl}}{S_F}$; s. Tafel **A 8**.11 und **A 8**.25	
Hertzsche Pressung im Wälzpunkt C	$\sigma_H = Z_M Z_H Z_\varepsilon\sqrt{\dfrac{u+1}{u}\,\dfrac{F_t}{b\,d_1}}\,K_{H\alpha} \leqq \sigma_{HP}$	Gl. (8.64)	$\sigma_H = Z_M Z_H Z_\varepsilon\sqrt{\dfrac{u+1}{u}\,\dfrac{F_t}{b\,d_1}}\,K_{H\alpha} \leqq \sigma_{HP}$	Gl. (8.97)

(Fortsetzung s. nächste Seite)

Tafel **A 8**.3   Fortsetzung

	Geradverzahnung		Schrägverzahnung	
Materialfaktor	$Z_M = \sqrt{0{,}35\,E}$ in $\sqrt{\text{N/mm}^2}$ mit E in N/mm² s. Tafel **A 8**.26	Gl. (8.58)	$Z_M = \sqrt{0{,}35\,E}$ in $\sqrt{\text{N/mm}^2}$ mit E in N/mm² s. Tafel **A 8**.26	
Flankenformfaktor	$Z_H = \dfrac{1}{\cos\alpha}\sqrt{\dfrac{1}{\tan\alpha_w}}$; s. Bild **A 8**.32 für $\beta = 0°$	Gl. (8.59)	$Z_H = \dfrac{1}{\cos\alpha_t}\sqrt{\dfrac{\cos\beta_b}{\tan\alpha_{tw}}}$; s. Bild **A 8**.32	Gl. (8.98)
Überdeckungsfaktor	$Z_\varepsilon = \sqrt{\dfrac{4-\varepsilon_\alpha}{3}}$	Gl. (8.61)	$Z_\varepsilon = \sqrt{\left[\dfrac{4-\varepsilon_\alpha}{3}(1-\varepsilon_\beta)+\dfrac{\varepsilon_\beta}{\varepsilon_\alpha}\right]\cos\beta_b}$	Gl. (8.99)
Teilkreisdurchmesser bei Gerad- u. Schräg- verzahnung	in die Gl. (8.64) den Teilkreisdurchmesser des Ritzels einsetzen: hier d_1		für $\varepsilon_\beta \geqq 1$ wird $Z_\varepsilon = \sqrt{\dfrac{1}{\varepsilon_\alpha}\cos\beta_b}$	Gl. (8.100)
Zähnezahlverhältnis	$u = z_2/z_1 = z_\text{Rad}/z_\text{Ritzel} \geqq 1$	Gl. (8.2)	$u = z_2/z_1 = z_\text{Rad}/z_\text{Ritzel} \geqq 1$	
Stirnlastverteilungsfaktor	$K_{H\alpha} = 1 + 2(q_L - 0{,}5)\left(\dfrac{1}{Z_\varepsilon^2}-1\right)$ Gl. (8.62) **A 8**.31		$K_{H\alpha} = 1 + 2(q_L - 0{,}5)\left(\dfrac{1}{Z_\varepsilon^2}-1\right)$	**A 8**.31
	$K_{H\alpha} = \dfrac{1}{Z_\varepsilon^2}$ für $q_L = 1$	Gl. (8.63)	$K_{H\alpha} = \dfrac{1}{Z_\varepsilon^2}$ für $q_L = 1$	
zul. Hertzsche Pressung	$\sigma_{HP} = \dfrac{\sigma_{Hl}}{S_H}$; s. Tafel **A 8**.11 und **A 8**.25	Gl. (8.65)	$\sigma_{HP} = \dfrac{\sigma_{Hl}}{S_H}$; s. Tafel **A 8**.11 und **A 8**.25	
Hertzsche Pressung im Einzeleingriffspunkt B	$\sigma_{HB} = \sigma_H Z_B \leqq \sigma_{HP}$; $Z_B = \sqrt{\dfrac{\varrho_{1C}\varrho_{2C}}{\varrho_{1B}\varrho_{2B}}}$	Gl. (8.66) Gl. (8.67)	$\sigma_{HB} = \sigma_H Z_B \leqq \sigma_{HP}$; $Z_B = \sqrt{\dfrac{\varrho_{1C}\varrho_{2C}}{\varrho_{1B}\varrho_{2B}}}$	
Hertzsche Pressung im Einzeleingriffspunkt D	$\sigma_{HD} = \sigma_H Z_D \leqq \sigma_{HP}$; $Z_D = \sqrt{\dfrac{\varrho_{1C}\varrho_{2C}}{\varrho_{1D}\varrho_{2D}}}$	Gl. (8.68) Gl. (8.69)	$\sigma_{HD} = \sigma_H Z_D \leqq \sigma_{HP}$; $Z_D = \sqrt{\dfrac{\varrho_{1C}\varrho_{2C}}{\varrho_{1D}\varrho_{2D}}}$	

Tafel A8.4   Stirnrädergetriebe: Entwurfs- und Überschlagsrechnung[1]

	Geradverzahnung		Schrägverzahnung	
Teilkreisdurchmesser				
für Schaftzahnrad (8.49)	$d_1 \geqq 1{,}2\, d_{\mathrm{Wl}1}$			Gl. (8.70)
für Welle/Nabe-Verbindung	$d_1 \geqq 2\, d_{\mathrm{Wl}1}$			Gl. (8.71)
Wellendurchmesser	$d_{\mathrm{Wl}1} \geqq 365\,\sqrt[3]{\dfrac{\varphi P}{n\,\tau_{\mathrm{t\,zul}}}}$ in mm; $\quad \tau_{\mathrm{t\,zul}}$ in N/mm², P in kW, n in min^{-1},			
	φ s. Bild A4.8			Gl. (8.44)
Zahnbreite				
bei beidseitiger Lagerung des Rades	$b \geqq 1{,}2\, d_1$			Gl. (8.72)
bei einsitiger Lagerung des Rades	$b \leqq 0{,}75\, d_1$			Gl. (8.73)
Zahnbreitenverhältnis	$\lambda = \dfrac{b}{m}$; s. Tafel A8.12	Gl. (8.74)	$\lambda = \dfrac{b}{m_{\mathrm{n}}}$; s. Tafel A8.12	Gl. (8.102)
Modul bei kleinster Zähnezahl	$m_{\max} = \dfrac{d_1}{z_{1\,\min}}$; $z_{1\,\min}$ s. Tafel A8.5	Gl. (8.75)	$m_{\mathrm{n}\,\max} = \dfrac{d_1 \cos\beta}{z_{1\,\min\mathrm{s}}}$; $z_{1\,\min\mathrm{s}}$ s. Tafel A8.5	Gl. (8.103)
Modul-Berechnung bei Zahnfuß-Tragfähigkeit	$m \geqq \sqrt[3]{\dfrac{2\,T_{1\,\max}}{z_1\,\lambda\,\sigma_{\mathrm{FP}}}\,Y_{\mathrm{F}}\,Y_{\varepsilon}\,K_{\mathrm{F\alpha}}}$ in mm	Gl. (8.76)	$m_{\mathrm{n}} \geqq \sqrt[3]{\dfrac{2\,T_{1\,\max}\cos\beta}{z_1\,\lambda\,\sigma_{\mathrm{FP}}}\,Y_{\mathrm{F}}\,Y_{\varepsilon}\,Y_{\beta}\,K_{\mathrm{F\alpha}}}$ in mm	Gl. (8.104)
	$T_{1\,\max}$ in N mm; σ_{FP} in N/mm²; s. Tafel A8.5		$T_{1\,\max}$ in N mm; σ_{FP} in N/mm²; s. Tafel A8.5	
Modul-Berechnung bei Flanken-Tragfähigkeit	$m \geqq \sqrt[3]{\dfrac{u+1}{u}\,\dfrac{2\,T_{1\,\max}}{z_1^2\,\lambda\,\sigma_{\mathrm{HP}}^2}\,K_{\mathrm{H\alpha}}\,Z_{\mathrm{M}}^2\,Z_{\mathrm{H}}^2\,Z_{\varepsilon}^2}$ in mm	Gl. (8.77)	$m_{\mathrm{n}} \geqq \sqrt[3]{\dfrac{u+1}{u}\,\dfrac{2\,T_{1\,\max}\cos^2\beta}{z_1^2\,\lambda\,\sigma_{\mathrm{HP}}^2}\,K_{\mathrm{H\alpha}}\,Z_{\mathrm{M}}^2\,Z_{\mathrm{H}}^2\,Z_{\varepsilon}^2}$ in mm	Gl. (8.105)
	$T_{1\,\max}$ in N/mm; σ_{HP} in N/mm²; s. Tafel A8.5		$T_{1\,\max}$ in N/mm; σ_{HP} in N/mm²; s. Tafel A8.5	

[1]) Fußnoten von Tafel A8.2 beachten.

8

T a f e l A 8.5   Stirnrädergetriebe: Richtwerte für den Entwurf von Gerad- und Schrägverzahnung

Zahndicke am Kopfkreis	$s_a \geqq 0,2\,m_n$ für ungehärtete Zähne	Abschn. 8.3.2
	$s_a \geqq 0,4\,m_n$ für gehärtete Zähne	Abschn. 8.3.2
Kopfspiel ohne Kopfkürzung	$c = 0,25\,m_n$ nach ISO-Empfehlung	Abschn. 8.3.1
praktisches Mindest-Kopfspiel	$c_{min} = 0,12\,m_n$	Gl. (8.33)
Kopfhöhe des Verzahnungs-werkzeugs	$h_{a0} = 1\,m_n + c = 1,25\,m_n$	
Mindest-Profilüberdeckung	$\varepsilon_\alpha \geqq 1,15$	
Zähnezahlen	$z_{1\,min} = 16$ bei Rädern mit $v = (12 \cdots 60)$ m/s	
für Geradstirnräder	$z_{1\,min} = 12$ bei Rädern mit $v = (4 \cdots 12)$ m/s	
	$z_{1\,min} = 10$ bei Rädern mit $v = (0,8 \cdots 4)$ m/s	
für Schrägstirnräder	$z_{1\,mins} \approx z_{1\,min}\cos^3\beta$	Gl. (8.101)
Zahnräder im Präzisions-getriebebau für Geradstirnrad-Getriebe	$z_{1\,min} = 20 \cdots 25$ für die erste Stufe	
	$z_{1\,min} = 14 \cdots 17$ für die weiteren Stufen	
	$z_{1\,min} = 33$ für Hochleistungsgetriebe (z. B. Turbinenbau)	
Übersetzungen bei Geradstirnrad-Getrieben	$i \leqq 8$ je Stufe	
	$i \leqq 4$ je Stufe in Schaltgetrieben	
Zahnformfaktor	$Y_F = 2,2$	Gl. (8.76) (8.104)
Lastanteilfaktor	$Y_\varepsilon = 1$	Gl. (8.76) (8.104)
Schrägungswinkelfaktor	$Y_\beta = 1$ oder nach Gl. (8.96)	Gl. (8.104)
Stirnlastverteilungsfaktor	$K_{F\alpha} = 1$	Gl. (8.76) (8.104)
Stirnlastverteilungsfaktor	$K_{H\alpha} = 1$	Gl. (8.77) (8.105)
Materialfaktor		
für St/St oder GS	$Z_M = 270\,\sqrt{N/mm^2}$	Gl. (8.77) (8.105)
für St/GG	$Z_M = 232\,\sqrt{N/mm^2}$	Gl. (8.77) (8.105)
für GG/GG	$Z_M = 204\,\sqrt{N/mm^2}$	Gl. (8.77) (8.105)
Flankenformfaktor	$Z_H = 1,7$	Gl. (8.77) (8.105)
Überdeckungsfaktor	$Z_\varepsilon = 1$	Gl. (8.77) (8.105)
Schrägungswinkel		
für Schrägzahnräder	$\beta = 10° \cdots 30°$	
für Pfeilzahnräder	$\beta = 30° \cdots 45°$	
Zahnbreite bei Pfeilverzahnung	$b \leqq 3\,d_1$	

T a f e l A 8.6   Stirnrad-Schraubgetriebe

V e r z a h n u n g s g e o m e t r i e (s. auch Tafel **A 8.**2)

Umfangsgeschwindigkeit	$v = d\,10^{-3}\,\pi\,\dfrac{n}{60}$ in m/s; d in mm, n in min^{-1}	Gl. (8.135)
Gleitgeschwindigkeit	$v_g = v_1\,\dfrac{\sin\delta}{\cos\beta_2} = v_2\,\dfrac{\sin\delta}{\cos\beta_1}$	Gl. (8.134)
Kreuzungswinkel	$\delta = \beta_1 + \beta_2$	Gl. (8.131)
Übersetzung	$i = \dfrac{n_1}{n_2} = \dfrac{z_2}{z_1} = \dfrac{d_2\cos\beta_2}{d_1\cos\beta_1}$	Gl. (8.132)

(Fortsetzung s. nächste Seite)

T a f e l **A 8.**6   Fortsetzung

V e r z a h n u n g s g e o m e t r i e (s. auch Tafel **A 8.**2)

Achsabstand	$a = \dfrac{d_1 + d_2}{2} = \dfrac{m_n}{2}\left(\dfrac{z_1}{\cos\beta_1} + \dfrac{z_2}{\cos\beta_2}\right)$	Gl. (8.133)
Reibungswinkel (reduziert)	$\tan\varrho' = \dfrac{\tan\varrho}{\cos\alpha_n} = \dfrac{\mu}{\cos\alpha_n} = \mu'$	Gl. (8.136)
	$\mu = 0{,}01 \cdots 0{,}03$	Reibungszahl s. Abschn. 8.7.2
Wirkungsgrad der Schraubung	$\eta_s = \dfrac{1 - \mu'\tan\beta_2}{1 - \mu'\tan\beta_1}$	Gl. (8.137)

T r a g f ä h i g k e i t s b e r e c h n u n g

Umfangskraft am Teilzylinder vom Rad 1	$F_{t1} = \varphi\,\dfrac{2\,T_1}{d_1} = \dfrac{\varphi\,P}{v_1}$ $\qquad \varphi$ s. Bild **A 4.**8	Gl. (8.41)
Umfangskraft am Teilzylinder vom Rad 2	$F_{t2} = F_{t1}\,\dfrac{\cos(\beta_2 + \varrho')}{\cos(\beta_1 - \varrho')}$	Gl. (A 8.6.1)
Axialkraft am Rad 1	$F_{a1} = F_{t1}\,\tan(\beta_1 - \varrho')$	Gl. (A 8.6.2)
Axialkraft am Rad 2	$F_{a2} = F_{t2}\,\tan(\beta_2 + \varrho')$	Gl. (A 8.6.3)
Radialkräfte	$F_{r1} = F_{r2} = F_{t1}\,\dfrac{\tan\alpha_n\,\cos\varrho'}{\cos(\beta_1 - \varrho')}$	Gl. (A 8.6.4)
übertragbare Leistung	$P = \dfrac{b\,\pi\,m_n\,c_{zul}\,v_1}{1\,000}$ in kW	Gl. (8.139)

b und m_n in mm, c_{zul} in N/mm², v_1 in m/s.
Für m_n s. Tafel **A 8.**9

Verlustleistung	$P_v = P_{vz} + P_{vg} \approx P_1\left(\dfrac{i+1}{7\,z_2}\,\dfrac{h_a}{m_n} + 1 - \eta_s\right)$ in kW	Gl. (A 8.6.5)

P_1 in kW Eingangsleistung,
h_a und m_n in mm (Zahnkopfhöhe h_a vom Wälzkreis aus gemessen)

Sicherheit gegen zu hohe Temperatur	$S_T = \dfrac{d_1\,b}{1\,360\,P_v\,q_T} \geqq 1$	Gl. (A 8.6.6)

d_1 und b in mm, P_v in kW. Temperaturbeiwert q_T aus Taf. **A 8.**17

Ü b e r s c h l a g s r e c h n u n g

übertragbare Umfangskraft am Teilzylinder	$F_{t1} = c_{zul}\,b\,p_n \qquad b \approx 10\,m_n \qquad p_n = \pi\,m_n$	Gl. (8.138)
Normalmodul	$m_n \geqq \sqrt{\dfrac{F_{t1}}{10\,\pi\,c_{zul}}}$ in mm mit F_{t1} in N nach	Gl. (8.140)

Gl. (8.41), c_{zul} in N/mm² nach Tafel **A 8.**17

Übersetzung	$i \leqq 5$; für $i > 5$ Schneckentrieb nach Abschn. 8.7 wählen	
Schrägungswinkel des treibenden Rades	$\beta_1 \geqq \beta_2 \qquad \beta_1 = 30° \cdots 60°$	Gl. (A 8.6.7)
für maximalen Wirkungsgrad	$\beta_1 = 0{,}5\,(\delta + \varrho') \qquad \tan\varrho' = \mu' \approx 0{,}1$	
	$\varrho' \approx 5{,}8°$ bei guter Schmierung	

8

T a f e l **A 8.**7   Geradverzahnte Kegelräder

V e r z a h n u n g s g e o m e t r i e

Teilkreisdurchmesser	$d = zm = \dfrac{pz}{\pi}$	Gl. (8.106)
Zahnhöhe	$h = 2m + c = h_a + h_f \qquad h_a = m + xm$ $h_f = h - h_a$	Gl. (8.107)
Kopfkreisdurchmesser	$d_a = d + 2 h_a \cos \delta$	Gl. (A 8.7.1)
Kopfwinkel	$\tan \varkappa_a = \dfrac{h_a}{R}$	Gl. (A 8.7.2)
Kopfkegelwinkel	$\delta_a = \delta + \varkappa_a$	Gl. (A 8.7.3)
Innerer Kopfkreisdurch- messer	$d_{ia} = d_a - 2 \, \dfrac{b \sin \delta_a}{\cos \varkappa_a}$	Gl. (A 8.7.4)
Teilkegelwinkel	$\cot \delta_1 = \dfrac{\dfrac{z_2}{z_1} + \cos \Sigma}{\sin \Sigma} \qquad \delta_2 = \Sigma - \delta_1$	Gl. (8.113)
Planradzähnezahl	$z_p = \dfrac{2R}{m} = \dfrac{z}{\sin \delta}$	Gl. (8.109)
Planradhalbmesser (äußere Teilkegellänge)	$R = \dfrac{r}{\sin \delta}$	Gl. (8.108)
Zähnezahl des Ersatz- Stirnrades	$z_e = z_v = \dfrac{z}{\cos \delta}$	Gl. (8.115)

V e r z a h n u n g s g e o m e t r i e

Teilkreisdurchmesser am Ersatz-Stirnrad (Rückenkegel)	$d_r = \dfrac{d}{\cos \delta}$	Gl. (8.114)
Kopfkreisdurchmesser am Ersatz-Stirnrad (Rückenkegel)	$d_{ra} = d_r + 2 h_a$	Gl. (A 8.7.5)
Grundkreisdurchmesser am Ersatz-Stirnrad (Rückenkegel)	$d_{rb} = d_r \cos \alpha$	Gl. (A 8.7.6)
Achsabstand (Rechengröße)	$a_d = \dfrac{d_{r1} + d_{r2}}{2}$	Gl. (A 8.7.7)
Profilüberdeckung	$\varepsilon_\alpha = \dfrac{g_\alpha}{p_e} = \dfrac{g_\alpha}{p \cos \alpha} = \varepsilon_1 + \varepsilon_2 - \varepsilon_a$	Gl. (8.116)
	$\varepsilon_1 = \dfrac{\sqrt{r_{ra1}^2 - r_{rb1}^2}}{\pi m \cos \alpha} \qquad \varepsilon_2 = \dfrac{\sqrt{r_{ra2}^2 - r_{rb2}^2}}{\pi m \cos \alpha}$	
	$\varepsilon_a = \dfrac{a_d \sin \alpha_w}{\pi m \cos \alpha}$	
mittlerer Durchmesser des Kegelrades	$d_m = d - b \sin \delta$	Gl. (8.118)
Teilkreisdurchmesser des mittleren Ersatzstirnrades	$d_{vm} = \dfrac{d_m}{\cos \delta} = \dfrac{z m_m}{\cos \delta}$	Gl. (8.119)
Modul des mittleren Ersatz- stirnrades (Rechengröße)	$m_m = \dfrac{d_m}{z}$	Gl. (8.120)

(Fortsetzung s. nächste Seite)

T a f e l **A 8.**7   Geradverzahnte Kegelräder

T r a g f ä h i g k e i t s b e r e c h n u n g

Umfangskraft am Teil-zylinder	$F_{tm} = \varphi \dfrac{2 T_1}{d_{m1}} = \dfrac{2 T_{1\,max}}{d_{m1}}$ $F_{tm} \cong F_t$ und $d_{m1} \cong d_1$ in Gl. (8.41)	Gl. (8.41)
Radialkraft	$F_r = F_{tm} \tan\alpha \cos\delta$	Gl. (8.121)
Axialkraft	$F_a = F_{tm} \tan\alpha \sin\delta$	Gl. (8.122)
Zahnfußspannung	$\sigma_F = \dfrac{F_{tm}}{b\,m_m}\, Y_F\, Y_{\varepsilon v}\, K_{F\alpha} \leqq \sigma_{FP}$ $Y_{\varepsilon v} = 1,\; K_{F\alpha} = 1$	Gl. (8.123)
Zahnformfaktor	$Y_F = f(z_v = z_n;\, x;\, \beta = 0°);$ s. Bild **A 8.**30	
zul. Zahnfußspannung	$\sigma_{FP} = \dfrac{\sigma_{Fl}}{S_F}$ s. Tafel **A 8.**11 und **A 8.**25	Gl. (8.54)
Hertzsche Pressung im Wälzpunkt C	$\sigma_H = Z_M Z_{Hv} Z_{\varepsilon v} \sqrt{\dfrac{u_v + 1}{u_v}\, \dfrac{F_{tm}}{b\,d_{vm1}}\, K_{H\alpha}} \leqq \sigma_{HP}$ $Z_{Hv} = 1,76 \quad Z_{\varepsilon v} = 1 \quad K_{H\alpha} = 1$	Gl. (8.124)
Materialfaktor	$Z_M = \sqrt{0,35\,E}\; \sqrt{N/mm^2}$ s. Tafel **A 8.**26	Gl. (8.58)
Zähnezahlverhältnis	$u_v = \dfrac{z_{v2}}{z_{v1}} \geqq 1$	Gl. (8.124)
(virtueller) Teilkreisdurch-messer des Ritzels	$d_{vm1} = \dfrac{d_{m1}}{\cos\delta_1} = \dfrac{z_1 m_m}{\cos\delta_1}$	Gl. (8.119)
zul. Hertzsche Pressung	$\sigma_{HP} = \dfrac{\sigma_{Hl}}{S_H}$ s. Tafel **A 8.**11 und **A 8.**25	Gl. (8.65)

Ü b e r s c h l a g s r e c h n u n g

Zähnezahl	$z_{e1} = z_{v1} = \dfrac{z_1}{\cos\delta_1} \geqq z_{1\,min} \quad z_{1\,min}$ s. Tafel **A 8.**5	Gl. (8.125)
Zahnbreite	$b \leqq \dfrac{\lambda}{2}\, m_m \leqq \dfrac{R}{3} \qquad \lambda$ s. Tafel **A 8.**12	Gl. (8.126)
Modul (mittlerer) (Rechengröße)	$m_m \geqq \dfrac{2b}{\lambda};\quad m_m \approx \dfrac{4}{5}\,m \qquad m$ s. Tafel **A 8.**9	Gl. (8.127) Gl. (8.128)
Modul-Berechnung bei Zahnfuß-Tragfähigkeit	$m \geqq 2\,\sqrt[3]{\dfrac{T_{1\,max} \cos\delta_1}{z_1\,\lambda\,\sigma_{FP}}}\; Y_F$ in mm $T_{1\,max}$ in N mm $\qquad \delta_1$ s. Gl. (8.113) $\qquad Y_F = 2,2$	Gl. (8.129)
Modul-Berechnung bei Flanken-Tragfähigkeit	$m \geqq 2\,\sqrt[3]{\dfrac{u_v + 1}{u_v}\, \dfrac{T_{1\,max} \cos^2\delta_1}{z_1^2\,\lambda\,\sigma_{HP}^2}\, Z_M^2 Z_{Hv}^2}\;$ in mm Z_M s. Tafel **A 8.**26 $\qquad Z_{Hv} = 1,76$	Gl. (8.130)

8

T a f e l A 8.8   Schneckengetriebe

V e r z a h n u n g s g e o m e t r i e (s. Bild **8.84** und **8.**85)

S c h n e c k e

Mittenkreisdurchmesser	$d_1 = 2r_1$	Gl. (A 8.8.1)
Mittensteigungswinkel	$\tan\gamma = \dfrac{z_1 m}{d_1}$	Gl. (A 8.8.2)
Modul (Achsmodul)	$m = \dfrac{p_t}{\pi}$ (s. auch Tafel **A 8.**9)	Gl. (A 8.8.3)
Normalmodul	$m_n = m\cos\gamma$	Gl. (A 8.8.4)
Normalteilung	$p_n = p_t\cos\gamma$	Gl. (A 8.8.5)
Steigungshöhe	$p_z = z_1 p_t = z_1\pi m = d_1\pi\tan\gamma$	Gl. (A 8.8.6)
Kopfkreisdurchmesser	$d_{a1} = d_1 + 2h_{a1}$	Gl. (A 8.8.7)
Fußkreisdurchmesser	$d_{f1} = d_{a1} - 2h_1$	Gl. (A 8.8.8)
Zahnhöhe	$h_1 = h_{a1} + h_{f1}$	Gl. (A 8.8.9)
	für $\gamma \leqq 15°$: $h_{a1} = m$ und $h_{f1} = 1{,}2\,m$	Gl. (A 8.8.10)
	für $\gamma > 15°$: $h_{a1} = m_n$ und $h_{f1} = 1{,}2\,m_n$	Gl. (A 8.8.11)
Eingriffswinkel im Achs- schnitt	$\tan\alpha_t = \dfrac{\tan\alpha_n}{\cos\gamma}$ $\gamma = f(\alpha_n)$ nach Tafel **A 8.**19	
	vorzugsweise $\alpha_n = 20°$	Gl. (A 8.8.12)
Schneckenlänge		
allgemeiner Fall	$b_1 \approx \sqrt{d_{a2}^2 - d_2^2}$	Gl. (A 8.8.13)
ohne Profilverschiebung	$b_1 \approx 2m\sqrt{z_2 + 1}$	Gl. (A 8.8.14)

S c h n e c k e n r a d

Teilkreisdurchmesser	$d_2 = z_2 m$	Gl. (A 8.8.15)
Mittenkreisdurchmesser	$d_{m2} = d_2 + 2xm = 2a - d_1$	Gl. (A 8.8.16)
Kopfkreisdurchmesser	$d_{a2} = d_2 + 2h_{a2}$	Gl. (A 8.8.17)
Fußkreisdurchmesser	$d_{f2} = d_{a2} - 2h_2;\quad h_2 = h_1$	Gl. (A 8.8.18)
Zahnkopfhöhe	für $\gamma \leqq 15°$: $h_{a2} = m + xm$	Gl. (A 8.8.19)
	für $\gamma > 15°$: $h_{a2} = m_n + xm$	Gl. (A 8.8.20)
Zähnezahl	$z_2 \geqq z_g = \dfrac{2}{\sin^2\alpha_t}$	Gl. (A 8.8.21)
Zahnwurzelbogen	$\widehat{b_2'} = r_{a0}\pi\,\dfrac{\varphi}{180°}$	Gl. (A 8.8.22)
Zentriwinkel	$\sin\dfrac{\varphi}{2} = \dfrac{b_2'}{2r_{a0}}$	Gl. (A 8.8.23)
Außendurchmesser	$d_A \approx d_{a2} + m$ für $\gamma \leqq 15°$	Gl. (A 8.8.24)
	$d_A \approx d_{a2} + m_n$ für $\gamma > 15°$	Gl. (A 8.8.25)
Zahnbreite für		
Bronzerad	$b_2 \approx 0{,}45\,(d_{a1} + 4m)$	Gl. (A 8.8.26)
Leichtmetallrad	$b_2 \approx 0{,}45\,(d_{a1} + 4m) + 1{,}8\,m$	Gl. (A 8.8.27)
Rad-Außenbreite	$b_A \approx b_2 + m$	Gl. (A 8.8.28)

(Fortsetzung s. nächste Seite)

T a f e l **A 8.**8   Fortsetzung

S c h n e c k e n g e t r i e b e

Übersetzung	$i = \dfrac{n_1}{n_2} = \dfrac{z_2}{z_1}$	Gl. (A 8.8.29)
Achsabstand	$a = \dfrac{d_1 + d_2}{2} + x m$	Gl. (A 8.8.30)

T r a g f ä h i g k e i t s b e r e c h n u n g

Umfangskraft der Schnecke = Axialkraft des Rades	$F_{t1} = F_{a2} = \dfrac{2\,T_{1\,\max}}{d_1}$	s. auch Gl. (8.41)	Gl. (8.148)
Axialkraft der Schnecke = Umfangskraft des Rades	$F_{a1} = F_{t2} \approx \dfrac{F_{t1}}{\tan(\gamma + \varrho_i)}$		Gl. (8.150)
Radialkräfte	$F_{r1} = F_{r2} \approx F_{t2}\,\dfrac{\tan\alpha_n\,\cos\varrho_i}{\cos(\gamma + \varrho_i)} = F_{t1}\,\dfrac{\tan\alpha_n\,\cos\varrho_i}{\sin(\gamma + \varrho_i)}$		Gl. (8.149)
ideelle Reibungsziffer	$\mu_i = \tan\varrho_i \geqq \dfrac{0{,}051}{q_3\,\sqrt{0{,}4 + v_g}}$	q_3 s. Tafel **A 8.**21, v_g in m/s	Gl. (8.143)
Gleitgeschwindigkeit	$v_g = \dfrac{v_1}{\cos\gamma}$		Gl. (A 8.8.31)
Umfangsgeschwindigkeit	$v_1 = \dfrac{\pi d_1 n_1}{60}$	in m/s mit d_1 in m, n_1 in min^{-1}	Gl. (A 8.8.32)
Gesamtwirkungsgrad bei treibender Schnecke	$\eta_s = \dfrac{\tan\gamma}{\tan(\gamma + \varrho_i)}$	Abschn. 8.7.2	Gl. (A 8.8.33)
bei treibendem Rad	$\eta_s' = \dfrac{\tan(\gamma - \varrho_i)}{\tan\gamma}$	Abschn. 8.7.2	Gl. (A 8.8.34)
Leistung an der Radwelle	$P_2 = \eta_s P_1$	Abschn. 8.7.2	Gl. (A 8.8.35)
Sicherheit gegen Verschleiß	$S_T = \dfrac{\vartheta_{zul}}{\vartheta_{\max}} \approx \left(\dfrac{a}{100}\right)^2 \dfrac{q_1 q_2 q_3 q_4}{1{,}36\,P_1} \geqq 1$		Gl. (8.151)
Sicherheit gegen Grübchen- bildung	$S_H = \dfrac{k_{zul}}{k_{\max}} = \dfrac{k_{zul}\,d_1\,d_{m2}\,q_5}{F_{t2\,\max}} = 0{,}6 \cdots 2{,}2$		Gl. (8.156)
Sicherheit gegen Zahnbruch am Rad	$S_F = \dfrac{c_{zul}}{c_{\max}} = \dfrac{c_{zul}\,\pi\,m_n\,\widehat{b_2'}}{F_{t2\,\max}} \geqq 1$ (bis 2)		Gl. (8.157)
Sicherheit gegen Durchbie- gung der Schneckenwelle	$S_D = \dfrac{f_{D\,zul}}{f_D} \geqq 1$		Gl. (8.158)
zul. Durchbiegung	$f_{D\,zul} = \dfrac{d_1}{1\,000}$	d_1 in mm	Gl. (8.159)
Durchbiegung der Schneckenwelle	$f_D = \dfrac{F_1\,l_1^3}{48\,E I}$		Gl. (8.160)

8

(Fortsetzung s. nächste Seite)

T a f e l **A 8.**8   Fortsetzung

E n t w u r f s b e r e c h n u n g und **R i c h t w e r t e.**

---

resultierende Kraft
am Schneckenrad

$$F_1 = \sqrt{F_{t1}^2 + F_{r1}^2}$$ (Bild **8.**88); Gl. (A 8.8.36)

Achsabstand

$$a \geqq 100 \sqrt{\frac{1{,}36\,P_1}{q_1 q_2 q_3 q_4}} \quad \text{in mm}$$ Gl. (8.152)

P_1 in kW, q_1 s. Gl. (8.153), q_2, q_3, q_4 s. Tafel **A 8.**20, **A 8.**21, **A 8.**22

Kühlbeiwert

$$q_1 = \left(1 + \frac{y}{1+y}\right)\left(\frac{100}{D_E} + y\right) \quad D_E \text{ in \%}$$ Gl. (8.153)

Beiwert für Ausführung
ohne Blasflügel

$$y = 1{,}4 \sqrt[3]{\left(\frac{n_1}{1\,000}\right)^2} \qquad n_1 \text{ in mm}^{-1}$$ Gl. (8.154)

mit Blasflügel

$$y = 3{,}1 \sqrt[3]{\left(\frac{n_1}{1\,000}\right)^2} \qquad n_1 \text{ in mm}^{-1}$$ Gl. (8.155)

Mittenkreisdurchmesser

$$d_1 = (0{,}25 \cdots 0{,}6)\,a; \text{ im Mittel } d_1 \approx 0{,}45\,a$$ Gl. (A 8.8.37)

Zähnezahl des Rades

$$z_2 \geqq z_g = \frac{2}{\sin^2 \alpha_t}; \text{ sonst Profilverschiebung erforderlich}$$ Gl. (A 8.8.38)

Modul

$$m \geqq 0{,}1\,d_1$$

Zähnezahl der Schnecke

$$z_1 = 1 \cdots 4 \cdots (6) \qquad \text{s. Tafel } \mathbf{A\,8.}18$$

Zähnezahl des Rades

$$z_2 = i\,z_1, \text{ anzustreben: } z_2 \geqq 25$$

Übersetzung

$$i \leqq 110$$

Ausführung der Schnecke
mit Welle aus einem Stück   bei Mittenkreisdurchmesser $d_1 = (4 \cdots 10)\,m_n$
als Aufsteckschnecke   bei Mittenkreisdurchmesser $d_1 = (10 \cdots 50)\,m_n$ s. auch Gl. (8.44)

Lagerentfernung der
Schneckenwelle

$$l_1 \approx 1{,}5\,a$$

Steigungswinkel bei
Selbsthemmung

$$\gamma \leqq 3{,}5° \text{ bei absolut ruhiger Schnecke}$$

T a f e l **A 8.**9   Modul $m\,(m_n)$ in mm nach DIN 780

a) für Stirn- und Kegelräder (Reihe 1: Vorzugsreihe)							b) für Schnecken und Schneckenräder			
0,20	0,5	0,9	2	5	12	32	1,0	2,5	6,3	16
0,25	0,6	1,0	2,5	6	16	40	1,25	3,15	8	20
0,3	0,7	1,25	3	8	20	50	1,6	4	10	
0,4	0,8	1,5	4	10	25	60	2,0	5	12,5	

T a f e l **A 8.**10   Zahnkopfhöhe h_{a2} für Innenverzahnung mit $|z_2| \geqq z_1 + 10$ zur Vermeidung der Eingriffstörung

z_2	$20 \cdots 22$	$23 \cdots 26$	$27 \cdots 31$	$32 \cdots 39$	$40 \cdots 51$	$52 \cdots 74$	$75 \cdots 130$	> 130
h_{a2}	$0{,}6\,m$	$0{,}65\,m$	$0{,}7\,m$	$0{,}75\,m$	$0{,}8\,m$	$0{,}85\,m$	$0{,}9\,m$	$0{,}95\,m$

T a f e l A 8.11   Erforderliche Sicherheiten (Mindestwerte)

Sicherheit gegen	Dauergetriebe	Zeitgetriebe
Zahnbruch S_F	$1{,}5 \cdots 3{,}5$	$1{,}3 \cdots 2{,}0$
Grübchenbildung S_H	$1{,}3 \cdots 3{,}0$	$1{,}0 \cdots 1{,}5$

T a f e l A 8.12   Einfluß der Art der Lagerung $\lambda = b_{max}/m_n$

Verzahnung	Art der Lagerung	λ
sauber gegossen		10
geschnitten oder geschliffen	Lagerung auf Stahlkonstruktionen, Trägern usw.	15
	Ritzel einseitig gelagert	15
	gute Lagerung in Getriebegehäusen	25
	Wälz- oder sehr gute Gleitlager auf starrem Unterbau	30

T a f e l A 8.13   Richtwerte für Abmessungen gegossener Radkörper (8.52)

Benennung	Abmessung	Benennung	Abmessung
Zahnkranz	$K = (3{,}85 \cdots 4{,}25)\,m$	Armdicke	$s_1 \approx 1{,}6\,m$
Nabendurchmesser bei Grauguß bei Stahlguß	$D = 1{,}8\,d_{Wl} + 20$ mm $D = 1{,}6\,d_{Wl} + 20$ mm	Armhöhe	$h_1 = (5 \cdots 7)\,s_1$ $h_2 \approx 0{,}8\,h_1$
Nabenlänge	$L \geqq 1{,}5\,d_{Wl}$	Armzahl	$b = (\tfrac{1}{7} \cdots \tfrac{1}{8})\,\sqrt{d}$ d in mm
Sitz langer Naben	$l_1 = (0{,}4 \cdots 0{,}5)\,d_{Wl}$		

T a f e l A 8.14   Richtwerte für Schmierung

Umfangsgeschwindigkeit v in m/s	Schmierung	Verzahnung	VerzahnungsQualität DIN 3962
$0 \cdots 0{,}8$	Fett aufgetragen	gegossen geschruppt	12 11 10
$0{,}8 \cdots 4$	Fett- oder Öltauchschmierung	geschlichtet	9 8
$4 \cdots 12$	Öltauchschmierung	feingeschlichtet, geschabt	7 6
$12 \cdots 60$	Spritzschmierung	feingeschliffen (Lehrzahnrad)	5 4

8

Tafel A 8.15   Richtwerte für die Wahl der Verzahnungsqualität

Umfangsgeschwindigkeit am Teilkreis v in m/s	$\leqq 3$	$> 3 \cdots 6$	$> 6 \cdots 20$	$> 20 \cdots 50$	> 50
ungehärtete Zahnflanken	$12 \cdots 10$	$> 10 \cdots 8$	$> 8 \cdots 6$	$> 6 \cdots 5$	$> 5 \cdots 4$
gehärtete Zahnflanken	$12 \cdots 9$	$> 9 \cdots 7$	$> 7 \cdots 5$	$> 5 \cdots 4$	–

Tafel A 8.16   Praktische Grenzzähnezahlen für $\alpha_n = 20°$ und $h^* = 1$ (nach DIN 3960)

z'_{gs}	14	13	12	11	10	9	8	7	6	5
$\beta \approx$	$0°$	$13°$	$19°$	$23°$	$28°$	$32°$	$35°$	$39°$	$43°$	$47°$

Tafel A 8.17   Stirnrad-Schraubgetriebe: Belastungswert c_{zul} und Temperaturbeiwert q_T

Werkstoff-Paarung	Gleitgeschwindigkeit v_g in m/s	c_{zul} in N/mm²	q_T	Bemerkung
Gußeisen/Gußeisen Gußeisen/Stahl, ungehärtet	$\leqq 5$	$\dfrac{6}{2 + v_g}$	7	bei gehärtetem und geschliffenem Gegenrad
Gußeisen/Gußbronze Gußbronze/Stahl ungehärtet	$> 5 \cdots 10$	$\dfrac{10}{2 + v_g}$	4	zu Gußeisen oder Gußbronze ist c_{zul} um 25% größer
Stahl/Stahl gehärtet gehärtet beide geschliffen	> 10	$\dfrac{20}{2 + v_g}$	2	sehr gute Schmierung vorausgesetzt

Tafel A 8.18   Schneckengetriebe: Richtwerte für die Wahl der Zähnezahl z_1

z_1	4	3	2	1
$i = \dfrac{n_1}{n_2}$	$> 5 \cdots 10$	$> 10 \cdots 15$	$> 15 \cdots 30$	> 30

Tafel A 8.19   Schneckengetriebe: Richtwerte für die Wahl des Eingriffswinkels $\alpha_n = f(\gamma)$ (vorzugsweise $\alpha_n = 20°$)

γ	$\leqq 15°$	$> 15° \cdots 25°$	$> 25° \cdots 35°$	$> 35°$
α_n	$20°$	$22,5°$	$25°$	$30°$

Tafel A 8.20   Schneckengetriebe: Übersetzungsbeiwert q_2 bei treibender Schnecke

$i = \dfrac{n_1}{n_2}$	5	7,5	10	15	20	25	30	40	50	60
q_2	1,16	1,10	1,00	0,81	0,68	0,59	0,52	0,41	0,32	0,28

T a f e l **A 8.**21 Schneckengetriebe: Werkstoff-Paarungsbeiwert q_3 für Schneckenformen A, I, K, N

| Werkstoff | | Beiwert q_3 |
Schnecke	Rad	
Stahl	Cu-Sn-Schleuderbronze	1,00
gehärtet	Al-Legierung	0,87
geschliffen	Gußeisen	0,80
Stahl	Cu-Sn-Bronze, Zn-Legierung	0,67
vergütet	Al-Legierung, Sintereisen	0,58
nicht geschliffen	Gußeisen	0,55
Gußeisen	Cu-Sn-Schleuderbronze	0,87
nicht geschliffen	Gußeisen	0,8

T a f e l **A 8.**22 Schneckengetriebe: Beiwert q_4 für Bauart

$q_4 = 1,0$	bei unten liegender Schnecke (Schnecke fördert Öl)
$q_4 = 0,8$	bei anders liegender Schnecke (Rad fördert Öl)
$q_4 > 1,0$	bei zusätzlicher Ölkühlung (Strahlschmierung)

T a f e l **A 8.**23 Schneckengetriebe: Beiwert q_5 für mittleren Steigungswinkel

$\tan \gamma$	0,0	0,1	0,2	0,3	0,4	0,5	0,6	0,7	0,8	0,9
q_5	0,41	0,36	0,32	0,29	0,265	0,248	0,233	0,223	0,215	0,213

T a f e l **A 8.**24 Schneckengetriebe: Wälzpressung k_{zul} und Beanspruchung c_{zul} in N/mm²

| Werkstoff des Radkranzes | Schnecke aus Stahl | | | |
| | k_{zul} in N/mm² | | c_{zul} in N/mm² | |
	ungehärtet	gehärtet und geschliffen	Flankenform A und N	Flankenform I und K
Cu-Sn-Schleuderbronze	3,6	6,0	24,0	30,0
Al-Legierung	1,5	3,2	11,5	14,3
Al-Si-Legierung	–	3,4	7,6	9,5
Zn-Legierung, Erwärmung $\leq 60\,°C$	1,3	–	7,6	9,5
Sintereisen $v_\text{g} \leq 2$ m/s	1,2	2,5	–	–
Gußeisen $v_\text{g} \leq 2$ m/s	1,8	3,0	12,0	15,0

8

T a f e l A 8.25   Werkstoffe für Zahnräder, Richtwerte für die Festigkeiten nach Prüfstandversuchen [1])

| Werkstoffgruppe | Kurzzeichen nach DIN | Behandlungszustand | mittlere Rauhtiefe R_z [2]) µm | Härtewerte am Zahnrad | | Dauerfestigkeitswerte für | | statische Festigkeit für Zahnfuß |
				Kernwerkstoff	Flankenoberfläche	Hertzsche Pressung σ_{Hl}	ZahnfußFestigkeit Schwellast [3]) σ_{Fl} N/mm²	σ
Gußeisen mit Lamellengraphit, DIN 1 691	GG-25	—	6	HB = 210	HB = 210	310	60	260
	GG-35		6	HB = 230	HB = 230	360	80	350
Gußeisen mit Kugelgraphit, DIN 1 693	GGG-40	—	6 ··· 7	HB = 170	HB = 170	360	200	800
	GGG-60		6 ··· 7	HB = 250	HB = 250	490	220	1 000
	GGG-100		6 ··· 7	HB = 300	HB = 300	610	240	1 300
schwarzer Temperguß, DIN 1 692	GTS-35	—	6	HB = 140	HB = 140	360	190	800
	GTS-65		6 ··· 7	HB = 235	HB = 235	490	230	1 000
Stahlguß, DIN 1 681	GS-52	—	4 ··· 5	HB = 150	HB = 150	340 [4])	150	470
	GS-60		4 ··· 5	HB = 175	HB = 175	420 [4])	170	520
allgemeine Baustähle, DIN 17 100	St 50	—	6	HB = 150	HB = 150	340 [4])	190	550
	St 60		6	HB = 180	HB = 180	400 [4])	200	650
	St 70		6	HB = 208	HB = 208	460 [4])	220	800
Vergütungsstähle, DIN 17 200	Ck 45	normalisiert	3	HV 10 = 185	HV 10 = 185	590 [4])	200	800
	Ck 60	vergütet	3	HV 10 = 210	HV 10 = 210	620 [4])	220	900
	37 Cr 4	vergütet	3	HV 10 = 260	HV 10 = 260	650 [4])	270	950
	34 Cr Ni Mo 6	vergütet	3	HV 10 = 310	HV 10 = 310	770 [4])	320	1 300
Vergütungsstähle, brenn- oder induktionsgehärtet	Ck 45	umlaufgehärtet, einschließlich Zahngrund	3	HV 10 = 220	HV 10 = 560	1100	270	1 000
	37 Cr 4		3	HV 10 = 270	HV 10 = 610	1280	310	1 150
	42 Cr Mo 4		3	HV 10 = 275	HV 10 = 650	1360	350	1 300

(Fortsetzung s. nächste Seite)

T a f e l A 8.25   Fortsetzung

| Werkstoffgruppe | Kurzzeichen nach DIN | Behandlungs-zustand | mittlere Rauhtiefe R_z [2] μm | Härtewerte am Zahnrad | | Dauerfestigkeits-werte für | | statische Festigkeit für Zahnfuß |
				Kern-werkstoff	Flanken-oberfläche	Hertzsche Pressung σ_{Hl}	Zahnfuß-Festigkeit Schwellast [3] σ_{Fl} N/mm²	σ
Vergütungsstähle nitriert	Ck 45	badnitriert	3	HV 10 = 220	HV 1 = 400	1100	350	1100
	42 Cr Mo 4	badnitriert	3	HV 10 = 275	HV 1 = 500	1220	430	1450
	42 Cr Mo 4	gasnitriert	3	HV 10 = 275	HV 1 = 550	1220	430	1450
Einsatzstähle, DIN 17210	C 15	einsatz-gehärtet	3	HV 10 = 190	HV 1 = 720	1600	230	900
	16 Mn Cr 5		3	HV 10 = 270	HV 1 = 720	1630	460	1400
	20 Mn Cr 5		3	HV 10 = 330	HV 1 = 720	1630	480	1500
	15 Cr Ni 6		3	HV 10 = 310	HV 1 = 720	1630	500	1600
	18 Cr Ni 8		3	HV 10 = 400	HV 1 = 740	1630	500	1700
Duroplast-Schichtstoffe	Hartgewebe, grob	bei Lauf gegen gehärtetes, feinge-schliffenes Stahlrad Ölschmierung $\leq$ 60 °C Umfangsgeschwindigkeit $v \leq$ 5 m/s				110 [5]	50	–
	Hartgewebe, fein					130 [5]	60	–

Bei der Festlegung der Dauerfestigkeitswerte (oder der Sicherheiten) sind die folgenden Fußnoten zu beachten:

[1] Die Verwendung der Dauerfestigkeitswerte an der oberen Grenze erfordert große Sorgfalt in der Wahl des Werkstoffes, der Werkstoffprüfung, der Wärmebehandlung und der werkstoff- und wärmebehandlungsgerechten Gestaltung der Zahnräder.
Die Dauerfestigkeitswerte der Werkstoffe von GG-25 bis GS-60 ergaben sich an gefrästen Rädern der Qualitäten 7 bzw. 8 und die der Werstoffe von St 50 bis 18 Cr Ni 8 mit geschliffenen bzw. geschabten Rädern der Qualitäten 5 bzw. 6.

[2] Die Rauhtiefe der Zahnflanken beeinflußt die zulässige Hertzsche Pressung σ_{HP}. Setzt man bei $R_z \leq 3$ μm den Rauheitsfaktor gleich 1, so ist bei $R_z \approx 6$ μm σ_{HP} um 15 ··· 20 % zu reduzieren.

[3] Herstellungsmängel, wie Randentkohlung, Randoxydation, Anlaßwirkungen durch Schleifen, Schleifkerben und Härterisse am Zahnfuß, können die Dauerfestigkeit erheblich mindern.

[4] Bei Lauf gegen Stahlzahnrad mit gehärteten und feingeschliffenen Flanken können die Werte bis um 20 % erhöht werden.

[5] Gültig für $\approx 10^8$ Überrollungen.

T a f e l **A 8**.26   Materialfaktor Z_M in $\sqrt{N/mm^2}$

| Rad | | | Gegenrad | | | Material-faktor Z_M $\sqrt{N/mm^2}$ |
Werkstoff	Kurz-zeichen	Elasti-zitäts-modul N/mm²	Werkstoff	Kurzzeichen	Elastizitäts-modul E N/mm²	
Stahl	St	210000	Stahl	St	210000	268
			Stahlguß	GS-60	205000	267
				GS-52	205000	258
			Gußeisen mit Kugel-graphit	GGG-50	176000	257
				GGG-40	175000	256
			Guß-Zinn-bronze	G-SnBz 14	105000	219
			Kupfer-Zinn (Zinnbronze)	CuSn 8	115000	226
			Gußeisen mit Lamellen-graphit (Grauguß)	GG-25	128000	234
				GG-20	120000	229
Stahlguß	GS-60	205000	Stahlguß	GS-52	205000	265
			Gußeisen mit Kugel-graphit	GGG-50	176000	255
			Gußeisen mit Lamellen-graphit (Grauguß)	GG-20	120000	228
Gußeisen mit Kugel-graphit	GGG-50	176000	Gußeisen mit Kugel-graphit	GGG-42	175000	246
			Gußeisen mit Lamellen-graphit (Grauguß)	GG-20	120000	221
Gußeisen mit Lamellen-graphit (Grauguß)	GG-25	128000	Gußeisen mit Lamellen-graphit (Grauguß)	GG-20	120000	206
	GG-20	120000				203

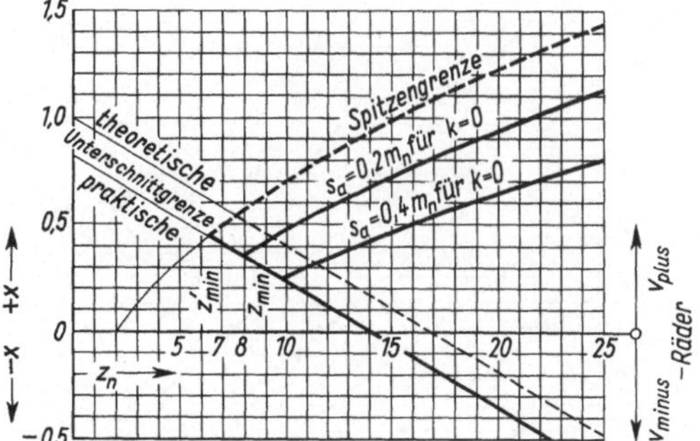

A 8.27
Unterschnitt- und Spitzengrenze
Zahndicke am Kopfkreis für $\alpha = 20°$
und $h^* = 1$
$s_a = 0{,}4\,m_n$ für gehärtete,
$s_a = 0{,}2\,m_n$ für ungehärtete Zähne

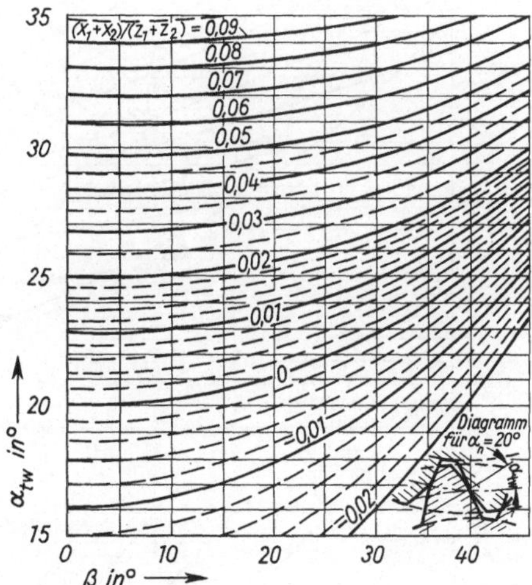

A 8.28
Betriebseingriffswinkel im Stirnschnitt für
$\alpha = \alpha_n = 20°$ und $\alpha_w = \alpha_{tw}$

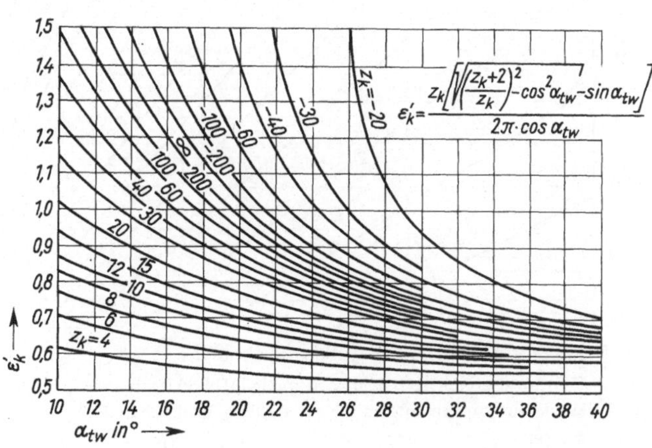

A 8.29
Beiwerte ε_k für die Teil-
Profilüberdeckung mit
$\alpha_w = \alpha_{tw}$
$z_k = 2\,d_w/(d_a - d_w)$

8

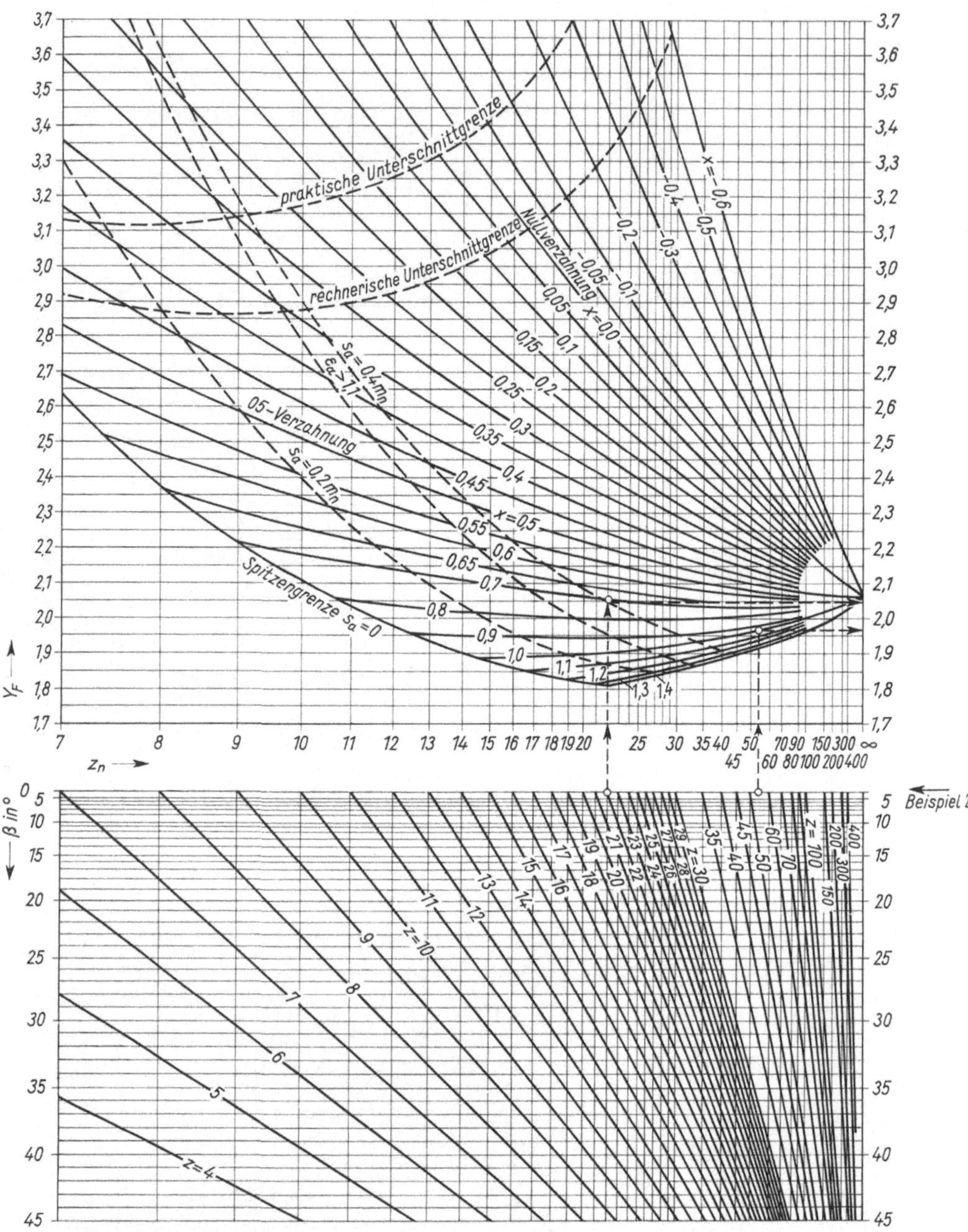

A 8.30 Zahnformfaktor Y_F für Außenverzahnung

Geltungsbereich: Bezugsprofil nach DIN 867 mit $\alpha_n = 20°$, Werkzeugkopfhöhe $h_{a0} = 1,25\,m_n$, Werkzeugkopfabrundung $\varrho_{a0} = 0,25\,m_n$ und für $d_a \approx d_{ak}$

für Beispiel 2: $z_3 = 22$ $x_3 = 0,71$ $Y_{F3} = 2,05$ $z_4 = 55$ $x_4 = 0,9857$ $Y_{F4} = 1,97$

F_t/b in N/mm einsetzen.
Erhält man $q_L < 0{,}5$, so setzt man $q_L = 0{,}5$ bzw. für $q_L > 1$ den Hilfsfaktor $q_L = 1$.

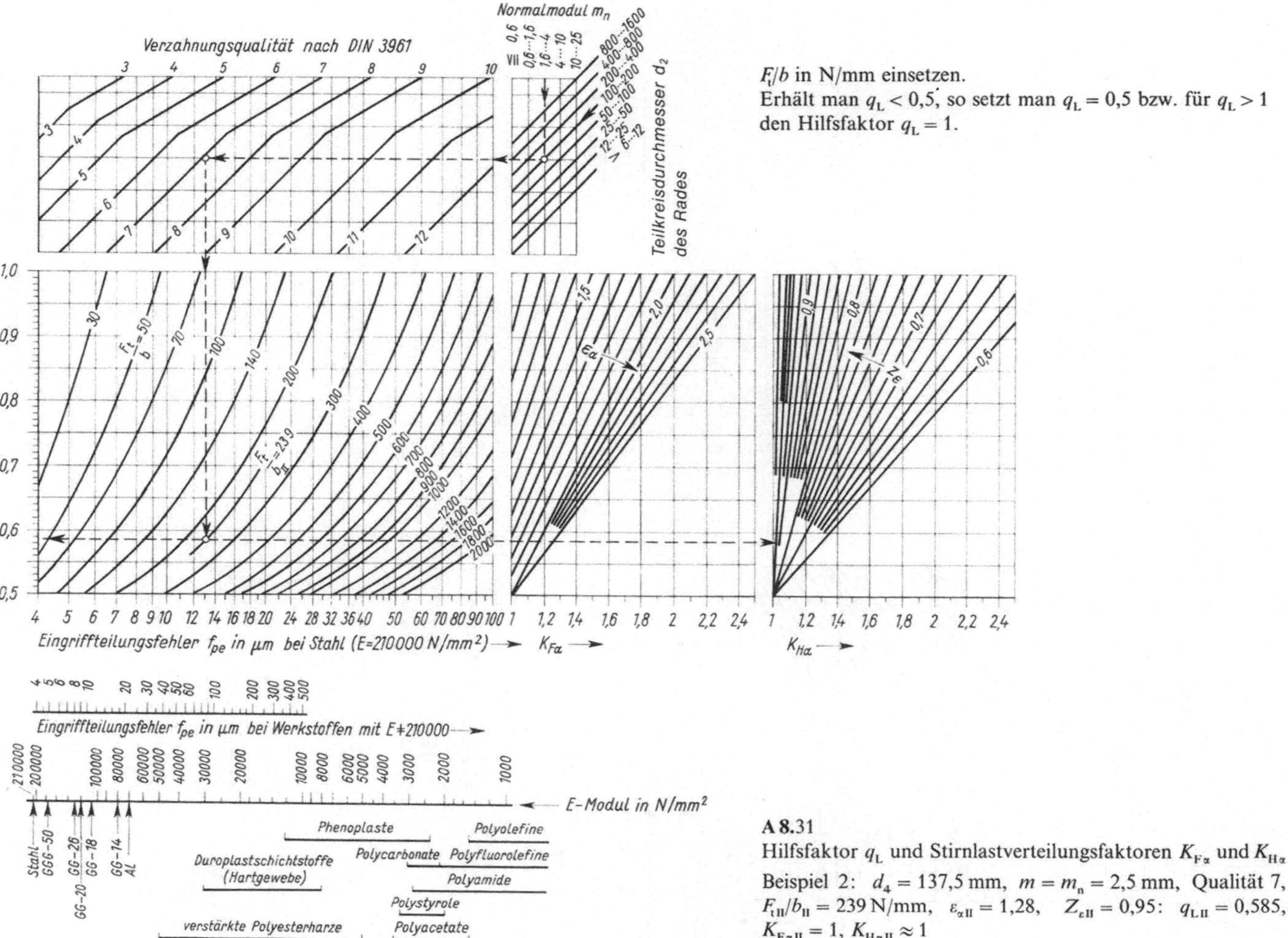

A 8.31

Hilfsfaktor q_L und Stirnlastverteilungsfaktoren $K_{F\alpha}$ und $K_{H\alpha}$

Beispiel 2: $d_4 = 137{,}5$ mm, $m = m_n = 2{,}5$ mm, Qualität 7, $F_{tII}/b_{II} = 239$ N/mm, $\varepsilon_{\alpha II} = 1{,}28$, $Z_{\varepsilon II} = 0{,}95$: $q_{L II} = 0{,}585$, $K_{F\alpha II} = 1$, $K_{H\alpha II} \approx 1$

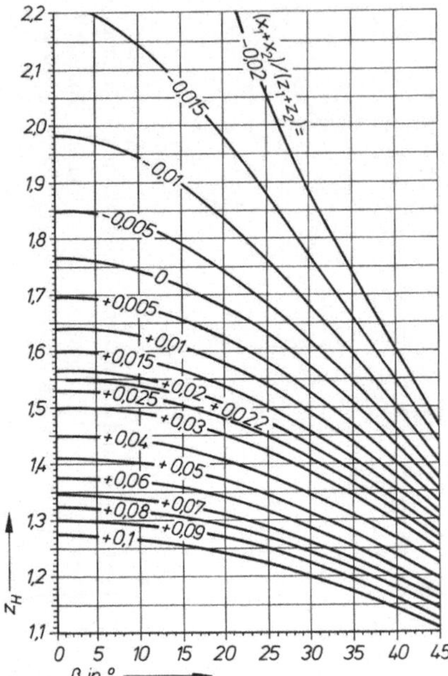

A 8.32

Flankenformfaktor Z_H

Geltungsbereich: Bezugsprofil nach DIN 867
mit $\alpha_n = 20°$

Beispiel 2: $\dfrac{x_3 + x_4}{z_3 + z_4} = \dfrac{0,71 + 0,9857}{22 + 55} = 0,022$

$\beta = 0°$ $Z_H = 1,55$

a)

1	2	3	4	5	6	7	8	9	10	11	12

Qualität

Räder für allgemeinen Maschinenbau
- Turbinenbau
- Brennkraftm. und Bootsbau
- Schiffsbau
- Dampfmaschinenbau
- Textilmaschinenbau
- chem. Industrie
- Druckmaschinenbau
- Apparatebau
- Eisenbahn- und Signalbau
- Hebezeuge und Fördermittel

Feinmechanik
- Rechen- und Büromaschinenbau
- Uhren- und feinmech. Apparatebau
- Feinmaschinenbau

Werkzeugmaschinen
- Werkzeugmaschinenbau

Prüfgeräte
- Meßgerätebau

Abrollräder
- Lehrzahn

1	2	3	4	5	6	7	8	9	10	11	12

Qualität

Räder für Fahrzeugbau
- Flugzeugbau
- Personenkraftwagenbau
- Omnibus- und Lastkraftwagenbau
- Zugmasch.-Raupenschl.-Motorpflugb.
- Lokomotivb. und sonst. Schienenfahrzeuge
- übriger Landmaschinenbau

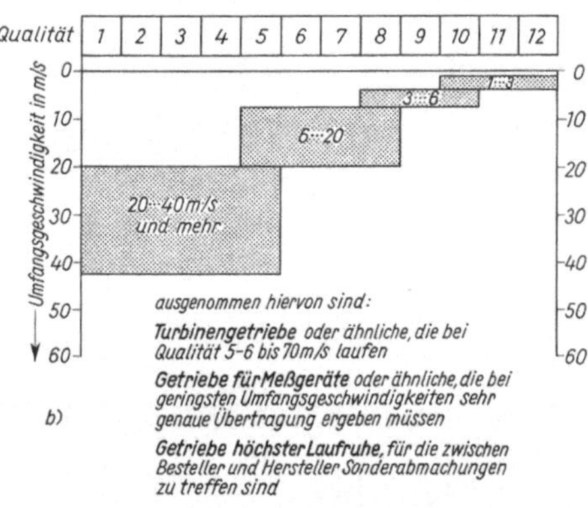

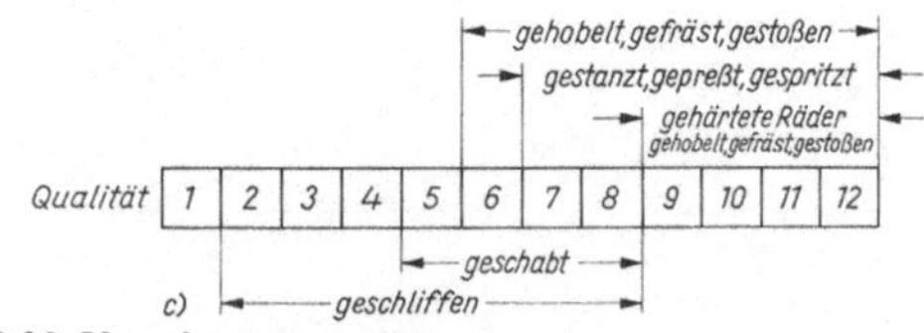

A 8.33 Verzahnungsqualität

a) Einteilung nach Verwendungsgebieten
b) Einteilung nach Umfangsgeschwindigkeiten
c) Einteilung nach Herstellungsverfahren

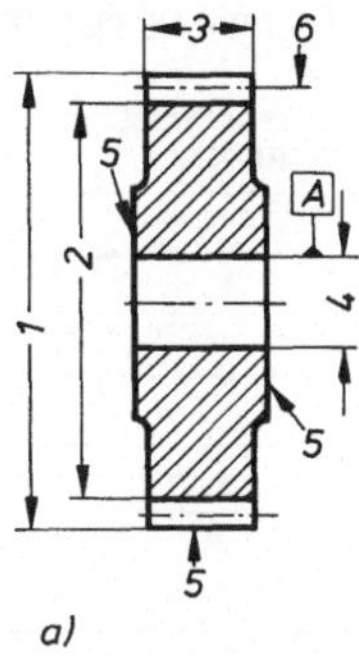
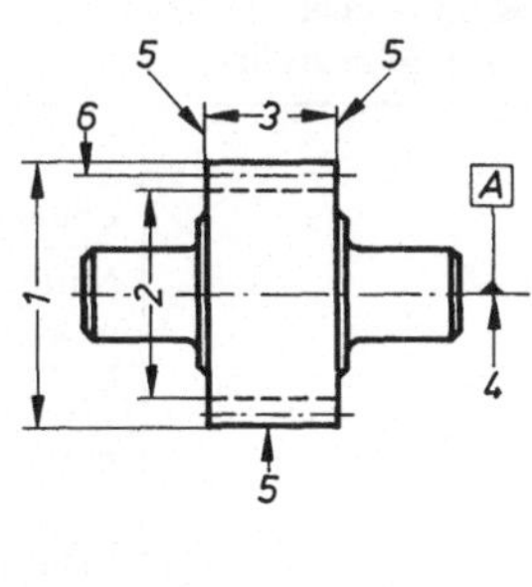
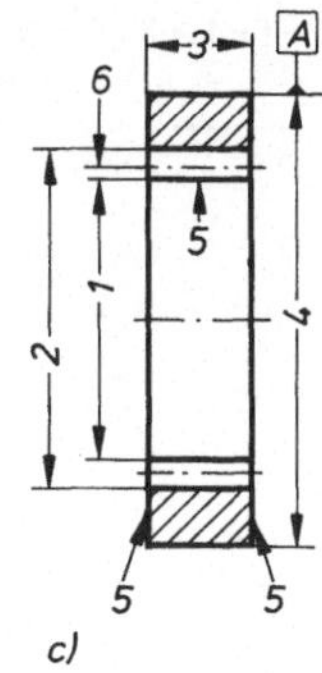

a)   b)   c)

A 8.34 Maße und Kennzeichen in Zeichnungen nach DIN 3 966 T 1

      a) Außenverzahnung mit Lagerbohrung
      b) Außenverzahnung mit Lagerzapfen
      c) Innenverzahnung

      1 Kopfkreisdurchmesser d_a
      2 Fußkreisdurchmesser d_f
      3 Zahnbreite b
      4 Kennzeichen der Bezugselemente;
          Bezugselement für Rundlauf- und Planlauftolerierung ist die Radachse
      5 Rundlauf- und Planlauftolerierung, s. auch DIN 7168 T 2 bzw. DIN 7184 T 1
      6 Oberflächenkennzeichen für Zahnflanken nach DIN ISO 1 302 oder DIN 3141

T a f e l **A 8.**35 Geometrische Bestimmungsgrößen (gekürzte Tabelle) nach DIN 3 966 T 1, sowie Verzahnungsqualität mit Angaben für Zahndickenabmaße nach DIN 3 967 und das Prüfmaß für die Zahndicke.
Beispiel: Außenverzahntes Schrägstirnrad; für Geradstirnrad ist $m_n = m$ und $\beta = 0°$

Stirnrad		außenverzahnt
Modul	$m = m_n$	4,5
Zähnezahl	z	81
Bezugsprofil		DIN 867
Schrägungswinkel	β	20°
Flankenrichtung		links
Profilverschiebungsfaktor	x	0
Verzahnungsqualität, Toleranzfeld		8 d 25
Zahnweite über k Zähne	W_k $k = 10$	$131{,}586^{-0,100}_{-0,160}$
Achsabstand im Gehäuse mit Abmaßen	a	$200 \pm 0{,}050$

8

T a f e l A 8.36 Maße und Kennzeichen in Zeichnungen, sowie Bestimmungsgrößen nach E DIN 3 966 T 3 für Schnecken

	Schnecke	
Zähnezahl	z_1	
Mittenkreisdurchmesser	d_1	
Modul (Axialmodul)	m	
Zahnhöhe	h	
Flankenrichtung		rechtssteigend linkssteigend
Steigungshöhe	p_{z1}	
Mittensteigungswinkel	$\gamma = \gamma_m$	
Flankenform nach DIN 3 975		A, N, K, I
Axialteilung	p_t	
Sachnummer des Schneckenrades		
Verzahnungsqualität		
Zahndicke mit Abmaßen	s_{mn}	
Prüfmaße der Zahndicke[1]	Zahndickensehne bei Meßhöhe	
	Prüfmaß M	
	bei Meßrollendurchmesser D_M	
Erzeugungswinkel	α_0	
Flankenform I	Grundkreisdurchmesser d_{b1}	
	Grundsteigungswinkel γ_b	
Zusätzliche Verzahnungstoleranzen und Prüfangaben		
Ergänzende Angaben (bei Bedarf):		

1 Kopfkreisdurchmesser d_{a1}

2 Fußkreisdurchmesser d_{f1}

3 Zahnbreite b_1

4 Bezugselemente für Rundlauftolerierung sind im allg. die Lagerflächen der Schnecke

5 Rundlauftoleranz des Schneckenkörpers. Soweit DIN 7 168 T 2 nicht genügt, sind die Rundlauftoleranzen nach DIN 7 184 T 1 festzulegen

6 Oberflächenkennzeichen nach DIN ISO 1 302 bzw. DIN 3 141

7 Übergang nach Angabe des Herstellers

[1]) Diese Prüfungen sind dem Hersteller freigestellt, wenn keine Angaben erfolgen.

T a f e l **A 8**.37   Maße und Kennzeichen in Zeichnungen, sowie Bestimmungsgrößen nach E
DIN 3 966 T 3 für Schneckenräder

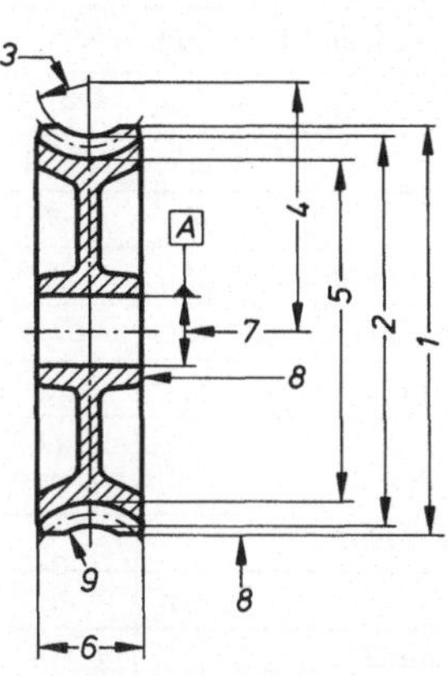

1 Außendurchmesser d_{A2}

2 Kopfkreisdurchmesser d_{a2}

3 Kopfkehlhalbmesser r_k

4 Kehlkreis-Mittenabstand

5 Fußkreisdurchmesser d_{f2}

6 Zahnbreite b_{A2} bzw. b_2

7 Bezugselemente für Rundlauf- und Planlaufto-
lerierung ist die Radachse. Eintragung nach
DIN 7184 T 1

8 Rundlauf- und Planlauftoleranz des Radkör-
pers. Soweit DIN 7168 T 2 nicht genügt, sind
die Rundlauf- und Planlauftoleranzen nach
DIN 7184 T 1 festzulegen

9 Oberflächenkennzeichen nach DIN ISO 1 302
bzw. DIN 3141

Schneckenrad		
Zähnezahl	z_2	
Modul (Stirnmodul)	m	
Teilkreisdurchmesser	d_2	
Profilverschiebungsfaktor	x_2	
Zahnhöhe	h	
Flankenrichtung		rechtssteigend linkssteigend
Verzahnungsqualität		
Flankenspiel (bei Bedarf):		
Zusätzliche Verzahnungstoleran- zen und Prüfangaben		
Schnecke	Sachnummer	
	Zähnezahl z_1	
Achsabstand im Gehäuse mit Abmaßen		
Ergänzende Angaben (bei Bedarf):		

T a f e l A 8.38   Beispiel für Angaben und Bestimmungsgrößen bei Geradzahn-Kegelradverzahnungen
in Zeichnungen nach DIN 3966 T 2, sowie Toleranzangaben nach DIN 3965 T 1

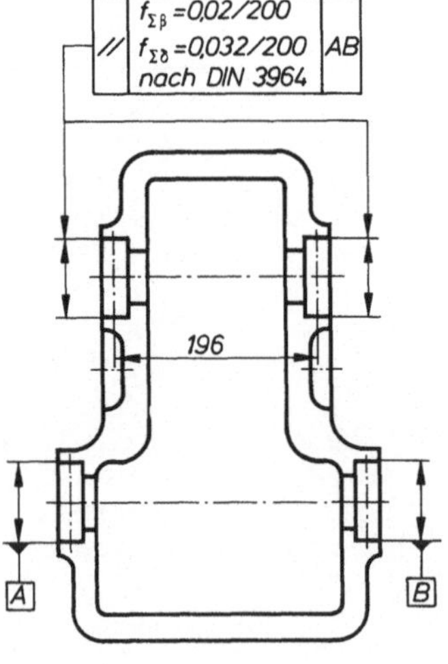

Geradzahn-Kegelrad		
Modul	$m = m_\mathrm{P}$	4,233
Zähnezahl	z	21
Teilkegelwinkel	δ	45°
Äußerer Teilkreisdurchmesser	d	88,90
Äußere Teilkegellänge	R	62,862
Planradzähnezahl	z_P	29,69848
Flußwinkel	$\varkappa_\mathrm{f}$	4,62° (4° 37′ 12″)
oder Fußkegelwinkel	δ_f	
Profilwinkel	$\alpha = \alpha_\mathrm{P}$	20°
Verzahnungsqualität		–
Prüfmaße der Zahndicke — Zahndickensehne im Rückenkegel	$\bar{s}$	$6,64^{-0,05}_{-0,10}$
Prüfmaße der Zahndicke — Höhe über der Sehne	h	4,32
Zusätzliche Verzahnungstoleranzen und Prüfangaben:		
Gegenrad — Sachnummer		789,03
Gegenrad — Zähnezahl	z	21
Achsenwinkel im Gehäuse mit Abmaßen	Σ	90° ± 0,025°
Ergänzende Angaben (bei Bedarf):		

A 8.39

Eintragung von Achslagetoleranzen bei Getriebegehäusen

Achslagetoleranzen:

Achsschränkung $f_{\Sigma\beta}$ in μm

Achsneigung $f_{\Sigma\delta}$ in μm

nach DIN 3964, ein Hinweis, daß die Lagetoleranzen abweichend von DIN 7184 für die gemeinsame Achse gelten

T a f e l **A 8**.40   Planetengetriebe

S t a n d ü b e r s e t z u n g (allgemein)	$i_0 = \dfrac{n_{an}}{n_{ab}} = \dfrac{n_1}{n_2} \gtrless 0$ Gl. (8.161)	Steg s stillstehend gedacht.

Drehrichtung durch das Vorzeichen Plus bzw. Minus kennzeichnen. Die Zähnezahl z_2 des Hohlrades wird mit negativem Vorzeichen eingesetzt:

Standübersetzung für Plusgetriebe ($i_0 > 0$), (**8**.106), (**8**.107 d, e)	$i_0 = \dfrac{+\,n_1}{+\,n_2} = \left(-\dfrac{z_2}{z_{p2}}\right)\left(-\dfrac{z_{p1}}{z_1}\right) > 0$	Gl. (8.162)
Standübersetzung für Minusgetriebe ($i_0 < 0$), (**8**.107 a, b, c)	$i_0 = \left(\dfrac{+\,n_1}{-\,n_p}\right)\left(\dfrac{-\,n_p}{-\,n_2}\right) = -\dfrac{n_1}{n_2}$ bzw. $i_0 = \left(-\dfrac{z_p}{z_1}\right)\left(-\dfrac{-\,z_2}{z_p}\right) = -\dfrac{z_2}{z_1} < 0$	Gl. (8.163)
Grundgleichung für die D r e h z a h l v e r h ä l t n i s s e, von Willis	$n_1 = i_0 n_2 - (1 - i_0)\, n_s = 0$	Gl. (8.164)

Bei Plusgetrieben i_0 mit positivem und bei Minusgetrieben mit negativem Vorzeichen einsetzen.

Übersetzungen bei z w e i   l a u f e n d e n   W e l l e n. Die im Index nicht genannte Welle steht still.

$i_{12} = i_0 = \dfrac{n_1}{n_2}$	$i_{1s} = \dfrac{n_1}{n_s} = 1 - i_0$	$i_{2s} = \dfrac{n_2}{n_s} = 1 - \dfrac{1}{i_0}$	Gleichungen (8.165) (8.166) (8.167)
$i_{21} = \dfrac{1}{i_0} = \dfrac{n_2}{n_1}$	$i_{s1} = \dfrac{n_s}{n_1} = \dfrac{1}{1 - i_0}$	$i_{s2} = \dfrac{n_s}{n_2} = \dfrac{1}{1 - \dfrac{1}{i_0}}$	(8.168) (8.169) (8.170) Tafel **A 8**.42

Relativdrehfrequenz der Planetenräder gegenüber dem Steg	$n_{ps} = (n_p - n_s)$ $(n_p - n_s) = \pm\, i_{p1}(n_1 - n_s) = \pm\, \dfrac{z_1}{z_p}\,(n_1 - n_s)$ oder aus $(n_p - n_s) = \pm\, i_{p2}(n_2 - n_s) = \pm\, \dfrac{z_2}{z_p}\,(n_2 - n_s)$	Gl. (8.171), Gl. (8.172)

i_{p1}, i_{p2} mit positivem Vorzeichen für Hohlradstufen und mit negativem Vorzeichen für Stirnradstufen.

Zähnezahl des Planetenrades beim Minusgetriebe (**8**.107 a)	$z_p = (|z_2| - z_1)/2$	Gl. (A 8.40.1)

S t a n d w i r k u n g s g r a d einfacher Planetengetriebe (**8**.107 a)		Annahme von $\eta = 0{,}99$ je Zahneingriff: $\eta_0 = \eta_{12} = \eta_{1p}\eta_{p2} = 0{,}99 \cdot 0{,}99 = 0{,}98 \approx \eta_{21}$
D r e h m o m e n t e	$T_1 + T_2 + T_s = 0 \quad T_1 : T_2 : T_s = \text{konst}$	Gl. (8.173) Gl. (8.174)
	$\dfrac{T_2}{T_1} = -\,i_0 \eta_0^{w1} \qquad \dfrac{T_s}{T_1} = i_0 \eta_0^{w1} - 1 \qquad \dfrac{T_s}{T_2} = \dfrac{1}{i_0 \eta_0^{w1}} - 1$	Gl. (8.175) Gl. (8.176)
Vorzeichen von w 1	$w1 = \dfrac{P_{w1}}{|P_{w1}|} = +1$ oder -1	Gl. (A 8.40.2)
Antrieb Welle 1: $w1 = +1$	$\eta_0^{w1} = \eta_{12}^1$	
Antrieb Welle 2: $w1 = -1$	$\eta_0^{w1} = 1/\eta_{21} \approx 1/\eta_{12}$	
Wälzleistung der Welle 1	$P_{w1} = T(\omega_1 - \omega_s)$	Gl. (A 8.40.3)

(Fortsetzung s. nächste Seite)

T a f e l A 8.40   Fortsetzung

Gesamtwirkungsgrad $\qquad\qquad \eta = -\,\Sigma P_{\mathrm{ab}}/\Sigma P_{\mathrm{an}}$ $\qquad\qquad$ Gl. (A 8.40.4)

	i_0	< 0	$0 \cdots 1$	> 1
Wirkungsgrad bei zwei laufenden Wellen	η_{1s}	$\dfrac{i_0\eta_{12}-1}{i_0-1}$	$\dfrac{(i_0/\eta_{21})-1}{i_0-1}$	$\dfrac{i_0\eta_{12}-1}{i_0-1}$
	w 1	$+1$	-1	$+1$
Die im Index nicht genannte Welle steht still	η_{s1}	$\dfrac{i_0-1}{(i_0/\eta_{21})-1}$	$\dfrac{i_0-1}{i_0\eta_{12}-1}$	$\dfrac{i_0-1}{(i_0/\eta_{21})-1}$
	w 1	-1	$+1$	-1
$\eta_{21}\approx\eta_{12}$	η_{2s}	$\dfrac{i_0-\eta_{21}}{i_0-1}$	$\dfrac{i_0-\eta_{21}}{i_0-1}$	$\dfrac{i_0-(1/\eta_{12})}{i_0-1}$
	w 1	-1	-1	$+1$
Werte für w 1 zur Verwendung in Gl. (8.174) bis Gl. (8.176)	η_{s2}	$\dfrac{i_0-1}{i_0-(1/\eta_{12})}$	$\dfrac{i_0-1}{i_0-(1/\eta_{12})}$	$\dfrac{i_0-1}{i_0-\eta_{21}}$
	w 1	$+1$	$+1$	-1

T a f e l A 8.41   Zähnezahlbedingung für gleichmäßige Verteilung mehrerer Planeten am Stegumfang

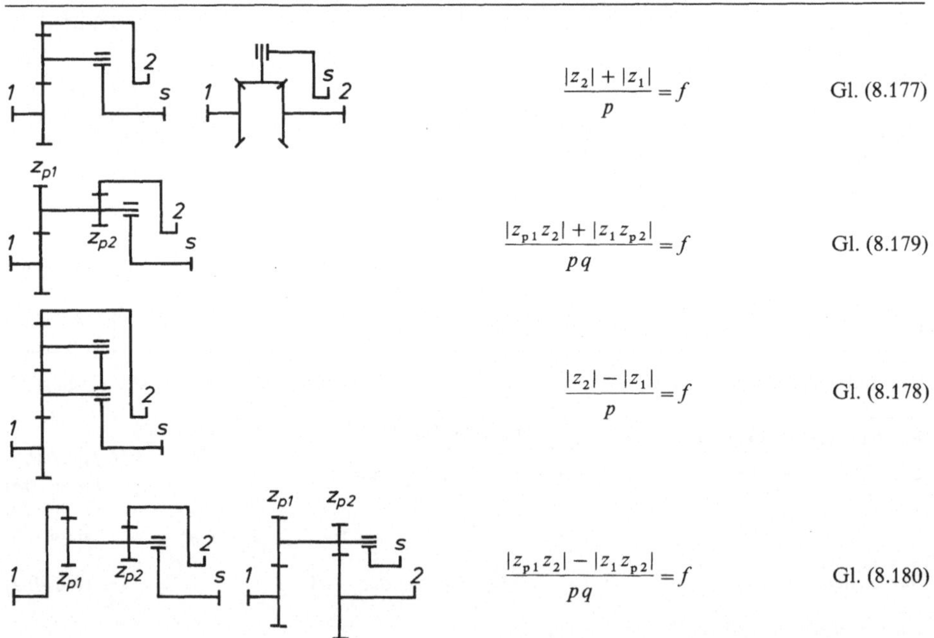

$$\frac{|z_2| + |z_1|}{p} = f \qquad\qquad \text{Gl. (8.177)}$$

$$\frac{|z_{p1}z_2| + |z_1 z_{p2}|}{p\,q} = f \qquad\qquad \text{Gl. (8.179)}$$

$$\frac{|z_2| - |z_1|}{p} = f \qquad\qquad \text{Gl. (8.178)}$$

$$\frac{|z_{p1}z_2| - |z_1 z_{p2}|}{p\,q} = f \qquad\qquad \text{Gl. (8.180)}$$

p Anzahl der Planeten am Stegumfang $\qquad$ f beliebige positive oder negative ganze Zahl

q größter gemeinsamer Teiler der Zähnezahlen z_{p1} und z_{p2} eines Stufenplaneten. Der Teiler wird gleich 1, wenn sich der Bruch z_{p1}/z_{p2} nicht kürzen läßt

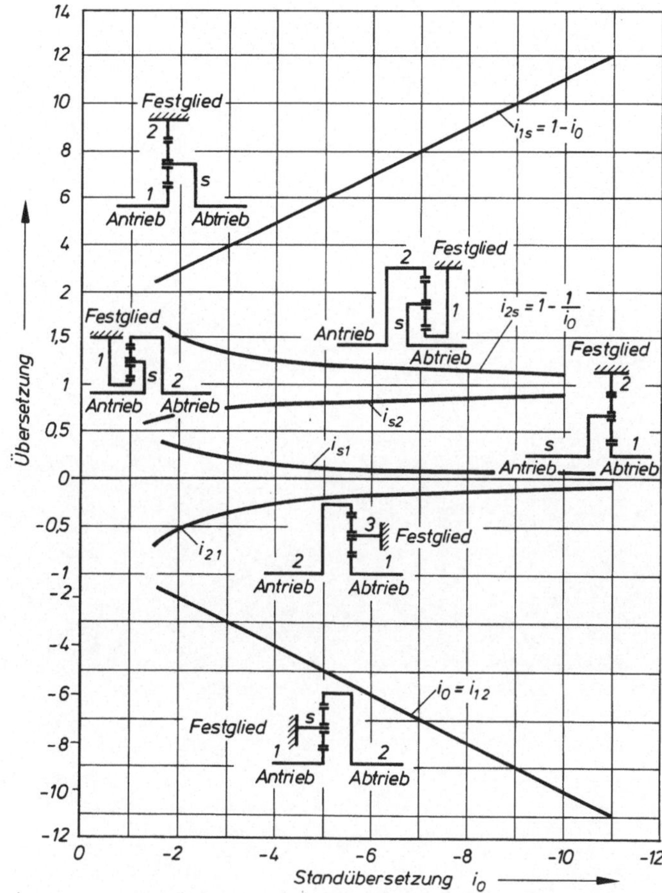

A 8.42 Erreichbare Übersetzungen mit einem einfachen Minusgetriebe bei zwei laufenden Wellen in Abhängigkeit von der Standübersetzung $i_0 = (|z_2|/|z_1|)$